网站开发案例课堂

网页设计与网站建设
案例课堂(第 2 版)

刘春茂　编著

清华大学出版社
北　京

内 容 简 介

本书以零基础讲解为宗旨，用实例引导读者深入学习，采取“网站基础入门→制作静态网页→网页美化布局→设计网页元素→开发动态网站→网站开发实战→网站全能扩展”的讲解模式，深入浅出地讲解网页设计和网站建设的各项技术及实战技能。

本书第 1 篇【网站基础入门】主要内容包括网页设计与网站建设基础、网站配色与布局、HTML 语言速成、网站建设基本流程与制作工具等。第 2 篇【制作静态网页】主要内容包括使用 Dreamweaver CC 创建站点、使用文本丰富网页内容、使用图像与多媒体网页元素、设计网页中的超链接、使用网页表单和行为等。第 3 篇【网页美化布局】主要内容包括使用表格布局网页、使用 CSS 层叠样式表、利用 CSS+Div 布局网页等。第 4 篇【设计网页元素】主要内容包括调整与修饰图像、制作网页按钮与导航条、制作网页特效边线与背景、制作网页 Logo 与网页 Banner、制作简单网页动画元素、创建交互式动画、制作动态网站的 Logo 与 Banner 等。第 5 篇【开发动态网站】主要内容包括认识 PHP 语言、配置动态网站运行环境、使用 MySQL 数据库、动态网站应用模块开发等。第 6 篇【网站开发实战】主要内容包括开发网站用户管理系统和开发信息资讯管理系统等。第 7 篇【网站全能扩展】主要内容包括网站的测试与发布、网站安全与防御、网站优化与推广等。

本书面向初、中级用户，适合任何想学习网页设计和网站建设的人员，无论您是否从事计算机相关行业，无论您是否接触过网页设计和网站建设，通过学习本书均可快速掌握设计网页和开发动态网站的方法和技巧。

图书在版编目(CIP)数据

网页设计与网站建设案例课堂/刘春茂编著. —2 版. —北京：清华大学出版社，2018
(网站开发案例课堂)
ISBN 978-7-302-49053-1

Ⅰ. ①网…　Ⅱ. ①刘…　Ⅲ. ①网页制作工具　Ⅳ. ①TP393.092

中国版本图书馆 CIP 数据核字(2017)第 295502 号

责任编辑：张彦青
装帧设计：李　坤
责任校对：吴春华
责任印制：李红英
出版发行：清华大学出版社
网　　址：http://www.tup.com.cn, http://www.wqbook.com
地　　址：北京清华大学学研大厦 A 座　　邮　　编：100084
社 总 机：010-62770175　　邮　　购：010-62786544
投稿与读者服务：010-62776969, c-service@tup.tsinghua.edu.cn
质量反馈：010-62772015, zhiliang@tup.tsinghua.edu.cn
印 装 者：清华大学印刷厂
经　　销：全国新华书店
开　　本：190mm×260mm　　印　张：41　　字　数：997 千字
版　　次：2016 年 1 月第 1 版　2018 年 1 月第 2 版　　印　次：2018 年 1 月第 1 次印刷
印　　数：1～3000
定　　价：89.00 元

产品编号：077892-01

前　言

“网站开发案例课堂”系列图书是专门为办公技能和网页设计初学者量身定制的一套学习用书。整套书涵盖网页设计、网站开发、数据库设计等方面。整套书具有以下几个特点。

面向前沿科技

无论是网站建设、数据库设计还是HTML 5、CSS 3、JavaScript，我们都精选较为前沿或者用户群最大的领域推进，帮助大家认识和了解最新动态。

权威的作者团队

组织国家重点实验室和资深应用专家联手编著该套图书，融合丰富的教学经验与优秀的管理理念。

学习型案例设计

以技术的实际应用过程为主线，全程采用图解和同步多媒体结合的教学方式，生动、直观、全面地剖析使用过程中的各种应用技能，降低难度以提升学习效率。

为什么要写这样一本书

随着网络的发展，很多企事业单位和广大网民对于建立网站的需求越来越强烈。另外，对于大中专院校，很多学生需要做网站毕业设计，但是这些读者又不懂网页代码程序，不知道从哪里下手。针对这些情况，我们编写了本书，以期引导读者学习网页设计和网站建设的全面知识。通过本书的实训，读者可以很快地学会设计网页和开发网站，提高职业化能力，从而帮助解决公司与求职者的双重需求问题。

本书特色

- 零基础、入门级的讲解

无论您是否从事计算机相关行业，无论您是否接触过网页设计和动态网站开发，都能从本书中找到最佳起点。

- 超多、实用、专业的范例和项目

本书在编排上紧密结合深入学习网页制作技术的先后过程，从网页设计的基本概念开始，带领大家逐步深入地学习各种应用技巧，侧重实战技能，使用简单易懂的实际案例进行分析和操作指导，让读者读起来简明轻松，操作起来有章可循。

- 随时检测自己的学习成果

大部分章末的“疑难解惑”板块，均根据本章内容精选而成，从而帮助读者解决自学过程中最常见的疑难问题。

■ 细致入微、贴心提示

本书在讲解过程中，在各章中使用了“注意”“提示”“技巧”等小贴士，使读者在学习过程中更清楚地了解相关操作、理解相关概念，并轻松掌握各种操作技巧。

■ 专业创作团队和技术支持

您在学习过程中遇到任何问题，可加入 QQ 群(案例课堂 VIP，号码为 451102631)进行提问，专家人员会在线答疑。

超值资源大放送

■ 全程同步教学录像

涵盖本书所有知识点，详细讲解每个实例及项目的过程及技术关键点。比看书更轻松地掌握书中所有的动态网站开发的知识，而且扩展的讲解部分使您得到比书中更多的收获。

■ 超多容量王牌资源

赠送大量王牌资源，包括本书实例源代码、教学幻灯片、本书精品教学视频、88 个实用类网页模板、12 部网页开发必备参考手册、11 个精彩 JavaScript 案例、Dreamweaver CC 快捷键速查手册、HTML 标签速查表、精彩网站配色方案赏析、网页样式与布局案例赏析、CSS+Div 布局赏析案例、Web 前端工程师常见面试题等。读者可以通过 QQ 群(案例课堂 VIP，号码为 451102631)获取赠送资源，也可以扫描二维码，下载本书资源。

读者对象

- 没有任何网页设计和网站建设基础的初学者。
- 有一定的网页设计和网站建设的基础，想精通网站开发的人员。
- 有一定的动态网站开发基础，没有项目经验的人员。
- 正在进行毕业设计的学生。
- 大专院校及培训学校的老师和学生。

创作团队

本书由刘春茂编著，参加编写的人员还有刘玉萍、张金伟、蒲娟、周佳、付红、李园、郭广新、侯永岗、王攀登、刘海松、孙若淞、王月娇、包慧利、陈伟光、胡同夫、王伟、展娜娜、李琪、梁云梁和周浩浩。在编写过程中，我们竭尽所能地将最好的讲解呈现给读者，但也难免有疏漏和不妥之处，敬请不吝指正。若您在学习中遇到困难或疑问，或有任何建议，可写信至信箱 357975357@qq.com。

编　者

目　　录

第 1 篇　网站基础入门

第 2 篇　制作静态网页

第 3 篇 网页美化布局

第 5 篇 开发动态网站

第 6 篇 网站开发实战

第 7 篇 网站全能扩展

第 I 篇

网站基础入门

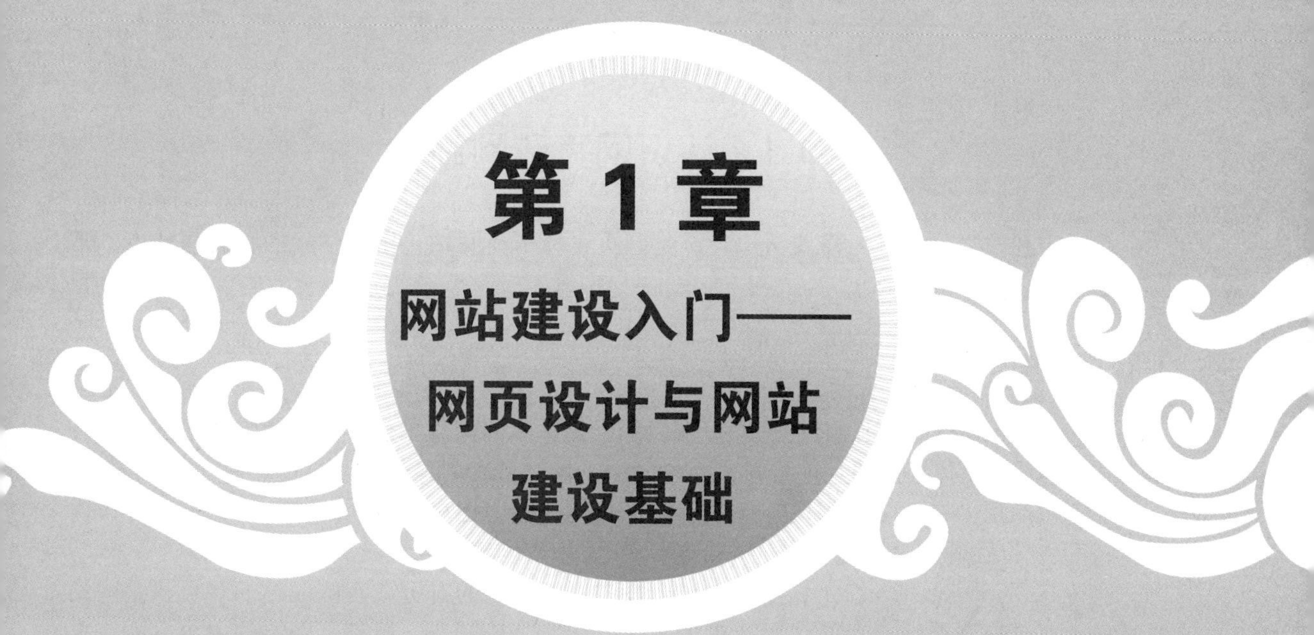

第1章 网站建设入门——网页设计与网站建设基础

网页设计与制作是整个网站制作中的一个重要环节。相对于传统的平面设计而言，网页设计具有新颖性和更多的表现手法。本章主要介绍网页和网站的基本概念与区别、网页的基本组成、什么是静态网页、什么是动态网页等知识，让读者快速了解有关网页设计与网站建设的基本知识。

1.1 认识网页和网站

在创建网站之前，首先需要认识什么是网页、什么是网站，以及网站的种类与特点。下面介绍一些它们的相关概念。

1.1.1 网页

网页是 Internet(国际互联网，也称因特网)中最基本的信息单位，是把文字、图形、声音及动画等各种多媒体信息相互连接起来而构成的一种信息表达方式。

通常，网页中有文字和图像等基本信息，有些网页中还有声音、动画、视频等多媒体内容。网页一般由站标、导航栏、广告栏、信息区、版权区等部分组成，如图 1-1 所示。

在访问一个网站时，首先看到的网页一般称为该网站的首页。有些网站的首页只是网站的开场页，具有欢迎访问者的作用，单击页面上的文字或图片，可打开网站的主页，而首页也随之关闭，如图 1-2 所示。

图 1-1 网站的网页

图 1-2 网站的主页

网站的主页与首页的区别在于：主页设有网站的导航栏，是所有网页的链接中心。但多数网站的首页与主页通常合为一个页面，即省略了首页而直接显示主页。在这种情况下，它们指的是同一个页面，如图 1-3 所示。

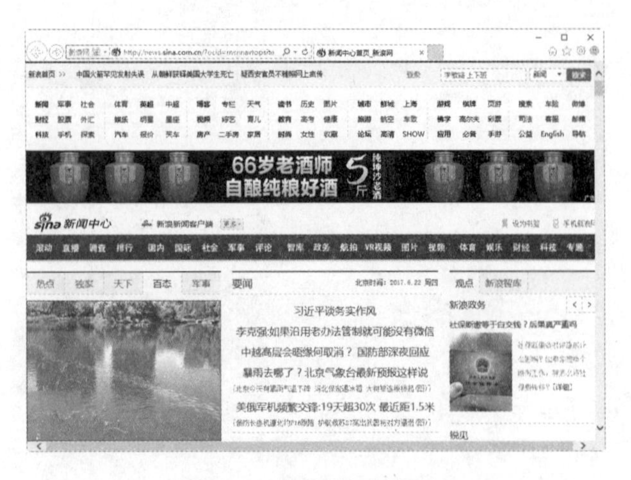

图 1-3 省略首页的网站

1.1.2 网站

网站就是在 Internet 上通过超级链接的形式构成的相关网页的集合。简单地说，网站是一种通信工具，人们可以通过网页浏览器来访问网站，获取自己需要的资源或享受网络提供的服务。

例如，人们可以通过淘宝网查找自己需要的信息，如图 1-4 所示。

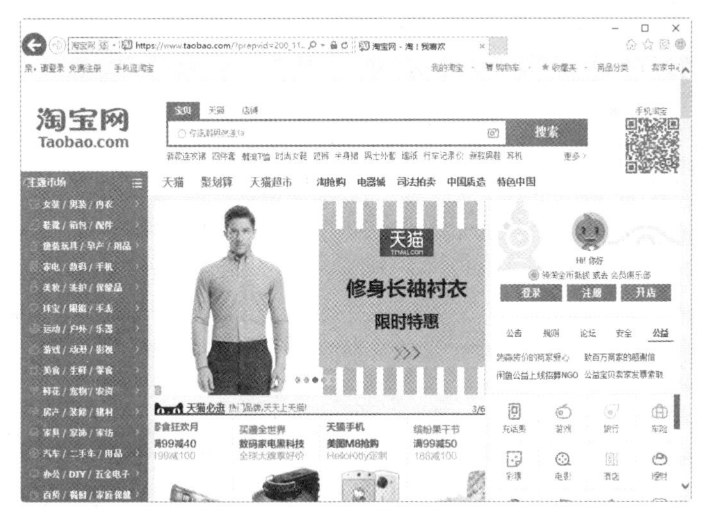

图 1-4　淘宝网

1.1.3　网站的分类

按照内容和形式的不同，网站可以分为门户网站、职能网站、专业网站和个人网站 4 类。

1. 门户网站

门户网站是指涉及领域非常广泛的综合性网站，如国内著名的三大门户网站：网易、搜狐和新浪。图 1-5 所示为网易的首页。

2. 职能网站

职能网站是指一些公司为展示其产品或对其所提供的售后服务进行说明而建立的网站。图 1-6 所示为联想集团的中文官方网站。

图 1-5　门户网站示例

图 1-6　职能网站示例

3. 专业网站

专业网站是指专门以某个主题为内容而建立的网站，这种网站都是以某一题材的信息作为网站的内容的。图 1-7 所示为赶集网，该网站主要为用户提供租房、二手货交易等同城相关服务。

4. 个人网站

个人网站是指由个人开发建立的网站，在内容形式上具有很强的个性化特点，通常用来宣传自己或展示个人的兴趣与爱好。如现在比较流行的淘宝网，在淘宝网上注册一个账户，开一家自己的小店，在一定程度上就宣传了自己，展示了个人兴趣与爱好，如图 1-8 所示。

图 1-7　专业网站示例

图 1-8　个人网站示例

1.2　认识网页的基本组成

在设计网页之前，用户需要认识网页有哪些组成部分。通常，网页包括网址、网页标题、Logo、文本、导航栏、超链接、图像、表单、动画、按钮等内容，如图 1-9 所示。

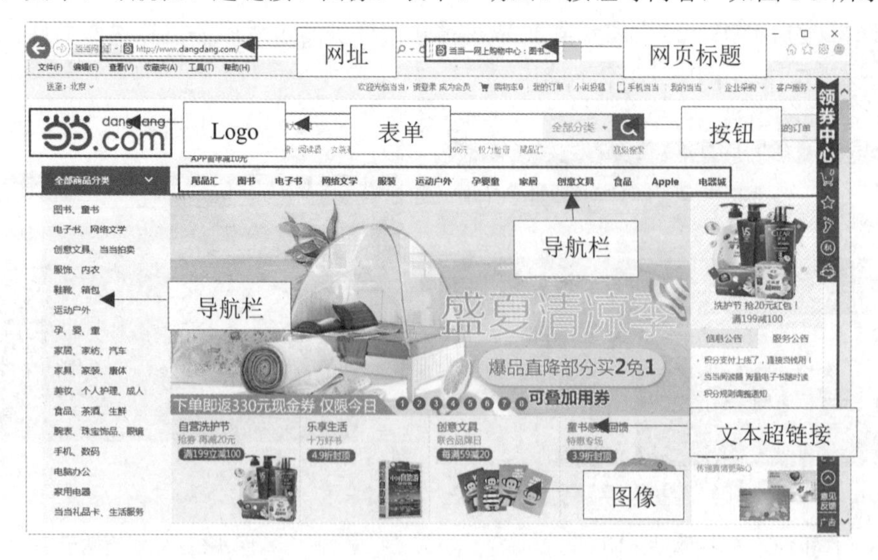

图 1-9　网页

1.2.1　网址

网址是指互联网上网页的地址。每个网页都有唯一的网址，在浏览器的地址栏中输入该网址即可浏览该网址对应的网页。图 1-10 所示为通过网址访问百度。

图 1-10　通过网址访问网页

1.2.2　网页标题

网页标题是对一个网页的高度概括。通常而言，网站首页的标题就是网站的正式名称，如图 1-11 所示。在网页的 HTML 代码中，网页标题位于<head></head>标记之间的<title>标记之中，如图 1-12 所示。

图 1-11　网页标题

图 1-12　网页源代码

1.2.3　Logo

网络中的 Logo 是网站的标志，主要用于与其他网站交换链接，在设计和制作的网页中，Logo 通常用图像和动画制作。图 1-13 所示为携程网的 Logo。

图 1-13　网页 Logo 信息

1.2.4　文本

在网页中，文本内容是网页中信息传递的主要载体，是非常重要的网页元素，如图 1-14 所示。

图 1-14　网页中的文本信息

1.2.5　图像

图像是网页中的主要元素之一。通过图像，不仅可以美化网页的外观，还可以让浏览者更直观地了解信息，如图 1-15 所示。

图 1-15　网页中的图像信息

1.2.6　导航栏

导航栏是一系列导航按钮的组合，其作用是链接到各个页面，让浏览者可以快速找到需要的资源。导航栏一般位于网页的顶端或左侧，如图 1-16 所示。另外，导航栏中主要有水平导航栏和垂直导航栏两种。要制作导航栏，用户可以使用文本、图像、按钮、动画等网页元素来实现。图 1-17 所示为网页中的垂直导航栏。

图 1-16　网页中的导航栏

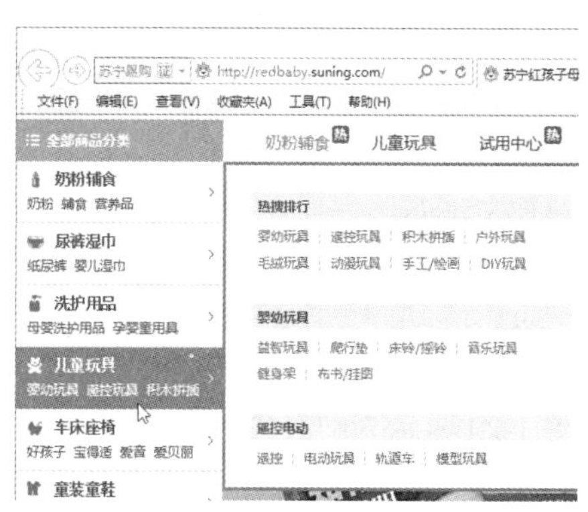

图 1-17　垂直导航栏

1.2.7　超链接

超链接是网页中的一个重要组成部分，通过它可以快速跳转到当前网站的另一个页面，或者另一个网站的某个页面。只有通过超链接将各个页面组织在一起，才能真正构成一个网站。在网页中，将鼠标指针移动到某对象上，鼠标指针变为手形形状，说明该对象是超链接，如图 1-18 所示。

图 1-18　网页中的超链接

1.2.8　表单

在网页中，表单主要用于数据采集，如收集用户填写的注册资料，搜集用户的反馈信息，获取用户登录的用户名和密码，如图 1-19 所示。

图 1-19　网页中的表单

1.2.9　动画

网页中的动画可以是 GIF 格式的，还可以是 Flash 动画。尤其是 Flash 动画，由于其占用的存储空间很小，而且可以与动态网页和数据库进行信息交互，所以它非常适合在网页中使用。图 1-20 所示为网页中的动画。

图 1-20　网页中的动画

1.2.10　Banner

Banner 是网页中的一种元素，它可以作为网站页面的横幅广告或者宣传网页内容等。在网页设计中，该部分是嵌入页面中的，通过采用图像或者动画制作。图 1-21 所示为苏宁易购中的 Banner 广告。

图 1-21　网页中的 Banner 广告

1.3　认识静态网页与动态网页

网页是构成网站的基本元素，是承载各种网站应用的平台，是包含文字与图片的 HTML 格式的文件。网页又可以分为静态网页与动态网页。

1.3.1　静态网页

静态网页是指没有后台数据库、不含程序和不可交互的标准 HTML 文件，其文件扩展名为.htm 或.html。图 1-22 所示为一个静态网页。

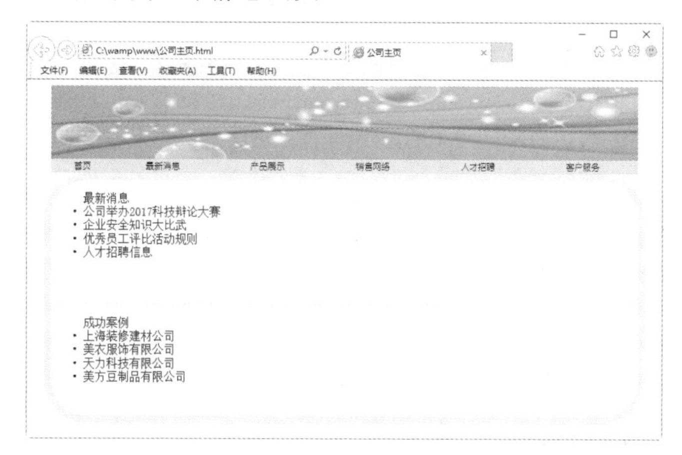

图 1-22　静态网页

1.3.2　动态网页

动态网页是指采用了动态网站技术且可交互的网页，其文件扩展名种类繁多，常见的有.aspx、.asp、.php、.jsp 等。图 1-23 所示为一个动态网页。

图 1-23　动态网页

1.4 网站建设的相关概念

在网站建设的过程中，经常会接触到很多和网络有关的概念，如浏览器、URL、FTP、IP地址、域名等，理解了这些概念，对网站建设会有一定的帮助。

1.4.1 因特网与万维网

因特网(Internet)又称国际互联网，是一个把分布于世界各地的计算机用传输介质互相连接起来的网络。Internet 主要提供的服务有万维网(WWW)、文件传输协议(FTP)、电子邮件(E-mail)、远程登录(Telnet)等。

万维网(World Wide Web，WWW)简称为 3W，它是无数个网络站点和网页的集合，也是 Internet 提供的最主要的服务。它是由大量多媒体内容连接而形成的集合。通常，我们上网看到的内容就是万维网的内容。如图 1-24 所示为使用万维网打开的百度首页。

图 1-24 百度首页

1.4.2 浏览器与 HTML

浏览器是将互联网上的文本文档(或其他类型的文件)翻译成网页，并让用户与这些文件交互的一种软件工具，主要用于查看网页的内容。目前最常用的浏览器有 IE、Firefox、Opera 等。如图 1-25 所示是使用 IE 浏览器打开的页面。

HTML(HyperText Markup Language)即超文本标记语言，是一种用来制作超文本文档的简单标记语言，也是制作网页的最基本的语言，它可以直接由浏览器执行。图 1-26 所示为使用 HTML 语言制作的页面。

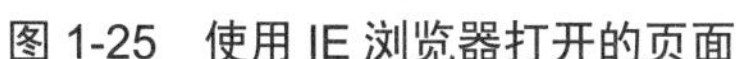
图 1-25　使用 IE 浏览器打开的页面

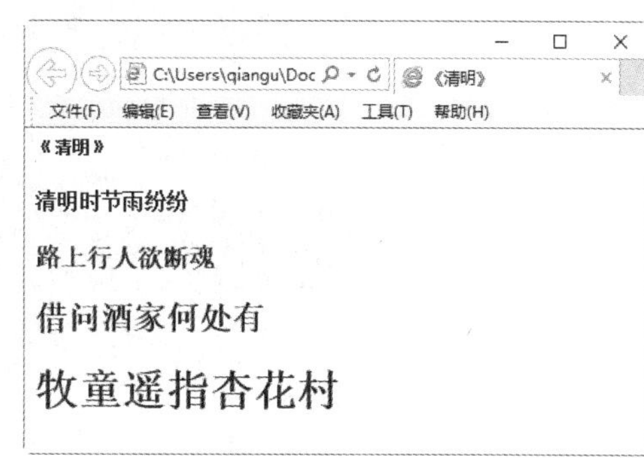

图 1-26　使用 HTML 语言制作的页面

1.4.3　URL、域名与 IP 地址

URL(Uniform Resource Locator)即统一资源定位器，也就是网络地址，是在 Internet 上用来描述信息资源，并将 Internet 提供的服务统一编址的系统。简单来说，通常在 IE 等浏览器中输入的网址就是 URL 的一种，如百度网址 http://www.baidu.com。

域名(Domain Name)类似于 Internet 上的门牌号，是用于识别和定位互联网上计算机的层次结构的字符标识，与该计算机的因特网协议(IP)地址相对应。但相对于 IP 地址而言，域名更便于使用者理解和记忆。URL 和域名是两个不同的概念，如 http://www.sohu.com/ 是 URL(访问此网址可打开如图 1-27 所示的搜狐首页，访问时间不同，其页面内容会有所不同)，而 www.sohu.com 是域名。

图 1-27　搜狐首页

IP(Internet Protocol)即因特网协议，是为计算机网络相互连接进行通信而设计的协议，是计算机在因特网上进行相互通信时应当遵守的规则。IP 地址是给因特网上的每台计算机和其他设备分配的一个唯一的地址。使用 ipconfig 命令可以查看本机的 IP 地址，如图 1-28 所示。

图 1-28　使用 ipconfig 命令查看 IP 地址

1.4.4　上传和下载

上传(Upload)是从本地计算机(一般称客户端)向远程服务器(一般称服务器端)传送数据的行为和过程。下载(Download)是从远程服务器取回数据到本地计算机的过程。

1.5　疑难解惑

疑问 1：为什么网页风格要统一？

答：网页上所有的图像、文字，包括背景颜色、区分线、字体、标题、注脚等元素，要统一风格，贯穿全站，这样网站看起来舒服、顺畅，才会给用户留下专业的印象。

疑问 2：为什么网站建好之后还需要维护？

答：网站维护的主要内容就是不断更新网站内容。因为企业在不断发展，所以网站也需要不断更新。企业通过更新网站可以将企业最新的进展和成果对外展示，而浏览者通过网站不断更新的内容可以感受到企业的存在和活力。

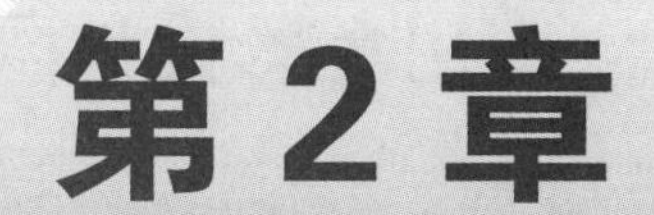

第2章

第一视觉最重要——网站配色与布局

一个网站能否成功，很大程度上取决于网页的结构与配色。因此，在学习制作动态网站之前，首先需要掌握网站结构与网页配色的相关基础知识。本章介绍的内容包括网页配色的相关技巧、网站结构的布局，以及网站配色的经典案例等。

2.1　善用色彩设计网页

经研究发现，当用户第一次打开某个网站时，给用户留下第一印象的既不是网站的内容，也不是网站的版面布局，而是网站具有冲击力的色彩，如图 2-1 所示。

图 2-1　网页色彩搭配

色彩的魅力是无限的，它可以让本身很平淡无味的东西瞬间变得漂亮起来。作为最具说服力的视觉语言，作为最强烈的视觉冲击，色彩在人们的生活中起着先声夺人的作用。因此，作为一名优秀的网页设计师，不仅要掌握基本的网站制作技术，还要掌握网站的配色风格等设计艺术。

2.1.1　认识色彩

为了能更好地应用色彩来设计网页，需要先了解色彩的一些基本概念。自然界中有很多种色彩，比如玫瑰是红色的，大海是蓝色的，橘子是橙色的……但是最基本的色彩有 3 种(红、绿、蓝)，其他的色彩都可以由这 3 种色彩调和而成。这三种色彩被称为“三原色”，如图 2-2(a)所示。

现实生活中的色彩可以分为彩色和非彩色。其中黑、白、灰属于非彩色系列；其他色彩都属于彩色系列。任何一种彩色的色彩都具备色相、明度和纯度 3 个特征。而非彩色的色彩只具有明度属性。

1. 色相

色相指的是色彩的名称。这是色彩的最基本特征，是一种色彩区别于另一种色彩的最主要因素。比如，紫色、绿色、黄色等都代表了不同的色相。同一色相的色彩，通过调整亮度或者纯度，就很容易搭配，如图 2-2(b)所示。

2. 明度

明度也叫亮度，是指色彩的明暗程度。明度越大，色彩越亮，如一些购物、儿童类网站，用的是一些鲜亮的颜色，让人感觉绚丽多姿、生气勃勃。明度越低，颜色越暗。低明度的色彩主要用于一些充满神秘感的游戏类网站，以及一些为了体现个人的孤僻或者忧郁等性格的个人网站。

有明度差的色彩更容易调和，例如，紫色(#993399)与黄色(#ffff00)，暗红(#cc3300)与草绿(#99cc00)，暗蓝(#0066cc)与橙色(#ff9933)等。色彩的明度如图 2-3 所示。

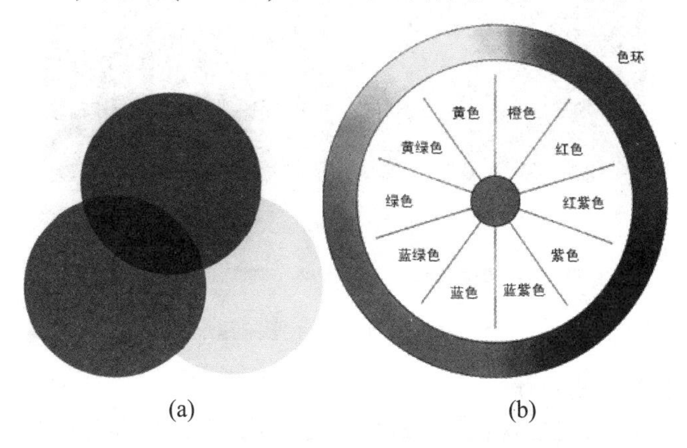

图 2-2　三原色与色相

图 2-3　色彩的明度

3. 纯度

纯度是指色彩的鲜艳程度。纯度高的色彩颜色鲜亮；纯度低的色彩颜色暗淡发灰。

2.1.2　确定网站的主题色

一个网站一般不使用单一颜色，因为会让人感觉单调、乏味；但也不能将所有的颜色都运用到网站中，让人感觉不庄重。一个网站必须围绕一种或两种主题色进行设计，这样既不至于让客户迷失方向，也不至于让客户感到单调、乏味。因此，确定网站的主题色是设计者必须考虑的问题之一。

1. 主题色确定的两个方面

在确定网站主题色时，通常可以从以下两个方面去考虑。

1)　结合产品、内容特点

应该根据产品的特点来确定网站的主色调。如果企业产品是环保型的，可以采用绿色。如果企业主营的产品是高科技或电子类的可以采用蓝色等。如果是红酒企业，则可以考虑使用红酒的色调。图 2-4 所示是商业网站的一种色彩搭配。

图 2-4　商业网站色彩的搭配

2)　根据企业的 VI 识别系统

如今有很多公司都有自己的 VI 识别系统，从公司的名片、办公室的装修、手提袋等可以看得到，这些都是公司沉淀下来的企业文化。网站作为企业的宣传方式之一，也在一定程度上需要考虑这些因素。

2. 主题色的设计原则

在主题色确定时我们还要考虑如下原则，这样设计出的网站界面才能别出心裁，体现出企业的独特风格，更有利于向受众传递企业信息。

1)　与众不同，富有个性

过去许多网站都喜欢选择与竞争对手的网站相近的颜色，试图通过这样的策略来快速实现网站构建，减少建站成本，但这种建站方式鲜有成功者。网站的主题色一定要与竞争网站能明显地区别开，只有与众不同、别具一格才是成功之道。这是网站主题色选择的首要原则。如今越来越多的网站规划者开始认识到这个真理。比如，中国联通已经改变过去模仿中国移动的色彩，推出了与中国移动区别明显的橘色作为新的标准色，如图 2-5 所示。

图 2-5　以橘色为标准色的中国联通网页

2) 符合大众审美习惯

由于大众的色彩偏好非常复杂，而且是多变的，甚至是瞬息万变的，因此要选择最能吻合大众偏好的色彩是非常困难的，甚至是不可能的。最好的办法是剔除掉大众所禁忌的颜色。比如，巴西人忌讳棕黄色和紫色，他们认为棕黄色使人绝望，紫色会带来悲哀，紫色和黄色配在一起，则是患病的预兆。因此，在选择网站主题色时要考虑你的用户群体的审美习惯。

2.1.3 网页中色彩的搭配

色彩在人们的生活中带有丰富的感情和含义。在特定的场合下，同种色彩可以代表不同的含义。色彩总的应用原则应该是“总体协调，局部对比”，即主页的整体色彩效果是和谐的，局部、小范围的地方可以配一些对比强烈的色彩。在色彩的运用上，可以根据主页内容的需要，分别采用不同的主色调。

色彩具有象征性，如嫩绿色、翠绿色、金黄色、灰褐色分别象征春、夏、秋、冬。其次还有职业的标志色，如军用的橄榄绿、医疗卫生的白色等。色彩还具有明显的心理感觉，如冷、暖的感觉，进、退的效果等。另外，色彩还具有民族性。各个民族由于环境、文化、传统等因素的影响，对于色彩的喜好也存在着较大的差异。

1. 色彩的搭配

充分运用以下色彩的这些特性，可以使网站的主页具有深刻的艺术内涵，从而提升主页的文化品位。

(1) 相近色。相近色即色环中相邻的 3 种颜色。相近色的搭配给人的视觉效果很舒适、很自然，所以相近色在网站设计中极为常用。

(2) 互补色。互补色即色环中相对的两种色彩。对互补色调整一下补色的亮度，有时是一种很好的搭配。

(3) 暖色。暖色与黑色搭配，一般应用于购物类网站、电子商务网站、儿童类网站等，用以体现商品的琳琅满目或网站的活泼、温馨等效果，如图 2-6 所示。

(4) 冷色。冷色一般与白色搭配，一般应用于一些高科技、游戏类网站，主要表达严肃、稳重等效果，如图 2-7 所示。绿色、蓝色、蓝紫色等都属于冷色系列。

图 2-6　暖色色系的网页

图 2-7　冷色色系的网页

(5) 色彩均衡。网站要让人看上去舒适、协调，除了文字、图片等内容的排版合理外，色彩均衡也是相当重要的一个部分。比如，一个网站不可能单一地运用一种颜色，所以色彩的均衡问题是设计者必须要考虑的问题。

2. 非彩色的搭配

黑色与白色搭配是最基本和最简单的搭配，无论是白字黑底还是黑字白底都非常清晰明了。灰色是万能色，可以和任何色彩搭配，也可以帮助两种对立的色彩和谐过渡。如果在网页设计中实在找不出合适的搭配色彩，那么可以尝试用灰色，效果绝对不会太差。黑白色系的网页如图 2-8 所示。

图 2-8　黑白色系的网页

2.1.4　网页元素的色彩搭配

为了让网页设计得更亮丽、更舒适，增强页面的可阅读性，必须合理、恰当地运用页面各元素间的色彩搭配。

1. 网页导航条

网页导航条是网站的指路方向标，浏览者在网页间的跳转、了解网站的结构、查看网站的内容，都必须使用导航条。导航条的色彩搭配，可以使用稍微具有跳跃性的色彩吸引浏览者的视线，使其感觉网站清晰明了、层次分明，如图 2-9 所示。

图 2-9　网页导航条的色彩搭配

2. 网页链接

一个网站不可能只有一页，所以文字与图片的链接是网站中不可缺少的部分。尤其是文字链接，因为文字链接有别于一般文字，所以文字链接的颜色不能与文字的颜色一样。要让浏览者快速地找到网站链接，设置独特的文字链接颜色是一种促使浏览者点击链接的好办法，如图 2-10 所示。

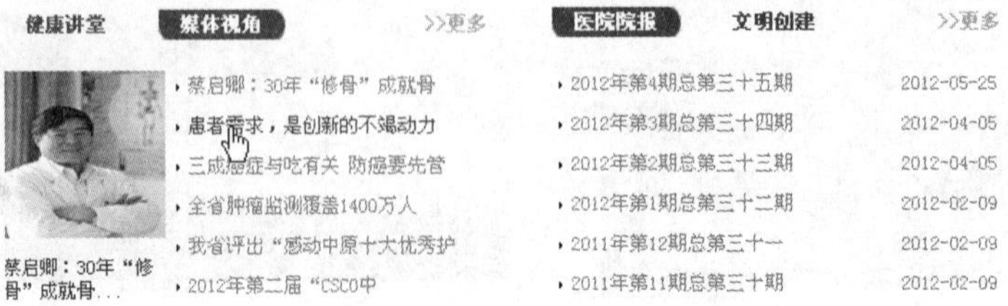

图 2-10　网页链接的色彩搭配

3. 网页文字

如果网站中使用了背景颜色，就必须考虑背景颜色的用色与前景文字的色彩搭配问题。一般的网站侧重的是文字，所以背景的颜色可以使用纯度或者明度较低的色彩，而文字的颜色可以使用较为突出的亮色，让人一目了然。

4. 网站标志

网站标志是宣传网站最重要的部分之一，所以网站标志在页面上一定要突出、醒目，可以将 Logo 和 Banner 做得鲜亮一些。也就是说，在色彩搭配方面网站标志的色彩要与网页的主题色彩分离开。有时为了更突出，也可以使用与主题色相反的颜色，如图 2-11 所示。

图 2-11　网站标志的色彩搭配

2.1.5　网页色彩搭配的技巧

色彩搭配是一门艺术，灵活地运用它能让网站的主页更具亲和力。要想制作出漂亮的主页，在灵活运用色彩的基础上还需要加上自己的创意和技巧。下面详细介绍网页色彩搭配的一些常用技巧。

1. 单色的使用

尽管网站设计要避免采用单一的色彩，以免产生单调的感觉，但通过调整单一色彩的饱和度与透明度，也可以使网站色彩产生变化，让网站避免单调，做到色彩统一、有层次感，如图 2-12 所示。

2. 邻近色的使用

所谓邻近色，就是色带上相邻近的颜色，如绿色和蓝色、红色和黄色就互为邻近色。采用邻近色设计网页可以使网页避免色彩杂乱，易于使页面色彩达到丰富、和谐统一，如图 2-13 所示。

3. 对比色的使用

对比色可以突出重点，产生强烈的视觉效果。通过合理使用对比色，能够使网站特色鲜明、重点突出。在设计时，一般以一种颜色为主色调，将对比色作为点缀，可以对设计起到画龙点睛的作用。

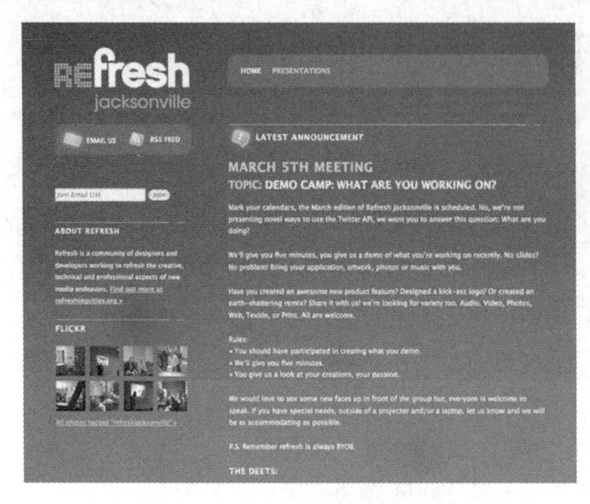

图 2-12　单色的使用示例

图 2-13　邻近色的使用示例

4. 黑色的使用

黑色是一种特殊的颜色，如果使用恰当、设计合理，往往能产生很强的艺术效果。黑色一般用来作为背景色，与其他纯度色彩搭配使用。

5. 背景色的使用

背景颜色不要太深，否则会显得过于厚重，而且还会影响整个页面的显示效果。在设计时，一般采用素淡清雅的色彩，避免采用花纹复杂的图片和纯度很高的色彩作为背景色，同时，背景色要与文字的色彩对比强烈一些。但也有例外，使用黑色的背景衬托亮丽的文本和图像，则会给人一种另类的感觉。背景色的使用示例如图 2-14 所示。

图 2-14　背景色的使用示例

6. 色彩的数量

一般初学者在设计网页时往往会使用多种颜色，使网页变得很“花”，缺乏统一和协调，缺乏内在的美感，给人一种繁杂的感觉。事实上，网站用色并不是越多越好，一般应控制在 4 种色彩以内，可以通过调整色彩的各种属性来使网页产生颜色上的变化，从而保持整个网页的色调统一。

7. 要和网站内容匹配

了解网站所要传达的信息和品牌，选择可以加强这些信息的颜色。比如，在设计一个强调稳健的金融机构时，就要选择冷色系，用柔和的蓝、灰或绿色。如果使用暖色系或活泼的颜色，可能会破坏该网站的品牌。

8. 围绕网页主题

色彩要能烘托出主题。根据主题确定网站颜色，同时还要考虑网站的访问对象，文化的差异也会使色彩产生非预期的反应。还有，不同地区与不同年龄层对颜色的反应也会有所不同。年轻人一般比较喜欢饱和色，但这样的颜色引不起高龄人群的兴趣。

此外，白色是网站用得最普遍的一种颜色。很多网站甚至留出大块的白色空间，作为网站的一个组成部分，这就是留白艺术。很多设计性网站较多地运用留白艺术，给人一个遐想的空间，让人感觉心情舒适、畅快。因此，恰当的留白对于协调页面的均衡会起到相当大的作用，如图 2-15 所示。

总之，色彩的使用并没有一定的法则，如果一定要用某个法则去套，则效果只会适得其反。色彩的运用还与每个人的审美观、个人喜好、知识层次等密切相关。一般应先确定一种能体现主题的主体色，然后根据具体的需要通过近似和对比的手段来完成整个页面的配色方案。整个页面在视觉上应该是一个整体，以达到和谐、悦目的视觉效果，如图 2-16 所示。

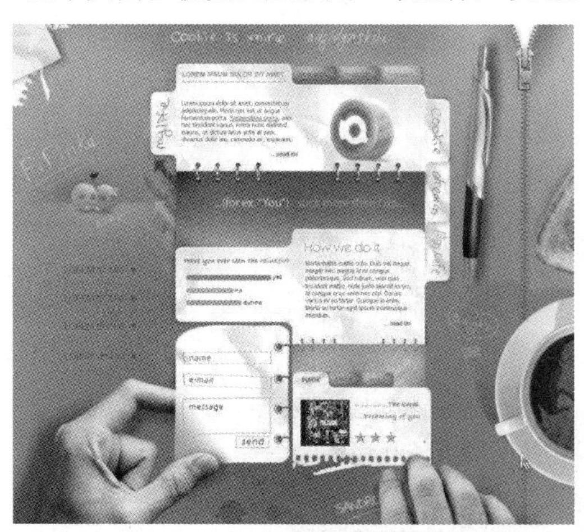

图 2-15　网页留白的处理效果

图 2-16　网页色彩的搭配

2.2　常见的网站布局结构

在规划网站的页面前，对所要创建的网站要有充分的认识和了解。大量的前期准备工作可使设计者在规划网页时胸有成竹，得心应手，一路畅行。在网站中网页布局大致可分为

“国”字型、标题正文型、左右框架型、上下框架型、综合框架型、封面型、Flash 型等。

2.2.1 “国”字型

“国”字型也可以称为“同”字型，它是布局一些大型网站时常用的一种结构类型，即网页最顶端是网站的标题和横幅广告条，接下来是网站的主要内容。网页左右分列一些内容条目，中间是主要部分，与左右一起罗列到底。最下方是网站的一些基本信息、联系方式、版权声明等。这种结构几乎是网上使用最多的一种结构类型，如图 2-17 所示。

图 2-17 “国”字型网页结构示例

2.2.2 标题正文型

标题正文型即网页最上方是标题或类似的一些东西，下方是正文，如图 2-18 所示。一些网站的文章页面或注册页面等采用的就是这种类型。

图 2-18 标题正文型网页结构示例

2.2.3 左右框架型

左右框架型是一种左右分布的框架结构。一般来说，左侧是导航链接，有时最上方会有一个小的标题或标志，右侧是正文。大部分的大型论坛采用的都是这种结构，有一些企业网站也喜欢采用这种结构。这种类型的结构非常清晰，一目了然，如图 2-19 所示。

2.2.4 上下框架型

上下框架型与左右框架型类似，区别仅在于这是一种分为上下两部分的框架，如图 2-20 所示。

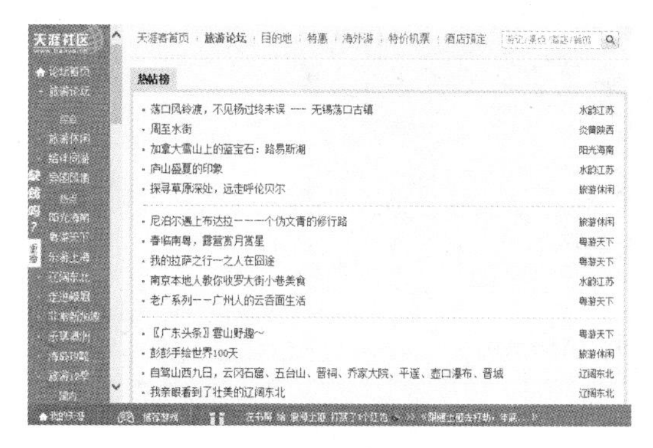

图 2-19 左右框架型网页结构示例

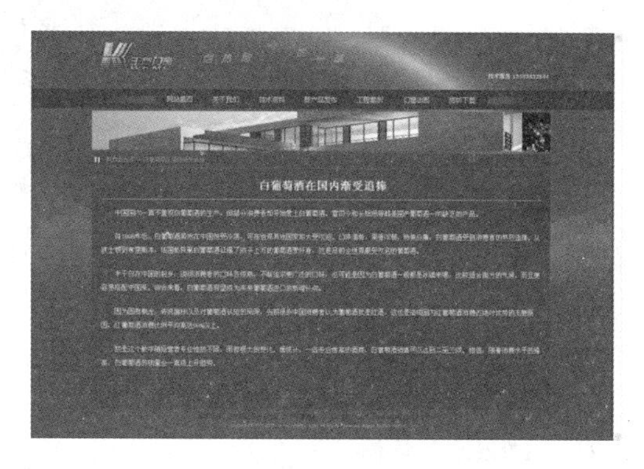

图 2-20 上下框架型网页结构示例

2.2.5 综合框架型

综合框架型是多种结构的结合，是相对复杂的一种框架结构，如图 2-21 所示。

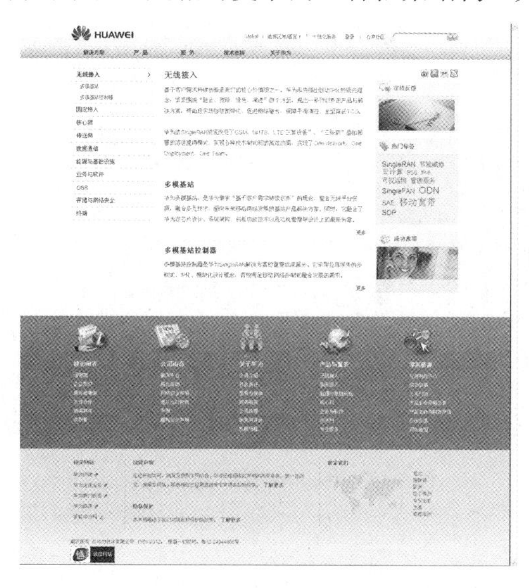

图 2-21 综合框架型网页结构示例

2.2.6 封面型

封面型网页结构基本上出现在一些网站的首页，大部分为一些精美的平面设计与一些小的动画相结合，放上几个简单的链接，或者仅是一个进入链接，甚至直接在首页的图片上做链接而没有任何提示。这种类型大部分出现在企业网站和个人主页。如果处理得好，则会给人带来赏心悦目的感觉。图 2-22 所示是一种封面型网页结构。

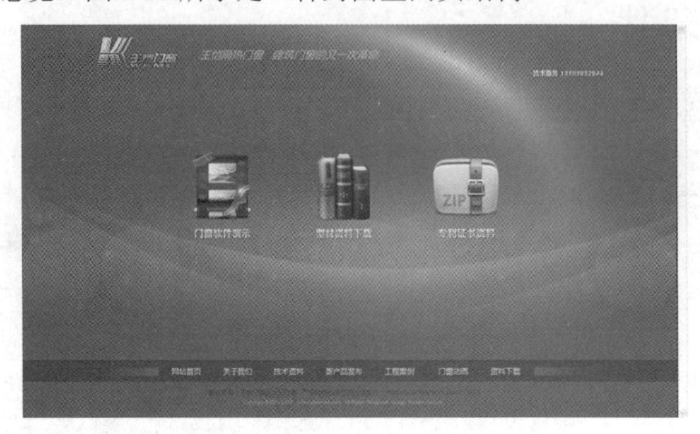

图 2-22　封面型网页结构示例

2.2.7　Flash 型

其实 Flash 型网页结构与封面型结构是类似的，只是这种类型采用了目前非常流行的 Flash。与封面型不同的是，由于 Flash 具有强大的功能，所以页面所表达的信息更丰富。它的视觉效果及听觉效果如果处理得当，绝不亚于传统的多媒体。图 2-23 所示是一种 Flash 型网页结构。

图 2-23　Flash 型网页结构示例

2.3　网站的色彩应用案例

在了解了网页色彩的搭配原理与技巧后，下面介绍一些网站的色彩搭配应用案例。

2.3.1　案例 1——网络购物类网站的色彩应用

网络购物类网站一般不仅要体现出文化的时尚，而且还要体现出品牌的时尚。通常情况下，说起具有品牌时尚的女性服装和鞋子，人们脑海中不自觉地就会涌现出红色、紫色及粉红色。因为这些颜色已经成为女性的专用色彩，所以典型的女性服饰都常以这些色彩作为修饰色。

如图 2-24 所示，这是一个主色调为红色(中明度、中纯度)，辅助色为灰色(低明度、低纯度)、蓝色(中明度、中纯度)和白色(高明度、高纯度)的网络购物类网站。该网站的红色给人以醒目温暖的感觉，白色则给人以干净明亮的感觉。

图 2-24　网络购物类网站示例

2.3.2　案例 2——游戏类网站的色彩应用

随着互联网技术的不断进步，各种类型的游戏类网站如雨后春笋般出现，并逐渐成为娱乐类网站中不可缺少的类型。这类网站的风格和颜色也是千变万化，随着游戏性质的不同而呈现出不同的样貌。

如图 2-25 所示，这是一个战斗性游戏类网站。该网站的主色调为灰色(中明度、中纯度)，辅助色为黑色(低明度、低纯度)和黄色(中明度、中纯度)。网站大面积使用灰色修饰网页，给人一种深幽、复古的感觉，仿佛回到了那悠远的远古时代。使用黑色和黄色做点缀，更加突出了远古人们决斗的场景，从而吸引更多浏览者进入虚幻的战斗中。

图 2-25　游戏类网站示例

2.3.3 案例3——企业门户网站的色彩应用

企业门户网站在整个网站界占据着重要地位，其网站配色十分重要，是初学者必须学习的。

1. 以形象为主的企业门户网站

以形象为主的企业门户网站就是以企业形象为主体宣传的网站。这类网站的表现形式与众不同，经常是以宽广的视野、雄厚的实力、强大的视觉冲击力，并配以震撼的音乐及气宇轩昂的色彩，将企业形象不折不扣地展现在世人面前，给人以信任和安全的感觉。

图2-26所示是一个标准的以企业形象为主的地产公司网站首页。该网站的主色调为暗红色(中明度、中纯度)，辅助色为灰色(中明度、低纯度)。页面采用暗红色来勾勒修饰，运用战争年代战士们冲锋陷阵的图片作为网站的主背景，意在向人们展现此企业犹如抗战时期的中国一样，有毅力，有动力，有活力，并且有足够的信心将自己的企业做大做强。另外，用灰色作为修饰色，更突出表现出坚定的决心和充足的信心。

2. 以产品为主的企业门户网站

以产品为主的企业门户网站大都以推销其产品为主，整个网页贯穿产品的各种介绍，并从整体和局部准确地展示产品的性能和质量，从而突出产品的特点和优越性。此类网站的表现手法也比较新颖，总是在网站首页或欢迎页面以产品形象作为展示的核心，同时配以动画或音效等，吸引浏览者的注意，从而达到宣传产品的目的。

如图2-27所示的某品牌汽车厂商网站就是一个很好的例子。该网站是以汽车销售为主的企业门户网站，用黑色(低明度、低纯度)作为主色调，用以展现其汽车产品的强悍与优雅；用灰色(中明度、低纯度)作为辅助色，使页面在稳重中增添了明亮的色彩，增加了汽车的力量感，从而将企业产品醒目地展现给浏览者。

图2-26 以形象为主的企业门户网站示例

图2-27 以产品为主的企业门户网站示例

2.3.4 案例4——时政新闻类网站的色彩应用

时政新闻类网站是指那些以提供专业动态信息为主，面向获取信息的专业用户的网站，此类网站比门户类网站更具特色。

如图2-28所示，这是一个标准的时政新闻类网站。该网站的主色调为蓝色(高明度、高纯度)，辅助色为白色(高明度、高纯度)。该网站结构清晰明了，各个板块分配明朗，色彩调和也非常到位，用白色作为背景色，更显示出蓝色的纯净与舒适，使整个页面显得简单而又整齐，从而给人一种赏心悦目的感觉。

图 2-28　时政新闻类网站示例

2.3.5　案例 5——影音类网站的色彩应用

在众多网站中，影音类网站是受欢迎程度相当高的网站类型之一，特别是青少年群体无疑是影音类网站浏览者的主力。由于影音类网站以突出影像和声音为其特点，所以此类网站在影像和声音方面的表现尤为突出。

如图 2-29 所示的影音类网站运用具有空旷气息的蓝色作为整个网页的修饰色，意在突出此网站的自然气息。该网站的主色调为蓝色(中明度、中纯度)，辅助色为橘黄色(中明度、中纯度)和白色(高明度、高纯度)，使用自然的白色更加衬托出蓝色的洁净和优雅，又运用橘黄色作为整个网站的点缀色彩，起到烘托修饰的作用，从而更加鲜明地突出了网站的主题。

图 2-29　影音类网站示例

2.3.6 案例 6——娱乐类网站的色彩应用

在众多类别的网站中，思想最活跃、格调最休闲、色彩最缤纷的网站非娱乐类网站莫属。格式多样化的娱乐类网站，总是通过独特的设计思路来吸引浏览者的注意，表现其个性的网站空间。

图 2-30 所示为一个音乐类网站。该网站的主色调为蓝色(高明度、高纯度)，使用具有神秘色彩的黑色作为点缀，从而给人一种新鲜感。

图 2-30　音乐类网站示例

2.4 综合案例——定位网站页面的框架

在网站布局中采用“综合框架型”结构对网站进行布局，即网站的头部主要用于放置网站 Logo 和网站导航；网站的左框架主要用于放置商品分类、销售排行榜等；网站的主体部分则用于显示网站的商品和对商品的购买交易；网站的底部主要放置版权信息等。

在设计网页之前，设计者可以先在 Photoshop 中勾画出框架，然后在该框架的基础上进行布局。具体操作步骤如下。

step 01 打开 Photoshop CC，如图 2-31 所示。

step 02 选择【文件】→【新建】命令，打开【新建】对话框，在其中设置文档的宽度为 1024 像素、高度为 768 像素，如图 2-32 所示。

step 03 单击【确定】按钮，即可创建一个 1024×768 像素的文档，如图 2-33 所示。

step 04 选择左侧工具框中的矩形工具，并调整路径状态，画一个矩形框，如图 2-34 所示。

step 05 使用文字工具，创建一个文本图层，输入“网站页面的头部”，如图 2-35 所示。

step 06 依次绘出网站的中左、中右和底部，网站的结构布局最终如图 2-36 所示。

确定好网站框架后，就可以结合相关知识进行网站不同区域的布局设计了。

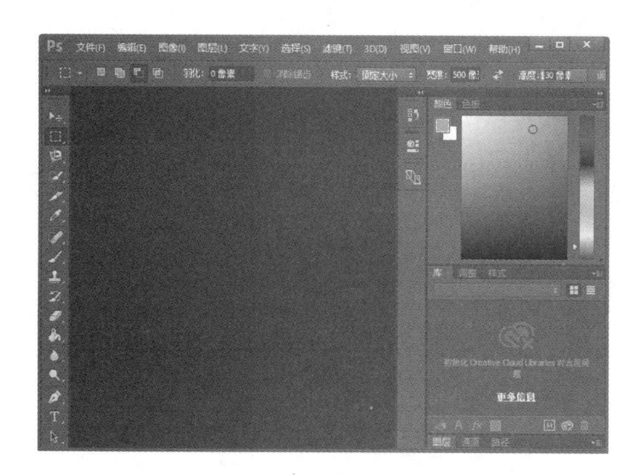

图 2-31　Photoshop CC 的操作界面

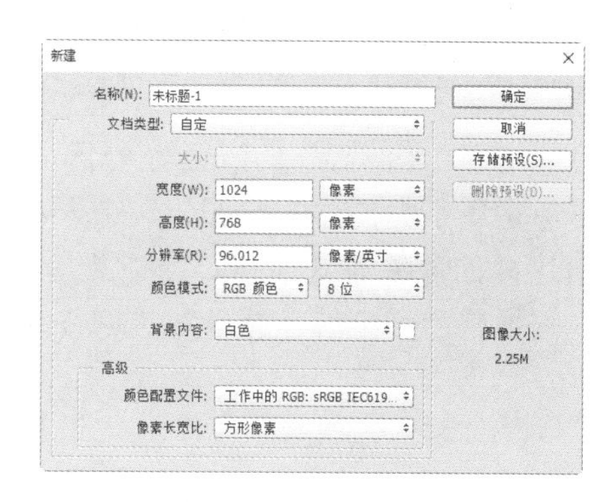

图 2-32　【新建】对话框

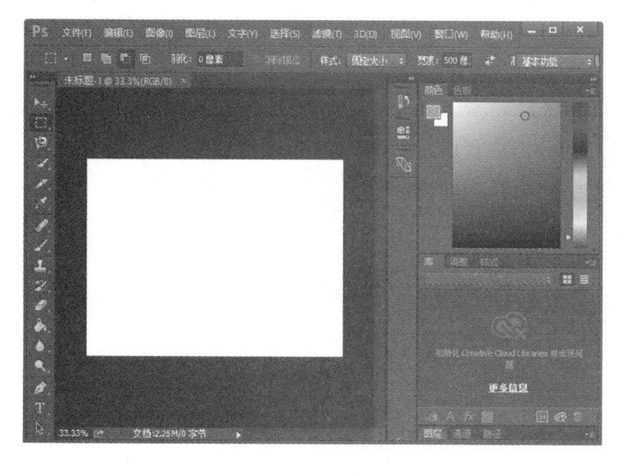

图 2-33　创建空白文档

图 2-34　绘制矩形框

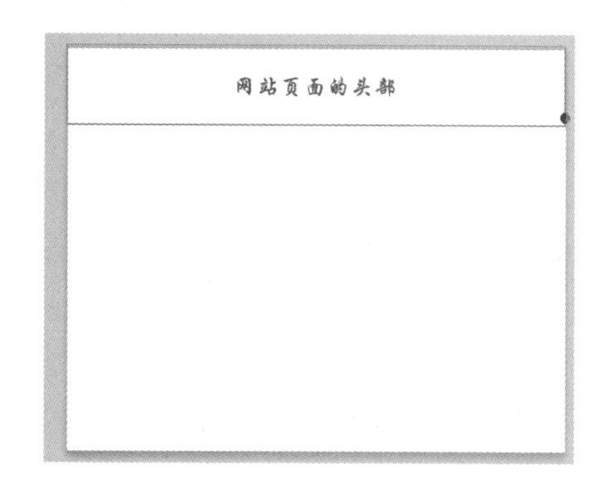

图 2-35　输入文字

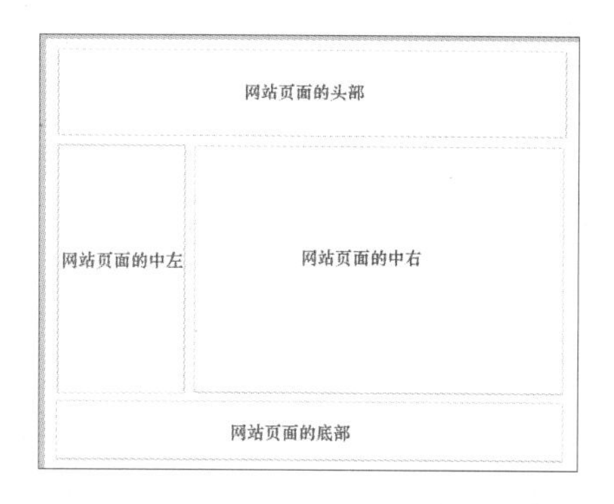

图 2-36　网站页面结构的最终布局

2.5　疑难解惑

疑问 1：如何使自己的网站的配色更具有亲和力？

答：在对网页进行配色时，必须考虑网站本身的性质。如果网站的产品以化妆品为主，那么这样的网站的配色多采用柔和、柔美、明亮的色彩。这样就可以给人一种温柔的感觉，具有很强的亲和力。

疑问 2：如何在自己的网页中营造出地中海风情的配色？

答：使用“白+蓝”的配色，可营造出地中海风情的配色。白色很容易令人感到十分自由，好像是属于大自然的一部分，令人心胸开阔，像海天一色的大自然一样开阔自在。要想营造出这样的地中海式风情，必须把室内的物品，如家具、饰品、窗帘等都限制在一个色系中，这样就会产生统一感。对于向往碧海蓝天的人士，白色与蓝色是居家生活最佳的搭配选择。

第3章 读懂网页密码——HTML语言速成

HTML 即超文本标记语言，是一种用来制作超文本文档的简单标记语言，是一种应用非常广泛的网页格式，也是被用来显示 Web 页面的语言之一。可以说，一个网页对应于一个 HTML 文件。HTML 文件以.htm 或.html 为扩展名，可以使用任何能够生成 TXT 类型源文件的文本编辑器来编辑 HTML 文件。

3.1 网页的 HTML 构成

在一个 HTML 文档中，必须包含<HTML></HTML>标记(也称标签)，并且该标记需要放在一个 HTML 文档的开始和结束位置。即每个文档以<HTML>开始，以</HTML>结束。<HTML>与</HTML>之间通常包含两个部分，分别是<HEAD></HEAD>标记和<BODY></BODY>标记。HEAD 标记包含 HTML 头部信息，如文档标题、样式定义等。BODY 标记包含文档主体部分，即网页内容。需要注意的是，HTML 标记不区分大小写。

为了便于读者从整体上把握 HTML 文档结构，下面通过一个 HTML 页面来介绍 HTML 页面的整体结构。示例代码如下：

```
<!DOCTYPE HTML>
<HTML>
<HEAD>
    <TITLE>网页标题</TITLE>
</HEAD>
<BODY>
    网页内容
</BODY>
</HTML>
```

从上述代码可以看出，一个基本的 HTML 页面由以下几个部分构成。

(1) <!DOCTYPE>声明必须位于 HTML 5 文档中的第一行，也就是位于<HTML>标记之前。该标记用于告知浏览器文档所使用的 HTML 规范。<!DOCTYPE>声明不属于 HTML 标记，它是一条指令，告诉浏览器编写页面所用的标记的版本。由于 HTML 5 版本还没有得到浏览器的完全认可，后面介绍时还采用以前通用的标准。

(2) <HTML>和</HTML>说明本页面是使用 HTML 语言编写的，使浏览器软件能够准确无误地解释、显示。

(3) <HEAD>和</HEAD>是 HTML 的头部标记，头部信息不显示在网页中。在该标记内可以嵌套其他标记，用于说明文件标题和整个文件的一些公用属性，如通过<style>标记定义 CSS 样式表，通过<Script>标记定义 JavaScript 脚本文件。

(4) <TITLE>和</TITLE>标记是 HEAD(头部)中的重要组成部分，它包含的内容显示在浏览器的窗口标题栏中。如果没有 TITLE(标题)，浏览器标题栏就只显示本页的文件名。

(5) <BODY>和</BODY>标记用来包含 HTML 页面显示在浏览器窗口的客户区中的实际内容。例如，页面中的文字、图像、动画、超链接及其他 HTML 相关的内容都是在该标记中定义的。

3.1.1 文档标记

一般 HTML 的页面以<HTML>标记开始，以</HTML>标记结束。HTML 文档中的所有内容都应位于这两个标记之间。如果这两个标记之间没有内容，则该 HTML 文档在 IE 浏览器中的显示将是空白页面。

<HTML>标记的语法格式如下：

```
<HTML>
...
</HTML>
```

3.1.2　头部标记

头部标记(<HEAD>…</HEAD>)包含的是文档的标题信息，如标题、关键字、说明、样式等。除了<TITLE>标题外，一般位于头部标记中的内容不会直接显示在浏览器中，而是通过其他的方式显示。

1. 内容

头部标记中可以嵌套多个标记，如<TITLE>、<BASE>、<ISINDEX>和<SCRIPT>等标记，也可以添加任意数量的属性，如<SCRIPT>、<STYLE>、<META>或<OBJECT>等。除了<TITLE>标记外，嵌入的其他标记可以使用多个。

2. 位置

在所有的 HTML 文档中，头部标记不可或缺，但是其起始和结尾标记可以省去。在各个 HTML 的版本文档中，头部标记一直紧跟<BODY>标记，但在框架设置文档中，其后跟的是<FRAMESET>标记。

3. 属性

<HEAD>标记的属性 PROFILE 给出了元数据描写的位置，从中可以看到其中的<META>和<LINK>元素的特性。该属性的形式没有严格的格式规定。

3.1.3　主体标记

主体标记(<BODY>…</BODY>)包含了文档的内容，用若干个属性来规定文档中显示的背景和颜色。

主体标记可能用到的属性如下。

(1) BACKGROUND=URI(文档的背景图像，URI 指图像文件的路径)。

(2) BGCOLOR=Color(文档的背景色)。

(3) TEXT=Color(文本颜色)。

(4) LINK=Color(链接颜色)。

(5) VLINK=Color(已访问的链接颜色)。

(6) ALINK=Color(被选中的链接颜色)。

(7) ONLOAD=Script(文档已被加载)。

(8) ONUNLOAD=Script(文档已退出)。

为该标签添加属性的代码格式如下：

```
<BODY BACKGROUND="URI"BGCOLOR="Color">
...
</BODY>
```

3.2 HTML 的常用标记

HTML 文档是由标记组成的文档。要熟练掌握 HTML 文档的编写，就要先了解 HTML 的常用标记。

3.2.1 标题标记<h1>到<h6>

在 HTML 文档中，文本的结构除了以行和段的形式出现之外，还能够以标题的形式存在。通常一篇文档最基本的结构，就是由若干不同级别的标题和正文组成的。

HTML 文档中包含各种级别的标题。各种级别的标题由元素<h1>到<h6>来定义，其中<h1>代表 1 级标题，级别最高，字号也最大，其他标题元素依次递减，<h6>级别最低。

下面具体介绍标题的使用方法。

【例 3.1】 标题标记的使用(实例文件为 ch03\3.1.html)。具体代码如下：

```
<html>
<head>
<title>文本段换行</title>
</head>
<body>
<h1>这里是 1 级标题</h1>
<h2>这里是 2 级标题</h2>
<h3>这里是 3 级标题</h3>
<h4>这里是 4 级标题</h4>
<h5>这里是 5 级标题</h5>
<h6>这里是 6 级标题</h6>
</body>
</html>
```

将上述代码输入到记事本文件中，并以后缀名为.html 的格式保存后，可在 IE 浏览器中预览效果，如图 3-1 所示。

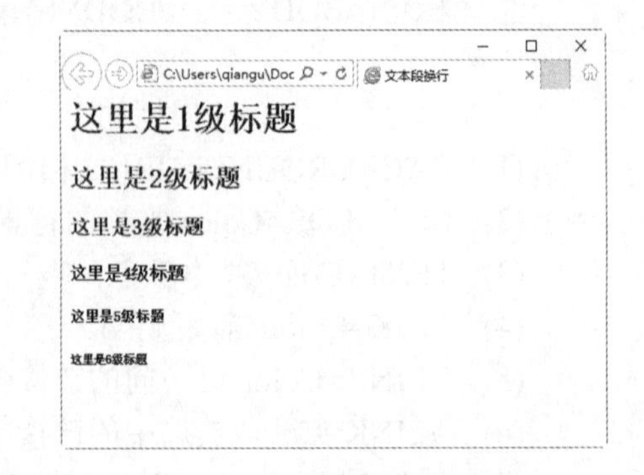

图 3-1 标题标记的使用效果

3.2.2 段落标记<p>

段落标记<p>用来定义网页中的一段文本，文本在一个段落中会自动换行。段落标记是双标记，即<p>和</p>，在开始标记<p>和结束标记</p>之间的内容形成一个段落。如果省略掉结束标记，从<p>标记开始，那么直到在下一个段落标记出现之前的文本，都将被默认为同一段段落内。段落标记中的 p 是指英文单词 paragraph(即“段落”)的首字母。

下面具体介绍段落标记的使用方法。

【例 3.2】 段落标记的使用(实例文件为 ch03\3.2.html)。具体代码如下：

```
<html>
<head>
<title>段落标记的使用</title>
</head>
<body>
<p>白雪公主与七个小矮人!</p>
<p>很久以前，白雪公主的后母——王后美貌盖世，但魔镜却告诉她世上唯有白雪公主最漂亮。王后怒火中烧，派武士把她押送到森林准备谋害，武士很同情白雪公主，让她逃往森林深处。
</p>
<p>
小动物们用善良的心抚慰她，鸟兽们还把她领到一间小屋中，收拾完房间后，她进入了梦乡。房子的主人是在外边开矿的七个小矮人，他们听了白雪公主的诉说后把她留在家中。
</p>
<p>
王后得知白雪公主未死，便用魔镜把自己变成一个老太婆，来到密林深处，哄骗白雪公主吃下一只有毒的苹果，使白雪公主昏死过去。鸟儿识破了王后的伪装，飞到矿山向小矮人报告了白雪公主的不幸。七个小矮人火速赶回，王后仓皇逃跑，在狂风暴雨中跌下山崖摔死。
</p>
<p>
七个小矮人悲痛万分，把白雪公主安放在一只水晶棺里日日夜夜守护着她。邻国的王子闻讯，骑着白马赶来，爱情之吻使白雪公主死而复生。然后王子带着白雪公主骑上白马，告别了七个小矮人和森林中的动物，到王子的宫殿中开始了幸福的生活。
</p>
</body>
</html>
```

将上述代码输入到记事本文件中，并以后缀名为.html 的格式保存，然后在 IE 浏览器中预览效果，如图 3-2 所示，可以看出<P>标记将文本分成了 5 个段落。

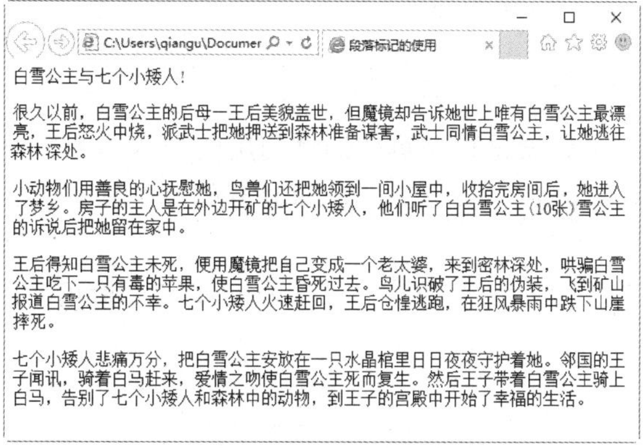

图 3-2 段落标记的使用效果

3.2.3 换行标记

使用换行标记
可以给一段文字换行。该标记是一个单标记，它没有结束标记，是英文单词 break 的缩写，作用是将文字在一个段内强制换行。一个
标记代表一次换行，连续的多个标记可以实现多次换行。使用换行标记时，在需要换行的位置添加
标记即可。

下面具体介绍换行标记的使用方法。

【例 3.3】 换行标记的使用(实例文件：ch03\3.3.html)。具体代码如下：

```
<html>
<head>
<title>文本段换行</title>
</head>
<body>
清明<br/>
清明时节雨纷纷<br/>
路上行人欲断魂<br/>
借问酒家何处有<br/>
牧童遥指杏花村
</body>
</html>
```

将上述代码输入到记事本文件中，并以后缀名为.html 的格式保存，然后在 IE 浏览器中预览效果，如图 3-3 所示。

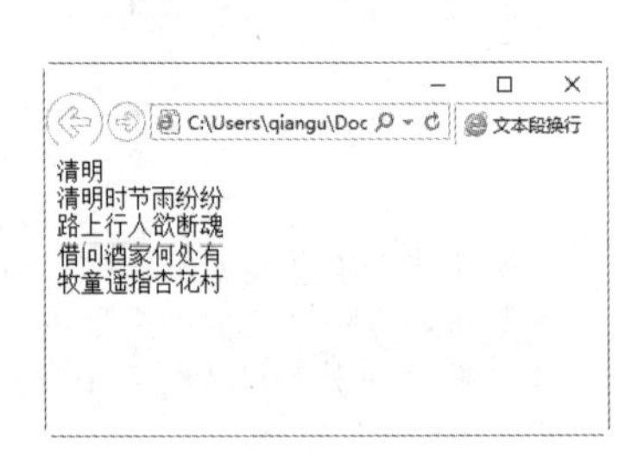

图 3-3 换行标记的使用效果

3.2.4 链接标记<a>

链接标记<a>是网页中最为常用的标记，主要用于把页面中的文本或图片链接到其他的页面、文本或图片。建立链接的要素有两个，即可被设置为链接的网页元素和链接指向的目标地址。链接的基本语法格式如下：

```
<a href=URL>网页元素</a>
```

下面具体介绍链接标记的使用方法。

1. 设置文本和图片的链接

可被设置为链接的网页元素是指网页中通常使用的文本和图片。文本链接和图片链接通过<a>和</a>标记来实现，即将文本或图片放在<a>开始标记和</a>结束标记之间即可建立文本和图片链接。

【例 3.4】 设置文本和图片的链接(实例文件为 ch03\3.4.html)。打开记事本文件，在其中输入以下 HTML 代码：

```
<html>
<head>
<title>文本和图片链接</title>
</head>
<body>
<a href="a.html"><img src="images/Logo.gif"></a>
<a href="b.html">公司简介</a>
</body>
</html>
```

代码输入完成后，将其保存为“链接.html”文件，然后双击该文件，就可以在 IE 浏览器中查看到使用链接标记设置文本和图片的效果了，如图 3-4 所示。

2. 设置电子邮件路径

电子邮件路径，即用来链接一个电子邮件的地址。其语法格式如下：

```
mailto:邮件地址
```

【例 3.5】 设置电子邮件路径(实例文件为 ch03\3.5.html)。打开记事本文件，在其中输入以下 HTML 代码：

```
<html>
<head>
<title>电子邮件路径</title>
</head>
<body>
使用电子邮件路径：<a href="mailto:liule2012@163.com">链接</a>
</body>
</html>
```

代码输入完成后，将其保存为“电子邮件链接.html”文件，然后双击该文件，即可在 IE 浏览器中查看到使用链接标记设置电子邮件路径的效果了。当单击含有链接的文本时，会弹出一个发送邮件的窗口，显示效果如图 3-5 所示。

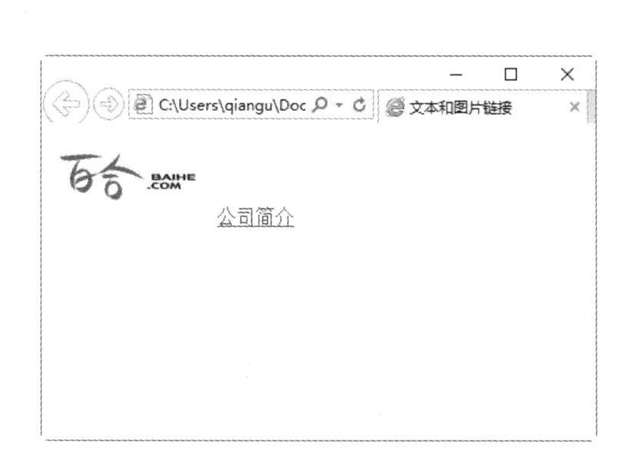

图 3-4　文本和图片链接的显示效果

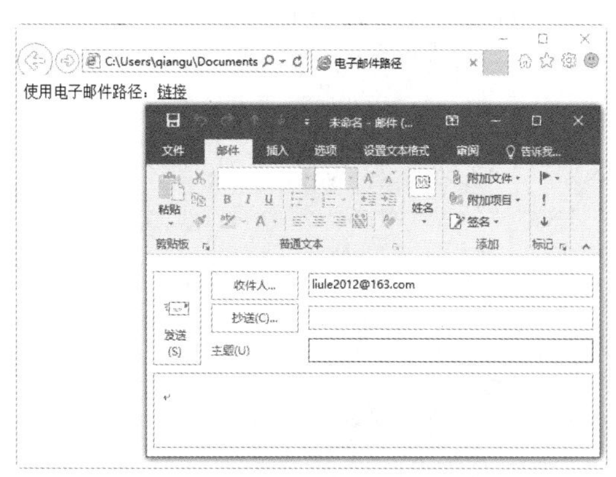

图 3-5　电子邮件链接路径的显示效果

3.2.5　列表标记<ul>

文字列表可以有序地编排一些信息资源，使其结构化和条理化，并以列表的样式显示出来，以便浏览者能更加快捷地获得相应的信息。HTML 中的文字列表如同文字编辑软件 Word 中的项目符号和自动编号。

1. 建立无序列表

无序列表相当于 Word 中的项目符号。无序列表的项目排列没有顺序，只以符号作为分项标识。无序列表的建立使用的是一对标记<ul>和</ul>，其中每一个列表项的建立还要使用一对标记<li>和</li>。其语法格式如下：

```
<ul>
  <li>无序列表项</li>
  <li>无序列表项</li>
  <li>无序列表项</li>
  <li>无序列表项</li>
</ul>
```

在无序列表结构中，使用<ul>和</ul>标记表示该无序列表的开始和结束，<li>则表示该列表项的开始。在一个无序列表中可以包含多个列表项，并且<li>的结束标记可以省略。

下面通过实例介绍使用无序列表实现文本的排列显示。

【例 3.6】 建立无序列表(实例文件为 ch03\3.6.html)。打开记事本文件，在其中输入以下 HTML 代码：

```
<html>
<head>
<title>嵌套无序列表的使用</title>
</head>
<body>
<h1>网站建设流程</h1>
<ul>
    <li>项目需求</li>
    <li> 系统分析
      <ul>
        <li>网站的定位</li>
        <li>内容收集</li>
        <li>栏目规划</li>
        <li>网站目录结构设计</li>
        <li>网站标志设计</li>
        <li>网站风格设计</li>
        <li>网站导航系统设计</li>
      </ul>
   </li>
   <li>伪网页草图
      <ul>
        <li>制作网页草图</li>
        <li>将草图转换为网页</li>
      </ul>
   </li>
   <li>站点建设</li>
   <li>网页布局</li>
   <li>网站测试</li>
   <li>站点的发布与站点管理 </li>
</ul>
</body>
</html>
```

代码输入完成后，将其保存为“无序列表.html”文件，然后双击该文件，即可在 IE 浏览器中查看到使用列表标记建立无序列表的效果了，如图 3-6 所示。

图 3-6　建立的无序列表

通过观察发现，在无序列表项中，可以嵌套一个列表。例如，代码中的“系统分析”列表项和“伪网页草图”列表项中都有下级列表，因此在这对<li>和</li>标记之间又增加了一对<ul>和</ul>标记。

2. 建立有序列表

有序列表类似于 Word 中的自动编号功能。有序列表的使用方法和无序列表的使用方法基本相同。它使用的标记是<ol>和</ol>，每个列表项前使用的标记是<li>和</li>，且每个项目都有前后顺序之分，多数情况下该顺序使用数字表示。其语法格式如下：

```
<ol>
  <li>第 1 项</li>
  <li>第 2 项</li>
  <li>第 3 项</li>
</ol>
```

下面通过实例介绍使用有序列表实现文本的排列显示。

【例 3.7】 建立有序列表(实例文件为 ch03\3.7.html)。打开记事本文件，在其中输入以下 HTML 代码：

```
<html>
<head>
<title>有序列表的使用</title>
</head>
<body>
<h1>本讲目标</h1>
<ol>
  <li>网页的相关概念</li>
  <li>网页与 HTML</li>
  <li>Web 标准(结构、表现、行为)</li>
  <li>网页设计与开发的过程</li>
  <li>与设计相关的技术因素</li>
  <li>HTML 简介</li>
</ol>
</body>
</html>
```

代码输入完成后，将其保存为“有序列表.html”文件，然后双击该文件，即可在 IE 浏览器中查看到使用列表标记建立有序列表后的效果了，如图 3-7 所示。

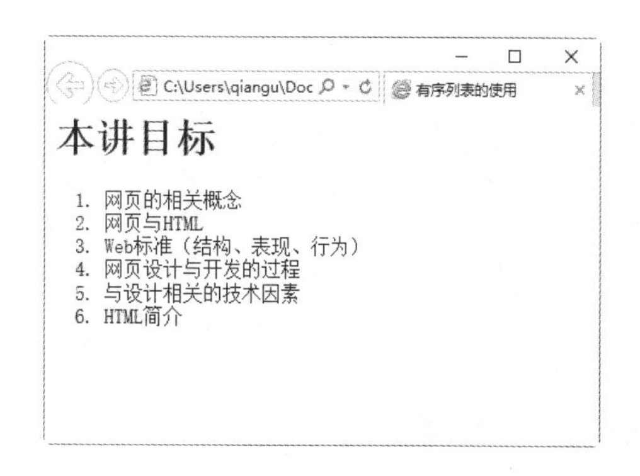

图 3-7 建立的有序列表

3.2.6 图像标记<img>

图像可以美化网页，插入图像时可以使用图像标记<img>。<img>标记的属性及其描述如表 3-1 所示。

表 3-1 <img>标记的属性

属 性	值	描 述
alt	text	定义有关图形的相关描述
src	URL	要显示的图像的 URL
height	pixels %	定义图像的高度
ismap	URL	把图像定义为服务器端的图像映射
usemap	URL	定义作为客户端图像映射的一幅图像。请参阅 <map> 和 <area> 标签，了解其工作原理
vspace	pixels	定义图像顶部和底部的空白。不支持。请使用 CSS 代替
width	pixels %	设置图像的宽度

1. 插入图片

src 属性用于指定图片源文件的路径，它是<img>标记必不可少的属性。其语法格式如下：

```
<img src="图片路径">
```

图片的路径既可以是绝对路径，也可以是相对路径。

【例 3.8】 在网页中插入图片(实例文件为 ch03\3.8.html)。打开记事本文件，在其中输入以下 HTML 代码：

```
<html>
<head>
<title>插入图片</title>
</head>
<body>
<img src="images/meishi.jpg">
</body>
</html>
```

代码输入完成，将其保存为“插入图片.html”文件，然后双击该文件，即可在 IE 浏览器中查看到使用<img>标记插入图片后的效果了，如图 3-8 所示。

图 3-8 插入图片的显示效果

2. 从不同位置插入图片

在插入图片时，用户可以将其他文件夹或服务器中的图片显示到网页中。

【例 3.9】 从不同位置插入图片(实例文件为 ch03\3.9.html)。打开记事本文件，在其中输入以下 HTML 代码：

```
<html>
<body>
<p>
来自一个文件夹的图像：
<img src="images/meishi.jpg" />
</p>
<p>
```

```
来自 baidu 的图像:
<img
src="http://www.baidu.com/img/shouye_b5486898c692066bd2cbaeda86d74448.gif"
/>
</p>
</body>
</html>
```

代码输入完成后，将其保存为“插入其他位置图片.html”文件，然后双击该文件，即可在 IE 浏览器中查看到使用<img>标签插入图像后的效果了，如图 3-9 所示。

图 3-9　从不同位置插入的图像

3. 设置图片的宽度和高度

在 HTML 文档中，还可以任意设置插入图片的显示大小。设置图片尺寸可以通过图片的属性 width(宽度)和 height(高度)来实现。

【例 3.10】 设置图片在网页中的宽度和高度(实例文件为 ch03\3.10.html)。打开记事本文件，在其中输入如下 HTML 代码:

```
<html>
<head>
<title>插入图片</title>
</head>
<body>
<img src="images/01.jpg">
<img src="images/01.jpg" width="200">
<img src="images/01.jpg" width="200" height="300">
</body>
</html>
```

代码输入完成后，将其保存为“设置图片大小.html”文件，然后双击该文件，即可在 IE 浏览器中查看到使用<img>标签设置的图片的宽度和高度效果了，如图 3-10 所示。

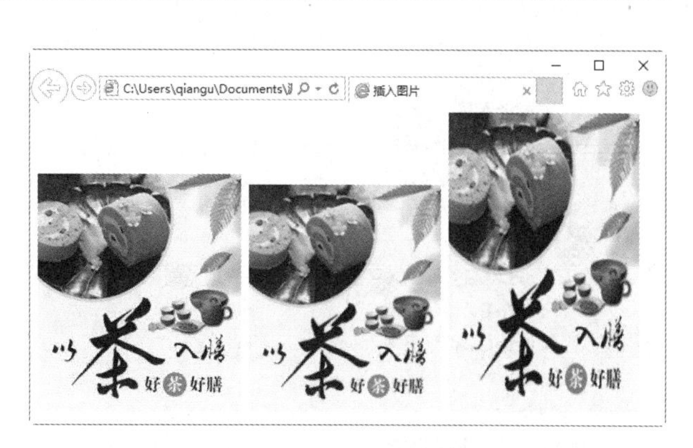

图 3-10　图片高度与宽度的设置效果

由图 3-10 可以看到，图片的显示尺寸是由 width 和 height 控制的。当只为图片设置一个尺寸属性时，另外一个尺寸就以图片原始的长宽比例来显示。图片的尺寸单位可以选择百分比或数值。百分比为相对尺寸，数值是绝对尺寸。

网页中插入的图片都是位图，当放大图片的尺寸时，图片就会出现马赛克，变得很模糊。

在 Windows 中查看图片的尺寸，只需要找到图片文件，把鼠标指针移动到图片上，停留几秒后，就会出现一个提示框，显示出该图片文件的尺寸。尺寸后显示的数字，代表的是图片的宽度和高度，如 256 × 256。

3.2.7　表格标记<table>

HTML 中的表格标记包括以下几个。

(1) <table>…</table>标记。<table>标记用于标识一个表格对象的开始；</table>标记标识一个表格对象的结束。一个表格中，只允许出现一对<table>和</table>标记。

(2) <tr>…</tr>标记。<tr>用于标识表格一行的开始；</tr>标记用于标识表格一行的结束。表格内有多少对<tr>和</tr>标记，就表示表格中有多少行。

(3) <td>…</td>标记。<td>标记用于标识表格某行中的一个单元格开始；</td>标记用于标识表格某行中的一个单元格结束。<td>和</td>标记书写在<tr>和</tr>标记内。一对<tr>和</tr>标记内有多少对<td>和</td>标记，就表示该行有多少个单元格。

最基本的表格，必须包含一对<table>和</table>标记、一对或几对<tr>和</tr>标记以及一对或几对<td>和</td>标记。一对<table>和</table>标记定义一个表格，一对<tr>和</tr>标记定义一行，一对<td>和</td>标记定义一个单元格。

【例 3.11】 定义一个 4 行 3 列的表格(实例文件为 ch03\3.11.html)。打开记事本文件，在其中输入以下 HTML 代码：

```
<html>
<head>
<title>表格基本结构</title>
</head>
<body>
<table border="1">
  <tr>
    <td>A1</td>
    <td>B1</td>
    <td>C1</td>
  </tr>
  <tr>
    <td>A2</td>
    <td>B2</td>
    <td>C2</td>
  </tr>
  <tr>
    <td>A3</td>
    <td>B3</td>
    <td>C3</td>
  </tr>
```

```
  <tr>
    <td>A4</td>
    <td>B4</td>
    <td>C4</td>
  </tr>
</table>
</body>
</html>
```

代码输入完成后，将其保存为“表格.html”文件，然后双击该文件，即可在 IE 浏览器中查看到使用表格标记插入表格后的效果了，如图 3-11 所示。

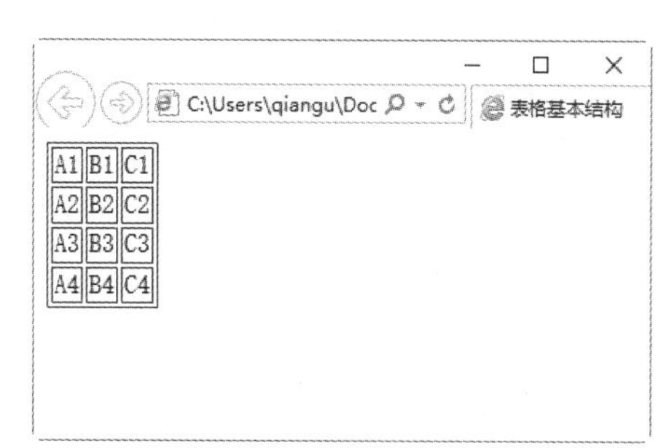

图 3-11　表格标记的使用效果

3.2.8　表单标记<form>

表单主要用于收集网页上浏览者的相关信息。其标记为<form>和</form>。表单的基本语法格式如下：

```
<form action="url" method="get|post" enctype="mime">
</form >
```

其中，action=url 用于指定处理提交表单的格式，它可以是一个 URL 地址或一个电子邮件地址。method=get 或 post 用于指明提交表单的 HTTP 方法。enctype=cdata 用于指明把表单提交给服务器时的互联网媒体形式。表单是一个能够包含表单元素的区域。通过添加不同的表单元素，将显示不同的效果。

下面介绍如何使用表单标记开发一个简单网站的用户意见反馈页面。

【例 3.12】 开发用户意见反馈页面(实例文件为 ch03\3.12.html)。打开记事本文件，在其中输入以下 HTML 代码：

```
<html>
<head>
<title>用户意见页面</title>
</head>
<body>
<h1 align=center>用户意见页面</h1>
<form method="post" >
<p>姓    名:
<input type="text" class=txt size="12" maxlength="20" name="username" />
</p><p>性    别:
<input type="radio" value="male" />男
<input type="radio" value="female" />女
</p><p>年    龄:
<input type="text" class=txt name="age"  />
</p>
<p>联系电话:
<input type="text" class=txt name="tel" />
</p><p>电子邮件:
<input type="text" class=txt name="email" />
```

```
</p><p>联系地址:
<input type="text"  class=txt name="address" />
</p>
<p>
请输入您对网站的建议<br>
<textarea name="yourworks" cols ="50" rows = "5"></textarea>
<br>
<input type="submit" name="submit" value="提交"/>
<input type="reset" name="reset" value="清除" />
</p>
</form>
</body>
</html>
```

代码输入完成后，将其保存为“表单.html”文件，然后双击该文件，即可在 IE 浏览器中查看到使用表单标记插入表单后的效果了，如图 3-12 所示，可以看到创建的用户反馈表单，包含一个标题“用户意见反馈页面”，还包括“姓名”“性别”“年龄”“联系电话”“电子邮件”“联系地址”等内容。

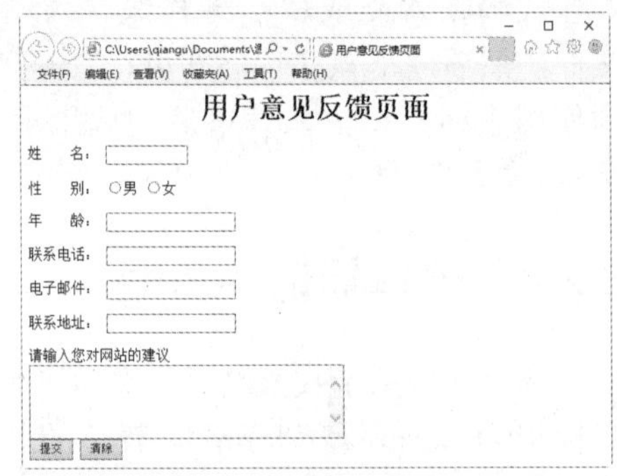

图 3-12　表单标记的使用效果

3.3　综合案例——制作日程表

通过在记事本中输入 HTML 语言，可以制作出多种多样的页面效果。下面以制作日程表为例，介绍 HTML 语言的综合应用方法。具体操作步骤如下。

step 01 打开记事本文件，在其中输入以下代码：

```
<html>
 <head>
   <META http-equiv="Content-Type" content="text/html; charset=gb2312" />
<title>制作日程表</title>
</head>

<body>
</body>
</html>
```

输入代码后的【记事本】窗口如图 3-13 所示。

step 02 在</head>标记之前输入以下代码：

```
<style type="text/css">
body {
background-color: #FFD9D9;
text-align: center;
}
</style>
```

输入代码后的【记事本】窗口如图 3-14 所示。

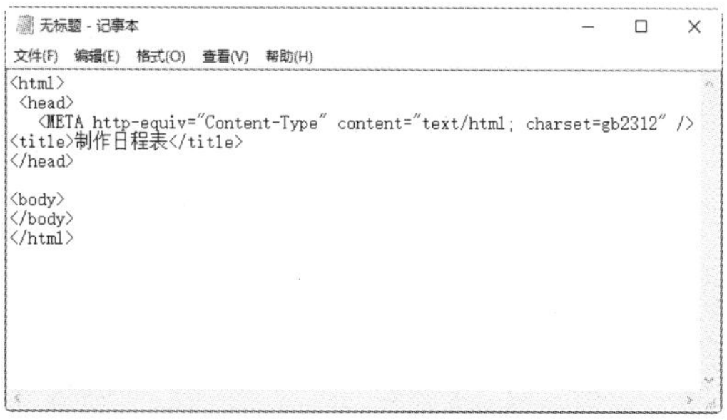

```
无标题 - 记事本
文件(F) 编辑(E) 格式(O) 查看(V) 帮助(H)
<html>
 <head>
   <META http-equiv="Content-Type" content="text/html; charset=gb2312" />
<title>制作日程表</title>
</head>

<body>
</body>
</html>
```

图 3-13　输入代码后的【记事本】窗口

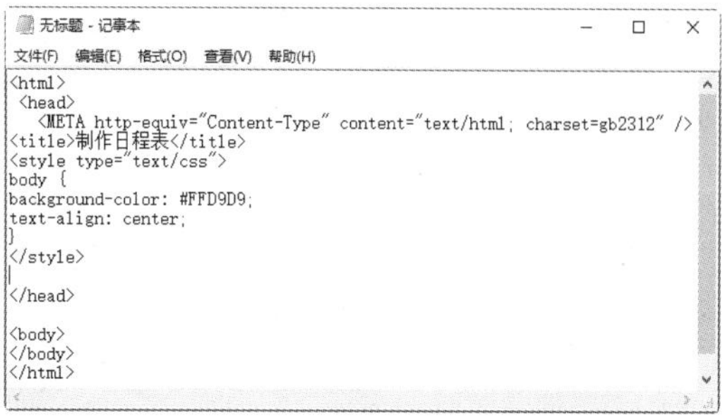

```
无标题 - 记事本
文件(F) 编辑(E) 格式(O) 查看(V) 帮助(H)
<html>
 <head>
   <META http-equiv="Content-Type" content="text/html; charset=gb2312" />
<title>制作日程表</title>
<style type="text/css">
body {
background-color: #FFD9D9;
text-align: center;
}
</style>

</head>

<body>
</body>
</html>
```

图 3-14　在</head>标记前输入代码

step 03 在</style>标记之前输入以下代码：

```
.ziti {
    font-family: "方正粗活意简体", "方正大黑简体";
    font-size: 36px;
}
```

输入代码后的【记事本】窗口如图 3-15 所示。

step 04 在<body>和</body>标记之间输入以下代码：

```
<span class="ziti">一周日程表</span>
```

输入代码后的【记事本】窗口如图 3-16 所示。

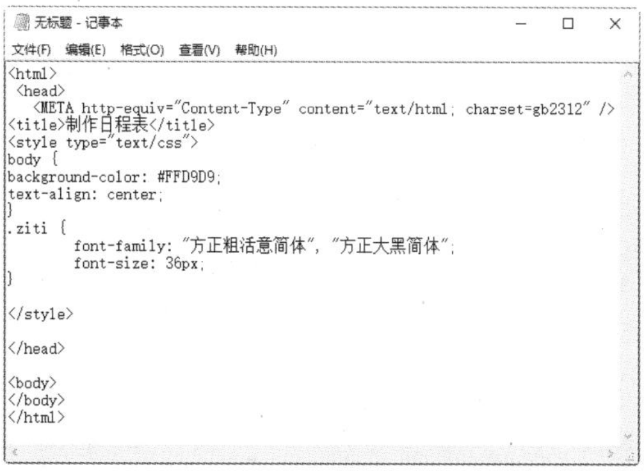

```
无标题 - 记事本
文件(F) 编辑(E) 格式(O) 查看(V) 帮助(H)
<html>
 <head>
   <META http-equiv="Content-Type" content="text/html; charset=gb2312" />
<title>制作日程表</title>
<style type="text/css">
body {
background-color: #FFD9D9;
text-align: center;
}
.ziti {
        font-family: "方正粗活意简体", "方正大黑简体";
        font-size: 36px;
}

</style>

</head>

<body>
</body>
</html>
```

图 3-15　在</style>标记之前输入代码

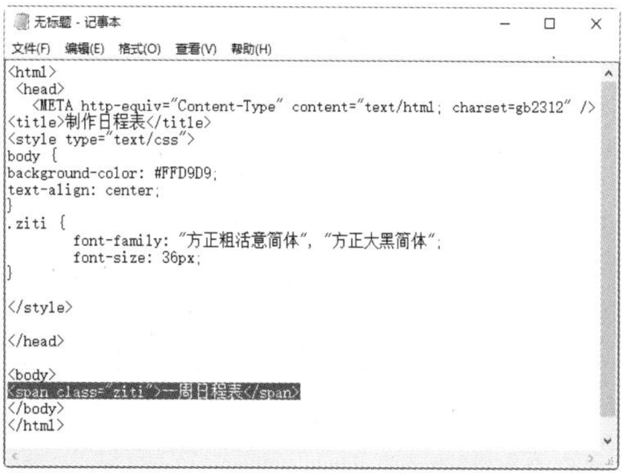

```
无标题 - 记事本
文件(F) 编辑(E) 格式(O) 查看(V) 帮助(H)
<html>
 <head>
   <META http-equiv="Content-Type" content="text/html; charset=gb2312" />
<title>制作日程表</title>
<style type="text/css">
body {
background-color: #FFD9D9;
text-align: center;
}
.ziti {
        font-family: "方正粗活意简体", "方正大黑简体";
        font-size: 36px;
}

</style>

</head>

<body>
<span class="ziti">一周日程表</span>
</body>
</html>
```

图 3-16　在<body>和</body>标记之间输入代码

step 05 在</body>标记之前输入以下代码：

```
<table width="470" border="1" align="center" cellpadding="2"
cellspacing="3">
  <tr>
    <td width="84" style="text-align: center"> </td>
    <td width="84" style="text-align: center">工作一</td>
    <td width="86" style="text-align: center">工作二</td>
    <td width="83" style="text-align: center">工作三</td>
    <td width="83" style="text-align: center">工作四</td>
  </tr>
  <tr>
    <td style="text-align: center; font-family: '宋体';">星期一</td>
    <td style="text-align: center"> </td>
```

```
    <td style="text-align: center"> </td>
    <td style="text-align: center"> </td>
    <td style="text-align: center"> </td>
  </tr>
  <tr>
    <td style="text-align: center; font-family: '宋体';">星期二</td>
    <td style="text-align: center"> </td>
    <td style="text-align: center"> </td>
    <td style="text-align: center"> </td>
    <td style="text-align: center"> </td>
  </tr>
  <tr>
    <td style="text-align: center; font-family: '宋体';">星期三</td>
    <td style="text-align: center"> </td>
    <td style="text-align: center"> </td>
    <td style="text-align: center"> </td>
    <td style="text-align: center"> </td>
  </tr>
  <tr>
    <td style="text-align: center; font-family: '宋体';">星期四</td>
    <td style="text-align: center"> </td>
    <td style="text-align: center"> </td>
    <td style="text-align: center"> </td>
    <td style="text-align: center"> </td>
  </tr>
  <tr>
    <td style="text-align: center; font-family: '宋体';">星期五</td>
    <td style="text-align: center"> </td>
    <td style="text-align: center"> </td>
    <td style="text-align: center"> </td>
    <td style="text-align: center"> </td>
  </tr>
</table>
```

输入代码后的【记事本】窗口如图 3-17 所示。

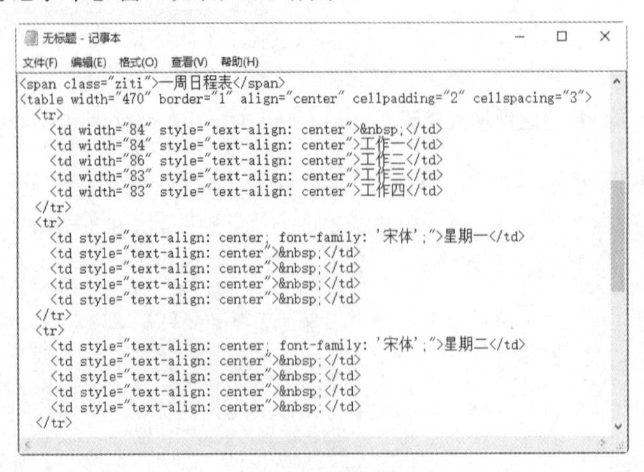


```
<span class="ziti">一周日程表</span>
<table width="470" border="1" align="center" cellpadding="2" cellspacing="3">
  <tr>
    <td width="84" style="text-align: center"> </td>
    <td width="84" style="text-align: center">工作一</td>
    <td width="86" style="text-align: center">工作二</td>
    <td width="83" style="text-align: center">工作三</td>
    <td width="83" style="text-align: center">工作四</td>
  </tr>
  <tr>
    <td style="text-align: center; font-family: '宋体';">星期一</td>
    <td style="text-align: center"> </td>
    <td style="text-align: center"> </td>
    <td style="text-align: center"> </td>
    <td style="text-align: center"> </td>
  </tr>
  <tr>
    <td style="text-align: center; font-family: '宋体';">星期二</td>
    <td style="text-align: center"> </td>
    <td style="text-align: center"> </td>
    <td style="text-align: center"> </td>
    <td style="text-align: center"> </td>
  </tr>
```

图 3-17 在</body>标记之前输入代码

step 06 在【记事本】窗口中选择【文件】→【保存】命令，弹出【另存为】对话框，设置保存文件的位置，在【文件名】下拉列表框中输入“制作日程表.html”，然后单击【保存】按钮，如图 3-18 所示。

step 07 双击打开保存的 index.html 文件，即可看到制作的日程表，如图 3-19 所示。

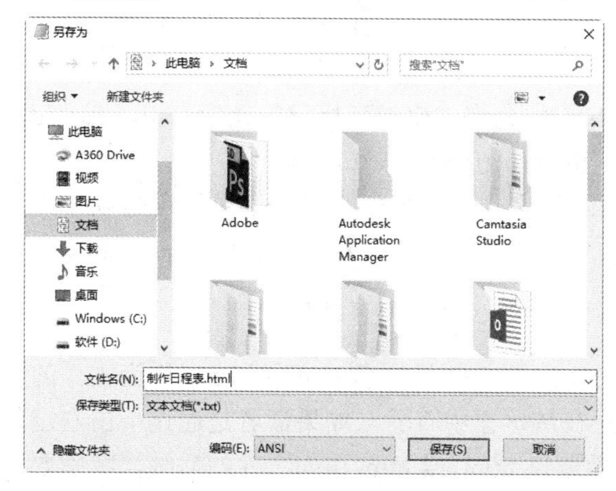

图 3-18 【另存为】对话框

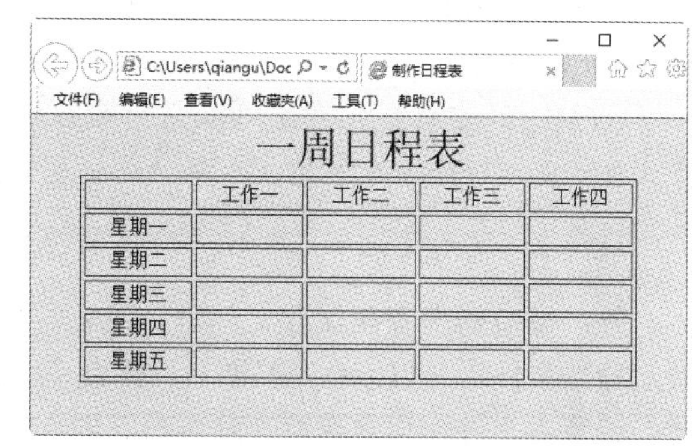

	工作一	工作二	工作三	工作四
星期一				
星期二				
星期三				
星期四				
星期五				

图 3-19 查看制作的日程表

step 08 如果需要在日程表中添加工作内容，可以用【记事本】程序打开 index.html 文件，在代码段<td style="text-align: center"> </td>的 之前输入内容即可。比如，要输入星期一完成的第 1 件工作内容“完成校对”，可在如图 3-20 所示的位置输入。

step 09 保存后打开文档，即可在浏览器中看到添加的工作内容，如图 3-21 所示。

制作日程表1.html - 记事本

文件(F) 编辑(E) 格式(O) 查看(V) 帮助(H)

```
</head>

<body>
<span class="ziti">一周日程表</span>
<table width="470" border="1" align="center" cellpadding="2" cellspacing="3">
  <tr>
    <td width="84" style="text-align: center"> </td>
    <td width="84" style="text-align: center">工作一</td>
    <td width="86" style="text-align: center">工作二</td>
    <td width="83" style="text-align: center">工作三</td>
    <td width="83" style="text-align: center">工作四</td>
  </tr>
  <tr>
    <td style="text-align: center; font-family: '宋体';">星期一</td>
    <td style="text-align: center">完成校对 </td>
    <td style="text-align: center"> </td>
    <td style="text-align: center"> </td>
    <td style="text-align: center"> </td>
  </tr>
  <tr>
    <td style="text-align: center; font-family: '宋体';">星期二</td>
    <td style="text-align: center"> </td>
    <td style="text-align: center"> </td>
```

图 3-20 输入工作内容后的记事本窗口

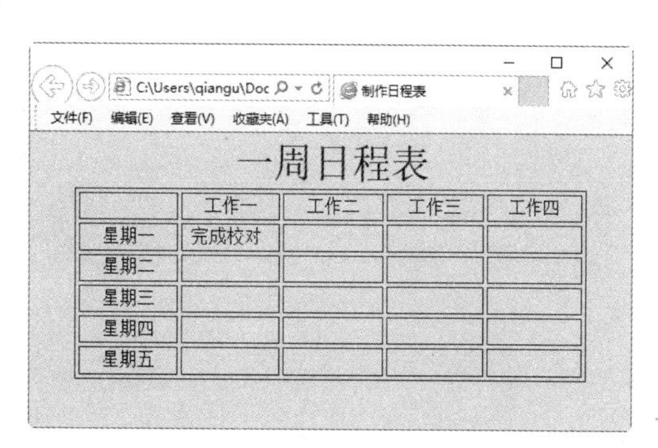

	工作一	工作二	工作三	工作四
星期一	完成校对			
星期二				
星期三				
星期四				
星期五				

图 3-21 查看添加的工作内容

3.4 疑难解惑

疑问 1：HTML 5 中的单标记和双标记的书写方法是什么？

答：HTML 5 中的标记分为单标记和双标记。所谓单标记，是指没有结束标记的标记，双标记是指既有开始标记又有结束标记。

对于单标记是不允许写结束标记的元素，只允许以<元素/>的形式进行书写和使用。例如，
和</br>的书写方式是错误的，正确的书写方式为
。当然，在 HTML 5 之前的版本中，
这种书写方法可以被沿用。HTML 5 中不允许写结束标记的元素有 area、base、br、col、command、embed、hr、img、input、keygen、link、meta、param、source、track、wbr。

对于部分双标记可以省略结束标记。HTML 5 中允许省略结束标记的元素有 li、dt、dd、p、rt、rp、optgroup、option、colgroup、thead、tbody、tfoot、tr、td、th。

HTML 5 中有些元素还可以完全被省略。即使这些标记被省略了，该元素还是以隐式的方式存在的。HTML 5 中允许省略全部标记的元素有 html、head、body、colgroup、tbody。

疑问 2：使用【记事本】程序编辑 HTML 文件时应注意哪些事项？

答：很多初学者在保存文件时，没有将 HTML 文件的扩展名.html 或.htm 作为文件的后缀，导致文件还是以.txt 为扩展名，因此，无法在浏览器中查看。如果读者是通过单击右键创建的记事本文件，那么在给文件重命名时，一定要以.html 或.htm 作为文件的后缀。特别要注意的是，当 Windows 系统的扩展名是隐式的时候，更容易出现这样的错误。为避免这种情况的发生，读者可以在【文件夹选项】对话框中查看扩展名是否是显式的。

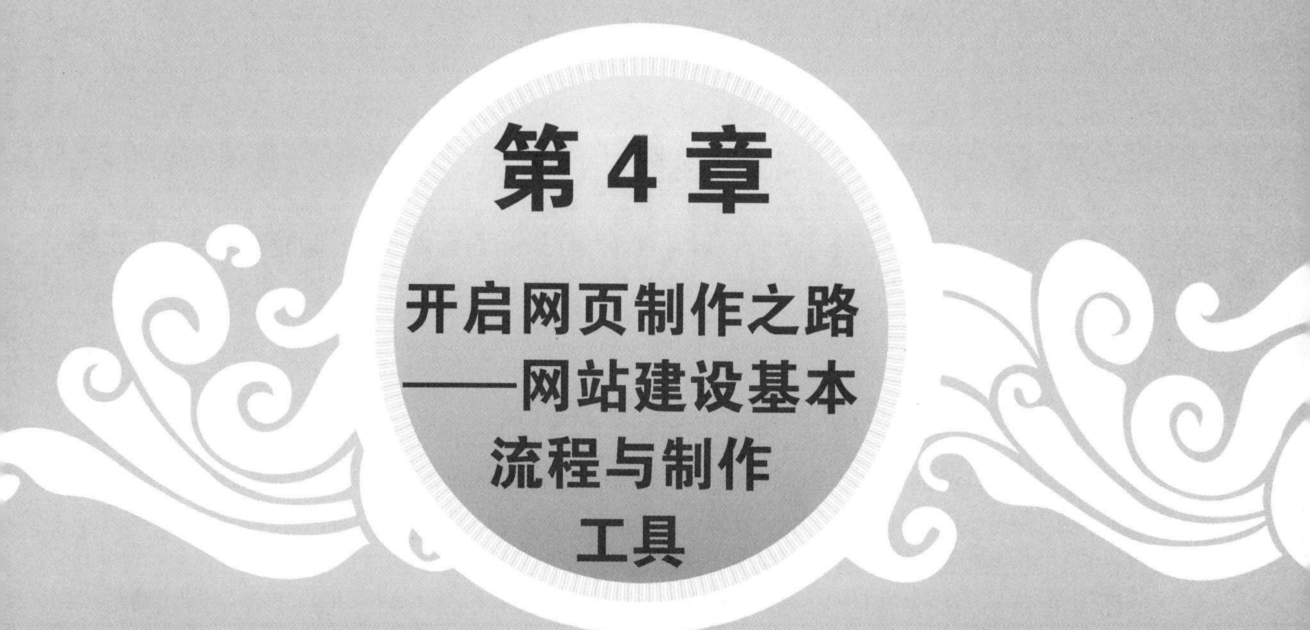

第4章 开启网页制作之路——网站建设基本流程与制作工具

建立网站之前，用户首先需要了解网站建设流程，然后在网上注册一个域名，申请一个网站空间，以便存放网站。在网站建设过程中，需要搭配使用多种制作工具，主要包括用于制作网页文字与图像特效的 Photoshop、用于制作网页动画效果的 Flash 和用于制作网页布局的 Dreamweaver。

4.1 建站方式

目前，建设一个网站已经不是什么神秘的事情了。用户可以选择多种建站方式。比较常见的建站方式主要有3种，即自助建站、智能建站和专业设计。

4.1.1 自助建站

自助建站就是通过一套完善、智能的系统，让不会建设网站的人通过一些非常简单的操作就能轻松建立自己的网站。自助建站一般是将已经做好的网站(包含非常多的模板及非常智能化的控制系统)传到网络空间上。购买了自助建站服务的人只需要登录后台进行一些非常简单的设置，就能建立其个性化的网站。

图 4-1 所示为提供自助建站服务的网站。“会打字就能建网站”是自助建站方式的最大亮点。一个会简单计算机操作的人只要几分钟就能快速生成一个企业网站，甚至是各类门户网站，这就是自助建站所提出的网站建设理念。这种建站方式使企事业单位能够快速而有效地以“成本节约、简单易用、维护方便”的方式来建设和实施其先进的电子商务系统，通过有效地应用互联网技术来提高运作效率、降低成本、拓展业务，从而实现更大的利润和效益。

图 4-2 所示为提供自助建站服务的网站中展示的网页预览效果。用户只需要找到自己所需网站的类型，然后选择自己喜欢的网页就可以预览效果了。

图 4-1 提供自助建站服务的网站

图 4-2 网页预览效果

4.1.2 智能建站

智能建站是自助建站的“升级版”。与自助建站相比，智能建站继承了其易上手、成本低的优点，摒弃了其功能简单、呆板的缺点。智能建站系统的功能十分强大，可以比拟大型的 CMS(内容管理系统)程序，还能够自定义网站板块功能，使原先在自助建站程序上不具备的购物系统、在线支付系统、权限系统、产品发布系统、新闻系统、会员系统等功能成为现实。

图 4-3 所示为提供智能建站服务的网站，用户只需要在网页左侧选择自己的行业分类，

就可以在右侧查看该网站已经做好的网页模板。

图 4-3 提供智能建站服务的网站

4.1.3 专业设计

专业设计也被称为人工建站。人工建站就需要网站建设者找建站公司按照自己的要求设计网站。市面上的人工建站价格都不会太低。就拿搭建一个最简单的企业网站来说，其报价就不会低于千元，这其中还不包括注册域名和购买主机空间的费用。

不过，人工建站固然成本很高，但其优势也是显而易见的，因为人工建站可以根据网站主的要求定制，并且网站模板可以任意修改，直至用户满意为止。但是，这种服务是“一锤子买卖”，即网站交付给网站主后，如果出现漏洞或设计问题也不会有免费售后服务。相对于智能建站的 24 小时在线免费技术支持，手工建站的安全和升级问题令人担忧。

4.2 建 站 流 程

对一个网站来说，除了网页内容以外，还要对网站进行整体规划设计。格局凌乱的网站即使内容再精彩，也不能说是一个好网站。要设计出一个精美的网站，前期的规划是必不可少的。

4.2.1 网站规划

规划站点就像设计师设计大楼一样，图纸设计好了，才能建成一座漂亮的楼房。规划站点就是对站点中所使用的素材和资料进行管理和规划，对网站中栏目的设置、颜色的搭配、版面的设计、文字图片的运用等进行规划。

一般情况下，将站点中所用的图片和按钮等图形元素放在 Images 文件夹中，HTML 文件放在根目录下，而动画和视频等放在 Flash 文件夹中。另外，还要对站点中的素材进行详细的规划，以便于日后管理。

4.2.2 搜集资料

确定了网站风格和布局后，就要开始搜集素材了。常言道：“巧妇难为无米之炊。”要让自己的网站有声有色、能吸引人，就要尽量搜集素材，包括文字、图片、音频、动画及视频等。搜集到的素材越充分，制作网站就越容易。素材既可以从图书、报刊、光盘及多媒体上得来，也可以从网上搜集，还可以自己制作，然后把搜集到的素材去粗取精，选出制作网页所需的素材，如图 4-4 所示。

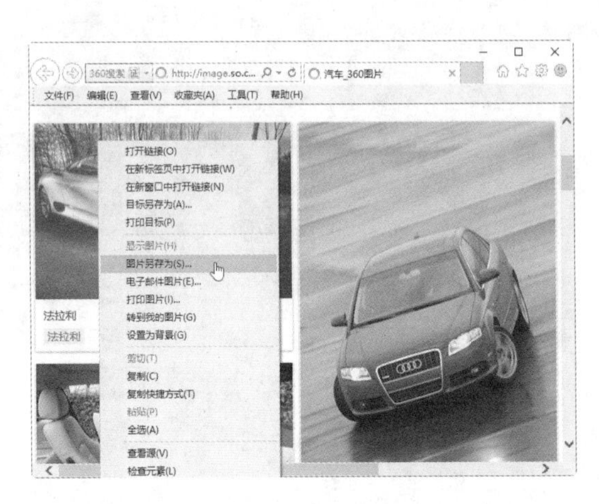

图 4-4 搜索网站素材图片

不过，在搜集图片素材时，一定要注意图片的大小。因为在网络中传输时，图片的容量越小，传输的速度就越快，所以应尽量搜集容量小、画面精美的图片。

4.2.3 制作网页

制作网页是一个复杂而细致的过程，一定要按照先大后小、先简单后复杂的顺序来制作。所谓先大后小，是指在制作网页时，先把大的结构设计好，然后逐步完善小的结构设计。所谓先简单后复杂，是指先设计出简单的内容，然后设计复杂的内容，以便出现问题时能及时修改。

进行网页排版时，要尽量保持网页风格的一致性，不至于在网页跳转时产生不协调的感觉。在制作网页时灵活地运用模板，可以大大地提高制作的效率。将相同版面的网页做成模板，基于此模板创建网页，以后想改变网页时，只需要修改模板就可以了。图 4-5 所示就是一个主题鲜明的网页，全网页围绕着旅游这个主题来安排。

图 4-5 网站的首页

4.2.4　网站测试

网页制作完毕后，在上传网站之前，要在浏览器中打开网站，逐一对站点中的网页进行测试，发现问题要及时修改，然后再上传。

4.2.5　申请域名

网站建设好之后，就要在网上给网站注册一个标识，即域名。申请域名的方法很多。用户可以登录域名服务商的网站，根据提示申请域名。域名有免费域名和收费域名两种。用户可以根据实际的需要进行选择。

4.2.6　申请空间

域名注册成功之后就需要申请网站空间。应根据不同的网站类型选择不同的空间。

网站空间有免费空间和收费空间两种。对个人网站的用户来说，可以先申请免费空间使用。免费空间只需要向空间提供商提出申请，得到答复后，按照说明上传主页即可，主页的域名和空间都不用操心。使用免费空间美中不足的是：网站的空间有限，提供的服务一般，空间不是非常稳定，域名不能随心所欲。

对商业网站而言，用户需要考虑空间和安全性等因素，为此可以选择收费空间。

4.2.7　网站备案

网站备案(见图 4-6)的目的是防止不法用户在网上从事非法的网站经营活动，打击不良互联网信息的传播。

不管是经营性还是非经营性的网站均需要备案且备案流程基本一致。

图 4-6　网站备案

网站备案的具体流程如下。

step 01 网站备案的途径有两种：一种是网站主办者自己登录到网站备案系统进行备案，另一种是通过接入商代为备案，如图 4-7 所示。

网站接入商也称服务器提供商，就是提供网站空间的服务商。

step 02 通过上述两种途径，将网站和网站主办者的信息提交给提供网站接入服务的服务器提供商，如图 4-8 所示。

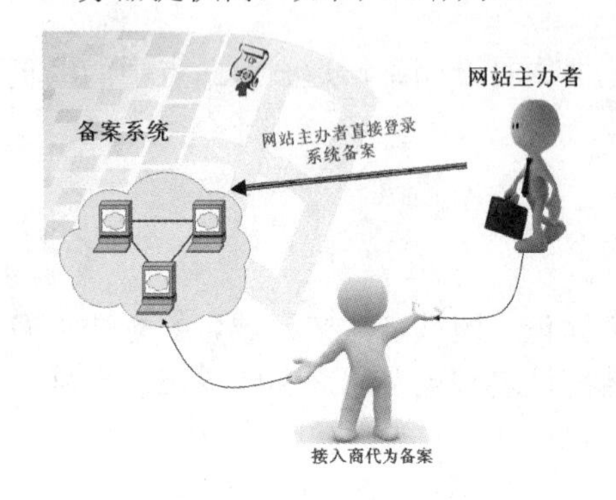

图 4-7　网站备案的方式

图 4-8　接入服务单位

step 03 服务器提供商对网站主办者提供的信息的真实性进行查验，如图 4-9 所示。

step 04 如果信息有误，会被退回；如果信息正确、完整，服务器提供商会将信息提交到省级主管部门的信息审核系统继续审核，如图 4-10 所示。

图 4-9　验证网站备案资料

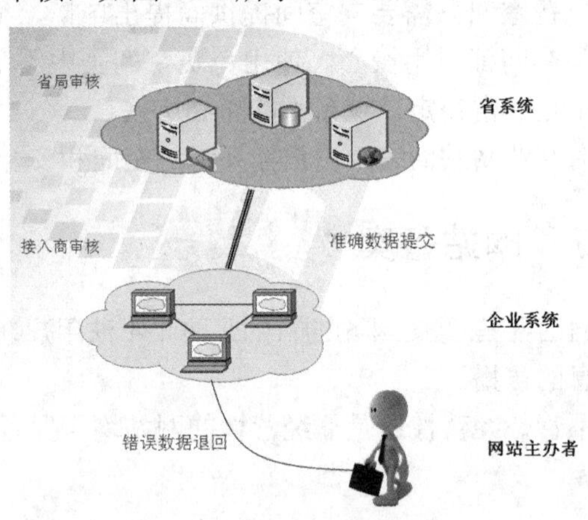

图 4-10　审核网站的备案信息

step 05 信息在省级部门系统中等待审核，如图 4-11 所示。

step 06 如果备案信息在省级部门的审核中通过，将发放网站备案号，如图 4-12 所示。

图 4-11　等待审核

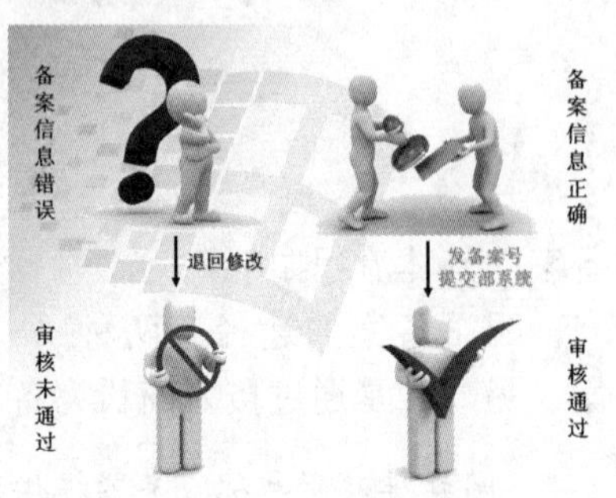

图 4-12　审核通过将发放备案号

step 07 如果没有通过省级部门的审核，信息会返回到企业系统(服务器提供商)并退回给网站主办者，需要重新提交和审核网站备案信息。如果通过审核，则省级部门的备案系统将网站的备案信息提交到国家主管部门的网站备案系统中保存，同时网站的CPI备案过程完成，如图4-13所示。

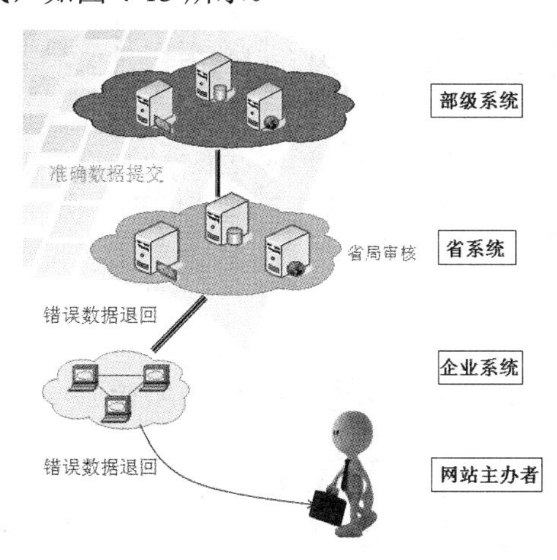

图4-13 网站备案完成

4.2.8 发布网页

在一切前期的准备工作都做好后，再经过网站的测试，接下来就可以发布网页了。发布网页也称为上传网站，一般使用FTP协议来上传，即以远程文件传输方式上传到服务器中申请的域名之下。常用的FTP上传工具有FlashFXP、CuteFTP和LeapFTP。另外，还可以直接使用网页制作工具Dreamweaver CC提供的上传和下载功能来发布网页。

4.2.9 网站推广和维护

1. 网站推广

网站制作好之后，还要不断地对其进行宣传，这样才能让更多人认识它，以提高网站的访问率和知名度。推广的方法很多，如到搜索引擎上注册、与别的网站交换链接或加入广告链接等。

网站推广是企业网站获得有效访问的重要步骤，合理而科学的推广计划能令企业网站收到预期的宣传效果。网站推广作为电子商务服务的一个独立分支正显示出其巨大的魅力，并越来越引起企业的高度重视和关注。

2. 网站维护

网站维护包括服务器及相关软硬件的维护、数据库的维护、网站安全维护、网站内容更新等。网站维护是为了让网站能够长期稳定地运行，并不断吸引更多浏览者，增加访问量。

网站要注意经常更新内容，保持内容的新鲜，不要做好就放在那儿不变了。只有不断地给它补充新的内容，才能够吸引浏览者，并给浏览者留下良好的印象；只有不断地更新内容，才能使网站保持生命力。否则，网站不仅不能起到应有的作用，反而会对网站自身的形象造成不良的影响。

4.3 制作网页的常用软件

制作单一的网页直接应用某个软件即可完成，但要制作出生动有趣的网页，则需要有：图像处理软件，如 Photoshop；动画制作软件，如 Flash；网页布局软件，如 Dreamweaver 等。对一个专业的网页设计人员来说，在建设一个网站的过程中会同时应用到 Dreamweaver、Flash 和 Photoshop 这 3 种软件。

4.3.1 案例 1——认识网页布局软件 Dreamweaver CC

Adobe Dreamweaver CC 是一款集网页制作和管理网站于一体的所见即所得的网页编辑器，用户不需要编写复杂的代码，利用它可以轻而易举地制作出跨越平台限制和跨越浏览器限制的充满动感的网页。

Dreamweaver 是一款优秀的可视化网页制作工具，即便是那些既不懂 HTML，也没有进行过程序设计的用户，也可以很容易上手，轻松制作出自己的精彩网页。

Dreamweaver CC 的工作界面继承了原版本的一贯风格，有方便编辑的窗口环境和易于辨别的工具列表，无论在使用什么功能时出现问题，都可以找到相关的帮助信息，便于初学者使用。Dreamweaver CC 的工作界面如图 4-14 所示。

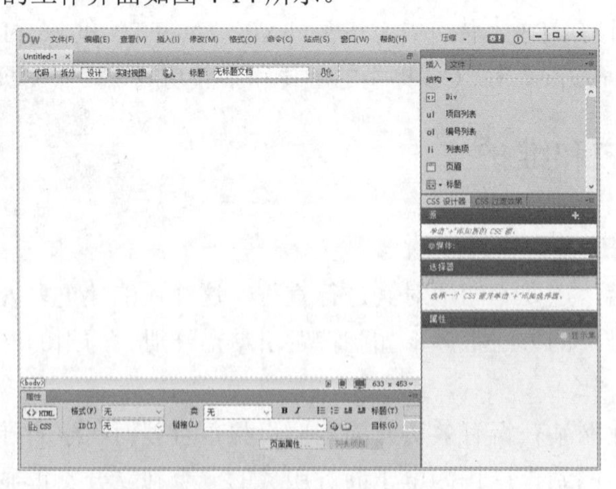

图 4-14 Dreamweaver CC 的工作界面

4.3.2 案例 2——认识图像处理软件 Photoshop CC

Photoshop CC 是 Adobe 公司旗下最为出名的图像处理软件之一。Photoshop 功能强大，操作界面友好，加速了设计者从想象创作到图像实现的过程，赢得了众多用户的青睐。从功能上看，Photoshop 可分为图像编辑、图像合成、校色调色及特效制作 4 个部分。

(1) 图像编辑是图像处理的基础。Photoshop 可用于对图像进行各种变换，如放大、缩小、旋转、倾斜、镜像、透视等，也提供复制、去除斑点、修补、修饰等编辑功能。

(2) 图像合成是指将几幅图像通过图层操作、工具应用等合成为完整的、传达明确意义的一幅图像，这是美术设计的必经之路。Photoshop 提供的绘图工具可以将外来图像与创意进行很好的融合，使图像的合成天衣无缝。

(3) 校色调色是 Photoshop 中深具威力的功能之一，可方便快捷地对图像的颜色进行明暗、色调的调整和校正，也可在不同颜色之间进行切换，以满足图像在不同领域(如网页设计、印刷、多媒体等)中的应用。

(4) 特效制作在 Photoshop 中主要由滤镜、通道及工具的综合应用完成，包括图像的特效创意和特效字的制作。油画、浮雕、石膏画、素描等常用的传统美术技巧都可借助于 Photoshop 特效完成，而各种特效字的制作更是很多美术设计师热衷于 Photoshop 的原因。

Photoshop CC 的工作界面如图 4-15 所示。

图 4-15 Photoshop CC 的工作界面

4.3.3 案例 3——认识动画制作软件 Flash CC

Flash 作为一种创作工具，可供设计人员和开发人员用于创建动画、视频、演示文稿、应用程序和其他允许用户交互的内容。

Flash 软件可以实现多种动画特效。动画是由一帧帧的静态图片在短时间内连续播放而形成的视觉效果，是表现动态过程、阐明抽象原理的一种重要媒体。Adobe Flash CC 的工作界面如图 4-16 所示。

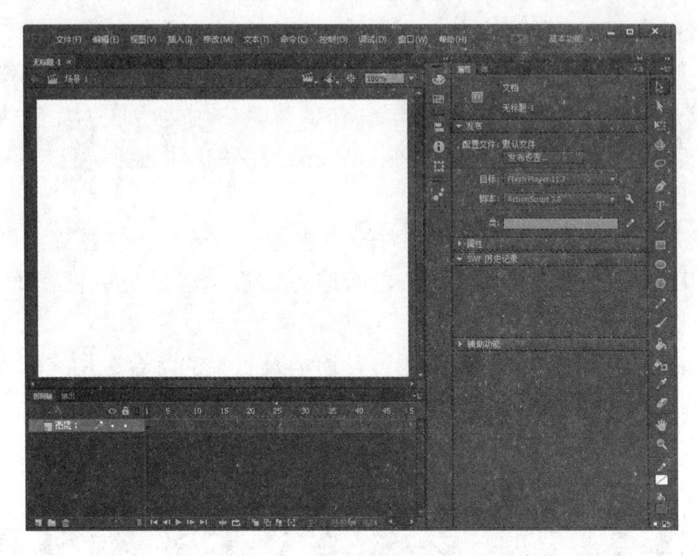

图 4-16　Flash CC 的工作界面

4.4　综合案例——网页制作软件间的相互关系

网页中包含着多种类型的页面元素，要制作出漂亮、生动的网页，是不能仅仅靠一种软件实现的。因此，在设计网站的过程中，需要把多种软件结合起来使用。通常使用的软件有上面介绍的 Dreamweaver、Flash、Photoshop 等。对大型网站管理者来说，综合使用这些软件会提高网页的制作速度，从而提高工作效率。

在网页设计中，Dreamweaver 主要用于对页面进行布局，即将创建完成的文字、图像和动画等元素在 Dreamweaver 中通过一定形式的布局整合为一个页面。此外，在 Dreamweaver 中还可以方便地插入 Flash、ActiveX、JavaScript、Java 和 Shockwave 等文件，从而使设计者可以创建出具有特殊效果的精彩网页，如图 4-17 所示。

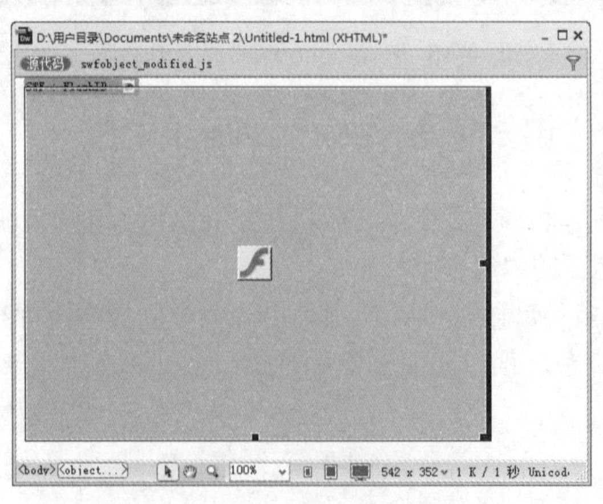

图 4-17　在 Dreamweaver 中插入动画

如果网页中只有静止的图像，即使这些图像很精致，也会让人感觉缺少生动性和活泼性，最终会影响视觉效果和整个页面的美观。因此，在网页制作过程中往往还需要适时地插入一些 Flash 图像。

在一般网页设计中，Flash 主要用于制作具有动画效果的导航条、Logo、商业广告条等。动画可以更好地表现设计者的创意。由于学习 Flash 本身的难度不大，而且制作含有 Flash 动画的页面很容易吸引浏览者，所以 Flash 动画已成为当前网页设计中不可或缺的元素。如图 4-18 所示为在 Flash CC 中播放动画。

使用 Photoshop，除了可以对网页中要插入的图像进行调整处理外，还可以对页面的总体布局进行调整。对网页中所出现的 GIF 图像也可使用 Photoshop CC 进行创建，以获得更加精彩的效果。如图 4-19 所示即为用 Photoshop 制作的网页图片。

图 4-18　在 Flash CC 中播放动画

图 4-19　用 Photoshop 制作的网页图片

Photoshop 还可以用于对创建 Flash 动画所需的素材进行制作、加工和处理等操作，使网页动画中所表现的内容更加精美和引人入胜。

4.5　疑难解惑

疑问 1：常见的域名选取策略是什么？

答：域名是连接企业和互联网网址的纽带，对于企业开展电子商务具有重要作用，被誉为网络时代的“环球商标”。一个好的域名会大大增加企业在互联网上的知名度，因此，取一个好的域名就显得十分重要。域名选取的常见方法如下。

(1) 用企业名称的英文翻译作为网站的域名

这是许多企业选取域名的一种方式，这样的域名特别适合于与计算机、网络和通信相关的一些行业。例如，中国电信的域名是 chinatelecom.com.cn，中国移动的域名为 chinamobile.com，都是采用了此种原则。

(2) 用企业名称的汉语拼音作为网站的域名

这是国内企业常见的域名选取方法。这种方法的最大好处是容易记忆。例如，huawei.com 是华为技术有限公司的域名，haier.com 是海尔集团的域名。

(3) 用汉语拼音的谐音作为网站的域名。

在现实中，采用这种方法的企业也不在少数。例如，美的集团的域名为 midea.com.cn，康佳集团的域名为 konka.com.cn，新浪的域名为 sina.com.cn。

疑问 2：如何在网上搜索特定格式的文件资料？

答：在网上搜索资料时，有时需要搜索特定格式的文件，如 PPT 文件、Word 文件等。这里以搜索.doc 格式的文件为例，介绍搜索特定格式文件的方法。

打开百度搜索页面，在搜索文本框中输入“网页制作.doc”，单击【百度一下】按钮，系统将打开搜索结果页面。这里最重要的一点就是在输入搜索关键字时，后面一定要加上特定格式文件的后缀名。

第 2 篇

制作静态网页

第5章

磨刀不误砍柴工——使用 Dreamweaver CC 创建站点

Dreamweaver CC 是一款专业的网页编辑软件，利用它可以创建网页。其强大的站点管理功能，合理的站点结构能够加快对站点的设计，提高工作效率，节省时间。本章主要介绍如何利用 Dreamweaver CC 创建并管理网站站点。

5.1 认识 Dreamweaver CC

在学习如何使用 Dreamweaver CC 制作网页之前，先来认识一下 Dreamweaver CC 的工作环境。

5.1.1 启动 Dreamweaver CC

完成 Dreamweaver CC 的安装后，就可以启动 Dreamweaver CC 了。具体操作步骤如下。

step 01 选择【开始】→Adobe Dreamweaver CC 选项，或双击桌面上的 Dreamweaver CC 快捷图标，如图 5-1 所示，即可启动 Dreamweaver CC。

step 02 进入 Dreamweaver CC 的初始化界面。Dreamweaver CC 的初始化界面时尚、大方，给人以焕然一新的感觉，如图 5-2 所示。

图 5-1 启动 Dreamweaver CC

图 5-2 Dreamweaver CC 的初始化界面

step 03 通过初始化界面，便可打开 Dreamweaver CC 工作区的开始界面。在默认情况下，Dreamweaver CC 的工作区布局是以【设计】视图布局的，如图 5-3 所示。

step 04 在开始页面中，单击【新建】栏下方的 HTML 选项，即可打开 Dreamweaver CC 的工作界面，如图 5-4 所示。

图 5-3 Dreamweaver CC 的开始界面

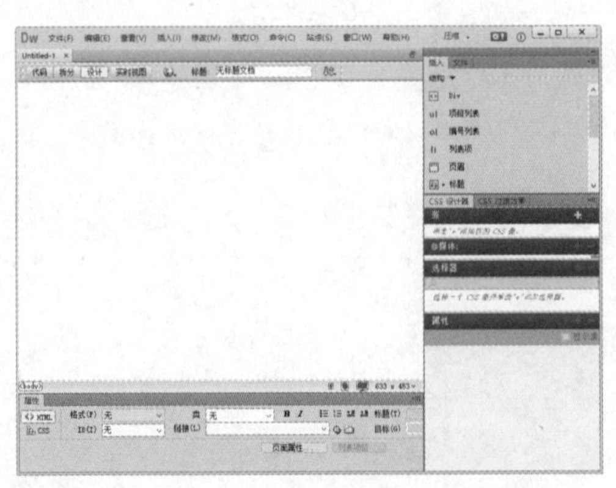

图 5-4 Dreamweaver CC 的工作界面

5.1.2 认识 Dreamweaver CC 的工作区

在 Dreamweaver CC 的工作区中可查看到文档和对象属性。工作区将许多常用的操作放置于工具栏中，便于快速地对文档进行修改。Dreamweaver CC 的工作区主要由应用程序栏、菜单栏、【插入】面板、文档工具栏、文档窗口、状态栏、【属性】面板和面板组等部分组成，如图 5-5 所示。

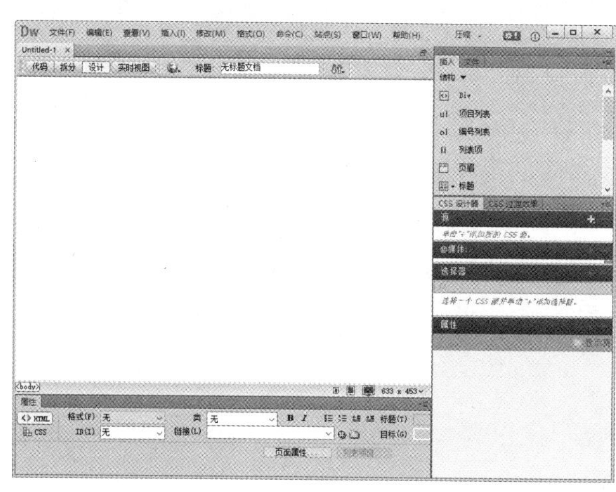

图 5-5 Dreamweaver CC 的工作区

1. 菜单栏

该部分包括 10 个菜单，单击每个菜单标签，会弹出下拉菜单，利用菜单中的命令基本上能够实现 Dreamweaver CC 的所有功能，如图 5-6 所示。

文件(F) 编辑(E) 查看(V) 插入(I) 修改(M) 格式(O) 命令(C) 站点(S) 窗口(W) 帮助(H)

图 5-6 菜单栏

2. 文档工具栏

该部分包含 3 种文档窗口视图(代码、拆分和设计)按钮、各种查看选项和一些常用的操作功能(如在浏览器中预览)，如图 5-7 所示。

代码 拆分 设计 实时视图 标题: 无标题文档

图 5-7 文档工具栏

文档工具栏中常用按钮的功能如下。

(1) 【显示代码视图】按钮 代码 ：单击该按钮，仅在文档窗口中显示和修改 HTML 源代码。

(2) 【显示代码视图和设计视图】按钮 拆分 ：单击该按钮，在文档窗口中同时显示 HTML 源代码和页面的设计效果。

(3) 【显示设计视图】按钮设计：单击该按钮，仅在文档窗口中显示网页的设计效果。

(4) 【实时视图】按钮：单击该按钮，显示不可编辑的、交互式的、基于浏览器的文档视图。

(5) 【在浏览器中预览/调试】按钮：单击该按钮，可在定义好的浏览器中预览或调试网页。

(6) 【文档标题】文本框 标题: 无标题文档 ：该文本框用于设置或修改文档的标题。

(7) 【文件管理】按钮：单击该按钮，通过弹出的菜单可实现消除只读属性、获取、取出、上传、存回、撤销取出、设计备注以及在站点定位等功能。

3. 文档窗口

文档窗口用于显示当前创建和编辑的文档。在该窗口中，既可以输入文字、插入图片、绘制表格等，也可以对整个页面进行处理，如图 5-8 所示。

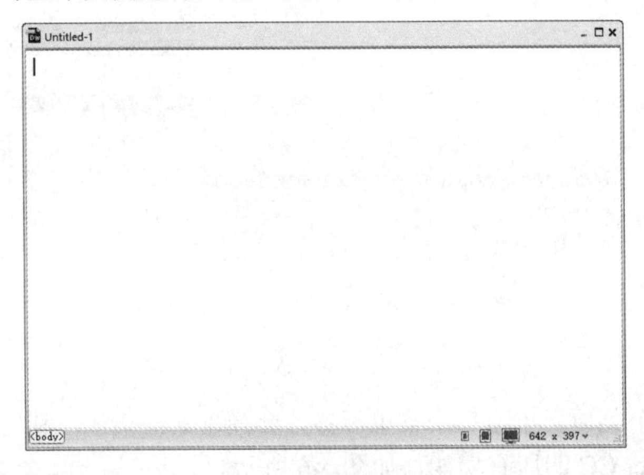

图 5-8 文档窗口

4. 状态栏

状态栏位于文档窗口的底部，包括两个功能区：标签选择器(用于显示和控制文档当前插入点位置的 HTML 源代码标记)、窗口大小弹出菜单(用于显示页面大小，允许将文档窗口的大小调整到预定义或自定义的尺寸)，如图 5-9 所示。

图 5-9 状态栏

5. 【属性】面板

【属性】面板是网页中非常重要的面板，用于显示在文档窗口中所选元素的属性，并且可以对被选中的元素的属性进行修改。该面板随着选择元素的不同而显示不同的属性，如图 5-10 所示。

6. 【插入】面板

【插入】面板包含将各种网页元素(如图像、表格、AP 元素等)插入到文档时的快捷按钮。每个对象都是一段 HTML 代码，插入不同的对象时，可以设置不同的属性。单击相应的按钮，可插入相应的元素。要显示【插入】面板，选择【窗口】→【插入】命令即可，如图 5-11 所示。

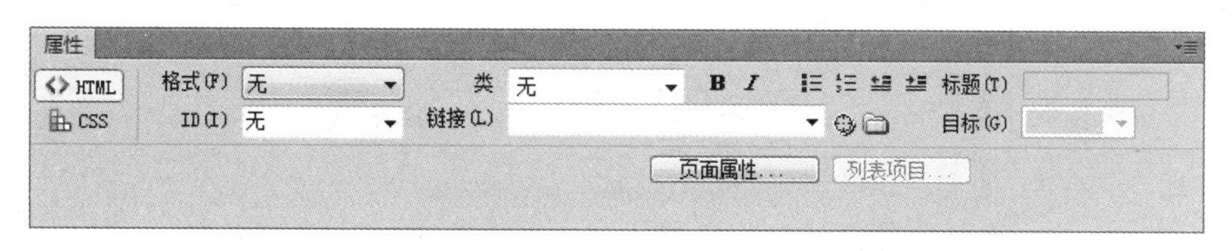

图 5-10 【属性】面板

7. 【文件】面板

【文件】面板用于管理文件和文件夹，无论它们是 Dreamweaver 站点的一部分，还是位于远程服务器上。在【文件】面板上还可以访问本地磁盘上的全部文件，如图 5-12 所示。

图 5-11 【插入】面板

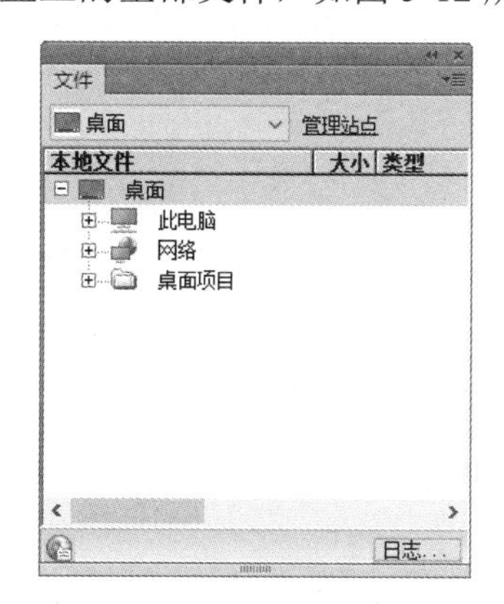

图 5-12 【文件】面板

5.1.3 体验 Dreamweaver CC 的新增功能

Dreamweaver CC 是 Dreamweaver 的最新版本，它同以前的 Dreamweaver CS6 版本相比，增加了一些新的功能，并且还增强了很多原有的功能。下面就对 Dreamweaver CC 的新增功能进行简单的介绍，带领读者一起体验这些新增功能。

1. CSS 设计器

Dreamweaver CC 新增了 CSS 设计器功能——高度直观的可视化编辑工具，不仅可以帮助用户生成 Web 标准的代码，还可以快速查看和编辑与特定上下文有关的样式，如图 5-13 所示。

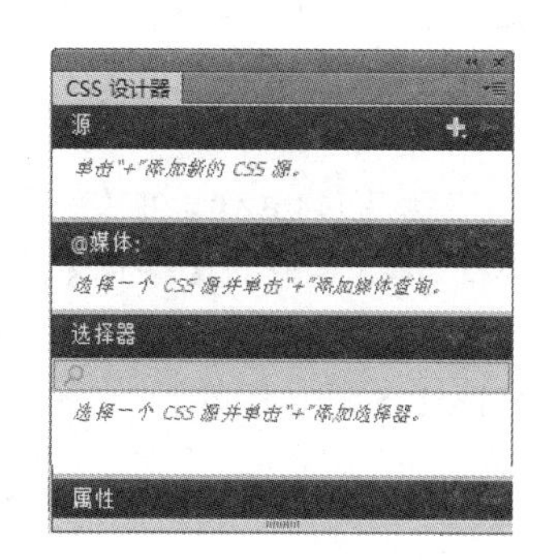

图 5-13 CSS 设计器

2. 云同步

Dreamweaver CC 新增了云同步功能。通过该功能，用户可以在 Creative Cloud 上存储文件、应用程序和站点定义。当需要时只需要登录 Creative Cloud 即可随时随地访问它们。

在 Dreamweaver CC 界面中，选择【编辑】→【首选项】命令，打开【首选项】对话框，在【分类】列表框中选择【同步设置】选项，即可在右侧的窗口中设置云同步，如图 5-14 所示。

图 5-14 【首选项】对话框

3. 支持新平台

Dreamweaver CC 对 HTML 5、CSS 3、jQuery 和 jQuery Mobile 的支持更灵活且更完善。

4. 用户界面简化

对工作界面进行了全新的简化，减少了对话框的数量和很多不必要的操作按钮，如对文档工具栏和状态栏都进行了精简，使得整个工作界面显得更加简洁。

5. 插入【画布】功能

在 Dreamweaver CC 的【常用】面板中新增了【画布】插入按钮。单击【插入】选项卡，然后在【常用】面板中单击【画布】按钮，即可快速地在网页中插入 HTML 5 画布元素，如图 5-15 所示。

6. 新增网页结构元素

在 Dreamweaver CC 中新增了 HTML 5 结构语义元素的插入操作按钮，它们位于【插入】选项卡中的【结构】面板中，包括“页眉”“标题”、Navigation(导航)、“侧边”“文章”“章节”和“页脚”等，如图 5-16 所示。通过这些按钮，可以快速地在网页中插入 HTML 5 语义标签。

7. 新增 Edge Web Fonts

在 Dreamweaver CC 中新增了 Edge Web Fonts 的功能，在网页中可以加载 Adobe 提供的

EdgeWeb 字体，从而在网页中实现特殊字体效果。依次选择【修改】→【管理字体】命令，从打开的【管理字体】对话框中选择 Adobe Edge Web Fonts 选项卡，即可使用 Adobe 提供的 Edge Web 字体，如图 5-17 所示。

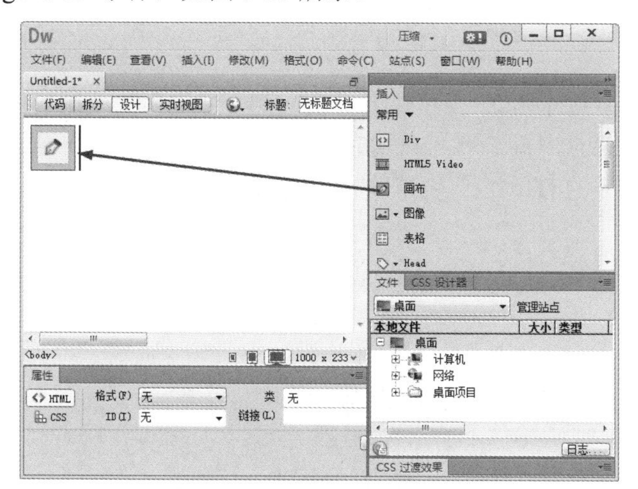

图 5-15　单击【画布】按钮

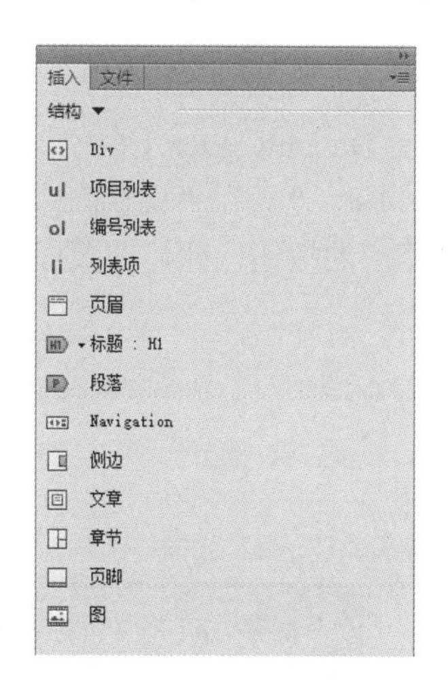

图 5-16　新增网页结构元素

8. 在【媒体】面板中新增 HTML 5 音频和视频按钮

Dreamweaver CC 提供了对 HTML 5 更全面、更便捷的支持。用户可以通过新增的 HTML 5 音频和视频插入按钮，如图 5-18 所示，在网页中轻松插入 HTML 5 音频和视频，而不需要编写 HTML 5 代码。

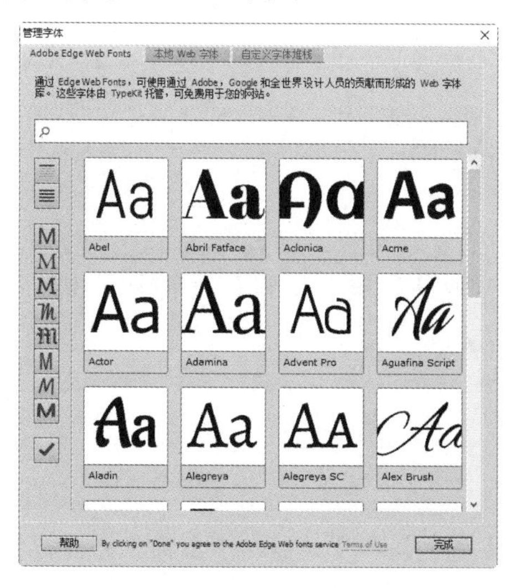

图 5-17　Adobe Edge Web Fonts 选项卡

图 5-18　HTML 5 Video 按钮和 HTML 5 Audio 按钮

9. 在【媒体】面板中新增 Adobe Edge Animate 动画

在【媒体】面板中新增了 Adobe Edge Animate 动画。在默认情况下，用户在 Dreamweaver 中插入 Adobe Edge Animate 动画后，会自动在当前站点的根目录中生成一个名为 edgeanimate_assets 的文件夹， 将 Adobe Edge Animate 动画的提取内容放入该文件夹中。如果需要在 Dreamweaver CC 中插入 Adobe Edge Animate 动画，可以单击【插入】选项卡【媒体】面板中的【Edge Animate 作品】按钮，如图 5-19 所示。

10. 新增表单输入类型

在 Dreamweaver CC 中新增了许多 HTML 5 表单输入类型，如“数字”“范围”“颜色”“月”“周”“日期”“时间”“日期时间”和“日期时间(当地)”，如图 5-20 所示。单击相应的按钮，即可在页面中插入相应的 HTML 5 表单输入类型。

图 5-19　单击【Edge Animate 作品】按钮

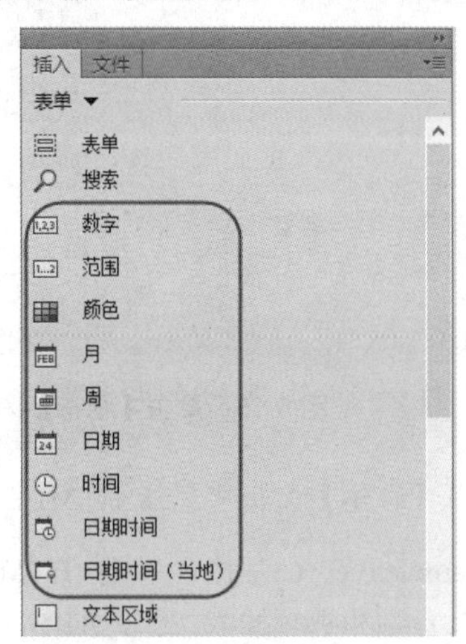

图 5-20　新增表单输入类型

5.2 创建站点

一般在制作网页之前都需要先创建站点，这是为了更好地利用站点对文件进行管理，可以尽可能减少链接与路径方面的错误。下面介绍创建本地站点和使用高级面板创建站点的方法。

5.2.1 案例 1——创建本地站点

使用向导创建本地站点的具体操作步骤如下。

step 01 启动 Dreamweaver CC，然后依次选择【站点】→【新建站点】命令，即可打开【站点设置对象 我的站点】对话框，从中输入站点的名称，并设置本地站点文件夹的路径和名称，如图 5-21 所示。

step 02 单击【保存】按钮，即可完成本地站点的创建，在【文件】面板中【本地文件】的下方会显示该站点的根目录，如图 5-22 所示。

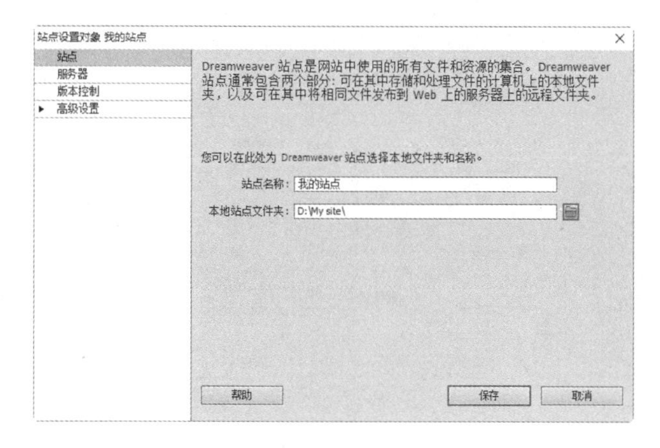

图 5-21 【站点设置对象 我的站点】对话框

图 5-22 站点根目录

5.2.2 案例 2——创建远程站点

在远程服务器上创建站点，需要在远程服务器上指定远程文件夹的位置，该文件夹将存储生产、协作、部署等方案的文件。

创建远程站点的具体操作步骤如下。

step 01 选择【站点】→【新建站点】命令，在弹出的【站点设置对象 未命名站点 2】对话框中设置【站点名称】和【本地站点文件夹】，如图 5-23 所示。

step 02 切换到【服务器】选项卡，单击【添加新服务器】按钮 + ，如图 5-24 所示。

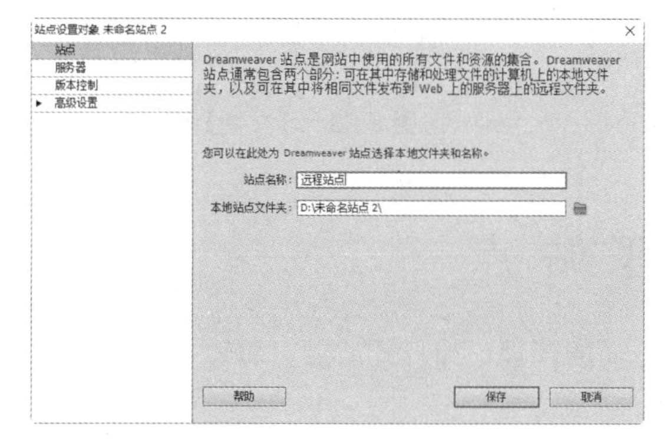

图 5-23 【站点设置对象 未命名站点 2】对话框

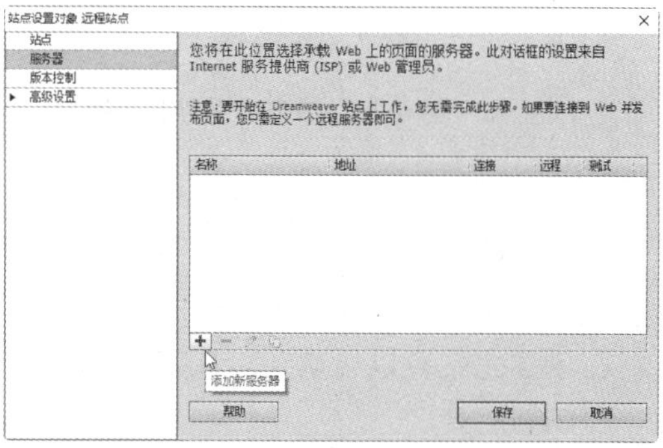

图 5-24 【服务器】选项卡

step 03 在打开的对话框中设置【服务器名称】，然后选择连接方法，如果网站的空间已经购买完成，可以选择连接方法为 FTP，然后设置【FTP 地址】、【用户名】和【密码】等，如图 5-25 所示。

step 04 切换到【高级】选项卡，根据需要设置远程服务器的高级属性，然后单击【保存】按钮即可，如图 5-26 所示。

step 05 返回【站点设置对象 远程站点】对话框中，在其中可以看到新建的远程服务器的相关信息，单击【保存】按钮，如图 5-27 所示。

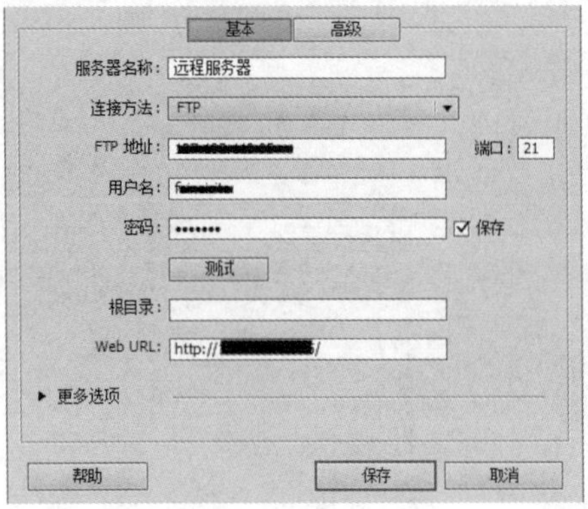

图 5-25　【基本】选项卡

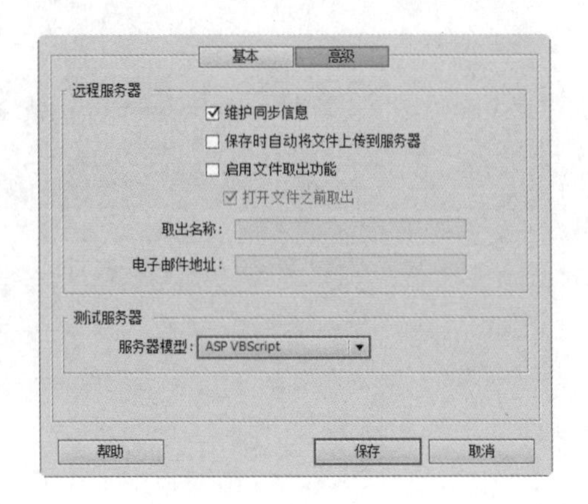

图 5-26　【高级】选项卡

step 06 站点创建完成，在【文件】面板中【本地文件】的下方会显示该站点的根目录，如图 5-28 所示。单击【连接到远端主机】按钮，即可连接到远程服务器。

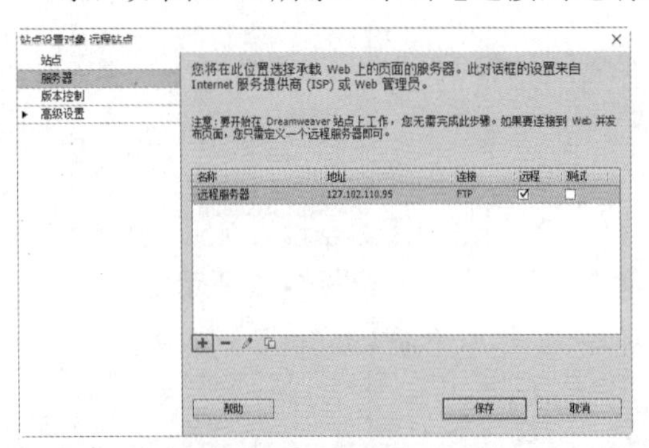

图 5-27　单击【保存】按钮

图 5-28　【文件】面板

5.3 管 理 站 点

在创建完站点以后，还可以对站点进行多方面的管理，如打开站点、编辑站点、删除站点、复制站点等。

5.3.1 案例 3——打开站点

打开站点的具体操作步骤如下。

step 01 在 Dreamweaver CC 工作界面中，依次选择【站点】→【管理站点】命令，如图 5-29 所示。

step 02 即可打开【管理站点】对话框，然后选择【您的站点】列表框中的【我的站点】选项，如图 5-30 所示。最后单击【完成】按钮，即可打开站点。

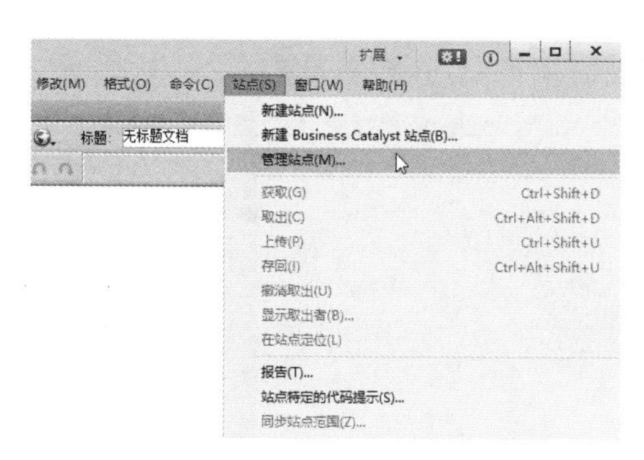

图 5-29 选择【管理站点】命令

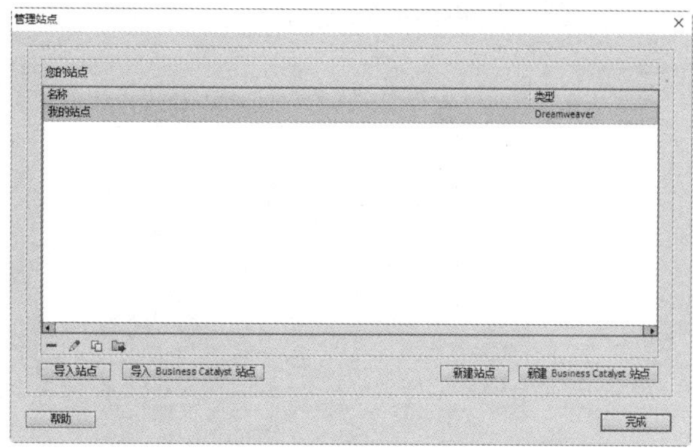

图 5-30 【管理站点】对话框

5.3.2 案例 4——编辑站点

对于创建后的站点，还可以对其属性进行编辑。具体操作步骤如下。

step 01 在 Dreamweaver CC 工作界面的右侧选择【文件】选项卡，然后单击【我的站点】文本框右侧的下拉按钮，从弹出的下拉菜单中选择【管理站点】命令，如图 5-31 所示。

图 5-31 选择【管理站点】命令

step 02 即可打开【管理站点】对话框，从中选定要编辑的站点名称，然后单击【编辑当前选定的站点】按钮，如图 5-32 所示。

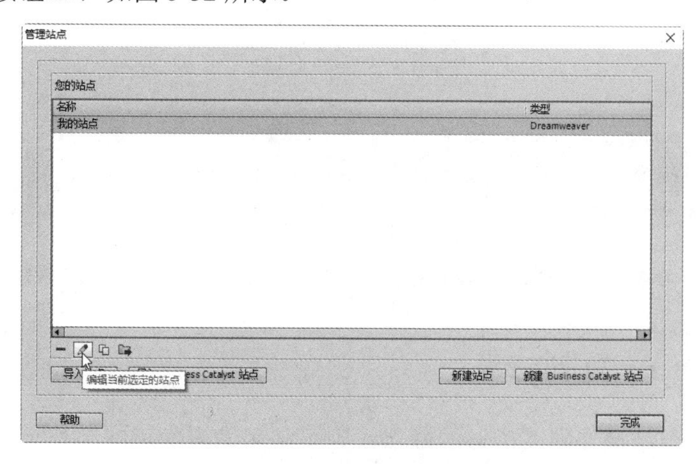

图 5-32 单击【编辑当前选定的站点】按钮

step 03 即可打开【站点设置对象 我的站点】对话框，在该对话框中按照创建站点的方法对站点进行编辑，如图 5-33 所示。

step 04 单击【保存】按钮，返回到【管理站点】对话框，然后单击【完成】按钮，即可完成编辑操作，如图 5-34 所示。

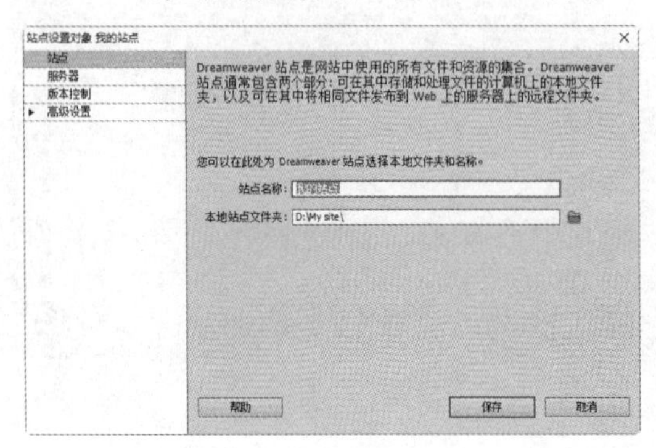

图 5-33　【站点设置对象 我的站点】对话框

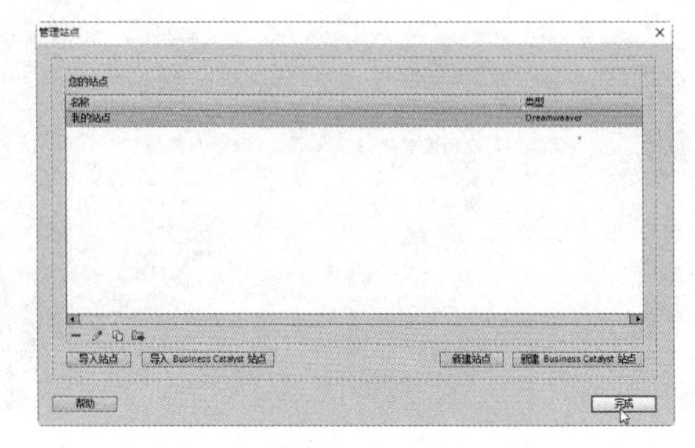

图 5-34　【管理站点】对话框

5.3.3　案例 5——删除站点

如果不再需要创建的站点，可以将其从站点列表中删除。具体操作步骤如下。

step 01 选中要删除的本地站点，然后单击【管理站点】对话框中的【删除当前选定的站点】按钮，如图 5-35 所示。

step 02 此时系统会弹出警告提示框，如图 5-36 所示，提示用户不能撤销删除操作，询问是否要删除选中的站点，单击【是】按钮，即可将选中的站点删除。

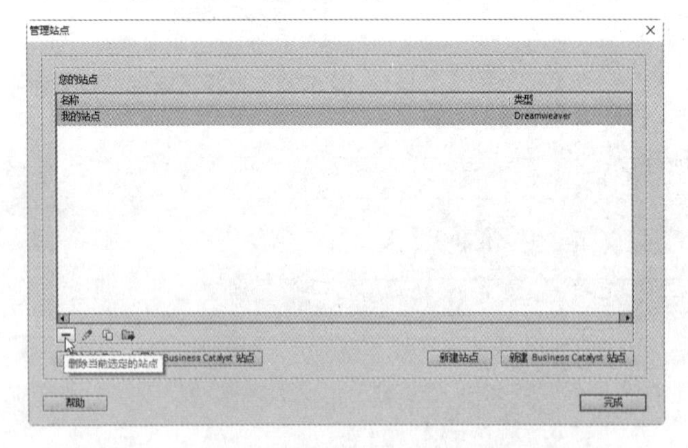

图 5-35　单击【删除当前选定的站点】按钮

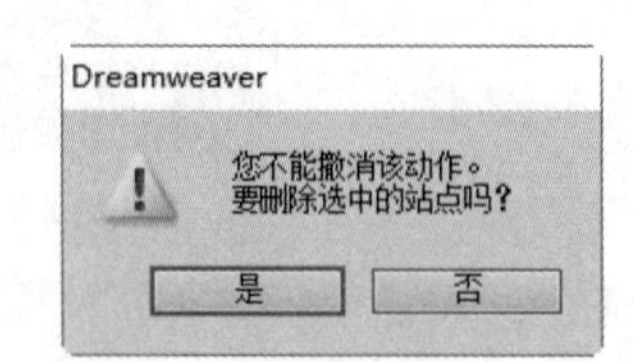

图 5-36　警告提示框

5.3.4　案例 6——复制站点

如果想创建多个结构相同或类似的站点，则可利用站点的可复制性来实现。复制站点的具体操作步骤如下。

step 01 在【管理站点】对话框中单击【复制当前选定的站点】按钮，如图 5-37 所示。

step 02 即可复制该站点，复制出的站点会出现在【您的站点】列表框中，且该名称在原站点名称的后面会添加“复制”字样，如图 5-38 所示。

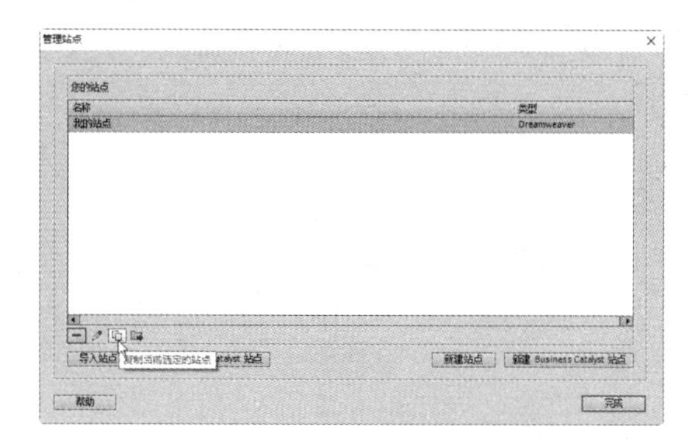

图 5-37　单击【复制当前选定的站点】按钮

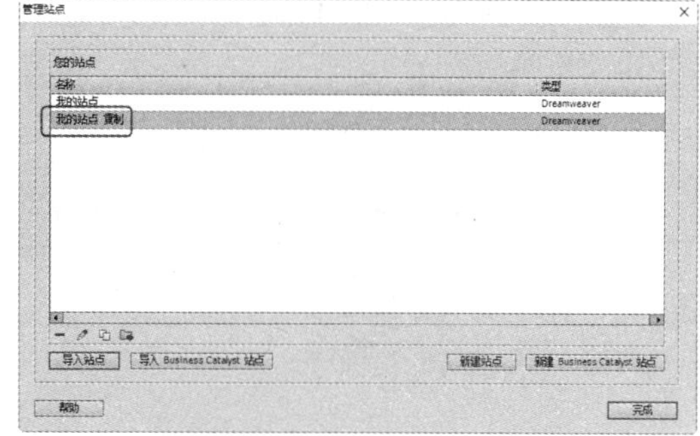

图 5-38　复制站点后的效果

5.3.5　案例 7——导出与导入站点

如果要在其他计算机上编辑同一个网站，此时可以通过导出站点的方法，将站点导出为 ste 格式的文件，然后导入到其他计算机上即可。具体操作步骤如下。

step 01 在【管理站点】对话框中，选中需要导出的站点后，单击【导出当前选定的站点】按钮，如图 5-39 所示。

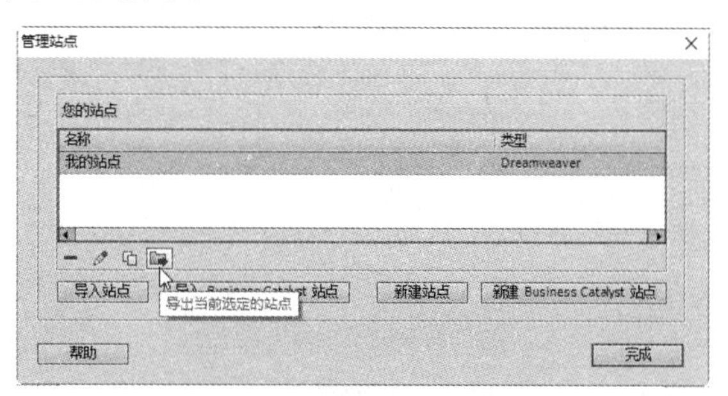

图 5-39　单击【导出当前选定的站点】按钮

step 02 打开【导出站点】对话框，在【文件名】下拉列表框中输入导出文件的名称，单击【保存】按钮即可，如图 5-40 所示。

图 5-40　【导出站点】对话框

step 03 在其他计算机上打开【管理站点】对话框，单击【导入站点】按钮，如图 5-41 所示。

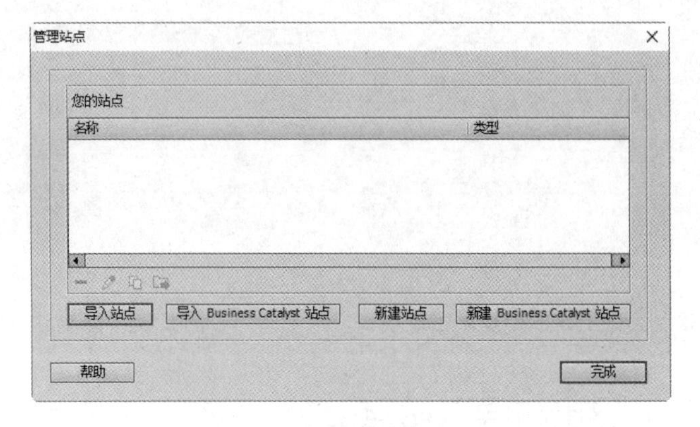

图 5-41　单击【导入站点】按钮

step 04 打开【导入站点】对话框，选中需要导入的文件，单击【打开】按钮，如图 5-42 所示。

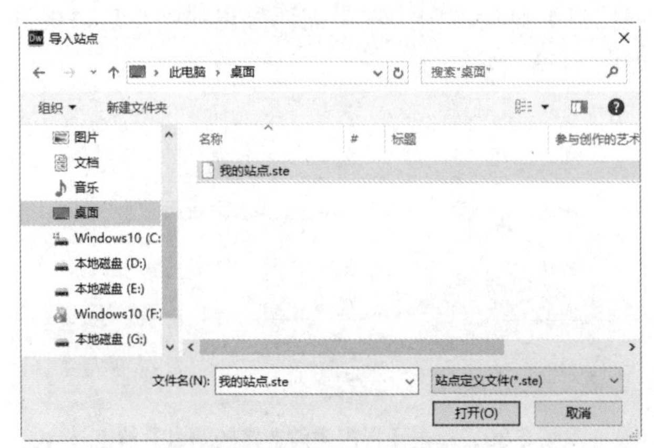

图 5-42　【导入站点】对话框

step 05 返回到【管理站点】对话框，即可看到新导入的站点，如图 5-43 所示。

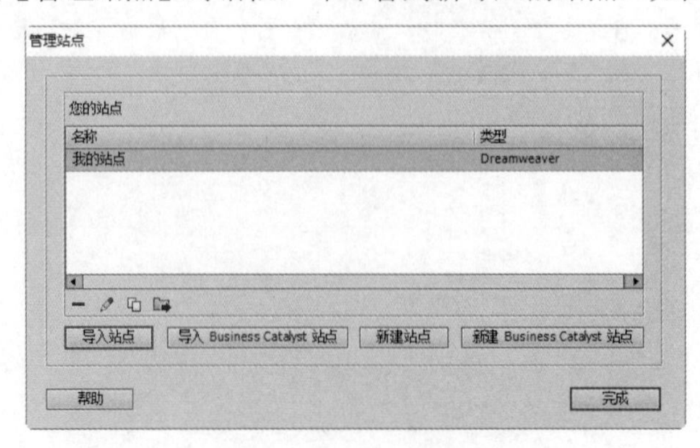

图 5-43　新导入的站点

5.4 操作站点文件及文件夹

无论是创建空白文档，还是利用已有的文档创建站点，都需要对站点中的文件或文件夹进行操作。在【本地文件】窗口中，可以对本地站点中的文件夹和文件进行创建、删除、移动、复制等操作。

5.4.1 案例 8——创建文件夹

在本地站点中创建文件夹的具体操作步骤如下。

step 01 在 Dreamweaver CC 工作界面的右侧选择【文件】选项卡，然后选中【本地文件】窗口中创建的站点并右击，从弹出的快捷菜单中选择【新建文件夹】命令，如图 5-44 所示。

step 02 此时新建文件夹的名称处于可编辑状态，可以对其进行重命名，如这里将其重命名为 image，如图 5-45 所示。

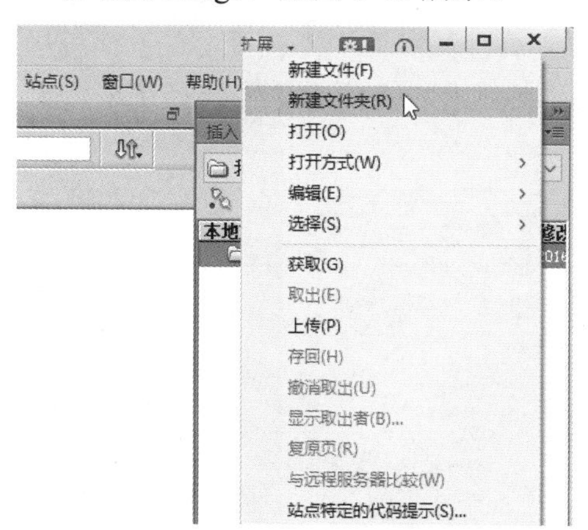

图 5-44 选择【新建文件夹】命令

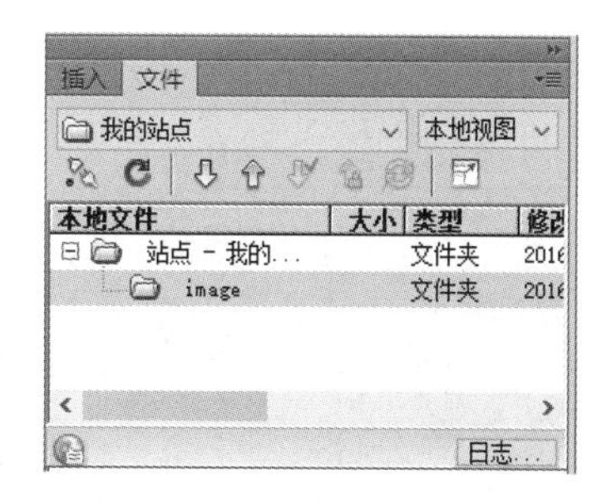

图 5-45 新建文件夹并重命名

5.4.2 案例 9——创建文件

文件夹创建好后，就可以在文件夹中创建相应的文件了。具体操作步骤如下。

step 01 选择【文件】选项卡，然后在准备新建文件的位置右击，从弹出的快捷菜单中选择【新建文件】命令，如图 5-46 所示。

step 02 此时新建文件的名称处于可编辑状态，如图 5-47 所示。

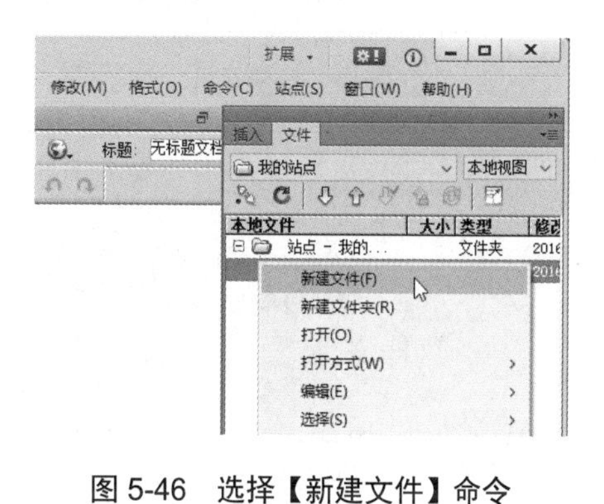

图 5-46 选择【新建文件】命令

step 03 将新建的文件重命名为 index.html，然后按 Enter 键完成输入，即可完成文件的新建和重命名操作，如图 5-48 所示。

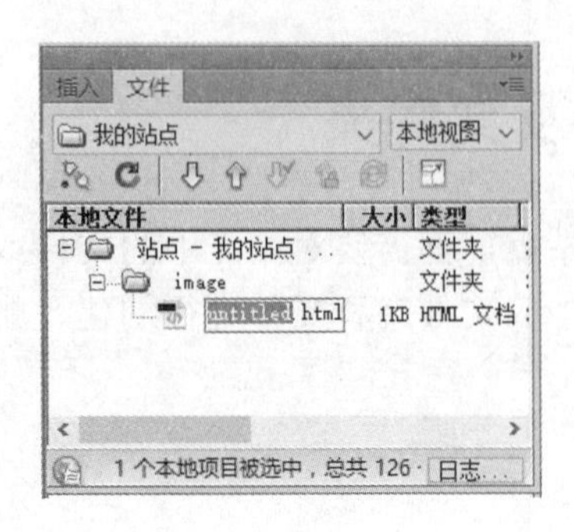
图 5-47　新建文件

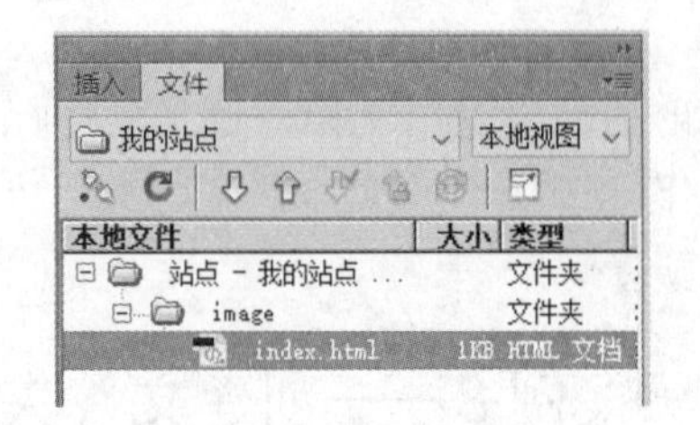
图 5-48　重命名为 index. html

5.4.3　案例 10——文件或文件夹的移动和复制

站点下的文件或文件夹可以进行移动与复制操作，具体操作步骤如下。

step 01 选择【窗口】→【文件】命令，打开【文件】面板，选中要移动的文件或文件夹，然后拖动到相应的文件夹即可，如图 5-49 所示。

step 02 也可以利用剪切和粘贴的方法来移动文件或文件夹。在【文件】面板中，选中要移动或复制的文件或文件夹并右击，在弹出的快捷菜单中选择【编辑】→【剪切】或【拷贝】命令，如图 5-50 所示。

图 5-49　移动文件

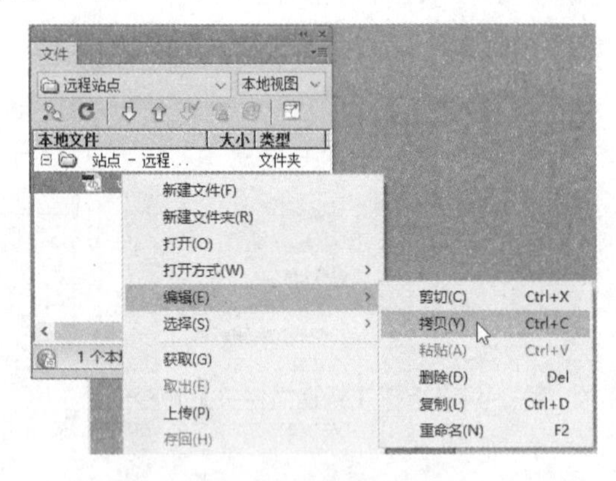
图 5-50　移动或复制文件

进行移动可以选择【剪切】命令；进行复制可以选择【拷贝】命令。

step 03 选中目标文件夹并右击，在弹出的快捷菜单中选择【编辑】→【粘贴】命令，这样文件或文件夹就会被移动或复制到相应的文件夹中了。

5.4.4　案例 11——删除文件或文件夹

对于站点下的文件或文件夹，如果不再需要，就可以将其删除。具体操作步骤如下。

step 01 在【文件】面板中，选中要删除的文件或文件夹，然后在文件或文件夹上右击，在弹出的快捷菜单中选择【编辑】→【删除】命令，或者按 Delete 键，如图 5-51 所示。

step 02 弹出提示对话框，询问是否要删除所选文件或文件夹，单击【是】按钮，即可将文件或文件夹从本地站点中删除，如图 5-52 所示。

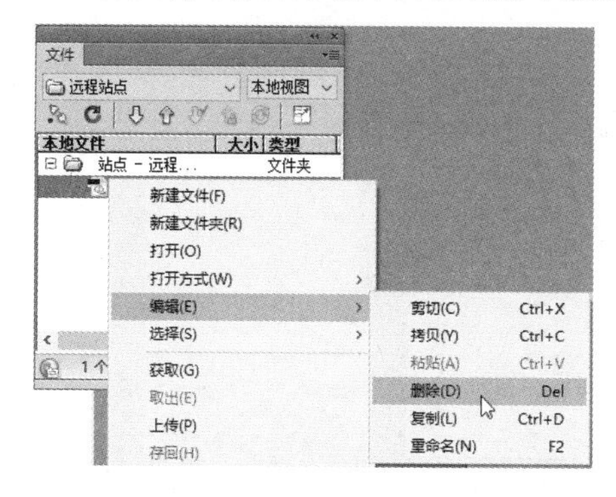

图 5-51　删除文件

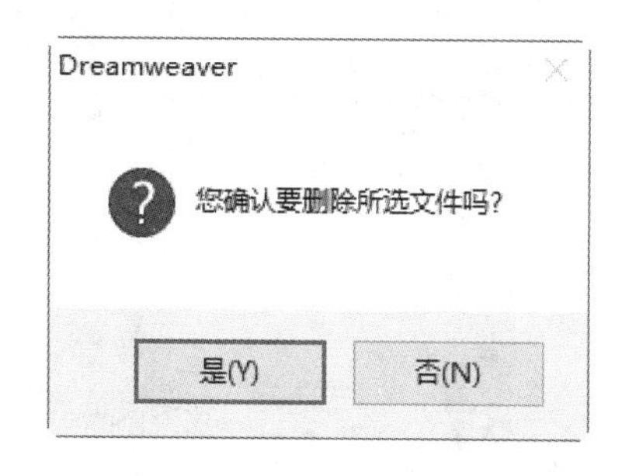

图 5-52　信息提示框

和站点的删除操作不同，对文件或文件夹的删除操作会从磁盘上真正地删除相应的文件或文件夹。

5.5　综合案例——创建本地站点

通过本章的学习，读者就能够在实际应用中创建本地站点了。创建本地站点的具体操作步骤如下。

step 01 选择【站点】→【新建站点】命令，即可打开【站点设置对象 千谷网络】对话框，然后在【站点名称】文本框中输入“千谷网络”，如图 5-53 所示。

step 02 单击【本地站点文件夹】文本框右侧的【浏览文件夹】按钮，即可打开【选择根文件夹】对话框，在该对话框中选择放置站点“千谷网络”的文件夹，如图 5-54 所示。

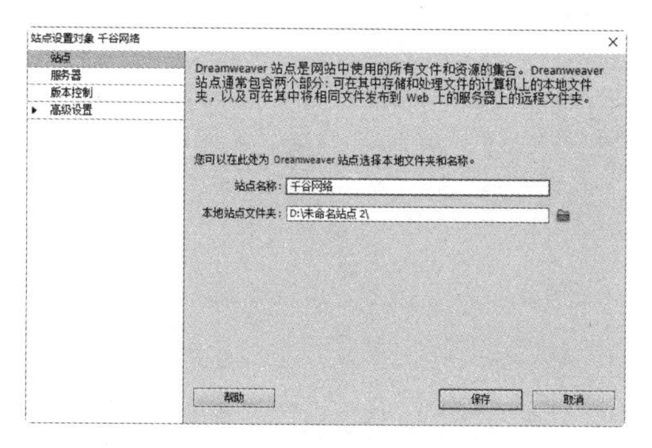

图 5-53　【站点设置对象 千谷网络】对话框

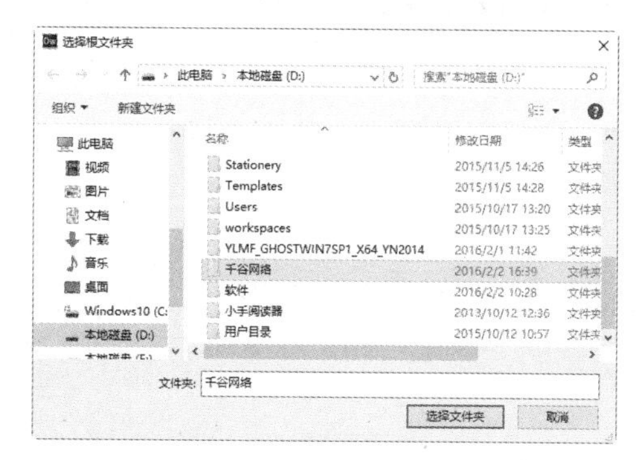

图 5-54　选择站点存放的文件夹

step 03 单击【选择文件夹】按钮，返回到【站点设置对象 千谷网络】对话框，此时可以看到【本地站点文件夹】文本框中已经显示为“D:\千谷网络\”，如图 5-55 所示。

step 04 单击【保存】按钮，返回到 Dreamweaver CC 工作界面，然后选择【站点】→【管理站点】命令，从打开的【管理站点】对话框中可以查看新建的站点，如图 5-56 所示。

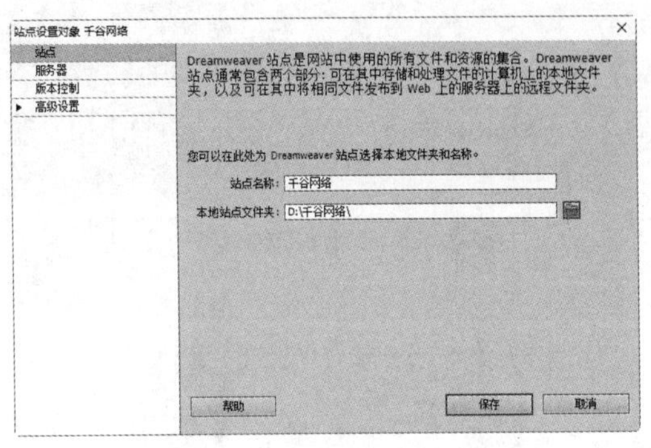

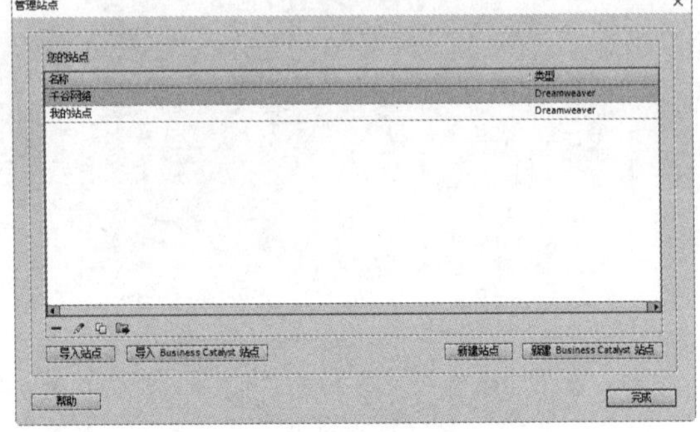

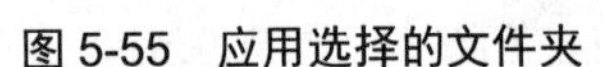
图 5-55　应用选择的文件夹

图 5-56　查看新建的站点

5.6　疑难解惑

疑问 1：在【资源】面板中，为什么有的资源在预览区中无法正常显示(如 Flash 动画)?

答：之所以会出现这种情况，主要是由于不同类型的资源有不同的预览显示方式。比如 Flash 动画，被选中的 Flash 在预览区中显示为占位符，要观看其播放效果，必须单击预览区中的播放按钮。

疑问 2：在 Adobe Dreamweaver CC 的【属性】面板中为什么只显示了其标题栏?

答：之所以会出现这种情况，主要是由于属性检查器被折叠起来了。Adobe Dreamweaver CC 为了节省屏幕空间，为各个面板组都设计了折叠功能，单击该面板组的标题名称，即可在展开/折叠状态之间进行切换。同时，对于不用的面板组还可以将其暂时关闭，需要使用时再通过【窗口】菜单将其打开。

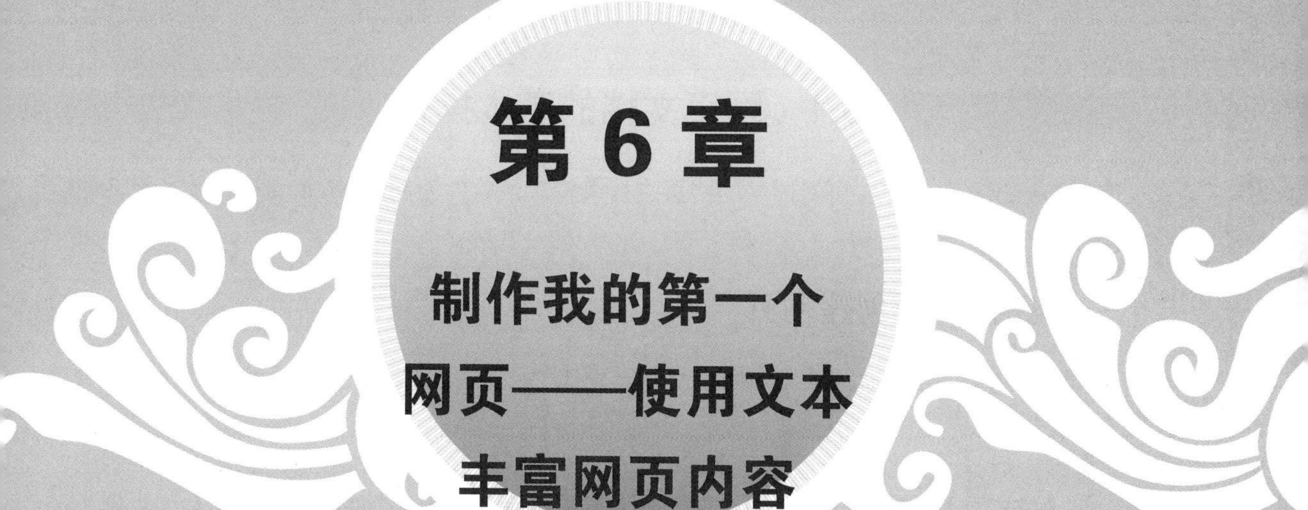

第 6 章

制作我的第一个网页——使用文本丰富网页内容

在浏览网页时，通过文本获取信息是最直接的方式。文本是基本的信息载体，不管网页内容如何丰富，文本自始至终都是网页中最基本的元素。本章主要介绍如何使用文本丰富网页内容。

6.1 网页文档的基本操作

使用 Dreamweaver CC 可对网站的网页进行编辑。该软件为创建 Web 文档提供了灵活的编辑环境。

6.1.1 案例 1——创建网页

制作网页的第一步就是创建空白网页文档，使用 Dreamweaver CC 创建空白网页文档的具体操作步骤如下。

step 01 选择【文件】→【新建】命令。打开【新建文档】对话框，并选择其左侧的【空白页】选项，在【页面类型】列表框中选择 HTML 选项，在【布局】列表框中选择【<无>】选项，如图 6-1 所示。

step 02 单击【创建】按钮，即可创建一个空白文档，如图 6-2 所示。

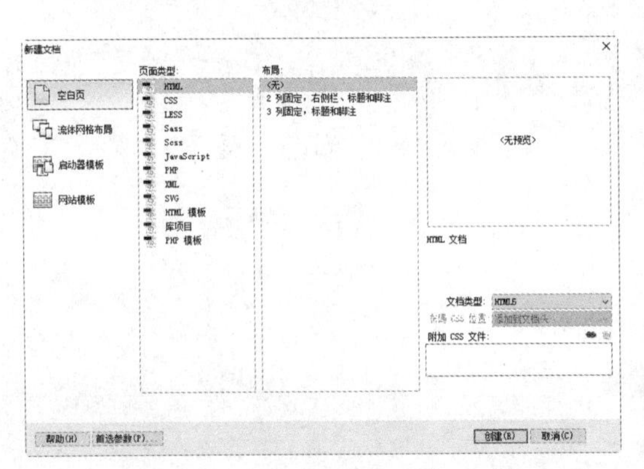

图 6-1 【新建文档】对话框

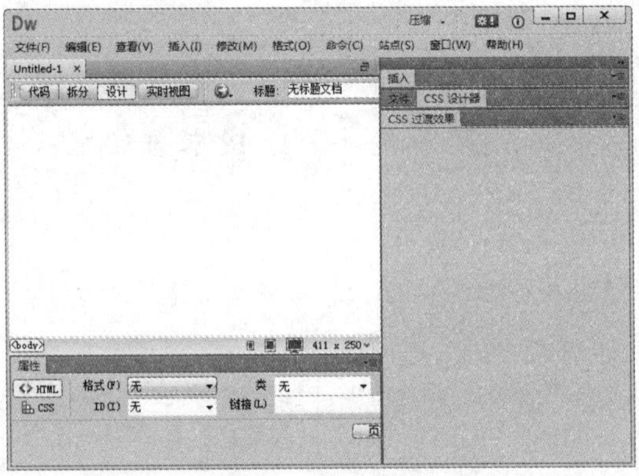

图 6-2 创建空白文档

6.1.2 案例 2——页面属性

创建空白文档后，接下来需要对文件的页面属性进行设置，也就是设置整个网站页面的外观效果。选择【修改】→【页面属性】命令，如图 6-3 所示。或者按 Ctrl+J 组合键，打开【页面属性】对话框，从中可以设置外观、链接、标题、标题/编码和跟踪图像等属性。下面分别介绍如何设置页面的外观、链接、标题等属性。

1. 设置外观

在【页面属性】对话框的【分类】列表框中选择【外观】选项，可以设置 CSS 外观和 HTML 外观。外观的设置可以从页面字体、文字大小、文本颜色等方面进行，如图 6-4 所示。

例如，想要设置文本的字体样式，可以在【页面字体】下拉列表框中选择一种字体样式，然后单击【应用】按钮，页面中的字体即可显示为这种字体样式，如图 6-5 所示。

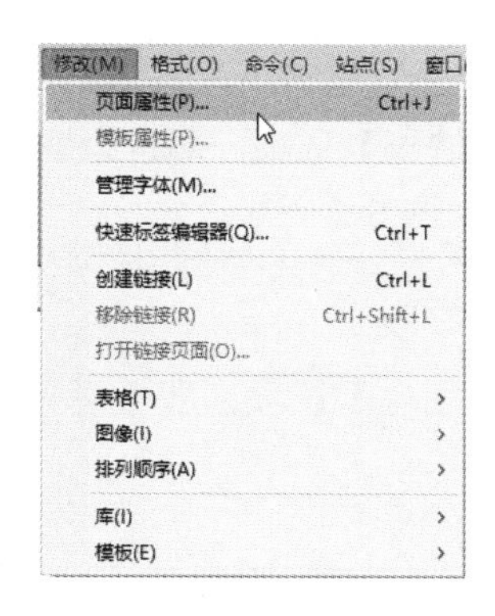

图 6-3 选择【页面属性】命令

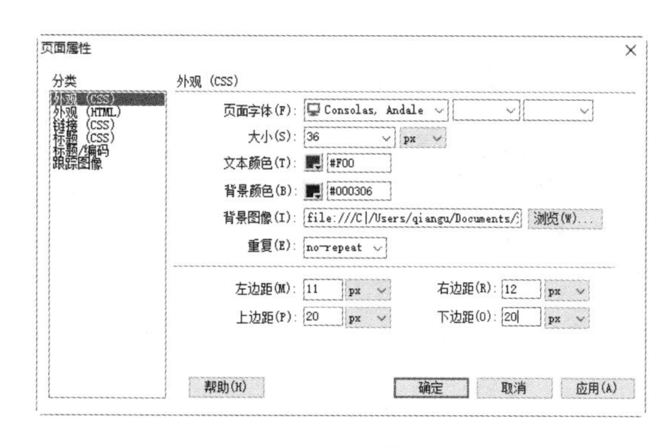

图 6-4 【页面属性】对话框

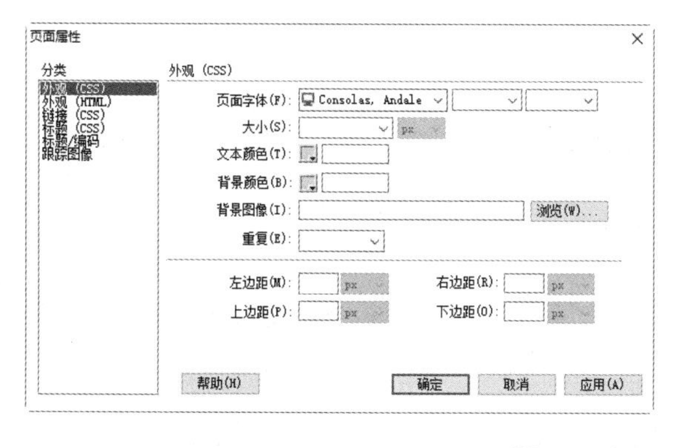

生活是一首歌，一首五彩缤纷的歌，一首低沉而又高昂的歌，一首令人无法捉摸的歌。生活中的艰难困苦就是那一个个跳动的音符，由于这些音符的加入才使生活变得更加美妙。

图 6-5 设置页面字体

2. 设置链接

在【页面属性】对话框的【分类】列表框中选择【链接】选项，即可设置链接的属性，如图 6-6 所示。

3. 设置标题

在【页面属性】对话框的【分类】列表框中选择【标题】选项，即可设置标题的属性，如图 6-7 所示。

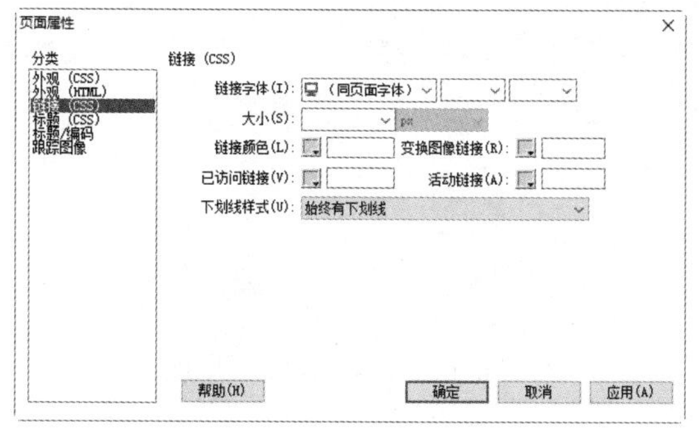

图 6-6 设置页面的链接

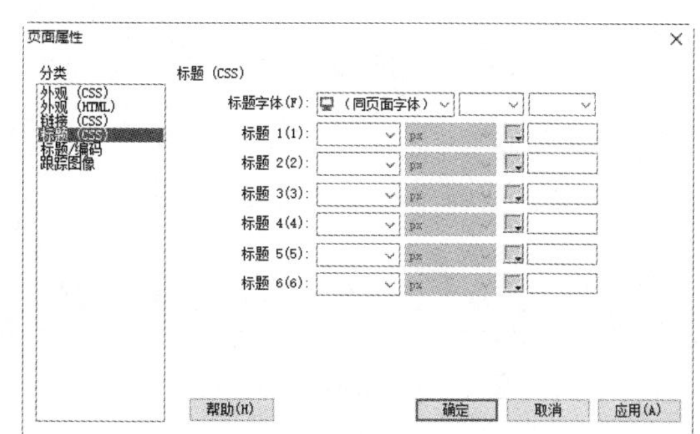

图 6-7 设置页面的标题

4. 设置标题/编码

在【页面属性】对话框的【分类】列表框中选择【标题/编码】选项，即可设置标题/编码的属性，比如网页的标题、文档类型和网页中文本的编码，如图 6-8 所示。

5. 设置跟踪图像

在【页面属性】对话框的【分类】列表框中选择【跟踪图像】选项，即可设置跟踪图像的属性，如图 6-9 所示。

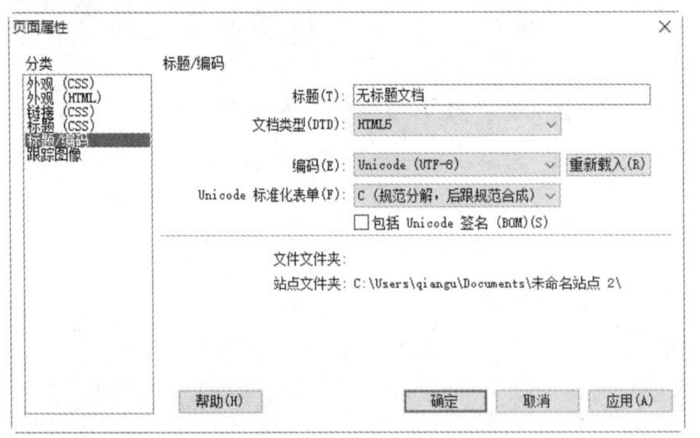

图 6-8　设置标题/编码

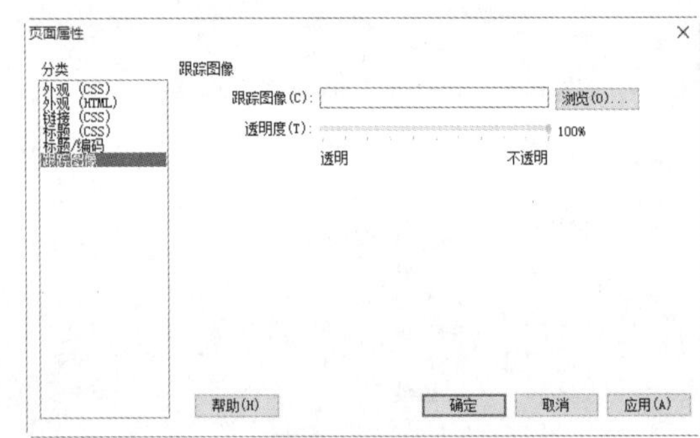

图 6-9　设置跟踪图像

1)　设置跟踪图像

【跟踪图像】选项用于设置作为网页跟踪图像的文件路径。通过单击【跟踪图像】文本框右侧的浏览按钮 浏览(W)... ，可以在弹出的对话框中选择图像作为跟踪图像，如图 6-10 所示。

跟踪图像是 Dreamweaver 中非常有用的功能。使用这个功能时，需要先用平面设计工具设计出页面的平面版式，再以跟踪图像的方式将其导入到页面中，这样用户在编辑网页时就可以精确地定位页面元素。

2)　设置透明度

拖动滑块，可以调整图像的透明度，透明度越高，图像越清晰，如图 6-11 所示。

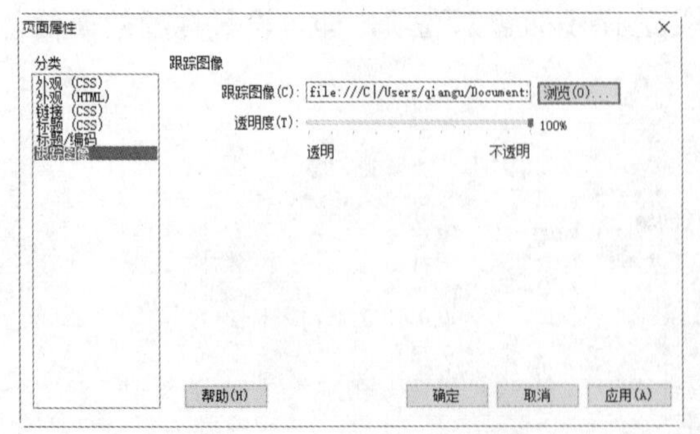

图 6-10　添加图像文件

图 6-11　设置图像的透明度

注意　使用了跟踪图像后，原来的背景图像则不会显示。但是在 IE 浏览器中预览时，则会显示出页面的真实效果，而不会显示跟踪图像的效果。

6.1.3 案例 3——保存网页

在网页制作完成后，用户通常要进行的操作就是保存网页。具体操作步骤如下。

step 01 在 Dreamweaver CC 工作界面中选择【文件】→【保存】命令，如图 6-12 所示。

step 02 打开【另存为】对话框，设置文件的保存路径和文件名称后，单击【保存】按钮即可，如图 6-13 所示。

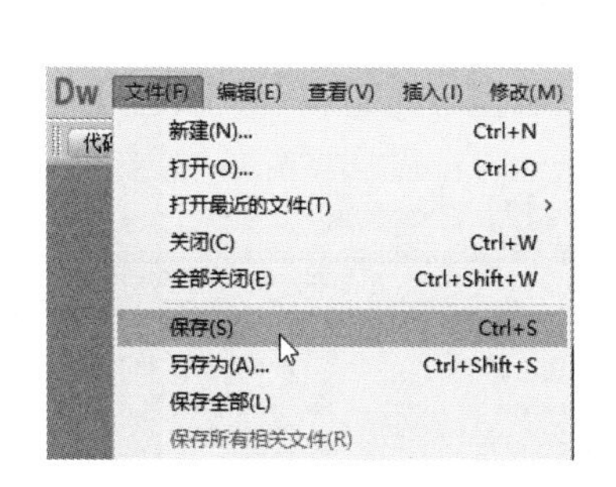

图 6-12 选择【保存】命令

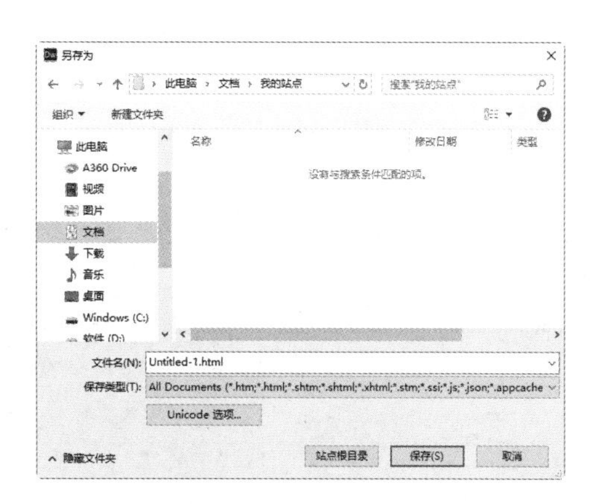

图 6-13 【另存为】对话框

为了提高保存网页的效率，用户可以直接按 Ctrl+S 组合键来保存网页文件。另外，用户可以选择【文件】→【另存为】命令，也可以打开【另存为】对话框。

6.1.4 案例 4——打开网页

网页文件保存完成后，如果还需要编辑，则需要将其打开。常见的打开方法如下。

1. 通过欢迎界面打开网页

在启动 Dreamweaver CC 程序后，在打开的欢迎界面中单击【打开】按钮，即可在指定的位置打开网页文件，如图 6-14 所示。

2. 通过【文件】菜单打开网页

在 Dreamweaver CC 工作界面中选择【文件】→【打开】命令，如图 6-15 所示。即可打开【打开】对话框，然后设置打开文件即可。

3. 通过最近访问的文件打开网页

在 Dreamweaver CC 工作界面中选择【文件】→【打开最近的文件】命令，在弹出的子菜单中选择需要打开的文件即可，如图 6-16 所示。

4. 通过打开方式打开网页

在需要打开的网页文件上右击，在弹出的快捷菜单中选择【打开方式】→Adobe Dreamweaver CC 命令，即可打开选择的网页文件，如图 6-17 所示。

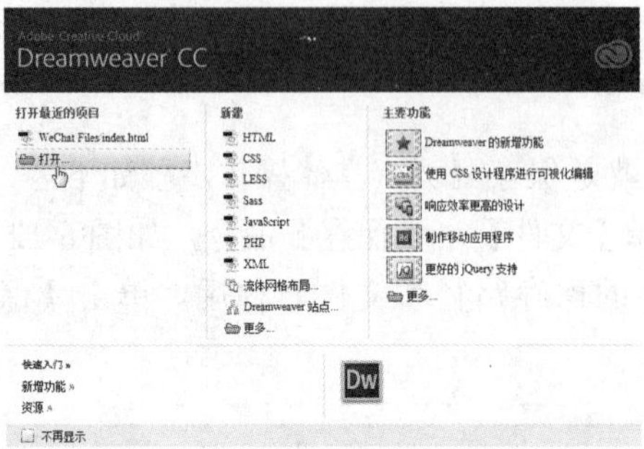

图 6-14　欢迎界面

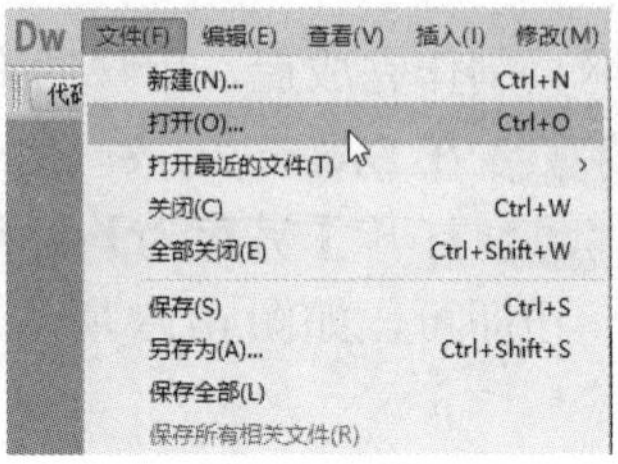

图 6-15　选择【打开】命令

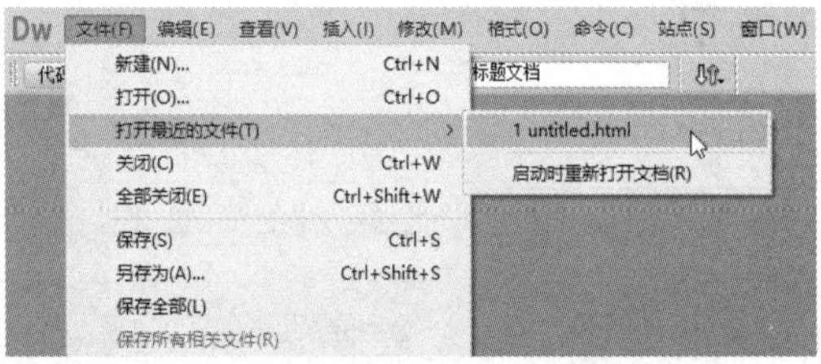

图 6-16　通过最近访问的文件打开网页

图 6-17　通过打开方式打开网页

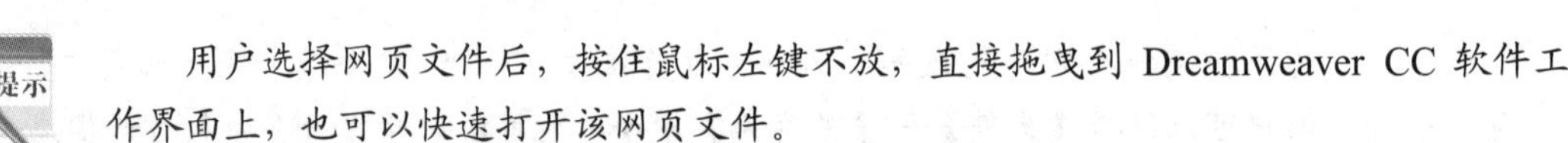

提示　用户选择网页文件后，按住鼠标左键不放，直接拖曳到 Dreamweaver CC 软件工作界面上，也可以快速打开该网页文件。

6.1.5　案例 5——预览网页

在设计网页的过程中，如果想查看网页的显示效果，可以通过预览功能查看该网页。具体操作步骤如下。

step 01 选择【文件】→【在浏览器中预览】命令，在弹出的子菜单中选择查看网页的浏览器，这里选择 IEXPLORE 命令，如图 6-18 所示。

step 02 浏览器会自动启动，并显示网页的最终显示效果，如图 6-19 所示。

图 6-18　选择 IEXPLORE 命令

图 6-19　预览网页效果

6.2　使用文字添加网页内容

所谓设置文本属性，主要是对网页中的文本格式进行编辑和设置，包括文本字体、文本颜色、字体样式等。

6.2.1　案例 6——插入文字

文字是基本的信息载体，是网页中最基本的元素之一。在网页中运用丰富的字体、多样的格式及赏心悦目的文字效果，是网站设计师必不可少的技能。

在网页中插入文字的具体操作步骤如下。

step 01 选择【文件】→【打开】命令，弹出【打开】对话框，选择要打开的文件，这里打开“ch06\插入文字.html”，然后单击【打开】按钮，如图 6-20 所示。

step 02 将光标放置在文档的编辑区，如图 6-21 所示。

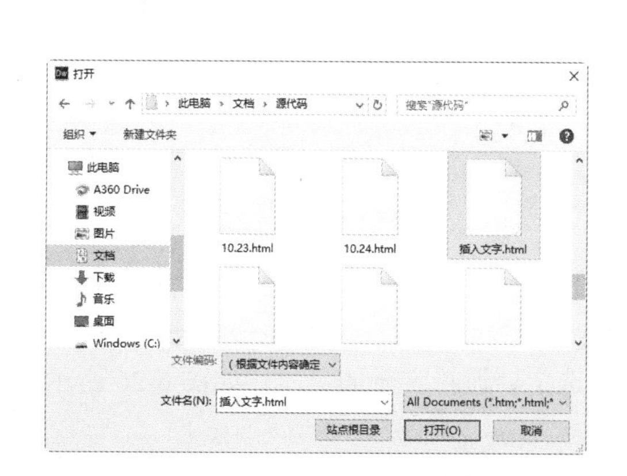

图 6-20　【打开】对话框

图 6-21　打开的素材文件

step 03 输入文字，如图 6-22 所示。

step 04 选择【文件】→【另存为】命令，将文件保存为“ch06\插入文字后.html”，按 F12 键在浏览器中预览，效果如图 6-23 所示。

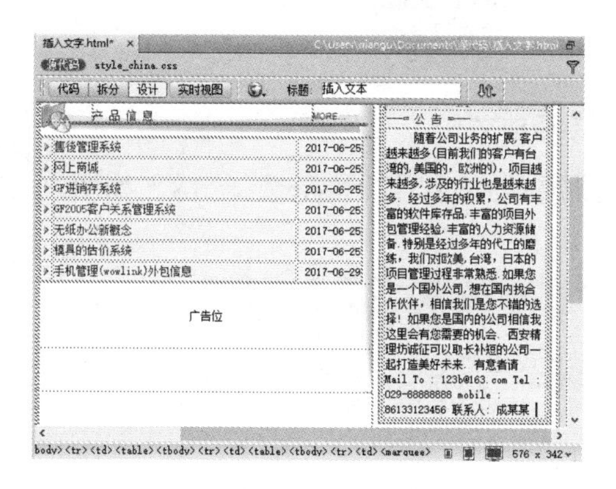

图 6-22　输入文字

图 6-23　预览网页效果

6.2.2 案例 7——设置字体

插入网页文字后，用户可以根据自己的需要对插入的文字进行设置，包括字体样式、字体大小、字体颜色等。

对网页中的文本进行字体设置的具体操作步骤如下。

step 01 打开“ch06\插入文字后.html”文件。在文档窗口中，选中要设置字体的文本，如图 6-24 所示。

step 02 在下方的【属性】面板中，在【字体】下拉列表框中选择字体，如图 6-25 所示。

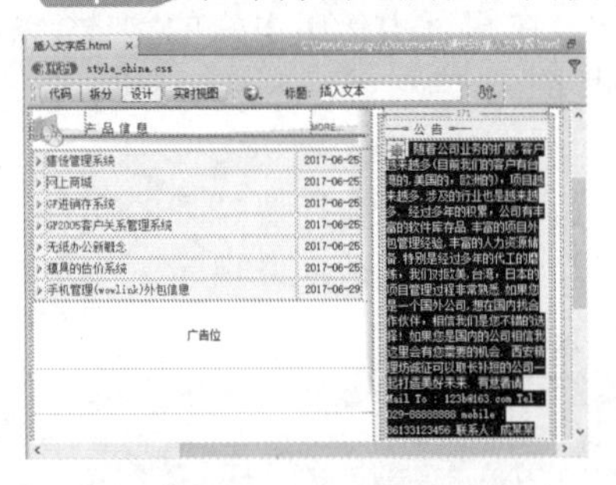

图 6-24 选中文本

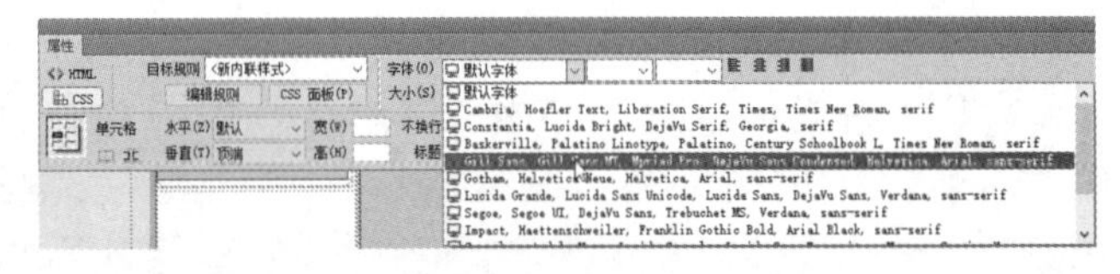

图 6-25 选择字体

step 03 选中的文本即可变为所选字体。

6.2.3 案例 8——设置字号

字号是指字体的大小。在 Dreamweaver CC 中设置文字字号的具体操作步骤如下。

step 01 打开“ch06\插入文字后.html”文件，选定要设置字号的文本，如图 6-26 所示。

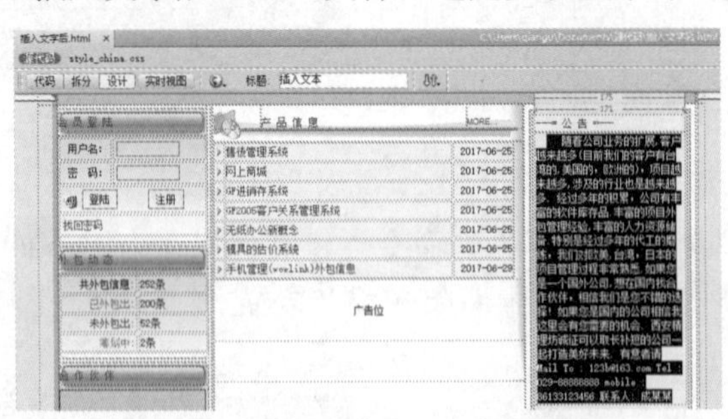

图 6-26 选择需要设置字号的文本

step 02 在【属性】面板的【大小】下拉列表框中选择字号，这里选择 18，如图 6-27 所示。

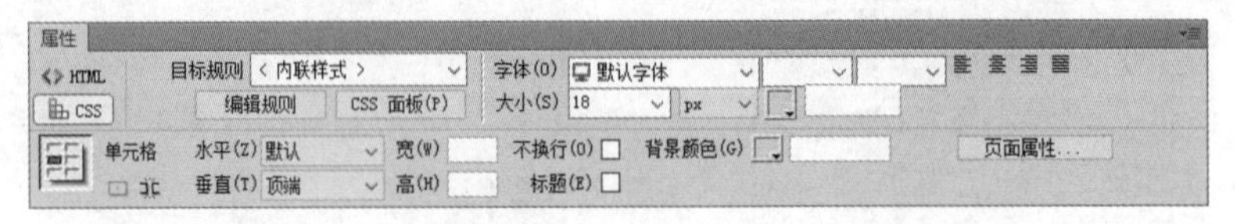

图 6-27 【属性】面板

step 03 选中的文本字体大小将更改为 18，如图 6-28 所示。

图 6-28　设置字号后的文本显示效果

如果要设置字符相对默认字符大小的增减量，可以在同一个下拉列表框中选择 xx-small、xx-large 或 smaller 等选项。如果要取消对字号的设置，选择【无】选项即可。

6.2.4　案例 9——设置字体颜色

多彩的字体颜色可以增强网页的表现力。在 Dreamweaver CC 中，设置字体颜色的具体操作步骤如下。

step 01 打开“ch06\设置文本属性.html”文件，选中要设置字体颜色的文本，如图 6-29 所示。

step 02 在【属性】面板上单击【文本颜色】按钮，打开 Dreamweaver CC 颜色板，从中选择需要的颜色，也可以直接在该按钮右边的文本框中输入颜色的十六进制数值，如图 6-30 所示。

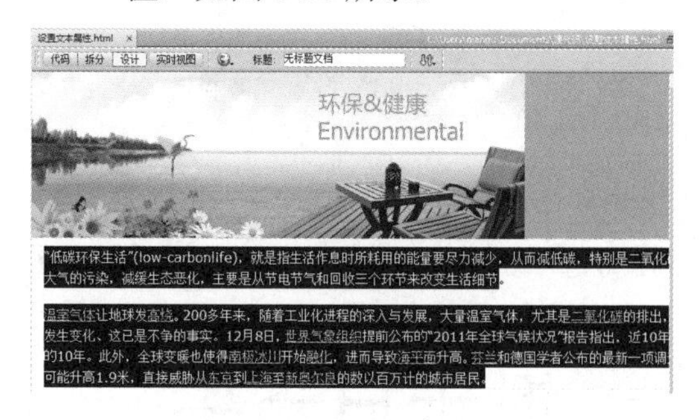

图 6-29　选中文本

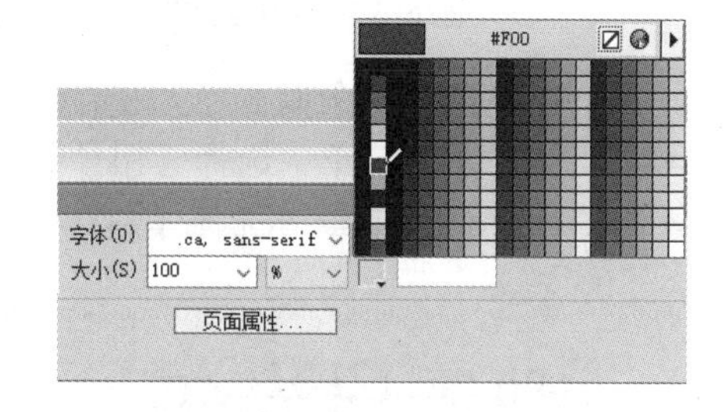

图 6-30　设置文本颜色

step 03 选定颜色后，被选中的文本将更改为选定的颜色，如图 6-31 所示。

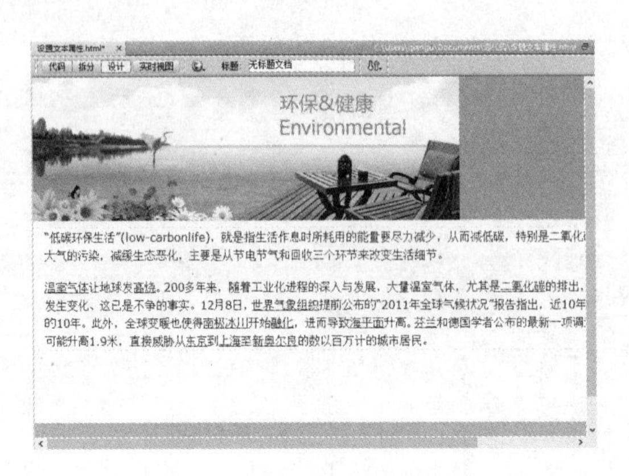

图 6-31　设置的文本颜色

6.2.5　案例 10——设置字体样式

字体样式是指字体的外观显示样式，如字体的加粗、倾斜、加下划线等。利用 Dreamweaver CC 可以设置多种字体样式。具体操作步骤如下。

step 01 选定要设置字体样式的文本，如图 6-32 所示。

step 02 选择【格式】→【HTML 样式】命令，弹出子菜单，如图 6-33 所示。

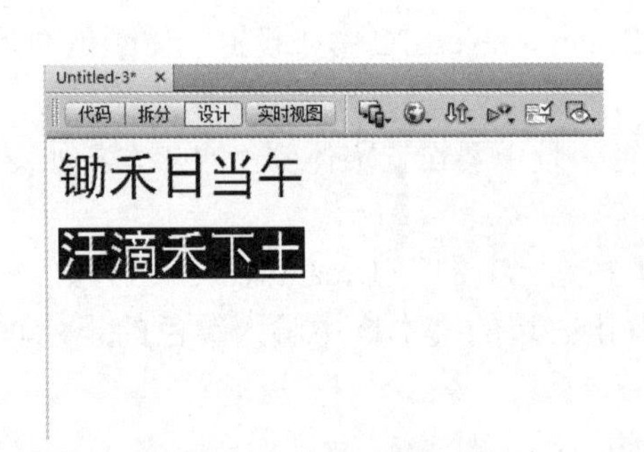

图 6-32　选中文本

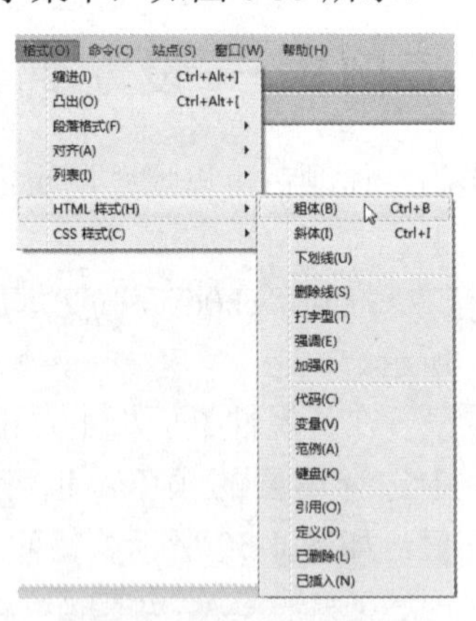

图 6-33　设置文本样式

子菜单中各命令含义如下。

- 粗体：从子菜单中选择【粗体】命令，可将选中的文字加粗显示，如图 6-34 所示。
- 斜体：从子菜单中选择【斜体】命令，可将选中的文字显示为斜体样式，如图 6-35 所示。

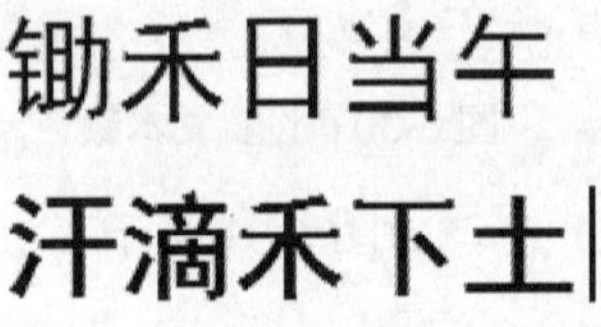

锄禾日当午
汗滴禾下土

图 6-34　设置文字为粗体

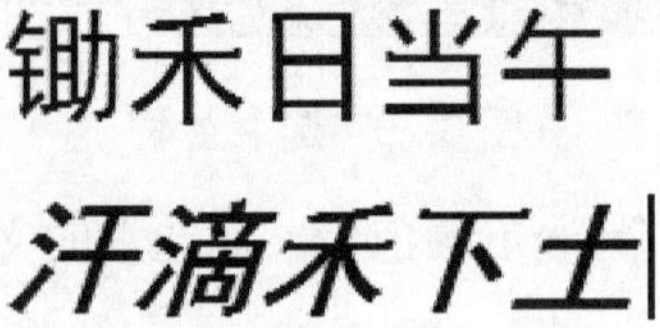

锄禾日当午
汗滴禾下土

图 6-35　设置文字为斜体

- 下划线：从子菜单中选择【下划线】命令，可在选中的文字下方显示一条下划线，如图 6-36 所示。

利用【属性】面板也可以设置字体的样式。选中文本后，单击【属性】面板上的 **B** 按钮可加粗字体，单击 *I* 按钮可使文本变为斜体样式，如图 6-37 所示。

锄禾日当午

汗滴禾下土

图 6-36　给文字添加下划线

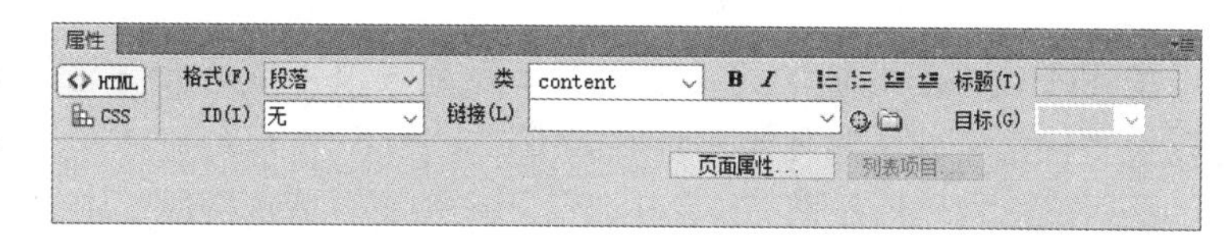

图 6-37　【属性】面板

按 Ctrl+B 组合键，可以使选中的文本加粗；按 Ctrl+I 组合键，可以使选中的文本倾斜。

- 删除线：从子菜单中选择【删除线】命令，就会在选中的文字的中部出现一条横贯的横线，表明文字已被删除，如图 6-38 所示。
- 打字型：从子菜单中选择【打字型】命令，就可以将选中的文本作为等宽度文本来显示，如图 6-39 所示。

锄禾日当午

汗滴禾下土

图 6-38　添加文字删除线

锄禾日当午

汗滴禾下土

图 6-39　设置字体的打字效果

所谓等宽度文本，是指每个字符或字母的宽度相同。

- 强调：从子菜单中选择【强调】命令，则表明选中的文字需要在文件中被强调，大多数浏览器会把它显示为斜体样式，如图 6-40 所示。
- 加强：从子菜单中选择【加强】命令，则表明选定的文字需要在文件中以加强的格式显示，大多数浏览器会把它显示为粗体样式，如图 6-41 所示。

锄禾日当午

汗滴禾下土

图 6-40　添加文字强调效果

锄禾日当午

汗滴禾下土

图 6-41　加强文字效果

6.2.6 案例 11——编辑段落

段落指的是一段格式上统一的文本。在文件窗口中每输入一段文字，按 Enter 键后，就会生成一个段落。编辑段落主要是对网页中的一段文本进行设置。

1. 设置段落格式

使用【属性】面板中的【格式】下拉列表框，或选择【格式】→【段落格式】命令，都可以设置段落格式。具体操作步骤如下。

step 01 将光标放置在段落中任意一个位置，或选中段落中的一些文本，如图 6-42 所示。

step 02 选择【格式】→【段落格式】子菜单中的命令，如图 6-43 所示。

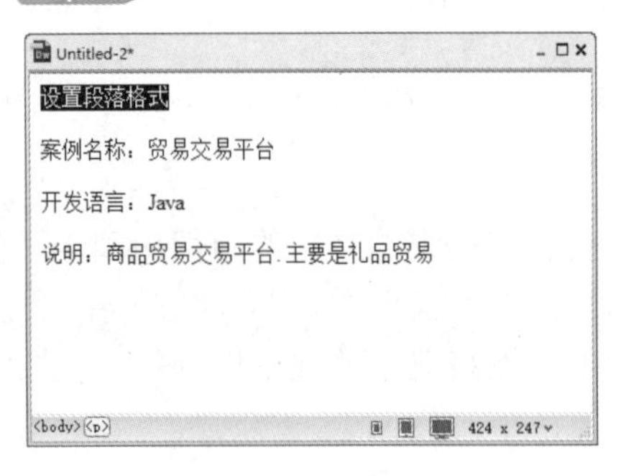

图 6-42　选中段落

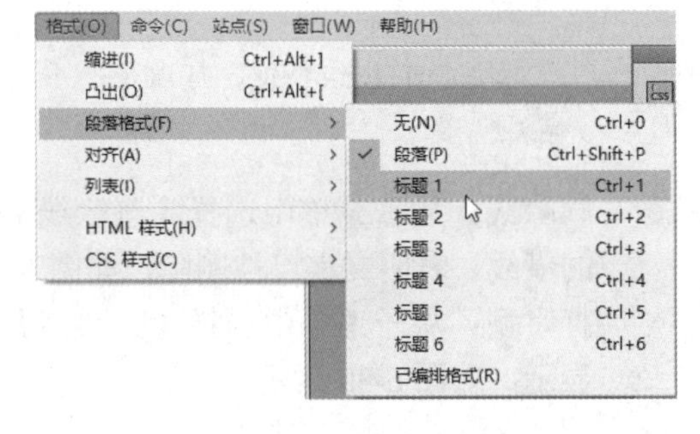

图 6-43　选择段落格式

在【属性】面板的【格式】下拉列表框中选择任意一个选项，如图 6-44 所示。

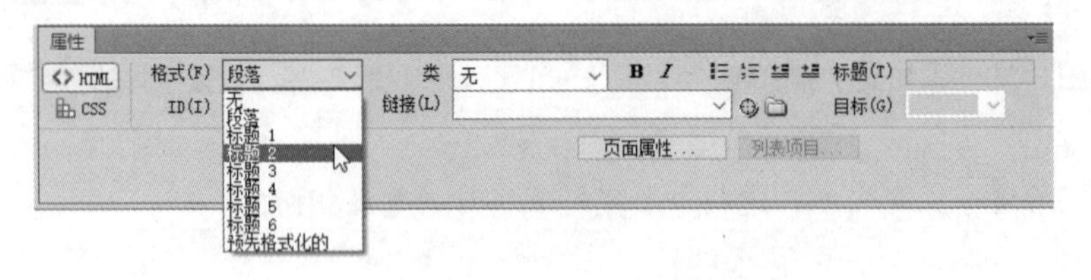

图 6-44　在【属性】面板中设置段落格式

step 03 选择一个段落格式(比如【标题 1】)，然后单击【拆分】按钮，在代码视图下可以看到与所选格式关联的 HTML 标记(比如表示【标题 1】的 h1，表示【预先格式化的】文本的 pre 等)将应用于整个段落，如图 6-45 所示。

step 04 在段落格式中对段落应用标题标记时，Dreamweaver 会自动地添加下一行文本作为标准段落，如图 6-46 所示。

若要更改已设置的段落标记，可以选择【编辑】→【首选参数】命令，弹出【首选项】对话框，然后在【常规】分类中的【编辑选项】区域中，取消选中【标题后切换到普通段落】复选框即可，如图 6-47 所示。

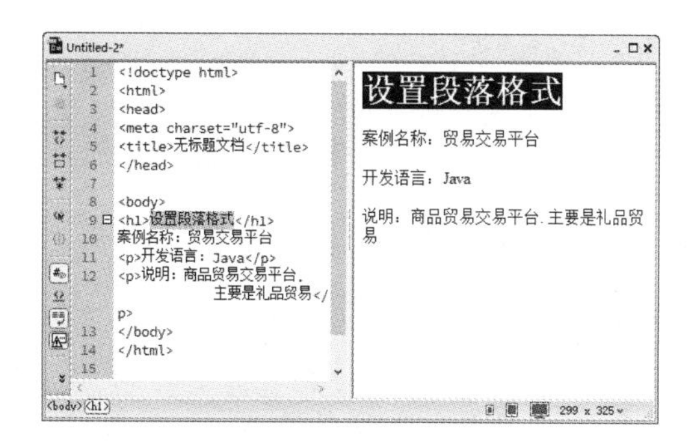

图 6-45　查看段落代码

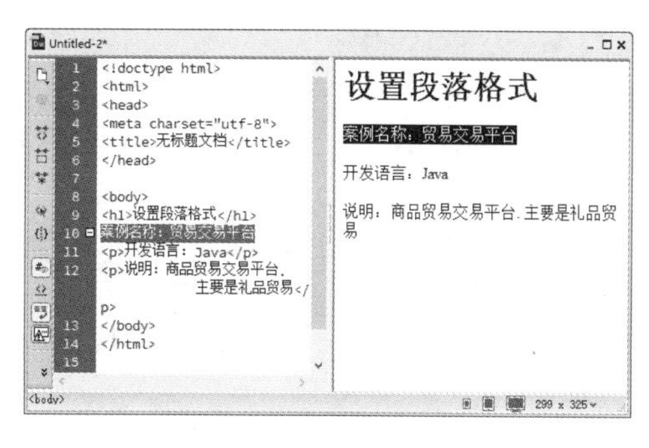

图 6-46　添加段落标记

2. 定义预格式化

在 Dreamweaver 中，不能连续地输入多个空格。在显示一些特殊格式的段落文本(如诗歌)时，这一点就会显得非常不便，如图 6-48 所示。

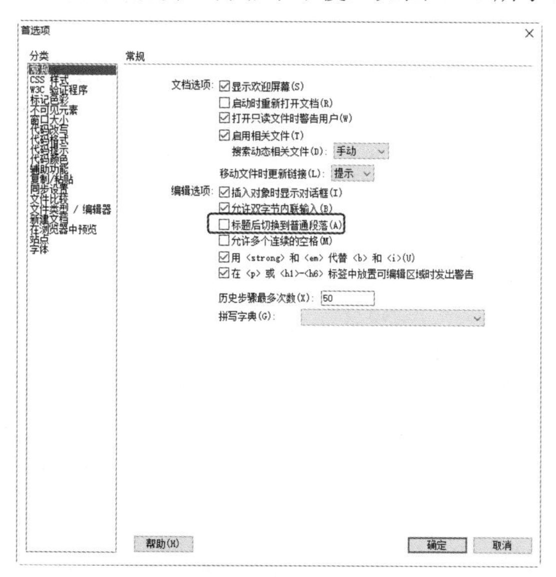

图 6-47　【首选项】对话框

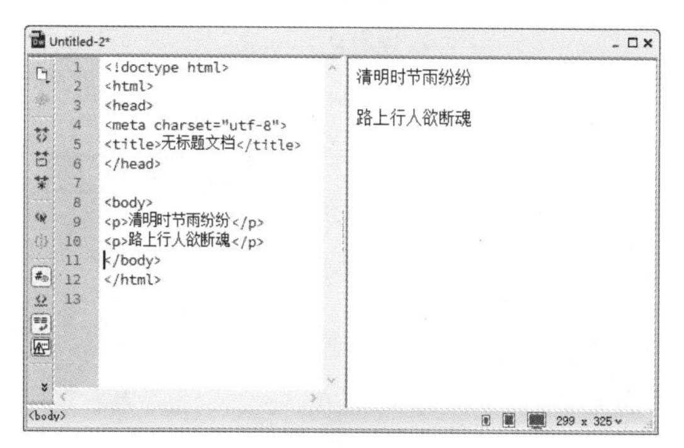

图 6-48　输入空格后的段落显示效果

在这种情况下，可以使用预格式化标签<p>和</p>解决该问题。

预格式化指的是预先对<p>和</p>之间的文字进行格式化。这样，浏览器在显示其中的内容时，就会完全按照真正的文本格式来显示，即原封不动地保留文档中的空白，比如空格及制表符等，如图 6-49 所示。

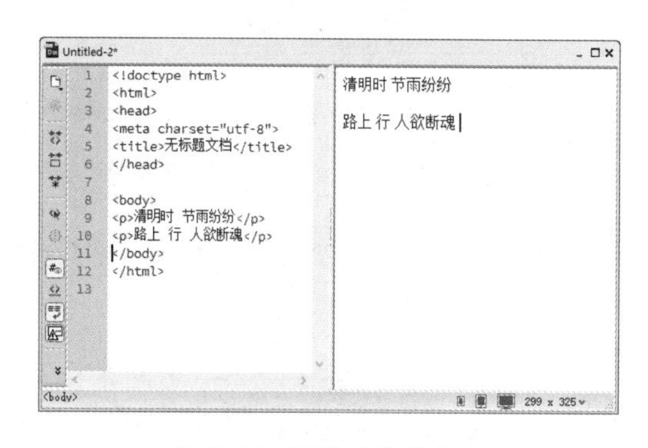

图 6-49　预格式化的文字

在 Dreamweaver 中，设置预格式化段落的具体操作步骤如下。

step 01 将光标放置在要设置预格式化的段落中，如图 6-50 所示。

step 02 按 Ctrl+F3 组合键打开【属性】面板，在【格式】下拉列表框中选择【预先格式化的】选项，如图 6-51 所示。

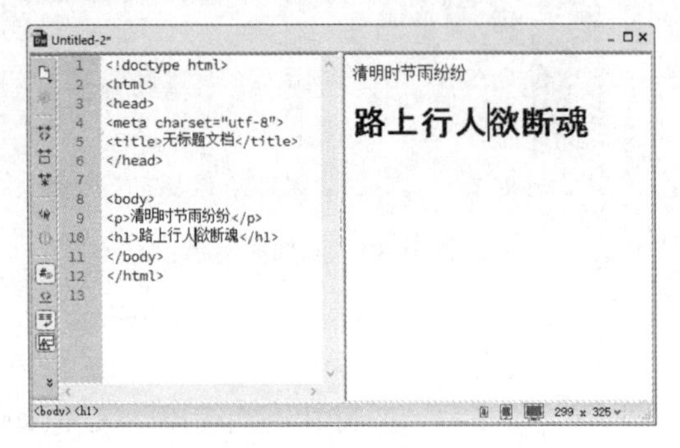

图 6-50　选择需要预格式化的段落

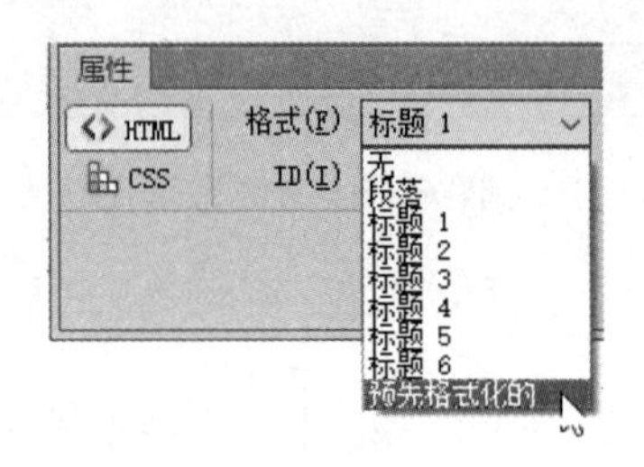

图 6-51　选择【预先格式化的】选项

如果要将多个段落设置为预格式化，则可同时选中多个段落，如图 6-52 所示。

选择【格式】→【段落格式】→【已编排格式】命令，也可以实现段落的预格式化，如图 6-53 所示。

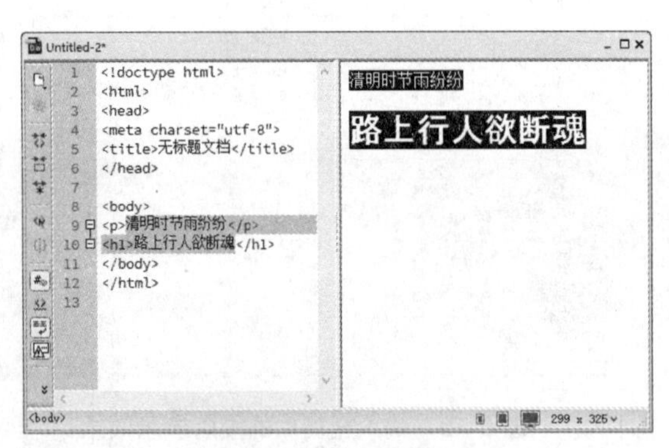

图 6-52　选中多个段落

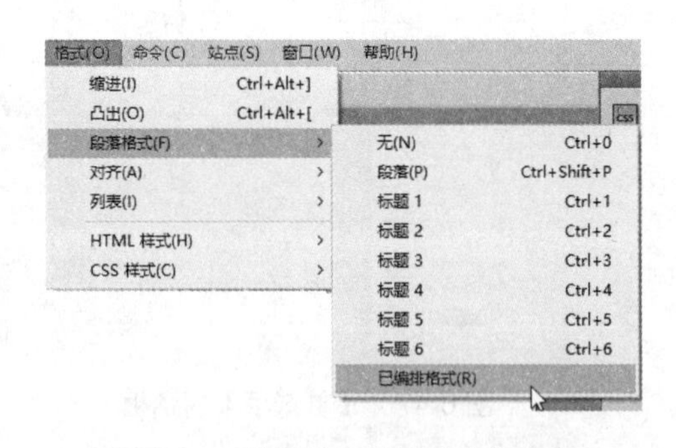

图 6-53　选择【已编排格式】命令

该操作会自动地在相应段落的两端添加<pre>和</pre>标记。如果原来段落的两端有<p>和</p>标记，则会分别用<pre>和</pre>标记将其替换，如图 6-54 所示。

由于预格式化文本不能自动换行，因此除非绝对需要，否则尽量不要使用预格式化功能。

step 03 如果要在段首空出两个空格，不能直接在设计视图方式下输入空格，必须切换到代码视图中，在段首文字之前输入代码“ ”，如图 6-55 所示。

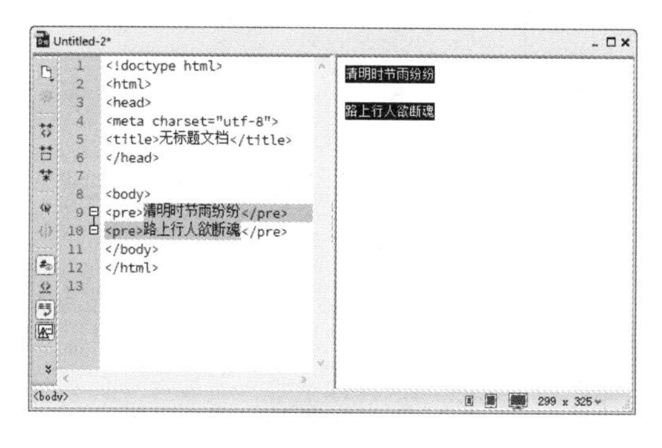

图 6-54　添加段落标记<pre>

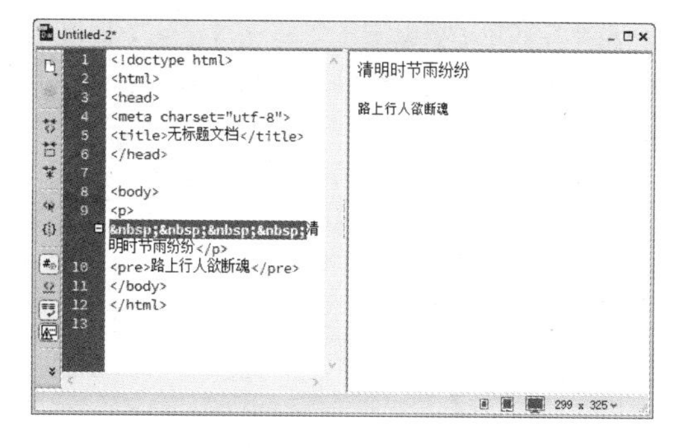

图 6-55　在代码视图中输入空格代码

step 04 该代码只表示一个半角字符，要空出两个汉字的位置，需要添加 4 个代码。这样，在浏览器中就可以看到段首已经空出两个格了，如图 6-56 所示。

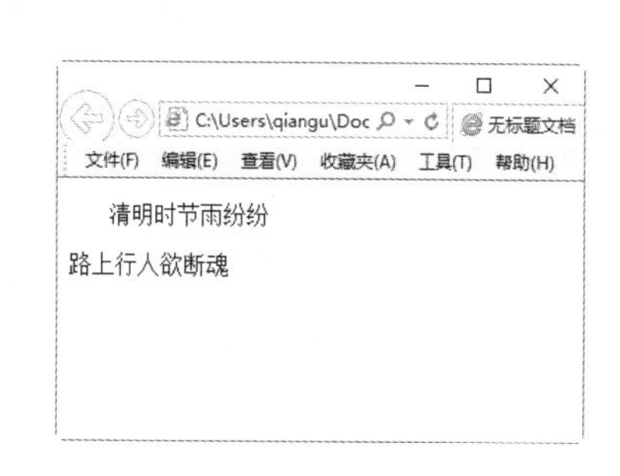

图 6-56　设置段落首行缩进格式

3. 设置段落的对齐方式

段落的对齐方式指的是段落相对于文件窗口(或浏览器窗口)在水平位置的对齐方式，有 4 种对齐方式：左对齐、居中对齐、右对齐和两端对齐。

对齐段落的具体操作步骤如下。

step 01 将光标放置在要设置对齐方式的段落中。如果要设置多个段落的对齐方式，则选择多个段落，如图 6-57 所示。

step 02 进行下列操作之一。

(1) 选择【格式】→【对齐】命令，然后从子菜单中选择相应的对齐方式，如图 6-58 所示。

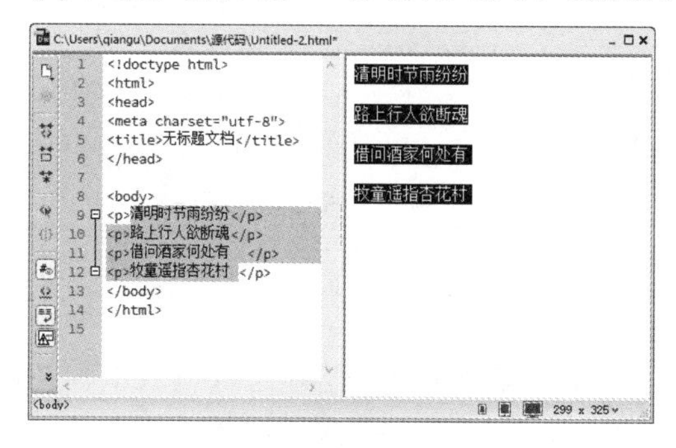

图 6-57　选择多个段落

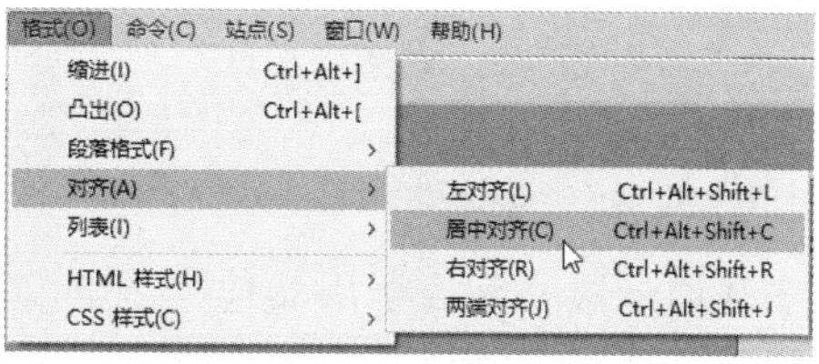

图 6-58　选择段落的对齐方式

(2) 单击【属性】面板中相应的对齐按钮，如图 6-59 所示。

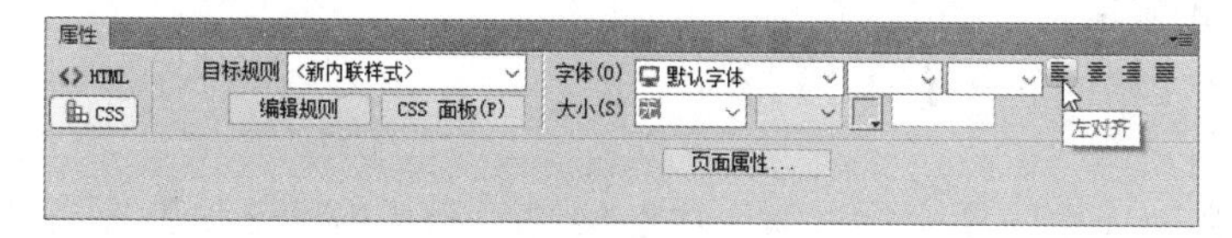

图 6-59　【属性】面板

可供选择的按钮有 4 个，其含义分别介绍如下。

- 【左对齐】按钮：单击该按钮，可以设置段落相对于文档窗口向左对齐，如图 6-60 所示。
- 【居中对齐】按钮：单击该按钮，可以设置段落相对于文档窗口居中对齐，如图 6-61 所示。

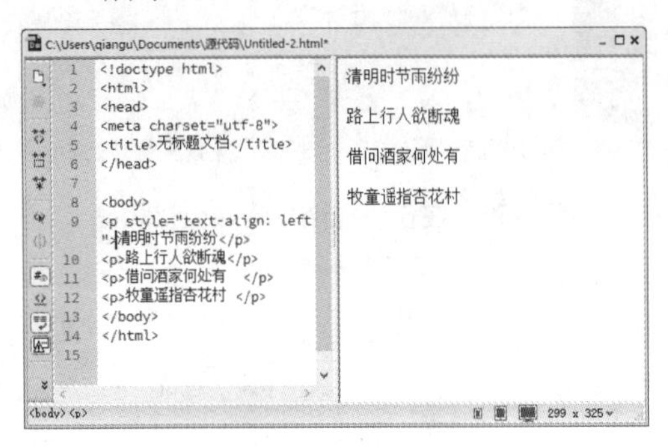

图 6-60　段落向左对齐

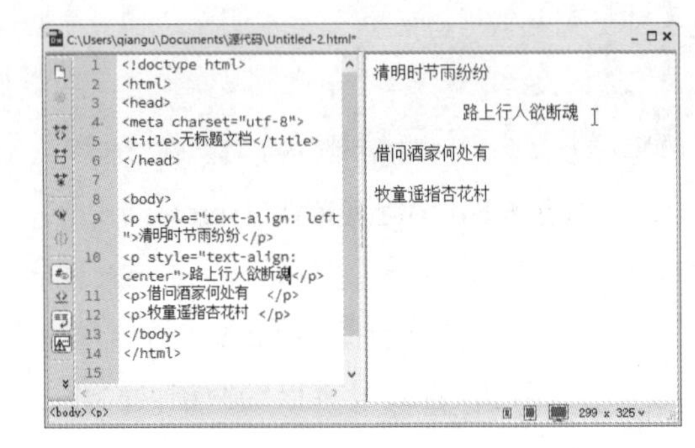

图 6-61　段落居中对齐

- 【右对齐】按钮：单击该按钮，可以设置段落相对于文档窗口向右对齐，如图 6-62 所示。
- 【两端对齐】按钮：单击该按钮，可以设置段落相对于文档窗口向两端对齐，如图 6-63 所示。

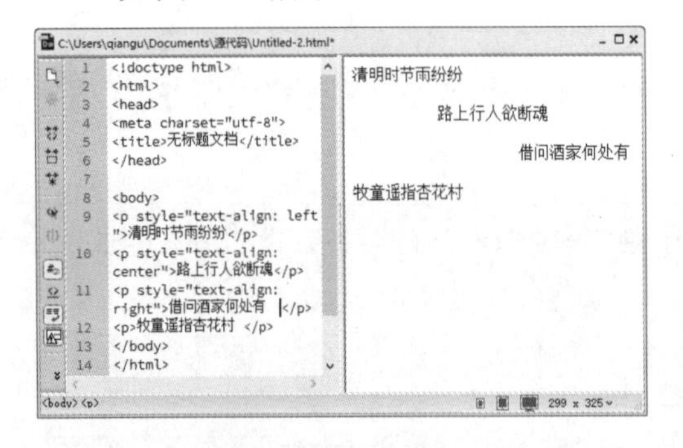

图 6-62　段落向右对齐

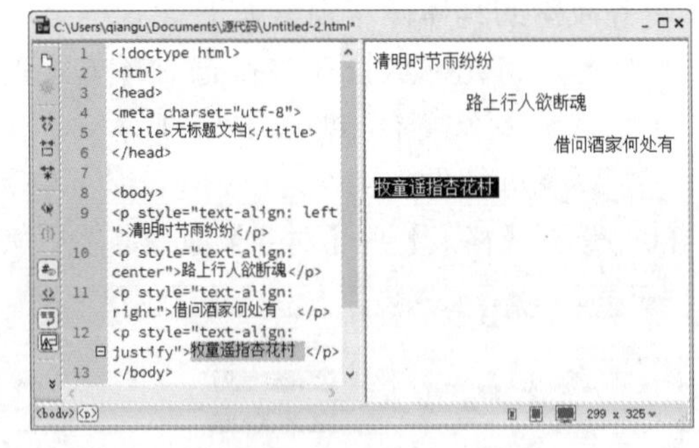

图 6-63　段落向两端对齐

4. 设置段落缩进

在强调一段文字或引用其他来源的文字时，需要对文字进行段落缩进，以表示和普通段落有区别。缩进主要是指内容相对于文档窗口(或浏览器窗口)左端产生的间距。

实现段落缩进的具体操作步骤如下。

step 01 将光标放置在要设置缩进的段落中。如果要缩进多个段落，则选中多个段落，如图 6-64 所示。

step 02 选择【格式】→【缩进】命令，即可将当前段落往右缩进一段位置，如图 6-65 所示。

单击【属性】面板中的【删除内缩区块】按钮和【内缩区块】按钮，即可实现当前段落的凸出和缩进。凸出是将当前段落向左恢复一段缩进位置。

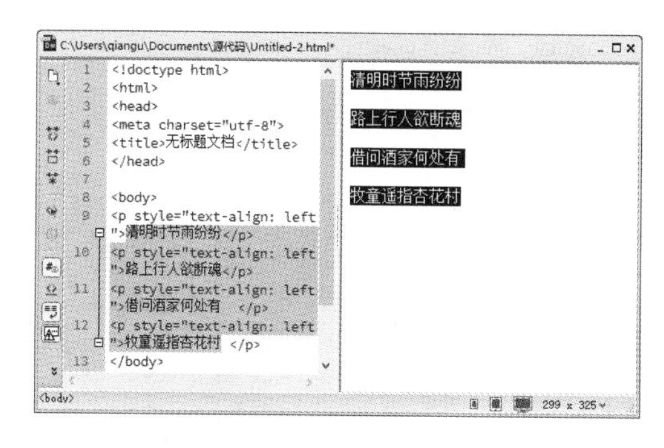

图 6-64　选中段落

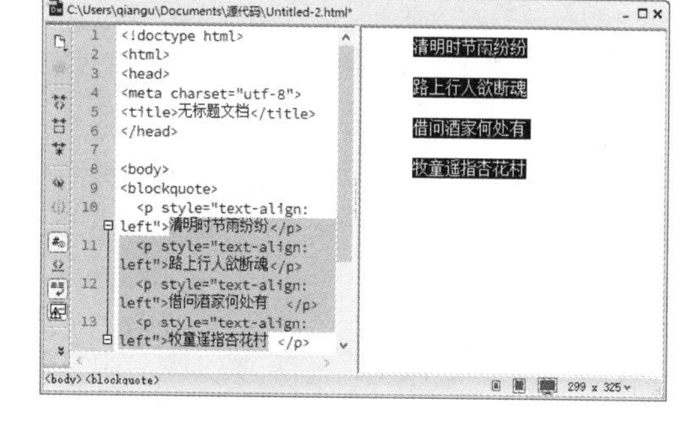

图 6-65　段落缩进

按 Ctrl+Alt+]组合键可以进行一次右缩进；按 Ctrl+Alt+[组合键可以向左恢复一段缩进位置。

6.2.7　案例 12——创建项目列表

列表就是那些具有相同属性元素的集合。Dreamweaver CC 中常用的列表有无序列表和有序列表两种。无序列表使用项目符号来标记无序的项目；有序列表使用编号来记录项目的顺序。

1. 无序列表

在无序列表中，各个列表项之间没有顺序级别之分，通常使用一个项目符号作为每个列表项的前缀。

设置无序列表的具体操作步骤如下。

step 01 将光标放置在需要设置无序列表的文档中，如图 6-66 所示。

step 02 选择【格式】→【列表】→【项目列表】命令，如图 6-67 所示。

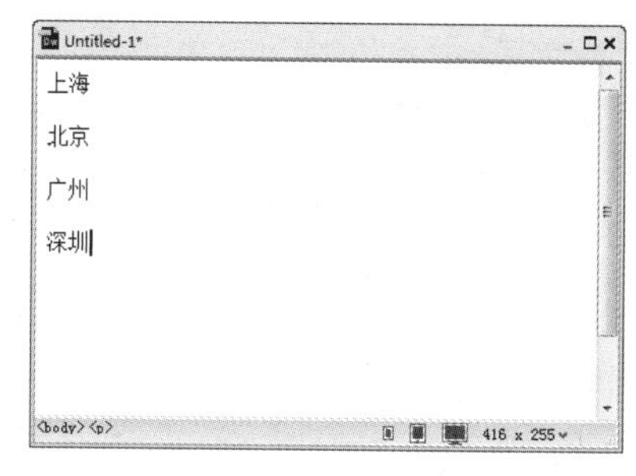

图 6-66　要设置无序列表的文档

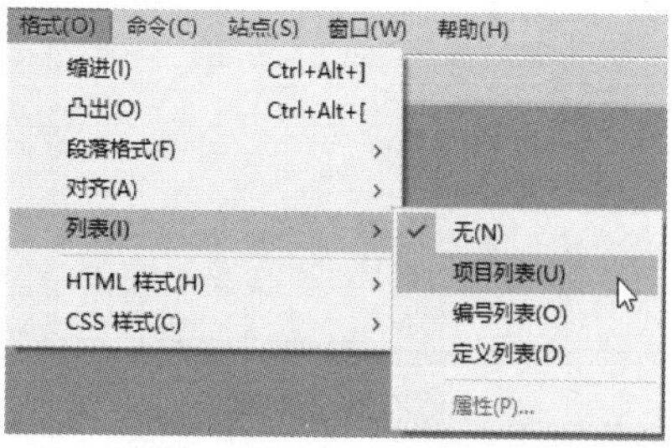

图 6-67　选择【项目列表】命令

step 03 光标所在的位置将出现默认的项目符号，如图 6-68 所示。

step 04 重复以上步骤，设置其他文本的项目符号，如图 6-69 所示。

2. 有序列表

对于有序编号，可以指定其编号类型和起始编号。其编号可以采用阿拉伯数字、大写字母或罗马数字等。

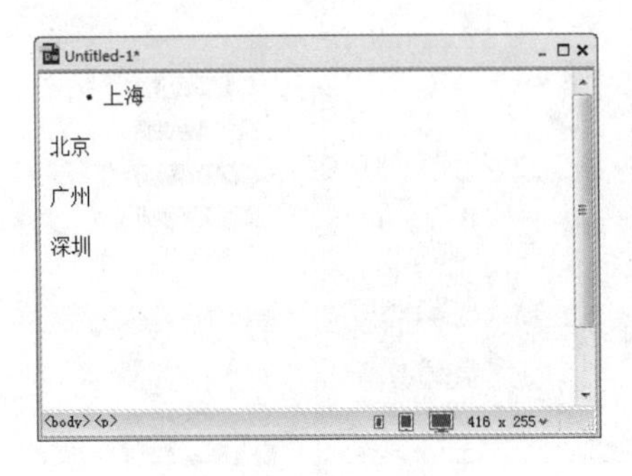

图 6-68　添加项目符号

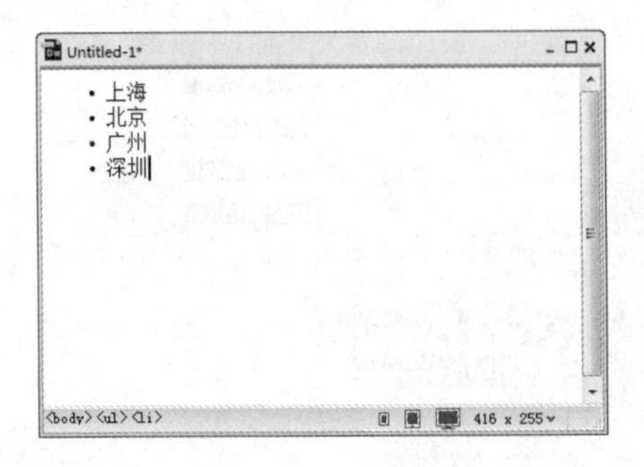

图 6-69　带有项目符号的无序列表

设置有序列表的具体操作步骤如下。

step 01 将光标放置在需要设置有序列表的文档中，如图 6-70 所示。

step 02 选择【格式】→【列表】→【编号列表】命令，如图 6-71 所示。

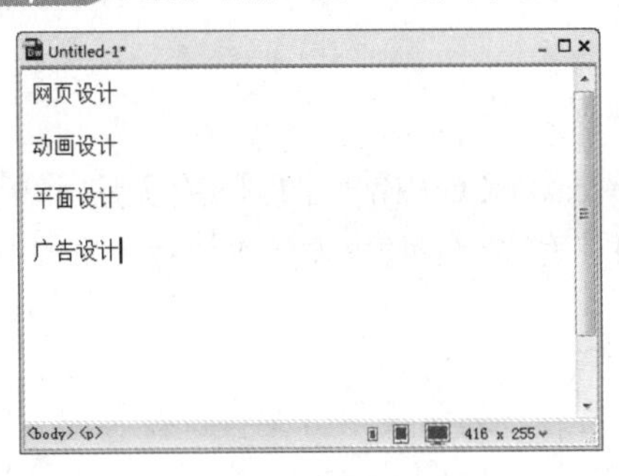

图 6-70　要设置有序列表的文档

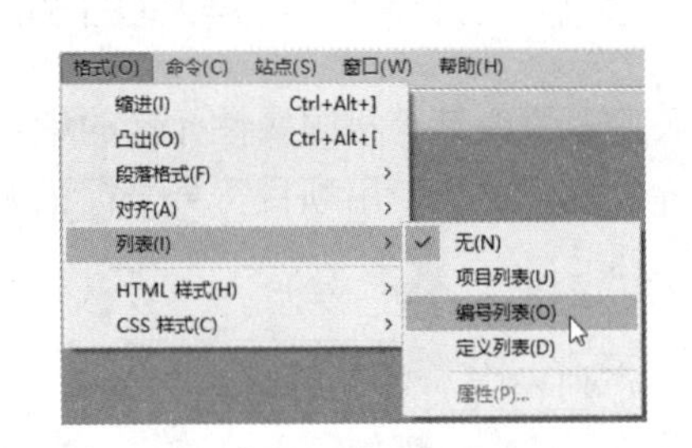

图 6-71　选择【编号列表】命令

step 03 光标所在的位置将出现编号列表，如图 6-72 所示。

step 04 重复以上步骤，设置其他文本的编号列表，如图 6-73 所示。

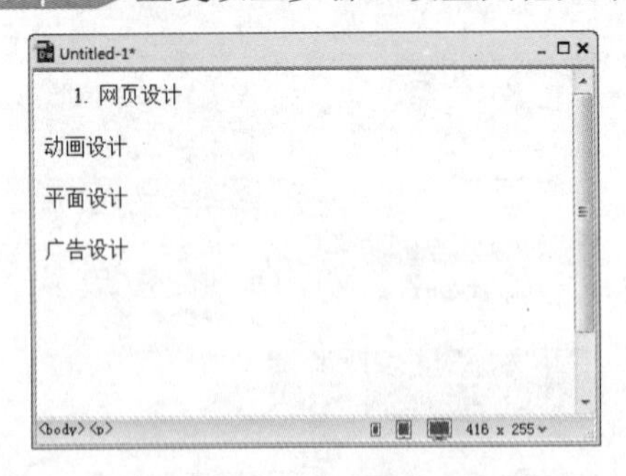

图 6-72　设置有序列表

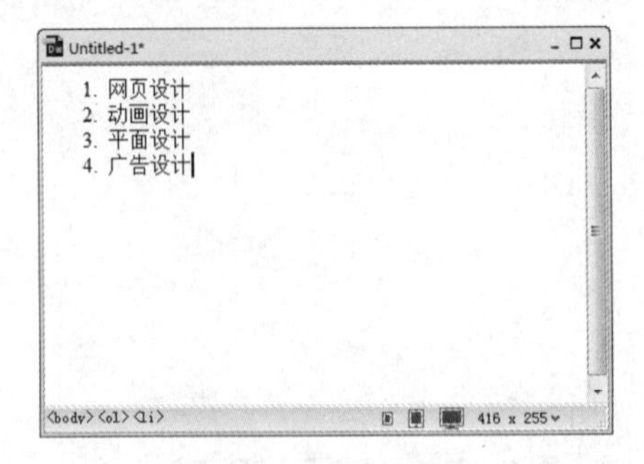

图 6-73　有序列表效果

列表还可以嵌套。嵌套列表是指一个列表中还包含有其他列表的列表。设置嵌套列表的具体操作步骤如下。

step 01 选中要嵌套的列表项。如果有多行文本需要嵌套，则需要选中多行文本，如图 6-74 所示。

step 02 单击【属性】面板中的【缩进】按钮，如图 6-75 所示。或者选择【格式】→【缩进】命令。

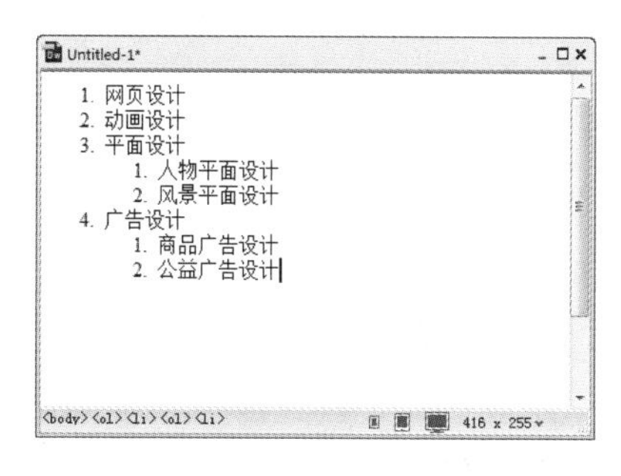

图 6-74 列表嵌套效果

图 6-75 【属性】面板

在【属性】面板中直接单击☰或☰按钮，可以将选定的文本设置成项目(无序)列表或编号(有序)列表。

6.3 使用特殊文本添加网页内容

除了使用文字添加网页内容外，用户还可以在网页中通过插入其他元素来丰富网页内容，如水平线、日期、特殊字符等。

6.3.1 案例 13——插入换行符

在输入文本的过程中，换行时如果直接按 Enter 键，行间距会比较大。一般情况下，在网页中换行时按 Shift + Enter 组合键，这样才是正常的行距。

也可以在文档中添加换行符来实现文本换行，有如下两种操作方法。

(1) 选择【窗口】→【插入】命令，打开【插入】面板，然后单击【字符】图标，在弹出的列表中选择【换行符】选项，如图 6-76 所示。

(2) 选择【插入】→【字符】→【换行符】命令，如图 6-77 所示。

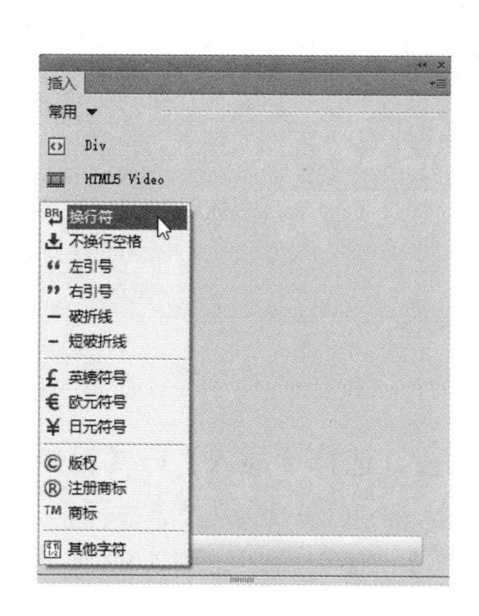

图 6-76 选择【换行符】选项

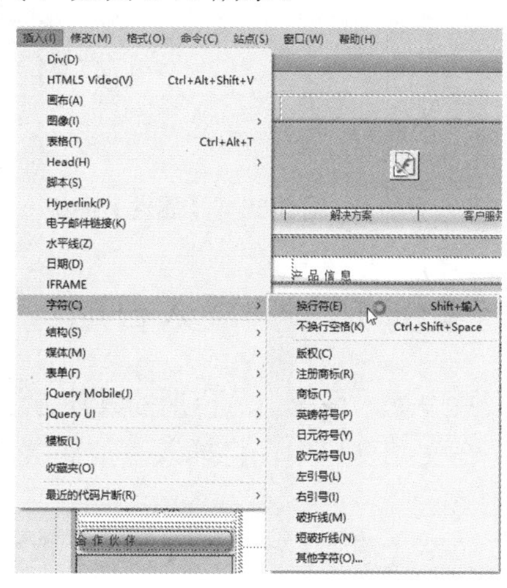

图 6-77 选择【换行符】命令

6.3.2 案例 14——插入水平线

网页文档中的水平线主要用于分隔文档内容，使文档结构清晰明了，便于浏览。在文档中插入水平线的具体操作步骤如下。

step 01 在 Dreamweaver CC 的编辑窗格中，将光标置于要插入水平线的位置，选择【插入】→【水平线】命令，如图 6-78 所示。

step 02 即可在文档窗口中插入一条水平线，如图 6-79 所示。

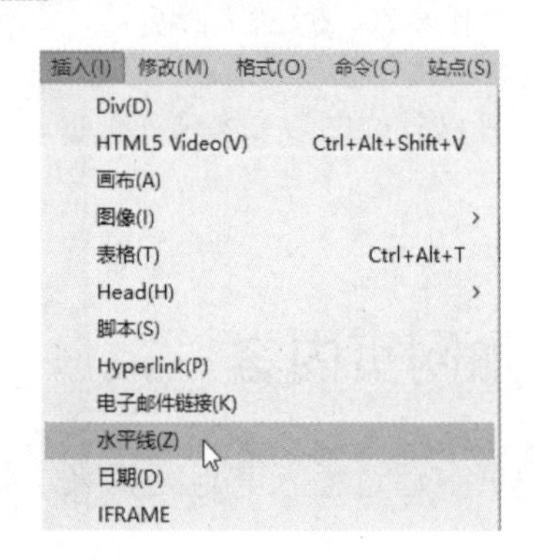

图 6-78 选择【水平线】命令

图 6-79 插入的水平线效果

step 03 在【属性】面板中，将【宽】设置为 710，【高】设置为 5，【对齐】设置为【默认】，并选中【阴影】复选框，如图 6-80 所示。

step 04 保存页面后按 F12 键，即可预览插入的水平线效果，如图 6-81 所示。

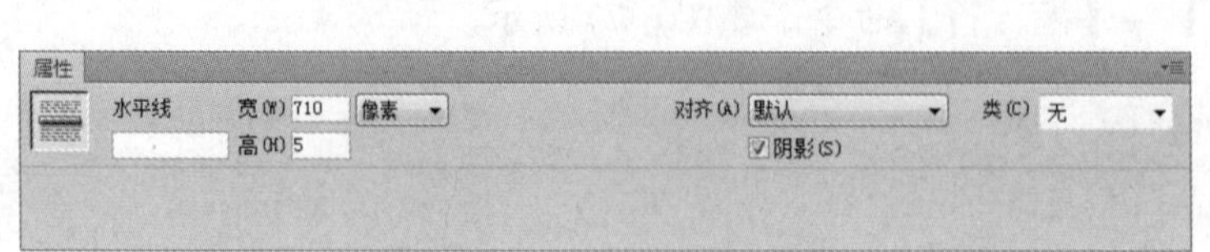

图 6-80 【属性】面板

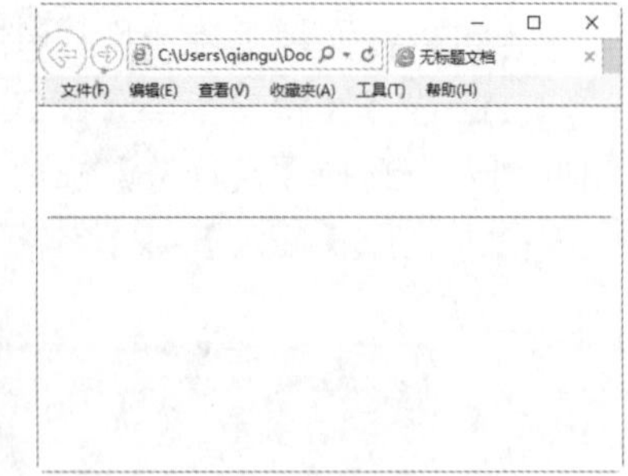

图 6-81 预览网页

6.3.3 案例 15——插入日期

向网页中插入系统当前日期的具体方法有以下两种。

(1) 在文档窗口中，将插入点放到要插入日期的位置。选择【插入】→【日期】命令，如图 6-82 所示。

(2) 单击【插入】面板的【常用】选项卡中的【日期】图标，如图 6-83 所示。

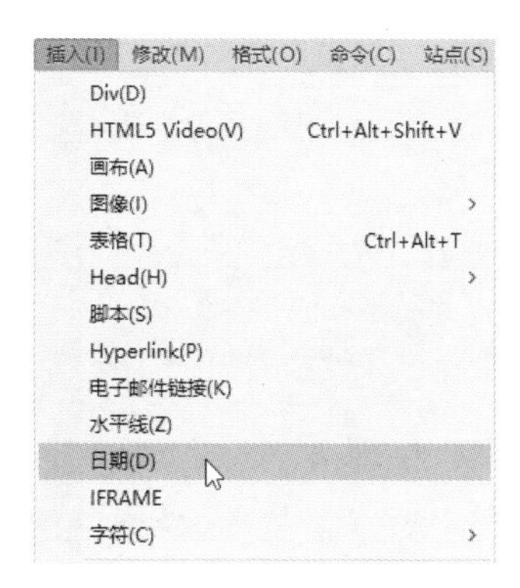

图 6-82　选择【日期】命令

图 6-83　单击【日期】图标

完成上述任意一种操作后，可按以下步骤操作。

step 01 弹出【插入日期】对话框，从中分别设置【星期格式】、【日期格式】和【时间格式】，并选中【储存时自动更新】复选框，如图 6-84 所示。

step 02 单击【确定】按钮，即可将日期插入到当前文档中，如图 6-85 所示。

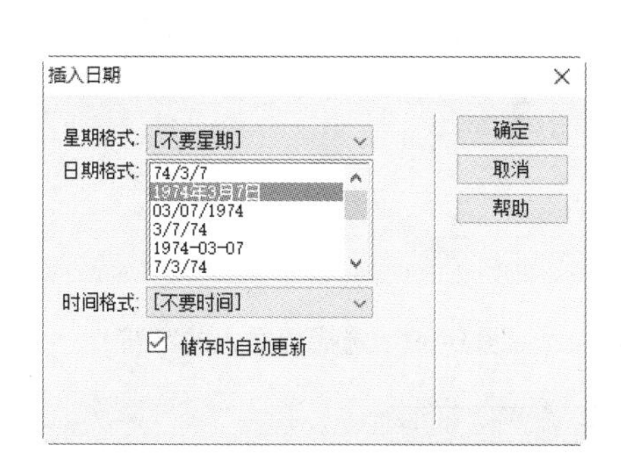

图 6-84　【插入日期】对话框

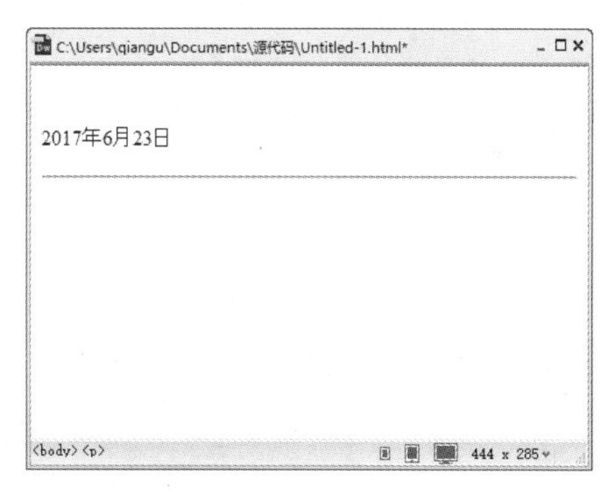

图 6-85　插入的日期

6.3.4　案例 16——插入特殊字符

在 Dreamweaver CC 中，有时需要插入一些特殊字符，如版权符号和注册商标符号等。插入特殊字符的具体操作步骤如下。

step 01 将光标放置在文档中需要插入特殊字符(这里输入的是版权符号)的位置，如图 6-86 所示。

step 02 选择【插入】→【字符】→【版权】命令，即可插入版权符号，如图 6-87 所示。如果在【字符】的子菜单中没有需要的字符，则可通过选择【插入】→【字符】→【其他字符】命令，打开【插入其他字符】对话框，如图 6-88 所示。

step 03 单击需要插入的字符，该字符就会出现在【插入】文本框中，如图 6-89 所示。

step 04 单击【确定】按钮，即可将该字符插入到文档中，如图 6-90 所示。

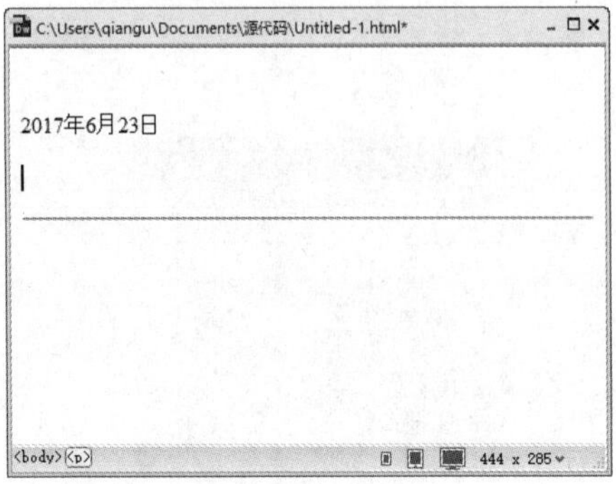

图 6-86　定位插入特殊符号的位置

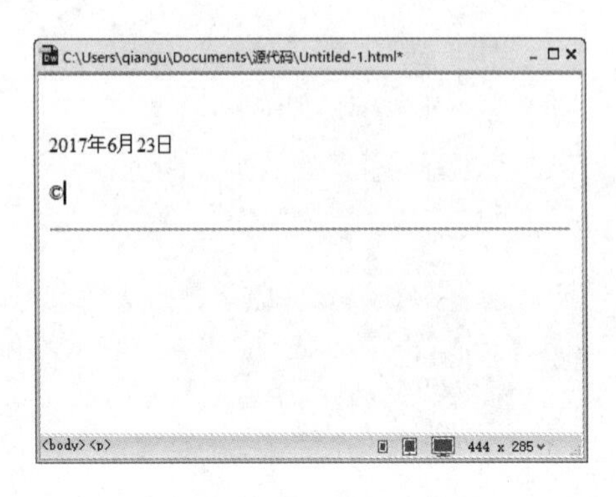

图 6-87　插入的特殊符号

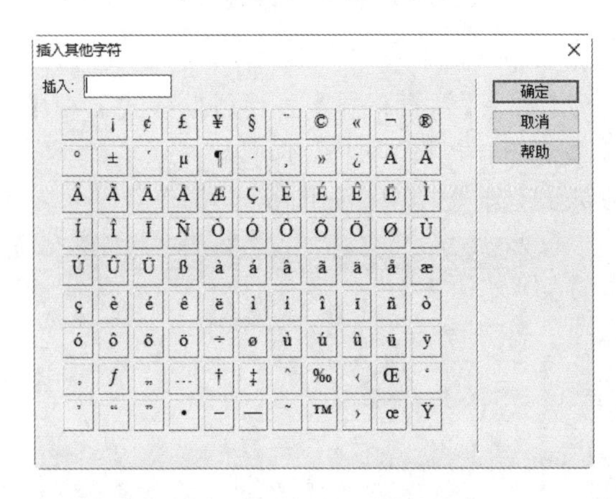

图 6-88　【插入其他字符】对话框

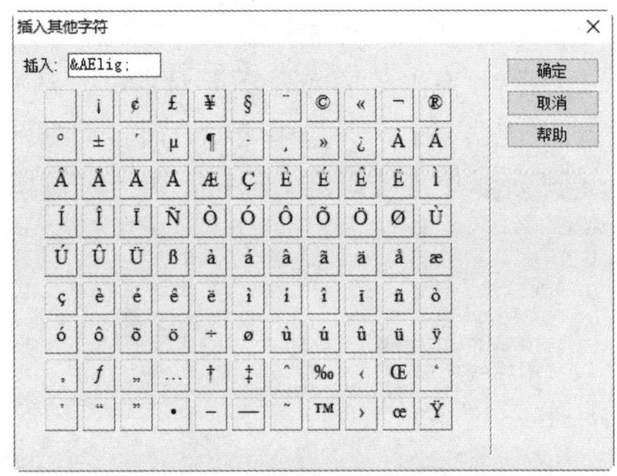

图 6-89　选择要插入的字符

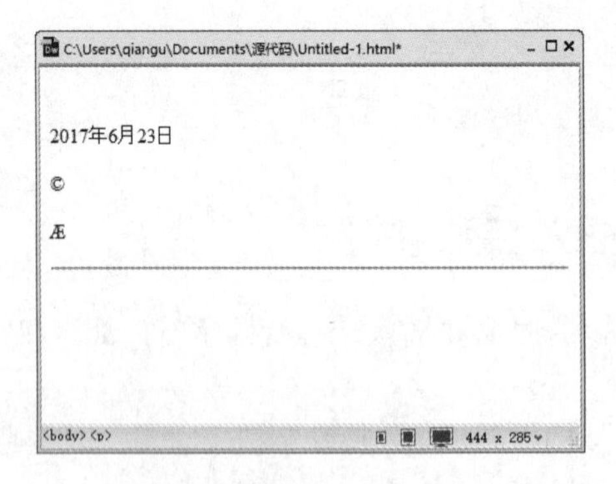

图 6-90　插入的特殊字符

6.4　综合案例——制作图文并茂的网页

本实例讲述如何在网页中插入文本和图像，并对网页中的文本和图像进行相应的排版，以形成图文并茂的网页。

具体操作步骤如下。

step 01 打开“ch06\制作图文并茂的网页\index.htm”文件，如图 6-91 所示。

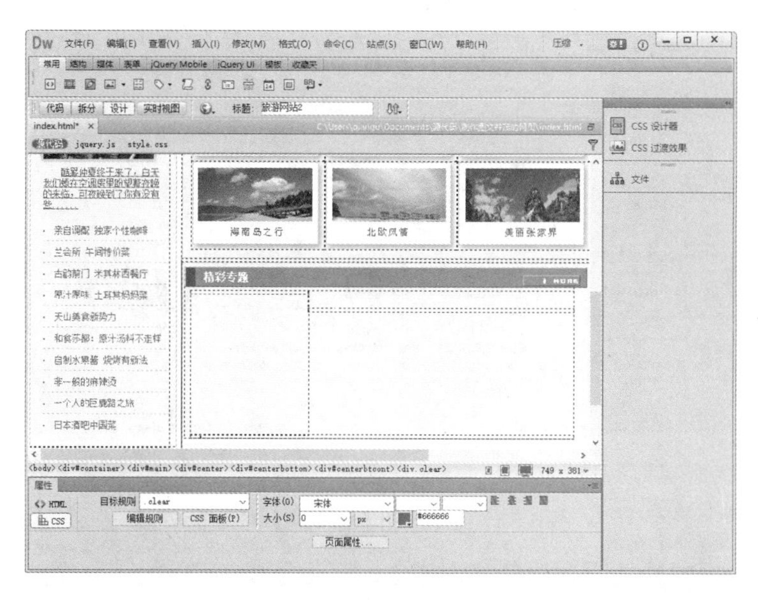

图 6-91 打开素材文件

step 02 将光标放置在要输入文本的位置，然后输入文本，如图 6-92 所示。

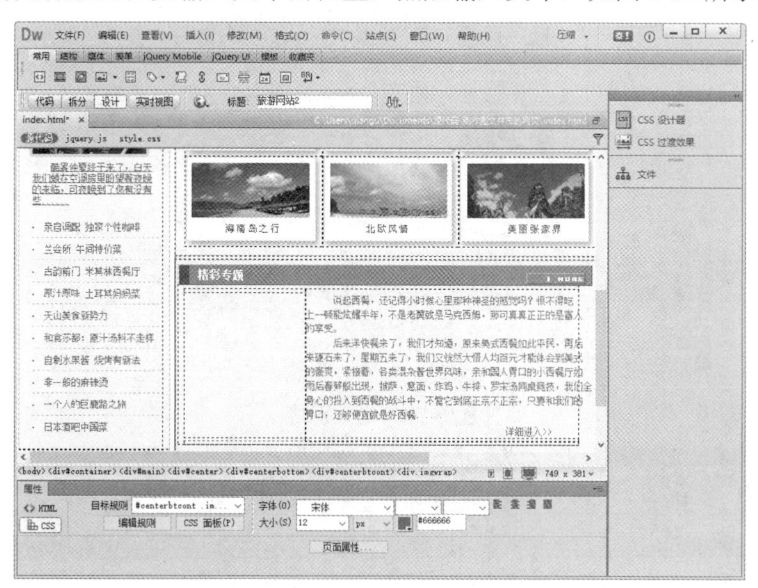

图 6-92 输入文本

step 03 将光标放置在文本的适当位置，选择【插入】→【图像】命令，弹出【选择图像源文件】对话框，从中选择图像文件，如图 6-93 所示。

step 04 单击【确定】按钮，插入图像，如图 6-94 所示。

step 05 选择【窗口】→【属性】命令，打开【属性】面板，在【属性】面板的【替换】文本框中输入“欢迎您的光临！”，如图 6-95 所示。

图 6-93 【选择图像源文件】对话框

图 6-94 插入图像

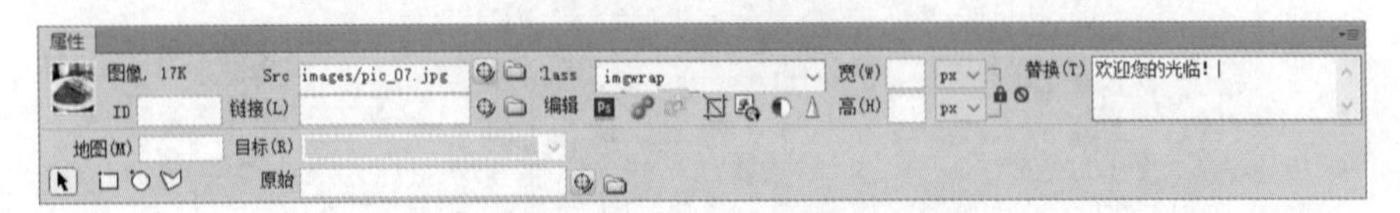

图 6-95 输入替换文字

step 06 选定所输入的文字，在【属性】面板中设置【字体】为【宋体】，【大小】为12，并在中文输入法的全角状态下，设置每个段落的段首空两个汉字的空格，如图 6-96 所示。

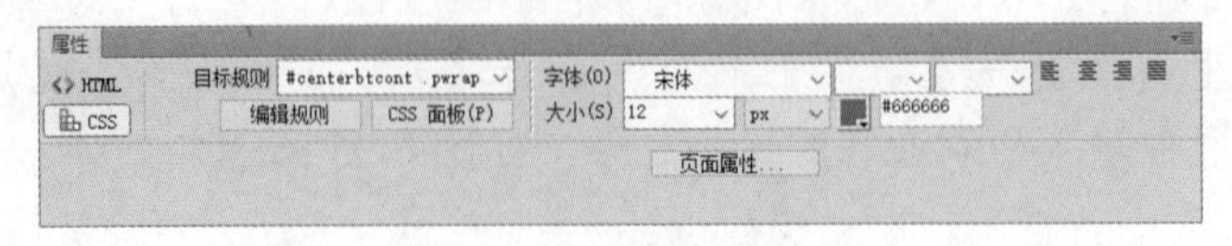

图 6-96 设置文字属性

step 07 保存文档，按 F12 键在浏览器中预览，效果如图 6-97 所示。

图 6-97 预览效果

6.5 疑难解惑

疑问 1：如何添加页面标题？

答：常见的添加页面标题的方法有以下两种。

1. 在工作主界面添加标题

在 Dreamweaver CC 工作界面中，在【标题】文本框中输入页面标题即可，这里输入【这是新添加的标题】，如图 6-98 所示。

2. 使用代码添加页面标题

在代码视图中，使用<title>标签可以添加页面标题，如图 6-99 所示。

图 6-98 添加页面标题

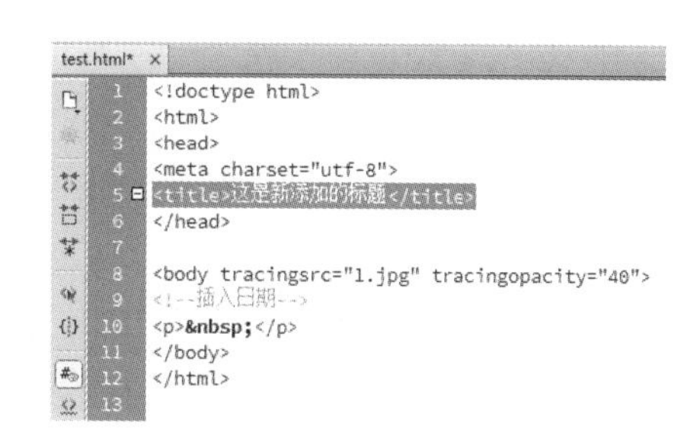

图 6-99 在代码视图中添加页面标题

疑问 2：如何理解外观(CSS)和外观(HTML)的区别？

答：如果使用外观(CSS)分类设置页面属性，程序会将设置的相关属性代码生成 CSS 样式。如果使用外观(HTML)分类设置页面属性，程序会自动将设置的相关属性代码添加到页面文件的主体<body>标签中。

第 7 章

有图有真相——使用图像与多媒体网页元素

在设计网页的过程中，单纯的文本无法表现出更形象、更具视觉冲击力的效果。图像和多媒体能使网页的内容更加丰富多彩、形象生动，可以为网页增色很多。本章重点学习图像和多媒体的使用方法和技巧。

7.1 常用图像格式

图像文件的格式非常多，如 GIF、JPEG、PNG、BMP 等。虽然这些格式都能插入网页之中，但为适应网络传输及浏览的要求，在网页中最常使用的图像格式有 3 种，即 GIF、JPEG 和 PNG。

7.1.1 GIF 格式

网页中最常用的图像格式是 GIF，它的图像最多可显示 256 种颜色。GIF 格式的特点是图像文件占用磁盘空间小，支持透明背景和动画，多数用于图标、按钮、滚动条、背景等。

GIF 格式的图像的另外一个特点是可以将图像以交错的形式下载。所谓交错的形式，就是当图像尚未下载完成时，浏览器显示的图像会由不清晰慢慢变清晰到下载完成。图 7-1 所示为 GIF 格式的图像。

图 7-1　GIF 格式的图像

7.1.2 JPEG 格式

JPEG 格式是一种图像压缩格式，支持大约 1670 万种颜色。它主要应用于摄影图片的存储和显示，尤其是色彩丰富的大自然照片，其文件的扩展名为.jpg 或.jpeg。和 GIF 格式文件不同，JPEG 格式文件的压缩技术十分先进，它使用有损压缩的方式去除冗余的图像和彩色数据，在获取极高压缩率的同时，能展现十分丰富、生动的图像。它在处理颜色和图形细节方面比 GIF 格式文件要好，在复杂徽标和图像镜像等方面应用得更为广泛，特别适合在网上发布照片。图 7-2 所示为 JPEG 格式的图像。

图 7-2　JPEG 格式的图像

GIF 格式文件和 JPEG 格式文件各有优点，应根据实际的图片文件来决定采用哪种格式。这两种文件的特点对比如表 7-1 所示。

表 7-1 GIF 和 JPEG 格式文件的区别

	GIF	JPEG/JPG
色彩	16 色、256 色	真彩色
特殊功能	透明背景、动画效果	无
压缩是否有损失	无损压缩	有损压缩
适用面	颜色有限，主要以漫画图案或线条为主，一般用于表现建筑结构图或手绘图	颜色丰富，有连续的色调，一般用于表现真实的事物

7.1.3 PNG 格式

PNG 格式是近几年开始流行的一种全新的无显示质量损耗的文件格式。它避免了 GIF 格式文件的一些缺点，是一种替代 GIF 格式的无专利权限的格式，支持索引色、灰度、真彩色图像及 Alpha 透明通道。PNG 格式是 Fireworks 固有的文件格式。

PNG 格式汲取了 GIF 格式和 JPEG 格式的优点，存储形式丰富，兼有 GIF 格式和 JPEG 格式的色彩模式。图 7-3 所示为 PNG 格式的图像。

图 7-3 PNG 格式的图像

PNG 格式能把图像文件大小压缩到极限，以利于网络的传输，却不失真。PNG 采用无损压缩方式来减小文件的大小。PNG 格式的图像显示速度快，只需要下载 1/64 的图像信息就可以显示出低分辨率的预览图像。PNG 格式同样支持透明图像的制作。

PNG 格式文件可保留所有原始层、向量、颜色、效果等信息，并且在任何时候所有元素都是可以完全编辑的。

7.2 用图像美化网页

无论是个人网站还是企业网站，图文并茂的网页都能为网站增色不少。用图像美化网页会使网页变得更加美观、生动，从而吸引更多浏览者。

7.2.1 案例 1——插入图像

在文件中插入漂亮的图像会使网页更加美观，使页面更具吸引力。在网页中插入图像的具体操作步骤如下。

step 01 新建一个空白文档，将光标放置在要插入图像的位置，在【插入】面板的【常用】选项卡中单击【图像】按钮，在打开的下拉列表中选择【图像】选项，如图 7-4 所示。用户也可以选择【插入】→【图像】→【图像】命令，如图 7-5 所示。

图 7-4 【插入】面板

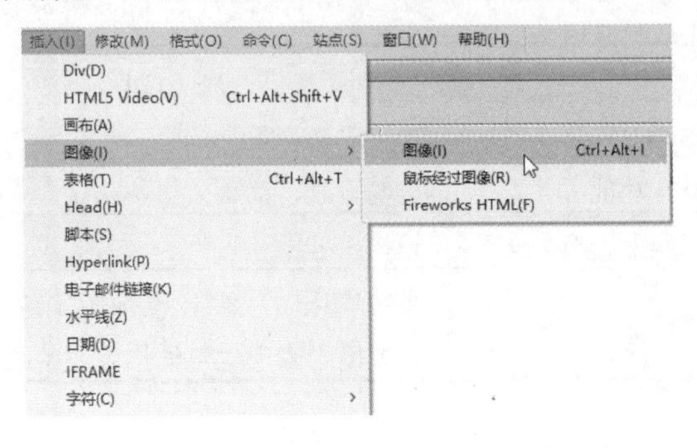

图 7-5 选择【图像】命令

step 02 打开【选择图像源文件】对话框，从中选择要插入的图像文件，然后单击【确定】按钮，如图 7-6 所示。

step 03 即可完成向文档中插入图像的操作，如图 7-7 所示。

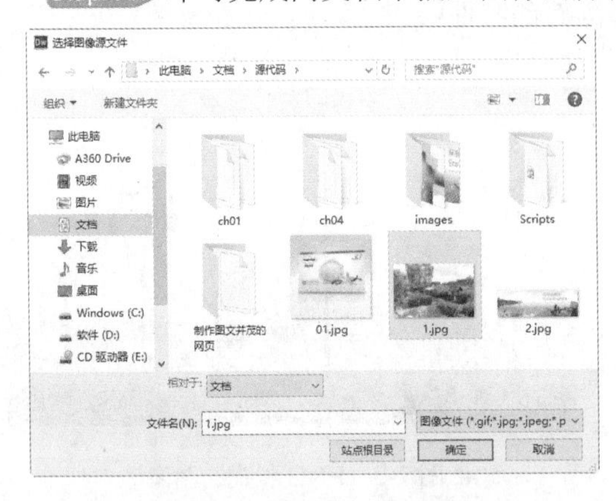

图 7-6 【选择图像源文件】对话框

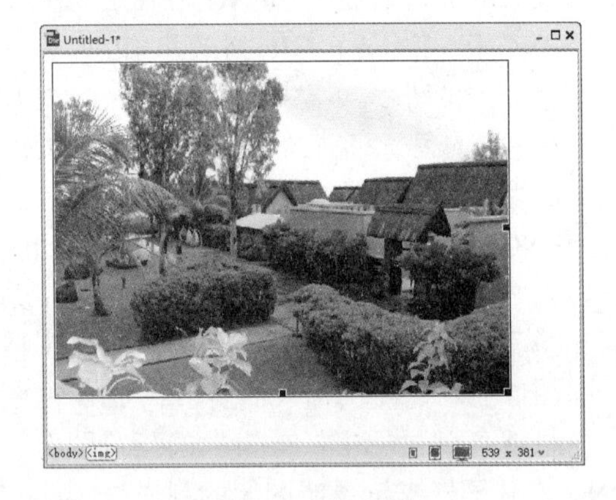

图 7-7 插入图像

step 04 保存文档，按 F12 键在浏览器中预览效果，如图 7-8 所示。

图 7-8 预览网页

7.2.2 案例 2——设置图像的属性

在页面中插入图像后单击选定图像，此时图像的周围会出现边框，表示图像正处于选中状态，如图 7-9 所示。

可以在【属性】面板中设置该图像的属性，如设置源文件、输入替换文本、设置图片的宽与高等，如图 7-10 所示。

图 7-9　选中图像

1. 【地图】文本框

该文本框用于创建客户端图像的热区，在该文本框中可以输入地图的名称，如图 7-11 所示。

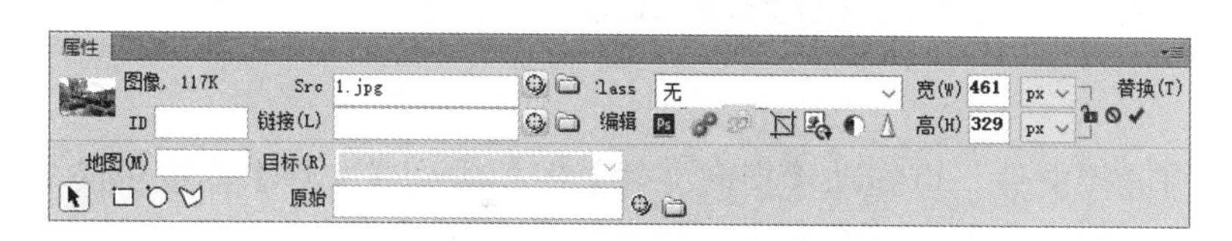

图 7-10　【属性】面板

图 7-11　图像地图设置区域

输入的名称中只能包含字母和数字，并且不能以数字开头。

2. 【热点工具】按钮

单击这些按钮，可以创建图像的热区链接。

3. 【宽】和【高】文本框

这两个文本框用于设置在浏览器中显示图像的宽度和高度，以像素为单位，如图 7-12 所示。比如，在【宽】文本框中输入宽度值，页面中的图片即会显示相应的宽度。

图 7-12　设置图像的宽与高

宽和高的单位除像素外，还有 pc(十二点活字)、pt(点)、in(英寸)、mm(毫米)、cm(厘米)和类似 2in+5mm 的单位组合等。

调整后，这两个文本框的右侧将显示【重设图像大小】按钮，单击该按钮，可恢复图像到原来的大小。

4. Src(源文件)文本框

该文本框用于指定图像的路径。单击文本框右侧的【浏览文件】按钮，打开【选择图像源文件】对话框，可从中选择图像文件，或直接在文本框中输入图像路径，如图 7-13 所示。

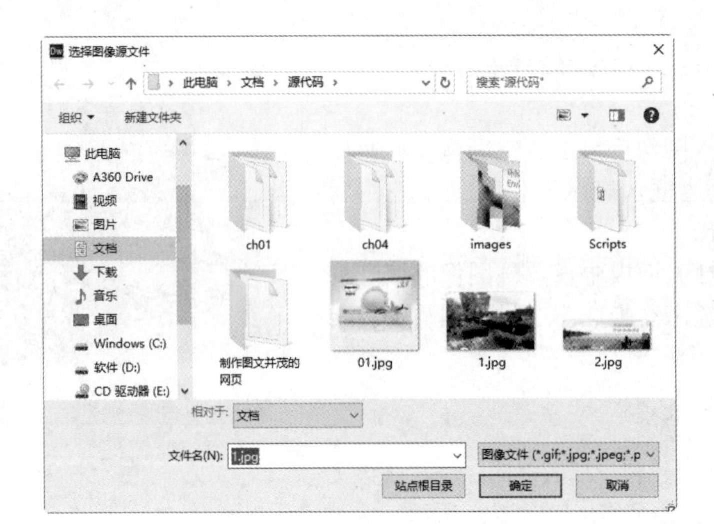

图 7-13 【选择图像源文件】对话框

5. 【链接】文本框

该文本框用于指定图像的链接文件。可拖动【指向文件】图标到【文件】面板中的某个文件上，或直接在【链接】文本框中输入 URL 地址，如图 7-14 所示。

图 7-14 【链接】文本框

6. 【目标】下拉列表框

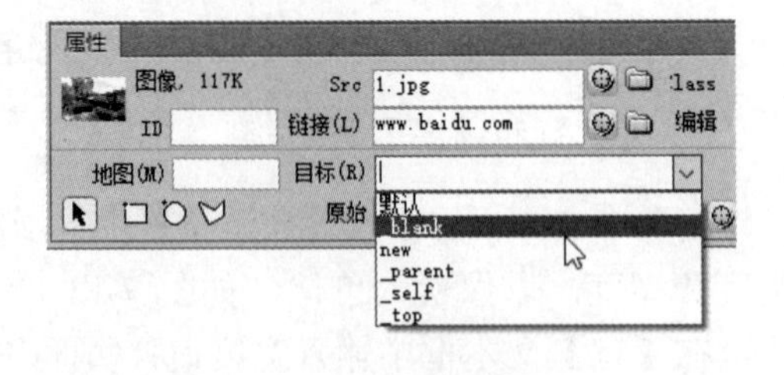

图 7-15 设置图像目标

该下拉列表框用于指定链接页面在框架或窗口中的打开方式，如图 7-15 所示。

在弹出的下拉列表中有以下几个选项。

- _blank：在打开的新浏览器窗口中打开链接文件。
- _parent：如果是嵌套的框架，会在父框架或窗口中打开链接文件；如果不是嵌套的框架，则与_top 相同，在整个浏览器窗口中打开链接文件。
- _self：在当前网页所在的窗口中打开链接。此目标为浏览器默认的设置。
- _top：在完整的浏览器窗口中打开链接文件，因而会删除所有的框架。

7. 【原始】文本框

该文本框用于设置图像下载完成前显示的低质量图像，这里一般指 PNG 图像。单击旁边的【浏览文件】按钮，即可在打开的对话框中选择低质量图像，如图 7-16 所示。

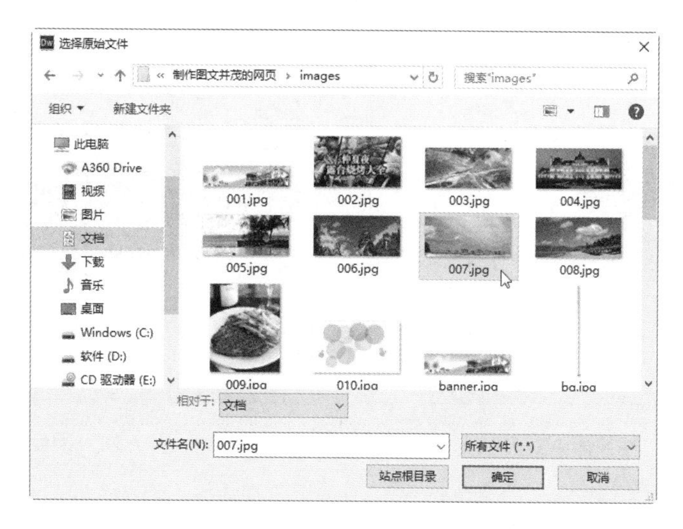

图 7-16　选择低质量图像

8. 【替换】文本框

该文本框用来设置图像的说明性文字，用于在浏览器不显示图像时替代图像显示的文本，如图 7-17 所示。

图 7-17　设置图像替换文本

7.2.3　案例 3——设置图像对齐方式

图像的对齐方式主要是设置图像与同一行中的文本或另一个图像等元素的对齐方式。对齐图像的具体操作步骤如下。

step 01 在文档窗口中选定要对齐的图像，如图 7-18 所示。

step 02 选择【格式】→【对齐】→【左对齐】命令后，效果如图 7-19 所示。

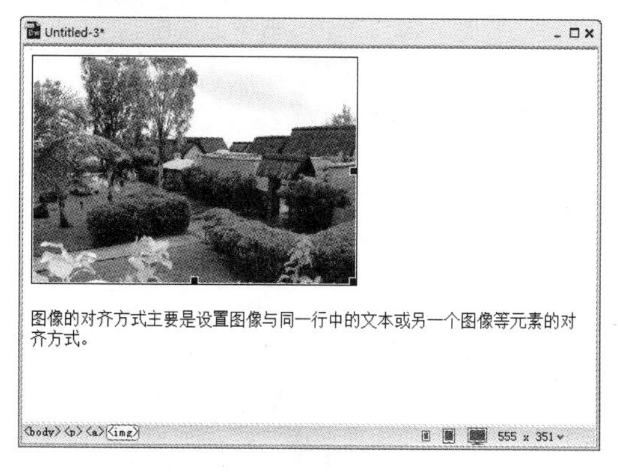

图 7-18　选择图像

图 7-19　图像左对齐

step 03 选择【格式】→【对齐】→【居中对齐】命令后，效果如图 7-20 所示。

step 04 选择【格式】→【对齐】→【右对齐】命令后，效果如图 7-21 所示。

图 7-20　图像居中对齐

图 7-21　图像右对齐

7.2.4　案例 4——剪裁需要的图像

在网页中插入图像后，如果只需要插入图像的部分内容，此时就可以通过裁剪功能裁剪需要的部分。具体操作步骤如下。

step 01 在文档窗口中选定要剪裁的图像，如图 7-22 所示。

step 02 在【属性】面板中单击【裁剪】按钮，启用裁剪工具，如图 7-23 所示。

图 7-22　选择图像

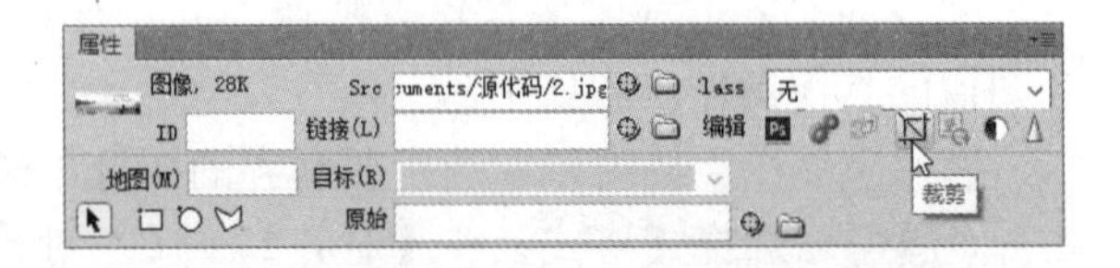

图 7-23　单击【裁剪】按钮

step 03 被选中的图像上出现一个黑色方框，移动该方框到需要的裁剪图像位置，拖动方框四周的控制点至需要的图像内容，如图 7-24 所示。

step 04 调整好需要保留的图像内容后，双击鼠标左键完成裁剪操作，如图 7-25 所示。

图 7-24　裁剪图像

图 7-25　完成裁剪图像

step 05 保存文档，单击【预览】按钮，在弹出的下拉菜单中选择预览方式，如图 7-26 所示。

step 06 启动 IE 浏览器，在其中即可查看到裁剪图片后的效果，如图 7-27 所示。

图 7-26 选择预览方式

图 7-27 预览裁剪后的图像

在确定需要保留的图片内容后，直接按 Enter 键可以快速执行裁剪图片的操作。

7.2.5 案例 5——调整图像的亮度与对比度

在网页中插入图片后，如果发现图片的亮度与对比度不符合需求，可以通过【亮度/对比度】对话框，对其亮度与对比度值进行自定义调整。具体操作步骤如下。

step 01 在文档窗口中选定要调整亮度和对比度的图像，如图 7-28 所示。

step 02 在【属性】面板中单击【亮度和对比度】按钮，如图 7-29 所示。

图 7-28 选择图像

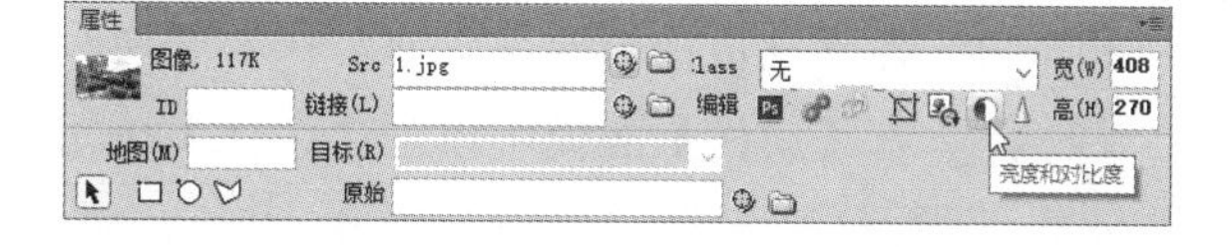

图 7-29 单击【亮度和对比度】按钮

step 03 打开【亮度/对比度】对话框，在其中输入亮度与对比度的值，或通过调整亮度与对比度下方的滑块来确定亮度与对比度的值，如图 7-30 所示。

step 04 单击【确定】按钮，完成图像亮度与对比度的调整，如图 7-31 所示。

step 05 保存文档，单击【预览】按钮，在弹出的下拉菜单中选择预览方式，如图 7-32 所示。

step 06 启动 IE 浏览器，在其中即可查看到调整图像亮度和对比度后的效果，如图 7-33 所示。

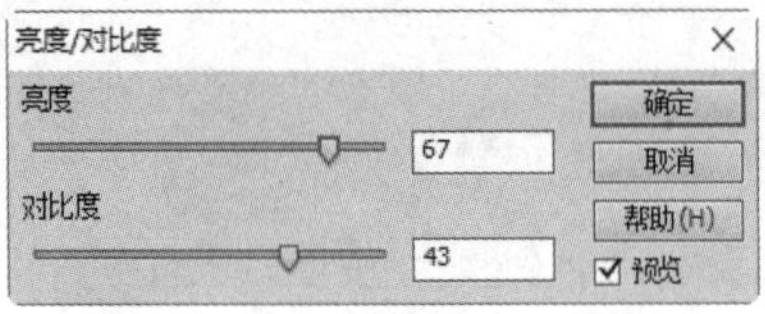

图 7-30 【亮度/对比度】对话框

图 7-31 调整图像

图 7-32 选择预览方式

图 7-33 预览图像效果

7.2.6 案例 6——设置图像的锐化效果

设置图像的锐化效果可以提高图像边缘轮廓的清晰度，从而让整个图像更加清晰。具体操作步骤如下。

step 01 在文档窗口中选定需要锐化的图像，如图 7-34 所示。

step 02 在【属性】面板中单击【锐化】按钮，如图 7-35 所示。

图 7-34 选择图像

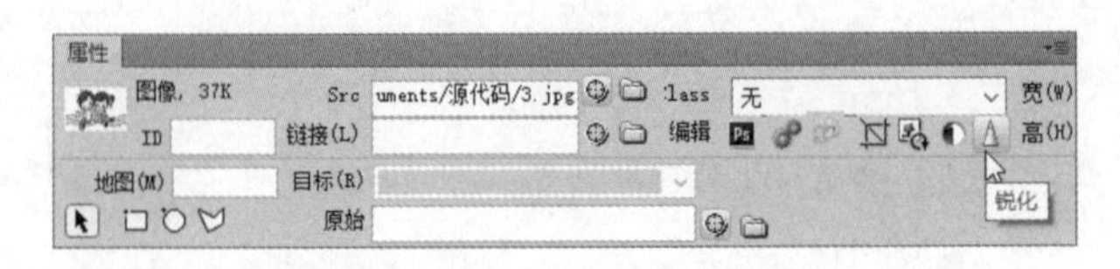

图 7-35 单击【锐化】按钮

step 03 打开【锐化】对话框，拖动滑块可实时预览调整图像的锐化效果，如图 7-36 所示。

step 04 单击【确定】按钮，完成图像锐化的调整，如图 7-37 所示。

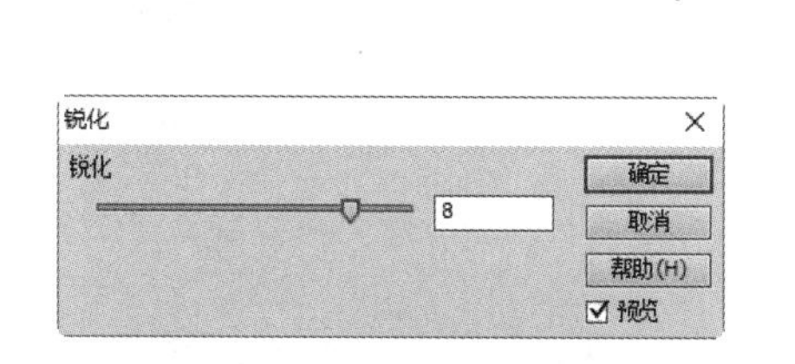

图 7-36 【锐化】对话框

图 7-37 调整图像锐化效果

step 05 保存文档，单击【预览】按钮，在弹出的下拉菜单中选择预览方式，如图 7-38 所示。

step 06 启动 IE 浏览器，在其中即可查看到图像设置锐化效果后的效果，如图 7-39 所示。

图 7-38 选择预览方式

图 7-39 预览图像效果

7.3 插入其他图像元素

在网页中不仅可以插入图像文件，还可以插入其他图像元素，如插入鼠标经过图像、图像占位符、图像热点区域等。

7.3.1 案例 7——插入鼠标经过图像

鼠标经过图像是指在浏览器中查看在鼠标指针移过它时发生变化的图像。鼠标经过图像实际上是由两幅图像组成的，即初始图像(页面首次加载时显示的图像)和替换图像(鼠标指针经过时显示的图像)。

插入鼠标经过图像的具体操作步骤如下。

step 01 新建一个空白文档，将光标置于要插入鼠标经过图像的位置，选择【插入】→【图像】→【鼠标经过图像】命令，如图 7-40 所示。

也可以在【插入】面板的【常用】选项卡中单击【图像】按钮，然后从弹出的下拉列表中选择【鼠标经过图像】选项，如图 7-41 所示。

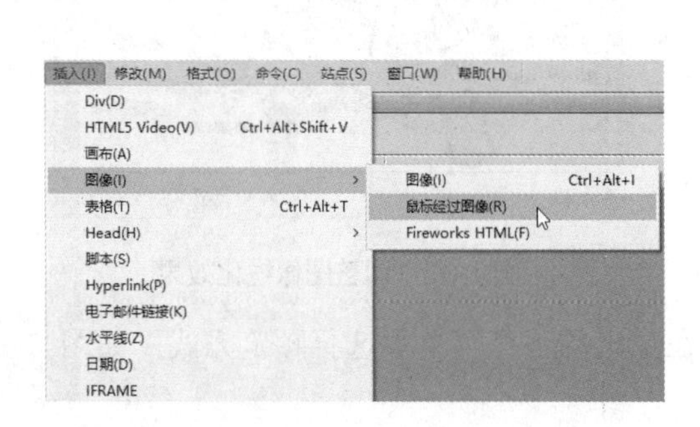

图 7-40　选择【鼠标经过图像】命令

图 7-41　选择【鼠标经过图像】选项

step 02 打开【插入鼠标经过图像】对话框，在【图像名称】文本框中输入一个名称(这里保持默认名称不变)，如图 7-42 所示。

step 03 单击【原始图像】文本框右侧的【浏览】按钮，在打开的【原始图像】对话框中选择鼠标经过前的图像文件，设置完成后单击【确定】按钮，如图 7-43 所示。

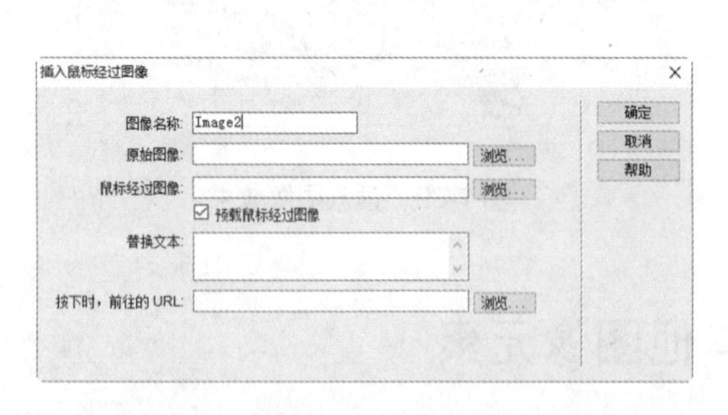

图 7-42　【插入鼠标经过图像】对话框

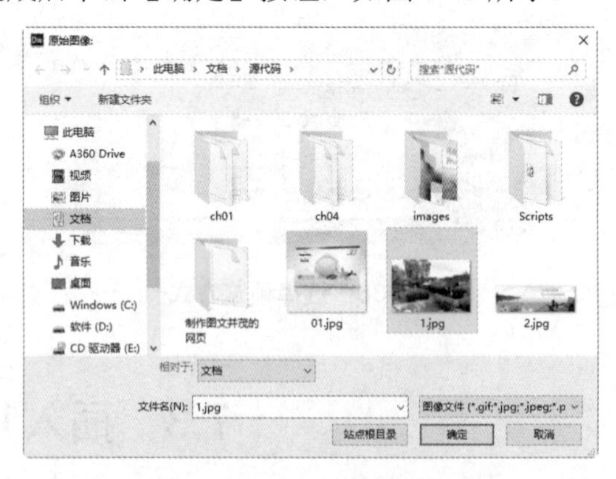

图 7-43　选择原始图像

step 04 返回【插入鼠标经过图像】对话框，在【原始图像】文本框中即可看到添加的原始图像文件，如图 7-44 所示。

step 05 单击【鼠标经过图像】文本框右侧的【浏览】按钮，在打开的【鼠标经过图像】对话框中选择鼠标经过原始图像时显示的图像文件，如图 7-45 所示。然后单击【确定】按钮，返回【插入鼠标经过图像】对话框。

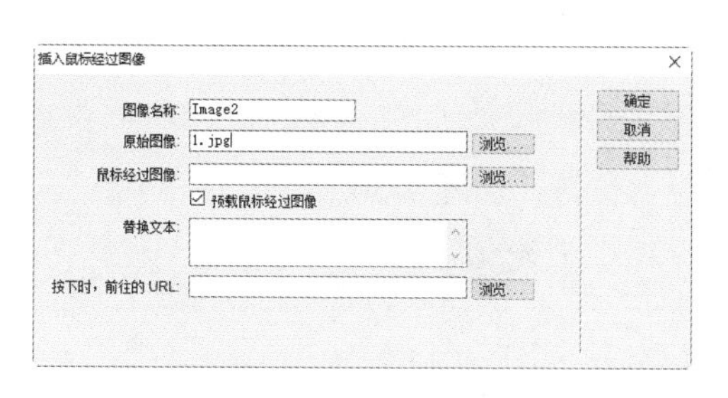

图 7-44 添加的原始图像

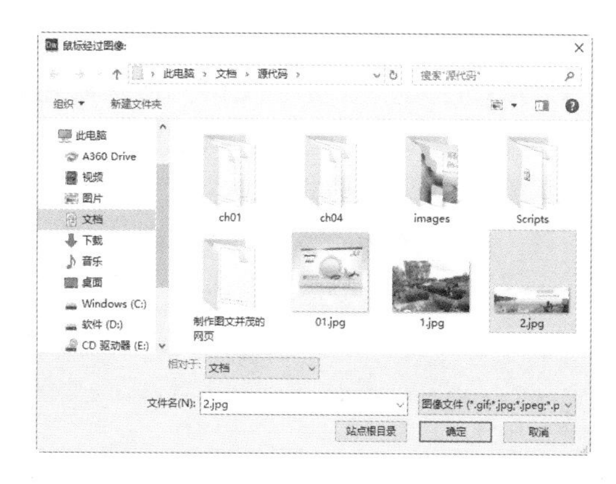

图 7-45 选择鼠标经过图像

step 06 在【替换文本】文本框中输入名称(这里不再输入)，并选中【预载鼠标经过图像】复选框。如果要建立链接，可以在【按下时，前往的 URL】文本框中输入 URL 地址，也可以单击右侧的【浏览】按钮，选择链接文件(这里不填)，如图 7-46 所示。

step 07 单击【确定】按钮，关闭对话框，保存文档，按 F12 键在浏览器中预览效果，鼠标指针经过前的图像如图 7-47 所示。

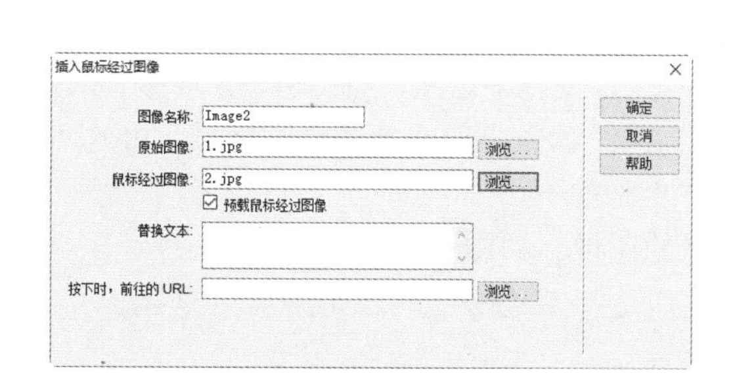

图 7-46 设置其他参数

图 7-47 预览网页

step 08 鼠标指针经过后的图像如图 7-48 所示。

图 7-48 鼠标指针经过后显示的图像

7.3.2 案例 8——插入图像占位符

在布局页面时，有的时候可能需要插入的图像还没有制作好。为了整体页面效果的统一，此时可以使用图像占位符来替代图片的位置，待网页布局好后，再根据实际情况插入图像。

插入图像占位符的具体操作步骤如下。

step 01 新建一个空白文档，将光标置于要插入图像占位符的位置。切换到代码视图，然后添加如下代码，设置图片的宽度和高度为 550 和 80，替换文本为“Banner 位置”，如图 7-49 所示。

```
<img src="" width="550" height="80"  alt="Banner位置" />
```

step 02 切换到设计视图，即可看到插入的图像占位符，如图 7-50 所示。

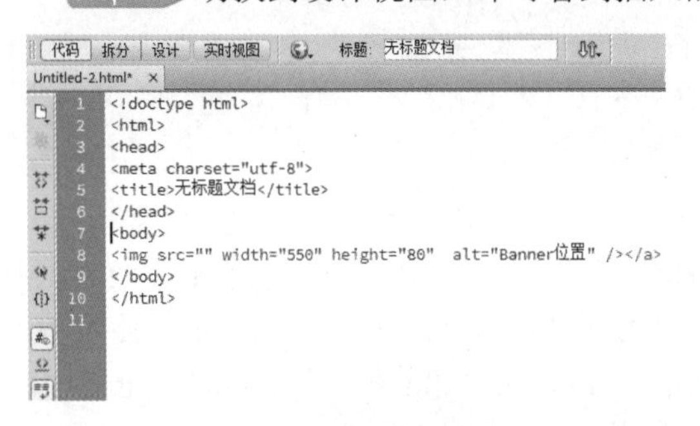

图 7-49　代码视图

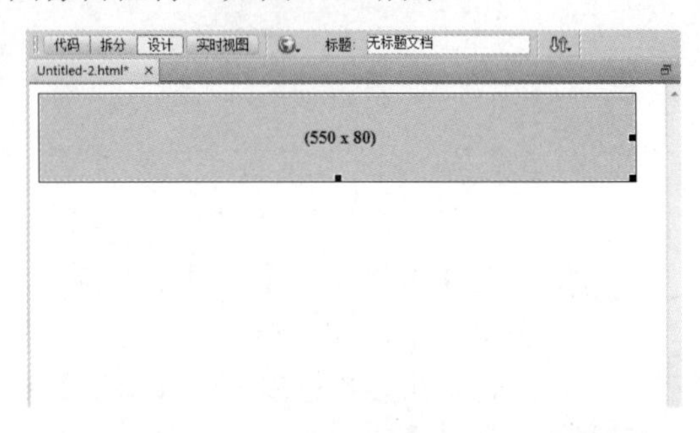

图 7-50　设计视图

7.3.3　案例 9——插入图像热点区域

图像的热点区域是在一张图片上的不同部位绘制任意多边形或者图形的区域，并加入链接的一种方法。在图像中插入热点区域的具体操作步骤如下。

step 01 在文档窗口中选定需要插入热点区域的图像，如图 7-51 所示。

step 02 在【属性】面板中选择热点工具，这里选择多边形工具，如图 7-52 所示。

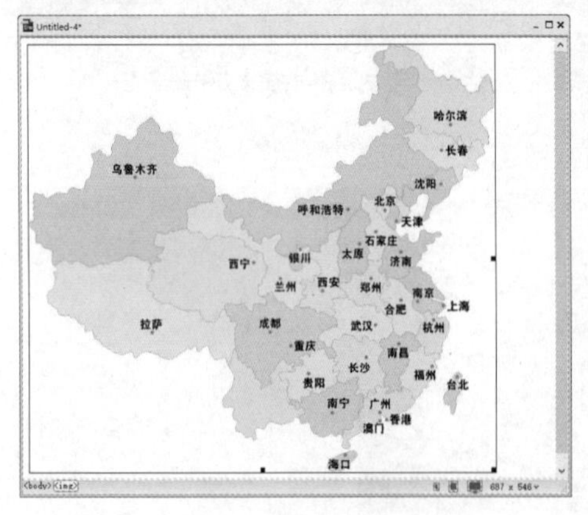

图 7-51　选择图像

图 7-52　选择多边形工具

step 03 在图片的指定位置处单击添加一个热点，然后使用相同的方法继续在图片指定位置绘制其他热点，从而完成图像热区的绘制，如图 7-53 所示。

step 04 在【属性】面板中的【链接】文本框中设置该热区需要链接的位置，这里输入 wlmq.com，即链接到当前页面，如图 7-54 所示。

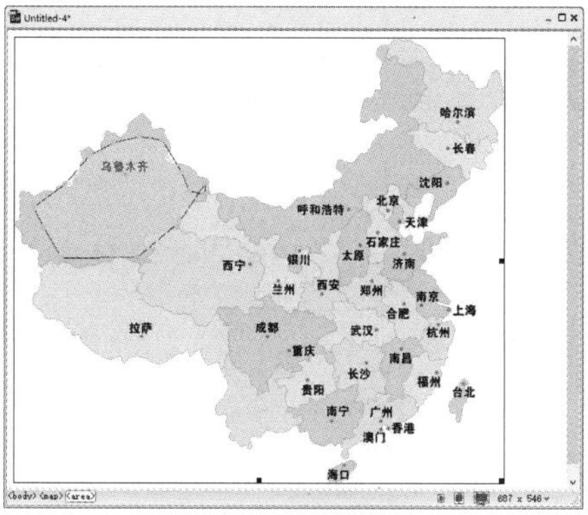

图 7-53 绘制热点区域

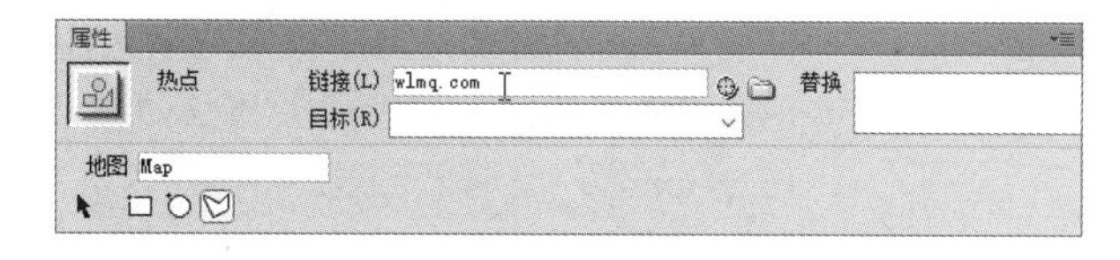

图 7-54 设置链接

step 05 保存文档，单击【预览】按钮，在弹出的下拉菜单中选择预览方式，如图 7-55 所示。

step 06 启动 IE 浏览器，在打开的页面中将鼠标指针移动到热区上，此时鼠标指针变为手形，单击可以执行链接跳转，如图 7-56 所示。

图 7-55 选择预览方式

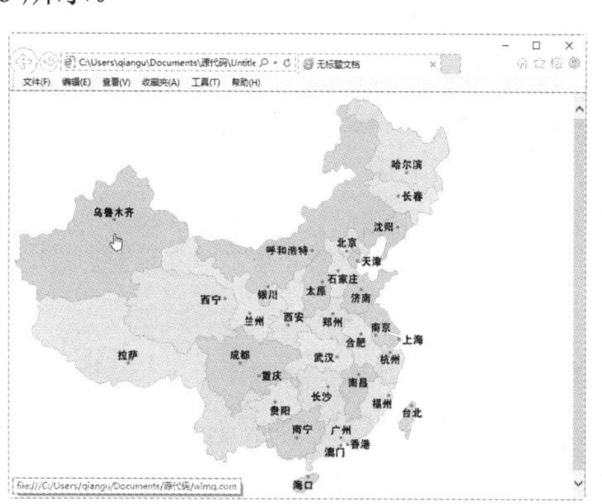

图 7-56 预览图像热点区域

7.4 在网页中插入多媒体

在网页中插入多媒体是美化网页的一种方法。常见的网页多媒体有背景音乐、Flash 动画、FLV 视频、HTML 5 音频和 HTML 5 视频等。

7.4.1 案例 10——插入背景音乐

通过添加背景音乐，可以使网页一打开就能听到舒适的音乐。

在网页中插入背景音乐的具体操作步骤如下。

step 01 新建一个空白文档，切换到代码视图，然后在<head>和</head>标签之间添加如下代码，设置背景音乐的路径，如图 7-57 所示。

```
<bgsound src="/ch04/song.mp3">
```

bgsound 标签的属性比较多，包括 src、balance、volume 和 delay。各个属性的含义如下。

(1) src 属性：用于设置音乐的路径。

(2) balance 属性：用于设置声道，取值范围为-1000 到 1000，其中负值代表左声道，正值代表右声道，0 代表立体声。

(3) volume 属性：用于设置音量大小。

(4) delay 属性：用于设置播放的延时。

(5) loop 属性：用于设置循环播放次数，其中 loop=-1，代表音乐一直循环播放。

step 02 保存网页后，单击【预览】按钮，在打开的菜单中选择预览方式，如图 7-58 所示。启动浏览器即可预览到效果。

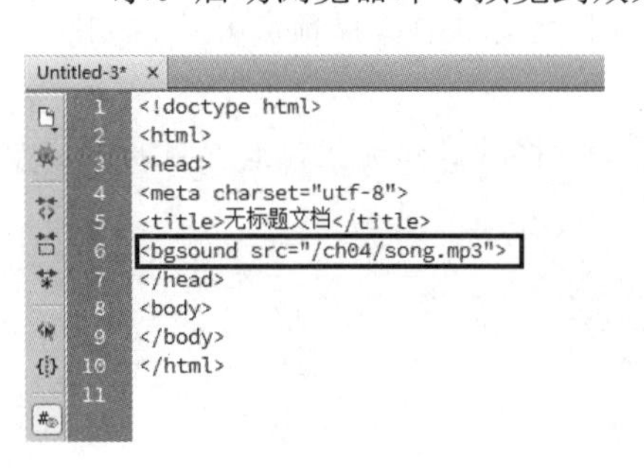

图 7-57　代码视图

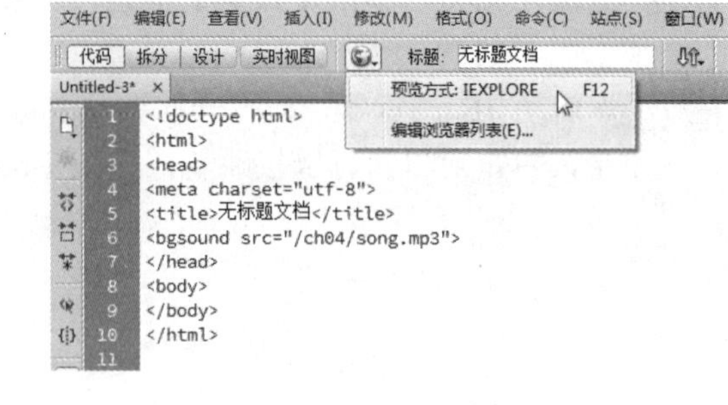

图 7-58　选择预览方式

7.4.2　案例 11——插入 Flash 动画

Flash 与 Shockwave 电影相比，其优势是文件小且网上传输速度快。在网页中插入 Flash 动画的具体操作步骤如下。

step 01 新建一个空白文档，将光标置于要插入 Flash 动画的位置，选择【插入】→【媒体】→Flash SWF 命令，如图 7-59 所示。

step 02 打开【选择 SWF】对话框，从中选择相应的 Flash 文件，如图 7-60 所示。

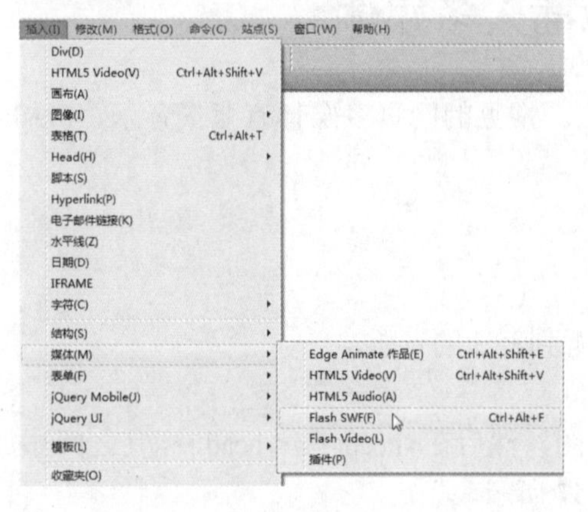

图 7-59　选择 Flash SWF 命令

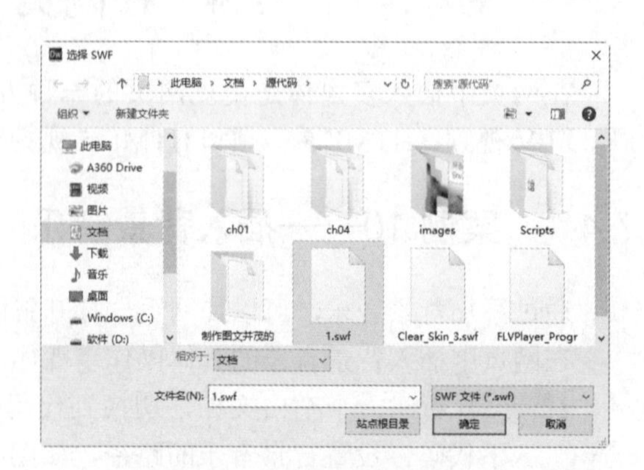

图 7-60　选择 SWF 文件

step 03 单击【确定】按钮，打开【对象标签辅助功能属性】对话框，输入对象标签辅助的标题，如图 7-61 所示。

step 04 单击【确定】按钮，插入 Flash 动画，然后调整 Flash 动画的大小，使其适应网页，如图 7-62 所示。

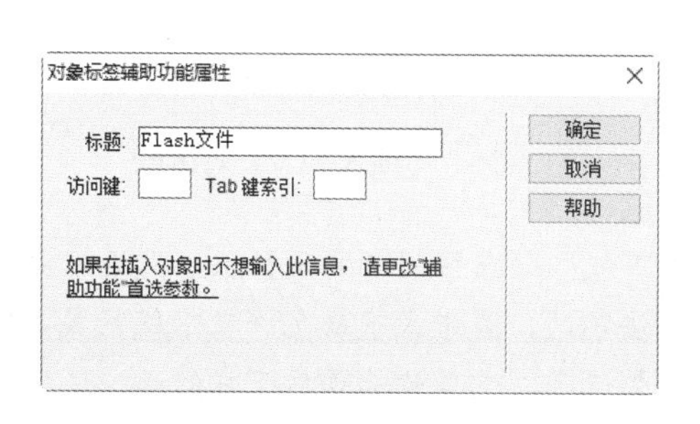

图 7-61　【对象标签辅助功能属性】对话框

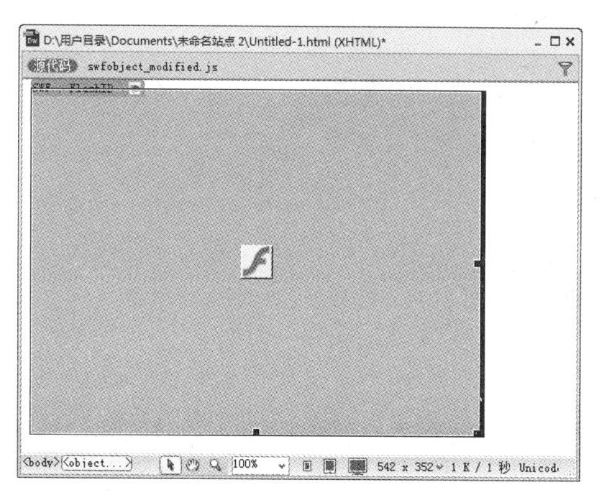

图 7-62　插入 Flash 动画

step 05 保存文档，按 F12 键在浏览器中预览，效果如图 7-63 所示。

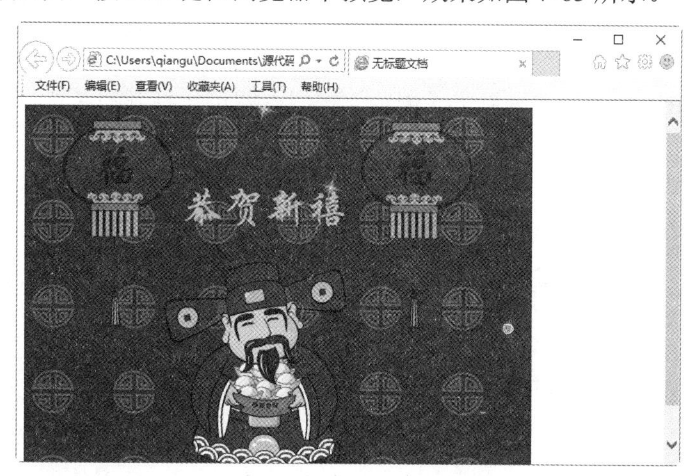

图 7-63　预览网页动画

7.4.3　案例 12——插入 FLV 视频

用户可以向网页中轻松地添加 FLV 视频，而无须使用 Flash 创作工具。在开始操作之前，必须有一个经过编码的 FLV 文件。

step 01 新建一个空白文档，将光标置于要插入 Flash 动画的位置，选择【插入】→【媒体】→Flash Video 命令，如图 7-64 所示。

step 02 打开【插入 FLV】对话框，从【视频类型】下拉列表框中选择视频类型，这里选择【累进式下载视频】选项，如图 7-65 所示。

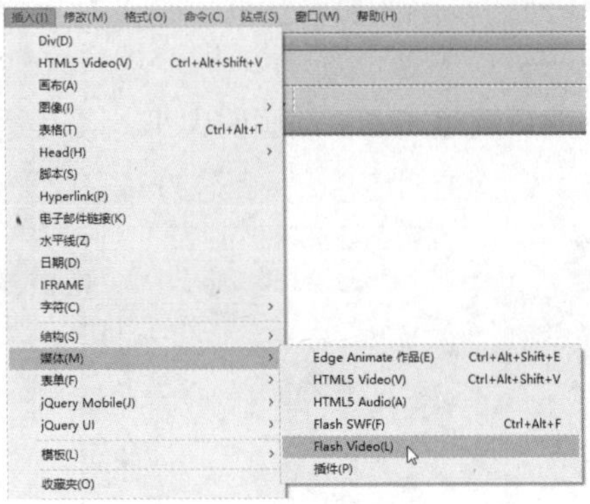

图 7-64　选择 Flash Video 命令

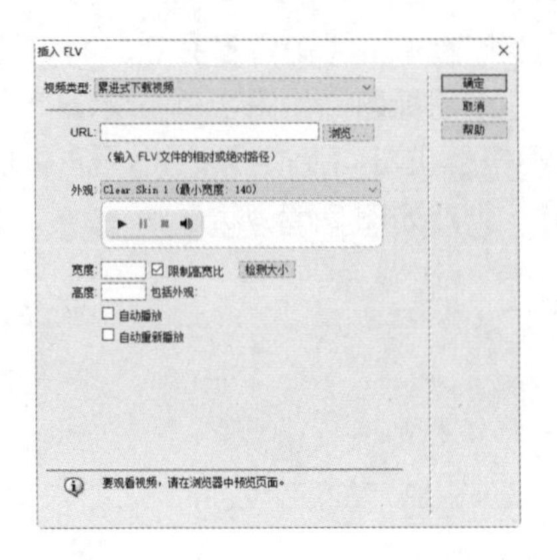

图 7-65　【插入 FLV】对话框

所谓累进式下载视频，是将 FLV 文件下载到站点访问者的硬盘上，然后播放。但是，与传统的“下载并播放”视频传送方法不同，累进式下载允许在下载完成之前就开始播放视频文件。也可以选择【流视频】选项，选择此选项后下方的选项区域也会随之发生变化，接着可以进行相应的设置，如图 7-66 所示。

“流视频”对视频内容进行流式处理，并在一段可确保流畅播放的很短的缓冲时间后在网页上播放该内容。

step 03 在 URL 文本框右侧单击【浏览】按钮，即可在打开的【选择 FLV】对话框中选择要插入的 FLV 文件，如图 7-67 所示。

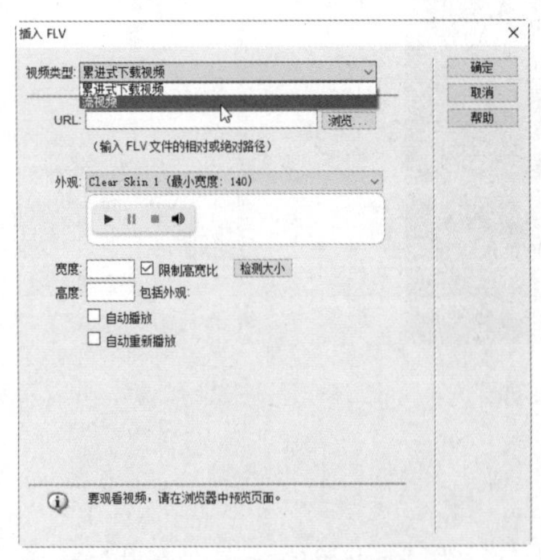

图 7-66　选择【流视频】选项

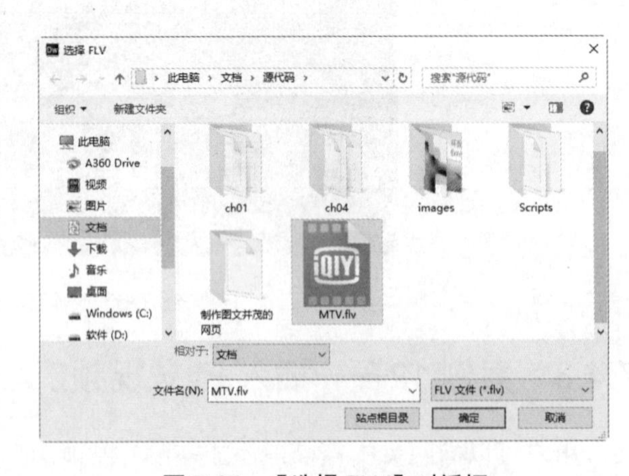

图 7-67　【选择 FLV】对话框

step 04 返回【插入 FLV】对话框，在【外观】下拉列表框中选择设置显示出来的播放器外观，如图 7-68 所示。

step 05 接着设置【宽度】和【高度】，并选中【限制高宽比】、【自动播放】和【自动重新播放】等 3 个复选框，完成后单击【确定】按钮，如图 7-69 所示。

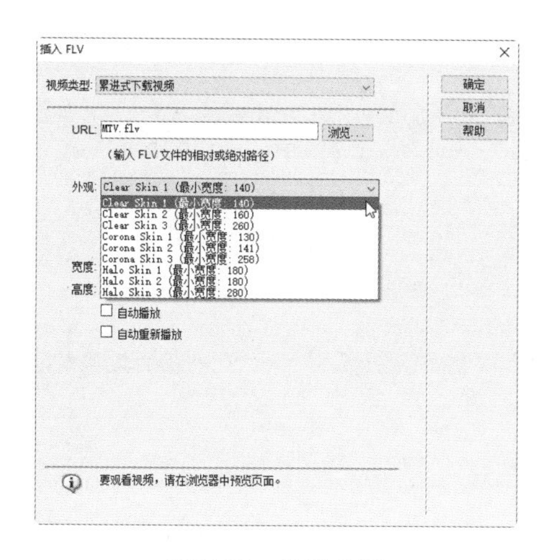

图 7-68 选择外观

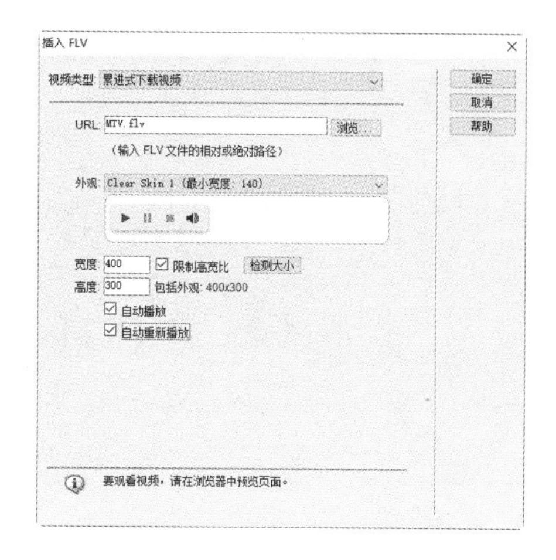

图 7-69 设置其他参数

"包括外观"是 FLV 文件的宽度和高度与所选外观的宽度和高度相加得出的和。

step 06 单击【确定】按钮关闭对话框，即可将 FLV 文件添加到网页上，如图 7-70 所示。

step 07 保存页面后按 F12 键，即可在浏览器中预览效果，如图 7-71 所示。

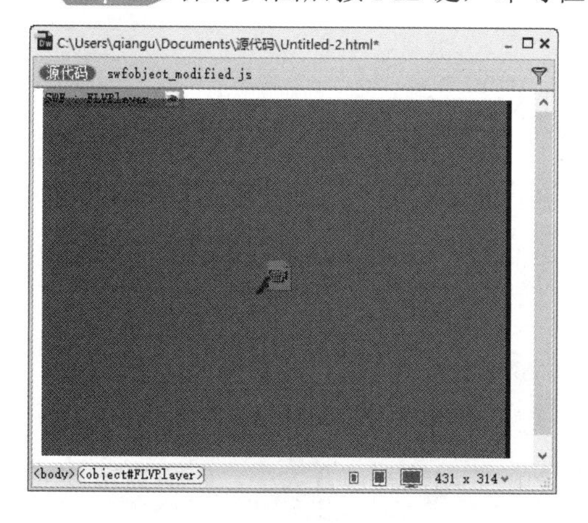

图 7-70 在网页中插入 FLV 文件

图 7-71 预览网页

7.4.4 案例 13——插入 HTML 5 音频

Dreamweaver CC 支持插入 HTML 5 音频的功能。在网页中插入 HTML 5 音频的具体操作步骤如下。

step 01 新建一个空白文档，将光标置于要插入 HTML 5 音频的位置，选择【插入】→【媒体】→HTML 5 Audio 命令，如图 7-72 所示。

step 02 即可看到插入一个音频图标，在【属性】面板中单击【源】文本框右侧的【浏览】按钮，如图 7-73 所示。

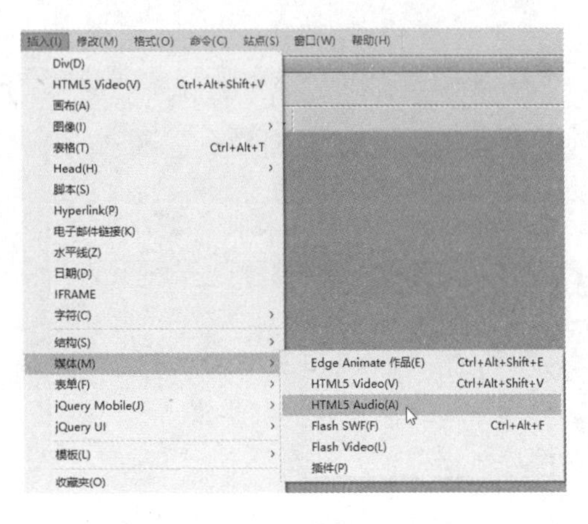

图 7-72　选择 HTML 5 Audio 命令

图 7-73　单击【浏览】按钮

step 03 打开【选择音频】对话框，选择“\ch07\song.mp3”文件，单击【确定】按钮，如图 7-74 所示。

step 04 返回到设计视图中，保存网页后，单击【预览】按钮，在弹出的菜单中选择预览方式，如图 7-75 所示。

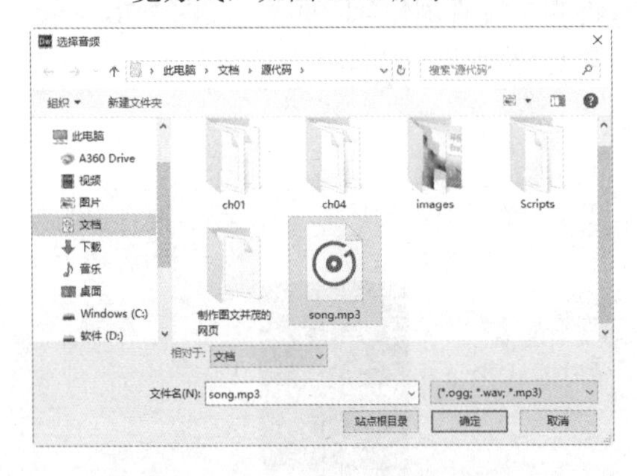

图 7-74　【选择音频】对话框

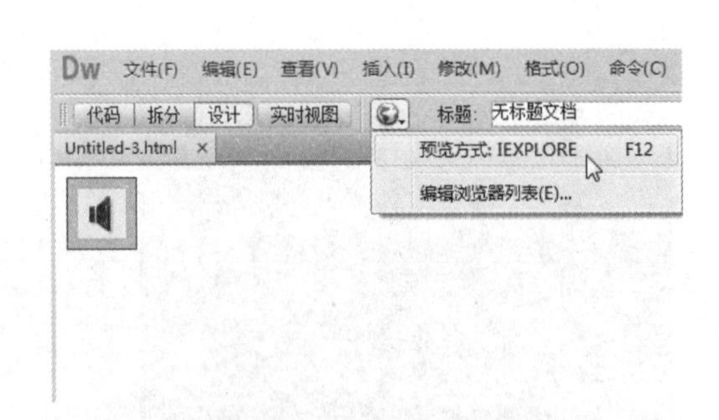

图 7-75　选择预览方式

step 05 启动浏览器即可预览效果，用户可以控制播放属性和声音大小，如图 7-76 所示。

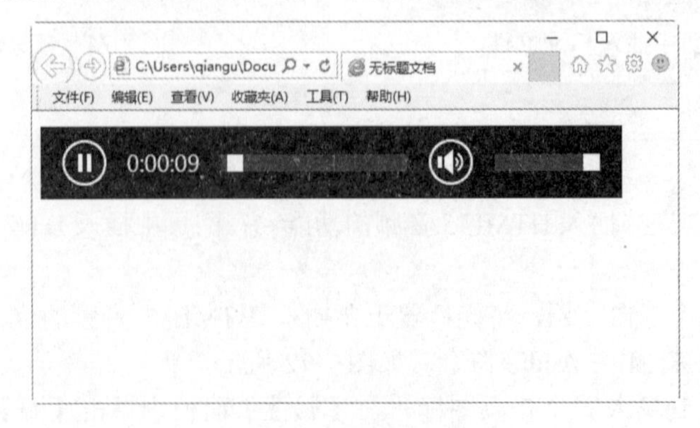

图 7-76　查看预览效果

7.4.5 案例 14——插入 HTML 5 视频

Dreamweaver CC 支持插入 HTML 5 视频的功能。在网页中插入 HTML 5 视频的具体操作步骤如下。

step 01 新建一个空白文档，将光标置于要插入 HTML 5 视频的位置，选择【插入】→【媒体】→HTML 5 Video 命令，如图 7-77 所示。

step 02 即可看到插入了一个视频图标，在【属性】面板中单击【源】文本框右侧的【浏览】按钮，如图 7-78 所示。

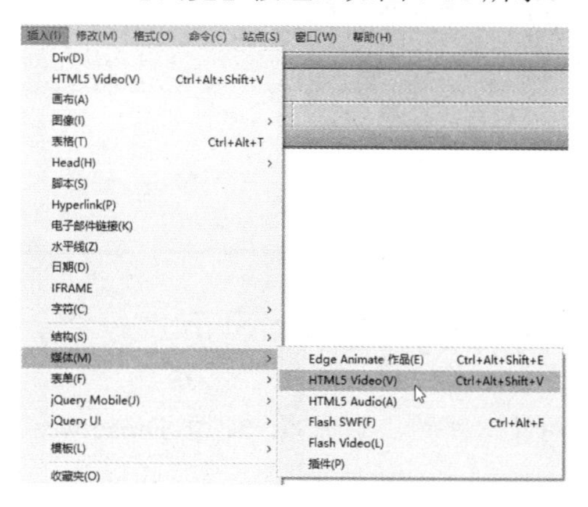

图 7-77 选择 HTML 5 Video 命令

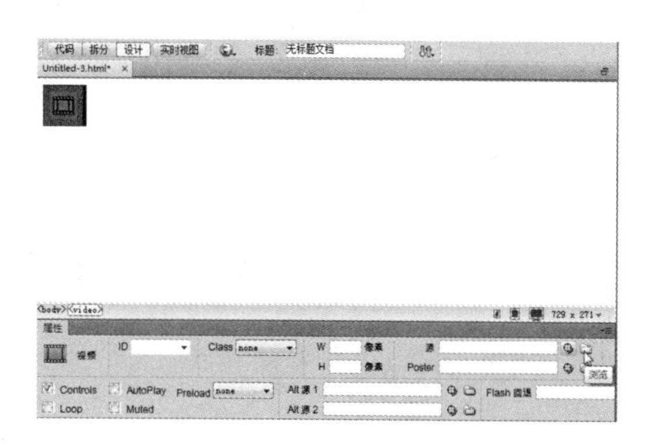

图 7-78 单击【浏览】按钮

step 03 打开【选择视频】对话框，选择“\ch07\123.mp4”，单击【确定】按钮，如图 7-79 所示。

step 04 返回到设计视图中，保存网页后，单击【预览】按钮，在弹出的下拉菜单中选择预览方式，如图 7-80 所示。

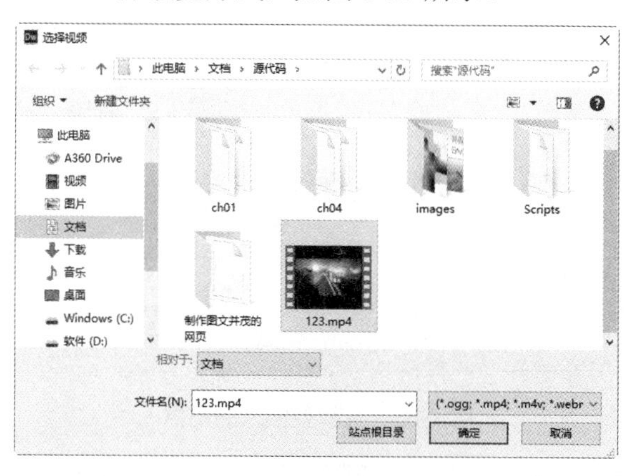

图 7-79 【选择视频】对话框

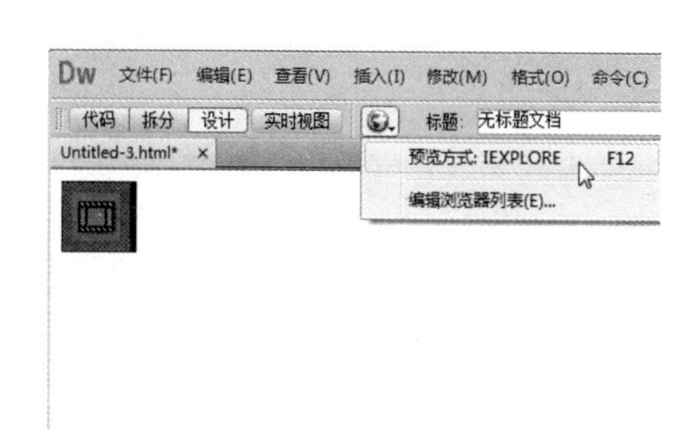

图 7-80 选择预览方式

step 05 启动浏览器即可预览效果，用户可以控制播放属性和声音大小，如图 7-81 所示。

图 7-81　查看预览效果

7.5　综合案例 1——制作精彩的多媒体网页

一个网页中可以包括多种网页元素，如文本、图像、视频、动画等。使用 Dreamweaver CC，用户可以制作包含多种元素的多媒体网页。下面介绍创建多媒体网页的具体操作步骤。

step 01 启动 Dreamweaver CC，选择【文件】→【新建】命令，创建一个空白网页文档，如图 7-82 所示。

step 02 选择【插入】→【图像】→【图像】菜单命令，打开【选择图像源文件】对话框，在其中选择要插入的图像，如图 7-83 所示。

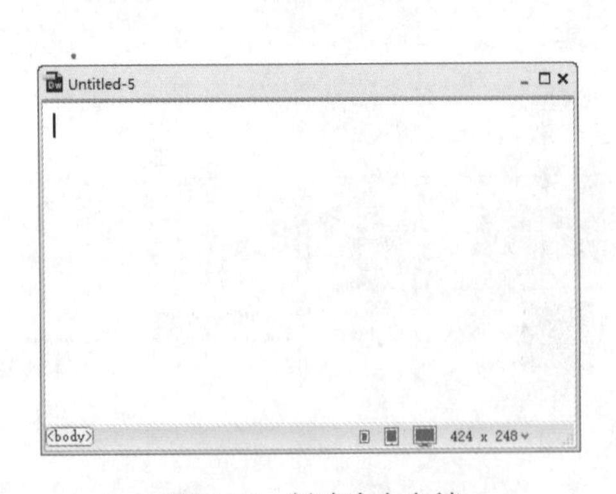

图 7-82　创建空白文档

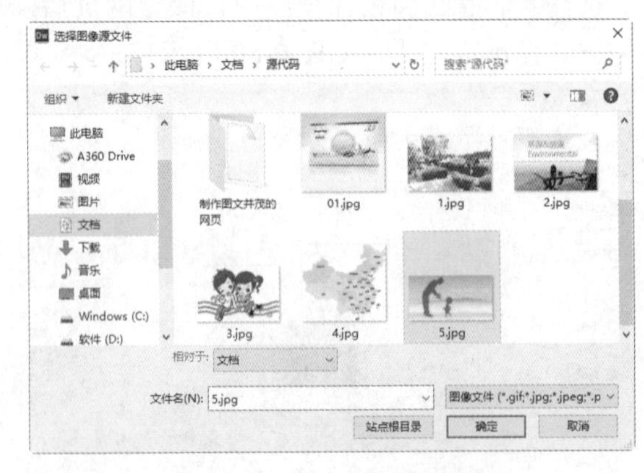

图 7-83　选择要插入的图像

step 03 单击【确定】按钮，即可将选中的图片添加到空白网页之中，如图 7-84 所示。

step 04 将光标定位在图片的下方，在其中输入相关文本信息，并设置文本的字号、字体的颜色、样式等，如图 7-85 所示。

step 05 将光标定位在文本的下方，选择【插入】→【媒体】→【插件】命令，打开【选择文件】对话框，在其中选择需要的音乐文件，如图 7-86 所示。

图 7-84　插入图片

图 7-85　输入文本

step 06 单击【确定】按钮，即可将音乐文件添加到网页之中，如图 7-87 所示。

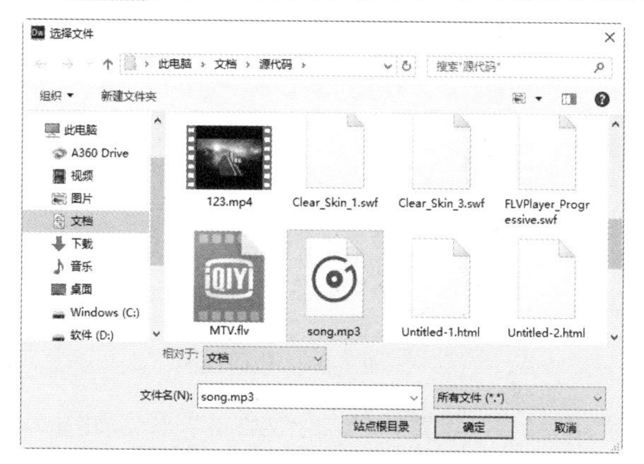

图 7-86　选择音乐文件

图 7-87　插入音乐文件

step 07 保存文档，单击【预览】按钮，在弹出的下拉菜单中选择预览方式，如图 7-88 所示。

step 08 启动 IE 浏览器，即可在浏览器中查看创建的多媒体网页，如图 7-89 所示。

图 7-88　选择预览方式

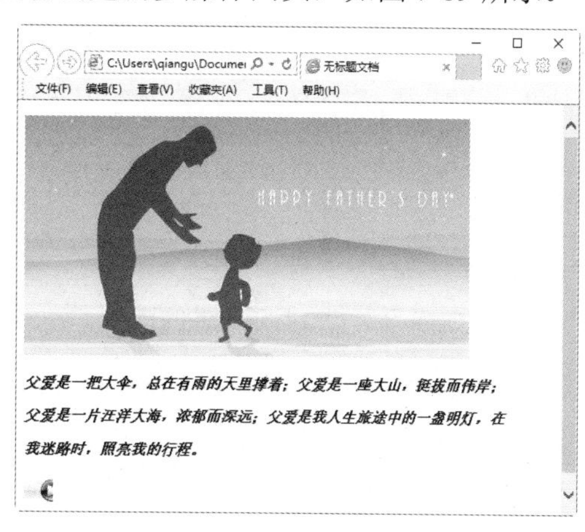

图 7-89　预览多媒体网页

7.6 综合案例 2——在代码中插入背景音乐

在制作网页时，除了要尽量提高页面的视觉效果、互动功能外，还需要尽可能地提高网页的听觉效果，比如为网页插入背景音乐。下面介绍在代码视图中插入背景音乐的具体操作步骤。

step 01 启动 Dreamweaver CC，打开“ch07\插入背景音乐.html”文件，如图 7-90 所示。

step 02 单击工具栏中的【代码】按钮，切换到代码视图之中，在<body>后输入“<”符号，用于显示标签列表，这里选择 bgsound 选项，如图 7-91 所示。

图 7-90 打开素材文件

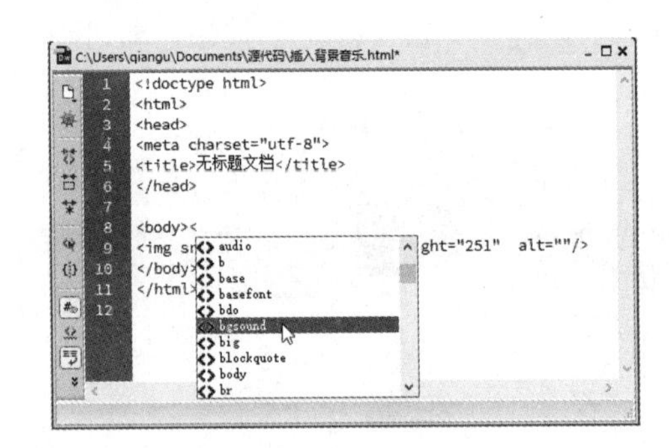

图 7-91 代码视图

step 03 按下空格键，在弹出的列表中选择 src 选项，设置背景音乐文件的路径，如图 7-92 所示。

step 04 在弹出的列表中，选择【浏览】选项，如图 7-93 所示。

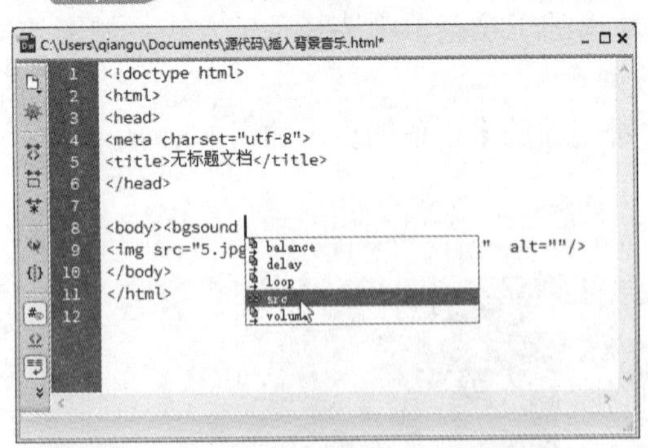

图 7-92 设置背景音乐文件的路径

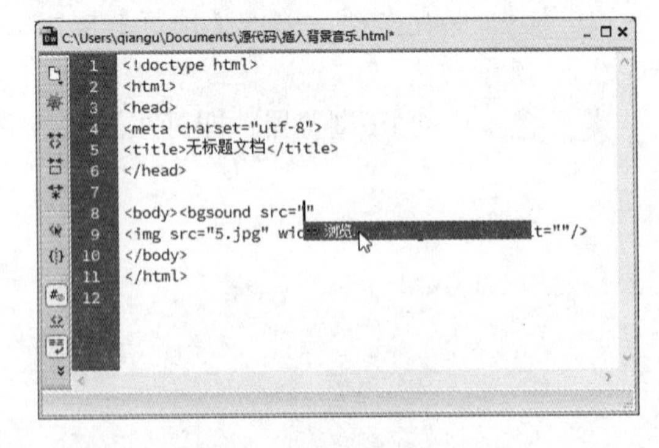

图 7-93 选择【浏览】选项

step 05 打开【选择文件】对话框，在其中选择要添加的音乐文件，如图 7-94 所示。

step 06 单击【确定】按钮，返回到代码视图之中，如图 7-95 所示。

step 07 按下空格键，在弹出的列表中选择 loop 选项，如图 7-96 所示。

step 08 在弹出的列表中，选择-1 选项，如图 7-97 所示。

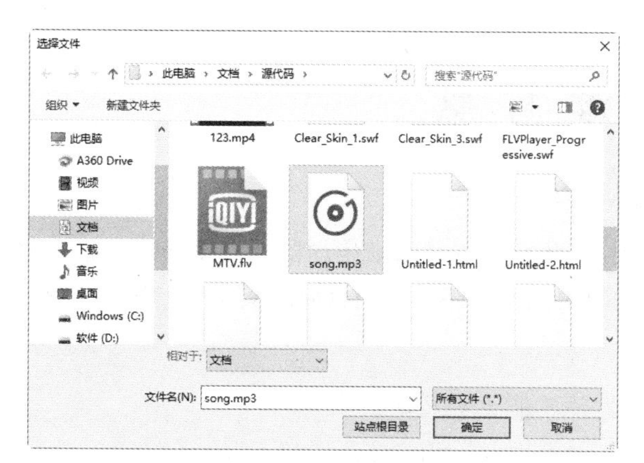

图 7-94 【选择文件】对话框

```
C:\Users\qiangu\Documents\源代码\插入背景音乐.html*
1  <!doctype html>
2  <html>
3  <head>
4  <meta charset="utf-8">
5  <title>无标题文档</title>
6  </head>
7
8  <body><bgsound src="song.mp3"
9  <img src="5.jpg" width="483" height="251"  alt=""/>
10 </body>
11 </html>
12
```

图 7-95 代码视图

```
C:\Users\qiangu\Documents\源代码\插入背景音乐.html*
1  <!doctype html>
2  <html>
3  <head>
4  <meta charset="utf-8">
5  <title>无标题文档</title>
6  </head>
7
8  <body><bgsound src="song.mp3"
9  <img src="5.jpg" width="483"
10 </body>
11 </html>
12
balance
delay
loop
src
volume
```

图 7-96 选择 loop 选项

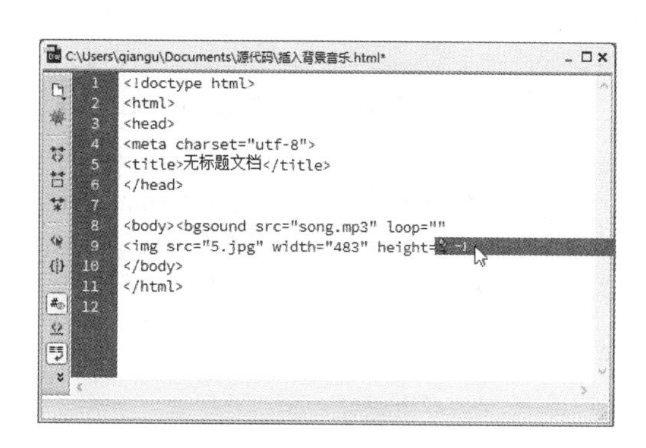

图 7-97 设置 loop 的值

step 09 在属性值后面输入“/>”符号，在视图中可以生成代码，如图 7-98 所示。

step 10 保存文档，按 F12 键，即可在浏览器中收听到刚刚添加的背景音乐，如图 7-99 所示。

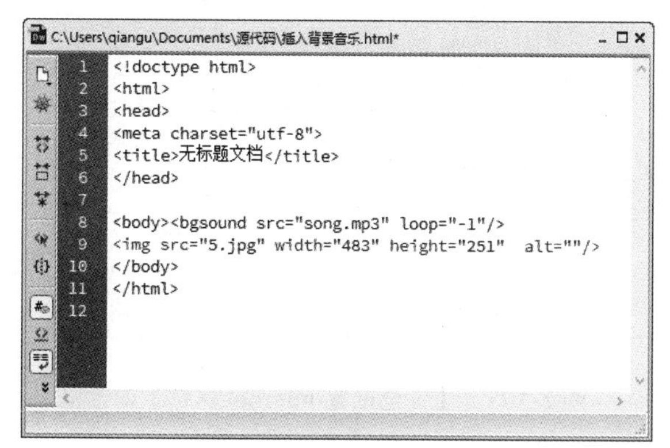

图 7-98 输入符号

图 7-99 预览网页

7.7 疑难解惑

疑问 1：为什么插入 HTML 5 视频后不能播放？

答：在制作网页时，在其中插入了 HTML 5 视频，所有的操作和语法都正确，就是不能播放。之所以会出现这种情况，可能是因为使用的浏览器不支持 HTML 5，可以换一个浏览器试一试，如搜狗浏览器、360 安全浏览器等。

疑问 2：为什么我在网页中插入的 Active 控件不能正常显示？

答：使用 Dreamweaver 在网页中插入 Active 控件后，如果浏览器不能正常地显示 Active 控件，则可能是因为浏览器禁用了 Active 控件所致，此时可以通过下面的方法启用 Active 控件。

step 01 打开 IE 浏览器窗口，选择【工具】→【Internet 选项】命令。打开【Internet 选项】对话框，选择【安全】选项卡，单击【自定义级别】按钮，如图 7-100 所示。

step 02 打开【安全设置-Internet 区域】对话框，在【设置】列表框中启用有关的 Active 选项，然后单击【确定】按钮即可，如图 7-101 所示。

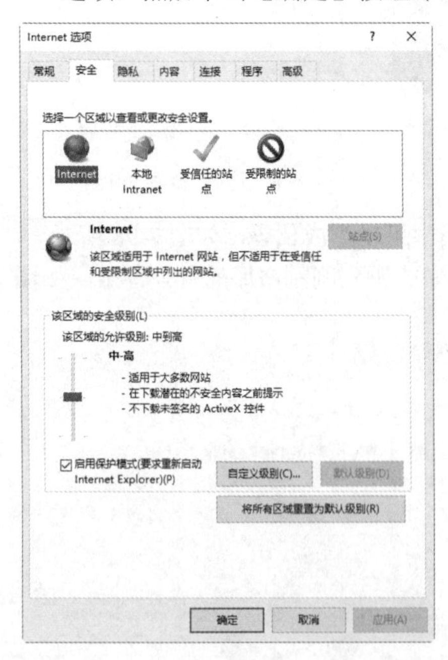

图 7-100 单击【自定义级别】按钮

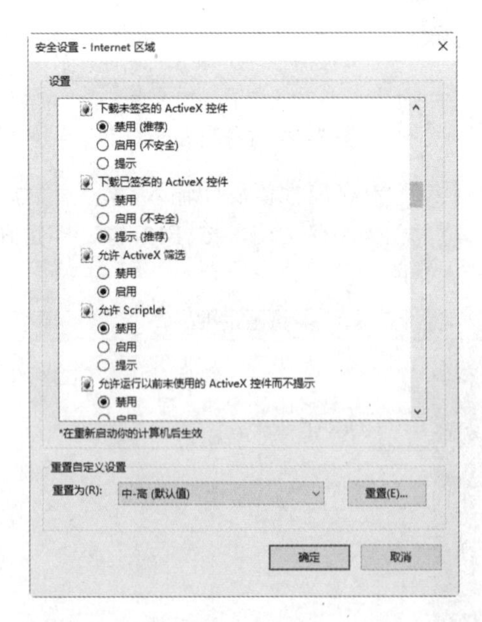

图 7-101 【安全设置-Internet 区域】对话框

第8章

不在网页中迷路——设计网页中的超链接

链接是网页中比较重要的部分，是各个网页之间相互跳转的依据。网页中常用的链接形式包括文本链接、图像链接、锚记链接、电子邮件链接、空链接及脚本链接等。本章主要介绍如何创建网站链接。

8.1 超级链接

链接是网页中极为重要的部分。单击文档中的链接，即可跳转至相应的位置。网站中正是有了链接，才实现了在各文档之间的相互跳转，进而方便地查阅各种各样的知识，享受网络带来的无穷乐趣。

8.1.1 链接的概念

链接也叫超级链接，由源端点和目标端点两部分组成。通常将开始位置的端点称作源端点(或源锚)，而将目标位置的端点称为目标端点(或目标锚)，链接就是由源端点到目标端点的一种跳转。目标端点可以是任意的网络资源。比如，它可以是一个页面、一幅图像、一段声音、一段程序，甚至可以是页面中的某个位置。

根据链接源端点的不同，超级链接可分为超文本和超链接两种。超文本就是利用文本创建的超级链接。在浏览器中，超文本一般显示为下方带蓝色下划线的文字，超链接是利用除了文本之外的其他对象所创建的链接，如图 8-1 所示。

利用链接可以实现在文档间或文档中的跳转。可以说，浏览网页就是从一个文档跳转到另一个文档，从一个位置跳转到另一个位置，从一个网站跳转到另一个网站的过程，而这些过程都是通过链接来实现的，如图 8-2 所示。

图 8-1　网站首页

图 8-2　通过链接进行跳转

8.1.2 常规的链接

常规超级链接包括内部链接、外部链接和脚本链接。

1. 内部链接

内部链接是指目标端点位于站点内部的超级链接，其设置非常灵活。

创建内部链接的方法是：选中准备设置超链接的文本或图像后，在【属性】面板的【链接】下拉列表框中输入要链接对象的相对路径即可，如图 8-3 所示。

图 8-3　输入链接对象的相对路径

2. 外部链接

外部链接是指目标端点位于其他网站中的超级链接。

创建外部链接的方法是：选中准备设置超链接的文本或图像后，在【属性】面板的【链接】文本框中输入要链接网页的网址即可，如图 8-4 所示。

图 8-4　输入链接网页的网址

3. 脚本链接

脚本链接是指通过脚本控制的超链接。一般情况下，脚本链接可以用来执行计算、表单验证和其他处理。

创建脚本链接的方法是：选中准备设置脚本链接的文本或图像后，在【属性】面板的【链接】文本框中输入相应的脚本信息，如：JavaScript:window.close()，如图 8-5 所示。

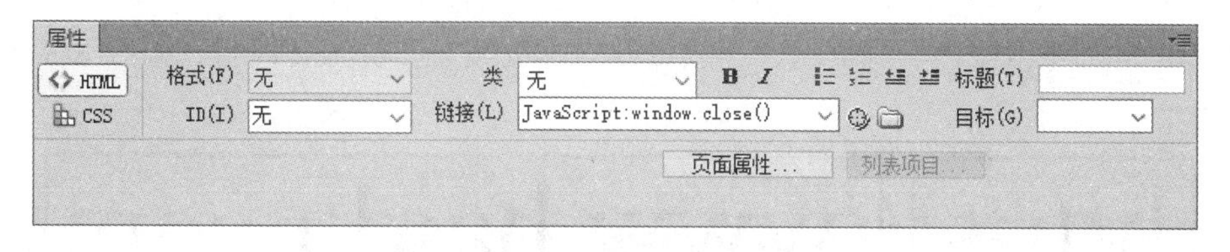

图 8-5　输入链接对象的脚本信息

8.1.3　链接的类型

根据链接的范围，链接可以分为内部链接和外部链接两种。内部链接是指同一个文档之间的链接；外部链接是指不同网站文档之间的链接。

根据建立链接的不同对象，链接又可以分为文本链接和图像链接两种。浏览网页时，将鼠标指针移动到文字上时，鼠标指针将变成手形，单击文字就会打开一个网页，这样的链接就是文本链接，如图 8-6 所示。

在网页中浏览内容时，若将鼠标指针移动到图像上，鼠标指针将变成手形，单击图片就会打开一个网页，这样的链接就是图片链接，如图 8-7 所示。

图 8-6　文本链接

图 8-7　图片链接

8.2　链接路径

一般来说，Dreamweaver 允许使用的链接路径有 3 种：绝对路径、文档相对路径和根相对路径。

8.2.1　什么是 URL

URL(Uniform Resource Locator)即统一资源定位符，它是互联网上标准资源的地址，主要用于各种 WWW 客户程序和服务器程序，表示一个网页地址。

URL 由 3 部分组成：资源类型、存放资源的主机域名、资源文件名。如图 8-8 所示为网址的结构。

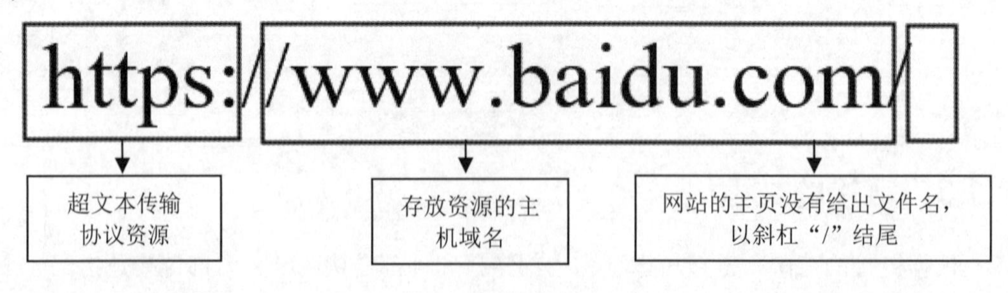

图 8-8　网址的结构

8.2.2　绝对路径

如果在链接中使用完整的 URL 地址，这种链接路径就称为绝对路径。绝对路径的特点是：路径同链接的源端点无关。

例如，要创建“我的站点”文件夹中的 index.html 文档的链接，则可以使用绝对路径“D:\我的站点\index.html”。

采用绝对路径有两个缺点：一是不利于测试；二是不利于移动站点。

8.2.3 相对路径

文档相对路径是指以当前文档所在的位置为起点到被链接文档经由的路径。文档相对路径可以表述源端点同目标端点之间的相互位置，它同源端点的位置密切相关。

使用文档相对路径有以下 3 种情况。

(1) 如果链接中源端点和目标端点在同一目录下，那么在链接路径中只需要提供目标端点的文件名即可。

(2) 如果链接中源端点和目标端点不在同一目录下，则需要提供目录名、前斜杠和文件名。

(3) 如果链接指向的文档没有位于当前目录的子级目录中，则可利用“../”符号来表示当前位置的上级目录。

采用相对路径的特点是：只要站点的结构和文档的位置不变，那么链接就不会出错，否则链接就会失效。在把当前文档与处在同一文件夹中的另一文档链接，或把同一网站下不同文件夹中的文档相互链接时，就可以使用相对路径。

8.2.4 根相对路径

根相对路径可以被看作是绝对路径和相对路径之间的一种折中，是指从站点根文件夹到被链接文档经由的路径。在这种路径表达式中，所有的路径都是从站点的根目录开始的，同源端点的位置无关，通常用一个斜线“/”来表示根目录。

根相对路径同绝对路径非常相似，只是它省去了绝对路径中带有协议地址的部分。

8.3 创建超级链接的方法

在 Dreamweaver CC 中，创建超级链接的方法多种多样。下面介绍 3 种创建超级链接的方法。

8.3.1 案例 1——使用菜单命令创建链接

在 Dreamweaver CC 中，用户可以使用菜单命令创建超级链接。具体操作步骤如下。

step 01 启动 Dreamweaver CC，选中要创建超级链接的文本或图像，选择【修改】→【创建链接】命令，如图 8-9 所示。

step 02 弹出【选择文件】对话框，在其中选择要链接的目标文件，如图 8-10 所示。

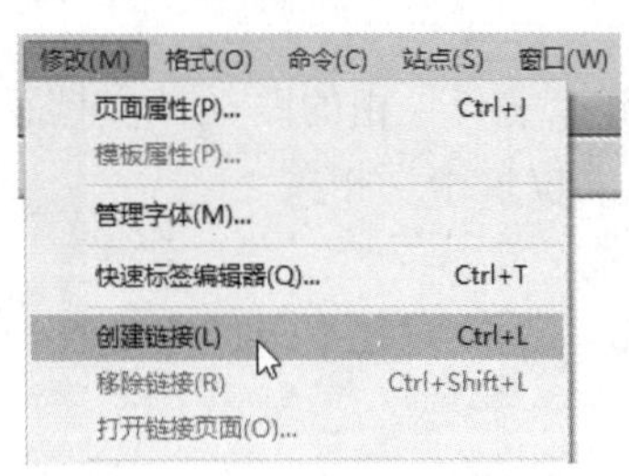

图 8-9 选择【创建链接】命令

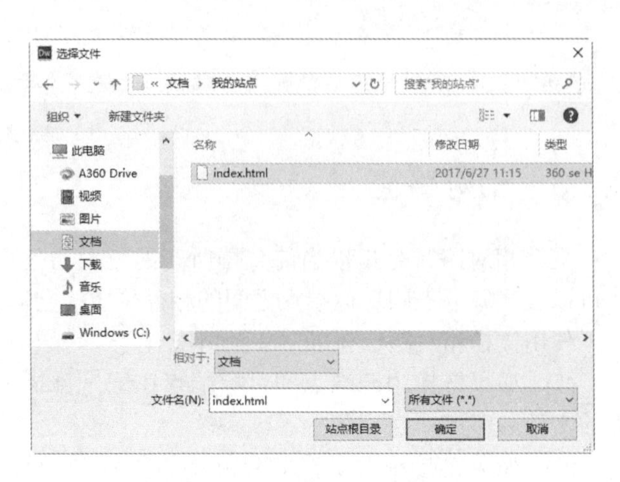

图 8-10 【选择文件】对话框

step 03 单击【确定】按钮，即可完成使用菜单创建超链接的操作，在【属性】面板的【链接】下拉列表框中可以看到链接的目标文件，如图 8-11 所示。

图 8-11 【属性】面板

8.3.2 案例 2——使用【属性】面板创建链接

【属性】面板中的【浏览文件】按钮和【链接】下拉列表框可用于创建从图像对象或文本到其他文档或文件的链接。

具体的方法为：首先选择准备创建链接的对象，然后在【属性】面板的【链接】文本框中输入准备链接的路径，如图 8-12 所示，这样即可完成使用【属性】面板创建链接的操作。

图 8-12 输入链接路径

8.3.3 案例 3——使用【指向文件】按钮创建链接

利用【属性】面板中的【指向文件】按钮也可以创建超链接，具体的方法为：首先选择准备创建链接的对象，然后在【属性】面板中，在【指向文件】按钮上按住鼠标左键，并将其拖动到站点窗口中的目标文件上，再释放鼠标左键，这样即可完成创建链接的操作，如图 8-13 所示。

图 8-13 使用【指向文件】按钮创建链接

8.4 创建不同种类的网页超链接

Internet 之所以越来越受欢迎，很大程度上是因为在网页中使用了链接。

8.4.1 案例 4——添加文本链接

通过 Dreamweaver，可以使用多种方法来创建内部链接。使用【属性】面板创建网站内文本链接的具体操作步骤如下。

step 01 启动 Dreamweaver CC，打开素材中的 ch08\index.html 文件，选定“关于我们”这几个字，将其作为建立链接的文本，如图 8-14 所示。

step 02 单击【属性】面板中的【浏览文件】按钮，弹出【选择文件】对话框，选择网页文件“关于我们.html”，单击【确定】按钮，如图 8-15 所示。

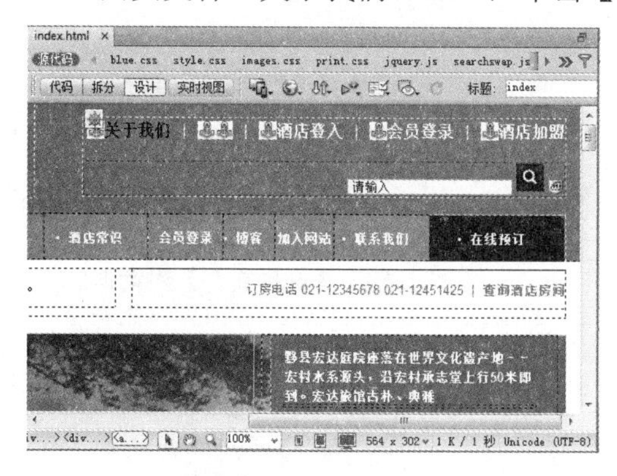

图 8-14 选定文本

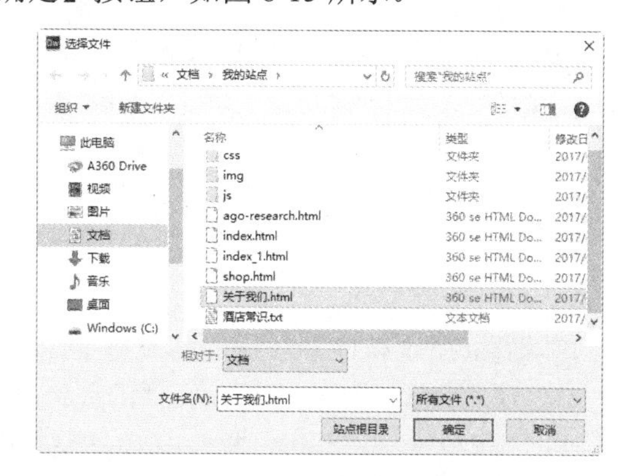

图 8-15 【选择文件】对话框

在【属性】面板中直接输入链接地址也可以创建链接。其方法是，选定文本后选择【窗口】→【属性】命令，打开【属性】面板，然后在【链接】下拉列表框中直接输入链接文件名“关于我们.html”即可。

step 03 保存文档，按 F12 键在浏览器中预览添加的文本链接效果，如图 8-16 所示。

图 8-16　预览网页

8.4.2　案例 5——添加图像链接

使用【属性】面板创建图像链接的具体操作步骤如下。

step 01 打开素材中的 ch08\index.html 文件，选定要创建链接的图像，然后单击【属性】面板中的【浏览文件】按钮，如图 8-17 所示。

step 02 弹出【选择文件】对话框，浏览并选择一个文件，在【相对于】下拉列表框中选择【文档】选项，然后单击【确定】按钮，如图 8-18 所示。

图 8-17　选定图像

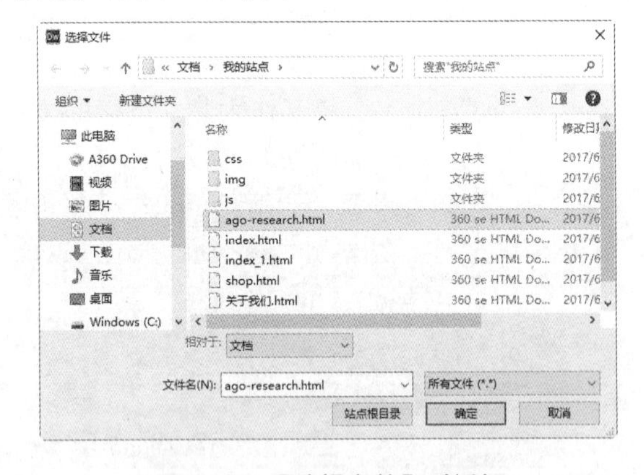

图 8-18　【选择文件】对话框

step 03 在【属性】面板的【目标】下拉列表框中，选择链接文档打开的方式，然后在【替换】文本框中输入图像的替换文本“美丽风光!”，如图 8-19 所示。

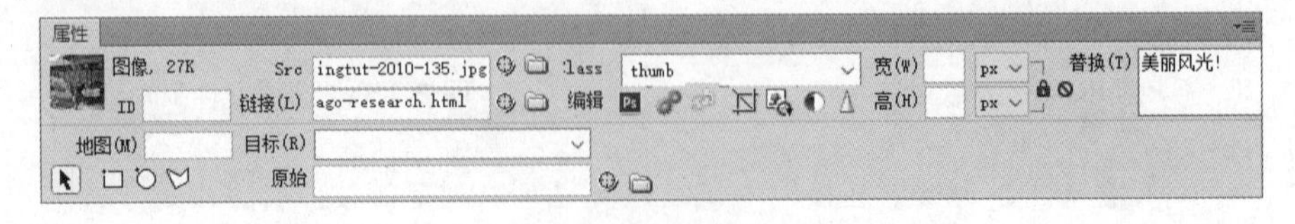

图 8-19　【属性】面板

与文本链接一样，也可以通过直接输入链接地址的方法来创建图像链接。

8.4.3 案例 6——创建外部链接

创建外部链接是指将网页中的文字或图像，与站点外的文档，或与 Internet 上的网站相连接。

创建外部链接(从一个网站的网页链接到另一个网站的网页)时，必须使用绝对路径，即被链接文档的完整 URL 要包括所使用的传输协议(对于网页通常是 http://)。

比如，在主页上添加网易、搜狐等网站的图标，将它们与相应的网站链接起来。

step 01 打开素材中的 ch08\index_1.html 文件，选定百度网站图标，在【属性】面板的【链接】文本框中输入百度的网址“http://www.baidu.com”，如图 8-20 所示。

step 02 保存网页后按 F12 键，在浏览器中将网页打开，单击创建的图像链接，即可打开百度网站首页，如图 8-21 所示。

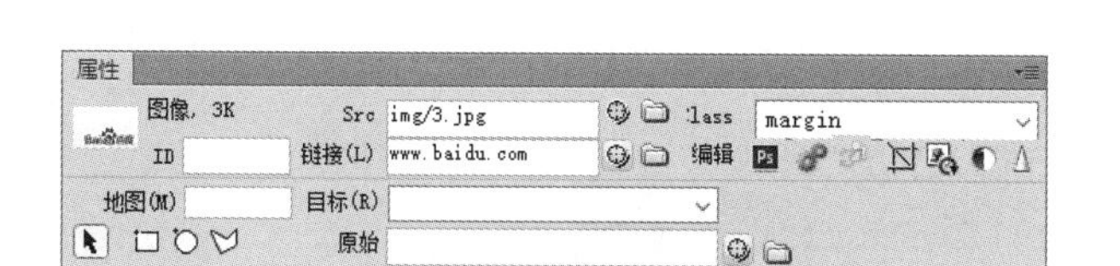

图 8-20 设置链接网址

图 8-21 预览网页

8.4.4 案例 7——创建锚记链接

创建命名锚记(简称锚点)就是在文档的指定位置设置标记，给该标记一个名称以便引用。通过创建锚点，可以使链接指向当前文档或不同文档中的指定位置。

step 01 打开素材中的 ch08\index.html 文件，切换到代码视图中，如图 8-22 所示。

step 02 将光标放置到要命名锚记的位置，或选中要为其命名锚记的文本，这里定位在<body>标签后，输入“<a name="top"></a>”代码，其中锚记名称为 top，如图 8-23 所示。

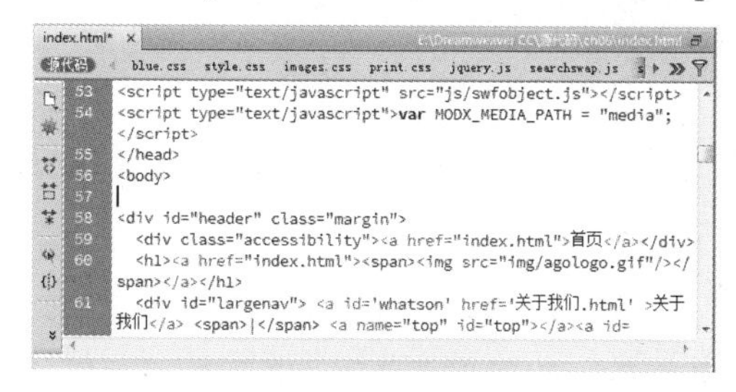

图 8-22 代码视图

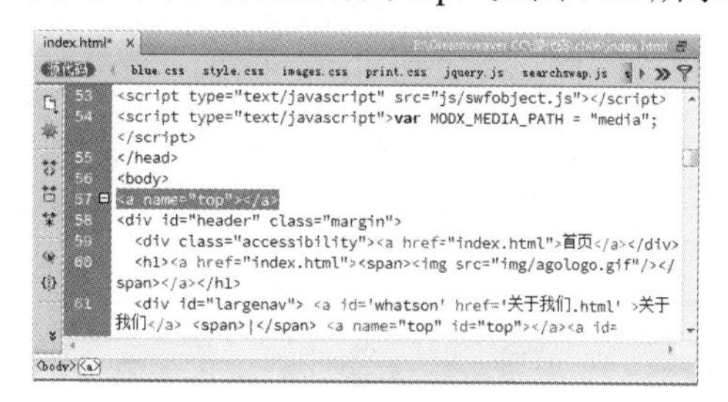

图 8-23 添加命名锚记

step 03 返回到设计视图，此时即可在文档窗口中看到锚记标记，如图 8-24 所示。

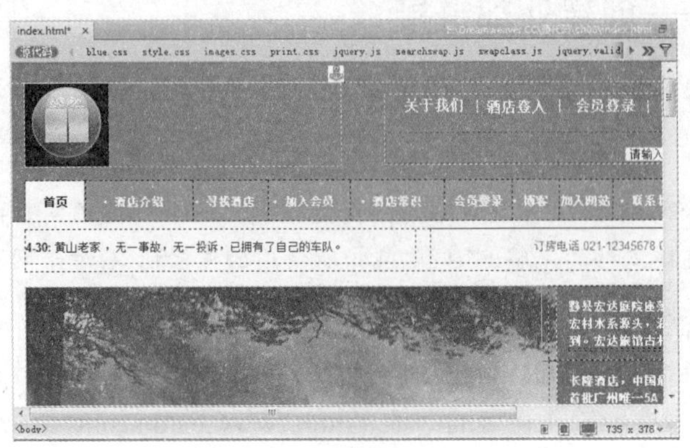

图 8-24　查看新添加的锚记

在一篇文档中，锚记名称是唯一的，不允许在同一篇文档中出现相同的锚记名称。锚记名称中不能含有空格，而且不应该置于层内。锚记名称区分大小写。

在文档中定义了锚记后，只做好了链接的一半任务，要链接到文档中锚记所在的位置，还必须创建锚记链接。

具体操作步骤如下。

step 01 在文档的底部输入文本“返回顶部”并将其选定，作为链接的文字，如图 8-25 所示。

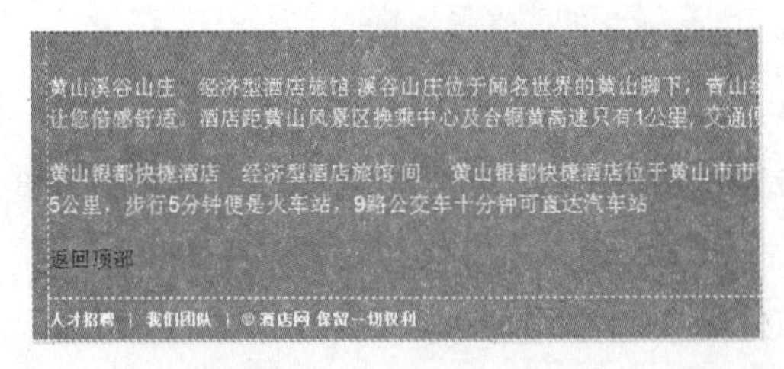

图 8-25　选定链接的文字

step 02 在【属性】面板的【链接】文本框中输入一个字符符号“#”和锚记名称。例如，要链接到当前文档中名为 Top 的锚记，则输入#Top，如图 8-26 所示。

图 8-26　设置链接

若要链接到同一文件夹内其他文档(如 main.html)中名为 top 的锚记，则应输入 main.html#top。同样，也可以使用【属性】面板中的【指向文件】按钮来创建锚记链接。单击【属性】面板中的【指向文件】按钮，然后将其拖曳至要链接到的锚记(可以是同一文档中的锚记，也可以是其他打开文档中的锚记)上即可。

step 03 保存文档，按 F12 键在浏览器中将网页打开，然后单击网页底部的“返回顶部”4 个字，如图 8-27 所示。

step 04 在浏览器的网页中，原输入文档的第 1 行就会出现在页面顶部，如图 8-28 所示。

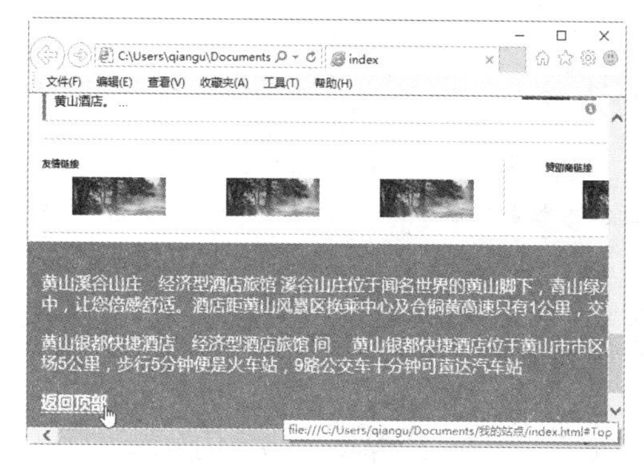

图 8-27　预览网页

图 8-28　返回页面顶部

8.4.5　案例 8——创建图像热点链接

在网页中，不但可以单击整幅图像跳转到链接文档，也可以单击图像中的不同区域而跳转到不同的链接文档。通常将处于一幅图像上的多个链接区域称为热点。热点工具有 3 种：矩形热点工具、椭圆形热点工具和多边形热点工具。

下面通过实例介绍创建图像热点链接的具体操作步骤。

step 01 打开素材中的 ch08\index.html 文件，选中其中的图像，如图 8-29 所示。

step 02 单击【属性】面板中相应的热点工具，这里选择矩形热点工具□，然后在图像上需要创建热点的位置拖动鼠标，创建热点，如图 8-30 所示。

图 8-29　选定图像

图 8-30　绘制图像热点

step 03 在【属性】面板的【链接】文本框中输入链接的文件，即可创建一个图像热点链接，如图 8-31 所示。

step 04 用 step 01～03 的方法创建其他热点链接，单击【属性】面板上的指针热点工具，将鼠标指针恢复为标准箭头状态，即可在图像上选取热点。

图 8-31　输入链接文件

被选中的热点边框上将会出现控点，拖动控点可以改变热点的形状。选中热点后，按 Delete 键可以删除热点。可以在【属性】面板中设置热点相对应的 URL 链接地址。

8.4.6　案例 9——创建电子邮件链接

电子邮件链接是一种特殊的链接，单击这种链接，会启动计算机中相应的 E-mail 程序，允许书写电子邮件，然后发往链接中指定的邮箱地址。

创建电子邮件链接的具体操作步骤如下。

step 01 打开需要创建电子邮件链接的文档。将光标置于文档窗口中要显示电子邮件链接的地方(这里选择页面底部)，选中即将显示为电子邮件链接的文本或图像，然后选择【插入】→【电子邮件链接】命令，如图 8-32 所示。

在【插入】面板的【常用】选项卡中单击【电子邮件链接】按钮也可以打开【电子邮件链接】对话框，如图 8-33 所示。

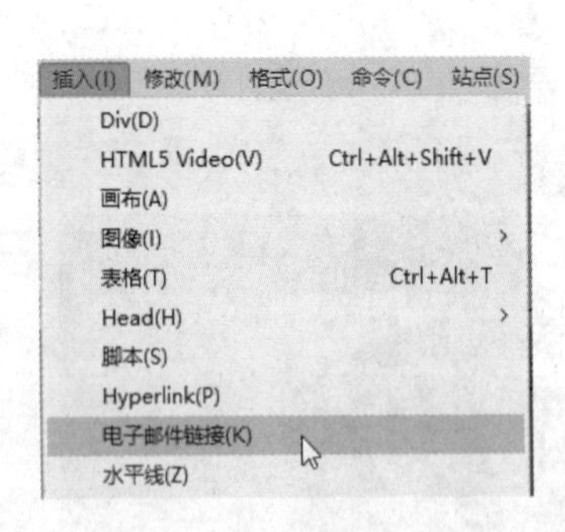

图 8-32　选择【电子邮件链接】命令

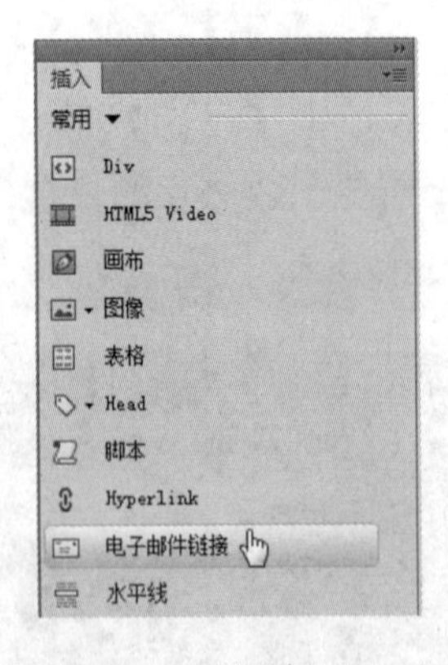

图 8-33　【常用】选项卡

step 02 在弹出的【电子邮件链接】对话框的【文本】文本框中，输入或编辑作为电子邮件链接显示在文档中的文本，在【电子邮件】文本框中输入邮件送达的 E-mail 地址，然后单击【确定】按钮，如图 8-34 所示。

同样，也可以利用【属性】面板创建电子邮件链接。其方法是：选中即将显示为电子邮件链接的文本或图像，在【属性】面板的【链接】文本框中输入“mailto:liule2012@163.com”，如图 8-35 所示。

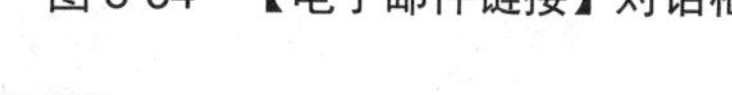

图 8-34 【电子邮件链接】对话框

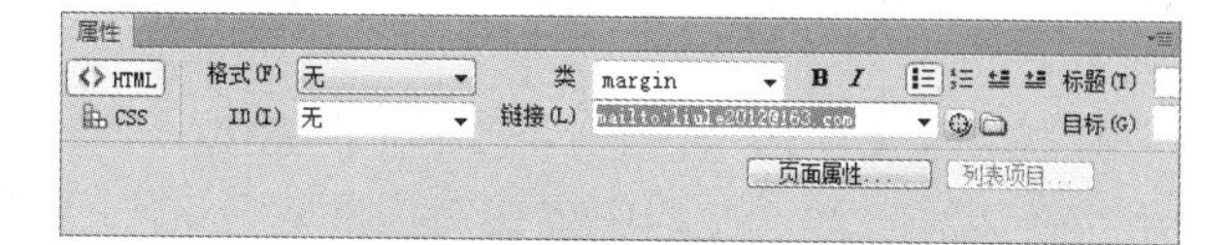

图 8-35 输入链接地址

提示

电子邮件地址的格式为：用户名@主机名(服务器提供商)。在【属性】面板的【链接】下拉列表框中输入电子邮件地址时，“mailto:”与电子邮件地址之间不能出现空格(比如正确的格式为 mailto:liule2012@163.com)。

step 03 保存文档，按 F12 键在 IE 浏览器中预览，可以看到电子邮件链接的效果，如图 8-36 所示。

图 8-36 预览效果

8.4.7 案例 10——创建下载文件的链接

下载文件的链接在软件下载网站或源代码下载网站中应用得较多。其创建的方法与一般链接的创建方法相同，只是所链接的内容不是文字或网页，而是一个软件。

创建下载文件链接的具体操作步骤如下。

step 01 打开需要创建下载文件链接的文档文件，选中要设置为下载文件的链接的文本，然后单击【属性】面板中【链接】下拉列表框右边的【浏览文件】按钮，如图 8-37 所示。

step 02 打开【选择文件】对话框，选择要链接的下载文件，比如“酒店常识.txt”文件，然后单击【确定】按钮，即可创建下载文件的链接，如图 8-38 所示。

图 8-37 选择文本

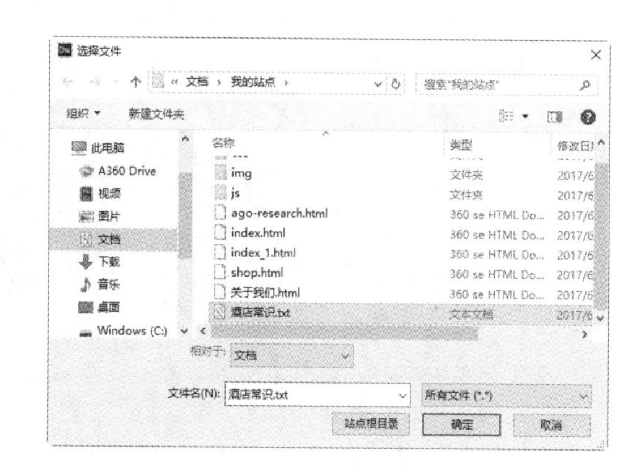

图 8-38 【选择文件】对话框

8.4.8 案例 11——创建空链接

所谓空链接，是指没有目标端点的链接。利用空链接可以激活文档中链接对应的对象和文本。一旦对象或文本被激活，就可以为之添加一个行为，以实现当光标移动到链接上时，进行切换图像或显示分层等动作。创建空链接的具体操作步骤如下。

step 01 在文档窗口中，选中要设置为空链接的文本或图像，如图 8-39 所示。

图 8-39 选择图像

step 02 打开【属性】面板，然后在【链接】文本框中输入一个“#”号，即可创建空链接，如图 8-40 所示。

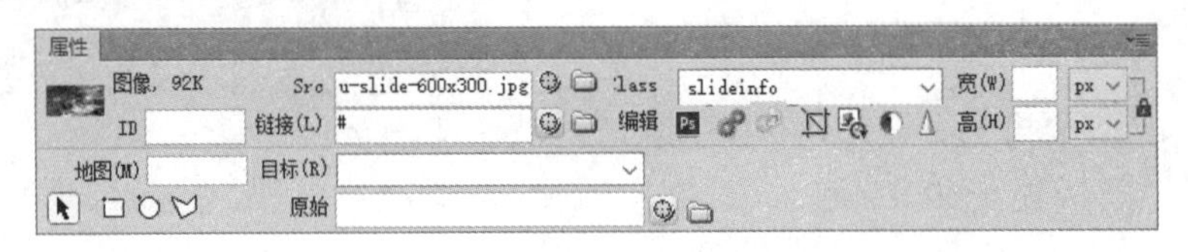

图 8-40 输入#号

8.4.9 案例 12——创建脚本链接

脚本链接是另一种特殊类型的链接。通过单击带有脚本链接的文本或对象，可以运行相应的脚本及函数(JavaScript 和 VBScript 等)，从而为浏览者提供许多附加的信息。脚本链接还可以被用来确认表单。创建脚本链接的具体操作步骤如下。

step 01 打开需要创建脚本链接的文档，选择要创建脚本链接的文本、图像或其他对象，这里选中文本“酒店加盟”，如图 8-41 所示。

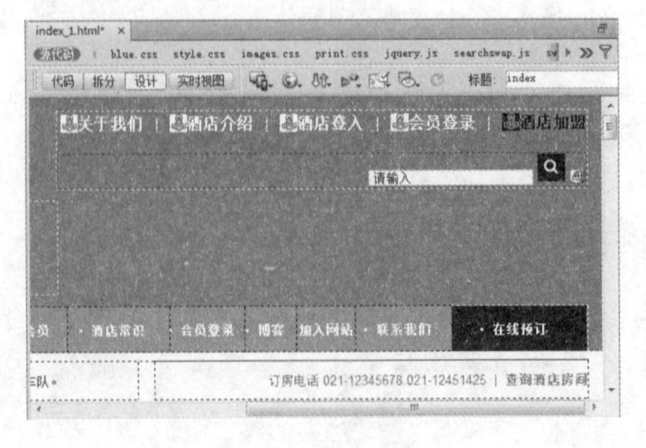

图 8-41 选择文本

step 02 在【属性】面板的【链接】文本框中输入“JavaScript:”，接着输入相应的JavaScript代码或函数，比如输入“window.close()”，表示关闭当前窗口，如图8-42所示。

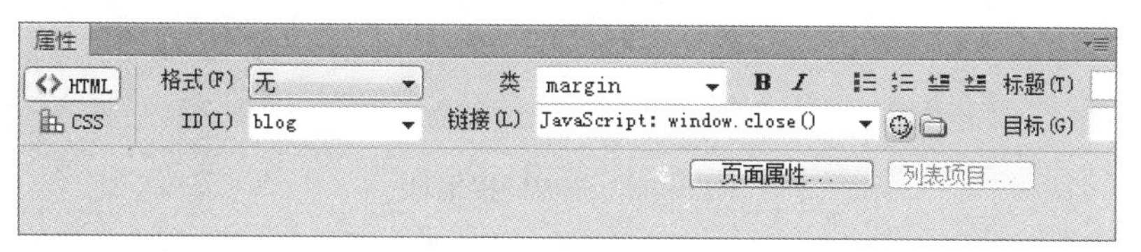

图8-42 输入脚本代码

在代码JavaScript:window.close ()中，括号内不能有空格。

step 03 保存网页，按F12键在IE浏览器中将网页打开，效果如图8-43所示。单击创建的脚本链接文本，会弹出一个对话框，单击【是】按钮，将关闭当前窗口，如图8-44所示。

图8-43 预览网页

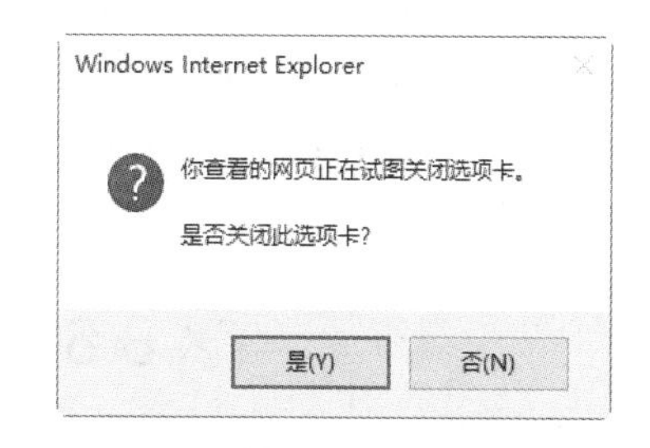

图8-44 提示信息框

JPG格式的图片不支持脚本链接，如果要为图像添加脚本链接，则应先将图像转换为GIF格式。

8.5 综合案例——为企业网站添加友情链接

使用链接功能可以为企业网站添加友情链接。具体操作步骤如下。

step 01 打开素材中的ch08\index.html文件。在页面底部输入需要添加的友情链接名称，如图8-45所示。

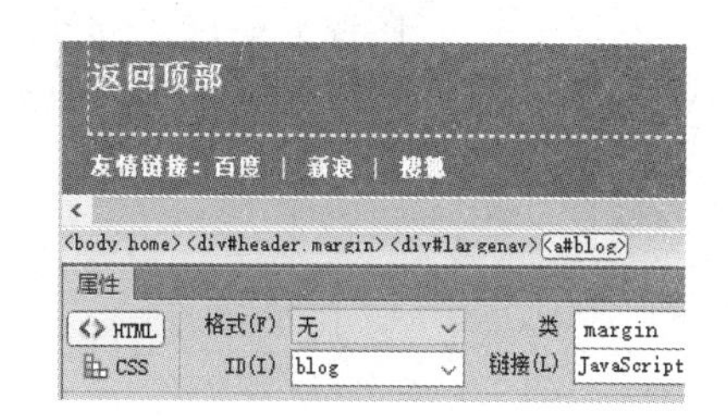

图8-45 输入友情链接文本

step 02 这里选中“百度”文字，在下方的【属性】面板中的【链接】下拉列表框中输入

“www.baidu.com”，如图 8-46 所示。

图 8-46　添加链接地址

step 03 重复 step 02 的操作，选中其他文字，并为这些文件添加链接，如图 8-47 所示。

step 04 保存文档，按 F12 键在 IE 浏览器中预览效果，单击其中的链接，即可打开相应的网页，如图 8-48 所示。

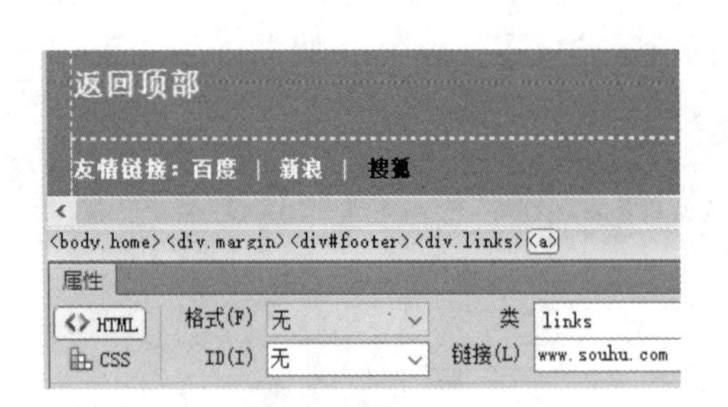

图 8-47　添加其他文本的链接地址

图 8-48　预览网页

8.6　疑难解惑

疑问 1：如何在 Dreamweaver 中去除网页中链接文字下面的下划线？

答：在完成网页中的链接制作之后，系统往往会自动在链接文字的下面添加一条下划线，用来标示该内容包含超级链接。当一个网页中的链接较多时，就会显得杂乱，因此有时就需要去除超级链接。其具体操作方法是，在设置页面属性中【链接】选项卡下的【水平线样式】下拉列表中，选择【始终无下划线】选项，即可去除网页中链接文字下面的下划线。

疑问 2：在为图像设置热点链接时，为什么之前为图像设置的普通链接无法使用呢？

答：一张图像只能选择创建普通链接或热点链接。如果同一张图像在创建了普通链接后再创建热点链接，则普通链接会无效，只有热点链接是有效的。

第 9 章 让网页互动起来——使用网页表单和行为

很多网站都有申请注册会员或邮箱的模块，这些模块都是通过添加网页表单来完成的。另外，设计人员在设计网页时，需要使用编程语言实现一些动作，比如打开浏览器窗口、验证表单等，这些就是网页行为。本章主要介绍如何使用网页表单和行为。

9.1 认识表单

表单是网页中的重要组成部分。在网页中使用表单之前，首先应该了解什么是表单、表单对象有哪些、插入表单以及设置表单属性等内容。

9.1.1 什么是表单

表单在网页中的主要功能是数据采集，实现浏览者与服务器之间的信息传递。它通常由文本框、下拉列表框、复选框、按钮等表单对象组成。图 9-1 所示为一个网页的用户注册页面。

图 9-1 网页用户注册页面

另外，一个表单有 3 个基本组成部分，包括表单标签、表单域和表单按钮。

(1) 表单标签。表单标签为<form></form>，在这对标签中包含了处理表单数据所用 CGI 程序的 URL 以及数据提交到服务器的方法。

(2) 表单域。表单域包括文本框、密码框、隐藏框、多行文本框、复选框、单选按钮、下拉列表框和文本上传框等对象。

(3) 表单按钮。表单按钮包括提交按钮、复位按钮和一般按钮，用于将数据传送到服务器上或者取消输入等。

9.1.2 认识表单对象

表单是放置表单对象的容器，要使表单具有真正的意义，就离不开表单对象，因此表单与表单对象是一个整体。下面介绍常见的表单对象。

1. 文本字段

文本字段可以输入任意类型的文本信息，是表单应用较多的表单对象之一。图 9-2 所示为一个注册页面，其中用户名、手机号和验证码右侧的文本框就是文本字段表单对象在网页中的体现。

2. 密码框

密码框是文本字段的特殊形式，该文本框中的文本信息不会以明文的方式显示出来。如图 9-3 所示，这是一个网页的用户登录页面，其中锁图标右侧的文本框就是密码框表单对象在网页中的体现。

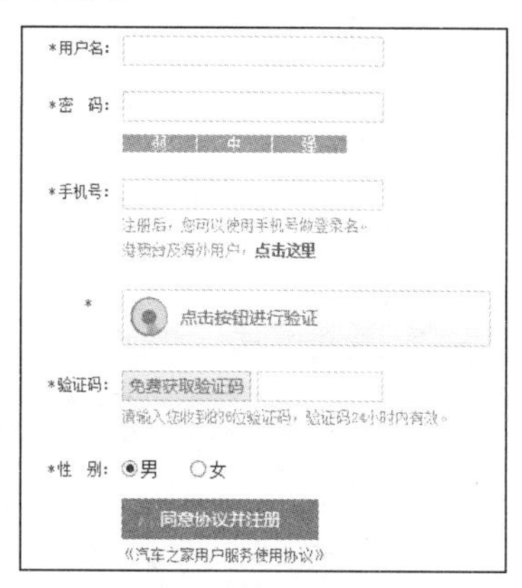

图 9-2　文本字段

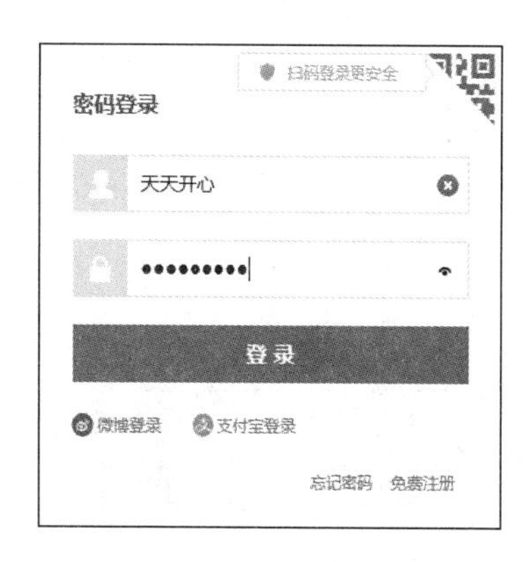

图 9-3　密码框

3. 文本区域

文本区域和文本字段一样，可以输入任意类型的文本信息，只不过文本区域可以设置行数与列表，而文本字段不可以。图 9-4 所示为一个网页中的在线留言页面，其中【留言】右侧的区域就是文本区域表单对象在网页中的体现，用户可以在该区域输入多行文本内容。

4. 单选按钮

单选按钮在同一组选项中只能选择一个选项，如性别男和女只能选择一个。图 9-5 所示为一个网页的留言本页面，其中【性别】右侧的单选按钮就是单选按钮表单对象在网页中的体现。

图 9-4　文本区域

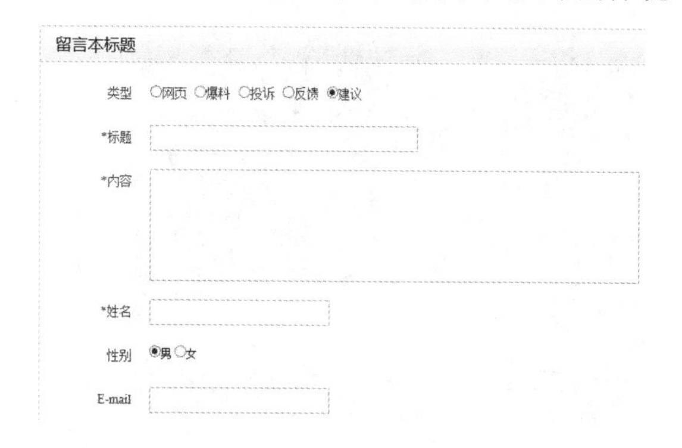

图 9-5　单选按钮

5. 复选框

复选框在同一组选项中可以同时选择多个选项。如图 9-6 所示，【兴趣标签】右侧的控件就是复选框表单对象在网页中的体现，用户可以选择多个兴趣对象。

6. 选择控件

选择控件可以让浏览者通过列表和菜单提供的选项来选择合适的数据。图 9-7 所示为一个网页的商品发布页面，通过单击【订单类型】右侧的下三角按钮，在弹出的下拉列表中可以选择合适的类型，这就是选择控件表单对象在网页中的体现。

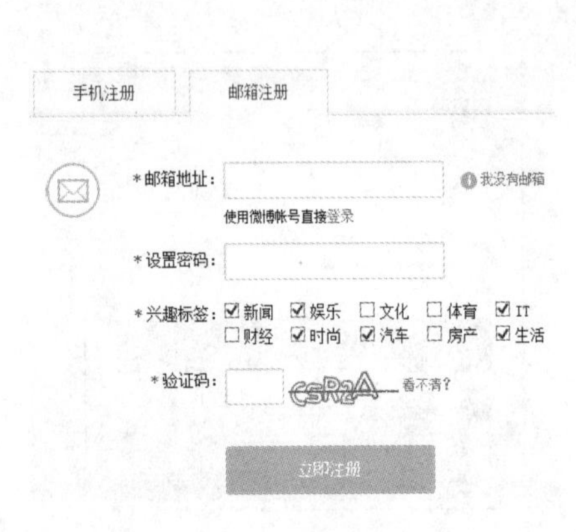

图 9-6　复选框

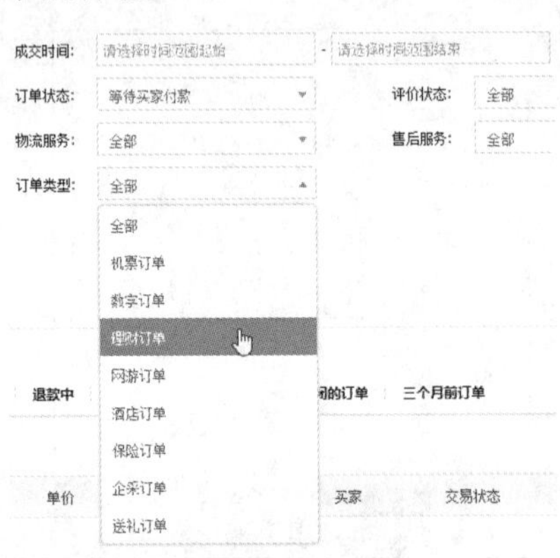

图 9-7　选择控件

7. 按钮

按钮可用于提交或者重置表单元素，通过按钮可以触发某种行为或事件。图 9-8 所示为一个留言本页面，其中下方的两个按钮就是按钮表单对象在网页中的体现。

8. 图像按钮

图像按钮和网页中默认的按钮功能一样，只不过图像按钮显示得更加直观，视觉冲击力较强。图 9-9 所示为一个网页中的登录区域，其中【登录】按钮就是一个图像按钮。

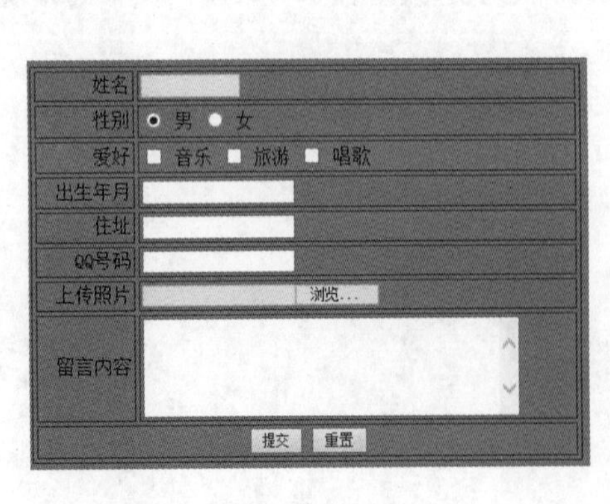

图 9-8　按钮

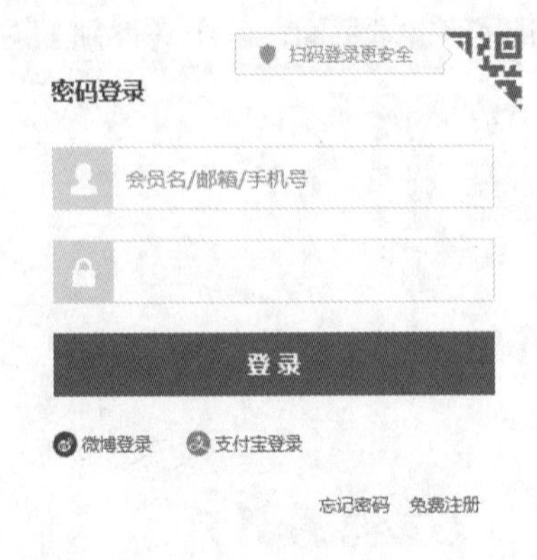

图 9-9　图像按钮

9. 文件域

文件域的作用是让浏览者浏览本地文件，并将其作为表单数据进行上传。图 9-10 所示为

一个留言本页面，其中【上传照片】右侧的内容就是文件域表单对象在网页中的体现。

10. 电子邮件控件

电子邮件控件是用于让浏览者输入正确的电子邮箱地址的。图 9-11 所示为一个网页中的用户注册区域，其中【邮箱】右侧的文本框就是电子邮件控件表单对象在网页中的体现，提示用户输入正确的邮箱地址。

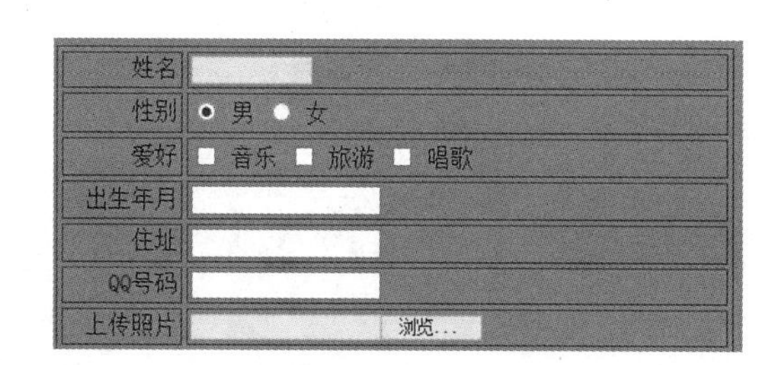

图 9-10 文件域

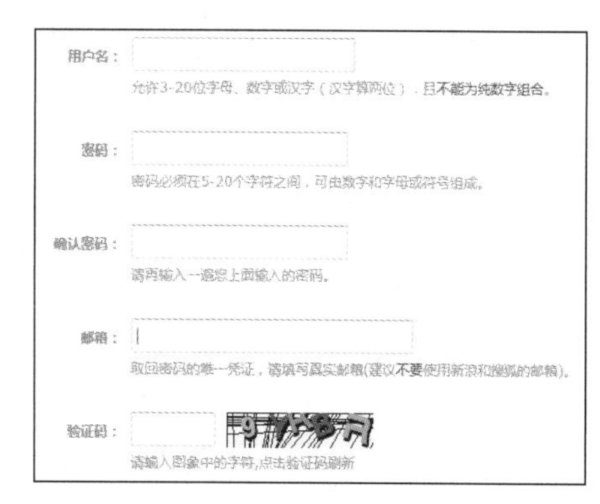

图 9-11 电子邮件控件

9.1.3 案例 1——插入表单

在网页中插入表单的方法很简单，可以通过【插入】菜单命令来插入，也可以通过【插入】面板来插入。

在文档中插入表单的具体操作步骤如下。

step 01 将光标放置在要插入表单的位置，选择【插入】→【表单】→【表单】命令，如图 9-12 所示。

要插入表单域，也可以在【插入】面板的【表单】选项卡中单击【表单】按钮。

step 02 插入表单后，页面上会出现一条红色的虚线，如图 9-13 所示。这就是在设计视图中查看到的添加的表单效果。

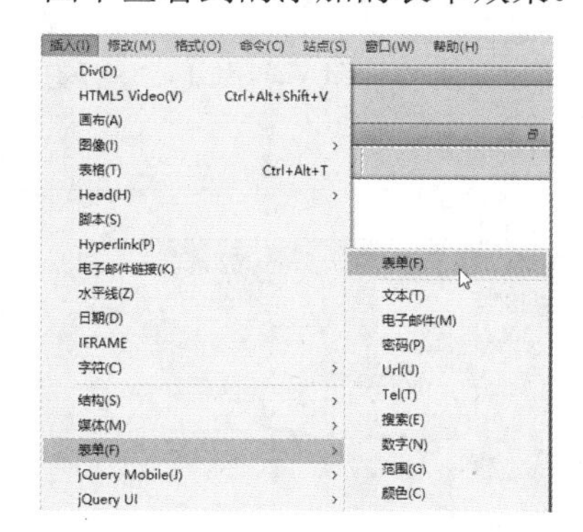

图 9-12 选择【表单】命令

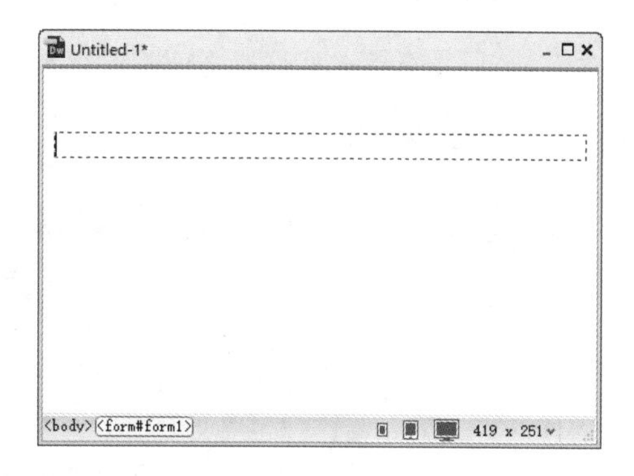

图 9-13 插入的表单域

表单在浏览页面时是不会显示出来的，即不可见。

9.1.4 案例2——设置表单属性

表单在网页中有很重要的作用，因此对其属性的设置也就显得格外重要与谨慎了。在网页中插入表单后，选中插入的表单，或在标签选择器中选择<form#form1>标签，即可在表单的【属性】面板中设置属性，如图9-14所示。

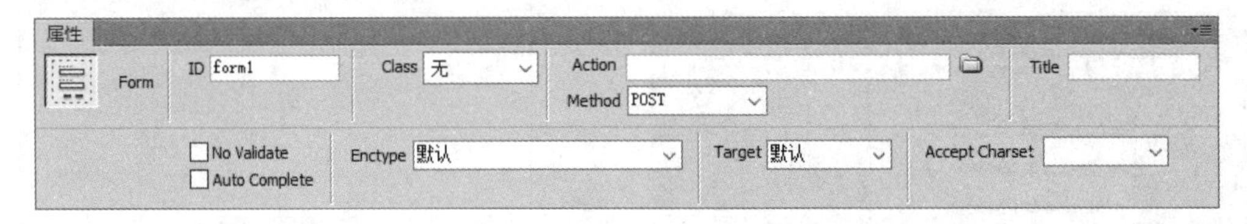

图9-14 【属性】面板

表单的常用属性有如下几种。

(1) ID：为指定表单ID编号，一般被程序或脚本所用。

(2) Class：为表单添加样式。

(3) Action：为表单指定处理数据的路径。

(4) Method：为表单指定将数据传输到服务器的方法，包括默认、POST和GET三种方法，其中GET方法将值附加到请求该页面的URL中；POST方法将在HTTP请求中嵌入表单数据；默认方法使用浏览器的默认设置将表单数据发送给服务器。通常，默认方法为GET方法。

(5) Title：为表单指定标题。

(6) Enctype：为表单指定传输数据时所使用的编码类型。

(7) Target：为表单指定目标窗口的打开方式。

(8) Accept Charset：为表单指定字符集。

(9) No Validate：为表单指定提交时是否进行数据验证。

(10) Auto Complete：为表单指定是否让浏览器自动记录之前输入的信息。

提交的表单如果要传输用户名和密码、信用卡或其他敏感性信息，POST方法相对于GET方法更加安全。图9-15所示为Method下拉列表。

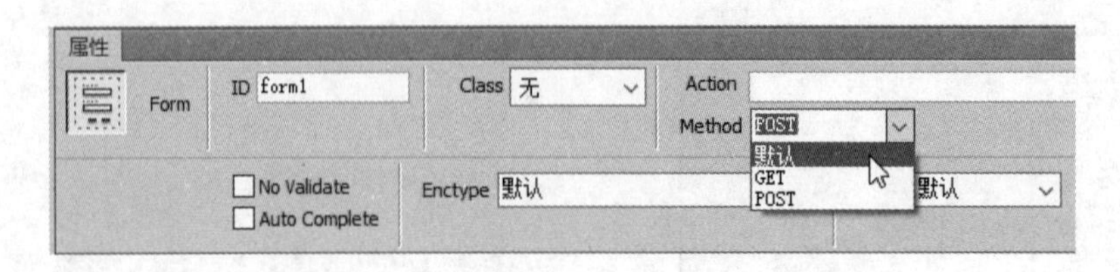

图9-15 Method下拉列表

9.2 常用表单对象的应用

表单用于把来自用户的信息提交给服务器，是网站管理者与浏览者之间进行沟通的桥梁。利用表单处理程序，可以收集、分析用户的反馈意见，使网站管理者对完善网站建设做出科学、合理的决策。因此，表单是决定网站是否成功的重要因素。

9.2.1 案例3——插入文本域

文本域分为单行文本域和多行文本域。下面讲解这两种文本域的插入方法。具体操作步骤如下。

step 01 将光标定位在表单内，在其中插入一个2行2列的表格，然后输入文本内容和调整表格的大小，如图9-16所示。

step 02 将光标定位在表格第一行右侧的单元格中，选择【插入】→【表单】→【文本】命令，如图9-17所示。或者在【插入】面板的【表单】选项卡中单击【文本】按钮。

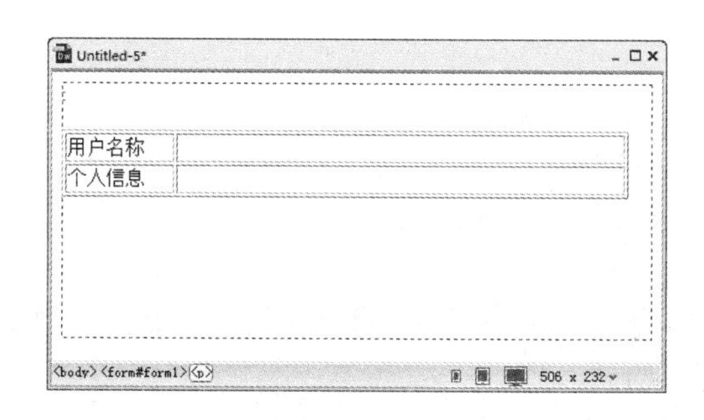

图9-16 插入表格

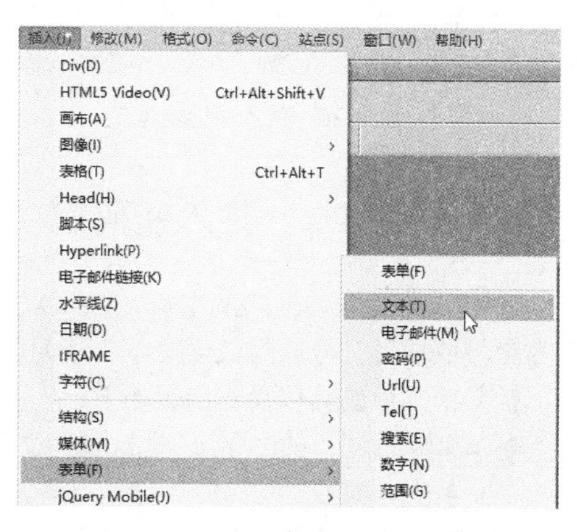

图9-17 选择【文本】命令

step 03 单行文本域插入完成后，在【属性】面板中选中Required(必要)和Auto Focus(焦点)复选框，将Max Length(最多字符)设置为15，如图9-18所示。

step 04 将光标定位在表格第二行右侧的单元格中，选择【插入】→【表单】→【文本区域】命令。或者在【插入】面板的【表单】选项卡中单击【文本区域】按钮，如图9-19所示。

step 05 多行文本域插入完成后，在【属性】面板中设置Rows(行数)为5，设置Cols(列)为50，如图9-20所示。

step 06 保存网页后，按F12键进行页面预览，效果如图9-21所示。

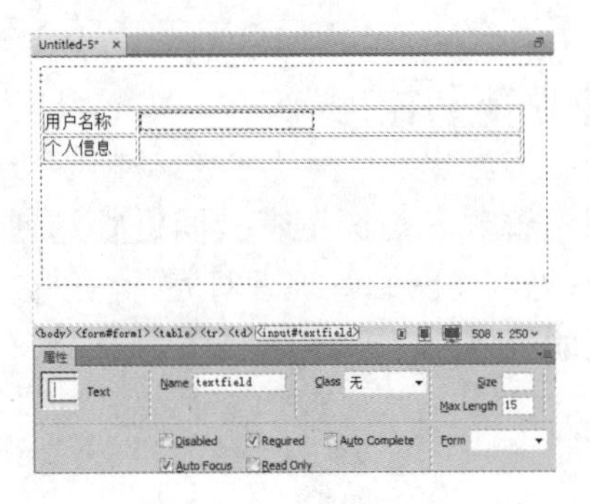

图 9-18　插入单行表单

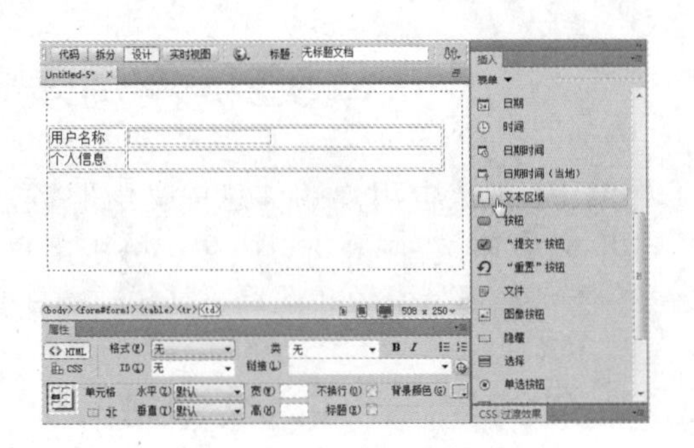

图 9-19　单击【文本区域】按钮

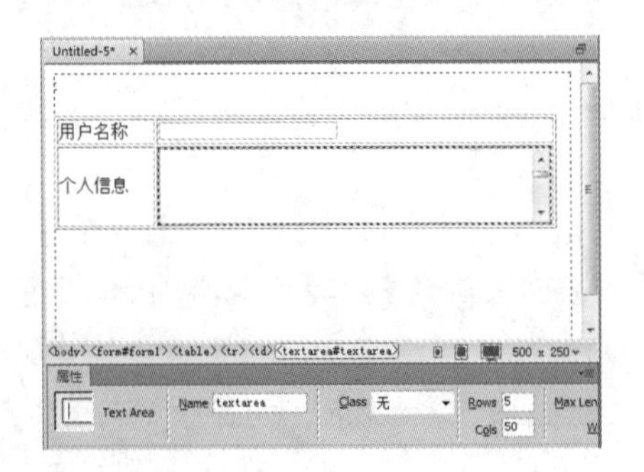

图 9-20　插入多行文本域

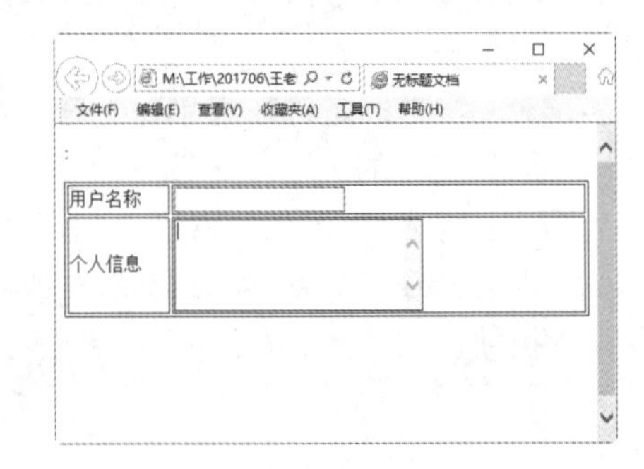

图 9-21　查看页面预览效果

9.2.2　案例 4——插入密码域

密码域是特殊类型的文本域。当用户在密码域中输入文本信息时，所输入的文本会被替换为星号或项目符号以隐藏该文本，从而保护这些信息不被别人看到。

插入密码域的具体操作步骤如下。

step 01 打开“ch09\密码域.html”文件，将光标定位在【密码】右侧的单元格中，如图 9-22 所示。

step 02 选择【插入】→【表单】→【密码】命令，如图 9-23 所示。或在【插入】面板的【表单】选项卡中单击【密码】按钮。

图 9-22　打开素材文件

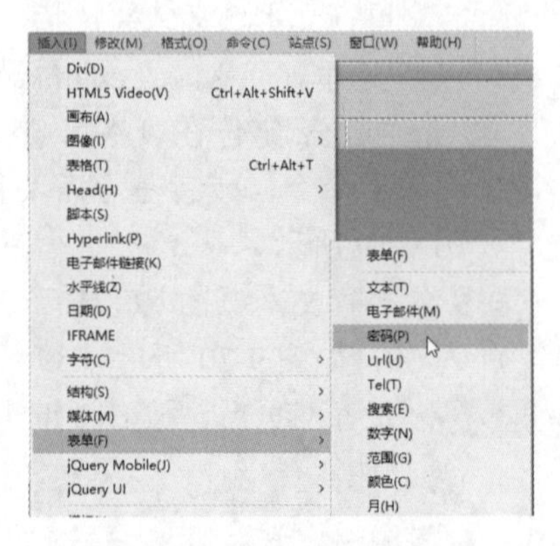

图 9-23　选择【密码】命令

step 03 密码域插入完成后，在【属性】面板中选中 Required(必要)复选框，将 Max Length(最多字符)设置为 25，如图 9-24 所示。

step 04 保存网页后，按 F12 键进行页面预览，当在密码域中输入密码时，显示为项目符号，如图 9-25 所示。

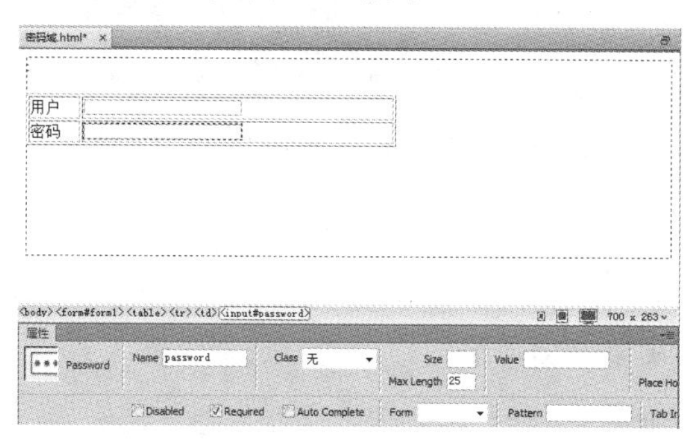

图 9-24 插入密码域

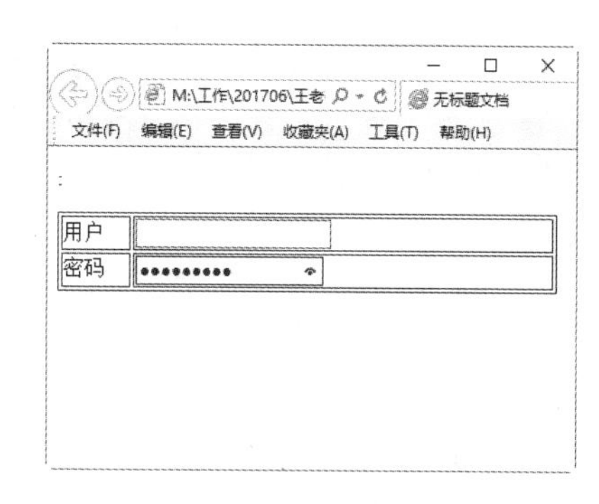

图 9-25 查看页面预览效果

9.2.3 案例 5——插入复选框

如果要从一组选项中选择多个选项，则可使用复选框。可以使用如下两种方法插入复选框。

(1) 选择【插入】→【表单】→【复选框】命令，如图 9-26 所示。

(2) 单击【插入】面板的【表单】选项卡中的【复选框】按钮，如图 9-27 所示。

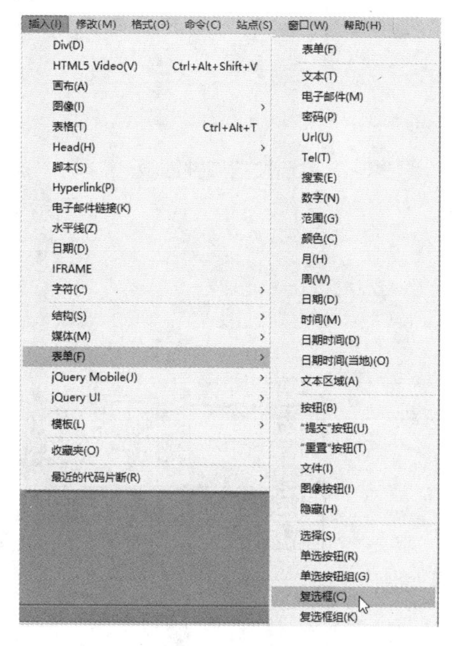

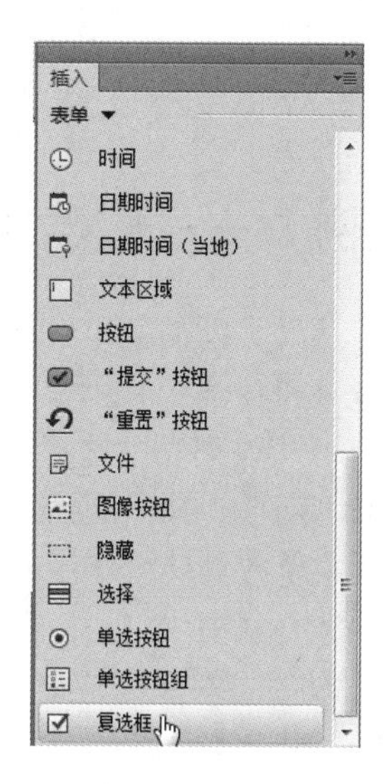

图 9-26 选择【复选框】命令

图 9-27 单击【复选框】按钮

若要为复选框添加标签，可在该复选框的旁边单击，然后输入标签文字即可，如图 9-28 所示。另外，选中复选框，在【属性】面板中可以设置其属性，如图 9-29 所示。

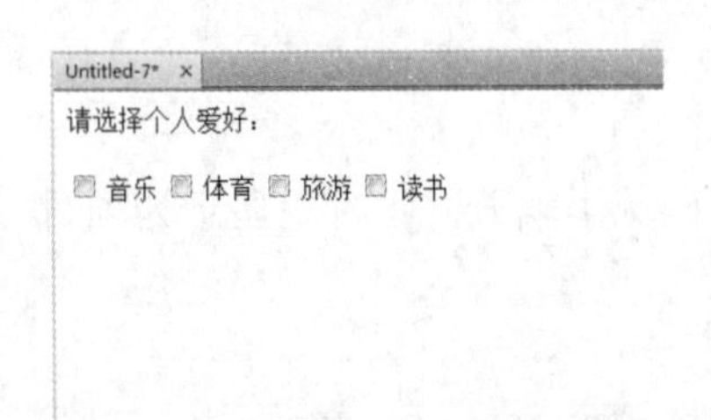

图 9-28　输入复选框标签文字

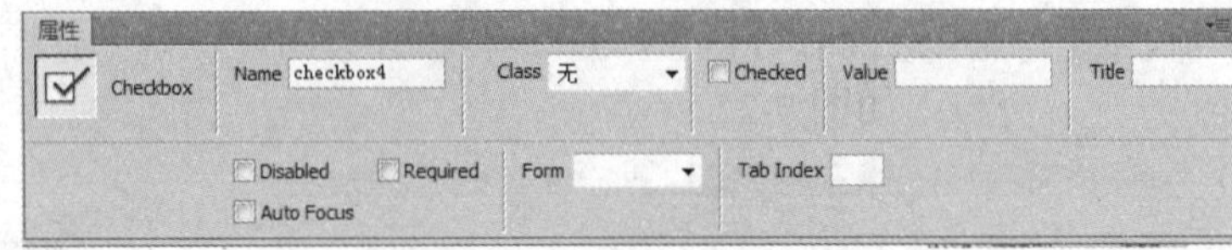

图 9-29　复选框属性面板

9.2.4　案例 6——插入单选按钮

如果从一组选项中只能选择一个选项，则需要使用单选按钮功能。选择【插入】→【表单】→【单选按钮】命令，即可插入单选按钮。

通过单击【插入】面板的【表单】选项卡中的【单选按钮】按钮，也可以插入单选按钮。

若要为单选按钮添加标签，可在该单选按钮的旁边单击，然后输入标签文字即可，如图 9-30 所示。选中单选按钮，在【属性】面板中可为其设置属性，如图 9-31 所示。

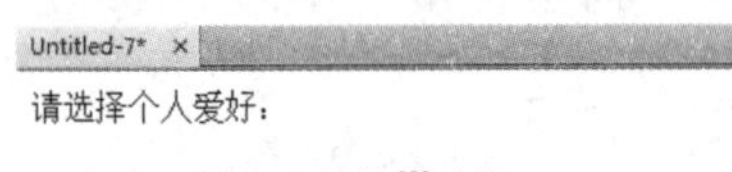

图 9-30　输入单选按钮标签文字

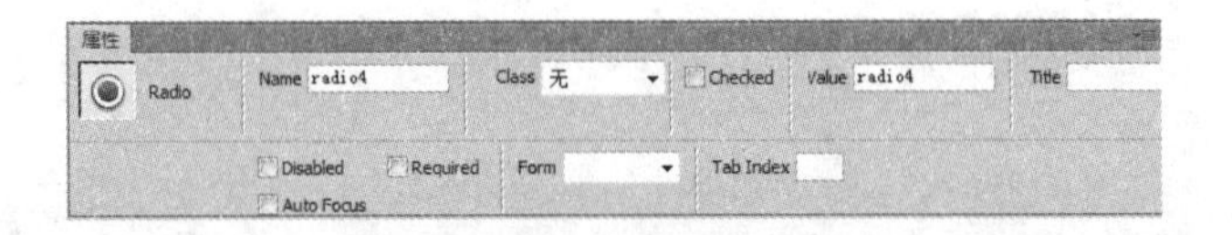

图 9-31　单选按钮属性面板

9.2.5　案例 7——插入下拉菜单

表单中有两种类型的菜单：一种是单击时下拉的菜单，称为下拉菜单；另一种则显示为一个有项目的可滚动列表，用户可从该列表中选择项目，它被称为滚动列表，如图 9-32 所示分别是下拉菜单和滚动列表。

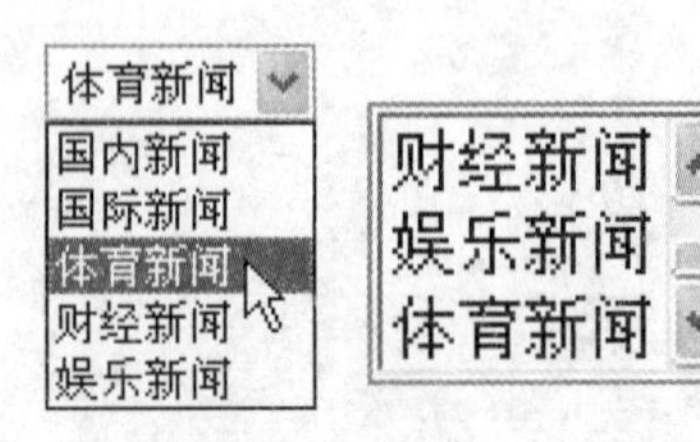

图 9-32　列表与菜单

创建下拉菜单的具体操作步骤如下。

step 01 选择【插入】→【表单】→【选择】命令，即可插入下拉菜单，然后在其【属性】面板中，单击【列表值】按钮，如图 9-33 所示。

step 02 在打开的【列表值】对话框中进行相应的设置，如图 9-34 所示。

step 03 单击【确定】按钮，在【属性】面板的 Selected(初始化时选定)列表框中选择【体育】选项，如图 9-35 所示。

step 04 保存文档，按 F12 键在 IE 浏览器中预览，效果如图 9-36 所示。

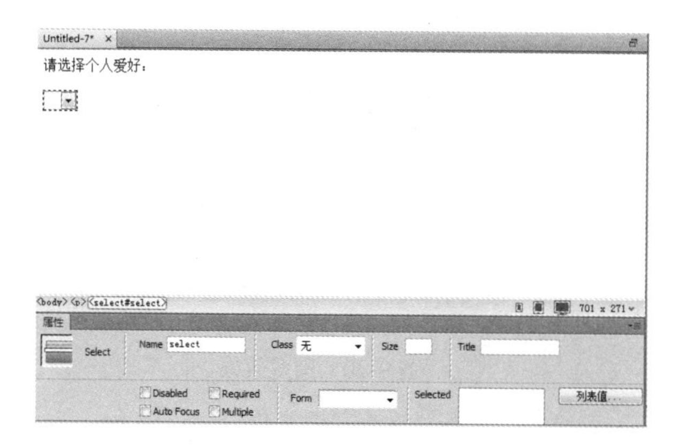

图 9-33　选择属性面板

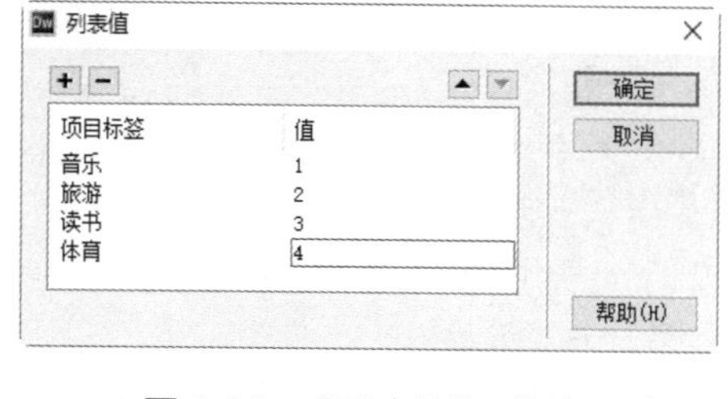

图 9-34　【列表值】对话框

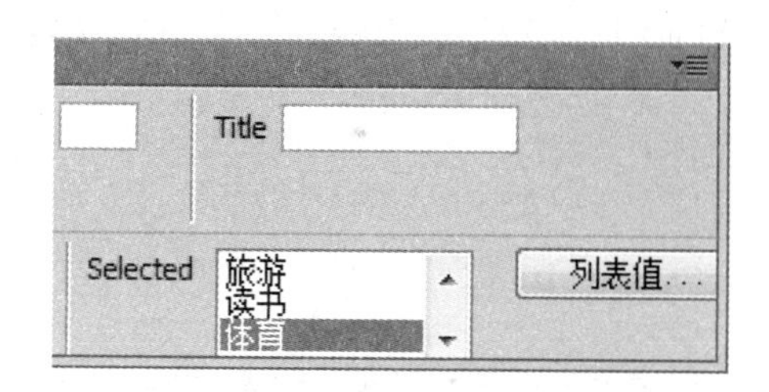

图 9-35　选择初始化时选定的菜单

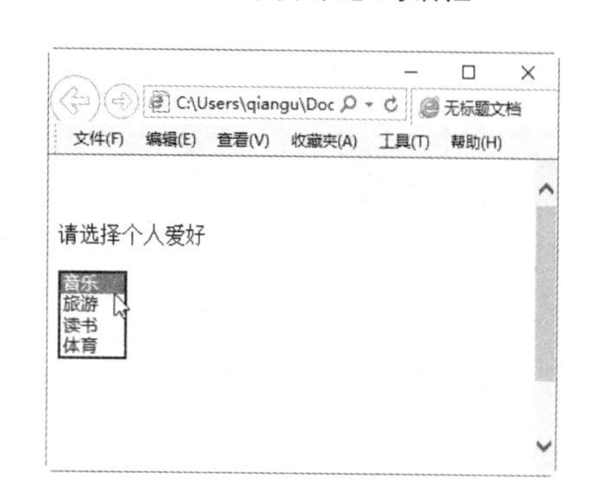

图 9-36　预览效果

9.2.6　案例 8——插入滚动列表

创建滚动列表的具体操作步骤如下。

step 01 选择【插入】→【表单】→【选择】命令，插入选择菜单，然后在其【属性】面板中，将 Size 设置为 3，如图 9-37 所示。

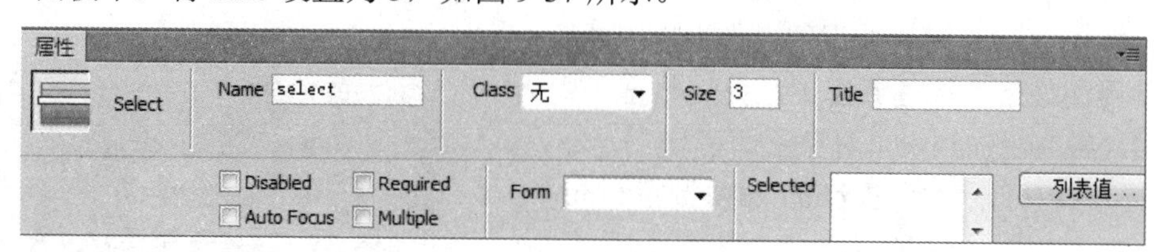

图 9-37　设置 Size

step 02 单击【列表值】按钮，在打开的对话框中进行相应的设置，如图 9-38 所示。

step 03 单击【确定】按钮保存文档，按 F12 键在 IE 浏览器中预览，效果如图 9-39 所示。

按钮对表单来说是必不可少的，无论用户对表单进行了什么操作，只要不单击【提交】按钮，服务器与客户之间就不会有任何交互操作。

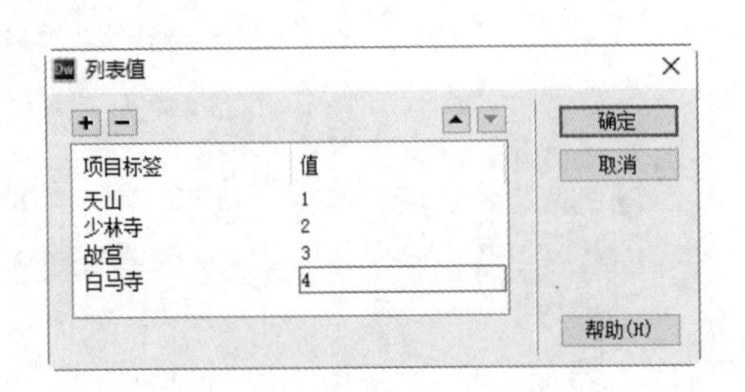

图 9-38 【列表值】对话框

图 9-39 预览效果

9.2.7 案例 9——插入按钮

将光标放置在表单内，选择【插入】→【表单】→【按钮】命令，即可插入按钮，如图 9-40 所示。

选中表单按钮[提交]，即可在打开的【属性】面板中设置按钮 Name(名称)、Class(类)、Form Action(动作)等属性，如图 9-41 所示。

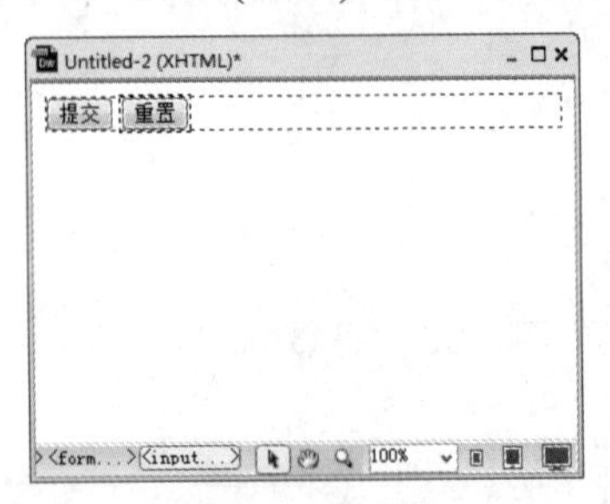

图 9-40 插入按钮

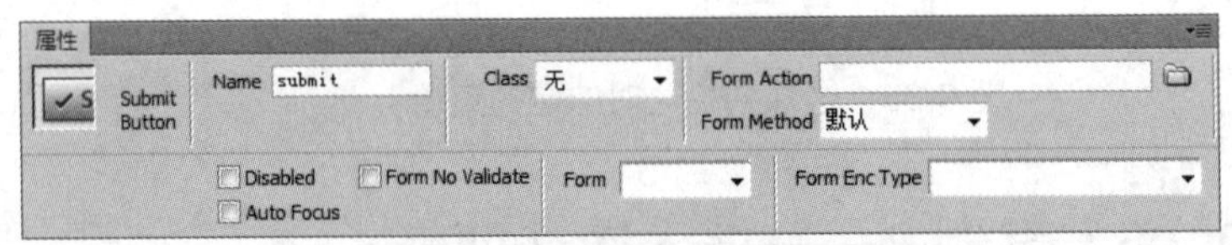

图 9-41 设置按钮的属性

9.2.8 案例 10——插入图像按钮

在 HTML 5 中，可以使用图像作为按钮图标。如果要使用图像来执行任务而不是提交数据，则只需要将某种行为附加到表单对象上即可。

step 01 打开素材中的 ch09\图像按钮.html 文件，如图 9-42 所示。

step 02 将光标置于第 4 行单元格中，选择【插入】→【表单】→【图像域】命令，或者拖动【插入】面板的【表单】选项卡中的【图像域】按钮，弹出【选择图像源文件】对话框，如图 9-43 所示。

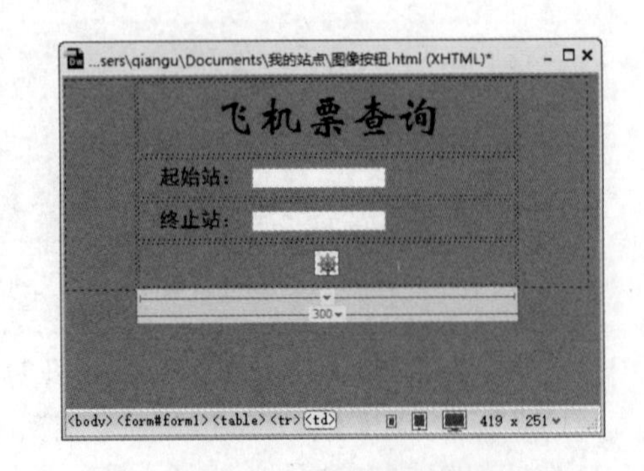

图 9-42 打开素材文件

step 03 在【选择图像源文件】对话框中选中图像，然后单击【确定】按钮，即可插入图像域，如图 9-44 所示。

step 04 选中该图像域，打开其【属性】面板，设置图像域的属性，这里采用默认设置，如图 9-45 所示。

step 05 完成设置后保存文档，按 F12 键在 IE 浏览器中预览，效果如图 9-46 所示。

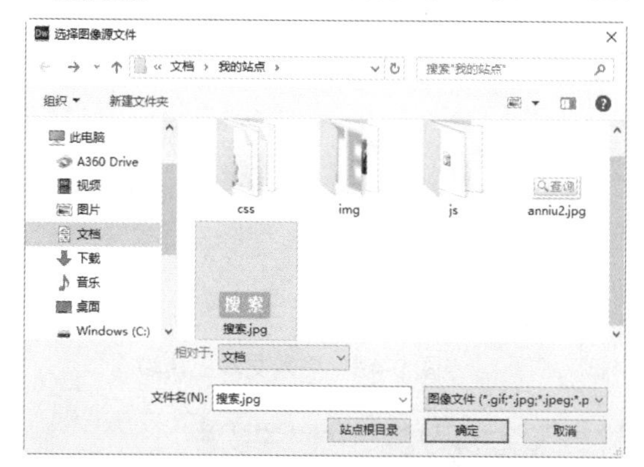
图 9-43 【选择图像源文件】对话框

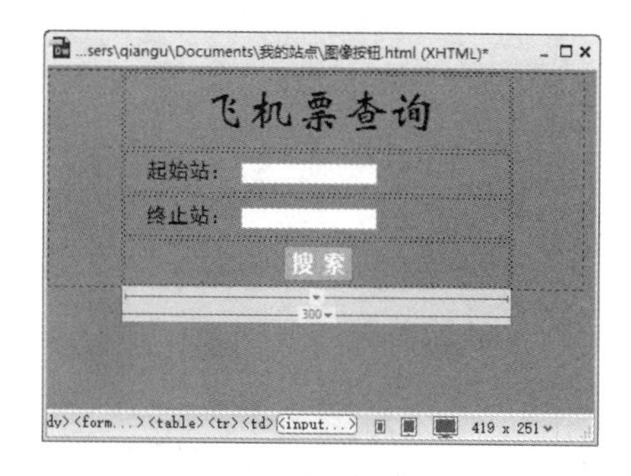

图 9-44 插入图像域

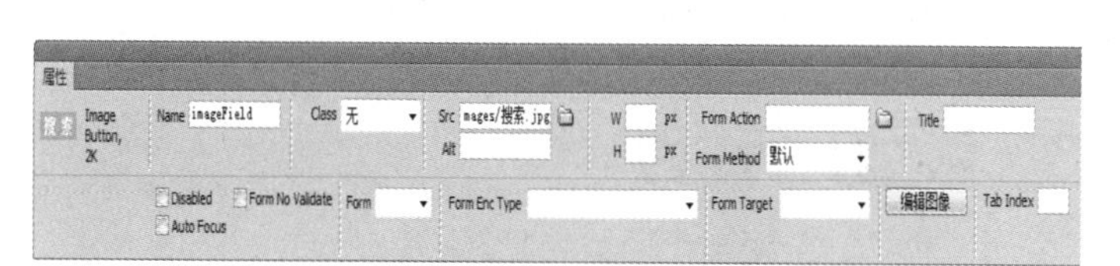
图 9-45 图像域属性面板

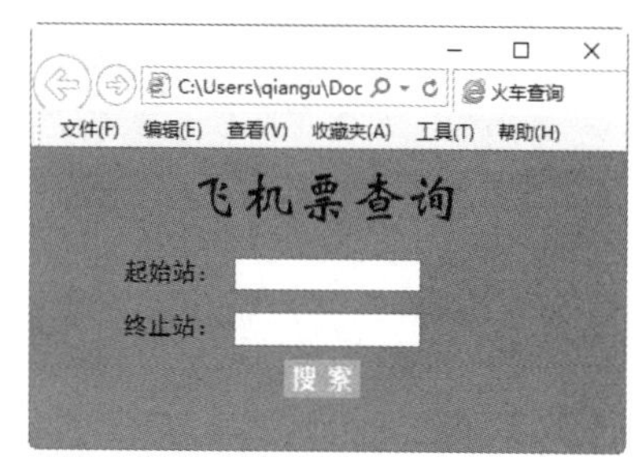

图 9-46 预览效果

9.2.9 案例 11——插入文件上传域

通过插入文件上传域，可以实现上传文档和图像的功能。插入文件上传域的具体操作步骤如下。

step 01 新建网页，输入文字内容，将光标定位在需要插入文件上传域的位置，如图 9-47 所示。

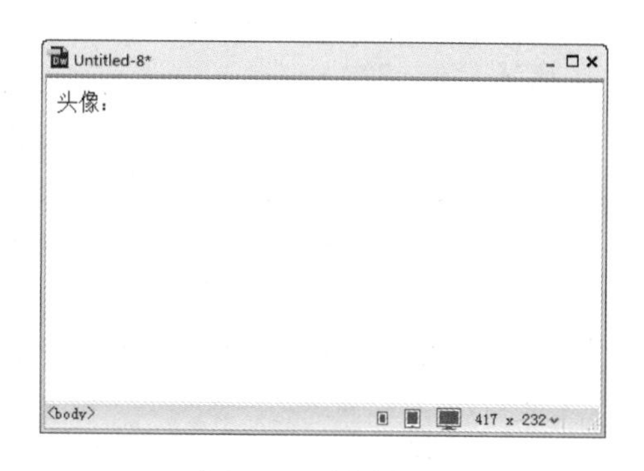

图 9-47 新建网页

step 02 选择【插入】→【表单】→【文件】命令，如图 9-48 所示。或者拖动【插入】面板【表单】选项卡中的【文件】按钮。

step 03 可插入文本上传域，如图 9-49 所示。

step 04 选择文本上传域，在【属性】面板中可以设置文本上传域的属性，如图 9-50 所示。

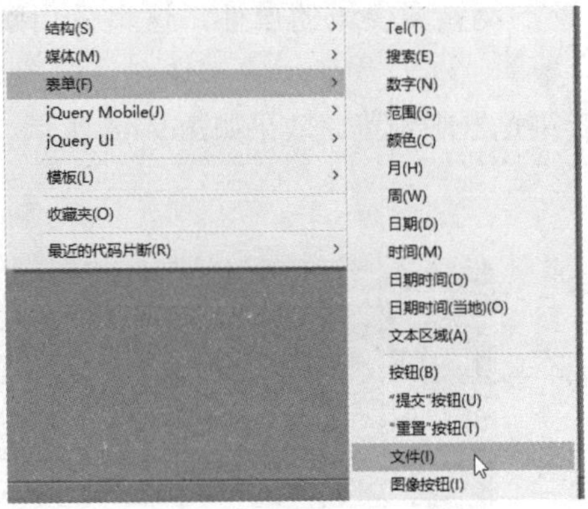

图 9-48　选择【文件】命令

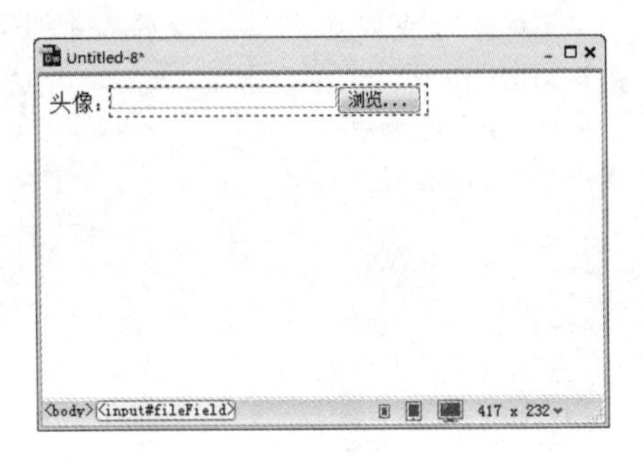

图 9-49　插入文本上传域

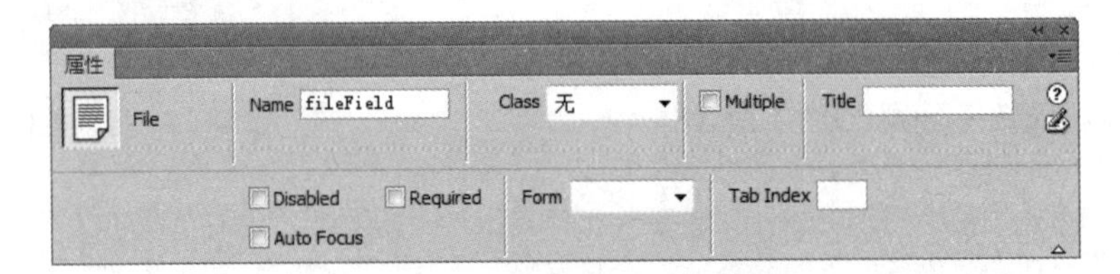

图 9-50　设置文本上传域的属性

9.3　认识行为

行为是由事件和该事件触发的动作组成的，其功能很强大，受到了广大网页设计者的喜爱。行为是一系列使用 JavaScript 程序预定义的页面特效工具。

9.3.1　行为的概念

在 Dreamweaver CC 中，行为是插入到网页内的一段 JavaScrip 代码，由对象、事件和动作构成。其中，对象是产生行为的主体，如图像、文本等；动作是最终产生的工作效果，可以是播放声音、交换图像、弹出提示信息、自动关闭网页等。

事件用于指定选定行为在何种情况下发生的工作，如：想应用单击图像时跳转到指定网站的行为，用户需要把事件指定为单击(onClick)事件。

9.3.2　案例 12——打开【行为】面板

在 Dreamweaver CC 中，对行为的添加和控制主要是通过【行为】面板来实现的。选择【窗口】→【行为】命令，即可打开【行为】面板，如图 9-51 所示。

使用【行为】面板可以将行为附加到页面元素，并且可以修改以前所附加的行为的参数。【行为】面板中包含以下一些选项行为。

(1) 单击+按钮，可弹出动作菜单，如图 9-52 所示，从中可以添加行为。添加行为时，只需要从动作菜单中选择一个行为项即可。当从该动作菜单中选择一个动作时，将出现一个对话框，可以在此对话框中指定该动作的参数。如果动作菜单上的所有动作都处于灰显状态，则表示选定的元素无法生成任何事件。

图 9-51　【行为】面板

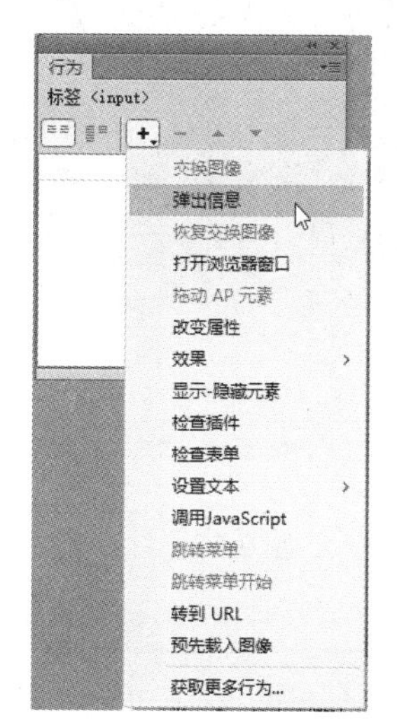

图 9-52　动作菜单

(2) 单击━按钮，可从行为列表中删除所选的事件和动作。

(3) 单击▲按钮或▼按钮，可将动作项向前移或向后移动，从而改变动作执行的顺序。对于不能在列表中上下移动的动作，箭头按钮则处于禁用状态。

使用 Shift+F4 组合键在为选定对象添加了行为之后，就可以利用行为的事件列表，选择触发该行为的事件，打开【行为】面板。

9.4　常用内置行为的应用

Dreamweaver CC 内置有许多行为，每一种行为都可以实现一个动态效果或用户与网页之间的交互。

9.4.1　案例 13——交换图像

使用【交换图像】动作，通过更改图像标签的 src 属性，可将一个图像与另一个图像进行交换。使用此动作可以创建鼠标经过图像和其他的图像效果(包括一次交换多个图像)。

创建【交换图像】动作的具体操作步骤如下。

step 01 打开“ch09\应用行为\index.html”文件，如图 9-53 所示。

step 02 选择【窗口】→【行为】命令，打开【行为】面板。选中图像，单击+按钮，在弹出的菜单中选择【交换图像】命令，如图 9-54 所示。

step 03 弹出【交换图像】对话框，如图 9-55 所示。

step 04 单击【浏览】按钮，弹出【选择图像源文件】对话框，从中选择一幅图像，如图 9-56 所示。

图 9-53　打开素材文件

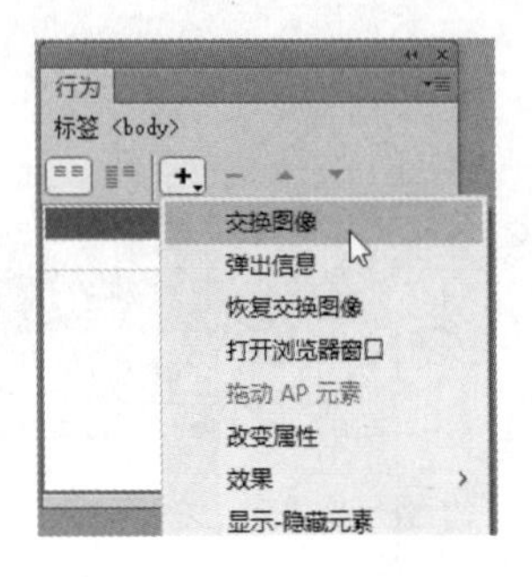

图 9-54　选择【交换图像】命令

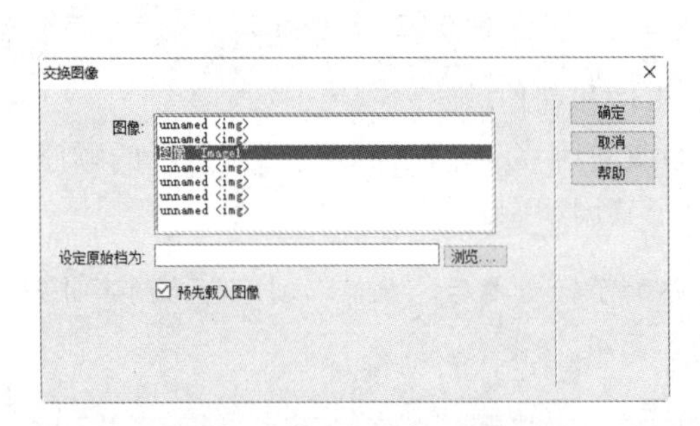

图 9-55　【交换图像】对话框

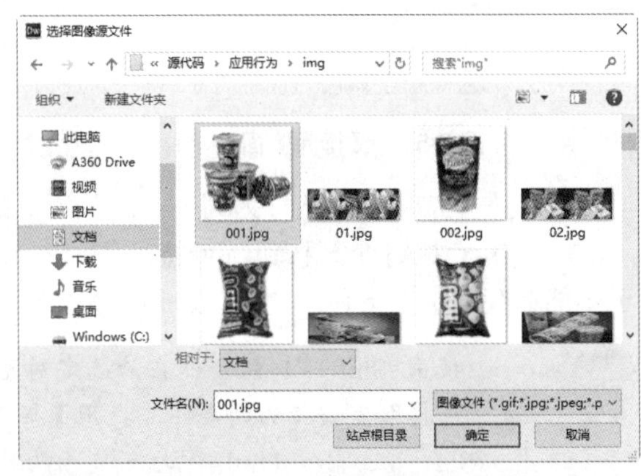

图 9-56　【选择图像源文件】对话框

step 05 单击【确定】按钮，返回【交换图像】对话框，如图 9-57 所示。

step 06 单击【确定】按钮，添加【交换图像】行为，如图 9-58 所示。

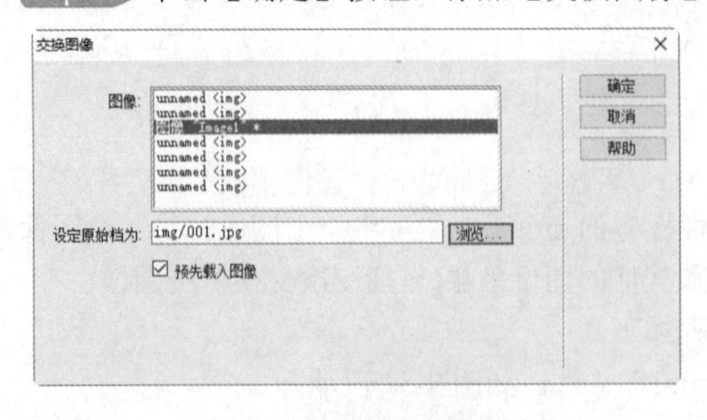

图 9-57　设置原始图像

图 9-58　添加【交换图像】行为

step 07 保存文档，按 F12 键在 IE 浏览器中预览，效果如图 9-59 所示。

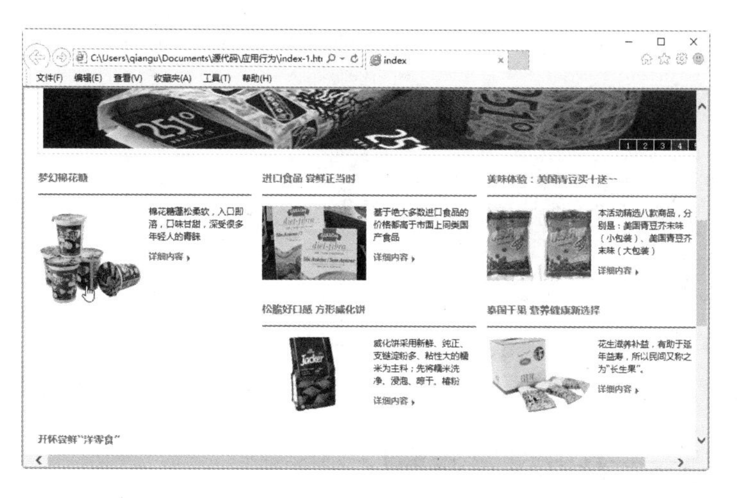

图 9-59　预览效果

9.4.2　案例 14——弹出信息

使用【弹出信息】动作可以显示一个带有指定信息的 JavaScript 警告。因为 JavaScript 警告只有一个【确定】按钮，所以使用此动作可以提供信息，但不能为用户提供选择。

使用【弹出信息】动作的具体操作步骤如下。

step 01 打开素材中的“ch09\应用行为\index.html”文件，如图 9-60 所示。

step 02 单击文档窗口状态栏中的<body>标签，选择【窗口】→【行为】命令，打开【行为】面板。单击【行为】面板中的+按钮，在弹出的菜单中选择【弹出信息】命令，如图 9-61 所示。

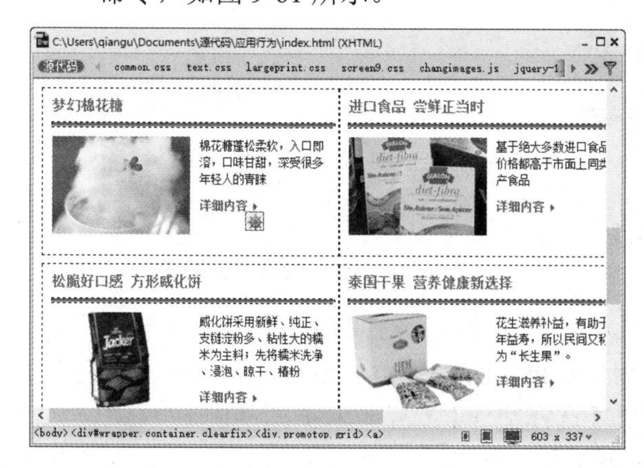

图 9-60　打开素材文件

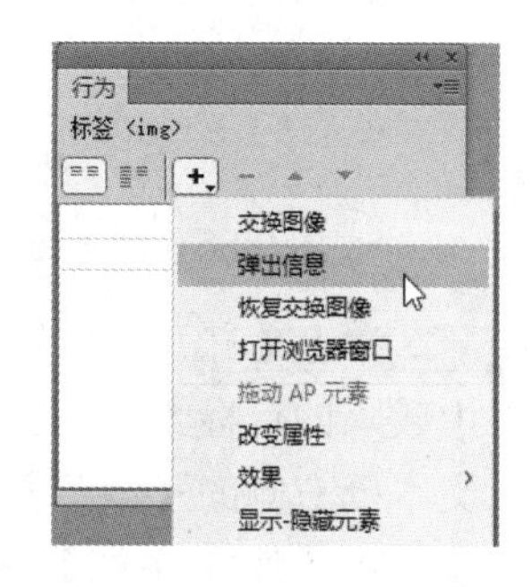

图 9-61　选择【弹出信息】命令

step 03 弹出【弹出信息】对话框，在【消息】文本框中输入要显示的信息“欢迎你的光临”，如图 9-62 所示。

step 04 单击【确定】按钮，添加行为，并设置相应的事件，如图 9-63 所示。

step 05 保存文档，按 F12 键在 IE 浏览器中预览，效果如图 9-64 所示。

图 9-62 【弹出信息】对话框

图 9-63 添加行为事件

图 9-64 信息提示框

9.4.3 案例 15——打开浏览器窗口

使用【打开浏览器窗口】动作可以在一个新的窗口中打开 URL，可以指定新窗口的属性(包括其大小)、特性(是否可以调整大小、是否具有菜单栏等)和名称。

使用【打开浏览器窗口】动作的具体操作步骤如下。

step 01 打开素材中的“ch09\应用行为\index.html”文件，如图 9-65 所示。

step 02 选择【窗口】→【行为】命令，打开【行为】面板。单击该面板中的+按钮，在弹出的下拉菜单中选择【打开浏览器窗口】命令，如图 9-66 所示。

图 9-65 打开素材文件

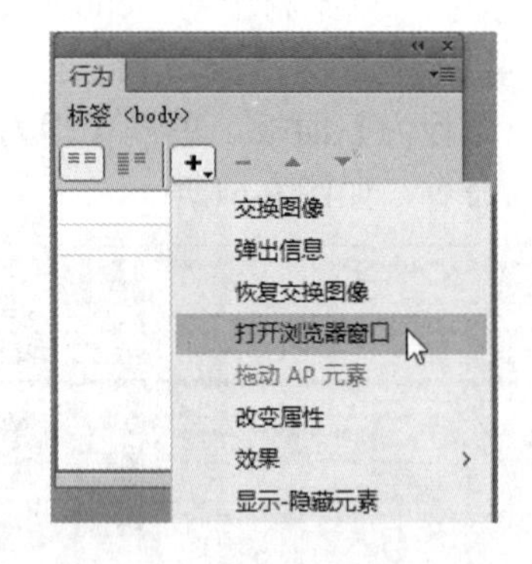

图 9-66 选择【打开浏览器窗口】命令

step 03 弹出【打开浏览器窗口】对话框，在【要显示的 URL】文本框中输入在新窗口中载入的目标 URL 地址(可以是网页，也可以是图像)；或者单击【要显示的 URL】文本框右侧的【浏览】按钮，弹出【选择文件】对话框，如图 9-67 所示。

step 04 在【选择文件】对话框中选择文件，单击【确定】按钮，将其添加到文本框中，然后将【窗口宽度】和【窗口高度】分别设置为 380 和 350，在【窗口名称】文本框中输入“弹出窗口”，如图 9-68 所示。

在【打开浏览器窗口】对话框中，各部分的含义介绍如下。

(1) 【窗口宽度】和【窗口高度】文本框：用于指定窗口的宽度和高度(以像素为单位)。

(2) 【导航工具栏】复选框：浏览器窗口的组成部分，包括【后退】、【前进】、【主页】和【重新载入】等按钮。

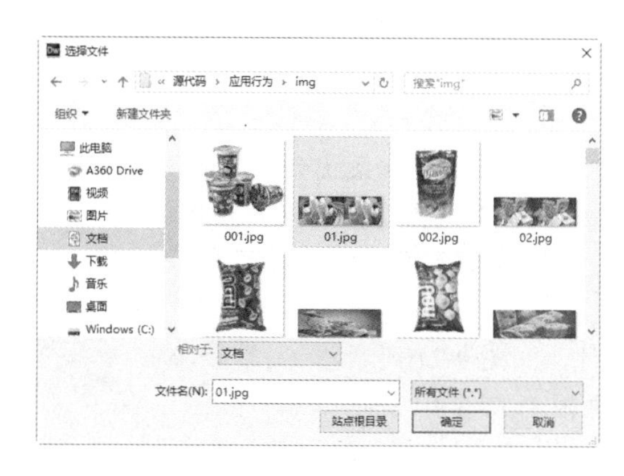

图 9-67 【选择文件】对话框

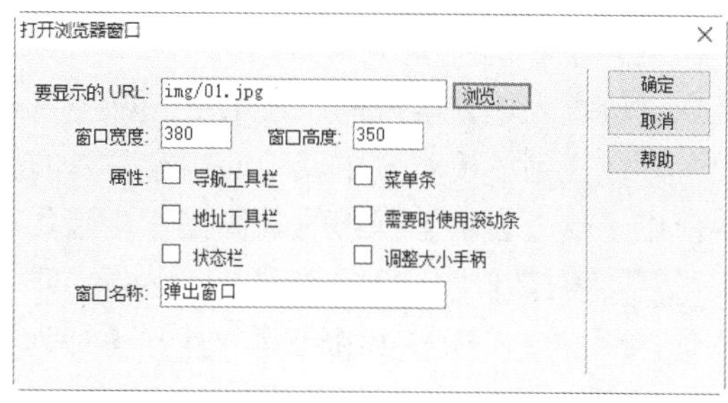

图 9-68 【打开浏览器窗口】对话框

(3) 【地址工具栏】复选框：浏览器窗口的组成部分，包括【地址】文本框等。

(4) 【状态栏】复选框：位于浏览器窗口的底部，在该区域中显示消息(如剩余的载入时间以及与链接关联的 URL)。

(5) 【菜单条】复选框：浏览器窗口上显示菜单(如文件、编辑、查看、转到、帮助等菜单)的区域。如果要让访问者能够从新窗口导航，用户应该选中此复选框。如果取消选中此复选框，在新窗口中用户只能关闭或最小化窗口。

(6) 【需要时使用滚动条】复选框：用于指定如果内容超出可视区域时将显示滚动条。如果取消选中此复选框，则不显示滚动条。如果【调整大小手柄】复选框也被取消选中，访问者将很难看到超出窗口大小以外的内容(虽然他们可以拖动窗口的边缘使窗口滚动)。

(7) 【调整大小手柄】复选框：用于指定应该能够调整窗口的大小。方法是拖动窗口的右下角或单击右上角的最大化按钮。如果取消选中此复选框，调整大小控件将不可用，右下角也不能拖动。

(8) 【窗口名称】文本框：新窗口的名称。如果用户要通过 JavaScript 使用链接指向新窗口或控制新窗口，则应该对新窗口命名。此名称不能包含空格或特殊字符。

step 05 单击【确定】按钮，添加行为，并设置相应的事件，如图 9-69 所示。

step 06 保存文档，按 F12 键在 IE 浏览器中预览，效果如图 9-70 所示。

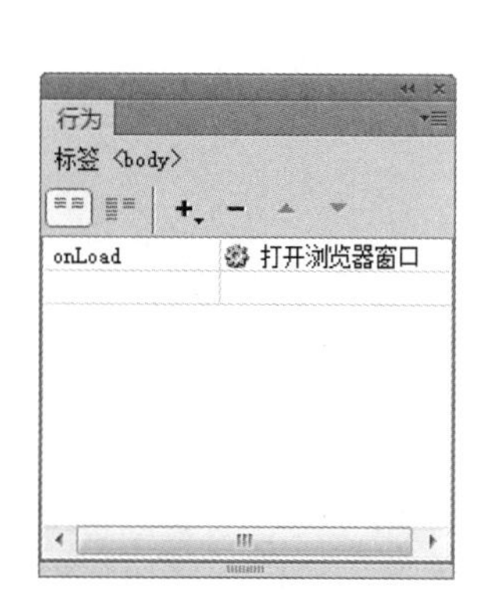

图 9-69 设置行为事件

图 9-70 预览效果

9.4.4 案例 16——检查表单行为

在包含表单的页面中填写相关信息时，当信息填写出错时，系统会自动显示出错信息，这是通过检查表单来实现的。在 Dreamweaver CC 中，可以使用【检查表单】行为来为文本域设置有效性规则，检查文本域中的内容是否有效，以确保输入数据的正确性。

使用【检查表单】行为的具体操作步骤如下。

step 01 打开“ch09\检查表单行为.html”文件，如图 9-71 所示。

step 02 按 Shift+F4 组合键，打开【行为】面板，如图 9-72 所示。

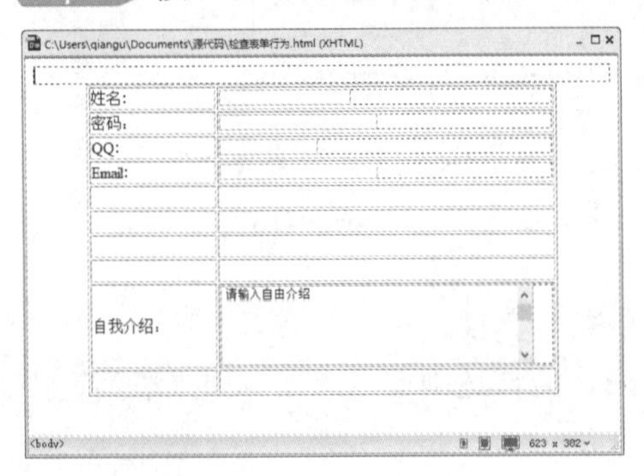

图 9-71 打开素材文件

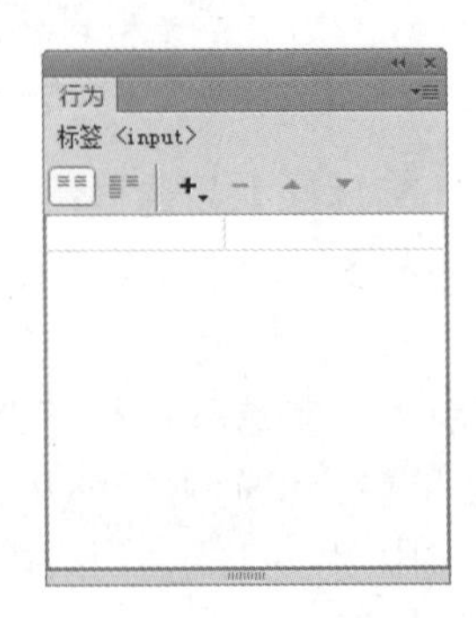

图 9-72 【行为】面板

step 03 单击【行为】面板上的+按钮，在弹出的下拉菜单中选择【检查表单】命令，如图 9-73 所示。

step 04 弹出【检查表单】对话框，【域】列表框中显示了文档中插入的文本域，如图 9-74 所示。

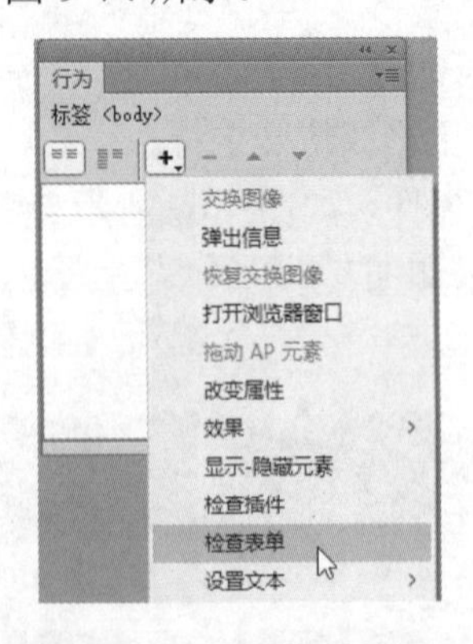

图 9-73 选择【检查表单】命令

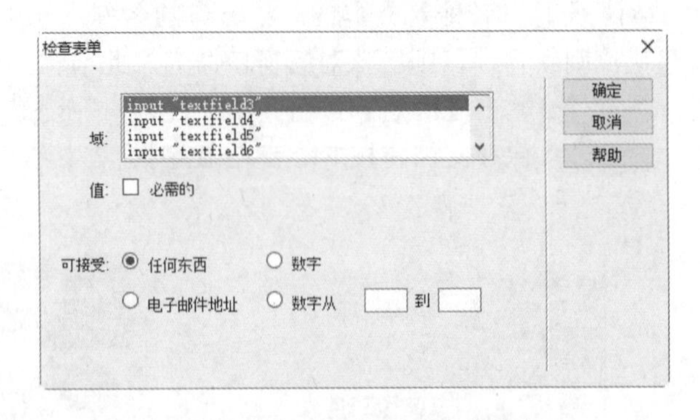

图 9-74 【检查表单】对话框

在【检查表单】对话框中主要参数选项的具体作用如下。

(1) 【域】列表框：用于选择要检查数据有效性的表单对象。

(2) 【值】复选框：用于设置该文本域中是否使用必填文本域。

(3) 【可接受】选项区域：用于设置文本域中可填数据的类型，可以选择 4 种类型。选中【任何东西】单选按钮，表明文本域中可以输入任意类型的数据。选中【数字】单选按钮，表明文本域中只能输入数字数据。选中【电子邮件地址】单选按钮，表明文本域中只能输入电子邮件地址。选中【数字从】单选按钮，可以设置可输入数字值的范围，可在右边的文本框中从左至右分别输入最小数值和最大数值。

step 05 选中 textfield3 文本域，选中【必需的】复选框，选中【任何东西】单选按钮，设置该文本域是必须填写项，可以输入任何文本内容，如图 9-75 所示。

step 06 参照相同的方法，设置 textfield2 和 textfield4 文本域为必须填写项。其中 textfield2 文本域的可接受类型为数字，textfield4 文本域的可接受类型为任何东西，如图 9-76 所示。

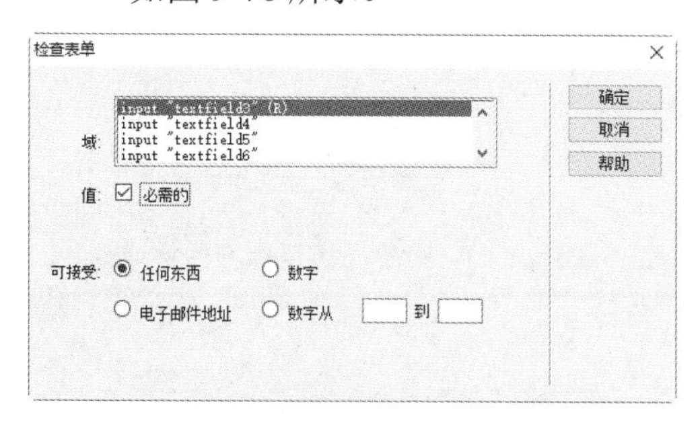

图 9-75　设置【检查表单】属性

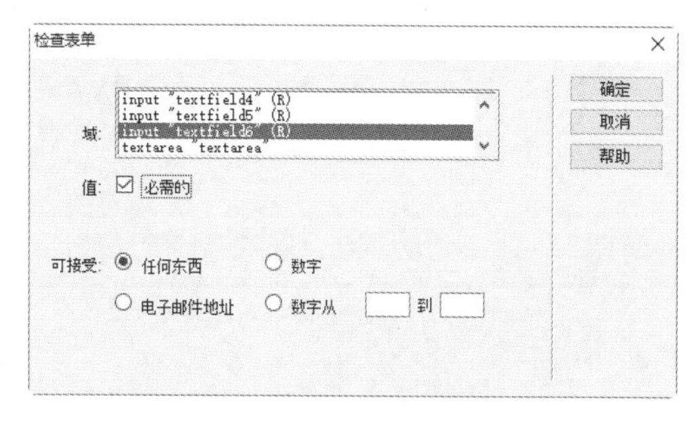

图 9-76　设置其他检查信息

step 07 单击【确定】按钮，即可添加【检查表单】行为，如图 9-77 所示。

step 08 保存文档，按 F12 键在 IE 浏览器中预览效果。当在文档的文本域中未填写或填写有误时，会弹出一个信息提示框，提示出错信息，如图 9-78 所示。

图 9-77　添加【检查表单】行为

图 9-78　预览网页提示信息

9.4.5　案例 17——设置状态栏文本

使用【设置状态栏文本】动作可以在浏览器窗口底部左侧的状态栏中显示消息。比如，可以使用此动作在状态栏中显示链接的目标而不是显示与之关联的 URL。

设置状态栏文本的具体操作步骤如下。

step 01 打开“ch09\设置状态栏\index.html”文件，如图 9-79 所示。

step 02 按 Shift+F4 组合键，打开【行为】面板，如图 9-80 所示。

step 03 单击【行为】面板上的 + 按钮，在弹出的下拉菜单中选择【设置文本】→【设置状态栏文本】命令，如图 9-81 所示。

step 04 弹出【设置状态栏文本】对话框，在【消息】文本框中输入“欢迎光临！”，也可以输入相应的 JavaScript 代码，如图 9-82 所示。

图 9-79 打开素材文件

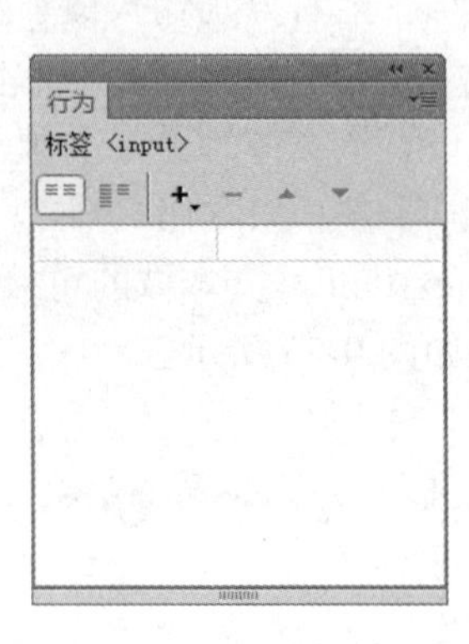

图 9-80 【行为】面板

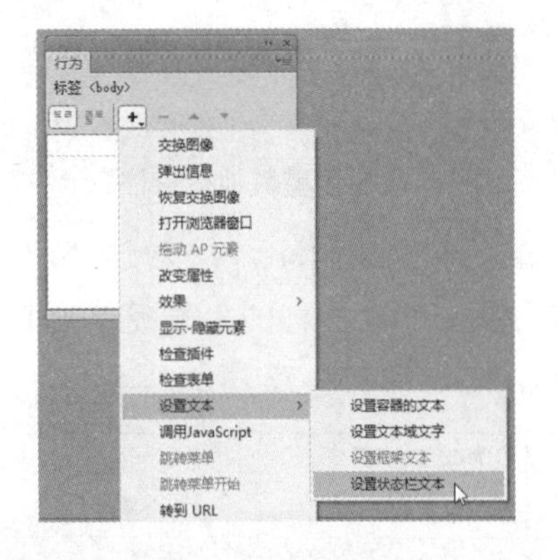

图 9-81 选择【设置状态栏文本】命令

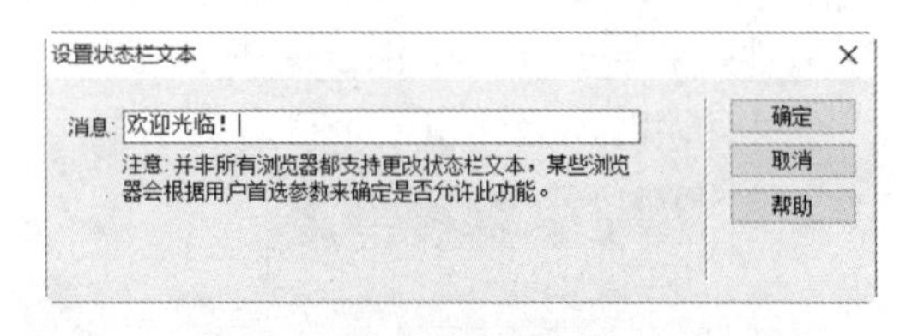

图 9-82 【设置状态栏文本】对话框

step 05 单击【确定】按钮，添加行为，如图 9-83 所示。

step 06 保存文档，按 F12 键在 IE 浏览器中预览，效果如图 9-84 所示。

图 9-83 添加行为

图 9-84 预览效果

9.5 综合案例——使用表单制作留言本

一个好的网站，总是在不断地完善和改进。在改进的过程中，总是要经常听取别人的意见，为此可以通过留言本来获取浏览者浏览网站后的反馈信息。

使用表单制作留言本的具体操作步骤如下。

step 01 打开“ch09\制作留言本.html”文件，如图 9-85 所示。

step 02 将光标移动到下一行，单击【插入】面板的【表单】选项卡中的【表单】按钮 ，插入一个表单，如图 9-86 所示。

图 9-85 打开素材文件

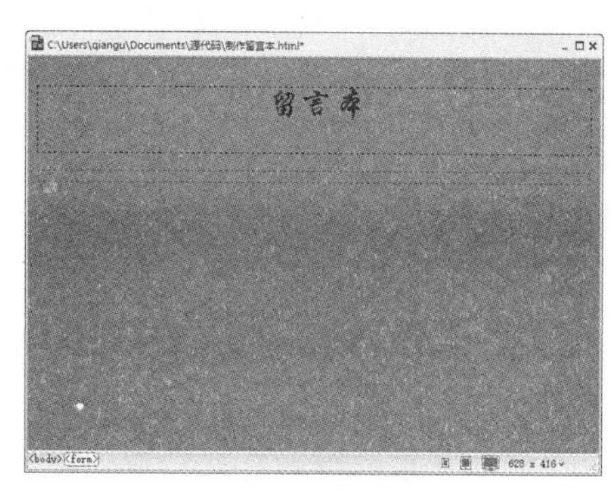

图 9-86 插入表单

step 03 将光标放置在红色的虚线内，选择【插入】→【表格】命令，打开【表格】对话框。将【行数】设置为 9，【列】设置为 2，【表格宽度】设置为 470 像素，【边框粗细】设置为 1，【单元格边距】设置为 2，【单元格间距】设置为 3，如图 9-87 所示。

step 04 单击【确定】按钮，在表单中插入表格，并调整表格的宽度，如图 9-88 所示。

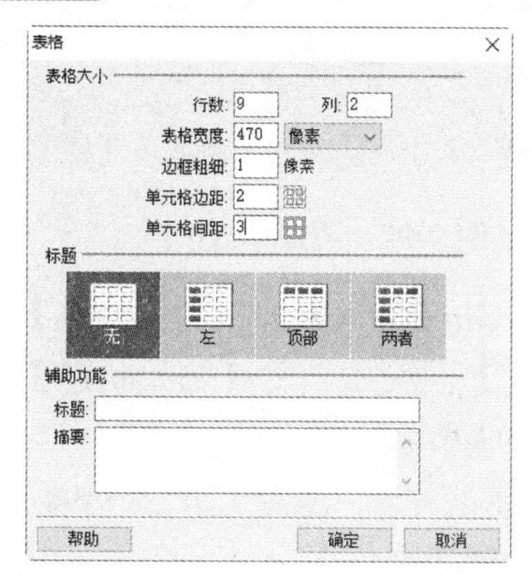

图 9-87 【表格】对话框

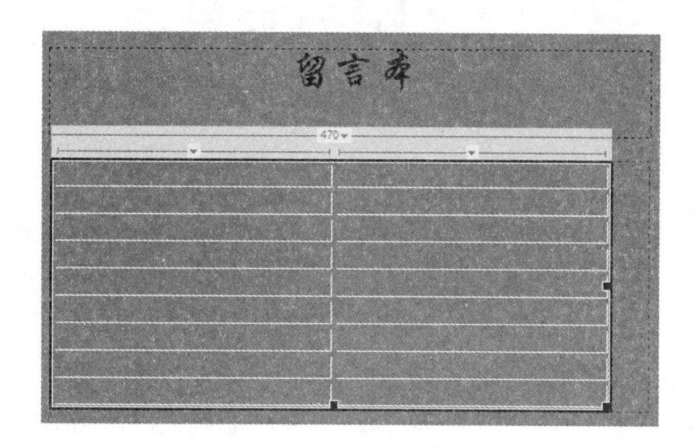

图 9-88 添加表格

step 05 在第 1 列单元格中输入相应的文字，然后选定文字，在【属性】面板中，设置文字的【大小】为 12，将【水平】设置为【右对齐】，【垂直】设置为【居中】，如图 9-89 所示。

step 06 将光标放置在第 1 行的第 2 列单元格中，选择【插入】→【表单】→【文本域】命令，插入文本域。在【属性】面板中，设置文本域的字符宽度为 12，最多字符数为 12，如图 9-90 所示。

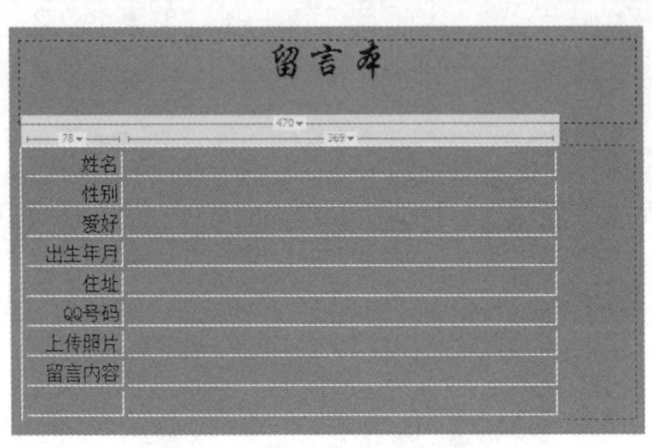

图 9-89　在表格中输入文字

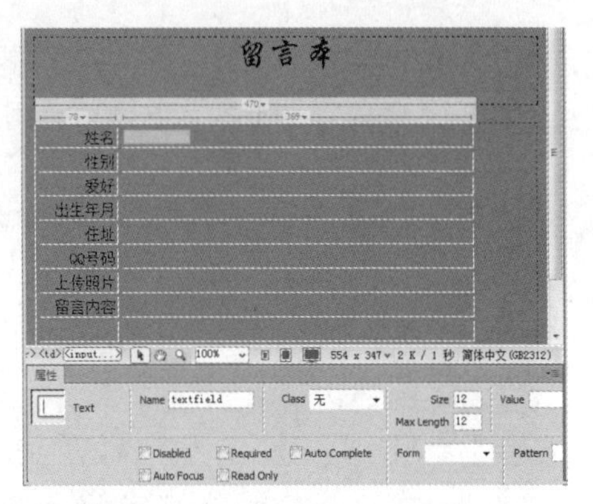

图 9-90　添加文本域

step 07 重复以上步骤，在第 4 行、第 5 行和第 6 行的第 2 列单元格中插入文本域，并设置相应的属性，如图 9-91 所示。

step 08 将光标放置在第 2 行的第 2 列单元格中，单击【插入】面板的【表单】选项卡中的【单选按钮】按钮，插入单选按钮。在单选按钮的右侧输入“男”，按照同样的方法再插入一个单选按钮，输入“女”。在【属性】面板中，将【初始状态】分别设置为【已选中】和【未选中】，如图 9-92 所示。

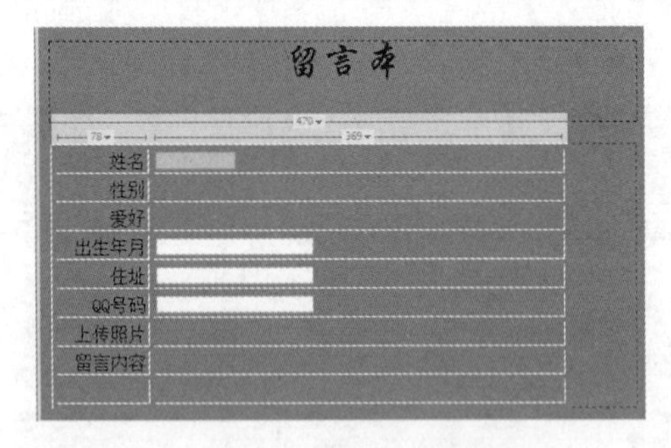

图 9-91　添加其他文本域

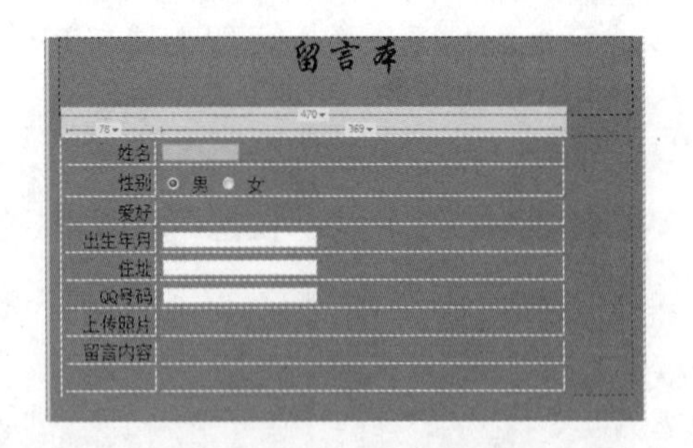

图 9-92　添加单选按钮

step 09 将光标放置在第 3 行的第 2 列单元格中，单击【插入】面板的【表单】选项卡中的【复选框】按钮，插入复选框。在【属性】面板中，将【初始状态】设置为“未选中”，在其后输入文本“音乐”，如图 9-93 所示。

step 10 按照同样的方法，插入其他复选框，设置其属性并输入文字，如图 9-94 所示。

step 11 将光标置于第 8 行的第 2 列单元格中，选择【插入】→【表单】→【文本区域】命令，插入多行文本域，并将【属性】面板中的选项设置为默认值，如图 9-95 所示。

step 12 将光标放置在第 7 行的第 2 列单元格中，选择【插入】→【表单】→【文件域】命令，插入文件域，并在【属性】面板中为其设置相应的属性，如图 9-96 所示。

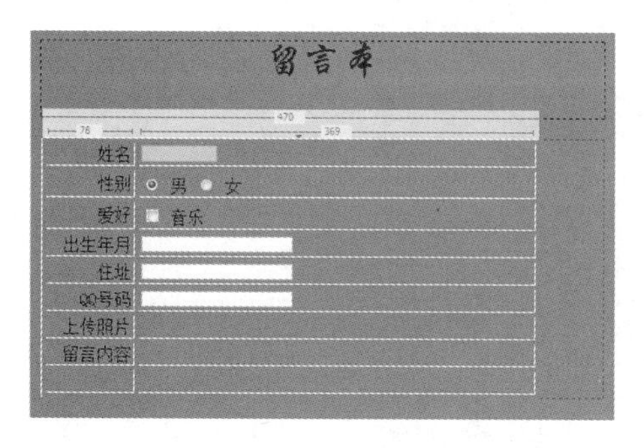

图 9-93 添加复选框

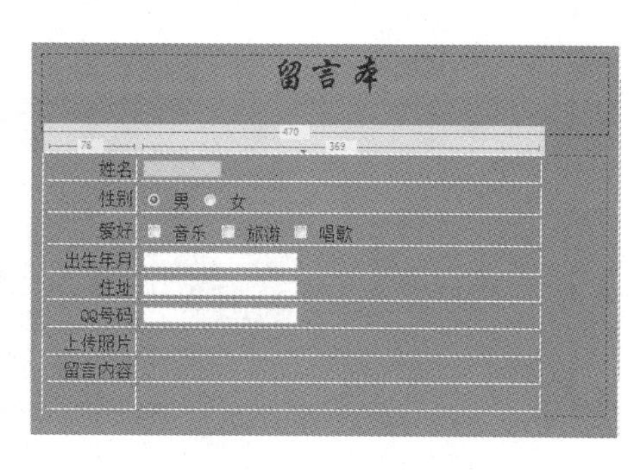

图 9-94 添加其他复选框

图 9-95 插入多行文本域

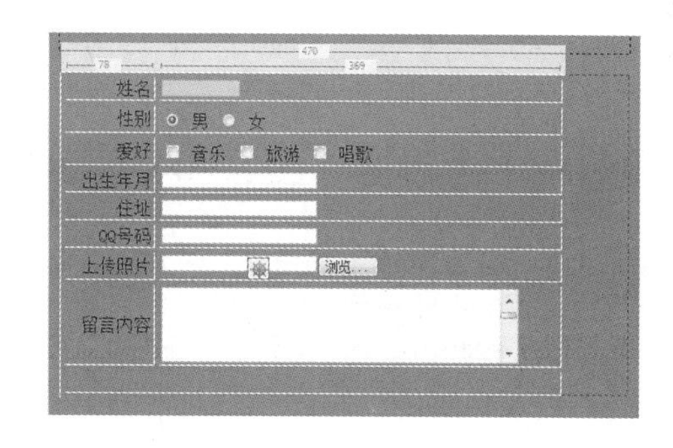

图 9-96 插入文件域

step 13 选定第 9 行的两个单元格，选择【修改】→【表格】→【合并单元格】命令，合并单元格。将光标放置在合并后的单元格中，在【属性】面板中，将【水平】设置为【居中对齐】，如图 9-97 所示。

step 14 选择【插入】→【表单】→【按钮】命令，插入提交按钮和重置按钮，并在【属性】面板中，分别为其设置相应的属性，如图 9-98 所示。

step 15 保存文档，按 F12 键在 IE 浏览器中预览，效果如图 9-99 所示。

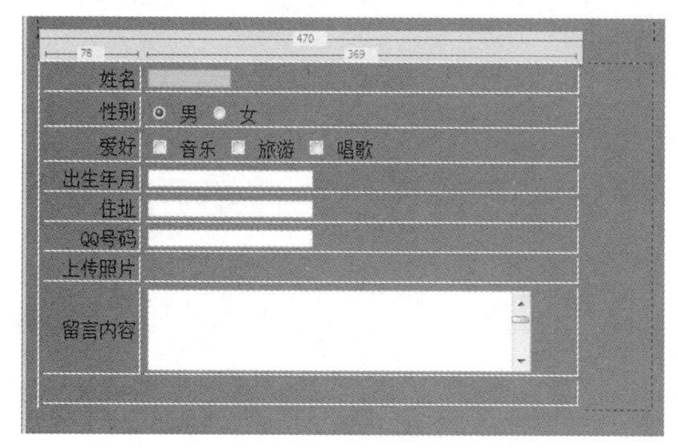

图 9-97 合并单选格

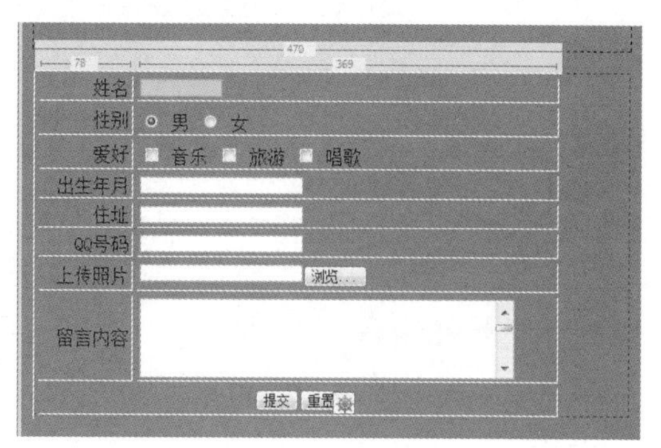

图 9-98 插入【提交】与【重置】按钮

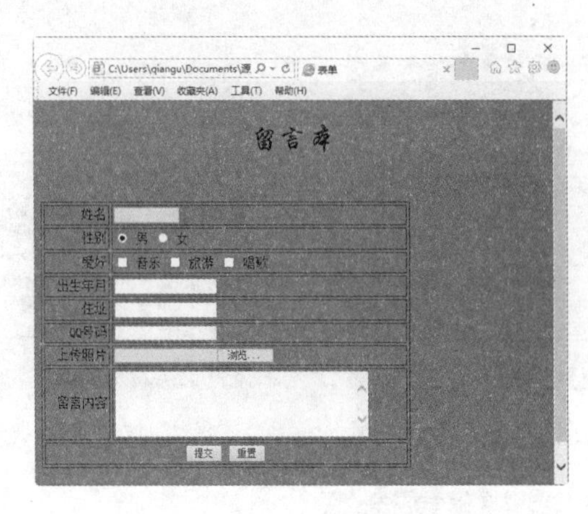

图 9-99　预览网页效果

9.6　疑难解惑

疑问 1：如何保证表单在 IE 浏览器中正常显示？

答：在 Dreamweaver 中插入表单并调整到合适的大小后，在 IE 浏览器中预览时可能会出现表单大小失真的情况。为了保证表单在 IE 浏览器中能够正常显示，建议使用 CSS 样式表调整表单的大小。

疑问 2：如何下载并使用更多的行为？

答：Dreamweaver 包含了百余个事件、行为，如果认为这些行为还不能满足需求，Dreamweaver 同时也提供有扩展行为的功能，可以下载第三方的行为。下载之后解压到 Dreamweaver 的安装目录 Adobe Dreamweaver CC\configuration\Behaviors\Actions 下。重新启动 Dreamweaver，在【行为】面板中单击按钮，在弹出的动作菜单中即可看到新添加的动作选项。

第 3 篇

网页美化布局

第 10 章 简单的网页布局——使用表格布局网页

表格是布局页面时极为有用的设计工具。通过使用表格布局网页可以实现对页面元素的准确定位，使得页面在形式上丰富多彩、条理清晰，在组织上井然有序而又不显单调。合理地利用表格来布局页面有助于协调页面结构的均衡。本章主要介绍如何使用表格布局网页。

10.1 案例 1——插 入 表 格

表格由行、列和单元格 3 部分组成。使用表格可以排列网页中的文本、图像等各种网页元素，可以在表格中自由地进行移动、复制、粘贴等操作，还可以在表格中嵌套表格，使页面的设计更加灵活、方便。

使用【插入】面板或【插入】菜单都可以创建新表格。插入表格的具体操作步骤如下。

step 01 新建一个空白网页文档，将光标定位在需要插入表格的位置，如图 10-1 所示。

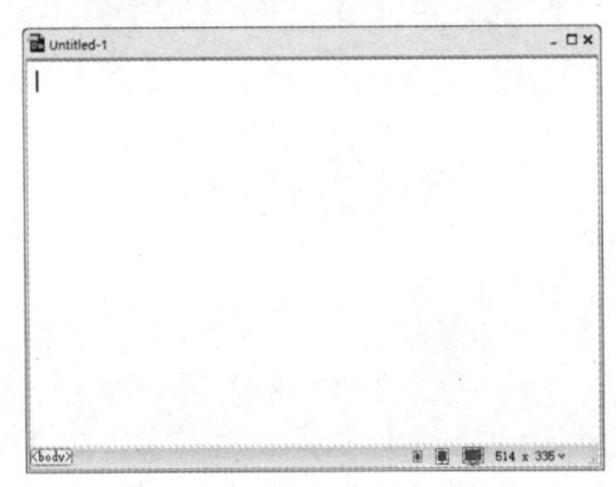

图 10-1 空白网页文档

step 02 单击【插入】面板的【常用】选项卡中的【表格】按钮，或选择【插入】→【表格】命令，如图 10-2 所示。

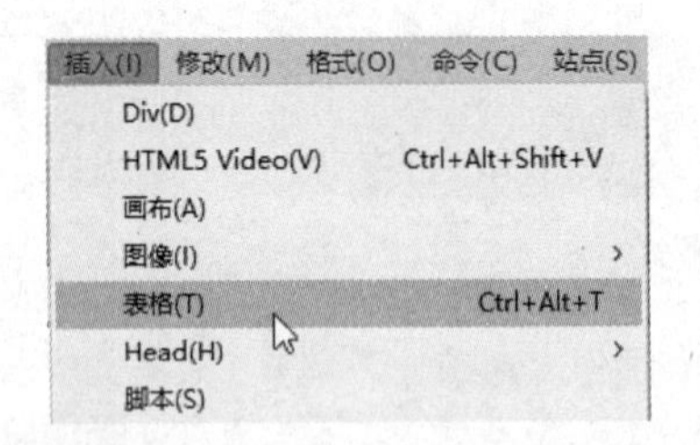

图 10-2 【常用】选项卡与【表格】命令

step 03 打开【表格】对话框，在其中可以对表格的行数、列数、表格宽度等信息进行设置，如图 10-3 所示。

【表格】对话框中各个选项及参数的含义如下。

(1) 【行数】：在该文本框中输入新建表格的行数。

(2) 【列】：在该文本框中输入新建表格的列数。

(3) 【表格宽度】：该文本框用于设置表格的宽度，单位可以是像素或百分比。

(4) 【边框粗细】：该文本框用于设置表格边框的宽度(以像素为单位)。若设置为 0，在浏览时则不显示表格边框。

(5) 【单元格边距】：该文本框用于设置单元格边框和单元格内容之间的像素数。

(6)　【单元格间距】：该文本框用于设置相邻单元格之间的像素数。

(7)　【标题】：该选项组用于设置表头样式，有 4 种样式可供选择，分别如下。

【无】：不将表格的首列或首行设置为标题。

【左】：将表格的第一列作为标题列，表格中的每一行可以输入一个标题。

【顶部】：将表格的第一行作为标题行，表格中的每一列可以输入一个标题。

【两者】：可以在表格中同时输入列标题和行标题。

(8)　【标题】：在该文本框中输入表格的标题，标题将显示在表格的外部。

(9)　【摘要】：在这里可以输入文字对表格进行说明或注释，但此内容不会在浏览器中显示，仅在源代码中显示，可提高源代码的可读性。

step 04 单击【确定】按钮，即可在文档中插入表格，如图 10-4 所示。

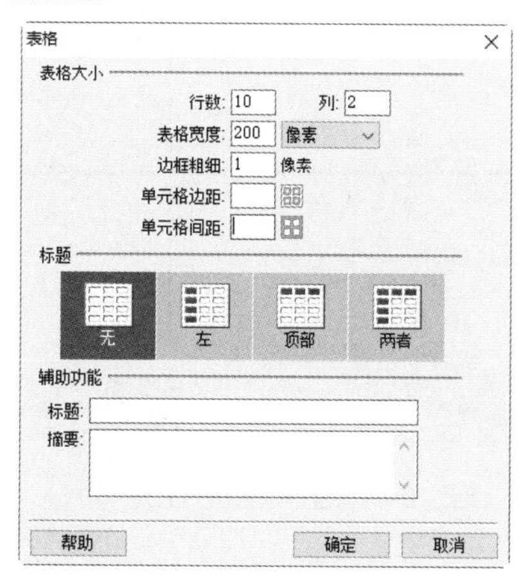

图 10-3　【表格】对话框

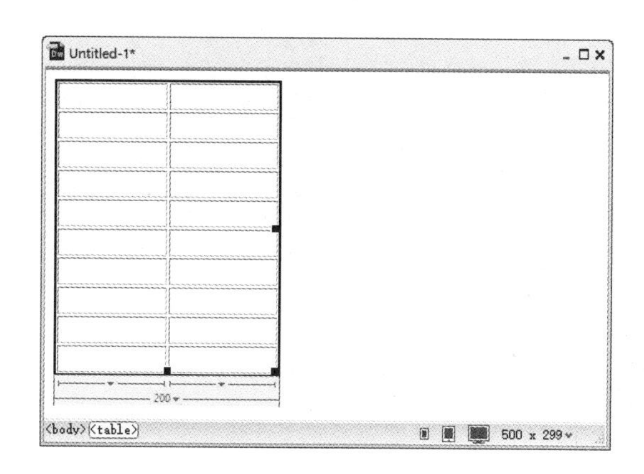

图 10-4　在文档中插入表格

10.2　选 中 表 格

插入表格后，可以对表格进行选中操作。比如，选中整个表格或表格中的行与列、单元格等。

10.2.1　案例 2——选中完整的表格

选中完整表格的方法主要有以下 4 种。

(1)　将鼠标指针移动到表格上面，当鼠标指针呈网格图标⊞时单击鼠标左键，如图 10-5 所示。

(2)　单击表格四周的任意一条边框线，如图 10-6 所示。

(3)　将光标置于任意一个单元格中，选择【修改】→【表格】→【选择表格】命令，如图 10-7 所示。

(4)　将光标置于任意一个单元格中，在文档窗口状态栏的标签选择器中单击<table>标签，如图 10-8 所示。

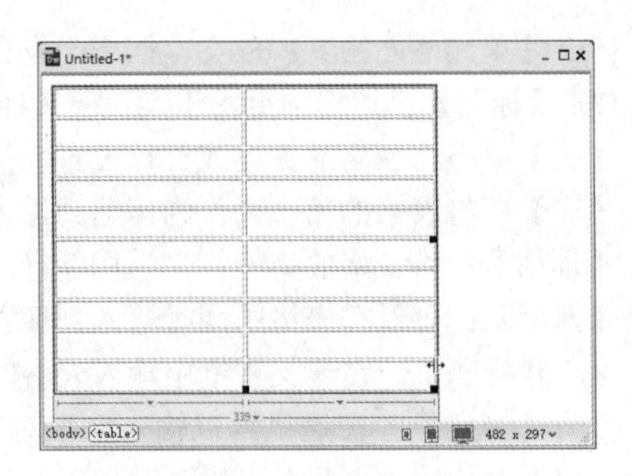

图 10-5　选中表格的方法(1)　　图 10-6　选中表格的方法(2)

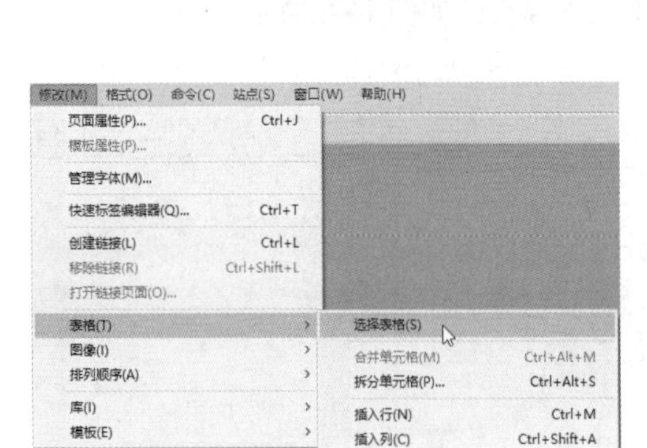

图 10-7　选中表格的方法(3)

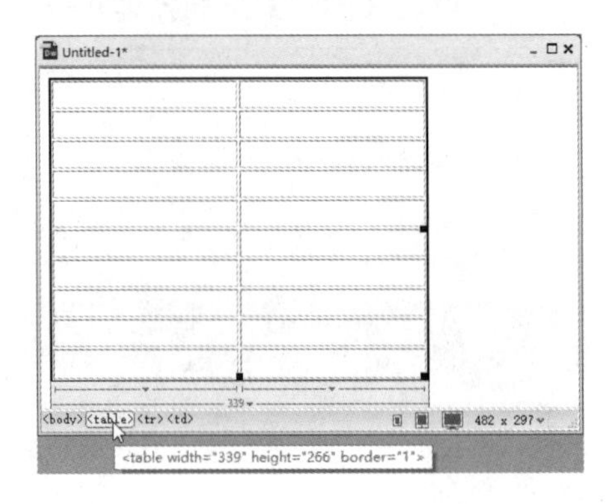

图 10-8　选中表格的方法(4)

10.2.2　案例 3——选中行和列

选中表格中的行和列的方法主要有以下两种。

(1) 将光标定位于行首或列首，鼠标指针变成➡或⬇的箭头形状时单击鼠标左键，即可选中表格的行或列，如图 10-9 所示。

(2) 按住鼠标左键不放从左至右或从上至下拖动，即可选中表格的行或列，如图 10-10 所示。

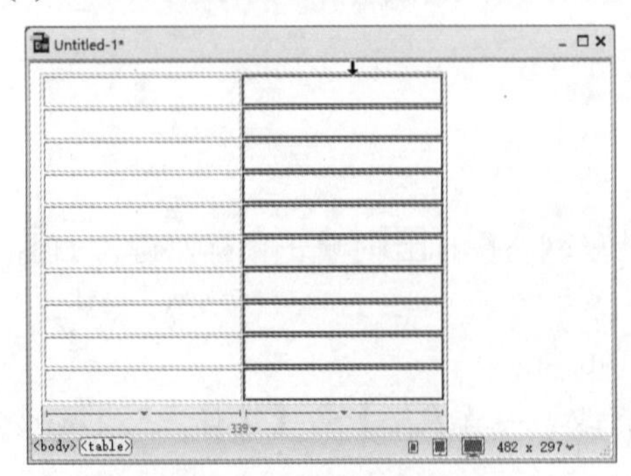

图 10-9　选中表格中的列

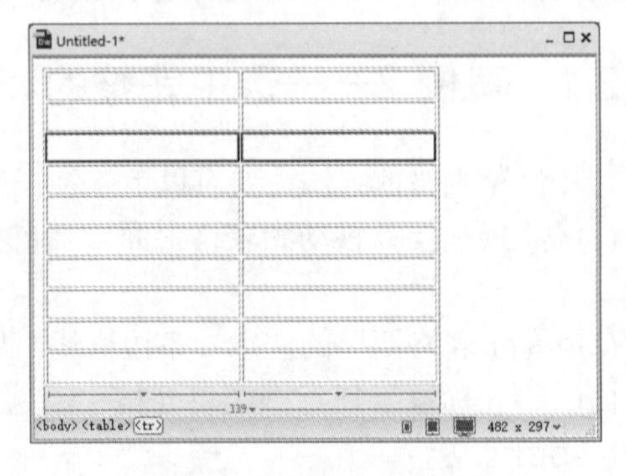

图 10-10　选中表格中的行

10.2.3 案例 4——选中单元格

要想选中表格中的单个单元格，可以进行以下几种操作。

(1) 按住 Ctrl 键不放单击单元格，可以选中一个单元格。

(2) 按住鼠标左键不放并拖动，可以选中单个单元格。

(3) 将光标放置在要选中的单元格中，单击文档窗口状态栏上的<td>标签，即可选中该单元格，如图 10-11 所示。

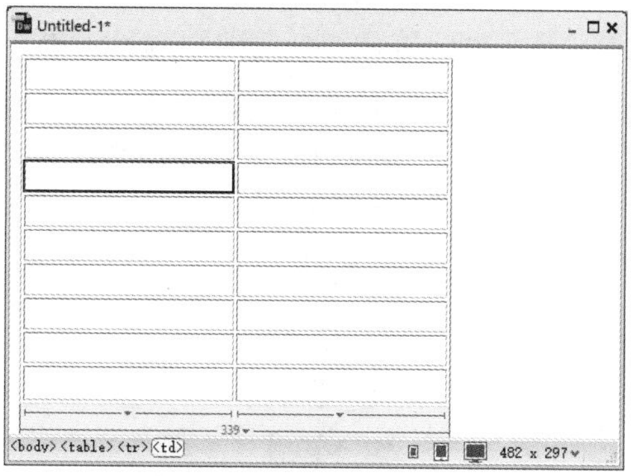

图 10-11 选中单元格

想要选中表格中的多个单元格，可以进行下列两种操作。

(1) 选中相邻的单元格、行或列：先选中一个单元格、行或列，按住 Shift 键的同时单击另一个单元格、行或列，矩形区域内的所有单元格、行或列就都会被选中，如图 10-12 所示。

(2) 选中不相邻的单元格、行或列：按住 Ctrl 键的同时单击需要选中的单元格、行或列即可，如图 10-13 所示。

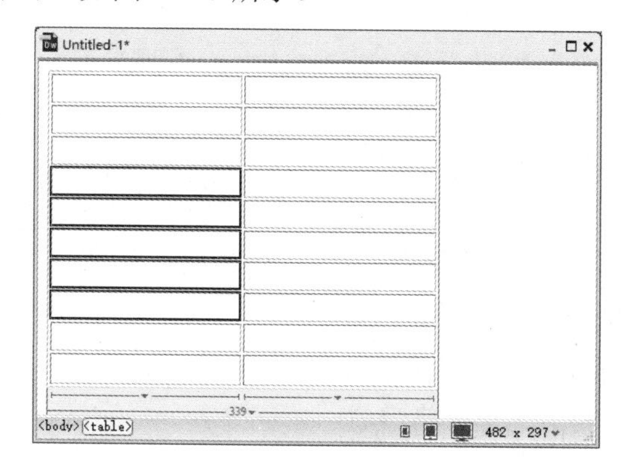

图 10-12 选中相邻的单元格

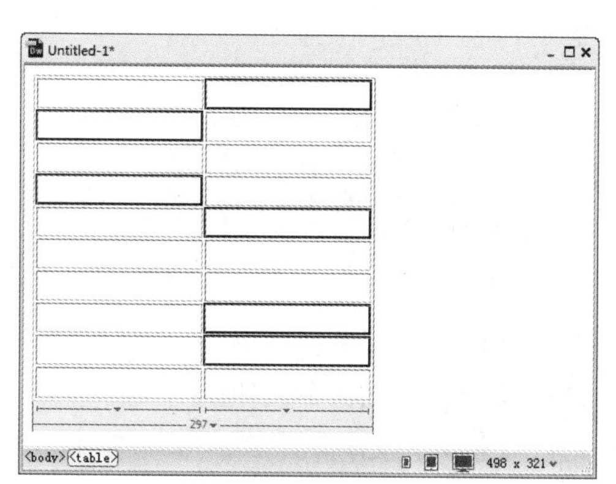

图 10-13 选中不相邻的单元格

在选中单元格、行或列时，两次单击会取消已选中的对象的选中状态。

10.3 表 格 属 性

为了使创建的表格更加美观，需要对表格的属性进行设置。表格属性主要包括完整表格的属性和表格中单元格的属性两种。

10.3.1　案例 5——设置单元格属性

在 Dreamweaver CC 中，可以单独设置单元格的属性。设置单元格属性的具体操作步骤如下。

step 01 按住 Ctrl 键的同时单击单元格的边框，选中单元格，如图 10-14 所示。

step 02 选择【窗口】→【属性】命令，打开显示单元格属性的面板，从中对单元格、行和列等的属性进行设置，比如将选中的单元格的背景颜色设置为蓝色(#0000FF)，如图 10-15 所示。

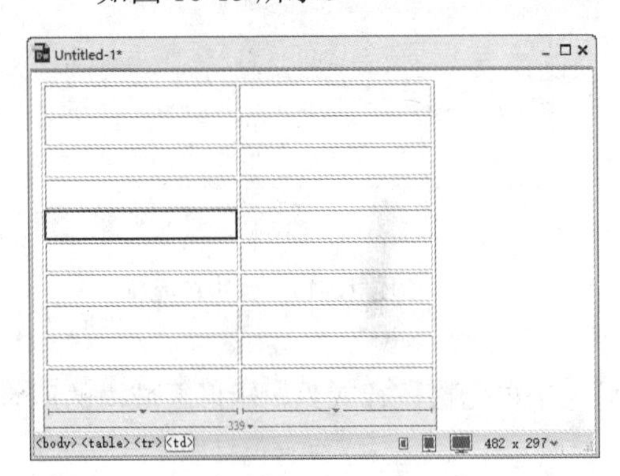

图 10-14　选中单元格　　　图 10-15　为单元格添加背景颜色

在选中单元格后也可以按 Ctrl+F3 组合键，打开【属性】面板，如图 10-16 所示。

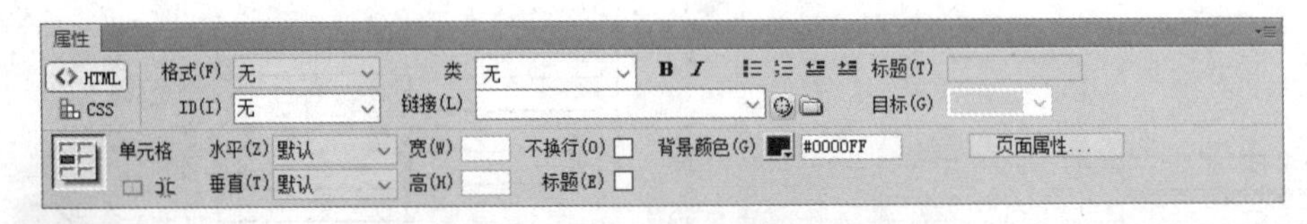

图 10-16　单元格的【属性】面板

在单元格的【属性】面板中，可以设置以下选项或参数。

(1)　【合并单元格】按钮：用于把所选的多个单元格合并为一个单元格。

(2)　【拆分单元格为行或列】按钮：用于将一个单元格分成两个或更多个单元格。

一次只能对一个单元格进行拆分，如果选择的单元格多于一个，此按钮将被禁用。

(3)　【水平】：该下拉列表框用于设置单元格中对象的水平对齐方式，其中包括默认、左对齐、居中对齐和右对齐 4 个选项。

(4)　【垂直】：该下拉列表框用于设置单元格中对象的垂直对齐方式，其中包括默认、顶端、居中、底部和基线 5 个选项。

(5)　【宽】和【高】：这两个文本框用于设置单元格的宽度和高度，单位是像素或百分比。

采用像素为单位的值是表格、行或列当前的宽度或高度的值；以百分比为单位的值是表格、行或列占当前文档窗口宽度或高度的百分比。

(6) 【不换行】：该复选框用于设置单元格文本是否换行。如果选中【不换行】复选框，表示单元格的宽度随文字长度的增加而变宽。当输入的表格数据超出单元格宽度时，单元格会调整宽度来容纳数据。

(7) 【标题】：该复选框用于将当前单元格设置为标题行。

(8) 【背景颜色】：该选项用于设置单元格的背景颜色。使用颜色选择器可选择要设置的单元格的背景颜色。

10.3.2 案例6——设置整个表格属性

选中整个表格后，选择【窗口】→【属性】命令或按 Ctrl+F3 组合键，即可打开表格的【属性】面板，如图 10-17 所示。

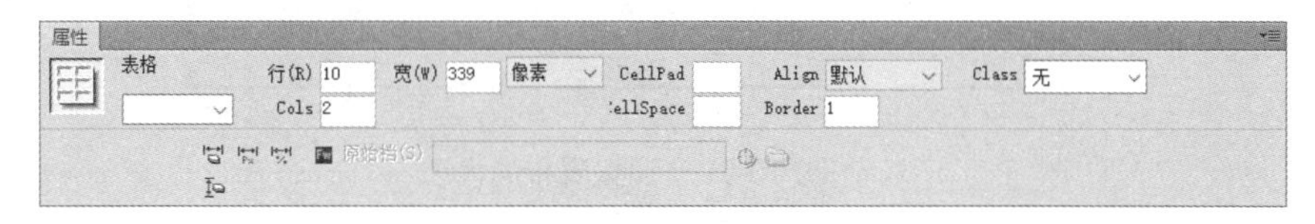

图 10-17 表格的【属性】面板

在表格的【属性】面板中，可以对表格的行、宽、对齐方式等参数进行设置。不过，对表格的高度一般不需要进行设置，因为表格会根据单元格中所输入的内容自动调整。

10.4 操 作 表 格

表格创建完成后，还可以对表格进行操作，如：调整表格的大小，增加或删除表格中的行与列，合并与拆分单元格等。

10.4.1 案例7——调整表格的大小

创建表格后，可以根据需要调整表格或表格的行、列的宽度或高度。整个表格的大小被调整时，表格中所有的单元格将成比例地改变大小。

调整行和列大小的方法如下。

(1) 要改变行的高度，将鼠标指针置于表格两行之间的界线上，当鼠标指针变成÷形状时上下拖动鼠标即可，如图 10-18 所示。

(2) 要改变列的宽度，将鼠标指针置于表格两列之间的界线上，当鼠标指针变成+||+形状时左右拖动鼠标即可，如图 10-19 所示。

调整表格大小的方法为：选中表格后拖动选择手柄，沿相应的方向调整大小。拖动右下角的手柄，可在两个方向上调整表格的大小(宽度和高度)，如图 10-20 所示。

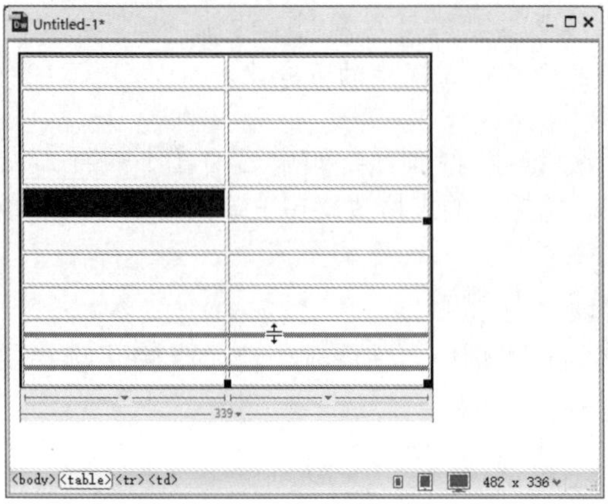

图 10-18　改变行的高度

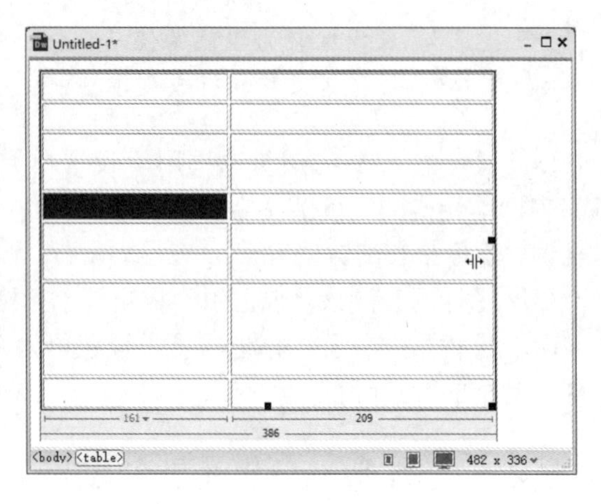

图 10-19　改变列的宽度

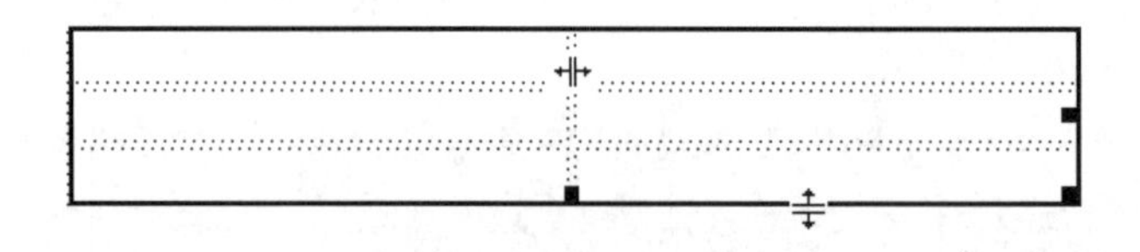

图 10-20　调整表格的大小

10.4.2　案例 8——增加行和列

要在当前表格中增加行和列，可以进行以下几种操作。

(1) 将光标移动到要插入行的下一行并右击，在弹出的快捷菜单中选择【表格】→【插入行】命令，如图 10-21 所示。

(2) 将光标移动到要插入行的下一行，选择【修改】→【表格】→【插入行】命令，如图 10-22 所示。

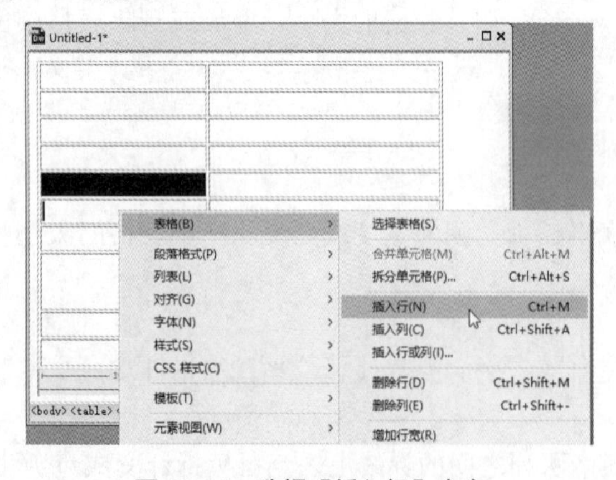

图 10-21　选择【插入行】命令

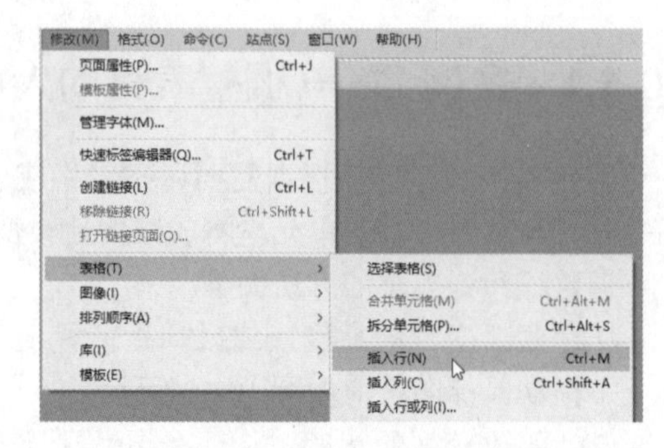

图 10-22　选择【插入行】命令

(3) 将光标移动到要插入行的单元格，按 Ctrl+M 组合键即可插入行，如图 10-23 所示。

使用键盘也可以在单元格中移动光标，按 Tab 键可将光标移动到下一个单元格；按 Shift + Tab 组合键可将光标移动到上一个单元格。在表格最后一个单元格中按 Tab 键，将自动添加一行单元格。

图 10-23 插入行

要在当前表格中插入列，可以进行以下几种操作。

(1) 将光标移动到要插入列的右边一列并右击，在弹出的快捷菜单中选择【表格】→【插入列】命令，如图 10-24 所示。

(2) 将光标移动到要插入列的右边一列，选择【修改】→【表格】→【插入列】命令，如图 10-25 所示。

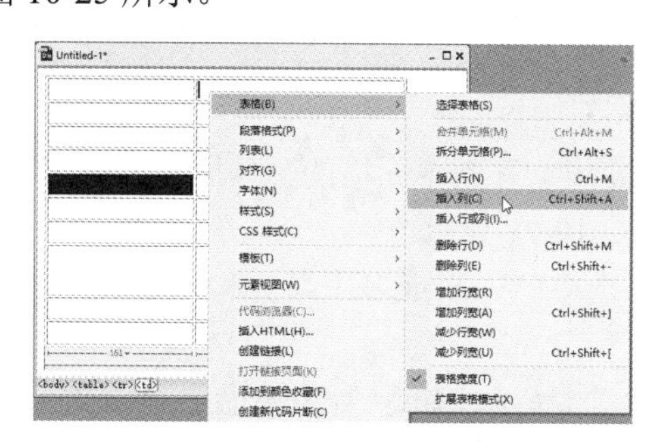

图 10-24 选择【插入列】命令

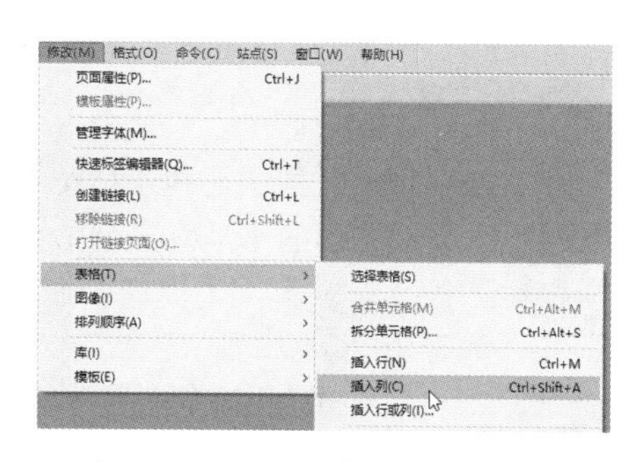

图 10-25 选择【插入列】命令

(3) 将光标移动到要插入列的右边一列，按 Ctrl+Shift+A 组合键，即可插入列，如图 10-26 所示。

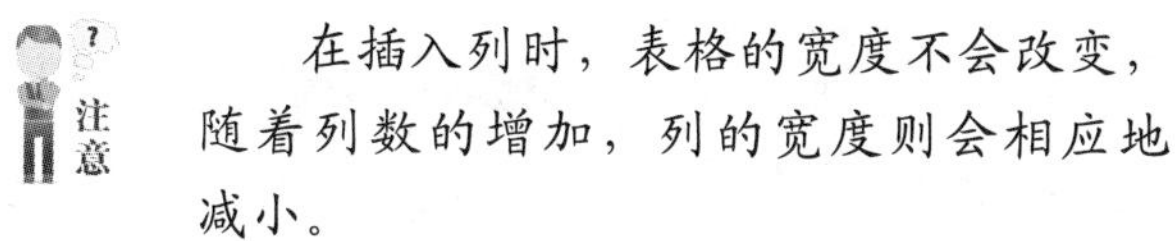

在插入列时，表格的宽度不会改变，随着列数的增加，列的宽度则会相应地减小。

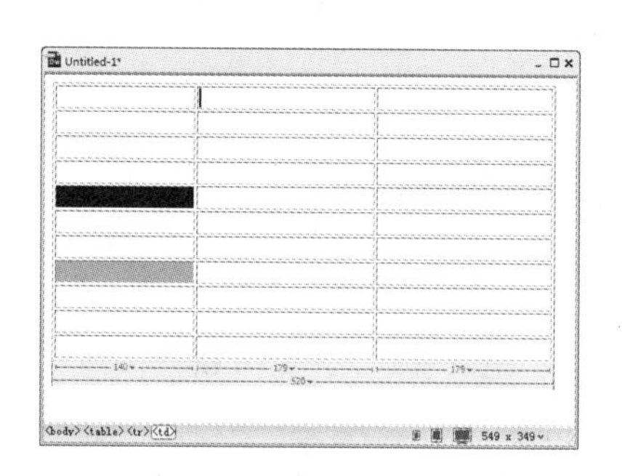

图 10-26 插入列

10.4.3 案例 9——删除行、列、单元格

要删除行或列，可以进行以下几种操作。

(1) 选定要删除的行或列，按 Delete 键即可删除。

使用 Delete 键可以删除多行或多列，但不能删除所有的行或列。如果要删除整个表格，则需要先选中整个表格，然后按 Delete 键即可删除。

(2) 将光标放置在要删除的行或列中，右击，从弹出的快捷菜单中选择【表格】→【删除行】或【删除列】命令，即可删除行或列，如图 10-27 所示。

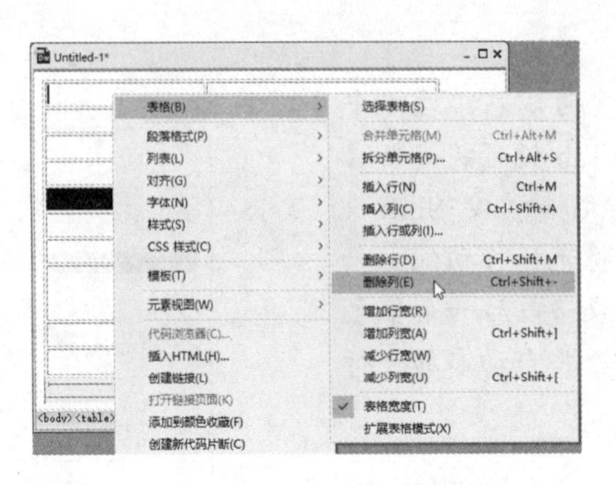

图 10-27　选择【删除行】或【删除列】命令

可以删除所有的行或列，但不能同时删除多行或多列。

10.4.4　案例 10——剪切、复制和粘贴单元格

1. 剪切单元格

移动单元格可使用【剪切】和【粘贴】命令来完成。移动单元格的具体操作步骤如下。

step 01 选中要移动的一个或多个单元格，如图 10-28 所示。

step 02 选择【编辑】→【剪切】命令，可将选中的一个或多个单元格从表格中剪切出来，如图 10-29 所示。

step 03 将光标置于需要粘贴单元格的位置，选择【编辑】→【粘贴】命令即可，如图 10-30 所示。

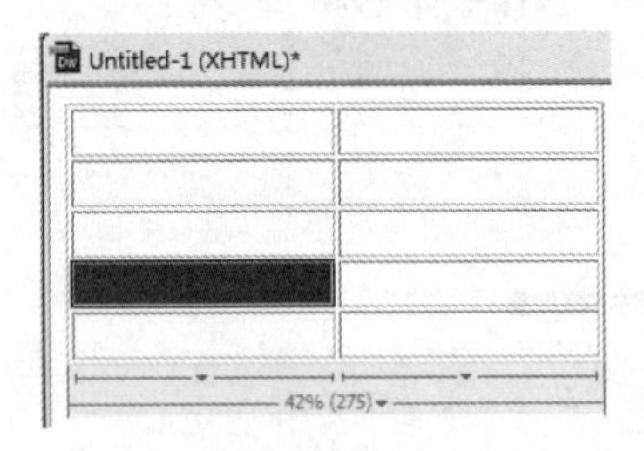

图 10-28　选中单元格

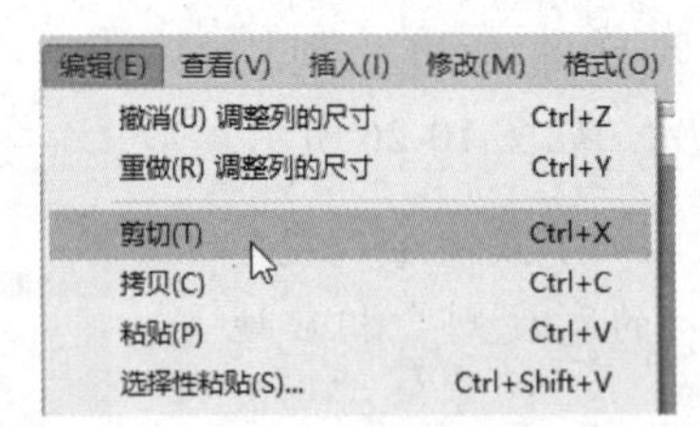

图 10-29　选择【剪切】命令

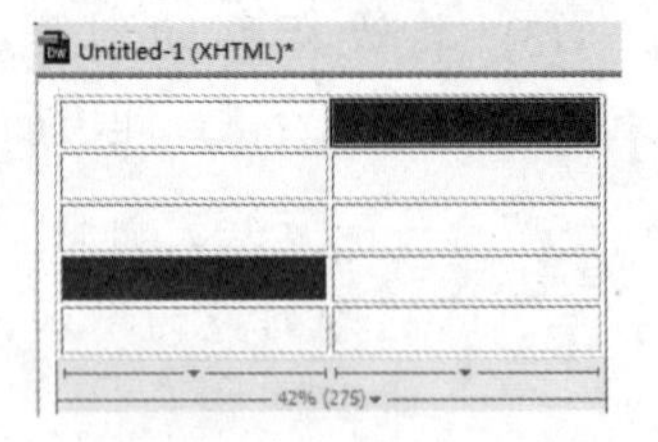

图 10-30　粘贴单元格

所有被选中的单元格必须是连续的且形成的区域呈矩形才能被剪切或复制。对于表格中的某些行或列，使用【剪切】命令可将所选中的行或列删除，否则仅删除单元格中的内容和格式。

2. 复制和粘贴单元格

要粘贴多个单元格，剪贴板的内容必须和表格的格式保持一致。复制、粘贴单元格的具体操作步骤如下。

step 01 选中要复制的单元格，选择【编辑】→【拷贝】命令，如图 10-31 所示。

step 02 将光标置于需要粘贴单元格的位置，选择【编辑】→【粘贴】命令即可，如图 10-32 所示。

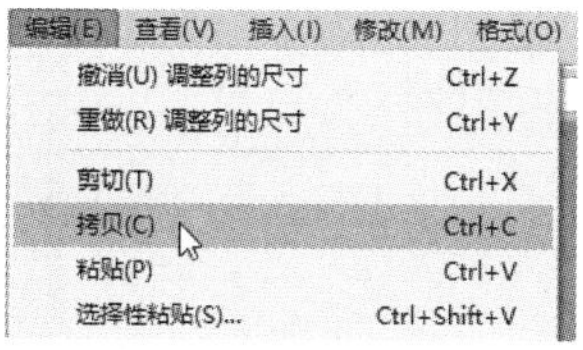

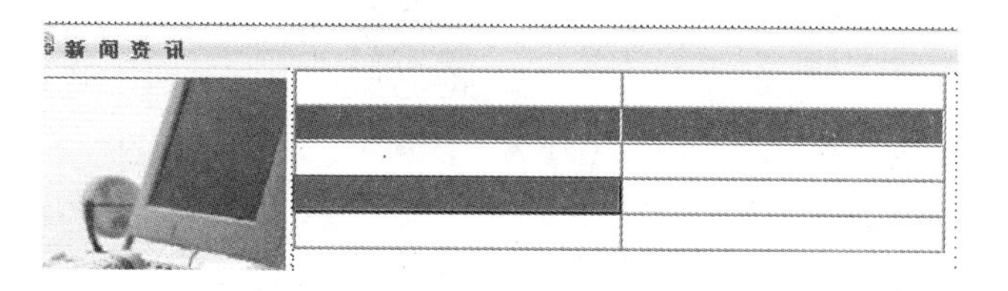

图 10-31　选择【拷贝】命令

图 10-32　粘贴单元格

10.4.5　案例 11——合并和拆分单元格

1. 合并单元格

只要选择的单元格区域是连续的矩形，就可以对单元格进行合并操作，生成一个跨多行或多列的单元格，否则将无法合并。

合并单元格的具体操作步骤如下。

step 01 在文档窗口中选中要合并的单元格，如图 10-33 所示。

图 10-33　选中要合并的单元格

step 02 执行下列任意一种操作即可合并单元格。

(1) 选择【修改】→【表格】→【合并单元格】命令，如图 10-34 所示。

(2) 单击【属性】面板中的【合并单元格】按钮。

(3) 右击并在弹出的快捷菜单中选择【表格】→【合并单元格】命令。

合并完成后，合并前各单元格中的内容将放在合并后的单元格里面，如图 10-35 所示。

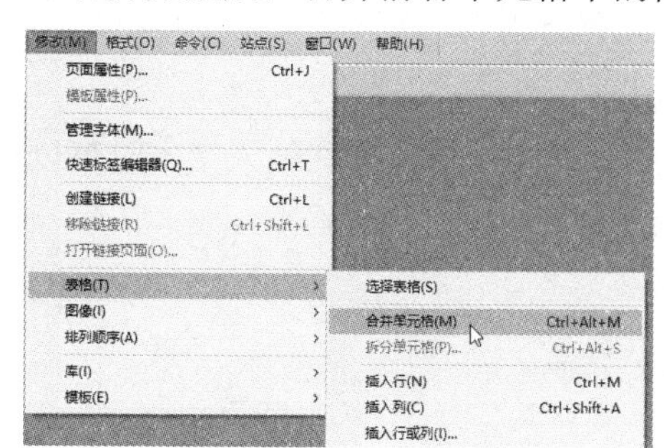

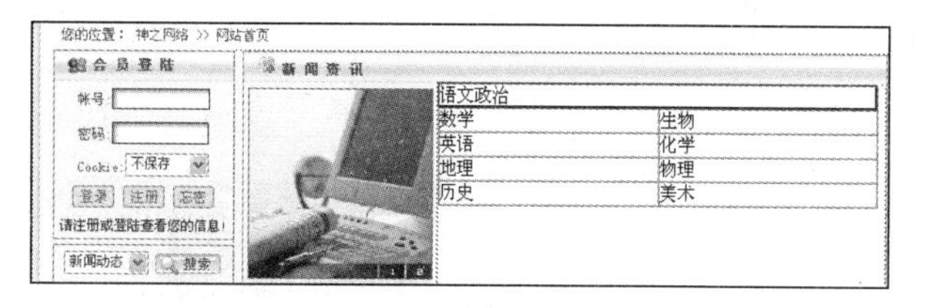

图 10-34　选择【合并单元格】命令

图 10-35　合并之后的单元格

2. 拆分单元格

拆分单元格是将选中的单元格拆分成行或列。拆分单元格的具体操作步骤如下。

step 01 将光标放置在要拆分的单元格中或选中一个单元格，如图 10-36 所示。

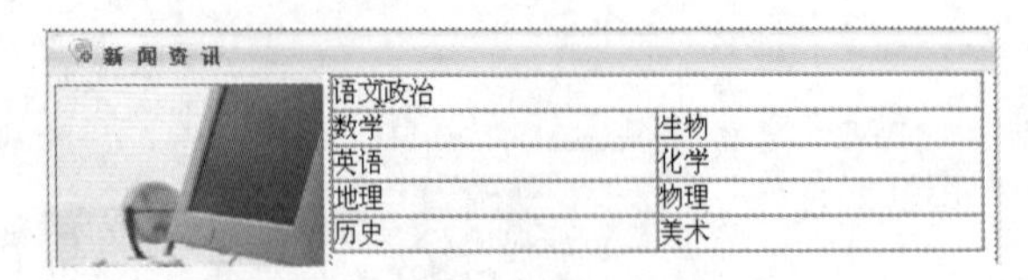

图 10-36　选中要拆分的单元格

step 02 执行下列任意一种操作即可实现拆分单元格。

(1) 选择【修改】→【表格】→【拆分单元格】命令。

(2) 单击【属性】面板中的【拆分单元格】按钮。

(3) 右击并在弹出的快捷菜单中选择【表格】→【拆分单元格】命令。

step 03 弹出【拆分单元格】对话框，在【把单元格拆分】栏中可选中【行】或【列】单选按钮，在【行数】或【列数】微调框中可以输入要拆分成的行数或列数，如图 10-37 所示。

step 04 单击【确定】按钮，即可拆分单元格，如图 10-38 所示。

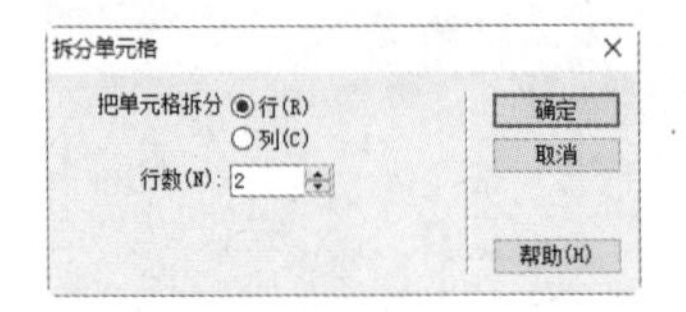

图 10-37　【拆分单元格】对话框

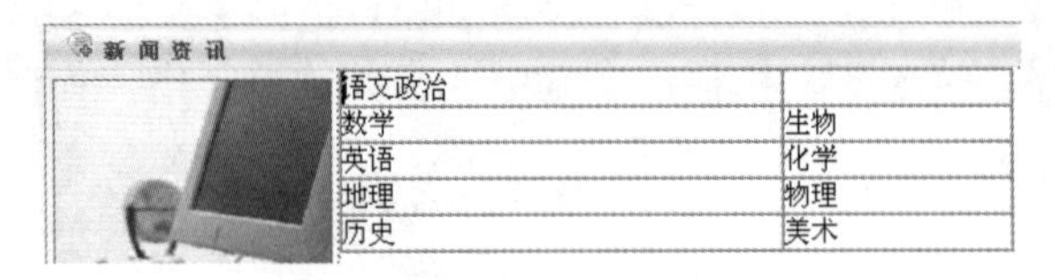

图 10-38　拆分后的单元格

10.5　操作表格数据

在制作网页时，可以使用表格来布局页面。使用表格时，在表格中既可以输入文字，也可以插入图像，还可以插入其他网页元素。在网页的单元格中还可以嵌套一个表格，这样就可以使用多个表格来布局页面。

10.5.1　案例 12——在表格中输入文本

在需要输入文本的单元格中单击，即可在表格中输入文本。单元格在输入文本时可以自动扩展，如图 10-39 所示。

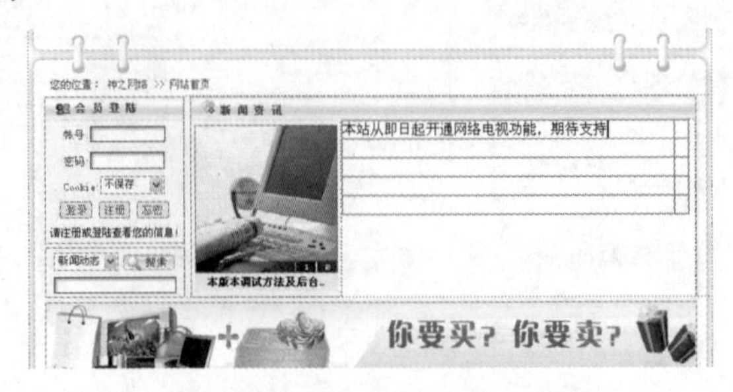

图 10-39　在单元格中输入文本

10.5.2 案例 13——在表格中插入图像

在表格中插入图像是制作网页过程中常见的操作之一。具体操作步骤如下。

step 01 将光标放置在需要插入图像的单元格中，如图 10-40 所示。

step 02 单击【插入】面板的【常用】选项卡中的【图像】按钮，或选择【插入】→【图像】命令；或从【插入】面板中拖动【图像】按钮到单元格中，如图 10-41 所示。

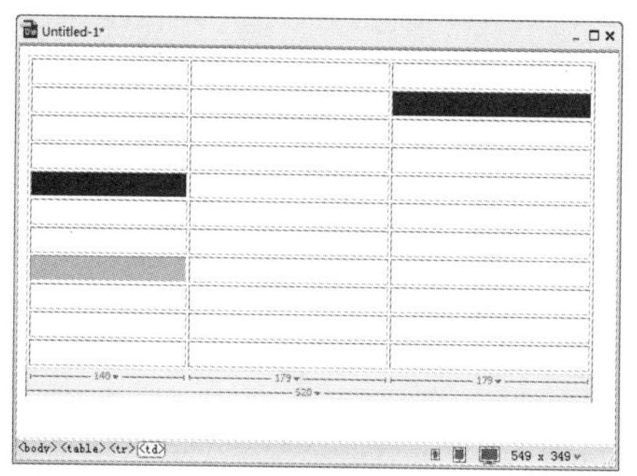

图 10-40 选中要插入图像的单元格

图 10-41 【常用】选项卡

step 03 打开【选择图像源文件】对话框，在其中选择需要插入表格中的图片，如图 10-42 所示。

step 04 单击【确定】按钮，即可将选中的图片添加到表格之中，如图 10-43 所示。

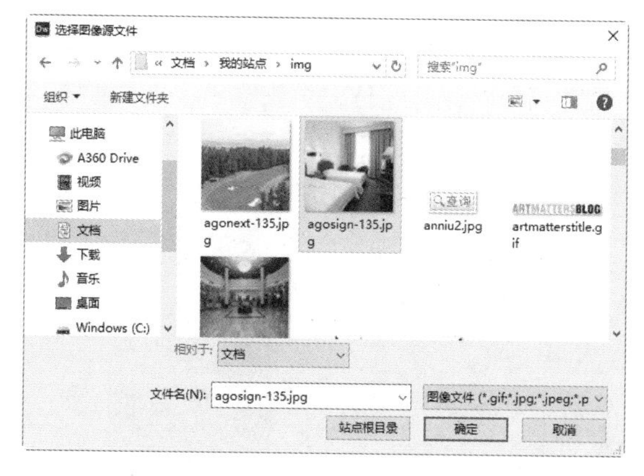

图 10-42 【选择图像源文件】对话框

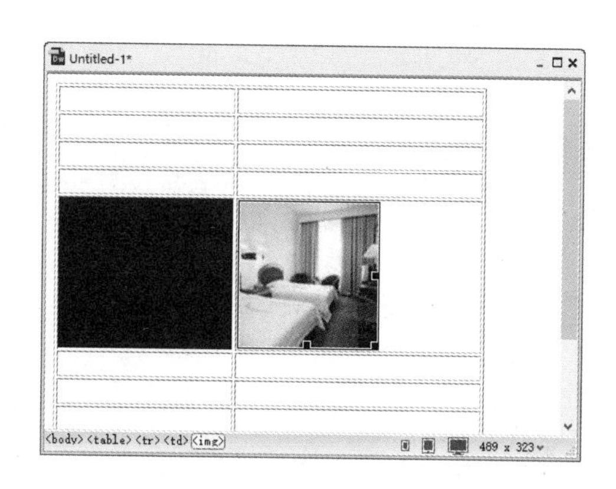

图 10-43 在表格中插入图片

10.5.3 案例 14——表格中的数据排序

表格中的排序功能主要是针对具有格式的数据表格，是根据表格列表中的数据来排序的。具体操作步骤如下。

step 01 选中要排序的表格，如图 10-44 所示。

step 02 选择【命令】→【排序表格】命令，打开【排序表格】对话框，在其中可以根据需要对表格的排序参数进行设置，如图 10-45 所示。

学生姓名	性别	政治面貌	总成绩	兴趣爱好
A	女	团员	96	羽毛球
D	女	党员	58	排球
C	男	党员	97	音乐
B	女	团员	68	网球

图 10-44　选中要排序的表格

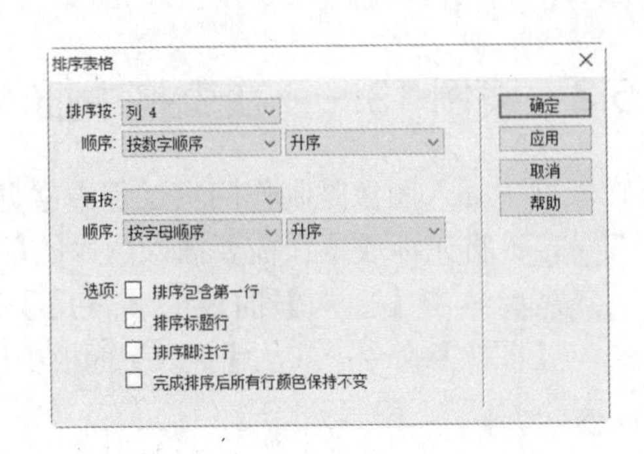

图 10-45　【排序表格】对话框

step 03 单击【确定】按钮，即可完成对表格的排序。本例是按照表格的第 4 列数字的降序进行排列的，如图 10-46 所示。

学生姓名	性别	政治面貌	总成绩	兴趣爱好
C	男	党员	97	音乐
A	女	团员	96	羽毛球
B	女	团员	68	网球
D	女	党员	58	排球

图 10-46　排序完成后的表格

10.5.4　案例 15——导入 Excel 表格数据

在编辑表格的过程中，用户可以将 Excel 表格中的数据直接导入到 Dreamweaver CC 之中，从而方便用户引用数据。导入 Excel 数据的具体操作步骤如下。

step 01 启动 Dreamweaver CC，新建一个网页文档，将光标定位在编辑窗口中，如图 10-47 所示。

step 02 选择【文件】→【导入】→【Excel 文档】命令，如图 10-48 所示。

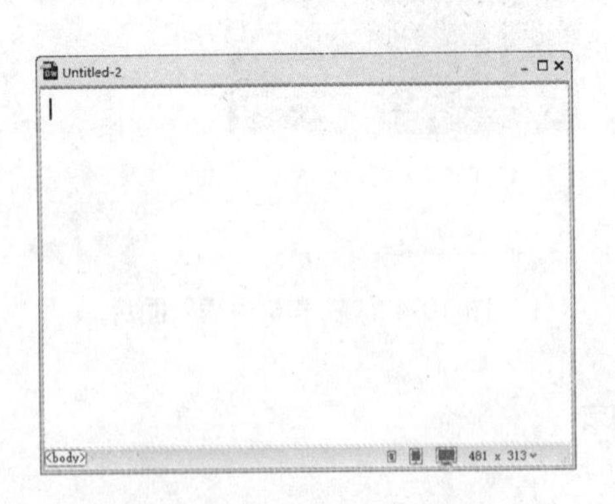

图 10-47　新建空白文档

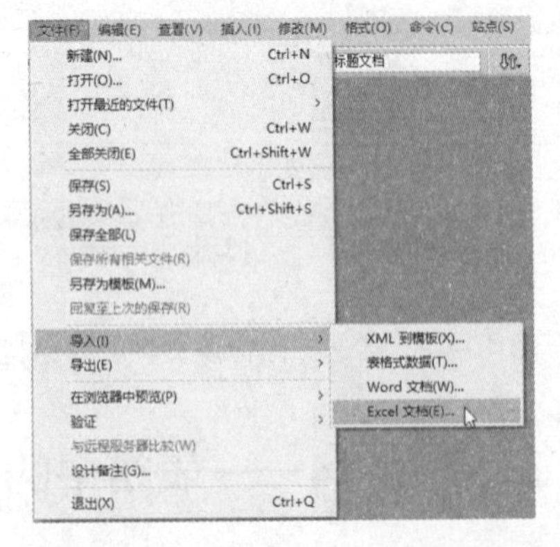

图 10-48　选择【Excel 文档】命令

step 03 弹出【导入 Excel 文档】对话框，在其中选择准备导入的 Excel 文档，如图 10-49 所示。

step 04 单击【打开】按钮，即可将 Excel 文档中的数据导入到网页之中，如图 10-50 所示。

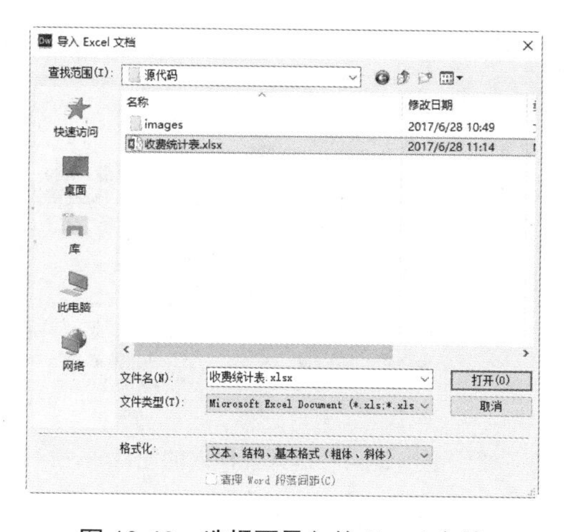

图 10-49　选择要导入的 Excel 文档

Untitled-2*

交费时间	所属年度	所属月份	交费单位	金额
2017/1/10	2017	1	a公司	566.00
2017/1/15	2017	1	c公司	6256.00
2017/1/16	2017	1	d公司	2656.00
2017/1/18	2017	1	b公司	1656.00
2017/1/19	2017	1	a公司	6566.00
2017/2/20	2017	2	a公司	2659.00
2017/2/21	2017	2	d公司	5656.00
2017/2/25	2017	2	d公司	415.00
2017/3/10	2017	3	a公司	6556.00

<body>　477 x 245

图 10-50　导入 Excel 文档

10.6　综合案例——使用表格布局网页

使用表格可以将网页设计得更加合理，可以将网页元素非常轻松地放置在网页中的任何位置。具体操作步骤如下。

step 01 打开素材中的 ch10\index.htm 文件，将光标放置在要插入表格的位置，如图 10-51 所示。

step 02 单击【插入】面板的【常用】选项卡中的【表格】按钮。弹出【表格】对话框，将【行数】和【列】均设置为 2，【表格宽度】设置为 100%，【边框粗细】设置为 0，【单元格边距】设置为 0，【单元格间距】设置为 0，如图 10-52 所示。

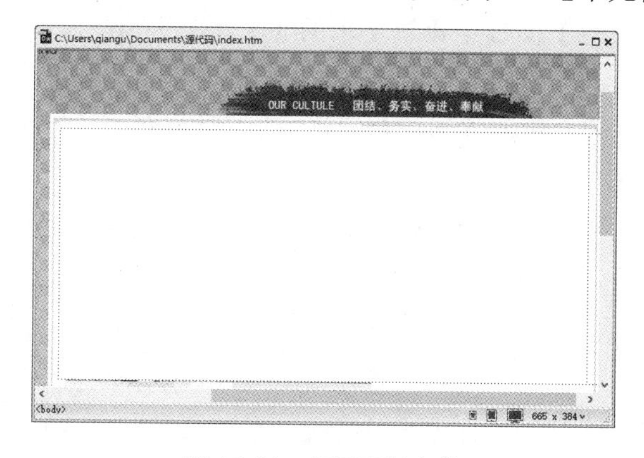

图 10-51　打开素材文件

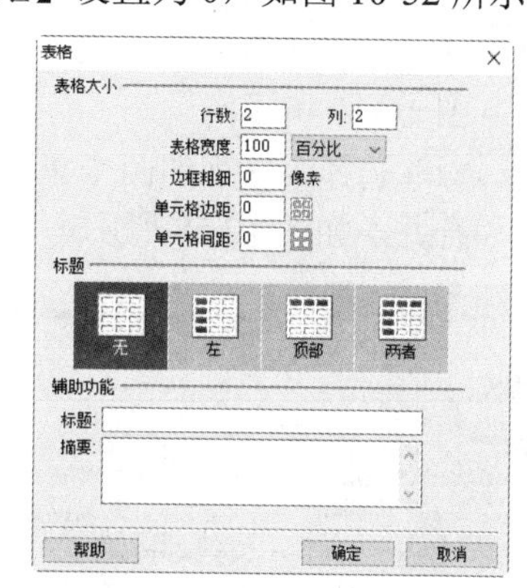

图 10-52　【表格】对话框

step 03 单击【确定】按钮，一个 2 行 2 列的表格就插入到了页面中，如图 10-53 所示。

step 04 将光标放置在第一行的第一列单元格中，单击【插入】面板的【常用】选项卡中的【图像】按钮，弹出【选择图像源文件】对话框，从中选择图像文件，如图 10-54 所示。

step 05 单击【确定】按钮即可插入图片，如图 10-55 所示。

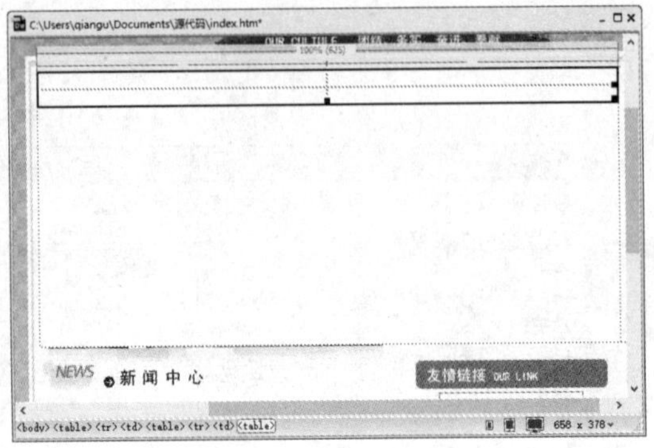

图 10-53　插入的表格

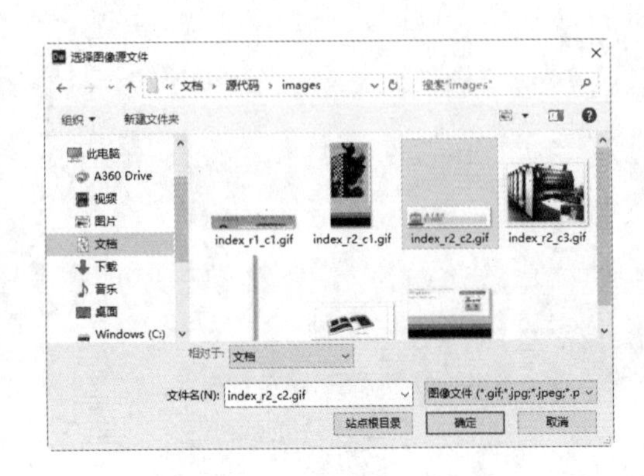

图 10-54　选择要插入的图片

step 06 将光标放置在第二行的第一列单元格中，在【属性】面板中将【背景颜色】设置为#E3E3E3，如图 10-56 所示。

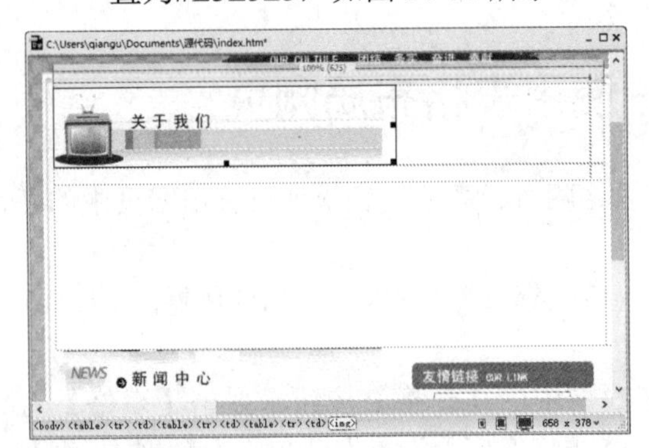

图 10-55　插入的图片

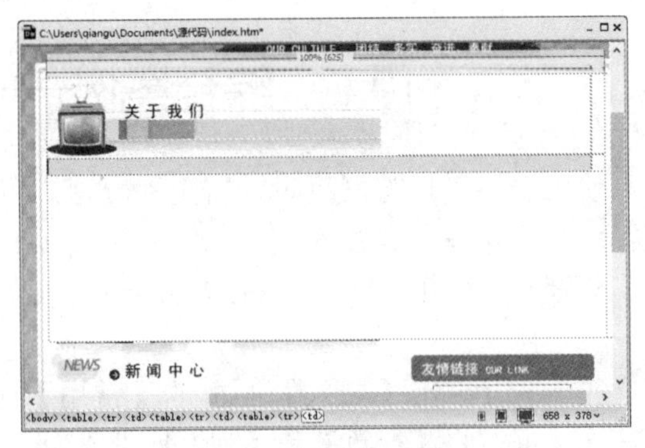

图 10-56　设置单元格的背景色

step 07 在单元格中输入文本，在【属性】面板中设置文本的【大小】为 16 像素，如图 10-57 所示。

step 08 选择第二列的两个单元格，在单元格的【属性】面板中单击按钮，将单元格合并，如图 10-58 所示。

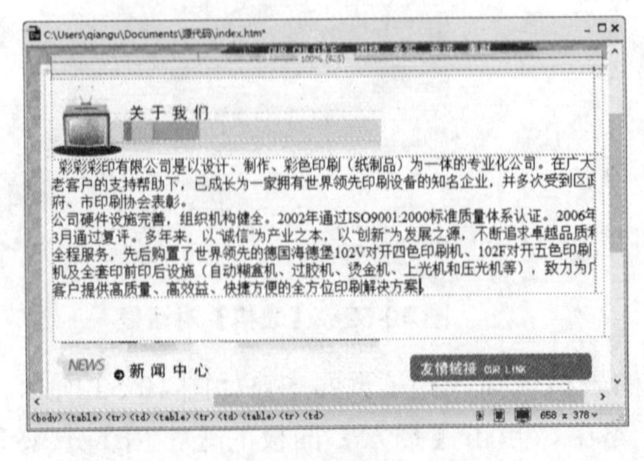

图 10-57　设置文本大小

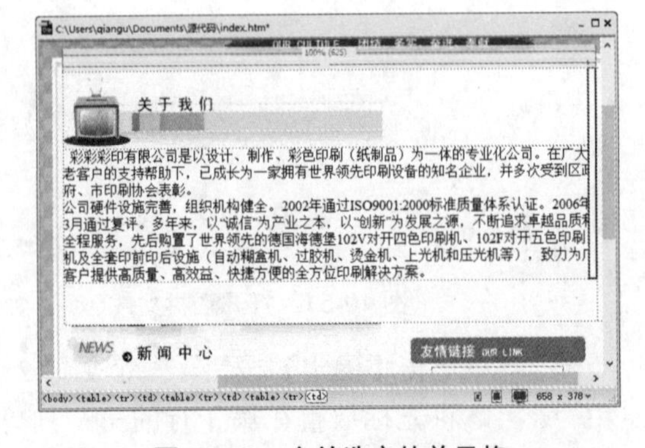

图 10-58　合并选定的单元格

step 09 选定合并后的单元格，选择【插入】→【表格】命令。弹出【表格】对话框，将【行数】设置为 2，【列】设置为 1，【表格宽度】设置为 100%，【边框粗细】

设置为 0，【单元格边距】设置为 0，【单元格间距】设置为 0，如图 10-59 所示。

step 10 单击【确定】按钮，一个两行一列的表格就插入到了页面中，如图 10-60 所示。

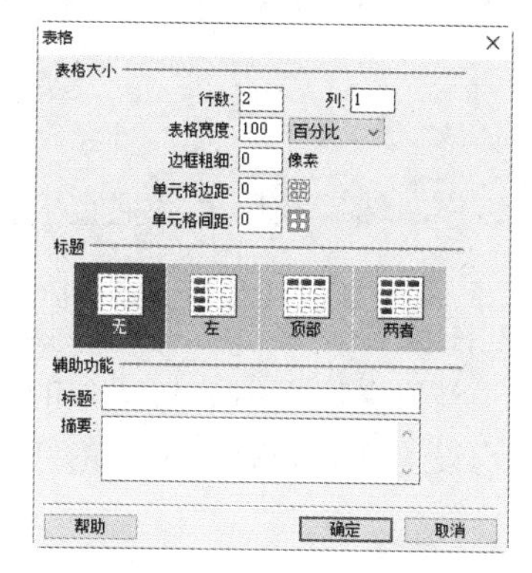

图 10-59 设置单元格

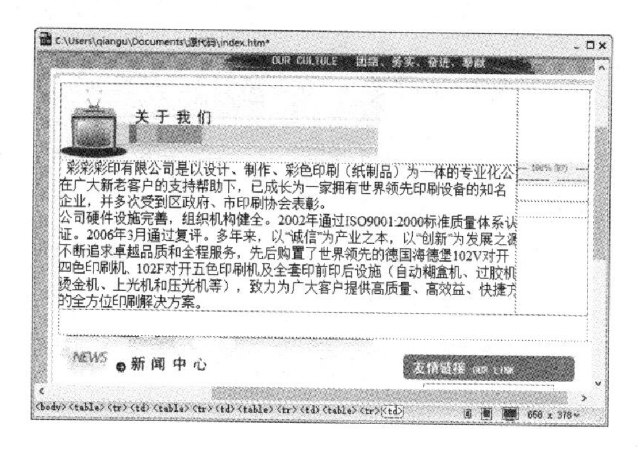

图 10-60 插入表格

step 11 将光标放置到第一行的单元格中，单击【插入】面板的【常用】选项卡中的【图像】按钮，弹出【选择图像源文件】对话框，从中选择图像文件，如图 10-61 所示。

step 12 单击【确定】按钮即可插入图片，如图 10-62 所示。

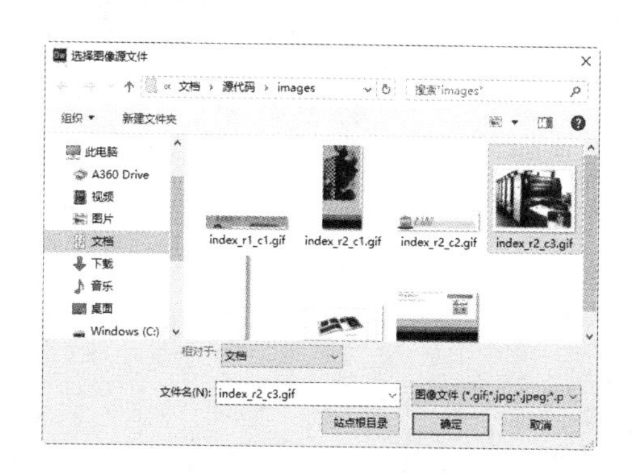

图 10-61 选择图片

图 10-62 插入图片

step 13 重复上述步骤，在第二行的单元格中插入图片，如图 10-63 所示。

step 14 保存文档，按 F12 键在 IE 浏览器中预览，效果如图 10-64 所示。

图 10-63 再次插入图片

图 10-64 预览网页

10.7 疑难解惑

疑问 1：如何使用表格拼接图片?

答：对于一些较大的图像，读者可以将其切分成几个部分，然后利用表格把它们拼接到一起，这样就可以加快图像的下载速度。

具体的操作方法是：先用图像处理工具(如 Photoshop)把图像切分成几个部分(具体切图方法读者可以参照本书中的相关章节)，然后在网页中插入一个表格(其行列数与切分的图像相同)，在表格属性中将边框粗细、单元格边距和单元格间距均设为 0，再把切分后的图像按照原来的位置关系插入相应的单元格中即可。

疑问 2：导入到网页中的数据混乱怎么办?

答：一般出现这种数据混乱的情况是由于全角造成的，因为此时记事本文件中的符号为全角。用户需要重新将记事本中的全角符号修改为半角符号，即修改为英文状态下输入，然后导入到网页中即可解决该数据问题。

第 11 章 读懂样式表密码——使用 CSS 层叠样式表

使用 CSS 技术可以对文档进行精细的页面美化。CSS 样式不仅可以对单个页面进行格式化，还可以对多个页面使用相同的样式进行修饰，以达到统一的效果。本章主要介绍如何使用 CSS 层叠样式表美化网页。

11.1 初识 CSS 样式表

CSS 层叠样式表是一种重要的网页设计语言，其作用是定义各种网页标签的样式属性，从而丰富网页的表现力。此外，使用层叠样式表，可以让样式和代码分离开来，让整个网页代码更清晰。

11.1.1 什么是 CSS

CSS(Cascading Style Sheet)，中文名为层叠样式表，也可以被称为 CSS 样式表或样式表，其文件扩展名为.css。CSS 是用于增强或控制网页样式，并允许将样式信息与网页内容分离的一种标记性语言。

引用样式表的目的是将“网页结构代码”和“网页样式风格代码”分离，从而使网页设计者可以对网页布局进行更多的控制。利用样式表，可以将整个站点上的所有网页都指向某个 CSS 文件，设计者只需要修改 CSS 文件中的某一行，整个网页上对应的样式都会随之发生相同的改变。如图 11-1 所示为 Dreamweaver CC 的代码窗口，在其中可以查看相应的 CSS 代码。

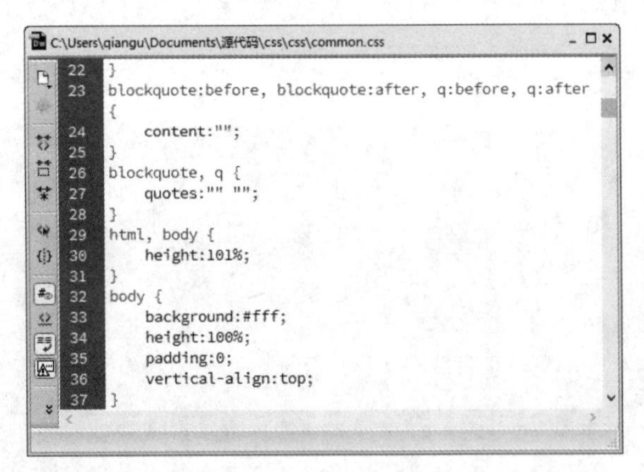

图 11-1 Dreamweaver CC 的代码窗口

11.1.2 CSS 的 3 种类型

CSS 的定义类型主要有 3 种，分别是自定义的 CSS、重定义标签的 CSS 和伪类及伪对象。

1. 自定义的 CSS

自定义的 CSS 就是根据需要自行定义的样式名称。如图 11-2 所示的自定义的#facebox 样式就是自定义的 CSS 样式。

2. 重定义标签的 CSS

重定义标签样式即对现有的 HTML 标签样式进行样式的重定义。图 11-3 所示为重定义的

<ul>标签的样式。

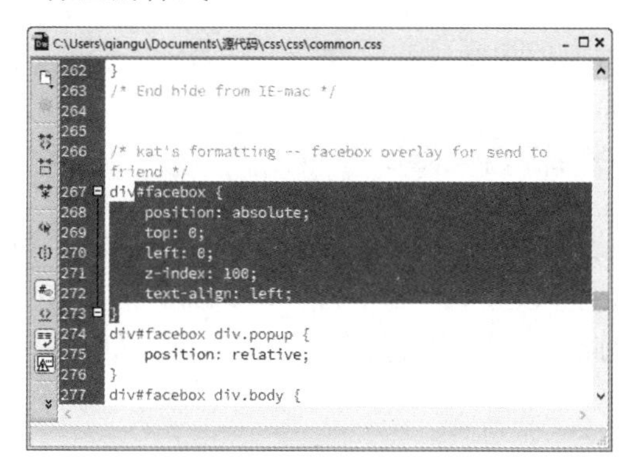

图 11-2　自定义的 CSS

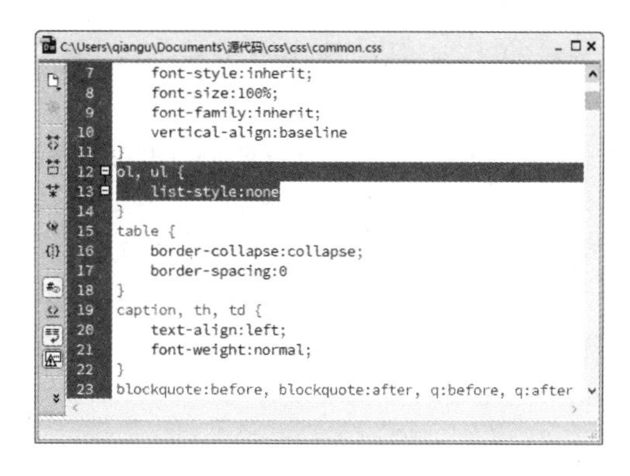

图 11-3　重定义标签的 CSS

3. 伪类及伪对象

CSS 中有一些比较特殊的属性，称之为伪类，常见的伪类有:link、:hover、:first-child；:active、:focus 等。如图 11-4 所示为 CSS 中的伪类对象。

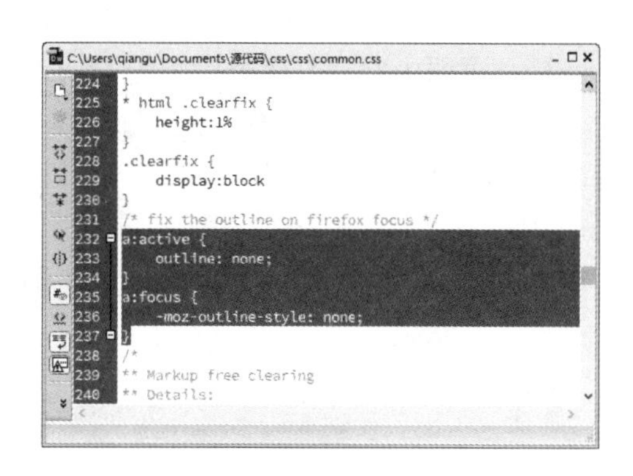

图 11-4　伪类及伪对象

11.1.3　CSS 的语法格式

CSS 样式表由若干条样式规则组成。这些样式规则可以应用到不同的元素或文档，从而定义它们显示的外观。每一条 CSS 规则由 3 个部分构成：选择符(selector)、属性(properties)和属性值(value)。其语法格式如下：

```
selector{property: value}
```

语句说明如下。

(1) selector 选择符：采用多种形式，可以为文档中的 HTML 标记，如<body>、<table>、<p>等，但是也可以是 XML 文档中的标记。

(2) property 属性：是选择符指定的标记所包含的属性。

(3) value：指定了属性的值。

如果定义选择符的多个属性，则属性和属性值为一组，组与组之间用分号(;)隔开。其基本语法格式如下：

```
selector{property1: value1; property2: value2;…}
```

下面就给出一条 CSS 样式规则：

```
p{color:red}
```

该 CSS 样式规则中的选择符 p，为段落标记<p>提供样式；color 为指定文字颜色属性；red 为属性值。此样式表示标记<p>指定的段落文字为红色。

如果要为段落设置多种样式，则可以使用下列语句：

```
p{font-family:"隶书"; color:red; font-size:40px; font-weight:bold}
```

11.1.4 案例 1——使用 Dreamweaver 编写 CSS

随着 Web 的发展，越来越多的开发人员开始使用功能更多、界面更友好的专用 CSS 编辑器，如 Dreamweaver 的 CSS 编辑器和 Visual Studio 的 CSS 编辑器。这些编辑器有语法着色，带输入提示，甚至有自动创建 CSS 的功能，因此深受开发人员喜爱。下面介绍如何使用 Dreamweaver CC 编写 CSS 样式规则。

具体操作步骤如下。

step 01 使用 Dreamweaver CC 创建 HTML 文档，然后输入内容，如图 11-5 所示。

step 02 在【CSS 设计器】面板中单击【添加 CSS 源】按钮，在弹出的菜单中选择【在页面中定义】命令，如图 11-6 所示。

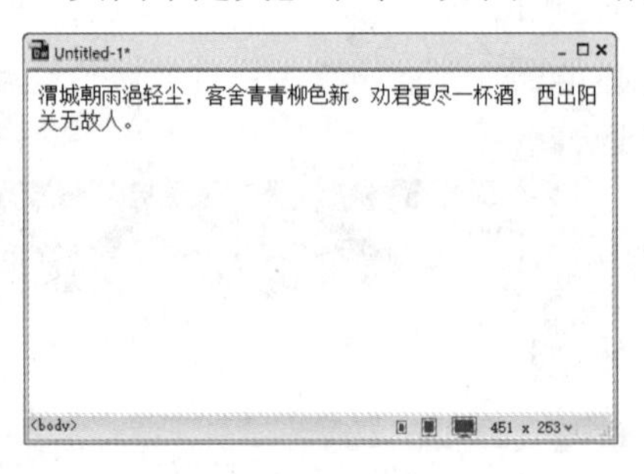

图 11-5 新建网页文档

图 11-6 【CSS 设计器】面板

step 03 在页面中选择需要设置样式的对象，这里选择添加的文本内容，然后在【源】栏中选择<style>选项，单击【选择器】栏中的【添加选择器】按钮，即可在选择器中添加标签样式 body，如图 11-7 所示。

step 04 在【属性】栏中单击【文本】按钮，设置 color(颜色)为红色、font-size(文字大小)为 x-large，如图 11-8 所示。

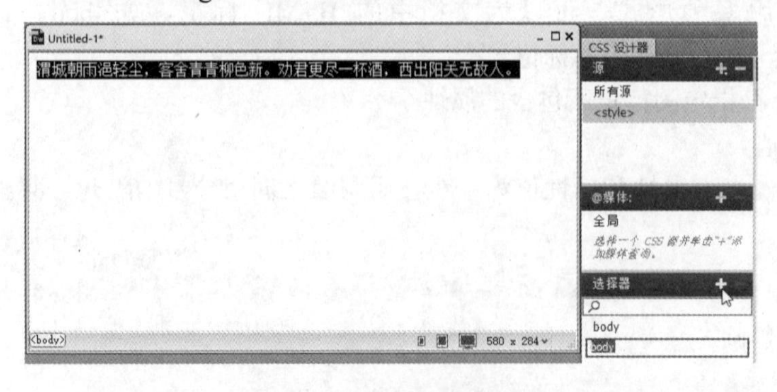

图 11-7 添加标签样式 body

图 11-8 设置文本属性

step 05 在【属性】栏中单击【背景】按钮，设置 background-color(背景颜色)为浅黄色，如图 11-9 所示。

step 06 在页面中即可看到添加的样式效果，如图 11-10 所示。

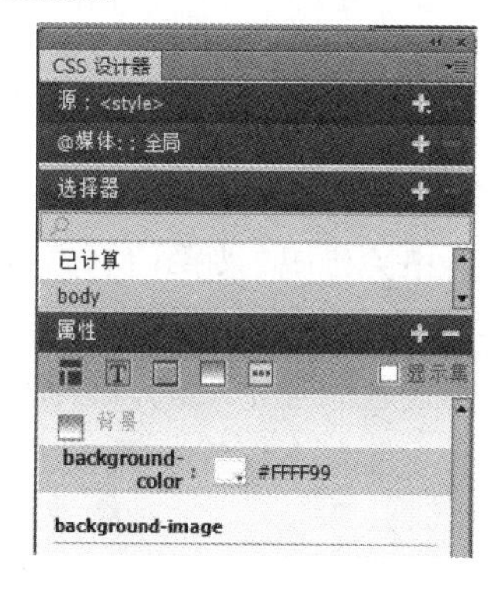

图 11-9 设置背景颜色

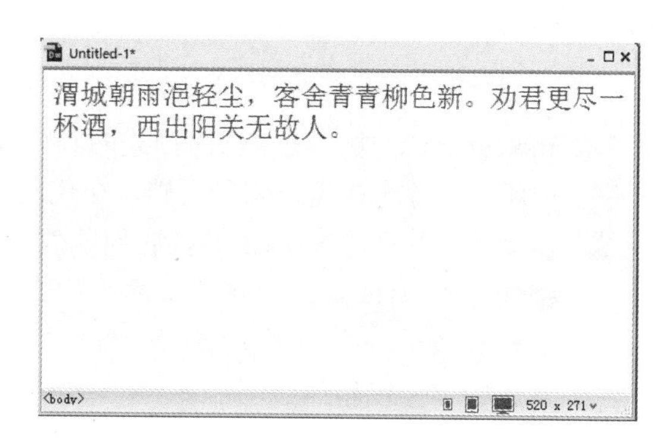

图 11-10 添加 CSS 后的效果

step 07 切换到代码视图中，查看添加的样式表的具体内容，如图 11-11 所示。

step 08 保存文件后，按 F12 键查看预览效果，如图 11-12 所示。

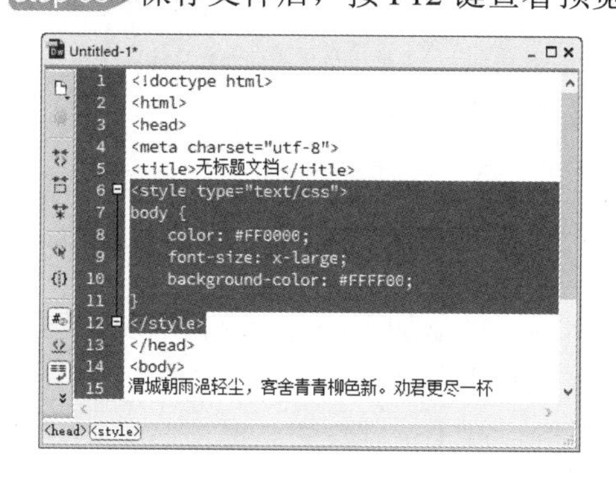

```
<!doctype html>
<html>
<head>
<meta charset="utf-8">
<title>无标题文档</title>
<style type="text/css">
body {
    color: #FF0000;
    font-size: x-large;
    background-color: #FFFF00;
}
</style>
</head>
<body>
渭城朝雨浥轻尘，客舍青青柳色新。劝君更尽一杯
```

图 11-11 代码视图

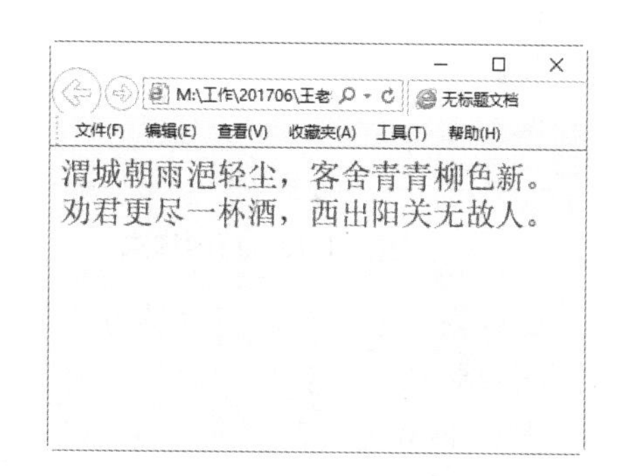

图 11-12 预览文件效果

上面使用 Dreamweaver CC 设置 CSS，只是其中一种方法。读者还可以直接在代码模式中，编写 CSS 代码，此时会有很好的语法提示。

11.2 CSS 的使用方式

CSS 样式表能很好地控制页面显示，以达到分离网页内容和样式代码的目的。CSS 样式表控制 HTML 5 页面达到好的样式效果，其使用方式通常包括行内样式、内嵌样式、链接样式和导入样式。

11.2.1 案例 2——行内样式

行内样式是所有样式中比较简单、直观的方法，就是直接把 CSS 代码添加到 HTML 的标记中，即作为 HTML 标记的属性标记存在。通过这种方法，可以很简单地对某个元素单独定义样式。

使用行内样式方法是直接在 HTML 标记中使用 style 属性，该属性的内容就是 CSS 的属性和值。例如：

```
<p style="color:red">段落样式</p>
```

在 Dreamweaver CC 中，使用行内样式的具体操作步骤如下。

step 01 新建“行内样式.html”文档，在代码视图中，输入相关代码，如图 11-13 所示。

step 02 保存文件后，按 F12 键查看预览效果，如图 11-14 所示，可以看到 2 个 p 标记中都使用了 style 属性，并且设置了 CSS 样式，各个样式之间互不影响，分别显示自己的样式效果。第 1 个段落设为红色字体，居中显示，带有下划线。第二个段落设为蓝色字体，以斜体显示。

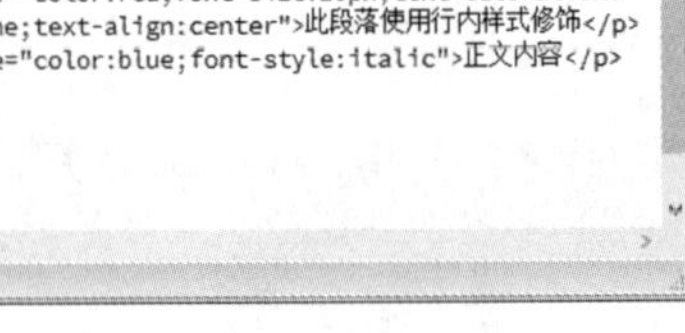

图 11-13　行内样式

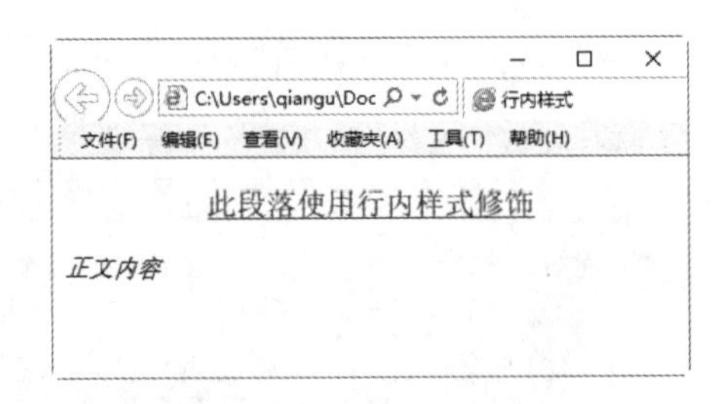

图 11-14　行内样式效果

尽管行内样式简单，但这种方法不常使用，因为这样添加无法完全发挥样式表“内容结构和样式控制代码”分离的优势。而且这种方式也不利于样式的重用。如果需要为每一个标记都设置 style 属性，后期维护成本高，网页容易过胖，故不推荐使用。

11.2.2　案例 3——内嵌样式

内嵌样式就是将 CSS 样式代码添加到<head>与</head>之间，并且用<style>和</style>标记进行声明。这种写法虽然没有实现页面内容和样式控制代码之间的完全分离，但可以设置一些比较简单的样式，并统一页面样式。

代码如下：

```
<head>
  <style type="text/css" >
    p
    {
      color:red;
      font-size:12px;
    }
  </style>
</head>
```

有些较低版本的浏览器不能识别<style>标记，因而不能正确地将样式应用到页面显示上，而是直接将标记中的内容以文本的形式显示。为了解决此类问题，可以使用 HTML 注释将标记中的内容隐藏。如果浏览器能够识别<style>标记，则标记内被注释的 CSS 样式定义代码依旧能够发挥作用。代码如下：

```
<head>
  <style type="text/css" >
  <!--
    p
    {
      color:red;
      font-size:12px;
    }
  -->
  </style>
</head>
```

在 Dreamweaver CC 中，使用内嵌样式的具体操作步骤如下。

step 01 新建“内嵌样式.html”文档，在代码视图中，输入相关代码，如图 11-15 所示。

step 02 保存文件后，按 F12 键查看预览效果，如图 11-16 所示，可以看到 2 个 p 标记中都被 CSS 样式修饰，其样式保持一致，段落居中、加粗并以橙色字体显示。

```
<!doctype html>
<html>
<head>
<title>内嵌样式</title>
<style type="text/css">
p{
        color:orange;
        text-align:center;
        font-weight:bolder;
        font-size:25px;
}
</style>
</head><body>
<p>此段落使用内嵌样式修饰</p>
<p>正文内容</p>
</body>
</html>
```

图 11-15 内嵌样式

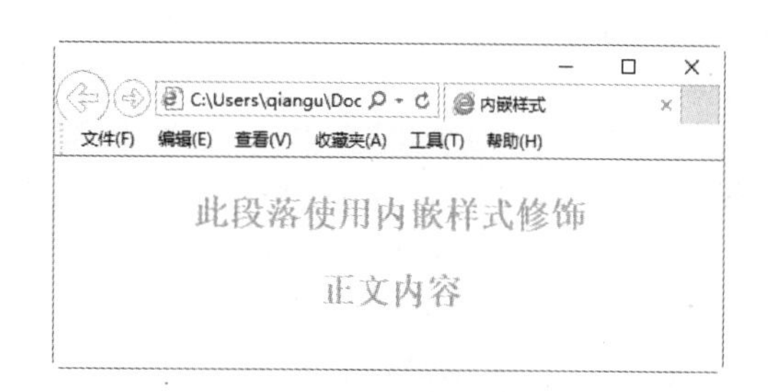

图 11-16 内嵌样式效果

在上述例子中，所有 CSS 编码都在 style 标记中，方便了后期维护，页面相比较与行内样式大大瘦身了。但如果一个网站拥有很多页面，对于不同页面 p 标记都希望采用同样风格时，内嵌方式就显得有点麻烦了。此种方法只适用于特殊页面设置单独的样式风格。

11.2.3 案例 4——链接样式

链接样式是 CSS 中使用频率最高也是最实用的方法。它很好地将“页面内容”和“样式风格代码”分离成两个文件或多个文件，实现了页面框架 HTML 代码和 CSS 代码的完全分离。这样使前期制作和后期维护都十分方便。同一个 CSS 文件，根据需要可以链接到网站中所有的 HTML 页面上，使得网站整体风格统一、协调并且后期维护的工作量也大大减少。

链接样式是指在外部定义 CSS 样式表并形成以.css 为扩展名的文件，然后在页面中通过<link>链接标记链接到页面中，而且该链接语句必须放在页面的<head>标记区，具体如下：

```
<link rel="stylesheet" type="text/css" href="1.css" />
```

(1) rel 指定链接到样式表，其值为 stylesheet。

(2) type 表示样式表类型为 CSS 样式表。

(3) href 指定了 CSS 样式表所在位置，此处表示当前路径下名称为 1.css 文件。

这里使用的是相对路径。如果 HTML 文档与 CSS 样式表没有在同一路径下，则需要指定样式表的绝对路径或引用位置。

在 Dreamweaver CC 中，使用链接样式的具体操作步骤如下。

step 01 新建“链接样式.html”文档，在代码视图中，输入相关代码，如图 11-17 所示。

step 02 选择【文件】→【新建】命令，打开【新建文档】对话框，选择【空白页】选项，在【页面类型】列表框中选择 CSS 选项，单击【创建】按钮，如图 11-18 所示。

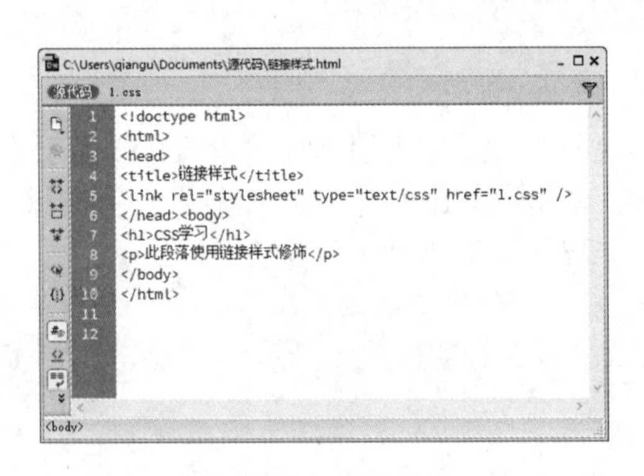

图 11-17　链接样式

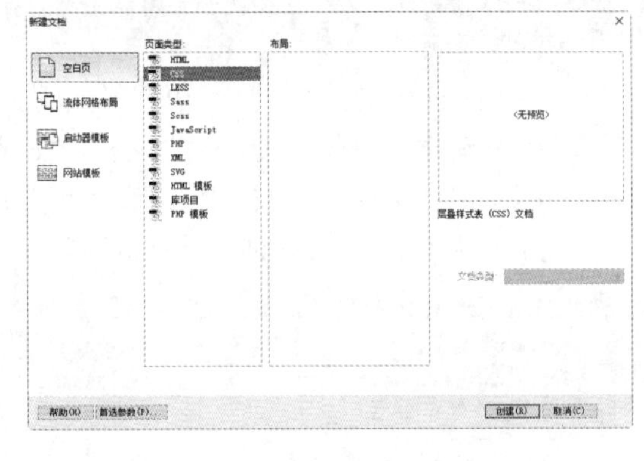

图 11-18　【新建文档】对话框

step 03 创建名称为 1.CSS 的样式表文件，输入的内容如图 11-19 所示。

step 04 保存文件后，按 F12 键查看预览效果，如图 11-20 所示。可以看到，标题和段落以不同样式显示，标题居中显示，段落以斜体居中显示。

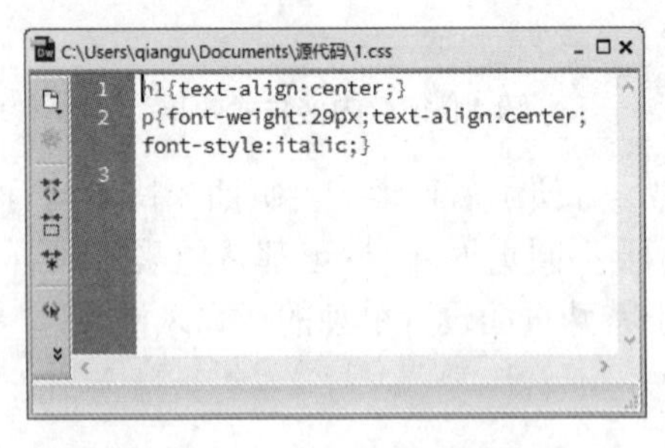

图 11-19　样式表内容

图 11-20　链接样式效果

链接样式的最大优势就是将 CSS 代码和 HTML 代码完全分离，并且同一个 CSS 文件能被不同的 HTML 所链接使用。

在设计整个网站时，可以将所有页面链接到同一个 CSS 文件，使用相同的样式风格。如果整个网站需要修改样式，只需要修改 CSS 文件即可。

11.2.4　案例 5——导入样式

导入样式和链接样式基本相同，都是创建一个单独的 CSS 文件，然后引入到 HTML 文件中。只不过语法和运作方式有差别。采用导入样式的样式表，在 HTML 文件初始化时，会被导入到 HTML 文件内，作为文件的一部分，类似于内嵌效果。而链接样式是在 HTML 标记需要样式风格时才以链接方式引入。

导入外部样式表是指在内部样式表的<style>标记中，使用@import 导入一个外部样式表。例如：

```
<head>
  <style type="text/css" >
  <!--
  @import "1.css"
  -->  </style>
</head>
```

导入外部样式表相当于将样式表导入到内部样式表中，其方式更有优势。导入外部样式表必须在样式表的开始部分，在其他内部样式表上面。

创建名称为 2.CSS 的样式表文件，输入的内容如下：

```
h1{text-align:center;color:#0000ff}
p{font-weight:bolder;text-decoration:underline;font-size:20px;}
```

在 Dreamweaver CC 中，使用导入样式的具体操作步骤如下。

step 01 新建“导入样式.html”文档，在代码视图中，输入相关代码，如图 11-21 所示。

step 02 保存文件后，按 F12 键查看预览效果，如图 11-22 所示。可以看到，标题和段落以不同样式显示，标题居中显示，颜色为蓝色，段落以大小 20px 并加粗显示。

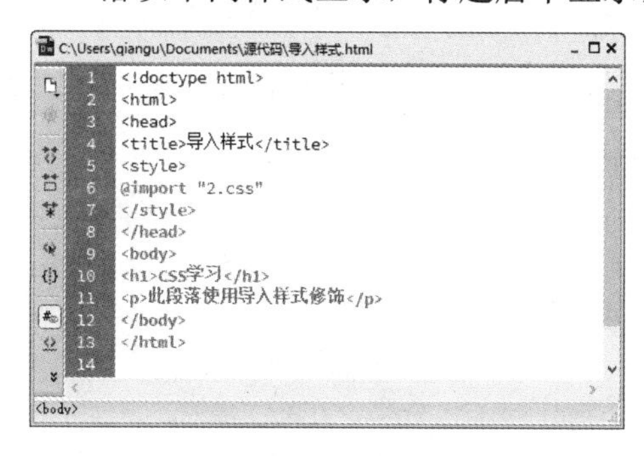

图 11-21　导入样式

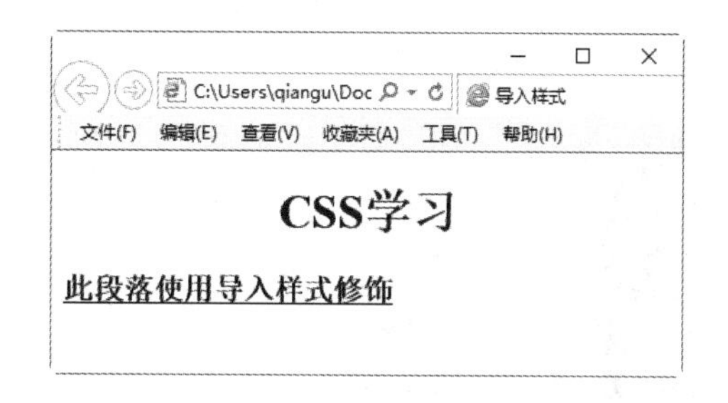

图 11-22　导入样式效果

导入样式与链接样式比较，最大的优点就是可以一次导入多个 CSS 文件。代码如下：

```
<style>
@import "2.css"
@import "test.css"
</style>
```

11.3　CSS 中的常用样式

在了解了 CSS 的使用方式与编写 CSS 样式规则的方法后，下面介绍如何定义 CSS 样式中常用的样式属性，包括字体、文本、背景、边框、列表等。

11.3.1 案例 6——使用字体样式

在 HTML 中，CSS 字体属性用于定义文字的字体、大小、粗细的表现等。常用的字体属性包括字体类型、字号大小、字体风格、字体颜色等。

1. 控制字体类型

font-family 属性用于指定文字字体类型，如宋体、黑体、隶书、Times New Roman 等，即在网页中，展示字体不同的形状。具体的语法格式如下：

```
{font-family : name}
```

其中，name 是字体名称，按优先顺序排列，以逗号隔开，如果字体名称包含空格，则应使用引号括起。

新建空白网页文档，在代码视图中，输入以下内容(见图 11-23)：

```
<!DOCTYPE html>
<html>
<style type=text/css>
p{font-family:黑体}
</style>
<body>
<p align=center>天行健，君子以自强不息。</p>
</body>
</html>
```

保存网页文档为 font-family.html，在 IE 11.0 浏览器中浏览，效果如图 11-24 所示，可以看到文字居中并以黑体显示。

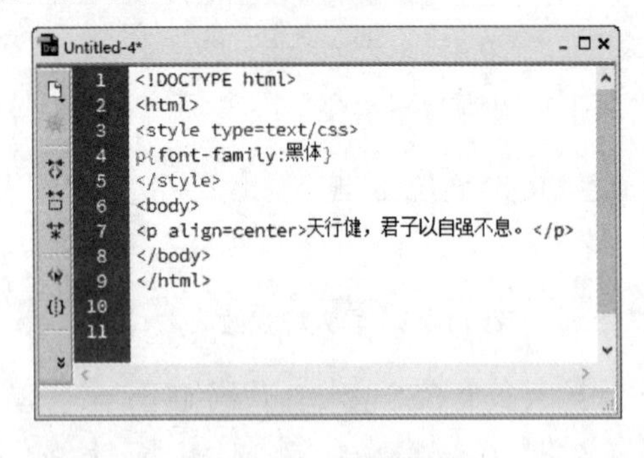

图 11-23 代码视图

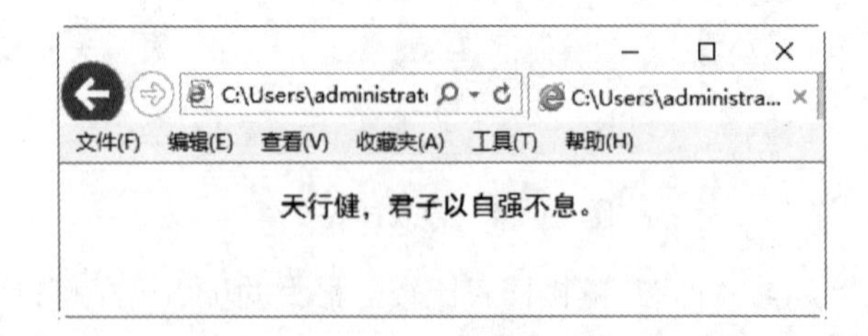

图 11-24 字型显示

2. 定义字体大小

在 CSS 规定中，通常使用 font-size 设置文字大小。其语法格式如下：

```
{font-size : 数值| inherit | xx-small | x-small | small | medium | large |
x-large | xx-large | larger | smaller | length}
```

其中，通过数值来定义字体大小，例如用 font-size:10px 的方式定义字体大小为 10 个像素。此外，还可以通过 medium 之类的参数定义字体的大小，其参数含义如表 11-1 所示。

表 11-1 font-size 参数

参 数	说 明
xx-small	绝对字体尺寸。根据对象字体进行调整。最小
x-small	绝对字体尺寸。根据对象字体进行调整。较小
small	绝对字体尺寸。根据对象字体进行调整。小
medium	默认值。绝对字体尺寸。根据对象字体进行调整。正常
large	绝对字体尺寸。根据对象字体进行调整。大
x-large	绝对字体尺寸。根据对象字体进行调整。较大
xx-large	绝对字体尺寸。根据对象字体进行调整。最大
larger	相对字体尺寸。相对于父对象中字体尺寸进行相对增大。使用成比例的 em 单位计算
smaller	相对字体尺寸。相对于父对象中字体尺寸进行相对减小。使用成比例的 em 单位计算
length	百分数或由浮点数字和单位标识符组成的长度值，不可为负值。其百分比取值是基于父对象中字体的尺寸

新建空白网页文档，在代码视图中，输入以下内容(见图 11-25)：

```
<!DOCTYPE html>
<html>
<body>
<div style="font-size:10pt">霜叶红于二月花
  <p style="font-size:small">霜叶红于二月花</p>
  <p style="font-size:larger">霜叶红于二月花</p>
    <p style="font-size:x-small">霜叶红于二月花</p>
  <p style="font-size:x-larger">霜叶红于二月花</p>
   <p style="font-size:50%">霜叶红于二月花</p>
    <p style="font-size:25pt">霜叶红于二月花</p>
</div>
</body>
</html>
```

保存网页文档为 font-size.html，在 IE 11.0 浏览器中浏览，效果如图 11-26 所示，可以看到网页中文字被设置成不同的大小，其设置方式采用了绝对数值、关键字、百分比等形式。

图 11-25 代码视图

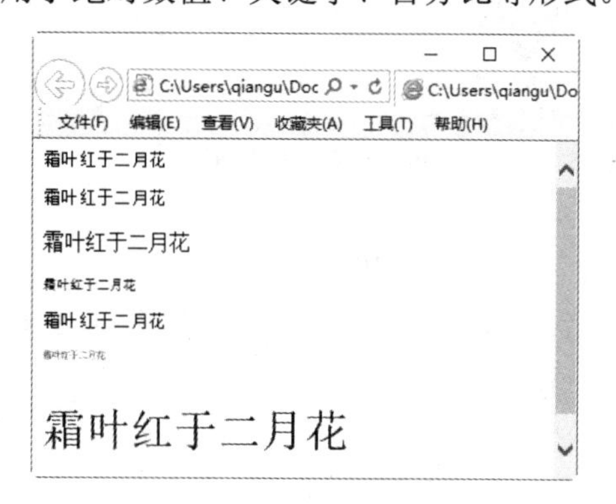

图 11-26 字体大小显示

3. 定义字体风格

font-style 通常用来定义字体风格，即字体的显示样式，语法格式如下：

```
font-style : normal | italic | oblique |inherit
```

font-style 的属性值有 4 个，具体含义如表 11-2 所示。

表 11-2　font-style 参数

属 性 值	含　义
normal	默认值。浏览器显示一个标准的字体样式
italic	浏览器会显示一个斜体的字体样式
oblique	将没有斜体变量的特殊字体，浏览器会显示一个倾斜的字体样式
inherit	规定应该从父元素继承字体样式

新建空白网页文档，在代码视图中，输入以下内容(见图 11-27)：

```
<!DOCTYPE html>
<html>
<body>
  <p style="font-style:italic">梅花香自苦寒来</p>
  <p style="font-style:normal">梅花香自苦寒来</p>
  <p style="font-style:oblique">梅花香自苦寒来</p>
</body>
</html>
```

保存网页文档为 font-style.html，在 IE 11.0 浏览器中浏览，效果如图 11-28 所示，可以看到文字分别显示不同的风格，如斜体。

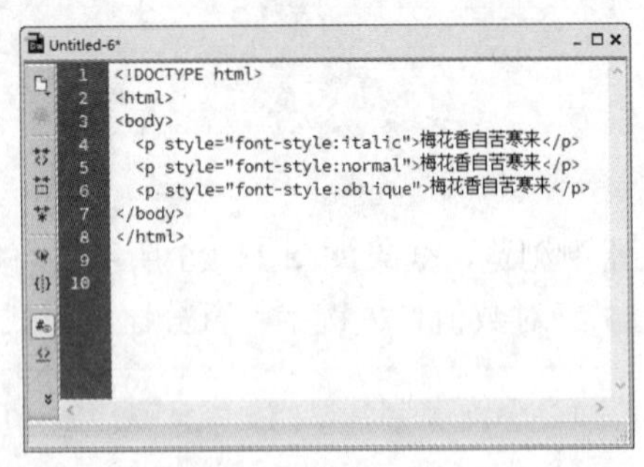

图 11-27　代码视图

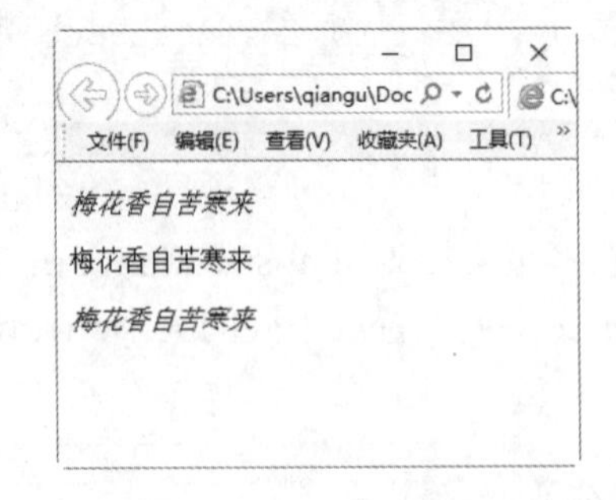

图 11-28　字体风格显示

4. 定义文字的颜色

在 CSS 样式中，通常使用 color 属性来设置颜色，其属性值通常使用下面的方式设定，如表 11-3 所示。

表 11-3　color 属性值

属 性 值	说　明
color_name	规定颜色值为颜色名称的颜色(如 red)
hex_number	规定颜色值为十六进制值的颜色(如#ff0000)
rgb_number	规定颜色值为 rgb 代码的颜色(如 rgb(255,0,0))
inherit	规定应该从父元素继承颜色
hsl_number	规定颜色值为 HSL 代码的颜色(如 hsl(0,75%,50%))，此为 CSS 3 新增加的颜色表现方式
hsla_number	规定颜色值为 HSLA 代码的颜色(如 hsla(120,50%,50%,1))，此为 CSS 3 新增加的颜色表现方式
rgba_number	规定颜色值为 RGBA 代码的颜色(如 rgba(125,10,45,0.5))，此为 CSS 3 新增加的颜色表现方式

新建空白网页文档，在代码视图中，输入以下内容(见图 11-29)：

```
<!DOCTYPE html>
<html>
<head>
<style type="text/css">
body {color:red}
h1 {color:#00ff00}
p.ex {color:rgb(0,0,255)}
p.hs{color:hsl(0,75%,50%)}
p.ha{color:hsla(120,50%,50%,1)}
p.ra{color:rgba(125,10,45,0.5)}
</style>
</head>
<body>
<h1>《青玉案 元夕》</h1>
<p>众里寻他千百度，蓦然回首，那人却在灯火阑珊处。
</p>
<p class="ex">众里寻他千百度，蓦然回首，那人却在灯火阑珊处。(该段落定义了
class="ex"。该段落中的文本是蓝色的。)</p>
<p class="hs">众里寻他千百度，蓦然回首，那人却在灯火阑珊处。(此处使用了 CSS3 中的新增加
的 HSL 函数，构建颜色。)</p>
<p class="ha">众里寻他千百度，蓦然回首，那人却在灯火阑珊处。(此处使用了 CSS3 中的新增加
的 HSLA 函数，构建颜色。)</p>
<p class="ra">众里寻他千百度，蓦然回首，那人却在灯火阑珊处。(此处使用了 CSS3 中的新增加
的 RGBA 函数，构建颜色。)</p>
</body>
</html>
```

保存网页文档为 color.html，在 IE 11.0 浏览器中浏览，效果如图 11-30 所示，可以看到文字以不同颜色显示，并采用了不同的颜色取值方式。

```
<!DOCTYPE html>
<html>
<head>
<style type="text/css">
body {color:red}
h1 {color:#00ff00}
p.ex {color:rgb(0,0,255)}
p.hs{color:hsl(0,75%,50%)}
p.ha{color:hsla(120,50%,50%,1)}
p.ra{color:rgba(125,10,45,0.5)}
</style>
</head>
<body>
<h1>《青玉案 元夕》</h1>
<p>众里寻他千百度，蓦然回首，那人却在灯火阑珊处。
</p>
<p class="ex">众里寻他千百度，蓦然回首，那人却在灯火阑珊处。（该段落定义了 class="ex"。该段落中的文本是蓝色的。）</p>
<p class="hs">众里寻他千百度，蓦然回首，那人却在灯火阑珊处。（此处使用了CSS3中的新增加的HSL函数，构建颜色。）</p>
<p class="ha">众里寻他千百度，蓦然回首，那人却在灯火阑珊处。（此处使用了CSS3中的新增加的HSLA函数，构建颜色。）</p>
<p class="ra">众里寻他千百度，蓦然回首，那人却在灯火阑珊处。（此处使用了CSS3中的新增加的RGBA函数，构建颜色。）</p>
</body>
</html>
```

图 11-29 代码视图

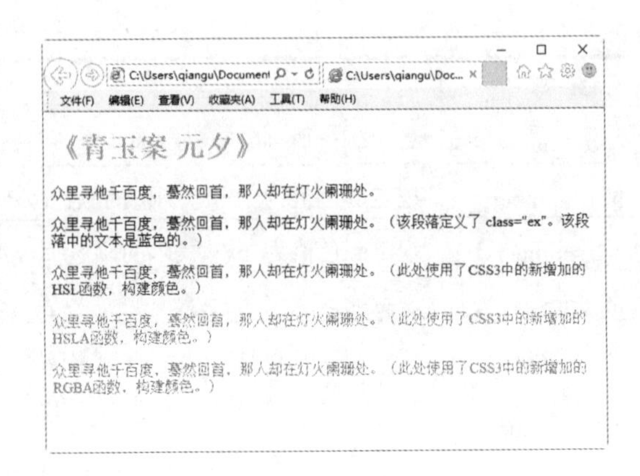

图 11-30 字体颜色属性显示

11.3.2 案例 7——使用文本样式

在网页中，段落的放置与效果的显示会直接影响到页面的布局及风格。CSS 样式表提供了文本属性来实现对页面中段落文本的控制。

1. 设置文本的缩进效果

CSS 中的 text-indent 属性用于设置文本的首行缩进，其默认值为 0，当属性值为负值时，表示首行会被缩进到左边，其语法格式如下：

```
text-indent : length
```

其中，length 属性值表示由百分比数字或由浮点数字和单位标识符组成的长度值，允许为负值。

新建空白网页文档，在代码视图中，输入以下内容(见图 11-31)：

```
<!DOCTYPE html>
<html>
<body>
<p style="text-indent:10mm">
   此处直接定义长度，直接缩进。
</p>
<p style="text-indent:10%">
 此处使用百分比，进行缩进。
</p>
</body>
</html>
```

保存网页文档为 text-indent.html，在 IE 11.0 浏览器中浏览，效果如图 11-32 所示，可以看到文字以首行缩进的方式显示。

2. 设置垂直对齐方式

vertical-align 属性用于设置内容的垂直对齐方式，其默认值为 baseline，表示与基线对齐，其语法格式如下：

```
{vertical-align:属性值}
```

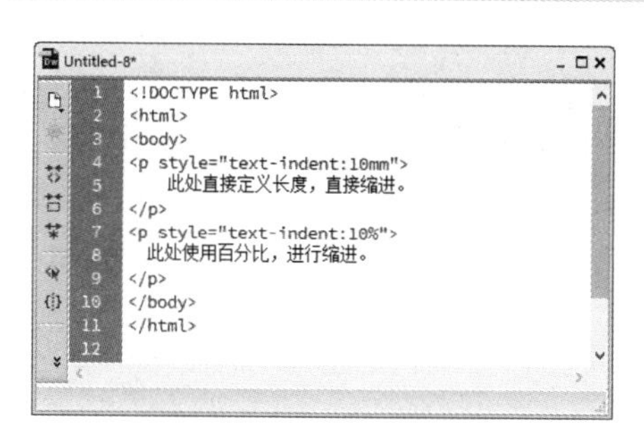

图 11-31 代码视图

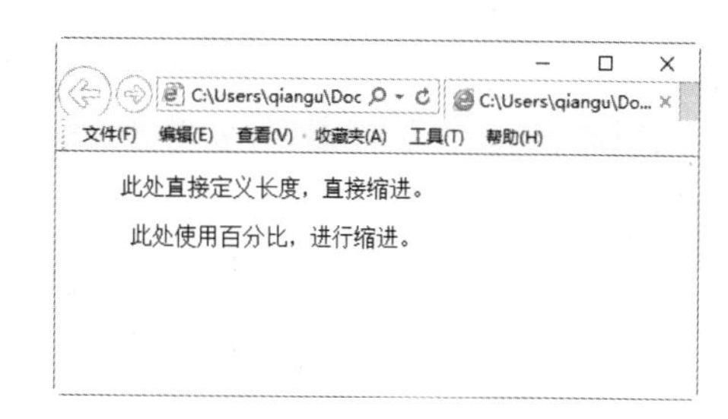

图 11-32 缩进显示

vertical-align 属性值有 9 个预设值可使用，也可以使用百分比。这 9 个预设值和百分比的含义如表 11-4 所示。

表 11-4 vertical-align 属性

属 性 值	说 明
baseline	默认。元素放置在父元素的基线上
sub	垂直对齐文本的下标
super	垂直对齐文本的上标
top	把元素的顶端与行中最高元素的顶端对齐
text-top	把元素的顶端与父元素字体的顶端对齐
middle	把此元素放置在父元素的中部
bottom	把元素的顶端与行中最低的元素的顶端对齐
text-bottom	把元素的底端与父元素字体的底端对齐
length	设置元素的堆叠顺序
%	使用 line-height 属性的百分比值来排列此元素。允许使用负值

新建空白网页文档，在代码视图中，输入以下内容(见图 11-33)：

```
<!DOCTYPE html>
<html>
<body>
<p>
   世界杯<b style=" font-size:8pt;vertical-align:super">2014</b>!
   中国队<b style="font-size: 8pt;vertical-align: sub">[注]</b>!
   加油！<img src="1.gif" style="vertical-align: baseline">
</p>
<p><img src="2.gif" style="vertical-align:middle"/>
   世界杯！中国队！加油！<img src="1.gif" style="vertical-align:top">
</p>
<hr/>
<p ><img src="2.gif" style="vertical-align:middle"/>
   世界杯！中国队！加油！<img src="1.gif" style="vertical-align:text-top">
```

```
</p>
<p><img src="2.gif" style="vertical-align:middle"/>
   世界杯！中国队！加油！<img src="1.gif" style="vertical-align:bottom">
</p>
<hr/>
<p ><img src="2.gif" style="vertical-align:middle"/>
   世界杯！中国队！加油！<img src="1.gif" style="vertical-align:text-bottom">
</p>
<p>
   世界杯<b style="font-size:8pt;vertical-align:100%">2008</b>!
   中国队<b style="font-size: 8pt;vertical-align: -100%">[注]</b>!
   加油！<img src="1.gif" style="vertical-align: baseline">
</p>
</body>
</html>
```

保存网页文档为 vertical-align.html，在 IE 11.0 浏览器中浏览，效果如图 11-34 所示，可以看到文字在垂直方向上以不同的对齐方式显示。

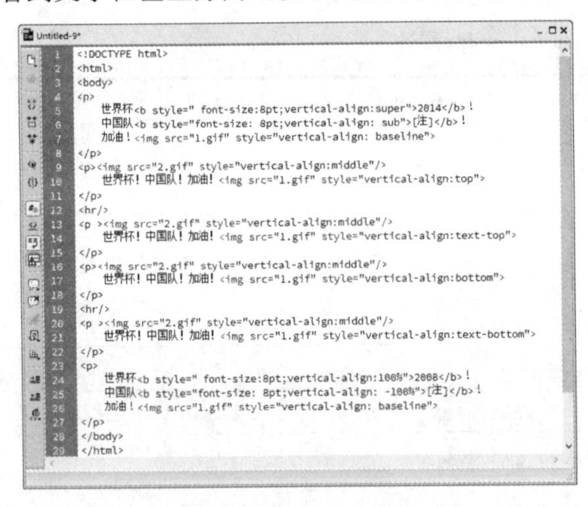

图 11-33　代码视图

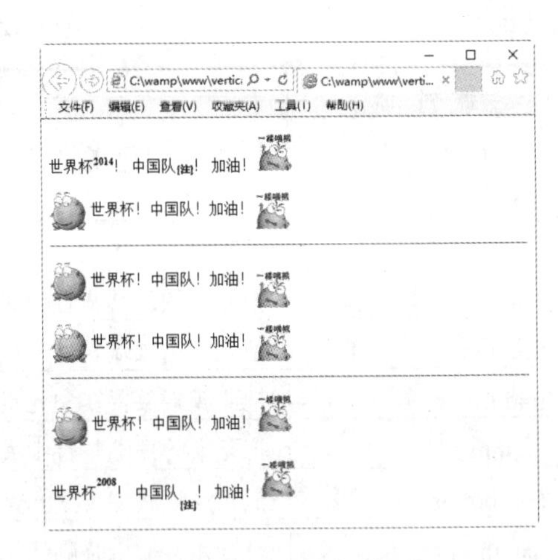

图 11-34　垂直对齐显示

3. 设置水平对齐方式

text-align 属性用于设置内容的水平对齐方式，其默认值为 left(左对齐)，其语法格式如下：

```
{ text-align: sTextAlign }
```

text-align 的属性值如表 11-5 所示。

表 11-5　text-align 属性

属 性 值	说　明
left	文本向行的左边缘对齐。在垂直方向的文本中，文本在 left-to-right 模式下向开始边缘对齐
right	文本向行的右边缘对齐。在垂直方向的文本中，文本在 left-to-right 模式下向结束边缘对齐
center	文本在行内居中对齐
justify	文本根据 text-justify 的属性设置方法分散对齐。即两端对齐，均匀分布

新建空白网页文档，在代码视图中，输入以下内容(见图 11-35)：

```
<!DOCTYPE html>
<html>
<body>
<h1 style="text-align:center">登幽州台歌</h1>
<h3 style="text-align:left">选自：</h3>
<h3 style="text-align:right">
  <img src="1.gif" />
  唐诗三百首</h3>
<p style="text-align:justify">
  前不见古人
  后不见来者
  (这是一个测试，这是一个测试，这是一个测试，)
</p>
</body>
</html>
```

保存网页文档为 text-align.html，在 IE 11.0 浏览器中浏览，效果如图 11-36 所示，可以看到文字在水平方向上以不同的对齐方式显示。

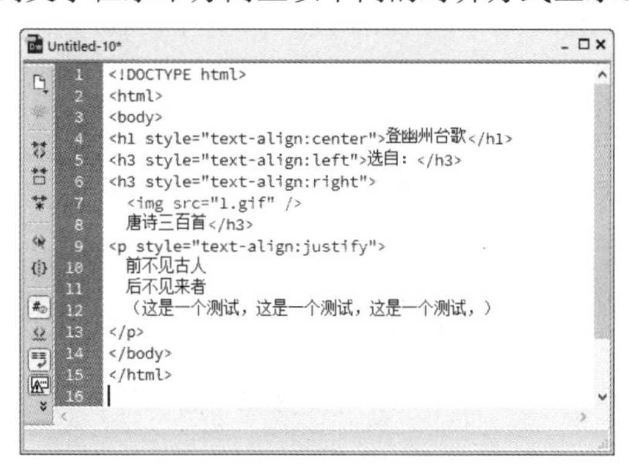

图 11-35　代码视图

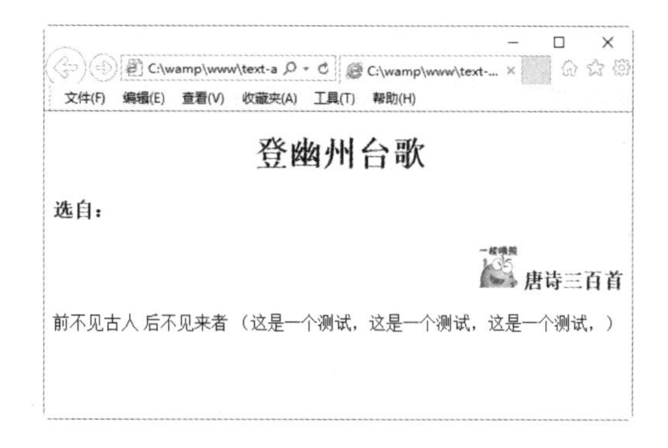

图 11-36　水平对齐显示

4. 设置文本的行高

在 CSS 中，line-height 属性用来设置行间距，即行高。其语法格式如下：

```
line-height : normal | length
```

line-height 属性值的具体含义如表 11-6 所示。

表 11-6　line-height 属性

属 性 值	说　明
normal	默认行高，即网页文本的标准行高
length	百分比数字或由浮点数字和单位标识符组成的长度值，允许为负值。其百分比取值是基于字体的高度尺寸

新建空白网页文档，在代码视图中，输入以下内容(见图 11-37)：

```
<!DOCTYPE html>
<html>
<body>
  <div style="text-indent:10mm;">
    <p style="line-height:50px">
        世界杯(World Cup,FIFA World Cup)，国际足联世界杯，世界足球锦标赛是世界上最高水平的足球比赛，与奥运会、F1 并称为全球三大顶级赛事。
    </p>    <p style="line-height:50%">
       世界杯(World Cup,FIFA World Cup)，国际足联世界杯，世界足球锦标赛是世界上最高水平的足球比赛，与奥运会、F1 并称为全球三大顶级赛事。
    </p>
  </div>
</body>
</html>
```

保存网页文档为 line-height.html，在 IE 11.0 浏览器中浏览，效果如图 11-38 所示，可以看到有段文字重叠在一起，即行高设置较小。

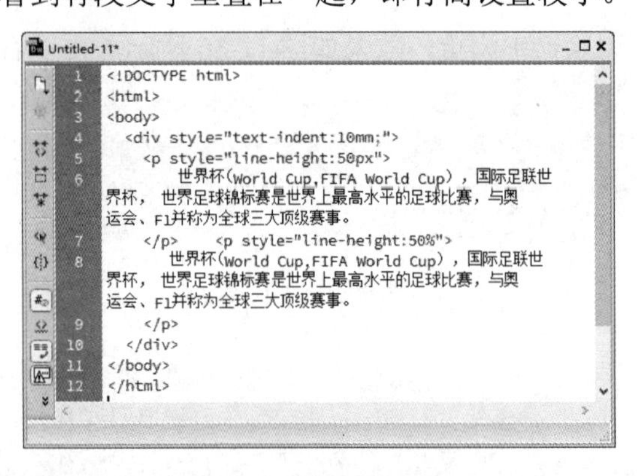

图 11-37　代码视图

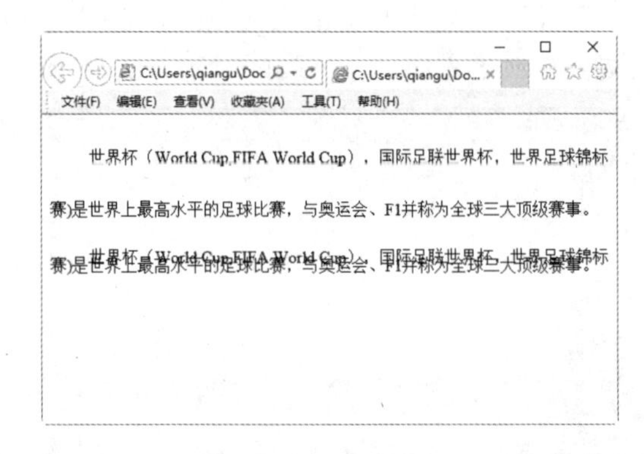

图 11-38　设定文本行高

11.3.3　案例 8——使用背景样式

背景是网页设计时的重要因素之一。一个背景优美的网页总能吸引不少访问者。使用 CSS 的背景样式可以设置网页背景。

1. 设置背景颜色

background-color 属性用于设定网页背景色，其语法格式如下：

```
{background-color : transparent | color}
```

关键字 transparent 是个默认值，表示透明。背景颜色 color 设定方法可以采用英文单词、十六进制、RGB、HSL、HSLA 和 GRBA。

新建空白网页文档，在代码视图中，输入以下内容(见图 11-39)：

```
<!DOCTYPE html>
<html>
<head>
<title>背景色设置</title>
```

```
<head>
<body style="background-color:PaleGreen; color:Blue">
  <p>
    background-color 属性设置背景色，color 属性设置字体颜色。
  </p>
</body>
</html>
```

保存网页文档为 background-color.html，在 IE 11.0 浏览器中浏览，效果如图 11-40 所示，可以看到网页背景色显示为浅绿色，而字体颜色为蓝色。

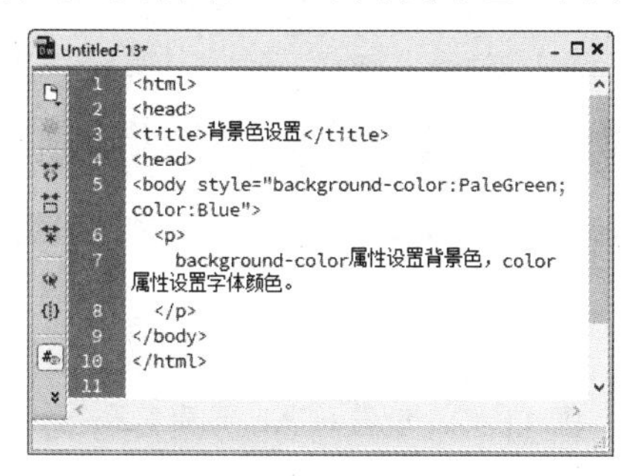

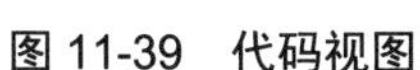
图 11-39　代码视图

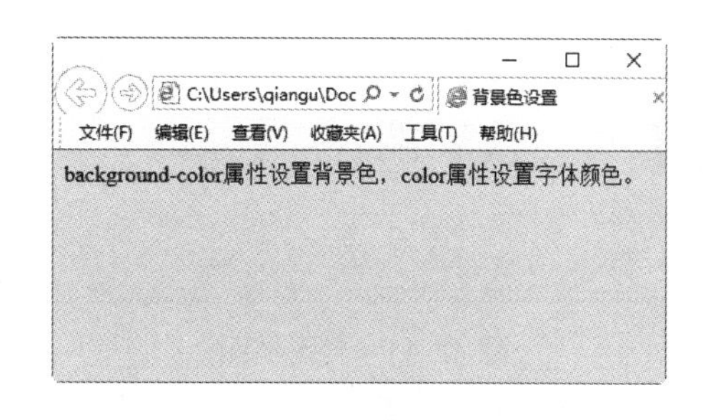

图 11-40　设置网页背景色

background-color 除可以设置整个网页的背景颜色外，还可以指定某个网页元素的背景色。例如，设置 h1 标题的背景色，设置段落 p 的背景色。

新建空白网页文档，在代码视图中，输入以下内容(见图 11-41)：

```
<!DOCTYPE html>
<html>
<head>
<title>背景色设置</title>
<style>
h1 {
      background-color: red;
      color: black;
     text-align:center;
}
p{
       background-color:gray;
       color:blue;
       text-indent:2em;
}
</style>
<head>
<body >
   <h1>颜色设置</h1>
  <p>
    background-color 属性设置背景色，color 属性设置字体颜色。
  </p>
</body>
</html>
```

保存网页文档为 background-color-1.html，在 IE 11.0 浏览器中浏览，效果如图 11-42 所

示。可以看到，网页中标题区域背景色为红色，段落区域背景色为灰色，并且分别为字体设置了不同的前景色。

```
<!DOCTYPE html>
<html>
<head>
<title>背景色设置</title>
<style>
h1 {
      background-color: red;
      color: black;
     text-align:center;
}
p{
       background-color:gray;
       color:blue;
       text-indent:2em;
}
</style>
<head>
<body >
   <h1>颜色设置</h1>
  <p>
    background-color属性设置背景色，color属性设置字体颜色。
  </p>
</body>
</html>
```

图 11-41　代码视图

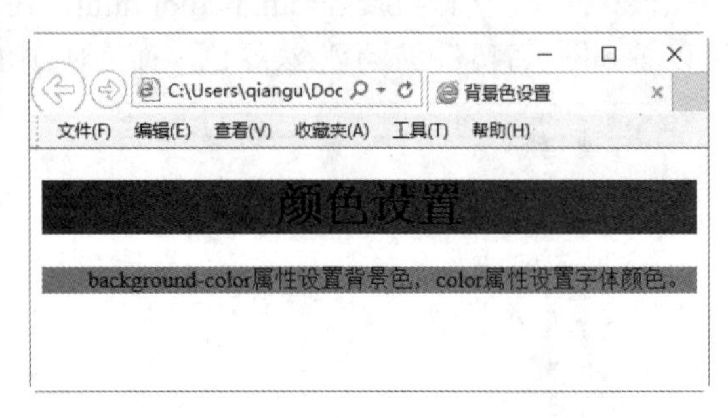

图 11-42　设置 HTML 元素背景色

2. 设置背景图片

background-image 属性用于设定标记的背景图片，通常情况下，在标记<body>中应用，将图片用于整个主体中。background-image 语法格式如下：

```
background-image : none | url (url)
```

其默认属性是无背景图片，当需要使用背景图片时可以用 url 进行导入，url 可以使用绝对路径，也可以使用相对路径。

新建空白网页文档，在代码视图中，输入以下内容(见图 11-43)：

```
<!DOCTYPE html>
<html>
<head>
<title>背景色设置</title>
<style>
body{
      background-image:url(01.jpg)
    }
</style>
<head>
<body  >
<p>夕阳无限好，只是近黄昏！</p>
</body>
</html>
```

保存网页文档为 background-image.html，在 IE 11.0 浏览器中浏览，效果如图 11-44 所示。可以看到，网页中显示了背景图，但如果图片大小小于整个网页大小时，此时图片为了填充网页背景色，会重复出现并铺满整个网页。

```
1  <!DOCTYPE html>
2  <html>
3  <head>
4  <title>背景色设置</title>
5  <style>
6  body{
7          background-image:url(01.jpg)
8      }
9  </style>
10 <head>
11 <body  >
12 <p>夕阳无限好，只是近黄昏! </p>
13 </body>
14 </html>
15
```

图 11-43 代码视图

图 11-44 设置背景图片

在设定背景图片时，最好同时也设定背景色，这样当背景图片因某种原因无法正常显示时，可以使用背景色来代替。当然，如果正常显示，背景图片会覆盖背景色的。

3. 背景图片重复

在 CSS 中可以通过 background-repeat 属性设置图片的重复方式，包括水平重复、垂直重复和不重复等。各属性值说明如表 11-7 所示。

表 11-7 background-repeat 属性

属 性 值	描 述
repeat	背景图片水平和垂直方向都重复平铺
repeat-x	背景图片水平方向重复平铺
repeat-y	背景图片垂直方向重复平铺
no-repeat	背景图片不重复平铺

background-repeat 属性重复背景图片是从元素的左上角开始平铺，直到水平、垂直或全部页面都被背景图片覆盖。

新建空白网页文档，在代码视图中，输入以下内容(见图 11-45)：

```
<!DOCTYPE html>
<html>
<head>
<title>背景图片重复</title>
<style>
body{
      background-image:url(01.jpg);
      background-repeat:no-repeat;
   }
</style>
<head>
<body  >
<p>夕阳无限好，只是近黄昏！</p>
</body>
</html>
```

在 IE 11.0 浏览器中浏览，效果如图 11-46 所示。可以看到，网页中显示背景图，但图片以默认大小显示，而没有对整个网页背景进行填充，这是因为代码中设置了背景图不重复平铺。

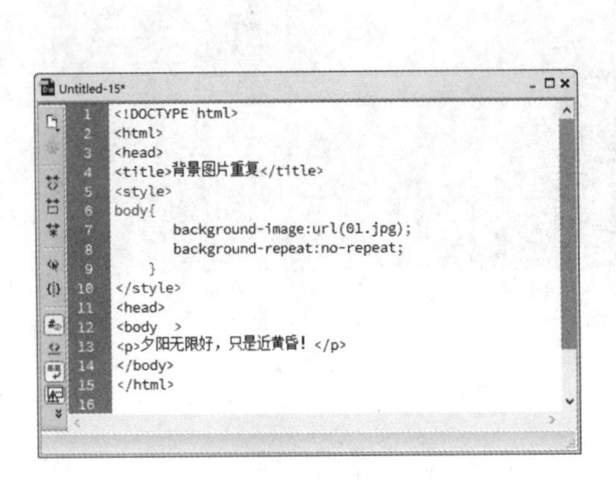

图 11-45　代码视图

图 11-46　背景图不重复

同样可以在上述代码中，设置 background-repeat 的属性值为其他值。例如，可以设置值为 repeat-x，表示图片在水平方向上平铺。此时，在 IE 11.0 浏览器中浏览，效果如图 11-47 所示。

图 11-47　水平方向平铺

4. 背景图片显示

使用 background-attachment 属性可以设定背景图片是否随文档一起滚动，这样可以使背景图片始终处于视野范围内，从而避免出现因页面的滚动而消失的情况。该属性包含两个属性值：scroll 和 fixed，并适用于所有元素，如表 11-8 所示。

表 11-8　background-attachment 属性

属 性 值	描　述
scroll	默认值，当页面滚动时，背景图片随页面一起滚动
fixed	背景图片固定在页面的可见区域里

新建空白网页文档，在代码视图中，输入以下内容(见图 11-48)：

```
<!DOCTYPE html>
<html>
```

```
<head>
<title>背景显示方式</title>
<style>
body{
      background-image:url(01.jpg);
      background-repeat:no-repeat;
      background-attachment:fixed;
   }
p{
    text-indent:2em;
     line-height:30px;
  }
h1{
      text-align:center;
  }
</style>
<head>
<body >
<h1>兰亭序</h1>
<p>
永和九年，岁在癸(guǐ)丑，暮春之初，会于会稽(kuài jī)山阴之兰亭，修禊(xì)事也。群贤毕至，少长咸集。此地有崇山峻岭，茂林修竹， 又有清流激湍(tuān)，映带左右。引以为流觞(shāng)曲( qū)水，列坐其次，虽无丝竹管弦之盛，一觞(shang)一咏，亦足以畅叙幽情。
</p>
<p>是日也，天朗气清，惠风和畅。仰观宇宙之大，俯察品类之盛，所以游目骋(chěng)怀，足以极视听之娱，信可乐也。</p>
<p> 夫人之相与，俯仰一世。或取诸怀抱，晤言一室之内；或因寄所托，放浪形骸(hái)之外。虽趣(qǔ)舍万殊，静躁不同，当其欣于所遇，暂得于己，快然自足，不知老之将至。及其所之既倦，情随事迁，感慨系(xì)之矣。向之所欣，俯仰之间，已为陈迹，犹不能不以之兴怀。况修短随化，终期于尽。古人云：“死生亦大矣。”岂不痛哉！</p>
<p>每览昔人兴感之由，若合一契，未尝不临文嗟(jiē)悼，不能喻之于怀。固知一死生为虚诞，齐彭殇(shāng)为妄作。后之视今，亦犹今之视昔，悲夫！故列叙时人，录其所述。虽世殊事异，所以兴怀，其致一也。后之览者，亦将有感于斯文。</p>
</body>
</html>
```

在 IE 11.0 浏览器中浏览，效果如图 11-49 所示。可以看到，网页 background-attachment 属性的值为 fixed 时，背景图片的位置固定并不是相对于页面的，而是相对于页面的可视范围的。

图 11-48　代码视图

图 11-49　背景图片显示方式

5. 背景图片位置

使用 background-position 属性可以指定背景图片在页面中所处的位置。background-position 的属性说明如表 11-9 所示。

表 11-9 background-position 属性

属性值	描述
length	设置图片与边距水平与垂直方向的距离长度，后跟长度单位(cm、mm、px 等)
percentage	以页面元素框的宽度或高度的百分比放置图片
top	背景图片顶部居中显示
center	背景图片居中显示
bottom	背景图片底部居中显示
left	背景图片左部居中显示
right	背景图片右部居中显示

垂直对齐值还可以与水平对齐值一起使用，从而决定图片的垂直位置和水平位置。

新建空白网页文档，在代码视图中，输入以下内容(见图 11-50)：

```
<!DOCTYPE html>
<html>
<head>
<title>背景位置设定</title>
<style>
body{
      background-image:url(01.jpg);
      background-repeat:no-repeat;
      background-position:top right;
   }
</style>
<head>
<body  >
</body>
</html>
```

在 IE 11.0 浏览器中浏览，效果如图 11-51 所示。可以看到，网页中显示了背景，其背景开始是从顶部和右边开始。

使用垂直对齐值和水平对齐值只能格式化地放置图片，如果在页面中要自由地定义图片的位置，则需要使用确定数值或百分比。此时在上述代码中，将

```
background-position:top right;
```

语句修改为：

```
background-position:20px 30px
```

在 IE 11.0 浏览器中浏览，效果如图 11-52 所示。可以看到，网页中显示了背景，其背景

开始是从左上角开始，但并不是从(0,0)坐标位置开始，而是从(20,30)坐标位置开始。

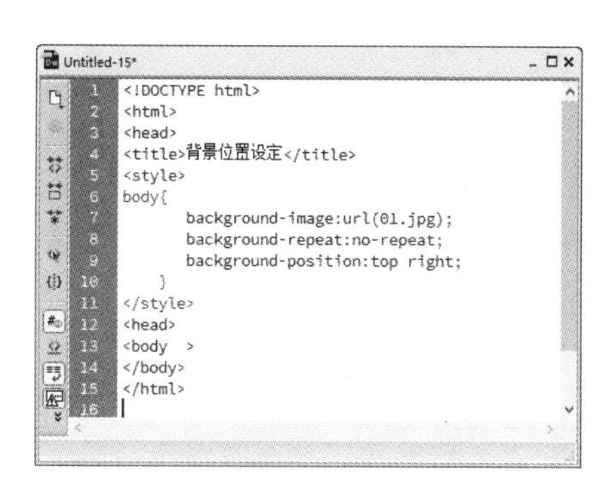

图 11-50　代码视图

图 11-51　设置背景位置

图 11-52　指定背景位置

11.3.4　案例 9——设计边框样式

使用 CSS 中的 border-style、border-width 和 border-color 属性可以设定边框的样式、宽度和颜色。

1. 设置边框样式

border-style 属性用于设定边框的样式，即风格，主要用于为页面元素添加边框。其语法格式如下：

```
border-style : none | hidden | dotted | dashed | solid | double | groove |
ridge | inset | outset
```

CSS 设定了 9 种边框样式，如表 11-10 所示。

表 11-10　边框样式

属 性 值	描　述
none	无边框，无论边框宽度设为多大
dotted	点线式边框
dashed	破折线式边框
solid	直线式边框
double	双线式边框
groove	槽线式边框
ridge	脊线式边框
inset	内嵌效果的边框
outset	突起效果的边框

新建空白网页文档，在代码视图中，输入以下内容(见图 11-53)：

```
<!DOCTYPE html>
<html>
<head>
<title>边框样式</title>
<style>
h1 {
      border-style:dotted;
      color: black;
     text-align:center;
}
p{
     border-style:double;
     text-indent:2em;
}
</style>
<head>
<body >
   <h1>带有边框的标题</h1>
   <p>带有边框的段落</p>
</body>
</html>
```

在 IE 11.0 浏览器中浏览，效果如图 11-54 所示。可以看到，标题 H1 显示的时候，带有边框，其边框样式为点线式边框；同样，段落也带有边框，其边框样式为双线式边框。

2. 设置边框颜色

border-color 属性用于设定边框颜色。如果不想与页面元素的颜色相同，则可以使用该属性为边框定义其他颜色。border-color 属性的语法格式如下：

```
border-color : color
```

其中 color 表示指定颜色，其颜色值通过十六进制和 RGB 等方式获取。

图 11-53 代码视图

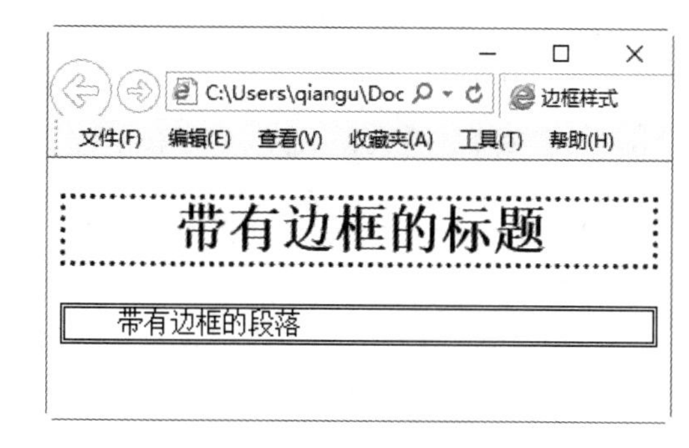

图 11-54 设置边框

新建空白网页文档，在代码视图中，输入以下内容(见图 11-55)：

```
<!DOCTYPE html>
<html>
<head>
<title>设置边框颜色</title>
<style>
p{
    border-style:double;
    border-color:red;
    text-indent:2em;
}
</style>
<head>
<body >
    <p>边框颜色设置</p>
    <p style="border-style:solid; border-color:red blue yellow green">
  分别定义边框颜色
 </p>
</body>
</html>
```

在 IE 11.0 浏览器中浏览，效果如图 11-56 所示。可以看到，第一个段落边框颜色设置为红色，第二个段落边框颜色分别设置为红、蓝、黄和绿。

图 11-55 代码视图

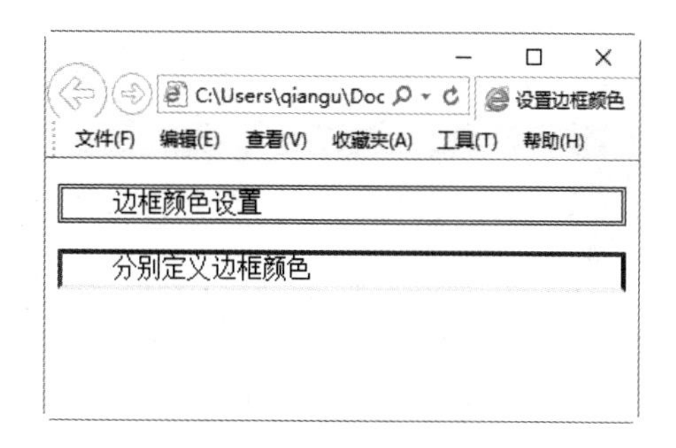

图 11-56 设置边框颜色

3. 设置边框线宽

在 CSS 中，可以通过设定边框宽带来增强边框效果。border-width 属性就是用来设定边框宽度的，其语法格式如下：

```
border-width : medium | thin | thick | length
```

其中预设有 3 种属性值：medium、thin 和 thick，另外还可以自行设置宽度(width)，如表 11-11 所示。

表 11-11 border-width 属性

属 性 值	描 述
medium	默认值，中等宽度
thin	比 medium 细
thick	比 medium 粗
length	自定义宽度

新建空白网页文档，在代码视图中，输入以下内容(见图 11-57)：

```
<!DOCTYPE html>
<html>
<head>
<title>设置边框宽度</title>
<head>
<body >
    <p style="border-style:dotted; border-width:medium;">边框宽度设置</p>
    <p style="border-style:dashed;border-width:thin;">边框宽度设置</p>
    <p style="border-style:solid; border-width:12px;">
  分别定义边框宽度
 </p>
</body>
</html>
```

在 IE 11.0 浏览器中浏览，效果如图 11-58 所示，可以看到，3 个段落边框以不同的粗细显示。

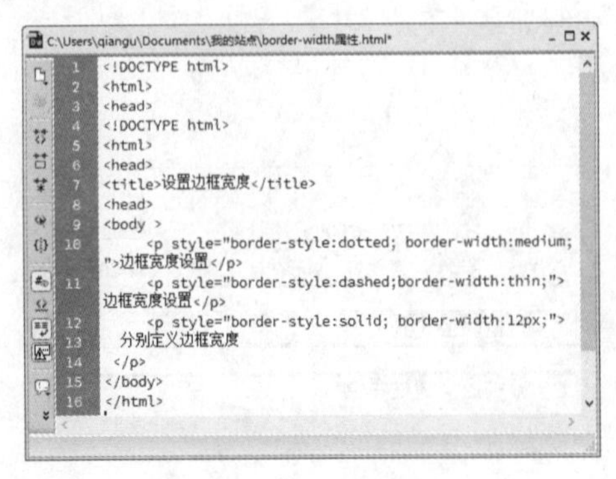

图 11-57 代码视图

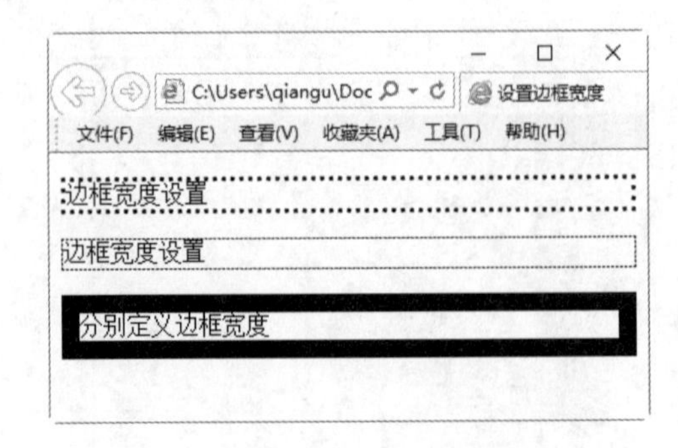

图 11-58 设置边框线宽

4. 设置边框复合属性

border 属性集合了上述所介绍的 3 种属性，为页面元素设定边框的宽度、样式和颜色。语法格式如下：

```
border : border-width || border-style || border-color
```

新建空白网页文档，在代码视图中，输入以下内容(见图 11-59)：

```
<!DOCTYPE html>
<html>
<head>
<title>边框复合属性设置</title>
<head>
<body >
    <p style="border:dashed  red 12px">边框复合属性设置</p>
</body>
</html>
```

在 IE 11.0 浏览器中浏览，效果如图 11-60 所示。可以看到，段落边框样式以破折线显示、颜色为红色、宽度为 12 像素。

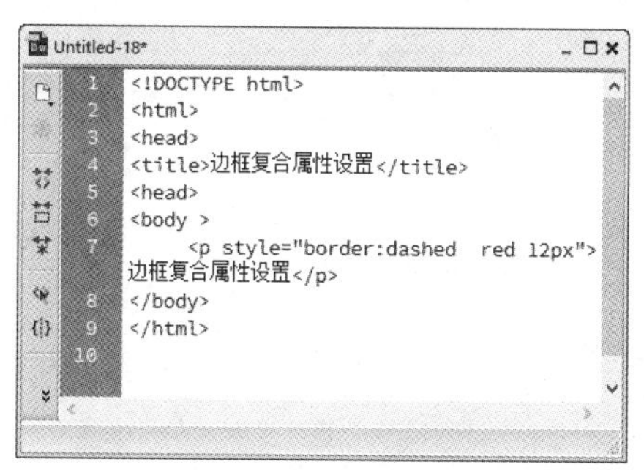

图 11-59　代码视图

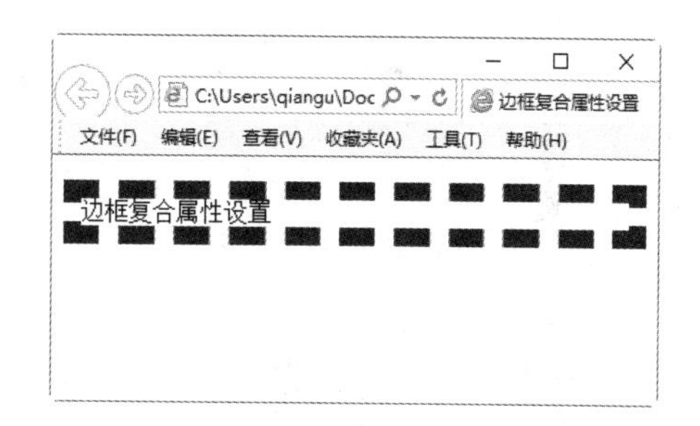

图 11-60　设置边框复合属性

11.3.5　案例 10——设置列表样式

在网页设计中，项目列表用来罗列显示一系列相关的文本信息，包括有序、无序和自定义列表等。当引入 CSS 后，就可以使用 CSS 来设置项目列表的样式了。

1. 设置无序列表

无序列表<ul>是网页中常见元素之一，使用<li>标记罗列各个项目，并且每个项目前面都带有特殊符号，如黑色实心圆等。在 CSS 中，可以通过 list-style-type 属性来定义无序列表前面的项目符号。对于无序列表，其语法格式如下：

```
list-style-type : disc | circle | square | none
```

其中 list-style-type 参数值含义如表 11-12 所示。

表 11-12　无序列表常用符号

参　数	说　明
disc	实心圆
circle	空心圆
square	实心方块
none	不使用任何符号

可以通过设置不同的参数值，为 list-style-type 设置不同的特殊符号，从而改变无序列表的样式。

新建空白网页文档，在代码视图中，输入以下内容(见图 11-61)：

```
<!DOCTYPE html>
<html>
<head>
<title>设置无序列表</title>
<style>
* {
    margin:0px;
    padding:0px;
font-size:12px;
}
p {
    margin:5px 0 0 5px;
    color:#3333FF;
    font-size:14px;
    font-family:"幼圆";
}
div{
    width:300px;
    margin:10px 0 0 10px;
    border:1px #FF0000 dashed;
}
div ul {
    margin-left:40px;
    list-style-type: disc;
}
div li {
    margin:5px 0 5px 0;
            color:blue;
            text-decoration:underline;
}
</style>
</head>
<body>
<div class="big01">
  <p>娱乐焦点</p>
  <ul>
    <li>换季肌闹“公主病”美肤急救快登场 </li>
```

```
    <li>来自 12 星座的你 认准罩门轻松瘦</li>
    <li>男人 30“豆腐渣” 如何延缓肌肤衰老</li>
    <li>打造天生美肌 名媛爱物强 K 性价比！</li>
    <li>夏裙又有新花样 拼接图案最时髦</li>
  </ul>
</div>
</body>
</html>
```

在 IE 11.0 浏览器中浏览，效果如图 11-62 所示。可以看到，页面中显示了一个导航栏，导航栏中存在着不同的导航信息，每条导航信息前面都是使用实心圆作为每行信息的开始。

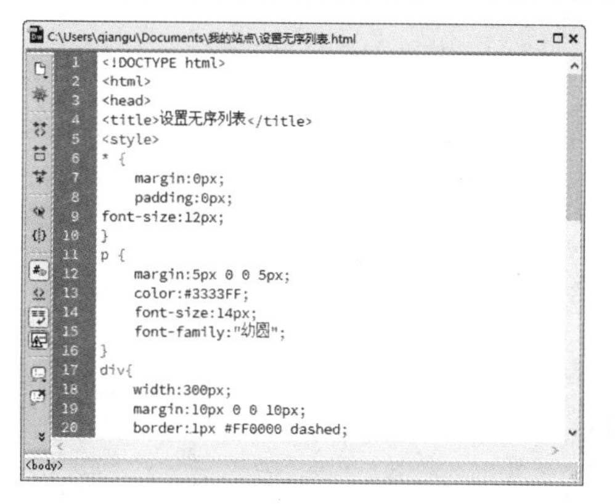

图 11-61 代码视图

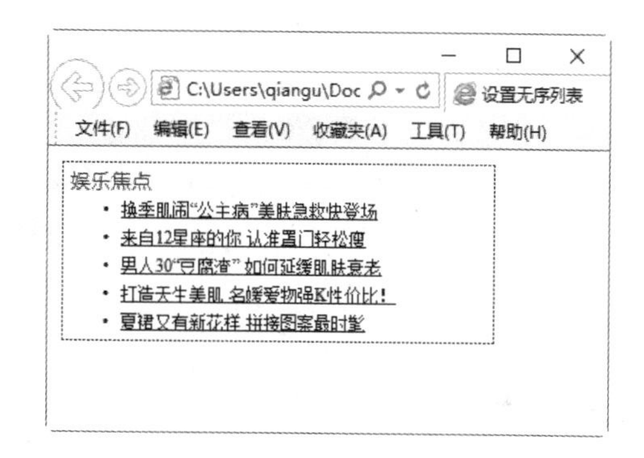

图 11-62 用无序列表制作导航菜单

2. 设置有序列表

利用有序列表标记<ol>可以创建具有顺序的列表，如每条信息前面加上 1、2、3、4 等。如果要改变有序列表前面的符号，同样需要利用 list-style-type 属性，只不过属性值不同。

对于有序列表，list-style-type 的语法格式如下：

```
list-style-type : decimal | lower-roman | upper-roman | lower-alpha |
upper-alpha | none
```

list-style-type 属性各参数值含义如表 11-13 所示。

表 11-13 有序列表常用符号

参 数	说 明
decimal	阿拉伯数字圆
lower-roman	小写罗马数字
upper-roman	大写罗马数字
lower-alpha	小写英文字母
upper-alpha	大写英文字母
none	不使用项目符号

新建空白网页文档，在代码视图中，输入以下内容(见图 11-63)：

```
<!DOCTYPE html>
<html>
<head>
<title>设置有序列表</title>
<style>
* {
    margin:0px;
    padding:0px;
                font-size:12px;
}
p {
    margin:5px 0 0 5px;
    color:#3333FF;
    font-size:14px;
            font-family:"幼圆";
            border-bottom-width:1px;
            border-bottom-style:solid;

}
div{
    width:300px;
    margin:10px 0 0 10px;
    border:1px #F9B1C9 solid;
}
div ol {
    margin-left:40px;
    list-style-type: decimal;
}
div li {
    margin:5px 0 5px 0;
            color:blue;
}
</style>
</head>
<body>
<div class="big">
  <p>娱乐焦点</p>
  <ol>
    <li>换季肌闹“公主病”美肤急救快登场 </li>
    <li>来自 12 星座的你 认准罩门轻松瘦</li>
    <li>男人 30“豆腐渣” 如何延缓肌肤衰老</li>
    <li>打造天生美肌 名媛爱物强 K 性价比! </li>
    <li>夏裙又有新花样 拼接图案最时髦</li>
  </ol>
</div>
</body>
</html>
```

在 IE 11.0 浏览器中浏览，效果如图 11-64 所示。可以看到，页面中显示了一个导航栏，导航信息前面都带有相应的数字，表示其顺序。导航栏具有红色边框，并用一条蓝线将题目和内容分开。

```
<!DOCTYPE html>
<html>
<head>
<title>设置有序列表</title>
<style>
* {
    margin:0px;
    padding:0px;
            font-size:12px;
}
p {
    margin:5px 0 0 5px;
    color:#3333FF;
    font-size:14px;
            font-family:"幼圆";
            border-bottom-width:1px;
            border-bottom-style:solid;

}
div{
```

图 11-63　代码视图

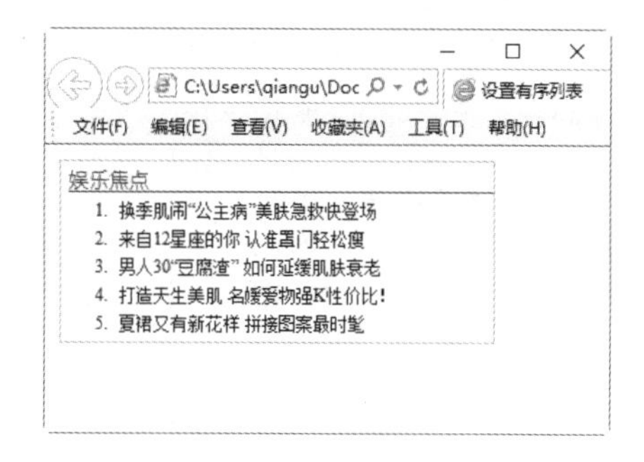

图 11-64　用有序列表制作导航菜单

注意

在上述代码中，使用 list-style-type: decimal 语句定义了有序列表前面的符号。严格来说，无论<ul>标记还是<ol>标记，都可以使用相同的属性值，而且效果完全相同，即二者通过 list-style-type 可以通用。

11.4　综合案例——制作简单公司主页

打开各种类型的商业网站，最先映入眼帘的就是首页，也称为主页。作为一个网站的门户，主页一般要求版面简洁，美观大方。结合前面学习的背景和边框知识，我们创建一个简单的商业网站。具体操作步骤如下。

step 01 分析需求。

在本案例中，主页包括了 3 个部分，一是网站 Logo；二是导航栏；三是主页显示内容。网站 Logo 此处使用了一个背景图来代替，导航栏使用表格实现，内容列表使用无序列表实现。案例完成后的效果如图 11-65 所示。

step 02 构建基本 HTML。

为了划分不同的区域，HTML 页面需要包含不同的 div 层，每一层代表一个内容。一个 div 包含背景图，一个 div 包含导航栏，一个 div 包含整体内容，内容又可以划分为两个不同的层。代码如下：

```
<!DOCTYPE html>
<html>
<head>
<title>公司主页</title>
</head>
<body>
<center>
<div>
<div class="div1" align=center></div>
<div class=div2>
<table width=99%><tr align=center><td>首页</td><td>最新消息</td><td>产品展示
</td><td>销售网络</td><td>人才招聘</td><td>客户服务</td></tr></table>
```

```
</div>
<div class=div3>
<div class=div4>
<ul>最新消息
<li>公司举办 2017 科技辩论大赛</li>
<li>企业安全知识大比武</li>
<li>优秀员工评比活动规则</li>
<li>人才招聘信息</li>
</ul>
</div>
<div class=div5>
<ul>成功案例
<li>上海装修建材公司</li>
<li>美衣服饰有限公司</li>
<li>天力科技有限公司</li>
<li>美方豆制品有限公司</li>
</ul>
</div>
</div>
</div>
</center>
</body>
</html>
```

在 IE 11.0 浏览器中浏览，效果如图 11-66 所示。可以看到，在网页中显示了导航栏和两个列表信息。

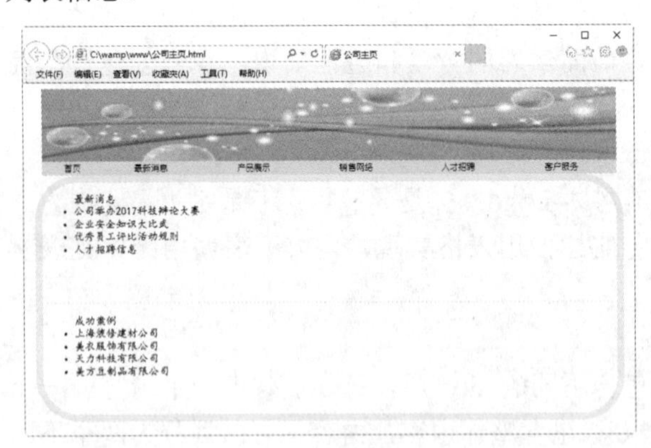

图 11-65　商业网站主页

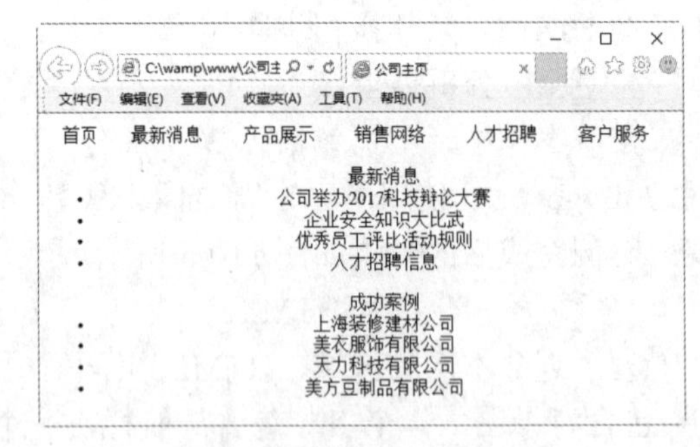

图 11-66　基本 HTML 结构

step 03 添加 CSS 代码，设置背景 Logo。代码如下：

```
<style>
.div1{
      height:100px;
      width:820px;
      background-image:url(03.jpg);
      background-repeat:no-repeat;
     background-position:center;
    background-size:cover;

}
</style>
```

在IE 11.0浏览器中浏览，效果如图11-67所示。可以看到，在网页顶部显示了一个背景图，此背景覆盖整个div层，并不重复，并且背景图片居中显示。

step 04 添加CSS代码，设置导航栏。代码如下：

```
.div2{
     width:820px;
      background-color:#d2e7ff;

}
table{
      font-size:12px;
      font-family:"幼圆";
}
```

在IE 11.0浏览器中浏览，效果如图11-68所示。可以看到，在网页中导航栏背景色为浅蓝色，表格中字体大小为12像素，字体类型是幼圆。

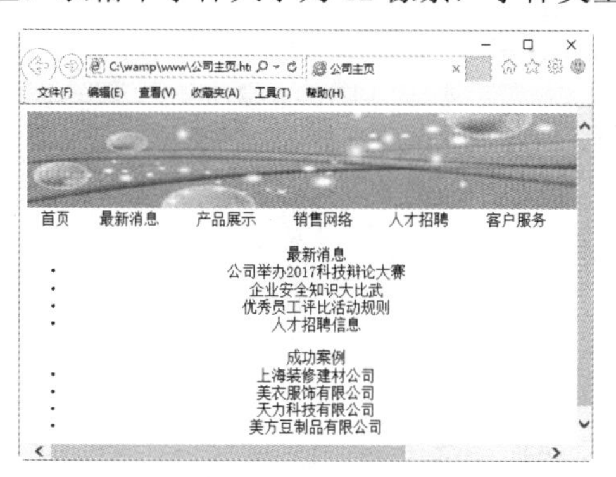

图11-67　设置背景图

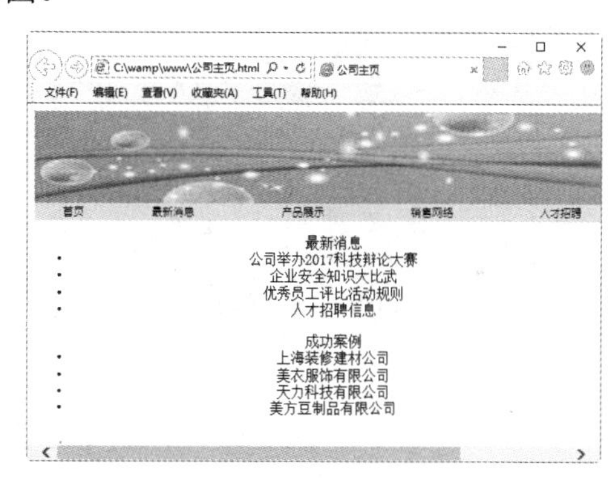

图11-68　设置导航栏

step 05 添加CSS代码，设置内容样式。代码如下：

```
.div3{
     width:820px;
      height:320px;
      border-style:solid;
      border-color:#ffeedd;
      border-width:10px;
      border-radius:60px;
}
.div4{
       width:810px;
       height:150px;
      text-align:left;
       border-bottom-width: 2px;
       border-bottom-style:dotted;
        border-bottom-color:#ffeedd;
}
.div5{
       width:810px;
       height:150px;
      text-align:left;
}
```

在 IE 11.0 浏览器中浏览，效果如图 11-69 所示。可以看到，在网页中内容显示在一个圆角边框中，两个不同的内容块中间使用虚线隔开。

step 06 添加 CSS 代码，设置列表样式。代码如下：

```
ul{
      font-size:15px;
      font-family:"楷体";
}
```

在 IE 11.0 浏览器中浏览，效果如图 11-70 所示。可以看到，在网页中列表字体大小为 15 像素，字型为楷体。

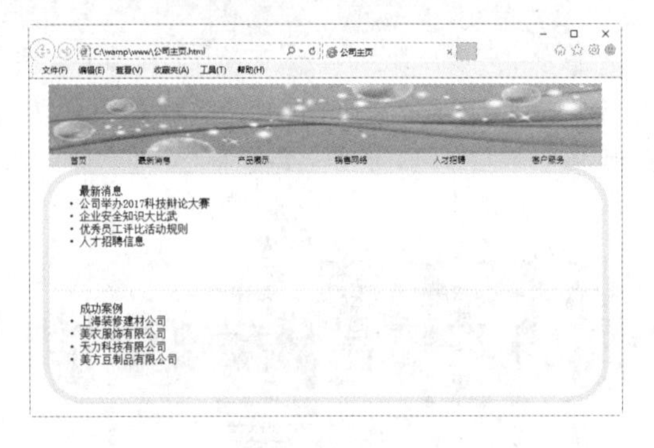

图 11-69　修饰边框

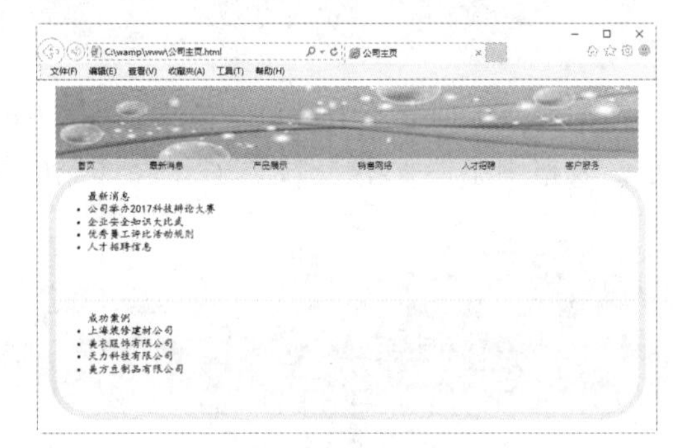

图 11-70　美化列表信息

11.5　疑难解惑

疑问 1：滤镜效果是 IE 浏览器特有的效果，那么在 Firefox 中能不能实现呢？

答：滤镜效果虽然是 IE 浏览器特有的效果，但使用 Firefox 浏览器时，一些属性也可以实现。例如 IE 浏览器的阴影效果，在 Firefox 网页设计中，可以先在文字下面再叠一层浅色的同样的字，然后设置 2 个像素的错位，就可以制造出有阴影的假象。

疑问 2：文字和图片导航速度哪一个快？

答：使用文字做导航栏速度最快。文字导航不仅速度快，而且更稳定。比如，有些用户上网时会关闭图片。在处理文本时，不要在普通文本上添加下划线或者颜色。除非特别需要，否则不要为普通文字添加下划线。就像用户需要识别哪些能点击一样，读者不应当将本不能点击的文字误认为能够点击。

第 12 章

架构师的大比拼——利用 CSS+Div 布局网页

使用 CSS 布局网页是一种很新的概念，它完全不同于传统的网页布局习惯。它首先对页面从整体上用<div>标记进行了分块，然后对各个块进行 CSS 定位，最后再在各个块中添加相应的内容。本章主要介绍网页布局中的一些典型范例。

12.1 认识并创建层

在网页设计中，由于层具有很强的灵活性，因此被广泛应用，利用层不仅可以精确设置对象所处的位置，还能实现一些简单的效果。

12.1.1 什么是层

在 Dreamweaver CC 中，层就是 Div。Div 元素是用来为网页内容提供结构和背景的块元素。Div 的起始标签和结束标签之间的所有内容都是用来构成这个块的，其中所包含元素的特性由 Div 标签的属性控制。

通过 Div 元素，可以把页面分割为独立的、不同的部分，使页面内容结构化、模块化。图 12-1 所示为一个页面的整体架构。

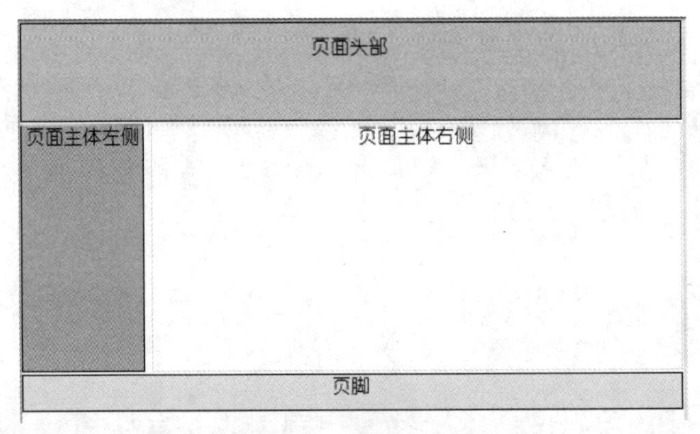

图 12-1 页面整体架构

12.1.2 案例 1——使用 Dreamweaver 创建层

在 Dreamweaver CC 中，用户可以通过两种方法来创建层：一是通过【插入】菜单下【结构】子菜单中的 Div 命令来完成；二是通过【插入】面板中的 Div 按钮来完成。这两种方法的具体操作相似。下面介绍创建层的具体操作步骤。

step 01 启动 Dreamweaver CC，将光标定位在需要插入层的位置，如图 12-2 所示。

step 02 选择【插入】→【结构】→Div 命令，如图 12-3 所示。

step 03 弹出【插入 Div】对话框，单击【插入】右侧的下拉按钮，在弹出的下拉列表中选择【在插入点】选项，如图 12-4 所示。

step 04 单击【确定】按钮，即可完成 Div 的插入。保存网页，按 F12 键进行页面预览，在其中可以看到创建的 Div 区域，如图 12-5 所示。

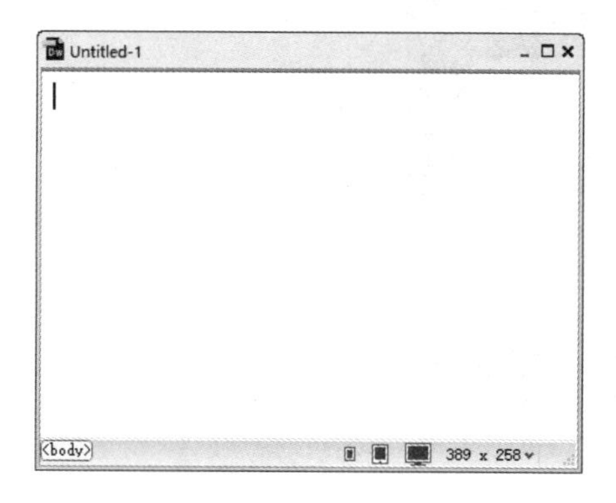

图 12-2　定位插入层的位置

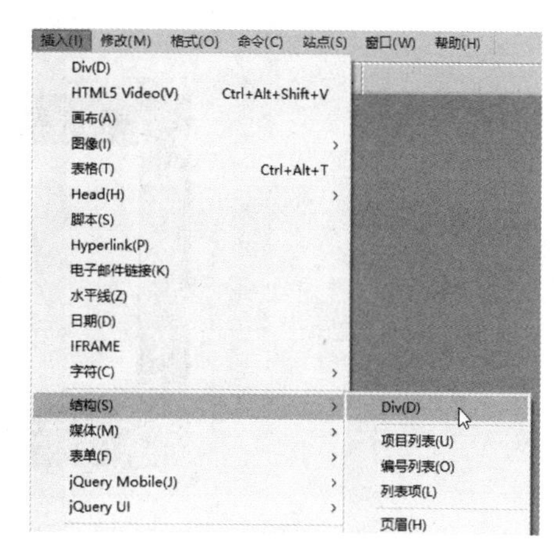

图 12-3　选择 Div 命令

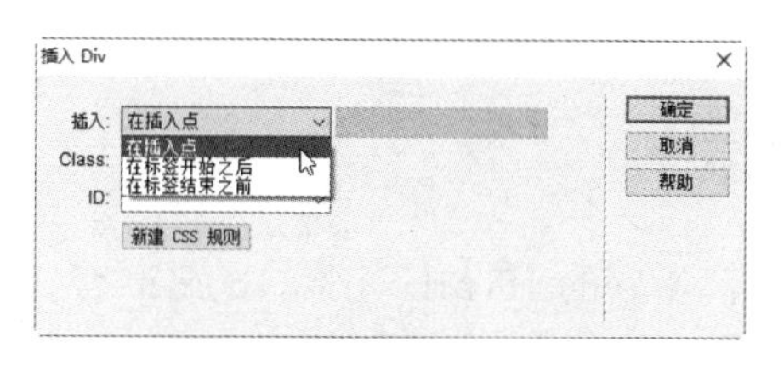

图 12-4　【插入 Div】对话框

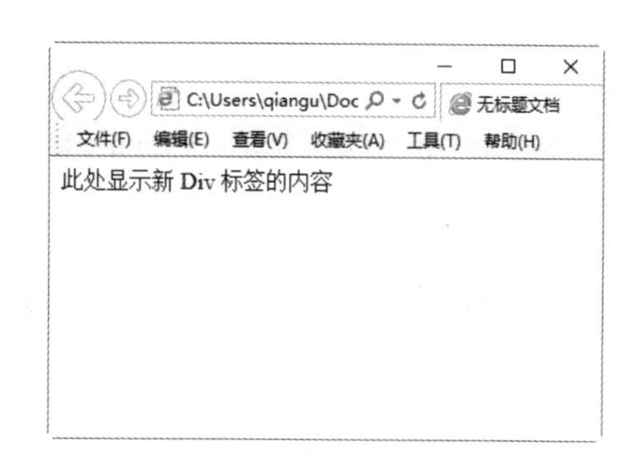

图 12-5　预览效果

12.2　Div 层的定位方法

将网页上每个 HTML 元素都认为是长方形的盒子，是网页设计上的一大创新。在控制页面方面，盒子模型有着至关重要的作用。熟练掌握盒子模型及盒子模型各个属性，是控制页面中每个 HTML 元素的前提。

12.2.1　盒子模型的概念

在 CSS 中，所有的页面元素都包含在一个矩形框内，称为盒子。盒子模型是由 margin(边界)、border(边框)、padding(空白)和 content(内容)几个属性组成。此外在盒子模型中，还具备高度和宽度两个辅助属性。盒子模型如图 12-6 所示。

从图 12-6 中可以看出，盒子模型包含如下 4 个部分。

(1) content(内容)。内容是盒子模型中必需的一部分，内容可以是文字、图片等元素。

(2) padding(空白)。也称内边距或补白，用来设置内容和边框之间的距离。

(3) border(边框)。可以设置内容边框线的粗细、颜色和样式等，前面已经讲述过。

(4) margin(边界)。即外边距，用来设置内容与内容之间的距离。

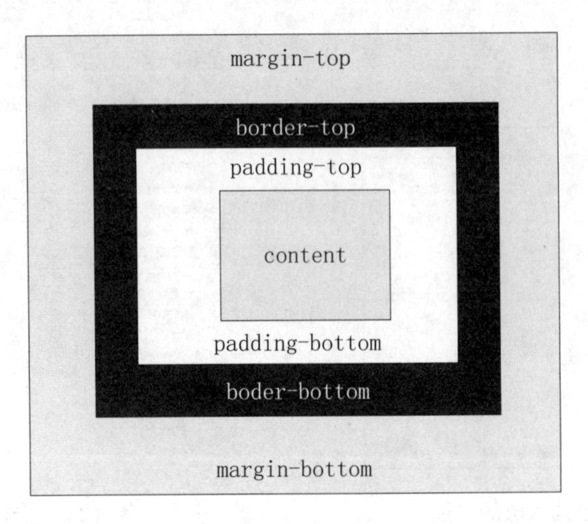

图 12-6　盒子模型

一个盒子的实际高度(宽度)是由 content+padding+border+margin 组成的。在 CSS 中，可以通过设定 width 和 height 来控制 content 的大小，并且对于任何一个盒子，都可以分别设定 4 条边的 border、padding 和 margin。

12.2.2　案例 2——定义网页 border 区域

border 边框是内边距和外边距的分界线，可以分离不同的 HTML 元素。border 有 3 个属性，分别是边框样式(style)、颜色(color)和宽度(width)。

【例 12.1】定义网页的 border 区域(案例文件为 ch12\12.1.html)。代码如下：

```
<!DOCTYPE html>
<html>
<head>
<title>border 边框</title>
  <style type="text/css">
     .div1{
      borde-widthr:10px;
     border-color:#ddccee;
     border-style:solid;
     width:410px;
     }
     .div2{
      border-width:1px;
     border-color:#adccdd;
     border-style:dotted;
     width:410px;
     }
    .div3{
      border-width:1px;
     border-color:#457873;
     border-style:dashed;
     width:410px;
     }
```

```
  </style>
</head>
<body>
  <div class="div1">
      这是一个宽度为 10px 的实线边框。
    </div>
    <br /><br />
    <div class="div2">
      这是一个宽度为 1px 的虚线边框。
    </div>
    <br /><br />
    <div class="div3">
      这是一个宽度为 1px 的点状边框。
    </div>
</body>
</html>
```

在 IE 12.0 浏览器中的浏览效果如图 12-7 所示。可以看到，页面中显示了 3 个不同风格的盒子，第一个盒子边框线宽度为 10 像素，边框样式为实线，颜色为紫色；第二个盒子边框线宽度为 1 像素，边框样式是虚线，颜色为浅绿色；第三个盒子边框宽度为 1 像素，边框样式是点状边框，颜色为绿色。

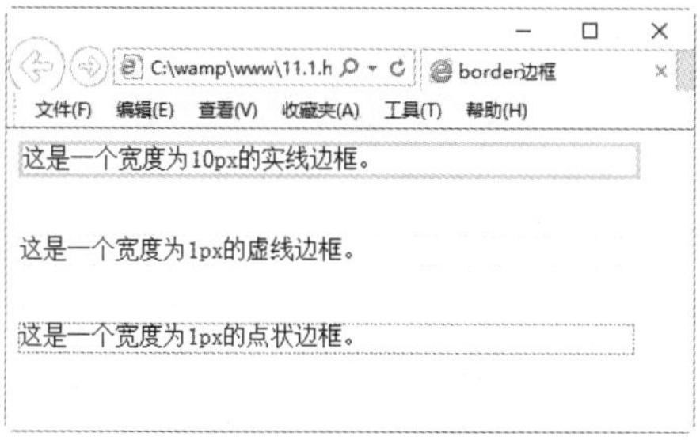

图 12-7　设置盒子边框

12.2.3　案例 3——定义网页 padding 区域

在 CSS 中，可以设置 padding 属性来定义内容与边框之间的距离，即内边距的距离。语法格式如下：

```
padding : length
```

padding 属性值可以是一个具体的长度，也可以是一个相对于上级元素的百分比，但不可以使用负值。padding 属性能为盒子定义上、下、左、右间隙的宽度，也可以单独定义各方位的宽度。语法格式如下：

```
padding :padding-top | padding-right | padding-bottom | padding-left
```

如果提供 4 个参数值，将按顺时针的顺序作用于四边。如果只提供 1 个参数值，将用于全部的四条边。如果提供 2 个，第 1 个作用于上下两边，第 2 个作用于左右两边。如果提供 3 个，第 1 个用于上边，第 2 个用于左、右两边，第 3 个用于下边。

padding 属性的具体含义如表 12-1 所示。

表 12-1　padding 属性

属　性	描　述
padding-top	设定上间隙
padding-bottom	设定下间隙
padding-left	设定左间隙
padding-right	设定右间隙

【例 12.2】定义网页的 padding 区域(案例文件为 ch12\12.2.html)。代码如下：

```
<!DOCTYPE html>
<html>
<head>
<title>padding</title>
  <style type="text/css">
    .wai{
     width:400px;
     height:250px;
     border:1px #993399 solid;
    }
    img{
        max-height:120px;
     padding-left:50px;
     padding-top:20px;
      }
  </style>
</head>
<body>
  <div class="wai">
    <img src="07.jpg" />
       <p>这张图片的左内边距是 50px，顶内边距是 20px</p>
    </div>
</body>
</html>
```

在 IE 12.0 浏览器中的浏览效果如图 12-8 所示。可以看到，一个 div 层中，显示了一个图片。此图片可以看作一个盒子模型，并定义了图片的左内边距和上内边距的效果。可以看出，内边距其实是对象 img 和外层 DIV 之间的距离。

图 12-8　设置内边距

12.2.4 案例 4——定义网页 margin 区域

margin 边界用来设置页面中元素和元素之间的距离，即定义元素周围的空间范围，是页面排版中一个比较重要的概念。语法格式如下：

```
margin : auto | length
```

其中 auto 表示根据内容自动调整；length 表示由浮点数字和单位标识符组成的长度值或百分数。margin 属性包含的 4 个子属性控制了一个页面元素的四周的边距样式，如表 12-2 所示。

表 12-2　margin 属性

属　性	描　述
margin-top	设定上边距
margin-bottom	设定下边距
margin-left	设定左边距
margin-right	设定右边距

如果希望很精确地控制块的位置，需要对 margin 有更深入的了解。margin 设置可以分为行内元素块之间的设置、非行内元素块之间设置和父子块之间的设置。

1. 行内元素 margin 属性的设置

【例 12.3】行内元素 margin 属性的设置(案例文件为 ch12\12.3.html)。代码如下：

```
<!DOCTYPE html>
<html>
<head>
<title>行内元素设置 margin</title>
<style type="text/css">
<!--
span{
  background-color:#a2d2ff;
  text-align:center;
  font-family:"幼圆";
  font-size:12px;
  padding:10px;
  border:1px #ddeecc solid;
}
span.left{
  margin-right:20px;
  background-color:#a9d6ff;
}
span.right{
  margin-left:20px;
  background-color:#eeb0b0;
}
-->
</style>
```

```
  </head>
<body>
  <span class="left">行内元素 1</span><span class="right">行内元素 2</span>
</body>
</html>
```

在 IE 12.0 浏览器中的浏览效果如图 12-9 所示。可以看到一个蓝色盒子和红色盒子，二者之间的距离使用 margin 设置，其距离是左边盒子的右边距 margin-right 加上右边盒子的左边距 margin-left。

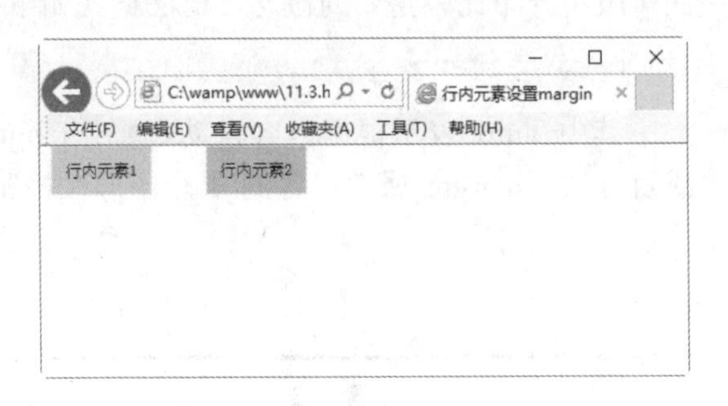

图 12-9 行内元素 margin 属性的设置

2. 非行内元素块之间 margin 属性的设置

如果不是行内元素，而是产生换行效果的块级元素，情况就可以发生变化。两个换行块级元素之间的距离不再是 margin-bottom 和 margin-top 的和，而是两者中的较大者。

【例 12.4】非行内元素块之间 margin 属性的设置(案例文件为 ch12\12.4.html)。代码如下：

```
<!DOCTYPE html>
<html>
<head>
<title>块级元素的 margin</title>
<style type="text/css">
<!--
h1{
  background-color:#ddeecc;
  text-align:center;
  font-family:"幼圆";
  font-size:12px;
  padding:10px;
            border:1px #445566 solid;
            display:block;
}
-->
</style>
   </head>
<body>
  <h1 style="margin-bottom:50px;">距离下面块的距离</h1>
  <h1 style="margin-top:30px;">距离上面块的距离</h1>
</body>
</html>
```

在 IE 12.0 浏览器中的浏览效果如图 12-10 所示。可以看到两个 h1 盒子，二者上下之间存在距离，其距离为 margin-bottom 和 margin-top 中较大的值，即 50 像素。如果修改下面 h1 盒子元素的 margin-top 为 40 像素，会发现执行结果没有任何变化。如果修改其值为 60 像素，会发现下面的盒子会向下移动 10 个像素。

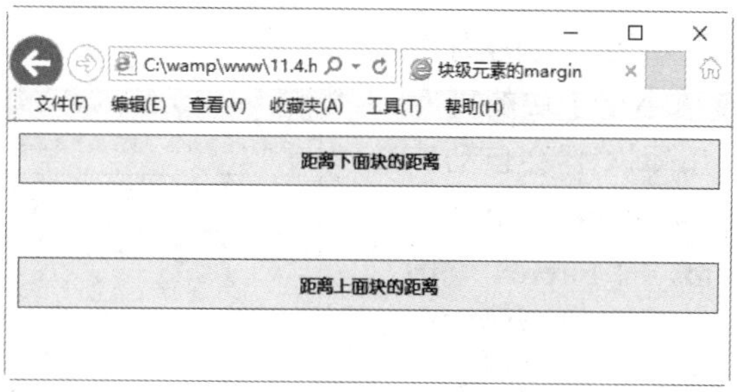

图 12-10　设置上下 margin 距离

3. 父子块之间 margin 属性的设置

当一个 div 块包含在另一个 div 块中间时，二者便会形成一个典型的父子关系。其中子块的 margin 设置将会以父块的 content 为参考。

【例 12.5】父子块之间 margin 属性的设置(案例文件为 ch12\12.5.html)。代码如下：

```
<!DOCTYPE html>
<html>
<head>
<title>包含块的 margin</title>
<style type="text/css">
<!--
div{
  background-color:#fffebb;
  padding:10px;
  border:1px solid #000000;
}
h1{
  background-color:#a2d2ff;
  margin-top:0px;
  margin-bottom:30px;
  padding:15px;
  border:1px dashed #004993;
  text-align:center;
  font-family:"幼圆";
  font-size:12px;
}
-->
</style>
   </head>
<body>
  <div >
    <h1>子块 div</h1>
  </div>
</body>
</html>
```

在 IE 12.0 浏览器中的浏览效果如图 12-11 所示。可以看到子块 h1 盒子距离父 div 下边界为 40 像素(子块 30 像素的外边距加上父块 10 像素的内边距)，其他 3 边距离都是父块的 padding 距离，即 10 像素。

在上例中，如果设定了父元素的高度height值，并且父块高度值小于子块的高度加上margin的值，此时IE浏览器会自动扩大，保持子元素的margin-bottom的空间以及父元素的padding-bottom。而Firefox就不会这样，会保证父元素的height高度的完全吻合，而这时子元素将超过父元素的范围。

当将margin设置为负数时，会使得被设为负数的块向相反的方向移动，甚至覆盖在另外的块上。

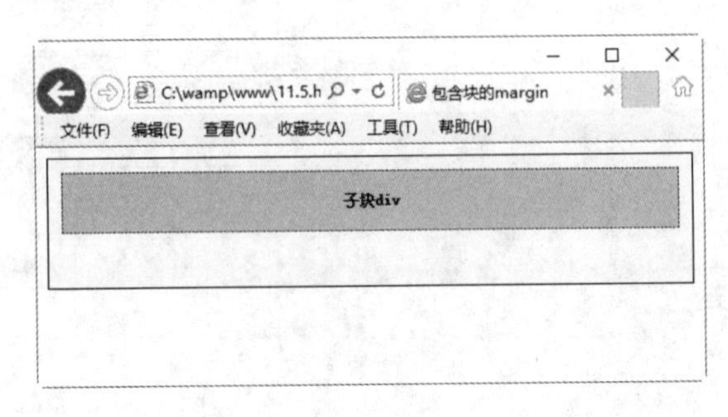

图 12-11　设置包括盒子的 margin 距离

12.3　使用 CSS 排版

DIV 在 CSS+DIV 页面排版中是一个块的概念。DIV 的起始标记和结束标记之间的所有内容都是用来构成这个块的，其中所包含的元素特性由 DIV 标记属性来控制，或者是通过使用样式表格式化这个块来进行控制。CSS+DIV 页面排版思想是：首先在整体上进行<div>标记的分块，然后对各个块进行 CSS 定位，最后在各个块中添加相应的内容。

12.3.1　案例 5——将页面用 DIV 分块

使用 CSS+DIV 页面排版布局，需要对网页有一个整体构思，即网页可以划分为几个部分。例如上、中、下结构，还是左右两列结构，还是三列结构。这时就可以根据网页构思，将页面划分为几个 DIV 块，用来存放不同的内容。当然了，大块中还可以存放不同的小块。最后，通过 CSS 属性，对这些 DIV 进行定位。

在现在的网页设计中，一般情况下的网站都是上中下结构，即上面是页面头部，中间是页面内容，最下面是页脚，整个上中下结构最后放到一个 DIV 容器中，方便控制。页面头部一般用来存放 Logo 和导航菜单；页面内容包含页面要展示的信息、链接和广告等；页脚存放的是版权信息和联系方式等。

将上中下结构放置到一个 DIV 容器中，方便后面排版并且方便对页面进行整体调整，如图 12-12 所示。

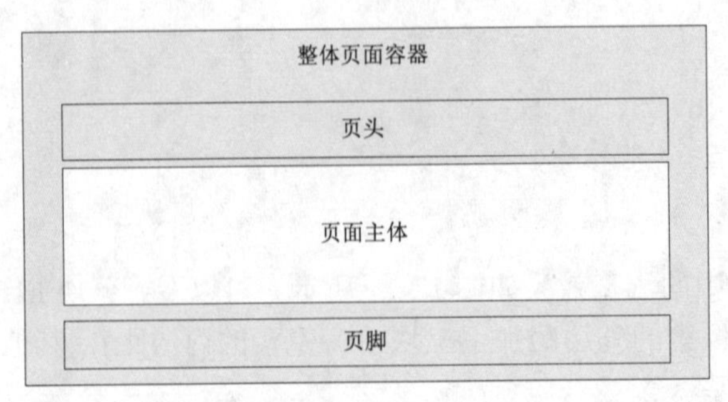

图 12-12　上中下网页结构

12.3.2 案例 6——设置各块位置

复杂的网页布局，不是单纯的一种结构，而是包含多种网页结构。例如，总体上是上中下，中间内分为两列布局等，如图 12-13 所示。

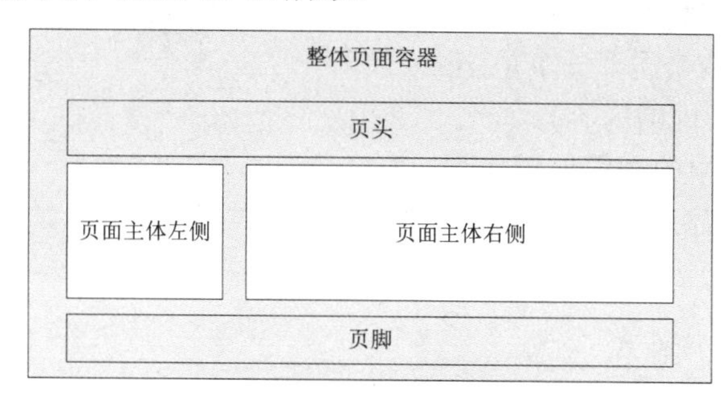

图 12-13 复合网页结构

页面总体结构确认后，一般情况下，页头和页脚变化就不大了。会发生变化的，就是页面主体。此时需要根据页面展示的内容，决定中间布局采用什么样式，比如三列水平分布、两列分布等。

12.3.3 案例 7——用 CSS 定位

页面版式确定后，即可利用 CSS 对 DIV 进行定位，使其在指定位置出现，从而实现对页面的整体规划。然后再向各个页面添加内容。

下面是一个总体为上中下布局，页面主体布局为左右布局的页面的 CSS 定位案例。

1. 创建 HTML 页面，使用 DIV 构建层

首先构建 HTML 网页，使用 DIV 划分最基本的布局块。代码如下：

```
<html>
<head>
<title>CSS 排版</title><body>
<div id="container">
  <div id="banner">页面头部</div>
  <div id=content >
  <div id="right">
页面主体右侧
  </div>
  <div id="left">
页面主体左侧
  </div>
</div>
  <div id="footer">页脚</div>
</div>
</body>
</html>
```

在上述代码中，创建了 5 个层，其中 ID 名称为 container 的 DIV 层，是一个布局容器，即所有的页面结构和内容都是在这个容器内实现的。名称为 banner 的 DIV 层，是页头部分。名称为 footer 的 DIV 层，是页脚部分。名称为 content 的 DIV 层，是中间主体，该层包含了两个层，一个是 right 层，一个是 left 层，分别放置不同的内容。

在 IE 12.0 浏览器中的浏览效果如图 12-14 所示。可以看到，网页中显示了这几个层，从上到下依次排列。

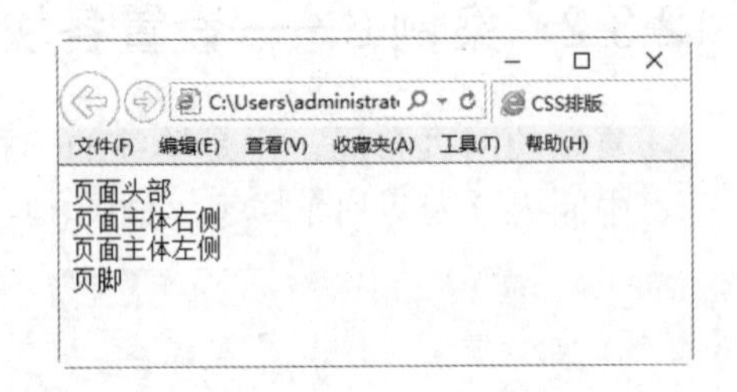

图 12-14　使用 DIV 构建层

2. CSS 设置网页整体样式

然后需要对 body 标记和 container 层(布局容器)进行 CSS 修饰，从而对整体样式进行定义。代码如下：

```
<style type="text/css">
<!--
body {
  margin:0px;
  font-size:16px;
  font-family:"幼圆";
}
#container{
  position:relative;
  width:100%;
}
-->
</style>
```

上述代码只是设置了文字大小、字型、布局容器 container 的宽度、层定位方式，布局容器撑满整个浏览器。

在 IE 12.0 浏览器中的浏览效果如图 12-15 所示。可以看到，此时相比较上一个显示页面，发生的变化不大，只不过字型和字体大小发生了变化，因为 container 未带有边框和背景色无法显示该层。

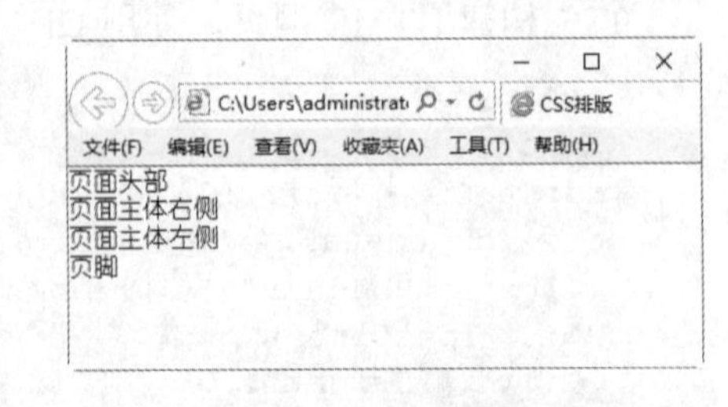

图 12-15　设置网页整体样式

3. CSS 定义页头部分

接下来就可以使用 CSS 对页头进行定位，即 banner 层，使其在网页上显示。代码如下：

```
#banner{
  height:80px;
  border:1px solid #000000;
  text-align:center;
  background-color:#a2d9ff;
  padding:10px;
```

```
  margin-bottom:2px;
}
```

上述代码首先设置了 banner 层的高度为 80 像素，宽度充满整个 container 布局容器，下面分别设置了边框样式、字体对齐方式、背景色、内边距和外边距的底部等。

在 IE 12.0 浏览器中的浏览效果如图 12-16 所示，可以看到，在页面顶部显示了一个浅绿色的边框，边框充满整个浏览器，边框中间显示了一个【页面头部】的文本信息。

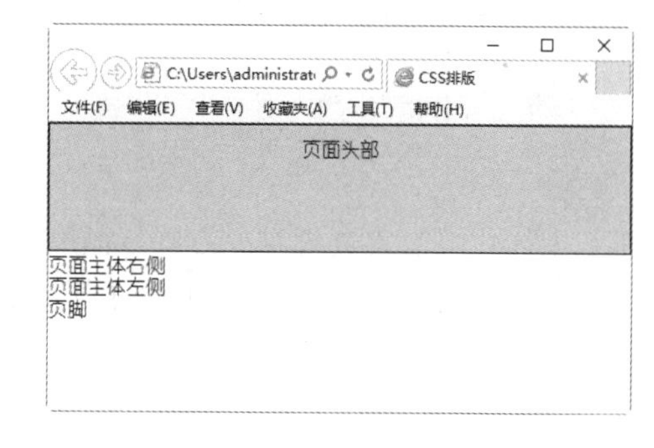

图 12-16　定义网页头部

4. CSS 定义页面主体

在页面主体中如果两个层并列显示，需要使用 float 属性，将一个层设置到左边，一个层设置到右边。代码如下：

```
#right{
  float:right;
  text-align:center;
  width:80%;
 border:1px solid #ddeecc;
margin-left:1px;
height:200px;
}
#left{
  float:left;
  width:19%;
  border:1px solid #000000;
  text-align:center;
height:200px;
background-color:#bcbcbc;
}
```

上述代码设置了这两个层的宽度，right 层占有空间的 80%，left 层占有空间的 19%，并分别设置了两个层的边框样式、对齐方式、背景色等。

在 IE 12.0 浏览器中的浏览效果如图 12-17 所示。可以看到，页面主体部分分为两个层并列显示，左侧背景色为灰色，占有空间较小；右侧背景色为白色，占有空间较大。

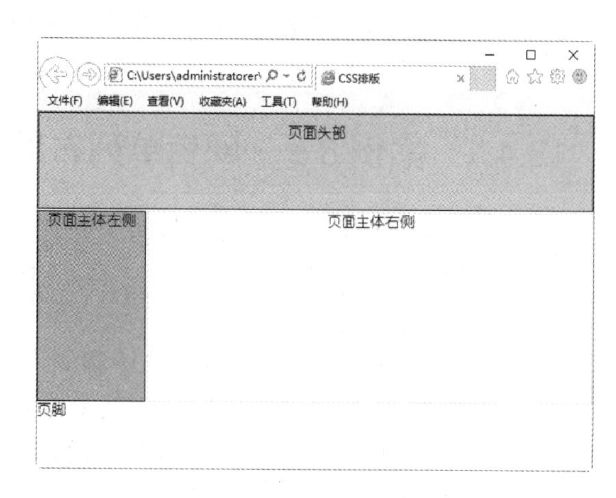

图 12-17　定义网页主体

5. CSS 定义页脚

最后需要设置页脚部分，页脚通常在主体下面。因为页面主体中使用了 float 属性设置层浮动，所以需要在页脚层设置 clear 属性，使其不受浮动的影响。代码如下：

```
#footer{
  clear:both;        /* 不受 float 影响 */
  text-align:center;
  height:30px;
  border:1px solid #000000;
            background-color:#ddeecc;
}
```

上述代码设置页脚对齐方式、高度、边框、背景色等。在 IE 12.0 浏览器中的浏览效果如图 12-18 所示。可以看到，页面底部显示了一个边框，背景色为浅绿色，边框充满整个 DIV 布局容器。

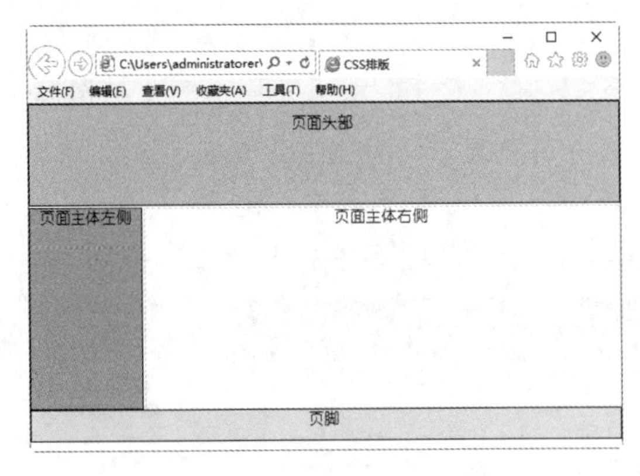

图 12-18　定义网页页脚

12.4　常见网页布局模式

CSS 的排版是一种全新的排版理念，与传统的表格排版布局完全不同，首先在页面上分块，然后应用 CSS 属性重新定位。在本节中，我们就固定宽度布局进行深入讲解，使读者能够熟练掌握这些方法。

12.4.1　案例 8——网页单列布局模式

网页单列布局模式是最简单的一种布局形式，也被称为“网页 1-1-1 型布局模式”。图 12-19 所示为网页单列布局模式示意图。

图 12-19　网页单列布局模式

制作单列布局网页的具体操作步骤如下。

step 01 打开记事本文件，在其中输入代码，该段代码的作用是在页面中放置第一个圆角矩形框。具体代码如下：

```
<!DOCTYPE html>
<head>
```

```
<title>单列网页布局</title>
</head>
<body>
<div class="rounded">
<h2>页头</h2>
<div class="main">
<p>
锄禾日当午，汗滴禾下土<br/>
锄禾日当午，汗滴禾下土</p>
</div>
<div class="footer">
<p></p>
</div>
</div>
</body>
</html>
```

上述代码中这组<div>…</div>之间的内容是固定结构的，其作用就是实现一个可以改变宽度的圆角框。在IE 12.0浏览器中的浏览效果如图12-20所示。

step 02 设置圆角框的CSS样式。为了实现圆角框效果，加入如下样式代码：

```
<style>
body {
background: #FFF;
font: 14px 宋体;
margin:0;
padding:0;
}

.rounded {
background: url(images/left-top.gif) top left no-repeat;
width:100%;
}
.rounded h2 {
background:
url(images/right-top.gif)
top right no-repeat;
padding:20px 20px 10px;
margin:0;

}
.rounded .main {
background:
url(images/right.gif)
top right repeat-y;
padding:10px 20px;
margin:-20px 0 0 0;
}
.rounded .footer {
background:
url(images/left-bottom.gif)
bottom left no-repeat;
}
.rounded .footer p {
```

```
color:red;
text-align:right;
background:url(images/right-bottom.gif) bottom right no-repeat;
display:block;
padding:10px 20px 20px;
margin:-20px 0 0 0;
font:0/0;
}
</style>
```

在上述代码中定义了整个盒子的样式，如文字大小等，其后的 5 段以.rounded 开头的 CSS 样式都是为实现圆角框进行的设置。这段 CSS 代码在后面的制作中，都不需要调整，直接放置在<style></style>之间即可，在 IE 12.0 浏览器中的浏览效果如图 12-21 所示。

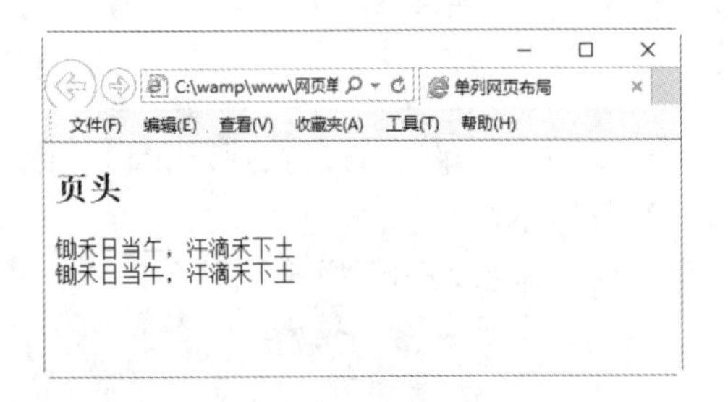

图 12-20　添加网页圆角框

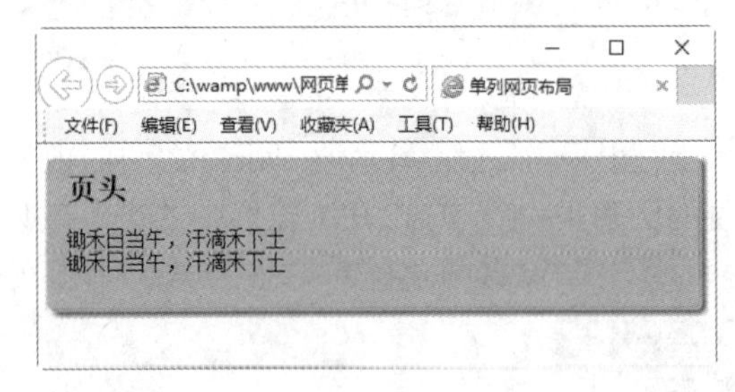

图 12-21　设置圆角框的 CSS 样式

step 03 设置网页固定宽度。为该圆角框单独设置一个 id，把针对它的 CSS 样式放到这个 id 的样式定义部分。设置 margin 以实现在页面中居中，并用 width 属性确定固定宽度，代码如下：

```
#header {
margin:0 auto;
width:760px;}
```

注意　这个宽度不要设置在.rounded 相关的 CSS 样式中，因为该样式会被页面中的各个部分公用，如果设置了固定宽度，其他部分就不能正确显示了。

另外，在 HTML 部分的<div class="rounded">...</div>的外面套一个 div。代码如下：

```
<div id="header">
<div class="rounded">
<h2>页头</h2>
<div class="main">
<p>
锄禾日当午，汗滴禾下土<br/>
锄禾日当午，汗滴禾下土</p>
</div>
<div class="footer">
<p></p>
</div>
</div>
</div>
```

在 IE 12.0 浏览器中的浏览效果如图 12-22 所示。

图 12-22　设置网页固定宽度

step 04 设置其他圆角矩形框。将放置的圆角框再复制出 2 个，并分别设置 id 为 content 和 footer，分别代表“内容”和“页脚”。完整的页面框架代码如下：

```
<div id="header">
<div class="rounded">
<h2>页头</h2>
<div class="main">
<p>
锄禾日当午，汗滴禾下土<br/>
锄禾日当午，汗滴禾下土</p>
</div>
<div class="footer">
<p></p>
</div>
</div>
</div>
<div id="content">
<div class="rounded">
<h2>正文</h2>
<div class="main">
<p>
锄禾日当午，汗滴禾下土<br />
锄禾日当午，汗滴禾下土</p>
</div>
<div class="footer">
<p>
查看详细信息&gt;&gt;
</p>
</div>
</div>
</div>
<div id="pagefooter">
<div class="rounded">
<h2>页脚</h2>
<div class="main">
<p>
锄禾日当午，汗滴禾下土</p>
</div>
<div class="footer">
<p>
</p>
</div>
```

```
</div>
</div>
```

修改 CSS 样式代码如下：

```
#header,#pagefooter,#content{
margin:0 auto;
width:760px;}
```

从 CSS 代码中可以看到，3 个 div 的宽度都设置为固定值 760 像素，并且通过设置 margin 的值来实现居中放置，即左右 margin 都设置为 auto。在 IE 12.0 浏览器中的浏览效果如图 12-23 所示。

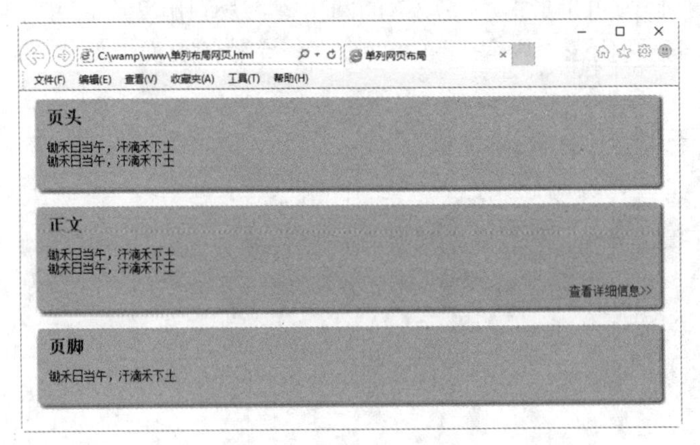

图 12-23　添加其他网页圆角框

12.4.2　案例 9——网页 1-2-1 型布局模式

网页 1-2-1 型布局模式是网页制作之中最常用的一种模式，模式结构如图 12-24 所示。在布局结构中，增加了一个 side 栏。但是在通常状况下，两个 div 只能竖直排列。为了让 content 和 side 能够水平排列，必须把它们放到另一个 div 中，然后使用浮动或者绝对定位的方法，使 content 和 side 并列起来。

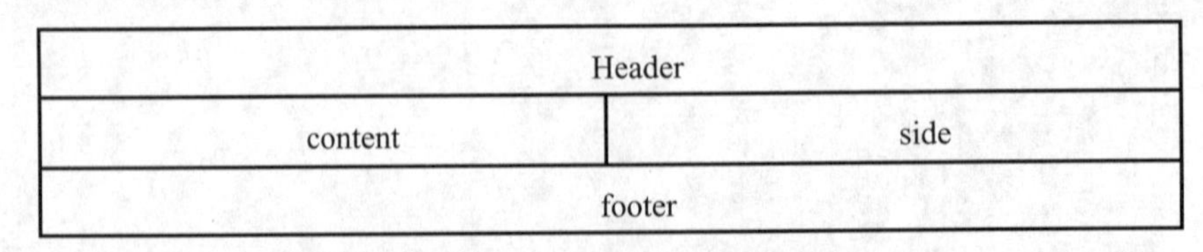

图 12-24　网页 1-2-1 型布局模式

制作网页 1-2-1 型布局的具体操作步骤如下。

step 01 修改网页单列布局的结果代码。这一步用上一节完成的结果作为素材，在 HTML 中把 content 部分复制出一个新的，这个新的 id 设置为 side。然后在它们的外面套一个 div，命名为 container，修改部分的框架代码如下：

```
<div id="container">
<div id="content">
```

```
<div class="rounded">
<h2>正文 1</h2>
<div class="main">
<p>
锄禾日当午，汗滴禾下土<br />
锄禾日当午，汗滴禾下土</p>
</div>
<div class="footer">
<p>
查看详细信息&gt;&gt;
</p>
</div>
</div>
</div>
<div id="side">
<div class="rounded">
<h2>正文 2</h2>
<div class="main">
<p>
锄禾日当午，汗滴禾下土<br />
锄禾日当午，汗滴禾下土</p>
</div>
<div class="footer">
<p>
查看详细信息&gt;&gt;
</p>
</div>
</div>
</div>
```

修改 CSS 样式代码如下：

```
#header,#pagefooter,#container{
margin:0 auto;
width:760px;}
#content{}
#side{}
```

从上述代码中可以看出#container、#header、#pagefooter 并列使用相同的样式，#content、#side 的样式暂时先空着，这时的效果如图 12-25 所示。

step 02 实现正文 1 与正文 2 的并列排列。这里有两种方法来实现，首先使用绝对定位法来实现，具体的代码如下：

```
#header,#pagefooter,#container{
margin:0 auto;
width:760px;}
#container{
position:relative; }
#content{
position:absolute;
top:0;
left:0;
width:500px;
```

```
}
#side{
margin:0 0 0 500px;
}
```

在上述代码中，为了使#content 能够使用绝对定位，必须考虑用哪个元素作为它的定位基准。显然应该是 container 这个 div。因此，将#container 的 position 属性设置为 relative，使它成为下级元素的绝对定位基准，然后将#content 这个 div 的 position 设置为 absolute，即绝对定位，这样它就脱离了标准流，#side 就会向上移动占据原来#content 所在的位置。将#content 的宽度和#side 的左 margin 设置为相同的数值，就正好可以保证它们并列紧挨着放置，且不会相互重叠。运行结果如图 12-26 所示。

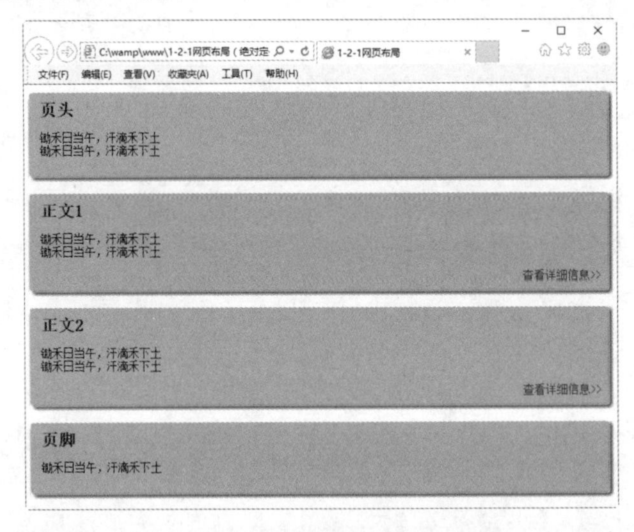

图 12-25　修改后的网页单列布局样式

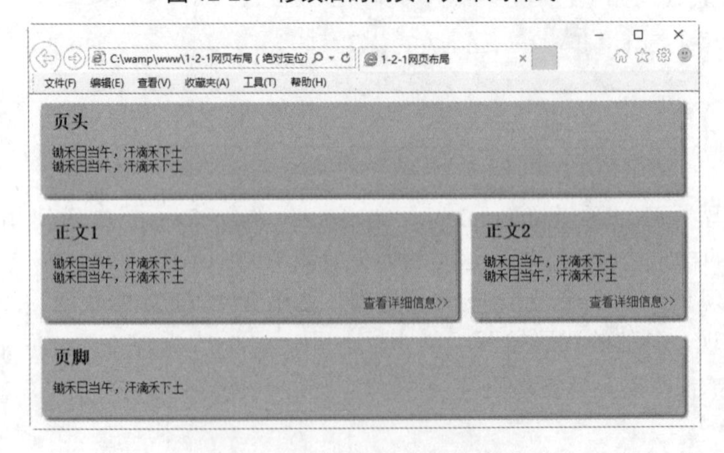

图 12-26　使用绝对定位的效果

step 03 实现正文 1 与正文 2 的并列排列，还可以使用浮动法来实现。在 CSS 样式部分，稍作修改，加入如下样式代码：

```
#content{
float:left;
```

```
width:500px;
}
#side{
float:left;
width:260px;
}
```

运行结果如图 12-27 所示。

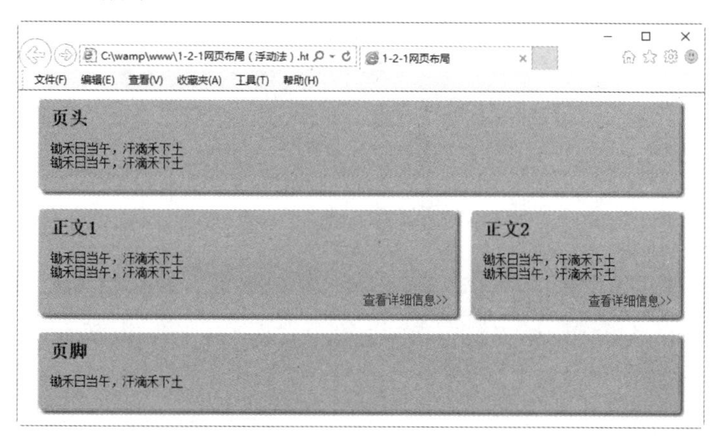

图 12-27　使用浮动定位的效果

使用浮动法修改正文布局模式非常灵活。例如，要 side 从页面右边移动到左边，即交换与 content 的位置，只需要稍微修改一下 CSS 代码，即可以实现，代码如下：

```
#content{
float:right;
width:500px;
}
#side{ float:left;
width:260px;
}
```

12.4.3　案例 10——网页 1-3-1 型布局模式

网页 1-3-1 型布局模式也是网页制作之中最常用的模式之一，模式结构如图 12-28 所示。

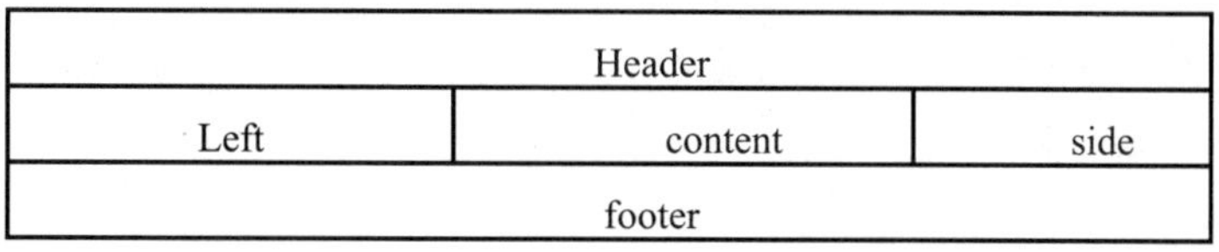

Header		
Left	content	side
footer		

图 12-28　网页 1-3-1 型布局模式

这里使用浮动方式来排列横向并排的 3 栏，制作过程与“1-1-1”到“1-2-1”布局转换一样，只要控制好#left、#content、#side 这 3 栏都使用浮动方式，3 列的宽度之和正好等于总宽度。具体过程不再详述，制作完之后的代码如下：

```
<!DOCTYPE html>
<head>
<title>1-3-1 固定宽度布局</title>
<style type="text/css">
body {
background: #FFF;
font: 14px 宋体;
margin:0;
padding:0;
}

.rounded {
  background: url(images/left-top.gif)   top left no-repeat;
  width:100%;
  }
.rounded h2 {
  background:
    url(images/right-top.gif)
  top right no-repeat;
  padding:20px 20px 10px;
  margin:0;

  }
.rounded .main {
  background:
    url(images/right.gif)
  top right repeat-y;
  padding:10px 20px;
    margin:-20px 0 0 0;
      }
.rounded .footer {
  background:
    url(images/left-bottom.gif)
  bottom left no-repeat;
  }
.rounded .footer p {
  color:red;
  text-align:right;
  background:url(images/right-bottom.gif) bottom right no-repeat;
  display:block;
  padding:10px 20px 20px;
  margin:-20px 0 0 0;
  font:0/0;
  }
#header,#pagefooter,#container{
margin:0 auto;
width:760px;}
#left{
   float:left;
   width:200px;
```

```
    }

#content{
    float:left;
    width:300px;
    }
#side{
    float:left;
    width:260px;
    }

#pagefooter{
    clear:both;
}
</style>
</head>
<body>
 <div id="header">
    <div class="rounded">
        <h2>页头</h2>
        <div class="main">
        <p>
        锄禾日当午，汗滴禾下土<br/>
锄禾日当午，汗滴禾下土</p>
        </div>
        <div class="footer">
        <p></p>
        </div>
    </div>
</div>

<div id="container">
<div id="left">
    <div class="rounded">
        <h2>正文</h2>
        <div class="main">
        <p>
        锄禾日当午，汗滴禾下土<br />
        锄禾日当午，汗滴禾下土
        </p>

        </div>
        <div class="footer">
        <p>
        查看详细信息&gt;&gt;
        </p>
        </div>
    </div>
</div>
<div id="content">
```

```
    <div class="rounded">
        <h2>正文 1</h2>
        <div class="main">
        <p>
        锄禾日当午，汗滴禾下土<br />
        锄禾日当午，汗滴禾下土
        </p>

        </div>
        <div class="footer">
        <p>
        查看详细信息&gt;&gt;
        </p>
        </div>
    </div>
</div>
<div id="side">
    <div class="rounded">
        <h2>正文 2</h2>
        <div class="main">
        <p>
        锄禾日当午，汗滴禾下土<br />
        锄禾日当午，汗滴禾下土
        </p>
        </div>
        <div class="footer">
        <p>
        查看详细信息&gt;&gt;
        </p>
        </div>
    </div>
</div>
</div>
<div id="pagefooter">
    <div class="rounded">
        <h2>页脚</h2>
        <div class="main">
        <p>
        锄禾日当午，汗滴禾下土
        </p>
        </div>
        <div class="footer">
        <p>

        </p>
        </div>
    </div>
</div>
</body>
</html>
```

在 IE 12.0 浏览器中的浏览效果如图 12-29 所示。

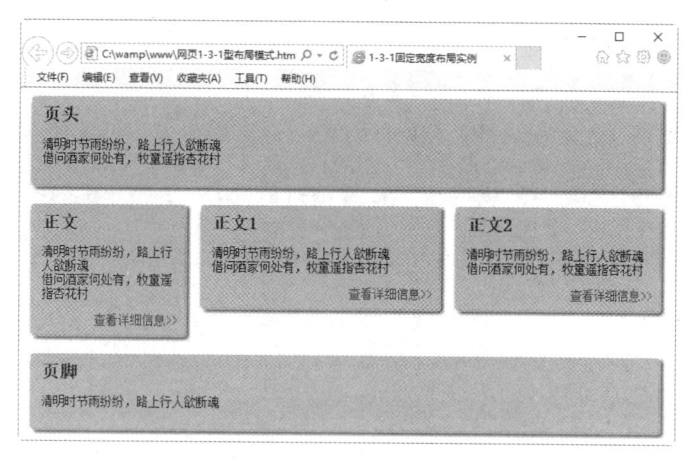

图 12-29　网页 1-3-1 型布局模式

12.5　综合案例——创建左右布局页面

一个美观大方的页面必然是一个布局合理的页面。左右布局是网页中比较常见的一种方式，即根据信息种类不同，将信息分别在当前页面左右侧显示。本案例将利用前面学习的知识，创建一个左右布局的页面。

具体操作步骤如下。

step 01 分析需求。

首先需要将整个页面分为左右两个模块，左模块放置一类信息，右模块放置一类信息。可以设定其宽度和高度。

step 02 创建 HTML 页面，实现基本列表。

创建 HTML 页面，同时用 DIV 在页面中划分左边 DIV 层和右边 DIV 层两个区域，并且将信息放入到相应的 DIV 层中，注意 DIV 层内引用 CSS 样式名称。代码如下：

```
<!DOCTYPE html>
<html>
<head>
<title>布局</title>
</head>
<body>
<center>
<div class="big">
  <p class=pp>女人</p>
  <div class="left">
    <h1>女人</h1>
    <p> ·男人性福告白：女人的性感与年龄成正比 09:59 </p>
    <p> ·六类食物能有效对抗紫外线 11:15 </p>
    <p> ·打造夏美人 受 OL 追捧的清爽发型 10:05 </p>
    <p> ·美丽帮帮忙：别让大油脸吓跑男人 09:47 </p>
    <p> ·简约雪纺清凉衫 百元搭出欧美范儿 14:51 </p>
```

```
    <p> ·花边连衣裙超勾人 7月穿搭出新意 11:04 </p>
  </div>
  <div class="right">
    <h1>健康</h1>
    <p> ·女性养生：让女人老得快的10个原因 19:18 </p>
    <p> ·养生盘点：喝豆浆的九大好处和七大禁忌 09:14</p>
    <p> ·养生警惕：14个护肤心理“错”觉 19:57</p>
    <p> ·柿子番茄骨汤 8种营养师最爱的食物 15:16</p>
    <p> ·夏季养生指南：“夫妻菜”宜常吃 10:48 </p>
    <p> ·10条食疗养生方法，居家宅人的养生经 13:54 </p>
  </div>
</div>
</center>
</body>
</html>
```

在 IE 12.0 浏览器中的浏览效果如图 12-30 所示。可以看到，页面中显示了两个模块，分别是【女人】和【健康】，二者上下排列。

step 03 添加 CSS 代码，修饰整体样式和 DIV 层。代码如下：

```
<style>
* {
    padding:0px;
    margin:0px;
}body {
    font:"宋体";
    font-size:18px;
}
.big{
    width:570px;
              height:210px;
              border:#C1C4CD 1px solid;
    }

</style>
```

在 IE 12.0 浏览器中的浏览效果如图 12-31 所示。可以看到，页面相较于原来字体变小，并且大的 DIV 显示了边框。

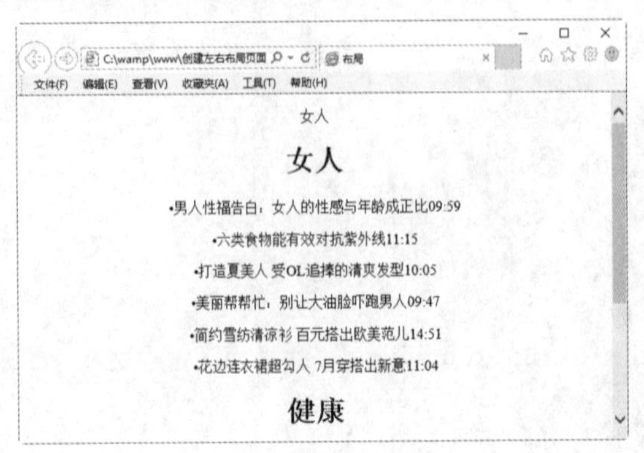

图 12-30　上下排列

图 12-31　修饰整体样式

step 04 添加CSS代码，设置两个层左右并列显示。代码如下：

```
.left{
    width:280px;
    float:right; //设置右边悬浮
    border:#C1C4CD 1px solid;
    }.right{
    width:280px;
    float:left;//设置左边悬浮
    margin-left:6px;
    border:#C1C4CD 1px solid;
    }
```

在IE 12.0浏览器中的浏览效果如图12-32所示。可以看到，页面中文本信息左右并列显示，但字体没有发生变化。

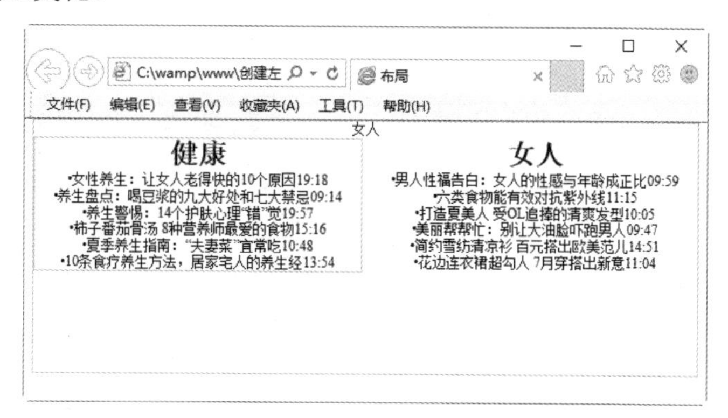

图12-32 设置左右悬浮

step 05 添加CSS代码，定义文本样式。代码如下：

```
h1{
    font-size:14px;
    padding-left:10px;
    background-color:#CCCCCC;
    height:20px;
    line-height:20px;
    }p{
    margin:5px;
    line-height:18px;
            color:#2F17CD;
    }.pp{
            width:570px;
            text-align:left;
            height:20px;
            background-color:D5E7FD;
            position:relative;
            left:-3px;
            top:-3px;
            font-size:16px;
            text-decoration:underline;
}
```

在 IE 12.0 浏览器中的浏览效果如图 12-33 所示。可以看到，页面中文本信息左右并列显示，其字体颜色为蓝色，行高为 18 像素。

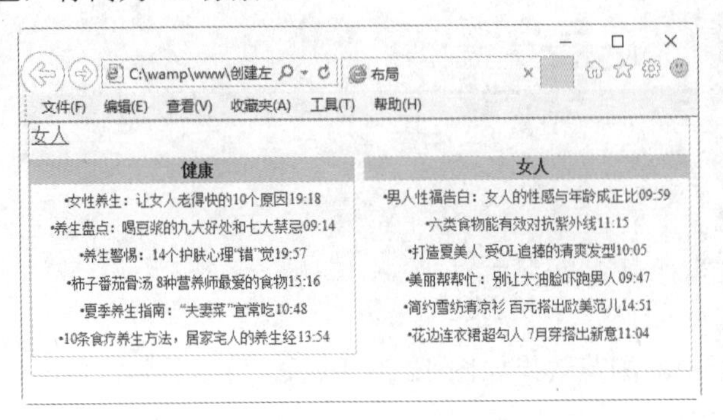

图 12-33　文本修饰样式

12.6 疑难解惑

疑问 1：自动缩放网页布局中，网页框架百分比的关系是什么？

答：关于框架中百分比的关系，初学者往往比较困惑，比如，container 等外层 div 的宽度设置为 85%是相对于浏览器窗口而言的比例；而后面 content 和 side 这两个内层 div 的比例是相对于外层 div 而言的。如果分别设置为 66%和 33%，二者相加为 99%，而不是 100%，这是为了避免由于舍入误差造成总宽度大于它们的容器的宽度，而使某个 div 被挤到下一行中，如果希望精确，写成 99%也可以。

疑问 2：DIV 层高度设置好，还是不设置好？

答：在 IE 浏览器中，如果设置了高度值，但是内容很多，会超出所设置的高度，这时浏览器就会自己撑开高度，以达到显示全部内容的效果，不受所设置的高度值限制。而在 Firefox 浏览器中，如果固定了高度的值，那么容器的高度就会被固定住，就算内容过多，它也不会撑开，也会显示全部内容，但是如果容器下面还有内容的话，那么这一块就会与下一块内容重合。

这个问题的解决办法就是：不要设置高度的值，这样浏览器就会根据内容自动判断高度，也不会出现内容重合的问题。

第 4 篇

设计网页元素

第 13 章 网页图像说变就变——调整与修饰图像

网页中存在着大量图像信息，这些图片有的是网页制作者拍摄的，有的是从网上搜索的素材图像。但是，有时这些图像并不能满足网站的需要，这就需要对这些图像进行处理。本章主要介绍如何使用 Photoshop 对网页图像进行调整与修饰。

13.1 图像色调的调整

图像色调调整主要是对图像进行明暗度和对比度的调整。例如，将一幅暗淡的图像调整得亮一些，将一幅灰蒙蒙的图像调整得清晰一些。

13.1.1 案例 1——调整图像的亮度与对比度

使用【亮度/对比度】命令，可以对图像的色调范围进行简单的调整。但是在操作时它会对图像中的所有像素都进行同样的调整，因此可能会导致部分细节损失。具体操作步骤如下。

step 01 打开“素材\ch13\03.jpg”文件，然后按 Ctrl+J 组合键，复制背景图层，如图 13-1 所示。

step 02 选择【图像】→【调整】→【亮度/对比度】命令，弹出【亮度/对比度】对话框，在【亮度】和【对比度】文本框中分别输入 112 和−23，如图 13-2 所示。

step 03 单击【确定】按钮，即可调整图像的亮度和对比度，如图 13-3 所示。

图 13-1　素材文件

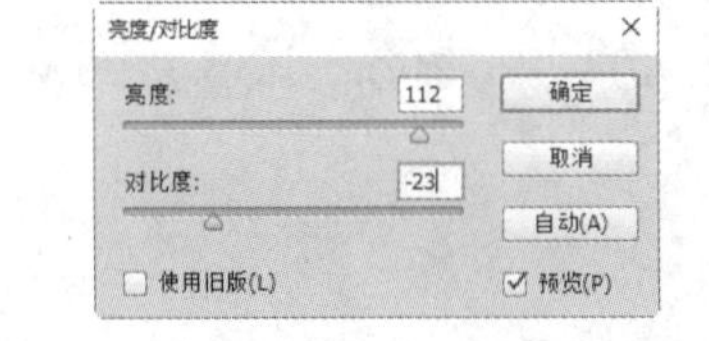

图 13-2　【亮度/对比度】对话框

图 13-3　调整图像的亮度和对比度

直接拖动【亮度】和【对比度】下面的小滑块，也可以改变相应的值。若勾选【使用旧版】复选框，在调整亮度时只是简单地增大或减小所有像素值，可能会导致修剪或丢失高光或阴影区域中的图像细节。

13.1.2 案例 2——使用【色阶】命令调整图像

【色阶】命令通过调整图像暗调、灰色调和高光的亮度级别来校正图像的色调以及平衡图像的色彩。它是最常用的色彩调整命令之一。

1. 认识【色阶】对话框

打开“素材\ch13\04.jpg”文件，如图 13-4 所示。选择【图像】→【调整】→【色阶】命令，或者按 Ctrl+L 组合键，弹出【色阶】对话框，通过该对话框，可调整图像的色阶，如图 13-5 所示。

图 13-4　素材文件

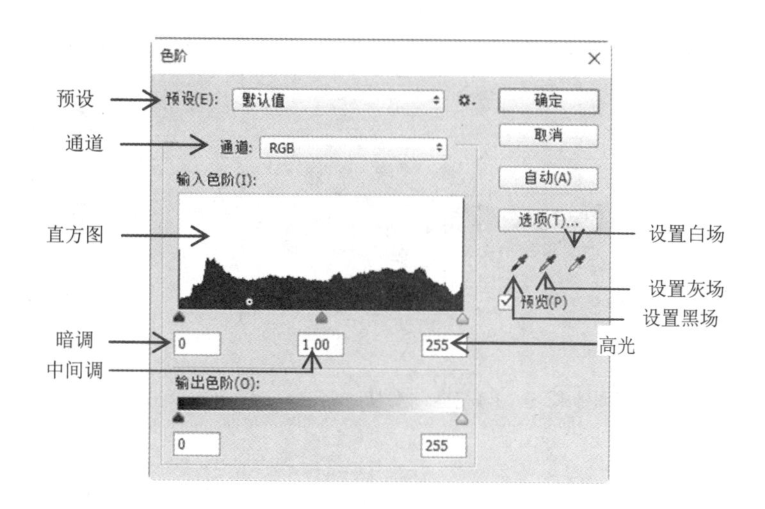

图 13-5　【色阶】对话框

- 【预设】：在其下拉列表中选择一个预设文件，可自动调整图像。若选择【自定】选项，自定义各参数后，单击右侧的⚙按钮，在弹出的下拉菜单中选择【存储预设】选项，可将当前的参数保存为一个预设文件，以便于下次直接调用。
- 【通道】：设置要调整色调的通道。选择某个通道可以只改变特定颜色的色调，当图像设置为 RGB 颜色模式时，红、绿和蓝 3 个通道颜色分布情况分别如图 13-6、图 13-7 和图 13-8 所示。

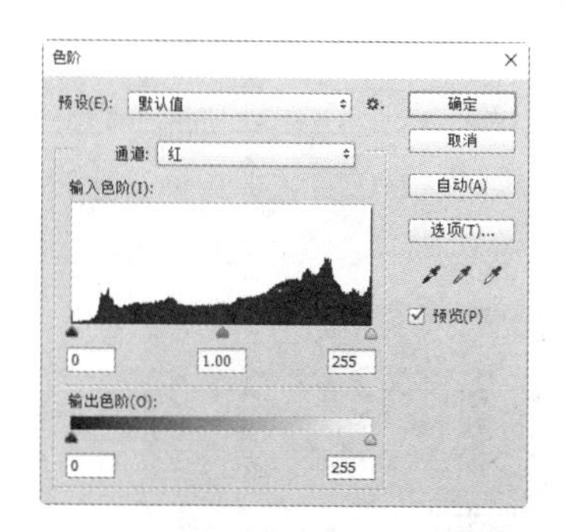

图 13-6　【红】通道的颜色分布情况

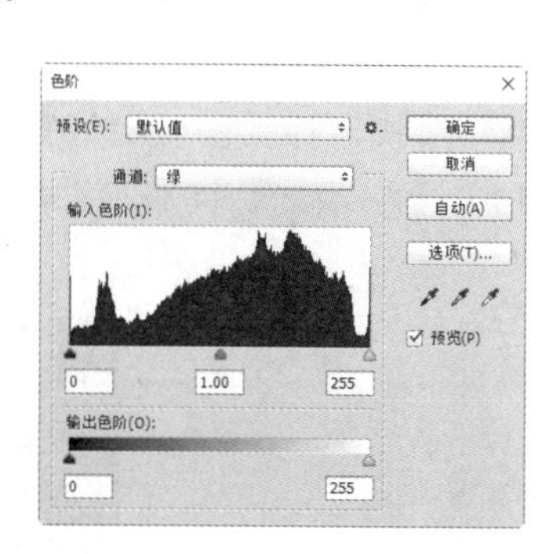

图 13-7　【绿】通道的颜色分布情况

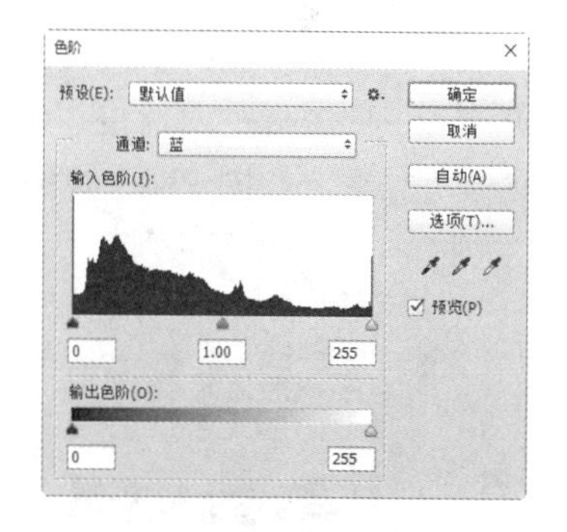

图 13-8　【蓝】通道的颜色分布情况

- 【输入色阶】：该区域有 3 个参数，在文本框中分别输入暗调、中间调和高光的亮度级别，或者直接拖动滑块，即可修改图像的色调范围。向左拖动滑块，可使图像的色调变亮，如图 13-9 和图 13-10 所示；向右拖动滑块，则图像的色调变暗，如图 13-11 和图 13-12 所示。

当暗调滑块处于色阶 0 时，所对应的像素是纯黑的。若向右拖动滑块，那么暗调滑块所在位置左侧的所有像素都会变成黑色，就会使图像的色调变暗。同理，当高光滑块处于色阶 255 时，所对应的像素是纯白的。若向左拖动滑块，那么其右侧的所有像素都会变成白色，就会使图像的色调变亮。

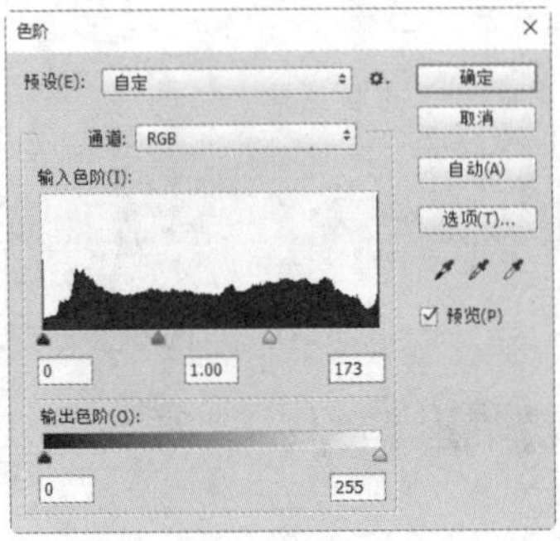

图 13-9 向左拖动滑块

图 13-10 图像的色调变亮

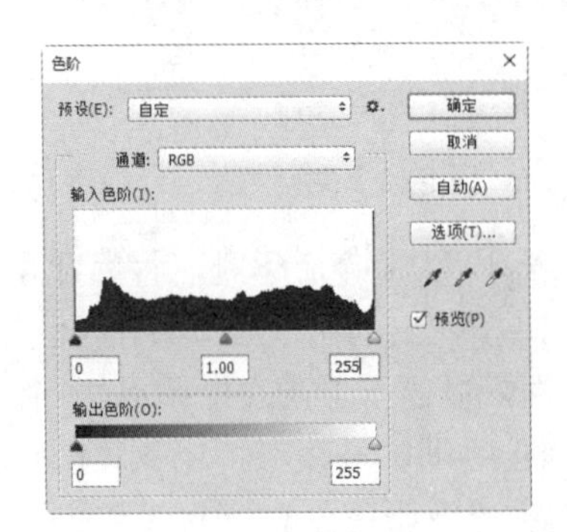

图 13-11 向右拖动滑块

图 13-12 图像的色调变暗

- 【输出色阶】：该区域内只有暗调和高光 2 个参数，用于限制图像的亮度范围，降低图像的对比度。向左拖动滑块，那么图像中最亮的色调不再是白色，则会降低亮度，如图 13-13 和图 13-14 所示；反之，向右拖动滑块，则提高亮度。

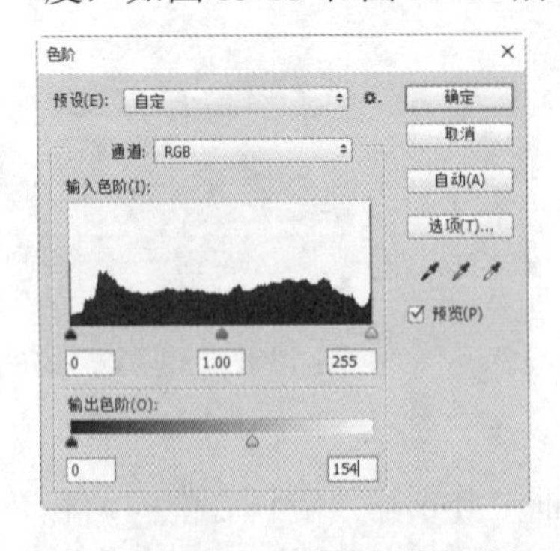

图 13-13 向左移动滑块

图 13-14 降低亮度

- 【取消】：单击该按钮，可关闭对话框，并取消调整色阶。若按住 Alt 键不放，此按钮将变成【复位】按钮，单击即可使各参数恢复为原始状态。
- 【自动】：单击该按钮，可应用自动颜色校正。
- 【选项】：单击该按钮，将弹出【自动颜色校正选项】对话框，在其中可以指定使用【自动】按钮对图像进行何种类型的自动校正，如自动颜色、自动对比度或自动色调校正等。

- 吸管工具：单击【设置黑场】按钮，然后单击图像中的某点取样，可以将该点的像素调整为黑色，并且图像中所有比取样点亮度低的像素都会调整为黑色，如图 13-15 所示。同理，若单击【设置灰场】按钮，会根据取样点的亮度调整其他中间色调的平均亮度，如图 13-16 所示。若单击【设置白场】按钮，会将所有比取样点亮度高的像素调整为白色，如图 13-17 所示。

图 13-15　设置黑场

图 13-16　设置灰场

图 13-17　设置白场

2. 使用【色阶】命令

下面介绍如何使用【色阶】命令调整图像的色调，其中最重要的就是能够理解直方图。

(1)　山脉集中在暗调一端。出现该种情况说明图像中暗色比较多，图片偏暗，如图 13-18 所示。向左拖动高光滑块，即可使图片变亮，如图 13-19 所示。

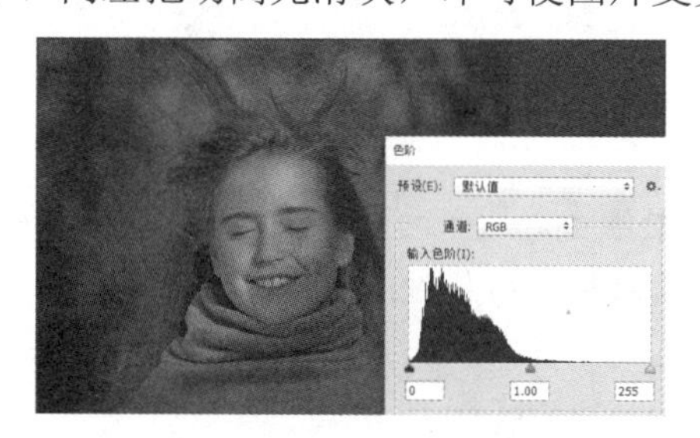

图 13-18　图片偏暗

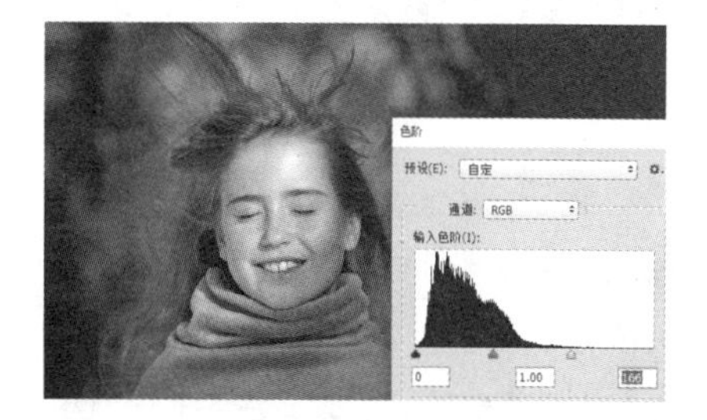

图 13-19　使图片变亮

(2)　山脉集中在中间。出现该种情况说明图像中最暗的点不是黑色，最亮的点也不是白色，缺乏对比度，图片整体偏灰，如图 13-20 所示。分别将暗调滑块和高光滑块向中间拖动，即可增加图片对比度，如图 13-21 所示。

图 13-20　图片整体偏灰

图 13-21　增加图片对比度

(3) 山脉集中在两侧。与第 2 种情况相反，出现该种情况说明图像反差过大，如图 13-22 所示。向左侧拖动中间调滑块，即可增加图像的亮色部分，如图 13-23 所示。

图 13-22　图像反差过大

图 13-23　增加图像的亮色部分

(4) 山脉集中在高光调一端。与第 1 种情况相反，出现该种情况说明图像偏亮，缺少黑色成分，如图 13-24 所示。向右侧拖动暗调滑块，即可使图片变暗，如图 13-25 所示。

图 13-24　图像偏亮、缺少黑色成分

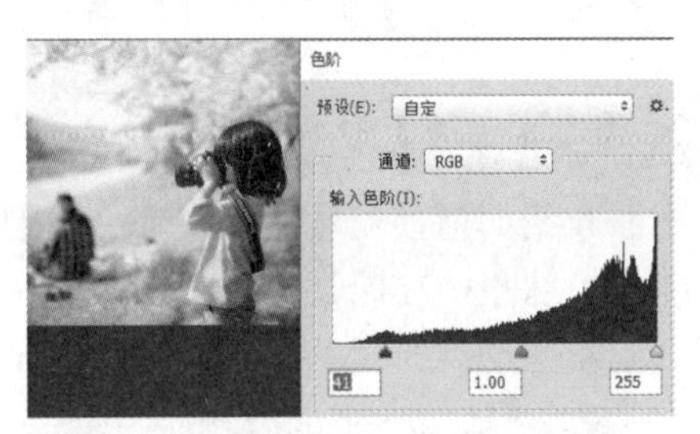

图 13-25　使图片变暗

并不是直方图中波峰居中且山脉均匀的图像才是最合适的，判断一张图像的曝光是否准确，关键在于图像是否准确地表达出了拍摄者的意图。

13.1.3　案例 3——使用【曲线】命令调整图像

【曲线】命令与【色阶】命令的功能相同，也是用于调整图像的色调范围及色彩平衡。但它不是通过控制 3 个变量(阴影、中间调和高光)来调节图像的色调，而是对 0 到 255 色调范围内的任意点进行精确调节，最多可同时使用 16 个变量。

1. 认识【曲线】对话框

打开“素材\ch13\05.jpg”文件，如图 13-26 所示。选择【图像】→【调整】→【曲线】命令，或者按 Ctrl+M 组合键，即弹出【曲线】对话框，如图 13-27 所示。

- 【编辑点以修改曲线】：该项为默认选项，表示在曲线上单击即可添加新的控制点，拖动控制点可修改曲线的形状，如图 13-28 所示。
- 【通过绘制来修改曲线】：单击该按钮，可以直接手绘自由曲线，如图 13-29 所示。绘制完成后，单击按钮，可显示出控制点；单击【平滑】按钮，可使手绘的曲线更加平滑。

图 13-26　素材文件

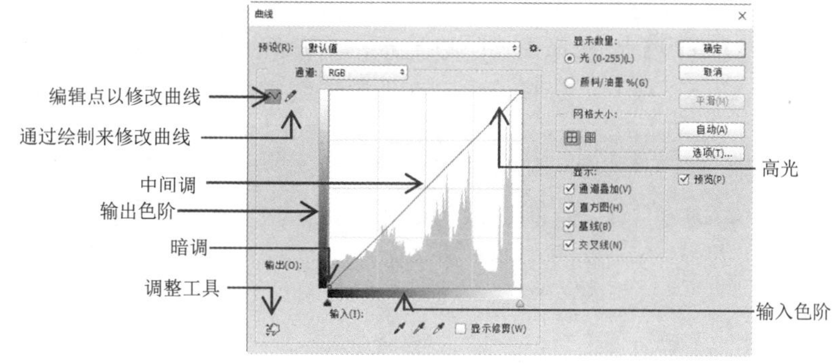

图 13-27　【曲线】对话框

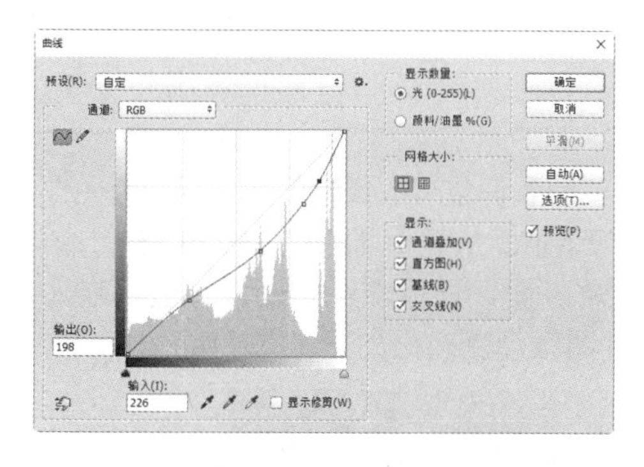

图 13-28　拖动控制点可修改曲线的形状

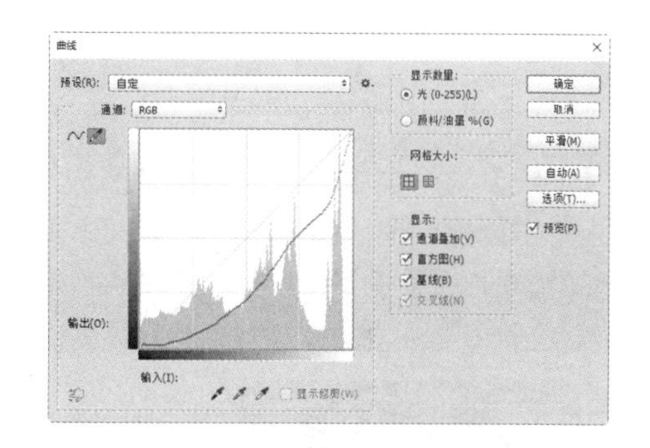

图 13-29　手绘自由曲线

- 【输入】/【输出】：分别显示了调整前和调整后的像素值。
- 调整工具：单击该按钮，将光标定位在图像中，光标会变为吸管形状，同时曲线上会出现一个空心圆，如图 13-30 所示。按住左键并拖动鼠标，即可调整色调，此时空心圆变为实心圆，如图 13-31 所示。

图 13-30　单击调整工具按钮的效果

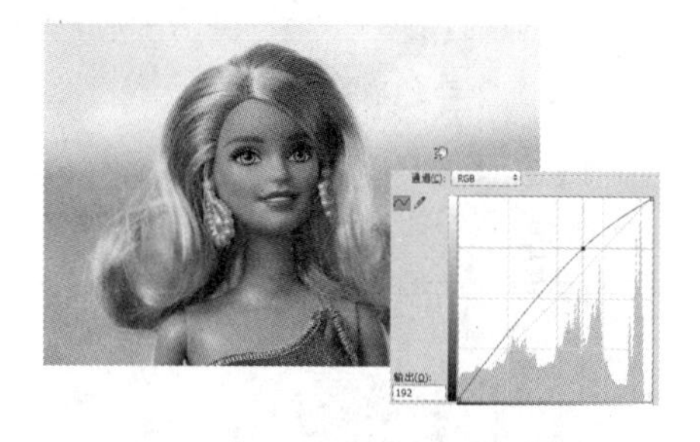

图 13-31　拖动鼠标可调整色调

- 【显示数量】：显示强度值和百分比，默认以【光】显示，【颜料/油墨】选项与其相反。
- 【网格大小】：显示网格的数量，该项对曲线功能没有影响，但较多的网格可以便于更精确的操作。
- 【通道叠加】：选择该项可以叠加各个颜色通道的曲线，当分别调整了各个颜色通道时，才能显示出效果，如图 13-32 所示。

- 【直方图】：选择该项可以显示出直方图，如图 13-33 所示为没有选择该项的效果。
- 【基线】：选择该项可以显示出对角线，如图 13-34 所示为没有选择该项的效果。
- 【交叉线】：选择该项，在调整曲线时可显示出水平线和垂直线，便于精确调整。

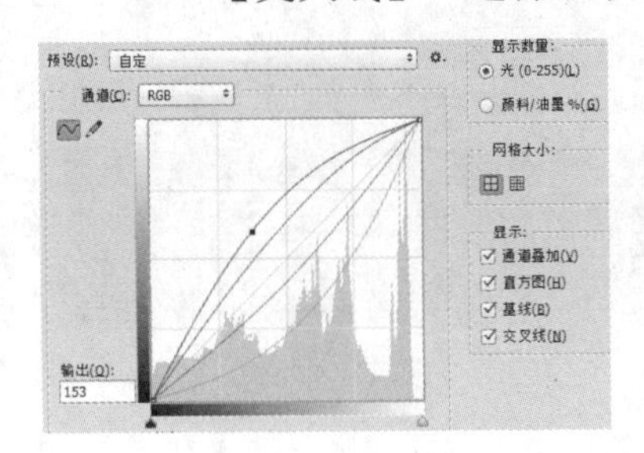

图 13-32　通道叠加的效果

图 13-33　不显示出直方图

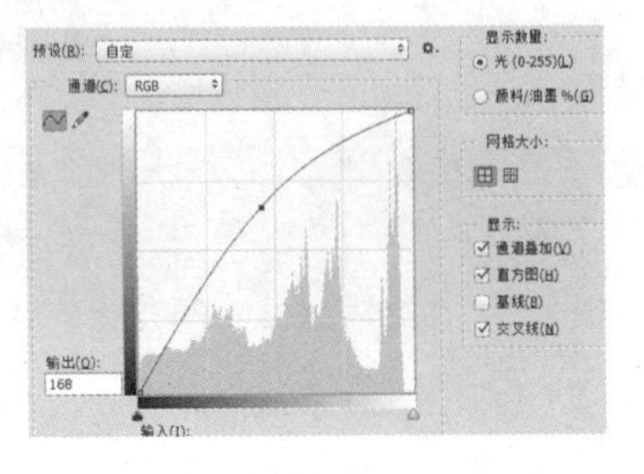

图 13-34　不显示出对角线

【曲线】对话框中其他参数的含义与【色阶】对话框相同，这里不再赘述。

2. 使用【曲线】命令

在【曲线】对话框中，输入和输出色阶分别表示调整前和调整后的像素值。打开一幅图像，在曲线上单击创建一个控制点，此时输入和输出色阶的像素值默认是相同的，如图 13-35 所示。

(1) 当向上调整曲线上的控制点时，此时输入色阶不变，但输出色阶变大，色阶越大，色调越浅(色阶 0 表示黑色，色阶 255 表示白色)，此时图像会变亮，如图 13-36 所示。

图 13-35　原图

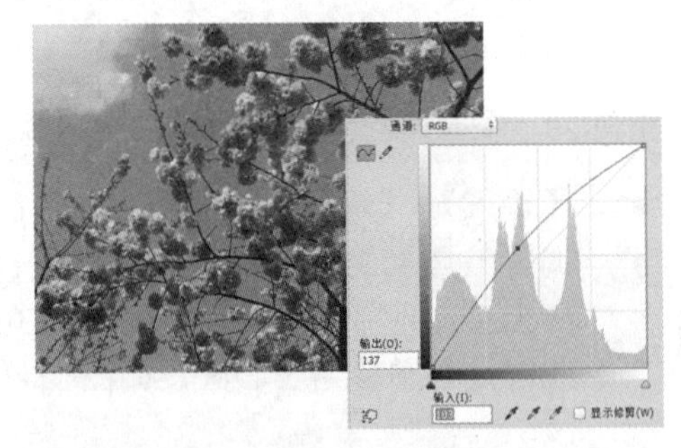

图 13-36　输出色阶变大则图像变亮

(2) 当向左调整控制点时，输出色阶不变，但输入色阶变小，因此图像也会变亮，如图 13-37 所示。

(3) 反之，当向下或向右调整控制点时，图像就会变暗，如图 13-38 所示。

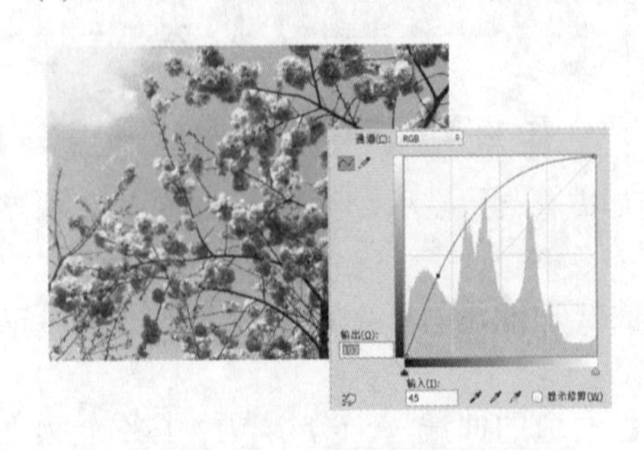

图 13-37　输入色阶变小则图像变亮

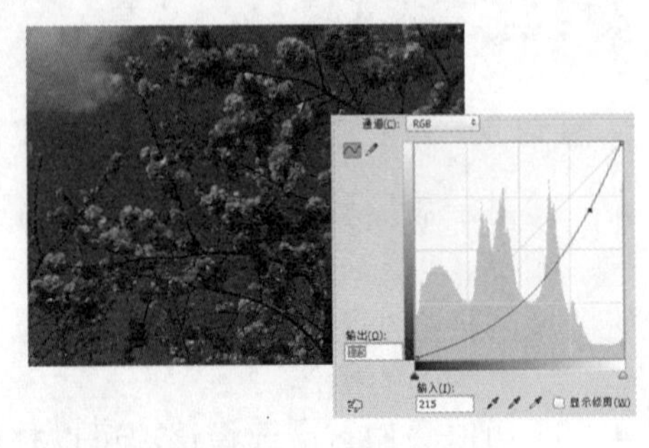

图 13-38　图像变暗

(4) 若将曲线调整为 S 形，可以使高光区域图像变亮，阴影区域图像变暗，增加图像的对比度，如图 13-39 所示。

(5) 反之，若将曲线调整为反 S 形，则会降低图像的对比度，如图 13-40 所示。

图 13-39 将曲线调整为 S 形增加对比度

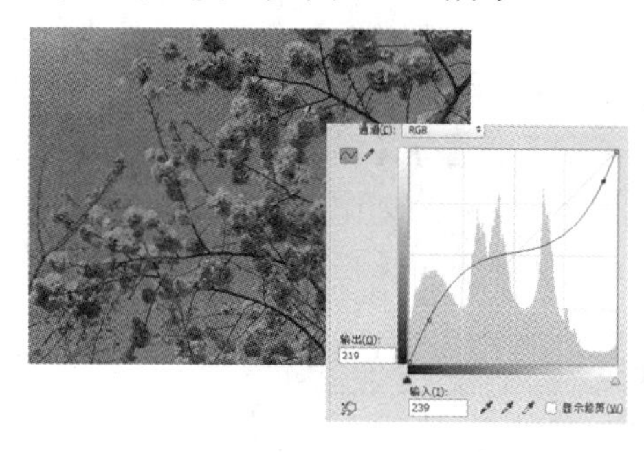

图 13-40 将曲线调整为反 S 形降低对比度

(6) 若将左下角的控制点移动到左上角，而将右上角的控制点移动到右下角，可以使图像反相，如图 13-41 所示。

(7) 若将顶部和底部的控制点移动到中间，可以创建色调分离的效果，如图 13-42 所示。

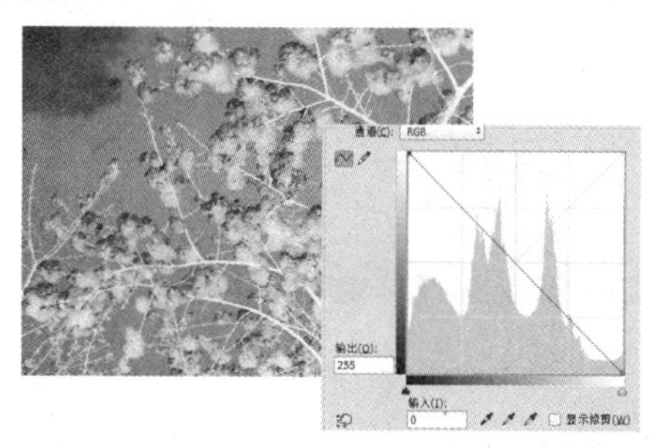

图 13-41 使图像反相

图 13-42 创建色调分离的效果

13.1.4 案例 4——调整图像的曝光度

【曝光度】命令用于调整曝光不足或曝光过度的照片，它会对图像整体进行加亮或调暗。另外，用户也可以使用【色阶】和【曲线】命令调节曝光度。

1. 认识【曝光度】对话框

选择【图像】→【调整】→【曝光度】命令，即弹出【曝光度】对话框，如图 13-43 所示。

- 【曝光度】：设置图像的曝光程度。曝光度越大，图像越明亮，对极限阴影的影响很小。
- 【位移】：设置图像的曝光范围。该项可以使阴影和中间调变暗，对高光区域的影响很小。向左拖动滑块，可以增加对比度。
- 【灰度系数校正】：使用简单的乘方函数调整图像灰度系数，负值会被视为它们的相应正值。

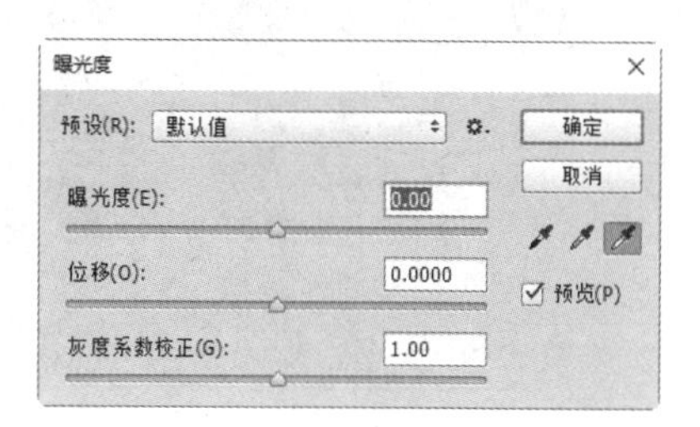

图 13-43 【曝光度】对话框

【曝光度】对话框中其他参数的含义与【色阶】对

话框相同，这里不再赘述。

2. 使用【曝光度】命令

下面使用【曝光度】命令调整图像的曝光度。具体操作步骤如下。

step 01 打开“素材\ch13\06.jpg”文件，如图 13-44 所示。

step 02 选择【图像】→【调整】→【曝光度】命令，在弹出的【曝光度】对话框中设置参数，如图 13-45 所示。

step 03 单击【确定】按钮，调整后的效果如图 13-46 所示。

图 13-44　素材文件

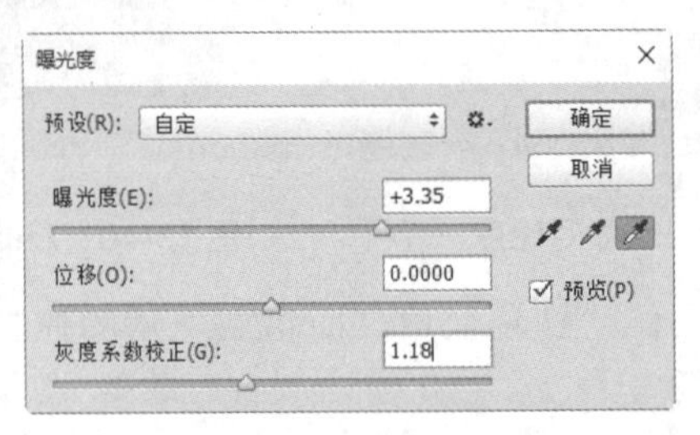

图 13-45　设置参数

图 13-46　调整后的效果

13.2　图像色彩的调整

图像色彩调整是指调整图像中的颜色。Photoshop 提供了多种调整色彩的命令，通过这些命令可以轻松地改变图像的颜色。

13.2.1　案例 5——使用【色相/饱和度】命令

【色相/饱和度】命令用于调节整个图像或图像中单个颜色成分的色相、饱和度和亮度。“色相”就是通常所说的颜色，即红、橙、黄、绿、青、蓝和紫；“饱和度”简单地说是一种颜色的纯度，饱和度越大，纯度越高；“亮度”是指图像的明暗度。

打开“素材\ch13\07.jpg”文件，如图 13-47 所示。选择【图像】→【调整】→【色相/饱和度】命令，或者按 Ctrl+U 组合键，即弹出【色相/饱和度】对话框，如图 13-48 所示。

图 13-47　素材文件

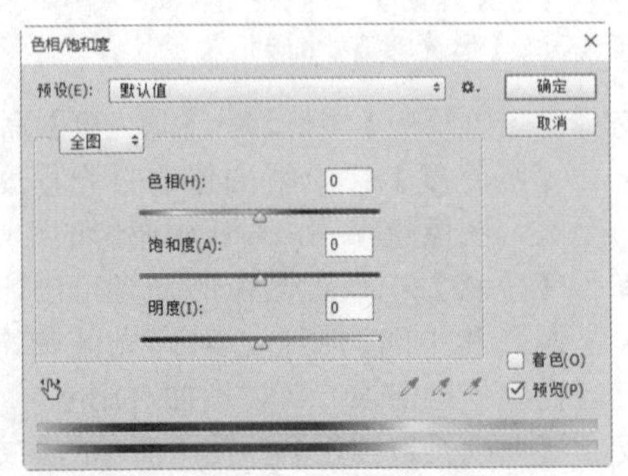

图 13-48　【色相/饱和度】对话框

- “预设”下方的下拉列表框：设置调整颜色的范围，包括【全图】、【红色】、【黄色】等7个选项。
- 调整工具：单击该按钮，可以在文档窗口中拖动鼠标来调整饱和度，若按住 Ctrl 键，拖动鼠标可调整色相。
- 【着色】：选择该项可将图像转换为单色图像。若当前的前景色是黑色或白色，图像会转换为红色，如图 13-49 所示；若是其他的颜色，则会转换为该颜色的色相，如图 13-50 所示；转换后，调整【色相】参数可修改颜色，如图 13-51 所示。

图 13-49　图像转换为红色

图 13-50　图像转换为其他颜色的色相

图 13-51　调整【色相】参数可修改颜色

- 底部的颜色条：对话框底部有 2 个颜色条，分别表示调整前和调整后的颜色。若将编辑设置为【全图】选项，调整【色相】参数，此时图像的颜色改变，在底部第二个颜色条中可查看调整后的颜色，如图 13-52 所示，进而得出如图 13-53 所示的图像显示效果。若将编辑设置为某个颜色选项，如这里选择【红色】，此时颜色条中间会有几个小滑块，表示对特定的颜色设置色阶调节的范围，这样只会影响到属于该颜色范围的像素，如图 13-54 所示。调整滑块的位置，可修改图像中的红色，如图 13-55 所示。进而得出如图 13-56 所示的图像显示效果。

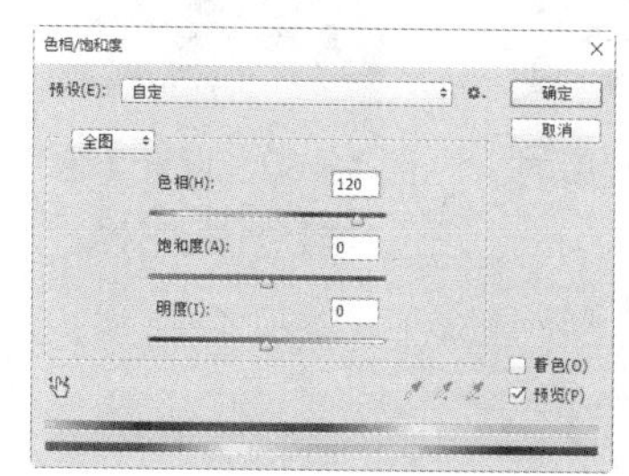

图 13-52　在第二个颜色条中查看调整后的颜色

图 13-53　对应的图像效果

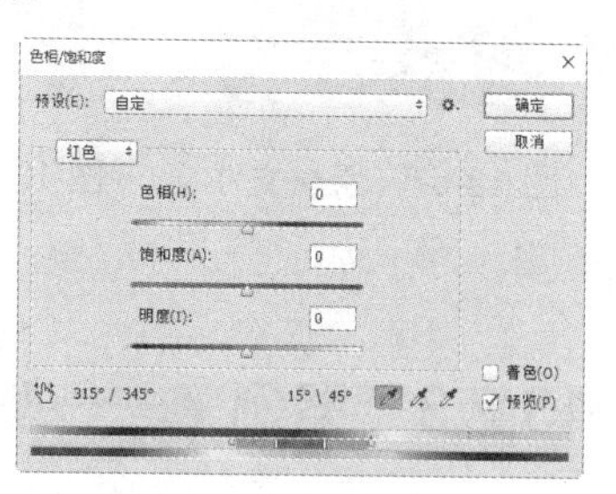

图 13-54　对特定的颜色设置范围

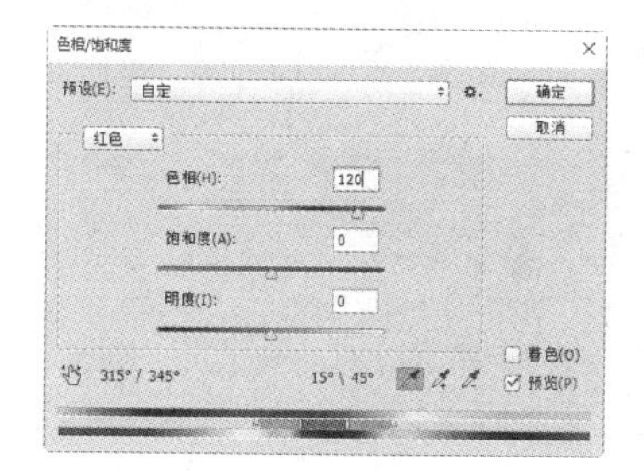

图 13-55　调整滑块的位置

图 13-56　调整滑块后的图像效果

将编辑设置为某个颜色选项后，单击按钮，然后在图像中单击，可选择该颜色作为调整的范围，单击按钮，可扩展颜色范围，单击按钮，可缩小颜色范围。

13.2.2 案例6——使用【自然饱和度】命令

【自然饱和度】命令中的“饱和度”与【色相/饱和度】命令中的“饱和度”的效果是相同的。但不同的是，使用【色相/饱和度】命令时，若将饱和度调整到较高的数值，图像会产生色彩过分饱和，造成图像失真，而使用【自然饱和度】命令可以对已经饱和的像素进行保护，只调整图像中饱和度低的部分，从而使图像更加自然。具体操作步骤如下。

step 01 打开“素材\ch13\08.jpg”文件，如图13-57所示。

step 02 选择【图像】→【调整】→【自然饱和度】命令，弹出【自然饱和度】对话框，将【自然饱和度】参数设置为100，如图13-58所示。

step 03 单击【确定】按钮，调整后的效果如图13-59所示。

若保持【自然饱和度】参数值不变，将【饱和度】参数设置为100，效果如图13-60所示，此时颜色过于鲜艳，图像有些失真。

图13-57　素材文件

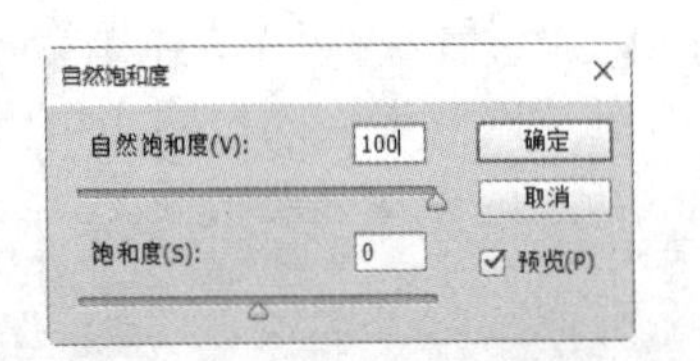

图13-58　【自然饱和度】对话框

图13-59　调整后的效果

图13-60　设置【饱和度】参数的效果

13.2.3 案例7——使用【色彩平衡】命令

【色彩平衡】命令用于调整图像中的颜色分布，从而使图像整体的色彩平衡。若照片中存在色彩失衡或偏色现象，可以使用该命令。

1. 认识【色彩平衡】对话框

选择【图像】→【调整】→【色彩平衡】命令，或者按Ctrl+B组合键，即弹出【色彩平衡】对话框，如图13-61所示。

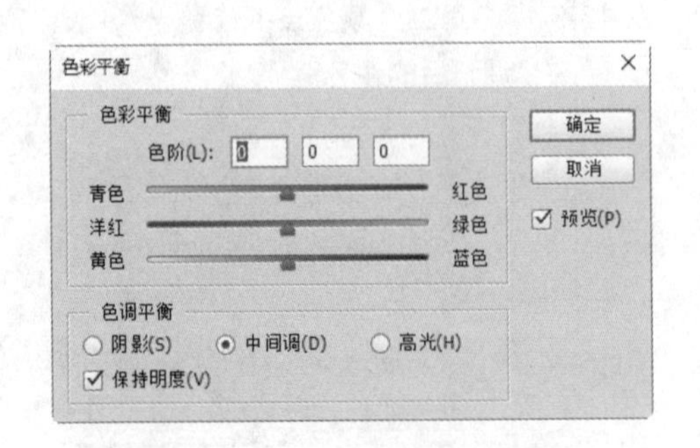

图13-61　【色彩平衡】对话框

- 【色彩平衡】：在【色阶】文本框中输入色阶值，或者拖动3个滑块，即可设置色彩平衡。若要减少某个颜色，就增加这种颜色的补色(左右两个颜色分别为互补色)。例如，将最上面的滑块拖向【青色】，即可在图像中增加青色，而减少其补色——红色。对于其他颜色，也是同样的原理。

- 【阴影】/【中间调】/【高光】：选择不同的选项，即可设置该区域的颜色平衡。
- 【保持明度】：选择该项可防止图像的亮度随颜色的更改而改变。

2. 使用【色彩平衡】命令

下面使用【色彩平衡】命令为图像调整色彩。具体操作步骤如下。

step 01 打开“素材\ch13\09.jpg”文件，如图 13-62 所示。

step 02 选择【图像】→【调整】→【色彩平衡】命令，弹出【色彩平衡】对话框，选中【中间调】单选按钮，然后将滑块分别拖向红色和黄色，在图像中增加这两种颜色，如图 13-63 所示。

step 03 选中【高光】单选按钮，同样将滑块分别拖向红色和黄色，如图 13-64 所示。

图 13-62　素材文件

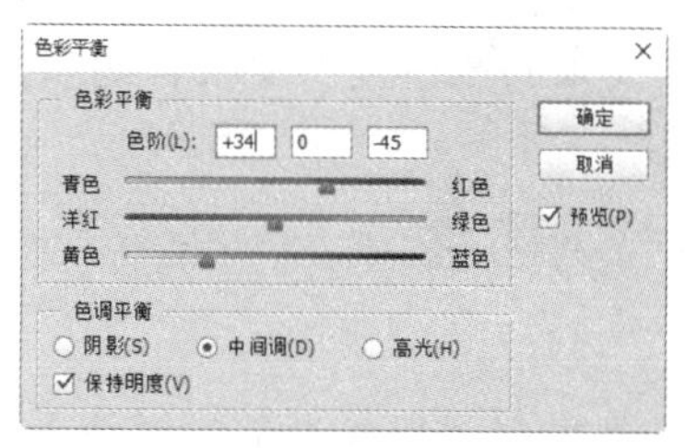

图 13-63　设置【中间调】的颜色

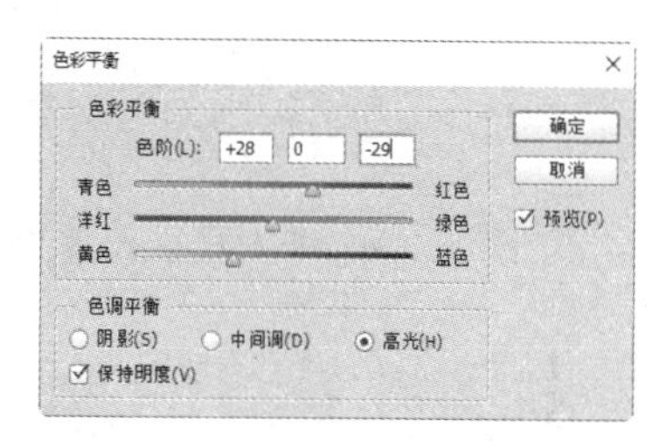

图 13-64　设置【高光】的颜色

step 04 单击【确定】按钮，制作出黄昏夕阳西下的效果，如图 13-65 所示。

若将滑块分别拖向青色和蓝色，可制作出不一样的效果，如图 13-66 所示。

图 13-65　制作出黄昏夕阳西下的效果

图 13-66　制作出不一样的效果

13.2.4　案例 8——使用【黑白】命令

【黑白】命令并不是单纯地将图像转换为黑白图片，它还可以控制每种颜色的灰色调，并为灰色着色，使图像转换为单色图片。

打开“素材\ch13\10.jpg”文件，如图 13-67 所示。选择【图像】→【调整】→【黑白】命令，即弹出【黑白】对话框，此时图像自动转换为黑白图片，如图 13-68 和图 13-69 所示。

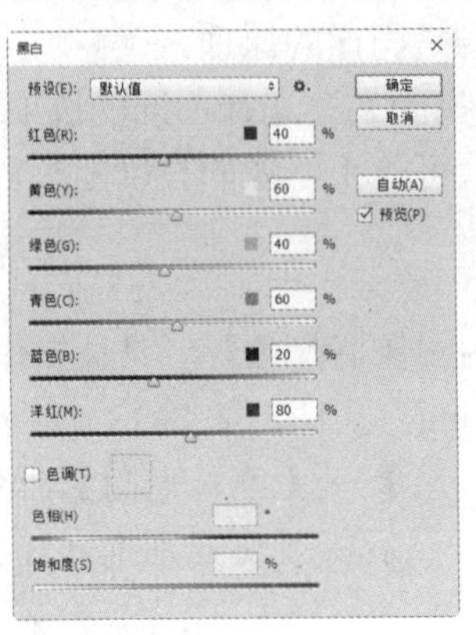

图 13-67　原图　　图 13-68　【黑白】对话框　　图 13-69　将图像转换为黑白图片

- 颜色：拖动某种颜色的滑块，可以调整该颜色的灰度。例如，将黄色滑块向左拖动，图像中由黄色转换而来的灰色调将变暗，如图 13-70 所示。反之，若向右拖动黄色滑块，则图像会变亮，如图 13-71 所示。

若直接在图像中单击并拖动鼠标，可以使单击点的颜色所转换而来的灰色调变暗或变亮。

- 【色调】：选择该项可使黑白图片变为单色调效果。拖动色相和饱和度滑块，可更改单色调的颜色和饱和度，如图 13-72 所示。

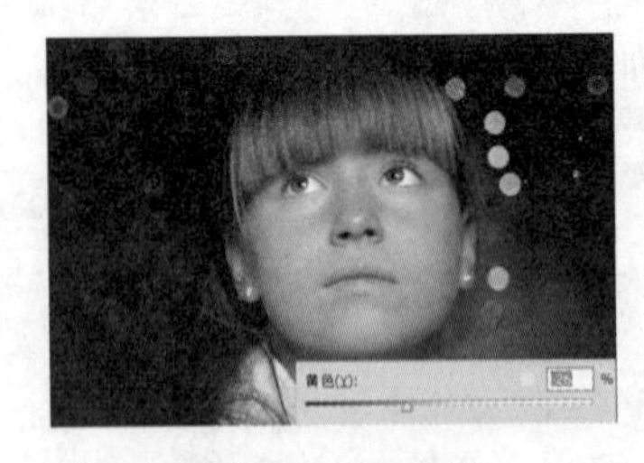

图 13-70　图像中的灰色调变暗　　图 13-71　图像变亮　　图 13-72　使黑白图片变为单色调效果

13.2.5　案例 9——使用【照片滤镜】命令

【照片滤镜】命令可以模拟在相机镜头前面安装彩色滤镜的效果，从而调整图像的色彩平衡和色温，使图像呈现出更准确的曝光效果。具体操作步骤如下。

step 01 打开“素材\ch13\11.jpg”文件，该图片偏蓝，如图 13-73 所示。

step 02 选择【图像】→【调整】→【照片滤镜】命令，弹出【照片滤镜】对话框，将【滤镜】设置为【加温滤镜】选项，并调整【浓度】参数，如图 13-74 所示。

step 03 单击【确定】按钮，即可降低色温，使图片恢复正常状态，如图 13-75 所示。

图 13-73　素材文件

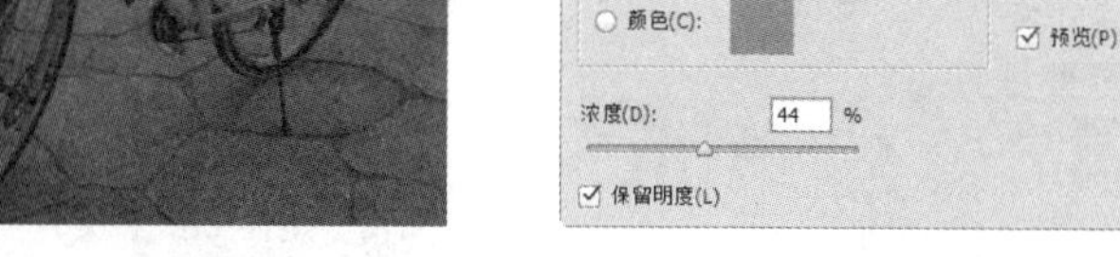

图 13-74　【照片滤镜】对话框

图 13-75　降低色温后的图片效果

【滤镜】用于设置所要使用的滤镜类型。若选择【颜色】选项，可自定义一种照片的滤镜颜色；【浓度】用于设置应用于图像的颜色数量，该值越高，应用的颜色调整越大。

如果图像色彩偏红，可以提升色温；若图像偏蓝，则需要降低色温。当转换色温时，亮度可能会有所损失，因此还可以调整亮度和对比度，使图片效果更佳。

13.2.6　案例 10——使用【通道混合器】命令

【通道混合器】命令可以改变某一通道中的颜色，并混合到主通道中产生一种图像合成效果。

1. 认识【通道混合器】对话框

打开一幅图像，选择【图像】→【调整】→【通道混合器】命令，即弹出【通道混合器】对话框，如图 13-76 所示。

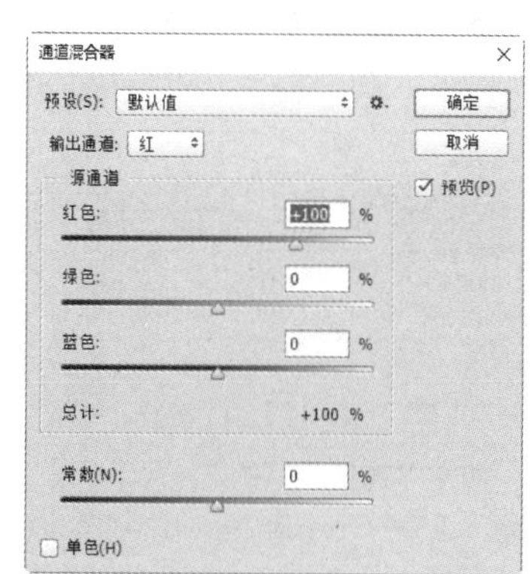

图 13-76　【通道混合器】对话框

- 【输出通道】：设置要调整的颜色通道，可随颜色模式而异。
- 【源通道】：在 3 个颜色通道中输入比例值，或者拖动滑块，可以设置该通道颜色在输出通道颜色中所占百分比。
- 【总计】：显示 3 个源通道的百分比总值。当该值大于 100%时，会显示一个⚠图标，表明图像的阴影和高光细节会有所损失。
- 【常数】：设置输出通道的不透明度(取值范围为-200～+200)。正值表示在通道中增加白色，负值表示在通道中增加黑色。
- 【单色】：选择该项可使彩色图像转换为灰度图像，此时所有色彩通道使用相同的设置。

2. 使用【通道混合器】命令

下面使用【通道混合器】命令调整糖果的颜色。具体操作步骤如下。

step 01 打开“素材\ch13\12.jpg”文件，如图 13-77 所示。

step 02 选择【图像】→【调整】→【通道混合器】命令，弹出【通道混合器】对话框，将【输出通道】设置为【红】，在【源通道】区域中设置【红色】为 0，【绿色】为 135，【蓝色】为 0，如图 13-78 所示。此时将减去红色信息，从而使红色变为黑色，增加绿色信息，而绿色与红色相加可以得到黄色，如图 13-79 所示。

图 13-77 素材文件

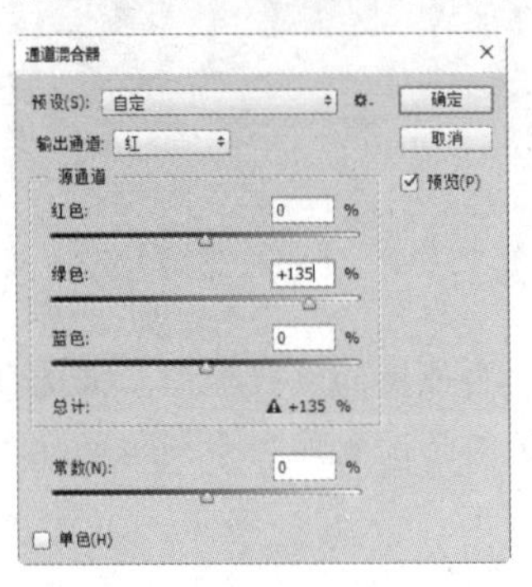

图 13-78 将【输出通道】设置为【红】并设置参数

图 13-79 图像效果

step 03 接着将【输出通道】设置为【绿】，在【源通道】区域中设置【红色】为 33，【绿色】为 100，【蓝色】为 0，如图 13-80 所示。

step 04 然后将【输出通道】设置为【蓝】，在【源通道】区域中设置【红色】为 50，【绿色】为 0，【蓝色】为 0，如图 13-81 所示。

step 05 在【红】通道中减去红色信息，然后在【绿】和【蓝】通道中增加了红色信息，最终效果如图 13-82 所示。

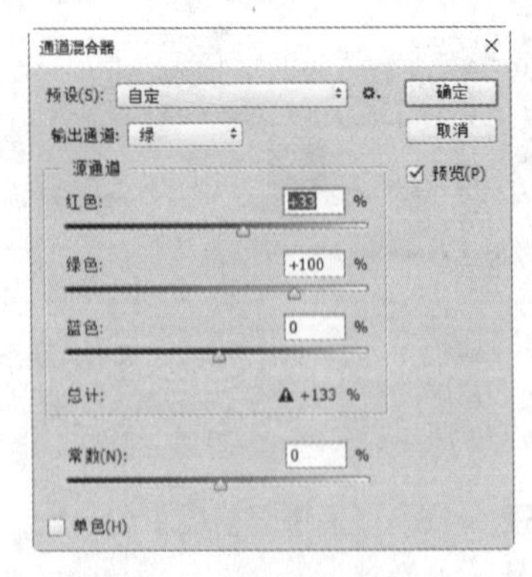

图 13-80 将【输出通道】设置为【绿】

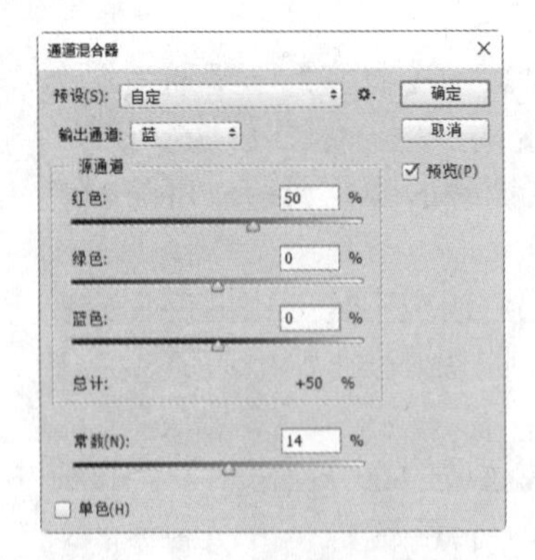

图 13-81 将【输出通道】设置为【蓝】

图 13-82 图像的最终效果

13.2.7 案例 11——使用【匹配颜色】命令

【匹配颜色】命令用于匹配不同图像之间、多个图层之间或者多个选区之间的颜色，即将源图像的颜色匹配到目标图像中，使目标图像虽然保持原来的画面，却有与源图像相似的色调。

打开“素材\ch13\girl-目标文件.jpg”和“素材\ch13\13.jpg”文件，如图 13-83 所示。选择

【图像】→【调整】→【匹配颜色】命令，即弹出【匹配颜色】对话框，如图 13-84 所示。

图 13-83　原图

图 13-84　【匹配颜色】对话框

当前选中的图像即为目标图像。

- 【应用调整时忽略选区】：当在目标图像中创建了选区时，选择该项会忽略选区，而调整整个图像；若不选择将会只影响选区中的图像。如图 13-85 和图 13-86 所示分别是选择该项和不选择该项的效果。

图 13-85　调整整个图像

图 13-86　只调整选区中的图像

- 【明亮度】：设置目标图像的亮度。
- 【颜色强度】：设置目标图像的色彩饱和度。
- 【渐隐】：设置作用于目标图像的力度。该值越大，力度反而越弱。如图 13-87 所示是将该值分别设置为 10 和 50 的效果。
- 【中和】：选择该项可消除偏色。图 13-88 和图 13-89 所示分别是不选择该项和选择该项的效果。
- 【使用源选区计算颜色】：当在源图像中创建了选区时，选择该项将只使用选区中的图像来匹配目标图像。
- 【源】：设置要进行匹配的源图像。
- 【图层】：若源图像中包含多个图层，可设置要进行匹配的特定图层。若要匹配源图像中所有图层的颜色，选择【合并的】选项即可。

图 13-87 将渐隐值分别设置为 10 和 50 的效果

图 13-88 不选择【中和】选项的效果

图 13-89 选择【中和】选项的效果

13.2.8 案例 12——使用【替换颜色】命令

【替换颜色】命令允许先选择图像中的某种颜色，然后改变该颜色的色相、饱和度和亮度值。它相当于执行【选择】→【色彩范围】命令再加上【色相/饱和度】命令。

1. 认识【替换颜色】对话框

打开“素材\ch13\14.jpg”文件，如图 13-90 所示。选择【图像】→【调整】→【替换颜色】命令，即弹出【替换颜色】对话框，如图 13-91 所示。

- 吸管工具：单击按钮，在预览框或图像中单击，可设置取样颜色；单击按钮，可添加取样颜色；单击按钮，将减去取样颜色。注意，预览框中的白色部分即为选中的颜色。
- 【本地化颜色簇】：选择该项可设置在图像中选择相似且连续的颜色，从而构建更加精确的选择范围。
- 【颜色容差】：设置颜色的选择范围。容差越大，颜色的选择范围就越广。如图 13-92 和图 13-93 所示分别是将颜色容差设置为 10 和 50 时的效果。
- 【色相】/【饱和度】/【明度】：选择颜色范围后，通过这 3 项可设置所选颜色的色相、饱和度、明度。

图 13-90　原图

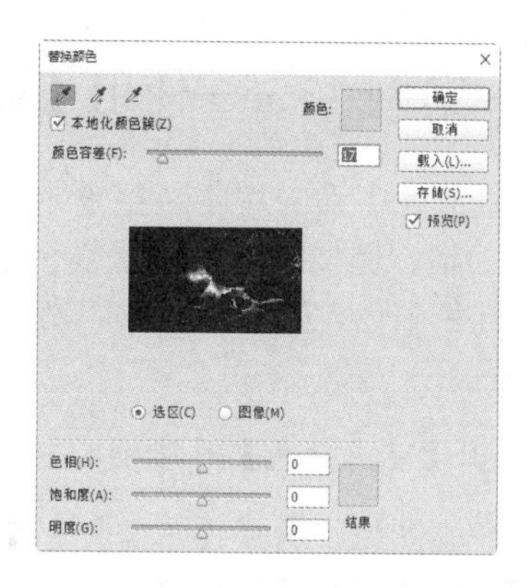

图 13-91　【替换颜色】对话框

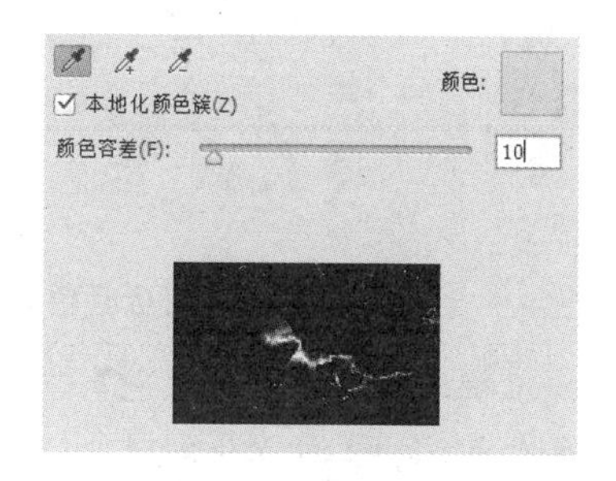

图 13-92　将颜色容差设置为 10 的效果

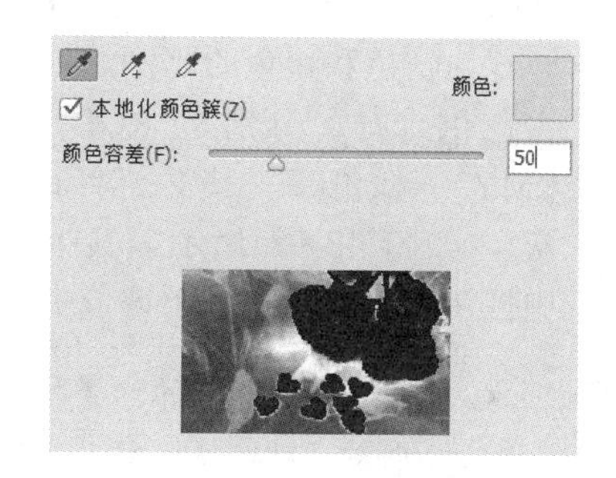

图 13-93　将颜色容差设置为 50 的效果

2. 使用【替换颜色】命令

下面使用【替换颜色】命令为衣服更换颜色。具体操作步骤如下。

step 01 打开“素材\ch13\15.jpg”文件，如图 13-94 所示。

step 02 选择【图像】→【调整】→【替换颜色】命令，弹出【替换颜色】对话框，单击按钮，将【颜色容差】设置为 77，然后在衣服上连续单击，对颜色进行取样。选择颜色范围后，设置【色相】、【饱和度】等参数，如图 13-95 所示。

step 03 单击【确定】按钮，即可更换衣服的颜色，如图 13-96 所示。

图 13-94　素材文件

图 13-95　设置颜色参数

图 13-96　更换衣服的颜色

13.2.9 案例 13——使用【可选颜色】命令

【可选颜色】命令用于调整单个颜色分量的印刷色数量。通俗来讲，可选颜色就是一个局部调色工具。例如，当需要调整一张图像中的红色部分时，使用该命令，可以选择红色，然后调节红色中包含的 4 种基本印刷色(CMYK)的含量，从而调整图像中的红色，而不会影响到其他颜色。

1. 认识【可选颜色】对话框

打开一幅图像，选择【图像】→【调整】→【可选颜色】命令，即弹出【可选颜色】对话框，如图 13-97 所示。

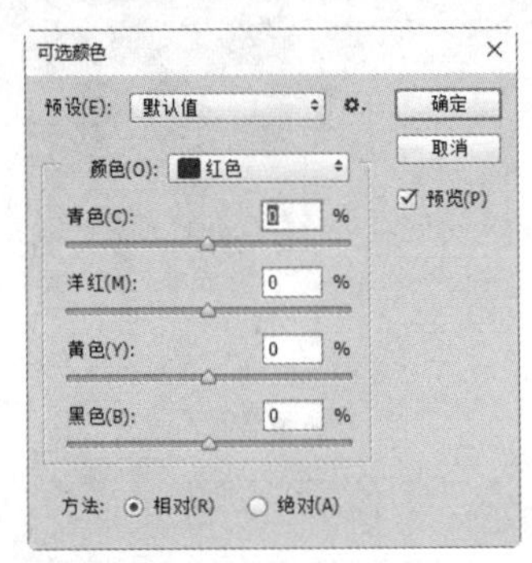

图 13-97 【可选颜色】对话框

- 【颜色】：选择一种主色，即可调整该颜色中青色、洋红、黄色和黑色的比例。Photoshop 共提供了 9 个主色供选择，分别是 RGB 三原色(红、绿、蓝)、CMY 三原色(黄、青、洋红)和黑白灰明度(白、黑、灰)，如图 13-98 所示。其中，白色用于调节高光，中性灰和黑色分别用于调节中间调和暗调。

读者应了解基本的油墨原色的配色原理，才能准确地使用【可选颜色】命令进行调色。例如，红色可以分离出黄色和洋红色，黄色加青色油墨可以得到绿色。若要增加某种颜色，可以减少其补色的数量等。通过色轮我们可以清楚地了解这些关系，如图 13-99 所示。

图 13-98 9 个主色

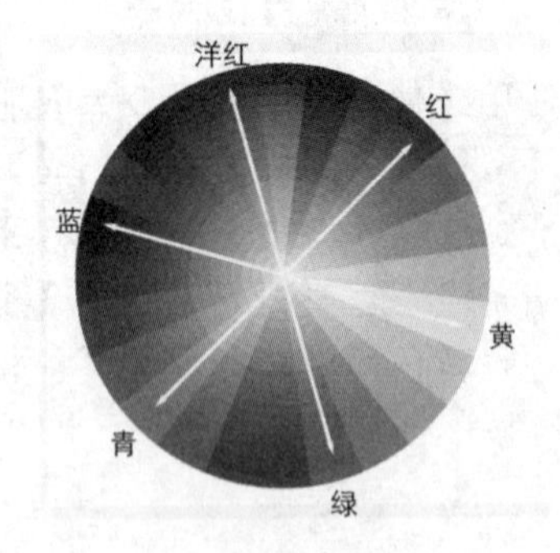

图 13-99 色轮

- 【相对】：选择该项可按照总量的百分比修改油墨的含量。例如，如果从 50%洋红的像素开始添加 10%，则 5%将添加到洋红，结果为 55%的洋红(50%×10% = 5%)。
- 【绝对】：选择该项可直接按照输入的值来修改含量。例如，如果从 50%洋红的像素开始，然后添加 10%，洋红油墨就会设置为 60%。

2. 使用【可选颜色】命令

下面使用【可选颜色】命令使草原由黄色转换为绿色。具体操作步骤如下。

step 01 打开“素材\ch13\16.jpg”文件，如图 13-100 所示。

step 02 选择【图像】→【调整】→【可选颜色】命令，弹出【可选颜色】对话框，将

【颜色】设置为【黄色】，将【青色】设置为100%，如图13-101所示。

step 03 在黄色油墨基础上增加青色油墨的含量，此时大树和草原将变为绿色，而天空的颜色没有改变，如图13-102所示。

图 13-100　素材文件

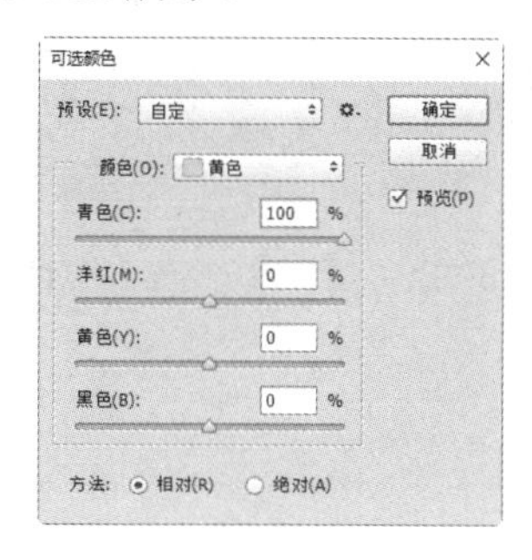

图 13-101　将【颜色】设置为【黄色】

图 13-102　调整后的效果

step 04 将【颜色】设置为【蓝色】，将【青色】和【洋红】设置为100%，将【黄色】设置为-100%，如图13-103所示。

通过色轮可以知道，青色加洋红油墨可以得到蓝色。另外，降低黄色油墨的含量，可以增加其补色蓝色的含量。因此，天空将增加蓝色油墨的含量。

step 05 此时天空将变为蓝色天空，如图13-104所示。

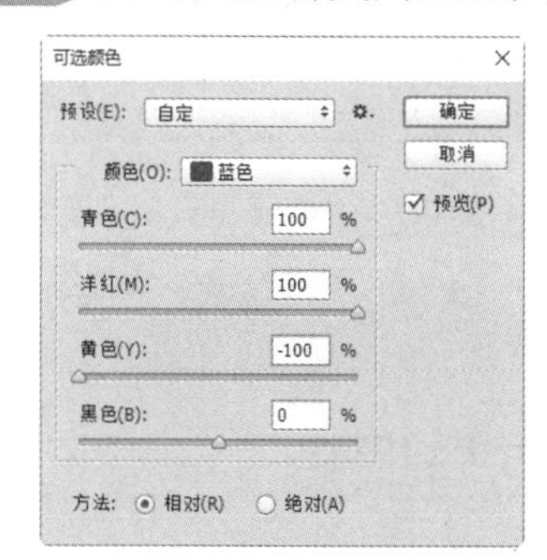

图 13-103　将【颜色】设置为【蓝色】

图 13-104　天空将变为蓝色天空

13.2.10　案例 14——使用【阴影/高光】命令

【阴影/高光】命令能基于阴影或高光中的局部相邻像素来校正每个像素，从而调整图像的阴影和高光区域。它适用于校正由强逆光而形成剪影的照片，或者由于太接近相机闪光灯而有些发白的焦点。具体操作步骤如下。

step 01 打开"素材\ch13\17.jpg"文件，如图13-105所示。

step 02 选择【图像】→【调整】→【阴影/高光】命令，弹出【阴影/高光】对话框，此时Photoshop会默认提高阴影的亮度，也可以手动设置阴影的【数量】为61%，如图13-106所示。

step 03 单击【确定】按钮，此时阴影区域将会变亮，而高光区域不受影响，如图13-107所示。

图 13-105　素材文件

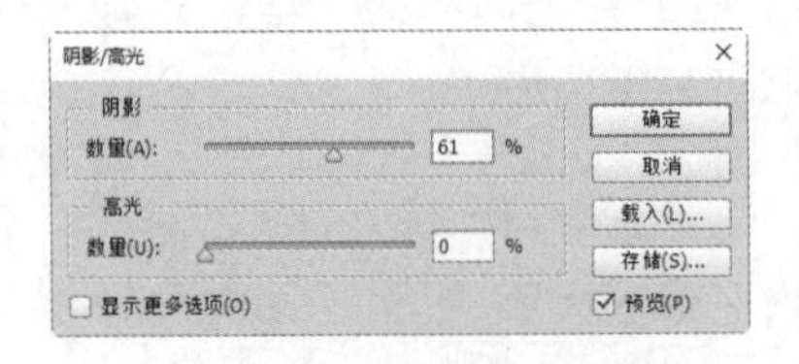

图 13-106　【阴影/高光】对话框

图 13-107　设置后的效果

在【阴影/高光】对话框中选中【显示更多选项】复选框，还可以调整阴影、高光区域的色调、半径等参数，如图 13-108 所示。其中，【色调】参数可设置修改范围，较小的值只会对较暗的范围进行调整；【半径】参数可设置每个像素周围的局部相邻像素的大小，而相邻像素决定了像素是属于阴影还是高光区域。

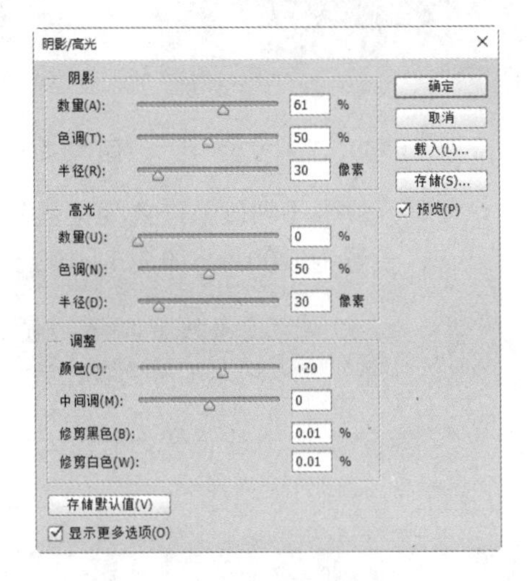

图 13-108　选中【显示更多选项】复选框可进行更多参数设置

13.3　修复图像中的污点与瑕疵

修复和修补工具组主要用于修复图像中的污点或瑕疵，该工具组共包含 5 个工具，分别是污点修复画笔工具、修复画笔工具、修补工具、内容感知移动工具和红眼工具，如图 13-109 所示。

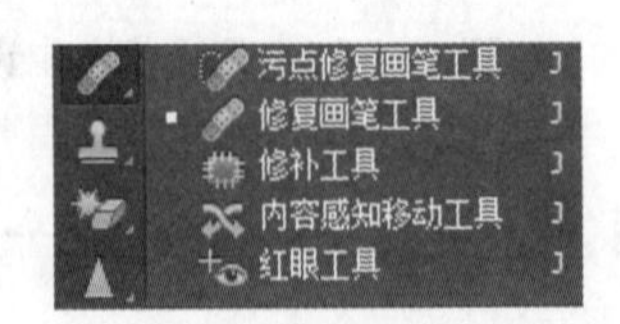

图 13-109　修复和修补工具组

13.3.1　案例 15——修复图像中的污点

使用污点修复画笔工具可以快速移去照片中的污点、划痕和其他不理想的部分。下面使用污点修复画笔工具去除人物脸上的斑点。具体操作步骤如下。

step 01 打开“素材\ch13\01.jpg”文件，如图 13-110 所示。

step 02 选择污点修复画笔工具，在选项栏中设置各项参数保持不变(画笔大小可根据需要进行调整)，然后将光标移动到人物脸上的斑点上并单击，该工具会自动在图像中进行取样，结合周围像素的特点对斑点进行修复，如图 13-111 所示。

step 03 在其他的斑点区域单击，或者直接拖动鼠标，即可修复这些斑点，如图 13-112

所示。

图 13-110　素材文件

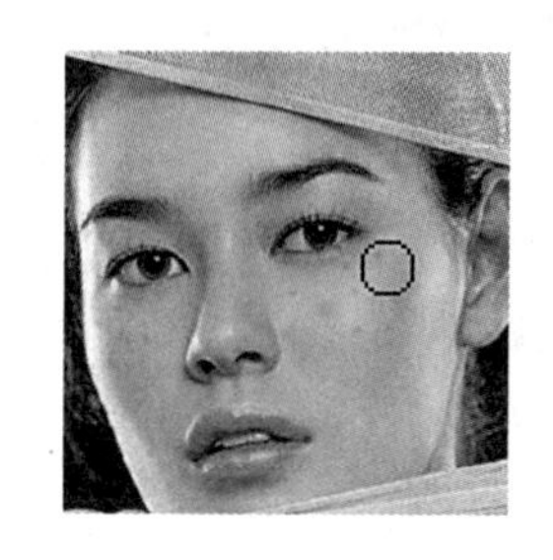
图 13-111　在斑点上单击

图 13-112 修复斑点

在修复时可使用缩放工具放大图像，以便精确定位要修复的斑点。

13.3.2　案例 16——修复图像中的瑕疵

修复画笔工具可用于校正瑕疵，它与污点修复画笔工具的工作方式类似。但不同的是，修复画笔工具要求指定样本点，而后者可自动从所修饰区域的周围取样。

修饰大片区域或需要更大程度地控制来源取样时，用户可使用修复画笔而不是污点修复画笔。

下面使用修复画笔工具去除衣服上的污点。具体操作步骤如下。

step 01 打开“素材\ch13\18.jpg”文件，如图 13-113 所示。

step 02 选择修复画笔工具，在选项栏中设置【源】为【取样】，并取消选中【对齐】复选框，然后按住 Alt 键并单击，如图 13-114 所示。

step 03 取样后，在衣服的污点处单击，即可将取样点复制到污点处，从而去除衣服上的污点，如图 13-115 所示。

图 13-113　素材文件

图 13-114　单击鼠标在图像上取样

图 13-115　将取样点复制到污点处

对于复杂的图片，也可多次改变取样点进行修复。

无论是使用何种工具修复图像，都可以结合选区完成，以避免在涂抹目标区域时改变目标周围的像素。

13.3.3 案例 17——修复图像选中的区域

使用修补工具，可以用其他区域或图案中的像素来修复选中的区域。像修复画笔工具一样，修补工具能将样本像素的纹理、光照、阴影等与源像素进行匹配，不同的是，它是通过选区对图像进行修复的。下面使用修补工具除去多余的人物图像。具体操作步骤如下。

step 01 打开“素材\ch13\19.jpg”文件，如图 13-116 所示。

step 02 在【图层】面板中选择背景图层，按 Ctrl+J 组合键复制图层，如图 13-117 所示。

在操作前，用户应养成复制图层的习惯，以免在操作时破坏原图，造成不必要的损失。

step 03 选择修补工具，在选项栏中设置【修补】为【源】，然后在图像上拖动鼠标创建一个选区，如图 13-118 所示。

用户也可以使用选框工具、快速选择工具或套索工具等创建选区，然后再使用修补工具修复图像。

图 13-116 素材文件

图 13-117 复制图层

图 13-118 创建一个选区

step 04 将光标定位在选区内，单击并向右侧拖动鼠标，如图 13-119 所示。

step 05 释放鼠标后，即可使用右侧的图像来修复选区，如图 13-120 所示。

step 06 按 Ctrl+D 组合键，取消选区的选择，然后重复步骤 3 至步骤 5，将其他多余的人物图像去除，如图 13-121 所示。

图 13-119 单击并向右侧拖动鼠标

图 13-120 使用右侧的图像来修复选区

图 13-121 将其他多余的人物图像去除

13.3.4 案例 18——内容感知移动工具

使用内容感知移动工具，可以将选中的对象移动或扩展到图像的其他区域中，使图像重新组合，留下的空洞将自动使用图像中的匹配元素填充。下面使用内容感知移动工具移动小狗的位置。具体操作步骤如下。

step 01 打开“素材\ch13\20.jpg”文件，在【图层】面板中按 Ctrl+J 组合键复制图层，如图 13-122 所示。

step 02 选择内容感知移动工具，在工具选项栏中设置【模式】为【移动】，并选中【投影时变换】复选框，然后在图像中单击并拖动鼠标，创建一个选区选中小狗，如图 13-123 所示。

step 03 将光标定位在选区内，单击并向左下方拖动鼠标，释放鼠标后，选区周围出现一个方框，如图 13-124 所示。

图 13-122 复制图层

图 13-123 创建一个选区选中小狗

图 13-124 选区周围出现一个方框

step 04 将光标定位在方框四周的控制点上，光标将变为箭头形状，拖动鼠标可调整选区的大小，如图 13-125 所示。

step 05 将光标定位在方框周围，光标将变为弯曲的箭头形状，拖动鼠标可旋转选区，如图 13-126 所示。

step 06 设置完成后，按 Enter 键，即可移动小狗，并调整小狗的大小和角度，而小狗原来的位置被修复为绿色草地样式，如图 13-127 所示。

图 13-125 调整选区的大小

图 13-126 旋转选区

图 13-127 最终效果

13.3.5 案例 19——消除照片中的红眼

红眼工具可消除用闪光灯拍摄的人物照片中的红眼，也可以消除用闪光灯拍摄的动物照片中的白色或绿色反光。下面使用红眼工具消除人物照片中的红眼。具体操作步骤如下。

step 01 打开“素材\ch13\21.jpg”文件，在【图层】面板中按 Ctrl+J 组合键复制图层，如图 13-128 所示。

step 02 选择红眼工具，将光标定位在红眼区域中，如图 13-129 所示。

step 03 单击鼠标即可消除红眼，使用同样的方法，消除其他区域中的红眼，如图 13-130 所示。

图 13-128 复制图层

图 13-129 将光标定位在红眼区域中

图 13-130 单击鼠标消除红眼

13.4 通过图像或图案修饰图像

图章工具组通常用于复制图像或图案，还可用于除去瑕疵。该工具组共包含两个工具，分别是仿制图章工具和图案图章工具，如图 13-131 所示。

仿制图章工具 S
图案图章工具 S

图 13-131 图章工具组

13.4.1 案例 20——通过复制图像修饰图像

仿制图章工具用来复制取样的图像，并将其绘制到其他区域或者其他图像中。此外，该工具能够按涂抹的范围复制出取样点周围全部或者部分图像。

修复画笔工具和仿制图章工具都可以修复图像，其原理都是将取样点处的图像复制到目标位置。两者之间不同的是，前者是无损仿制，即将取样的图像原封不动地复制到目标位置，而后者有一个计算的过程，它可将取样的图像融合到目标位置。但在修复明暗对比强烈的边缘时，使用修复画笔工具容易出现计算错误，此种情况下可用仿制图章工具。

下面使用仿制图章工具将一幅图像中的女孩复制到另一幅图像中。具体操作步骤如下。

step 01 打开“素材\ch13\22.jpg”和“素材\ch13\23.jpg”文件，如图 13-132 和图 13-133 所示。

step 02 选择仿制图章工具，把光标定位在女孩头部，按住 Alt 键并单击鼠标，设置该点为取样点，然后将光标定位在另一幅图像中，单击鼠标即可复制取样点，如图 13-134 所示。

图 13-132 素材文件 22.jpg

图 13-133 素材文件 23.jpg

图 13-134 复制取样点

step 03 若单击并拖动鼠标，可涂抹出女孩的身体，而不仅仅是头部，如图 13-135 所示。

step 04 若在工具选项栏中设置【不透明度】为 20%，将涂抹出透明效果的女孩，如图 13-136 所示。

图 13-135　涂抹出女孩的身体

图 13-136　涂抹出透明效果的女孩

13.4.2　案例 21——通过图案修饰图像

使用图案图章工具，可以利用图案进行绘画。下面使用图案图章工具，为花瓶绘制图案。具体操作步骤如下。

step 01 打开“素材\ch13\24.jpg”文件，如图 13-137 所示。

step 02 在【图层】面板中选择背景图层，按 Ctrl+J 组合键复制图层，如图 13-138 所示。

step 03 选择快速选择工具，创建一个选区，选中花瓶，如图 13-139 所示。

图 13-137　素材文件

图 13-138　复制图层

图 13-139　创建选区选中花瓶

step 04 选择图案图章工具，设置【模式】为【柔光】，然后单击按钮，在弹出的菜单中选择“叶子”图案，如图 13-140 所示。

step 05 单击并拖动鼠标涂抹，即可为其绘制图案，如图 13-141 所示。

step 06 按 Ctrl+D 组合键，取消选区的选择，然后重复步骤 3 到步骤 5，为另一个花瓶绘制不同的图案，如图 13-142 所示。

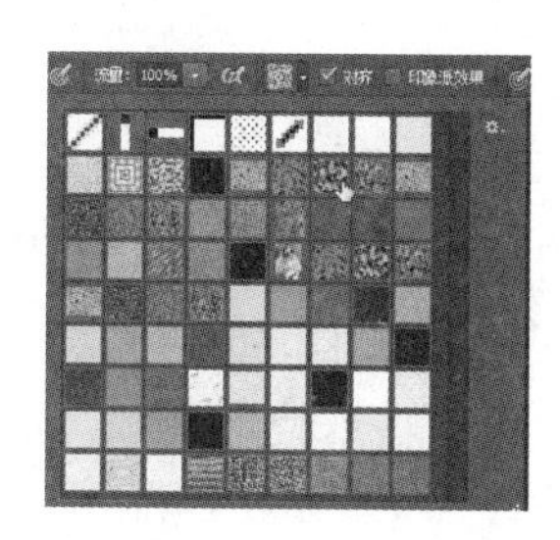

图 13-140　选择“叶子”图案

图 13-141　在选区内涂抹以绘制图案

图 13-142　为另一个花瓶绘制不同的图案

13.5 通过橡皮擦修饰图像

橡皮擦工具组可以更改图像的像素，有选择地擦除部分图像或相似的颜色。该工具组共包含 3 个工具，分别是橡皮擦工具、背景橡皮擦工具和魔术橡皮擦工具，如图 13-143 所示。

图 13-143 橡皮擦工具组

13.5.1 案例 22——擦除图像中指定的区域

使用橡皮擦工具，通过拖动鼠标可以擦除图像中的指定区域。如果当前图层是背景图层，那么擦除后将显示为背景色；如果是普通图层，那么擦除后将显示为透明效果。

下面使用橡皮擦工具，擦除花朵的花蕊部分。具体操作步骤如下。

step 01 打开“素材\ch13\25.jpg”文件，如图 13-144 所示。

step 02 选择椭圆选框工具，按住 Shift 键不放，单击并拖动鼠标，在图像中创建一个圆形选框，选中花朵的花蕊部分，如图 13-145 所示。

step 03 选择橡皮擦工具，单击并拖动鼠标涂抹选区，即可擦除花蕊，如图 13-146 所示。

图 13-144 素材文件

图 13-145 选中花蕊部分

图 13-146 擦除花蕊

13.5.2 案例 23——擦除图像中的指定颜色

背景橡皮擦工具是一种擦除指定颜色的擦除器，它可以自动取样橡皮擦笔尖中心的颜色，然后擦除在画笔范围内出现的这种颜色。使用该工具抠取图像非常有效，尤其是颜色对比明显时。

下面使用背景橡皮擦工具抠取大树并更换其背景。具体操作步骤如下。

step 01 打开“素材\ch13\26.jpg”文件，如图 13-147 所示。

step 02 选择背景橡皮擦工具，在工具选项栏中选择合适的画笔大小，并设置取样方式为【取样一次】、【限制】为【不连续】、【容差】为 50%，如图 13-148 所示。

step 03 将光标定位在图像中，此时显示为形状，正中间十字表示取样的颜色，单击鼠标，即可以擦除圆圈范围内与取样的颜色相近的颜色区域，如图 13-149 所示。

step 04 使用步骤 3 的方法，单击并拖动鼠标，擦除背景区域，如图 13-150 所示。

图 13-147　素材文件

图 13-148　在背景橡皮擦工具选项栏中设置参数

图 13-149　擦除与取样的颜色相近的颜色区域

图 13-150　擦除背景区域

若要擦除的区域颜色一致，可单击并拖动鼠标直接擦除。若颜色不一致，需要连续单击鼠标，以取样不同的颜色。

step 05 在【图层】面板中单击底部的【创建新图层】按钮，新建一个空白图层，然后选中新建的图层 1，单击并向下拖动鼠标，使其位于图层 0 的下方，如图 13-151 所示。

step 06 选择图层 1，按 Alt+Delete 组合键，为其填充当前的前景色，如图 13-152 所示。

step 07 此时即成功抠取大树，并为其更换背景，如图 13-153 所示。

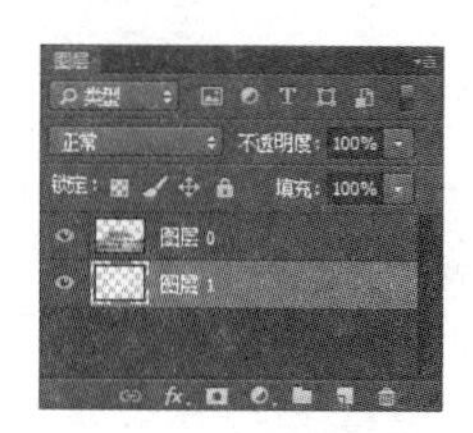

图 13-151　将图层 1 调整到图层 0 的下方

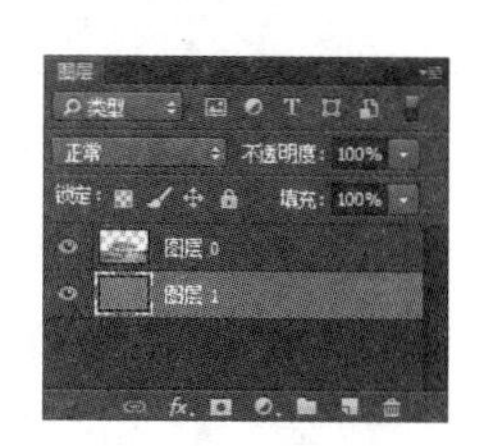

图 13-152　为图层 1 填充当前的前景色

图 13-153　为抠出的大树更换背景

13.5.3　案例 24——擦除图像中相近的颜色

魔术橡皮擦工具相当于魔棒加删除命令，使用该工具在要擦除的颜色范围内单击，就会自动地擦除掉与此颜色相近的区域。使用该工具抠取图像非常有效。

魔术橡皮擦工具和背景橡皮擦工具通常都用于抠取图像。不同的是，前者只需要单击即可自动擦除图像中所有与取样颜色相近的颜色，而后者只能在画笔范围内擦除图像。

下面使用魔术橡皮擦工具抠取人像。具体操作步骤如下。

step 01 打开“素材\ch13\27.jpg”文件，如图 13-154 所示。

step 02 选择魔术橡皮擦工具，在工具选项栏中设置【容差】为 50，并取消选中【连续】复选框，如图 13-155 所示。

图 13-154　素材文件

图 13-155　在魔术橡皮擦工具选项栏中设置参数

step 03 在图像的背景处单击，即可消除与此单击点的颜色相近的颜色区域，如图 13-156 所示。

step 04 在图像的另一边背景处单击，即可抠出人像，如图 13-157 所示。

图 13-156　消除与单击点颜色相近的颜色区域

图 13-157　抠出人像

13.6　修饰图像中的细节

模糊工具组可以进一步修饰图像的细节。该工具组共包含 3 个工具，分别是模糊工具、锐化工具和涂抹工具，如图 13-158 所示。

图 13-158　模糊工具组

13.6.1　案例 25——修饰图像中生硬的边缘

使用模糊工具可以柔化图像生硬的边缘或区域，减少图像的细节。下面使用模糊工具模糊人物的头像。具体操作步骤如下。

step 01 打开“素材\ch13\28.jpg”文件，如图 13-159 所示。

step 02 选择模糊工具，设置【模式】为【变亮】，然后单击并拖动鼠标在人物头像上涂抹，即可模糊头像，如图 13-160 所示。

图 13-159 素材文件

图 13-160 模糊头像

13.6.2 案例 26——提高图像的清晰度

使用锐化工具可以增大像素之间的对比度，以提高图像的清晰度。下面使用锐化工具，使花朵更加清晰。具体操作步骤如下。

step 01 打开“素材\ch13\29.jpg”文件，如图 13-161 所示。

step 02 选择锐化工具，设置【模式】为【正常】，然后单击并拖动鼠标在花朵上涂抹，即可使花朵更加清晰，如图 13-162 所示。

图 13-161 素材文件

图 13-162 使花朵更加清晰

13.6.3 案例 27——通过涂抹修饰图像

使用涂抹工具可以模拟类似于手指在湿颜料上擦过产生的效果。下面使用涂抹工具使小狗的耳朵变长。具体操作步骤如下。

step 01 打开“素材\ch13\30.jpg”文件，如图 13-163 所示。

step 02 选择涂抹工具，根据需要设置画笔的大小，然后取消选中【手指绘画】复选框，如图 13-164 所示。

step 03 在耳朵上单击并拖动鼠标向上涂抹，即可使小狗的耳朵变长，如图 13-165 所示。

step 04 若在工具选项栏中选中【手指绘画】复选框，那么在涂抹时将添加前景色，如图 13-166 所示。

图 13-163　素材文件

图 13-164　在涂抹工具选项栏中设置参数

图 13-165　使小狗的耳朵变长

图 13-166　在涂抹时将添加前景色

13.7　通过调色修饰图像

调色工具组用于调整图像的明暗度以及图像色彩的饱和度。该工具组共包含 3 个工具，分别是减淡工具、加深工具和海绵工具，如图 13-167 所示。

图 13-167　调色工具组

13.7.1　案例 28——减淡工具和加深工具

减淡工具和加深工具可以调节图像特定区域的曝光度，以提高或降低图像的亮度。在摄影时，摄影师减弱光线可以使照片中的某个区域变亮(减淡)，或增加曝光度使照片中的区域变暗(加深)。减淡和加深工具的作用就相当于摄影师调节光线。

下面分别使用减淡工具和加深工具，提高或降低小狗的亮度。具体操作步骤如下。

step 01 打开“素材\ch13\31.jpg”文件，使用快速选择工具，创建一个选区，选中小狗，如图 13-168 所示。

step 02 选择减淡工具，保持各项参数不变，可根据需要设置画笔的大小，然后单击并拖动鼠标在选区中涂抹，即可提高小狗的亮度，如图 13-169 所示。

step 03 若选择加深工具，在选区中涂抹，则可降低小狗的亮度，如图 13-170 所示。

图 13-168　创建选区选中小狗

图 13-169　提高小狗的亮度

图 13-170　降低小狗的亮度

13.7.2 案例29——改变图像色彩的饱和度

使用海绵工具可以更改图像色彩的饱和度。在灰度模式下，该工具通过使灰阶远离或靠近中间灰色来增加或降低对比度。

下面使用海绵工具使花儿的颜色更加鲜艳突出。具体操作步骤如下。

step 01 打开“素材\ch13\24.jpg”文件，如图13-171所示。

step 02 选择海绵工具，设置【模式】为【加色】，单击并拖动鼠标在花朵上涂抹，即可使花儿的颜色更加鲜艳突出，如图13-172所示。

step 03 若在工具选项栏中设置【模式】为【去色】，那么可使花儿的颜色暗淡无光，如图13-173所示。

图13-171 素材文件

图13-172 使花儿的颜色鲜艳突出

图13-173 使花儿的颜色暗淡无光

13.8 综合案例——制作放射线背景图

杂色渐变是指在指定的色彩范围内随机地分布颜色，其颜色变化效果更加丰富。下面利用杂色渐变制作一个放射线背景图像。具体操作步骤如下。

step 01 启动Photoshop软件，按Ctrl+N组合键，弹出【新建】对话框，在其中设置参数，新建一个空白文件，然后将背景色设置为黑色，如图13-174所示。

step 02 选择渐变工具，在选项栏中单击【角度渐变】按钮，然后单击按钮，在弹出的面板中选择需要的渐变色，如图13-175所示。

step 03 单击选项栏中的渐变色，弹出【渐变编辑器】对话框，在其中将【渐变类型】设置为【杂色】，【粗糙度】设置为100%，【颜色模型】设置为LAB，如图13-176所示。

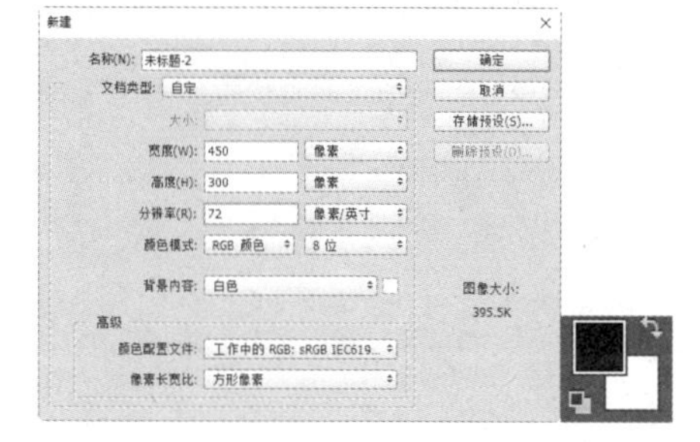

图13-174 新建一个文件并设置背景色

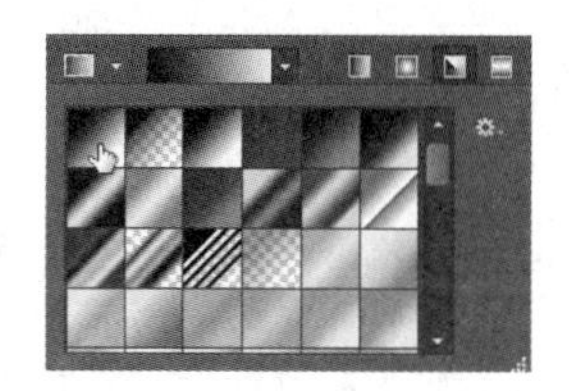

图13-175 选择渐变色

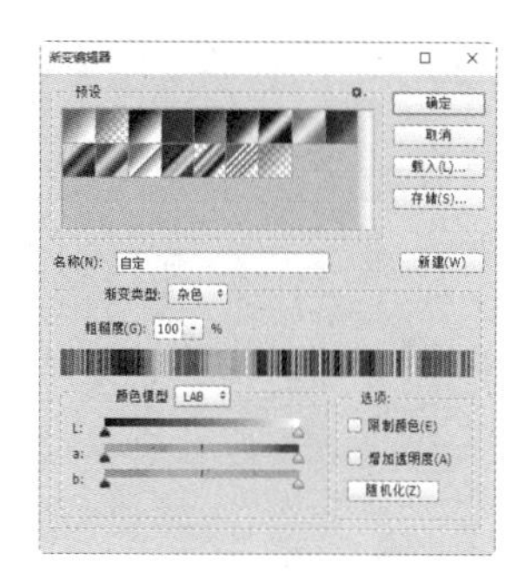

图13-176 【渐变编辑器】对话框

step 04 单击【确定】按钮，返回到新建文档中，从窗口右上角往左下方拖动鼠标，释放鼠标后，即可使用杂色渐变创建一个放射线效果，如图 13-177 所示。

step 05 按 Ctrl+U 组合键，弹出【色相/饱和度】对话框，在其中根据需要设置色相及饱和度，如图 13-178 所示。

step 06 单击【确定】按钮，即可调整杂色渐变的颜色，如图 13-179 所示。

图 13-177　创建一个放射线效果

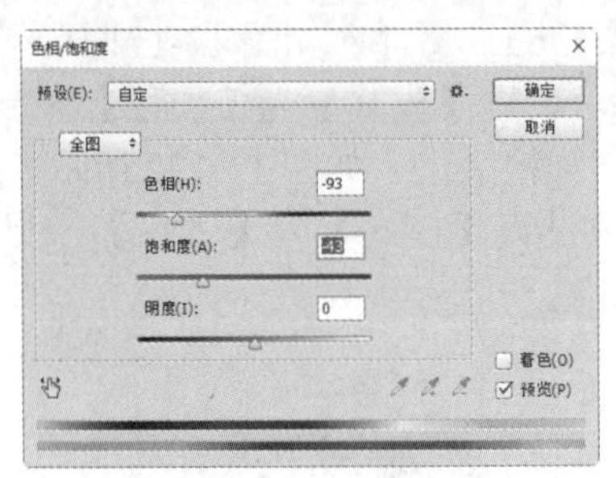

图 13-178　【色相/饱和度】对话框

图 13-179　调整杂色渐变的颜色

13.9　疑难解惑

疑问 1：在 Photoshop 中仿制图章工具和修补画笔工具有什么异同？

答：在 Photoshop 中，仿制图章工具是从图像中的某一部分取样之后，再将取样绘制到其他位置或其他图片中。而修补画笔工具和仿制图章工具十分类似，不同之处在于仿制图章工具是将取样部分全部照搬，而修补画笔工具会对目标点的纹理、阴影、光照等因素进行自动分析并匹配，从而使修复后的像素不留痕迹地融入图像的其余部分。

疑问 2：在使用仿制图章工具时，光标中心的十字线有什么用处？

答：在使用仿制图章工具时，按住 Alt 键在图像中单击，定义要复制的内容，然后将光标放在其他位置，放开 Alt 键拖动鼠标涂抹，即可将复制的图像应用到当前位置。与此同时，画面中会出现一个圆形光标和一个十字形光标。圆形光标是用户正在涂抹的区域，而该区域的内容则是从十字形光标所在位置的图像上拷贝的。在操作时，两个光标始终保持相同的距离，用户只要观察十字形光标位置的图像，便知道将要涂抹出什么样的图像内容了。

网页中的路标与导航——制作网页按钮与导航条

按钮是网页设计不可缺少的基础元素之一。按钮作为页面的重要视觉元素，放置在明显、易找、易读的区域是必要的。导航条也是网页设计不可缺少的基础元素之一。导航条不仅仅是信息结构的基础分类，也是浏览网站的路标。本章主要介绍几种常见按钮与导航条的制作。

14.1 按钮与导航条的设计原则

按钮和导航条在网页中是不可缺少的元素，但在设计按钮与导航条时，也要符合网页的整体风格以及注意相关设计事项。

14.1.1 网页按钮的设计注意事项

按钮代表着“做某件事”，即单击了按钮代表着操作了一个功能，做的这件事是有后果的，不易挽回的。例如注册、单击进入等，它们的共同点是：都是在“做”一件事，并且绝大多数都是对表单的提交。

在了解了按钮的作用后，下面就来介绍在设计网页按钮时所应注意的事项。

1. 按钮的颜色

按钮的颜色应该区别于它周边的环境色，因此它要更亮而且有高对比度的颜色，如图 14-1 所示。

图 14-1 按钮的颜色

2. 按钮的位置

按钮的位置也需要仔细考究，其基本原则是要容易找到，特别重要的按钮应该处在画面的中心位置。

3. 按钮的文字

在按钮上使用什么文字传递给用户非常重要。需要言简意赅，直接明了，如：注册、下载、创建、免费试玩等，甚至有时用“点击进入”，这一点上就是千万不要让观者去思考，越简单、越直接越好。

4. 按钮的尺寸

通常来讲，一个页面中按钮的大小也决定了其本身的重要级别。但也不是越大越好，尺寸应该适中，因为按钮大到一定程度，会让人觉得它不像按钮。

14.1.2 网页导航条的设计注意事项

导航条是最早出现在网页上的页面元素之一。它既是网站路标，又是分类名称，是十分重要的。导航条应放置到明显的页面位置，让浏览者在第一时间内看到它并做出判断，确定要进入哪个栏目中去搜索他们所要的信息。

在设计网站导航条的时候，一般来说要注意以下几点。

(1) 网站导航条的色彩要与网站的整体相融合，在色彩的选用上不要求像网站的 Logo、网站的 Banner 那样的鲜明色彩。

(2) 放置在网站正文的上方或者下方，这样的放置主要是针对网站导航条，能够为精心设计的导航条提供一个很好的展示空间。如果网站使用的是列表导航，也可以将列表放置在网站正文的两侧。

(3) 导航条层次清晰，能够简单明了地反映访问者所浏览的层次结构。

(4) 尽可能多地提供相关资源的链接。

14.2 制作按钮

在个性张扬的今天，互联网也注重个性的发展。不同的网站采用不同的按钮样式，按钮设计的好坏直接影响了整个站点的风格。下面介绍几款常用按钮的制作。

14.2.1 案例1——制作普通按钮

面对色彩丰富繁杂的网络世界，普通简洁的按钮凭其大方经典的样式得以永存。制作普通按钮的具体操作步骤如下。

step 01 打开 Photoshop，按 Ctrl+N 组合键，打开【新建】对话框，设置宽 250px、高为 250px，并命名为【普通按钮】，如图 14-2 所示。

step 02 单击【确定】按钮，新建一个空白文档，如图 14-3 所示。

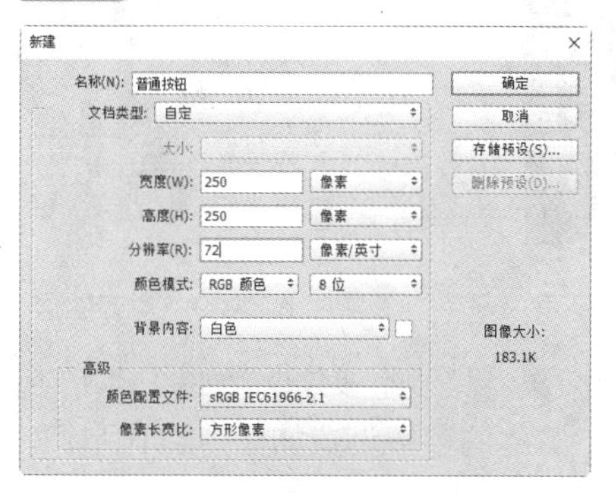

图 14-2 【新建】对话框

图 14-3 新建空白文档

step 03 新建图层 1，选择椭圆选框工具，按住 Shift 键的同时在图像窗口画出一个 200px×200px 的正圆，如图 14-4 所示。

step 04 选择渐变工具，并设置渐变颜色为(R:102，G:102，B:155)到(R:230，G:230，B:255)的渐变，如图 14-5 所示。

step 05 在圆形选框上方单击并向下拖曳鼠标，填充从上到下的渐变，然后按 Ctrl+D 组合键取消选区，如图 14-6 所示。

step 06 新建图层 2，再用椭圆选框工具画出一个 170px×170px 的正圆，用渐变工具进行从下到上的填充，如图 14-7 所示。

step 07 选中图层 1 和图层 2，然后单击下方的【链接】按钮，链接两个图层，如图 14-8 所示。

step 08 选择移动工具，单击上方工具栏选项中的【垂直居中对齐】和【水平居中对齐】按钮，以图层 1 为准，对齐图层 2，效果如图 14-9 所示。

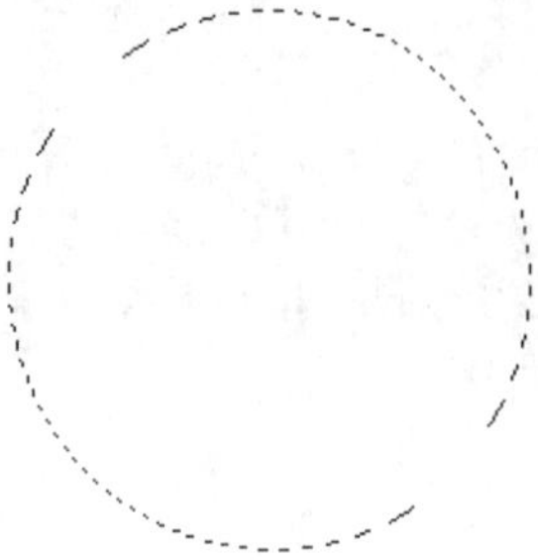

图 14-4　绘制正圆

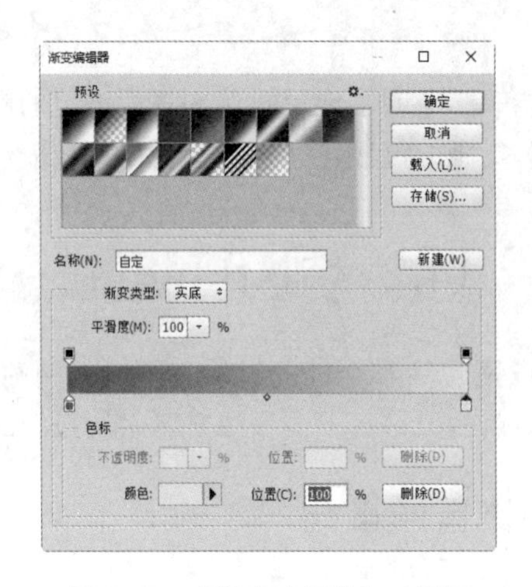

图 14-5　【渐变编辑器】对话框

图 14-6　填充从上到下的渐变

图 14-7　从下到上的填充

图 14-8　链接两个图层

图 14-9　对齐图层

step 09 选中图层 2，为图层添加【斜面和浮雕】效果，具体的参数设置如图 14-10 所示。

step 10 选中图层 2，为图层添加【描边】效果，具体的参数设置如图 14-11 所示。

step 11 最后得到效果如图 14-12 所示的普通按钮。

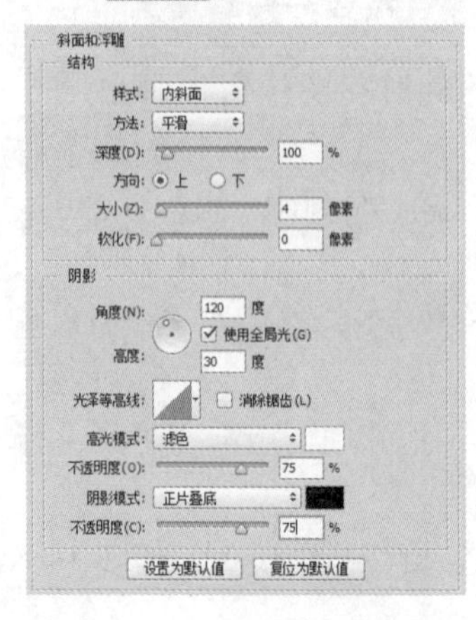

图 14-10　设置斜面和浮雕

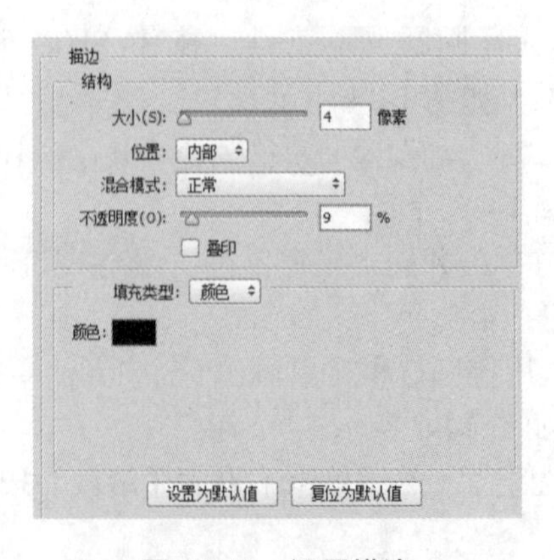

图 14-11　设置描边

图 14-12　完成按钮的制作

14.2.2 案例 2——制作迷你按钮

信息在网络上有着重要的地位。很多人不想放过可以放一点信息的空间，于是采用迷你按钮，可爱又不失得体，很受年轻人士的喜爱。

制作迷你按钮的具体操作步骤如下。

step 01 打开 Photoshop，按 Ctrl+N 组合键，打开【新建】对话框，设置宽为 60 像素、高为 60 像素，并命名为【迷你按钮】，如图 14-13 所示。

step 02 单击【确定】按钮，新建一个空白文档，如图 14-14 所示。

step 03 新建图层 1，用椭圆选框工具在图像窗口画一个 50 像素×50 像素的正圆，填充橙色(R:255，G:153，B:0)，如图 14-15 所示。

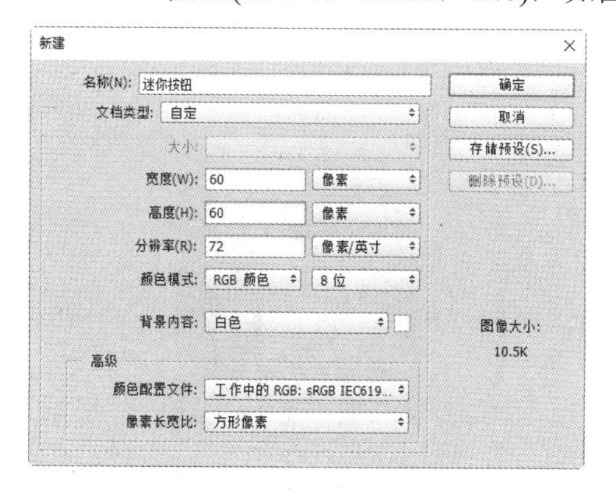

图 14-13 【新建】对话框

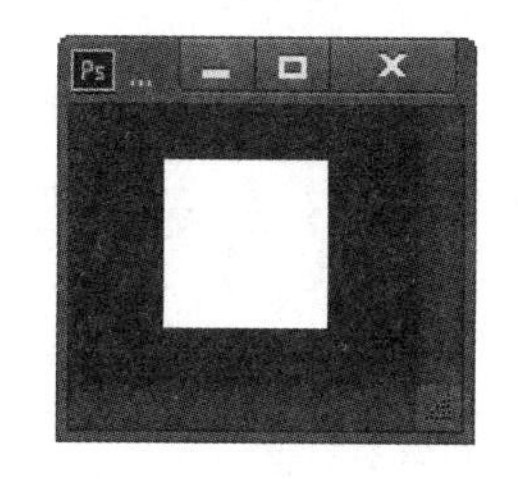

图 14-14 新建一个空白文档

图 14-15 画正圆

step 04 选择【选择】→【修改】→【收缩】命令，打开【收缩选区】对话框，设置【收缩量】为 7 像素，如图 14-16 所示。

step 05 单击【确定】按钮，可以看到收缩之后的效果，然后按 Delete 键删除，可以得到如图 14-17 所示的圆环。

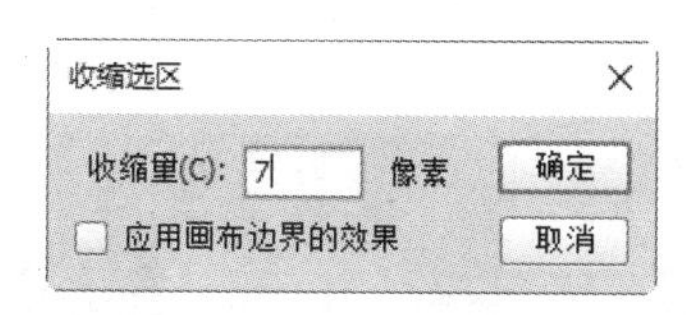

图 14-16 【收缩选区】对话框

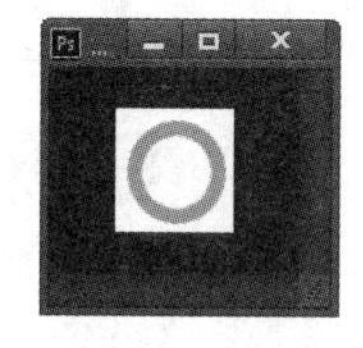

图 14-17 绘制圆环

step 06 双击图层 1，调出【图层样式】对话框，设置【斜面和浮雕】效果，具体的参数如图 14-18 所示。

step 07 单击【确定】按钮，得到如图 14-19 所示的圆环。

step 08 新建图层 2，用椭圆选框工具画一个 36 像素×36 像素的正圆，设置前景色为白色，背景色为灰色(R:207，G:207，B:207)，如图 14-20 所示。

step 09 按住 Shift 键的同时用渐变工具从左上角往右下角拉出渐变，单击上方工具栏选项中的【垂直居中对齐】和【水平居中对齐】按钮使其与边框对齐，如图 14-21 所示。

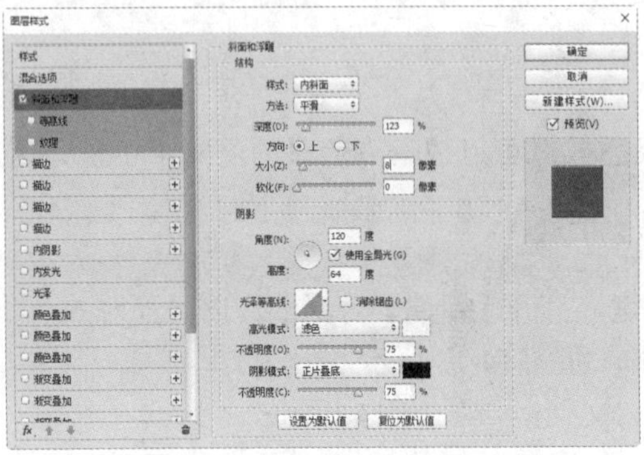

图 14-18　设置斜面和浮雕的参数

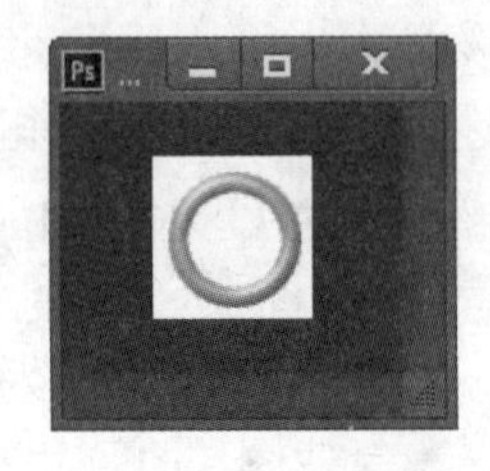

图 14-19　添加斜面和浮雕后的圆环

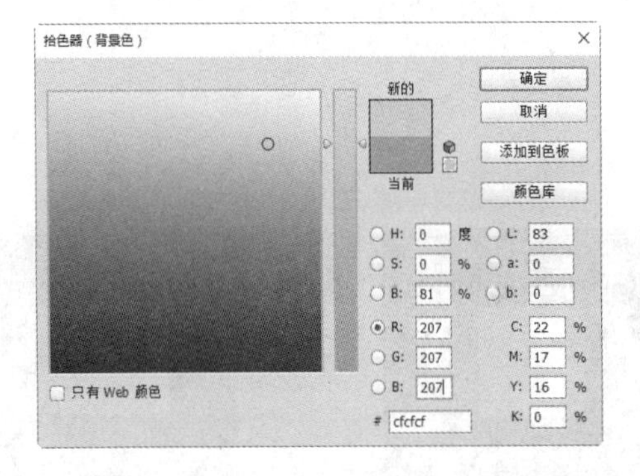

图 14-20　【拾色器背景色】对话框

图 14-21　对齐边框

step 10 选中图层 2 并双击，打开【图层样式】对话框，在其中设置【斜面和浮雕】参数，如图 14-22 所示。

step 11 单击【确定】按钮，得到最终的效果，如图 14-23 所示。

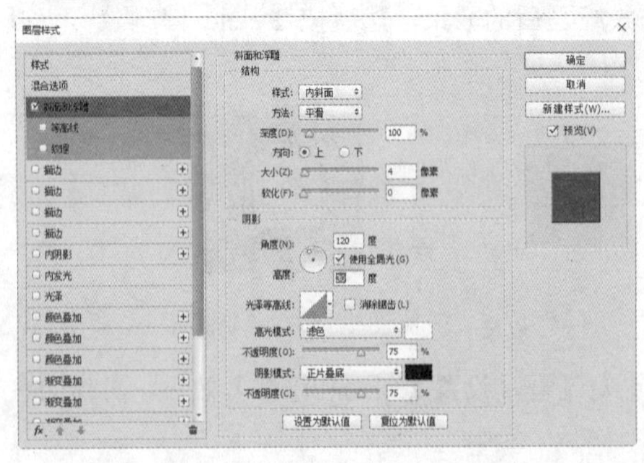

图 14-22　设置【斜面和浮雕】参数

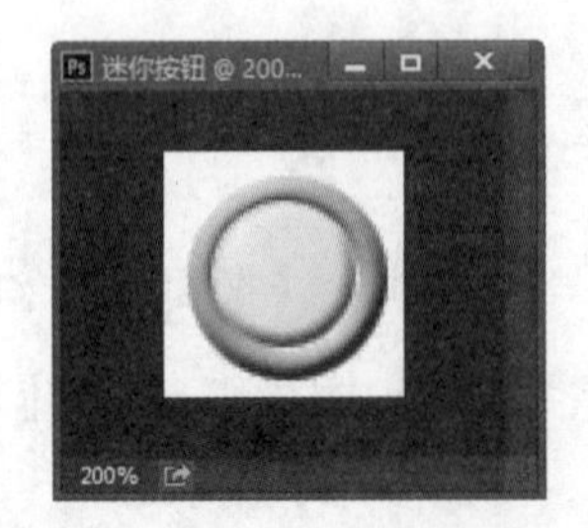

图 14-23　添加斜面和浮雕后的效果

step 12 选择自定形状工具，在上方出现的工具栏选项中选择自己喜欢的形状，在这里选择了“♿”形状，如果找不到这个形状，可以单击形状选择菜单右上角的按钮，然后选择【全部】命令，调出全部形状，如图 14-24 所示。

step 13 新建路径 1，绘制大小合适的形状，再右击路径 1，在弹出的快捷菜单中选择【建立选区】命令，如图 14-25 所示。

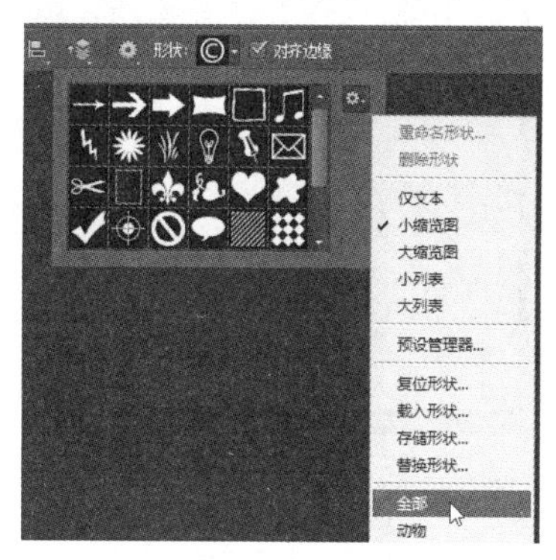

图 14-24 调出全部形状

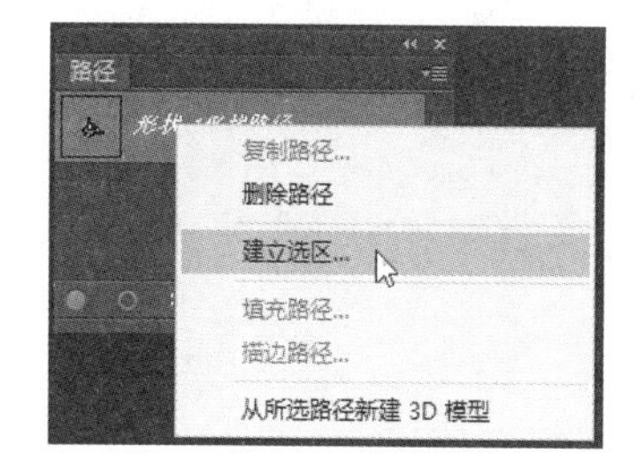

图 14-25 建立选区

step 14 新建图层 3，在选区内填充和按钮边框一样的橙色，重复对齐操作，效果如图 14-26 所示。

step 15 双击图层 3，在弹出的对话框中选中【内阴影】复选框，设置相关参数，如图 14-27 所示。

step 16 单击【确定】按钮，得到最终效果，如图 14-28 所示。

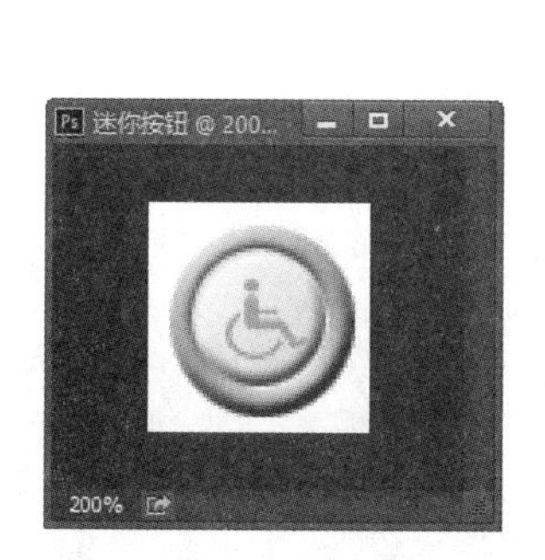

图 14-26 填充颜色

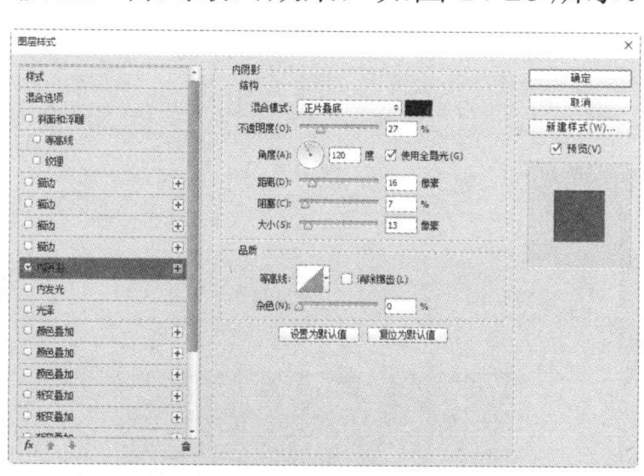

图 14-27 设置内阴影

图 14-28 最终效果

14.2.3 案例 3——制作水晶按钮

水晶按钮可以说是最受欢迎的按钮样式之一。通过设置图层样式可以制作水晶按钮。下面就教大家制作一款橘红色的水晶按钮。具体操作步骤如下。

step 01 打开 Photoshop，按 Ctrl+N 组合键，打开【新建】对话框，设置宽为 15 厘米、高为 15 厘米，并命名为【水晶按钮】，如图 14-29 所示。

step 02 单击【确定】按钮，新建一个空白文档，如图 14-30 所示。

step 03 选择椭圆选框工具，双击鼠标，在【工具】面板上部出现的选项栏里设置【羽化】为 0 像素，选中【消除锯齿】复选框，【样式】设为【固定大小】，【宽度】设为 350 像素，【高度】设为 350px，如图 14-31 所示。

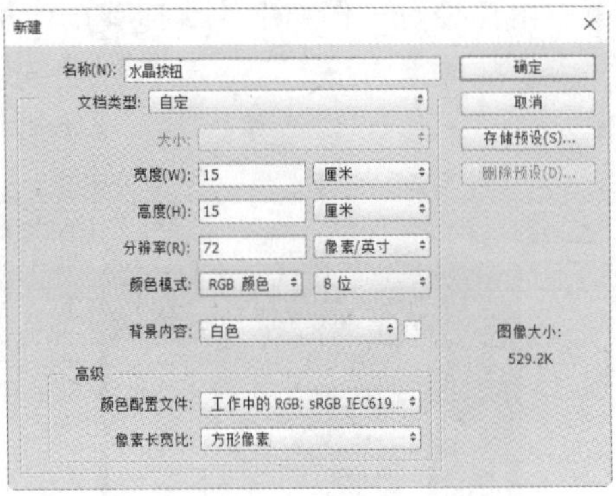

图 14-29 【新建】对话框

图 14-30 新建一个空白文档

图 14-31 【工具】面板

step 04 新建一个图层 1，将光标移至图像窗口，单击鼠标左键，画出一个固定大小的圆形选区，如图 14-32 所示。

step 05 选择前景色为(C:0，M:90，Y:100，K:0)，设置背景色为(C:0，M:40，Y:30，K:0)。选择渐变工具，在其工具栏选项中设置过渡色为【前景色到背景色渐变】，渐变模式为【线性渐变】，如图 14-33 所示。

step 06 选择图层 1，再回到图像窗口，在选区中按 Shift 键的同时由上至下画出渐变色，按 Ctrl+D 组合键取消选区，如图 14-34 所示。

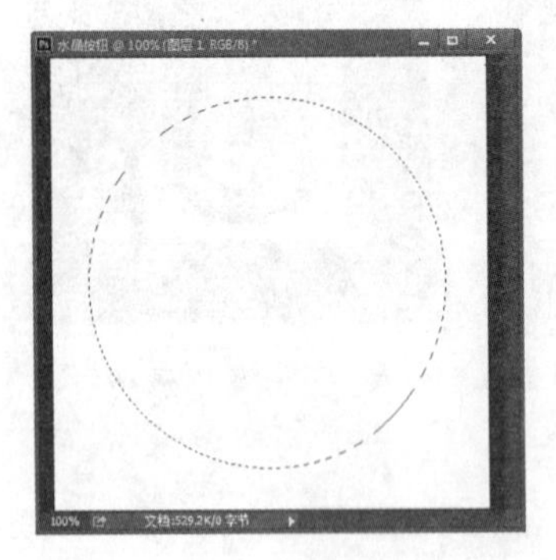

图 14-32 绘制圆形选区

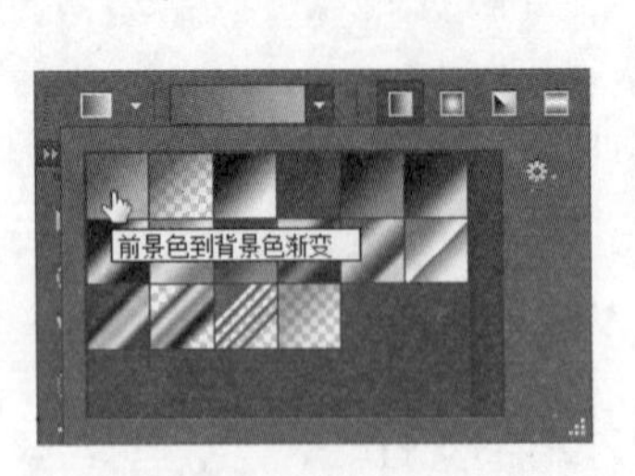

图 14-33 渐变工具

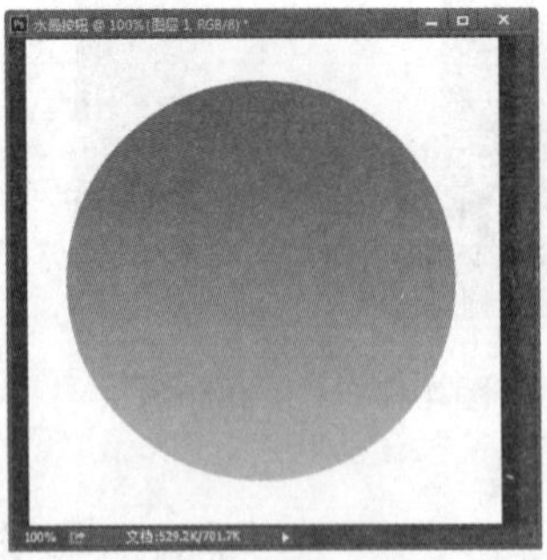

图 14-34 绘制渐变

step 07 双击图层 1，打开【图层样式】对话框，选中【投影】复选框，设置暗调颜色为(C:0，M:80，Y:80，K80)，并设置其他相关参数，如图 14-35 所示。

step 08 选中【内发光】复选框，设置发光颜色为(C:0，M:80，Y:80，K:80)，并设置其他相关参数，如图 14-36 所示。

step 09 单击【确定】按钮，可以看到最终的效果，这时图像中已经初步显示出红色立体按钮的基本模样了，如图 14-37 所示。

step 10 新建一个图层 2，选择椭圆选框工具，将工具选项栏中的【样式】设置改为【正常】，在图层 2 中画出一个椭圆形选区，如图 14-38 所示。

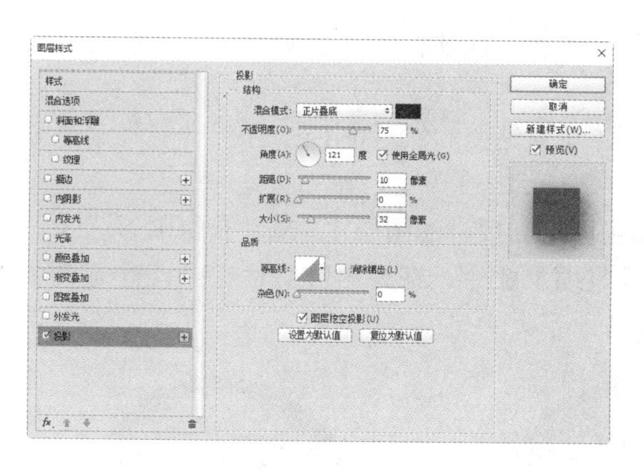

图 14-35　设置投影

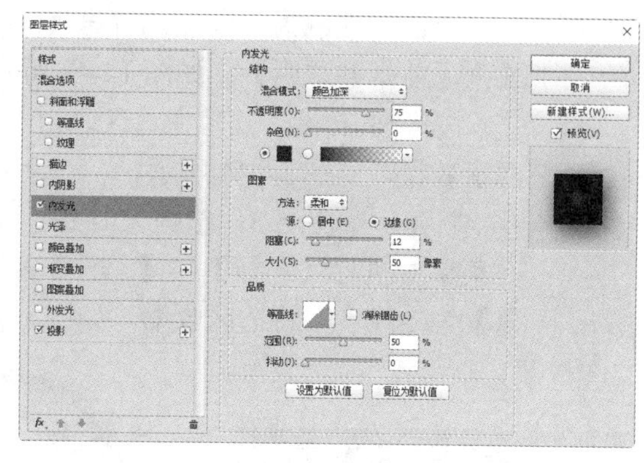

图 14-36　设置内发光

step 11 双击【工具】面板中的【以快速蒙版模式编辑】按钮，调出【快速蒙版选项】对话框，设置【蒙版颜色】为蓝色，如图 14-39 所示。

图 14-37　红色立体按钮

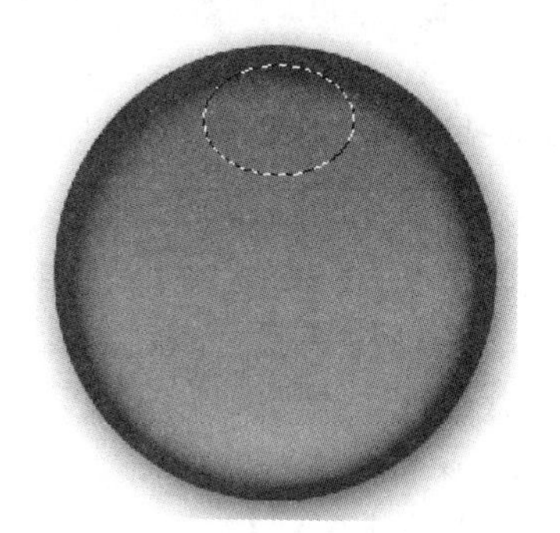

图 14-38　画出一个椭圆形选区

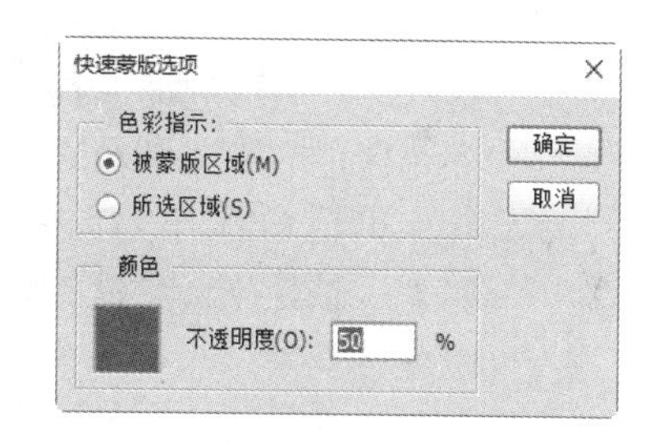

图 14-39　【快速蒙版选项】对话框

step 12 单击【确定】按钮，此时图像中椭圆选区以外的部分被带有一定透明度的蓝色遮盖，如图 14-40 所示。

step 13 选择画笔工具，选择合适的笔刷大小和硬度，将光标移至图像窗口，用笔刷以蓝色蒙版色遮盖部分椭圆，如图 14-41 所示。

step 14 单击【工具】面板中的【以标准模式编辑】按钮，这时图像中原来椭圆形选区的一部分被减去，如图 14-42 所示。

图 14-40　蓝色遮盖

图 14-41　遮盖部分椭圆

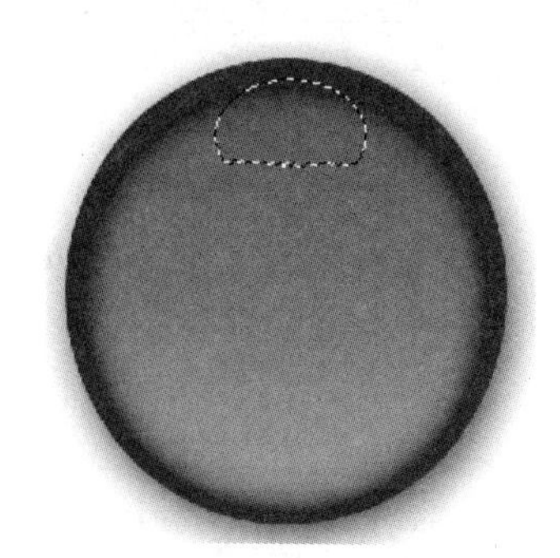

图 14-42　减去椭圆形选区的一部分

step 15 设置前景色为白色，选择渐变工具，在工具选项栏的渐变编辑器中设置渐变模式为【前景到透明】，如图 14-43 所示。

step 16 按住 Shift 键，同时在选区中由上到下填充渐变，然后按 Ctrl+H 组合键隐藏选区观察效果，如图 14-44 所示。

step 17 新建一个图层 3，按住 Ctrl 键，单击图层面板中的图层 1，重新获得圆形选区，在菜单中执行【选择】→【修改】→【收缩】命令，在弹出的对话框中设置【收缩量】为 7 像素，将选区收缩，如图 14-45 所示。

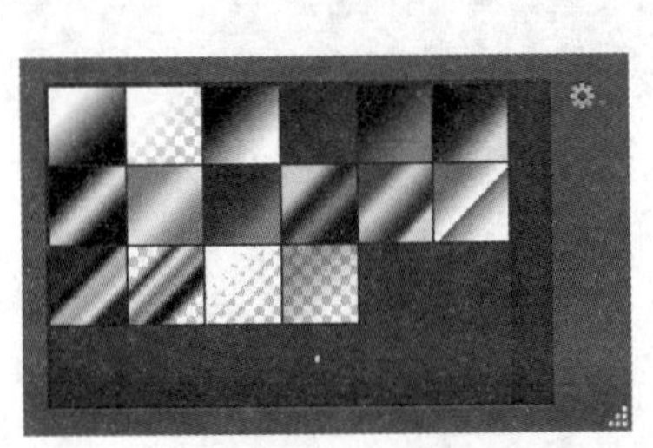

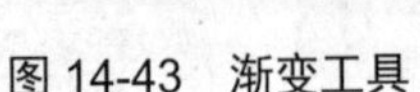

图 14-43　渐变工具

图 14-44　填充渐变并隐藏选区

图 14-45　将选区收缩

step 18 选择矩形选框工具，将光标移至图像窗口，按住 Alt 键，由选区左上部拖动鼠标到选区的右下部四分之三处，减去部分选区，如图 14-46 所示。

step 19 仍用白色作为前景色，并再次选择渐变工具，渐变模式设置为【前景到透明】，按住 Shift 键的同时在选区中由下到上做渐变填充，之后按 Ctrl+H 组合键隐藏选区观察效果，如图 14-47 所示。

step 20 选中图层 3，选择【滤镜】→【模糊】→【高斯模糊】命令，在弹出的对话框的【半径】文本框中填入适当的数值 7，如图 14-48 所示。

图 14-46　减去部分选区

图 14-47　隐藏选区后的效果

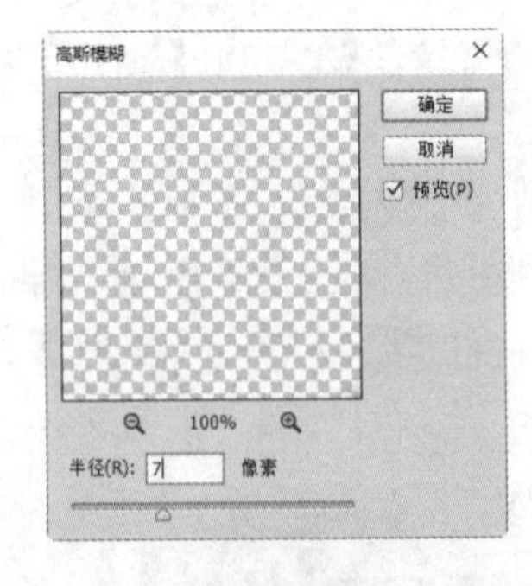

图 14-48　【高斯模糊】对话框

step 21 单击【确定】按钮，添加上高斯模糊效果，如图 14-49 所示。

step 22 回到图像窗口，在图层面板中把图层 3 的【不透明度】设置为 65%。至此，橘红色水晶按钮就制作完成了，如图 14-50 所示。

step 23 合并所有图层，然后选择【图像】→【调整】→【色相/饱和度】命令，在打开的对话框中选中【着色】复选框，可以对按钮进行颜色的变换，如图 14-51 所示。

step 24 单击【确定】按钮，返回到图像文件之中，变换设置后的最终效果如图 14-52 所示。

图 14-49　高斯模糊效果

图 14-50　橘红色水晶按钮

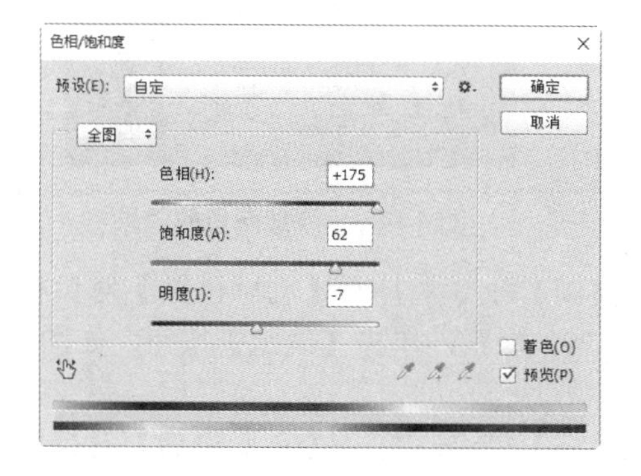

图 14-51　【色相/饱和度】对话框

图 14-52　设置后的效果

14.2.4　案例 4——制作木纹按钮

木纹按钮的制作主要是利用滤镜中的滤镜功能来完成的。制作木纹按钮的具体操作步骤如下。

step 01 打开 Photoshop，按 Ctrl+N 组合键，新建一个宽为 200px、高为 100px 的文件，将它命名为【木纹按钮】，如图 14-53 所示。

step 02 单击【确定】按钮，新建一个空白文档，如图 14-54 所示。

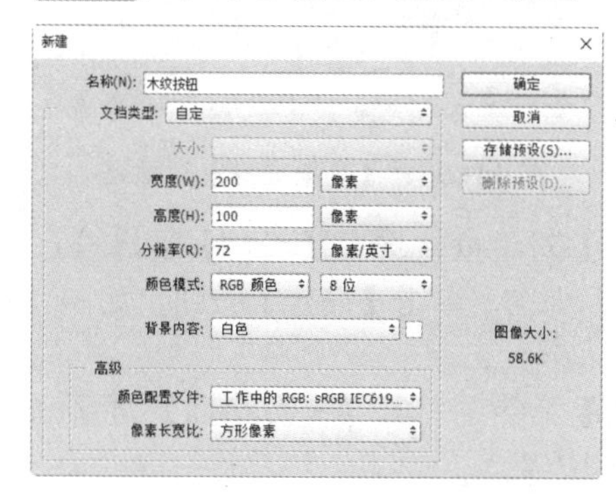

图 14-53　【新建】对话框

图 14-54　新建一个空白文档

step 03 背景填充为白色。然后选择【滤镜】→【杂色】→【添加杂色】命令，在打开的对话框中，设置参数【数量】为 400%，【分布】设为【高斯分布】，再选中【单色】复选框，如图 14-55 所示。

step 04 单击【确定】按钮，效果如图 14-56 所示。

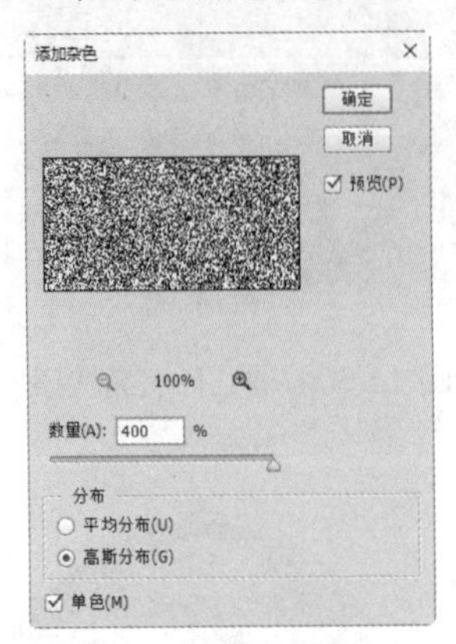

图 14-55 【添加杂色】对话框

图 14-56 添加杂色的效果

step 05 选择【滤镜】→【模糊】→【动感模糊】命令，打开【动感模糊】对话框，设置【角度】为 0 或 180 度，【距离】为 999 像素，单击【确定】按钮，如图 14-57 所示。

step 06 执行【滤镜】→【模糊】→【高斯模糊】命令，打开【高斯模糊】对话框，设置参数【半径】为 1 像素，单击【确定】按钮，得到如图 14-58 所示的效果。

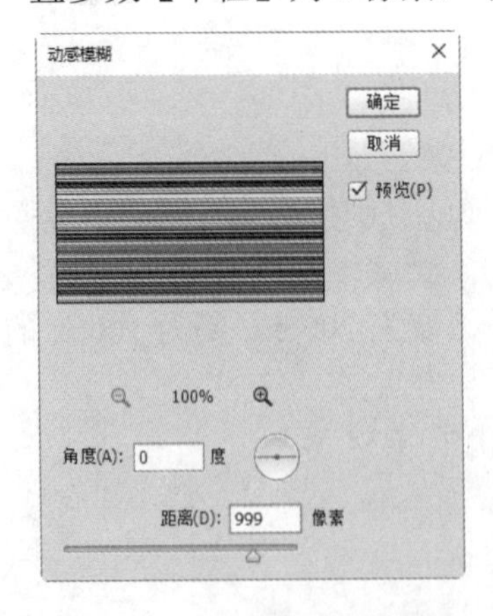

图 14-57 【动感模糊】对话框

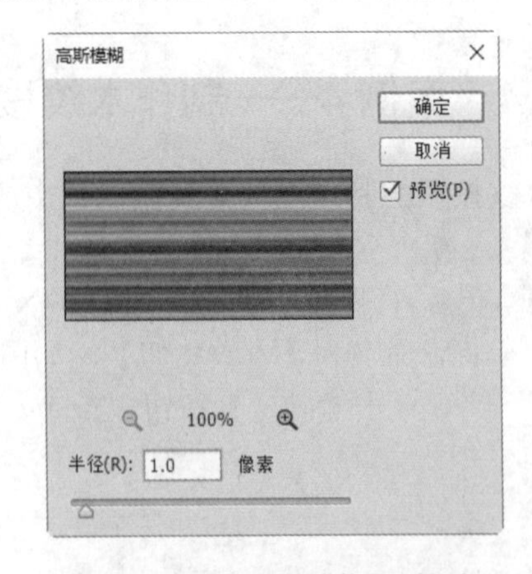

图 14- 58 【高斯模糊】对话框

step 07 按 Ctrl+U 组合键，弹出【色相/饱和度】对话框，选中【着色】复选框，设置【色相】为 36、【饱和度】为 25、【明度】为 0，单击【确定】按钮，如图 14-59 所示。

step 08 执行【滤镜】→【扭曲】→【旋转扭曲】命令，打开【旋转扭曲】对话框，设置【角度】为 200 度，得到如图 14-60 所示的效果。

step 09 复制背景图层，新建路径 1，选择圆角矩形工具，在上方的工具栏选项中设置【半径】为 15 像素，绘制出按钮外形，对此路径建立选区，选择【选择】→【反选】命令，按 Delete 键删除选区部分，再删除背景图层，如图 14-61 所示。

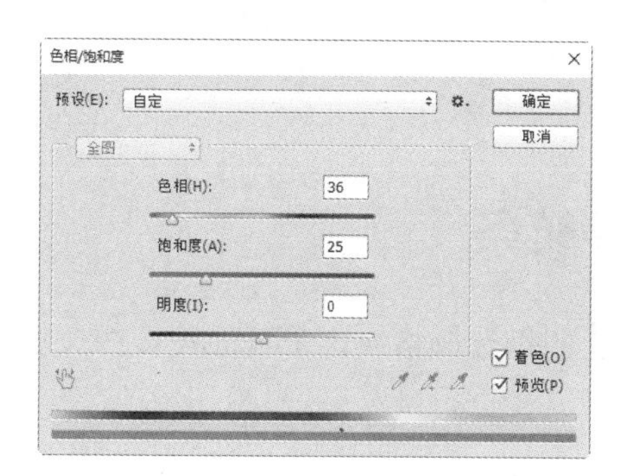

图 14-59　【色相/饱和度】对话框

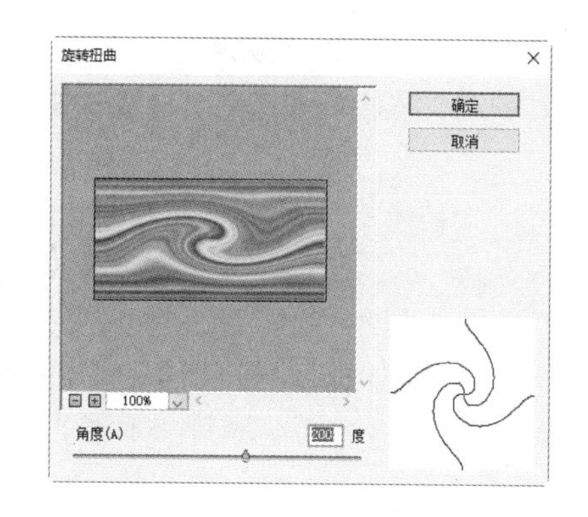

图 14-60　【旋转扭曲】对话框

step 10 最后添加图层样式，双击【背景副本】图层，打开【图层样式】对话框，为图层添加【斜面和浮雕】效果，参数设置如图 14-62 所示。

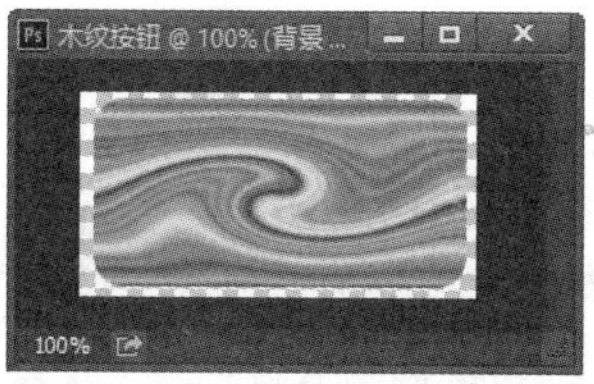

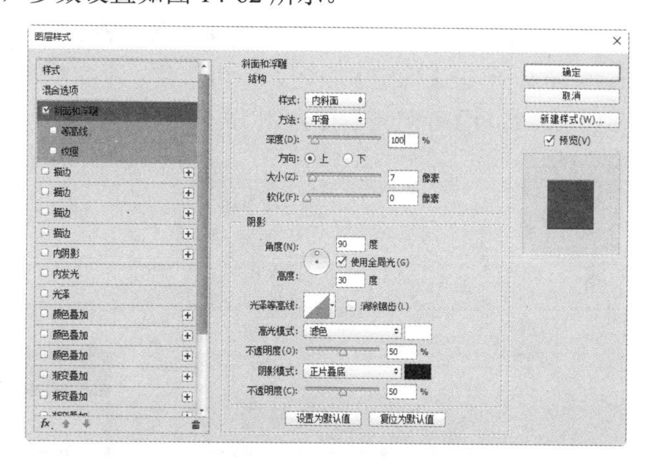

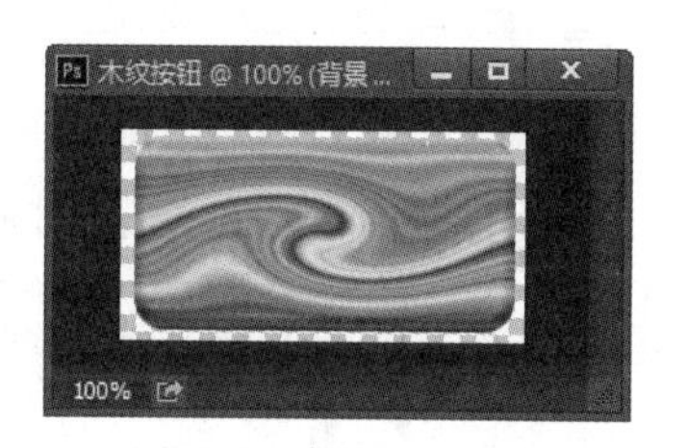

图 14-61　复制背景图层

图 14-62　设置斜面和浮雕

step 11 为图层添加【等高线】效果，参数设置如图 14-63 所示。

step 12 最后单击【确定】按钮，得到最终效果，如图 14-64 所示。

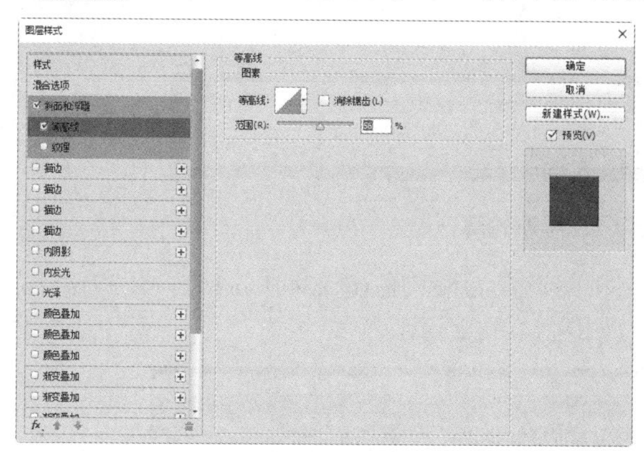

图 14-63　设置等高线

图 14-64　最终效果

读者还可以通过更多的图层样式把按钮做得更加精致，甚至可以把它变成红木的，在设计家居网页时或许是种不错的选择。

14.3 制作导航条

导航条的设计根据具体情况可以有多种变化，它的设计风格决定了页面设计的风格。常见的导航条有横排导航、竖排导航等。

14.3.1 案例 5——制作横向导航条

(1) 制作横向导航条框架。具体操作步骤如下。

step 01 在 Photoshop CC 操作界面中，选择【文件】→【新建】命令，打开【新建】对话框，在其中设置文档的宽度、高度等参数，如图 14-65 所示。

step 02 单击【确定】按钮，即可新建一个宽为 500 像素、高为 50 像素的文件，并将其命名为【导航条】，如图 14-66 所示。

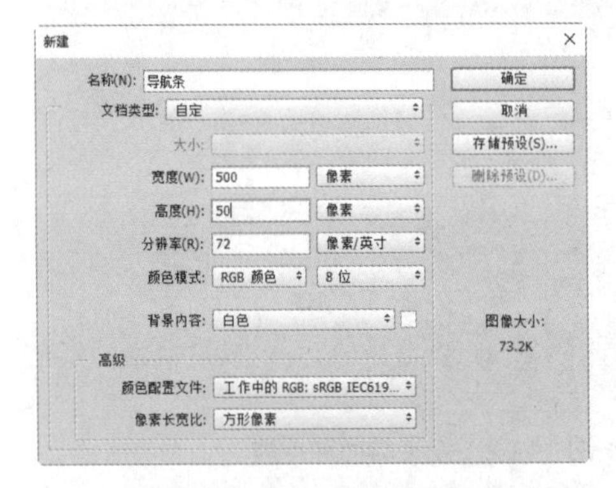

图 14-65 【新建】对话框

图 14-66 新建文件

step 03 新建图层 1，选择矩形选框工具，绘制 500 像素×30 像素的导航轮廓，如图 14-67 所示。

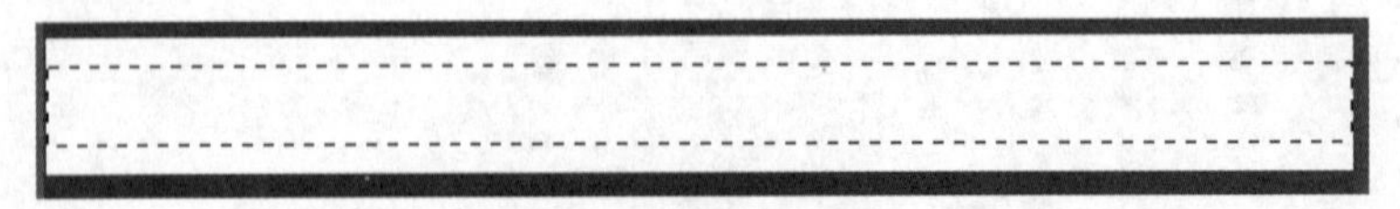

图 14-67 导航轮廓

step 04 单击工具箱中的前景色色块，将其设置为橘黄色(R:234，G:151，B:77)。然后使用油漆桶工具填充选中的矩形框，如图 14-68 所示。

图 14-68 填充导航条

step 05 双击图层的缩览图，在弹出的对话框中单击左侧的【渐变叠加】选项，设置填充颜色，其中中间的颜色为(R:77，G:142，B:186)，两端颜色为(R:8，G:123，B:109)，如图 14-69 所示。

step 06 选中【描边】复选框，设置描边的颜色为(R:77，G:142，B:186)，并设置其他参数，如图 14-70 所示。

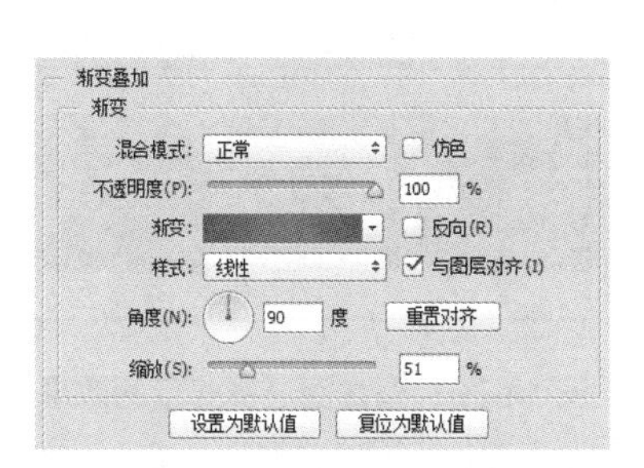

图 14-69 设置渐变叠加

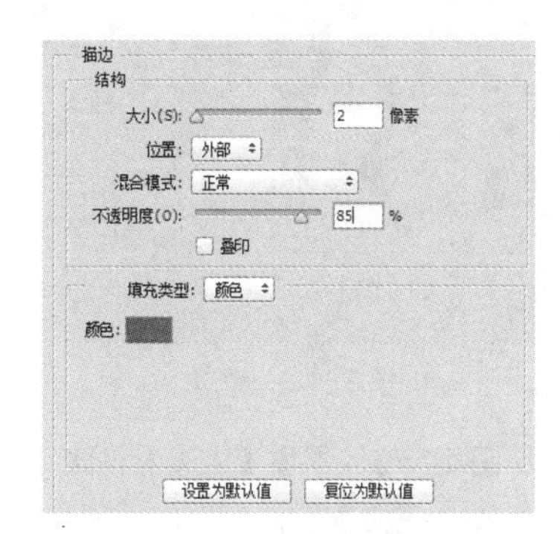

图 14-70 设置描边

step 07 单击【确定】按钮，可以看到添加之后的颜色，如图 14-71 所示。

图 14-71 添加颜色

(2) 制作导航条上的斜纹。具体操作步骤如下。

step 01 新建图层 2，按住 Ctrl 键的同时单击【图层 1】图层读取选区，执行【填充】命令，在其中设置填充图案，将【不透明度】改为 43%，效果如图 14-72 所示。

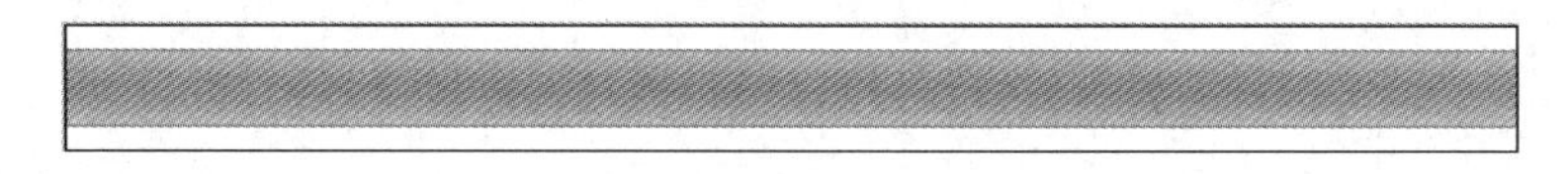

图 14-72 填充新建图层

step 02 新建一个图层 3，创建选区，如图 14-73 所示。

step 03 填充渐变色#366F99 到#5891BA，并给图层添加【内阴影】图层样式，参数设置如图 14-74 所示。

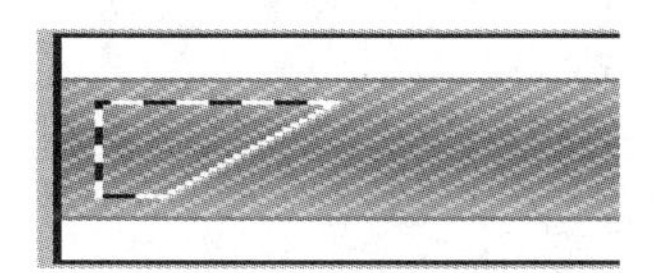

图 14-73 创建选区

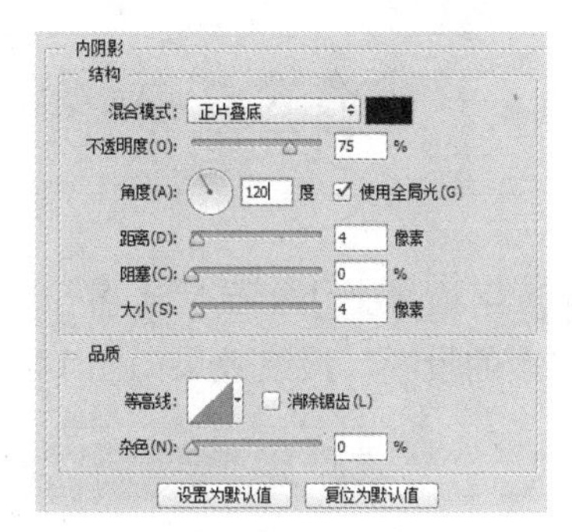

图 14-74 设置内阴影

step 04 添加【描边】效果，颜色为#4D8EBA，【位置】设为【内部】，如图 14-75 所示。

step 05 添加图层样式后的效果如图 14-76 所示。

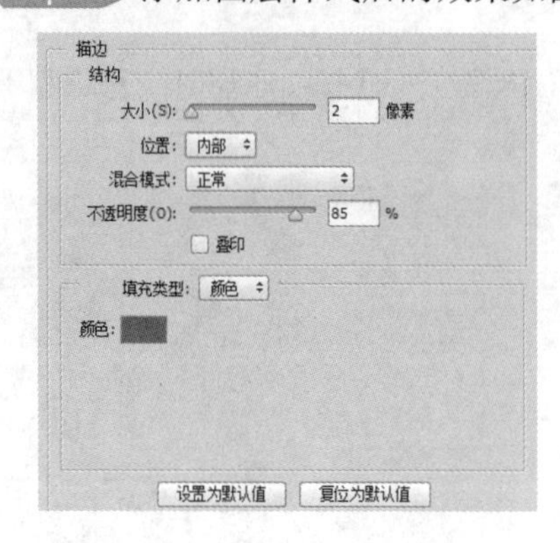

图 14-75　添加【描边】样式

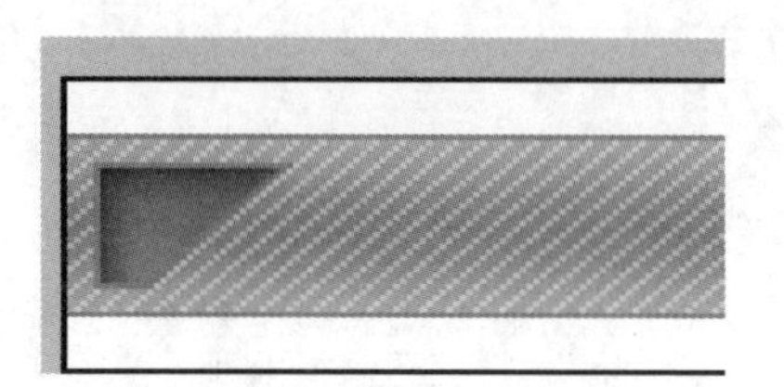

图 14-76　添加图层样式后的效果

step 06 复制【图层 3】图层，将其移动到与【图层 3】图层对应的位置，如图 14-77 所示。

step 07 新建图层 4，用#316B94 和白色绘制所需图像，在不取消选区的情况下转换到【通道】面板，新建 Alpha1 通道，在选区内由上到下填充“白色→黑色→白色”的渐变，在按住 Ctrl 键的同时单击该通道，回到【图层 4】图层，按 Ctrl+Shift+I 组合键进行反选后按 Delete 键删除，如图 14-78 所示。

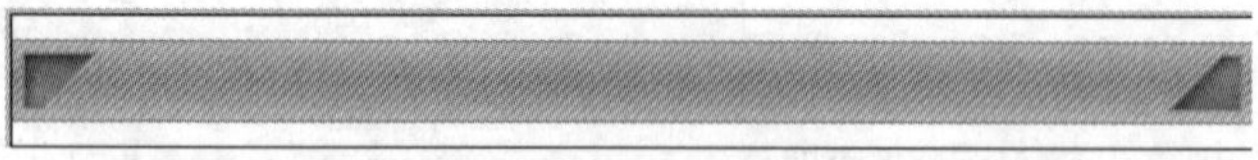

图 14-77　复制图层 3

图 14-78　新建图层 4

step 08 复制几个该图层，分别移动到合适的位置后对齐并合并，如图 14-79 所示。

图 14-79　合并图层

step 09 用横排文字工具写上各个导航文字，合并后加上【距离】和【大小】分别为 2 像素的投影，最终效果如图 14-80 所示。

首　页 | 关于我们 | 成员介绍 | 作品展示 | 联系我们 | 友情链接

图 14-80　书写导航文字

14.3.2 案例6——制作垂直导航条

垂直导航条在网页中应用普遍。使用 Photoshop 可以制作出垂直导航条。具体操作步骤如下。

step 01 新建一个宽为300px、高为500px的文件，将它命名为【垂直导航条】，如图14-81所示。

step 02 单击【确定】按钮，创建一个空白文档，如图14-82所示。

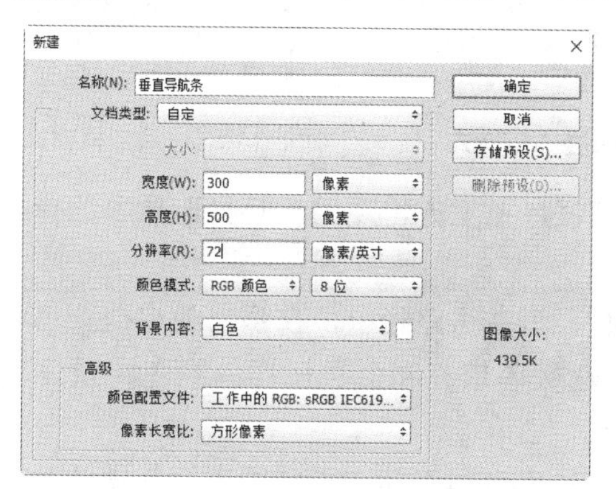

图14-81 【新建】对话框

图14-82 创建空白文档

step 03 在工具箱中单击【前景色】按钮，打开【拾色器(前景色)】对话框，设置前景色为灰色(R:229，G:229，B:229)，如图14-83所示。

step 04 单击【确定】按钮，按Alt+Delete组合键，填充颜色，如图14-84所示。

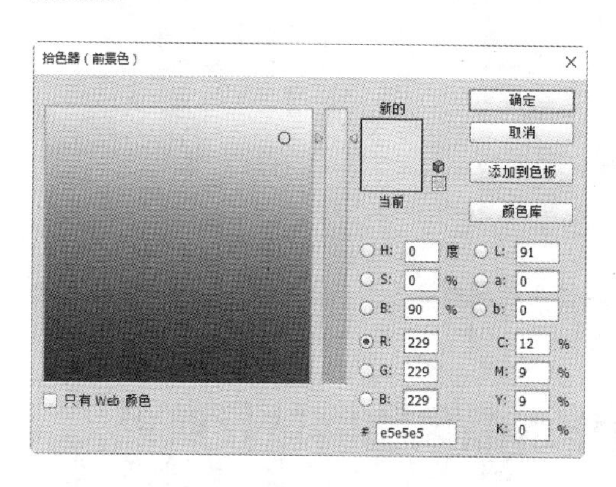

图14-83 【拾色器(前景色)】对话框

图14-84 填充颜色

step 05 新建图层1，使用矩形选区工具绘制矩形区域，然后填充为白色，如图14-85所示。

step 06 双击图层1，打开【图层样式】对话框，给该图层添加投影、内阴影、渐变叠加及描边样式。单击【确定】按钮，即可看到添加图层样式后的效果，如图14-86所示。

step 07 选择工具箱中的横排文字工具，输入导航条上的文字，并设置文字的颜色、大小等属性，如图 14-87 所示。

图 14-85　新建图层 1

图 14-86　给图层添加样式

图 14-87　添加横排文字

step 08 选择工具箱中的【自定义形状】按钮，在上方出现的工具栏选项中选择自己喜欢的形状，如图 14-88 所示。

step 09 新建路径 1，绘制大小合适的形状，再右击路径 1，在弹出的快捷菜单中选择【建立选区】命令。新建图层 3，在选区内填充和文字一样的颜色，重复对齐操作，效果如图 14-89 所示。

step 10 合并除背景图层之外的所有图层，然后复制合并之后的图层，并调整其位置。至此，就完成了垂直导航条的制作，最终的效果如图 14-90 所示。

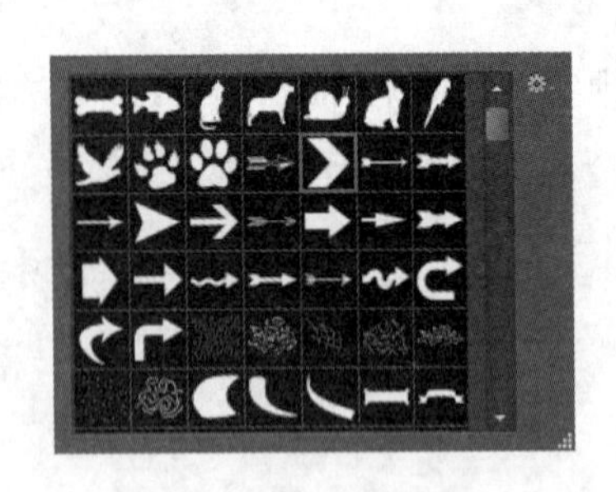

图 14-88　选择形状

图 14-89　新建路径 1 和图层 3

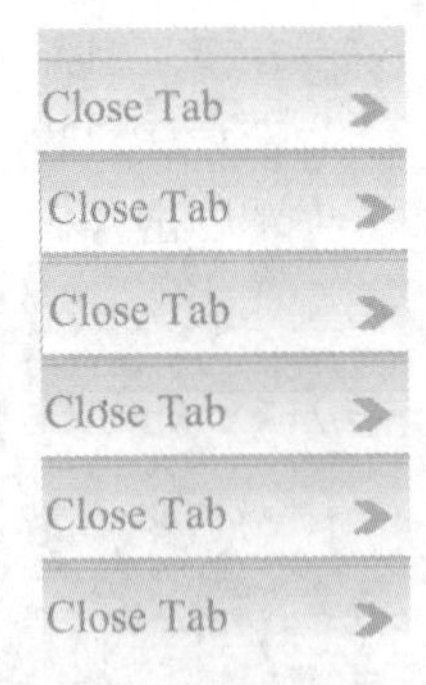

图 14-90　最终效果

14.4　综合案例——制作水晶风格网站导航条

在设计网页的过程中，水晶风格的网站导航条是经常被使用的。下面介绍制作水晶风格网站导航条的具体操作步骤。

step 01 启动 Photoshop CC，选择【文件】→【新建】命令，打开【新建】对话框，在其中设置文档的宽度、高度等参数，如图 14-91 所示。

step 02 单击【确定】按钮，创建一个 600 像素×140 像素的空白文件，如图 14-92 所示。

step 03 单击工具箱中的【圆角矩形工具】按钮，在选项栏中设置圆角矩形工具的【半径】为 5 像素，填充颜色为灰色，绘制一个圆角矩形，如图 14-93 所示。

图 14-91　【新建】对话框　　　　图 14-92　新建文件

step 04 双击圆角矩形图层，打开【图层样式】对话框，在其中选择【内发光】选项，并在右侧设置内发光的参数，如图 14-94 所示。

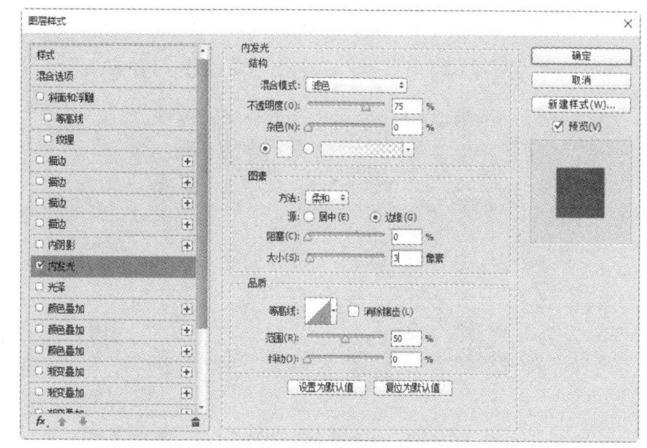

图 14-93　绘制圆角矩形并填充灰色　　　　图 14-94　设置内发光

step 05 单击【确定】按钮，即可为圆角矩形添加内发光效果，如图 14-95 所示。

step 06 双击圆角矩形图层，打开【图层样式】对话框，在其中选择【渐变叠加】选项，然后单击【渐变】右侧的颜色条，打开【渐变编辑器】对话框，在其中设置渐变的颜色，这里设置渐变颜色为：#5e80a3，#839db8，#b8c7d6，如图 14-96 所示。

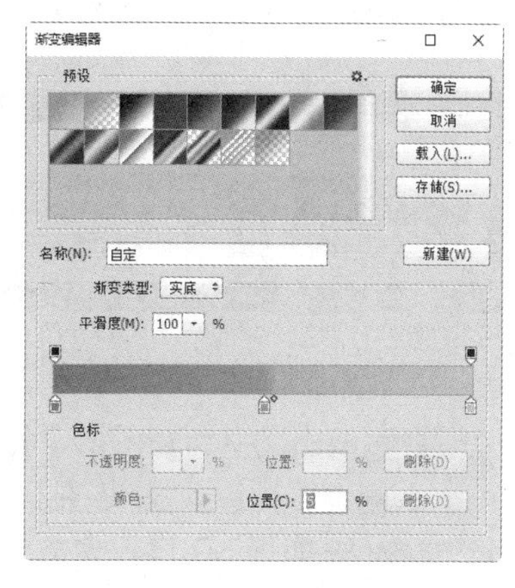

图 14-95　添加的内发光效果　　　　图 14-96　设置渐变颜色

step 07 单击【确定】按钮，返回到【图层样式】对话框中，并设置其他的渐变叠加参数(见图 14-97)，从而得出如图 14-98 所示的渐变叠加效果。

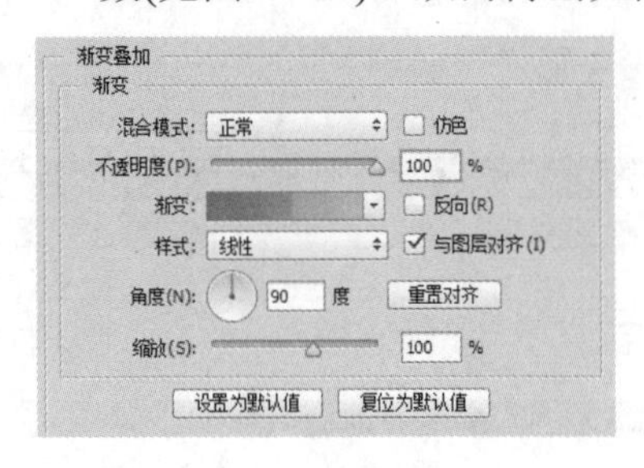

图 14-97　设置渐变叠加参数

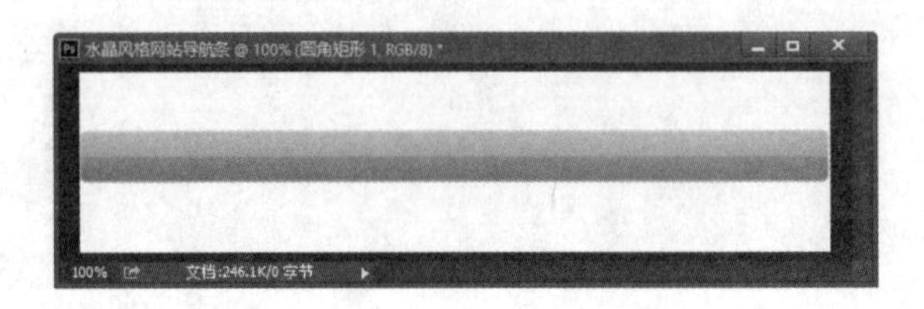

图 14-98　添加渐变叠加后的效果

step 08 双击圆角矩形图层，打开【图层样式】对话框，选择【描边】选项，并在右侧设置描边参数(见图 14-99)，从而得出如图 14-100 所示的描边效果。

step 09 选择工具箱中的横排文字工具，在圆角矩形上输入文字，并设置文字的样式、大小与颜色，如图 14-101 所示。

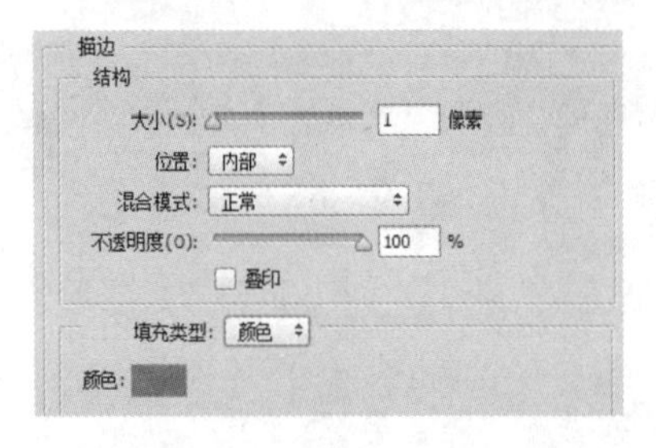

图 14-99　设置描边参数

图 14-100　添加描边后的效果

step 10 在【图层】面板中选择文字所在图层并右击，在弹出的快捷菜单中选择【栅格化文字】命令，即可将文字图层转换为普通图层，如图 14-102 所示。

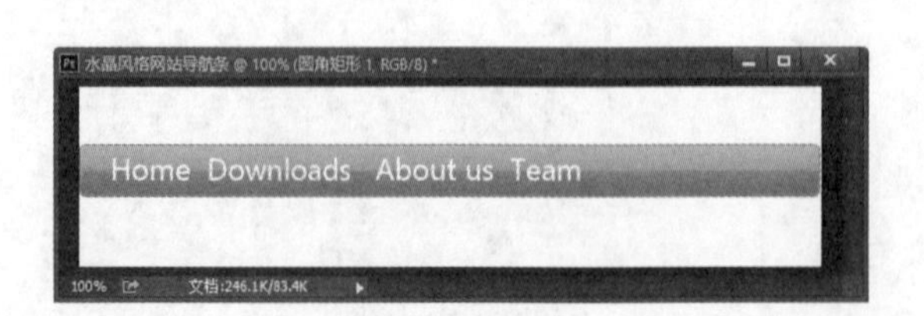

图 14-101　输入文字

图 14-102　选择【栅格化文字】命令

step 11 双击文字所在图层，打开【图层样式】对话框，在其中选择【描边】选项，并在右侧设置描边参数(见图 14-103)，从而得出如图 14-104 所示的文字描边效果。

step 12 新建一个图层，然后使用矩形选框工具绘制一个宽度为 1 像素、高度为 40 像素的矩形，并填充矩形为白色，如图 14-105 所示。

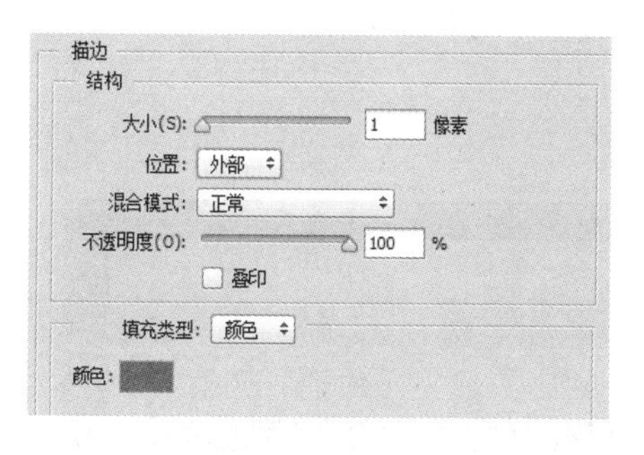

图 14-103　设置描边参数

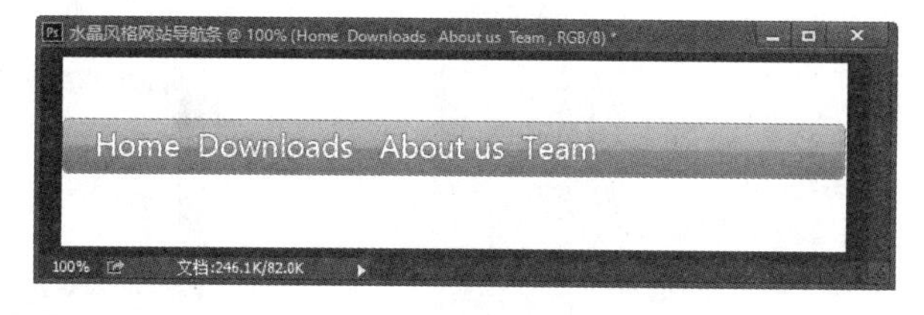

图 14-104　添加文字描边效果

step 13 复制矩形条所在图层，然后移动矩形条至其他位置，这里复制两个矩形条，最终得到的导航条效果如图 14-106 所示。

step 14 在【图层】面板中选中矩形条所在图层的所有图层，按 Ctrl+E 组合键，将其合并成一个图层，并使用矩形选框工具选择矩形条的下部，选择【选择】→【修改】→【羽化】命令，打开【羽化选区】对话框，设置【羽化半径】为 5 像素，如图 14-107 所示。

图 14-105　绘制矩形条

图 14-106　复制矩形条

step 15 单击【确定】按钮，返回到 Photoshop 工作区，然后按 Delete 键删除选区，然后使用同样的方法羽化并删除矩形条顶部部分，最后得出如图 14-108 所示的导航条。

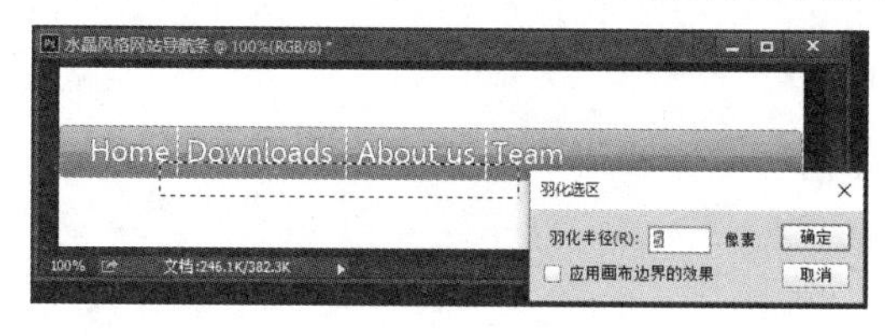

图 14-107　羽化选区

图 14-108　羽化矩形条的顶部

step 16 选择文字所在图层，在【图层】面板中设置图层的混合模式为【柔光】，如图 14-109 所示。

step 17 从而得出如图 14-110 所示的文字效果。

step 18 新建一个图层，然后使用矩形选框工具在两个矩形条之间绘制一个矩形，并将矩形填充为白色，如图 14-111 所示。

step 19 双击矩形所在图层，打开【图层样式】对话框，在其中选择【渐变叠加】选项，并设置其他参数，如图 14-112 所示。

step 20 单击【渐变】右侧的颜色条，打开【渐变编辑器】对话框，在其中设置填充的颜色为：#567595，#728fae，#b3c3d3，如图 14-113 所示。

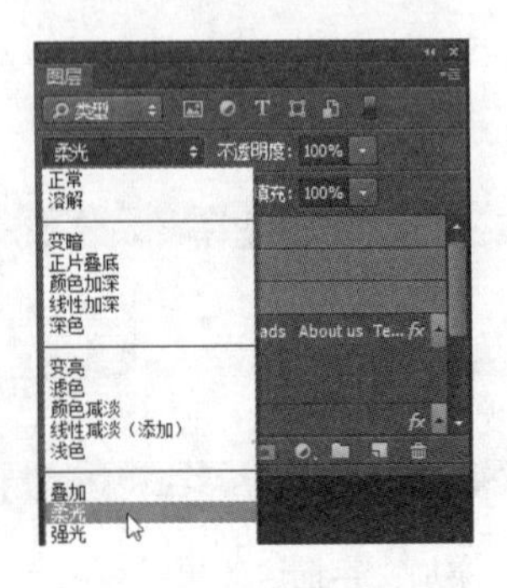

图 14-109　设置图层混合模式

图 14-110　得出文字效果

Downloads About

图 14-111　绘制矩形

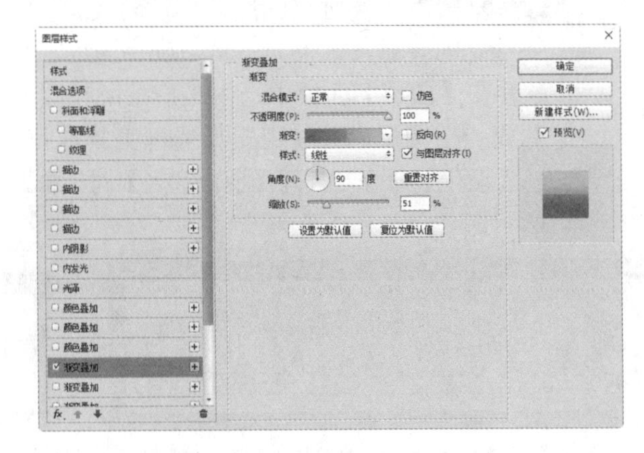

图 14-112　添加渐变叠加效果

step 21 设置完毕后，单击【确定】按钮，返回到【图层样式】对话框之中，再次单击【确定】按钮，即可得到如图 14-114 所示的填充效果。

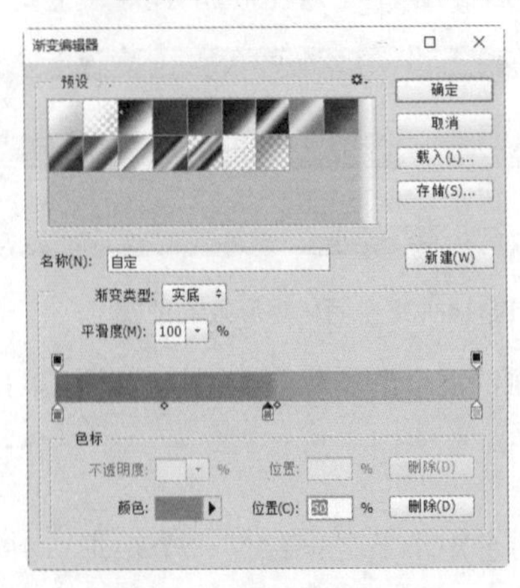

图 14-113　设置渐变填充颜色

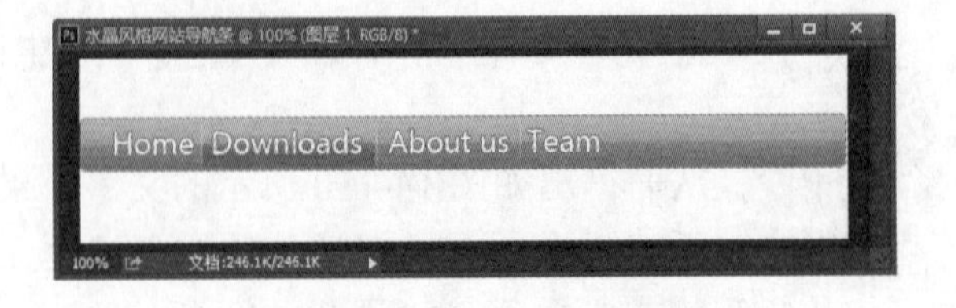

图 14-114　设置的填充效果

step 22 新建一个图层，使用矩形选框工具绘制一个矩形，并填充矩形为白色，双击白色矩形所在图层，打开【图层样式】对话框，为其添加内发光效果，具体参数设置如图 14-115 所示，添加内发光效果后的导航条如图 14-116 所示。

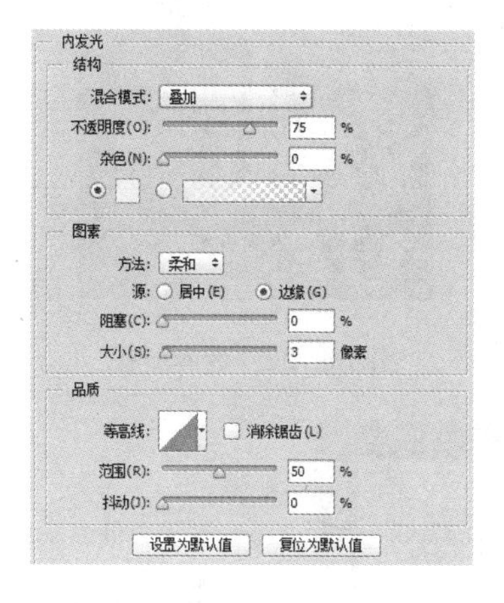

图 14-115　设置内发光参数

图 14-116　添加内发光后的效果

step 23 双击白色矩形所在图层，打开【图层样式】对话框，选择【渐变叠加】选项，并在右侧设置相关参数(见图 14-117)，从而得到如图 14-118 所示的导航条。

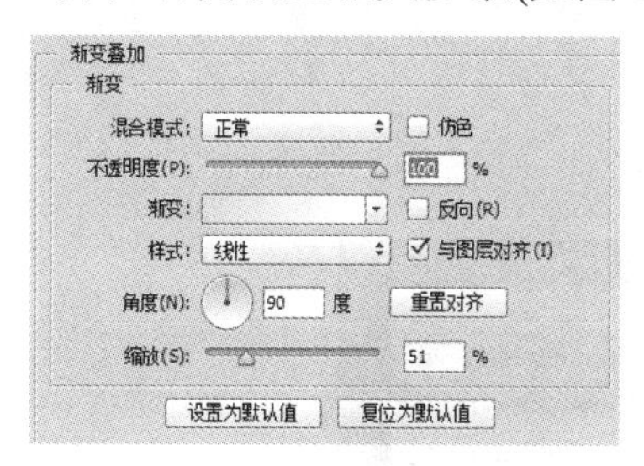

图 14-117　设置渐变叠加参数

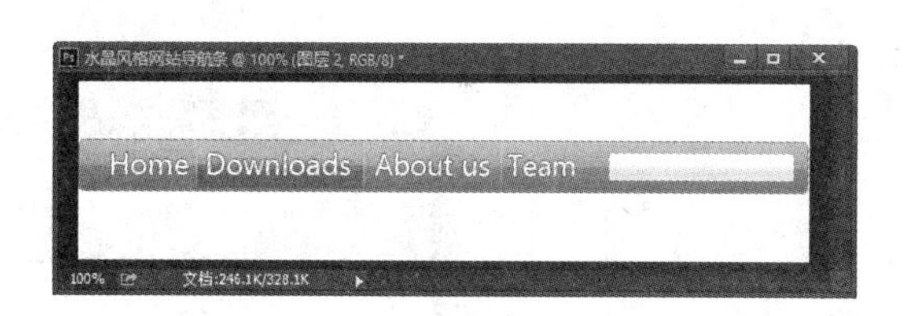

图 14-118　添加渐变叠加效果

step 24 双击白色矩形所在图层，打开【图层样式】对话框，选择【描边】选项，并在右侧设置相关参数(见图 14-119)，从而得到如图 14-120 所示的导航条。

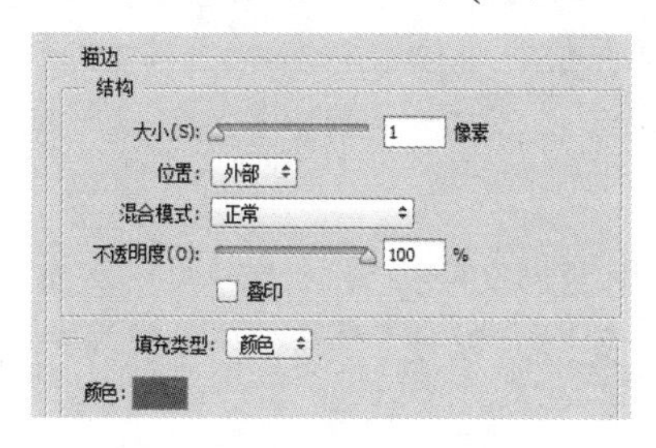

图 14-119　设置描边参数

图 14-120　添加描边效果

step 25 使用横排文字工具在白色矩形框中输入文字 Search，并设置字体颜色为#7B7B7B，字体大小为 14 点，字体样式为 Segoe，如图 14-121 所示。

step 26 单击工具箱中的【自定形状工具】按钮，并在选项栏中单击【形状】右侧的按钮，在弹出的面板中选择【搜索】图标，如图 14-122 所示。

step 27 在白色矩形框中绘制搜索形状，并填充形状的颜色为#7B7B7B，从而得到如图 14-123 所示的导航条。至此，一个完整的水晶风格网站导航条就制作完成了。

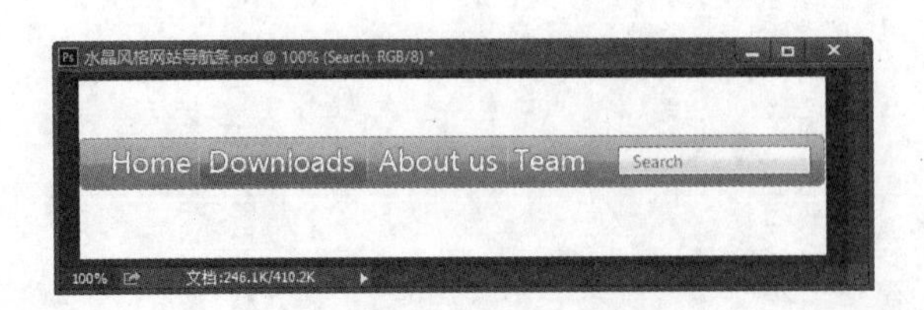

图 14-121　输入文字

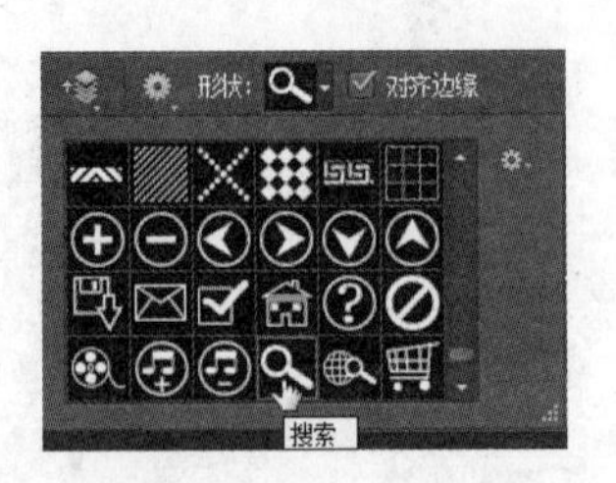

图 14-122　选择形状

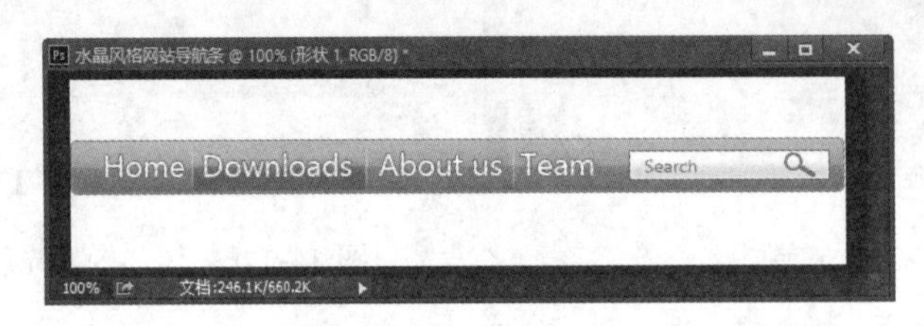

图 14-123　水晶风格导航条

导航条上的文字可以根据自己的需要任意填写。如图 14-124 所示为一个中文字样的导航条。

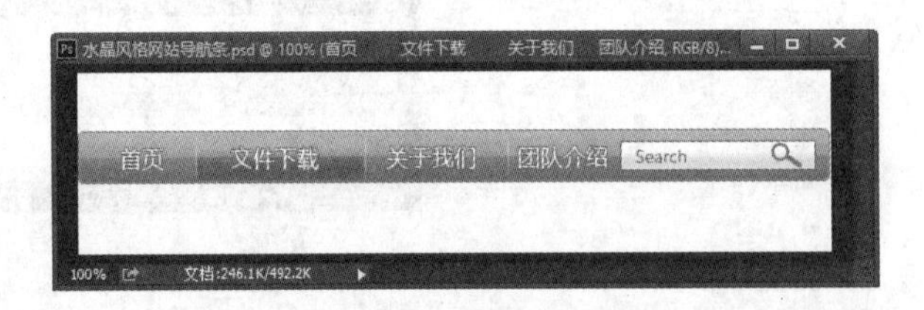

图 14-124　中文字样导航条

14.5　疑难解惑

疑问 1：是否可以为段落文本应用变形文字效果？

答：可以。Photoshop 可以为点文本和段落文本都应用变形文字效果。当对段落文本应用变形文字效果后，段落文本框会同文字一起产生相应的变形，以使文字在该形状内产生变形，并在该形状内进行排列。

疑问 2：怎样为图像或文字添加渐变或图案的描边效果？

答：要为图像或文字添加渐变或图案的描边效果，最简便的方法是为图像或文字所在的图层添加【描边】效果。在添加【描边】效果时，系统会弹出【图层样式】对话框，在【填充类型】下拉列表框中选择【渐变】或【图案】选项，然后设置用于填充的渐变色或图案，再单击【确定】按钮即可。

第 15 章

网页中迷人的蓝海——制作网页特效边线与背景

网页图像的设计，作为一种艺术创作，在确定其设计方案时我们要考虑立意、为像、格局这几个方面。具体地讲，所谓立意就是确定设计的内容；为像就是根据内容进行造型；格局就是整个设计图的结构布局。本章就来制作不同网页风格的图像特效。

15.1 制作装饰边线

网页图像的装饰和造型不同于绘画，它不是独立的造型艺术，它的任务是美化网页的页面，给浏览者以美的视觉感受。网页艺术的造型、装饰，根据不同的对象、不同的环境、不同的地域，其在设计方案中的体现也不相同。

15.1.1 案例 1——制作装饰虚线

虚线在网页中无处不在，但在 Photoshop 中没有虚线画笔。这里教大家两个简单的方法。

1. 通过画笔工具实现

具体操作步骤如下。

step 01 按 Ctrl+N 组合键，新建一个宽为 400 像素、高为 100 像素的文件，将它命名为【虚线 1】，如图 15-1 所示。

step 02 选择画笔工具，单击上方的工具栏右端的【切换画笔面板】按钮，调出【画笔】面板，如图 15-2 所示。

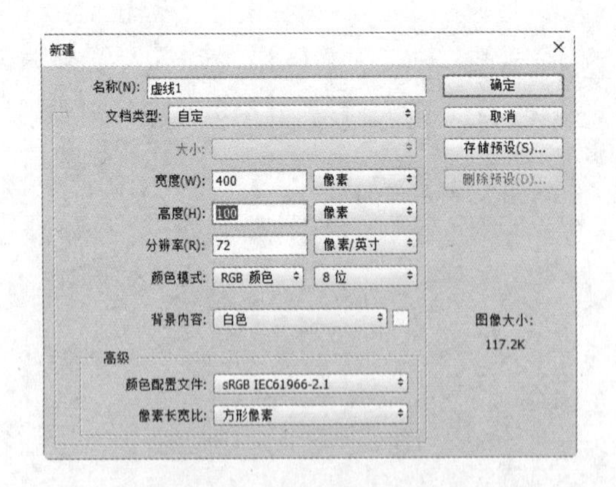

图 15-1 【新建】对话框

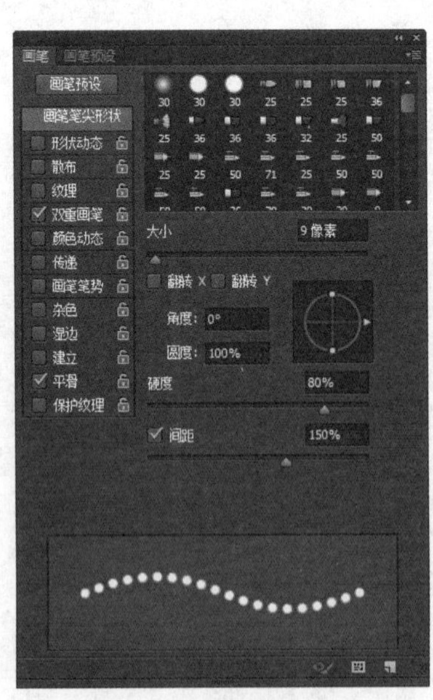

图 15-2 【画笔】面板

step 03 选择【尖角 3】画笔，再选中对话框左边的【双重画笔】复选框，选择比【尖角 3】粗一些的画笔，在这里选择的是【尖角 9】画笔，并设置其他参数，可以看到对话框下部的预览框中已经出现了虚线，如图 15-3 所示。

step 04 新建图层 1，在图像窗口按住 Shift 键的同时画出虚线，效果如图 15-4 所示。

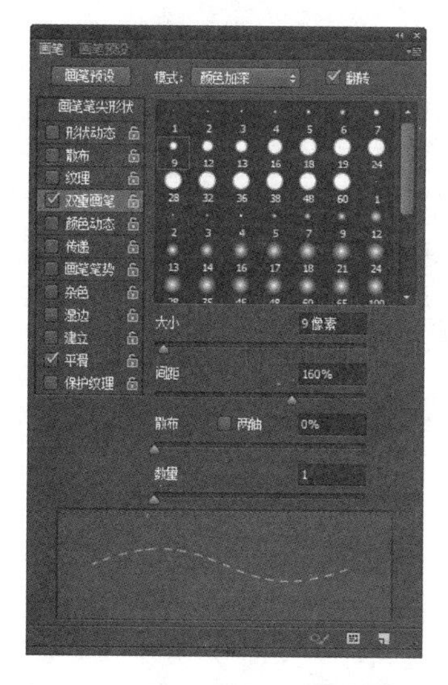

图 15-3　选择笔画

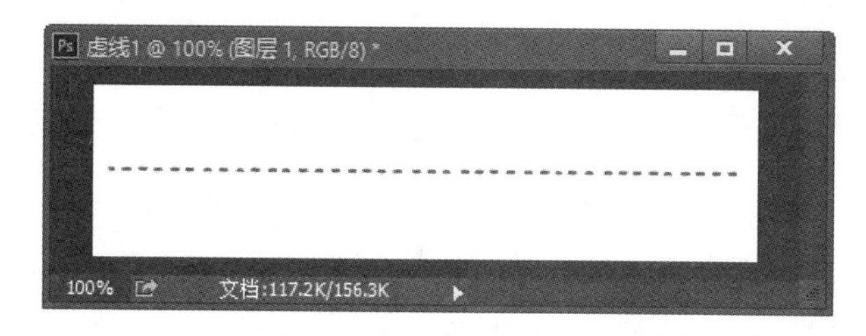

图 15-4　画出虚线

通过画笔工具实现的虚线并不是很美观，看上去比较随便，而且画出来的虚线的颜色和真实选择的颜色有出入。下面介绍用【定义图案】来实现虚线的制作。

2. 通过定义图案实现

step 01 按 Ctrl+N 组合键，新建一个宽为 16 像素、高为 2 像素的文件，将它命名为【虚线图案】，如图 15-5 所示。

step 02 放大图像，新建图层 1，用矩形选框工具绘制一个宽为 8px、高为 2px 的选区，在图层 1 上填充黑色，取消选区，如图 15-6 所示。

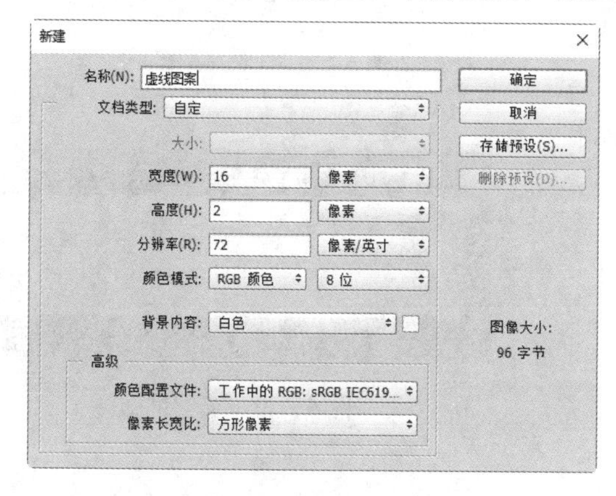

图 15-5　【新建】对话框

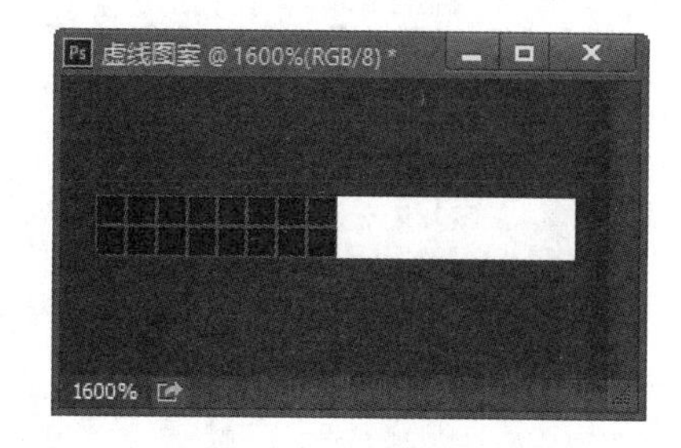

图 15-6　填充选区

step 03 选择【编辑】→【定义图案】命令，打开【图案名称】对话框，输入图案的名称，然后单击【确定】按钮，如图 15-7 所示。

step 04 按 Ctrl+N 组合键，在弹出的对话框中新建一个宽为 400 像素、高为 100 像素的文件，将它命名为【虚线 2】，如图 15-8 所示。

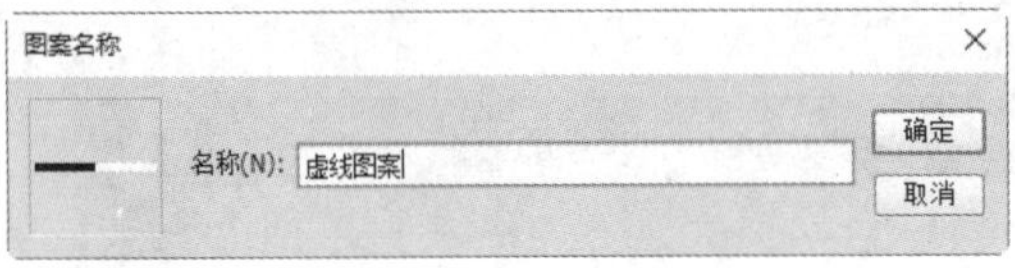

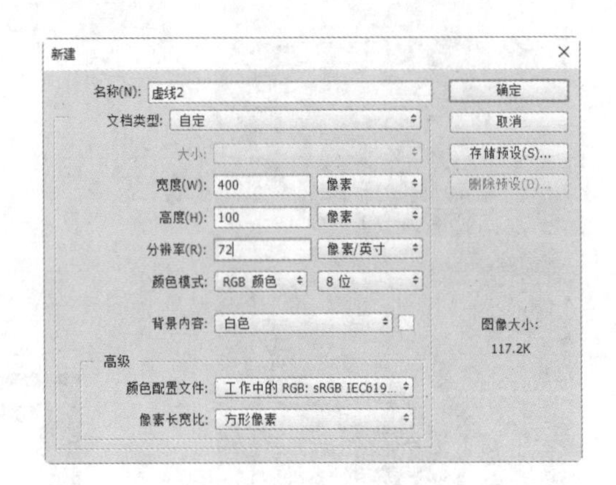

图 15-7 【图案名称】对话框

图 15-8 新建文件

step 05 新建图层 2，用矩形选框工具绘制一个宽为 350 像素、高为 2 像素的选区，如图 15-9 所示。

step 06 在选区内右击，在弹出的快捷菜单中选择【填充】命令，打开【填充】对话框，其中【自定图案】选择之前做的【虚线图案】，如图 15-10 所示。

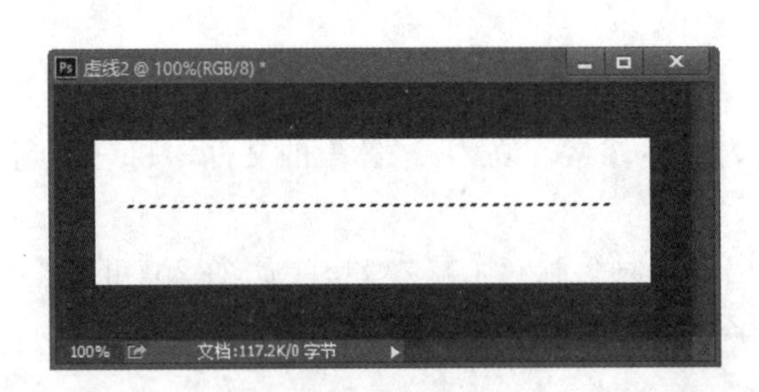

图 15-9 新建图层

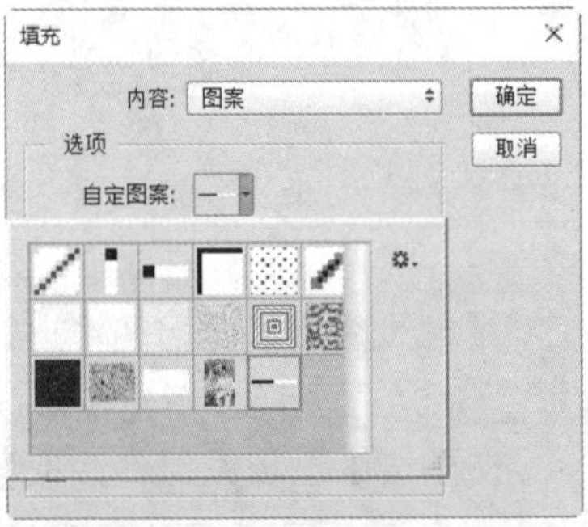

图 15-10 【填充】对话框

step 07 单击【确定】按钮，即可填充矩形，然后按 Ctrl+D 组合键，取消选区，最终的效果如图 15-11 所示。

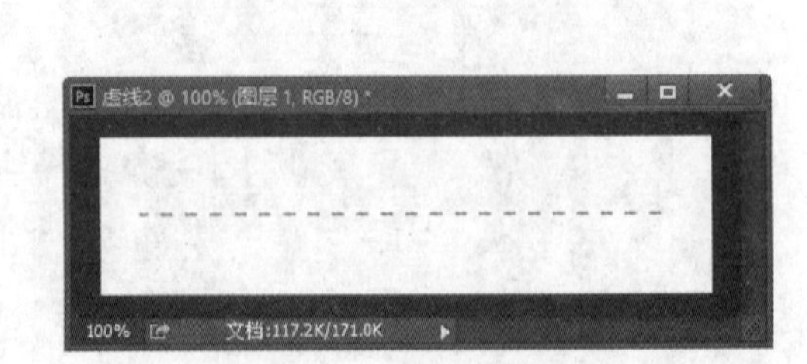

图 15-11 最终的效果

15.1.2 案例 2——制作内嵌线条

内嵌线条在网页设计中应用较多，主要用来反映自然的光照效果和表现界面的立体感。

具体操作步骤如下。

step 01 按 Ctrl+N 组合键，新建一个宽为 400 像素、高为 40 像素的文件，将它命名为【内嵌线条】，如图 15-12 所示。

step 02 新建图层 1，选择一些中性的颜色填充图层，如这里选择紫色，使线条画在上面可以看得清楚，如图 15-13 所示。

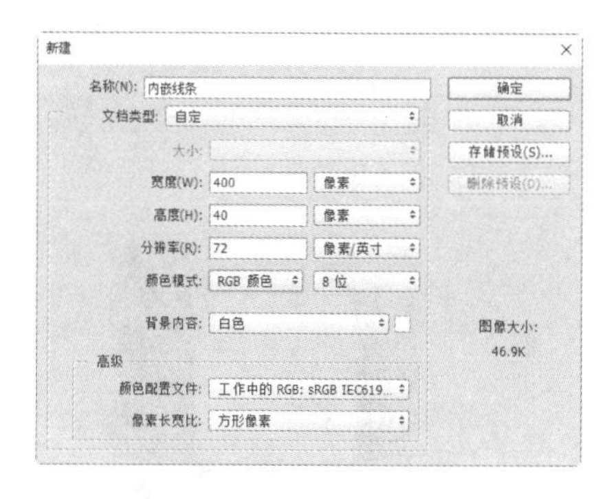

图 15-12　【新建】对话框

图 15-13　填充图层

step 03 新建图层 2，选择铅笔工具，线宽设置成 1 像素。按住 Shift 键的同时在图像上画一条黑色的直线。画好一条后可以再复制一条并把它们对齐，如图 15-14 所示。

step 04 新建图层 3，把线宽设置成 2 像素，然后再按上面的方法画两条白色的线，如图 15-15 所示。

图 15-14　绘制直线

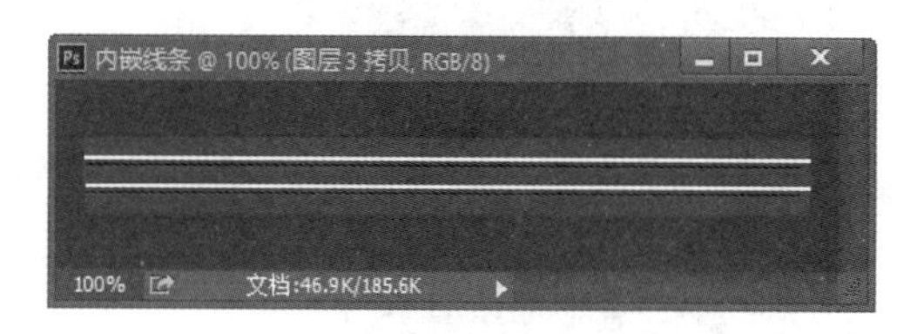

图 15-15　设置线宽

step 05 把图层 3 拖到图层 2 的下层，然后选择移动工具，把两条白色线条拖动到黑色线条的右下角一个像素处，至此，可以看到添加的立体效果，如图 15-16 所示。

step 06 在【图层】面板上设置图层 3 的混合模式为【柔光】，这样装饰性内嵌线条就制作完成了，如图 15-17 所示。

图 15-16　立体效果

图 15-17　设置混合模式

15.1.3　案例 3——制作斜纹线条

用户在浏览网页的时候是否感叹斜纹很多呢？经典的斜纹，永远的时尚，不用羡慕，下面我们也来做一款斜纹线条，同样是通过定义图案实现的。

step 01 按 Ctrl+N 组合键，新建一个宽为 4 像素、高为 4 像素的文件，将它命名为【斜纹图案】，如图 15-18 所示。

step 02 放大图像，新建图层 1，用矩形选框工具选择选区，如图 15-19 所示。

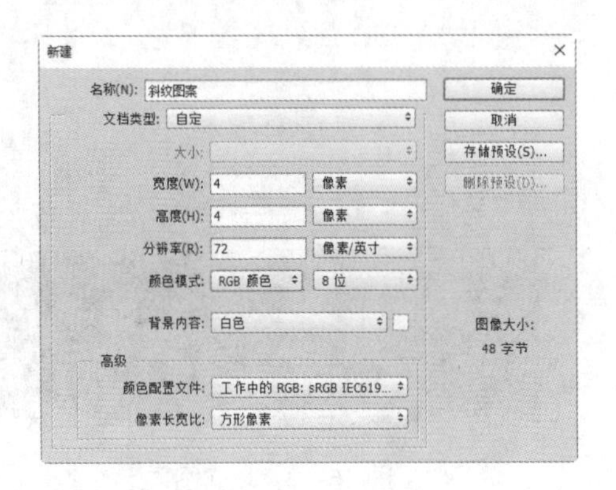

图 15-18 【新建】对话框

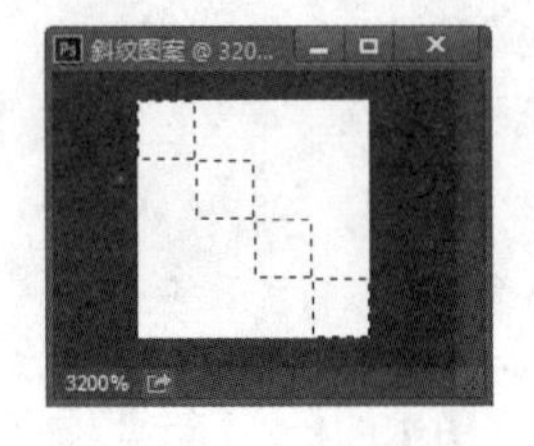

图 15-19 选择选区

step 03 设置前景色为灰色，按 Alt+Delete 组合键，填充选区，如图 15-20 所示。

step 04 选择【编辑】→【定义图案】命令，打开【图案名称】对话框，输入图案的名称，然后单击【确定】按钮，如图 15-21 所示。

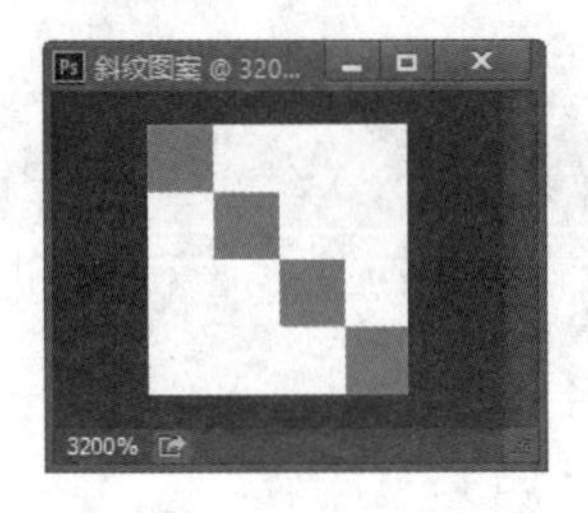

图 15-20 填充选区

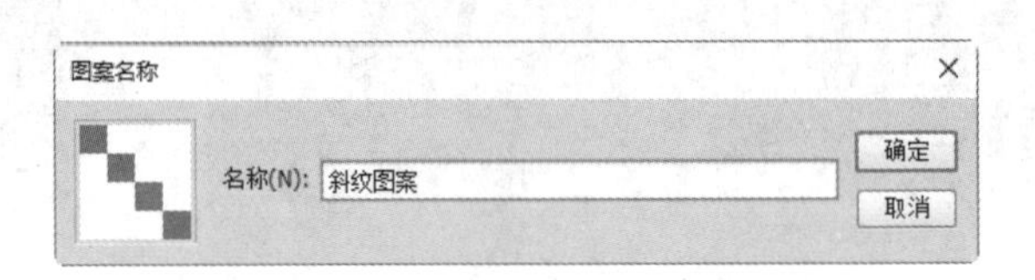

图 15-21 【图案名称】对话框

step 05 按 Ctrl+N 组合键，新建任意长宽的文件，将它命名为【斜纹线条】，如图 15-22 所示。

step 06 新建图层 2，按 Ctrl+A 组合键全选，右击选区，在弹出的快捷菜单中选择【填充】命令，打开【填充】对话框，【自定图案】选择之前制作的【斜纹图案】，如图 15-23 所示。

图 15-22 新建文件

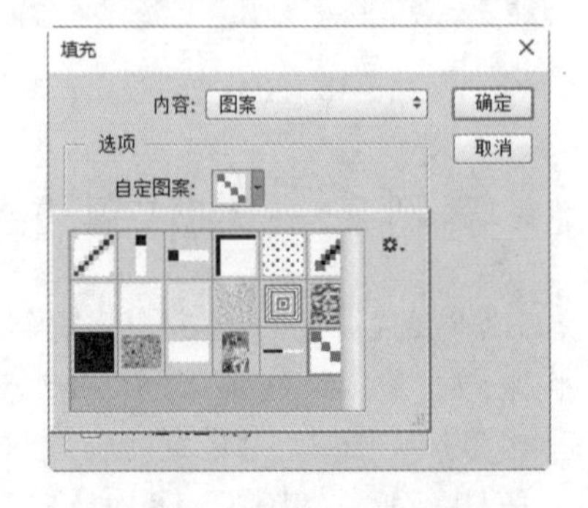

图 15-23 【填充】对话框

step 07 单击【确定】按钮，即可得到如图 15-24 所示的效果。

图 15-24　最终效果

15.2　制作网页背景图片

为了美化页面，图片是必不可少的页面元素之一。网页设计中的图片从用途上分为背景图和插图两种。背景图在网页设计发展初期只发挥了强调质地感的作用和修饰页面的功能。

15.2.1　案例 4——制作渐变背景图片

在 Photoshop CC 中可以制作出很多种背景效果。背景对整个网页来说是非常重要的一部分。制作渐变背景图片的具体操作步骤如下。

step 01 新建一个 600 像素×500 像素的图像文件并用渐变色工具填充，在【渐变编辑器】对话框中对各项进行设置，其中颜色条最左边的颜色为#3C580E，最右边的颜色为#A4D23B，如图 15-25 所示。

step 02 设置从下到上的渐变，填充完成后的图像效果如图 15-26 所示。

图 15-25　【渐变编辑器】对话框

图 15-26　填充渐变

step 03 新建图层 1，然后再次选中渐变工具，设置各项参数，其中颜色条最右边的颜色为#36bcd4，如图 15-27 所示。

step 04 设置从左到右的渐变，填充完成后的页面效果如图 15-28 所示。

图 15-27　设置渐变参数　　　　图 15-28　填充渐变

step 05 选择钢笔工具，然后在图层 1 上建立路径，如图 15-29 所示。

step 06 路径做好以后，按 Ctrl+Enter 组合键将其转换成选区，其效果如图 15-30 所示。

图 15-29　建立路径

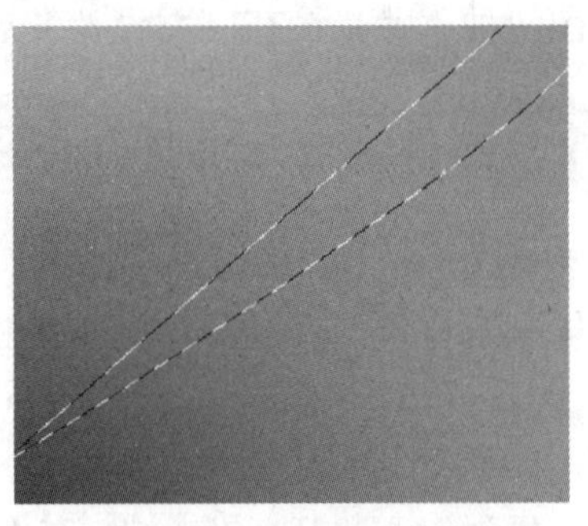

图 15-30　路径转换为选区

step 07 选择渐变工具，然后在打开的【渐变编辑器】对话框中设置各项参数，其中最左边的颜色为#ffffff，如图 15-31 所示。

step 08 新建图层 2，然后在新建的图层中做出如图 15-32 所示的渐变，并设置图层的不透明度为 40%。

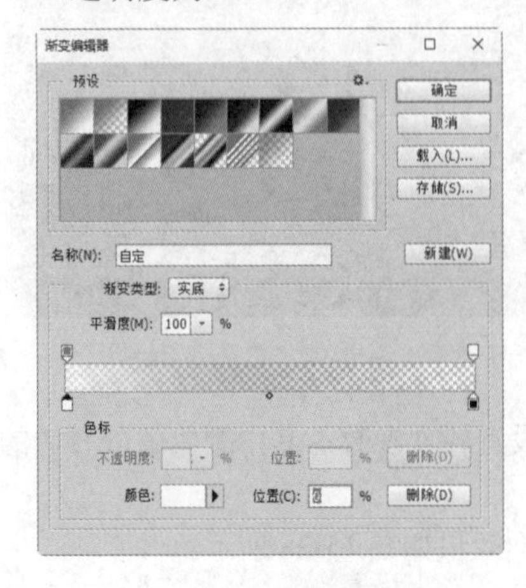

图 15-31　设置渐变

图 15-32　填充渐变

step 09 为了避免图片单调，重复步骤 5 到步骤 8 的操作，完成后的图片效果如图 15-33 所示。

step 10 在图层调板中单击【背景】图层前面的眼睛图标，将【背景】图层隐藏起来，然后再次新建图层 3，然后选择【图像】→【应用图像】命令，打开【应用图像】对话框，如图 15-34 所示。

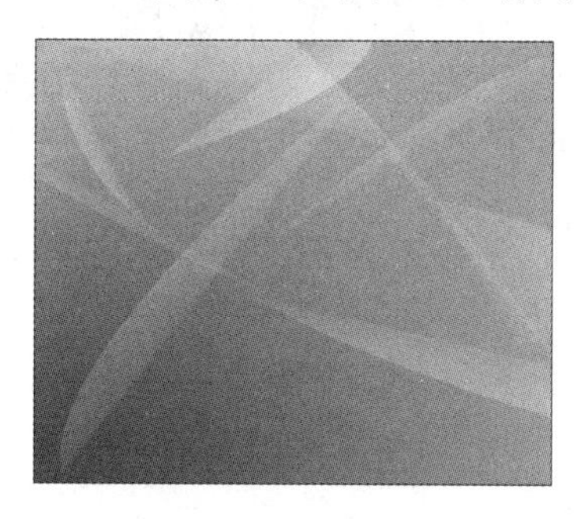

图 15-33　最终效果

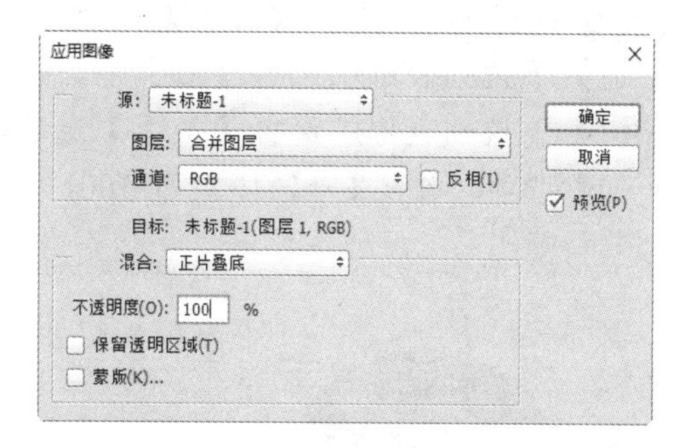

图 15-34　【应用图像】对话框

step 11 单击【确定】按钮，即可将该图层应用到整个图像中，如图 15-35 所示。

step 12 选择【滤镜】→【模糊】→【高斯模糊】命令，打开【高斯模糊】对话框，设置【半径】为 7，如图 15-36 所示。

图 15-35　应用图像后的效果

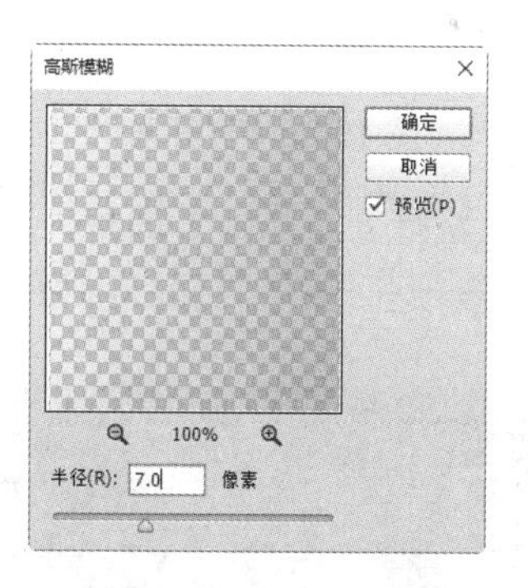

图 15-36　【高斯模糊】对话框

step 13 设置完毕后单击【确定】按钮，即可对新建图层应用高斯模糊滤镜，如图 15-37 所示。

step 14 选择【滤镜】→【锐化】→【锐化】命令，即可对图像进行锐化处理。至此，一个渐变背景就制作完成了，如图 15-38 所示。

图 15-37　高斯模糊效果

图 15-38　锐化后的效果

15.2.2 案例 5——制作透明背景图像

制作透明背景图像的方法就是创建好选区以后，将其背景删除即可。具体操作步骤如下。

step 01 打开“素材\ch15\苹果.jpg”文件。如图 15-39 所示。

step 02 选择【图像】→【计算】命令，弹出【计算】对话框，在【源 1】区域的【通道】下拉列表框中选择【蓝】色，选中【反相】复选框，在【源 2】区域的【通道】下拉列表框中选择【灰色】选项，选中【反相】复选框，【混合】选择【相加】选项，调整【补偿值】为-100，单击【确定】按钮，如图 15-40 所示。

图 15-39 打开素材

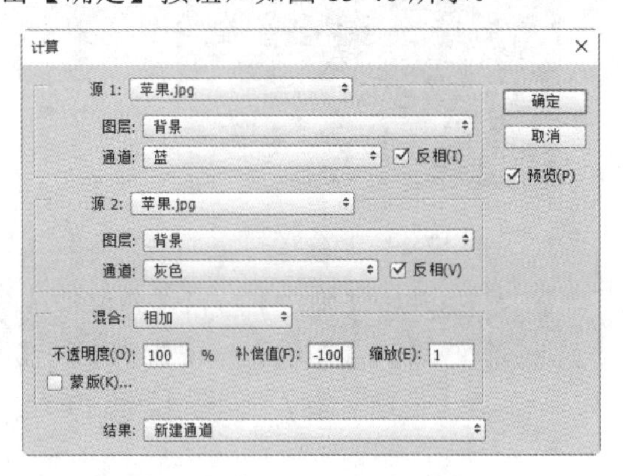

图 15-40 【计算】对话框

step 03 打开【通道】面板，产生新的 Alpha 1 通道，如图 15-41 所示。

step 04 返回图像界面，图像呈现高度曝光效果，如图 15-42 所示。

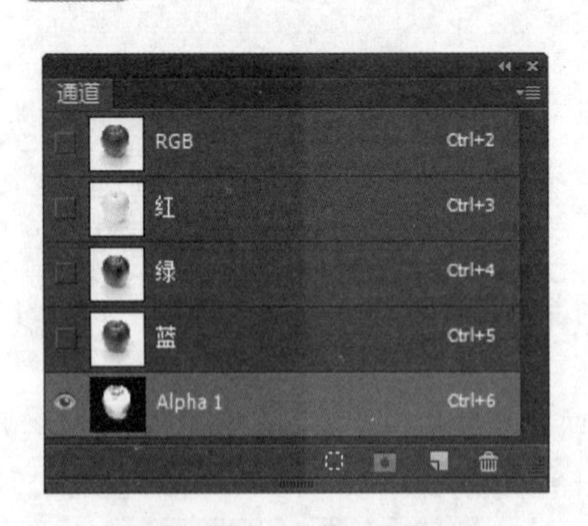

图 15-41 【通道】面板

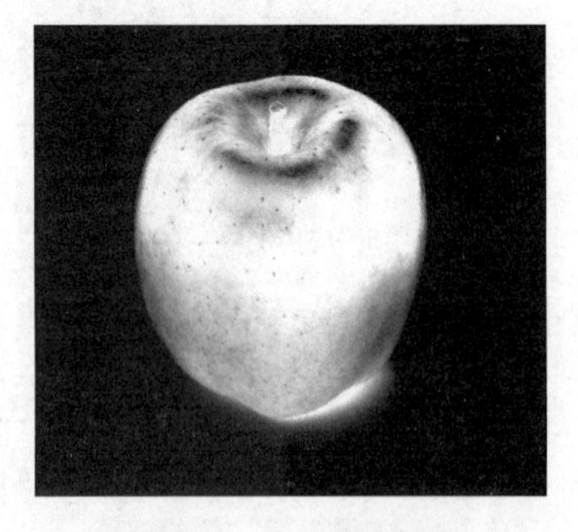

图 15-42 高度曝光效果

step 05 选择【图像】→【调整】→【色阶】命令，弹出【色阶】对话框，在【通道】下拉列表框中选择 Alpha 1 拖动滑块，使图像边缘更细致，如图 15-43 所示。

step 06 选择工具栏中的橡皮擦工具，设置背景色为白色，擦除图像轮廓中的黑灰色区域，效果如图 15-44 所示。

step 07 打开【通道】面板，显示 RGB 通道，按住 Ctrl 键，单击 Alpha 1 通道，生成如图 15-45 所示的图像选区。

step 08 按 Ctrl+J 组合键，复制选区生成的新图层为图层 1，隐藏原始图层 0，得到如图 15-46 所示的最终效果。

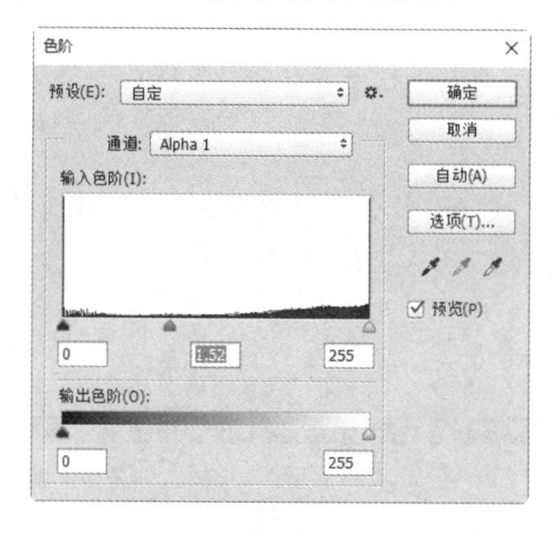

图 15-43 【色阶】对话框

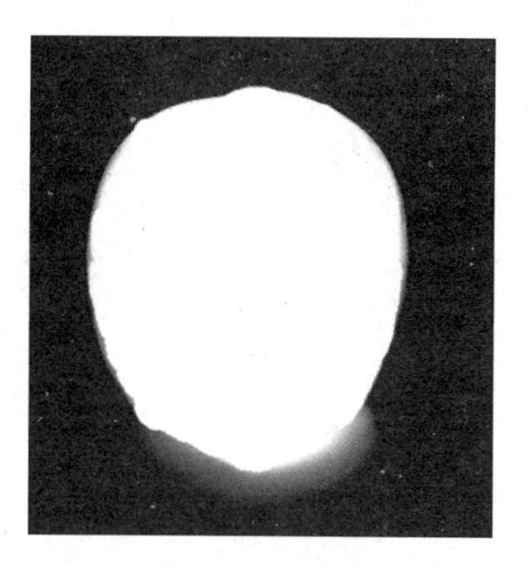

图 15-44 设置后的效果

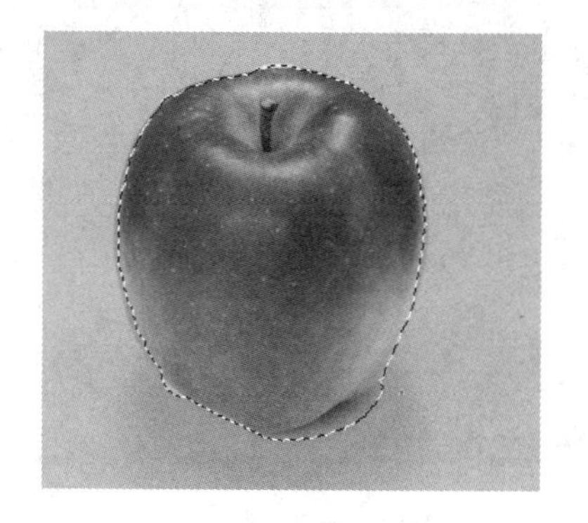

图 15-45 生成图像选区

图 15-46 最终效果

使用【文件】菜单中的【存储为 Web 所用格式】命令可以保存透明图像。如果在对话框中选择 GIF，就会显示 GIF 保存格式的相关选项，此时选中【透明度】复选框，就会按透明图像保存。

15.3 综合案例——制作梦幻星光网页背景

梦幻的放射线星光背景效果，经常用于一些海报背景的设计。下面介绍制作梦幻放射星光背景网页效果的具体操作步骤。

step 01 按 Ctrl+N 组合键，新建一个宽为 1027 像素、高为 768 像素的文件，将它命名为【网页背景】，如图 15-47 所示。

step 02 单击【确定】按钮，即可创建一个空白文件，如图 15-48 所示。

step 03 单击工具栏中的前景色图标，打开【拾色器(前景色)】对话框，在其中设置前景色为蓝色，具体的 RGB 值为(6,114,187)，如图 15-49 所示。

step 04 单击【确定】按钮，返回到 Photoshop 工作界面，将文件颜色填充为前景色，如

图 15-50 所示。

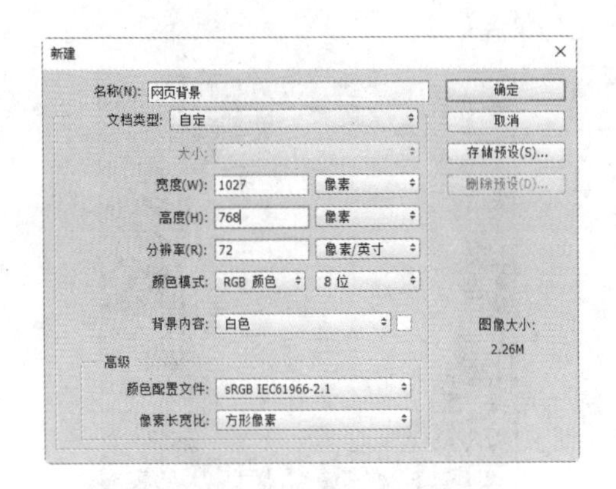

图 15-47 【新建】对话框

图 15-48 空白文件

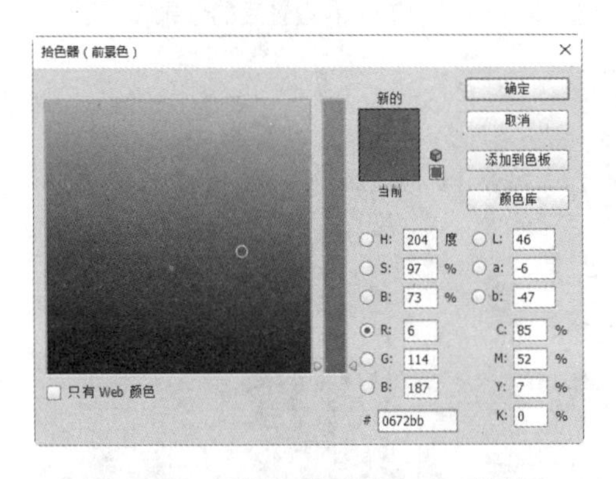

图 15-49 【拾色器(前景色)】对话框

图 15-50 填充颜色

step 05 打开【通道】面板，新建 Alpha 1 通道，如图 15-51 所示。

step 06 选择【滤镜】→【渲染】→【纤维】命令，打开【纤维】对话框，在其中设置相关参数，如图 15-52 所示。

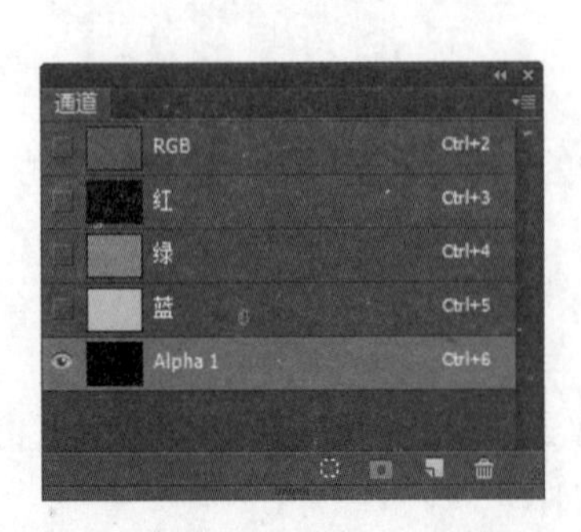

图 15-51 新建 Alpha 1 通道

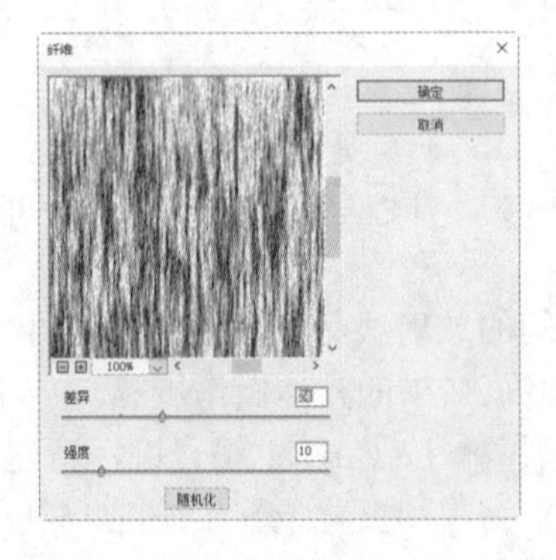

图 15-52 【纤维】对话框

step 07 单击【确定】按钮，即可得到应用纤维效果后的图像效果，如图 15-53 所示。

step 08 选择【滤镜】→【模糊】→【动感模糊】命令，打开【动感模糊】对话框，在其中设置相关参数，如图 15-54 所示。

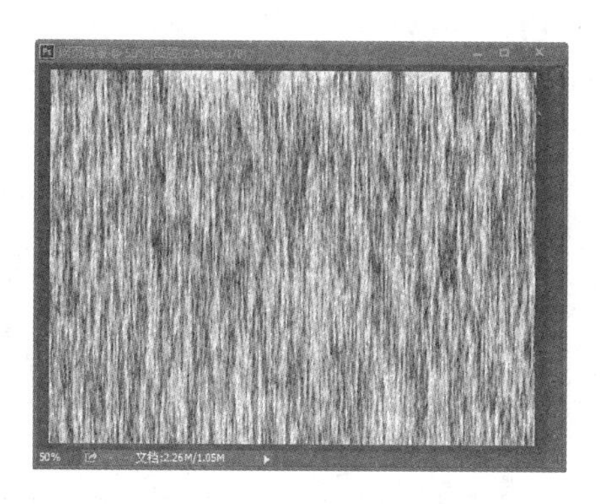

图 15-53 应用纤维后的图像效果

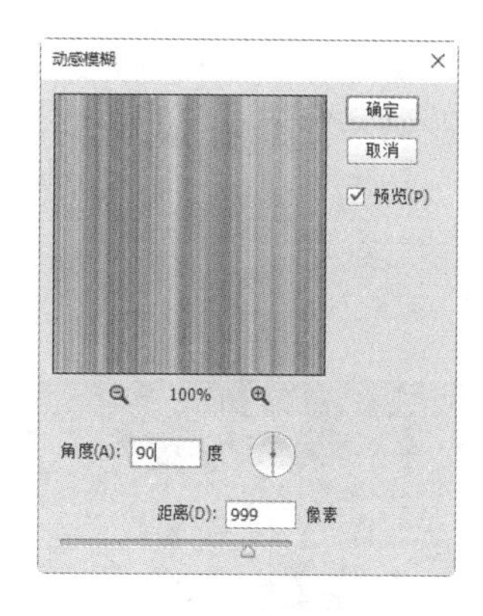

图 15-54 【动感模糊】对话框

step 09 单击【确定】按钮，即可得到应用动感模糊滤镜后的图像效果，如图 15-55 所示。

step 10 选择【滤镜】→【扭曲】→【极坐标】命令，打开【极坐标】对话框，在其中设置相关参数，如图 15-56 所示。

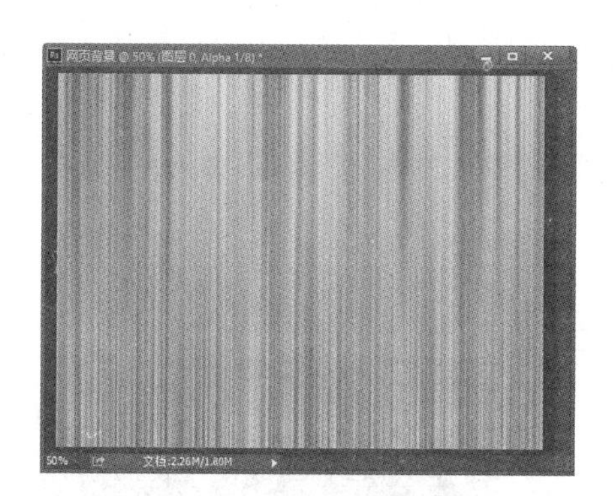

图 15-55 应用动感模糊后的效果

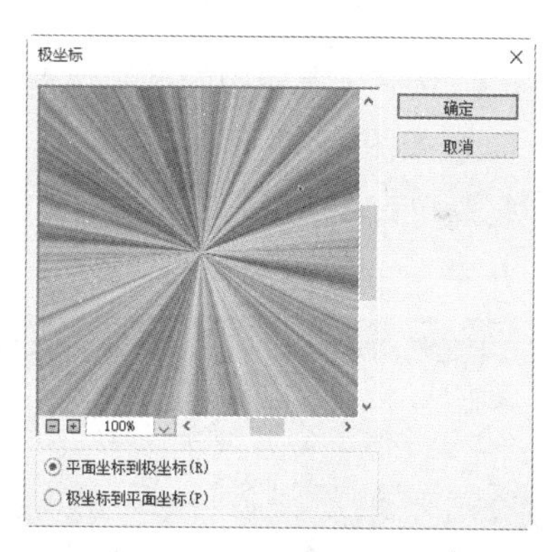

图 15-56 【极坐标】对话框

step 11 单击【确定】按钮，即可得到应用极坐标滤镜后的图像效果，如图 15-57 所示。

step 12 在【通道】面板中，按住 Ctrl 键，用鼠标左键单击通道 Alpha 1，得到选区，如图 15-58 所示。

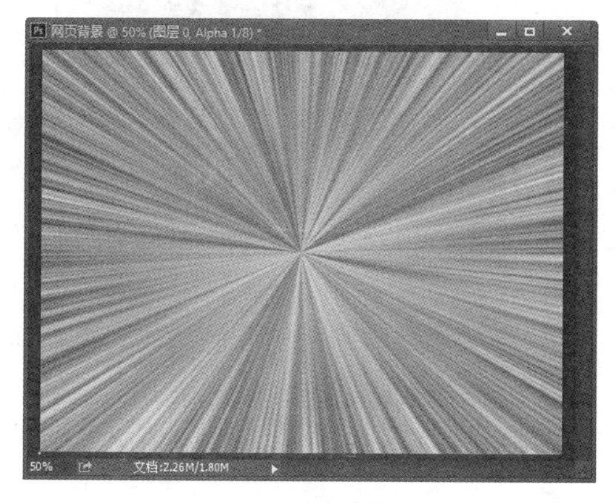

图 15-57 应用极坐标滤镜后的图像效果

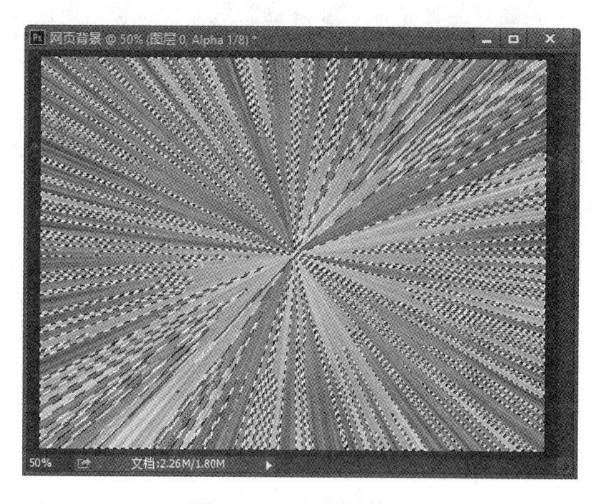

图 15-58 选择选区

step 13 在【通道】面板中显示 RGB 通道，隐藏 Alpha 1 通道，如图 15-59 所示。

step 14 返回到【图层】面板，新建一个图层，用白色填充选区，如图 15-60 所示。

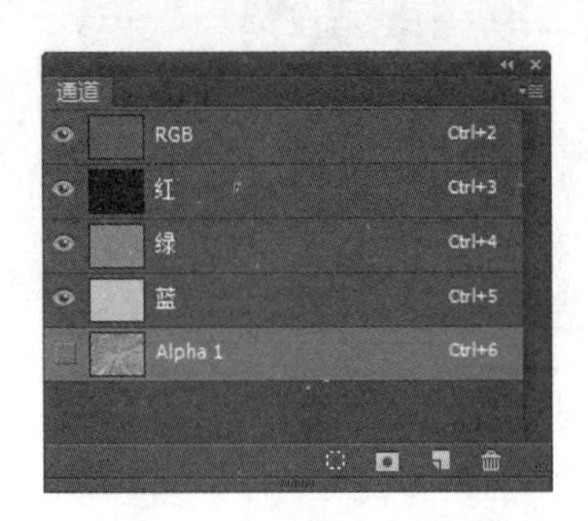

图 15-59　隐藏 Alpha 1 通道

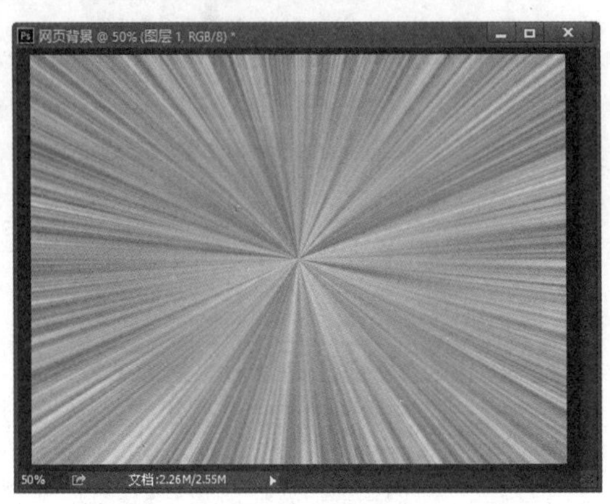

图 15-60　填充选区为白色

step 15 选择工具箱中的椭圆选框工具，设置其羽化像素为 50 像素，绘制出一个圆形选框，如图 15-61 所示。

step 16 单击【图层】面板中的【添加蒙版】按钮，即可为图层添加一个蒙版，如图 15-62 所示。

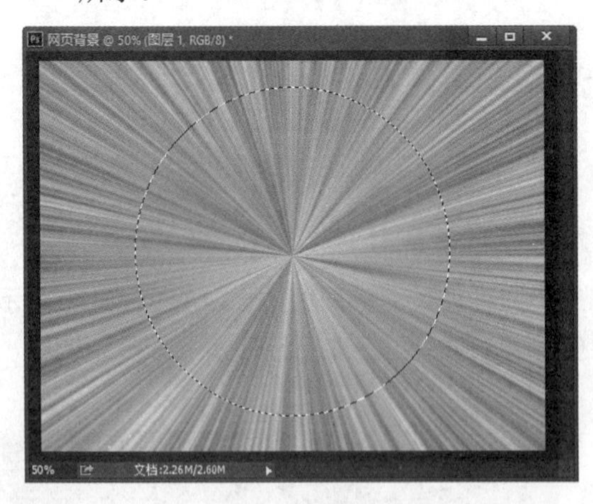

图 15-61　绘制圆形选框

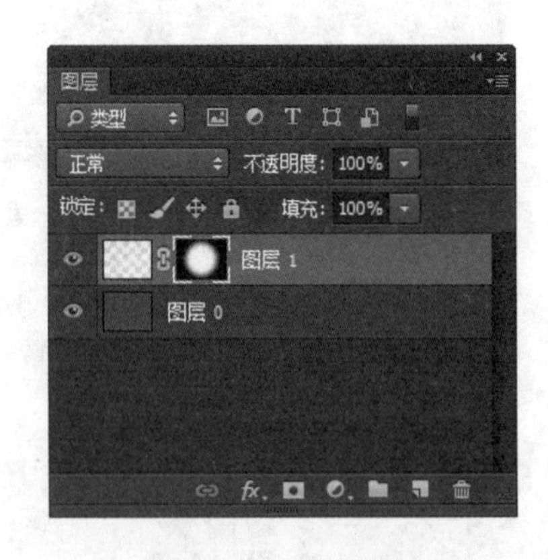

图 15-62　添加蒙版

step 17 添加蒙版后，得出如图 15-63 所示的图像效果。

step 18 使用画笔工具绘制星星，对于具体的绘制效果，用户可以根据需要进行绘制，如图 15-64 所示。

step 19 新建一个图层，在极坐标中心点的下方绘制一个椭圆，并填充椭圆为白色，如图 15-65 所示。

step 20 使用剪裁工具将图像中多余的部分剪裁掉，即可得到如图 15-66 所示的网页背景。

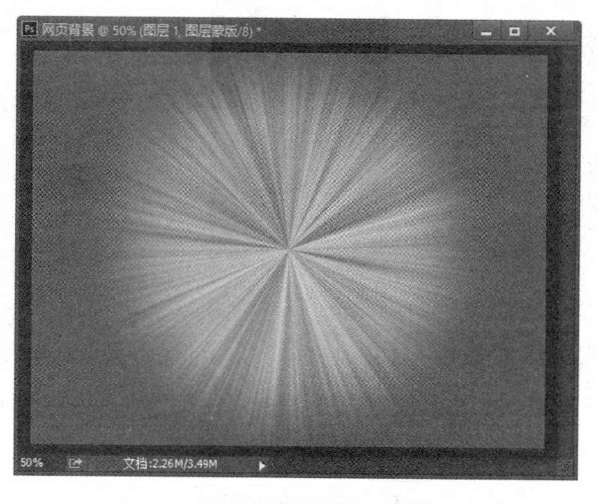

图 15-63 添加蒙版后的效果

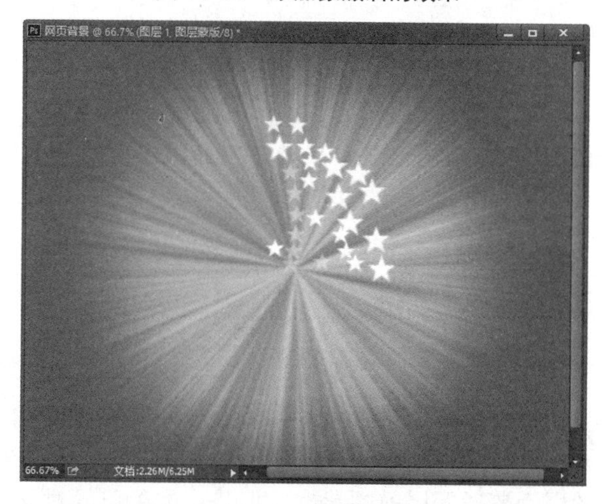

图 15-64 绘制星星图形

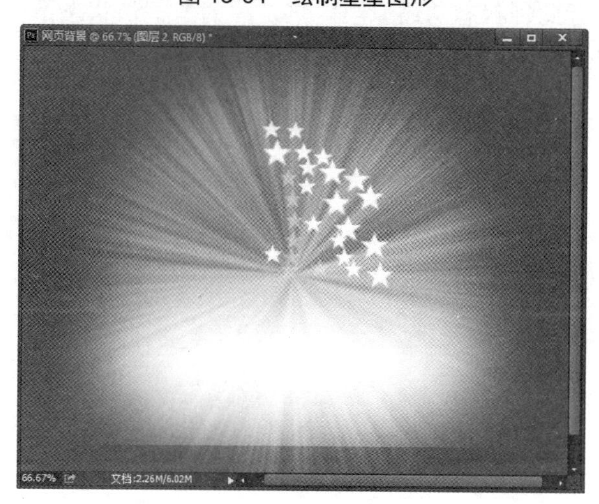

图 15-65 绘制椭圆并填充白色

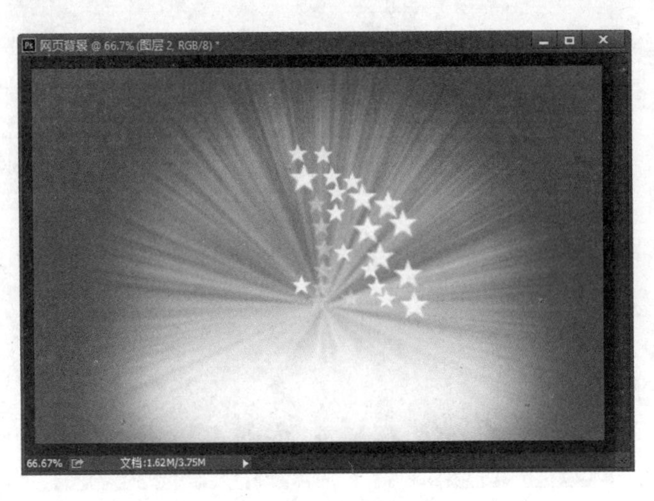

图 15-66　剪裁图像

15.4　疑难解惑

疑问 1：为什么将相同选项设置的滤镜应用于不同的图像中，得到的图像效果会有些差异呢？

答：滤镜是以像素为单位对图像进行处理的，因此在对不同像素的图像应用相同参数的滤镜时，所产生的效果可能也会有些差距。

疑问 2：将文字转换为普通图层后，是否还可以恢复文字所在的图层为文字图层？

答：Photoshop 不具备将普通图层转换为文字图层的功能。不过，如果在将文字图层转换为普通图层后，未对该文档进行超过 20 步的操作，那么用户就可以通过【历史记录】调板，将文档恢复为转换文字图层为普通图层前的状态。但是，如果已经对该文档进行了超过 20 步的操作，那么就不能进行此种状态的还原了。这是因为在默认状态下，【历史记录】调板只会记录对当前文档所进行的最近 20 步的操作。

第16章

网页中的标志与旗帜——制作网页Logo与网页Banner

Logo的中文含义就是标志、标识。作为独特的传媒符号，Logo一直是传播特殊信息的视觉文化语言。Logo自身的风格对网站设计也有一定的影响。Banner中文含义是旗帜、横幅和标语，通常被称为网络广告。网页Banner一般可以放置在网页上的不同位置，在用户浏览网页信息的同时，能吸引用户对于广告信息的关注，从而达到网络营销的效果。本章主要介绍如何制作网页Logo与网页Banner。

16.1　网页 Logo 与 Banner 概述

Logo 是标志的意思，是一个网站形象的重要体现，如同网站的商标一样，是互联网上各个网站用来链接和识别的一个图形标志。一组国外优秀网站的标识(Logo)如图 16-1 所示。Banner 是旗帜的意思，在网页中称作旗帜广告或横幅广告，是网络广告的主要形式，一般使用 GIF 格式的图像文件，可以使用静态图形，也可以使用多帧图像拼接为动画图像。

图 16-1　一组网站标识

16.1.1　网页 Logo 设计标准

网页 Logo 就是网站标志，它的设计要能够充分体现一个公司的核心理念，并且在设计上要追求动感、活力、简约、大方和高品位，另外在色彩搭配、美观方面也要多加注意，要使人看后印象深刻。

在设计网页 Logo 时，需要对应用于各种条件做出相应规范，如用于广告类的 Logo、用于链接类的 Logo，这对指导网站的整体建设有着极为现实的意义。

(1) 色彩方面。需要规范 Logo 的标准色、设计可能被应用的恰当的背景配色体系、反白，在清晰表现 Logo 的前提下制定 Logo 最小的显示尺寸。另外，也可以为 Logo 制定一些特定条件下的配色、辅助色带等方便在制作 Banner 等场合的应用。图 16-2 所示为 Logo 色彩方面的示例。

(2) 布局方面。应注意文字与图案边缘应清晰，字与图案不宜相交叠。另外还可考虑 Logo 竖排效果，考虑作为背景时的排列方式等。图 16-3 所示为 Logo 布局方面的示例。

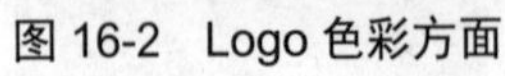
图 16-2　Logo 色彩方面

图 16-3　Logo 布局方面

(3) 视觉与造型。应该考虑到网站发展到一个高度时相应推广活动所要求的效果，使其在应用于各种媒体时，也能发挥充分的视觉效果；同时应使用能够给予多数观众好感而受欢迎的造型。图 16-4 所示为 Logo 视觉与造型方面的示例。

(4) 介质效果。应该考虑到 Logo 在传真、报纸、杂志等纸介质上的单色效果、反白效果、在织物上的纺织效果、在车体上的油漆效果，制作徽章时的金属效果、墙面立体的造型效果等。图 16-5 所示为 Logo 介质效果的示例。

8848 网站的 Logo 就因为忽略了字体与背景的合理搭配，圈住 4 字的圈成了 8 的背景，使其在网上彩色下能辨认的标识在报纸上做广告时糊涂一片，这样的设计与其努力上市的定位相去甚远，如图 16-6 所示。

图 16-4　Logo 视觉与造型

图 16-5　Logo 介质效果

图 16-6　8848 网站 Logo

比较简单的办法之一是把标识处理成黑白，能正确良好地表达 Logo 含义的即为合格。

16.1.2　网页 Logo 的标准尺寸

Logo 的国际标准规范是为了便于在 Internet 上信息的传播。目前国际上规定的 Logo 标准尺寸有下面 3 种，并且每一种广告规格的使用也都有一定的范围(单位：像素 px)。

(1)　88×31。主要用于网页链接或网页小型 Logo。

这种规格的 Logo 是网络中最普通的友情链接 Logo。这种 Logo 通常被放置到别人的网站中显示，让别的网站用户单击这个 Logo 进入到你的网站。几乎所有网站的友情链接所用的 Logo 尺寸均是这个规格，其好处是视觉效果好，占用空间小，如图 16-7 所示。

图 16-7　友情链接 Logo

(2)　120×60。这种规格主要用做 Logo 广告。

一般用在网站首页面的 Logo 广告如图 16-8 所示。

图 16-8　网站首页 Logo

图 16-8　网站首页 Logo(续)

(3) 120×90。主要应用于产品演示或大型 Logo，如图 16-9 所示。

图 16-9　大型 Logo

16.1.3　网页 Logo 的一般形式

作为具有传媒特性的 Logo，为了在最有效的空间内实现所有的视觉识别功能，一般是特定图案与特定文字的组合，起到出示、说明、沟通、交流的作用，从而引导受众的兴趣，达到增强美誉、记忆等目的。

网页 Logo 表现形式的组合方式一般分为特示图案、特示文字、合成文字。

(1) 特示图案。属于表象符号，独特、醒目、图案本身易被区分、记忆，通过隐喻、联想、概括、抽象等绘画表现方法表现被标识体，对其理念的表达概括而形象，但与被标识体关联性不够直接，受众容易记忆图案本身，但对被标识体的关系的认知需要相对较曲折的过程，但一旦建立联系，印象较深刻，对被标识体记忆相对持久。图 16-10 所示为特示图案示例。

(2) 特示文字。属于表意符号。在沟通与传播活动中，反复使用的被标识体的名称或是其产品名，用一种文字形态加以统一，含义明确、直接，与被标识体的联系密切，易于被理解、认知，对所表达的理念也具有说明的作用，但因为文字本身的相似性易模糊受众对标识本身的记忆，从而对被标识体的长久记忆发生弱化，图 16-11 所示为特示文字示例。

图 16-10　特示图案

图 16-11　特示文字

(3) 合成文字。这是一种表象表意的综合，即指文字与图案结合的设计，兼具文字与图案的属性。但都导致相关属性的影响力相对弱化，为了不同的对象取向，制作偏图案或偏文字的 Logo，会在表达时产生较大的差异。例如，只对印刷字体做简单修饰，或把文字变成一种装饰造型让大家去猜。

16.1.4 网页 Banner 的标准尺寸

几种国际尺寸(单位：像素)的 Banner 为：468×60(全尺寸 Banner)、392×72(全尺寸带导航条 Banner)、234×60(半尺寸 Banner)、125×125(方形按钮)、120×90(按钮类型 1)、120×60(按钮类型 2)、88×31(小按钮)、120×240(垂直 Banner)，其中 468×60 和 88×31 两种规格最常用。

16.1.5 Banner 设计的注意要点

设计 Banner 时需要注意以下几点。

(1) Banner 上的字体。建议采用 Bold Sans Serif 字体。

(2) Banner 上文字的方向。文字的方向应尽量调整为一个方向，这样更容易被浏览者从一个方向读到。

(3) Banner 上图片的位置。图片是视线的第一焦点，浏览者会随着图片看过去，所以图片应该放在 Banner 的左边，如图 16-12 所示。

(4) Banner 上按钮的位置。一般浏览者阅读的习惯是从左到右，所以将按钮放在 Banner 的右边比较合适，如图 16-13 所示。

图 16-12 Banner 上的图片

图 16-13 Banner 上的按钮

(5) Banner 上文字的间距。一般情况下，文字越小，间距越大，这样可以提高文字的可读性。而文字越大，间距就应越小。

(6) Banner 上文字的数量。文字数量尽量不要太多，这样更容易被浏览者看到。

(7) Banner 上的文字之间应尽量留空。这样更容易做出精彩的动画效果。

(8) Banner 的大小。网站 Banner 被浏览者观看的时候，需要下载 Banner，所以 Banner 不宜设置得太大。

16.2 制作文字 Logo

一个设计新颖的网站 Logo 可以给网站带来不错的宣传效应。下面制作一个时尚空间感的文字 Logo。

16.2.1 案例 1——制作背景

制作文字 Logo 之前，需要事先制作一个文件背景。具体操作步骤如下。

step 01 打开 Photoshop CC，选择【文件】→【新建】命令，打开【新建】对话框，在【名称】文本框中输入【文字 Logo】，将【宽度】设置为 400 像素，【高度】设置为 200 像素，【分辨率】设置为 72 像素/英寸，如图 16-14 所示。

step 02 单击【确定】按钮，新建一个空白文档。如图 16-15 所示。

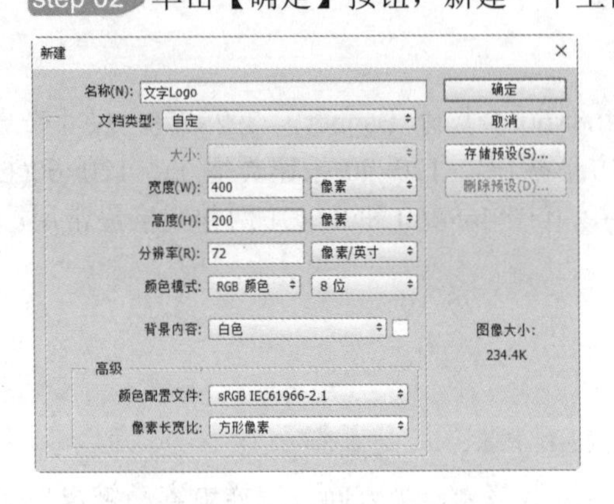

图 16-14 【新建】对话框

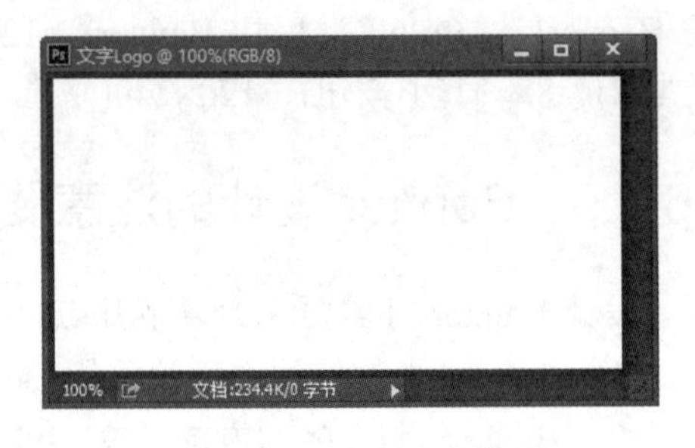

图 16-15 空白文档

step 03 新建图层 1，设置前景色为(C:59，M:53，Y:52，K:22)，背景色为(C:0，M:0，Y:0，K:0)，如图 16-16 所示。

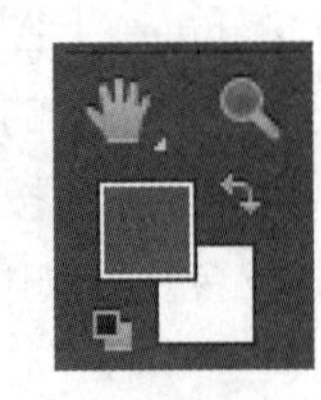

图 16-16 设置前景色和背景色

step 04 选择工具箱中的渐变工具，在其工具栏选项中设置过渡色为【前景色到背景色】，渐变模式为【线性渐变】，如图 16-17 所示。

step 05 按 Ctrl+A 组合键进行全选，选择图层 1，再回到图像窗口，在选区中按住 Shift 键的同时由上至下画出渐变色，然后按 Ctrl+D 组合键取消选区，如图 16-18 所示。

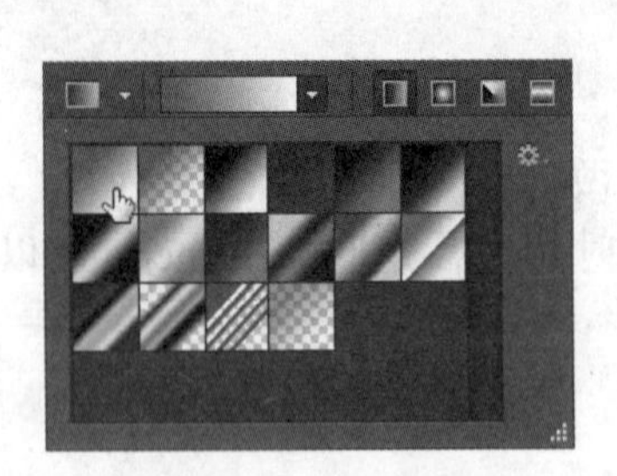

图 16-17 渐变工具

图 16-18 画出渐变

16.2.2 案例 2——制作文字内容

文字 Logo 的背景制作完成后，下面就可以制作 Logo 的文字内容了。具体操作步骤如下。

step 01 在工具箱中选择横排文字工具，在文档中输入文字 YOU，并设置文字的字体格式为 Times New Roman，大小为 100pt，字体样式为 Bold，颜色为(C:0，M:100，Y:0，K:0)，如图 16-19 所示。

step 02 在【图层】面板中选中文字图层，然后将其拖曳到【新建图层】按钮上，复制文字图层，如图 16-20 所示。

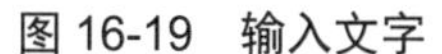

图 16-19　输入文字

图 16-20　复制文字图层

step 03 选中【YOU 副本】图层，选择【编辑】→【变换】→【垂直翻转】命令，翻转图层，然后调整图层的位置，如图 16-21 所示。

step 04 选中【YOU 副本】图层，在【图层】面板中设置该图层的不透明度为 50%，最终的效果如图 16-22 所示。

图 16-21　翻转图层

图 16-22　设置图层的不透明度

step 05 参照步骤 1 到步骤 4 的操作，输入并设置字母 J 的显示效果，其中字母 J 为白色，如图 16-23 所示。

step 06 参照步骤 1 到步骤 4 的操作步骤，输入并设置字母 IA 的显示效果，其中字母 IA 为白色，如图 16-24 所示。

图 16-23　设置字母 J 的显示效果

图 16-24　设置 IA 的显示效果

16.2.3　案例 3——绘制自定义形状

在一些 Logo 中，会出现®标识，该标识的含义是优秀，也就是说明该公司所提供的产品或服务是优秀的。

绘制®标识的具体操作步骤如下。

step 01 在工具箱上选择自定形状工具，再在首选项中单击【可打开“自定形状”拾色器】按钮，打开系统预设的形状，在其中选择需要的形状样式，如图 16-25 所示。

step 02 在【图层】面板中单击【新建图层】按钮，新建一个图层，然后在该图层中绘制形状，如图 16-26 所示。

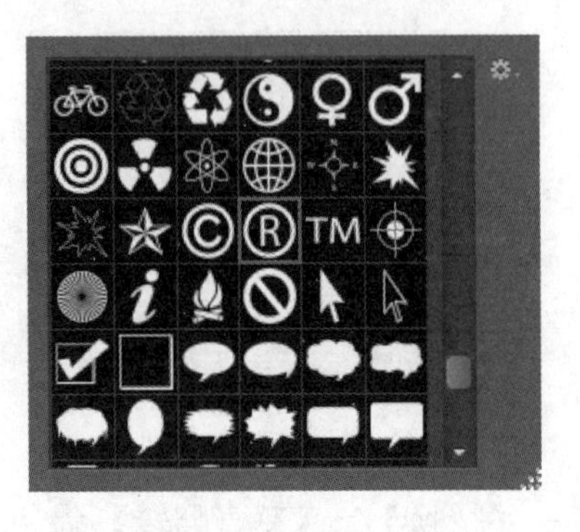

图 16-25　选择需要的形状样式

图 16-26　绘制形状

step 03 在【图层】面板中选中【形状 1】图层，并单击鼠标右键，从弹出的快捷菜单中选择【栅格化图层】命令，即可将该形状转化为图层，如图 16-27 所示。

step 04 选中形状所在图层并复制该图层，然后选择【编辑】→【变换】→【垂直翻转】命令，翻转形状，最后调整该形状图层的位置与图层不透明度，如图 16-28 所示。

图 16-27　栅格化图层

图 16-28　翻转形状

16.2.4　案例 4——美化文字 Logo

美化文字 Logo 的具体操作步骤如下。

step 01 新建一个图层，然后选择工具箱中的单列选框工具，选择图层中的单列，如图 16-29 所示。

step 02 选择工具箱中的油漆桶工具，填充单列为玫红色(C:0，M:100，Y:0，K:0)。然后按 Ctrl+D 组合键，取消选区的选择状态，如图 16-30 所示。

图 16-29　新建图层

图 16-30　使用油漆桶工具

step 03 按 Ctrl+T 组合键，自由变换绘制的直线，并将其调整为合适的位置，如图 16-31 所示。

step 04 选择工具箱中的橡皮擦工具，擦除多余的直线，如图 16-32 所示。

图 16-31　变换绘制的直线

图 16-32　擦除多余的直线

step 05 复制直线所在图层，然后选择【编辑】→【变换】→【垂直翻转】命令，并调整其位置和图层的不透明度，如图 16-33 所示。

step 06 新建一个图层，选择工具箱中的矩形选框工具，在其中绘制一个矩形，并填充矩形的颜色为(C:0，M:100，Y:0，K:0)，如图 16-34 所示。

图 16-33　垂直翻转图层

图 16-34　绘制矩形

step 07 在玫红色矩形上输入文字【友佳】，并调整文字的大小与格式，如图 16-35 所示。

step 08 双击文字【友佳】所在的图层，打开【图层样式】对话框，选中【投影】复选框，为图层添加投影样式，如图 16-36 所示。

图 16-35　输入文字

图 16-36　投影样式效果

step 09 选中矩形与文字【友佳】所在图层，然后单击鼠标右键，在弹出的快捷菜单中选择【合并图层】命令，合并选中的图层，如图 16-37 所示。

step 10 选中合并之后的图层，将其拖曳到【新建图层】按钮之上，复制图层。然后选择【编辑】→【变换】→【垂直翻转】命令，翻转图层，最后调整图层的位置与该图层的不透明度，最终的效果如图 16-38 所示。

图 16-37　合并图层

图 16-38　翻转图层

16.3　制作图案 Logo

下面介绍如何制作图案型 Logo。

16.3.1　案例 5——制作背景

制作带有图案的 Logo 时，首先需要做的就是制作 Logo 背景。具体操作步骤如下。

step 01 打开 Photoshop CC，选择【文件】→【新建】命令，打开【新建】对话框，在【名称】文本框中输入【图案 Logo】，将【宽度】设置为 400 像素，【高度】设置为 200 像素，【分辨率】设置为 72 像素/英寸，如图 16-39 所示。

step 02 单击工具箱中的【渐变工具】按钮之后，双击选项栏中的编辑渐变按钮，即可打开【渐变编辑器】对话框，在其中设置最左边色标的 RGB 值为(47,176,224)，最右边色标的 RGB 值为(255,255,255)，如图 16-40 所示。

图 16-39　新建空白文件

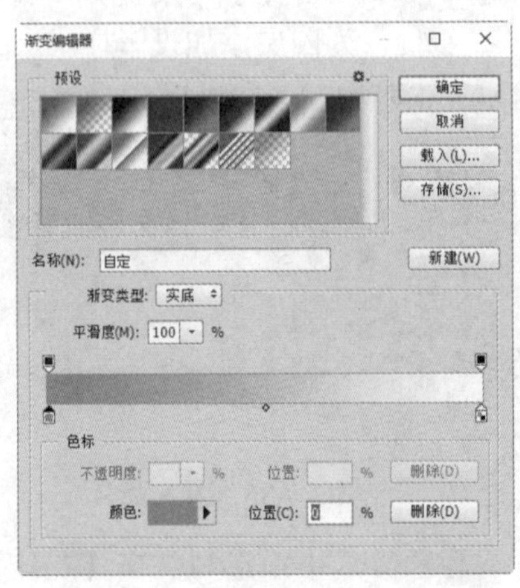

图 16-40　【渐变编辑器】对话框

step 03 设置完毕后单击【确定】按钮，对选区从上到下绘制渐变，如图 16-41 所示。

step 04 选择【文件】→【新建】命令，打开【新建】对话框，在其中设置【宽度】为 400 像素，【高度】为 10 像素，【分辨率】为 72 像素/英寸，【颜色模式】为【RGB 颜色】，【背景内容】为【透明】，如图 16-42 所示。

图 16-41 绘制渐变

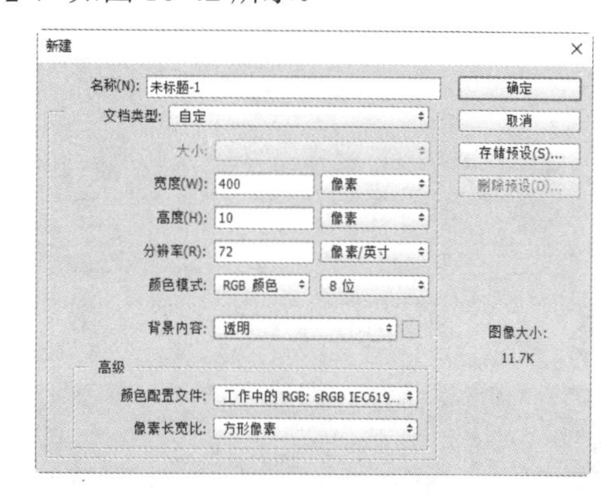

图 16-42 【新建】对话框

step 05 在【图层】面板上单击【新建图层】按钮，新建一个图层之后，单击工具栏上的【矩形选框工具】按钮，并在矩形选项栏中设置【样式】为【固定大小】，【宽度】为 400 像素，【高度】为 5 像素，在视图中绘制一个矩形，如图 16-43 所示。

step 06 单击工具栏中的【前景色】图标，在弹出的【拾色器】对话框中，将 RGB 值设为(148,148,155)，然后使用油漆桶工具，为选区填充颜色，如图 16-44 所示。

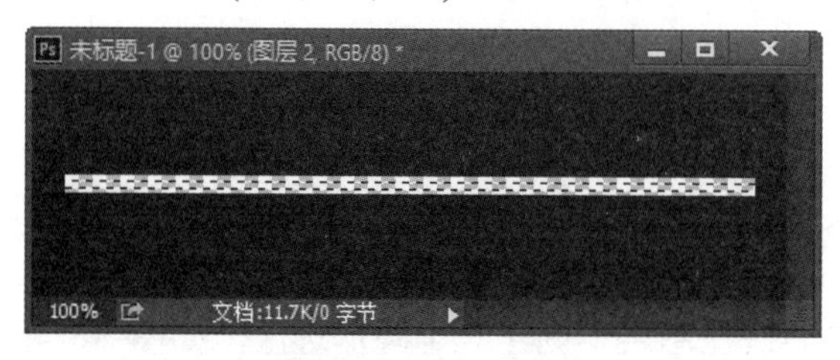

图 16-43 绘制矩形

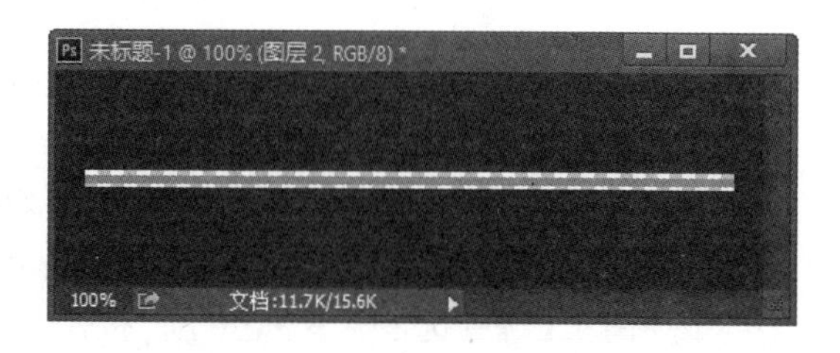

图 16-44 为选区填充颜色

step 07 选择【编辑】→【定义图案】命令，打开【图案名称】对话框。在【名称】文本框中输入图案的名称即可，如图 16-45 所示。

step 08 然后返回到图案 Logo 视图中，选中上面实行渐变的矩形选区，在【图层】面板上单击【创建新图层】按钮，新建一个图层之后，选择【编辑】→【填充】命令，即可打开【填充】对话框，设置【内容】为【图案】，【自定图案】为上面定义的图案，【模式】为【正常】，如图 16-46 所示。

step 09 设置完毕后单击【确定】按钮，即可为选定的区域填充图像，然后在【图层】面板中可以通过调整其不透明度来设置填充图像显示的效果，在这里设置图层不透明度为 47%，如图 16-47 所示。

step 10 在【图层】面板中双击新建的图层，打开【图层样式】对话框，在【样式】中选择【内发光】样式选项之后，设置【混合模式】为【正常】，发光颜色 RGB 值为(255,255,190)，【大小】为 5 像素。在设置完毕之后，单击【确定】按钮，即可完成对内发光的设置，效果如图 16-48 所示。

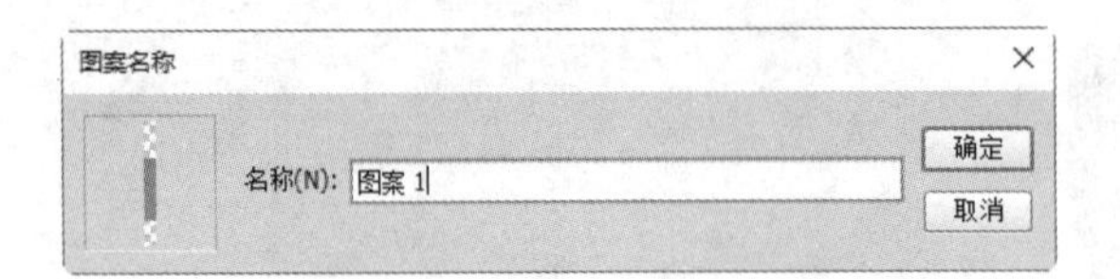

图 16-45 【图案名称】对话框

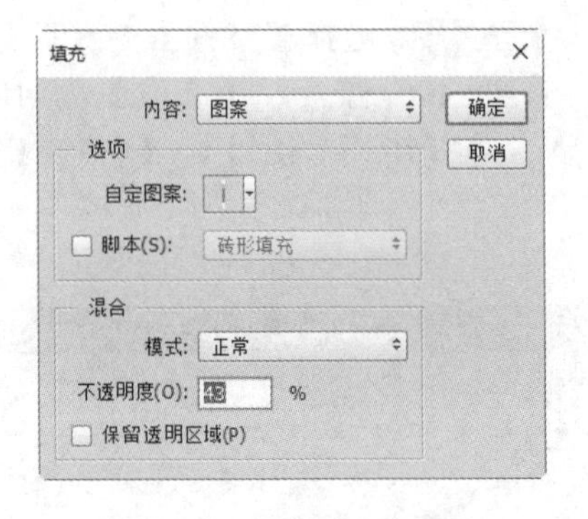

图 16-46 【填充】对话框

图 16-47 设置图层不透明度

图 16-48 内发光效果

16.3.2 案例 6——制作图案效果

背景制作完毕后，下面就可以制作图案效果了。具体操作步骤如下。

step 01 在【图层】面板上单击【创建新图层】按钮，新建一个图层之后，单击工具箱中的【椭圆选框工具】按钮，按住 Shift 键在图层中创建一个圆形选区，如图 16-49 所示。

step 02 使用油漆桶工具为选区填充颜色，其 RGB 值设为(120,156,115)，如图 16-50 所示。

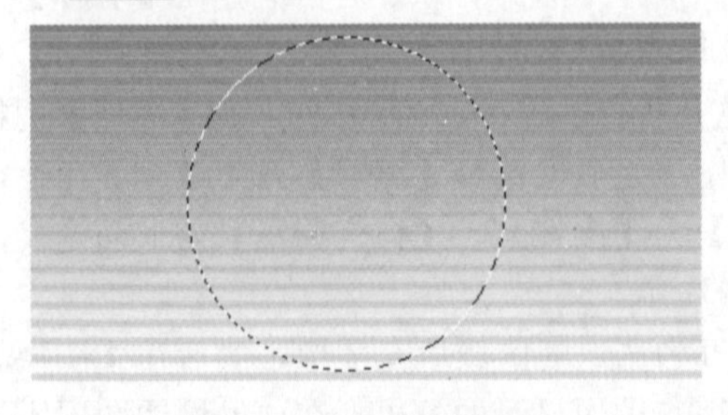

图 16-49 创建圆形选区

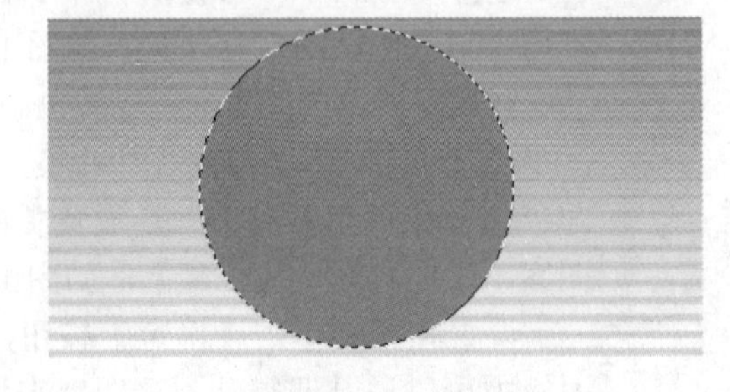

图 16-50 填充颜色

step 03 在【图层】面板中双击新建的图层，打开【图层样式】对话框，在【样式】中选择【外发光】样式选项之后，设置【混合模式】为【滤色】，发光颜色 RGB 值为(240,243,144)，【大小】为 7 像素，如图 16-51 所示。

step 04 设置完毕后单击【确定】按钮，即可完成外发光的设置，效果如图 16-52 所示。

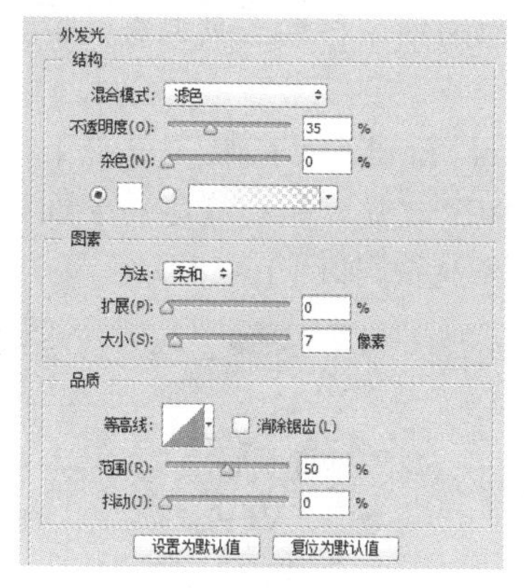

图 16-51 设置外发光

图 16-52 外发光效果

step 05 在【图层】面板上单击【创建新图层】按钮，新建一个图层之后，单击工具箱中的【椭圆选框工具】按钮，按住 Shift 键在上面创建的圆形中再创建一个圆形选区，如图 16-53 所示。

step 06 使用油漆桶工具，为选区填充颜色，其 RGB 值设为(255,255,255)，如图 16-54 所示。

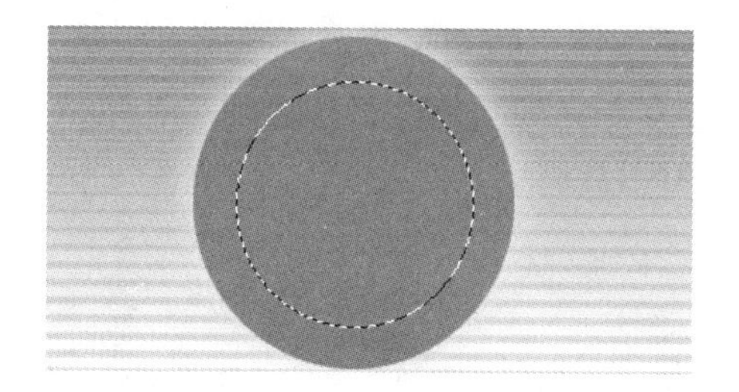

图 16-53 创建圆形选区

图 16-54 填充选区为白色

step 07 在【图层】面板上单击【创建新图层】按钮，新建一个图层，然后单击工具箱中的【自定义形状工具】按钮，在选项工具栏中，单击形状下拉按钮，在弹出的下拉列表中选择红桃❤，如图 16-55 所示。

step 08 选择完毕后在视图中绘制一个心形图案，在【路径】面板上单击【将路径作为选区载入】按钮，即可将红桃形图案的路径转化为选区，如图 16-56 所示。

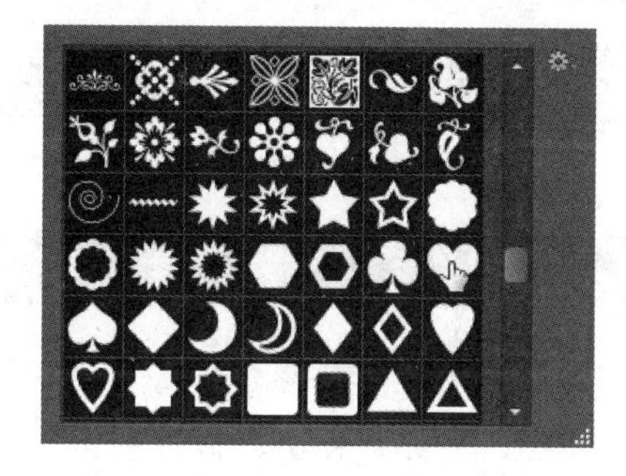

图 16-55 选择自定义形状

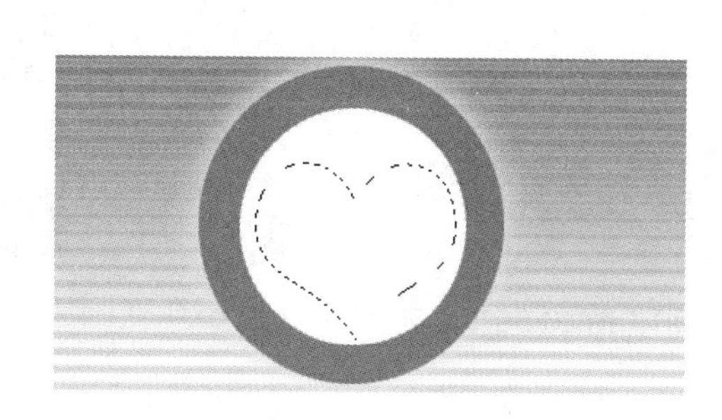

图 16-56 绘制心形选区

step 09 单击【前景色】图标，打开【拾取实色】对话框，在其中将 RGB 值设为(224,65,65)。使用油漆桶工具为选区填充颜色，然后使用移动工具调整其位置，完成后具体的显示效果如图 16-57 所示。

step 10 在【图层】面板上单击【创建新图层】按钮，新建一个图层，单击工具栏中的【横排文字工具】按钮，在视图中输入文本 LOVE 之后，再在【字符】面板中设置字体大小为 20 点，字体样式为【宋体】，颜色为白色，如图 16-58 所示。

图 16-57　填充选区为红色

图 16-58　输入文字

16.4　制作英文 Banner

在网站中，Banner 的位置显著，色彩艳丽，动态的情况较多，很容易吸引浏览者的目光。因此，Banner 作为一种页面元素，它必须服从整体页面的风格和设计原则。下面制作一个英文 Banner。

16.4.1　案例 7——制作 Banner 背景

制作 Banner 背景的具体操作步骤如下。

step 01 打开 Photoshop，按 Ctrl+N 组合键，新建一个宽为 468px、高为 60px 的文件，将它命名为【英文 Banner】，如图 16-59 所示。

step 02 单击【确定】按钮，新建一个空白文档，如图 16-60 所示。

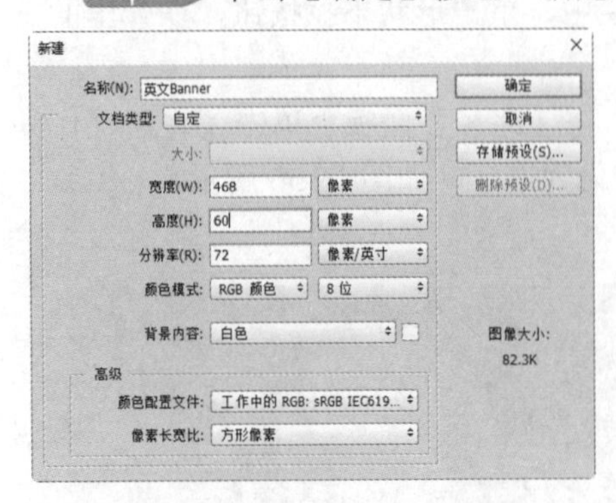

图 16-59　【新建】对话框

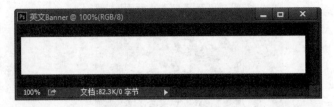

图 16-60　空白文档

step 03 新建一个图层 1，设置前景色为(C:5，M:20，Y:95，K:0)，背景色为(C:36，M:66，Y:100，K20)，如图 16-61 所示。

step 04 选择工具箱中的渐变工具，在其工具栏选项中设置过渡色为【前景色到背景色】，渐变模式为【线性渐变】，如图16-62所示。

step 05 按Ctrl+A组合键进行全选，选择图层1，再回到图像窗口，在选区中按住Shift键的同时由上至下画出渐变色，然后按Ctrl+D组合键取消选区，如图16-63所示。

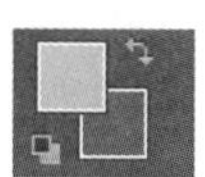

图16-61 设置前景色和背景色

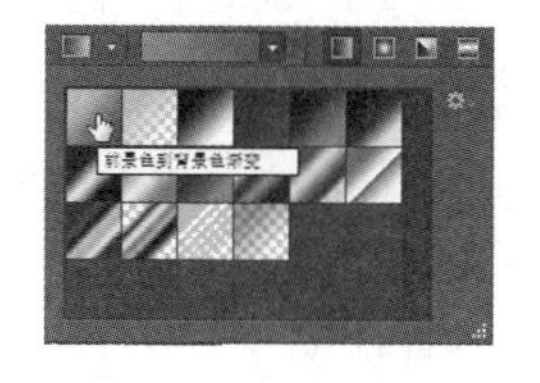

图16-62 设置渐变

图16-63 绘制渐变

16.4.2 案例8——制作Banner底纹

制作Banner背景底纹的具体操作步骤如下。

step 01 在工具箱中选中画笔工具，单击【形状】右侧的下三角按钮，在弹出的下拉列表中选择134图案，并设置【大小】为100像素，流量为50%，如图16-64所示。

step 02 使用画笔工具在图片中画出如图16-65所示的图形。

step 03 选择自定形状工具，在上方出现的工具栏选项中选择自己喜欢的形状，在这里选择了形状，如图16-66所示。

step 04 新建路径1，绘制大小合适的形状，再右击路径1，在弹出的快捷菜单中选择【建立选区】命令，如图16-67所示。

图16-64 选择画笔图案

图16-65 绘制图形

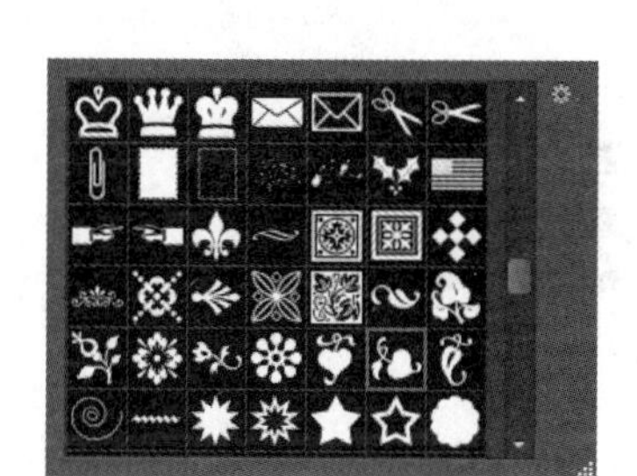

图16-66 选择形状

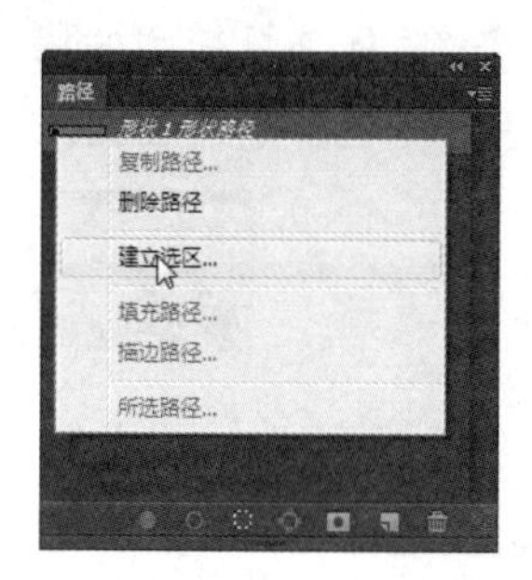

图16-67 选择【建立选区】命令

step 05 设置前景色为(C:10，M:16，Y:75，K:0)，新建图层 2，然后填充形状，如图 16-68 所示。

图 16-68　填充形状

step 06 双击图层 2，打开【图层样式】对话框，为图层 2 添加投影样式，具体的参数设置如图 16-69 所示。

step 07 为图层 2 添加描边图层样式，具体的参数设置如图 16-70 所示。

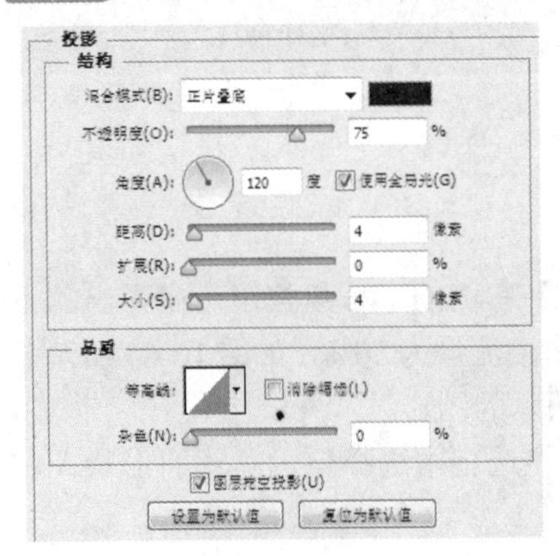

图 16-69　设置投影

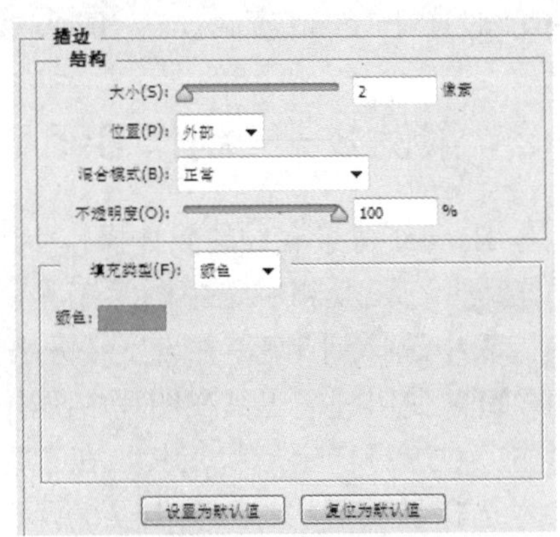

图 16-70　设置描边

step 08 选择自定义形状工具，为图片添加形状，并填充为绿色，具体的效果如图 16-71 所示。

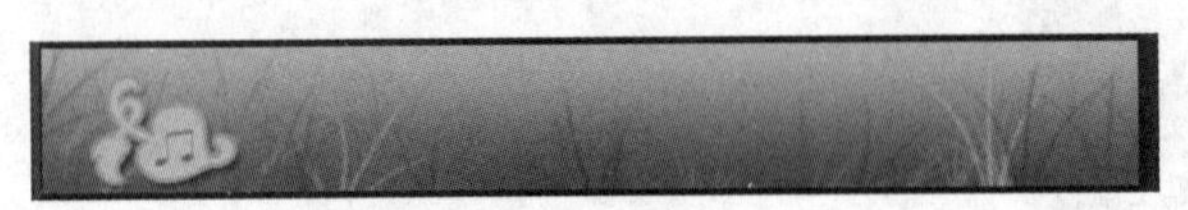

图 16-71　填充形状

16.4.3　案例 9——制作文字特效

制作文字特效的具体操作步骤如下。

step 01 选择工具箱中的横排文字工具，为 Banner 添加英文文字，然后设置文字的大小、颜色、字体等属性，并为文字图层添加投影效果，如图 16-72 所示。

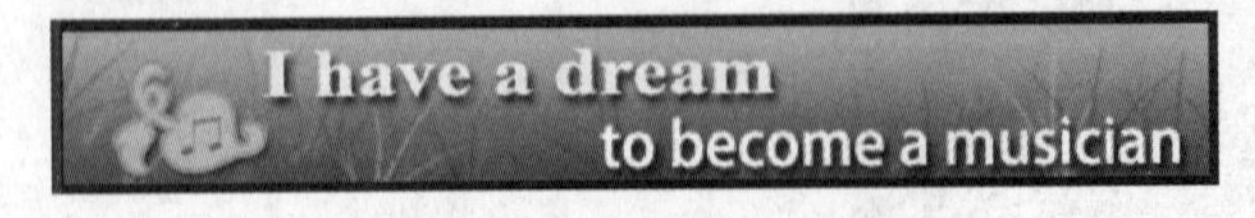

图 16-72　添加文字

step 02 选择【编辑】→【变换】→【斜切】命令，调整文字的角度，最终完成的效果如图 16-73 所示。

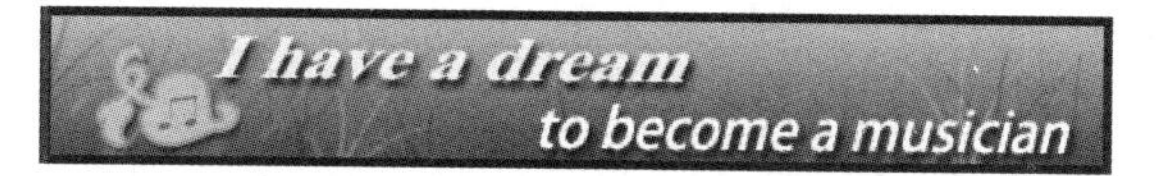

图 16-73 设置角度

16.5 制作中文 Banner

上一节介绍了如何制作英文 Banner，这一节介绍如何制作中文 Banner。

16.5.1 案例 10——输入特效文字

输入特效文字的具体操作步骤如下。

step 01 打开 Photoshop CC，选择【文件】→【新建】命令，弹出【新建】对话框，输入相关配置，创建一个 600 像素×300 像素的空白文档，单击【确定】按钮，如图 16-74 所示。

step 02 使用工具栏中的横排文字工具在文档中插入要制作立体效果的文字内容，文字颜色和字体可自行定义，本实例采用黑色，如图 16-75 所示。

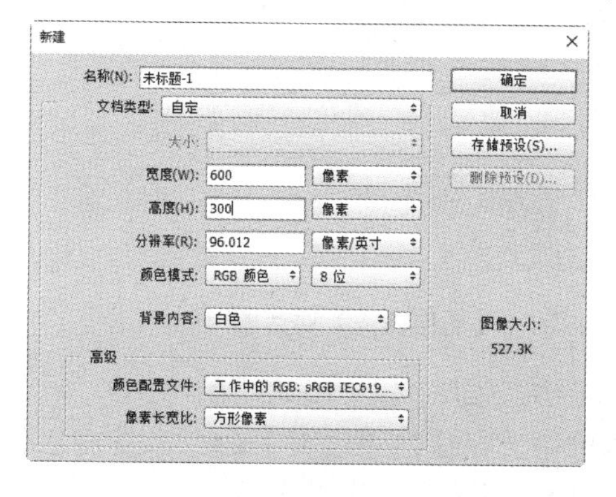

图 16-74 【新建】对话框

贝贝の时尚创意

图 16-75 添加文字

step 03 右击文字图层，在弹出的快捷菜单中选择【栅格化文字】命令，将矢量文字变成像素图像，如图 16-76 所示。

step 04 选择【编辑】→【自由变换】命令，对文字执行变形操作，调整到合适的角度，如图 16-77 所示。

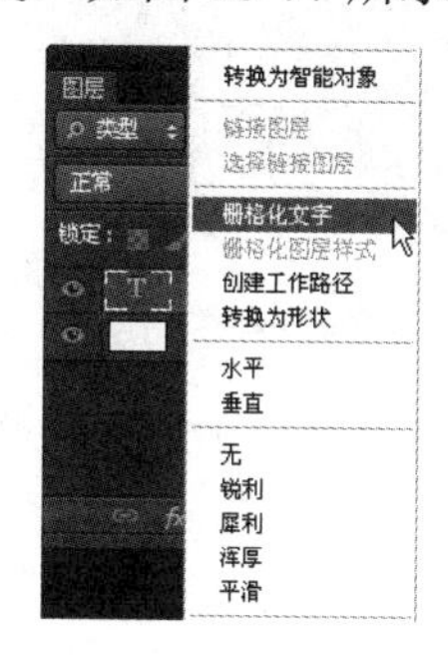

图 16-76 栅格化文字

图 16-77 对文字执行变形

文字自由变形时需要注意透视原理。

16.5.2 案例 11——将输入的文字设置为 3D 效果

将输入的文字设置为 3D 效果的具体操作步骤如下。

step 01 对文字图层复制，生成文字副本图层，如图 16-78 所示。

step 02 选择副本图层，双击图层，弹出【图层样式】对话框，选中【斜面和浮雕】复选框，调整【深度】为 350%，【大小】为 7 像素，如图 16-79 所示。选中【颜色叠加】复选框，设置叠加颜色为红色，单击【确定】按钮。

图 16-78 复制图层

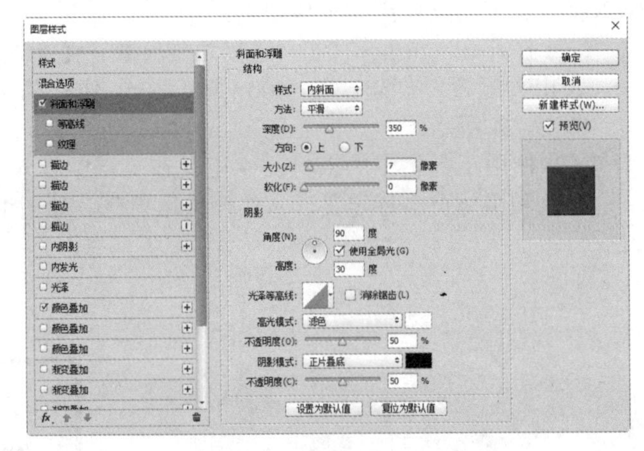

图 16-79 【图层样式】对话框

step 03 新建图层 1，把图层 1 拖曳到文字副本图层下面，如图 16-80 所示。

step 04 右击文字副本图层，在弹出的快捷菜单中选择【向下合并】命令，将文字副本图层合并到图层 1 上得到新的图层，如图 16-81 所示。

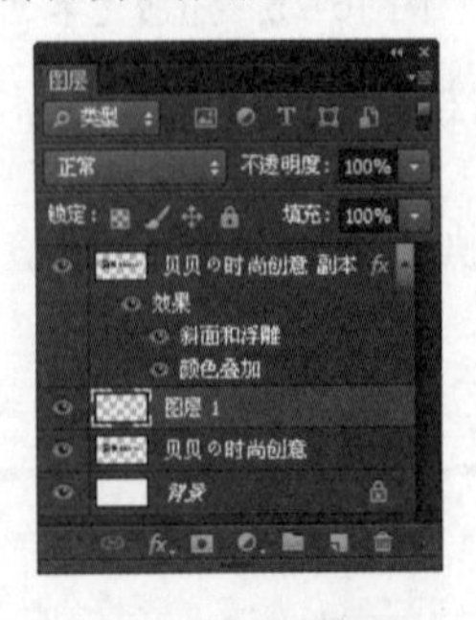

图 16-80 新建图层

图 16-81 合并图层

step 05 选择图层 1，按 Ctrl+Alt+T 组合键执行复制变形，在属性栏中输入纵横拉伸的百分比例分别为 101%，然后使用小键盘方向键，向右移动两个像素(单击一次方向键可移动 1 个像素)，如图 16-82 所示。

step 06 按 Ctrl+Alt+Shift+T 组合键复制图层 1，并使用方向键向右移动一个像素，使用相同方法依次复制图层，并向右移动一个像素，经过多次重复操作，如图 16-83 所示。

图 16-82　拉伸文字

图 16-83　复制图层

step 07 合并除了背景图层和原始文字图层外的其他所有图层，并将合并后的图层拖放到文字图层下方，如图 16-84 所示。

step 08 选择文字图层，使用 Ctrl+T 组合键对图形执行拉伸变形操作，使其刚好能盖住制作立体效果的表面，按 Enter 键使其生效，如图 16-85 所示。

图 16-84　合并图层

图 16-85　拉伸文字图层

step 09 双击文字图层，弹出【图层样式】对话框，选中【渐变叠加】复选框，设置渐变样式为“橙,黄,橙渐变”，单击【确定】按钮，如图 16-86 所示。

step 10 立体文字效果制作完成，如图 16-87 所示。

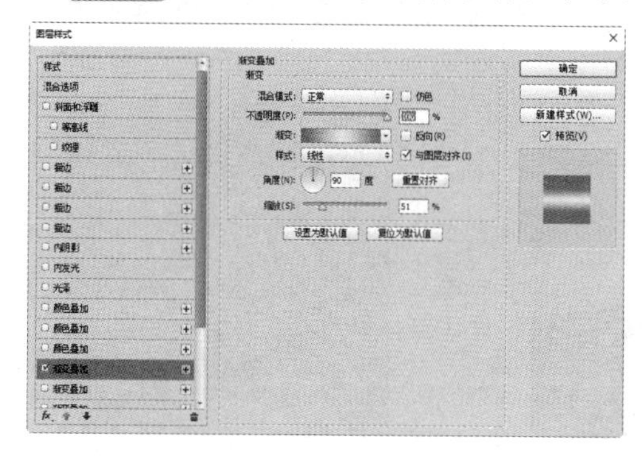

图 16-86　设置渐变叠加

图 16-87　立体文字效果

16.5.3 案例 12——制作 Banner 背景

step 01 按 Ctrl+N 组合键，新建一个宽为 468 像素、高为 60 像素的文件，将它命名为【中文 Banner】，如图 16-88 所示。

step 02 单击【确定】按钮，新建一个空白文档，如图 16-89 所示。

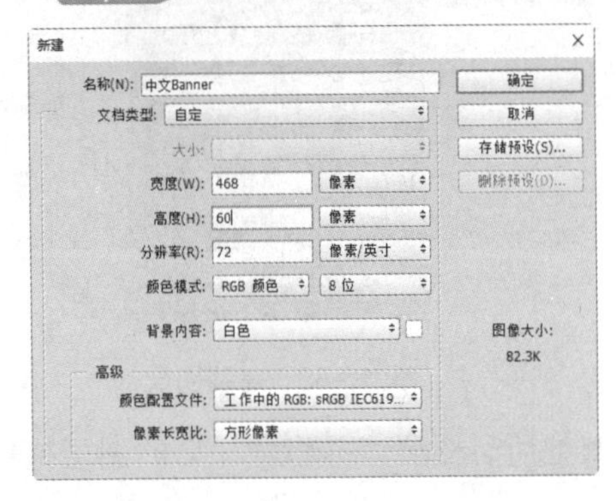

图 16-88 【新建】对话框

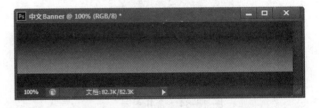

图 16-89 空白文档

step 03 选择工具箱中的渐变工具，并设置渐变颜色为紫色(R:102，G:102，B:155)到橙色(R:230，G:230，B:255)的渐变，如图 16-90 所示。

step 04 按住 Ctrl 键，单击【背景】图层，全选背景，然后在选框上方单击并向下拖曳鼠标，填充从上到下的渐变，然后按 Ctrl+D 组合键取消选区，如图 16-91 所示。

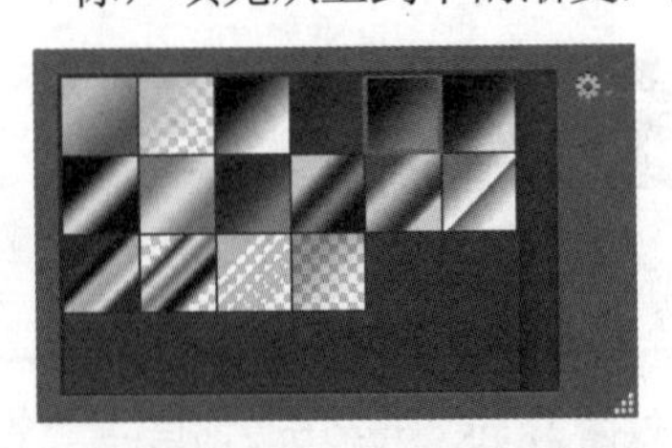

图 16-90 设置渐变

图 16-91 填充渐变

step 05 打开上一步制作的特效文字，使用移动工具将该文字拖曳到企业网站 Banner 文件中，然后按 Ctrl+T 组合键，调整文字的大小与位置，如图 16-92 所示。

step 06 选择画笔工具，然后在【画笔预设】面板中选择星星图案，并设置图案的大小等，如图 16-93 所示。

图 16-92 添加文字文件

图 16-93 【画笔预设】面板

step 07 在企业网站 Banner 文档中绘制枫叶图案，最终的效果如图 16-94 所示。至此，就完成了网站中文 Banner 的制作。

图 16-94 网站中文 Banner

16.6 综合案例 1——制作图文结合 Logo

大部分网页的 Logo 都是图文结合的 Logo。下面制作一个图文结合的 Logo。

1. 制作 Logo 中的图案

具体操作步骤如下。

step 01 在 Photoshop CC 的主窗口中，选择【文件】→【新建】命令，打开【新建】对话框，在其中设置【宽度】为 200 像素，【高度】为 100 像素，【分辨率】为 72 像素/英寸，【颜色模式】为【RGB 颜色】，【背景内容】为【白色】，如图 16-95 所示。

step 02 选择【视图】→【显示】→【网格】命令，在图像窗口中显示出网格。然后选择【编辑】→【首选项】→【参考线、网格和切片】命令，打开【首选项】对话框，在其中将【网格线间隔】设置为 10 毫米，如图 16-96 所示。

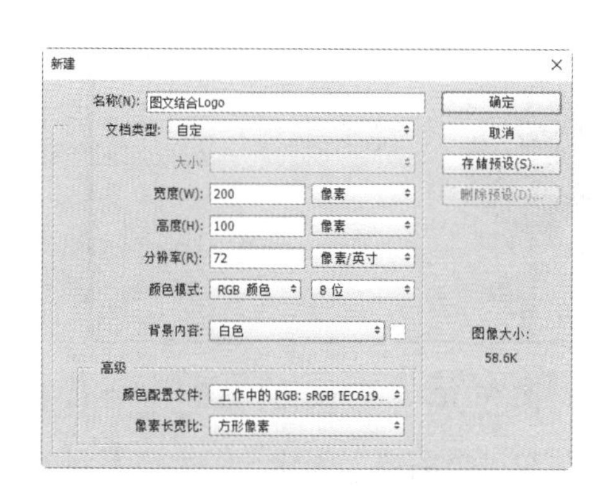

图 16-95 【新建】对话框

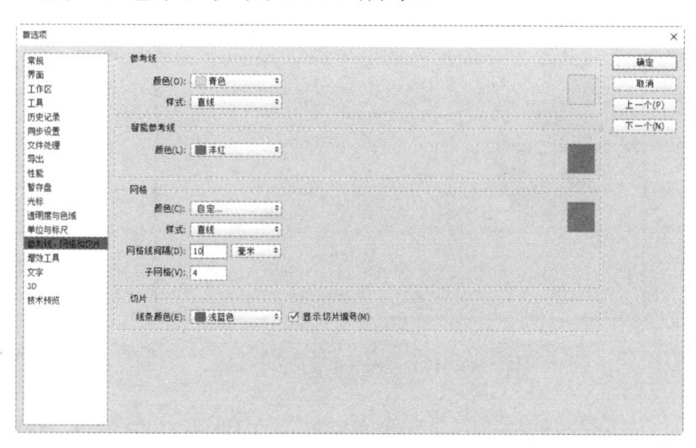

图 16-96 【首选项】对话框

step 03 设置完毕后单击【确定】按钮，此时图像窗口显示的网格属性如图 16-97 所示。

step 04 在【图层】面板上单击【创建新图层】按钮，新建一个图层之后，单击工具箱中的【椭圆选框工具】按钮，按住 Shift 键在图层中创建一个圆形选区，如图 16-98 所示。

step 05 选择工具箱中的多边形套索工具，并同时按住 Alt 键减少部分的选区，完成后的效果如图 16-99 所示。

step 06 设置前景色的颜色为绿色，其 RGB 颜色为(27,124,30)。然后选择油漆桶工具，使用前景色进行填充，如图 16-100 所示。

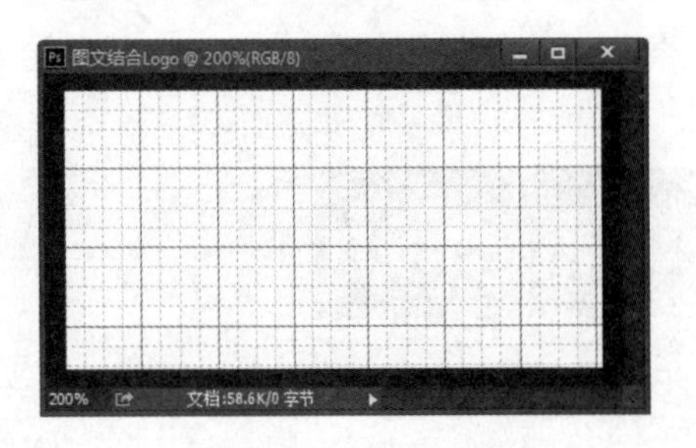

图 16-97　显示网格线

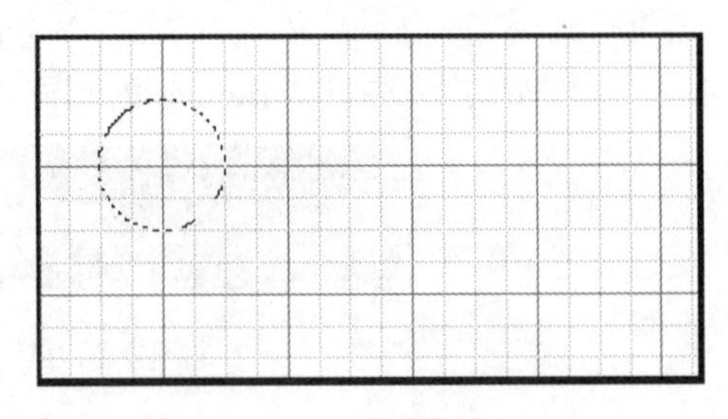

图 16-98　添加圆形选区

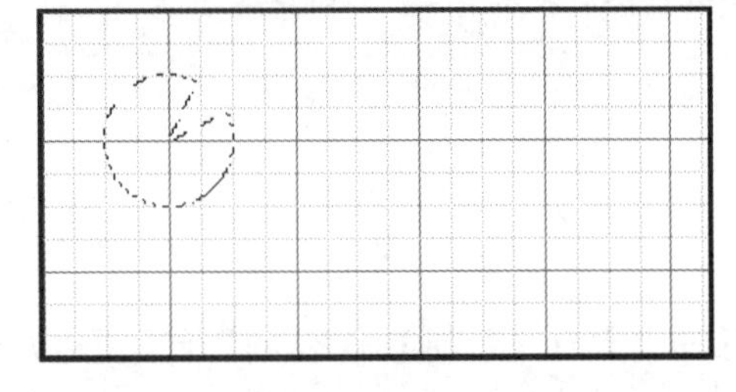

图 16-99　减少部分选区

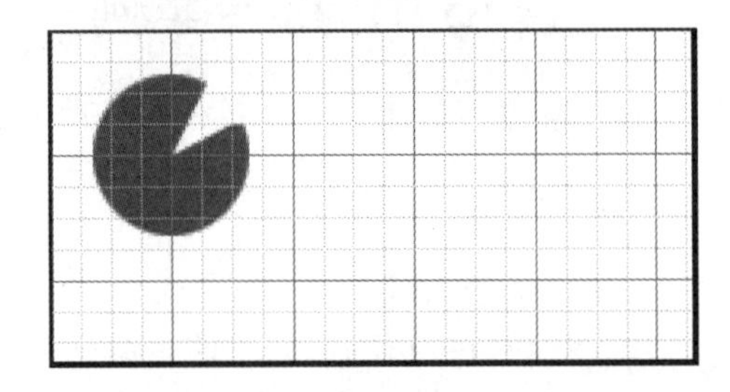

图 16-100　填充选区为绿色

step 07 在【图层】面板上单击【创建新图层】按钮，新建一个图层之后，单击工具箱中的【椭圆选框工具】按钮，按住 Shift 键在图层中创建一个圆形选区，如图 16-101 所示。

step 08 设置前景色的颜色为红色，其 RGB 颜色为(255,0,0)。然后选择填充工具，使用前景色进行填充，如图 16-102 所示。

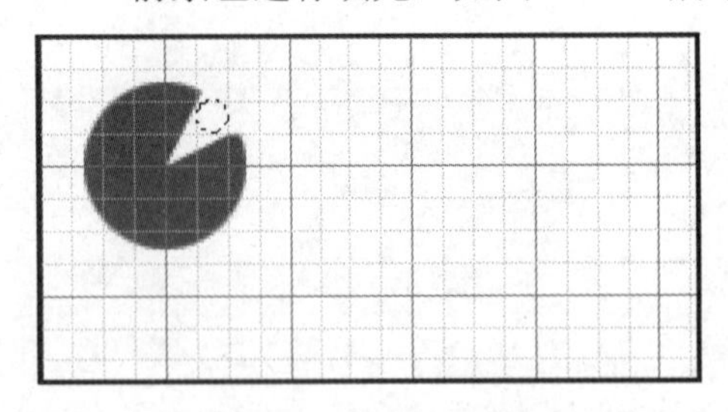

图 16-101　绘制正圆

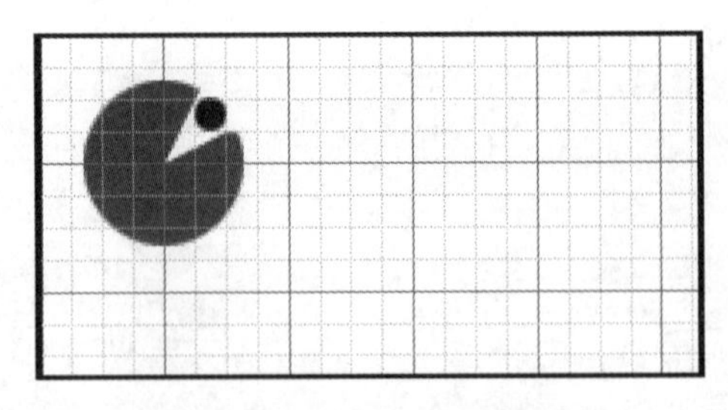

图 16-102　填充选区为红色

step 09 采用同样的办法依次创建两个新的图层，并在每个图层上创建一个大小不同的红色选区，使用移动工具调整其位置，完成后的效果如图 16-103 所示。

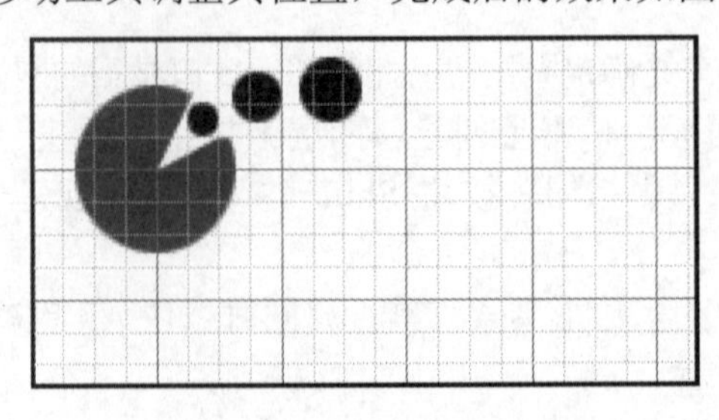

图 16-103　最终显示效果

2. 制作 Logo 中的文字

具体操作步骤如下。

step 01 新建一个图层，然后单击工具栏中的【横排文字工具】按钮，单击工具选项栏中的【文字变形】按钮，打开【变形文字】对话框。在【样式】下拉列表框中选择【波浪】选项，设置完毕后单击【确定】按钮，如图 16-104 所示。

step 02 选择【窗口】→【段落】命令，打开【段落】面板，然后切换到【字符】面板。在【字符】面板中设置要输入文字的各个属性，如图 16-105 所示。

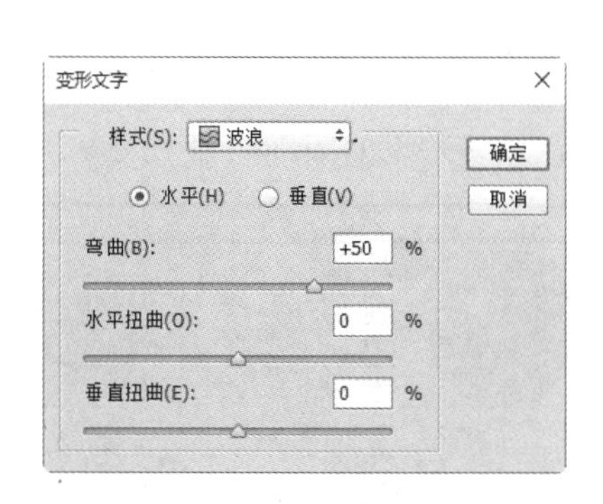

图 16-104 【变形文字】对话框

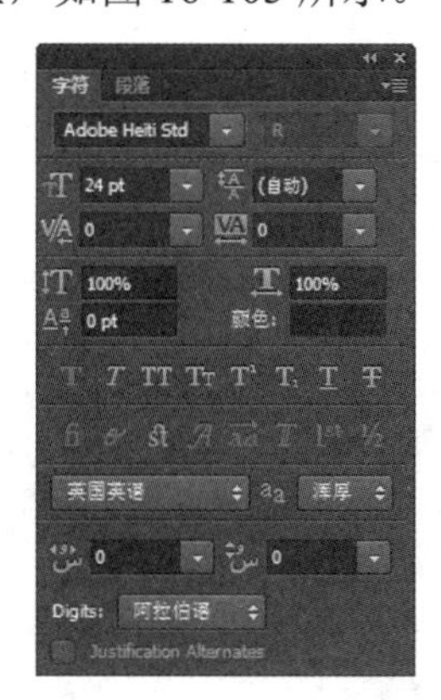

图 16-105 【字符】面板

step 03 设置完毕后在图像中输入文字【创新科技】，并适当调整其位置，如图 16-106 所示。

step 04 在【图层】面板中双击文字图层的图标，打开【图层样式】对话框，并在【样式】中选中【斜面和浮雕】复选框。设置【样式】为【外斜面】，并设置【阴影模式】颜色的 RGB 值为(253,184,114)，如图 16-107 所示。

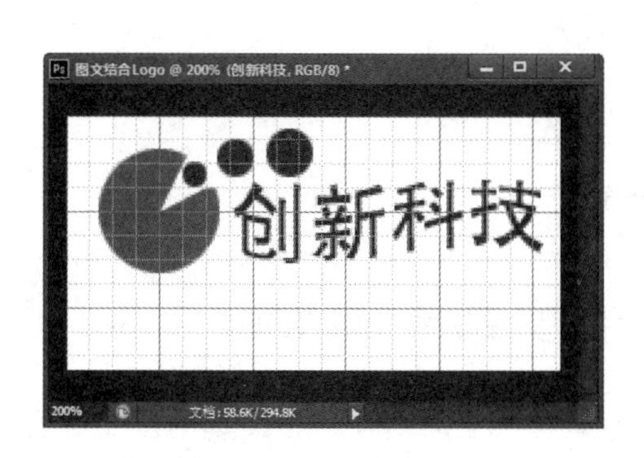

图 16-106 输入文字

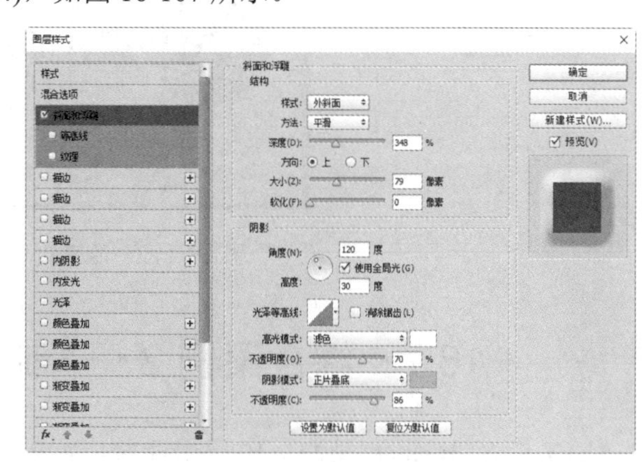

图 16-107 设置斜面和浮雕

step 05 设置完毕单击【确定】按钮，效果如图 16-108 所示。

step 06 新建一个图层，然后单击工具栏上的【横排文字工具】按钮，并在工具选项栏中设置文字的大小、字体和颜色，然后输入字母 Cx，如图 16-109 所示。

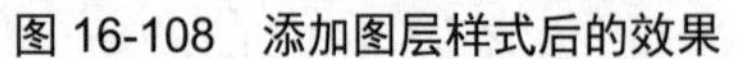

图 16-108　添加图层样式后的效果

图 16-109　输入字母

step 07 右击新建的文字图层，在弹出的快捷菜单中选择【栅格化文字】命令，将文字图层转化为普通图层，然后按 Ctrl+T 组合键对文字进行变形和旋转，完成后的效果如图 16-110 所示。

step 08 采用同样的方法完成网址其他部分的制作，最终效果如图 16-111 所示。

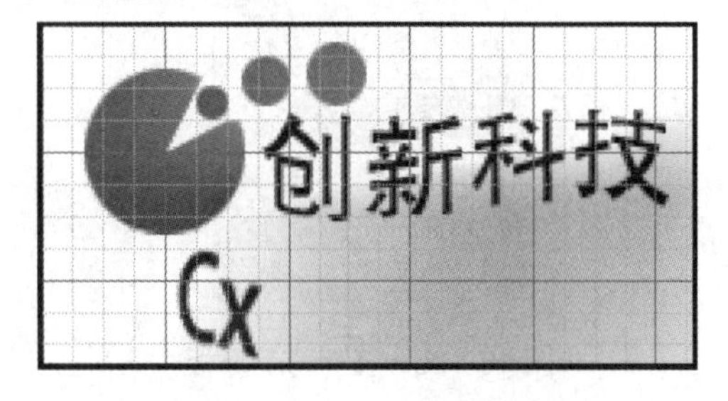

图 16-110　栅格化文字

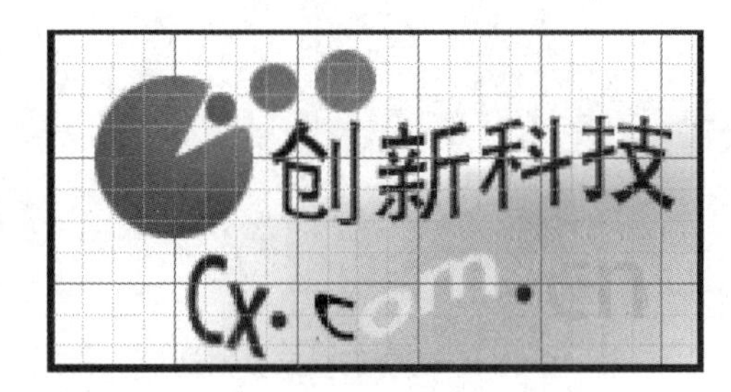

图 16-111　制作网址其他部分

step 09 选择【视图】→【显示】→【网格】命令，在图像窗口中取消网格的显示。至此，就完成了图文结合网站 Logo 的制作，效果如图 16-112 所示。

图 16-112　最终的 Logo 显示效果

16.7　综合案例 2——制作图文结合 Banner

图文结合 Banner 是网页中应用非常广泛的一种形式。下面制作一个简单的图文结合 Banner。具体操作步骤如下。

step 01 启动 Photoshop CC，打开“素材\ch16\Banner.jpg”文件，如图 16-113 所示。

step 02 单击工具箱中的横排文字工具，输入文字【大牌闪购】，并设置文字的颜色为玫红色，如图 16-114 所示。

图 16-113 素材文件

图 16-114 输入文字

step 03 选择文字所在图层，按 Ctrl+T 组合键，对文字进行自由变换，如图 16-115 所示。

step 04 选择文字，单击选项栏中的【变形文字】按钮，打开【变形文字】对话框，在其中设置变形文字的样式为【波浪】，并设置其他相关参数，如图 16-116 所示。

图 16-115 自由变换文字大小

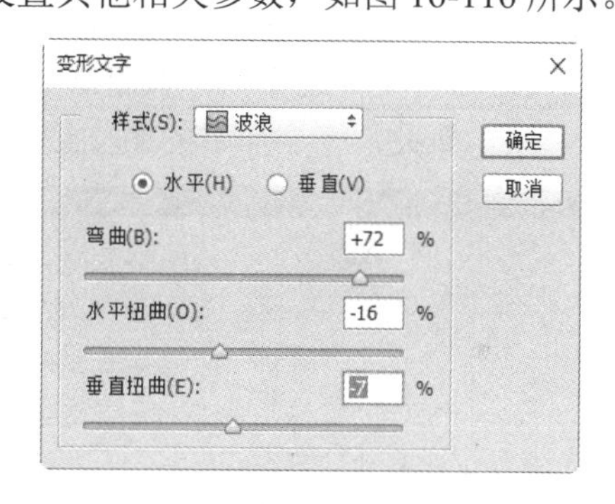

图 16-116 【变形文字】对话框

step 05 单击【确定】按钮，即可完成文字的变形，如图 16-117 所示。

step 06 双击文字所在图层，打开【图层样式】对话框，为文字添加投影样式，具体的参数如图 16-118 所示。

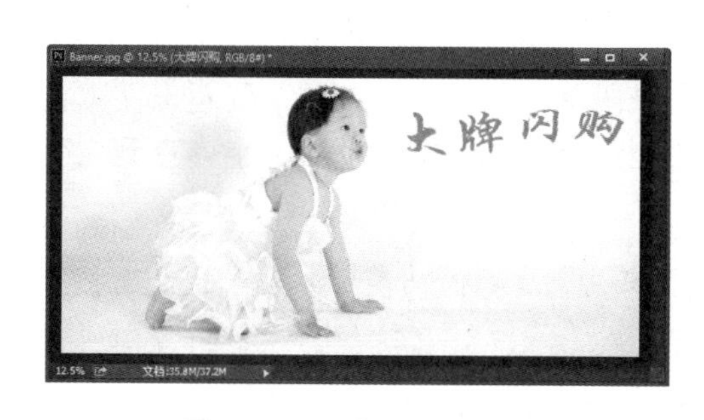

图 16-117 变形文字效果

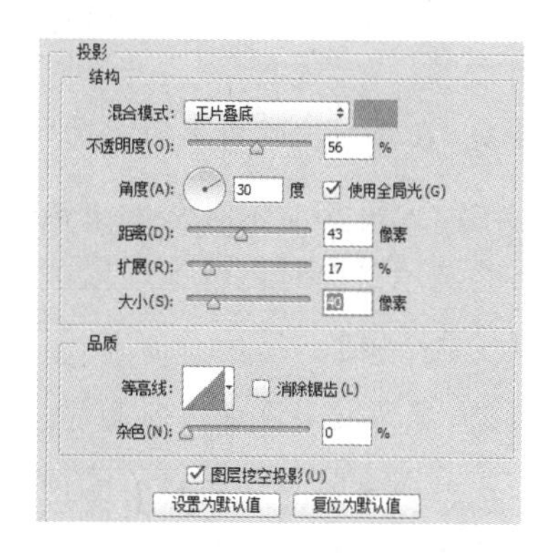

图 16-118 设置投影参数

step 07 双击文字所在图层，打开【图层样式】对话框，为文字添加描边样式，具体的参数如图 16-119 所示。

step 08 设置完毕后，单击【确定】按钮，即可得到如图 16-120 所示的文字效果。

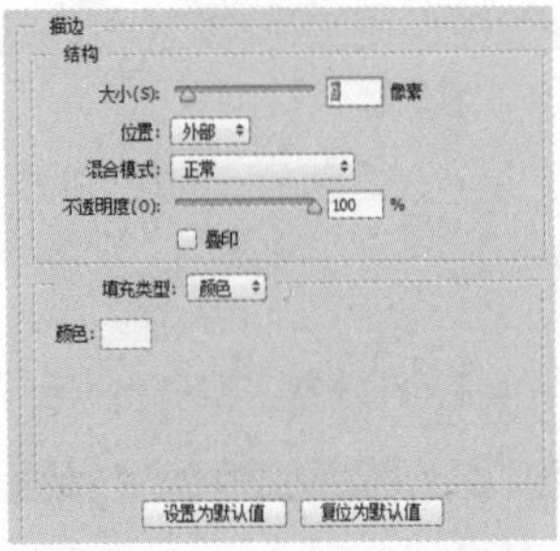

图 16-119　设置描边参数

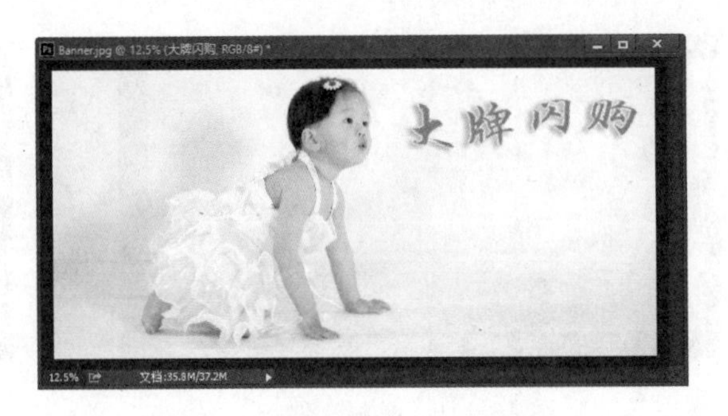

图 16-120　设置后的文字效果

step 09 使用工具箱中的横排文字工具，输入其他相关文字信息，并设置文字的样式、颜色、大小等参数，这里设置的文字效果如图 16-121 所示。

step 10 打开“素材\ch16\女孩.jpg 与男孩.jpg”文件，使用移动工具将素材文件拖曳到 Banner 文件之中，并调整素材文件的大小与位置，最终得到如图 16-122 所示的效果。至此，一个简单的图文结合 Banner 就制作完成了。

图 16-121　输入其他文字

图 16-122　添加其他素材文件

16.8　疑难解惑

疑问 1：在输入段落文本时，为什么不能完全显示输入的所有文本？

答：在输入段落文本时，如果输入的文本超出了段落文本的显示范围，则超出文本框的文字将不能显示。这时可以拖动段落文本框四周的控制点，调整文本框的大小，直到完全显示所有的文字为止。

疑问 2：在为图层添加【斜面和浮雕】图层样式时，怎样同时为图像添加纹理效果？

答：在添加【斜面和浮雕】图层样式时，系统会打开对应的【图层样式】对话框，在对话框左边的【斜面和浮雕】选项下方选择【纹理】选项，然后就可以在该对话框右边的选项区域中选择所需的图案样式并进行相应的设置。

第 17 章 让网页活灵活现——制作简单网页动画元素

使用 Flash 可以制作网站动画效果。常见的动画形式为逐帧动画、形状补间动画、补间动画、传统补间动画、引导动画、遮罩动画等。本章主要介绍使用 Flash 制作动画的相关知识。

17.1 Flash 的基本功能

Flash 软件是制作动画的常用工具。使用 Flash 中的诸多功能，可以制作网站中的多种动画素材，如网站 Logo、网站 Banner、网站动态小广告等。

17.1.1 矢量绘图

利用 Flash 的矢量绘图工具，可以绘制出具有丰富表现力的作品。在 Flash 所提供的绘图工具中，不仅有传统的圆形、正方形、直线等绘制工具，而且还有专业的贝塞尔曲线绘制工具。图 17-1 所示为绘制的矢量图效果。

图 17-1 绘制的矢量图

17.1.2 动画设计

动画设计是 Flash 中非常普遍的应用，其基本的形式是“帧到帧动画”，这也是传统手动绘制动画主要的工作方式。

Flash 提供了两种在文档中添加动画的方法。

(1) 补间动画技术。一些有规律可循的运动和变形，只需要制作起始帧和终止帧，并对两帧之间的运动规律进行准确的设置，计算机就能自动生成中间过渡帧，如图 17-2 所示。

(2) 通过在时间轴中更改连续帧的内容来创建动画。可以在舞台中创作出移动对象、旋转对象，增大或减小对象大小，改变颜色，淡入淡出，以及改变对象形状等。图 17-3 所示为【时间轴】面板。

图 17-2 补间动画技术

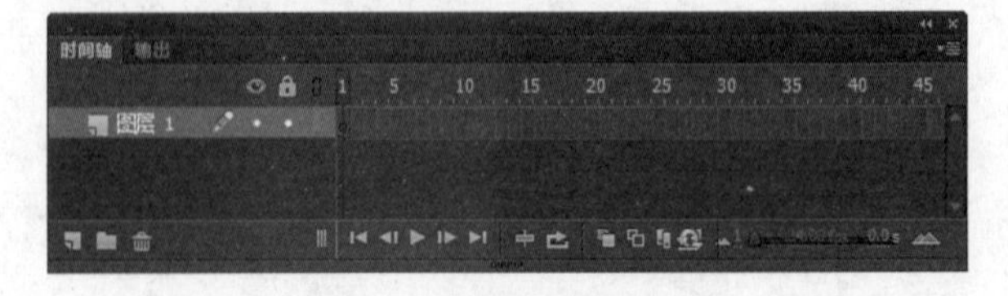

图 17-3 【时间轴】面板

17.1.3 强大的编程功能

动作脚本是 Flash 的脚本编写语言，可以使影片具有交互性。动作脚本提供了一些元素，用于指示影片要进行什么操作；可以对影片进行脚本设置，使单击鼠标和按下键盘键之类的事件可以触发这些脚本。

在 Flash 中，可以通过【动作】面板编写脚本。在标准编辑模式下使用该面板时，可以通过从菜单和列表中选择选项来创建脚本；在专家编辑模式下使用该面板时，可以直接向脚本窗格中输入脚本。在这两种模式下，代码提示都可以帮助完成动作和插入属性及事件。图 17-4 所示为【动作】面板。

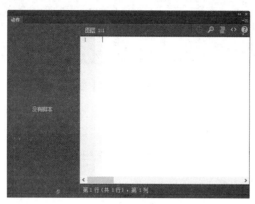

图 17-4 【动作】面板

17.2 时间轴、帧和图层

使用 Flash 制作动画的关键元素有图层、时间轴和帧，动画的实现基本上就是对这三大元素的编辑。在 Flash CC 中可以轻松地创建各种丰富多彩的动画效果，并且只需要通过更改时间轴每一帧的内容，就可以在舞台上制作出移动对象、更改颜色、旋转、淡入淡出或更改形状等特效。

17.2.1 什么是图层

Flash 中的各个图层都是相互独立的，拥有独立的时间轴，包含独立的帧，可以在图层中绘制和编辑对象，而不会影响其他层上的对象。在 Flash CC 的主窗口中，单击【时间轴】面板中的【新建图层】按钮，即可新建图层 2，并自动变为当前层，如图 17-5 所示。

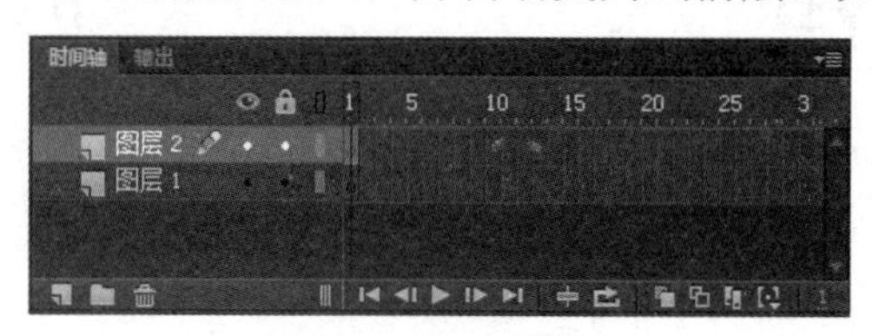

图 17-5 新建图层 2

17.2.2 时间轴与帧

在 Flash CC 的【时间轴】面板中，左侧为图层区，右侧就是时间轴，其主要作用就是控制 Flash 动画的播放和编辑。

时间轴用于组织和控制影片内容在一定时间内播放的层数和帧数。在播放 Flash 动画时，将按照制作时设置的播放帧频进行播放。帧频在 Flash 中用来衡量动画播放的速度，通常以每秒播放的帧数为单位(fps，帧/秒)。标准的运动图像速度是 24 帧/秒，如电视影像。如图 17-6 所示为【时间轴】面板。

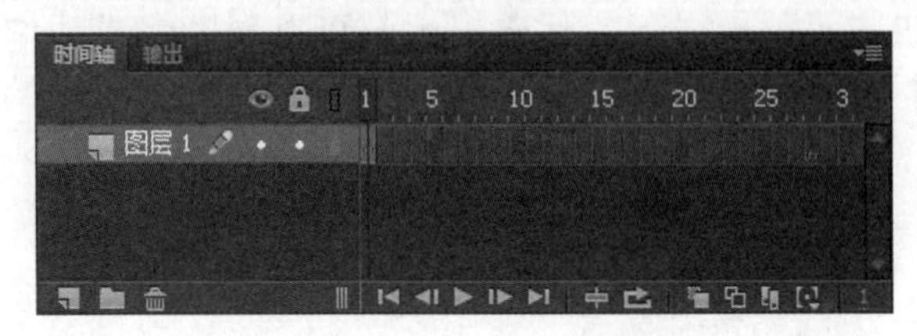

图 17-6 【时间轴】面板

帧是动画的最基本单位。大量的帧结合在一起就组成了时间轴。播放动画就是依次显示每一帧中的内容。在 Flash 中，不同帧的前后顺序将关系到这些帧中内容在影片播放中的出现顺序。帧在 Flash 中有着不同的分类，类型不同表现形式也会有所不同。帧可以分为以下 4 类。

1. 普通帧

时间轴中的每一个小方格都是一个普通帧，其内容与关键帧的内容完全相同。在动画中增加普通帧可以延长动画的播放时间。普通帧在时间轴上显示为灰色填充的小方格，按快捷键 F5 即可插入普通帧，如图 17-7 所示。普通帧也称为过渡帧，是在时间轴上显示实例对象，但不能对实例对象进行编辑操作的帧。

2. 关键帧

关键帧是带有关键内容的帧，主要用于定义动画的变化环节，是动画中呈现关键性内容或变化的帧。是以一个黑色小圆圈表示，按快捷键 F6 即可创建关键帧，如图 17-8 所示。

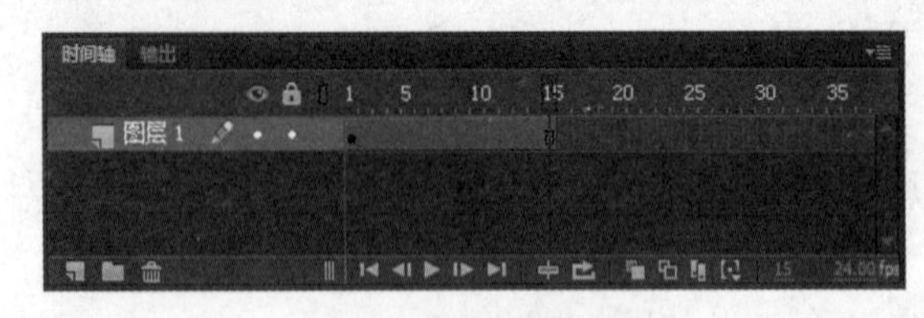

图 17-7 插入普通帧

图 17-8 插入关键帧

创建的普通帧和关键帧的画面相同，区别在于关键帧能在其中对画面进行修改和操作。创建的普通帧中会显示前一关键帧中的全部内容。普通帧一般用于延续关键帧中的画面，从而在动画中得到持续画面的效果。

3. 空白关键帧

空白关键帧中没有内容，主要用于在画面与画面之间形成间隔。是以空心小圆圈表示。空白关键帧是特殊的关键帧，它没有任何对象存在，用户可以在其上绘制图形。一旦在空白关键帧中创建内容，空白关键帧就会自动转变为关键帧。按快捷键 F7 即可创建空白关键帧，如图 17-9 所示。

一般新建图层的第 1 帧都是空白关键帧，如果在其中绘制图形，则变为关键帧。同理，如果将某关键帧中的对象全部删除，则该关键帧就会转变为空白关键帧。

4. 动作帧

动作帧是指当 Flash 动画播放到该帧时，自动激活某个特定动作的帧。而动作帧上通常都有一个 a 标记，如图 17-10 所示。

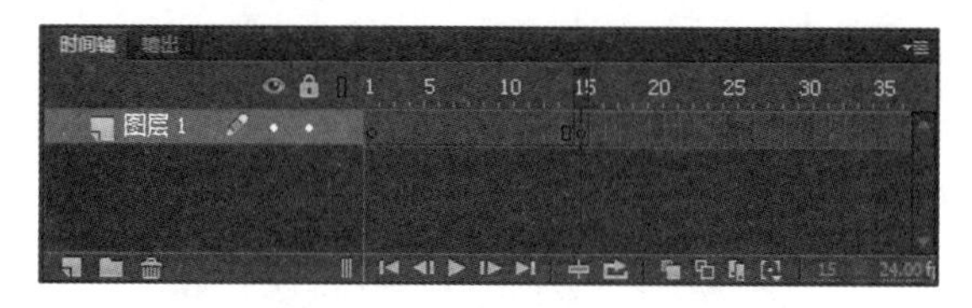

图 17-9　插入空白关键帧

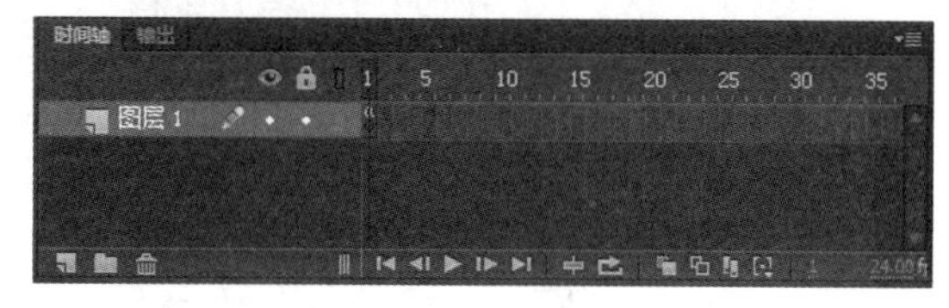

图 17-10　动作帧

17.3　制作简单动画

在 Flash CC 中可以创建不同类型的 Flash 动画，包括逐帧动画、补间动画和遮罩动画。熟练掌握这 3 种基本动画的应用，是制作优秀 Flash 作品的基本前提。

17.3.1　案例 1——制作帧帧动画

帧帧动画又称为逐帧动画，是最基本的动画方式，与传统动画制作方式相同。逐帧动画通常由多个连续关键帧组成，用户可以在各关键帧中分别绘制表现对象连续且流畅动作的图形。各帧中图形均相互独立，修改某一帧中的图形并不会影响其他帧中的图形内容。

下面以制作跳动的乒乓球动画为例，具体介绍逐帧动画的制作方法。

step 01 启动 Flash CC，然后选择【文件】→【新建】命令，即可创建一个新的 Flash 空白文档，最后将该文档保存为【跳动的乒乓球.fla】文档，如图 17-11 所示。

step 02 在【属性】面板中，将舞台大小设置为 200 像素×200 像素，然后将舞台颜色设置为#0066FF，如图 17-12 所示。

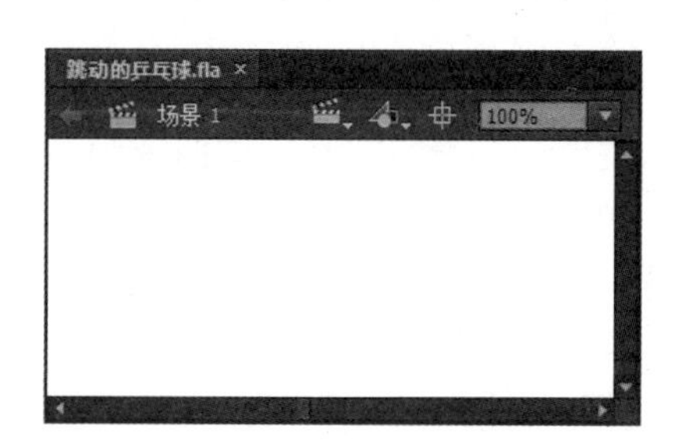

图 17-11　新建 Flash 文档

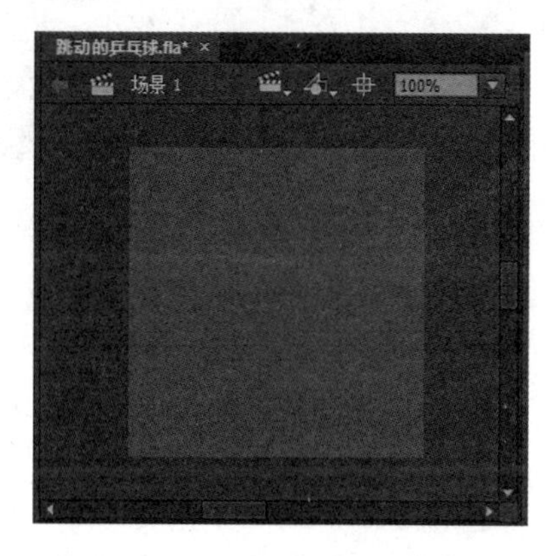

图 17-12　设置舞台大小和颜色

step 03 为了确定乒乓球跳动的位置，需要给舞台建立一个参照系。选择【视图】→【网格】→【显示网格线】命令，即可在舞台上显示出网格线，如图 17-13 所示。

step 04 编辑网格线。右击舞台，从弹出的快捷菜单中选择【网格】→【编辑网格】命令，即可打开【网格】对话框，然后在该对话框中将网格大小设置为 20 像素×20 像素，如图 17-14 所示。

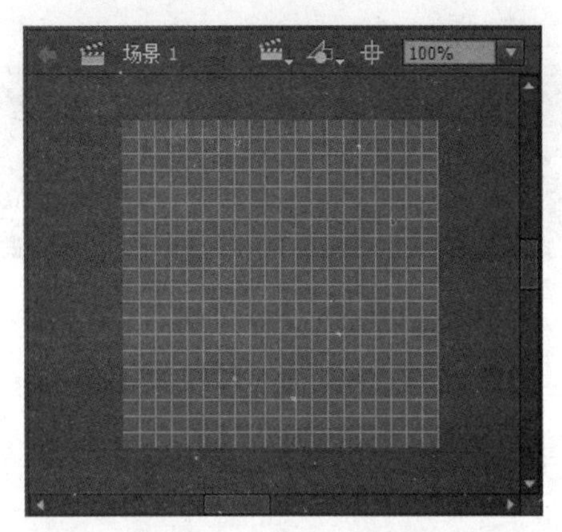

图 17-13 显示网格线

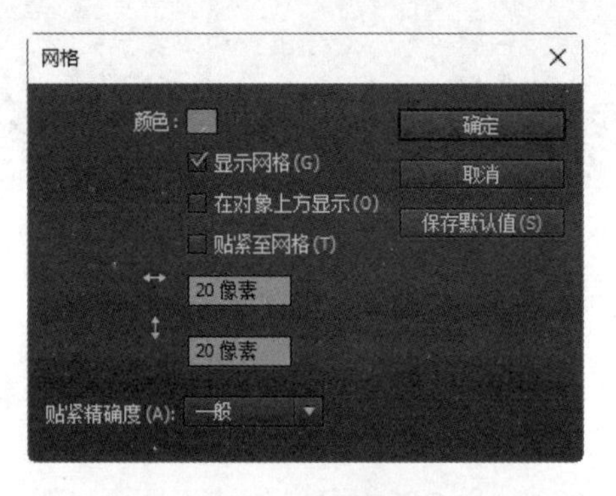

图 17-14 【网格】对话框

step 05 单击【确定】按钮，即可返回主窗口中查看设置的效果，如图 17-15 所示。

step 06 选取工具栏中的椭圆工具，将笔触颜色设置为【无】，填充颜色设置为【径向渐变】，并选择一种渐变颜色，然后在舞台上的第十格处绘制一个圆(从底部算起第 10 格)，如图 17-16 所示。

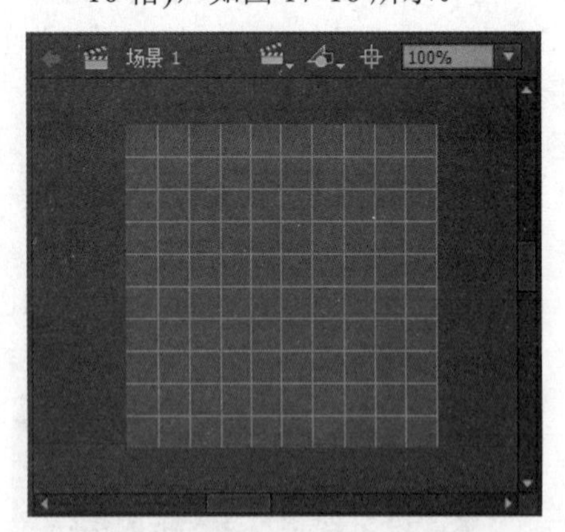

图 17-15 设置网格大小后的效果

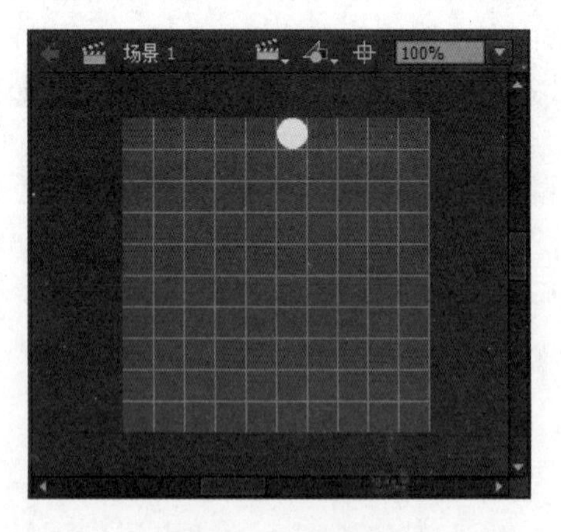

图 17-16 绘制圆

step 07 选中图层 1 上的第 2 帧，按 F6 键插入关键帧，然后将乒乓球拖曳到第 1 格，表现乒乓球落地的情景，如图 17-17 所示。

step 08 乒乓球落地后会反弹，选中图层 1 上的第 3 帧，按快捷键 F6 插入关键帧，然后将乒乓球拖曳到第 8 格，如图 17-18 所示。

step 09 按照上述操作，在第 4 帧到第 12 帧处插入关键帧，其中第 2、4、6、8、10、12 帧乒乓球位于地面(底部第 1 格)，第 1、3、5、7、9、11、13 帧乒乓球分别位于第

10、8、6、4、2、1 格，如图 17-19 所示。

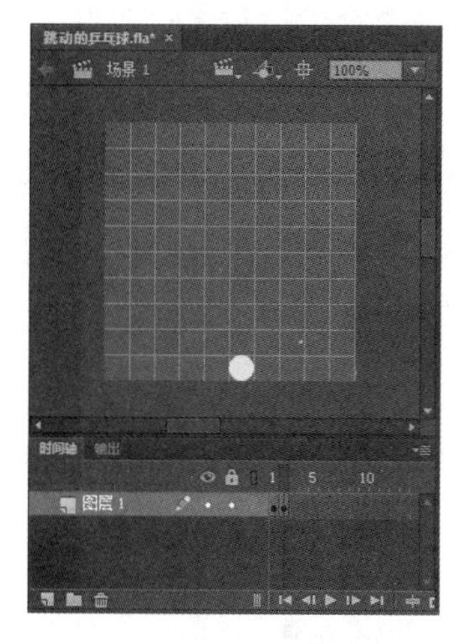

图 17-17　插入关键帧并确定乒乓球的跳动位置

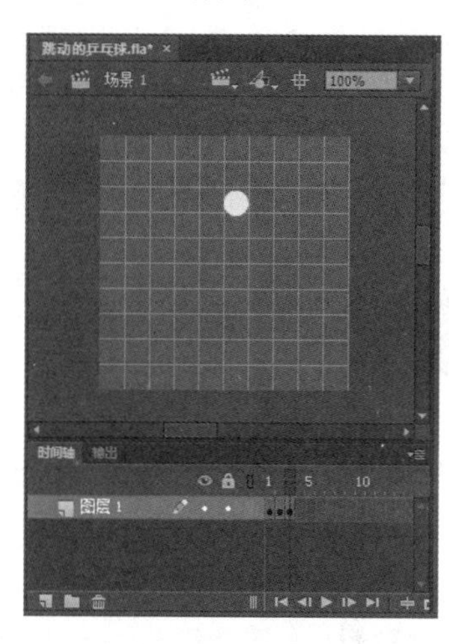

图 17-18　插入关键帧并确定乒乓球的跳动位置

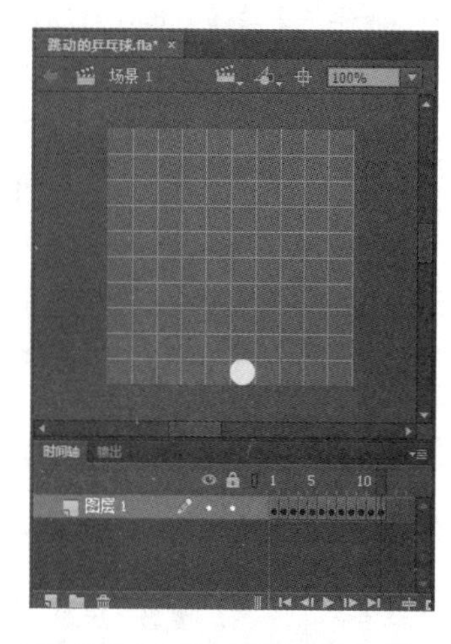

图 17-19　完成其他关键帧的操作

step 10 设置播放速度。双击【时间轴】面板下方的【帧频率】，使其处于编辑状态，然后在文本框中输入 4，如图 17-20 所示。

step 11 按 Ctrl + Enter 组合键测试动画，即可在测试窗口预览乒乓球的跳动效果，如图 17-21 所示。

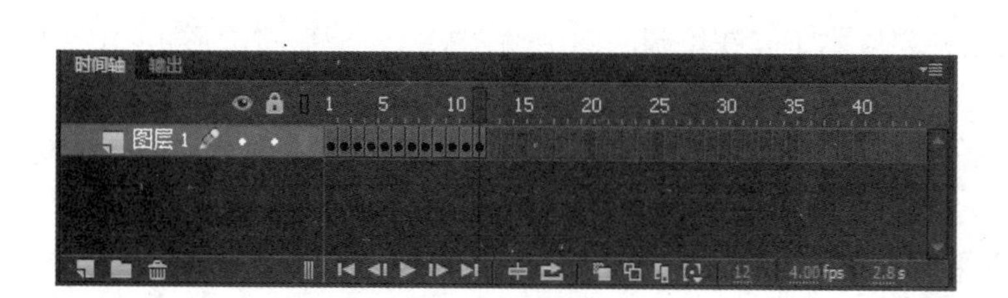

图 17-20　设置帧频率

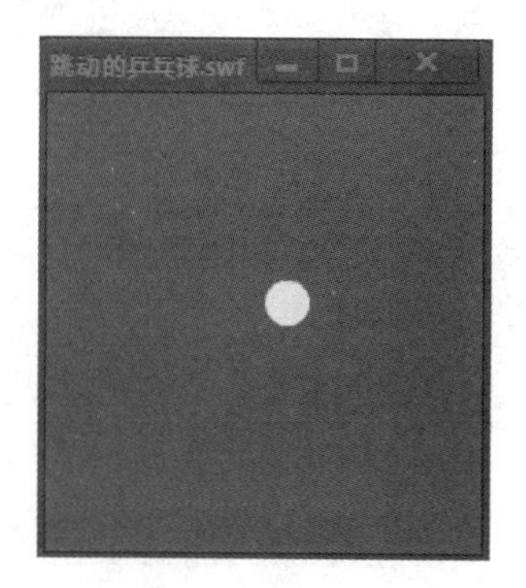

图 17-21　测试动画

17.3.2　案例 2——制作补间动画

逐帧动画制作起来费时费力。因此，在 Flash 中制作动画应用最多的还是补间动画。在 Flash CC 中可以将补间动画分为两类：形状补间动画和动作补间动画。

1. 形状补间动画

形状补间动画是指通过计算两个关键帧中图形的形状差别，而自动添加变化过程的一种动画类型，常用于表现图形对象形状之间的颜色、形状、大小、位置等的自然过渡。形状补间动画使用的元素多为矢量图形，如果使用的是图形元件、按钮或文字，则必须先将其“打散”才能创建形状补间动画。

制作形状补间动画的具体操作步骤如下。

step 01 启动 Flash CC，然后依次选择【文件】→【新建】命令，即可创建一个新的Flash空白文档，最后将该文档保存为【形状补间动画.fla】文档，如图17-22所示。

step 02 选中图层1的第1帧，然后使用椭圆工具在舞台上绘制5个圆形，并调整各个圆形之间的位置，如图17-23所示。

图 17-22　新建 Flash 文档

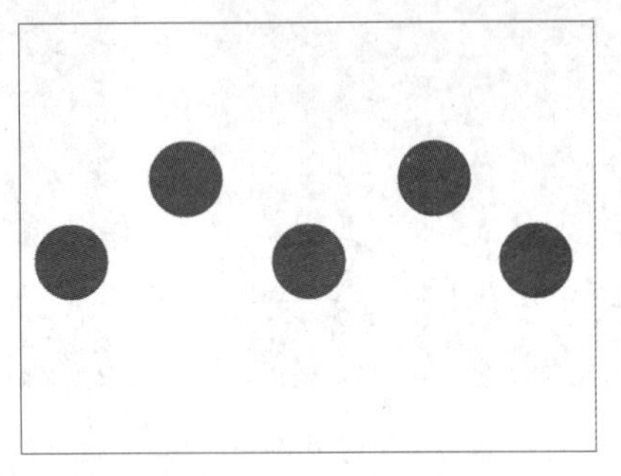

图 17-23　绘制圆形

step 03 选中第50帧，按F6键插入关键帧，如图17-24所示。

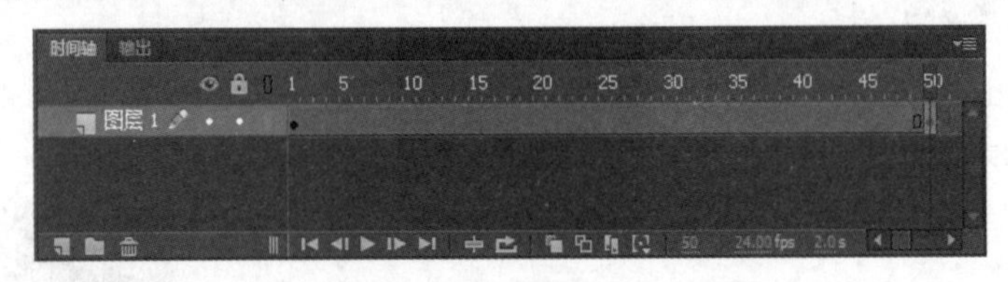

图 17-24　在第 50 帧处插入关键帧

step 04 选中第30帧，然后使用文本工具在绘制的圆中输入文字，最后将圆形删除，如图17-25所示。

step 05 依次选中输入的文字，然后按Ctrl + B组合键，即可将文字“打散”，如图17-26所示。

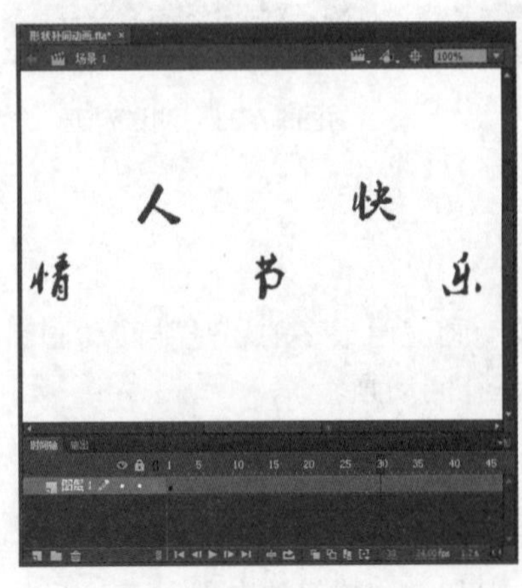

图 17-25　输入文字

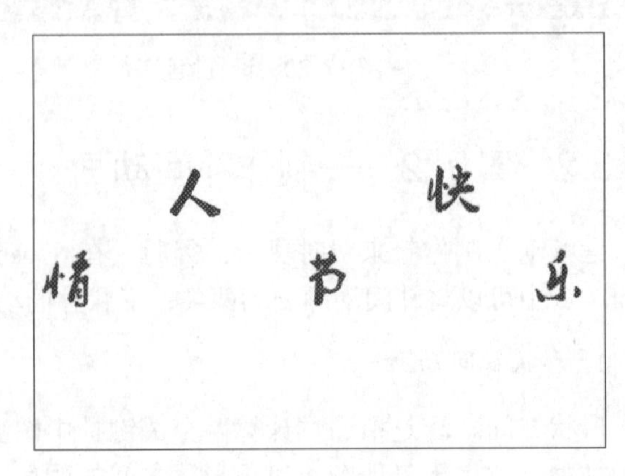

图 17-26　将文字“打散”

step 06 选中第 1 帧到第 50 帧之间的任意帧并右击，从弹出的快捷菜单中选择【创建补间形状】命令，即可创建形状补间，如图 17-27 所示。

step 07 按 Ctrl + Enter 组合键测试影片，在测试窗口即可看到动画由图片渐变成文字的显示效果，如图 17-28 所示。

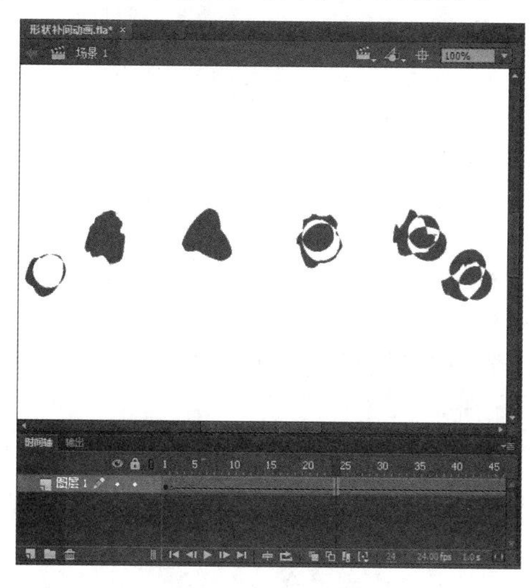

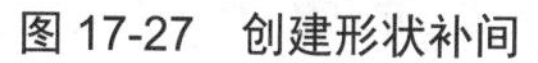
图 17-27 创建形状补间

图 17-28 测试影片

2. 动作补间动画

动作补间动画只由一个开始关键帧和一个结束关键帧组成，且在关键帧上放置的对象必须为元件，在两个关键帧之间设置创建补间动画，Flash 软件将自动生成中间的动画。

制作动作补间动画的具体操作步骤如下。

step 01 启动 Flash CC，然后依次选择【文件】→【新建】命令，即可创建一个新的 Flash 空白文档，最后将该文档保存为【动作补间动画.fla】文档，如图 17-29 所示。

step 02 按 Ctrl + F8 组合键打开【创建新元件】对话框，然后在该对话框中设置新建元件的名称和类型，如图 17-30 所示。

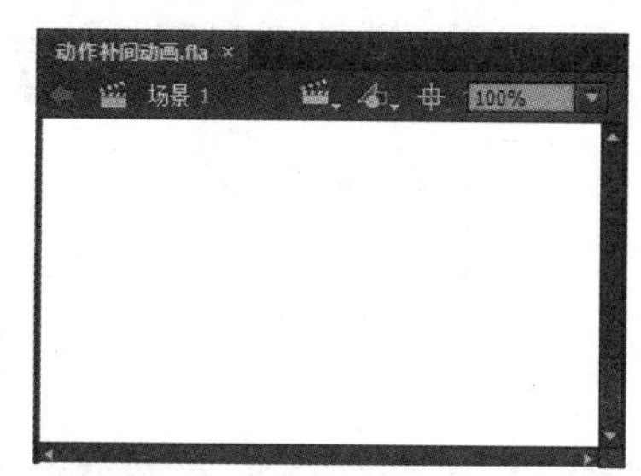

图 17-29 新建 Flash 文档

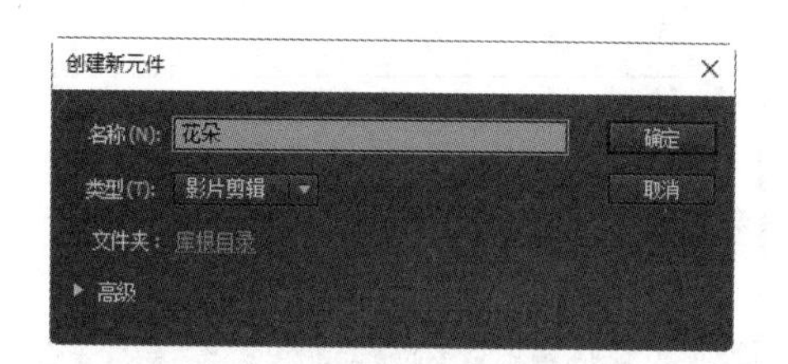

图 17-30 【创建新元件】对话框

step 03 单击【确定】按钮，即可进入影片剪辑元件的编辑模式，如图 17-31 所示。

step 04 选取工具栏中的椭圆工具，设置笔触颜色为【无】，填充颜色为【线性渐变】，然后选择一种渐变颜色，最后在舞台上绘制一个椭圆，如图 17-32 所示。

图 17-31　进入影片剪辑元件编辑模式

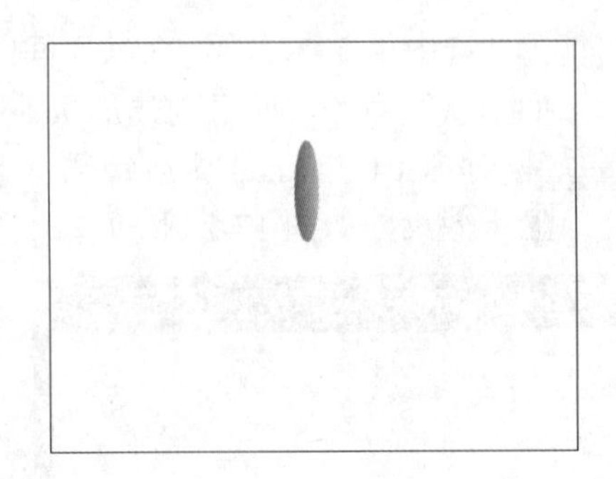
图 17-32　绘制椭圆

step 05 选择任意变形工具，将椭圆的中心点往下移动，然后依次选择【窗口】→【变形】命令，即可打开【变形】面板，如图 17-33 所示。

step 06 选中【旋转】单选按钮，并输入旋转角度值 35，然后重复单击【重制选区和变形】按钮，即可得到花朵的形状，如图 17-34 所示。

图 17-33　【变形】面板

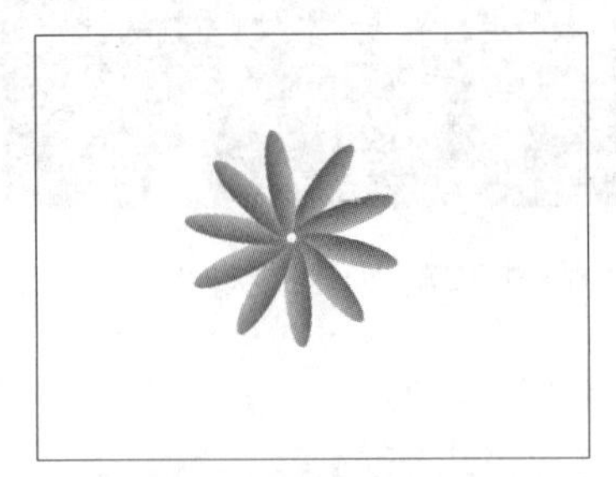
图 17-34　变形效果

step 07 选中图层 1 的第 10 帧，按 F6 键插入关键帧，然后使用任意变形工具等比例缩小花朵并调整其位置，如图 17-35 所示。

step 08 选中第 1 帧到第 10 帧的任意一帧并右击，从弹出的快捷菜单中选择【创建补间动画】命令，然后在【属性】面板中将【旋转】次数设置为 1，【方向】设置为顺时针，如图 17-36 所示。

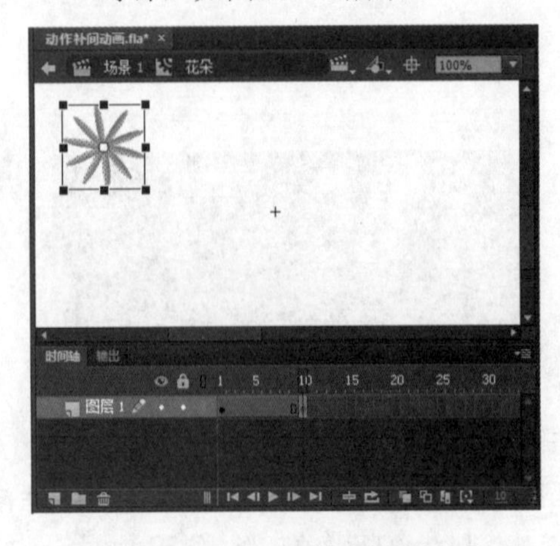
图 17-35　插入关键帧并调整花朵

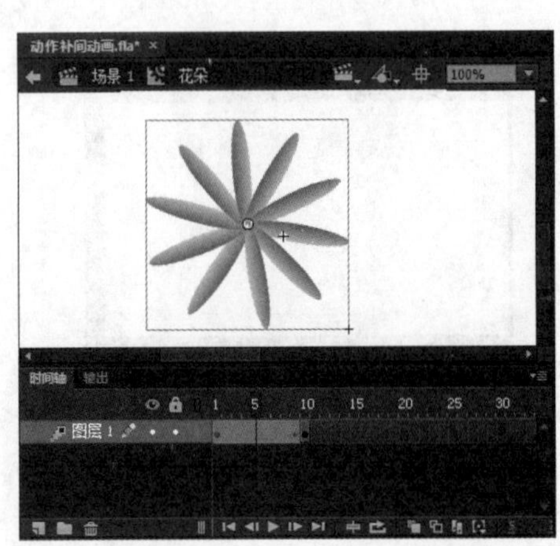
图 17-36　创建补间动画

step 09 在图层 1 的第 20 帧处插入关键帧，然后使用任意变形工具将花朵整体调小，如图 17-37 所示。

step 10 选中第 10 帧到第 20 帧的任意一帧，并右击，从弹出的快捷菜单中选择【创建补间动画】命令，然后在【属性】面板中将【旋转】次数设置为 1，【方向】设置为顺时针，如图 17-38 所示。

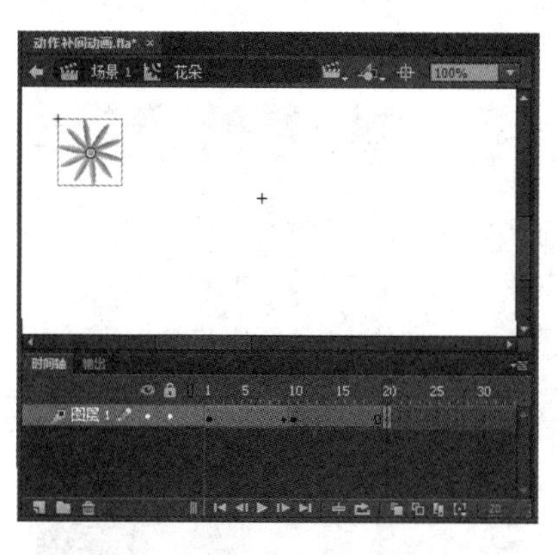

图 17-37 在第 20 帧处插入关键帧

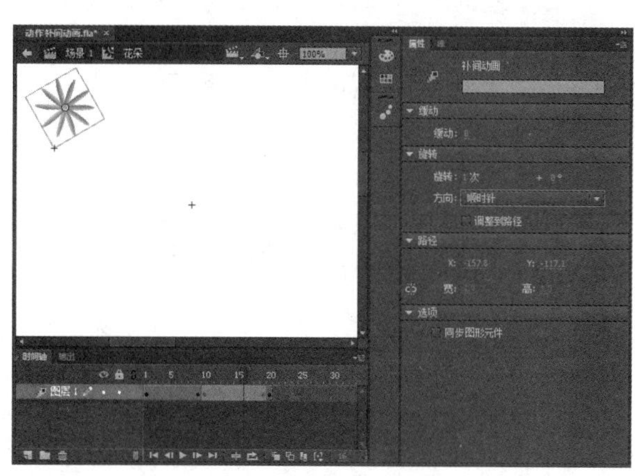

图 17-38 创建补间动画

step 11 分别单击第 1 帧到第 10 帧和第 10 帧到第 20 帧中间的位置，然后单击右侧【属性】面板中的【色彩效果】选项卡，将【样式】设置为 Alpha，透明度调为 50%，如图 17-39 所示。

step 12 单击【场景 1】按钮，返回到主场景中，然后将【库】面板中的花朵元件拖到场景中，并进行大小和位置的摆放，如图 17-40 所示。

step 13 按 Ctrl + Enter 组合键进行测试，即可在测试窗口预览花朵的动画效果，如图 17-41 所示。

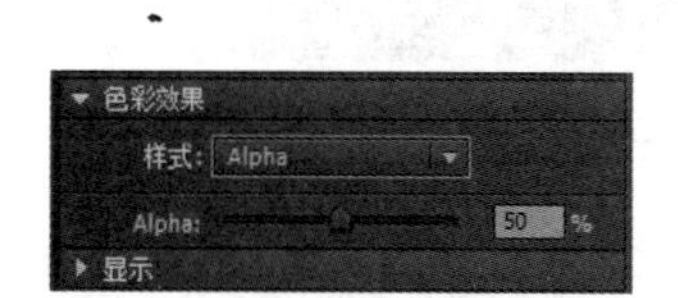

图 17-39 设置样式及透明度

图 17-40 将花朵元件拖到场景中

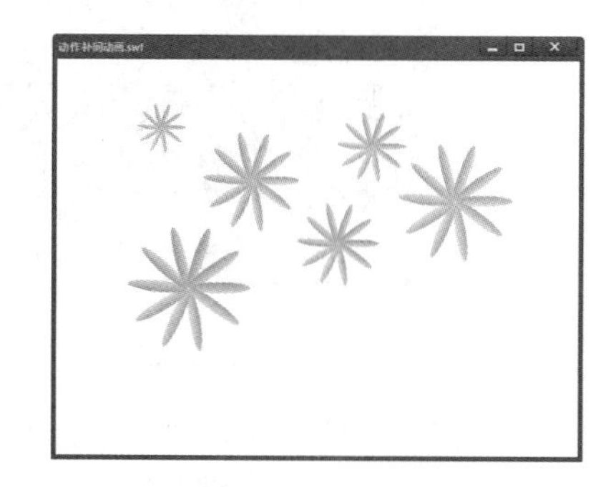

图 17-41 测试影片

17.3.3 案例 3——制作遮罩动画

在 Flash CC 中很多效果丰富的动画都是通过遮罩动画来实现的。遮罩动画是通过遮罩层创建的，由遮罩层来决定被遮罩层中的显示内容，从而产生动画效果。在遮罩中可以使用多种动画形式，比如可以在遮罩层和被遮罩层中使用形状补间动画、动作补间动画及引导路径动画等。

制作简单遮罩动画的具体操作步骤如下。

step 01 启动 Flash CC，然后依次选择【文件】→【新建】命令，即可创建一个新的 Flash 空白文档，最后将该文档保存为【遮罩动画.fla】文档，如图 17-42 所示。

step 02 依次选择【文件】→【导入】→【导入到舞台】命令，即可打开【导入】对话框，然后在其中选择导入到舞台上的图片，最后单击【打开】按钮，即可将图片导入到舞台，如图 17-43 所示。

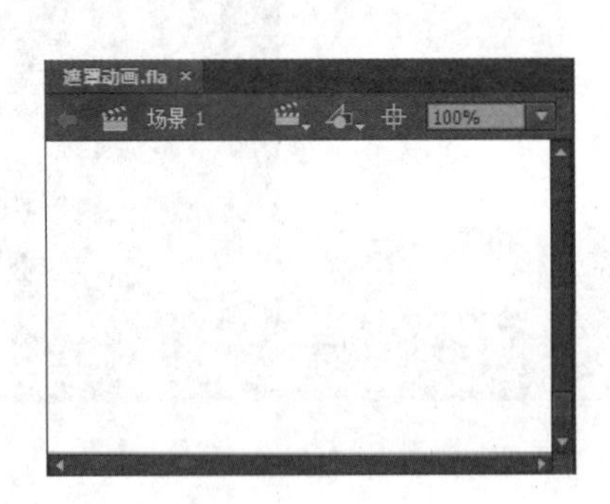

图 17-42　新建 Flash 文档

图 17-43　导入图片

step 03 选中图片，然后在【属性】面板中，分别将宽和高设置成与舞台一样的大小，即 550×400，如图 17-44 所示。

step 04 取消对图片的选择，然后将舞台的背景颜色设置为黑色，如图 17-45 所示。

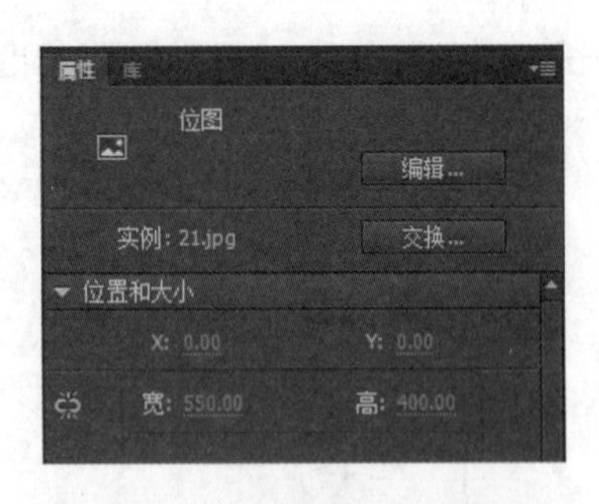

图 17-44　设置图片的尺寸

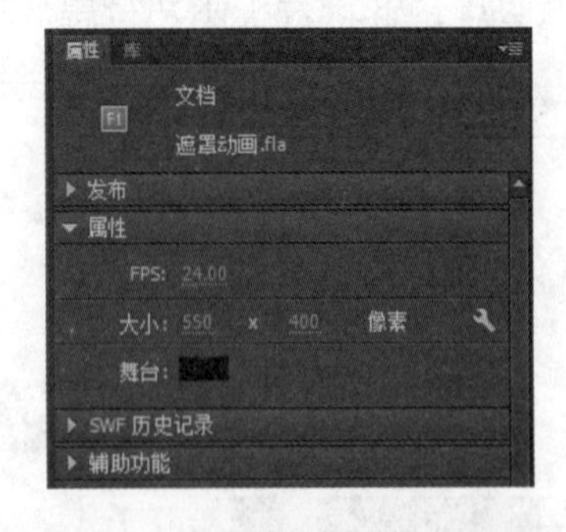

图 17-45　设置舞台的背景颜色

step 05 单击【时间轴】面板中的【新建图层】按钮，即可在图层 1 上新插入一个图层 2，然后使用椭圆工具在该图层绘制一个椭圆形，如图 17-46 所示。

step 06 分别在图层 1 和图层 2 的第 50 帧处插入普通帧，这样可以延长动画的播放时间，如图 17-47 所示。

step 07 选中图层 2 的第 50 帧，按 F6 键插入关键帧，然后将椭圆形拖曳到图片的右上角，并使用任意变形工具将椭圆整体变大，如图 17-48 所示。

step 08 选中图层 2 的第 1 帧到第 50 帧之间的任意帧，并右击，从弹出的快捷菜单中选择【创建传统补间】命令，即可创建补间动画，如图 17-49 所示。

图 17-46　新建图层并绘制椭圆

图 17-47　插入帧

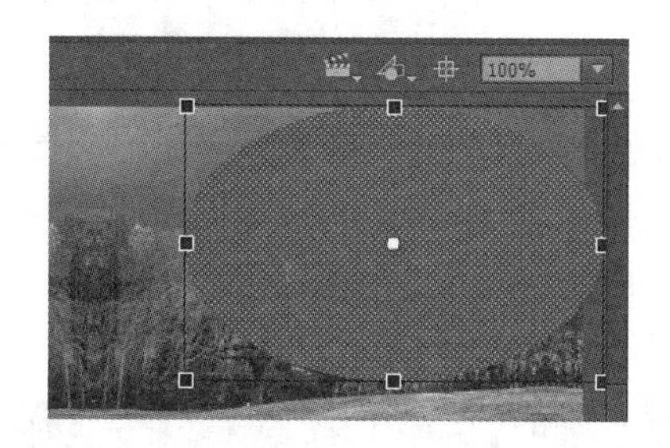

图 17-48　插入关键帧

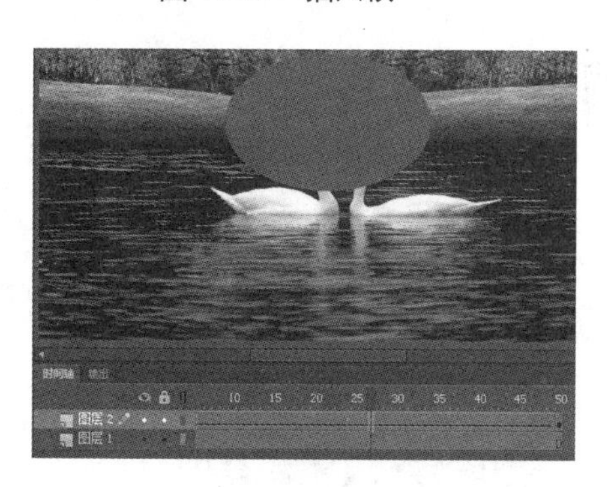

图 17-49　创建补间动画

step 09 右击图层 2，从弹出的快捷菜单中选择【遮罩层】命令，即可完成遮罩动画的制作，如图 17-50 所示。

step 10 按 Ctrl + Enter 组合键进行测试，即可在测试窗口预览遮罩动画的效果，如图 17-51 所示。

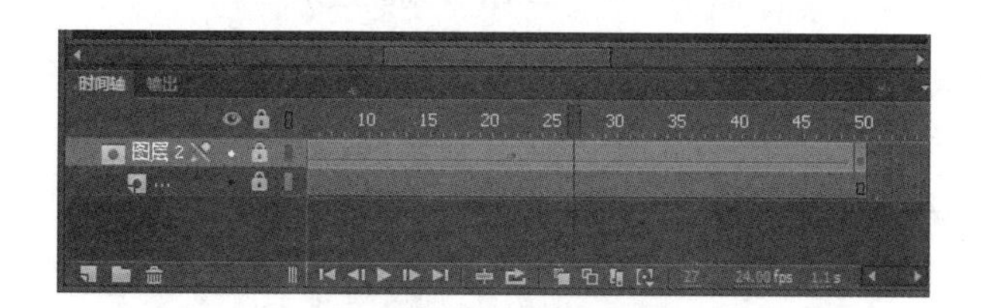

图 17-50　创建遮罩动画

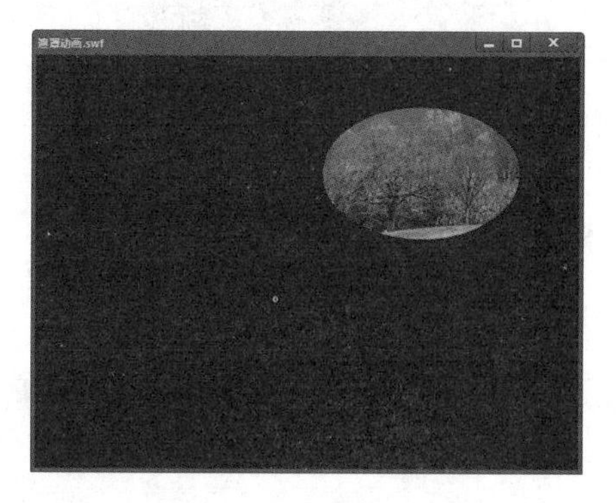

图 17-51　测试遮罩动画

17.3.4　案例 4——使用动画预设

动画预设是 Flash 中预配置的补间动画，可以将其直接应用于舞台上的对象(元件实例或文本字段)，以实现指定的动画效果，而无须用户自己设计动画效果。

应用动画预设效果的具体操作步骤如下。

step 01 打开“素材\ch13\气球.fla”文件，如图 17-52 所示。

step 02 选中场景中的气球元件，然后依次选择【窗口】→【动画预设】命令，即可打开【动画预设】对话框，如图 17-53 所示。

图 17-52　素材文件

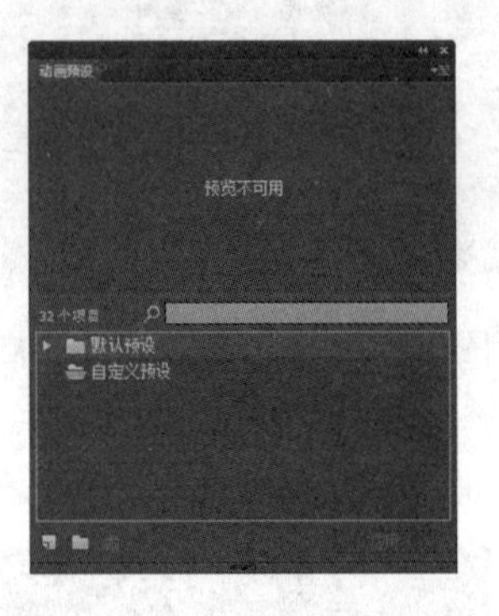

图 17-53　【动画预设】对话框

step 03 双击该对话框中的【默认预设】选项卡，即可打开 Flash 中预配置的各种动画效果，从动画效果列表选择其中一种(如这里选择【2D 放大】选项)，如图 17-54 所示。

step 04 单击【应用】按钮，即可返回到主窗口中，如图 17-55 所示。

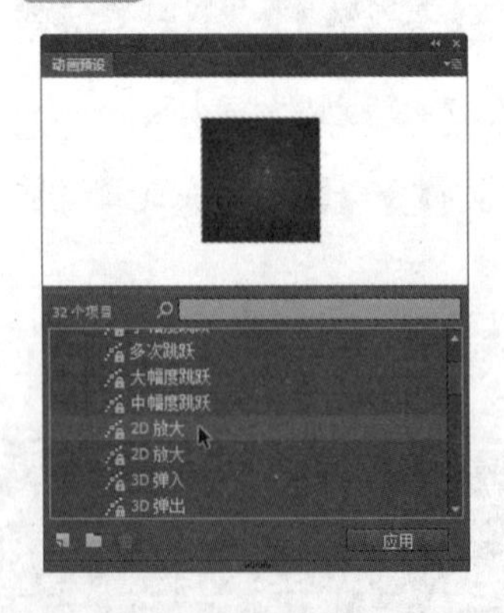

图 17-54　选择【2D 放大】选项

图 17-55　应用预设动画效果

step 05 按 Ctrl + Enter 组合键进行测试，即可在测试窗口预览 2D 放大动画效果，如图 17-56 所示。

图 17-56　测试动画

17.4　综合案例——制作数字倒计时动画

本案例主要通过在不同的关键帧上设置不同的数字，从而制作出倒计时动画的效果。具体操作如下。

step 01 启动 Flash CC，然后依次选择【文件】→【新建】命令，即可创建一个新的 Flash 空白文档，最后将该文档保存为【数字倒计时动画.fla】文档，如图 17-57 所示。

step 02 按 Ctrl+R 组合键打开【导入】对话框，在其中选择需要导入的素材图片，将该图片导入到舞台中，然后将图片和舞台的大小都设置为 454 像素×381 像素，并将图片调整至舞台的中央，如图 17-58 所示。

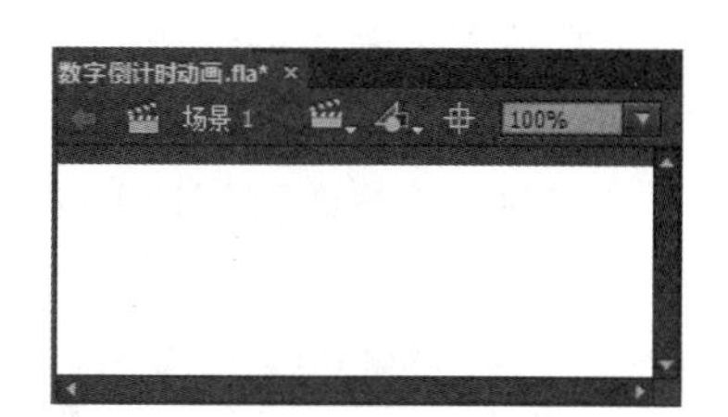

图 17-57　新建 Flash 文档

图 17-58　导入图片

step 03 在图层 1 的第 21 帧处按 F5 键插入帧，如图 17-59 所示。

step 04 将图层 1 锁定，并新建一个图层，选中新建图层的第 1 帧，然后选择文本工具，在其【属性】面板中的【字符】命令组内，将【系列】设置为 Lucida Handwriting，【大小】设置为 85 磅，【颜色】设置为#FF9933，如图 17-60 所示。

图 17-59　插入帧

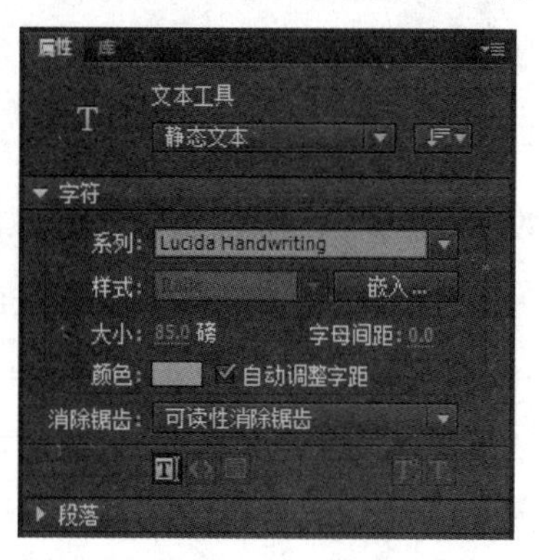

图 17-60　设置【字符】各项参数

step 05 按住鼠标左键在舞台上绘制一个文本框并输入数字 20，如图 17-61 所示。

step 06 使用文本工具再在舞台上绘制一个文本框并输入文本【天】，输入完成后，选中输入的文本，在其【属性】面板中将【大小】设置为 45，【颜色】设置为 00CC33，效果如图 17-62 所示。

图 17-61　输入数字

图 17-62　输入文本

step 07 在图层 2 的第 2 帧处插入关键帧，然后使用文本工具选中该帧上的数字，并将其修改为 19，如图 17-63 所示。

step 08 按照相同的方法，在图层 2 的第 3～20 帧处插入关键帧，并修改对应帧上的数字，如图 17-64 所示。

图 17-63　插入关键帧并修改帧上的数字

图 17-64　设置关键帧

step 09 单击【时间轴】面板底部的【帧频率】按钮，使其处于编辑状态，然后在文本框中输入帧频率 1，如图 17-65 所示。

step 10 至此，就完成了数字倒计时动画的制作，按 Ctrl+Enter 组合键进行测试，即可测试数字倒计时动画的播放效果，如图 17-66 所示。

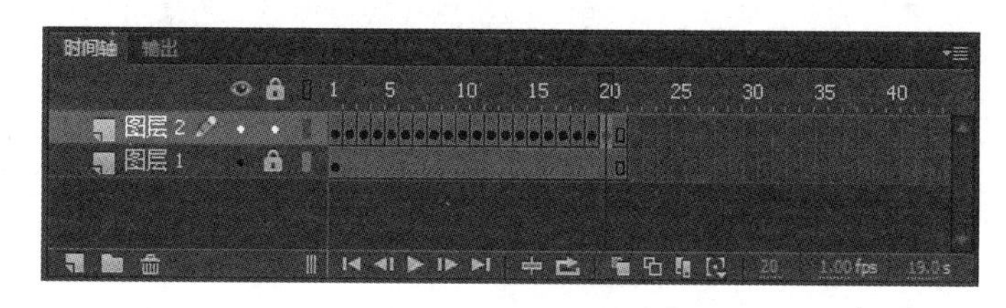

图 17-65 设置帧频率

图 17-66 测试效果

17.5 疑难解惑

疑问 1：为什么有的时候不能对图层进行编辑？

答：当出现这一问题时，要先查看需要进行编辑的图层是否处于锁定状态，当图层被锁定时，图标即会变成图标，说明不能对该图层进行编辑。单击该图层后面的图标，即可解除锁定，之后可根据需要对该图层进行编辑。

疑问 2：为补间动画的关键帧添加图形之后，补间动画失效怎么办？

答：动作补间动画只能在两个关键帧之间，为相同的图形创建动画效果。若在创建之后的动作补间动画中再添加图形、文字或元件等内容，就会使两个关键帧中的图形出现差异(即破坏了动作补间动画的创建前提)，所以已创建好的动作补间动画会自动解除，并出现标志。用户可在创建补间动画前，在起始关键帧和结束关键帧中绘制好所有图形，再创建动画。

第 18 章 网页元素的动态交互——创建交互式动画

在 Flash CC 中，通过 ActionScript 3.0 编程，可以更好地实现与用户的交互，轻松地制作出华丽的 Flash 特效。另外，利用 Flash 中的组件可以轻松地在 Flash 文档中添加简单的用户界面元素，如单选按钮、复选框、滚动窗口等。本章主要介绍如何创建交互式网页动画素材。

18.1 ActionScript 概述

通过 ActionScript 的脚本编写功能，可以将动作、运算符及对象等元素组织到脚本中，即使只是添加几句简单的代码，也可丰富整个 Flash 的动画效果。

18.1.1 ActionScript 基本术语

像其他脚本语言一样，ActionScript 作为 Flash 的专用编程语言也有其特有的语法规则。在正式学习 ActionScript 之前，需要先对其基本术语进行简单介绍。

- 动作：可以是告诉影片停止播放的单一声明，也可以是在执行一个动作前，给条件赋值的一系列声明。动作是 ActionScript 脚本语言的灵魂和编程的核心，用于控制在动画播放过程中相应的程序流程和播放状态。在动画中，所有 ActionScript 程序最终都要通过一定的动作体现出来，程序是通过动作与动画发生直接联系的。
- 事件：是指当影片播放时发生的动作。在很多情况下，动作是不会独立执行的，而是要具备一定的条件。简而言之，就是要有一定的事情对该动作进行触发，才会执行这个动作，起到触发作用的事情在 ActionScript 中称为事件。

因为每种事件都代表不同的情况发生，所以必须决定程序代码应该写在哪一个事件中。对于同一个按钮或影片剪辑而言，也可以同时指定多个不同的动作。当 ActionScript 不是添加在帧上而是添加在实例中时，请注意对实例的选定。

- 数据类型：是值以及可以在上面执行的动作的集合。在 ActionScript 中可以被应用，并且能够进行各种操作的数据有多种类型。
- 构造器：是用来定义类的属性和方法的函数。
- 类：是创建用来定义新类型对象的数据类型。一系列相互之间有关联的数据集合称为一个类，可以使用类来创建新的对象。如果要定义一个新的对象类，需要事先创建一个构造器函数。
- 函数：是可以向其传递参数并能够返回值的可重复使用的代码块。
- 表达式：是任何产生值的语句片断。
- 标识符：用来指示变量、属性、对象、函数或者方法的名称。这种名称遵循一定的命名规则，即作为名字的第一个字符必须是字母、下划线或特殊符号＄三者中的一种；第二个字符以后必须是字母、数字、下划线或特殊符号＄(如，＄369 是一个合法的标识符，而 555Goto 不是合法的标识符)。
- 实例：属于某一个类的对象。一个类可以产生很多个属于这个类的实例，一个类的每一个实例都包含这个类的所有特性和方法。
- 实例名：每个实例名都是唯一的，通过使用这个唯一的实例名可以在脚本中瞄准所需要的影片剪辑。
- 变量：保存某一种数据类型的值的标识符。变量可以被创建、改变和更新，它的存储值也可以在脚本中检索。

- 方法：分派给对象的函数。在一个函数被指派给一个对象后，它便可以作为这个对象的一个方法调用。
- 关键字：是具有特殊意义的保留字，这些关键字都有特别的意义，因此不可以作为标识符使用。
- 对象：是属性的集合。每一个对象都有自己的名称和数值，通过对象可以自由访问某一个类型的信息。
- 操作符：是从一个或多个值计算出一个新值的术语。如使用-(减号)操作符可以求两个值的差。
- 目标路径：是影片中影片剪辑实例名称、变量和对象的层次性的地址。
- 属性：定义对象的特征。

18.1.2 【动作】面板

Flash CC版本只支持ActionScript 3.0，对于之前版本的ActionScript 2.0已不再支持。因此，无法再使用ActionScript 2.0中的代码。并且，CC版本的【动作】面板与之前版本相比，界面更加简洁。

在Adobe Flash CC的主窗口中，依次选择【窗口】→【动作】命令(或按F9键)，即可打开【动作】面板，如图18-1所示。

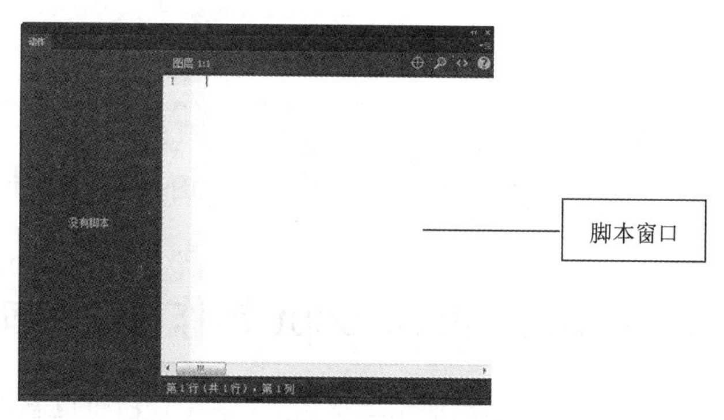

图18-1 【动作】面板

脚本窗口用于添加和编辑动作脚本。脚本窗口为在一个全功能编辑器(称作ActionScript编辑器)中创建脚本提供了必要的工具，该编辑器中包括代码的语法格式设置和检查、代码提示、代码着色、调试及其他一些简化脚本创建的功能。

在脚本窗口的上方还包括一些其他功能的按钮。下面来具体介绍这些按钮的含义。

- 【插入实例路径和名称】按钮：单击该按钮可打开【插入目标路径】对话框，从中插入新的目标路径，如图18-2所示。
- 【查找】按钮：单击该按钮可打开【查找和替换】界面，在【查找文本】文本框中输入要查找的名称，或在【替换文本】文本框中输入要替换的内容，如图18-3所示。

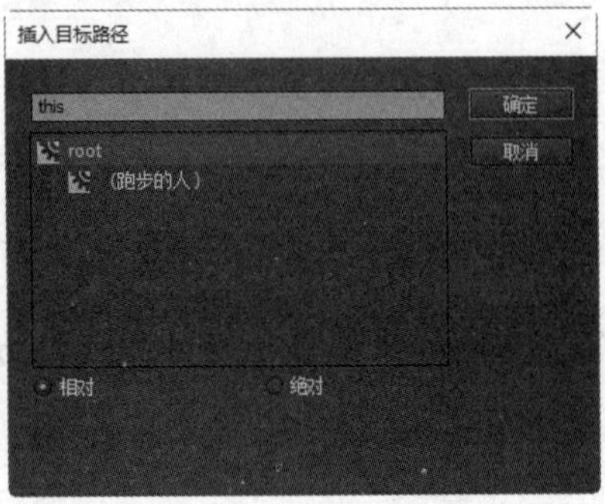

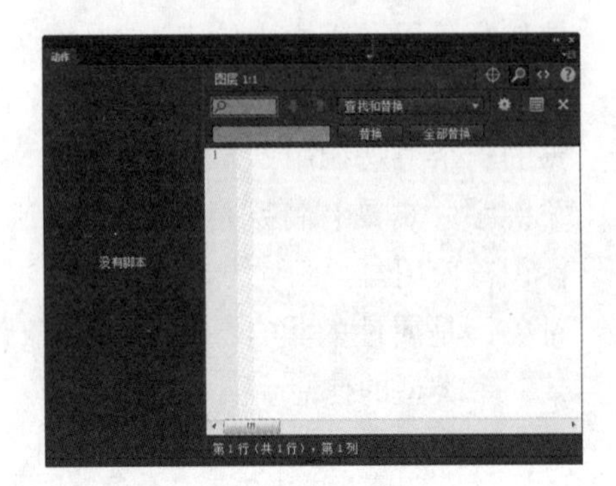

图 18-2 【插入目标路径】对话框

图 18-3 【查找和替换】界面

- 【代码片段】按钮：单击该按钮可打开【代码片段】面板，如图 18-4 所示。
- 【帮助】按钮：单击该按钮可在 IE 浏览器中打开帮助页面，并显示 ActionScript 脚本的参考信息，如图 18-5 所示。

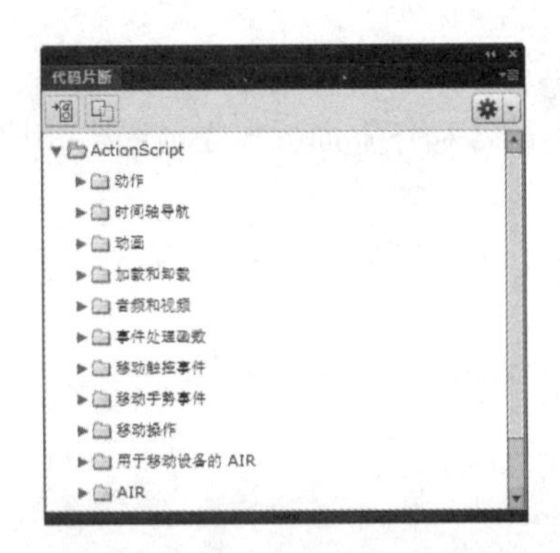

图 18-4 【代码片段】面板

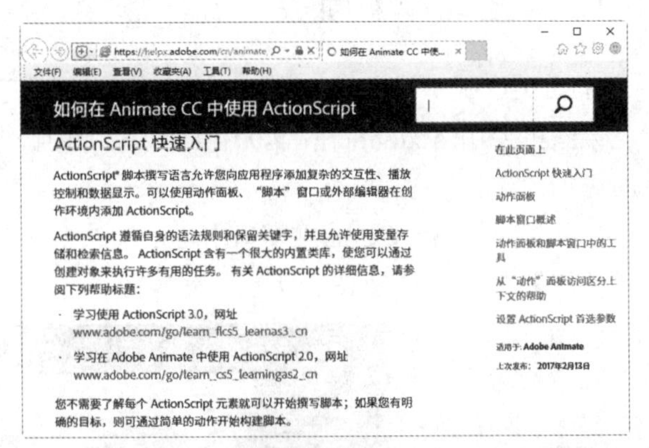

图 18-5 帮助页面

18.2 使用 ActionScript 制作动画特效

在【动作】面板的【脚本】窗口中添加相关 ActionScript 代码可以制作动画特效。下面介绍几种动画特效的制作。

18.2.1 案例 1——制作按钮切换图片效果

本案例主要是通过按钮元件和 ActionScript 代码来完成制作。制作按钮切换图片效果的具体操作步骤如下。

step 01 启动 Flash CC，然后依次选择【文件】→【新建】命令，即可创建一个新的 Flash 空白文档，最后将该文档保存为【按钮切换图片效果.fla】文档，如图 18-6 所示。

step 02 选中图层 1 的第 1 帧，按 Ctrl+R 组合键打开【导入】对话框，在其中选择需要导入的图片文件，将其导入到舞台中，并将图片和舞台的大小设置为 340 像素×453

像素，如图 18-7 所示。

图 18-6 新建 Flash 文档

图 18-7 导入图片

step 03 在图层 1 的第 2 帧处插入空白关键帧，然后按照步骤 2 的方法将素材图片导入到舞台，并调整图片的大小，如图 18-8 所示。

step 04 按照相同的方法，分别在第 3、4、5、6 帧处插入空白关键帧，并在对应的关键帧处导入不同的素材图片，完成后的效果如图 18-9 所示。

图 18-8 插入空白关键帧并导入图片

图 18-9 完成其他空白关键帧的操作

step 05 新建一个图层，选择工具栏中的矩形工具，然后在其【属性】面板中，将笔触颜色设置为白色，填充颜色设置为无，笔触大小设置为 10，【接合】设置为【尖角】，如图 18-10 所示。

step 06 按住鼠标左键在舞台外侧绘制一个白色的矩形框，效果如图 18-11 所示。

step 07 按 Ctrl+F8 组合键打开【创建新元件】对话框，在其中新建一个名为【按钮】的按钮元件，如图 18-12 所示。

step 08 单击【确定】按钮，即可进入该元件的编辑模式中，将舞台颜色修改为黑色，然后使用椭圆工具和矩形工具绘制如图 18-13 所示的图形。

step 09 选中舞台上绘制的图形，并右击，从弹出的快捷菜单中选择【转换为元件】命令，即可打开【转换为元件】对话框，在【名称】文本框中输入【按钮元件】，并将【类型】设置为【图形】，如图 18-14 所示，最后单击【确定】按钮即可。

step 10 选中图层 1 中的弹起帧上的元件，在其【属性】面板中将 Alpha 值设置为 50%，如图 18-15 所示。

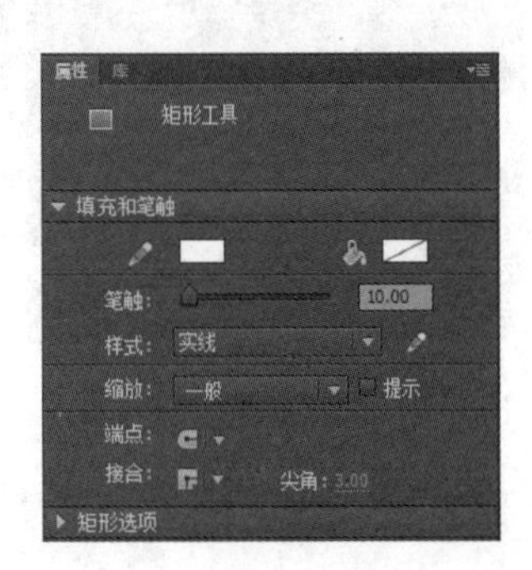

图 18-10　设置矩形工具的属性

图 18-11　绘制白色的矩形框

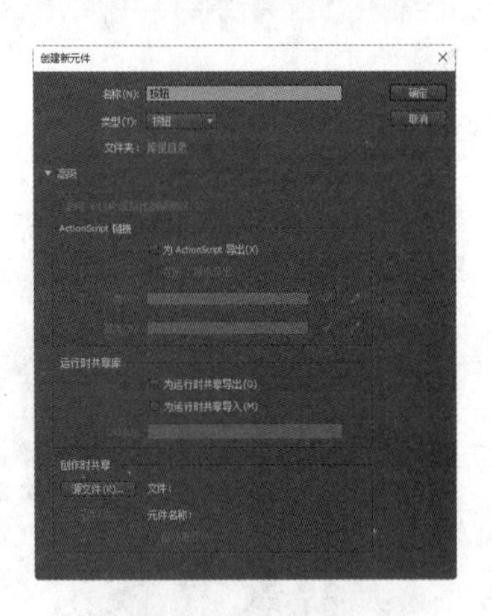

图 18-12　新建按钮元件

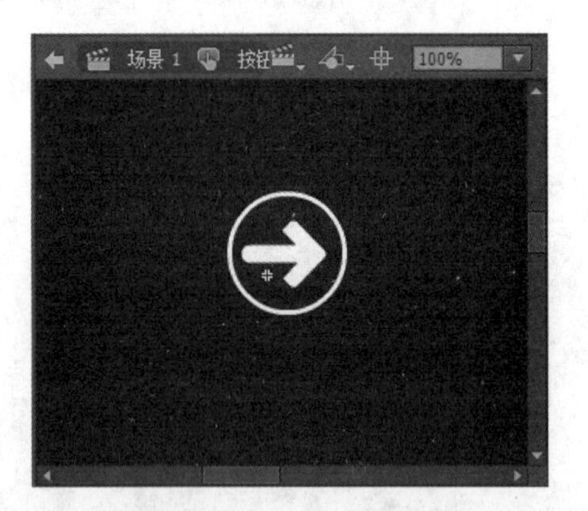

图 18-13　绘制图形

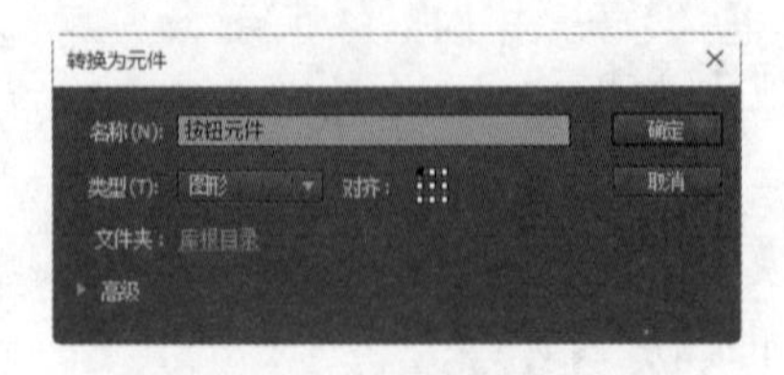

图 18-14　转换为图形元件

图 18-15　设置 Alpha 值

step 11 在图层 1 的指针经过帧处插入关键帧，并选中该帧上的元件，然后在其【属性】面板中将【样式】设置为无，如图 18-16 所示。

step 12 返回到场景 1 中，新建一个图层，并选中新建图层的第 1 帧，将【库】面板中的按钮元件拖到舞台右侧，并使用任意变形工具将其适当地缩小，如图 18-17 所示。

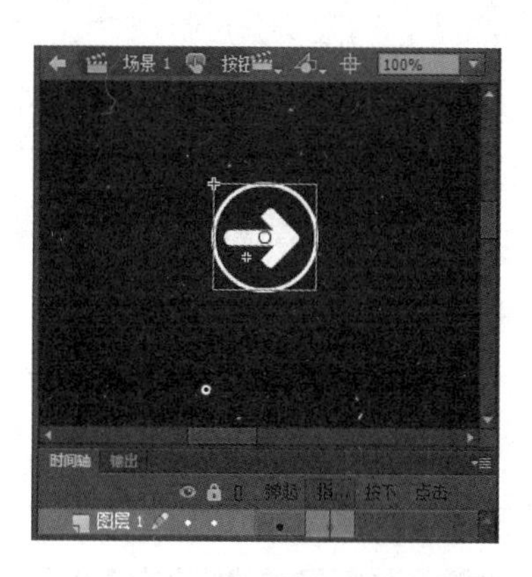

图 18-16　将色彩效果设置为无

图 18-17　将按钮元件拖到舞台右侧

step 13 选中舞台上的按钮元件，将其复制，并移到舞台左侧，然后依次选择【修改】→【变形】→【水平翻转】命令，即可将其水平翻转，效果如图 18-18 所示。

step 14 选中舞台左侧的按钮元件，在其【属性】面板中的实例名称文本框中输入 btn1，如图 18-19 所示。

图 18-18　将按钮元件水平翻转

图 18-19　设置左侧按钮元件的实例名称

step 15 选中舞台右侧的按钮元件，在其【属性】面板中的实例名称文本框中输入 btn，如图 18-20 所示。

step 16 新建一个图层，并选中新建图层的第 1 帧，按 F9 键打开【动作】对话框，在其中输入如下代码(见图 18-21)：

```
stop();
btn.addEventListener(MouseEvent.CLICK,onClick)
function onClick(me:MouseEvent){
    if(currentFrame==6){
        gotoAndPlay(1);
```

```
    }
    else{
        nextFrame();
        stop();
    }
}
btn1.addEventListener(MouseEvent.CLICK,onClick)
function onClick1(me:MouseEvent){
    if(currentFrame==1){
        gotoAndPlay(6);
        stop();

    }
    else{
        prevFrame();
        stop();
    }
}
```

图 18-20　设置右侧按钮元件的实例名称

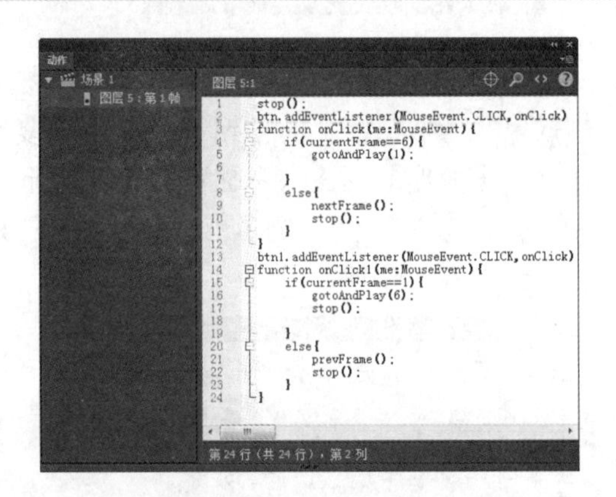

图 18-21　输入代码

step 17 至此，就完成了按钮切换图片效果的制作，按 Ctrl + Enter 组合键进行测试，即可测试单击按钮切换图片的播放效果，如图 18-22 所示。

图 18-22　测试效果

18.2.2 案例 2——制作按钮切换背景颜色效果

本案例比较简单，主要是通过按钮元件和代码来完成背景颜色切换的制作。具体操作步骤如下。

step 01 启动 Flash CC，然后依次选择【文件】→【新建】命令，即可创建一个新的 Flash 空白文档，最后将该文档保存为【按钮切换背景颜色效果.fla】文档，如图 18-23 所示。

step 02 在【属性】面板中，将舞台大小设置为 260 像素×369 像素，填充颜色设置为 #999999，如图 18-24 所示。

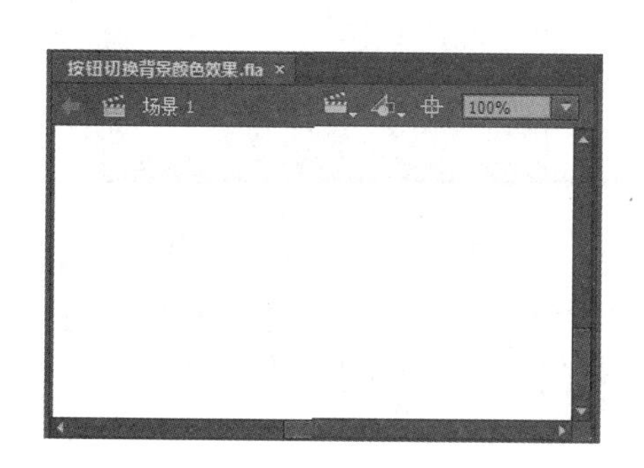

图 18-23 新建 Flash 文档

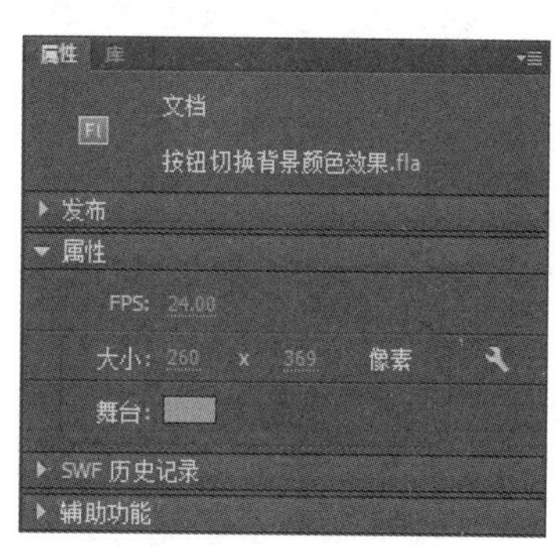

图 18-24 设置舞台属性

step 03 选择工具栏中的矩形工具，然后在其【属性】面板中，将笔触颜色设置为无，填充颜色设置为 339966，如图 18-25 所示。

step 04 按住鼠标左键，绘制一个与舞台一样大小的矩形，并与舞台对齐，如图 18-26 所示。

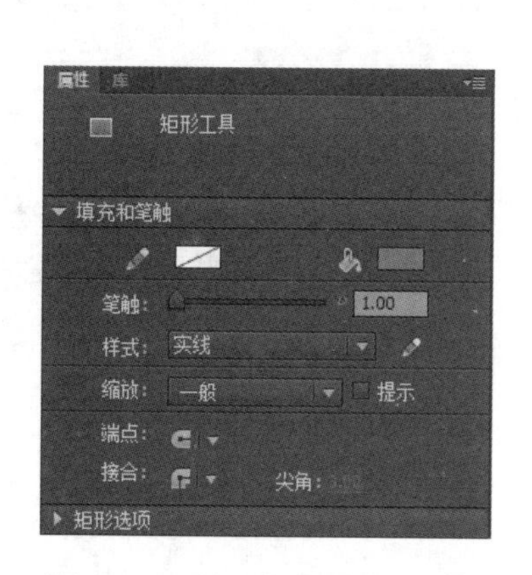

图 18-25 设置矩形工具的属性

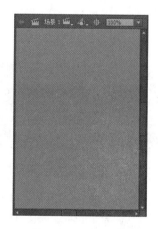

图 18-26 绘制矩形

step 05 选中绘制的矩形，将其复制，在图层 1 的第 2 帧处插入空白关键帧，按 Ctrl+V 组合键进行粘贴，然后将其填充颜色修改为蓝色，如图 18-27 所示。

step 06 在图层 1 的第 3 帧处插入空白关键帧，按 Ctrl+V 组合键进行粘贴，并选中复制后的图形，将其填充颜色修改为#CC99FF，如图 18-28 所示。

图 18-27　复制矩形并更改颜色

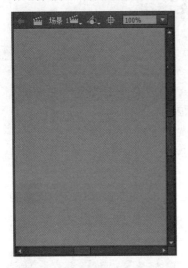

图 18-28　复制矩形并更改颜色

step 07 选中图层 1 第 1 帧上的矩形，按 F8 键打开【转换为元件】对话框，在其中的【名称】文本框中输入【绿色矩形】，并将【类型】设置为【图形】，如图 18-29 所示。最后单击【确定】按钮，即可将其转换为图形元件。

step 08 依次类推，将图层 1 的第 2 帧、第 3 帧上的矩形分别转换为【蓝色矩形】和【粉色矩形】图形元件，如图 18-30 所示。

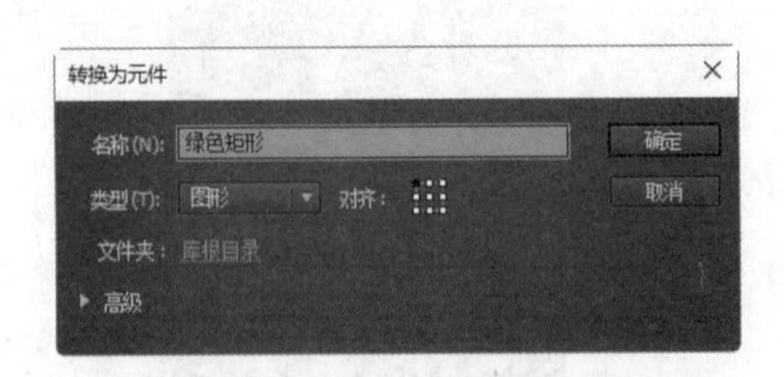

图 18-29　转换为图形元件

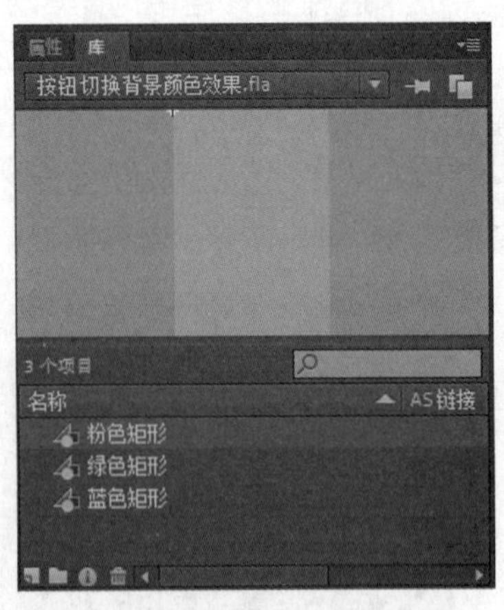

图 18-30　转换其他元件

step 09 按 Ctrl+F8 组合键打开【创建新元件】对话框，在其中新建一个名为【绿色按钮】的按钮元件，如图 18-31 所示。

step 10 单击【确定】按钮，即可进入该元件的编辑模式中，将【库】面板中的【绿色矩形】拖到舞台中，选中拖入舞台的绿色矩形，然后在其【属性】面板中，将【宽】设置为 60，【高】设置为 25，效果如图 18-32 所示。

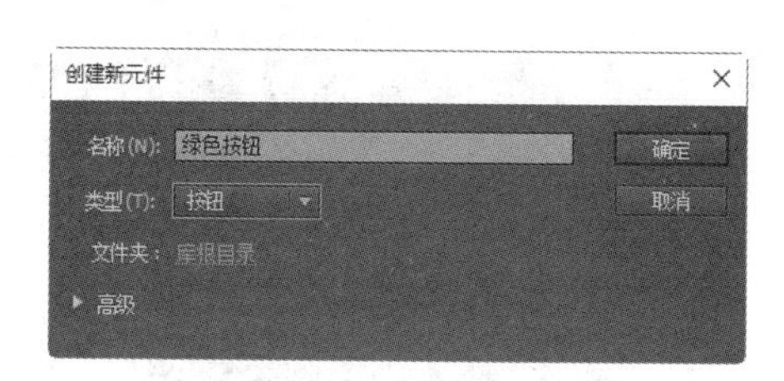

图 18-31　新建按钮元件

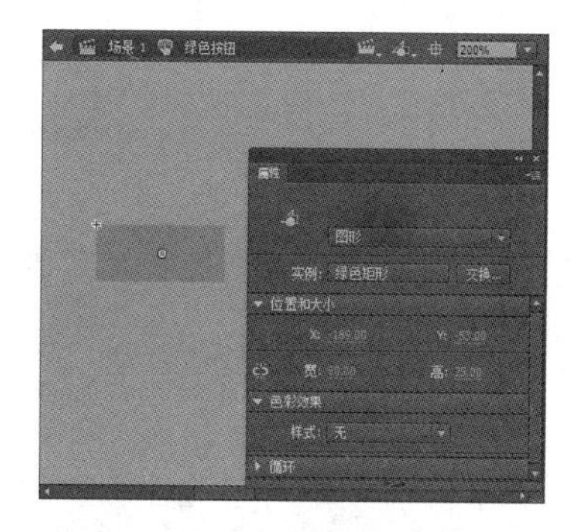

图 18-32　设置矩形的大小

step 11 在图层 1 的指针经过帧处插入关键帧，选择工具栏中的矩形工具，在其【属性】面板中，将笔触颜色设置为无，填充颜色设置为白色，然后在舞台上绘制一个矩形，选中绘制的矩形，在【属性】面板中将【宽】设置为 60，【高】设置为 25，如图 18-33 所示。

step 12 选中绘制的白色矩形，按 F8 键打开【转换为元件】对话框，在其中将【类型】设置为【图形】，如图 18-34 所示，单击【确定】按钮即可。

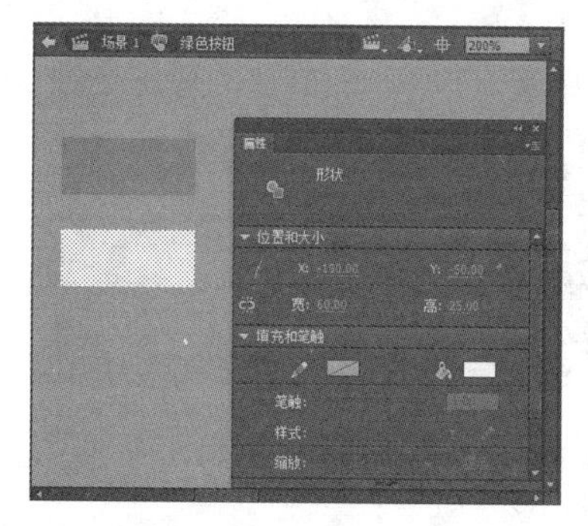

图 18-33　设置矩形属性

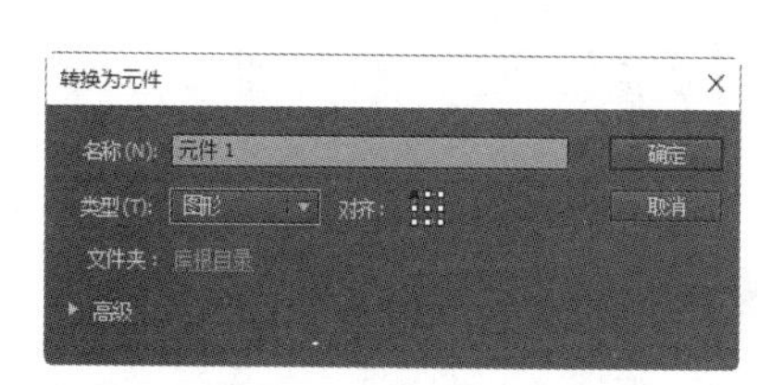

图 18-34　转换为图形元件

step 13 选中舞台上的【白色矩形】元件，在其【属性】面板中将 Alpha 值设置为 30%，然后将白色矩形和绿色矩形重合，效果如图 18-35 所示。

step 14 依次类推，分别制作【蓝色按钮】和【粉色按钮】按钮元件，完成后的效果如图 18-36 所示。

step 15 返回到场景 1 中，新建图层 2，然后按 Ctrl+R 组合键打开【导入】对话框，在其中选择需要导入的.png 格式的图片文件，将其导入到舞台，并设置图片的大小，如图 18-37 所示。

step 16 选中导入的图片，按 F8 键打开【转换为元件】对话框，在其中的【名称】文本框中输入【卡拉】，并将【类型】设置为【影片剪辑】，如图 18-38 所示。单击【确定】按钮即可。

step 17 然后在【属性】面板中的【显示】选项组内，将【混合】设置为【滤色】，如图 18-39 所示。

step 18 新建图层 3，然后使用矩形工具在舞台的右上角绘制一个白色矩形，如图 18-40 所示。

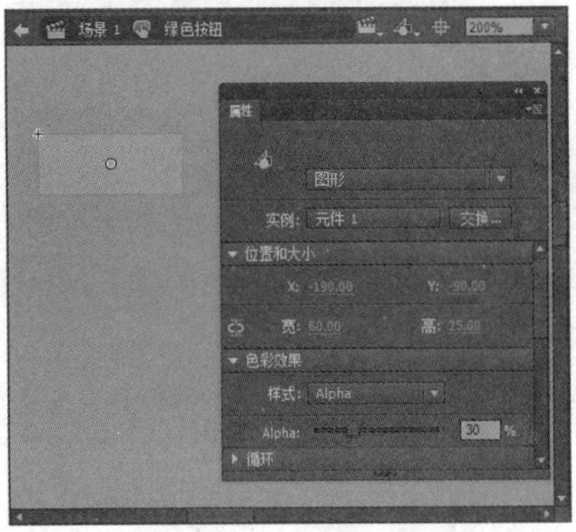

图 18-35　使矩形重合

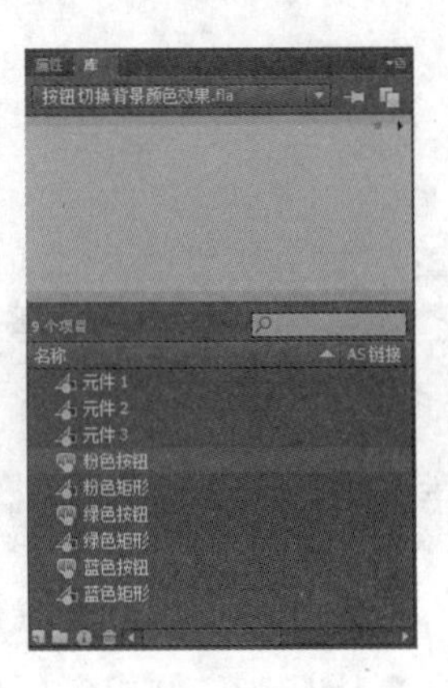

图 18-36　制作其他按钮元件

图 18-37　导入图片

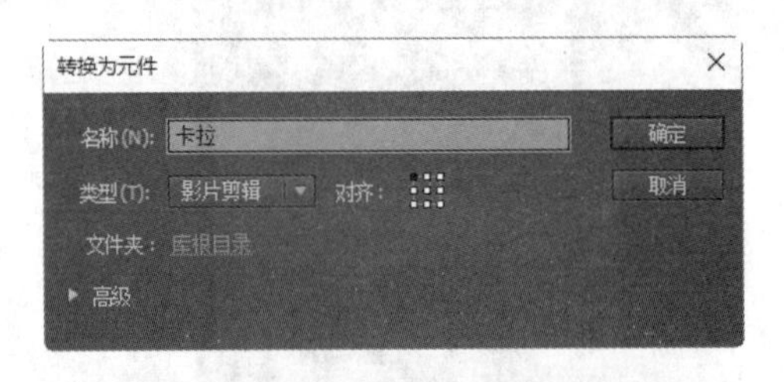

图 18-38　转换为影片剪辑元件

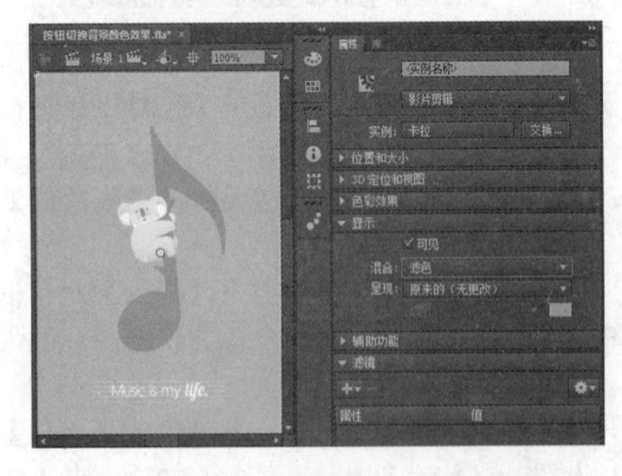

图 18-39　设置元件的显示方式

图 18-40　绘制矩形

step 19 新建图层 4，将【库】面板中的【蓝色按钮】元件拖到舞台中，并调整其位置，然后在其【属性】面板中的实例名称文本框中输入 B，如图 18-41 所示。

step 20 依次类推，将【粉色按钮】和【绿色按钮】元件拖到舞台中的合适位置，并在【属性】面板中将实例名称分别设置为 P 和 G，如图 18-42 所示。

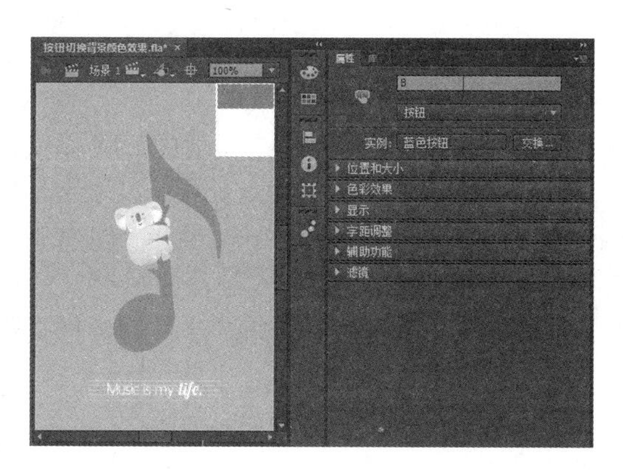

图 18-41　添加元件并设置实例名称

图 18-42　添加其他元件

step 21 新建图层 5，按 F9 键打开【动作】面板，在其中输入如下代码(见图 18-43)：

```
stop();
G.addEventListener(MouseEvent.CLICK,tz1);
function tz1(e:MouseEvent):void{
    gotoAndPlay(1);
    stop();
}
P.addEventListener(MouseEvent.CLICK,tz2);
function tz2(e:MouseEvent):void{
    gotoAndPlay(3);
    stop();
}
B.addEventListener(MouseEvent.CLICK,tz3);
function tz3(e:MouseEvent):void{
    gotoAndPlay(2);
    stop();
}
```

step 22 至此，就完成了按钮切换图片背景效果的制作，按 Ctrl+Enter 组合键进行测试，测试的效果如图 18-44 所示。

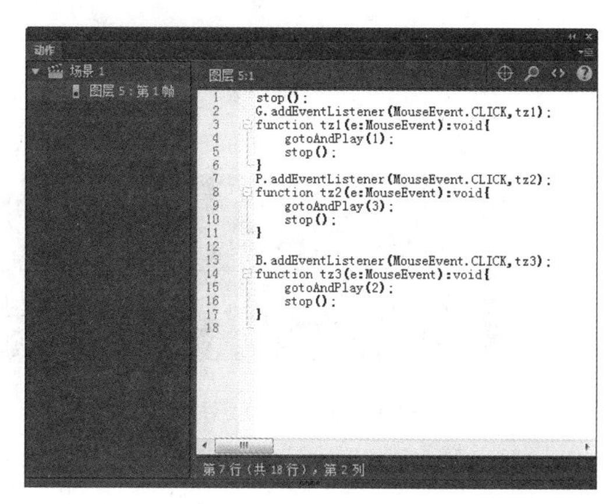

图 18-43　输入代码

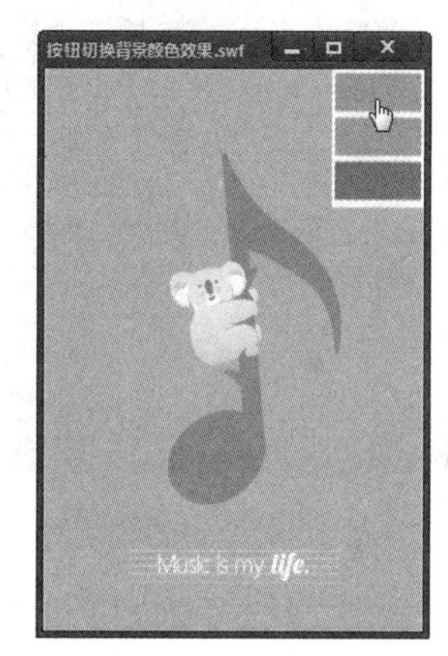

图 18-44　测试效果

18.2.3 案例 3——制作星光闪烁效果

本案例介绍了星光闪烁效果的制作方法，主要是通过相关代码来实现的。具体操作步骤如下。

step 01 启动 Flash CC，然后依次选择【文件】→【新建】命令，即可创建一个新的 Flash 空白文档，最后将该文档保存为【星光闪烁效果.fla】文档，如图 18-45 所示。

step 02 按 Ctrl+R 组合键打开【导入】对话框，在其中选择需要导入的素材文件，如图 18-46 所示。

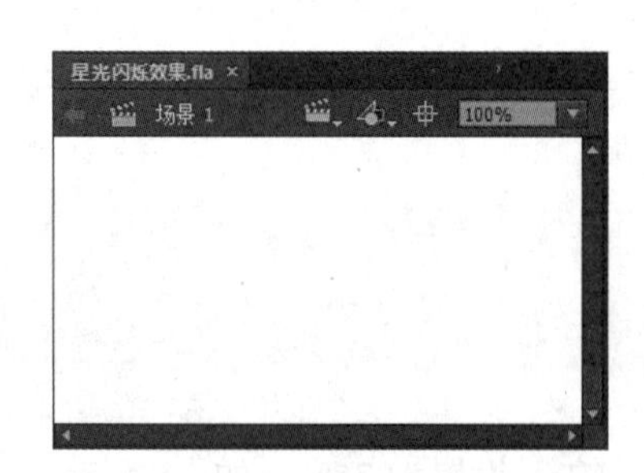

图 18-45　新建 Flash 文档

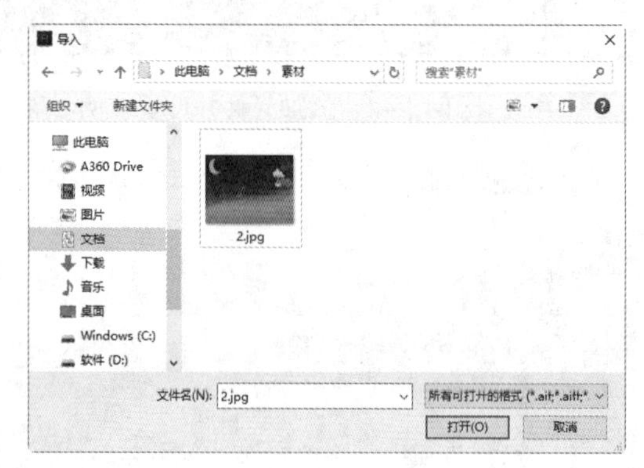

图 18-46　选择图片

step 03 单击【打开】按钮，即可将其导入到舞台中，选中导入的图片，在【属性】面板中将【大小】设置为 550 像素×400 像素，然后按 Ctrl+K 组合键打开【对齐】面板，在其中分别单击水平中齐按钮和垂直中齐按钮，使图片与舞台对齐，如图 18-47 所示。

step 04 按 Ctrl+F8 组合键打开【创建新元件】对话框，在其中新建一个名为【椭圆】的影片剪辑元件，如图 18-48 所示。

图 18-47　设置图片对齐方式

图 18-48　新建影片剪辑元件

step 05 单击【确定】按钮，即可进入该影片剪辑元件的编辑模式中，选择工具栏中的椭圆工具，然后按 Ctrl+Shift+F9 组合键打开【颜色】面板，在其中将笔触颜色设置为无，填充颜色设置为【径向渐变】，将左右色块均设置为白色，并将中间色块的

A 设置为 65%，右侧色块的 A 设置为 0%，如图 18-49 所示。

step 06 按住 Shift 键的同时在舞台上绘制一个正圆，选中绘制的圆，在其【属性】面板中将【宽】和【高】均设置为 63，效果如图 18-50 所示。

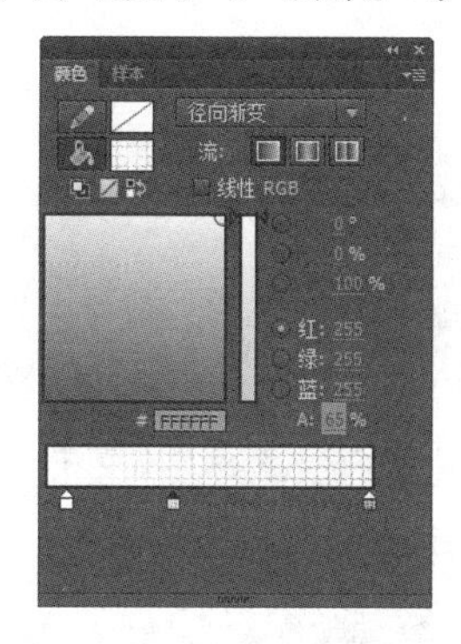

图 18-49　设置椭圆的颜色

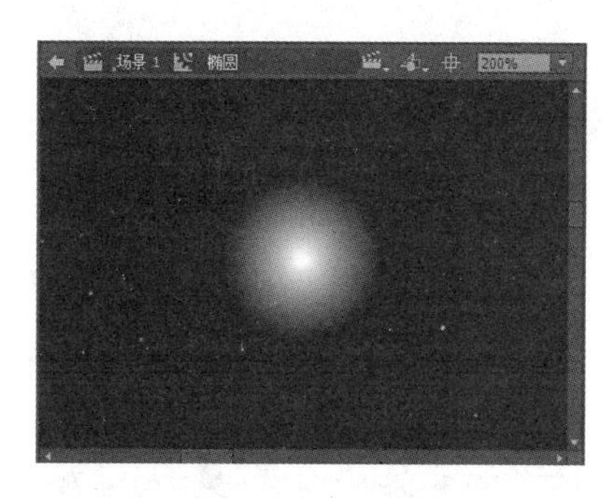

图 18-50　绘制圆

step 07 按 Ctrl+F8 组合键打开【创建新元件】对话框，在其中新建一个名为【十字形】的影片剪辑元件，如图 18-51 所示。

step 08 单击【确定】按钮，即可进入该元件的编辑模式中，选择工具栏中的椭圆工具，然后在【颜色】面板中将笔触颜色设置为无，填充颜色设置为【径向渐变】，将左右色块的颜色均设置为白色，并将右侧色块的 A 设置为 75%，如图 18-52 所示。

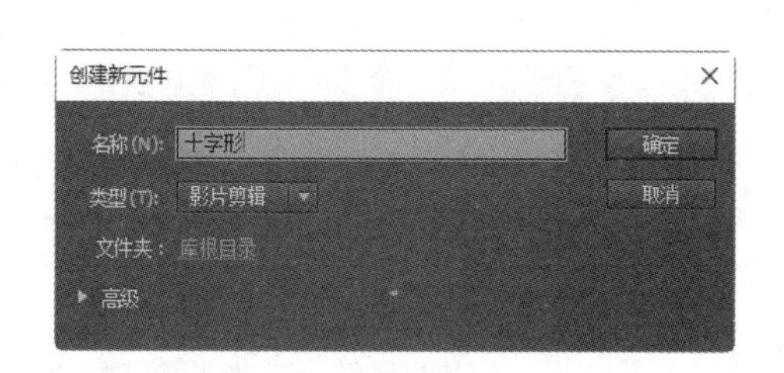

图 18-51　新建影片剪辑元件

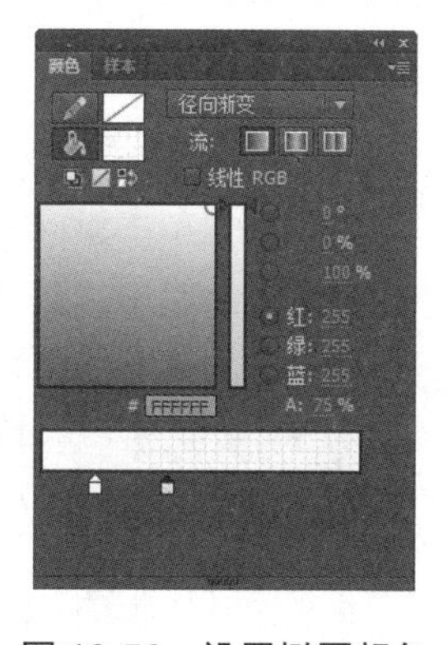

图 18-52　设置椭圆颜色

step 09 按住鼠标左键在舞台上绘制一个椭圆，并选中绘制的椭圆，在其【属性】面板中将【宽】设置为 6，【高】设置为 268，效果如图 18-53 所示。

step 10 按 Ctrl+F8 组合键打开【创建新元件】对话框，使用默认名称，并将【类型】设置为【图形】，如图 18-54 所示。

step 11 单击【确定】按钮，即可进入该元件的编辑模式中，将【库】面板中的【十字形】元件拖到舞台中，按 Ctrl+K 组合键打开【对齐】面板，在其中分别单击水平中齐按钮和垂直中齐按钮，使元件与舞台中心对齐，如图 18-55 所示。

step 12 选中舞台上的元件，并复制一个相同的元件，选中复制的元件，然后选择【修改】→【变形】→【顺时针旋转 90 度】命令，即可将复制出的元件水平翻转，效果如图 18-56 所示。

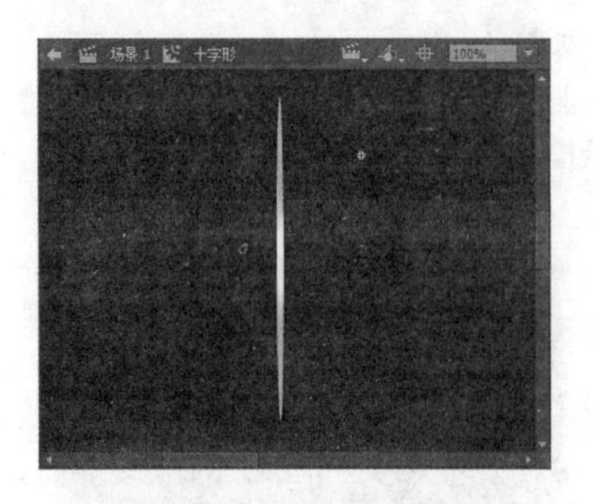

图 18-53　绘制并设置椭圆

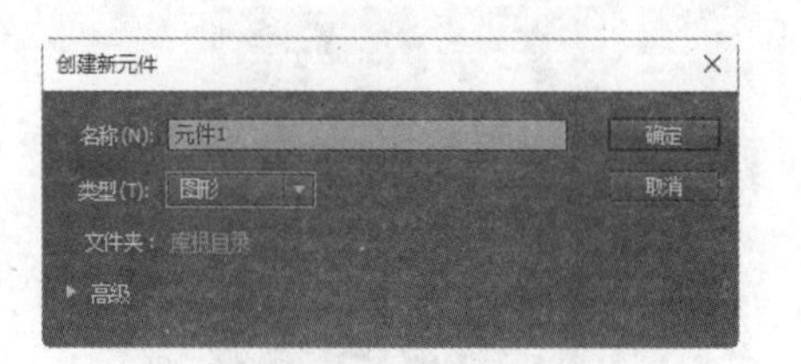

图 18-54　新建图形元件

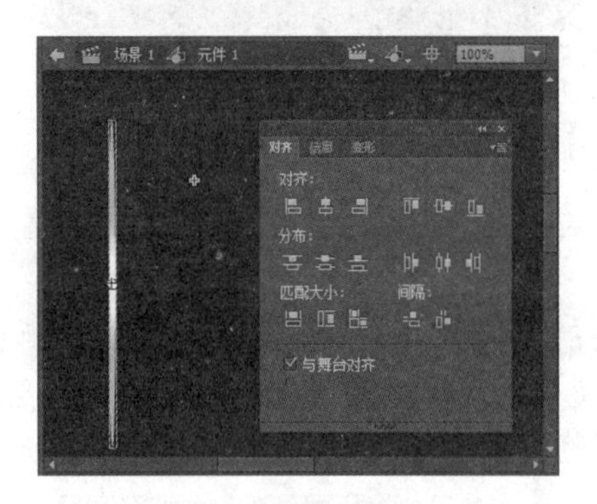

图 18-55　添加元件并设置对齐方式

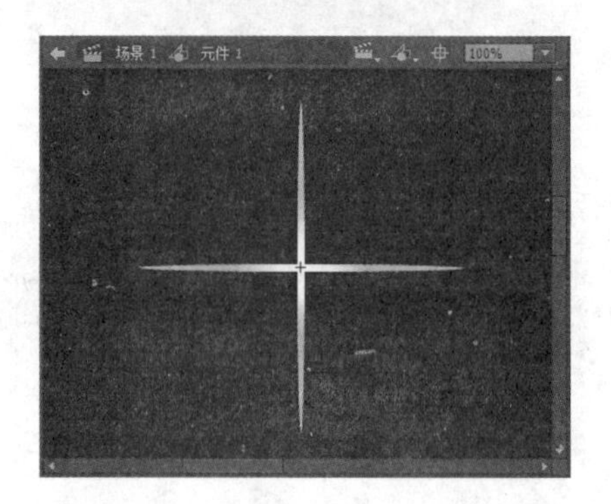

图 18-56　复制元件并调整元件位置

step 13 选中这两个对象，在其【属性】面板中的【滤镜】选项组内，单击【添加滤镜】选项，从弹出的菜单中选择【发光】选项，然后将【模糊 X】和【模糊 Y】都设置为 10 像素，将【品质】设置为【高】，将【颜色】设置为白色，如图 18-57 所示。

step 14 按 Ctrl+F8 组合键打开【创建新元件】对话框，在其中新建一个名为【星星】的影片剪辑元件，并选中【为 ActionScript 导出】复选框，然后在【类】文本框中输入 xx_mc，如图 18-58 所示。

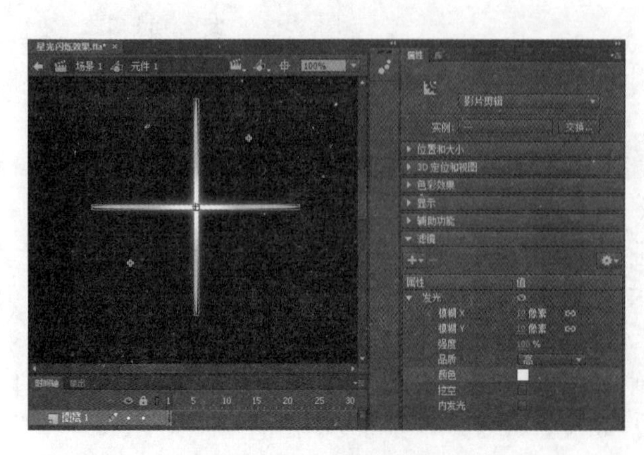

图 18-57　设置发光滤镜

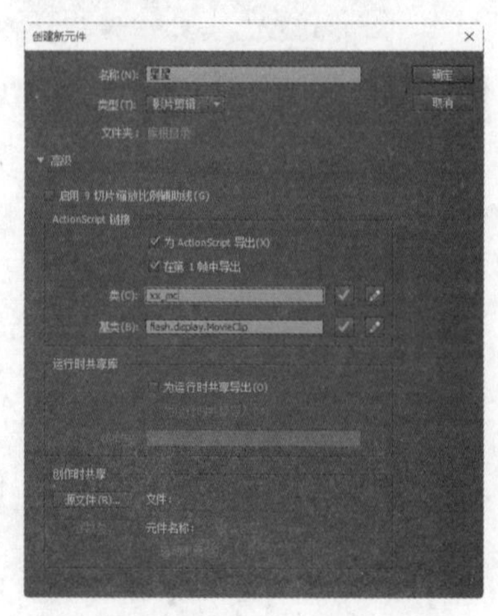

图 18-58　新建影片剪辑元件

step 15 单击【确定】按钮，即可进入该元件的编辑模式中，将【库】面板中的【椭圆】元件拖到舞台中心，在其【属性】面板中将 Alpha 值设置为 0%，如图 18-59 所示。

step 16 确认元件处于选中状态，在【属性】面板的【滤镜】选项组内，单击【添加滤镜】按钮，从弹出的菜单中选择【发光】选项，然后将【模糊 X】和【模糊 Y】都设置为 50 像素，将【强度】设置为 165%，将【品质】设置为【高】，将【颜色】设置为白色，如图 18-60 所示。

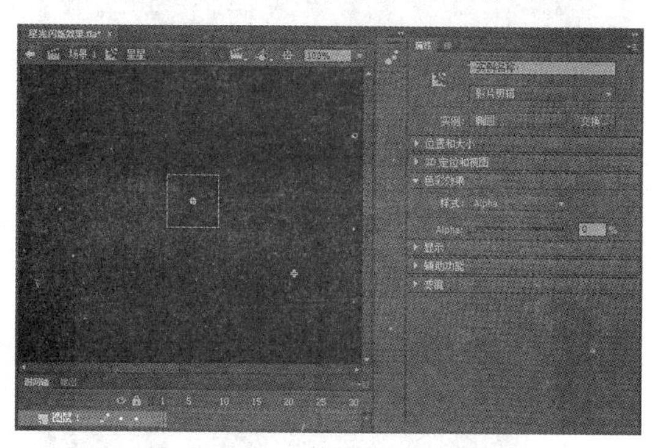

图 18-59 将【椭圆】元件拖到舞台中并设置 Alpha 值

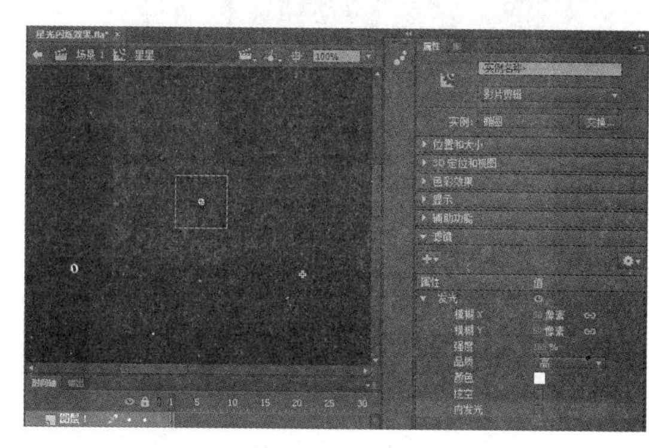

图 18-60 设置元件的发光滤镜

step 17 在图层 1 的第 30 帧处插入关键帧，并选中该帧上的元件，在其【属性】面板中将【样式】设置为【无】，如图 18-61 所示。

step 18 选中图层 1 第 1～30 帧之间的任意一帧，并右击，从弹出的快捷菜单中选择【创建传统补间】命令，创建传统补间动画，然后在该图层的第 40 帧处插入帧，如图 18-62 所示。

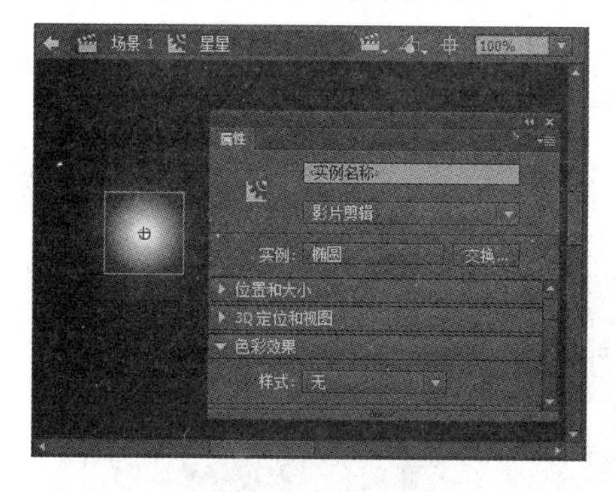

图 18-61 设置关键帧

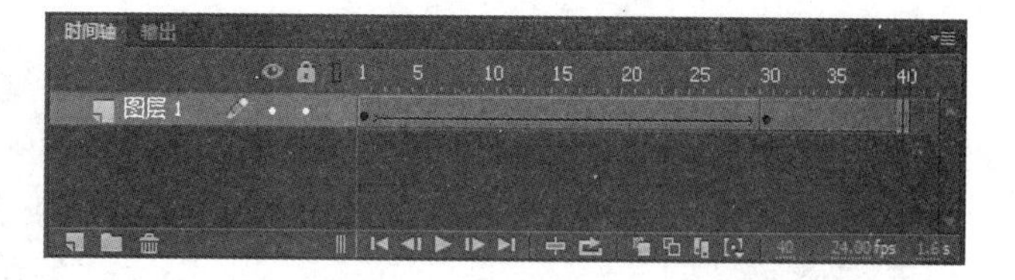

图 18-62 创建传统补间动画

step 19 新建图层 2，将【库】面板中的元件 1 拖到舞台中，并对齐舞台中心，确认选中该元件，在【属性】面板中将 Alpha 值设置为 0%，如图 18-63 所示。

step 20 在图层 2 的第 30 帧处插入关键帧，并选中该帧上的元件，在其【属性】面板中将【样式】设置为【无】，如图 18-64 所示。

step 21 选择图层 2 的第 1～30 帧之间的任意一帧，并右击，从弹出的快捷菜单中选择【创建传统补间】命令，即可创建传统补间动画，如图 18-65 所示。

step 22 返回到场景 1 中，新建图层 2，然后将【库】面板中的【星星】元件拖到舞台中，并使用任意变形工具调整它们的大小和位置，如图 18-66 所示。

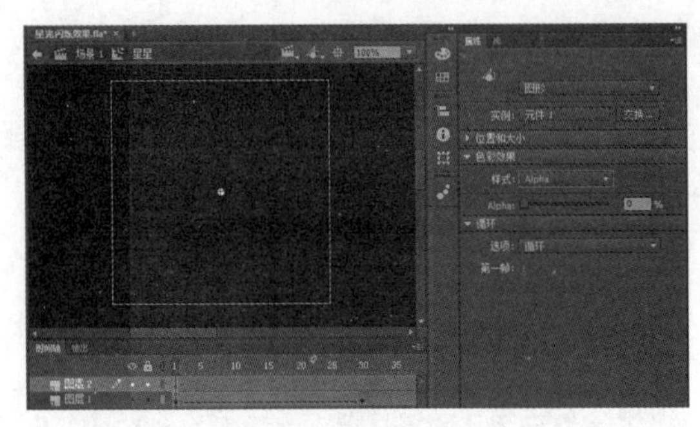

图 18-63　将元件 1 拖到舞台中并设置 Alpha 值

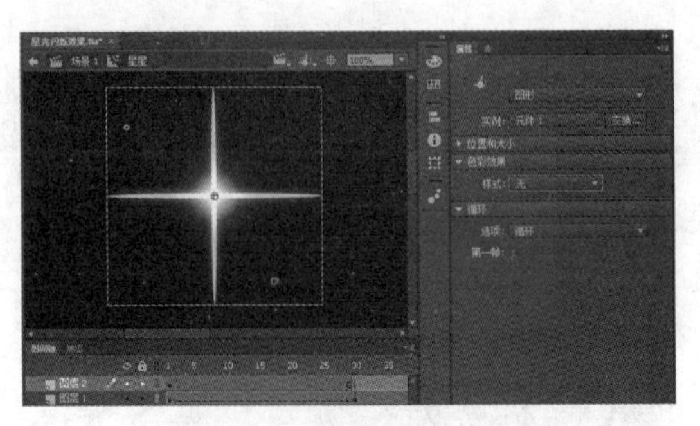

图 18-64　设置关键帧

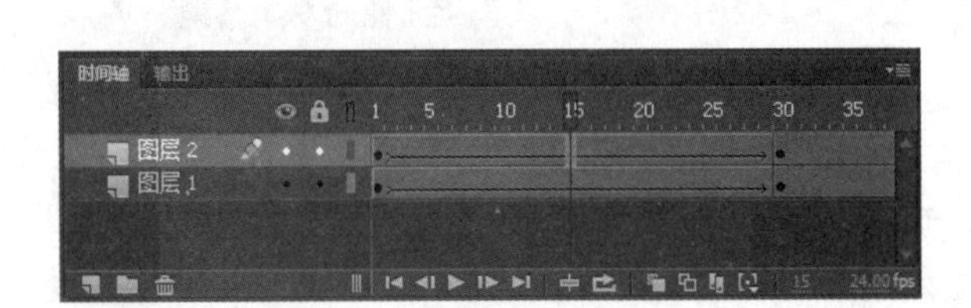

图 18-65　创建传统补间动画

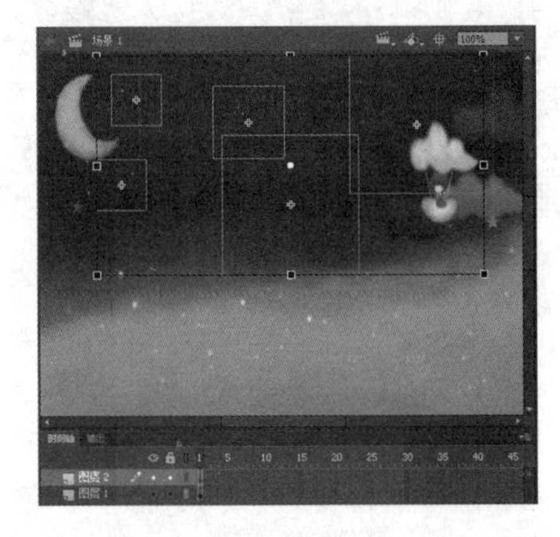

图 18-66　将【星星】元件拖到舞台中

step 23 选择图层 2 的第 1 帧，并右击，从弹出的快捷菜单中选择【动作】命令，即可打开【动作】面板，在其中输入相关代码，如图 18-67 所示。

step 24 至此，星光闪烁动画就制作完成了，按 Ctrl+Enter 组合键进行测试，测试效果如图 18-68 所示。

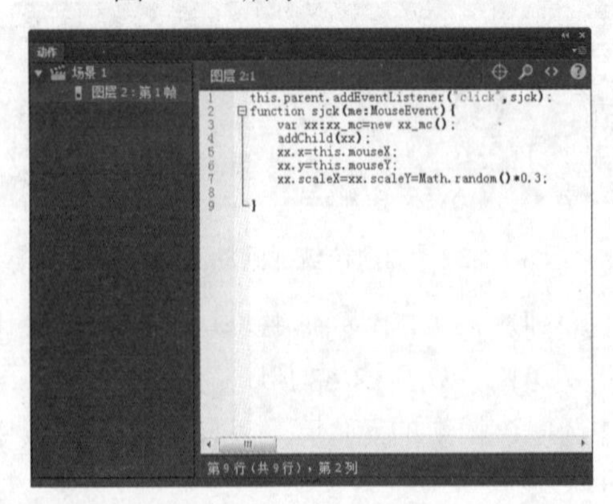

图 18-67　输入代码

图 18-68　测试效果

18.3 Flash 常用组件的使用

在 Flash 动画的交互应用中，组件常与 ActionScript 脚本配合使用。通过对组件属性和参数进行设置，并将组件所获取的信息传递给相应的 ActionScript 脚本，即可通过脚本执行相应的操作，从而实现最基本的交互功能。

18.3.1 案例 4——组件的添加与删除

添加组件可以在【组件】面板中实现，从而将选择的组件添加到舞台中。添加组件的具体操作步骤如下。

step 01 在 Flash CC 的主窗口中，选择【窗口】→【组件】命令，即可打开【组件】面板，选择 User Interface 选项卡，然后从中选择需要添加到舞台上的组件，如图 18-69 所示。

step 02 此时按住鼠标左键不放，将其拖动到舞台或双击该组件，即可将所选组件添加到舞台中，如图 18-70 所示。

图 18-69 选择 Button 组件

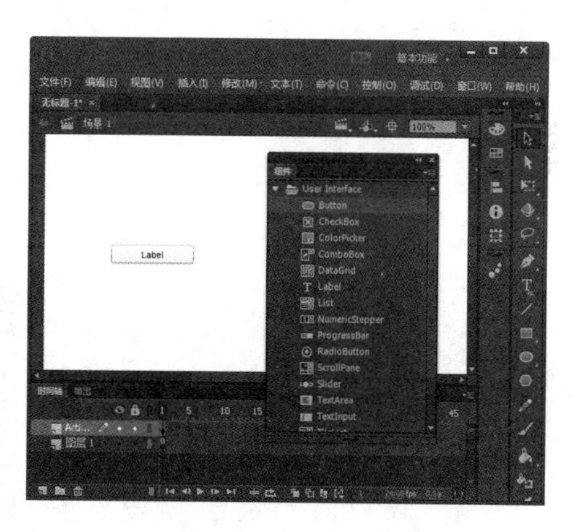

图 18-70 添加组件

删除组件的具体操作步骤如下。

step 01 在 Flash CC 的主窗口中，选择右侧的【库】选项卡，即可进入【库】面板，如图 18-71 所示。

step 02 在【库】面板中选择要删除的组件，单击【库】面板底部的【删除】按钮，或直接将组件拖动到【删除】按钮上，即可删除组件，如图 18-72 所示。

要从 Flash 影片中删除已添加的组件实例，可通过删除库中的组件类型图标或直接选中舞台上的实例，按 Delete 键或 Backspace 键即可删除。

图 18-71 【库】面板

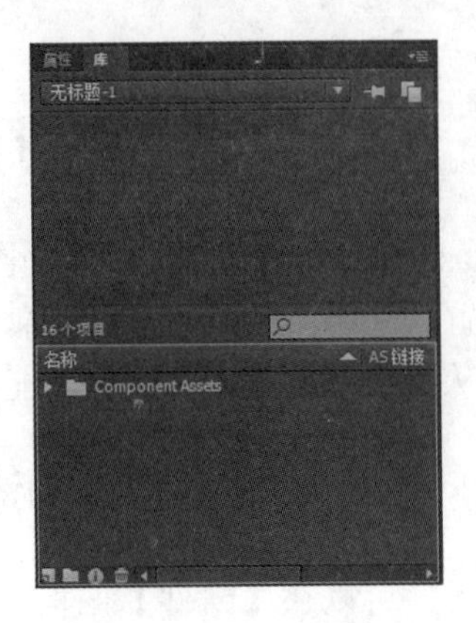

图 18-72 成功删除组件

18.3.2 案例 5——Button 按钮组件

Button(按钮)组件是一个可调整大小的矩形用户界面按钮，用户可以通过鼠标或空格键按下该按钮，以在应用程序中启动操作。

下面通过一个具体实例来讲解如何在 Flash 中使用 Button 组件。具体操作步骤如下。

step 01 启动 Flash CC，然后选择【文件】→【新建】命令，即可创建一个新的 Flash 空白文档，最后将该文档保存为【Button 组件的应用.fla】文档，如图 18-73 所示。

step 02 选择【文件】→【导入】→【导入到舞台】命令，即可打开【导入】面板，在其中选择相应的图片，将其导入到舞台中，然后分别设置图片及舞台的大小，如图 18-74 所示。

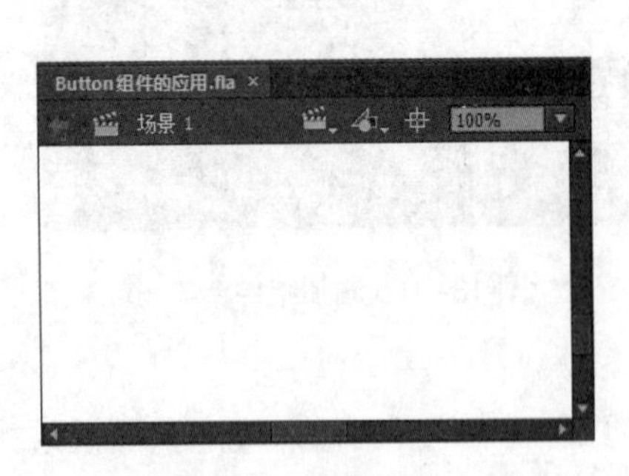

图 18-73 新建 Flash 文档

图 18-74 导入图片

step 03 选择【窗口】→【组件】命令，即可打开【组件】面板，在其中单击 User Interface 选项卡，从展开的组件中选择 Button 组件，如图 18-75 所示。

step 04 选择该组件后，按住鼠标左键不放，将其拖动到场景中的合适位置，如图 18-76 所示。

step 05 选中 Button 组件，然后在【属性】面板中选择【组件参数】选项卡，在 label 右侧的文本框中输入【点击进入主页】，并选中 toggle 右侧的复选框，如图 18-77 所示。

step 06 按 Ctrl + Enter 组合键进行测试，即可预览该影片效果，如图 18-78 所示。

图 18-75　选择 Button 组件

图 18-76　添加 Button 组件

图 18-77　设置 Button 组件的参数

图 18-78　测试影片效果

18.3.3　案例 6——CheckBox 复选框组件

CheckBox(复选框)组件一般作为表单或 Web 应用程序中的一个基础部分。每当需要手选一组非相互排斥值时，都可以使用该组件。简而言之，CheckBox 组件就是在某一组选项中，允许有多个选项被同时选中。

下面制作一个简单例子来讲解 CheckBox 组件的使用。具体操作步骤如下。

step 01 启动 Flash CC，然后选择【文件】→【新建】命令，即可创建一个新的 Flash 空白文档，最后将该文档保存为【CheckBox 组件的应用.fla】文档，如图 18-79 所示。

step 02 将舞台的大小设置为 300 像素×200 像素，如图 18-80 所示。

step 03 使用文本工具在舞台上绘制静态文本框并输入文本【以下早餐您比较喜欢哪些？】，如图 18-81 所示。

step 04 按 Ctrl + F7 组合键打开【组件】对话框，在其中选择 User Interface 选项卡，从展开的组件中选择 CheckBox 组件，如图 18-82 所示。

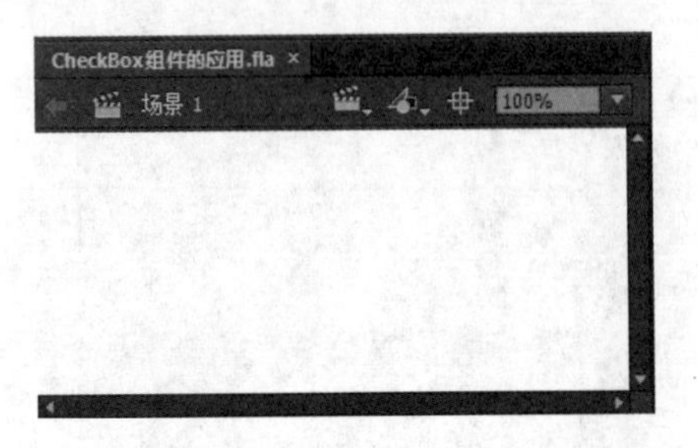

图 18-79　新建 Flash 文档

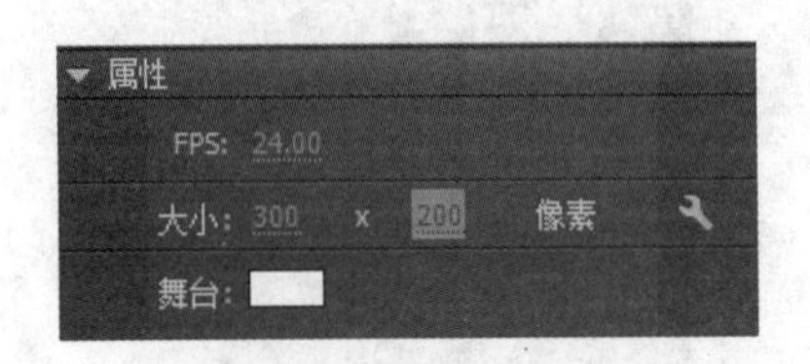

图 18-80　设置舞台大小

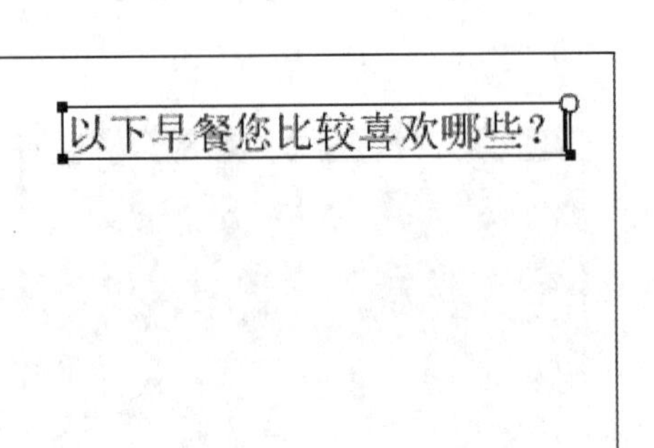

图 18-81　输入文本

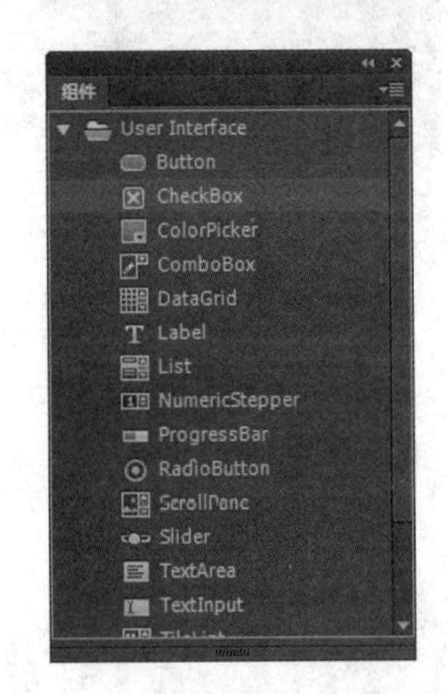

图 18-82　选择 CheckBox 组件

step 05 选择 CheckBox 组件之后，按住鼠标左键不放，将其拖到舞台中的合适位置，共拖曳 6 个该组件，如图 18-83 所示。

step 06 选中舞台上的第 1 个 CheckBox 组件，在其【属性】面板中选择【组件参数】选项卡，然后在 label 右侧的文本框中输入文本【麦片】，并单击舞台空白处，即可为该按钮命名，如图 18-84 所示。

图 18-83　添加 6 个 CheckBox 组件

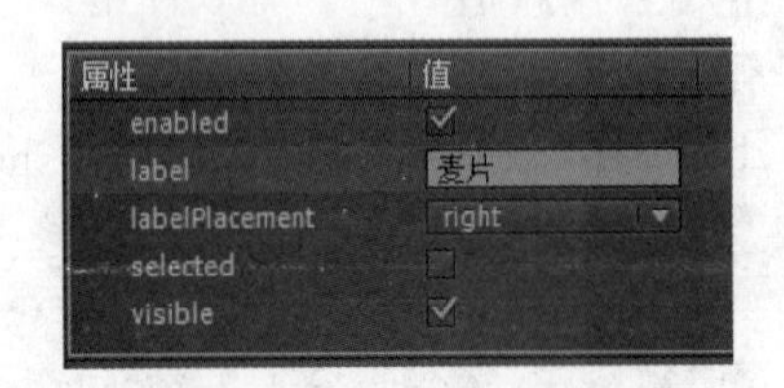

图 18-84　设置组件名称

step 07 按照上述操作，依次修改其他 5 个复选框的参数，如图 18-85 所示。

step 08 按 Ctrl + Enter 组合键进行测试，即可预览该动画效果，如图 18-86 所示。

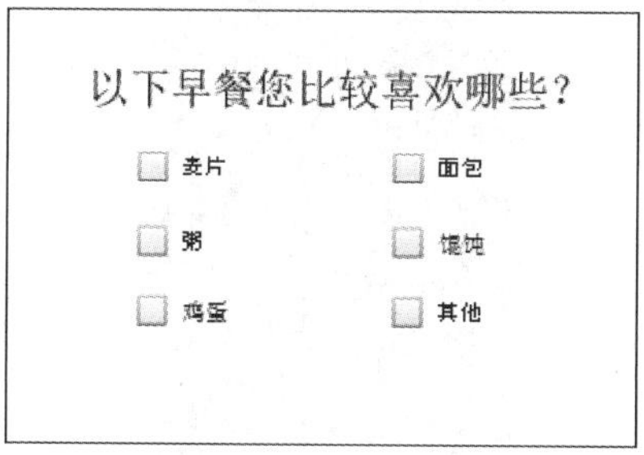

图 18-85 设置其他组件名称

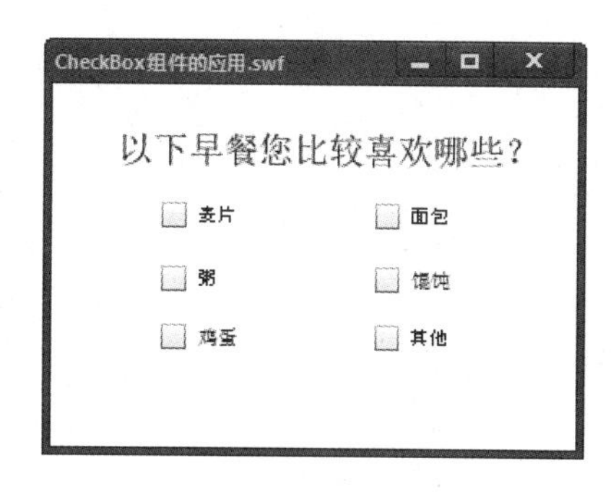

图 18-86 测试动画效果

18.3.4 案例 7——ComboBox 下拉列表组件

ComboBox 组件只需要使用最少的创作和脚本编写操作，即可向 Flash 影片中添加可滚动的单选下拉列表。ComboBox 组件既可用于创建静态组合框，也可用于创建可编辑组合框。静态组合框是一个可滚动的下拉列表，可从列表中选择项目。可编辑组合框是一个可滚动的下拉列表，其上方有一个输入文本字段，可在其中输入文本滚动到该列表中的匹配菜单命令。

下面通过具体的实例来介绍 ComboBox 下拉列表组件的选项和功能。具体操作步骤如下。

step 01 启动 Flash CC，然后选择【文件】→【新建】命令，即可创建一个新的 Flash 空白文档，最后将该文档保存为【ComboBox 组件的应用.fla】文档，如图 18-87 所示。

step 02 将舞台大小设置为 550 像素×350 像素，然后使用文本工具在舞台中绘制静态文本框并输入文本【请根据选择搜索电影：】，如图 18-88 所示。

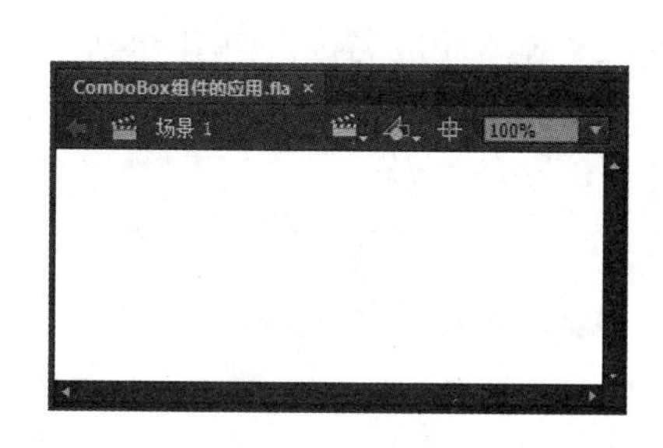

图 18-87 新建 Flash 文档

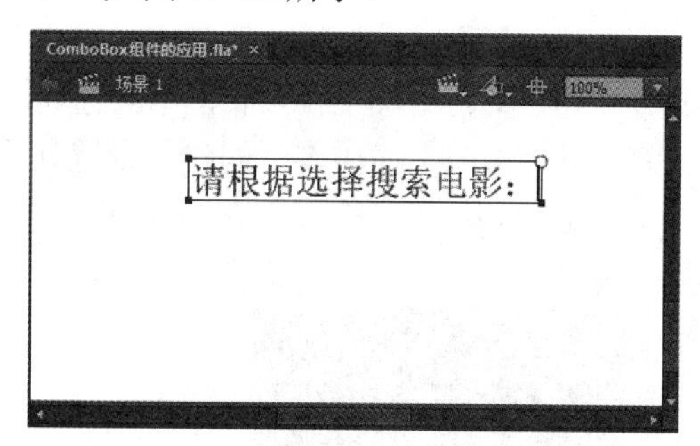

图 18-88 设置舞台大小并输入文本

step 03 再次使用文本工具，在舞台中绘制静态文本框并设置文本大小及文本颜色之后，输入文本【类型：】，如图 18-89 所示。

step 04 选择【窗口】→【组件】命令，即可打开【组件】面板，选择 User Interface 选项卡，然后从展开的组件中选择 ComboBox 组件，如图 18-90 所示。

step 05 在选择 ComboBox 组件之后，按住鼠标左键不放，将其拖到舞台中的合适位置，如图 18-91 所示。

step 06 选择 ComboBox 组件，在其【属性】面板中选择【组件参数】选项卡，然后在 prompt 右侧的文本框中输入【动作】，并在舞台空白处单击，即可为下拉列表框命名，如图 18-92 所示。

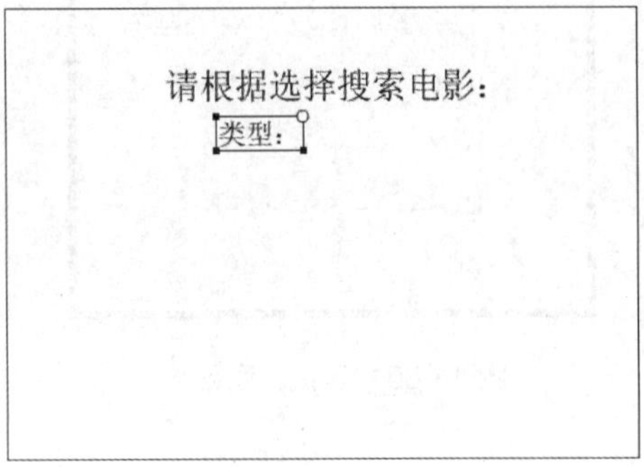

图 18-89　输入文本

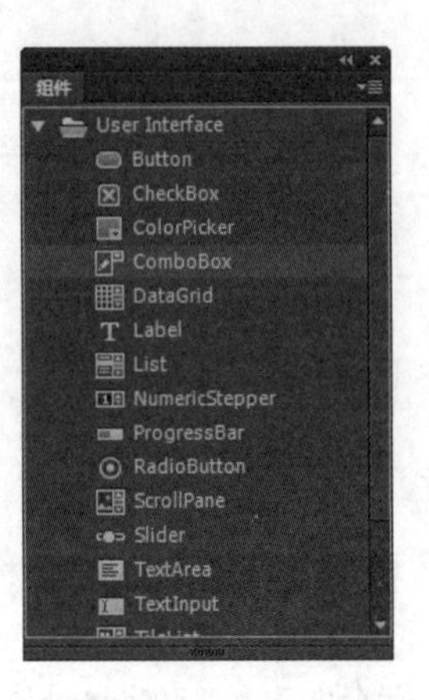

图 18-90　选择 ComboBox 组件

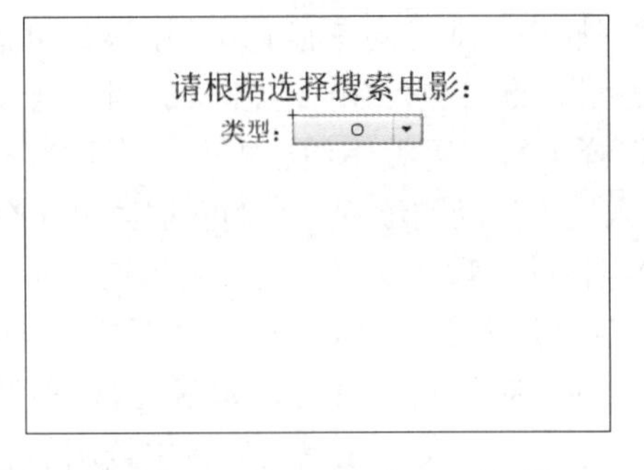

图 18-91　添加 ComboBox 组件

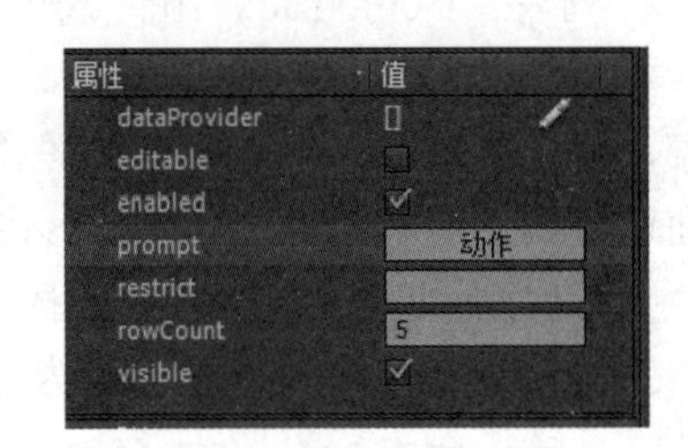

图 18-92　修改组件名称

step 07 单击 dataProvider 参数右侧的图标，即可打开【值】对话框，在其中单击按钮，即可增加下拉列表框中的选项，并在 label 项中输入相应名称，如图 18-93 所示。

step 08 按照上述操作，创建并设置其他两个下拉列表框，如图 18-94 所示。如果设置的选项超过了 5 个，则在下拉列表框中将自动使用滚动条显示。

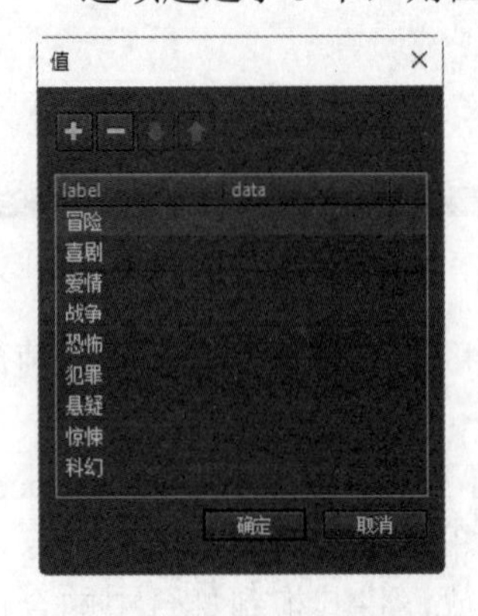

图 18-93　【值】对话框

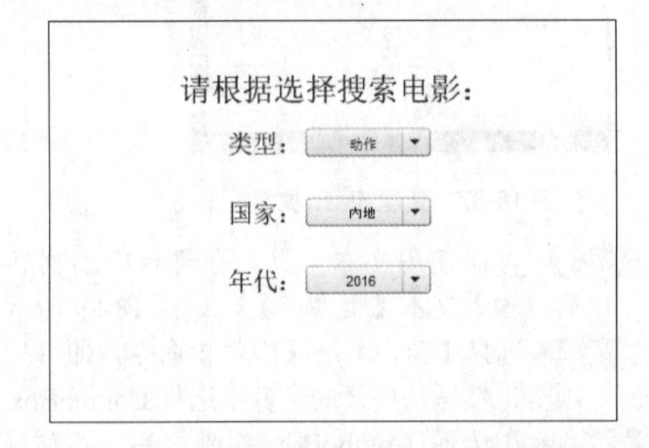

图 18-94　创建并设置其他两个下拉列表框

step 09 依次选择【控制】→【测试影片】→【在 Flash Professional 中】命令，即可预览该动画效果，如图 18-95 所示。

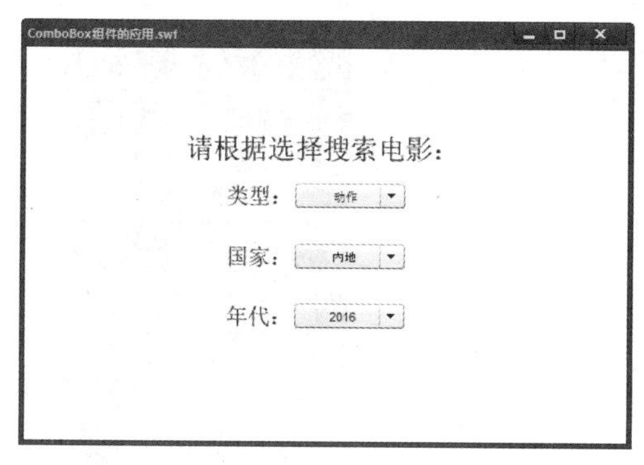

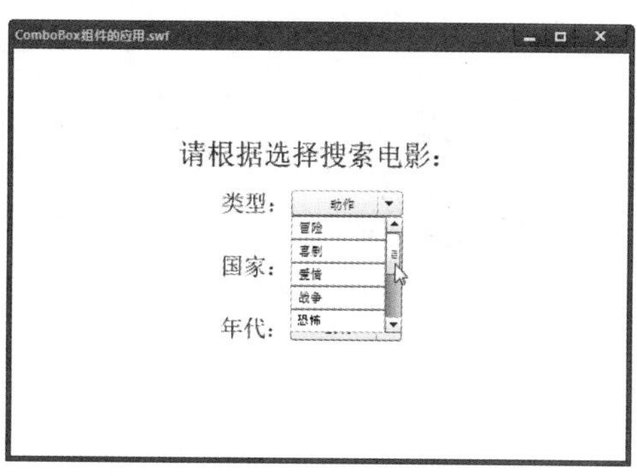

图 18-95　测试动画效果

18.3.5　案例 8——List 平铺滚动组件

List 平铺滚动组件和 ComboBox 组件的属性设置相似，区别在于 ComboBox 组件是单行下拉滚动，而 List 是平铺滚动。

下面通过一个具体实例来说明 List 列表框组件的选项和功能。具体操作步骤如下。

step 01 启动 Flash CC，然后依次选择【文件】→【新建】命令，即可创建一个新的 Flash 空白文档，最后将该文档保存为【List 组件的应用.fla】文档，如图 18-96 所示。

step 02 依次选择【文件】→【导入】→【导入到舞台】命令，即可打开【导入】对话框，在其中选择相应的图片，并将其导入到舞台，然后分别设置图片和舞台的大小，如图 18-97 所示。

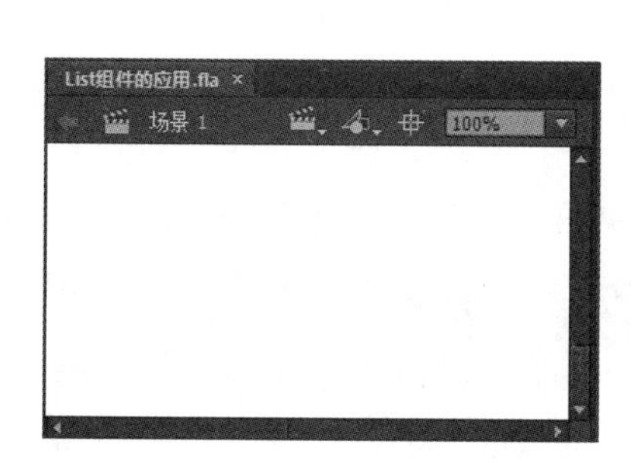

图 18-96　新建 Flash 文档

图 18-97　导入图片

step 03 使用文本工具在舞台中绘制静态文本框并设置文字大小和文本颜色，然后输入文本内容【最受大家喜欢的音乐：】，如图 18-98 所示。

step 04 按 Ctrl+ F7 组合键打开【组件】面板，在其中选择 User Interface 选项卡，然后从展开的组件中选择 List 组件，如图 18-99 所示。

step 05 选择 List 组件后，按住鼠标左键不放，将其拖到舞台中的合适位置，然后在其【属性】面板中调整其大小为 150×150(其默认大小为 100×100)，如图 18-100 所示。

step 06 选择 List 组件，在其【属性】面板中选择【组件参数】选项卡，单击 dataProvider 参数右侧的图标，即可打开【值】对话框，在其中单击按钮，增加下拉列表框中的选项并在 label 项中输入相应名称，如图 18-101 所示。

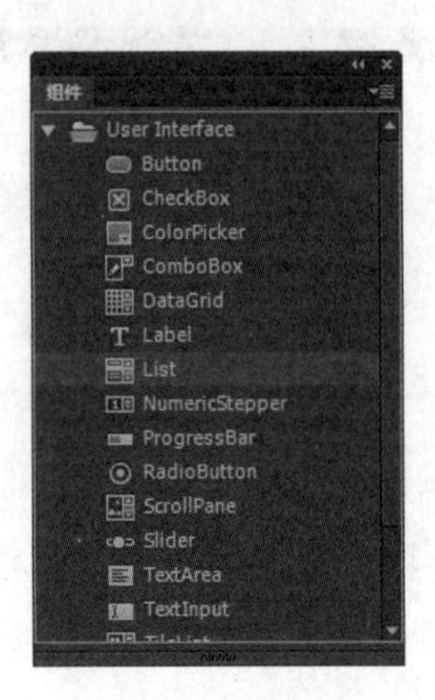

图 18-98　输入文本

图 18-99　选择 List 组件

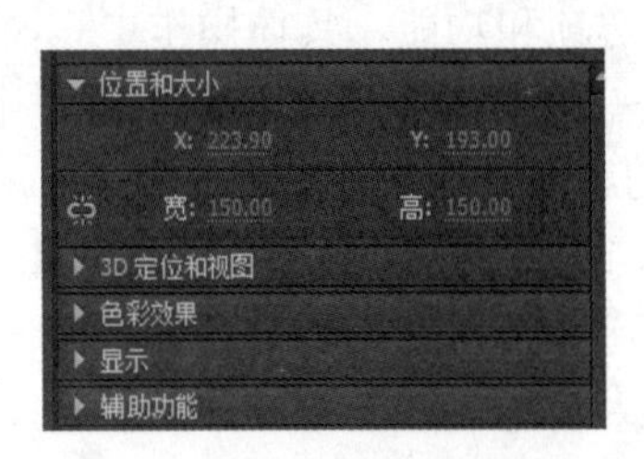

图 18-100　添加 List 组件并设置组件大小

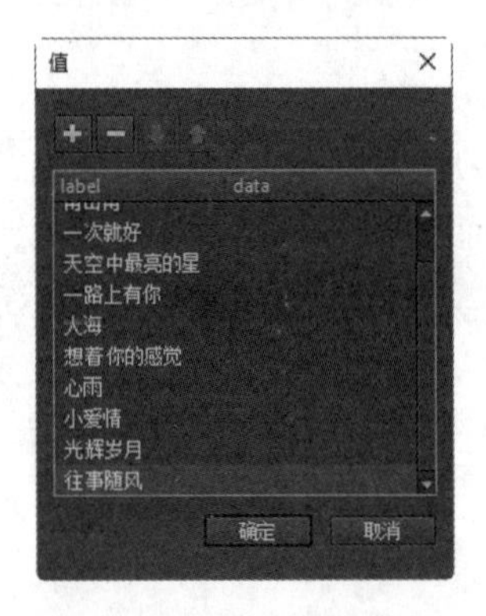

图 18-101　【值】对话框

step 07 单击【确定】按钮，即可把在【值】对话框中增加的选项添加到 List 列表中，如图 18-102 所示。

step 08 按 Ctrl + Enter 组合键进行测试，即可预览该动画效果，如图 18-103 所示。

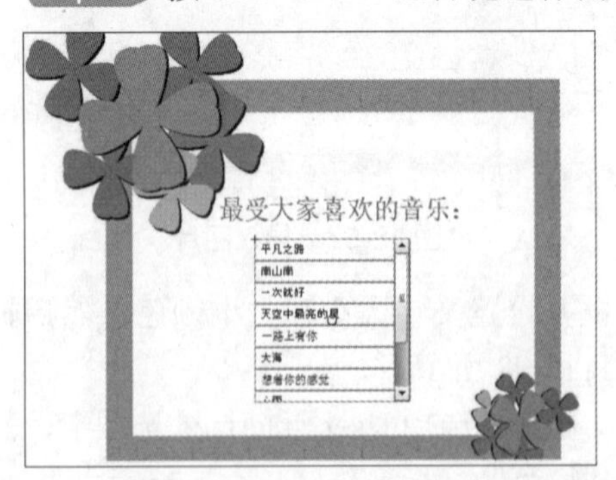

图 18-102　添加后的效果

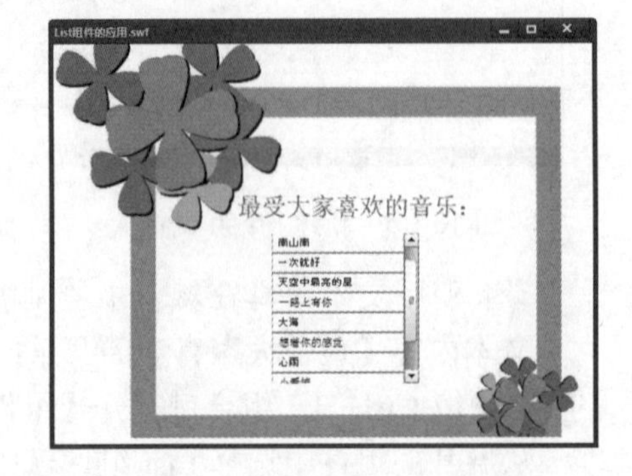

图 18-103　测试动画效果

18.3.6　案例 9——RadioButton 单选按钮组件

RadioButton 组件是经常见到的单选按钮组件，主要用于选择一个唯一的选项。该组件不能单个使用，需要两个及两个以上的 RadioButton 组件联合成组使用才行。当选择该组中某一个选项后，将自动取消对该组其他选项的选择。

下面将通过具体实例来介绍 RadioButton 单选按钮组件的选项和功能。具体操作步骤如下。

step 01 启动 Flash CC，然后依次选择【文件】→【新建】命令，即可创建一个新的 Flash 空白文档，最后将该文档保存为【RadioButton 组件的应用.fla】文档，如图 18-104 所示。

step 02 将舞台大小设置为 300 像素×200 像素，然后使用文本工具在舞台中绘制静态文本框并设置文字大小和文本颜色，最后输入文本【你打算去什么样的景点旅游？】，如图 18-105 所示。

图 18-104 新建 Flash 文档

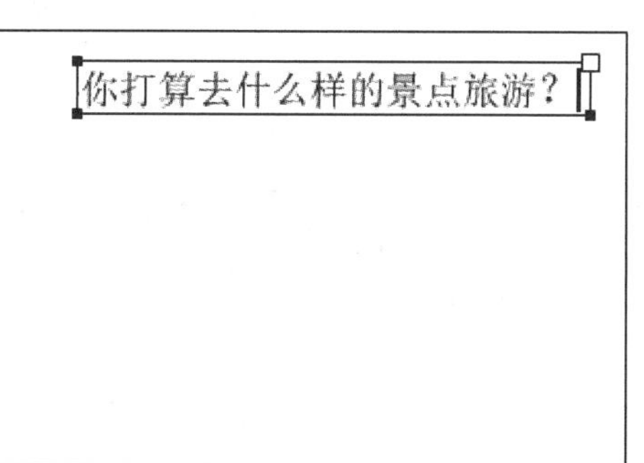

图 18-105 设置舞台大小并输入文本

step 03 依次选择【窗口】→【组件】命令，即可打开【组件】面板，在其中选择 RadioButton 组件，如图 18-106 所示。

step 04 选中 RadioButton 组件之后，按住鼠标左键不放，将其拖到舞台中的合适位置，共拖曳 6 个该组件，如图 18-107 所示。

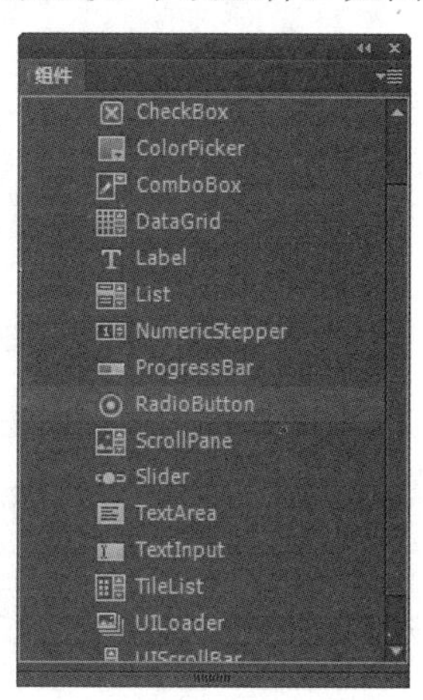

图 18-106 选择 RadioButton 组件

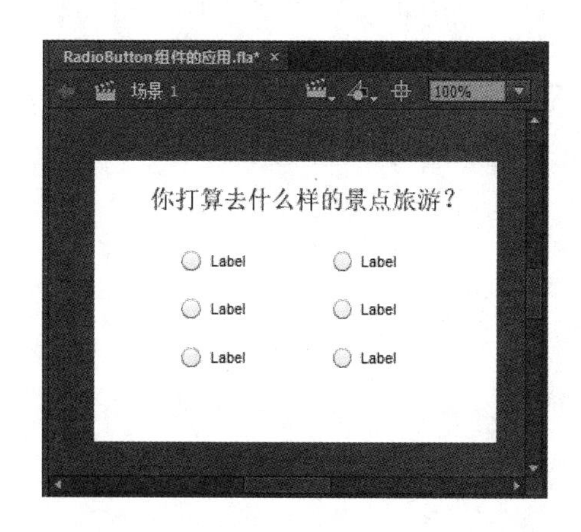

图 18-107 添加 6 个 RadioButton 组件

step 05 选中舞台上的第 1 个 RadioButton 组件，在其【属性】面板中选择【组件参数】选项卡，然后在 label 参数右侧的文本框中输入文本【繁华都市】，并单击舞台空白处，即可为该按钮命名，如图 18-108 所示。

step 06 按照上述操作，依次修改其他 5 个单选按钮的参数，如图 18-109 所示。

图 18-108　设置参数

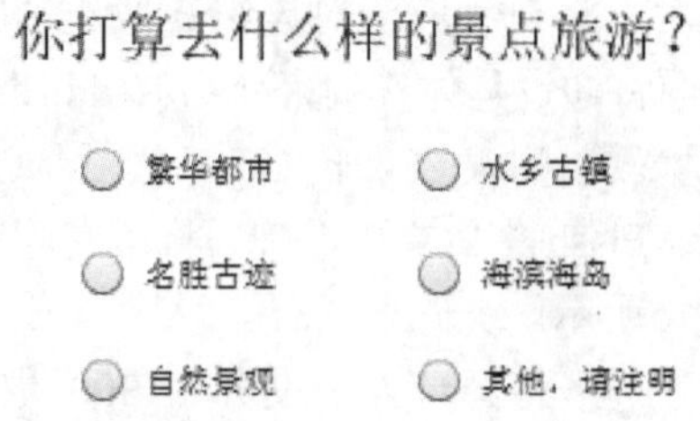

图 18-109　设置其他组件的参数

step 07 选择【控制】→【测试影片】→【在 Flash Professional 中】命令，即可预览该动画效果。在其中只可选中一个单选按钮，当选中下一个单选按钮时，即可替代当前所选选项，如图 18-110 所示。

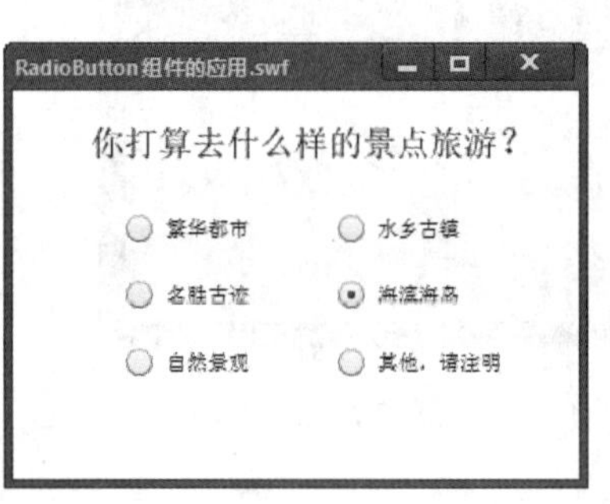

图 18-110　测试动画效果

18.3.7　案例 10——ProgressBar 加载进度组件

ProgressBar 组件用于显示加载内容的进度。ProgressBar 可用于显示加载图像和部分应用程序的状态。当要加载的内容量是已知时，可以使用确定的进度栏。确定进度栏是一段时间内会务进度的线性表示；当要加载的内容量未知时，可以使用不确定的进度栏，可以添加标签来显示加载内容的进度。

下面通过一个具体实例来说明 ProgressBar 滚动条窗口组件的选项和功能。具体操作步骤如下。

step 01 启动 Flash CC，然后选择【文件】→【新建】命令，即可创建一个新的 Flash 空白文档，最后将该文档保存为【ProgressBar 组件的应用.fla】文档，如图 18-111 所示。

step 02 将舞台大小设置为 300×200，然后使用文本工具在舞台上绘制静态文本框并设置文字大小和文本颜色，最后输入文本内容【正在加载，请稍候……】，如图 18-112 所示。

step 03 按 Ctrl + F7 组合键打开【组件】面板，然后在其中选择 ProgressBar 组件，如图 18-113 所示。

step 04 选择该组件后，按住鼠标左键不放，将其拖到舞台中的合适位置，如图 18-114 所示。

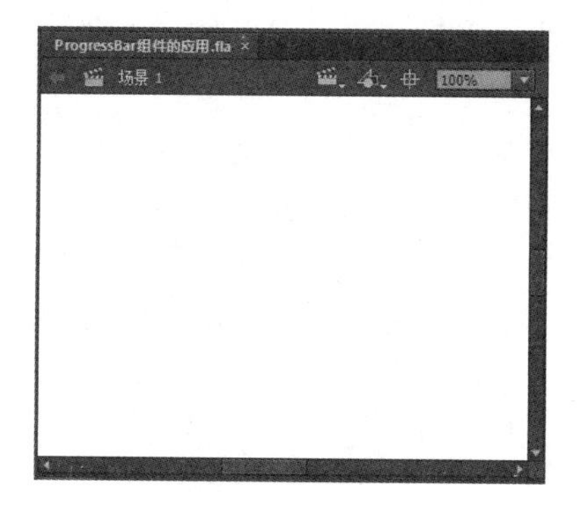

图 18-111　新建 Flash 文档

图 18-112　设置舞台大小并输入文本

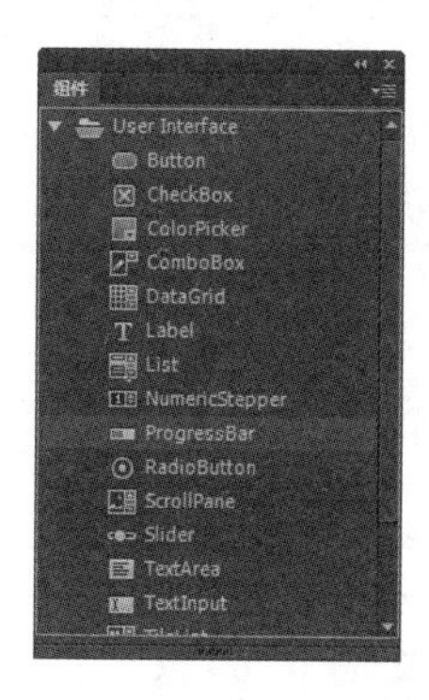

图 18-113　选择 ProgressBar 组件

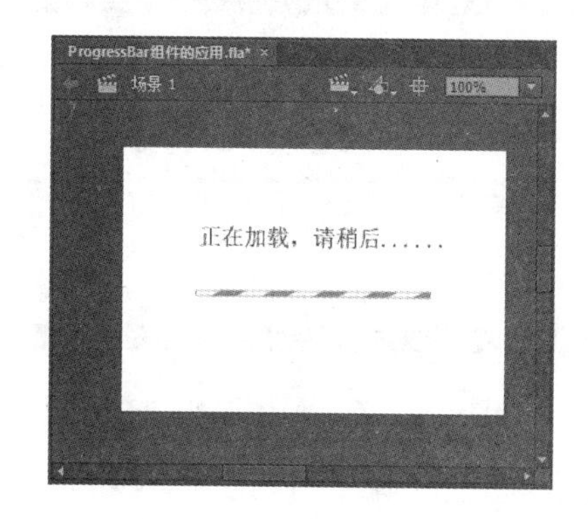

图 18-114　添加组件

step 05 在该组件的【属性】面板中选择【组件参数】选项卡，从 direction 参数的下拉列表框中选择 left 选项，然后再从 mode 参数下拉列表框中选择 polled 选项，如图 18-115 所示。

step 06 选择【控制】→【测试影片】→【在 Flash Professional 中】命令，即可预览该动画效果，如图 18-116 所示。

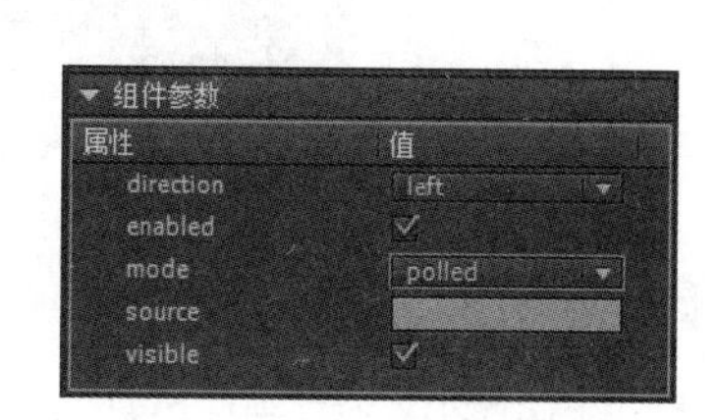

图 18-115　设置 ProgressBar 组件

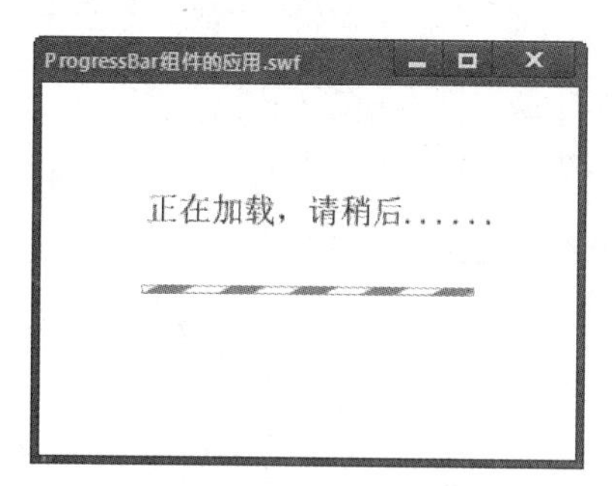

图 18-116　测试动画效果

18.3.8　案例 11——ScrollPane 滚动条窗口组件

ScrollPane 滚动条窗口组件是动态文本框与输入文本框的组合，相当于在动态文本框和输入文本框中添加了水平和垂直的滚动条。即通过该组件，用户可以在某个固定大小的文本框中通过拖动滚动条来显示更多内容。

下面通过一个具体实例来介绍 ScrollPane 滚动条窗口组件的选项和功能。具体操作如下。

step 01 启动 Flash CC，然后选择【文件】→【新建】命令，即可创建一个新的 Flash 空白文档，最后将该文档保存为【ScrollPane 组件的应用.fla】文档，如图 18-117 所示。

step 02 在【属性】面板中将舞台大小设置为 300 像素×200 像素，然后使用文本工具在舞台中绘制静态文本框并设置文字大小和文本颜色，最后输入文本内容【请您对我们的工作提出宝贵的意见：】，如图 18-118 所示。

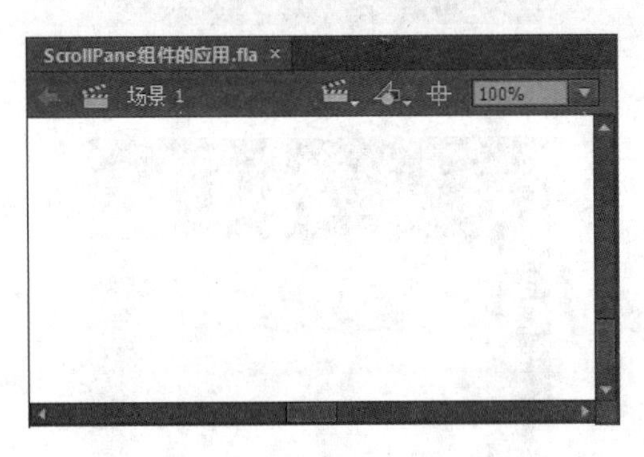

图 18-117　新建 Flash 文档

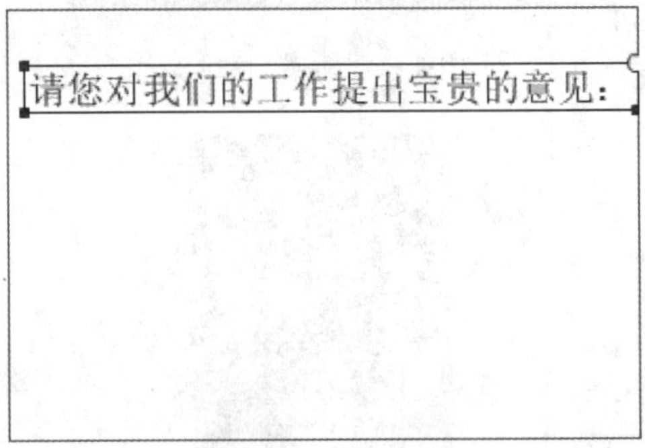

请您对我们的工作提出宝贵的意见：

图 18-118　设置舞台大小并输入文本内容

step 03 选择【窗口】→【组件】命令，即可打开【组件】面板，然后在其中选择 ScrollPane 组件之后，按住鼠标左键不放，将其拖到舞台中的合适位置，如图 18-119 所示。

step 04 在该组件的【属性】面板中选择【组件参数】选项卡，然后分别在 horizontalScrollPolicy 参数和 VerticalScrollPolicy 参数的下拉列表框中选择 on 选项，如图 18-120 所示。

请您对我们的工作提出宝贵的意见：

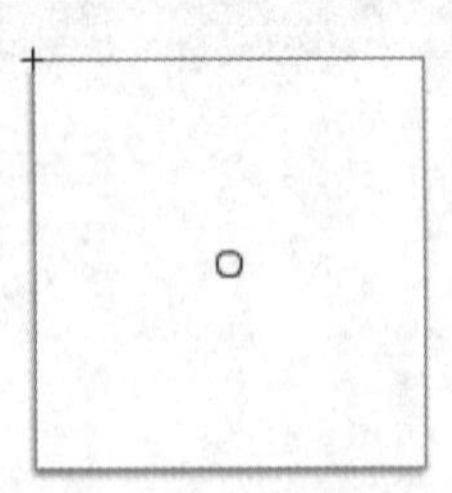

图 18-119　添加组件

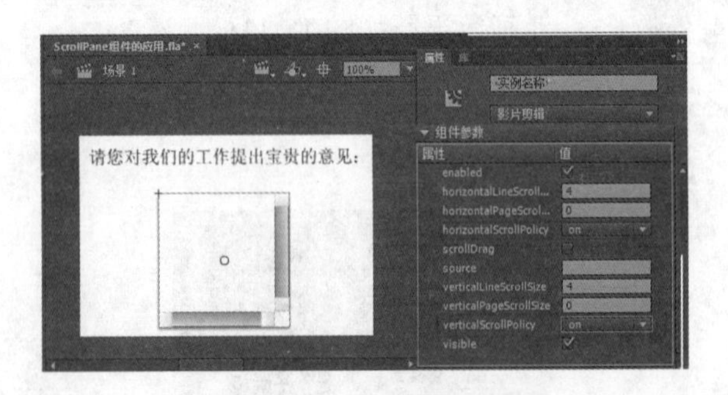

图 18-120　设置组件参数

step 05 选择【控制】→【测试影片】→【在 Flash Professional 中】命令，即可预览该动画效果，如图 18-121 所示。

图 18-121　测试动画效果

18.4　综合案例——制作飘雪效果

本实例主要介绍在 flash 中制作下雪效果的方法。具体操作步骤如下。

step 01 启动 Flash CC，然后选择【文件】→【新建】命令，即可创建一个新的 Flash 空白文档，最后将该文档保存为【飘雪效果.fla】文档，如图 18-122 所示。

step 02 按 Ctrl+R 组合键打开【导入】对话框，在其中选择本实例需要用到的图片文件，然后将其导入到【库】面板中，如图 18-123 所示。

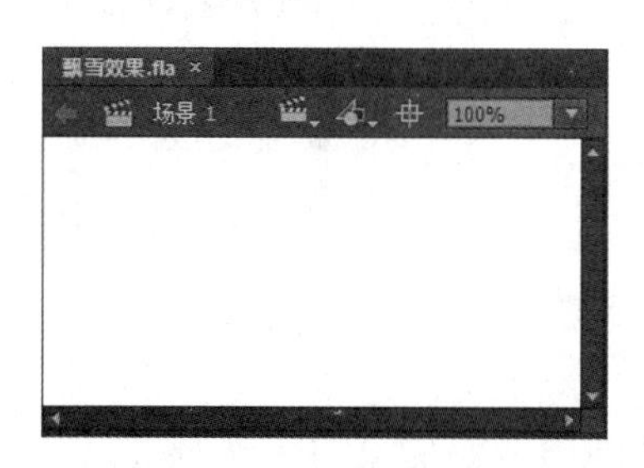

图 18-122　新建 Flash 文档

图 18-123　导入素材图片

step 03 将【库】面板中的【背景图】拖到舞台中，然后使用任意变形工具调整图片的大小，如图 18-124 所示。

step 04 选择【插入】→【新建元件】命令，即可打开【创建新元件】对话框，在【名称】文本框中输入【飘落的雪】，在【类型】下拉列表框中选择【影片剪辑】选项，然后在【ActionScript 链接】区域中选中【为 ActionScript 导出】复选框，并在【类】文本框中输入自定义的类名称 px，如图 18-125 所示。

step 05 单击【确定】按钮后会弹出【ActionScript 类警告】对话框，如图 18-126 所示，此时单击【确定】按钮即可。

step 06 在新建影片剪辑元件的编辑模式中，将【库】面板中的【雪花】图片拖到舞台中，按 Ctrl+B 组合键将其打散，如图 18-127 所示。

图 18-124　将【背景图】拖到舞台中

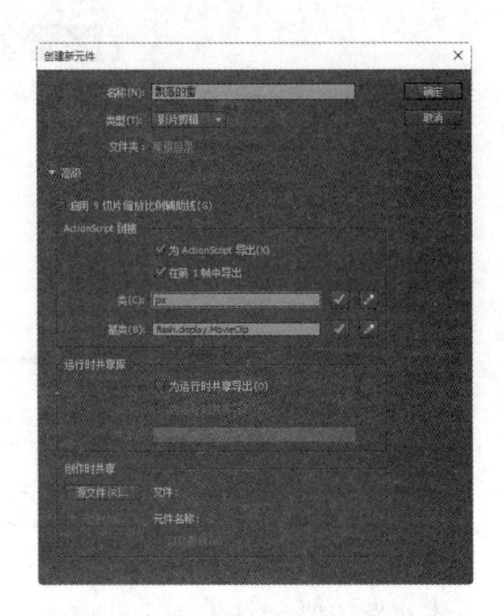

图 18-125　新建影片剪辑元件

图 18-126　【ActionScript 类警告】对话框

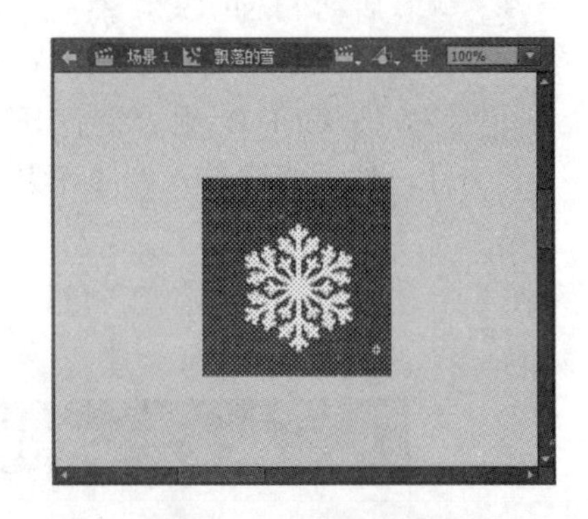

图 18-127　将图片打散

step 07 使用魔术棒工具单击雪花以外的黑色背景，然后按 Delete 键将其删除，完成后的效果如图 18-128 所示。

step 08 选中舞台上的雪花对象，并右击，从弹出的快捷菜单中选择【转换为元件】命令，即可打开【转换为元件】对话框，在【名称】文本框中输入【雪花】，并将【类型】设置为【图形】，如图 18-129 所示，单击【确定】按钮即可。

图 18-128　删除黑色背景

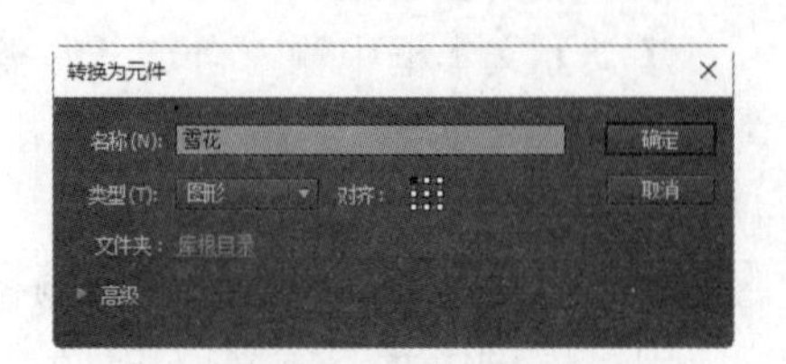

图 18-129　转换为图形元件

step 09 在【库】面板中双击【飘落的雪】影片剪辑元件，即可进入该元件的编辑模式中，选中图层 1，并右击，从弹出的快捷菜单中选择【添加传统引导层】命令，即可在图层 1 上方添加一个引导层，如图 18-130 所示。

step 10 选择【引导层：图层 1】图层，然后使用钢笔工具在舞台上绘制一条平滑的曲线，如图 18-131 所示。

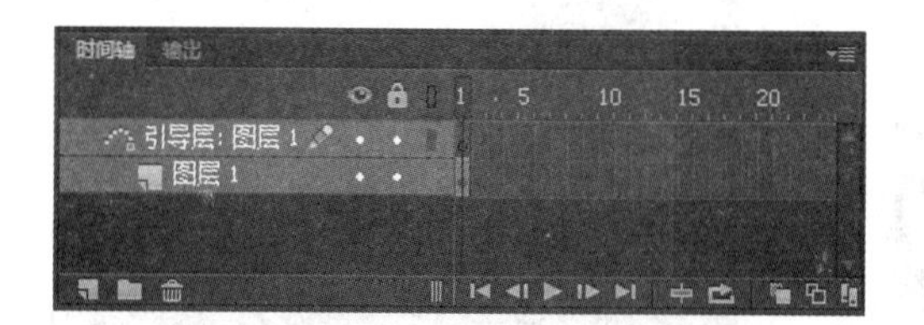

图 18-130　添加引导层

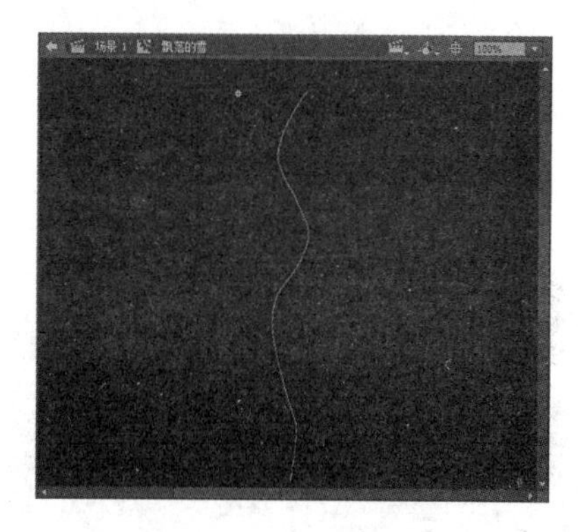

图 18-131　绘制曲线

step 11 在【引导层：图层 1】图层的第 90 帧处插入关键帧，然后选中图层 1 第 1 帧上的元件，将其拖至曲线的开始处，如图 18-132 所示。

step 12 在图层 1 的第 90 帧处插入关键帧，然后将元件拖到曲线的结束处，如图 18-133 所示。

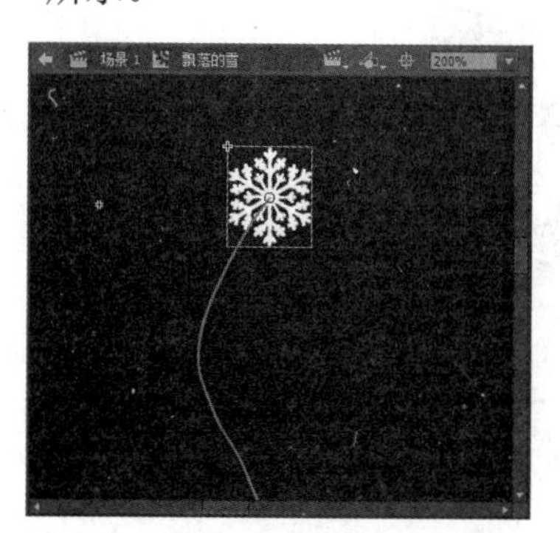

图 18-132　将元件拖至曲线开始处

图 18-133　将元件拖到曲线结束处

step 13 选中图层 1 的第 2 帧并右击，从弹出的快捷菜单中选择【创建传统补间】命令，即可创建补间动画，如图 18-134 所示。

step 14 返回到场景 1 中，新建一个图层，并选中新建图层的第 1 帧，按 F9 键打开【动作】面板，在其中输入如下代码(见图 18-135)：

```
var i:Number=1;
addEventListener(Event.ENTER_FRAME,xx);
function xx(event:Event):void{
    var x_mc:px=new px();
    addChild(x_mc);
    x_mc.x=Math.random()*550;
    x_mc.scaleX=0.2+Math.random()*0.5;
```

```
    x_mc.scaleY=0.2+Math.random()*0.5;
    i++;
    if(i>100){
        this.removeChildAt(1);
        i=100;
    }
}
```

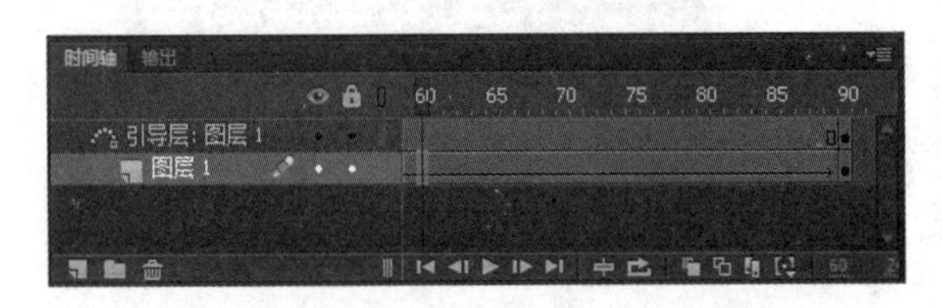

图 18-134　创建传统补间动画

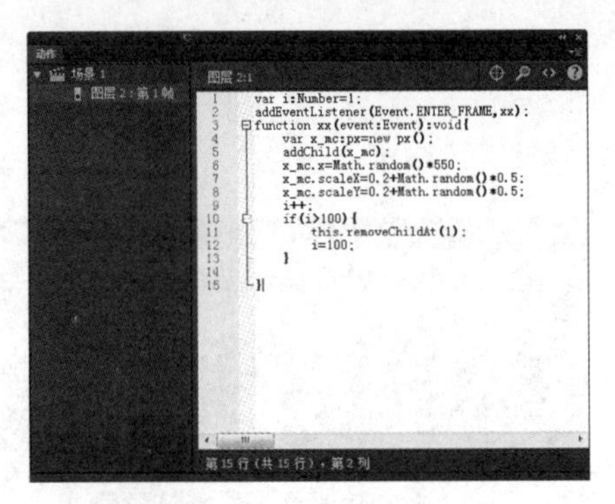

图 18-135　输入代码

step 15 至此，就完成了雪花飘落效果的制作，按 Ctrl+Enter 组合键进行测试，即可测试雪花飘落的播放效果，如图 18-136 所示。

图 18-136　测试效果

18.5　疑 难 解 惑

疑问 1：在 ActionScript 中的注释有什么作用？

答：在 ActionScript 中使用注释一般用来注明该段语句的作用、特点及用法等。通过在程序中使用注释，可增强程序的可读性，方便用户的阅读和作者的修改。而程序的注释与程序的运行没有任何作用，并不影响程序的大小、运行速度等特性。

疑问 2：如何快速打开【组件】面板？

答：按 Ctrl+F7 组合键即可快速打开【组件】面板，在其中包括 User Interface 组件和 Video 组件两大类。

第 19 章

让网页动起来——制作动态网站的 Logo 与 Banner

Logo 是指站点中使用的标志或者徽标，用来传达站点、公司的理念。Banner 是指居于网页头部，用来展示站点主要宣传内容、站点形象或者广告内容的部分。Banner 部分的大小并不固定。本章主要介绍制作动态网站 Logo 与 Banner 的实例。

19.1 制作滚动文字 Logo

制作滚动文字 Logo 的具体操作步骤如下。

19.1.1 设置文档属性

设置文档属性的具体操作步骤如下。

step 01 在 Flash CC 操作界面中选择【文件】→【新建】命令，打开【新建文档】对话框，在【常规】选项卡中设置文档的参数，如图 19-1 所示。

step 02 单击【确定】按钮，即可新建一个空白文档，如图 19-2 所示。

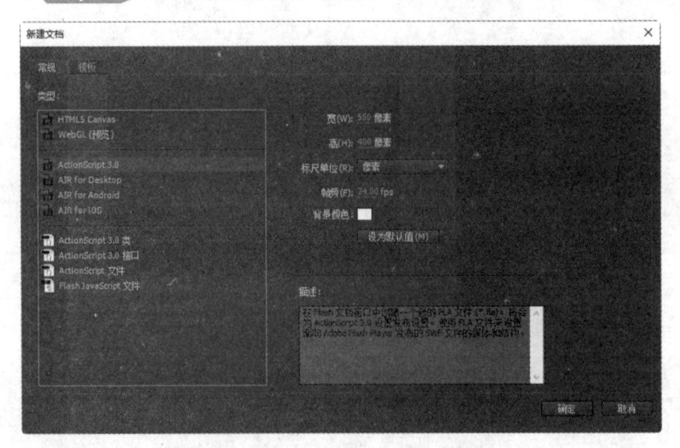

图 19-1 【新建文档】对话框

图 19-2 空白文档

step 03 选择【修改】→【文档】命令，打开【文档设置】对话框，在其中设置文档的尺寸，如图 19-3 所示。

step 04 设置完毕后，单击【确定】按钮，即可看到设置文档属性后的显示效果，如图 19-4 所示。

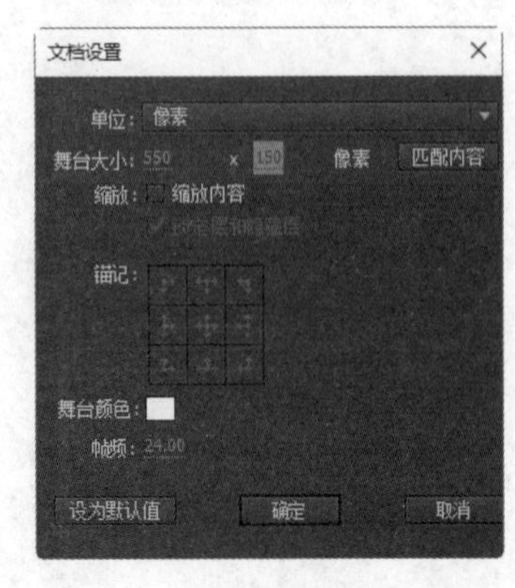

图 19-3 【文档设置】对话框

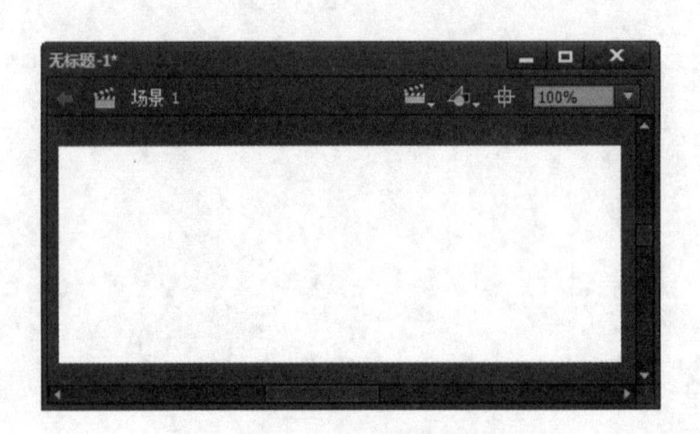

图 19-4 修改后的空白文档

19.1.2 制作文字元件

制作文字元件的具体操作步骤如下。

step 01 选择【插入】→【新建元件】命令，打开【创建新元件】对话框，在【名称】文本框中输入【文本】，并选择【类型】为【按钮】，如图19-5所示。

step 02 单击【确定】按钮，进入文本编辑状态中，如图19-6所示。

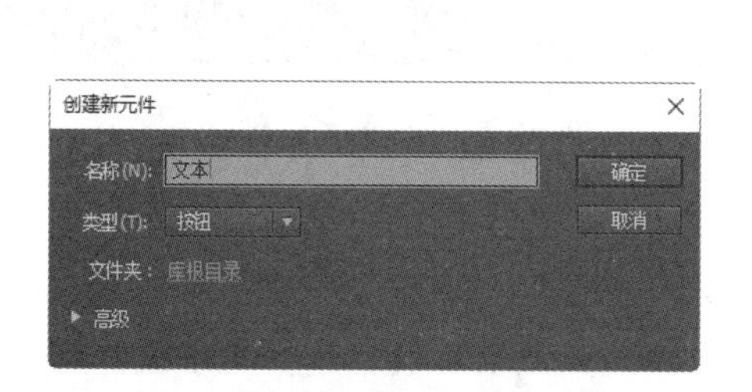

图19-5 【创建新元件】对话框

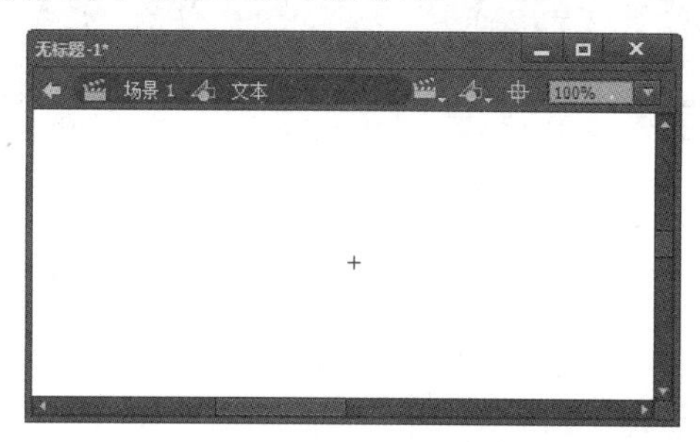

图19-6 文本编辑状态

step 03 选择工具箱中的文本工具，然后选择【窗口】→【属性】命令，打开【属性】面板，在其中设置文本的属性，具体的参数设置如图19-7所示。

step 04 单击【属性】面板中的【关闭】按钮，返回到【文本编辑】状态中，在其中输入文字，如图19-8所示。

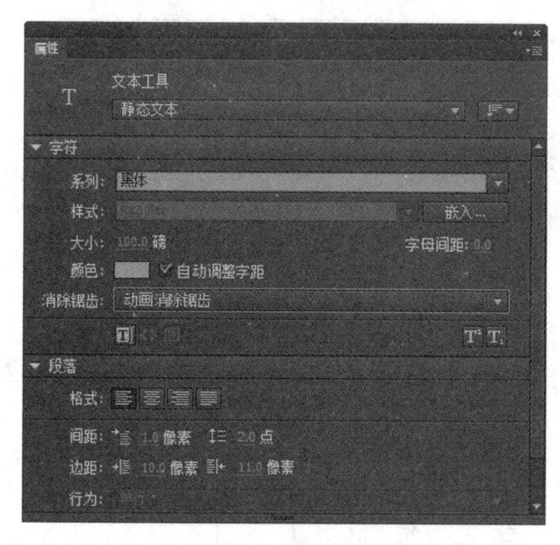

图19-7 【属性】面板

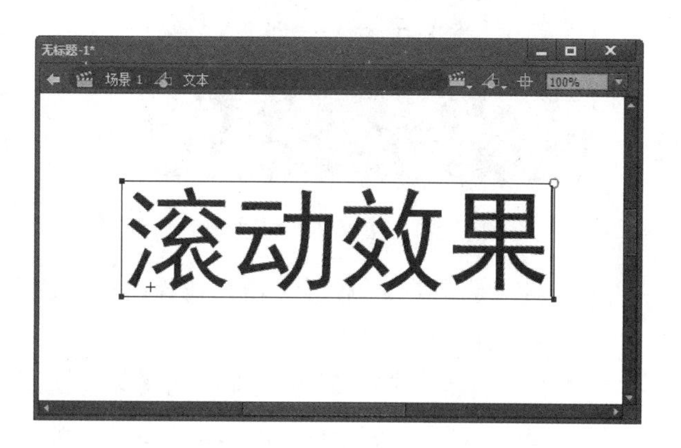

图19-8 输入文字

19.1.3 制作滚动效果

制作文字滚动效果的具体操作步骤如下。

step 01 单击场景1，进入场景中。然后选择【窗口】→【库】命令，将【库】面板中的元件拖曳到场景中，如图19-9所示。

step 02 在【时间轴】面板中右击第20帧，在弹出的快捷菜单中选择【插入关键帧】命令，插入关键帧，如图19-10所示。

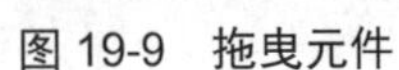

图 19-9 拖曳元件

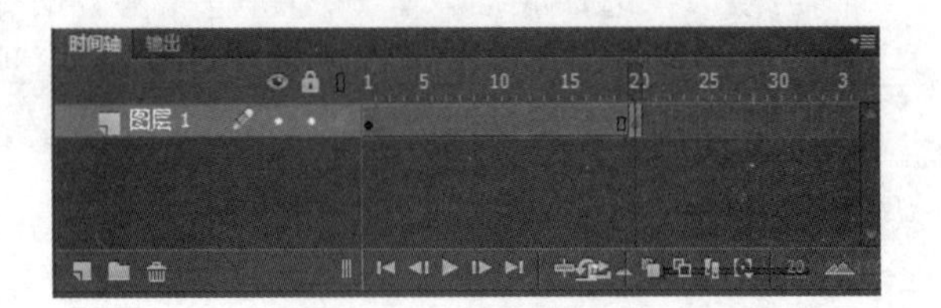

图 19-10 插入关键帧

step 03 选择图层 1 中的第 1 帧，然后选择【窗口】→【属性】命令，打开【属性】面板，在其中设置色彩效果的相关参数，具体参数如图 19-11 所示。

step 04 设置完毕后，返回到 Flash CC 窗口中，在【时间轴】面板中选择第 1 帧到第 20 帧之间的任意一帧并右击，在弹出的快捷菜单中选择【创建传统补间】命令，创建传统补间动画，如图 19-12 所示。

图 19-11 【属性】面板

图 19-12 创建传统补间动画

step 05 选中第 20 帧并右击，在弹出的快捷菜单中选择【复制帧】命令，即可复制第 20 帧的内容，如图 19-13 所示。

step 06 单击【时间轴】面板中的【新建图层】按钮，新建一个图层。选中第 1 帧并右击，在弹出的快捷菜单中选择【粘贴帧】命令，粘贴所复制的帧，如图 19-14 所示。

step 07 选中图层 2，在图层 2 中的第 20 帧处右击，在弹出的快捷菜单中选择【插入关键帧】命令，插入一个关键帧，如图 19-15 所示。

step 08 选中工具箱中的自由变换工具，对场景中的图层 2 中的第 20 帧处的图形做自由变换，具体的参数在【属性】面板中可以设置，如图 19-16 所示。

step 09 设置完毕后，返回到 Flash CC 窗口中，在【时间轴】面板中选择图层 2 中的第 1 帧到第 20 帧之间的任意一帧并右击，在弹出的快捷菜单中选择【创建传统补间】命令，创建传统补间动画，如图 19-17 所示。

step 10 按 Ctrl+Enter 组合键，即可预览文字滚动效果，如图 19-18 所示。

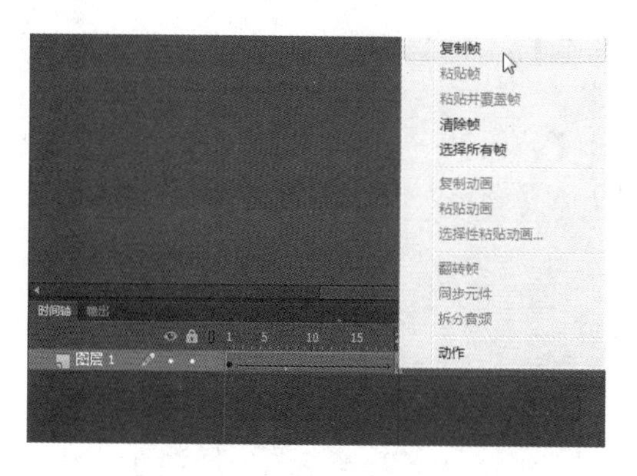

图 19-13 复制帧

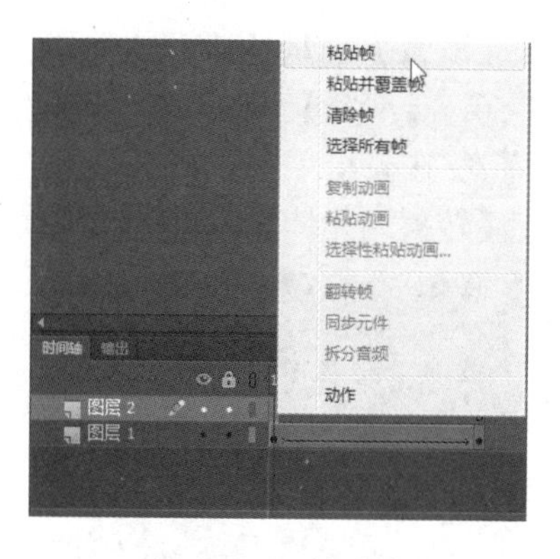

图 19-14 粘贴帧

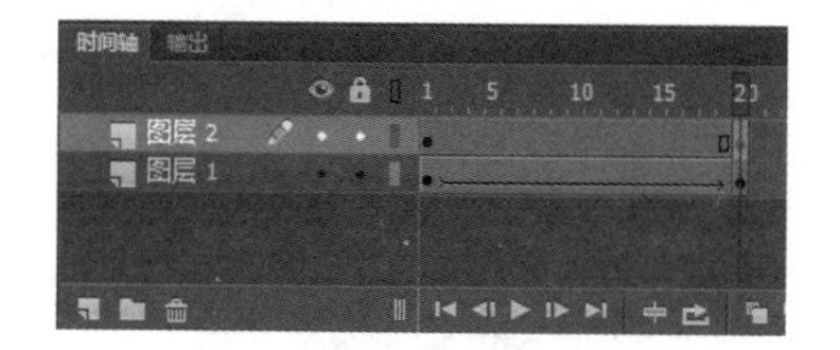

图 19-15 插入关键帧

图 19-16 【属性】面板

图 19-17 创建传统补间动画

图 19-18 预览动画

19.2 制作产品的 Banner

网页中除了文字 Logo 外，常常还会放置动态 Banner，来吸引浏览者的眼球。下面制作一个产品的 Banner。

19.2.1 制作文字动画

制作文字动画的具体操作步骤如下。

step 01 在 Flash CC 操作界面中新建一个空白文档。双击【图层 1】名称，将其更名为【文字】，如图 19-19 所示。

图 19-19 【时间轴】面板

step 02 单击【工具】面板中的【文本工具】T，在

【属性】面板中设置文本类型为【静态文本】，字体为 Arial Black，字体大小为 50，【颜色】为红色，如图 19-20 所示。

step 03 在舞台中间位置输入文字 MM。选择【修改】→【转换为元件】命令，弹出【转换为元件】对话框，设置元件【类型】为【图形】，如图 19-21 所示。

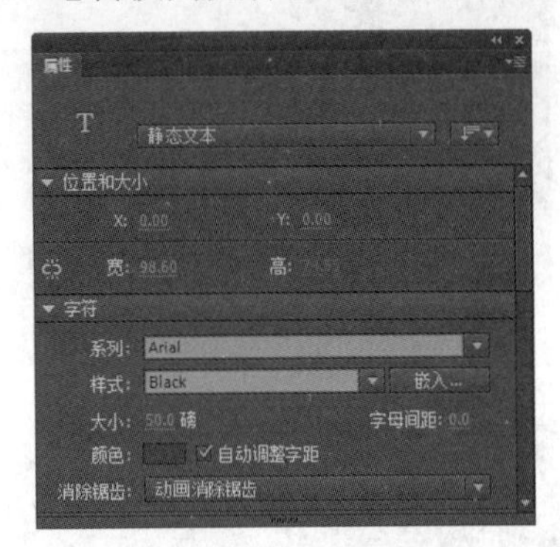

图 19-20 【属性】面板

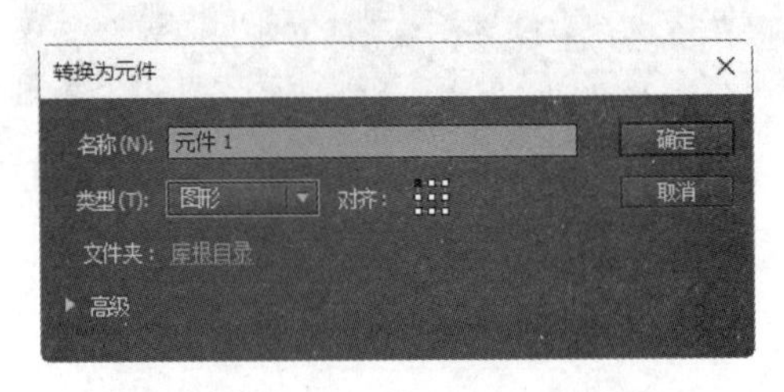

图 19-21 【转换为元件】对话框

step 04 单击【确定】按钮，即可将文字转换为图形，如图 19-22 所示。

step 05 选中【文字】图层的第 10 帧并右击，在弹出的快捷菜单中选择【插入关键帧】命令，如图 19-23 所示。

图 19-22 文字转换为图形

图 19-23 插入关键帧

step 06 选中第 1 帧，将舞台上的文字 MM 垂直向上移动到舞台的上方(使其刚出舞台)，然后选中第 1 帧并右击，在弹出的快捷菜单中选择【创建传统补间】命令，如图 19-24 所示。

step 07 选择【文字】图层的第 1 帧，然后选择文字 MM。打开【属性】面板，在【色彩效果】选项组的【样式】下拉列表框中选择 Alpha 选项，设置 Alpha 值为 0，如图 19-25 所示。

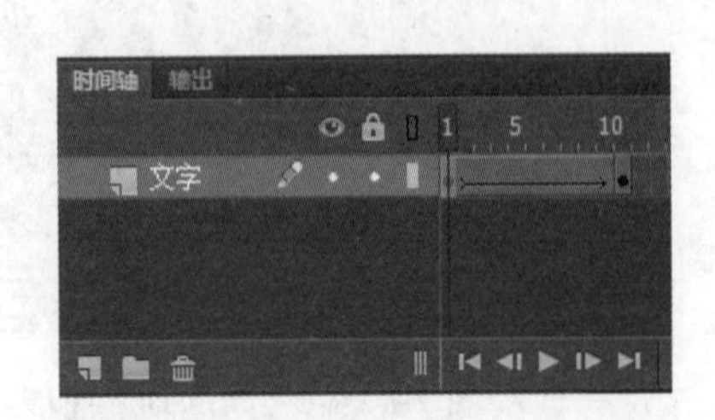

图 19-24 创建传统补间动画

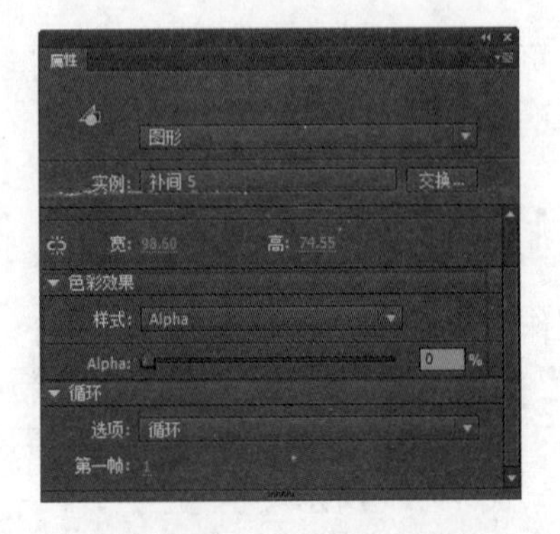

图 19-25 【属性】面板

step 08 选择第49帧，按F5键插入帧，使动画延续到第49帧，如图19-26所示。

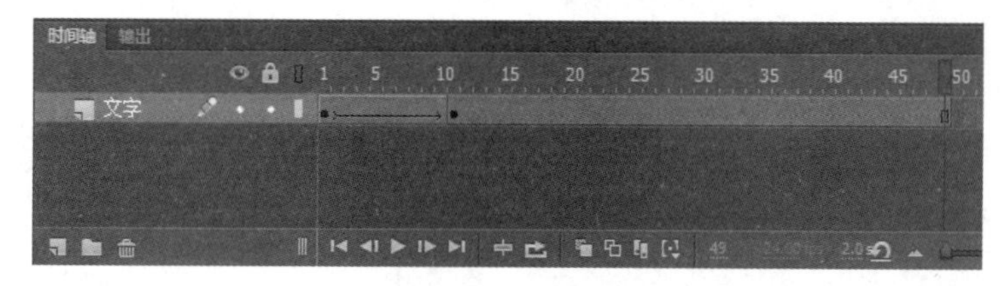

图19-26 延续动画帧

step 09 新建一个图层，并命名为【文字1】，然后单击第10帧，按F7键插入空白关键帧，如图19-27所示。

step 10 单击【工具】面板中的【文本工具】T，在【属性】面板中设置其文本类型为【静态文本】，字体为Arial，字体大小为30，【颜色】为黑色，如图19-28所示。

图19-27 插入空白关键帧

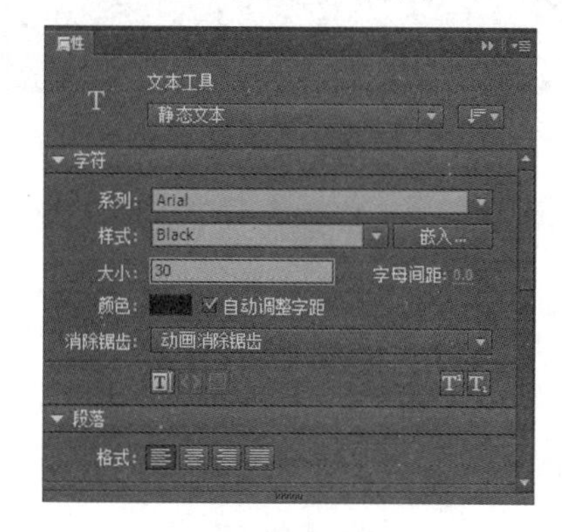

图19-28 设置文本属性

step 11 在舞台上输入文字SU，再次在文字的下方位置输入文字SU，颜色设置为灰色，如图19-29所示。

step 12 选中输入的文字，选择【修改】→【转换为元件】命令，将输入的文字转换为图形元件，如图19-30所示。

SU

图19-29 输入文字

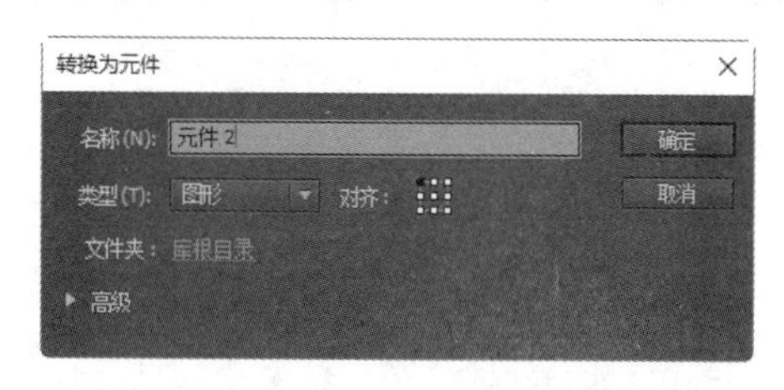

图19-30 转换为图形元件

19.2.2 制作文字遮罩动画

制作文字遮罩动画的具体操作步骤如下。

step 01 选择【文字1】图层的第15帧并右击，在弹出的快捷菜单中选择【转换为关键帧】命令，将其和文字MM的左边对齐；然后选择第10帧并右击，在弹出的快捷菜单中选择【创建传统补间】命令，接着选择第 49 帧，按 F5 键插入帧，如图 19-31 所示。

step 02 新建一个图层，并命名为【遮罩 1】。选择第 1 帧，单击【工具】面板中的矩形工具，在舞台上绘制一个矩形，放在 SU 文字的左侧，如图 19-32 所示。

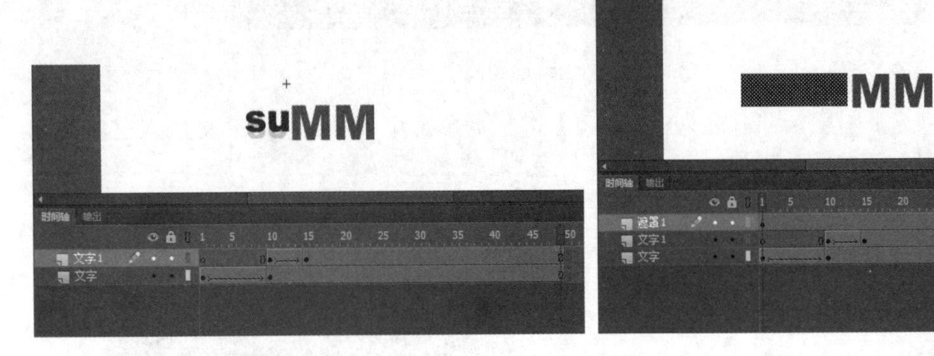

图 19-31　插入帧

图 19-32　绘制矩形

step 03 右击图层【遮罩 1】名称，在弹出的快捷菜单中选择【遮罩层】命令，如图 19-33 所示。

step 04 同理，制作出文字 MM 右侧 ERROOM 文字的遮罩动画，如图 19-34 所示。

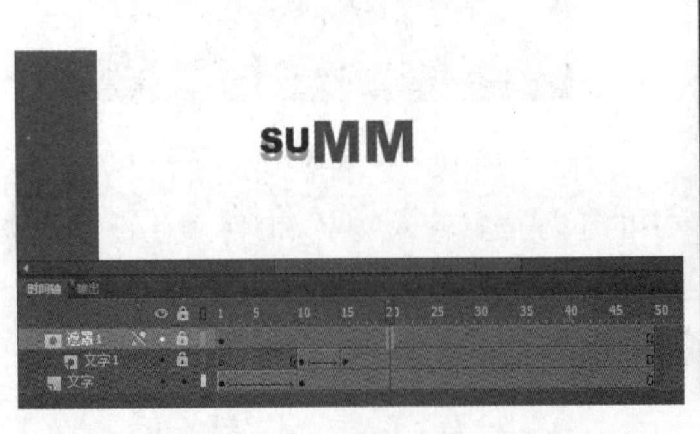

图 19-33　创建遮罩层

图 19-34　制作其他文字的遮罩

19.2.3　制作图片动画

制作图片动画的具体操作步骤如下。

step 01 选择【文件】→【导入到库】命令，打开【导入到库】对话框，在其中选择需要导入到库的图片，如图 19-35 所示。

step 02 单击【打开】按钮，即可将图片导入到库之中，如图 19-36 所示。

step 03 新建一个图层，将其命名为【图片 1】。选中第 27 帧并右击，按 F7 键插入空白关键帧，将库中的 1 图片拖到舞台上，并调整其大小和位置，然后选择【修改】→【转换为元件】命令，将图片转换为图形元件，如图 19-37 所示。

图 19-35 【导入到库】对话框

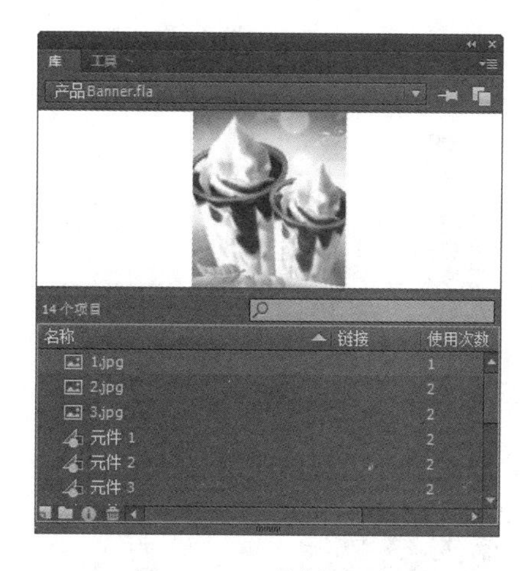

图 19-36 【库】面板

step 04 选中第 32 帧并右击，在弹出的快捷菜单中选择【转换为关键帧】命令，然后选择第 27 帧并右击，在弹出的快捷菜单中选择【创建补间动画】命令，接着选择第 49 帧，如图 19-38 所示。

SUMMERROOM

图 19-37 添加图片

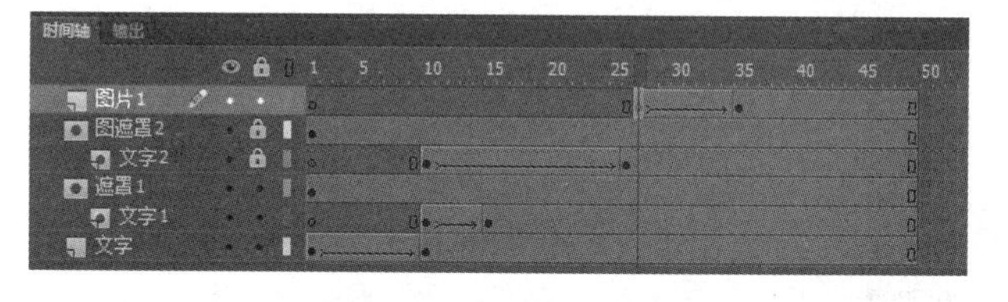

图 19-38 创建补间动画

step 05 单击【图片 1】图层的第 27 帧，在舞台上选中图片 1。打开【属性】面板，在【色彩样式】选项组的【样式】下拉列表框中选择 Alpha 选项，设置 Alpha 值为 0，如图 19-39 所示。

step 06 最后图片的显示效果如图 19-40 所示。

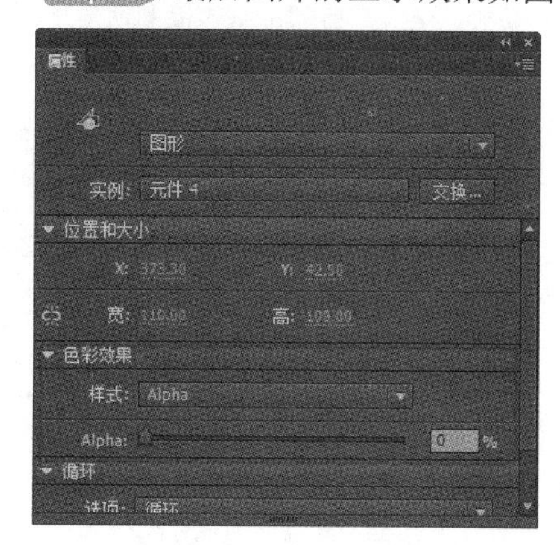

图 19-39 【属性】面板

SUMMERROOM

图 19-40 图片显示效果

step 07 同理，创建另外两张图片的动画效果，如图 19-41 所示。

step 08 按 Ctrl+Enter 组合键，即可预览动画效果，如图 19-42 所示。

图 19-41 添加其他图片

图 19-42 预览动画

19.3 疑难解惑

疑问 1：如何使网页 Banner 更具吸引力？

答：常见的方法如下。

(1) 使用简单的背景和文字。制作时注意构图要简单，颜色要醒目，角度要明显，对比要强烈。

(2) 巧妙地使用文字，使文本和 Banner 中的其他元素有机地结合起来，充分利用字体的样式、形状、粗细、颜色等来补充和加强图片的力量。

(3) 使用深色的外围边框，因为在站点中应用 Banner 时，大都不为 Banner 添加轮廓。如果 Banner 的内容都集中在中央，那么边缘就会过于空白。如果没有边框，Banner 就会和页面融为一体，从而降低 Banner 的关注度。

疑问 2：如何快速选择文本工具？

答：有时为了在舞台上添加文本，需要使用文本工具，虽然可以单击【工具】面板中的【文本工具】选项，但是直接按 T 键可以快速选择文本工具。

第 5 篇

开发动态网站

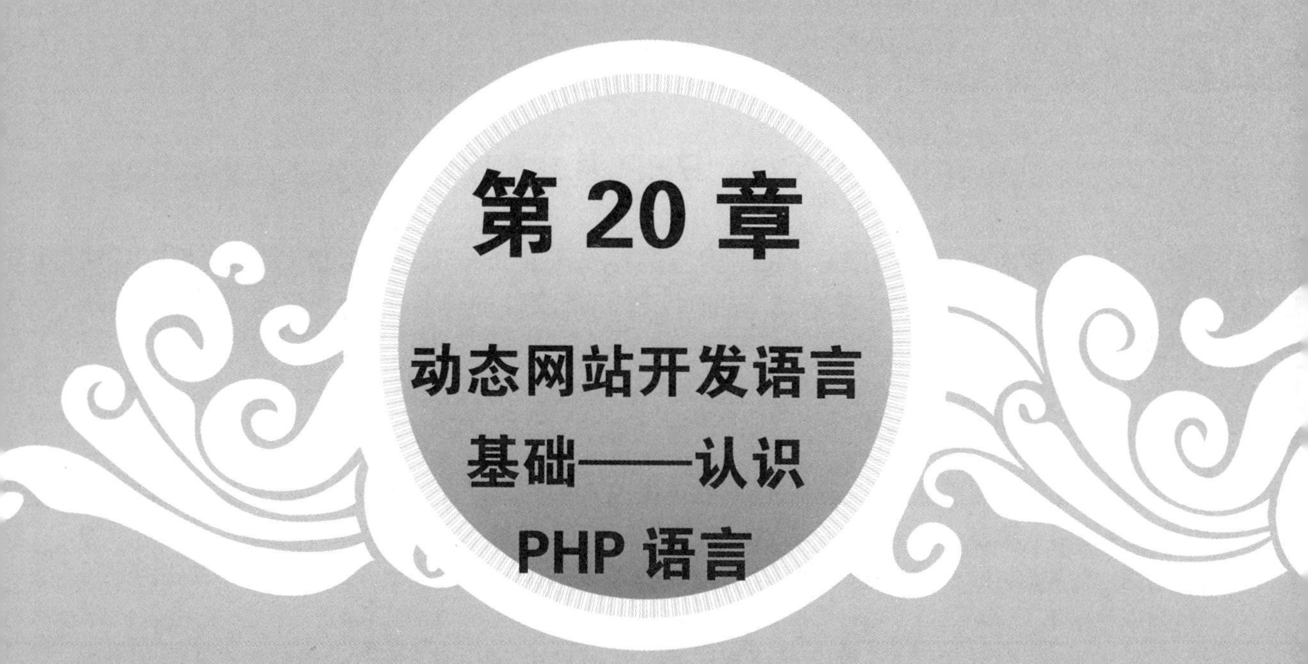

第 20 章 动态网站开发语言基础——认识 PHP 语言

要想自己动手建立网站，掌握一门网页编程语言是必需的，因为无论多么绚丽的网页，都要由语言编程去实现。本章主要介绍 PHP 语言网页编程常用知识点。

20.1 PHP 基本知识

PHP 全名为 Personal Home Page，是英文 Hypertext Preprocessor(超级文本预处理语言)的别名。PHP 是一种创建动态交互性站点的强有力的服务器端脚本语言。PHP 是免费的，并且使用广泛。

20.1.1 PHP 的概念

PHP 是一种在服务器端执行的嵌入 HTML 文档的脚本语言，其语言风格类似于 C 语言，被广泛应用于动态网站的制作中。PHP 语言借鉴了 C 和 Java 等语言的部分语法，并有自己的特性，使 Web 开发者能够快速地编写动态生成页面的脚本。对初学者而言，PHP 的优势是可以快速入门。

与其他编程语言相比，PHP 是将程序嵌入到 HTML 文档中去执行，执行效率比完全生成 HTML 标记的方式要高许多。PHP 还可以执行编译后的代码，编译可以达到加密和优化代码运行的作用，使代码运行得更快。另外，PHP 具有非常强大的功能，所有的 CGI 的功能 PHP 都能实现，而且支持几乎所有流行的数据库及操作系统。最重要的是 PHP 还可以用 C、C++ 进行程序的扩展。

20.1.2 PHP 语言的优势

PHP 能够迅速发展，并得到广大使用者的喜爱，主要原因是 PHP 不仅有一般脚本所具有的功能，而且有其自身的优势。PHP 的具体特点如下。

(1) 源代码完全开放。所有的 PHP 源代码事实上都可以得到。读者可以通过 Internet 获得需要的源代码，快速修改利用。

(2) 完全免费。和其他技术相比，PHP 本身是免费的。读者使用 PHP 进行 Web 开发无须支付任何费用。

(3) 语法结构简单。因为 PHP 结合了 C 语言和 Perl 语言的特色，编写简单，方便易懂。可以被嵌入到 HTML 语言中，它相对于其他语言，编辑简单，实用性强，更适合初学者。

(4) 跨平台性强。由于 PHP 是运行在服务器端的脚本，可以运行在 UNIX、Linux、Windows 下。

(5) 效率高。PHP 消耗相当少的系统资源，并且程序开发快，运行快。

(6) 强大的数据库支持。支持目前所有的主流和非主流数据库，使 PHP 的应用对象非常广泛。

(7) 面向对象。从 PHP 5.5 开始，面向对象方面都有了很大的改进，现在 PHP 完全可以用来开发大型商业程序。

20.2 PHP 中的数据类型

从 PHP 4 开始，PHP 中的数据类型不再需要事先声明，不同的数据类型其实就是所储存数据的不同种类。PHP 的数据类型主要包括：字符串、整数、浮点数、逻辑、数组、对象、NULL。

20.2.1 整型

整型(integers)是数据类型中最为基本的类型。在现有的 32 位的运算器的情况下，整型的取值是从-2147483648 到 2147483647 之间。整型可以表示为十进制、十六进制和八进制。使用 PHP var_dump()会返回变量的数据类型和值。

例如：

```
3560          //十进制整数
01223         //八进制整数
0x1223        //十六进制整数
```

20.2.2 浮点型

浮点型(floating-point)就是表示实数。在大多数运行平台下，这个数据类型的大小为 8 个字节。它的近似取值范围是 2.2E−308 到 1.8E+308(科学计数法)。

例如：

```
-1.432
1E+07
0.0
```

20.2.3 布尔值

布尔值(boolean)只有两个值，就是 true 和 false。布尔值是十分有用的数据类型，通过它，程序实现了逻辑判断的功能。

而对于其他数据类型，基本都有布尔属性。

(1) 整型，为 0 时，其布尔属性为 false，为非零值时，其布尔属性为 true。

(2) 浮点型，为 0.0 时，其布尔属性为 false，为非零值时，其布尔属性为 true。

(3) 字符串型，空字符串“”，或者零字符串“0”时，为 false，包含除此以外的字符串时为 true。

(4) 数组型，若不含任何元素，为 false，只要包含元素，则为 true。

(5) 对象型，资源型，永远为 true。

(6) 空型，则永远为 false。

20.2.4 字符串型

字符串型的数据是表示在引号之间的。引号分为“”(双引号)和‘’(单引号)。这两种引号的表示方式都可以表示字符串。但是这两种表示也有一定区别。双引号几乎可以包含所有的字符，但是在其中的变量显示的是变量的值，而不是变量的变量名。单引号内的字符是被直接表示出来的。

下面通过一个案例来讲述上面几种类型的使用方法和技巧。

【例 20.1】常用数据类型的使用方法(实例文件为 ch20\20.1.php)。代码如下：

```
<HTML>
<HEAD>
   <TITLE>变量的类型</TITLE>
</HEAD>
<BODY>
<?php
   $int1= 2012;
   $int2= 01223;                    //八进制整数
   $int3=0x1223;                    //十六进制整数
   echo "输出整数类型的值: ";
   echo $int1;
   echo "\t";                       //输出一个制表符
   echo $int2;                      //输出 659
   echo "\t";
   echo $int3;                      //输出 4643
   echo "<br>";
   $float1=54.66;
   echo $float1;                    //输出 54.66
   echo "<br>";
   echo "输出布尔型变量: ";
   echo (Boolean)( $int1);          //将 int1 整型转化为布尔变量
   echo "<br>";
   $string1="字符串类型的变量";
   echo $string1;
?>
</BODY>
</HTML>
```

程序运行结果如图 20-1 所示。

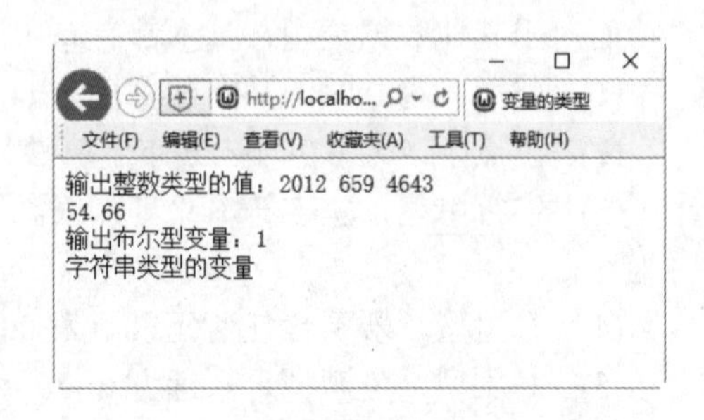

图 20-1 例 20.1 的程序运行结果

20.2.5 数组型

数组是 PHP 变量的集合，它是按照“键值”与“值”对应的关系组织数据的，数组的键值可以是整数也可以是字符串。在默认情况下，数组元素的键值为从零开始的整数。

在 PHP 中，使用 list()函数或 array()函数来创建数组，也可以直接进行赋值。

【例 20.2】使用 array()函数创建数组(实例文件为 ch20\20.2.php)。代码如下：

```
<HTML>
<HEAD>
    <TITLE>数组变量</TITLE>
</HEAD>
<BODY>
  <?php
    $arr=array(15,1E+05,"秋风吹不尽，总是玉关情。");
    for ($i=0;$i<3;$i++)
      {
        echo "$arr[$i]<br>";
      }
?>
</BODY>
</HTML>
```

程序运行结果如图 20-2 所示。从上述代码中可以看出本程序采用 for 循环语句输出整个数组，echo()函数返回当前数组指针的索引值。

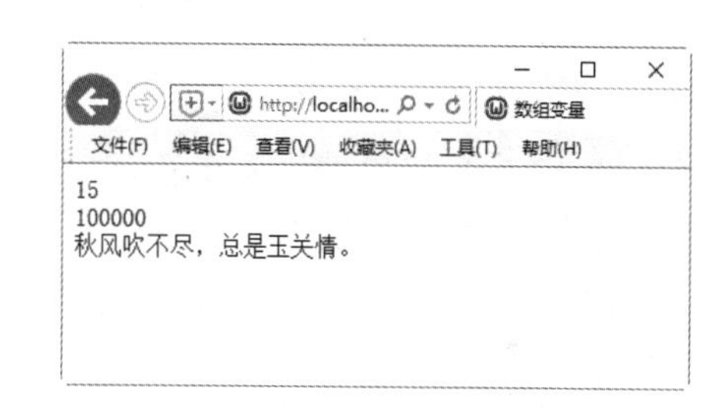

图 20-2 例 20.2 的程序运行结果

20.2.6 对象型

对象是存储数据和有关如何处理数据的信息的数据类型。在 PHP 中，必须明确地声明对象。首先我们必须声明对象的类，对此，我们使用 class 关键词。类是包含属性和方法的结构，然后我们在对象类中定义数据类型，然后在该类的实例中使用此数据类型。

20.2.7 NULL 型

Null 类型是仅拥有 NULL 这一个值的类型。这个类型是用来标记一个变量为空的。一个空字符串与一个 NULL 是不同的。在数据库存储时会把空字符串和 NULL 区分开处理。NULL 型在布尔判断时永远为 false。很多情况下，在声明一个变量时可以直接先赋值为 Null 空型。例如，$value = NULL。

20.2.8 数据类型转换

数据从一个类型转换到另外一个类型，就是数据类型转换。在 PHP 语言中，有两种常见的转换方式：自动数据类型转换和强制数据类型转换。

1. 自动数据类型转换

这种转换方法最为常用，直接输入数据的转换类型即可。例如 Float 型转换为整数 Int 型，小数点后面的数将被舍弃。如果 float 数超过了整数的取值范围，则结果可能是 0 或者整数的最小负数。

【例 20.3】自动数据类型转换(实例文件为 ch20\20.3.php)。代码如下：

```
<HTML>
<HEAD>
    <TITLE>自动数据类型转换</TITLE>
</HEAD>
<BODY>
  <?php
    $flo1=1.86;
    echo (int)$flo1."<br>";
    $flo2=4E32; //超过整数取值范围
    echo(int)$flo2;
  ?>
</BODY>
</HTML>
```

程序运行结果如图 20-3 所示。

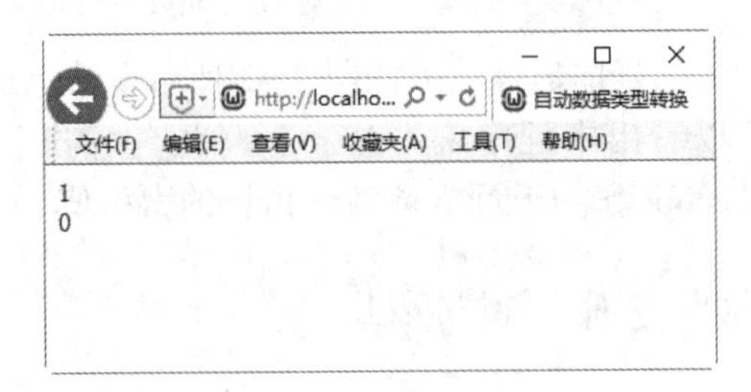

图 20-3　例 20.3 的程序运行结果

2. 强制数据类型转换

在 PHP 中，可以使用 settype()函数强制转换数据类型。基本语法格式如下：

```
Bool settype(var,string type)
```

【例 20.4】强制数据类型转换(实例文件为 ch20\20.4.php)。代码如下：

```
<HTML>
<HEAD>
    <TITLE>强制数据类型转换</TITLE>
</HEAD>
<BODY>
  <?php
    $flo1=1.86;
    echo setType($flo1,"int");
    ?>
</BODY>
</HTML>
```

程序运行结果如图 20-4 所示。

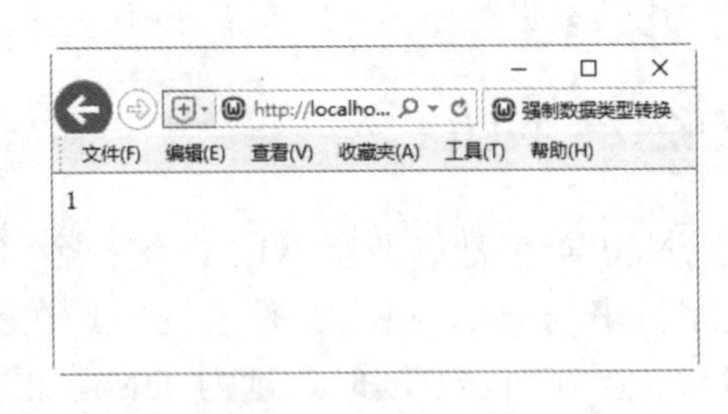

图 20-4　例 20.4 的程序运行结果

20.3　PHP 中的常量与变量

在 PHP 中，常量是一旦声明就无法改变的值。变量像是一个贴有名字标签的空盒子。不同的变量类型对应不同种类的数据，就像不同种类的东西要放入不同种类的盒子一样。

20.3.1　案例 1——声明和使用常量

PHP 通过 define()函数来声明常量。语法格式如下：

```
define("常量名", 常量值);
```

常量名是一个字符串，通常在 PHP 编码规范的指导下使用大写的英文字符表示。比如：CLASS_NAME、MYAGE 等。

常量值可以是很多种 PHP 的数据类型，可以是数组，也可以是对象，当然还可以是字符和数字。

【例 20.5】声明与使用常量(实例文件为 ch20\20.5.php)。代码如下：

```
<HTML>
<HEAD>
    <TITLE>自定义变量</TITLE>
</HEAD>
<BODY>
<?php
  define("HUANY","花间一壶酒，独酌无相亲。 举杯邀明月，对影成三人。 月既不解饮，影徒随我身。 暂伴月将影，行乐须及春。 我歌月徘徊，我舞影零乱。 醒时同交欢，醉后各分散。 永结无情游，相期邈云汉。");
  echo HUANY;
?>
</BODY>
</HTML>
```

程序运行结果如图 20-5 所示。

注意：常量只能储存布尔型、整型、浮点型和字符串数据。

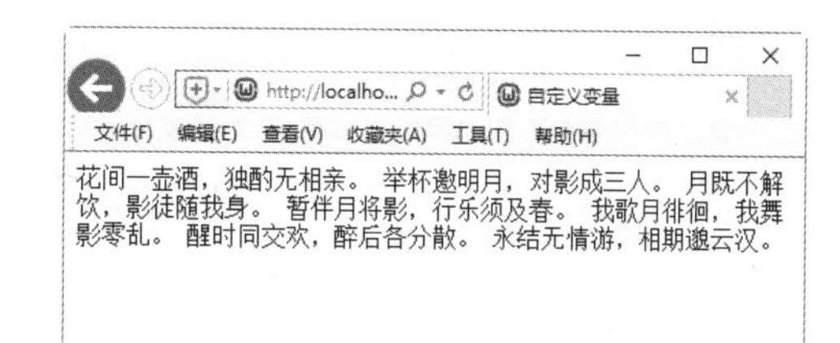

图 20-5 例 20.5 的程序运行结果

20.3.2 案例 2——声明与使用变量

PHP 中的变量一般以$作为前缀，然后以字母 a~z 的大小写或者“_”(下划线)开头。这是变量的一般表示。

合法的变量名可以是：

```
$hello
$Aform1
$_formhandler (类似我们见过的$_POST 等)
```

非法的变量名如：

```
$168
$!like
```

一般的变量表示很容易理解，但是有两个变量表示概念则容易混淆，这就是可变变量和变量的引用。下面通过例子对它们进行学习。

【例 20.6】声明与使用变量(实例文件为 ch20\20.6.php)。代码如下：

```
<HTML>
<HEAD>
    <TITLE>系统变量</TITLE>
</HEAD>
```

```
<BODY>
<?php
  $value0 = "guest";
  $$value0 = "customer";
  echo $guest."<br />";
  $guest = "feifei";
  echo $guest."\t".$$value0."<br />";
  $value1 = "xiaoming";
  $value2 = &$value1;
  echo $value1."\t".$value2."<br />";
  $value2 = "lili";
  echo $value1."\t".$value2;
?>
</BODY>
</HTML>
```

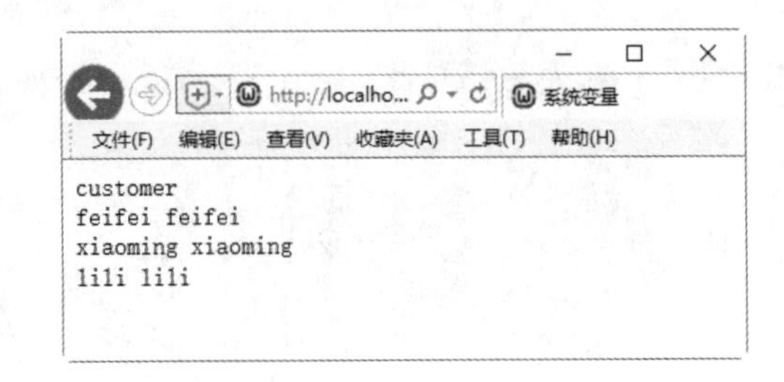

图 20-6 例 20.6 的程序运行结果

程序运行结果如图 20-6 所示。

20.3.3 案例 3——变量的作用域

所谓变量作用域(variable scope)，是指特定变量在代码中可以被访问到的位置。在 PHP 中有 6 种基本的变量作用域法则，具体介绍如下。

(1) 内置超全局变量(Built-in superglobal variables)，在代码中的任意位置都可以访问得到。

(2) 常数(constants)，一旦声明，它就是全局性的。可以在函数内外使用。

(3) 全局变量(global variables)，在代码间声明，可在代码间访问，但是不能在函数内访问。

(4) 在函数中声明为全局变量的变量，就是同名的全局变量。

(5) 在函数中创建和声明为静态变量的变量，在函数外是无法访问的。但是这个静态变量的值是可以保留的。

(6) 在函数中创建和声明的局部变量，在函数外是无法访问的，并且在本函数终止时退出。

1. 全局变量

全局变量，其实就是在函数外声明的变量，在代码间都可以访问，但是在函数内是不能访问的，这是因为函数默认就不能访问在其外部的全局变量。下面通过案例介绍全局变量的使用方法和技巧。

【例 20.7】全局变量的使用(实例文件为 ch20\20.7.php)。代码如下：

```
<HTML>
<HEAD>
    <TITLE>全局变量</TITLE>
</HEAD>
<BODY>
<?php
  $room = 20;
  function showrooms(){
      echo $room;
  }
```

```
  showrooms();
  echo $room.'间房间。';
?>
</BODY>
</HTML>
```

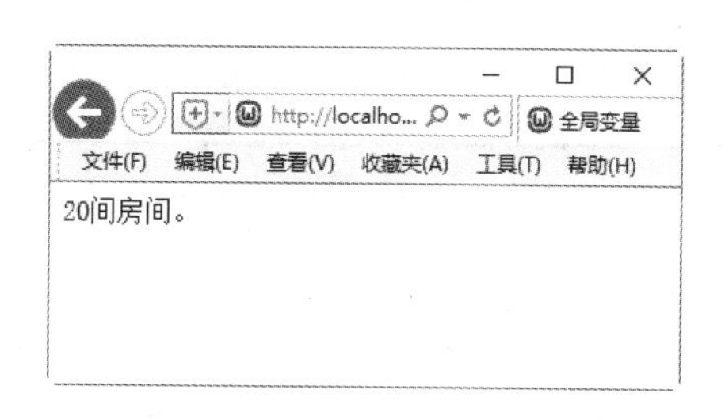

图 20-7　例 20.7 的程序运行结果

程序运行结果如图 20-7 所示。

2. 静态变量

静态变量只是在函数内存在，函数外无法访问。但是执行后，其值保留。也就是说这一次执行完毕后，这个静态变量的值保留，下一次再执行此函数时，这个值还可以调用。

下面通过实例介绍静态变量的使用方法和技巧。

【例 20.8】静态变量的使用(实例文件为 ch20\20.8.php)。代码如下：

```
<HTML>
<HEAD>
    <TITLE>静态变量</TITLE>
</HEAD>
<BODY>
<?php
   $person = 20;
  function showpeople(){
      static $person = 5;
    $person++;
      echo '此时静态变量的值为：'.$person.'<br />';
  }
  showpeople();
  echo $person.' 为变量的值<br />';
  showpeople();
?>
</BODY>
</HTML>
```

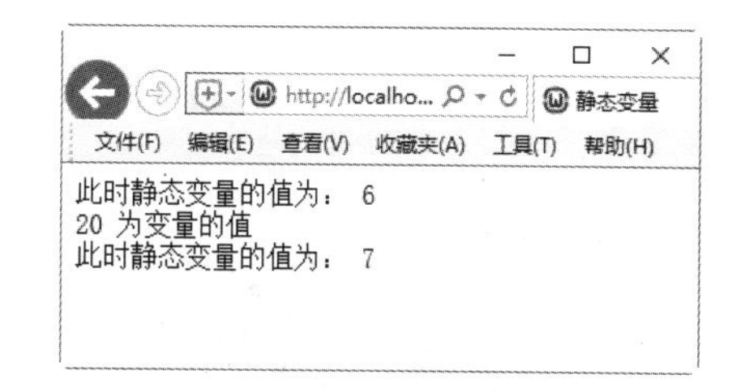

图 20-8　例 20.8 的程序运行结果

程序运行结果如图 20-8 所示。

20.4　PHP 中的运算符

PHP 包含 3 种类型的运算符，即一元运算符、二元运算符和三元运算符。一元运算符用在一个操作数之前；二元运算符用在两个操作数之间；三元运算符用在三个操作数之间。

20.4.1　案例 4——算术运算符

算术运算符是最简单也是最常用的运算符。常见的算术运算符如表 20-1 所示。

表 20-1　算术运算符

运 算 符	名　称
+	加法运算
-	减法运算
*	乘法运算
/	除法运算
%	取余法运算
++	累加运算
--	累减运算

【例 20.9】算术运算符的使用(实例文件为 ch20\20.9.php)。代码如下：

```
<HTML>
<HEAD>
    <TITLE>算术运算符</TITLE>
</HEAD>
<BODY>
  <?php
    $a=13;
    $b=2;
    echo $a."+".$b."=";
    echo $a+$b."<br>";
    echo $a."-".$b."=";
    echo $a-$b."<br>";
    echo $a."*".$b."=";
    echo $a*$b."<br>";
    echo $a."/".$b."=";
    echo $a/$b."<br>";
    echo $a."%".$b."=";
    echo $a%$b."<br>";
    echo $a."++"."=";
    echo $a++."<br>";
    echo $a."--"."=";
    echo $a--."<br>";
    ?>
</BODY>
</HTML>
```

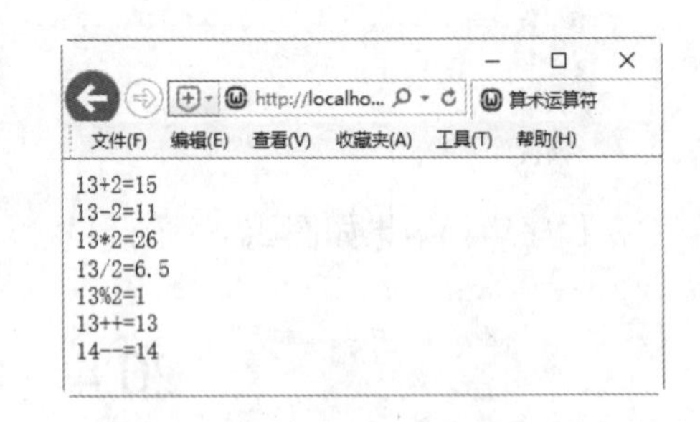

图 20-9　例 20.9 的程序运行结果

程序运行结果如图 20-9 所示。

20.4.2　案例 5——字符串运算符

字符串运算符是把两个字符串连接起来变成一个字符串的运算符。使用“.”来完成。如果变量是整型或浮点型，PHP 也会自动把它们转换为字符串输出。

【例 20.10】字符串运算符的使用(实例文件：ch20\20.10.php)。代码如下：

```
<HTML>
<HEAD>
    <TITLE>字符串运算符</TITLE>
```

```
</HEAD>
<BODY>
  <?php
   $a = "把两个字符串";
   $b = 10.25;
    echo $a."连接起来，".$b."天。";
  ?>
</BODY>
</HTML>
```

程序运行结果如图 20-10 所示。

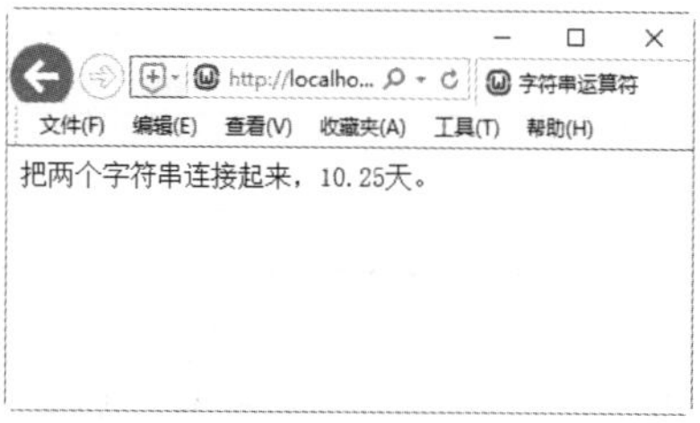

图 20-10　例 20.10 的程序运行结果

20.4.3　案例 6——赋值运算符

赋值运算符的作用是把一定的数据值加载给特定变量。赋值运算符的具体含义如表 20-2 所示。

例如，$a-=$b 等价于$a=$a-$b，其他赋值运算符与之类似。由此可以看出，赋值运算符可以使程序更加简练，从而提高执行效率。

表 20-2　赋值运算符

运 算 符	名　称
=	将右边的值赋值给左边的变量
+=	将左边的值加上右边的值赋给左边的变量
-=	将左边的值减去右边的值赋给左边的变量
*=	将左边的值乘以右边的值赋给左边的变量
/=	将左边的值除以右边的值赋给左边的变量
.=	将左边的字符串连接到右边
%=	将左边的值对右边的值取余数赋给左边的变量

20.4.4　案例 7——比较运算符

比较运算符用来比较其两端数据值的大小。比较运算符的具体含义如表 20-3 所示。

表 20-3　比较运算符

运 算 符	名　称
==	相等
! =	不相等
>	大于
<	小于
>=	大于等于
<=	小于等于

续表

运 算 符	名 称
===	精确等于(类型)
!==	不精确等于

其中，===和!==需要特别注意。$b===$c 表示$b 和$c 不只是数值上相等，而且两者的类型也一样；$b!==$c 表示$b 和$c 有可能是数值不等，也可能是类型不同。

【例 20.11】比较运算符的使用(实例文件为 ch20\20.11.php)。代码如下：

```
<HTML>
<HEAD>
   <TITLE>使用比较运算符</TITLE>
</HEAD>
<BODY>
<?PHP
$value="15";
echo "\$value = \"$value\"";
echo "$value==15: ";
var_dump($value==15);              //结果为:bool(true)
echo "\$value==true: ";
var_dump($value==true);            //结果为:bool(true)
echo "\$value!=null: ";
var_dump($value!=null);            //结果为:bool(true)
echo "\$value==false: ";
var_dump($value==false);           //结果为:bool(false)
echo "\$value === 15: ";
var_dump($value===15);             //结果为:bool(false)
echo "\$value===true: ";
var_dump($value===true);           //结果为:bool(true)
echo "(10/2.0 !== 5): ";
var_dump(10/2.0 !==5);             //结果为:bool(true)
?>
</BODY>
<HTML>
```

程序运行结果如图 20-11 所示。

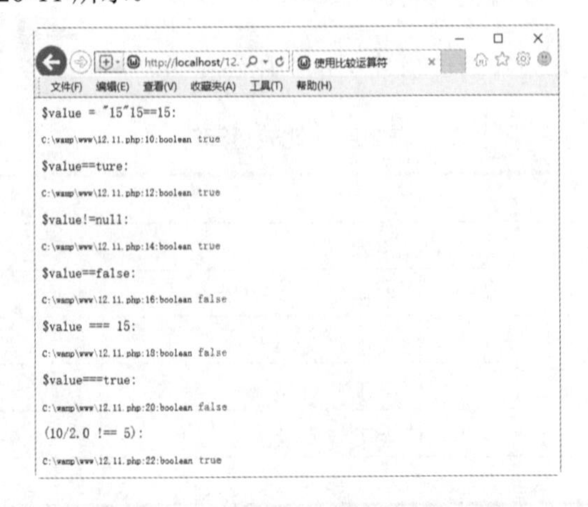

图 20-11　例 20.11 的程序运行结果

20.4.5 案例8——递增递减运算符

PHP支持C风格的前/后递增与递减运算符，递增/递减运算符不影响布尔值。递减NULL值没有效果，但是递增NULL值的结果是1。递增递减运算符的具体含义如表20-4所示。

表20-4 递增递减运算符

运 算 符	名 称	描 述
++$x	前递增	$x加一递增，然后返回$x
$x++	后递增	返回$x，然后$x加一递增
--$x	前递减	$x减一递减，然后返回$x
$x--	后递减	返回$x，然后$x减一递减

20.4.6 案例9——数组运算符

PHP 数组运算符用于比较数组。数组运算符的具体含义如表20-5所示。

表20-5 数组运算符

运 算 符	名 称	例 子	结 果
+	联合	$x+$y	$x和$y的联合(但不覆盖重复的键)
==	相等	$x==$y	如果$x和$y拥有相同的键/值对，则返回true
===	全等	$x===$y	如果$x和$y拥有相同的键/值对，且顺序相同、类型相同，则返回true
!=	不相等	$x!=$y	如果$x不等于$y，则返回true
<>	不相等	$x<>$y	如果$x不等于$y，则返回true
!==	不全等	$x!==$y	如果$x与$y完全不同，则返回true

20.4.7 案例10——逻辑运算符

一个编程语言最重要的功能之一就是要进行逻辑判断和运算。比如逻辑和、逻辑或、逻辑否都是由这些逻辑运算符控制的。逻辑运算符的含义如表20-6所示。

表20-6 逻辑运算符

运 算 符	名 称
&&	逻辑和
AND	逻辑和
||	逻辑或
OR	逻辑或
!	逻辑否
NOT	逻辑否

20.5 PHP 中常用的控制语句

PHP 中的控制语句主要包括条件语句、循环语句等，其中条件控制语句又可以分为多种条件语句，如 if 语句、switch 语句等；循环语句包括 while 循环、do...while 循环和 for 循环等。

20.5.1 案例 11——if 语句

if 语句是最为常见的条件控制语句。它的语法格式如下：

```
if(条件判断语句){
        命令执行语句;
}
```

这种形式只是对一个条件进行判断。如果条件成立，则执行命令语句，否则不执行。

【例 20.12】 if 语句的使用(实例文件为 ch20\20.12.php)。代码如下：

```
<HTML>
<HEAD>
<meta http-equiv="Content-Type" content="text/html; charset=gb2312" />
<TITLE>if 语句的使用</TITLE>
</HEAD>
<BODY>
<?php
    $num = rand(1,100);                          //使用 rand()函数生成一个随机数
    if ($num % 2 != 0){                          //判断变量$num 是否为奇数
        echo "\$num = $num";                     //如果为奇数，输出表达式和说明文字
        echo "<br>$num 是奇数。";
    }
?>
</BODY>
</HTML>
```

运行后刷新页面，结果如图 20-12 所示。

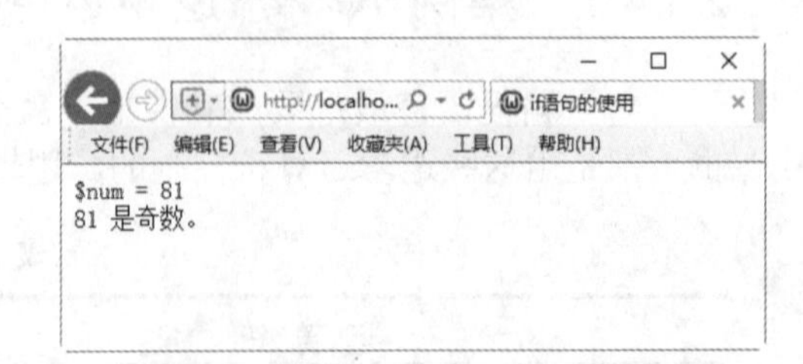

图 20-12 例 20.12 的程序运行结果

20.5.2 案例 12——if...else 语句

如果是非此即彼的条件判断，可以使用 if...else 语句。它的语法格式如下：

```
if(条件判断语句){
      命令执行语句 A;
}else{
      命令执行语句 B;
}
```

这种结构形式首先判断条件是否为真，如果为真，则执行命令语句 A，否则执行命令语句 B。

【**例 20.13**】if…else 语句的使用(实例文件为 ch20\20.13.php)。代码如下：

```
<HTML>
<HEAD>
<meta http-equiv="Content-Type" content="text/html; charset=gb2312" />
<TITLE>if…else 语句的使用</TITLE>
</HEAD>
<BODY>
<?php
$d=date("D");
if ($d=="Fri")
  echo "今天是周五哦!";
else
  echo "可惜今天不是周五!";
?>
</BODY>
</HTML>
```

程序运行结果如图 20-13 所示。

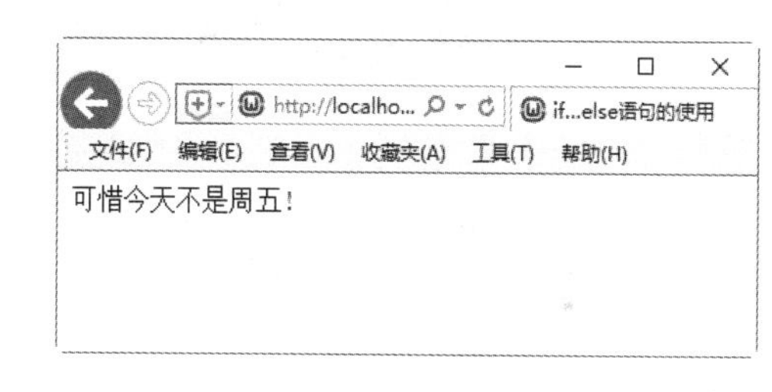

图 20-13　例 20.13 的程序运行结果

20.5.3　案例 13——else if 语句

在条件控制结构中，有时会出现多于两种的选择，此时可以使用 else if 语句。它的语法格式如下：

```
if(条件判断语句){
       命令执行语句;
}else if(条件判断语句){
       命令执行语句;
}…
else{
       命令执行语句;
}…
```

【**例 20.14**】else if 语句的使用(实例文件为 ch20\20.14.php)。代码如下：

```
<HTML>
<HEAD>
<meta http-equiv="Content-Type" content="text/html; charset=gb2312" />
<TITLE>else if 语句的使用</TITLE>
</HEAD>
<BODY>
<?php
    $score = 85;                                //设置成绩变量$score
    if ($score >= 0 and $score <= 60){          //判断成绩变量是否在 0～60 之间
        echo "您的成绩为差";                      //如果是，说明成绩为差
    }else if($score > 60 and $score <= 80){     //否则判断成绩变量是否在 61～80 之间
        echo "您的成绩为中等";                    //如果是，说明成绩为中等
    }else{                                      //如果两个判断都是 false，则输出默认值
        echo "您的成绩为优等";                    //说明成绩为优等
    }
```

```
?>
</BODY>
</HTML>
```

程序运行结果如图 20-14 所示。

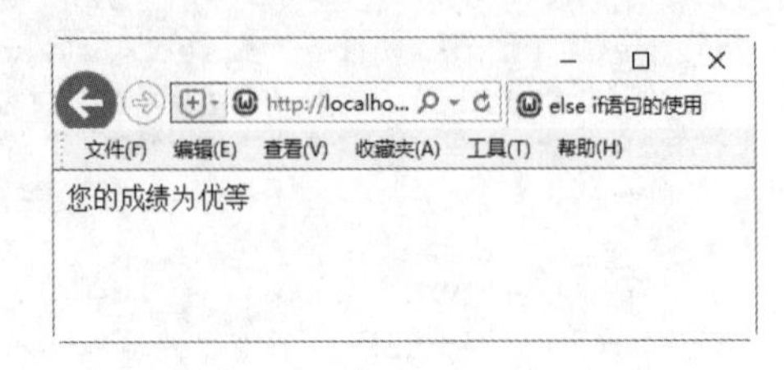

图 20-14　例 20.14 的程序运行结果

20.5.4　案例 14——switch 语句

switch 语句的结构是给出不同情况下可能执行的程序块，条件满足哪个程序块，就执行哪个。它的语法格式为：

```
switch(条件判断语句){
        case 可能判断结果 a:
              命令执行语句;
        break;
         case 可能判断结果 b:
               命令执行语句;
        break;
         …
         default:
               命令执行语句;
}
```

其中，若“条件判断语句”的结果符合哪个“可能判断结果”，就执行其对应的“命令执行语句”。如果都不符合，则执行 default 对应的默认项“命令执行语句”。

【例 20.15】switch 语句的使用(实例文件为 ch20\20.15.php)。代码如下：

```
<HTML>
<HEAD>
<meta http-equiv="Content-Type" content="text/html; charset=gb2312" />
<TITLE>switch 语句的使用</TITLE>
</HEAD>
<BODY>
<?php
    $x=5;
    switch ($x)
    {
    case 1:
      echo "数值为 1";
      break;
    case 2:
      echo "数值为 2";
      break;
    case 3:
      echo "数值为 3";
      break;
    case 4:
      echo "数值为 4";
      break;
    case 5:
      echo "数值为 5";
```

```
        break;
    default:
        echo "数值不在 1 到 5 之间";
    }
?>
</BODY>
</HTML>
```

程序运行结果如图 20-15 所示。

图 20-15　例 20.15 的程序运行结果

20.5.5　案例 15——while 循环语句

while 循环的语法格式如下：

```
while (条件判断语句){
    命令执行语句;
}
```

其中当“条件判断语句”为 true 时，执行后面的“命令执行语句”，然后返回到条件表达式继续进行判断，直到表达式的值为假，才能跳出循环，执行后面的语句。

【例 20.16】while 语句的使用(实例文件为 ch20\20.16.php)。代码如下：

```
<HTML>
<HEAD>
<meta http-equiv="Content-Type" content="text/html; charset=gb2312" />
<TITLE>while 语句的使用</TITLE>
</HEAD>
<BODY>
<?php
    $num = 1;
    $str = "20 以内的奇数为：";
    while($num <=20){
        if($num % 2!= 0){
            $str .= $num." ";
        }
        $num++;
    }
    echo $str;
?>
</BODY>
</HTML>
```

程序运行结果如图 20-16 所示。

本实例主要实现 20 以内的奇数输出。从 1～20 依次判断是否为奇数，如果是，则输出；如果不是，则继续下一次的循环。

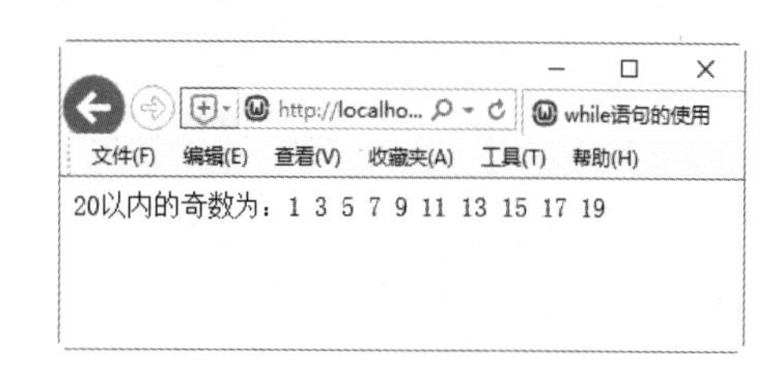

图 20-16　例 20.16 的程序运行结果

20.5.6　案例 16——do…while 循环语句

do…while 循环的语法格式如下：

```
do{
   命令执行语句;
}while(条件判断语句)
```

其中先执行 do 后面的“命令执行语句”，其中的变量会随着命令的执行发生变化。当此变量通过 while 后的“条件判断语句”判断为 false 时，停止执行“命令执行语句”。

【例 20.17】 do…while 语句的使用(实例文件为 ch20\20.17.php)。代码如下：

```
<HTML>
<HEAD>
<meta http-equiv="Content-Type" content="text/html; charset=gb2312" />
<TITLE>do…while 语句的使用</TITLE>
</HEAD>
<BODY>
<?php
    $aa = 0;                                        //声明一个整数变量$aa
    while($aa != 0){                                //使用 while 循环输出
        echo "不会被执行的内容";                     //这句话不会被输出
    }
    do{                                             //使用 do…while 循环输出
        echo "被执行的内容";                         //这句话会被输出
    }while($aa != 0);
?>
</BODY>
</HTML>
```

程序运行结果如图 20-17 所示。从结果可以看出，while 语句和 do…while 语句有很大的区别。

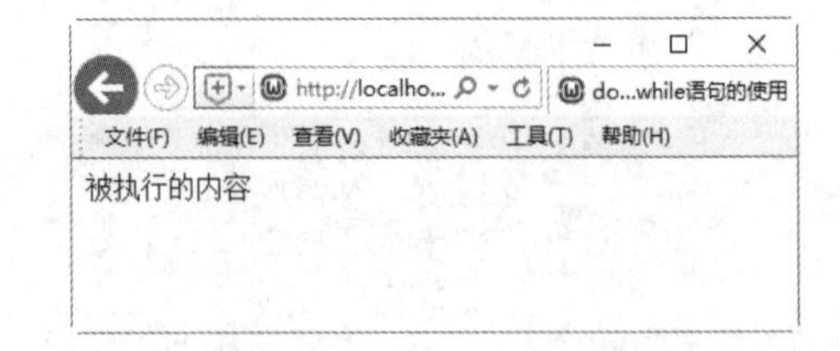

图 20-17　例 20.17 的程序运行结果

20.5.7　案例 17——for 循环语句

for 循环的语法格式如下：

```
for(expr1;expr2;expr3)
{
执行命令语句;
 }
```

其中 expr1 为条件的初始值，expr2 为判断的最终值，通常都是用比较表达式或逻辑表达式充当判断的条件，执行完命令语句后，再执行 expr3。

【例 20.18】 for 循环语句的使用(实例文件为 ch20\20.18.php)。代码如下：

```
<HTML>
<HEAD>
<meta http-equiv="Content-Type" content="text/html; charset=gb2312" />
<TITLE> for 循环语句的使用</TITLE>
</HEAD>
<BODY>
    <?php
    for($i=0;$i<4;$i++){
```

```
        echo "for 语句的功能非常强大<br>";
    }
    ?>
</BODY>
</HTML>
```

程序运行结果如图 20-18 所示。从中可以看出，语句执行了 4 次。

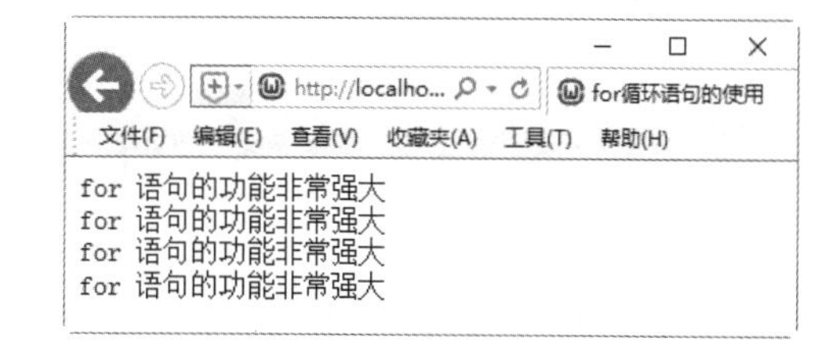

图 20-18　例 20.18 的程序运行结果

20.6　PHP 函数概述

函数的英文为 function，这个词也有功能的意思。顾名思义，使用函数就是要在编程过程中实现一定的功能，也即通过一定的代码块来实现一定的功能。比如，通过一定的功能记录下酒店客人的个人信息，每到他生日的时候自动给他发送祝贺 E-mail。并且这个发信功能可以重用，可以改在某个客户的结婚纪念日时给他发送祝福 E-mail。因此，函数就是实现一定功能的一段特定的代码。

20.6.1　案例 18——定义和调用函数

其实在前面的实例中早已用过函数。define()函数就是定义一个常量。如果现在再写一个程序，则同样可以调用 define()函数。

其实，更多的情况下，程序员面对的是自定义函数。其语法格式如下：

```
function name_of_function( param1,param2,… ){
      statement
}
```

其中 name_of_function 是函数名，param1、param2 是参数，statement 是函数的具体内容。

下面以自定和调用函数为例进行讲解。

【例 20.19】自定和调用函数(实例文件为 ch20\20.19.php)。代码如下：

```
<HTML>
<HEAD><meta http-equiv="Content-Type" content="text/html; charset=gb2312" />
<TITLE>自定和调用函数</TITLE>
</HEAD>
<BODY>
<?php
  function sayhello($customer){
       return $customer."。乡村四月闲人少，才了蚕桑又插田。";
  }
  echo sayhello('绿遍山原白满川，子规声里雨如烟');
?>
</BODY>
</HTML>
```

程序运行结果如图 20-19 所示。

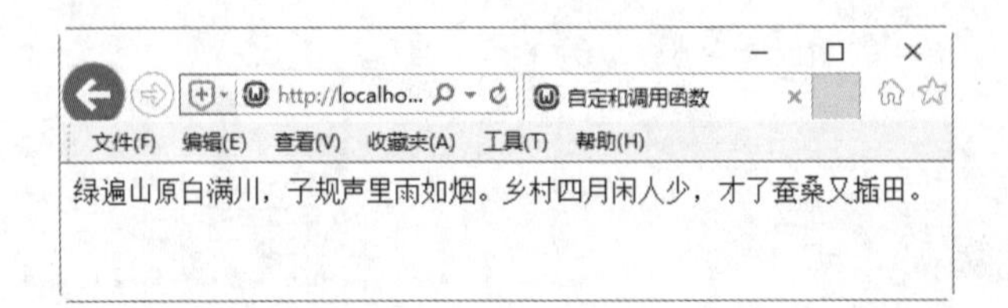

图 20-19　例 20.19 的程序运行结果

20.6.2　案例 19——向函数传递参数数值

由于函数是一段封闭的程序，很多时候，程序员都需要向函数内传递一些数据，来进行操作。

语法格式如下：

```
function 函数名称(参数 1,参数 2){
        算法描述,其中使用参数 1 和参数 2;
}
```

下面以酒店房间住宿费总价为例进行讲解。

【例 20.20】向函数传递参数数值(实例文件为 ch20\20.20.php)。代码如下：

```
<HTML>
<HEAD><meta http-equiv="Content-Type" content="text/html; charset=gb2312"
/>
<TITLE>向函数传递参数数值</TITLE>
</HEAD>
<BODY>
<?php
  function totalneedtopay($days,$roomprice){
         $totalcost = $days*$roomprice;
          "需要支付的总价:$totalcost"."元。";
  }
  $rentdays = 3;
  $roomprice = 168;
  totalneedtopay($rentdays,$roomprice);
  totalneedtopay(5,198);
?>
</BODY>
</HTML>
```

程序运行结果如图 20-20 所示。

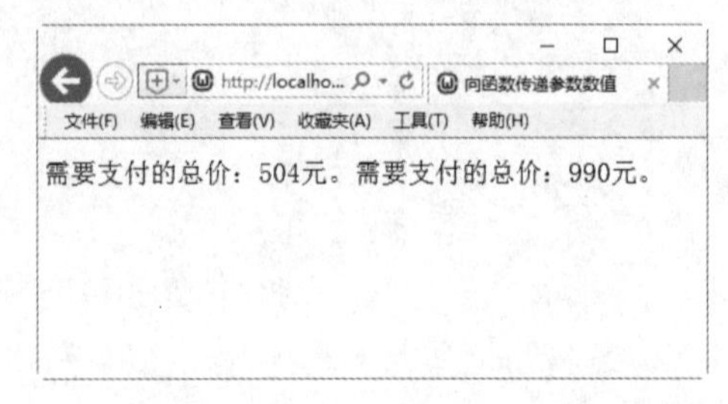

图 20-20　例 20.20 的程序运行结果

20.6.3　案例 20——向函数传递参数引用

向函数传递参数引用，其实就是向函数传递变量引用。参数引用一定是变量引用，静态数值是没有引用一说的。由于在变量引用中已经知道，变量引用其实就是对变量名的引用，是对特定的一个变量位置的引用。

下面以酒店服务费总价为例进行讲解。

【例 20.21】向函数传递参数引用(实例文件为 ch20\20.21.php)。代码如下：

```
<HTML>
<HEAD><meta http-equiv="Content-Type" content="text/html; charset=gb2312" />
</HEAD>
<BODY>
<?php
   $fee = 300;
  $serviceprice = 50;
  function totalfee(&$fee,$serviceprice){
        $fee = $fee+$serviceprice;
         echo "需要支付的总价:$fee"."元。";
  }
  totalfee($fee,$serviceprice);
  totalfee($fee,$serviceprice);
?>
</BODY>
</HTML>
```

程序运行结果如图 20-21 所示。

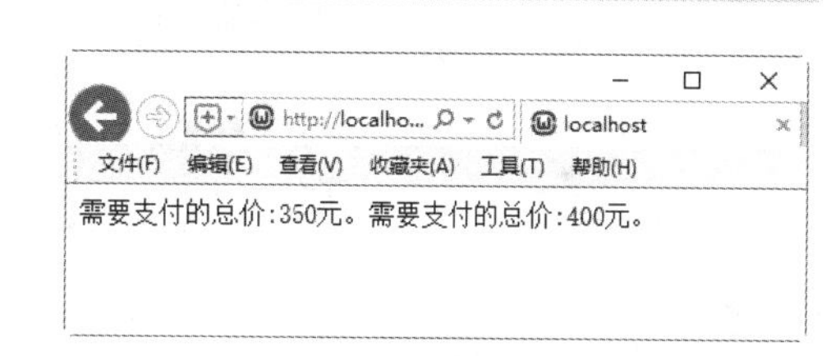

图 20-21　例 20.21 的程序运行结果

20.6.4　案例 21——从函数中返回值

在以上的一些例子中，都是把函数运算完成的值直接打印出来。但是，很多情况下，程序并不需要直接把结果打印出来，而是仅仅给出结果，并且把结果传递给调用这个函数的程序，为其所用。

这里需要使用到 return 关键字。下面以综合酒店客房价格和服务价格为例进行讲解。

【例 20.22】从函数中返回值(实例文件为 ch20\20.22.php)。代码如下：

```
<HTML>
<HEAD><meta http-equiv="Content-Type" content="text/html; charset=gb2312" />
</HEAD>
<BODY>
<?php
 function totalneedtopay($days,$roomprice){
        return $days*$roomprice;
 }
  $rentdays = 3;
  $roomprice = 168;
  echo totalneedtopay($rentdays,$roomprice);
?>
</BODY>
</HTML>
```

程序运行结果如图 20-22 所示。

20.6.5 案例 22——对函数的引用

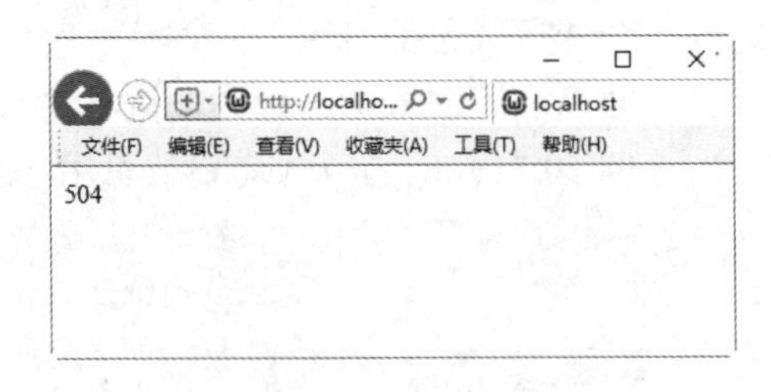

图 20-22 例 20.22 的程序运行结果

不管是 PHP 中的内置函数，还是程序员在程序中的自定义函数，都可以直接简单地通过函数名调用。但是在操作过程中也有些不同，大致分为以下 3 种情况。

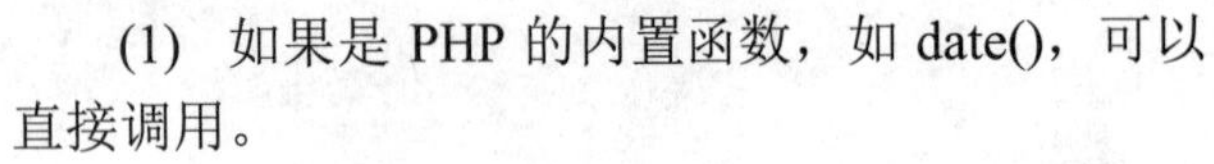

(1) 如果是 PHP 的内置函数，如 date()，可以直接调用。

(2) 如果这个函数是 PHP 的某个库文件中的函数，则需要用 include()或 require()函数把此库文件加载，然后才能使用。

(3) 如果是自定义函数，若与引用程序同在一个文件中，则可直接引用。如果此函数不在当前文件内，则需要用 include()或 require()函数加载。

对函数的引用，实质上是对函数返回值的引用。

【例 20.23】对函数的引用(实例文件为 ch20\20.23.php)。代码如下：

```
<HTML>
<HEAD>
<meta http-equiv="Content-Type" content="text/html; charset=gb2312" />
<TITLE>对函数的引用</TITLE>
</HEAD>
<BODY>
<?php
function &example($aa=1){                    //定义一个函数，别忘了加&符号
   return $aa;                               //返回参数$str
}
$bb= &example("请君试问东流水，别意与之谁短长？");  //声明一个函数的引用$str1
echo $bb."<p>";
?>
</BODY>
</HTML>
```

程序运行结果如图 20-23 所示。

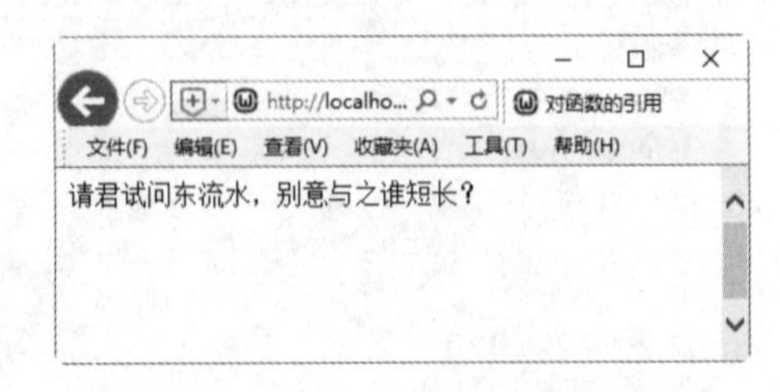

图 20-23 例 20.23 的程序运行结果

20.6.6 案例 23——对函数取消引用

对于不需要引用的函数，可以做取消操作。取消引用函数使用 unset()函数来完成，目的是断开变量名和变量内容之间的绑定，但此时并没有销毁变量内容。

【例 20.24】对函数取消引用(实例文件为 ch20\20.24.php)。代码如下：

```
<HTML>
<HEAD>
<meta http-equiv="Content-Type" content="text/html; charset=gb2312" />
<TITLE>对函数取消引用</TITLE>
</HEAD>
```

```
<BODY>
<?php
    $num = 166;                             //声明一个整型变量
    $math = &$num;                          //声明一个对变量$num 的引用$math
    echo "\$math is:  ".$math."<br>";       //输出引用$math
    unset($math);                           //取消引用$math
    echo "\$math is: ".$math."<br>";        //再次输出引用
    echo "\$num is:  ".$num;                //输出原变量
?>
</BODY>
</HTML>
```

程序运行结果如图 20-24 所示。

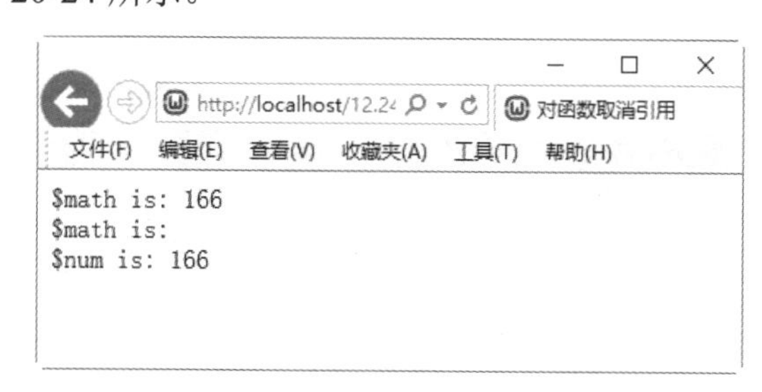

图 20-24　例 20.24 的程序运行结果

20.7　综合案例——创建酒店系统在线订房表

本案例主要创建酒店系统的在线订房表，其中需要创建两个 PHP 文件。具体创建步骤如下。

step 01 在网站主目录下建立文件 formstringhandler.php。代码如下：

```
<!DOCTYPE html PUBLIC "-//W3C//DTD XHTML 1.0 Transitional//EN"
"http://www.w3.org/TR/xhtml1/DTD/xhtml1-transitional.dtd">
<HTML xmlns="http://www.w3.org/1999/xhtml">
<HEAD><meta http-equiv="Content-Type" content="text/html; charset=gb2312"/>
您的订房信息：</HEAD>
<BODY>
<?php
 $DOCUMENT_ROOT = $_SERVER['DOCUMENT_ROOT'];
 $customername = trim($_POST['customername']);
 $gender = $_POST['gender'];
 $arrivaltime = $_POST['arrivaltime'];
 $phone = trim($_POST['phone']);
 $email = trim($_POST['email']);
 $info = trim($_POST['info']);
 if(!eregi('^[a-zA-Z0-9_\-\.]+@[a-zA-Z0-9\-]+\.[a-zA-Z0-9_\-\.]+
$',$email)){
    echo "这不是一个有效的 email 地址，请返回上页且重试";
   exit;
 }
 if(!eregi('^[0-9]$',$phone) and strlen($phone)<= 4 or strlen($phone)>=
15){
```

```
    echo "这不是一个有效的电话号码，请返回上页且重试";
  exit;
}
if( $gender == "m"){
   $customer = "先生";
}else{
   $customer = "女士";
}
echo '<p>您的订房信息已经上传，我们正在为您准备房间。 确认您的订房信息如下:</p>';
echo $customername."\t".$customer.' 将会在 '.$arrivaltime.' 天后到达。 您的电话为'.$phone."。我们将会发送一封电子邮件到您的 email 邮箱: ".$email."。<br /><br />另外，我们已经确认了您其他的要求如下: <br /><br />";
echo nl2br($info);
echo "<p>您的订房时间为:".date('Y m d H: i: s')."</p>";
?>
</BODY>
</HTML>
```

step 02 在网站主目录下建立文件 form4string.html。代码如下：

```
<!DOCTYPE html PUBLIC "-//W3C//DTD XHTML 1.0 Transitional//EN"
"http://www.w3.org/TR/xhtml1/DTD/xhtml1-transitional.dtd">
<HTML xmlns="http://www.w3.org/1999/xhtml">
<HEAD>
<meta http-equiv="Content-Type" content="text/html; charset=gb2312"/>
<h2>GoodHome 在线订房表。</h2>
</HEAD>
<BODY>
<form action="formstringhandler.php" method="post">
<table>
<tr bgcolor="#3399FF" >
    <td>客户姓名:</td>
    <td><input type="text" name="customername" size="20" /></td>
</tr>
<tr bgcolor="#CCCCCC" >
    <td>客户性别: </td>
    <td>
     <select name="gender">
        <option value="m">男</option>
        <option value="f">女</option>
      </select>
  </td>
</tr>
<tr bgcolor="#3399FF" >
    <td>到达时间:</td>
    <td>
     <select name="arrivaltime">
     <option value="1">一天后</option>
     <option value="2">两天后</option>
     <option value="3">三天后</option>
     <option value="4">四天后</option>
     <option value="5">五天后</option>
       </select>
  </td>
```

```
</tr>
<tr bgcolor="#CCCCCC" >
    <td>电话:</td>
    <td><input type="text" name="phone" size="20" /></td>
</tr>
<tr bgcolor="#3399FF" >
    <td>email:</td>
    <td><input type="text" name="email" size="30" /></td>
</tr>
<tr bgcolor="#CCCCCC" >
    <td>其他需求:</td>
    <td> <textarea name="info" rows="10" cols="30">    如果您有什么其他要求，请
        填在这里。</textarea>
    </td>
</tr>
<tr bgcolor="#666666" >
    <td align="center"><input type="submit" value="确认订房信息" /></td>
</tr>
</table>
</form>
</BODY>
</HTML>
```

step 03 运行 form4string.html，结果如图 20-25 所示。

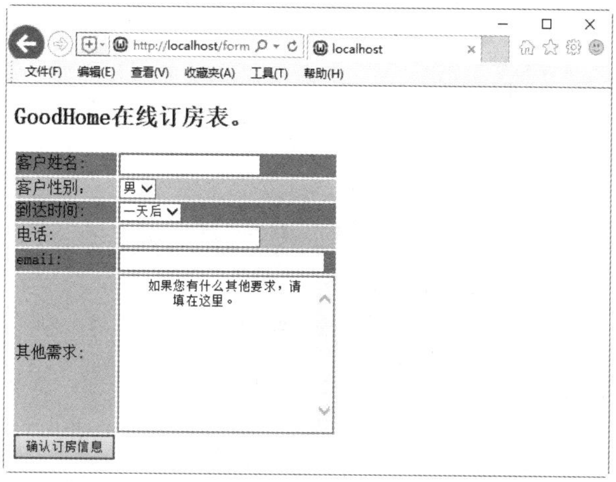

图 20-25 程序运行结果

step 04 填写表单。【客户姓名】为“王小明”、【客户性别】为“男”、【到达时间】为“三天后”、【电话】为“13592××××77”、email 为“wangxiaoming@hotmail.com”、【其他需求】为“两壶开水，【Enter】一条白毛巾，【Enter】一个冰激凌”。单击【确认订房信息】按钮，浏览器会自动跳转至 formstringhandler.php 页面，显示结果如图 20-26 所示。

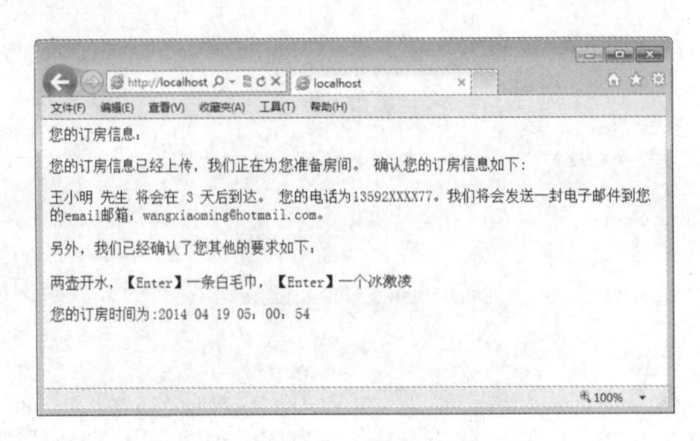

图 20-26 程序运行结果

【代码详解】

(1) “$customername = trim($_POST['customername']); $phone = trim($_POST['phone']); $email = trim($_POST['email']); $info = trim($_POST['info'])”都是通过文本输入框直接输入的。所以，为了保证输入字符串的整洁，以方便处理，则需要使用 trim()来对字符串的前后的空格进行清除。另外，也可使用 ltrim()清除左边的空格或用 rtrim()清除右边的空格。

(2) !eregi('^[a-zA-Z0-9_\-\.]+@[a-zA-Z0-9\-]+\.[a-zA-Z0-9_\-\.]+$',$email)中使用了正则表达式对输入的 email 文本进行判断。

(3) nl2br()对$info 变量中的 Enter 操作，也就是
操作符进行了处理。在有新行“\nl”操作的地方生成
。

(4) 由于要显示中文，需要对文字编码进行设置，charset=gb2312，就是简体中文的文字编码。

20.8 疑难解惑

疑问 1：如何合理运用 include_once()和 require_once()?

答：include()和 require()函数在其他 PHP 语句执行之前运行，引入需要的语句并加以执行。但是每次运行包含此语句的 PHP 文件时，include()和 require()函数都要运行一次。include()和 require()函数如果在先前已经运行过，并且引入相同的文件，则系统就会重复引入这个文件，从而产生错误。而 include_once()和 require_once()函数只是在此次运行的过程中引入特定的文件或代码，但是在引入之前，会先检查所需文件或者代码是否已经引入，如果引入，将不再重复引入，从而避免造成冲突。

疑问 2：程序检查后正确，却显示 Notice: Undefined variable，为什么？

答：PHP 默认配置会报告这个错误，这就是将警告在页面上打印出来，虽然这有利于暴露问题，但现实使用中会存在很多问题。通用解决办法是修改 php.ini 的配置，需要修改的参数如下。

(1) 找到 error_reporting = E_ALL，修改为 error_reporting = E_ALL & ~E_NOTICE。

(2) 找到 register_globals = Off，修改为 register_globals = On。

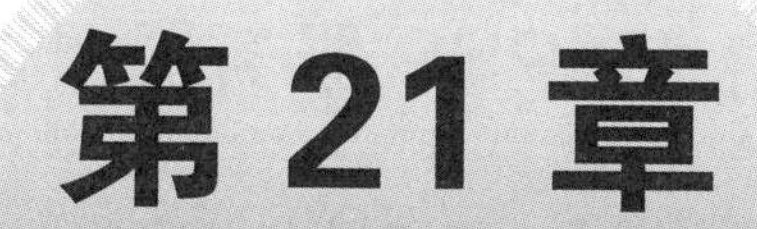

第 21 章

制作动态网页基础——配置动态网站运行环境

动态网站是目前的主流网站类型，该网站类型实现了人机交互功能。不过，在制作动态网站之前，必须先构建动态网站的执行环境。本章主要介绍如何构建动态网站所需的执行环境。

21.1 PHP 服务器概述

在学习 PHP 服务器之前，读者需要了解 HTML 网页的运行原理。网页浏览者在客户端通过浏览器向服务器发出页面请求，服务器接收到请求后将页面返回到客户端的浏览器，这样网页浏览者即可看到页面显示效果。

PHP 语言在 Web 开发中作为嵌入式语言，需要嵌入到 HTML 代码中执行。要想运行 PHP 网站，需要搭建 PHP 服务器。PHP 网站的运行原理如图 21-1 所示。

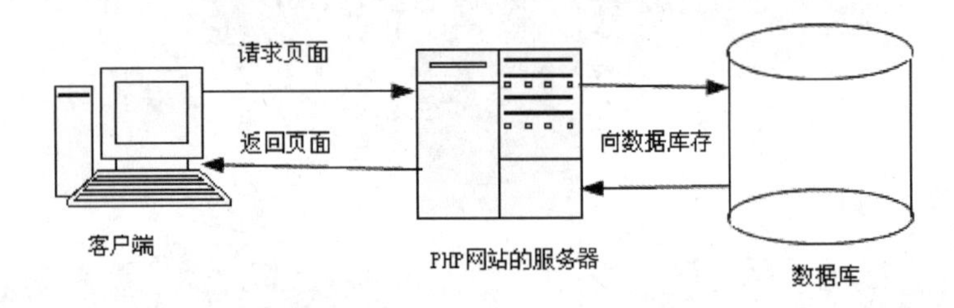

图 21-1 PHP 网站运行原理

从图 21-1 中可以看出，PHP 程序运行的基本流程如下。

(1) 网页浏览者首先在浏览器的地址栏中输入要访问的主页地址，按 Enter 键触发该申请。

(2) 浏览器将申请发送到 PHP 网站服务器。网站服务器根据申请读取数据库中的页面。

(3) 通过 Web 服务器向客户端发送处理结果，客户端的浏览器显示最终页面。

由于在客户端显示的只是服务器端处理过的 HTML 代码页面，所以网页浏览者看不到 PHP 代码，这样可以提高代码的安全性。同时，在客户端不需要配置 PHP 环境，只要安装浏览器即可。

21.2 安装 PHP 前的准备工作

在安装 PHP 之前，读者需要了解安装所需要的软硬件环境和获取 PHP 安装资源包的途径。

21.2.1 软硬件环境

大部分软件在安装的过程中都需要软硬件环境的支持，当然 PHP 也不例外。在硬件方面，如果只是为了学习上的需求，PHP 只需要一台普通的计算机即可。在软件方面需要根据实际工作的需求选择不同的 Web 服务器软件。

PHP 具有跨平台特性，所以 PHP 开发用什么样的系统不太重要，开发出来的程序能够很轻松地移植到其他操作系统中。另外，PHP 开发平台支持目前主流的操作系统，包括 Windows 系列、Linux、UNIX 和 Mac OS X 等。本书以 Windows 平台为例进行讲解。

另外，用户还需要安装 Web 服务器软件。目前，PHP 支持大多数 Web 服务器软件，常见的有 IIS、Apache、PWS 等。比较流行的是 IIS 和 Apache。下面详细讲述这两种 Web 服务器的安装和配置方法。

21.2.2 案例 1——获取 PHP 7.1 安装资源包

PHP 安装资源包中包括了安装和配置 PHP 服务器的所需文件和 PHP 扩展函数库。获取 PHP 安装资源包的方法比较多，很多网站都提供 PHP 安装包，但是建议读者从官方网站下载。具体操作步骤如下。

step 01 打开 IE 浏览器，在地址栏中输入下载地址 http://windows.php.net/download，按 Enter 键确认，登录到 PHP 下载网站，如图 21-2 所示。

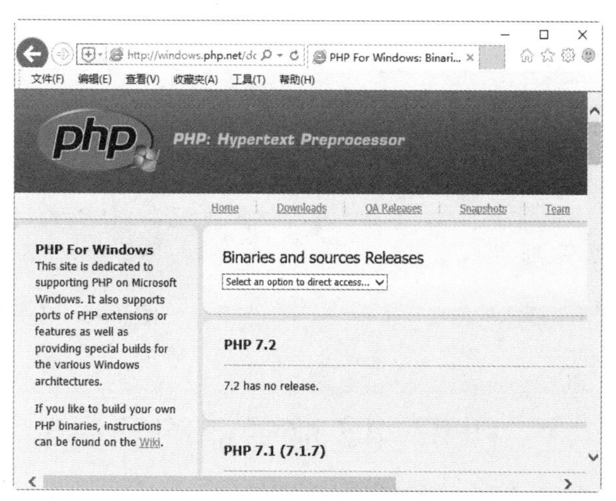

图 21-2 PHP 网站下载页面

step 02 进入下载页面，单击 Binaries and sources Releases 下方的下三角按钮，在打开的下拉列表中选择合适的版本，这里选择 PHP 7.1 版本，如图 21-3 所示。

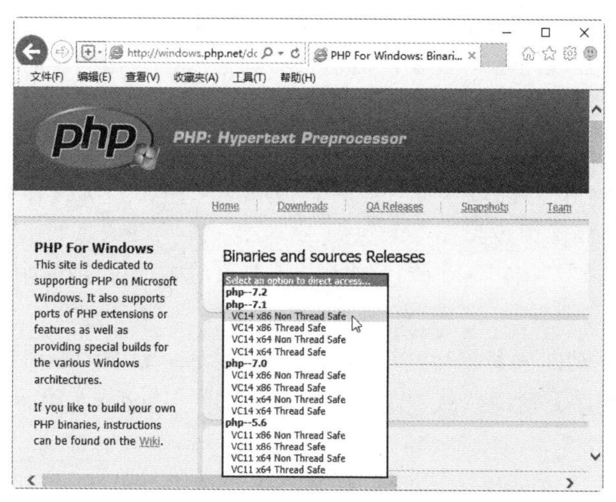

图 21-3 选择需要的版本

提示　在图 21-3 中，下拉列表中的 VC11 代表的是 the Visual Studio 2112 compiler 编译器编译，通常用于 PHP+IIS 服务器下。要求用户安装 Visual C++ Redistributable for Visual Studio 2112。

step 03 显示所选版本号中 PHP 安装包的各种格式。这里选择 Zip 压缩格式，单击 Zip 文字链接，如图 21-4 所示。

step 04 打开【另存为】对话框，选择保存路径，然后保存文件即可，如图 21-5 所示。

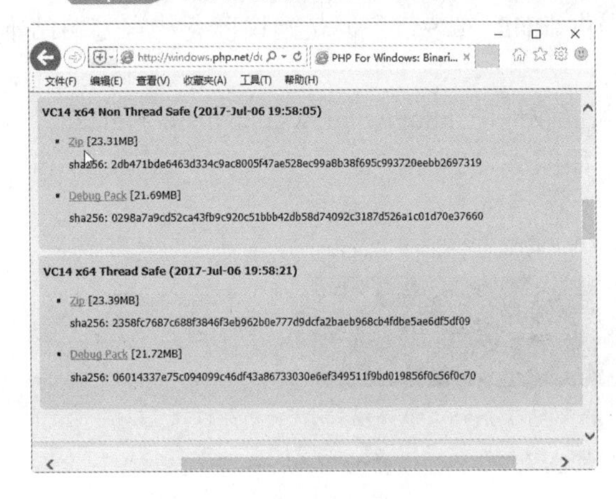

图 21-4　选择需要版本的格式

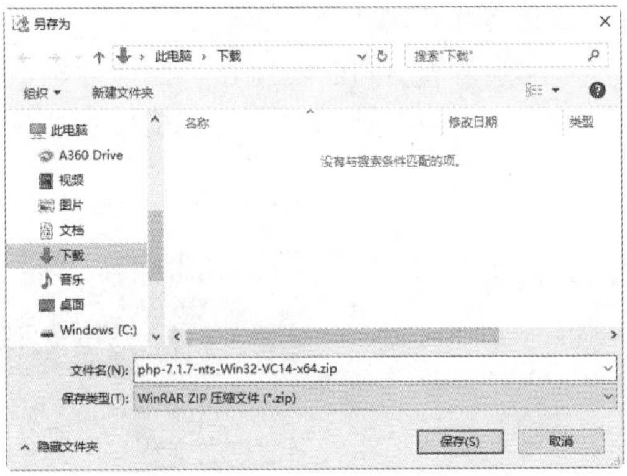

图 21-5　【另存为】对话框

21.3　PHP+IIS 服务器的安装配置

下面介绍 PHP +IIS 服务器架构的配置方法和技巧。

21.3.1　案例 2——IIS 简介及其安装

IIS 是 Internet Information Services(互联网信息服务)的简称，是微软公司提供的基于 Microsoft Windows 的互联网基本服务。由于它功能强大、操作简单和使用方便，所以是目前较为流行的 Web 服务器之一。

目前 IIS 只能运行在 Windows 系列的操作系统上。针对不同的操作系统，IIS 也有不同的版本。下面以 Windows 10 为例进行讲解，默认情况下此操作系统没有安装 IIS。

安装 IIS 组件的具体操作步骤如下。

step 01 右击【开始】按钮，在弹出的【开始】菜单中选择【控制面板】命令，如图 21-6 所示。

step 02 打开【控制面板】窗口，单击【程序】选项，如图 21-7 所示。

step 03 打开【程序】窗口，从中单击【启用或关闭 Windows 功能】文字链接，如图 21-8 所示。

step 04 在打开的【Windows 功能】对话框中，选中 Internet Information Services 复选框，然后单击【确定】按钮，开始安装，如图 21-9 所示。

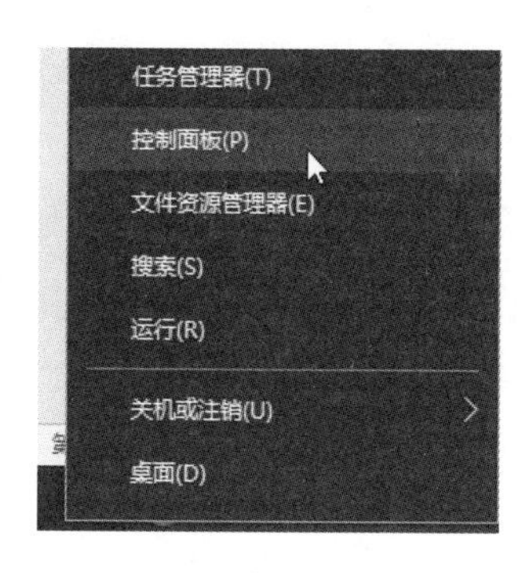

图 21-6　选择【控制面板】命令

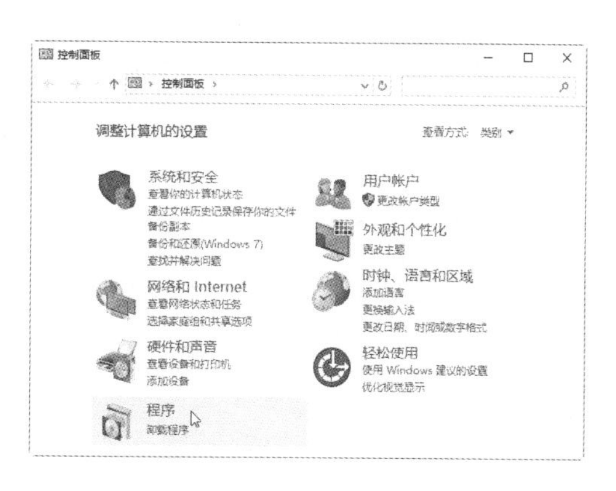

图 21-7　【控制面板】窗口

图 21-8　【程序】窗口

图 21-9　【Windows 功能】对话框

step 05 安装完成后，即可测试是否成功。在 IE 浏览器的地址栏中输入 http://localhost/，打开 IIS 的欢迎画面页面，如图 21-10 所示。

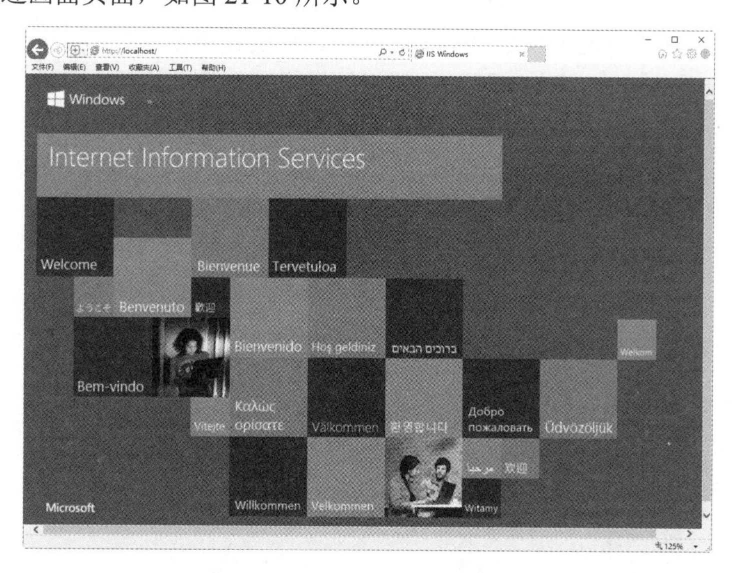

图 21-10　IIS 的欢迎画面页面

21.3.2　案例 3——PHP 的安装

IIS 安装完成后，即可开始安装 PHP。PHP 的安装过程大致分成 3 个步骤。

1. 解压和设置安装路径

将获取到的安装资源包解压缩，解压缩后得到的文件夹中放着 PHP 所需要的文件。将文件夹复制到 PHP 的安装目录中。PHP 的安装路径可以根据需要进行设置。例如，本书设置为 D:\PHP7\，文件夹复制后的效果如图 21-11 所示。

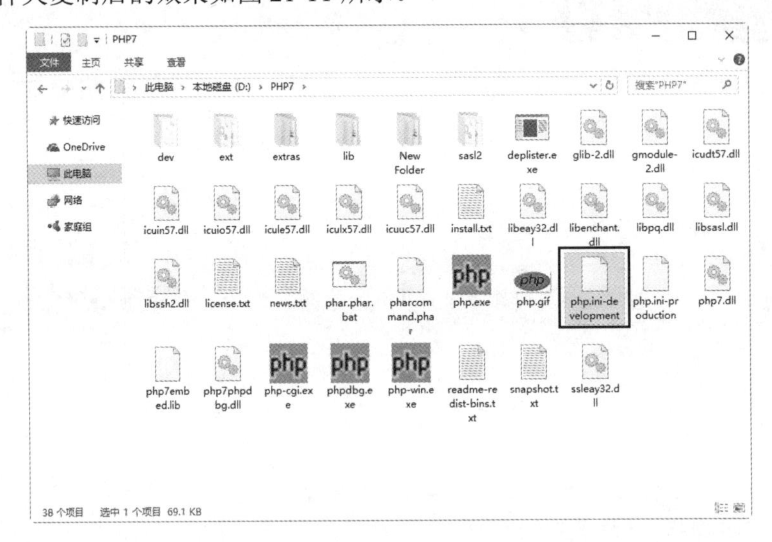

图 21-11　PHP 的安装目录

2. 配置 PHP

在安装目录中，找到 php.ini-development 文件，此文件正是 PHP 7.1 的配置文件。将这个文件的扩展名.ini-development 修改为.ini，然后用记事本打开。文件中参数很多，所以建议读者使用记事本的查找功能，快速查找需要的参数。

查找并修改相应的参数值：extension_dir="D:\PHP7\ext"，此参数为 PHP 扩展函数的查找路径，其中 D:\PHP7\为 PHP 的安装路径，读者可以根据自己的安装路径进行修改。采用同样的方法，修改参数：cgi.force_redirect =0。

另外，去除下面的参数值扩展前的分号，最终结果如图 21-12 所示。

```
;extension=php_bz2.dll
;extension=php_curl.dll
;extension=php_fileinfo.dll
;extension=php_gd2.dll
;extension=php_gettext.dll
;extension=php_gmp.dll
;extension=php_intl.dll
;extension=php_imap.dll
;extension=php_interbase.dll
;extension=php_ldap.dll
;extension=php_mbstring.dll
```

```
;extension=php_exif.dll
;extension=php_mysqli.dll
;extension=php_oci8_12c.dll
;extension=php_openssl.dll
;extension=php_pdo_firebird.dll
;extension=php_pdo_mysql.dll
;extension=php_pdo_oci.dll
;extension=php_pdo_odbc.dll
;extension=php_pdo_pgsql.dll
;extension=php_pdo_sqlite.dll
;extension=php_pgsql.dll
;extension=php_shmop.dll
```

```
php.ini - 记事本
文件(F) 编辑(E) 格式(O) 查看(V) 帮助(H)
extension=php_curl.dll
extension=php_fileinfo.dll
extension=php_gd2.dll
extension=php_gettext.dll
extension=php_gmp.dll
extension=php_intl.dll
extension=php_imap.dll
extension=php_interbase.dll
extension=php_ldap.dll
extension=php_mbstring.dll
extension=php_exif.dll      ; Must be after mbstring as it depends on it
extension=php_mysqli.dll
extension=php_oci8_12c.dll  ; Use with Oracle Database 12c Instant Client
extension=php_openssl.dll
extension=php_pdo_firebird.dll
extension=php_pdo_mysql.dll
extension=php_pdo_oci.dll
extension=php_pdo_odbc.dll
extension=php_pdo_pgsql.dll
extension=php_pdo_sqlite.dll
extension=php_pgsql.dll
extension=php_shmop.dll
```

图 21-12　去除分号

3. 添加系统变量

要想让系统运行 PHP 时找到上面的安装路径，就需要将 PHP 的安装目录添加到系统变量中。具体操作步骤如下。

step 01 右击桌面上的【此电脑】图标，在弹出的快捷菜单中选择【属性】命令，打开【系统】窗口，如图 21-13 所示。

图 21-13　【系统】窗口

step 02 单击【高级系统设置】文字链接，打开【系统属性】对话框，如图 21-14 所示。

step 03 默认显示【高级】选项卡，在该选项卡中单击【环境变量】按钮，打开【环境变量】对话框。在【系统变量】列表框中选择变量 Path，然后单击【编辑】按钮，如图 21-15 所示。

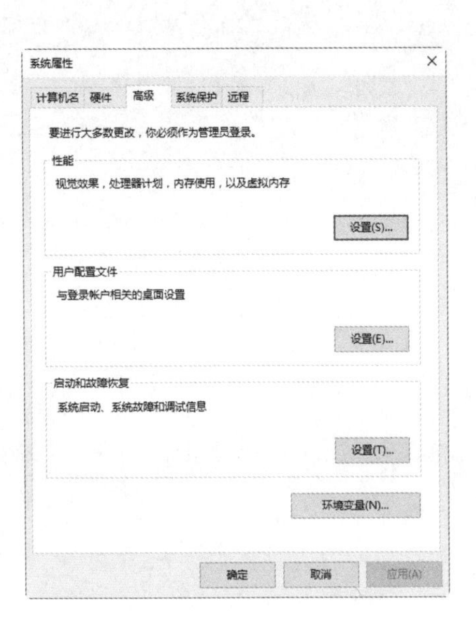

图 21-14　【系统属性】对话框

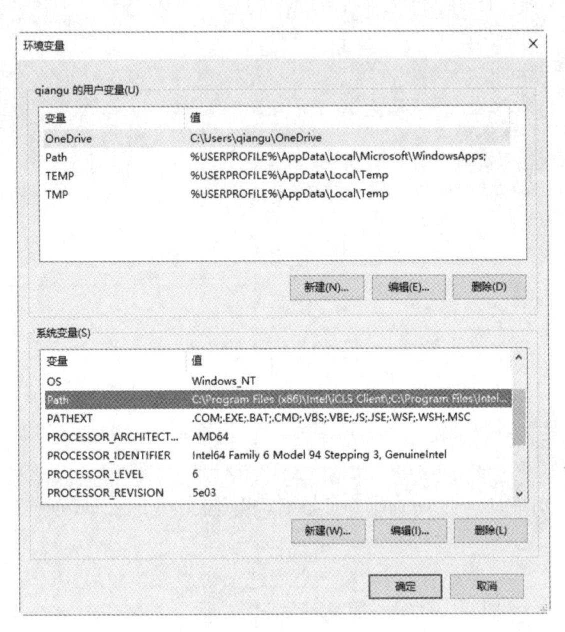

图 21-15　【环境变量】对话框

step 04 弹出【编辑系统变量】对话框，在【变量值】文本框的末尾输入“;d:\PHP5”，如图 21-16 所示。

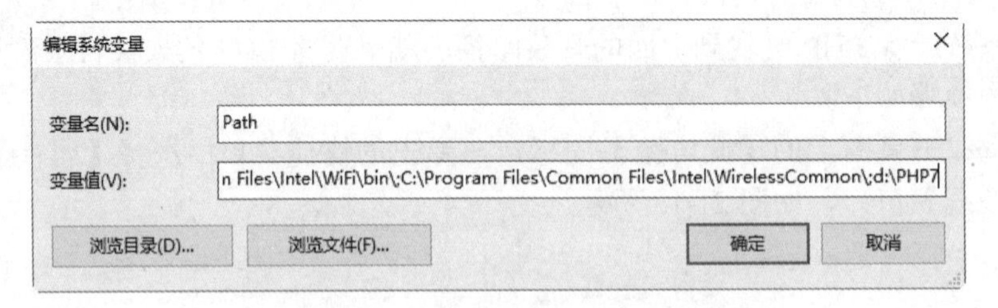

图 21-16　【编辑系统变量】对话框

step 05 单击【确定】按钮，返回到【环境变量】对话框，依次单击【确定】按钮即可关闭对话框，然后重新启动计算机。这样设置的环境变量即可生效。

21.3.3　案例 4——设置虚拟目录

如果用户是按照前述的方式来启动 IIS 网站服务器，那么整个网站服务器的根目录就位于“(系统盘符):\Inetpub\wwwroot”中，也就是如果要添加网页到网站中显示，都必须放置在这个目录之下。但是会发现这个路径不仅太长，也不好记，使用起来相当不方便。

这些问题都可以通过修改虚拟目录来解决。具体操作步骤如下。

step 01 在桌面上右击【此电脑】图标，在弹出的快捷菜单中选择【管理】命令，打开【计算机管理】窗口，在左侧的列表框中展开【服务和应用程序】选项，选择【Internet 信息服务(IIS)管理器】选项，在右侧选择 Default Web Site 选项后，右击并在弹出的快捷菜单中选择【添加虚拟目录】命令，如图 21-17 所示。

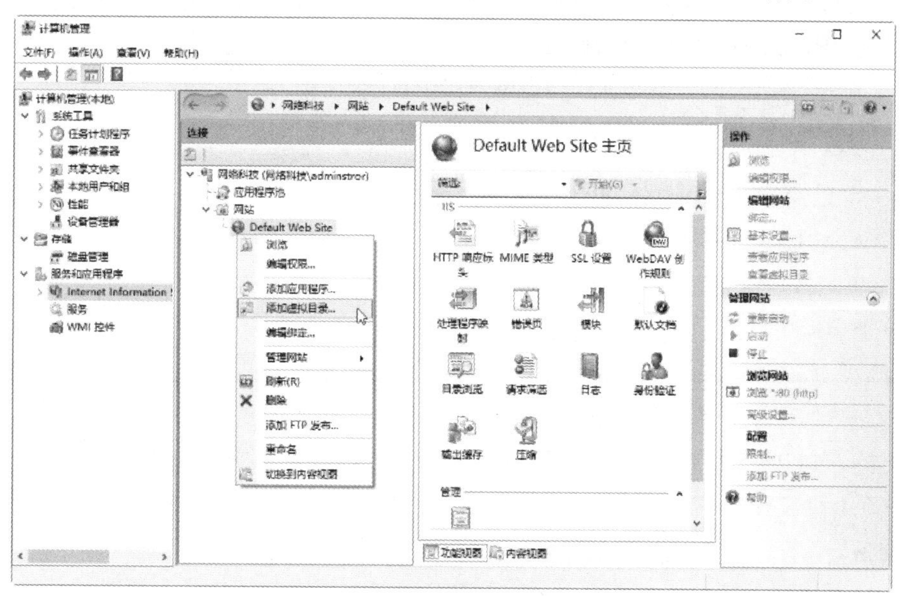

图 21-17 【计算机管理】窗口

step 02 打开【添加虚拟目录】对话框，在【别名】文本框中输入虚拟网站的名称，这里输入 php7，然后设置物理路径为 D:\php(该文件夹须已存在)，单击【确定】按钮，如图 21-18 所示。

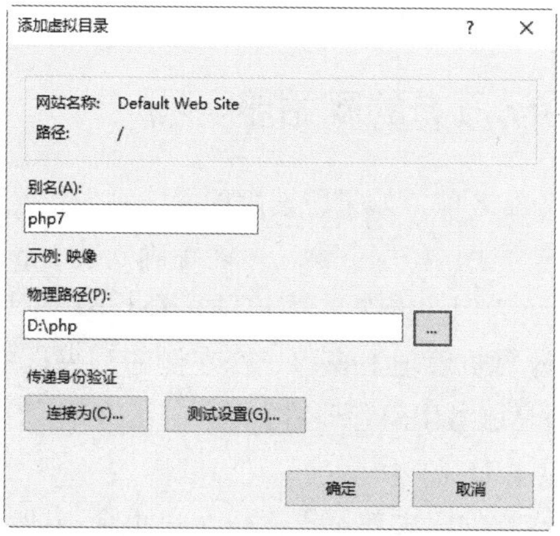

图 21-18 【添加虚拟目录】对话框

至此，已完成了 IIS 网站服务器设置的更改，IIS 网站服务器的网站虚拟目录已经更改为 D:\php 了。

21.4 PHP+Apache服务器的环境搭建

Apache支持大部分操作系统，搭配PHP程序的应用，即可开发出功能强大的互动网站。下面主要讲述PHP+Apache服务器的搭建方法。

21.4.1 Apache简介

Apache可以运行在几乎所有的计算机平台上。由于其跨平台和安全性被广泛使用，是目前最流行的Web服务器端软件之一。

和一般的Web服务器相比，Apache的主要特点如下。

(1) 跨平台应用。几乎可以在所有的计算机平台上运行。

(2) 开放源代码。Apache服务程序由全世界的众多开发者共同维护，并且任何人都可以自由使用，充分体现了开源软件的精神。

(3) 支持HTTP 1.1协议。Apache是最先使用HTTP 1.1协议的Web服务器之一，它完全兼容HTTP 1.1协议并与HTTP 1.0协议向后兼容。Apache已为新协议所提供的全部内容做好了必要的准备。

(4) 支持通用网关接口(CGI)。Apache遵守CGI 1.1标准并且提供了扩充的特征，如定制环境变量和很难在其他Web服务器中找到的调试支持功能。

(5) 支持常见的网页编程语言。可支持的网页编程语言包括PERL、PHP、Python和Java等，支持各种常用的Web编程语言使Apache具有更广泛的应用领域。

(6) 模块化设计。通过标准的模块实现专有的功能，提高了项目完成的效率。

(7) 运行非常稳定，同时具备效率高、成本低的特点，而且具有良好的安全性。

21.4.2 案例5——关闭原有的网站服务器

在安装Apache网站服务器之前，如果所使用的操作系统已经安装了网站服务器，如IIS网站服务器等，用户必须要先停止这些服务器，才能正确安装Apache网站服务器。

以Windows 10操作系统为例，请在桌面上右击【此电脑】图标，在弹出的快捷菜单中选择【管理】命令，打开【计算机管理】窗口，在左侧的列表框中展开【服务和应用程序】选项，然后选择【Internet信息服务(IIS)管理器】选项，在右侧的列表框中单击【停止】文字链接即可停止IIS服务器，如图21-19所示。

如此一来，原来的服务器软件即失效不再工作，也不会与即将安装的Apache网站服务器产生冲突。当然，如果用户的系统原来就没有安装IIS等服务器软件，则可略过这一小节的步骤直接进行服务器的安装。

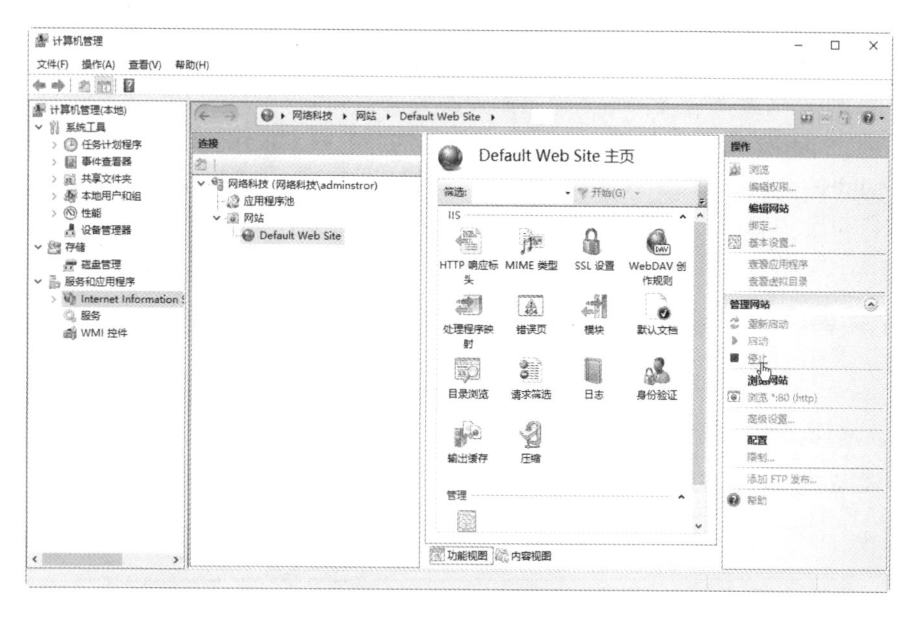

图 21-19 停止 IIS 服务器

21.4.3 案例 6——安装 Apache

Apache 是免费软件，用户可以从官方网站直接下载。Apache 的官方网站为 http://www.apache.org。

下面以 Apache 2.2 为例讲解如何安装 Apache。具体操作步骤如下。

step 01 双击 Apache 安装程序，打开安装向导欢迎界面，单击 Next 按钮，如图 21-20 所示。

step 02 弹出 Apache 许可协议界面，阅读完后，选中 I accept the terms in the license agreement 单选按钮，单击 Next 按钮，如图 21-21 所示。

step 03 弹出 Apache 服务器注意事项界面，阅读完成后，单击 Next 按钮，如图 21-22 所示。

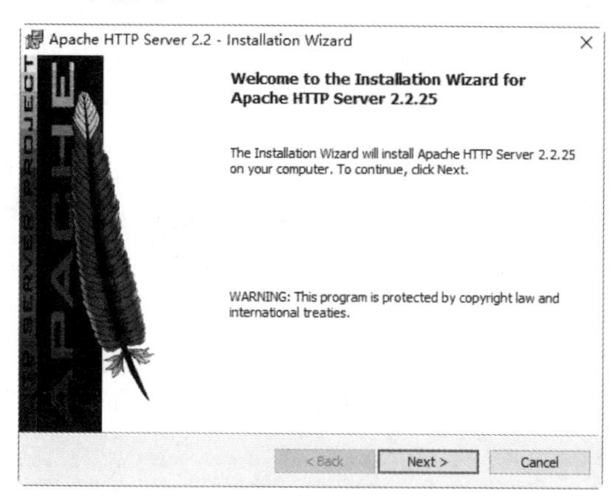

图 21-20 欢迎界面

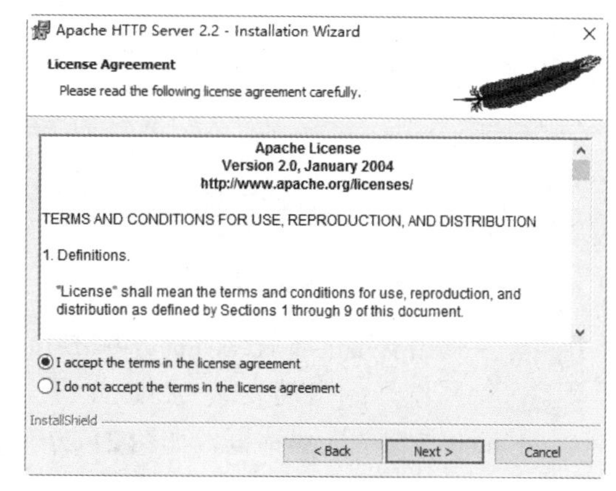

图 21-21 Apache 许可协议界面

step 04 弹出服务器信息设置界面，输入服务器的一些基本信息，分别为 Network Domain(网络域名)、Server Name(服务器名)、Administrator's Email Address(管理员信箱)和 Apache 的工作方式。如果只是在本地计算机上使用 Apache，前两项可以输入 localhost。工作方式建议选择第一项：针对所有用户，工作端口为 80，当机器启动时自动启动 Apache。单击 Next 按钮，如图 21-23 所示。

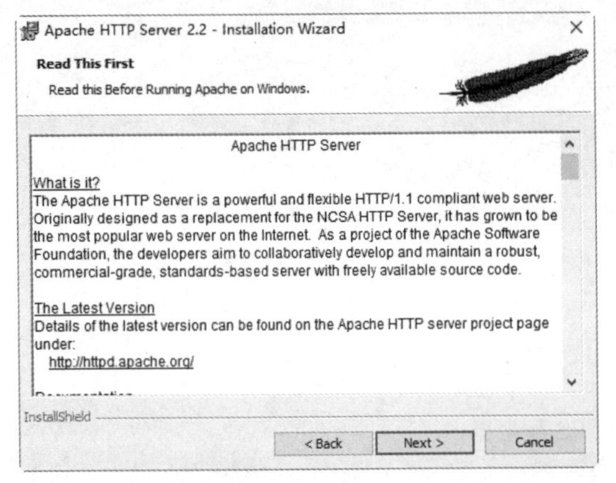

图 21-22 Apache 服务器注意事项界面

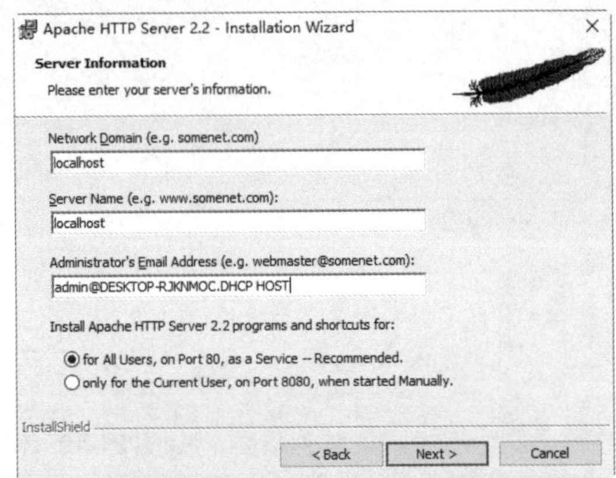

图 21-23 服务器信息设置界面

step 05 弹出安装类型界面，其中 Typical 为典型安装，Custom 为自定义安装。在默认情况下，选择典型安装即可，单击 Next 按钮，如图 21-24 所示。

step 06 弹出安装路径选择界面，单击 Change 按钮，可以重新设置安装路径，本实例采用默认安装路径，单击 Next 按钮，如图 21-25 所示。

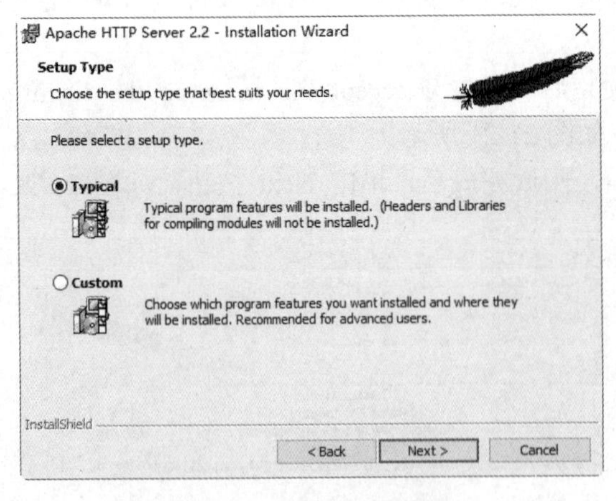

图 21-24 安装类型界面

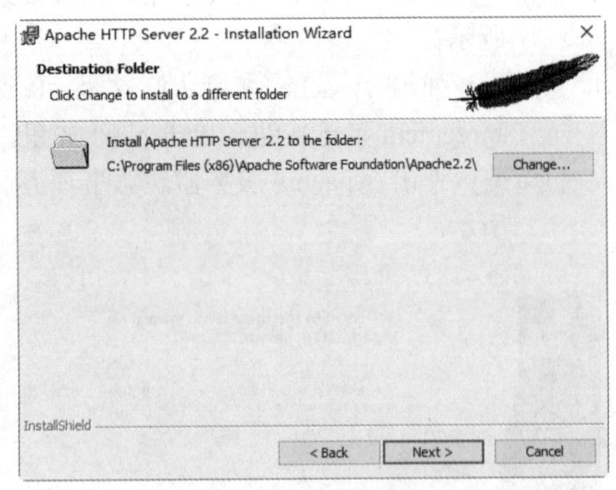

图 21-25 安装路径选择界面

step 07 弹出安装准备就绪界面，单击 Install 按钮，如图 21-26 所示。

step 08 系统开始自动安装 Apache 主程序，安装完成后，弹出提示信息界面，单击 Finish 按钮关闭对话框，如图 21-27 所示。

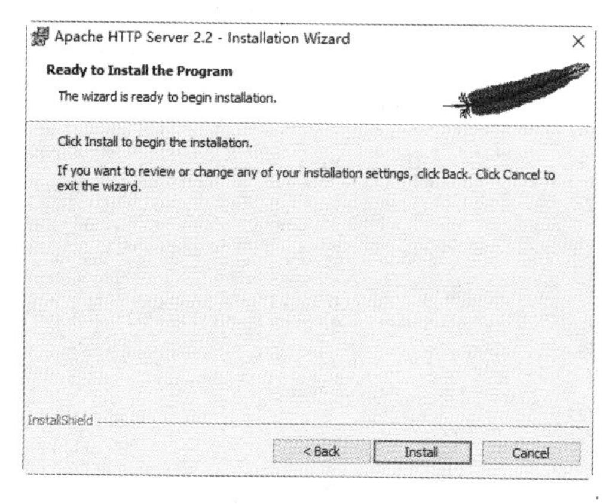

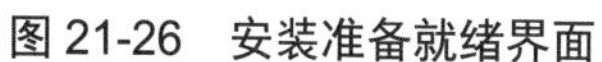
图 21-26　安装准备就绪界面

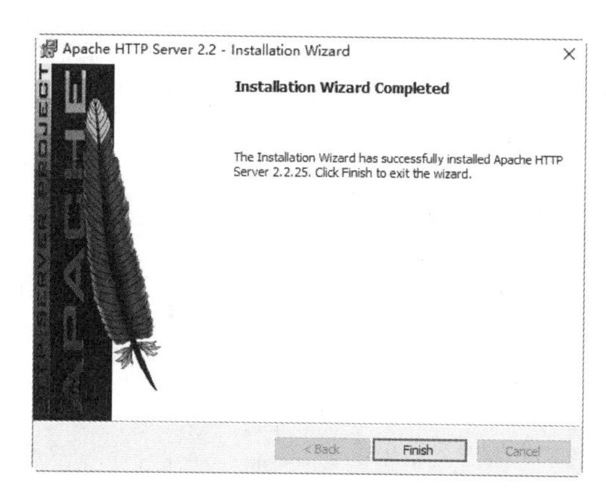

图 21-27　Apache 安装完成

21.4.4　案例 7——将 PHP 与 Apache 建立关联

Apache 安装完成后，还不能运行 PHP 网页，需要将 PHP 与 Apache 建立关联。

Apache 的配置文件名称为 httpd.conf，此为纯文本文件，用记事本即可打开进行编辑。此文件存放在 Apache 安装目录的 Apache2\config\目录下。另外，也可以通过单击【开始】按钮，在打开的菜单中选择 Apache HTTP Server 2.2→Edit the Apache httpd.conf Configuration File 命令，如图 21-28 所示。

打开 Apache 的配置文件后，首先设置网站的主目录。例如，如果将案例的源文件放在 D 盘的 php7book 文件夹下，则主目录就需要设置为 d:/php7book/。在 httpd.conf 配置文件中找到 DocumentRoot 参数，将其值修改为"d:/php7book/"，如图 21-29 所示。

图 21-28　选择 Apache 配置文件

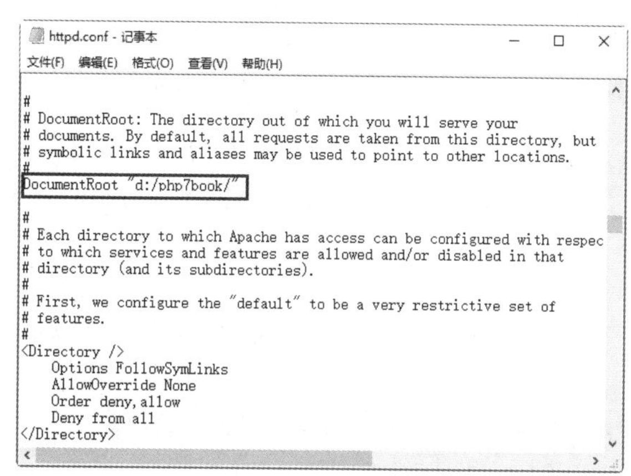

图 21-29　设置网站的主目录

下面指定 php.ini 文件的存放位置。由于 PHP 安装在 d:\php7，所以 php.ini 位于 d:\php7\php.ini。在 httpd.conf 配置文件中的任意位置输入语句：PHPIniDir"d:\php7\php.ini"，如图 21-30 所示。

最后向 Apache 中加入 PHP 模块。在 httpd.conf 配置文件中的任意位置加入 3 行语句：

```
LoadModule php7_module"d:/php7/php7apache2_2.dll"
AddType application/x-httpd-php .php
AddType application/x-httpd-php .html
```

输入效果如图 21-31 所示。完成上述操作后，保存 httpd.conf 文件即可。然后重启 Apache，即可使设置生效。

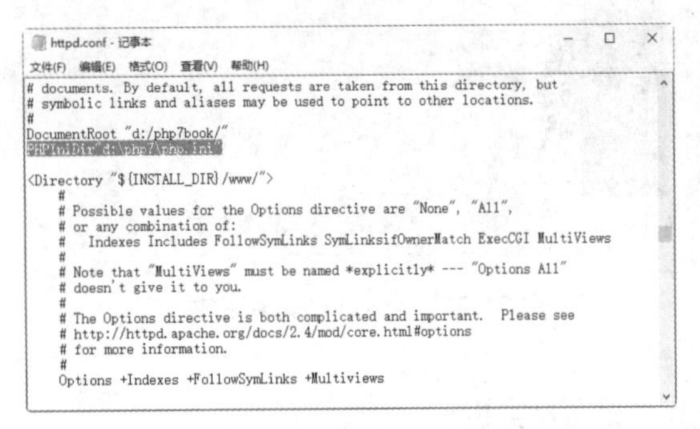

图 21-30　指定 php.ini 文件的存放位置

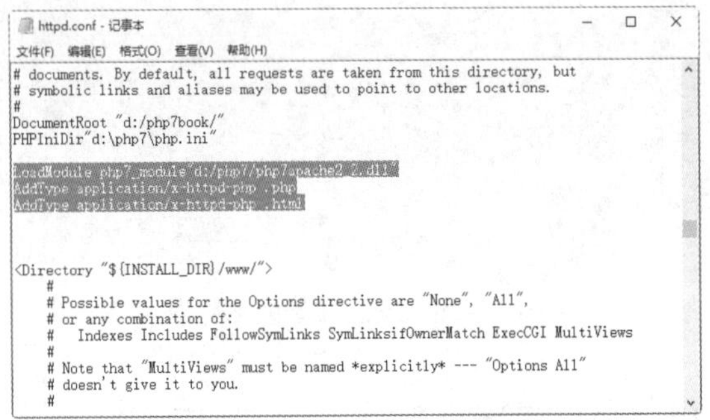

图 21-31　向 Apache 中加入 PHP 模板

21.5　案例 8——Windows 下使用 WampServer 组合包

对于刚开始学习 PHP 的程序员，往往因为配置环境而不知所措，为此本节讲述 WampServer 组合包的使用方法。WampServer 组合包是将 Apache、PHP、MySQL 等服务器软件安装配置完成后打包处理。因为安装简单、速度较快、运行稳定，所以它受到广大初学者的青睐。

在安装 WampServer 组合包之前，需要确保系统中没有安装 Apache、PHP 和 MySQL。否则，需要先将这些软件卸载，然后才能安装 WampServer 组合包。

安装 WampServer 组合包的具体操作步骤如下。

step 01 到 WampServer 官方网站 http://www.wampserver.com/en/下载 WampServer 的最新安装包 WampServer3.0.6-x32.exe 文件。

step 02 直接双击安装文件，打开选择安装语言对话框，如图 21-32 所示。

step 03 单击 OK 按钮，在弹出的对话框中选中 I accept the agreement 单选按钮，如图 21-33 所示。

step 04 单击 Next 按钮，弹出信息界面，在其中可以查看组合包的相关说明信息，如图 21-34 所示。

step 05 单击 Next 按钮，在弹出的界面中设置安装路径，这里采用默认路径 c:\wamp，如图 21-35 所示。

step 06 单击 Next 按钮，在弹出的界面中选择开始菜单文件夹，这里采用默认设置，如图 21-36 所示。

step 07 单击 Next 按钮，在弹出的界面中确认安装的参数后，单击 Install 按钮，如图 21-37 所示。

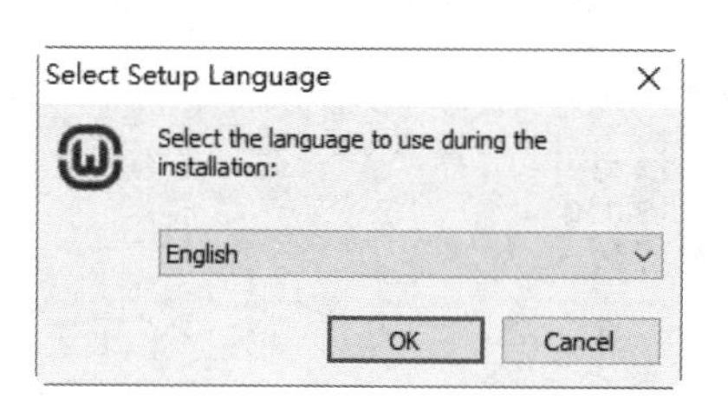

图 21-32　选择安装语言对话框

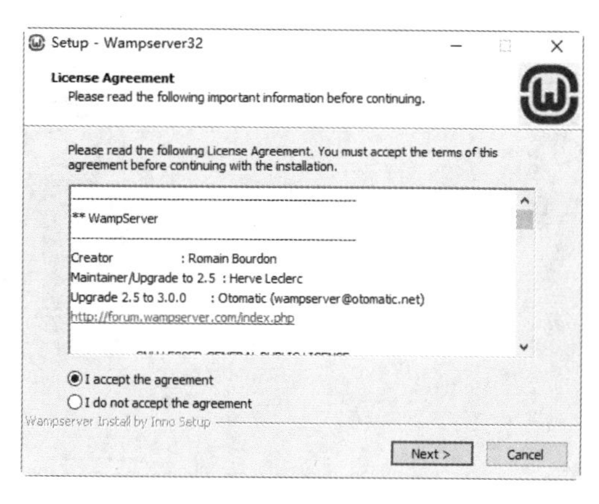

图 21-33　接受许可证协议

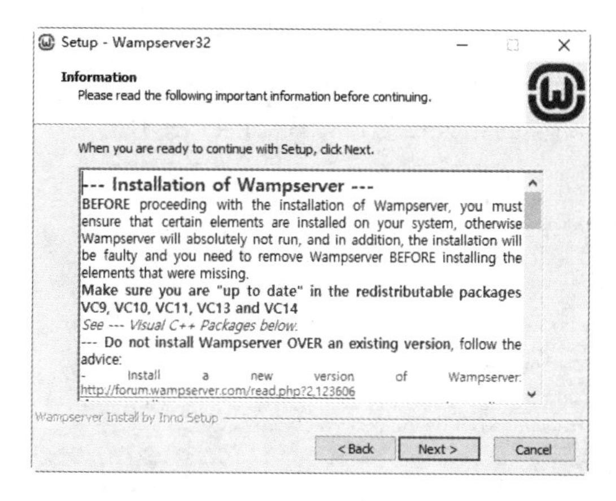

图 21-34　信息界面

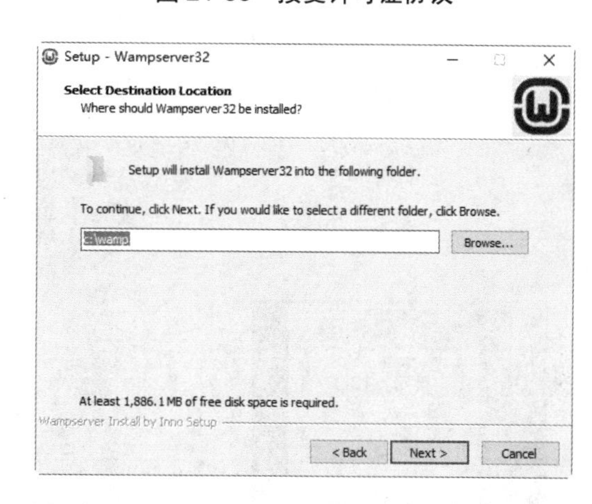

图 21-35　设置安装路径

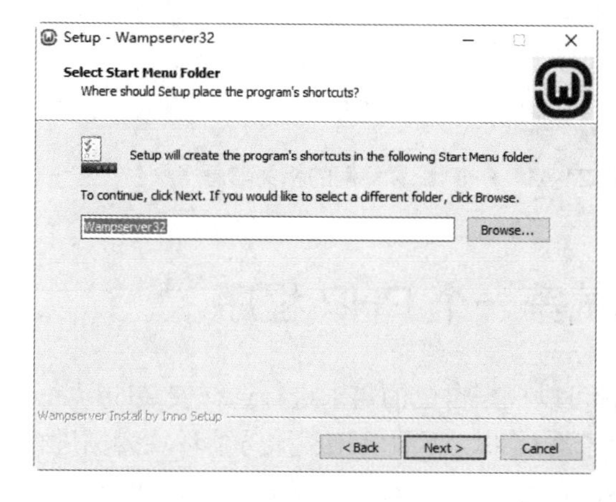

图 21-36　设置开始菜单文件夹

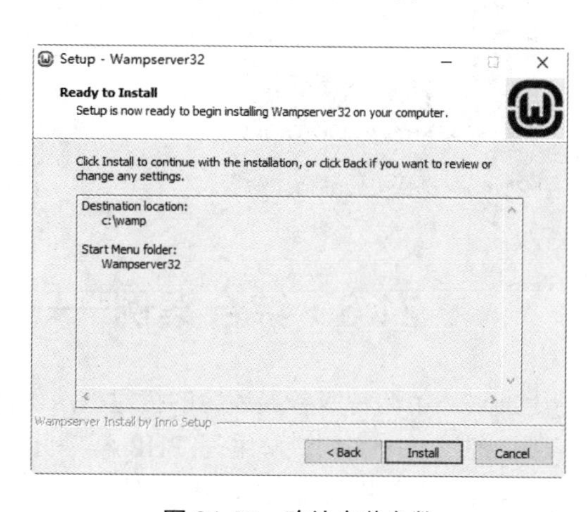

图 21-37　确认安装参数

step 08 程序开始自动安装，并显示安装进度，如图 21-38 所示。

step 09 安装完成后，进入安装完成界面，单击 Finish 按钮，完成 WampServer 的安装操作，如图 21-39 所示。

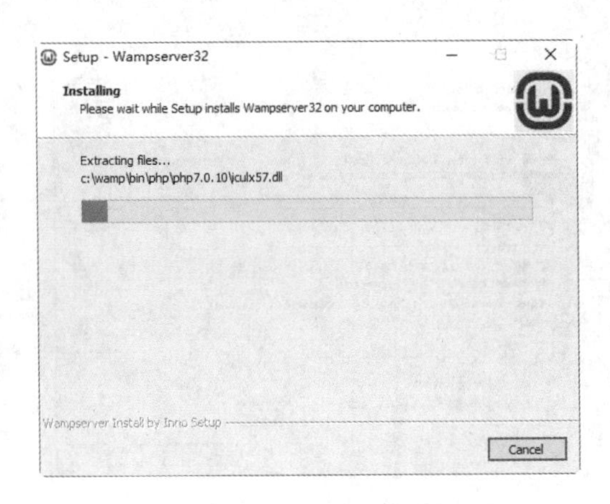

图 21-38　正在安装程序

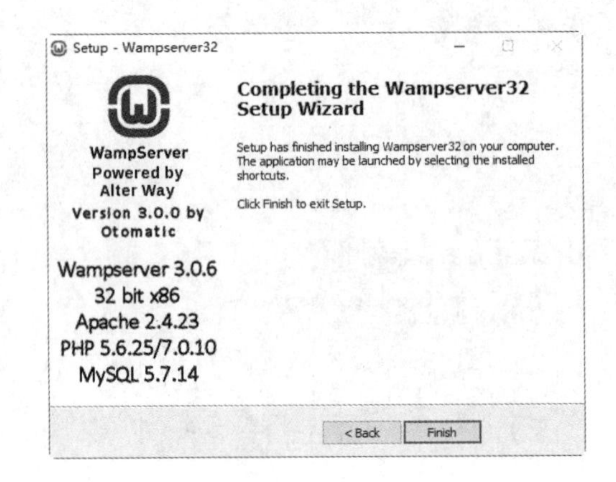

图 21-39　完成安装界面

step 10 单击桌面右侧的 WampServer 服务按钮，在弹出的下拉菜单中选择 Localhost 命令，如图 21-40 所示。

step 11 系统自动打开浏览器，显示 PHP 配置环境的相关信息，如图 21-41 所示。

图 21-40　选择 Localhost 命令

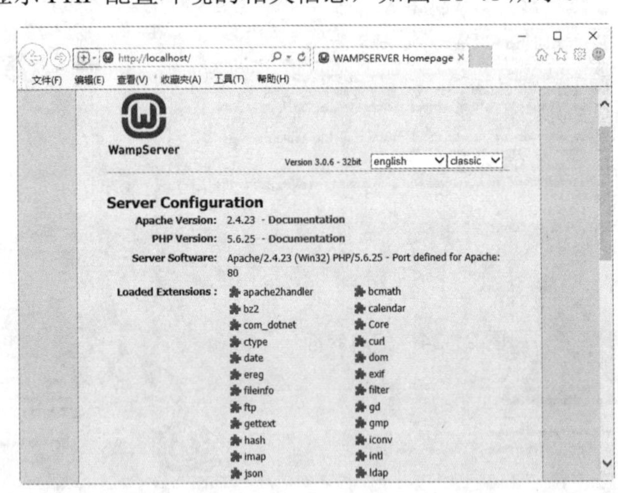

图 21-41　PHP 配置环境的相关信息

21.6　综合案例——测试第一个 PHP 程序

上面讲述了两种服务器环境的搭建方法，读者可以根据自己的需求进行选择安装即可。

下面通过一个实例讲解编写 PHP 程序并运行查看效果。下面以 IIS 服务器环境为例进行讲解。读者可以使用任意文本编辑软件，如记事本，新建名称为 helloworld 的文件，如图 21-42 所示。代码如下：

```
<HTML>
<HEAD>
</HEAD>
<BODY>
```

```
<h2>PHP Hello World - 来自 PHP 的问候。</h2>
<?php
  echo "Hello, World.";
  echo "你好世界。";
?>
</BODY>
</HTML>
```

将文件保存在主目录或虚拟目录下，保存格式为.php。在浏览器的地址栏中输入 http://localhost/helloworld.php，并按 Enter 键确认，运行结果如图 21-43 所示。

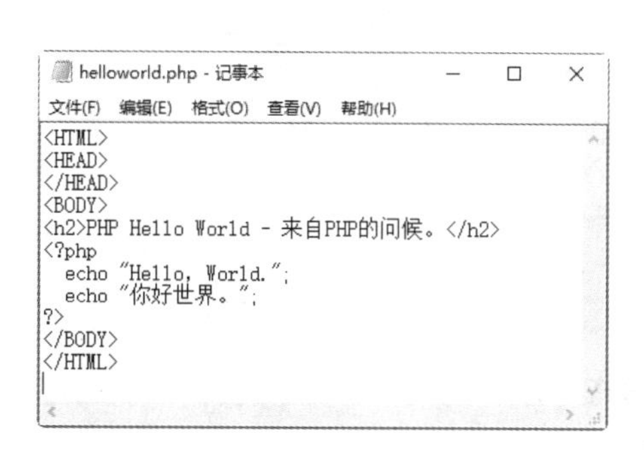

图 21-42　记事本窗口

图 21-43　程序运行效果

【代码详解】

(1) “PHP Hello World - 来自 PHP 的问候。”是 HTML 中的<HEAD><h2>PHP Hello World - 来自 PHP 的问候。</h2></HEAD>所生成的。

(2) “Hello, World.你好世界。”则是由<?php echo "Hello, World."; echo "你好世界。"; ?>生成的。

(3) 在 HTML 中嵌入 PHP 代码的方法即是在<?php ?>标识符中间输入 PHP 语句，语句要以“;”号结束。

(4) <?php ?>标识符的作用就是告诉 Web 服务器，PHP 代码从什么地方开始，到什么地方结束。<?php ?>标识符内的所有文本都要按照 PHP 语言进行解释，以区别于 HTML 代码。

21.7 疑难解惑

疑问 1：如何设置网站的主目录？

答：在 Windows 10 操作系统中，设置网站主目录的方法如下。

利用本章讲解的方法打开【计算机管理】窗口，选择 Default Web Site 选项，如图 21-44 所示。

在右侧窗格中单击【基本设置】文字链接，打开【编辑网站】对话框，单击【物理路径】文本框右侧的按钮，即可在打开的对话框中重新设置网站的主目录，如图 21-45 所示。

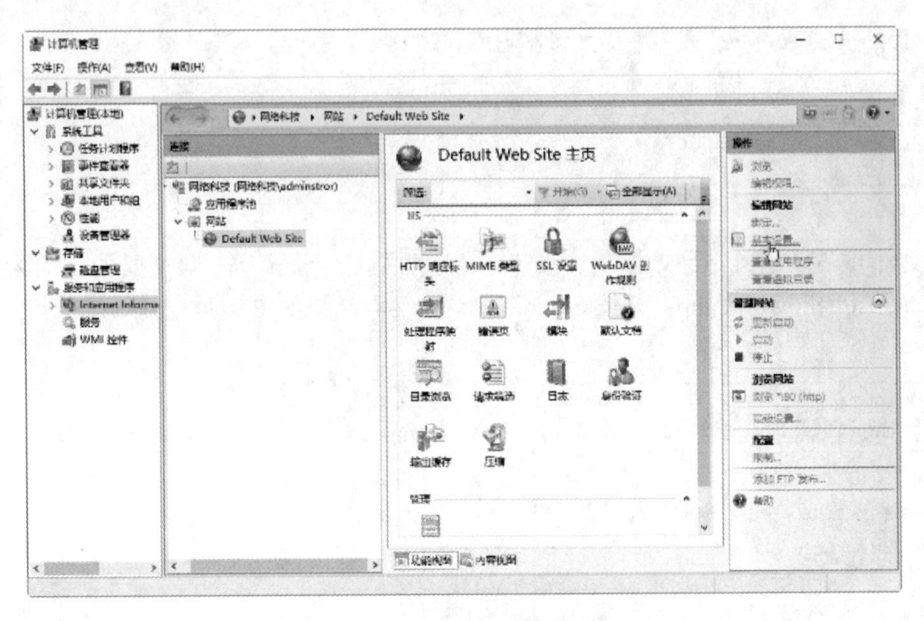

图 21-44 【计算机管理】窗口

疑问 2：如何卸载 IIS？

答：读者经常会遇到 IIS 不能正常使用的情况，所以需要首先卸载 IIS，然后再次安装即可。利用本章的方法打开【Windows 功能】对话框，取消选中 Internet Information Services 复选框，单击【确定】按钮，系统将自动完成 IIS 的卸载，如图 21-46 所示。

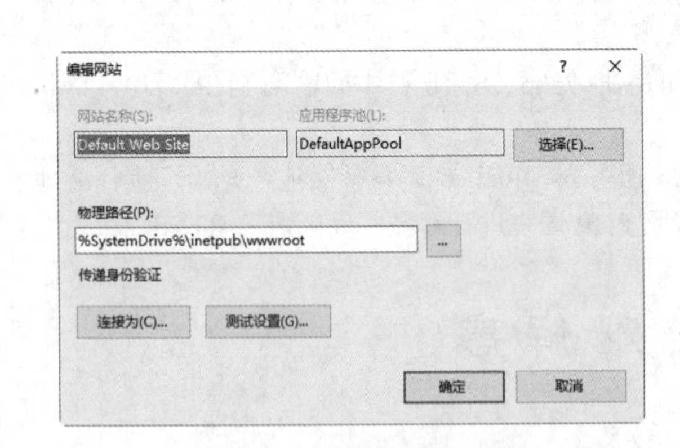

图 21-45 【编辑网站】对话框

图 21-46 【Windows 功能】对话框

第22章 构建动态网站后台数据——使用 MySQL 数据库

数据库是动态网站的关键性数据，可以说没有数据库就不可能实现动态网站的制作。本章主要介绍如何定义动态网站及使用 MySQL 数据库，包括 MySQL 数据库的使用方法、在网页中使用数据库、MySQL 数据库的高级设定等。

22.1 定义一个互动网站

定义一个互动网站是制作动态网站的第一步。许多初学者会忽略这一点，以至于由 Dreamweaver CC 所产生的代码无法与服务器配合。

22.1.1 定义互动网站的重要性

打开 Dreamweaver CC 的第一步不是制作网页和写程序，而是先定义所制作的网站，原因有以下 3 点。

(1) 将整个网站视为一个单位来定义，可以清楚地整理出整个网站的架构、文件的配置、网页之间的关联等信息。

(2) 在同一个环境下一次性定义多个网站，而且各个网站之间不冲突。

(3) 在 Dreamweaver CC 中添加了一项测试服务器的设置，如果事先定义好了网站，就可以让该网站的网页连接到测试服务器里的数据库资源中，又可以在编辑画面中预览数据库中的数据，甚至打开浏览器来运行。

22.1.2 网页取得数据库的原理

PHP 是一种网络程序语言，它并不是 MySQL 数据库的一部分，所以 PHP 的研发单位就制作了一套与 MySQL 沟通的函数。SQL(Structured Query Language，结构化查询语言)就是这些函数与 MySQL 数据库连接时所运用的方法与准则。

几乎所有的关系式数据库所采用的都是 SQL 语法，而 MySQL 就是使用它来定义数据库结构、指定数据库表格与字段的类型与长度、添加数据、修改数据、删除数据、查询数据，以及建立各种复杂的表格关联。

所以，当网页中需要取得 MySQL 的数据时，它可以应用 PHP 中 MySQL 的程序函数，通过 SQL 的语法来与 MySQL 数据库沟通。当 MySQL 数据库接收到 PHP 程序传递过来的 SQL 语法后，再根据指定的内容完成所叙述的工作再返回到网页中。PHP 与 MySQL 之间的运行方式如图 22-1 所示。

图 22-1 PHP 与 MySQL 之间的运行方式

根据这个原理，一个 PHP 程序开发人员只要在使用到数据库时遵循下列步骤，即可顺利获得数据库中的资源。

(1) 建立连接(Connection)对象来设置数据来源。

(2) 建立记录集(Recordset)对象并进行相关的记录操作。

(3) 关闭数据库连接并清除所有对象。

22.1.3 案例 1——在 Dreamweaver CC 中定义网站

设置网站服务器是所有动态网页编写前的第一个操作，因为动态数据必须要通过网站服务器的服务才能运行。许多人都会忽略这个操作，以至于程序无法执行或是出错。

1. 整理制作范例的网站信息

在开始操作之前，请先养成一个习惯——整理制作范例的网站信息，具体就是：将所要制作的网站信息以表格的方式列出，再按表来实施，这样不仅可以让网站数据井井有条，而且在进行维护工作时能够更快地掌握网站情况。

如表 22-1 所示为整理出来的网站信息。

表 22-1　网站信息

信息名称	内　容
网站名称	测试网站
本机服务器主文件夹	C:\wamp\www
程序使用文件夹	C:\wamp\www
程序测试网址	http://localhost/

2. 定义新网站

整理好网站的信息后，下面就可以正式进入 Dreamweaver CC 进行网站编辑了。具体操作步骤如下。

step 01 在 Dreamweaver CC 的编辑界面中，选择【站点】→【管理站点】命令，如图 22-2 所示。

step 02 在【管理站点】对话框中单击【新建站点】按钮，进入站点定义对话框，如图 22-3 所示。

提示　另外，用户也可以直接选择【站点】→【新建站点】命令，进入站点定义对话框，如图 22-4 所示。

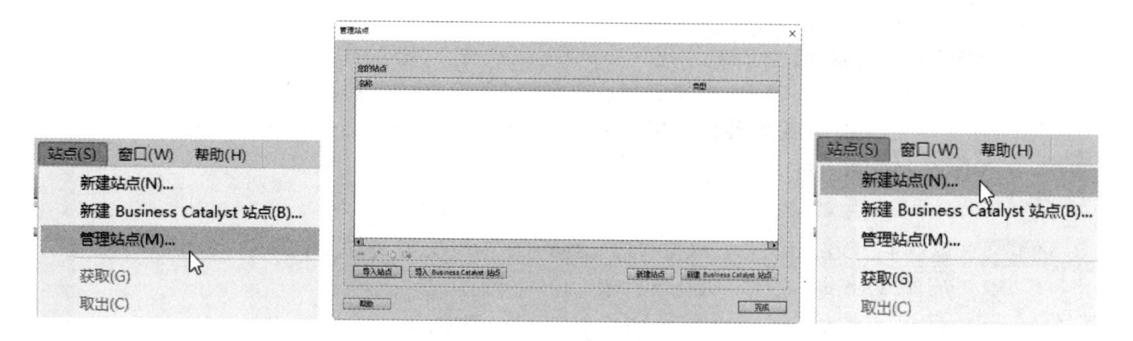

图 22-2　选择【管理站点】命令　　图 22-3　【管理站点】对话框　　图 22-4　选择【新建站点】命令

step 03 打开站点设置对话框，输入站点名称为【测试网站】，选择本地站点文件夹位置为 C:\wamp\www，如图 22-5 所示。

step 04 在左侧列表中选择【服务器】选项，单击+按钮，如图 22-6 所示。

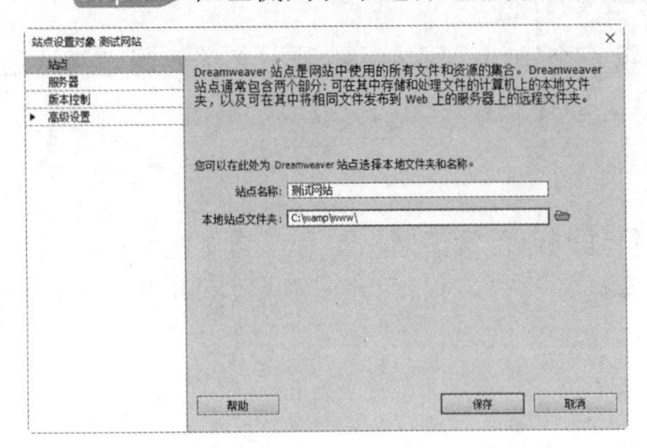

图 22-5　设置站点的名称与存放位置

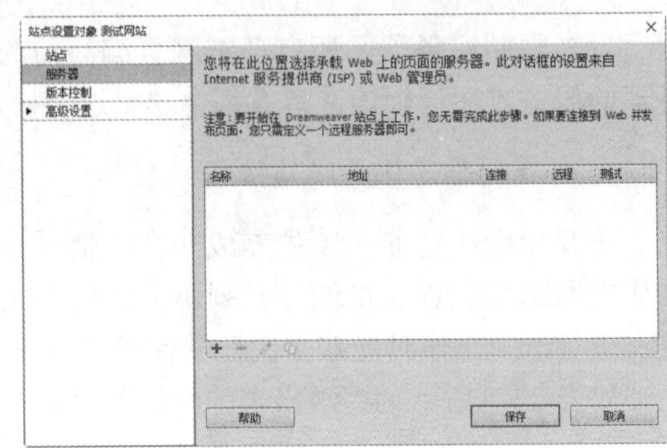

图 22-6　选择【服务器】选项

step 05 在基本标签框中输入服务器名称【未命名的服务器 2】，选择连接方法为【本地/网络】，选择服务器文件夹为 C:\wamp\www，如图 22-7 所示。

URL(Uniform Resource Locator，统一资源定位器)是一种网络上的定位系统，可称为网站。Host 指 Internet 连接的电脑，至少有一个固定的 IP 地址。Localhost 指本地端的主机，也就是用户自己的电脑。

step 06 切换到【高级】选项卡，设置测试服务器的服务器模型为 PHP MySQL，最后单击【保存】按钮保存站点设置，如图 22-8 所示。

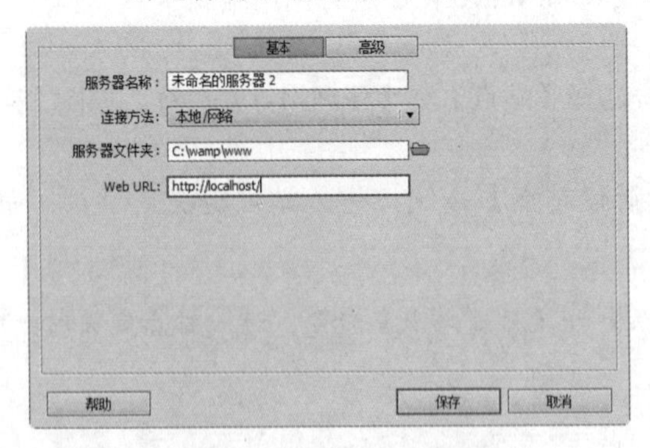

图 22-7　【基本】选项卡

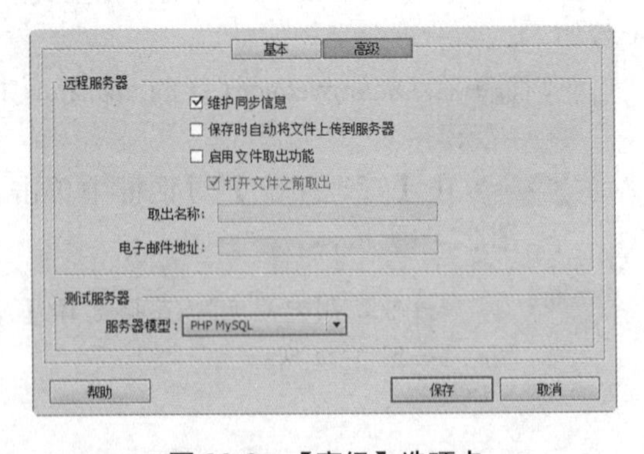

图 22-8　【高级】选项卡

其他可选的服务器模型有：ASP VBScript、ASP JavaScript、ASP. NET (C#、VB)、ColdFusion、JSP 等。

step 07 返回到 Dreamweaver CC 的编辑界面中，在【文件】面板上会显示所设置的结果，如图 22-9 所示。

step 08 如果想要修改已经设置好的网站，可以选择【站点】→【站点管理】命令，在打开的对话框中单击铅笔按钮，再次编辑站点的属性，如图 22-10 所示。

图 22-9　Dreamweaver CC 的【文件】面板

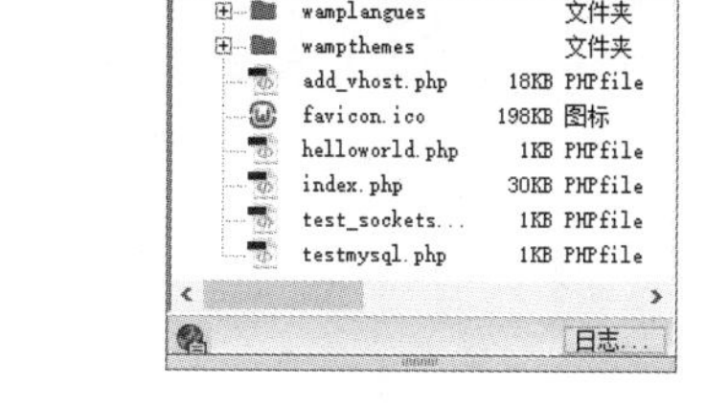

图 22-10　【管理站点】对话框

3. 测试设置结果

完成了以上的设置后，下面可以制作一个简单的网页来测试一下。具体操作步骤如下。

step 01 在【文件】面板中添加一个新文件并打开该文件进行编辑。要添加新文件，可选取该网站文件夹后右击，在弹出的快捷菜单中选择【新建文件】命令，然后将新文件命名为 test.php，如图 22-11 所示。

step 02 双击<test.php>打开新文件，在页面上添加一些文字，如图 22-12 所示。

图 22-11　新建文件

图 22-12　添加网页内容

step 03 添加完成后直接按 F12 键打开浏览器来预览，可以看到页面执行的结果，如图 22-13 所示。

图 22-13　网页预览结果

注意　不过这样似乎与预览静态网页时没有什么区别。仔细看看这个网页所执行的网址，它不再是以磁盘路径来显示，而是以刚才设置的 URL 前缀 http://localhost/再加上文件名来显示的，这表示网页是在服务器的环境中运行的。

step 04 仅仅这样还不能完全显示出互动网站服务器的优势，再加入一行代码来测试程序执行的能力。首先回到 Dreamweaver CC 中，在刚才的代码后添加一行，如图 22-14

所示。

图 22-14　添加动态代码

代码中的 date()是一个 PHP 的时间函数，其中的参数可设置显示格式，可以显示目前服务器的时间，而<?php echo...?>会将函数所取得的结果送到前端浏览器来显示，所以在执行这个页面时，应该会在网页上显示出服务器的当前时间。

step 05 选择 Ctrl+S 组合键保存文件后，再按 F12 键打开浏览器进行预览，果然在刚才的网页下方出现了当前时间，如图 22-15 所示。这就表示了我们的设置确实可用，Dreamweaver CC 的服务器环境也就此开始了。

图 22-15　动态网页预览结果

22.2　MySQL 数据库的安装和管理

设置好网站服务器之后，下面还需要安装 MySQL 数据库。MySQL 不仅是一套功能强大、使用方便的数据库，更可以跨越不同的平台，提供各种不同操作系统的使用。

22.2.1　案例 2——MySQL 数据库的安装

要想在 Windows 中运行 MySQL，需要 32 位或 64 位 Windows 操作系统，如 Windows XP、Windows Vista、Windows 7、Windows 8、Windows Server 2003、Windows Server 2008 等。Windows 可以将 MySQL 服务器作为服务来运行，通常，在安装时需要具有系统的管理员权限。

Windows 平台下提供两种安装方式：MySQL 二进制分发版(.msi 安装文件)和免安装版(.zip 压缩文件)。一般来讲，应当使用二进制分发版，因为该版本比其他的分发版使用起来要简单，不再需要其他工具来启动就可以运行 MySQL。这里，在 Windows 10 平台上选用图形化的二进制安装方式，其他 Windows 平台上安装过程也差不多。

1. 下载 MySQL 安装文件

下载 MySQL 安装文件的具体操作步骤如下。

step 01 打开 IE 浏览器，在地址栏中输入网址 http://dev.mysql.com/downloads/installer/，单击转到按钮，打开 MySQL Community Server 5.7.19 下载页面，选择 Microsoft Windows 平台，然后根据读者的平台选择 32 位或者 64 位安装包，在这里选择 32 位，单击右侧 Download 按钮开始下载，如图 22-16 所示。

这里的 32 位安装程序有两个版本，分别为 mysql-installer-web-community 和 mysql-installer-communityl，其中 mysql-installer-web-community 为在线安装版本，mysql-installer-communityl 为离线安装版本。

step 02 在弹出的页面中单击 Login 按钮，如图 22-17 所示。

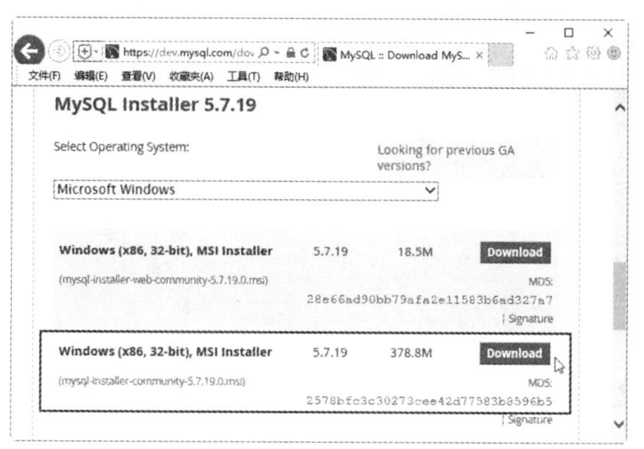

图 22-16　MySQL 下载页面

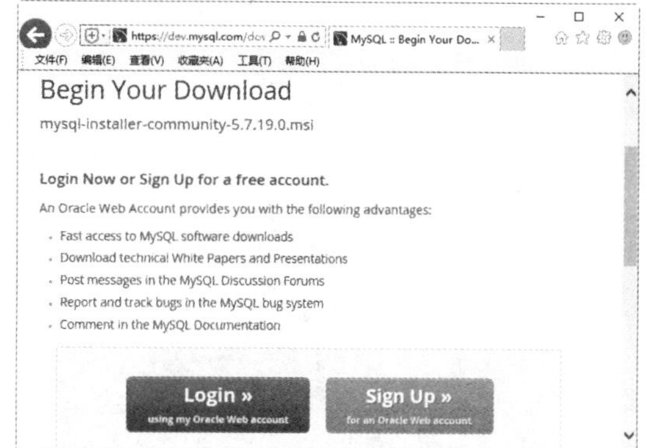

图 22-17　单击 Login 按钮

step 03 弹出用户登录页面，输入用户名和密码后，单击【登录】按钮，如图 22-18 所示。

如果用户没有用户名和密码，可以单击【创建账户】链接进行注册即可。

step 04 弹出开始下载页面，单击 Download Now 按钮，即可开始下载，如图 22-19 所示。

图 22-18　用户登录页面

Begin Your Download

To begin your download, please click the Download Now button below.

MD5: 2578bfc3c30273cee42d77583b8596b5

Size: 378.8M

Signature

图 22-19　开始下载页面

2. 安装 MySQL 5.7

MySQL 下载完成后，找到下载文件，双击进行安装。具体操作步骤如下。

step 01 双击下载的 mysql-installer-community-5.7.19.0.msi 文件，如图 22-20 所示。

mysql-installer-community-5.7.19.0.msi　Windows Installer 程序包　387,844 KB

图 22-20　MySQL 安装文件名称

step 02 打开 License Agreement(用户许可证协议)界面，选中 I accept the license terms(我接受许可协议)复选框，单击 Next(下一步)按钮，如图 22-21 所示。

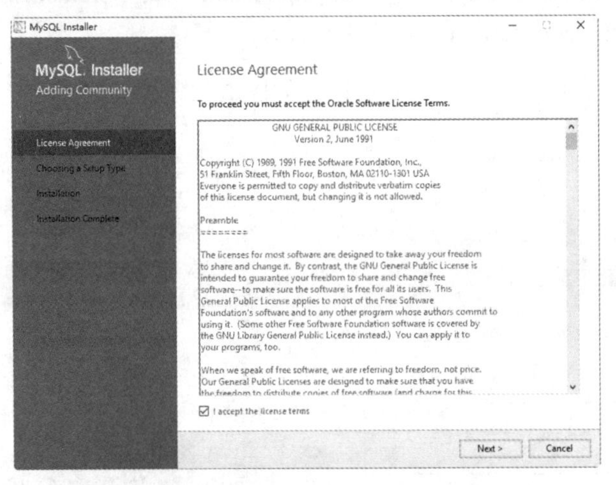

图 22-21　用户许可证协议界面

step 03 打开 Choosing a Setup Type(安装类型选择)界面，在其中列出了 5 种安装类型，分别是：Developer Default(默认安装类型)、Server only(仅作为服务器)、Client only(仅作为客户端)、Full(完全安装)和 Custom(自定义安装类型)。这里选中 Custom(自定义安装类型)单选按钮，单击 Next(下一步)按钮，如图 22-22 所示。

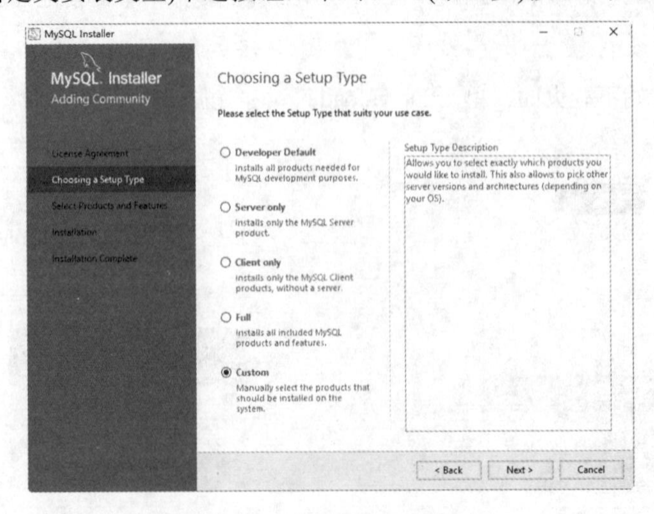

图 22-22　安装类型选择界面

step 04 打开 Select Products and Features(产品定制选择)界面，选择 MySQL Server 5.7.19-x86 选项后，单击【添加】按钮➡，即可选择安装 MySQL 服务器。采用同样的方法，添加 MySQL Documentation 5.7.19-x86 和 Samples and Examples 5.7.19-x86 选项，如图 22-23 所示。

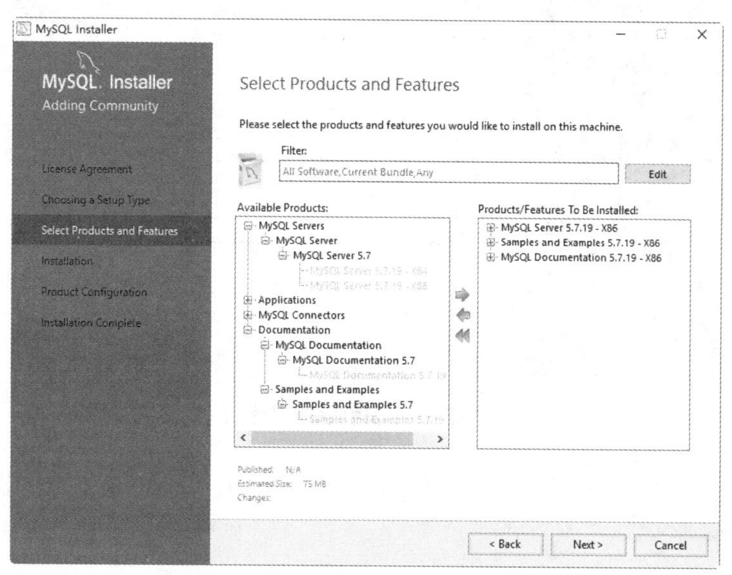

图 22-23 自定义安装组件界面

step 05 单击 Next(下一步)按钮，进入准备安装界面，单击 Execute(执行)按钮，如图 22-24 所示。

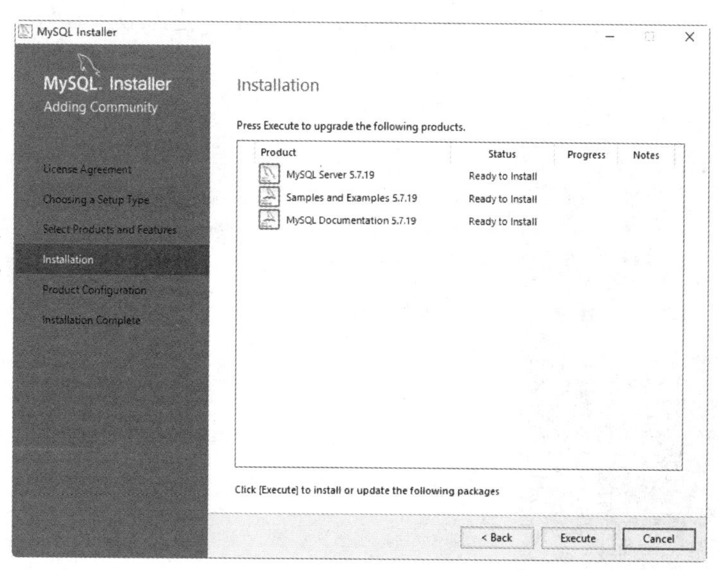

图 22-24 准备安装界面

step 06 开始安装 MySQL 文件，安装完成后在 Status(状态)列表下将显示 Complete(安装完成)，如图 22-25 所示。

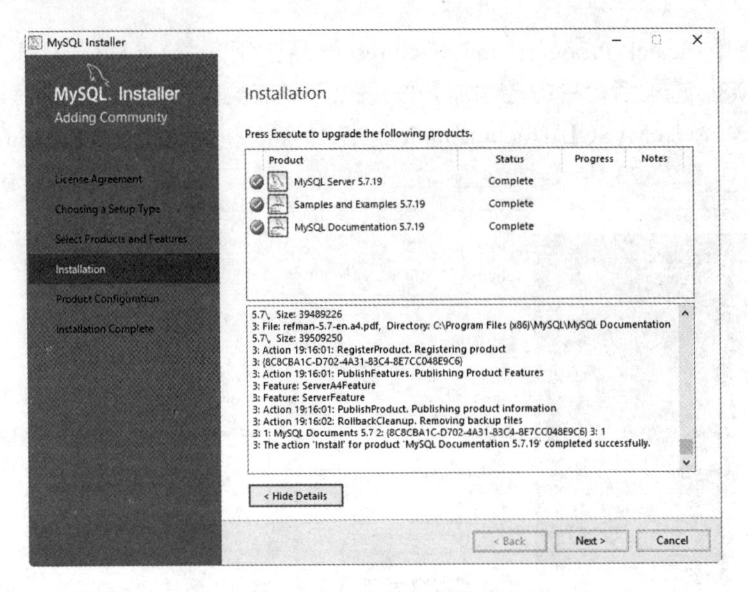

图 22-25　安装完成界面

在安装之前，如果系统提示需要安装 Microsoft Visual C++ 2013，用户根据提示进行安装即可。

22.2.2　案例 3——MySQL 数据库的配置

MySQL 安装完毕之后，需要对服务器进行配置。具体配置步骤如下。

step 01 在上一节的最后一步中，单击 Next(下一步)按钮，进入服务器配置界面，如图 22-26 所示。

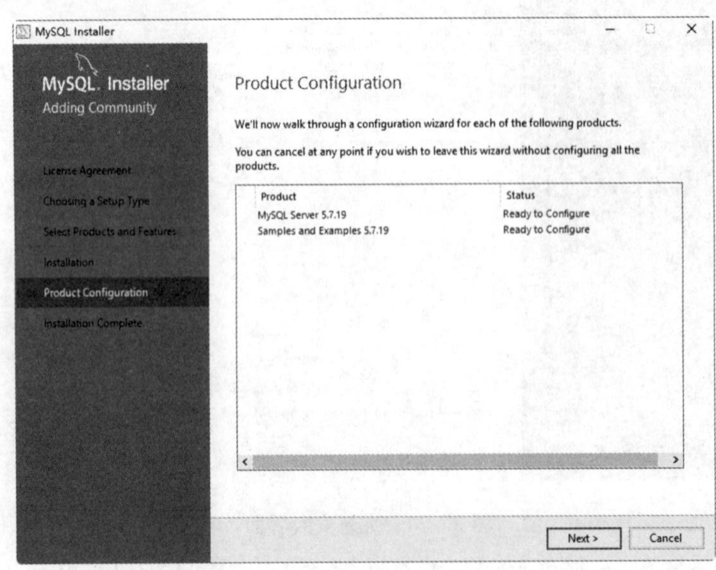

图 22-26　服务器配置界面

step 02 单击 Next(下一步)按钮，在弹出的界面中采用默认设置，如图 22-27 所示。

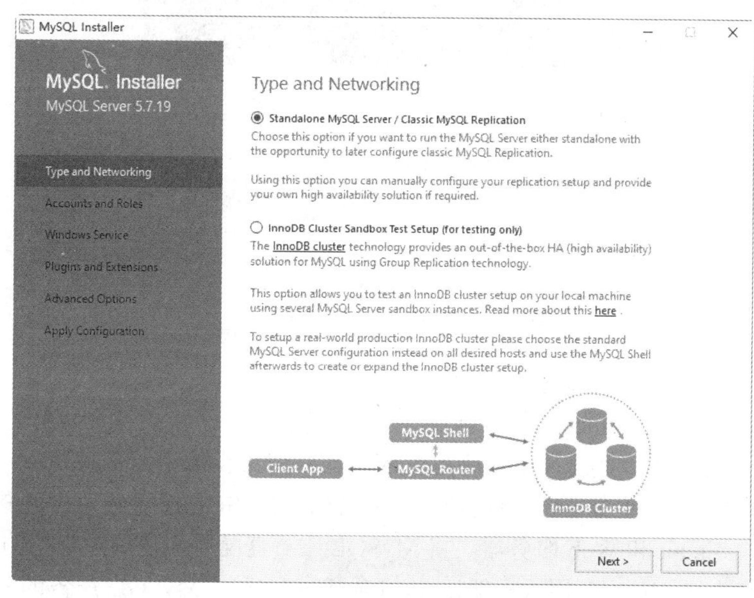

图 22-27 保持默认设置

step 03 单击 Next(下一步)按钮，进入 MySQL 服务器的具体配置界面，如图 22-28 所示。

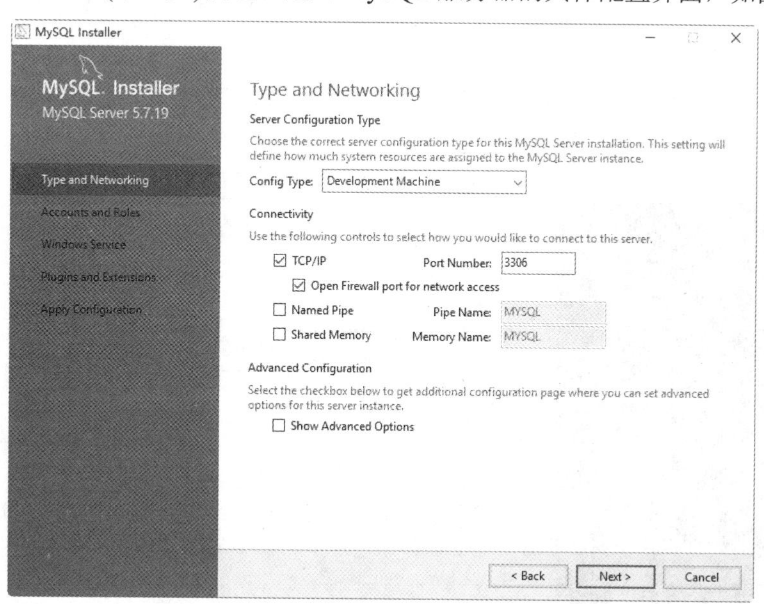

图 22-28 MySQL 服务器具体配置界面

MySQL 服务器配置窗口中各个参数的含义如下。

Server Configuration Type：该选项用于设置服务器的类型。单击该选项右侧的向下按钮，即可看到 3 个选项，如图 22-29 所示。

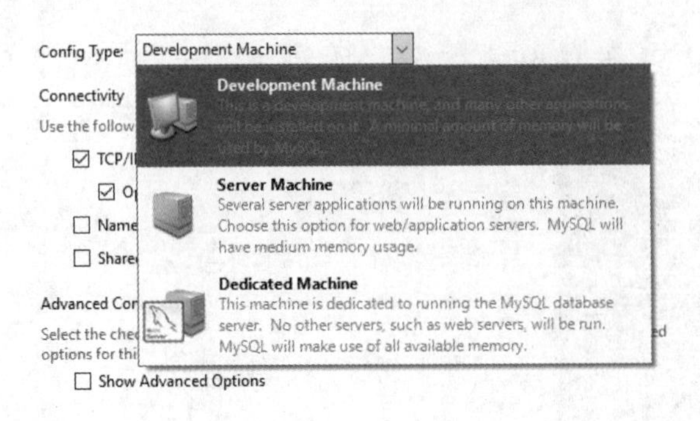

图 22-29 MySQL 服务器的类型

图 22-29 中 3 个选项的具体含义如下。

(1) Development Machine(开发机器)。该选项代表典型个人用桌面工作站。假定机器上运行着多个桌面应用程序。将 MySQL 服务器配置成使用最少的系统资源。

(2) Server Machine(服务器)。该选项代表服务器。MySQL 服务器可以同其他应用程序一起运行，如 FTP、Email 和 Web 服务器。将 MySQL 服务器配置成使用适当比例的系统资源。

(3) Dedicated Machine(专用服务器)：该选项代表只运行 MySQL 服务的服务器。假定没有运行其他服务程序，将 MySQL 服务器配置成使用所有可用系统资源。

作为初学者，建议选择 Development Machine(开发者机器)选项，这样占用系统的资源比较少。

step 04 单击 Next(下一步)按钮，打开设置服务器密码的界面，重复输入两次同样的登录密码，如图 22-30 所示。

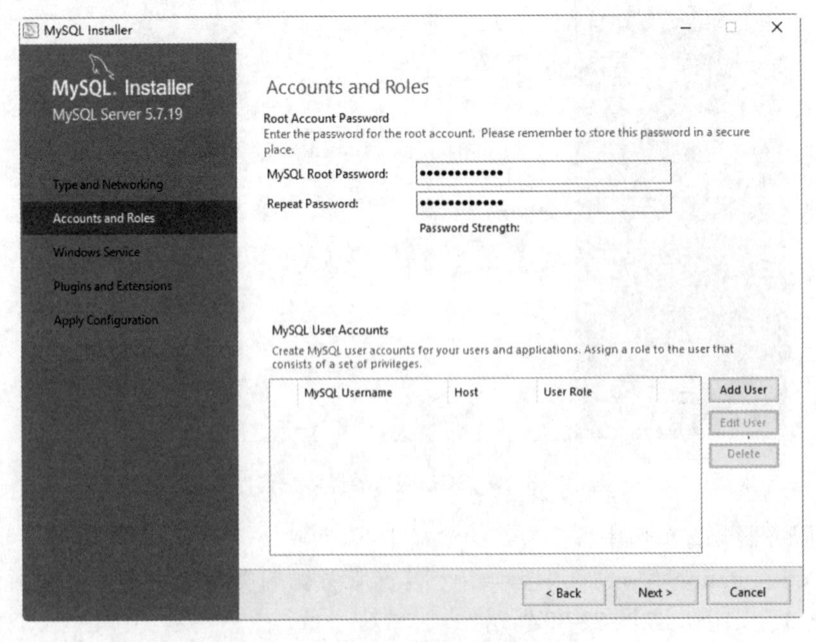

图 22-30 设置服务器的登录密码

系统默认的用户名称为 root，如果想添加新用户，可以单击 Add User(添加用户)按钮进行添加。

step 05 单击 Next(下一步)按钮，打开设置服务器名称的界面，本案例设置服务器名称为 MySQL，如图 22-31 所示。

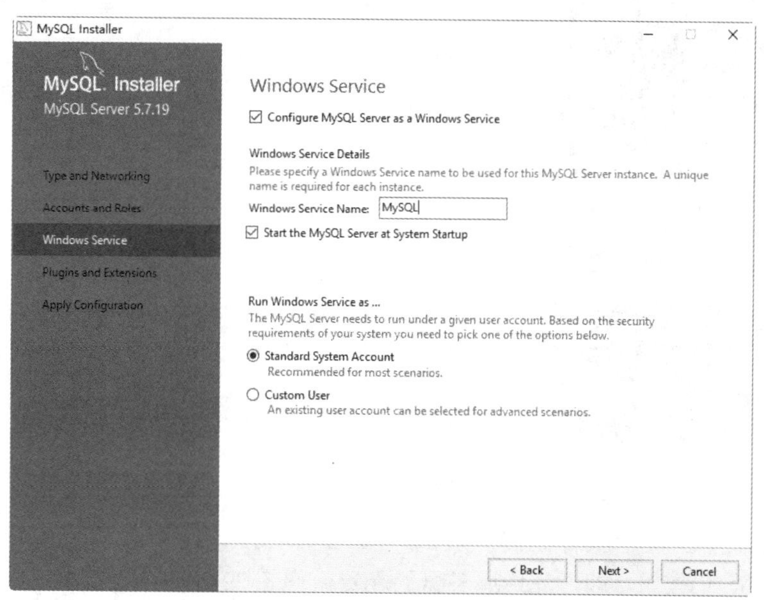

图 22-31 设置服务器的名称

step 06 单击 Next(下一步)按钮，进入 Plugins and Extensions(插件与扩展)界面，采用默认设置，如图 22-32 所示。

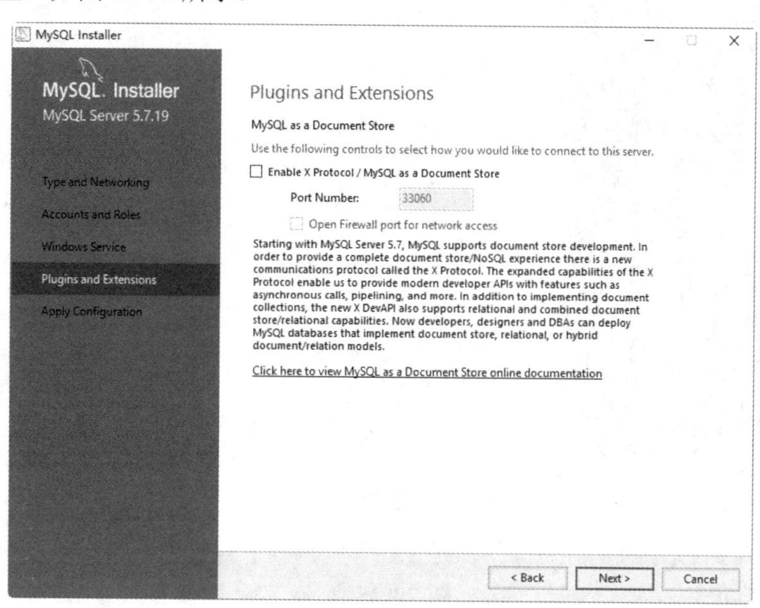

图 22-32 插件与扩展界面

step 07 单击 Next(下一步)按钮，进入确认设置服务器界面，如图 22-33 所示。

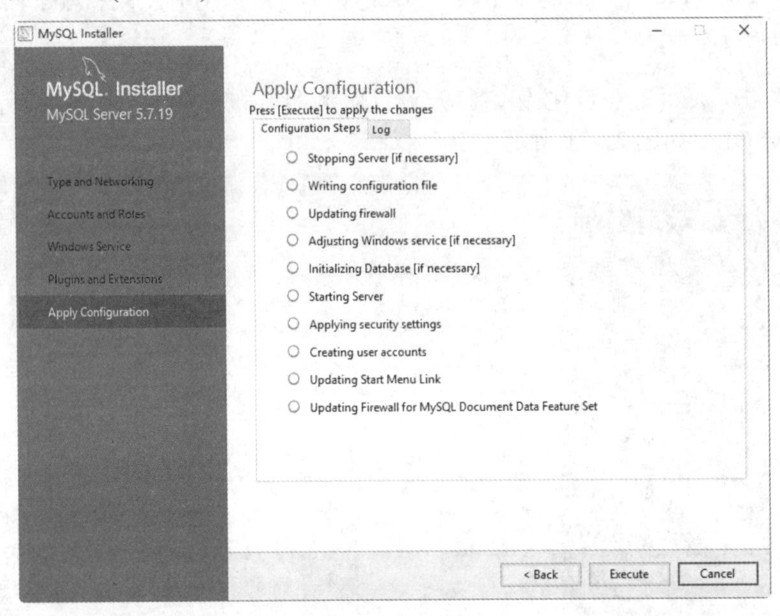

图 22-33　确认设置服务器

step 08 单击 Execute(执行)按钮，系统自动配置 MySQL 服务器。配置完成后，单击 Finish(完成)按钮，即可完成服务器的配置，如图 22-34 所示。

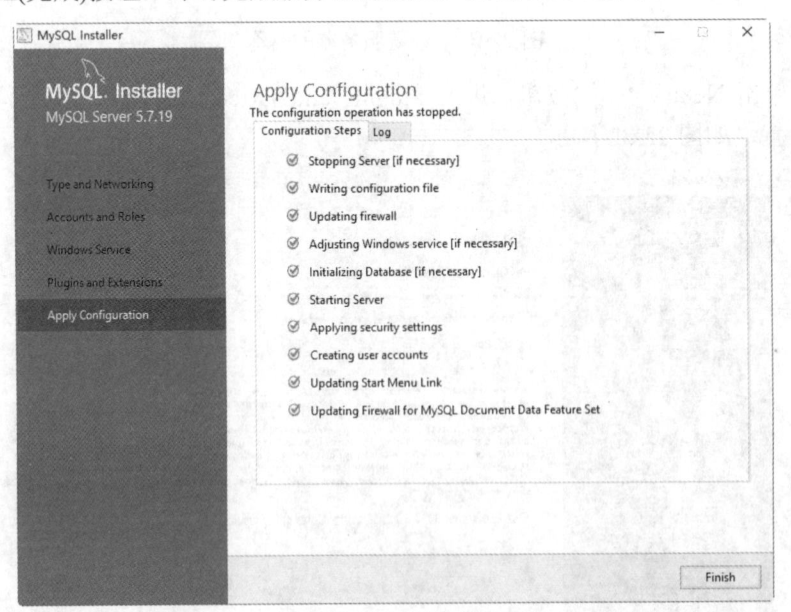

图 22-34　完成服务器配置

step 09 按 Ctrl+Alt+Del 组合键，打开【任务管理器】对话框，可以看到 MySQL 服务进程 MySQLd.exe 已经启动了，如图 22-35 所示。

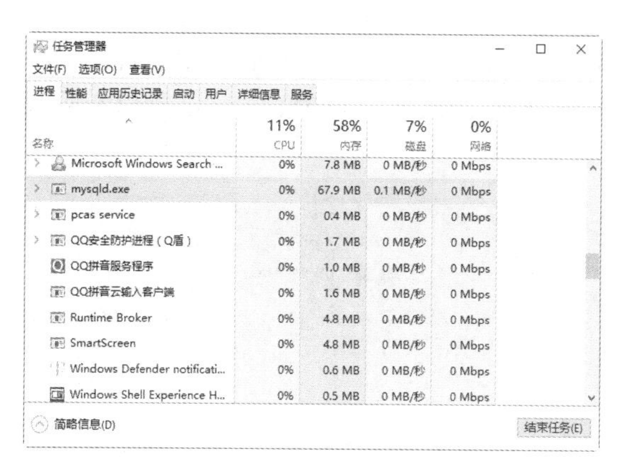

图 22-35　【任务管理器】对话框

至此，就完成了在 Windows 10 操作系统环境下安装 MySQL 的操作。

22.2.3　案例 4——phpMyAdmin 的安装

MySQL 数据库的标准操作界面，必须要使用命令提示符，通过 MySQL 的指令来建置管理数据库内容。如果想要执行新增、编辑及删除数据库的内容就必须要学习陌生的 SQL 语法，背诵艰深的命令指令，才能使用 MySQL 数据库。

难道没有较为简单的软件可以让用户在类似 Access 的操作环境下直接管理 MySQL 数据库吗？答案是肯定的，而且这样的软件还不少，其中最常用的就是 phpMyadmin。

phpMyadmin 软件是一套 Web 界面的 MySQL 数据库管理程序，不仅功能完整、使用方便，而且只要用户有适当的权限，就可以在线修改数据库的内容，并让用户更安全快速地获得数据库中的数据。

用户可以通过网址 http://www.phpmyadmin.net/获得 phpMyAdmin 软件。下面以安装 phpMyAdmin-4.7.2-all-languages.zip 为例进行讲解安装的方法。具体操作步骤如下。

step 01 右击下载的 phpMyAdmin 压缩文件，在弹出的快捷菜单中选择【解压文件】命令，如图 22-36 所示。

step 02 将解压后的文件放置到网站根目录< C:\wamp\www>之下，如图 22-37 所示。

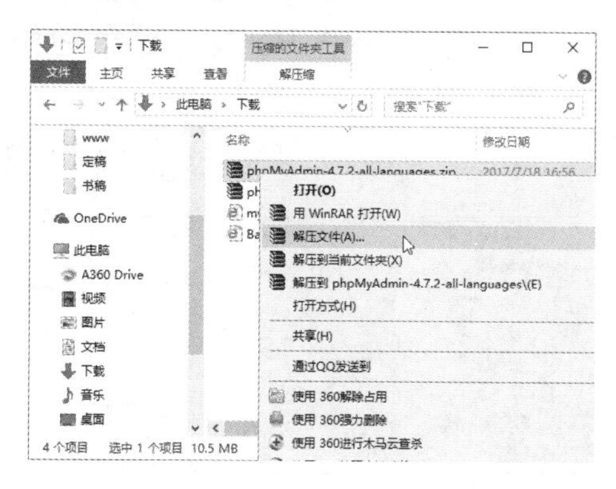

图 22-36　解压文件

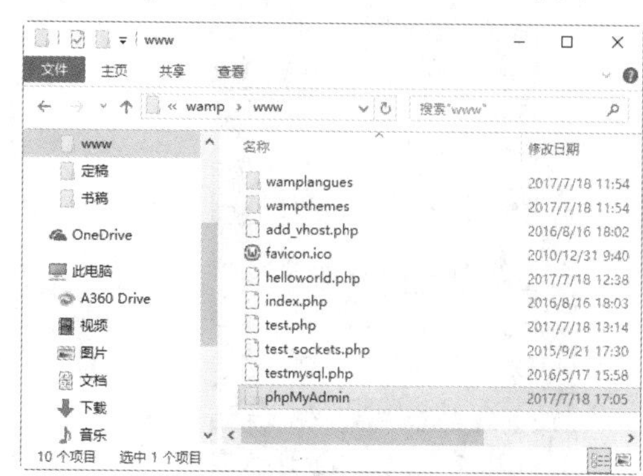

图 22-37　解压后的文件

step 03 打开浏览器，在网址栏中输入 http://localhost/phpMyAdmin/index.php，运行结果如图 22-38 所示，该运行结果表示 phpMyAdmin 能够正确执行。

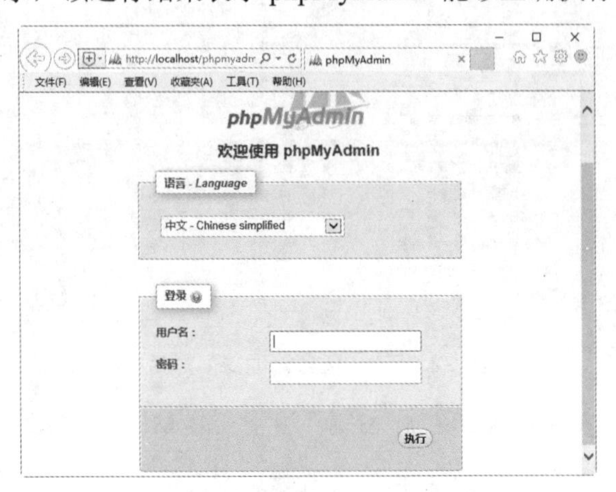

图 22-38　phpMyAdmin 运行界面

22.2.4　案例 5——MySQL 数据库的建立

由于 MySQL 数据库的指令都是在命令提示符界面中使用的，所以这对于初学者是比较难的。针对这一难题，本书中采用 phpMyAdmin 管理程序来执行，以便能有更简易的操作环境与使用效果。

1. *启动 phpMyAdmin 管理程序*

phpMyAdmin 是一套使用 PHP 程序语言开发的管理程序，它采用网页形式的管理界面。如果要正确执行这个管理程序，就必须在网站服务器上安装 PHP 与 MySQL 数据库。

如果要启动 phpMyAdmin 管理程序，只要单击桌面右下角的 WampServer 图标，在弹出的菜单中选择 phpMyAdmin 命令，如图 22-39 所示。phpMyAdmin 启动后的主界面如图 22-40 所示。用户只需要单击【新建】链接，即可创建新的数据库。

图 22-39　选择 phpMyAdmin 命令

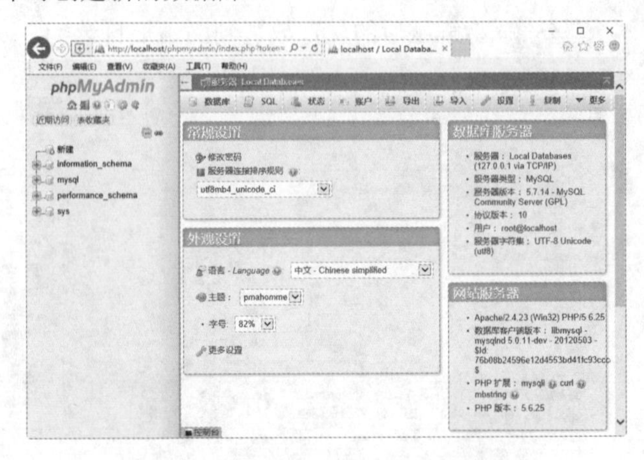

图 22-40　phpMyAdmin 的工作界面

2. 创建数据库

在 MySQL 数据库安装完毕之后，会有 4 个内置数据库：mysql、information_schema、performance_schema 和 sys。

(1) mysql 数据库是系统数据库，在 24 个数据表中保存了整个数据库的系统设置，十分重要。

(2) information schema 包括数据库系统有什么库、有什么表、有什么字典、有什么存储过程等所有对象信息和进程访问、状态信息。

(3) performance_schema 新增一个存储引擎，主要用于收集数据库服务器性能参数。包括锁、互斥变量、文件信息；保存历史的事件汇总信息，为提供 MySQL 服务器性能做出详细的判断，对于新增和删除监控事件点都非常容易，并且可以随意改变 mysql 服务器的监控周期。

(4) sys 数据库是让用户测试用的数据库，可以在里面添加数据表来测试。

performance_schema 可以帮助 DBA 了解性能降低的原因。mysql、information_schema 为关键库，不能被删除，否则数据库系统不再可用。

这里以在 MySQL 中创建一个企业员工管理数据库 company 为例，并添加一个员工信息表 employee。如图 22-41 所示，在文本框中输入要创建数据库的名称 company，再单击【创建】按钮即可。

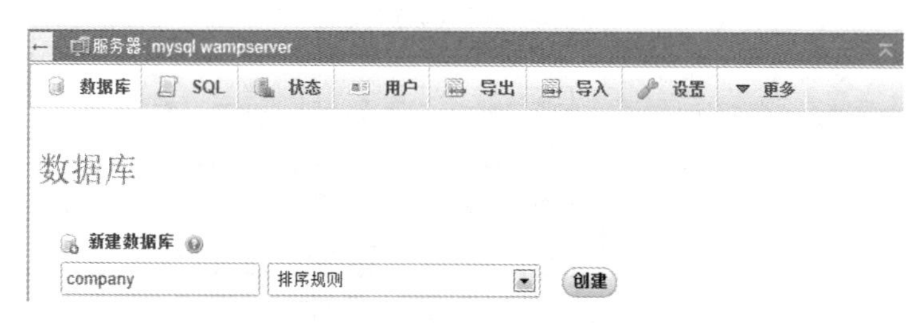

图 22-41　创建数据库 company

在一个数据库中可以保存多个数据表，以本页所举的范例来说明：一个企业员工管理的数据库中，可以包含员工信息数据表、岗位工资数据表、销售业绩数据表等。因此，这里需要创建数据库 company，也需要创建数据表 employee。

3. 认识数据表的字段

在添加数据表之前，首先要规划数据表中要使用的字段。其中设置数据字段的类型非常重要，使用正确的数据类型才能正确保存和应用数据。

在 MySQL 数据表中常用的字段数据类型可以分为 3 个类别。

(1) 数值类型。可用来保存、计算的数值数据字段，如会员编号、产品价格等。在 MySQL 中的数值字段按照保存的数据所需空间大小有如表 22-2 所示的区别。

表 22-2　数值类型

数值数据类型	保存空间	数据的表示范围
TINYINT	1 byte	signed -28 ～127，unsigned 0～255
SMALLINT	2 bytes	signed -32 768 ～32 767，unsigned 0～65 535
MEDIUMINT	3 bytes	signed -8 388 608 ～8 388 607，unsigned 0 ～16 777 215
INT	4 bytes	signed -2 227 483 648 ～2 227 483 647，unsigned 0 ～4 294 967 295

注：signed 表示其数值数据范围可能有负值；unsigned 表示其数值数据均为正值。

(2)　日期及时间类型。可用来保存日期或时间类型的数据，如会员生日、留言时间等。MySQL 中的日期及时间类型有如表 22-3、表 22-4、表 22-5 所示的几种格式。

表 22-3　日期数据类型

数据类型名称	DATE
存储空间	3 byte
数据的表示范围	'1000-01-01'～'9999-12-31'
数据格式	"YYYY-MM-DD" "YY-MM-DD" "YYYYMMDD" "YYMMDD" YYYYMMDD YYMMDD

注：在数据格式中，若没有加上引号则为数值的表示格式；若前后加上引号则为字符串的表示格式。

表 22-4　时间数据类型

数据类型名称	TIME
存储空间	3 byte
数据的表示范围	'-838:59:59'～'838:59:59'
数据格式	^{M}hh:mm:ss^{N}　"hhmmss" hhmmss

注：在数据格式中，若没有加上引号则为数值的表示格式；若前后加上引号则为字符串的表示格式。

表 22-5　日期与时间数据类型

数据类型名称	DATETIME
存储空间	8 byte
数据的表示范围	'1000-01-01 00:00:00'～'9999-12-31 23:59:59'
数据格式	"YYYY-MM-DD　hh:mm:ss"　"YY-MM-DD　hh:mm:ss"　"YYYYMMDDhhmmss" "YYMMDDhhmmss" YYYYMMDDhhmmss YYMMDDhhmmss

注：在数据格式中，若没有加上引号则为数值的表示格式；若前后加上引号则为字符串的表示格式。

(3)　文本类型。可用来保存文本类型的数据，如学生姓名、地址等。在 MySQL 中文本类型数据有如表 22-6 所示的几种格式。

在设置数据表时，除了要根据不同性质的数据选择适合的字段类型之外，有些重要的字段特性定义也能在不同的类型字段中发挥其功能，常用的设置如表 22-7 所示。

表 22-6　文本数据类型

文本数据类型	保存空间	数据的特性
CHAR(M)	M bytes，最大为 255 bytes	必须指定字段大小，数据不足时以空白字符填满
VARCHAR(M)	M bytes，最大为 255 bytes	必须指定字段大小，以实际填入的数据内容来存储
TEXT	最多可保存 25 535 bytes	不需要指定字段大小

表 22-7　特殊字段数据类型

特性定义名称	适用类型	定义内容
SIGNED,UNSIGNED	数值类型	定义数值数据中是否允许有负值，SIGNED 表示允许
AUTOINCREMENT	数值类型	自动编号，由 0 开始以 1 来累加
BINARY	文本类型	保存的字符有大小写区别
NULL,NOTNULL	全部	是否允许在字段中不填入数据
默认值	全部	若是字段中没有数据，即以默认值填充
主键	全部	主索引，每个数据表中只能允许一个主键列，而且该栏数据不能重复，加强数据表的检索功能

如果想要更了解 MySQL 其他类型的数据字段及详细数据，可以参考 MySQL 的使用手册或 MySQL 的官方网站：http://www. mysql.com。

4. 添加数据表

要添加一个员工信息数据表，如表 22-8 所示是这个数据表字段的规划。

表 22-8　员工信息数据

名　称	字　段	名称类型	是否为空
员工编号	cmID	INT(8)	否
姓名	cmName	VARCHAR(20)	否
性别	cmSex	CHAR(2)	否
生日	cmBirthday	DATE	否
电子邮件	cmEmail	VARCHAR(100)	是
电话	cmPhone	VARCHAR(50)	是
住址	cmAddress	VARCHAR(100)	是

其中有以下几个要注意的地方。

(1) 员工编号(cmID)为这个数据表的主索引字段，基本上它是数值类型保存的数据，因为一般编号不会超过两位数，也不可能为负数，所以设置它的字段类型为 TINYINT(2)，属性为 UNSIGNED。在添加数据时，数据库能自动为员工编号，所以在字段上加入了 auto_increment 自动编号的特性。

(2) 姓名(cmName)属于文本字段，一般不会超过 10 个中文字，也就是不会超过 20 Bytes，所以这里设置为 VARCHAR(20)。

(3) 性别(cmSex)属于文本字段，因为只保存一个中文字(男或女)，所以设置为 CHAR(2)，默认值为“男”。

(4) 生日(cmBirthday)属于日期时间格式，设置为 DATE。

(5) 电子邮件(cmEmail)和住址(cmAddress)都是文本字段，设置为 VARCHAR(100)，最多可保存 100 个英文字符，50 个中文字。电话(cmPhone)设置为 VARCHAR(100)，因为每个人不一定有这些数据，所以这 3 个字段允许为空。

接着就要回到 phpMyAdmin 的管理界面，为 MySQL 中的 company 数据库添加数据表。在左侧列表中选择创建的 company 数据库，输入添加的数据表名称和字段数，然后单击【执行】按钮，如图 22-42 所示。

图 22-42　新建数据表 employee

请按照表 22-8 中的内容设置数据表，如图 22-43 所示为添加的数据表字段。

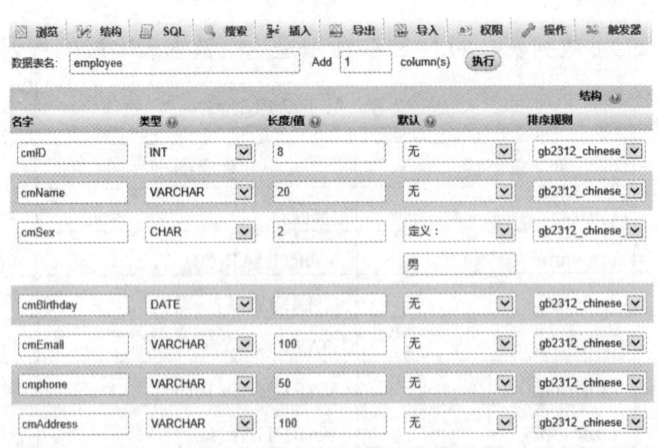

图 22-43　添加数据表字段

设置的过程中要注意以下 4 点。

(1) 设置 cmID 为整数。

(2) 设置 cmID 为自动编号。

(3) 设置 cmID 为主键列。

(4) 允许 cmEmail、cmPhone、cmAddress 为空位。

在设置完毕之后，单击【保存】按钮，在打开的界面中可以查看完成的 employee 数据表，如图 22-44 所示。

图 22-44　employee 数据表

5. 添加数据

添加数据表之后，还需要添加具体的数据。具体操作步骤如下。

step 01 选择 employee 数据表，选择菜单上的【插入】选项。依照字段的顺序，将对应的数值依次输入，单击【执行】按钮，即可插入数据，如图 22-45 所示。

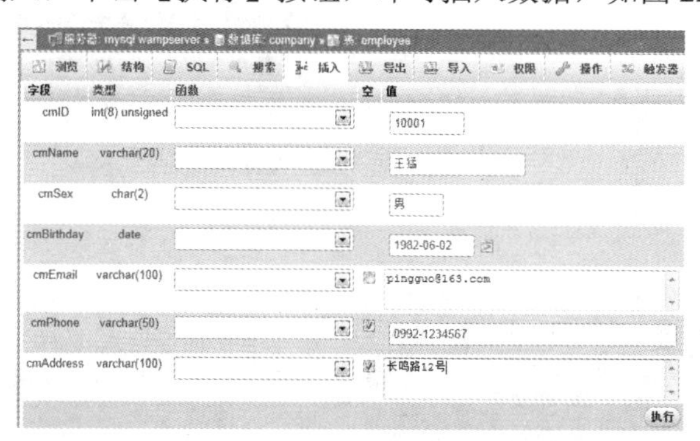

图 22-45　插入数据

step 02 按照图 22-46 所示的数据，重复执行上一步的操作，将数据输入到数据表中。

cmID	cmName	cmSex	cmBirthday	cmEmail	cmPhone	cmAddress
10001	王猛	男	1982-06-02	pingguo@163.com	0992-1234567	长鸣路12号
10002	王小敏	女	1972-06-02	wangxiaomin@163.com	0992-1234560	西华街19号
10003	张华	男	1970-06-02	zhanghua@163.com	0992-1234561	长安路20号
10004	王菲	女	1982-03-02	wangfei@163.com	0992-1234562	兴隆街11号
10005	杨康	男	1978-06-02	yangkang@163.com	0992-1234568	长安街20号
10006	冯菲菲	女	1982-03-20	fengfeifei@163.com	0992-1234512	长安街42号

图 22-46　输入的数据

22.3　在网页中使用 MySQL 数据库

一个互动网页的呈现，实际上就是将数据库整理的结果显示在网页上。因此，如何在网页中连接到数据库，并读出数据显示，甚至选择数据来更改，就是一个重点。

22.3.1　案例 6——添加数据库面板

在默认情况下，Dreamweaver CC 中的数据库面板是不存在的，要想使用数据库面板，需要安装数据库的扩展程序。下面介绍如何在 Dreamweaver CC 中添加数据库面板。

1. 安装 Adobe Extension Manager CC

Adobe Extension Manager CC 是 Adobe 为旗下 CC 系列软件推出的一款扩展插件管理软件。这款软件不仅可以帮助用户管理已经安装的扩展功能，还能帮助用户安装新的扩展。对一些经常用到扩展插件的设计师们来说这款软件是必备的。

安装 Adobe Extension Manager CC 的具体操作步骤如下。

step 01 双击 Adobe Extension Manager CC 安装程序，打开【Adobe 安装程序】对话框，在其中显示了程序初始化的进度，如图 22-47 所示。

step 02 初始化完毕后，打开【Adobe 软件许可协议】界面，在其中可以查看相关许可协议信息，如图 22-48 所示。

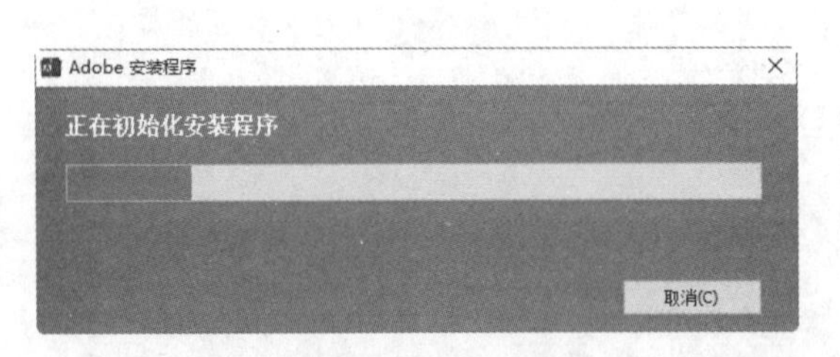

图 22-47　程序初始化

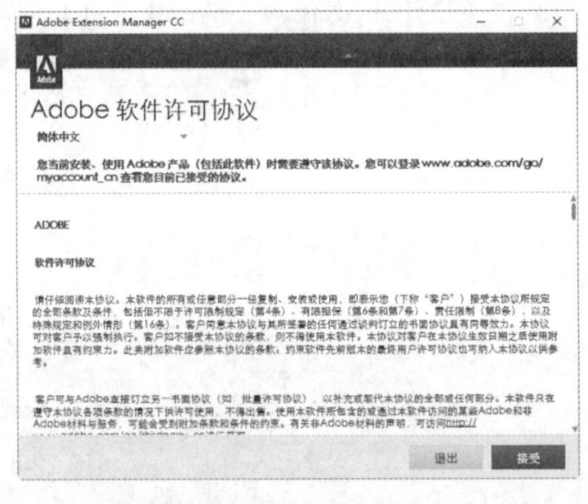

图 22-48　许可协议

step 03 单击【接受】按钮，进入【选项】界面，在其中设置软件的安装位置，并选择安装语言，这里采用系统默认设置，如图 22-49 所示。

step 04 单击【安装】按钮，即可开始安装软件，并显示安装的进度，如图 22-50 所示。

step 05 安装完毕后，系统弹出【安装完成】界面，如图 22-51 所示。

step 06 单击【立即启动】按钮，即可启动 Adobe Extension Manager CC，进入软件工作界面，如图 22-52 所示。

2. 安装数据库扩展

Adobe Extension Manager CC 安装完成后，下面就可以安装数据库扩展程序了。具体的操作步骤如下。

step 01 在 Adobe Extension Manager CC 软件工作界面中选择【文件】→【安装扩展】命令，打开【选取要安装的扩展】对话框，在其中选择数据库扩展软件，如图 22-53

所示。

step 02 单击【打开】按钮，即可启动安装程序，并弹出软件说明性信息界面，如图 22-54 所示。

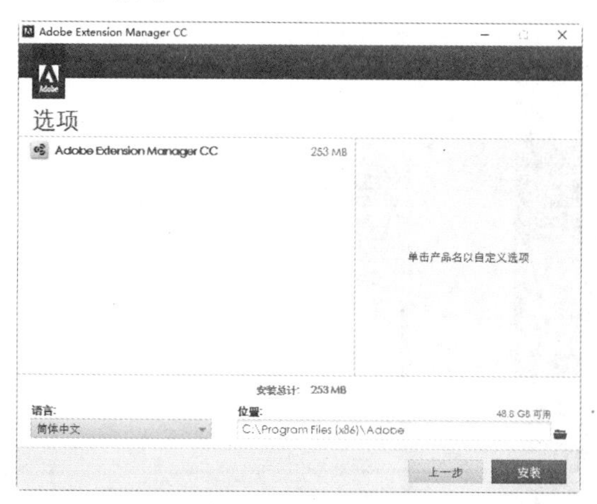

图 22-49 【选项】界面

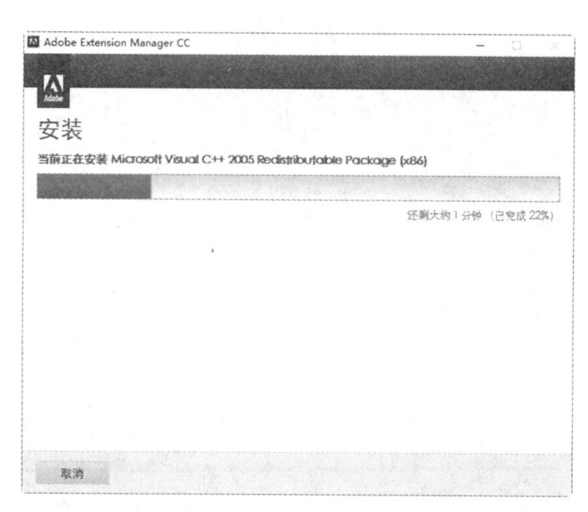

图 22-50 安装进度界面

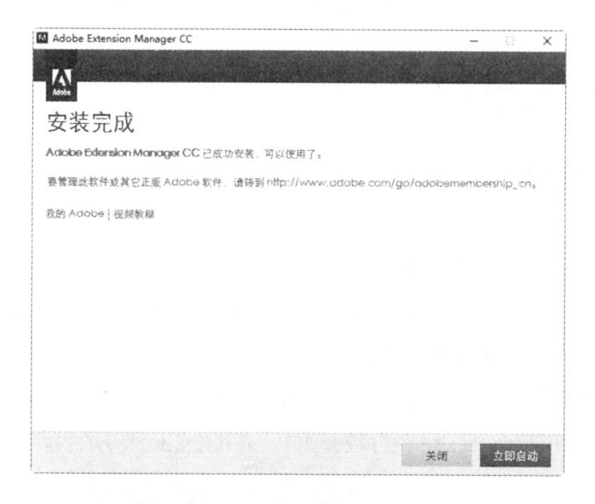

图 22-51 【安装完成】界面

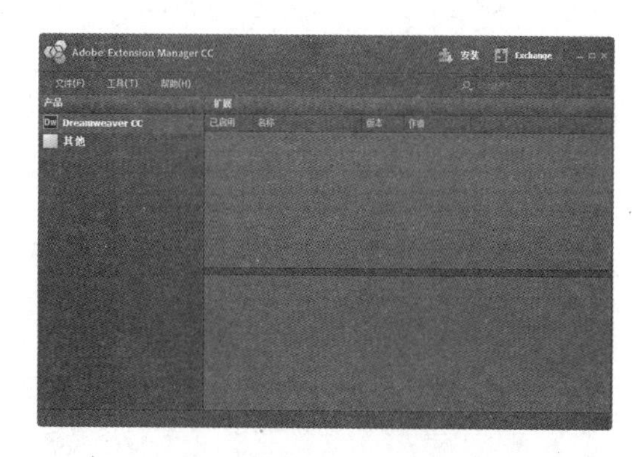

图 22-52 Adobe Extension Manager CC 工作界面

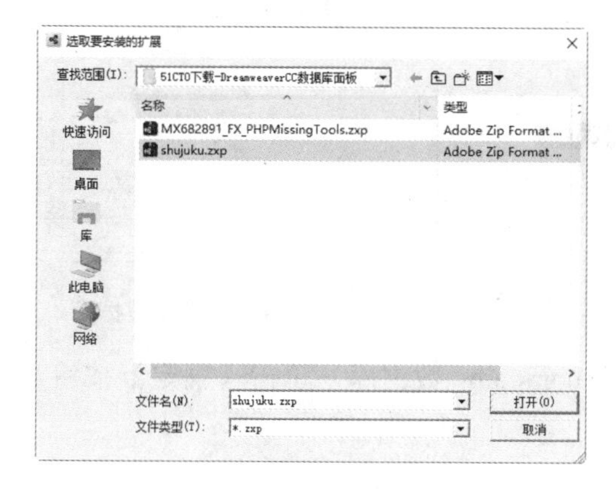

图 22-53 【选取要安装的扩展】对话框

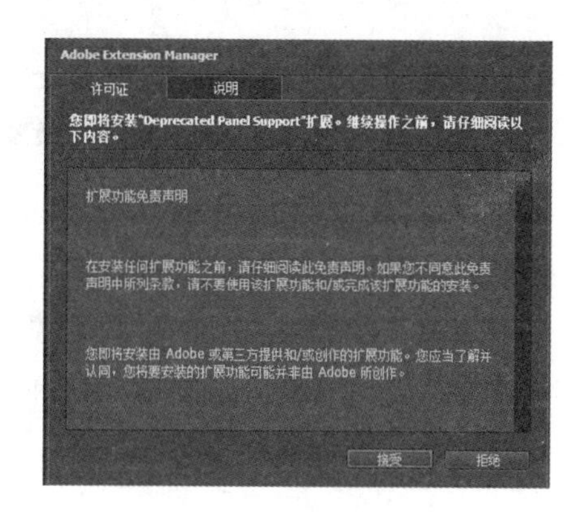

图 22-54 说明性信息界面

step 03 单击【接受】按钮，即可开始安装扩展，安装完成后，会在 Adobe Extension Manager CC 的工作界面中显示安装的扩展，如图 22-55 所示。

step 04 启动 Dreamweaver CC，选择【窗口】→【数据库】命令，即可打开【数据库】面板，这就说明【数据库】面板添加成功，如图 22-56 所示。

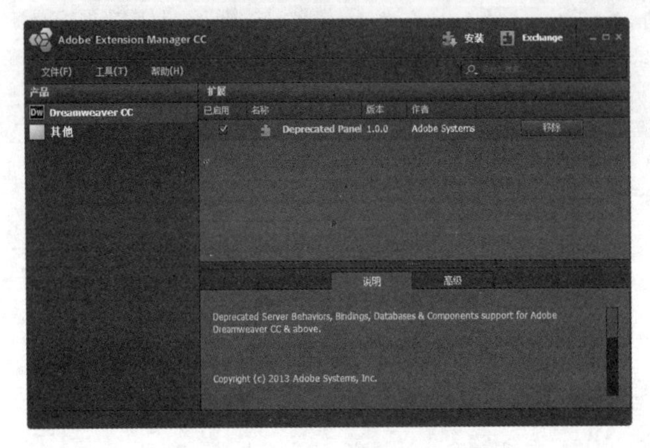

图 22-55 显示安装的扩展信息

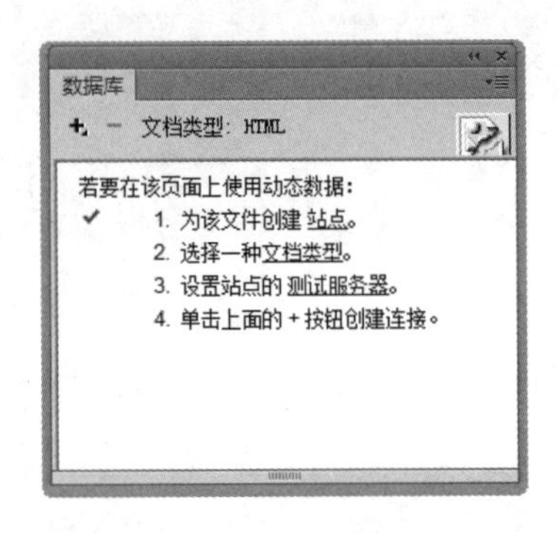

图 22-56 【数据库】面板

22.3.2 案例 7——建立 MySQL 数据库连接

在 Dreamweaver CC 中，连接数据库十分轻松简单。下面使用一个实例来说明如何使用 Dreamweaver CC 建立数据库连接。

step 01 打开“素材\ch22\showdata.php”文件，静态页面效果如图 22-57 所示。

step 02 选择【窗口】→【数据库】命令，打开【数据库】面板。单击【数据库】面板中的 + 按钮，弹出如图 22-58 所示的菜单，选择【MySQL 连接】命令。

step 03 进入【MySQL 连接】对话框后，填入自定义的连接名称 company，填入 mysql 服务器的用户名和密码，单击【选取】按钮来选取连接的数据库，如图 22-59 所示。

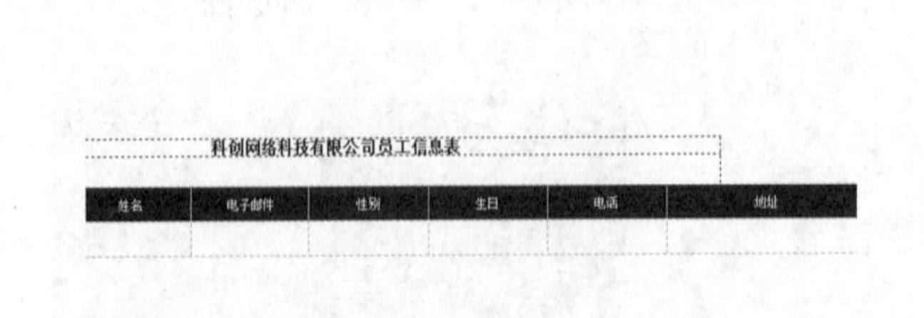

图 22-57 静态页面效果

图 22-58 连接数据库

step 04 打开【选取数据库】对话框，选择 company 数据库，单击【确定】按钮，如图 22-60 所示。

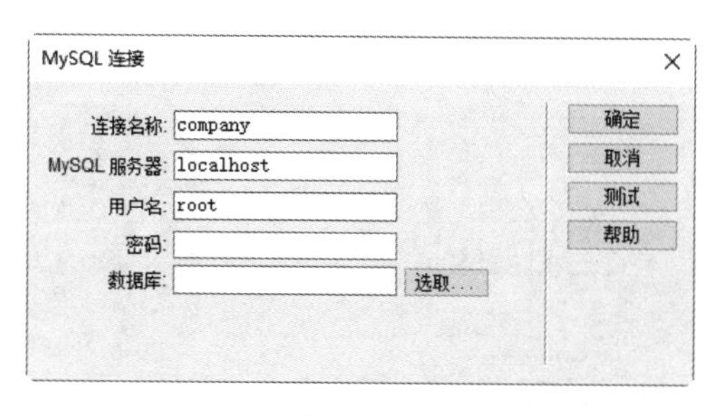

图 22-59 【MySQL 连接】对话框

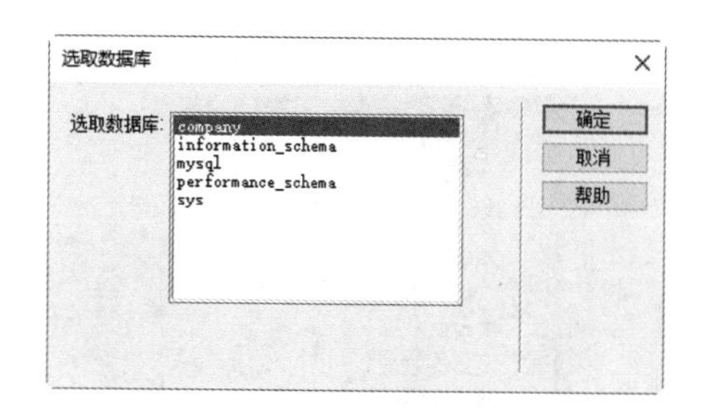

图 22-60 【选取数据库】对话框

step 05 返回到原界面后，单击【测试】按钮，提示成功创建连接脚本，单击【确定】按钮，如图 22-61 所示。

step 06 回到 Dreamweaver CC 后，可以打开【数据库】面板，company 数据库的 employee 数据表在连接设置后已经读入 Dreamweaver CC 了，如图 22-62 所示。

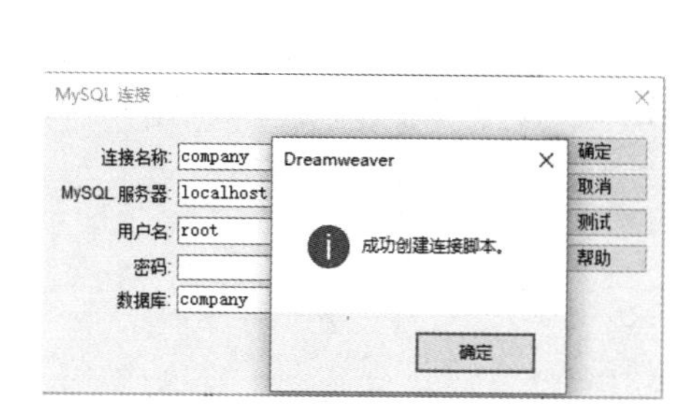

图 22-61 连接数据库

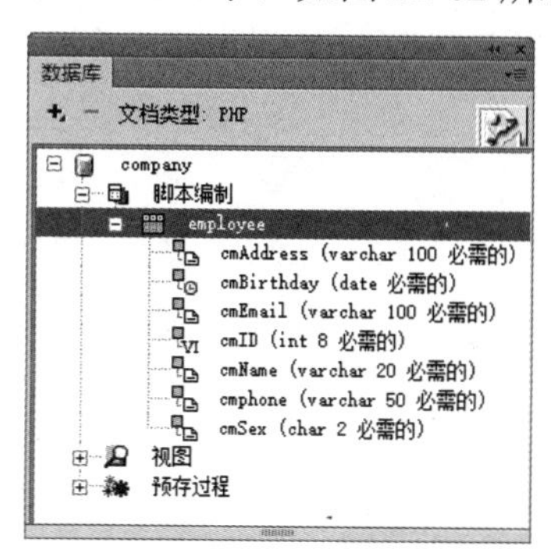

图 22-62 【数据库】面板

权限概念的实现是 MySQL 数据库的特色之一。在设置连接时，Dreamweaver CC 不时会提醒为数据库管理员加上密码，目的是要让权限管理加上最后一道锁。MySQL 数据库默认是不为管理员账户加密码的，所以必须在 MySQL 数据库调整后再回到 Dreamweaver CC 时修改设置，在下一节中我们会说明这个重点。

22.3.3 案例 8——绑定记录集

在建立连接后，必须建立记录集才能进行相关的记录操作。在这一节中，将学习如何在建立连接之后添加记录集。

所谓记录集，就是将数据库中的数据表按照要求来筛选、排序整理出来的数据。用户可以在【绑定】面板中进行操作。具体操作步骤如下。

step 01 切换到【绑定】面板，单击该面板的 + 按钮，在弹出的菜单中选择【记录集(查询)】命令，如图 22-63 所示。

step 02 打开【记录集】对话框，输入记录集名称，选择使用的连接为 company，选择使用的数据表为 employee，选中【全部】单选按钮，显示全部字段，如图 22-64 所示。

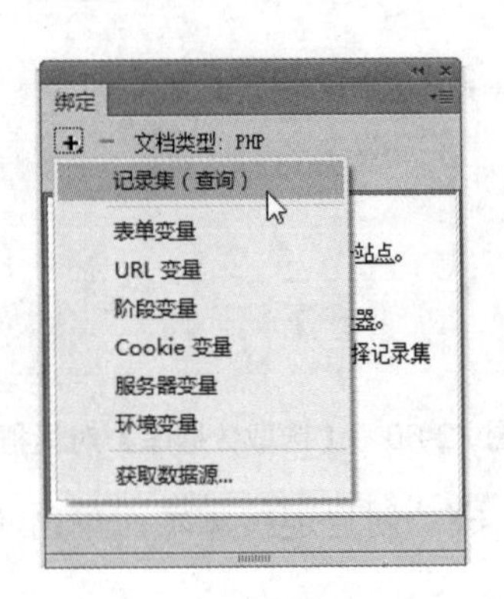

图 22-63　选择【记录集(查询)】命令

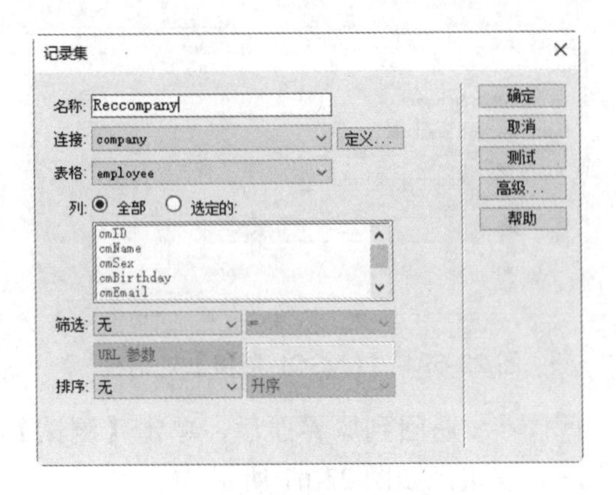

图 22-64　【记录集】对话框

step 03 单击【测试】按钮来测试连接结果，此时打开【测试 SQL 指令】对话框，上面显示了数据库中的所有数据，如图 22-65 所示。

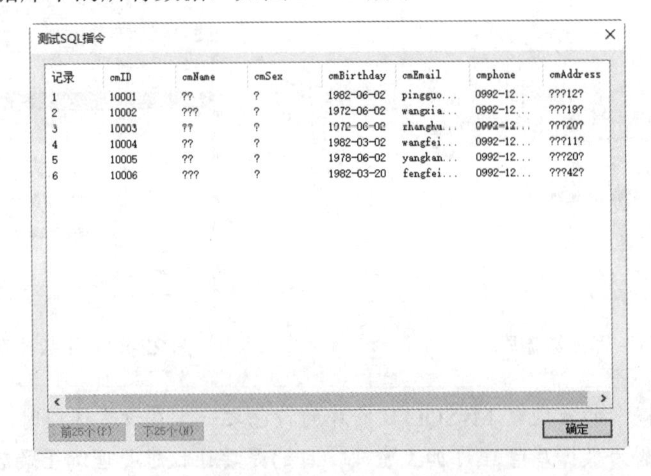

图 22-65　【测试 SQL 指令】对话框

step 04 单击【确定】按钮，返回【记录集】对话框，再次单击【确定】按钮，即可完成记录集的绑定。

step 05 在【绑定】面板上出现上面设置的记录集名称 Reccompany，展开后将需要引用的数据字段一一拖曳到网页中，如图 22-66 所示。

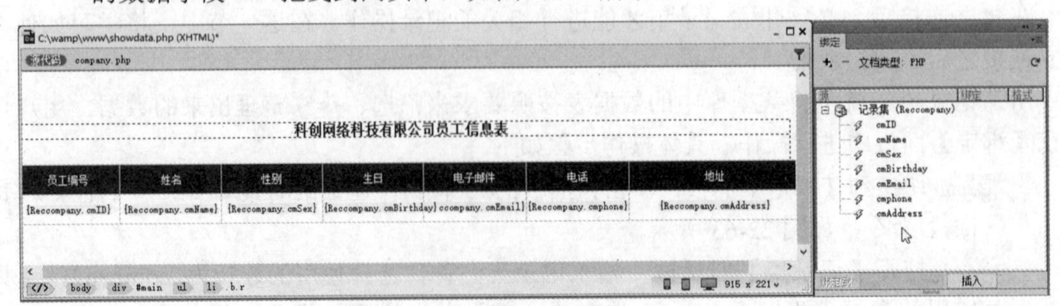

图 22-66　拖动字段到网页中

step 06 在当前设置中，若是预览，只会读出数据库的第一笔数据，我们需要设置重复区域，将所有数据一一读出。首先要选取设置重复的区域。在【服务器行为】面板中单击+号按钮，在弹出的菜单中选择【重复区域】命令，如图22-67所示。

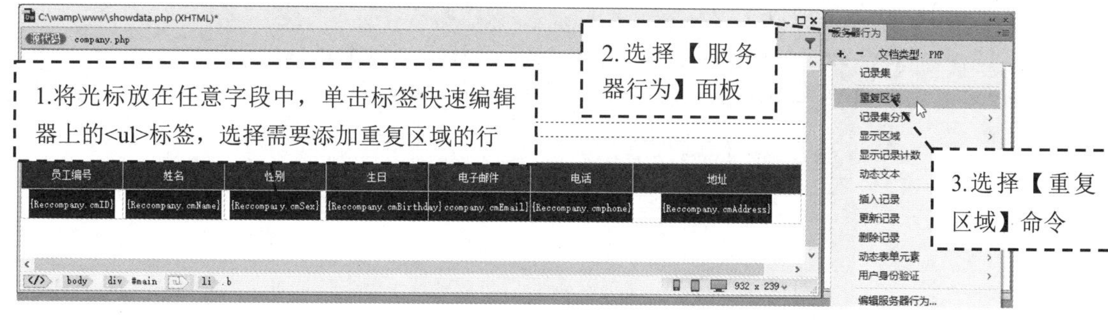

图 22-67 设置重复区域

step 07 在打开的【重复区域】对话框中设置【显示】为【所有记录】来显示所有数据，单击【确定】按钮，如图22-68所示。

step 08 设置完毕后，在表格上方可以看到【重复】灰色标签，如图22-69所示。

step 09 选择【文件】→【保存】命令保存该网页，按F12键即可预览效果，如图22-70所示。

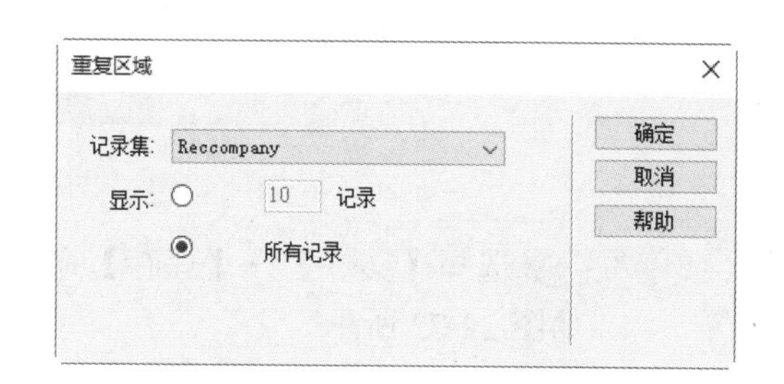

图 22-68 【重复区域】对话框

科创网络科技有限公司员工信息表

重复 员工编号	姓名	性别	生日	电子邮件	电话	
{Reccompany.cmID}	{Reccompany.cmName}	{Reccompany.cmSex}	{Reccompany.cmBirthday}	ccompany.cmEmail}	{Reccompany.cmPhone}	{Re

图 22-69 添加【重复】标签

科创网络科技有限公司员工信息表

员工编号	姓名	性别	生日	电子邮件	电话	地址
10001	??	?	1982-06-02	pingguo@163.com	0992-1234567	???12?
10002	???	?	1972-06-02	wangxiaomin@163.com	0992-1234560	???19?
10003	??	?	1970-06-02	zhanghua@163.com	0992-1234561	???20?
10004	??	?	1982-03-02	wangfei@163.com	0992-1234562	???11?
10005	??	?	1978-06-02	yangkang@163.com	0992-1234568	???20?
10006	???	?	1982-03-20	fengfeifei@163.com	0992-1234512	???42?

图 22-70 网页预览效果

step 10 细心的读者会发现，所有牵涉到中文字符的显示都为？号，这是由于编码不同造成的。下面设置数据库连接文件的编码为简体中文。在【文件】面板的 connections 文件夹下打开数据库连接文件 company.php，切换到代码视图，添加以下代码(见图 22-71)：

```
mysql_query("set character set 'gb2312'");//读数据库编码
mysql_query("set names 'gb2312'");//写数据库编码
```

C:\wamp\www\Connections\company.php*

```
1  <?php
2  # FileName="Connection_php_mysql.htm"
3  # Type="MYSQL"
4  # HTTP="true"
5  $hostname_company = "localhost";
6  $database_company = "company";
7  $username_company = "root";
8  $password_company = "";
9  $company = mysql_pconnect($hostname_company, $username_company,
   $password_company) or trigger_error(mysql_error(),E_USER_ERROR);
10 mysql_query("set character set 'gb2312'");//读数据库编码
11 mysql_query("set names 'gb2312'");//写数据库编码
12 ?>
```

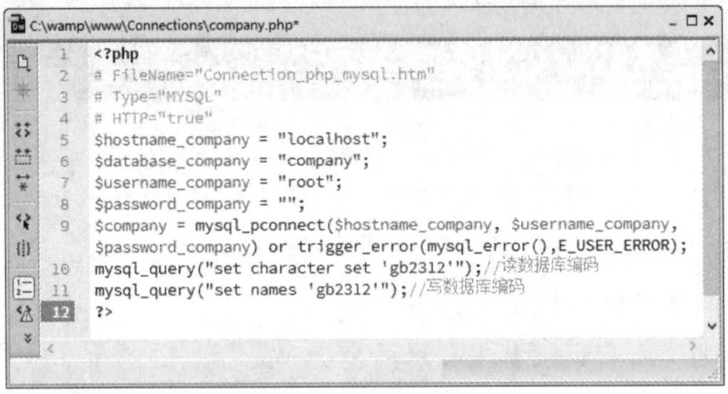

图 22-71　添加代码

step 11 选择【文件】→【保存】命令保存该网页，按 F12 键即可预览修改后的效果，如图 22-72 所示。

科创网络科技有限公司员工信息表

员工编号	姓名	性别	生日	电子邮件	电话	地址
10001	王猛	男	1982-06-02	pingguo@163.com	0992-1234567	长鸣路12号
10002	王小敏	女	1972-06-02	wangxiaomin@163.com	0992-1234560	西华街19号
10003	张华	男	1970-06-02	zhanghua@163.com	0992-1234561	长安路20号
10004	王菲	女	1982-03-02	wangfei@163.com	0992-1234562	兴隆街11号
10005	杨康	男	1978-06-02	yangkang@163.com	0992-1234568	长安街20号
10006	冯菲菲	女	1982-03-20	fengfeifei@163.com	0992-1234512	长安街42号

图 22-72　修改后的效果

22.4　数据库的备份与还原

在 MySQL 数据库里，备份与还原数据库数据是十分简单而又轻松的事情。下面介绍如何备份与还原 MySQL 的数据库。

22.4.1　案例 9——数据库的备份

用户可以使用 phpMyAdmin 的管理程序将数据库中的所有数据表导出成一个单独的文本文件。当数据库受到损坏或是要在新的 MySQL 数据库中加入这些数据时，只要将这个文本文件插入即可。

以本章所使用的文件为例，先进入 phpMyAdmin 的管理界面，下面就可以备份数据库了。具体操作步骤如下。

step 01 选择需要导出的数据库，单击【导出】链接，进入下一页，如图 22-73 所示。

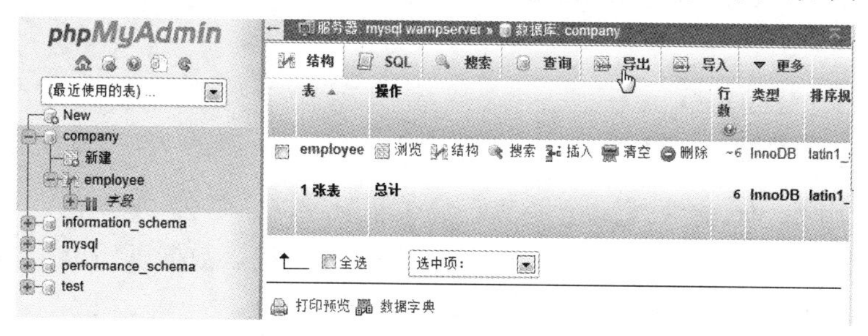

图 22-73　选择要导出的数据库

step 02 选择导出方式为【快速-显示最少的选项】，单击【执行】按钮，如图 22-74 所示。

step 03 打开【另存为】对话框，在其中输入保存文件的名称，设置保存的类型及位置，如图 22-75 所示。

图 22-74　选择导出方式

图 22-75　【另存为】对话框

MySQL 备份下的文件是扩展名为*.sql 的文本文件，这样的备份操作不仅简单，文件内容也较小。

22.4.2　案例 10——数据库的还原

还原数据库文件的具体操作步骤如下。

step 01 在执行数据库的还原前，必须将原来的数据表删除。单击 employee 数据表右侧的【删除】链接，如图 22-76 所示。

step 02 此时会弹出一个信息提示框，单击【确定】按钮，如图 22-77 所示。

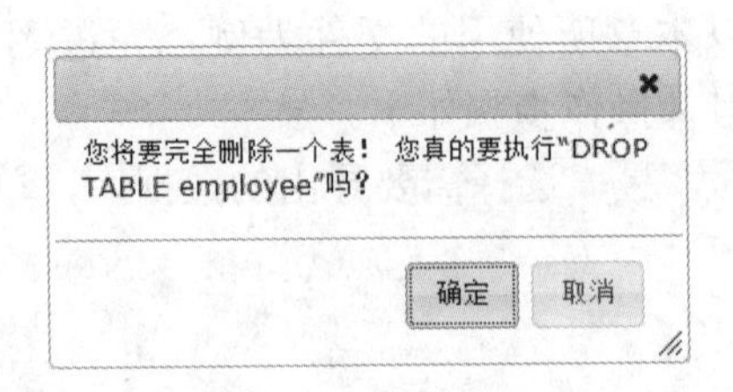

图 22-76 单击【删除】链接

图 22-77 信息提示框

step 03 回到原界面，会发觉该数据表已经被删除了，如图 22-78 所示。

step 04 接着要插入刚才备份的<company.sql>文件，将该数据表还原。单击【导入】链接，打开【要导入的文件】界面，如图 22-79 所示。

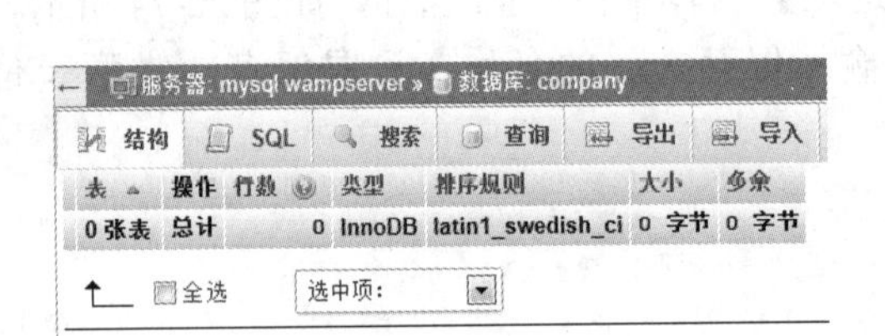

图 22-78 删除了数据表

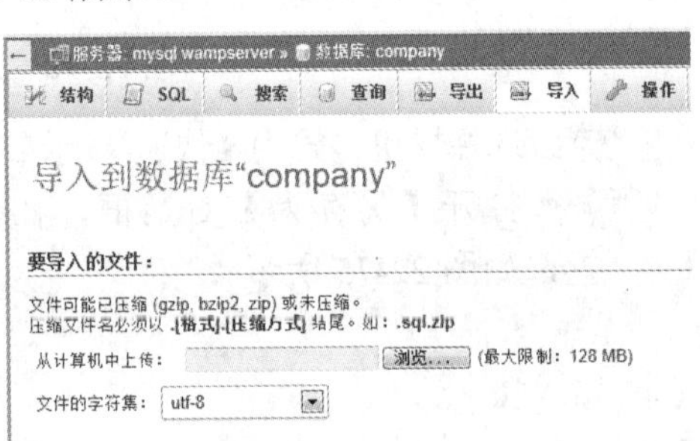

图 22-79 【要导入的文件】界面

step 05 单击界面中的【浏览】按钮，打开【选择要加载的文件】对话框，选择上面保存的文本文件 company.sql，单击【打开】按钮，如图 22-80 所示。

图 22-80 【选择要加载的文件】对话框

step 06 单击【执行】按钮，系统即会读取 company.sql 文件中所记录的指令与数据，将数据表恢复，如图 22-81 所示。

step 07 在执行完毕后，company 数据库中又出现了一个数据表 employee，如图 22-82 所示。

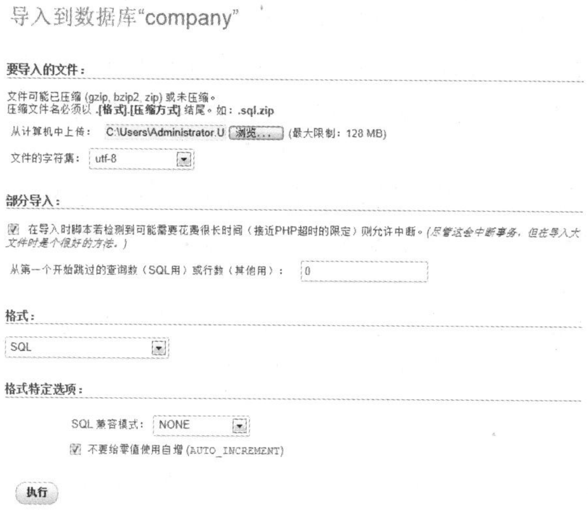

导入到数据库“company”

要导入的文件：

文件可能已压缩 (gzip, bzip2, zip) 或未压缩。
压缩文件名必须以 .[格式].[压缩方式] 结尾。如：.sql.zip

从计算机中上传： C:\Users\Administrator.U 浏览... (最大限制：128 MB)

文件的字符集： utf-8

部分导入：

在导入时脚本若检测到可能需要花费很长时间（接近PHP超时的限定）则允许中断。(尽管这会中断事务，但在导入大文件时是个很好的方法。)

从第一个开始跳过的查询数（SQL用）或行数（其他用）： 0

格式：

SQL

格式特定选项：

SQL 兼容模式： NONE

不要给零值使用自增 (AUTO_INCREMENT)

执行

图 22-81　开始执行导入操作

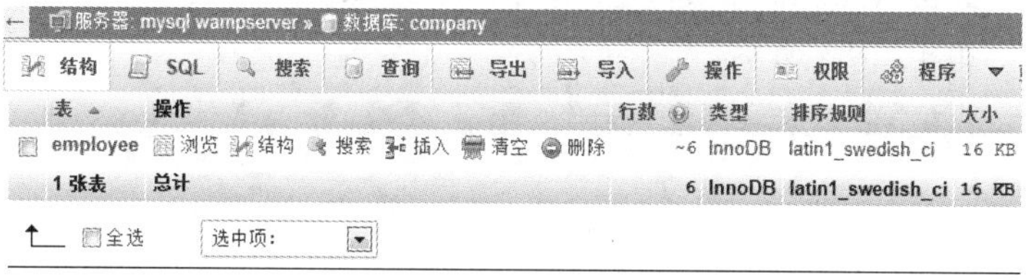

服务器: mysql wampserver » 数据库: company

结构　SQL　搜索　查询　导出　导入　操作　权限　程序

表	操作	行数	类型	排序规则	大小
employee	浏览 结构 搜索 插入 清空 删除	~6	InnoDB	latin1_swedish_ci	16 KB
1 张表	总计	6	InnoDB	latin1_swedish_ci	16 KB

全选　选中项：

图 22-82　导入的数据表

22.5　综合案例——给我的 MySQL 数据库加密

MySQL 数据库是存在于网络上的数据库系统。只要是网络用户，都可以连接到这个资源。如果没有权限或其他措施，任何人都可以对 MySQL 数据库进行存取。MySQL 数据库在安装完毕后，默认是完全不设防的，也就是任何人都可以不使用密码就连接到 MySQL 数据库。这是一个相当危险的安全漏洞。

1. phpMyAdmin 管理程序的安全考虑

phpMyAdmin 是一套网页界面的 MySQL 管理程序。有许多 PHP 的程序设计师都会将这套工具直接上传到他的 PHP 网站文件夹里，管理员只能从远端通过浏览器登录 phpMyAdmin 来管理数据库。

这个方便的管理工具是否也是方便的入侵工具呢？没错。只要是对 phpMyAdmin 管理较为熟悉的朋友，看到该网站是使用 PHP+MySQL 的互动架构，都会去测试该网站<phpMyAdmin>的文件夹是否安装了 phpMyAdmin 管理程序。若是网站管理员一时疏忽，很容易让人猜中，进入该网站的数据库。

2. 防堵安全漏洞的建议

无论是 MySQL 数据库本身的权限设置，还是 phpMyAdmin 管理程序的安全漏洞，为了避免他人通过网络入侵数据库，必须要先做以下几件事。

(1) 修改 phpMyAdmin 管理程序的文件夹名称。这个做法虽然简单，但至少已经挡掉一大半非法入侵者了。最好是修改成不容易猜到，与管理或是 MySQL、phpMyAdmin 等关键字无关的文件夹名称。

(2) 为 MySQL 数据库的管理账号加上密码。我们一再提到 MySQL 数据库的管理账号 root，默认是不设任何密码的，这就好像装了安全系统，却没打开电源开关一样。因此，替 root 加上密码是相当重要的。

(3) 养成备份 MySQL 数据库的习惯。一旦用户所有安全措施都失效了，若平常就有备份的习惯，即使数据被删除了，还能很轻松地恢复。

3. 为 MySQL 管理账号加上密码

在 MySQL 数据库中的管理员账号为 root，为了保护数据库账号的安全，我们可以为管理员账号加密。具体操作步骤如下。

step 01 进入 phpMyAdmin 的管理主界面，单击【权限】文字链接，来设置管理员账号的权限，如图 22-83 所示。

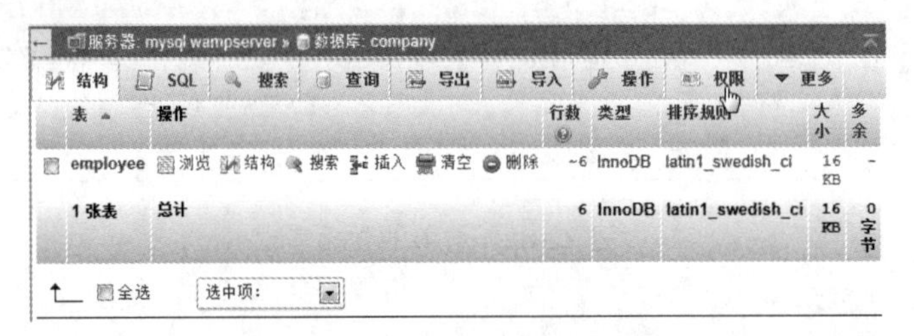

图 22-83　设置管理员密码

step 02 这里有两个 root 账号，分别为由本机(localhost)进入和所有主机(：：1)进入的管理账号，默认没有密码。首先修改所有主机的密码，单击【编辑权限】链接，进入下一页，如图 22-84 所示。

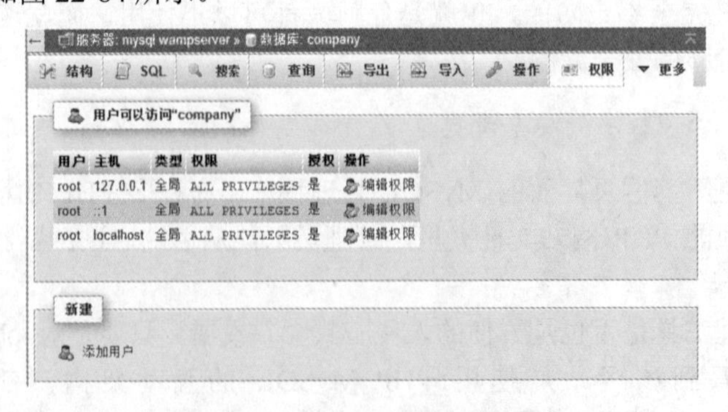

图 22-84　单击【编辑权限】链接

step 03 在打开的界面中的【密码】文本框中输入所要使用的密码，如图 22-85 所示。单击【执行】按钮，即可添加密码。

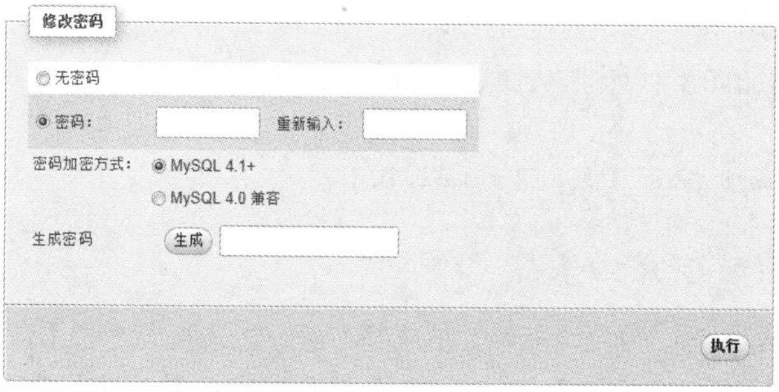

图 22-85 添加密码

在修改完毕之后，可以重新登录管理界面，就可以正常使用 MySQL 数据库的资源了。修改过数据库密码之后，需要同时修改网站的数据库连接设置，设置 root 密码为相应密码即可。

22.6 疑难解惑

疑问 1：预览网页时提示如图 22-86 所示的警告信息，如何解决？

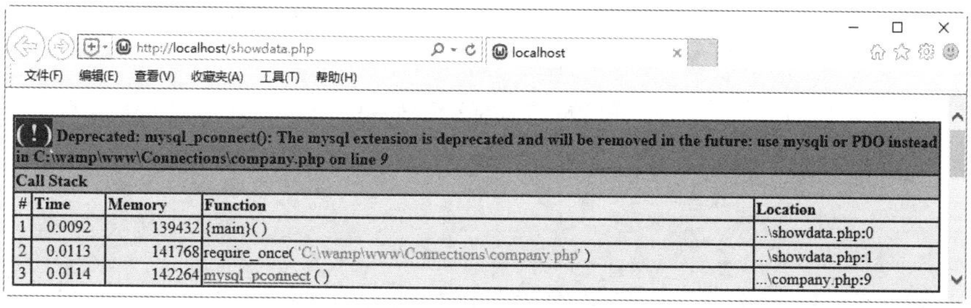

图 22-86 警告信息

答：出现图 22-86 中的警告信息，主要是因为在从 MySQL 5.5 版本开始，提示用户 mysql_connect 这个模块将在未来弃用，请使用 mysqli 或者 PDO 来替代。用户可以使用以下几个方法之一来解决。

(1) 禁止 PHP 报错。

在 PHP 的设置文件 php.ini 中将报错取消，在该文件中找到：display_errors = On，修改为 display_errors = Off。修改后需要重新启动服务器才能生效。

(2) 修改连接语句。

将类似以下连接语句：

```
$link = mysql_connect('localhost', 'user', 'password');
mysql_select_db('dbname', $link);
```

修改如下：

```
$link = mysqli_connect('localhost', 'user', 'password', 'dbname');
```

(3) 设置报警级别。

在 PHP 程序中添加如下代码，从而设置报警级别：

```
<?php
error_reporting(E_ALL ^ E_DEPRECATED);
```

疑问 2：如何导出制定的数据表?

答：如果用户想导出制定的数据表，在选择导出方式时，选中【自定义-显示所有可用的选项】单选按钮，然后在【数据表】列表中选择需要导出的数据表即可，如图 22-87 所示。

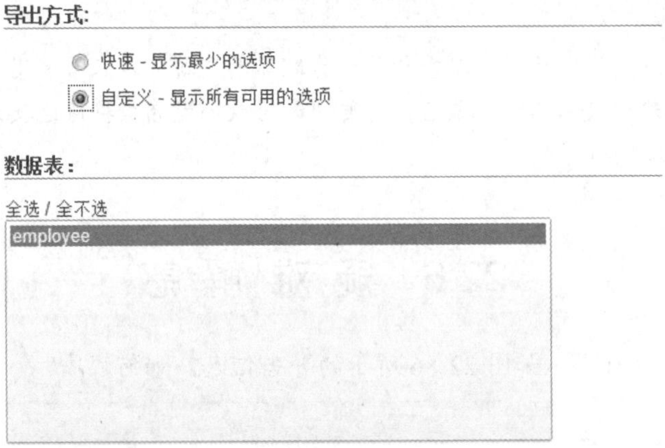

导出方式:

快速 - 显示最少的选项

自定义 - 显示所有可用的选项

数据表:

全选 / 全不选

employee

图 22-87　设置导出方式

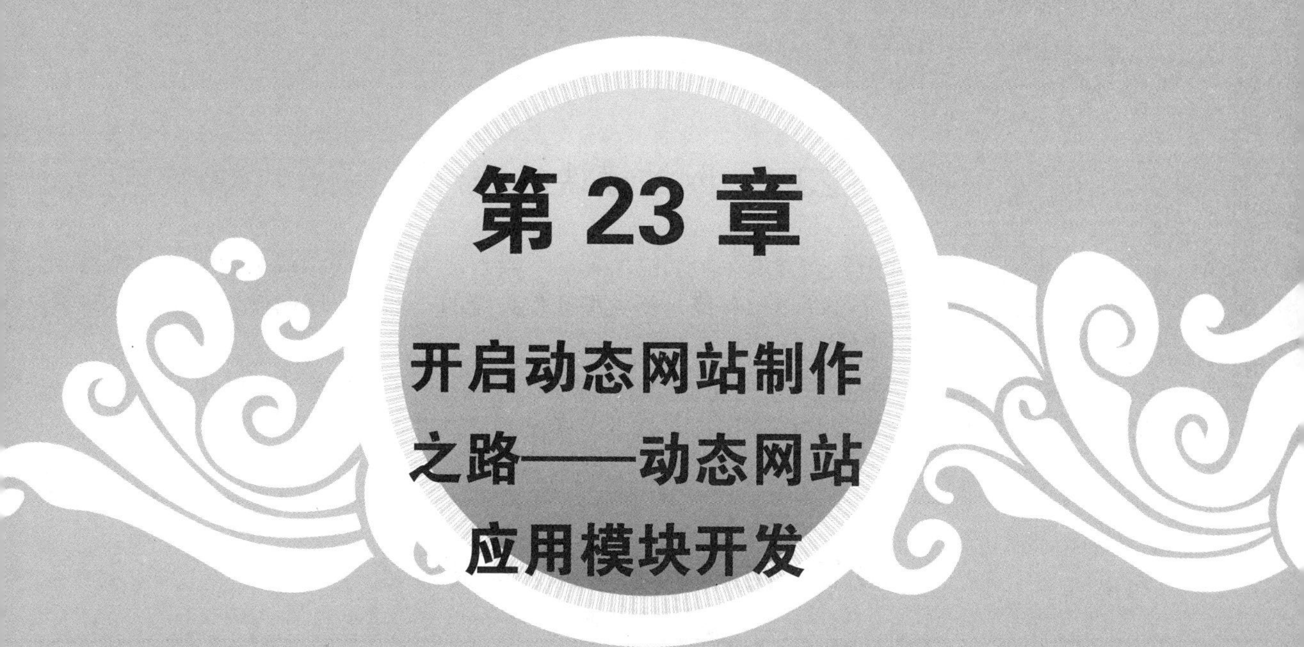

第23章 开启动态网站制作之路——动态网站应用模块开发

在开发动态网站的过程中，开发人员经常会遇到要添加需要的应用模块的问题。所以本章将介绍常见动态应用模块的开发方法和技巧，包括在线点播模块的开发、网页搜索模块的开发、在线支付模块的开发、在线客服模块的开发和天气预报模块的开发。

23.1　网站模块的概念

模块是指在程序设计中，为完成某一功能所需的一段程序或子程序；或是指能由编译程序、装配程序等处理的独立程序单位；或是指大型软件系统的一部分。网站模块是指在网站制作中能完成某一功能所需的一段程序或子程序。

在网站建设中，经常用到的一些功能如在线客服、在线播放、搜索、天气预报等，称为常用功能。这些功能具有很好的通用性，在学习掌握之后可以直接拿来用到自己的网站建设中。

23.2　常用动态网站模块开发

下面介绍常见动态网站模块的开发过程。

23.2.1　案例 1——在线点播模块开发

在线点播不仅能实现视频播放功能，而且可以实现许多有用的辅助功能，如控制播放器窗口状态、开启声音等。

在线点播模块的运行效果如图 23-1 所示。

在【文件】面板中选择要编辑的网页 sp\index.php，双击将其打开，编辑区如图 23-2 所示。从 code.txt 中复制代码，并粘贴到相应位置，如图 23-3 所示。

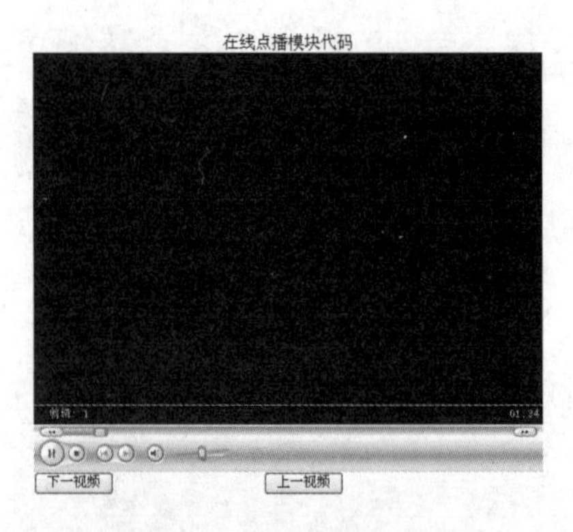

图 23-1　在线点播模块

图 23-2　代码编辑区

```
22 <object id="player" height="400" width="500" classid="CLSID:6BF52A52-394A-11d3-B153-00C04F79FAA6">
23 <param NAME="AutoStart" VALUE="-1">
24 <!--是否自动播放-->
25 <param NAME="Balance" VALUE="0">
26 <!--调整左右声道平衡,同上面旧播放器代码-->
27 <param name="enabled" value="-1">
28 <!--播放器是否可人为控制-->
29 <param NAME="EnableContextMenu" VALUE="-1">
30 <!--是否启用上下文菜单-->
31 <param NAME="url" value="<?php echo $sp?>">
32 <!--播放的文件地址-->
33 <param NAME="PlayCount" VALUE="1">
34 <!--播放次数控制,为整数-->
35 <param name="rate" value="1">
36 <!--播放速率控制,1为正常,允许小数,1.0-2.0-->
37 <param name="currentPosition" value="0">
```

图 23-3　添加在线点播模块代码

23.2.2　案例 2——网页搜索模块开发

在浏览网站时，我们经常可以看到好用的百度搜索框或者 Google 搜索框。如果在我们做的网站中加入这样的模块，能为网站的访客带来很大的便利。网页搜索模块的实现效果如图 23-4 所示。

图 23-4　网页搜索模块

在【文件】面板中选择要编辑的网页 ss\index.php，双击将其打开，编辑区如图 23-5 所示。从 code.txt 中复制代码，并粘贴到相应位置，如图 23-6 所示。

图 23-5　代码编辑区

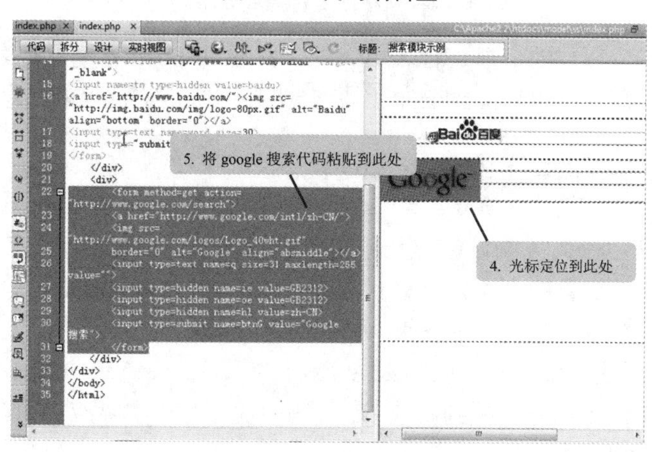

图 23-6　添加网页搜索模块代码

23.2.3 案例 3——在线支付模块开发

在电子商务高速发展的今天，网上在线支付应用越来越广泛，那么网上支付是怎么实现的呢？多数的银行和在线支付服务商都提供了相应的接口给用户使用，我们要做的就是把接口中需要的参数搜集并提交到接口页面中。

在现在流行的网站支付平台中，支付宝占据了最大份额。现在我们来看一下在支付宝支付过程中是怎么搜集数据的。

支付宝接口文件可以从支付宝商家用户中申请获取，我们看一下在接口数据中需要哪些表单信息。

```
"service"           => "create_direct_pay_by_user",    //交易类型
"partner"           => $partner,              //合作商户号
"return_url"        => $return_url,           //同步返回
"notify_url"        => $notify_url,           //异步返回
"_input_charset"    => $_input_charset,       //字符集，默认为GBK
"subject"           => "商品名称",             //商品名称，必填
"body"              => "商品描述",             //商品描述，必填
"out_trade_no"      => date(Ymdhms),          //商品外部交易号，必填(保证唯一性)
"total_fee"         => "0.01",                //商品单价，必填(价格不能为0)
"payment_type"      => "1",                   //默认为1，不需要修改
"show_url"          => $show_url,             //商品相关网站
"seller_email"      => $seller_email          //卖家邮箱，必填
```

在【文件】面板中选择要编辑的网页 zf\index.php，双击将其打开，如图 23-7 所示。

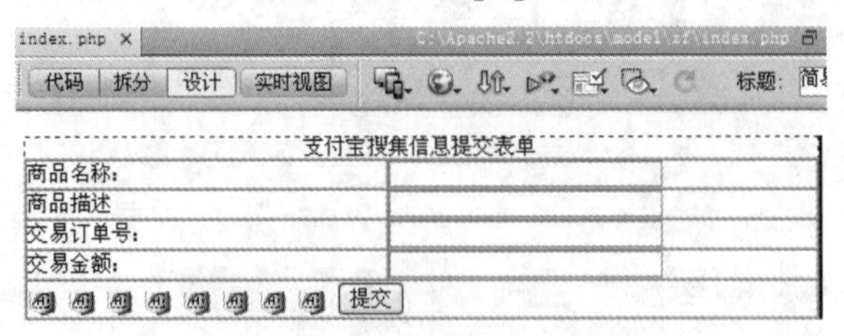

图 23-7　在线支付模块编辑区

这里我们根据接口需要的信息进行表单布局，并通过 post 方便地把表单数据提交到接口页面，在接口页面只需要使用$_post"表单字段名"接收这些提交过来的信息就行了。

23.2.4 案例 4——在线客服模块开发

在线客服模块在电子商务网站的建设中可以说是必不可少的。通过在线客服模块，可以让访客很方便地与网站运营的客服人员进行沟通交流，如图 23-8 所示。

在【文件】面板中选择要编辑的网页 qq\index.php，双击将其打开。切换到代码窗口，可以看到第一行为 qq 模块调用方式，如图 23-9 所示。

接着打开模板文件 qq.php，找到修改 qq 号码的地方，在实际应用中在这里修改相应属性值就可以了，如图 23-10 所示。

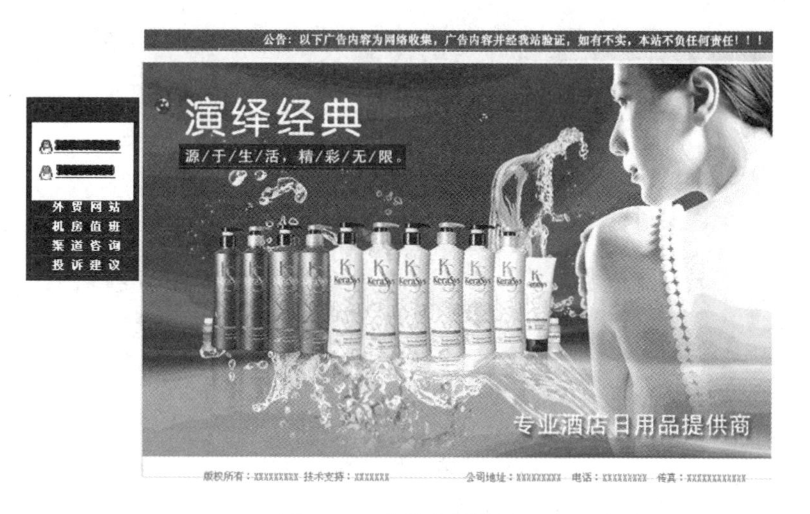

图 23-8　在线客服模块

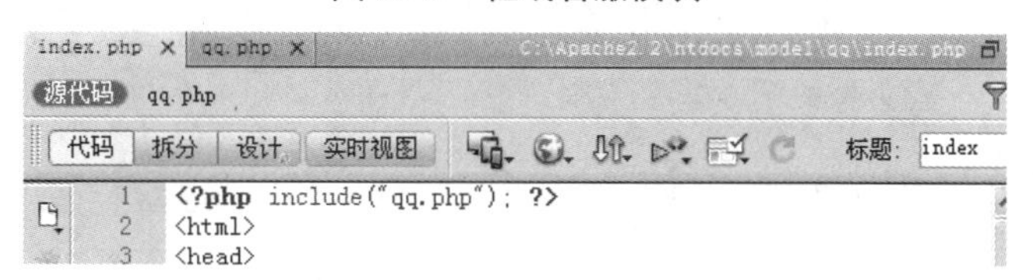

图 23-9　调用 QQ 的代码

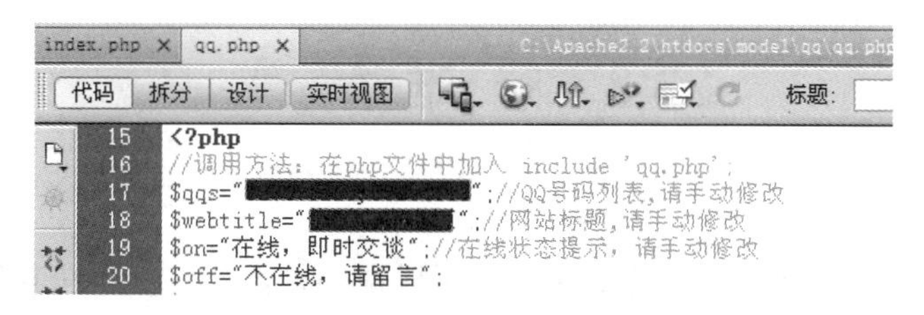

图 23-10　修改代码

23.2.5　案例 5——天气预报模块开发

天气预报模块对一些办公性质的网站来说也是很有用的，它可以通过一些天气网站提供的相关代码来实现。下面一段代码是由中国天气网提供的调用代码：

```
<iframe src="http://m.weather.com.cn/m/pn12/weather.htm " width="245"
height="110" marginwidth="0" marginheight="0" hspace="0" vspace="0"
frameborder="0" scrolling="no"></iframe>
```

在使用的时候我们只需要把这段代码放入需要设置的地方就行了。

在【文件】面板中选择要编辑的网页 tq\index.php，双击将其打开。切换到拆分窗口，如图 23-11 所示。

添加完天气预报模块的代码后，就可以保存该网页。然后在 IE 浏览器中预览网页，可以看到天气预报模块的显示效果，如图 23-12 所示。

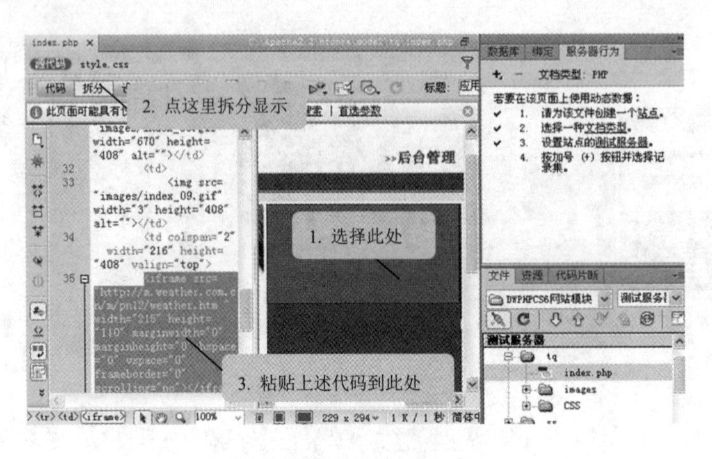

图 23-11　天气预报模块编辑区

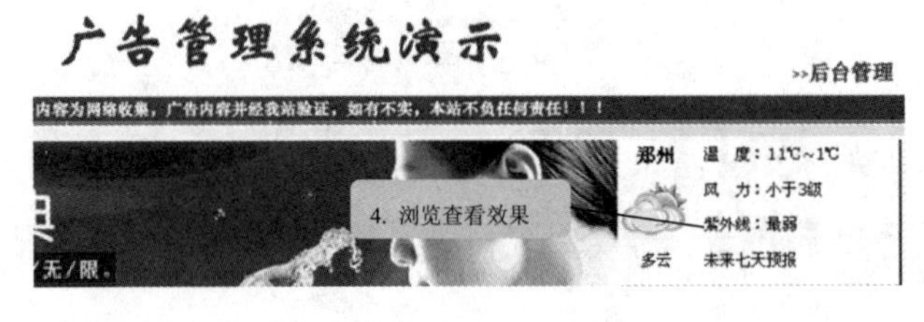

图 23-12　天气预报模块预览效果

23.3 疑难解惑

疑问 1：include 与 require 的区别是什么？

答：require 从字面上理解就是“要求”，所以是必须执行，并且在其他输出之前执行。如果该文件执行错误，整个页面就会出错无法继续执行。而在实际编程中会遇到一个页面调用多个页面的情况，可能出现嵌套调用、重复调用，所以就要用到 require_once 以避免重复调用引起的错误。例如，连接数据库经常用到的 conn.php 页面。

include 是在一个程序执行到一定的时候包含进另一个文件的程序，相当于将它作为当前程序的一部分。

require 和 include 都是调用另外的页面程序，但 require 是强制执行，include 可以选择执行。

疑问 2：RSS 模块是什么？

答：RSS 是站点用来和其他站点之间共享内容的简易方式(也叫聚合内容)。RSS 使用 XML 作为彼此共享内容的标准方式。它能让别人很容易地发现你已经更新了你的站点，并让人们很容易地追踪他们阅读的所有信息。所以在自己的网站上加上这个模块，能提高用户对网站的关注。一个完整的 RSS 模块由两个部分组成：一是信息提交；二是更新 RSS 文件。

第 6 篇

网站开发实战

第 24 章 综合应用案例 1——开发网站用户管理系统

在动态网站中，用户管理系统是非常必要的。网站会员的收集与数据使用，不仅可以让网站累积会员人脉，利用这些会员的数据，也可能为网站带来无穷的商机。一个典型的网站会员管理系统，一般应该具备用户注册功能、资料修改功能、取回密码功能以及用户注销身份功能等。

24.1 系统的功能分析

在开发动态网站之前，需要规划系统的功能和各个页面之间的关系，绘制出系统脉络图，从而方便后面整个系统的开发与制作。

24.1.1 规划网页结构和功能

本章将要制作的用户管理系统的网页及网页结构如图 24-1 所示。

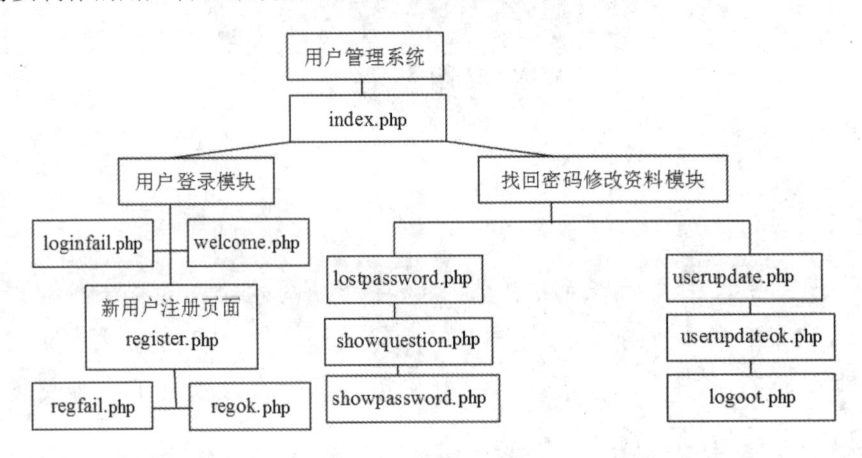

图 24-1 系统结构

本系统的主要结构分为用户登录和找回密码两个部分。整个系统中共有 12 个页面，各个页面的名称和对应的文件名、功能如表 24-1 所示。

表 24-1 用户管理系统网页设计

页面名称	功 能
index.php	实现用户管理系统的登录功能的页面
welcome.php	用户登录成功后显示的页面
loginfail.php	用户登录失败后显示的页面
register.php	新用户用来注册输入个人信息的页面
regok.php	新用户注册成功后显示的页面
regfail.php	新用户注册失败后显示的页面
lostpassword.php	丢失密码后进行密码查询使用的页面
showquestion.php	查询密码时输入提示问题的页面
showpassword.php	答对查询密码问题后显示的页面
userupdate.php	修改用户资料的页面
userupdateok.php	成功更新用户资料后显示的页面
logoot.php	退出用户系统的页面

24.1.2 网页设计规划

在本地站点建立站点文件夹 member，将要建立制作网站用户管理系统的文件和文件夹，如图 24-2 所示。

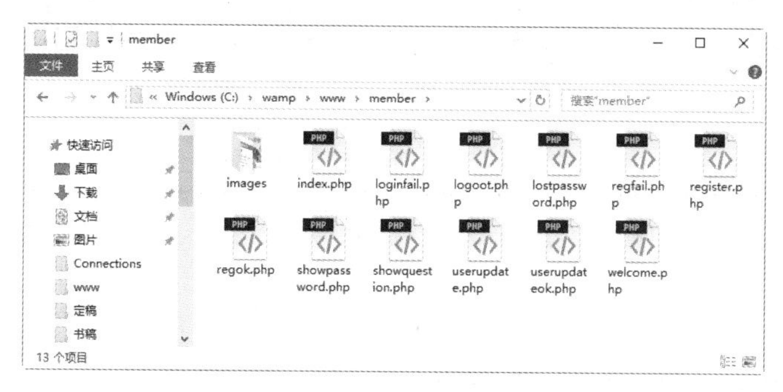

图 24-2 规划站点文件和文件夹

24.1.3 网页美工设计

本实例整体框架采用“拐角型”布局结构，美工设计效果如图 24-3 和图 24-4 所示。初学者在设计制作过程中，可以打开素材中的源代码，找到相关站点的 images(图片)文件夹，其中放置了已经编辑好的图片。

图 24-3 首页的美工

图 24-4 会员注册页面的美工

24.2 数据库设计与连接

本节主要讲述如何使用 phpMyAdmin 建立用户管理系统的数据库，如何使用 Dreamweaver 在数据库与网站之间建立动态连接。

24.2.1 数据库设计

通过对用户管理系统的功能分析发现，这个数据库应该包括注册的用户名、注册密码以及个人信息，如性别、年龄、e-mail、电话等。所以在数据库中必须包含一个容纳上述信息的表，被称为“用户信息表”。本案例将数据库命名为 member，创建的用户信息表 member 结构如表 24-2 所示。

表 24-2 用户信息表 member

字段描述	字 段 名	数据类型	主键	非空	唯一	自增
用户编号	ID	INT(8)	是	是	是	是
用户账号	username	VARCHAR(20)	否	是	否	否
用户密码	password	VARCHAR(20)	否	是	否	否
密码遗失提示问题	question	VARCHAR(50)	否	是	否	否
密码提示问题答案	answer	VARCHAR(50)	否	是	否	否
真实姓名	truename	VARCHAR(20)	否	是	否	否
用户性别	sex	VARCHAR(2)	否	是	否	否
用户地址	address	VARCHAR(100)	否	是	否	否
联系电话	tel	VARCHAR(100)	否	是	是	否
QQ 号码	QQ	VARCHAR(100)	否	否	是	否
邮箱地址	e-mail	VARCHAR(50)	否	否	是	否
用户权限	authority	VARCHAR(4)	否	是	否	否

创建数据库的具体操作步骤如下。

step 01 启动 phpMyAdmin，在主界面的左侧列表中单击 New 链接，如图 24-5 所示。

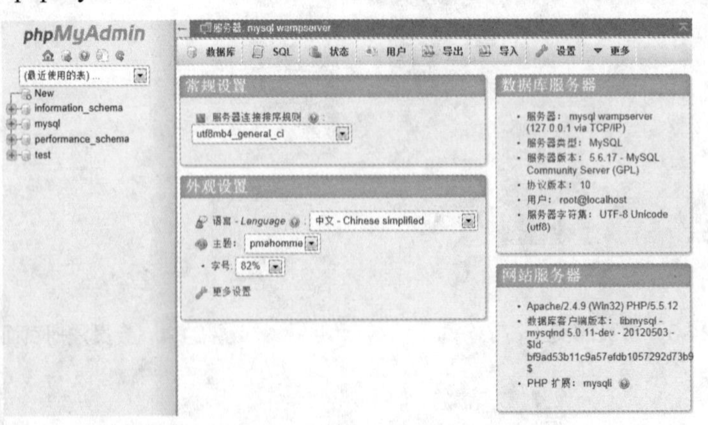

图 24-5 phpMyAdmin 工作界面

step 02 在文本框中输入要创建数据库的名称 member，然后单击【创建】按钮，如图 24-6 所示。

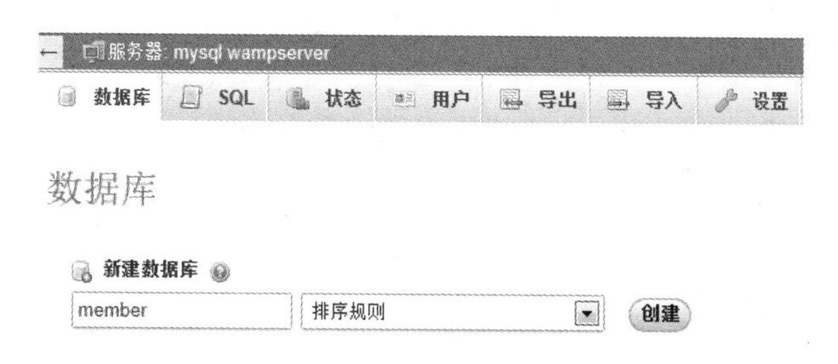

图 24-6　创建数据库 member

step 03 接着就要回到 phpMyAdmin 的管理界面，为 MySQL 中的 member 数据库添加数据表。在左侧列表中选择创建的 member 数据库，然后在右侧的页面中输入添加的数据表名称和字段数，然后单击【执行】按钮，如图 24-7 所示。

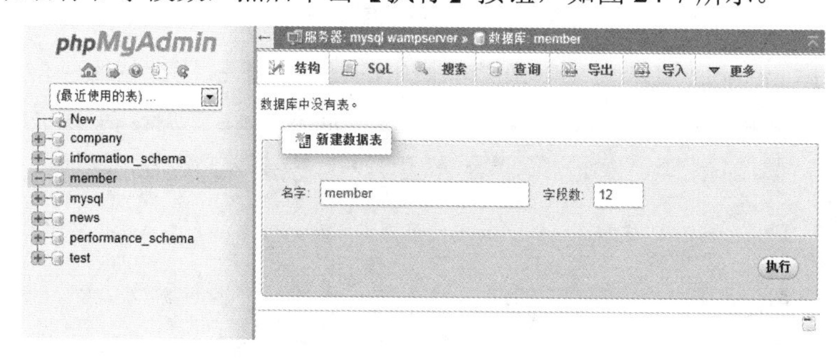

图 24-7　新建数据表 member

step 04 请按照表 24-2 的内容设置数据表，添加的数据表字段如图 24-8 所示。

服务器: mysql wampserver » 数据库: member » 表: member

浏览　结构　SQL　搜索　插入　导出　导入　权限　操作　触发器

名字	类型	长度/值	默认	排序规则	属性	空	索引	A_I	注释
ID	INT	8	无	gb2312_chinese_	UNSIGNED		PRIMARY	✓	
username	VARCHAR	20	无	gb2312_chinese_			---		
password	VARCHAR	20	无	gb2312_chinese_			---		
question	VARCHAR	50	无	gb2312_chinese_			---		
answer	VARCHAR	50	无	gb2312_chinese_			---		
truename	VARCHAR	20	无	gb2312_chinese_			---		
sex	VARCHAR	2	无	gb2312_chinese_			---		
address	VARCHAR	100	无	gb2312_chinese_			---		
tel	VARCHAR	100	无	gb2312_chinese_			---		
QQ	VARCHAR	100	无	gb2312_chinese_		✓	---		
e-mail	VARCHAR	50	无	gb2312_chinese_		✓	---		
authority	VARCHAR	4	无	gb2312_chinese_			---		

保存

图 24-8　添加数据表字段

step 05 在设置完毕之后，单击【保存】按钮，即可查看 member 数据表，如图 24-9 所示。

#	名字	类型	排序规则	属性	空	默认	额外	操作
1	ID	int(8)		UNSIGNED	否	无	AUTO_INCREMENT	修改
2	username	varchar(20)	gb2312_chinese_ci		否	无		修改
3	password	varchar(20)	gb2312_chinese_ci		否	无		修改
4	question	varchar(50)	gb2312_chinese_ci		否	无		修改
5	answer	varchar(50)	gb2312_chinese_ci		否	无		修改
6	truename	varchar(20)	gb2312_chinese_ci		否	无		修改
7	sex	varchar(2)	gb2312_chinese_ci		否	无		修改
8	address	varchar(100)	gb2312_chinese_ci		否	无		修改
9	tel	varchar(100)	gb2312_chinese_ci		否	无		修改
10	QQ	varchar(100)	gb2312_chinese_ci		是	NULL		修改
11	e-mail	varchar(50)	gb2312_chinese_ci		是	NULL		修改
12	authority	varchar(4)	gb2312_chinese_ci		否	无		修改

图 24-9 member 数据表

step 06 选择 member 数据表，单击菜单栏中的【插入】链接。依照字段的顺序，将对应的数值依次输入，单击【执行】按钮，即可插入数据，如图 24-10 所示。

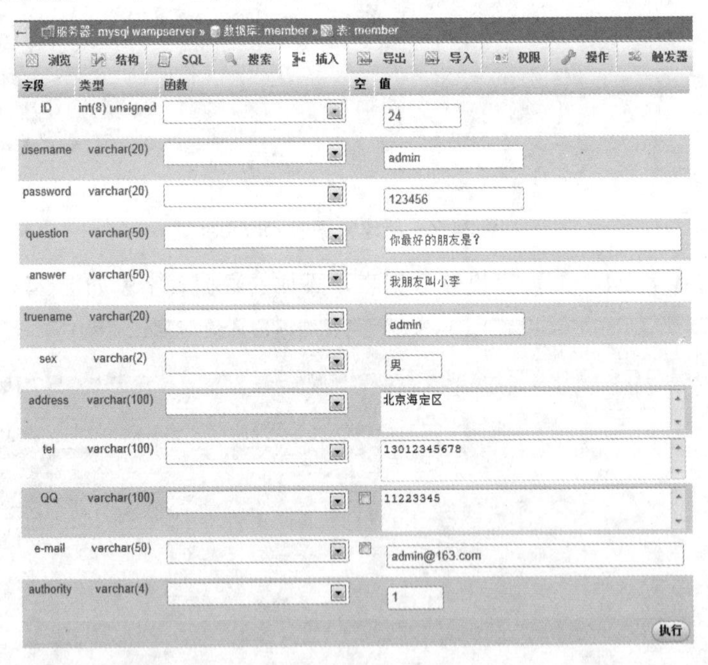

图 24-10 插入数据

step 07 按照图 24-11 所示的数据，重复执行上一步的操作，将数据输入到数据表中。

ID	username	password	question	answer	truename	sex	address	tel	QQ	e-mail	authority
24	admin	123456	你最好的朋友是？	我朋友叫小李	admin	男	北京海定区	13012345678	11223345	admin@163.com	1
29	李芳	123456	你最好的朋友是？	王飞	王飞	男	北京金水区	13112345678	23232323	李芳@163.com	0
31	张恒	123456	你最好的朋友是？	高尚	高尚	男	上海岭南区	13512345678	56421354	张恒163@163.com	0
32	刘莉	123456	你最好的朋友是？	吴宇	刘莉	女	郑州中原区	13712345678	54687944	刘莉	0
33	小张	123456	你最好的朋友是？	小猫	王粒	男	河南郑州	13812345678	32751489	625948078@qq.com	0

图 24-11 member 表中的输入记录

24.2.2 创建数据库连接

数据库编辑完成后，必须在 Dreamweaver CC 中建立数据源连接对象。这样做的目的是方便在动态网页中使用前面建立的信息系统数据库文件和动态地管理信息数据。

step 01 根据前面讲过的站点设置方法，设置好“站点”“文档类型”和“测试服务器”。打开创建的 index.php 页面，选择【窗口】→【数据库】命令，进入【数据库】面板。单击【数据库】面板中的+按钮，弹出如图 24-12 所示的菜单，选择【MySQL 连接】命令。

step 02 进入【MySQL 连接】对话框后，填入自定义的连接名称 user，填入 mysql 服务器的用户名和密码，单击【选取】按钮来选取连接的数据库，如图 24-13 所示。

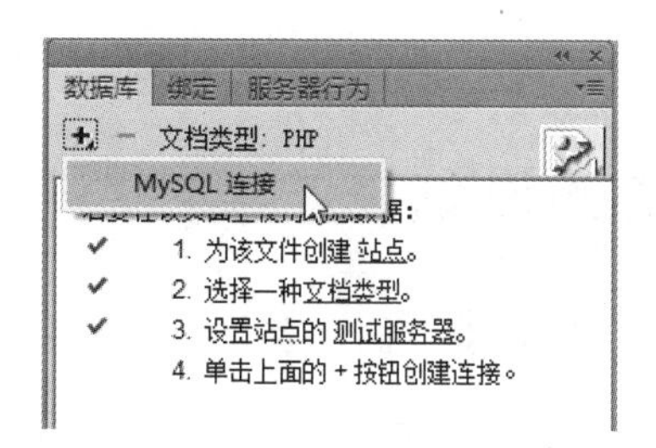

图 24-12 连接数据库

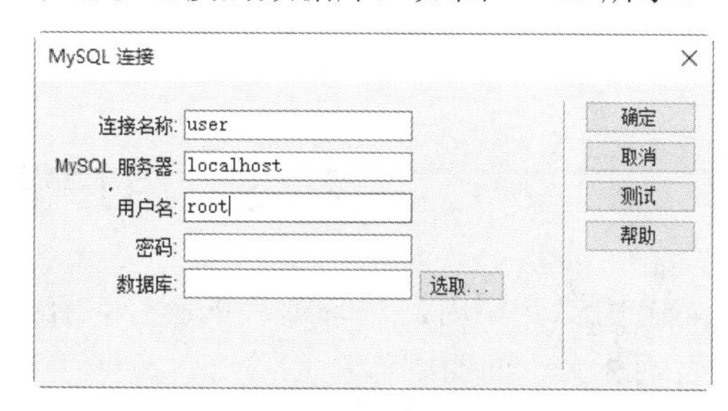

图 24-13 【MySQL 连接】对话框

step 03 打开【选取数据库】对话框，选择 member 数据库，单击【确定】按钮，如图 24-14 所示。

step 04 返回到【MySQL 连接】对话框后，单击【确定】按钮。回到 Dreamweaver CC 后，可以打开【数据库】面板，member 数据库的数据表在连接设置后已经读入 Dreamweaver CC 了，如图 24-15 所示。

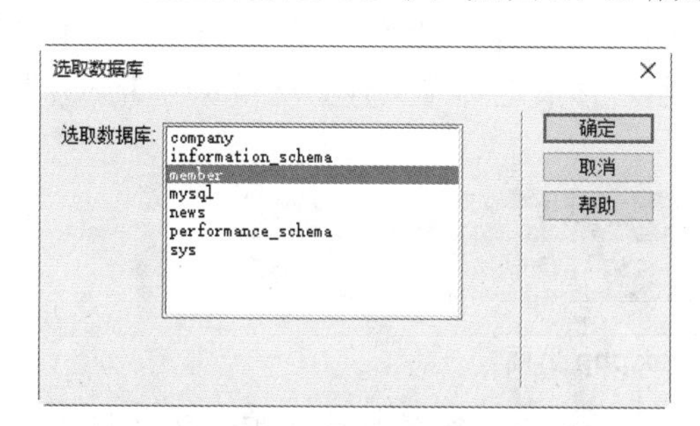

图 24-14 【选取数据库】对话框

图 24-15 【数据库】面板

step 05 同时，在网站根目录下将会自动创建名为 Connections 的文件夹，该文件夹内有一个名为 user.php 的文件，打开该文件，切换到代码视图，添加以下代码(见图 24-16)：

```
mysql_query("set character set 'gb2312'");//读数据库编码
mysql_query("set names 'gb2312'");//写数据库编码
```

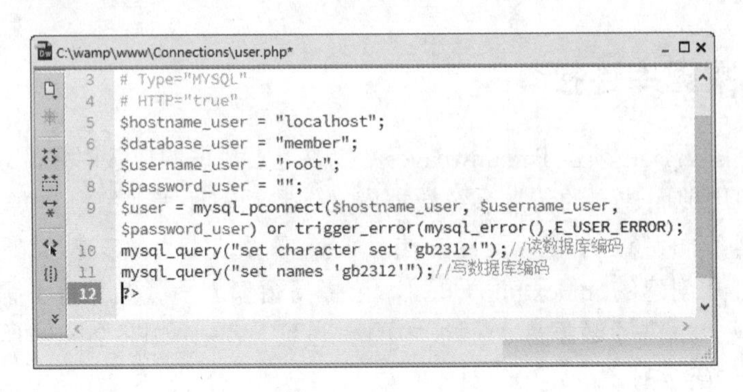

图 24-16　添加代码

step 06 在 Dreamweaver CC 界面中选择【文件】→【保存】命令，保存该文档，完成数据库的连接。

24.3　用户登录模块的设计

本节主要介绍用户登录模块的制作，在该模块中，包括登录页面、登录成功页面与登录失败页面 3 个页面的制作。

24.3.1　登录页面

在用户访问用户管理系统时，首先要进行身份验证，这个功能要靠登录页面来实现。所以登录页面中必须有要求用户输入用户名和密码的文本框，以及输入完成后进行登录的【登录】按钮和输入错误后重新设置用户名和密码的【重置】按钮。

制作登录页面的具体操作步骤如下。

step 01 index.php 页面是用户登录系统的首页，打开前面创建的 index.php 页面，输入网页标题【网上菜市场】，如图 24-17 所示。然后选择【文件】→【保存】命令将网页标题保存。

图 24-17　创建 index.php 页面

step 02 选择【修改】→【页面属性】命令，在【背景颜色】文本框中输入颜色值为#cccccc，在【上边距】文本框中输入 0 像素，这样设置的目的是让页面的第一个表格能置顶到上边，设置如图 24-18 所示。

step 03 设置完成后单击【确定】按钮，进入【文档】窗口，选择【插入】→【表格】命令，打开【表格】对话框，在【行数】文本框中输入需要插入表格的行数，这里输入 3，在【列】文本框中输入需要插入表格的列数，这里输入 3，在【表格宽度】文本框中输入 775 像素，【边框粗细】、【单元格边距】和【单元格间距】都设为 0，如图 24-19 所示。

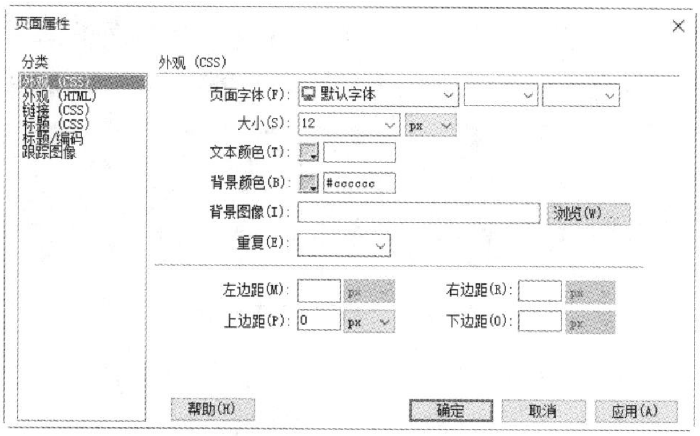

图 24-18　【页面属性】对话框

step 04 单击【确定】按钮，这样就在【文档】窗口中插入了一个 3 行 3 列的表格。将鼠标放置在第 1 行表格中，在【属性】面板中单击【合并所选单元格，使用跨度】按钮，将第 1 行表格合并，再选择【插入】→【图像】命令，打开【选择图像源文件】对话框，在站点 images 文件夹中选择图片 01.gif，如图 24-20 所示。

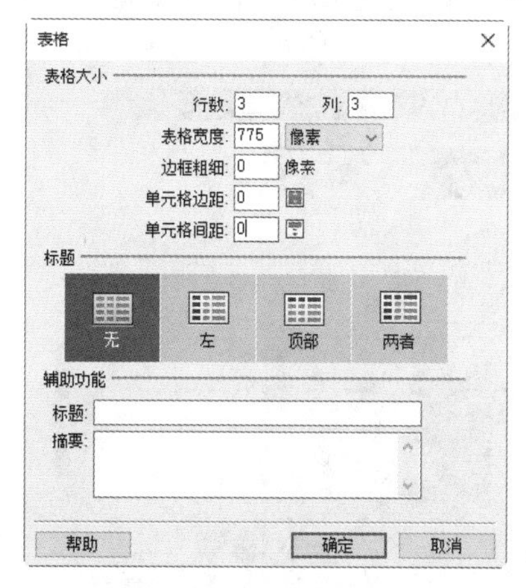

图 24-19　【表格】对话框

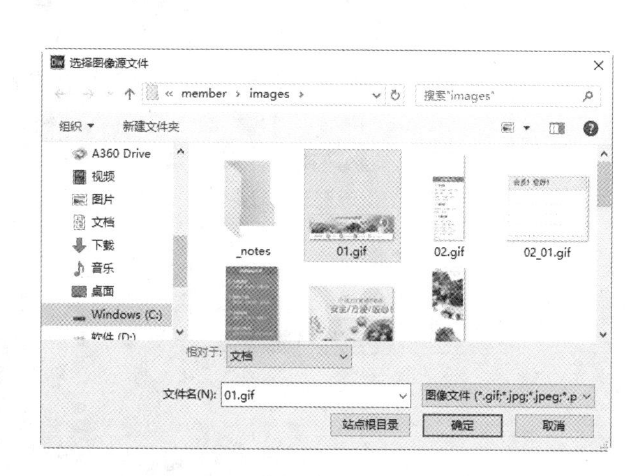

图 24-20　【选择图像源文件】对话框

step 05 单击【确定】按钮，即可在表格中插入此图片，将鼠标放置在第 3 行表格中，在【属性】面板中单击【合并所选单元格，使用跨度】按钮，将第 3 行所有单元格合并，再选择【插入】→【图像】命令，打开【选择图像源文件】对话框，在站点 images 文件夹中选择图片 05.gif，插入一个图片，效果如图 24-21 所示。

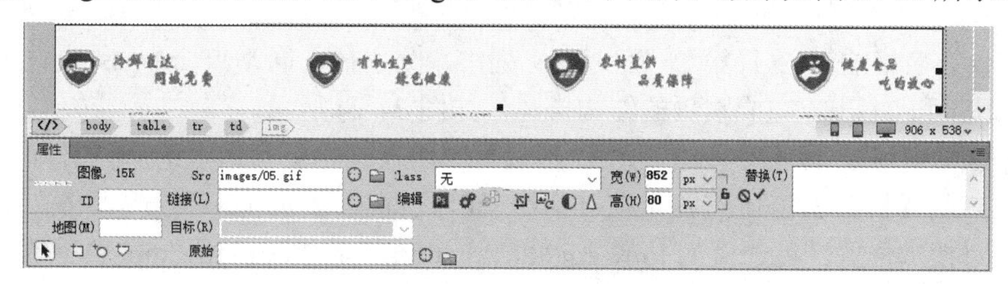

图 24-21　插入图片效果

step 06 插入图片后，选择插入的整个表格，在【属性】面板的【对齐】下拉列表框中选择【居中对齐】选项，让插入的表格居中对齐，如图24-22所示。

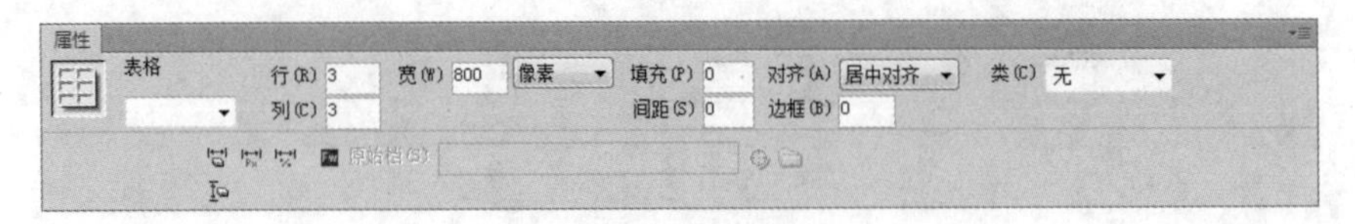

图24-22 设置为居中对齐

step 07 把光标移至创建表格第2行第1列中，在【属性】面板中设置高度为456像素，宽度为195像素，设置高度和宽度是根据背景图像而定，在【垂直】下拉列表框中选择【顶端】选项，再将光标移至这一列中，单击 拆分 按钮，在<td>中输入background="/images/02.gif"，设置成这一列中的背景图像——该站点中images文件夹中的02.gif文件，得到效果如图24-23所示。

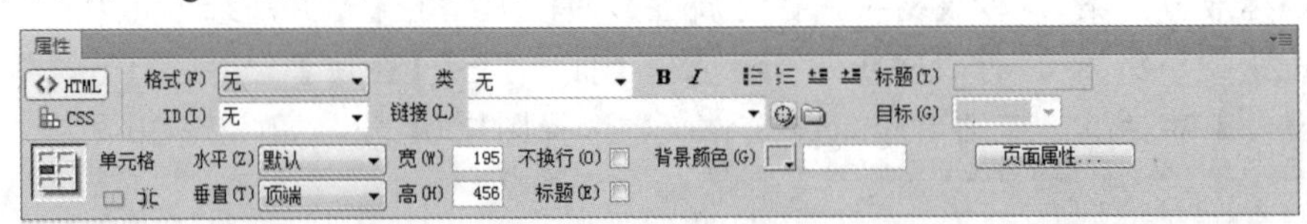


```
<td width="195" height="456" valign="top" background="images/02.gif">
```

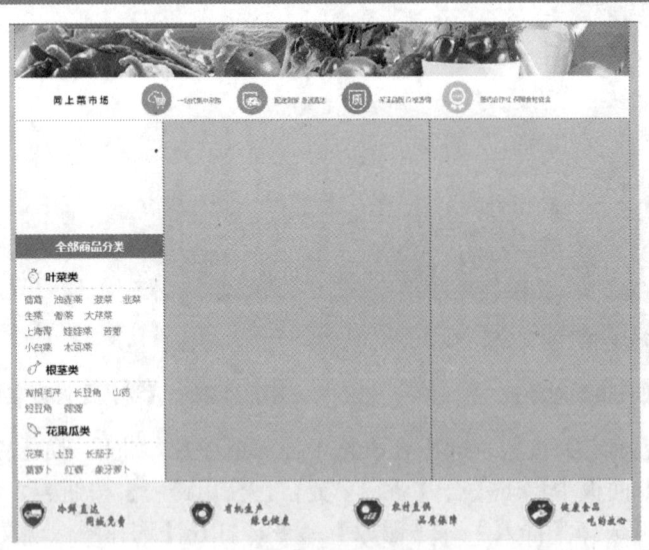

图24-23 插入图片的效果

step 08 在表格的第2行第2列和第3列中，分别插入同站点images文件夹中的图片03.gif和04.gif，完成网页的结构搭建，如图24-24所示。

step 09 单击第2行第1列单元格，然后再单击【文档】窗口上的 拆分 按钮，进入文档窗口的【拆分】窗口模式，在<td>和</td>之间输入valign="top"(表格文字和图片的相对摆放位置，可选值为top、middle、bottom，其中valign="top"表示单元格内容位于本单元格的上部；valign="middle"表示单元格内容位于本单元格的中部；valign="bottom"表示单元格内容位于本单元格的底部)的命令，表示让鼠标指针能够自动地贴至该单元格的最顶部。设置如图 24-25 所示。

图 24-24　完成的网页背景效果

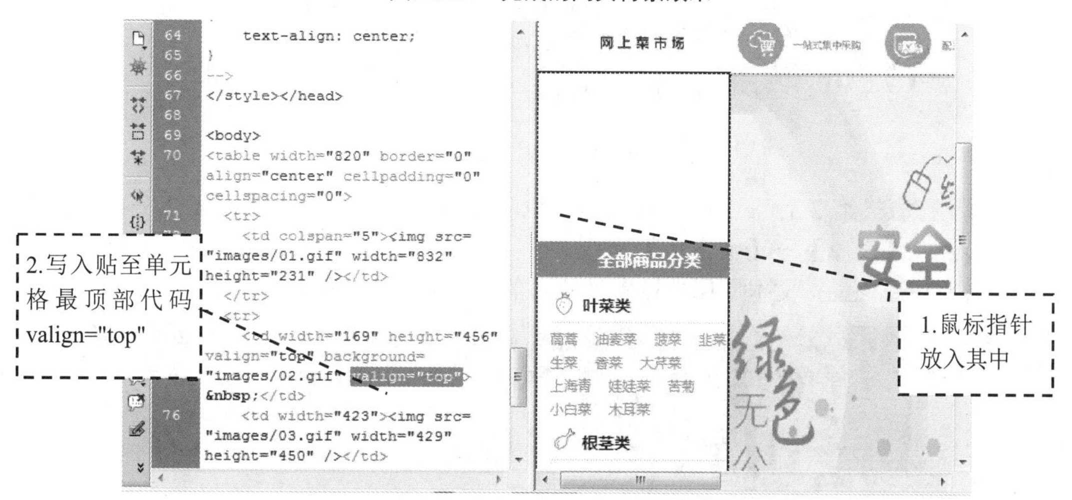

图 24-25　设置单元格的对齐方式为上部

step 10 单击【文档】窗口上的【设计】按钮，返回【设计】视图之中，将光标放置在刚创建的表格中，然后选择【插入】→【表单】→【表单】命令，如图 24-26 所示，插入一个表单。

step 11 将鼠标指针放置在该表单中，选择【插入】→【表格】命令，打开【表格】对话框，在【行数】文本框中输入 5，在【列】文本框中输入 2，在【表格宽度】文本框中输入 179 像素。在该表单中插入 5 行 2 列的表格，如图 24-27 所示。

step 12 单击并拖动鼠标分别选择第 1 行和第 4 行表格，并分别在【属性】面板中单击【合并所选单元格，使用跨度】按钮，将这几行表格进行合并。然后在表格的第 1 行中输入文字【用户登录】，并在【属性】面板中设置该文字的大小、颜色以及单元格的背景颜色等，如图 24-28 所示。

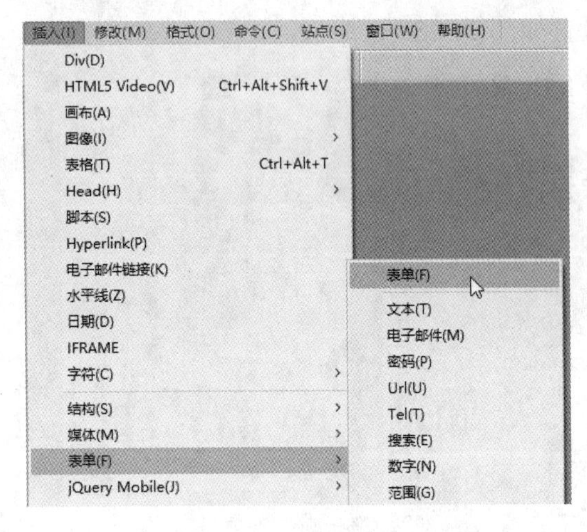

图 24-26　选择【表单】命令

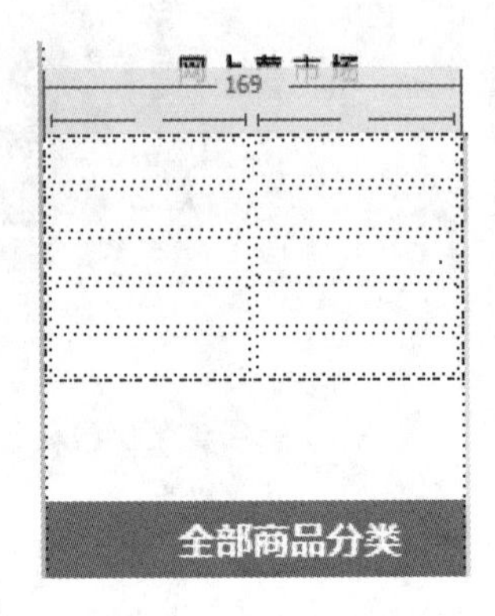

图 24-27　插入表格

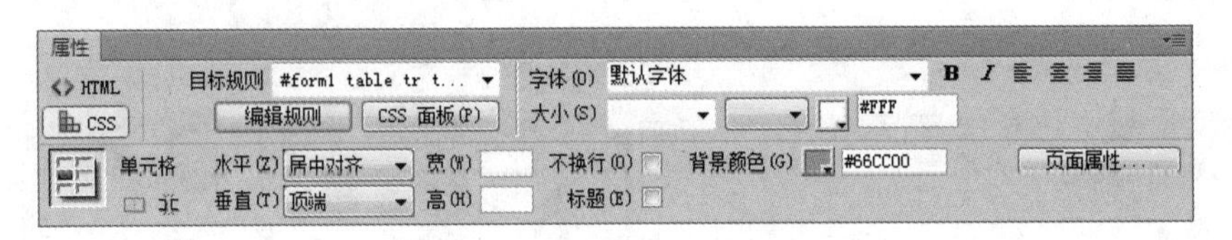

图 24-28　【属性】面板

step 13 在表格第 2 行第 1 列中输入文字说明【用户名】，在第 2 行第 2 列中选择【插入】→【表单】→【文本域】命令，插入一个单行文本域表单对象，并定义文本域名为 username，文本域属性设置及此时的效果如图 24-29 所示。

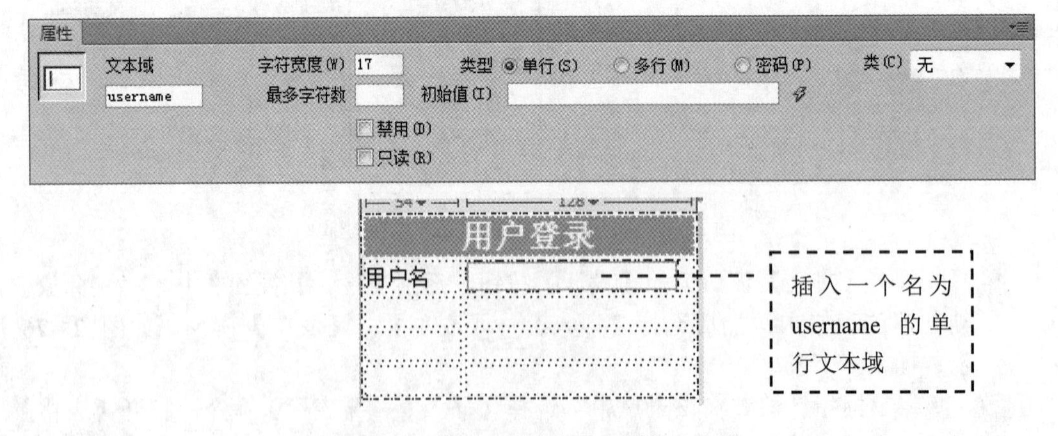

图 24-29　输入【用户名】和插入文本域

设置文本域的属性说明如下。

- 【文本域】文本框：在【文本域】文本框中，为文本域指定一个名称。每个文本域都必须有一个唯一名称。表单对象名称不能包含空格或特殊字符。可以使用字母、数字、字符和下划线(_)的任意组合。请注意，为文本域指定的标签是将存储该域的值(输入的数据)的变量名，这是发送给服务器进行处理的值。

- 【字符宽度】：【字符宽度】设置域中最多可显示的字符数。
- 【最多字符数】：【最多字符数】指定在域中最多可输入的字符数，如果保留为空白，则输入不受限制。
- 【类型】：【类型】用于指定文本域是【单行】、【多行】还是【密码】域。单行文本域只能显示一行文字；多行则可以输入多行文字，达到字符宽度后换行；密码文本域则用于输入密码。
- 【初始值】：【初始值】指定在首次载入表单时，域中显示的值。例如，通过包含说明或示例值，可以指示用户在域中输入信息。
- 【类】：【类】可以将 CSS 规则应用于对象。

step 14 在第 3 行第 1 列表格中输入文字【登录密码】，在第 3 行表格的第 2 列中选择【插入】→【表单】→【文本域】命令，插入密码文本域表单对象，定义【文本域】名为 password。【文本域】属性设置及此时的效果如图 24-30 所示。

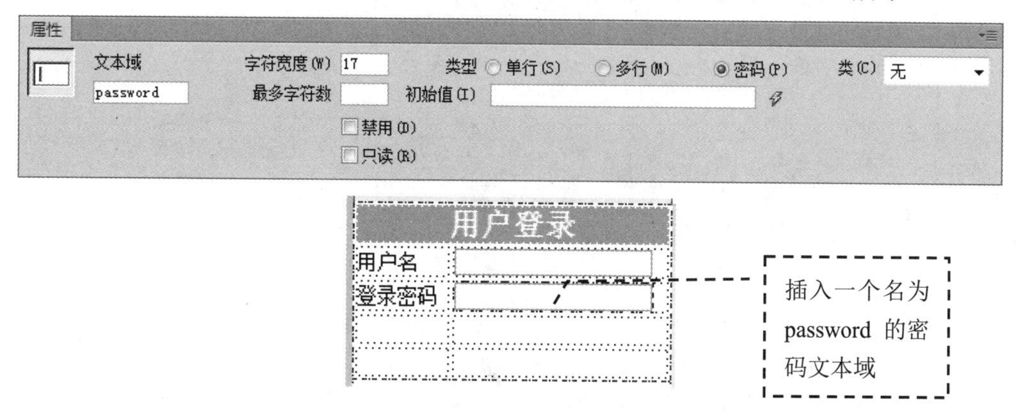

图 24-30 密码文本域的设置

step 15 选择第 4 行单元格，选择【插入】→【表单】→【按钮】命令两次，插入两个按钮，并分别在【属性】面板中进行属性变更，一个为登录时用的【提交表单】选项，一个为【重设表单】选项，属性的设置如图 24-31 所示。

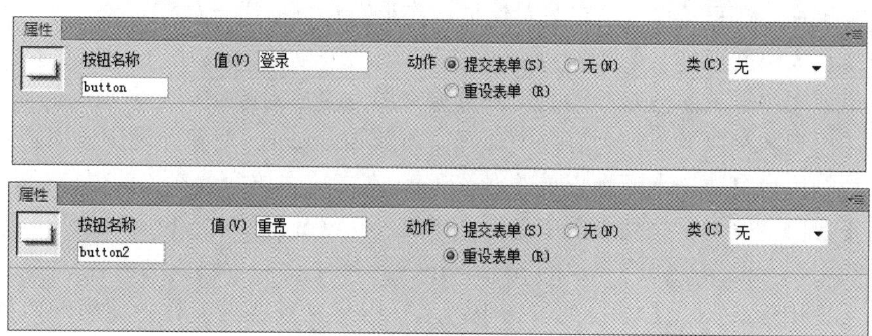

图 24-31 设置按钮

step 16 合并第 5 行单元格，在第 5 行输入【注册新用户】文本，并选中这几个字，然后在窗口栏中选择【插入】→【超级链接】命令，打开超级链接对话框，在其中将【目标】设置为_blank，这样可以在新窗口中打开页面，然后设置链接对象为用户注册页面 register.php，以方便用户注册，输入的效果如图 24-32 所示。

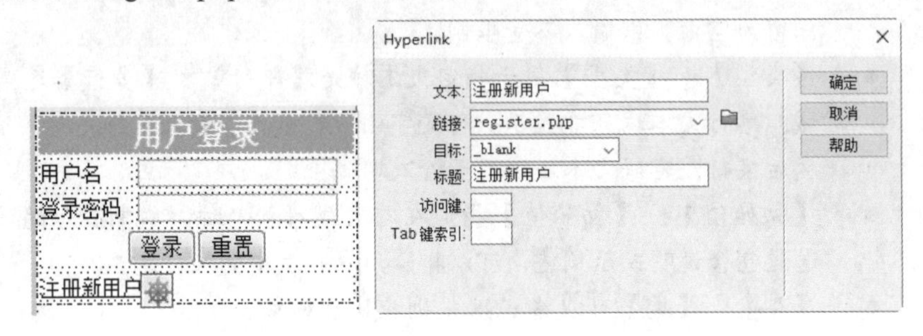

图 24-32　建立链接

step 17 如果已经注册的用户忘记了密码，还希望以其他方式能够重新获得密码，可以在表格的第 4 列中输入【找回密码】文本，并设置一个转到密码查询页面 lostpassword.php 的链接对象，以方便用户取回密码，如图 24-33 所示。

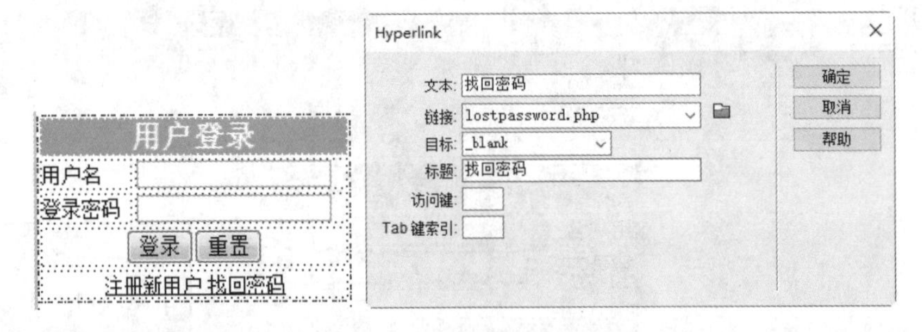

图 24-33　密码查询设置

step 18 表单编辑完成后，下面来编辑该网页的动态内容，使用户可以通过该网页中的表单实现登录功能。打开【服务器行为】面板，单击该面板上的 + 按钮，选择菜单中的【用户身份验证】→【登录用户】命令，如图 24-34 所示，向该网页添加【登录用户】的服务器行为。

step 19 此时，打开【登录用户】对话框，在该对话框中进行如下设置。

- 从【从表单获取输入】下拉列表框中选择该服务器行为使用网页中的 form1 对象，设定该用户登录服务器行为的用户数据来源为表单对象中访问者填写的内容。
- 从【用户名字段】下拉列表框中选择文本域 username 对象，设定该用户登录服务器行为的用户名数据来源为表单的 username 文本域中访问者输入的内容。
- 从【密码字段】下拉列表框中选择文本域 password 对象，设定该用户登录服务器行为的用户名数据来源为表单的 password 文本域中访问者输入的内容。
- 从【使用连接验证】下拉列表框中，选择用户登录服务器行为使用的数据源连接对象为 user。
- 从【表格】下拉列表框中，选择该用户登录服务器行为使用到的数据库表对象为 member。

- 从【用户名列】下拉列表框中，选择表 member 存储用户名的字段为 username。
- 从【密码列】下拉列表框中，选择表 member 存储用户密码的字段为 password。
- 在【如果登录成功，转到】文本框中输入登录成功后，转向 welcome.php 页面。
- 在【如果登录失败，转到】文本框中输入登录失败后，转向 loginfail.php 页面。
- 选中【基于以下项限制访问】右侧的【用户名、密码和访问级别】单选按钮，设定后面将根据用户的用户名、密码及权限级别共同决定其访问网页的权限。
- 从【获取级别自】下拉列表框中，选择 authority 字段，表示根据 authority 字段的数字来确定用户的权限级别。

设置完成后的对话框显示如图 24-35 所示。

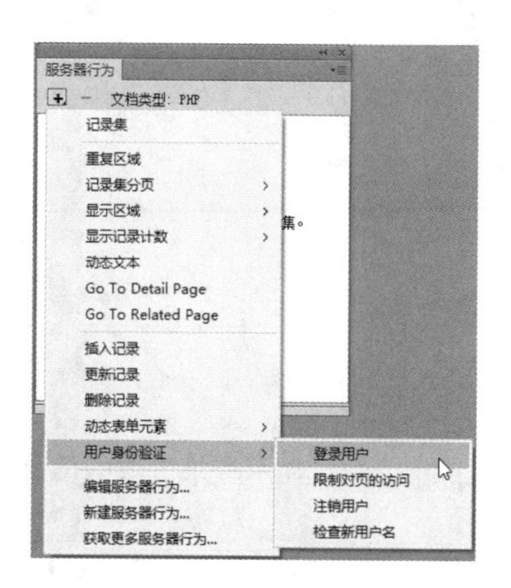

图 24-34　添加【登录用户】的服务器行为

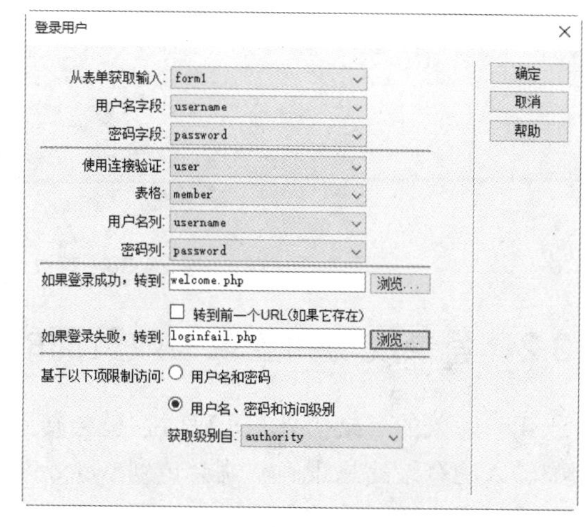

图 24-35　【登录用户】对话框

step 20 设置完成后，单击【确定】按钮，关闭该对话框，返回到【文档】窗口。在【服务器行为】面板中就增加了一个【登录用户】行为，如图 24-36 所示。

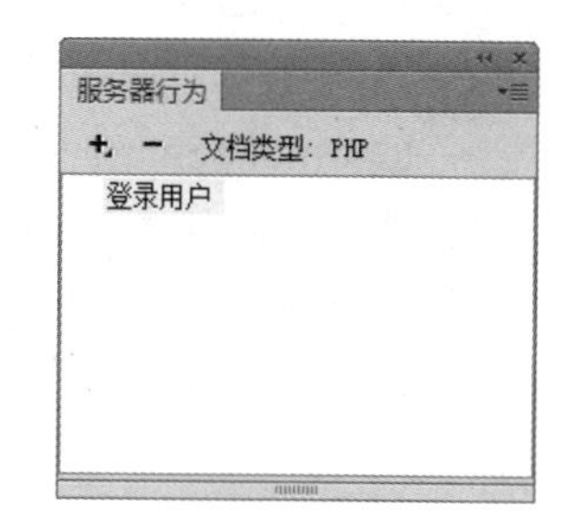

图 24-36　【服务器行为】面板

step 21 表单对象对应的【属性】面板的动作属性值如图 24-37 所示，为<?php echo $loginFormAction; ?>。它的作用就是实现用户登录功能，这是 Dreamweaver CC 自动生成的一个动作代码。

step 22 选择【文件】→【保存】命令，将该文档保存到本地站点中，完成网站的首页制作，首页设计的最终效果如图 24-38 所示。

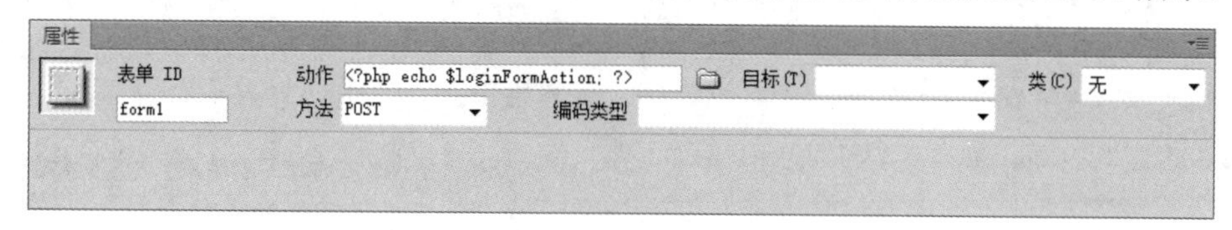

图 24-37　表单对应的【属性】面板

图 24-38　首页设计的最终效果

24.3.2　登录成功和登录失败页面的制作

当用户输入的登录信息不正确时，就会转到 loginfail.php 页面，显示登录失败的信息。如果用户输入的登录信息正确，就会转到 welcome.php 页面。

制作登录失败页面的具体操作步骤如下。

step 01 选择【文件】→【新建】命令，打开【新建文档】对话框，选择【空白页】选项卡中的【页面类型】下拉列表框中的 PHP 选项，在【布局】下拉列表框中选择【无】选项，然后单击【创建】按钮创建新页面，在网站根目录下新建一个名为 loginfail.php 的网页并保存，如图 24-39 所示。

step 02 登录失败页面设计，如图 24-40 所示，在【文档】窗口中选中【这里】链接文本，加入链接 index.php，将其设置为指向 index.php 页面的链接。

step 03 选择【文件】→【保存】命令，完成 loginfail.php 页面的创建。

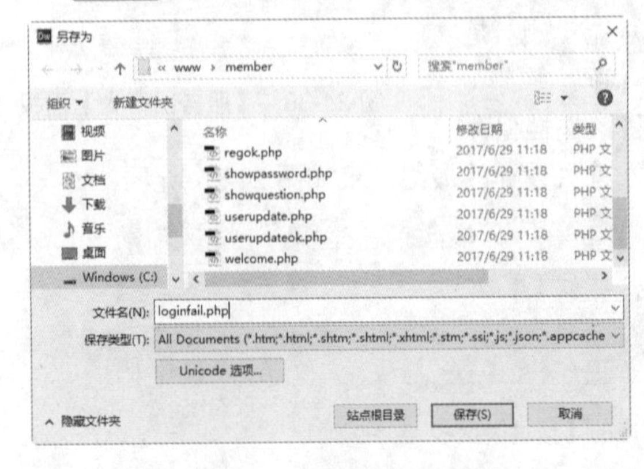

图 24-39　【另存为】对话框

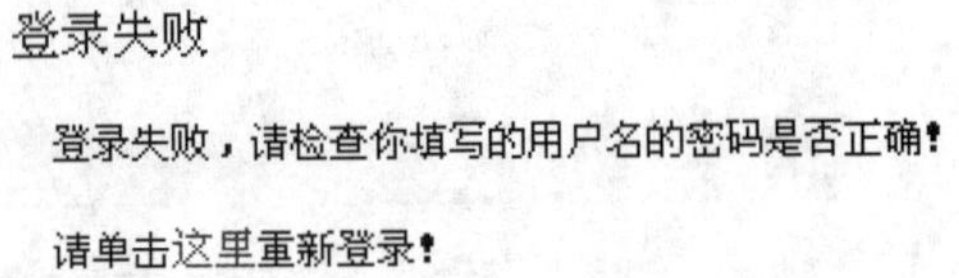

登录失败

登录失败，请检查你填写的用户名的密码是否正确!

请单击这里重新登录!

图 24-40　登录失败页面 loginfail.php

制作登录成功页面的具体操作步骤如下。

step 01 选择【文件】→【新建】命令，打开【新建文档】对话框，选择【空白页】选项卡中的【页面类型】下拉列表框中的 PHP 选项，在【布局】下拉列表框中选择【无】选项，然后单击【创建】按钮创建新页面，在网站根目录下新建一个名为 welcome.php 的网页并保存。

step 02 用类似的方法制作登录成功页面的静态部分，如图 24-41 所示。

step 03 选择【窗口】→【绑定】命令，打开【绑定】面板，单击该面板上的按钮，在弹出的菜单中选择【阶段变量】命令，为网页中定义一个阶段变量，如图 24-42 所示。

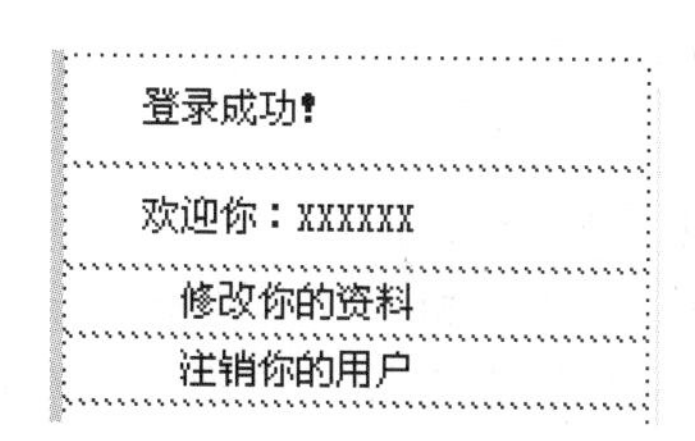

图 24-41 欢迎界面的效果

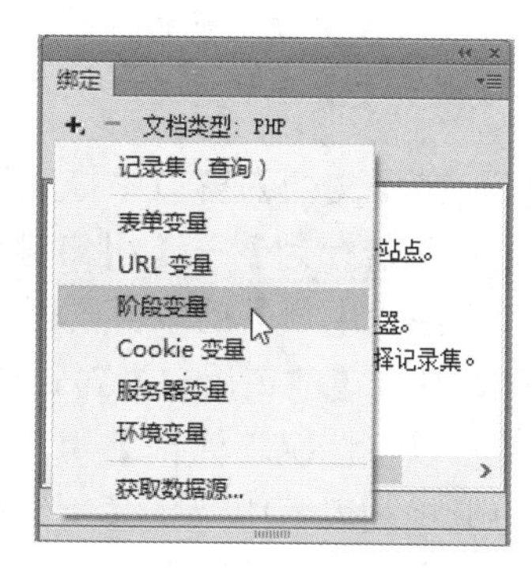

图 24-42 添加阶段变量

【绑定】面板中各选项的说明如下。

- 记录集(查询)：用来绑定数据库中的记录集，在绑定记录集中选择要绑定的数据源、数据库以及一些变量，用于记录的显示和查询。
- 命令(预存过程)：在命令对话框中有更新、删除等命令，选择这个命令主要是为了让数据库里的数据保持最新状态。
- 请求变量：用于定义动态内容源，从【类型】弹出菜单中选择一个请求集合。例如要访问 Request.ServerVariables 集合中的信息，则请选择【服务器变量】。如果要访问 Request.Form 集合中的信息，则选择【表单变量】命令。
- 阶段变量：阶段变量提供了一种对象，通过这种对象，用户信息得以存储，并使该信息在用户访问的持续时间中对应用程序的所有页都可用。阶段变量还可以提供一种超时形式的安全对象，这种对象在用户账户长时间不活动的情况下，终止该用户的会话。如果用户忘记从 Web 站点注销，这种对象还会释放服务器内存和处理资源。

step 04 打开【阶段变量】对话框。在【名称】文本框中输入阶段变量的名称 MM_username，如图 24-43 所示。

step 05 设置完成后，单击【确定】按钮，在【文档】窗口中通过拖动鼠标选择 XXXXXX 文本，然后在【绑定】面板中选择 MM_username 变量，再单击【绑定】面板底部的【插入】按钮，将其插入到该【文档】窗口中设定的位置。插入完毕，可以看到 XXXXXX 文本被{Session.MM_username}占位符代替，如图 24-44 所示。

这样，就完成了这个显示登录用户名【阶段变量】的添加工作。

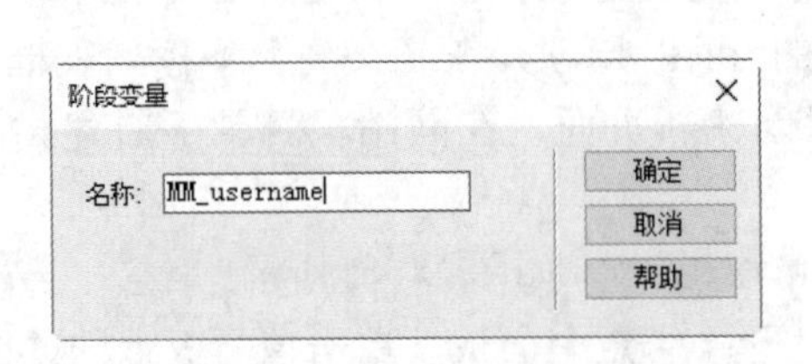

图 24-43 【阶段变量】对话框

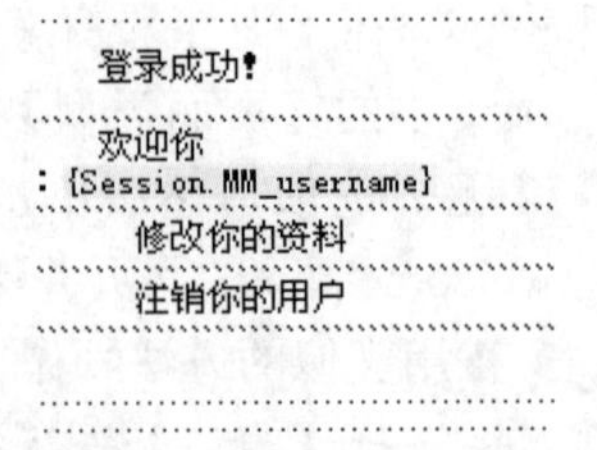

图 24-44 插入后的效果

设计阶段变量的目的，是在用户登录成功后，登录界面中直接显示用户的名字，使网页更有亲切感。

step 06 在【文档】窗口中拖动鼠标选中【注销你的用户】链接文本。选择【窗口】→【服务器行为】→【用户身份验证】→【注销用户】命令，为所选中的文本添加一个【注销用户】的服务器行为，如图 24-45 所示。

step 07 打开【注销用户】对话框，在该对话框中进行如下设置。

- 【在以下情况下注销】用于设置注销。本例选中【单击链接】单选按钮，并在右边的下拉列表框中选择【所选范围："注销你的用户"】选项，这样当用户在页面中单击【注销你的用户】时就选择注销操作。
- 【在完成后，转到】文本框用于设置注销后显示的页面，本例在该文本框中输入 logoot.php，表示注销后转到 logoot.php 页面，完成后的设置如图 24-46 所示。

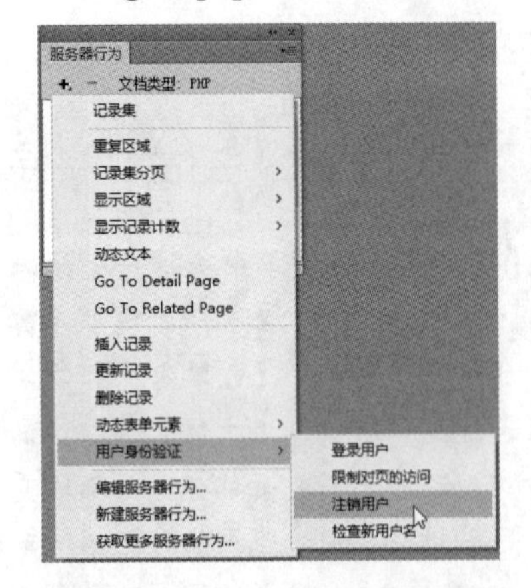

图 24-45 选择【注销用户】命令

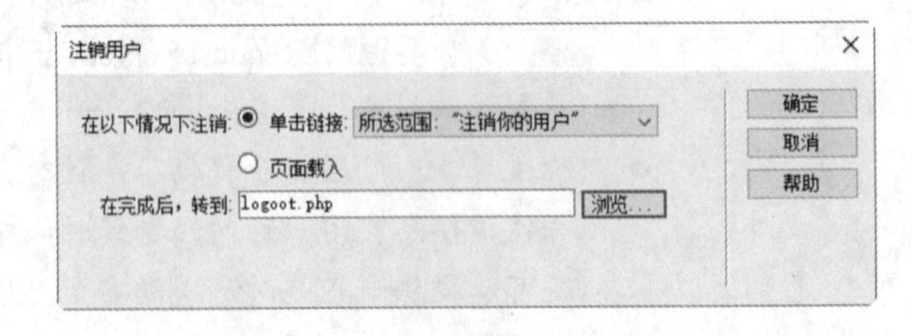

图 24-46 【注销用户】对话框

step 08 设置完成后，单击【确定】按钮，关闭该对话框，返回到【文档】窗口。在【服务器行为】面板中增加了一个【注销用户】行为，如图 24-47 所示。同时可以看到【注销用户】链接文本对应的【属性】面板中的【链接】属性值为<?php echo $logoutAction ?>，它是 Dreamweaver CC 自动生成的动作对象。

step 09 logoot.php 的页面设计比较简单，不作详细说明，在页面中的文字“这里”处指定一个链接到首页 index.php 就可以了，如图 24-48 所示。

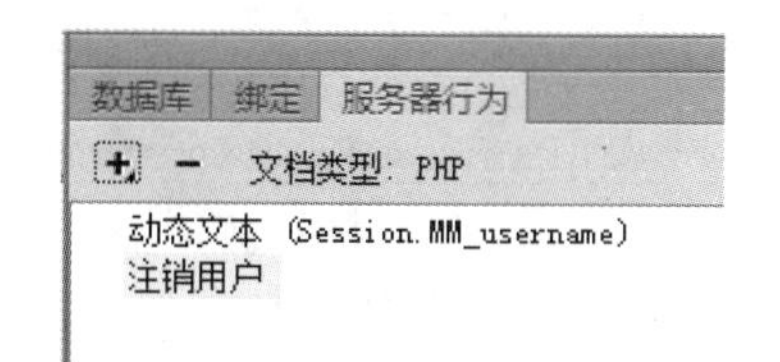

图 24-47 添加注销用户功能

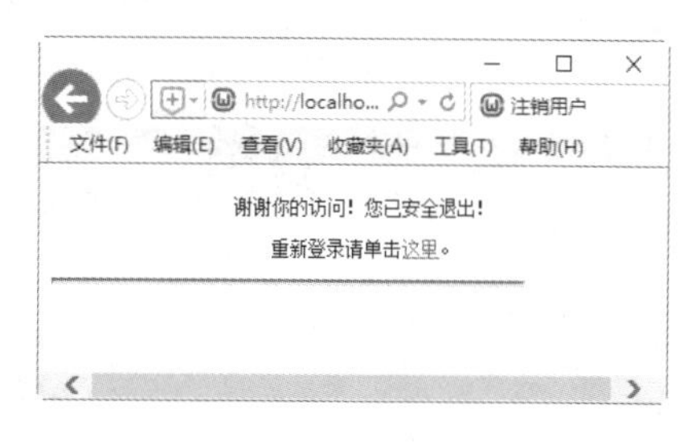

图 24-48 注销用户页面设计效果图

step 10 选择【文件】→【保存】命令，将该文档保存到本地站点中。编辑工作完成后，就可以测试该用户登录系统的选择情况了。文档中的【修改你的注册资料】链接到 userupdate.php 页面，此页面将在后面的修改中进行介绍。

24.3.3 用户登录系统功能的测试

制作好一个系统后，需要测试无误，才能上传到服务器以供使用。下面就对登录系统进行测试。测试的具体操作步骤如下。

step 01 打开 IE 浏览器，在地址栏中输入 http://localhost/index.php，打开 index.php 页面，如图 24-49 所示。在【用户名】和【登录密码】文本框中输入用户名及密码，输入完毕，单击【登录】按钮。

step 02 如果在第 2 步中填写的登录信息是错误的，或者根本就没有输入，则浏览器就会转到登录失败页面 loginfail.php，显示登录错误信息，如图 24-50 所示。

图 24-49 打开的网站首页

图 24-50 登录失败页面

step 03 如果输入的用户名和密码都正确，则显示登录成功页面。这里输入的是前面数据库设置的用户 admin，登录成功后的页面如图 24-51 所示，其中显示了用户名 admin。

step 04 如果想注销用户，只需要单击【注销你的用户】超链接即可，注销用户后，浏览器就会转到页面 logoot.php，然后单击【这里】链接回到首页，如图 24-52 所示。至此，登录功能就测试完成了。

图 24-51　登录成功页面

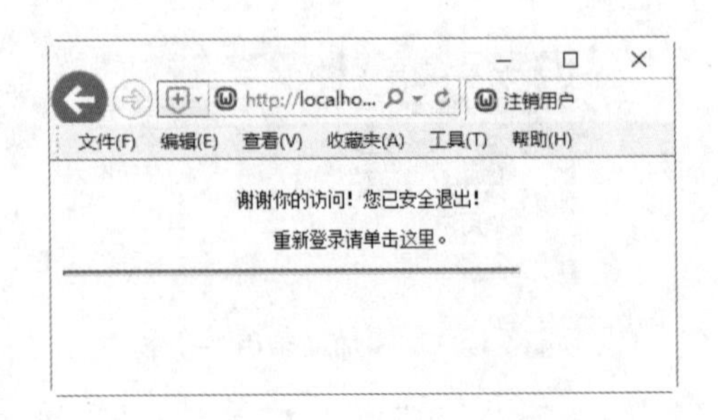

图 24-52　注销用户页面

24.4　用户注册模块的设计

用户登录系统是供数据库中已有的老用户登录用的，一个用户管理系统还应该提供新用户注册用的页面。对新用户来说，通过单击 index.php 页面上的【注册新用户】超链接，进入到名为 register.php 的页面，在该页面中可以实现新用户注册功能。

24.4.1　用户注册页面

register.php 页面主要实现用户注册的功能。用户注册的操作就是向 member.mdb 数据库的 member 表中添加记录的操作。

具体操作步骤如下。

step 01 选择【文件】→【新建】命令，打开【新建文档】对话框，选择【空白页】选项卡中的【页面类型】下拉列表框中的 PHP 选项，在【布局】下拉列表框中选择【无】选项，然后单击【创建】按钮创建新页面，在网站根目录下新建一个名为 register.php 的网页并保存。

step 02 在 Dreamweaver CC 中使用制作静态网页的工具完成如图 24-53 所示的静态部分。这里要说明的是注册时需要加入一个【隐藏区域】并命名为 authority，设置默认值为 0，即所有的用户注册时默认是一般访问用户。

图 24-53　register.php 页面静态设计

step 03 还需要设置一个验证表单的动作，用来检查访问者在表单中填写的内容是否满足数据库中表 member 中字段的要求。在将用户填写的注册资料提交到服务器之前，就会对用户填写的资料进行验证。如果有不符合要求的信息，可以向访问者显示错误的原因，并让访问者重新输入。

step 04 选择【窗口】→【行为】命令，打开【行为】面板，单击【行为】面板中的 + 按钮，从弹出的菜单中选择【检查表单】命令，打开【检查表单】对话框，如图 24-54 所示。

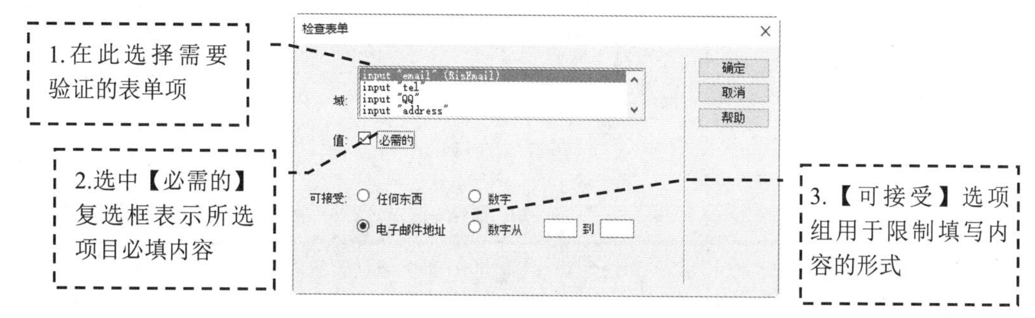

图 24-54 【检查表单】对话框

在本例中，设置 username 文本域、password 文本域、password1 文本域、answer 文本域、truename 文本域、address 文本域为【值：必需的】、【可接受：任何东西】，即这几个文本域必须填写，内容不限，但不能为空；tel 文本域和 qq 文本域设置的验证条件为【值：必需的】、【可接受：数字】，表示这两个文本域必须填写数字，不能为空；email 文本域的验证条件为【值：必需的】、【可接受：电子邮件地址】，表示该文本域必须填写电子邮件地址，且不能为空。

step 05 设置完成后，单击【确定】按钮，完成对检查表单的设置。

step 06 在【文档】窗口中单击工具栏上的【代码】按钮，转到【代码】编辑窗口，然后在验证表单动作的源代码中加入如下代码：

```
<script type="text/javascript">
function MM_validateForm() { //v4.0
  if (document.getElementById){
   var i,p,q,nm,test,num,min,max,errors='',args=MM_validateForm.arguments;
   for (i=0; i<(args.length-2); i+=3) { test=args[i+2];
val=document.getElementById(args[i]);
     if (val) { nm=val.name; if ((val=val.value)!="") {
      if (test.indexOf('isEmail')!=-1) { p=val.indexOf('@');
        if (p<1 || p==(val.length-1)) errors+='- '+nm+' must contain an e-
mail address.\n';
      } else if (test!='R') { num = parseFloat(val);
        if (isNaN(val)) errors+='- '+nm+' must contain a number.\n';
        if (test.indexOf('inRange') != -1) { p=test.indexOf(':');
          min=test.substring(8,p); max=test.substring(p+1);
          if (num<min || max<num) errors+='- '+nm+' must contain a number
between '+min+' and '+max+'.\n';
    } } } else if (test.charAt(0) == 'R') errors += '- '+nm+' is
```

```
required.\n'; }
    } if (errors) alert('The following error(s) occurred:\n'+errors);
    document.MM_returnValue = (errors == '');
} }
</script>
```

把代码修改成如下：

```
<script type="text/JavaScript">
//宣告脚本语言为 JavaScript
<!--
function MM_findObj(n, d) { //v4.01
  var p,i,x;  if(!d) d=document; if((p=n.indexOf("?"))>0&&parent.frames.
length) {
    d=parent.frames[n.substring(p+1)].document; n=n.substring(0,p);}
  if(!(x=d[n])&&d.all) x=d.all[n]; for (i=0;!x&&i<d.forms.length;i++) x=d.
forms[i][n];
  for(i=0;!x&&d.layers&&i<d.layers.length;i++) x=MM_findObj(n,d.layers[i].
document);
  if(!x && d.getElementById) x=d.getElementById(n); return x;
}
//定义创建对话框的基本属性
function MM_validateForm() { //v4.0
  var i,p,q,nm,test,num,min,max,errors='',args=MM_validateForm.arguments;
//检查提交表单的内容
  for (i=0; i<(args.length-2); i+=3) { test=args[i+2];
val=MM_findObj(args[i]);
    if (val) { nm=val.name; if ((val=val.value)!="") {
      if (test.indexOf('isEmail')!=-1) { p=val.indexOf('@');
        if (p<1 || p==(val.length-1)) errors+='- '+nm+' 需要输入邮箱地址.\n';
//如果提交的邮箱地址表单中不是邮件格式则显示为“需要输入邮箱地址”
      } else if (test!='R') { num = parseFloat(val);
        if (isNaN(val)) errors+='- '+nm+' 需要输入数字.\n';
//如果提交的电话表单中不是数字则显示为“需要输入数字”
        if (test.indexOf('inRange') != -1) { p=test.indexOf(':');
          min=test.substring(8,p); max=test.substring(p+1);
          if (num<min || max<num) errors+='- '+nm+' 需要输入数字 '+min+' and
'+max+'.\n';
//如果提交的 QQ 表单中不是数字则显示为“需要输入数字”
    } } } else if (test.charAt(0) == 'R') errors += '- '+nm+' 需要输入.\n'; }
//如果提交的地址表单为空则显示为“需要输入”
  } if (MM_findObj('password').value!=MM_findObj('password1').value) errors +=
'-两次密码输入不一致 \n';
  if (errors) alert('注册时出现如下错误:\n'+errors);
  document.MM_returnValue = (errors == '');
//如果出错时将显示“注册时出现如下错误：”
}
//-->
</script>
```

编辑代码完成后，单击工具栏上的【设计】按钮，返回到【设计】视图。此时，可以测试一下选择的效果，当两次输入的密码不一致，然后单击【提交】按钮时，则会打开一个提示信息框，如图 24-55 所示的提示信息框告诉访问者两次密码输入不一致。

step 07 在该网页中添加一个【插入记录】的服务器行为。选择【窗口】→【服务器行为】命令，打开【服务器行为】面板。单击该面板上的 + 按钮，在弹出的菜单中选择【插入记录】命令，则会打开【插入记录】对话框。在该对话框中进行如下设置。

- 从【连接】下拉列表框中选择 user 作为数据源连接对象。
- 从【插入表格】下拉列表框中选择 member 作为使用的数据库表对象。
- 在【插入后，转到】文本框中设置记录成功添加到表 member 后，转到 regok.php 网页。
- 在【列】列表框中，将网页中的表单对象和数据库中表 member 中的字段一一对应起来。

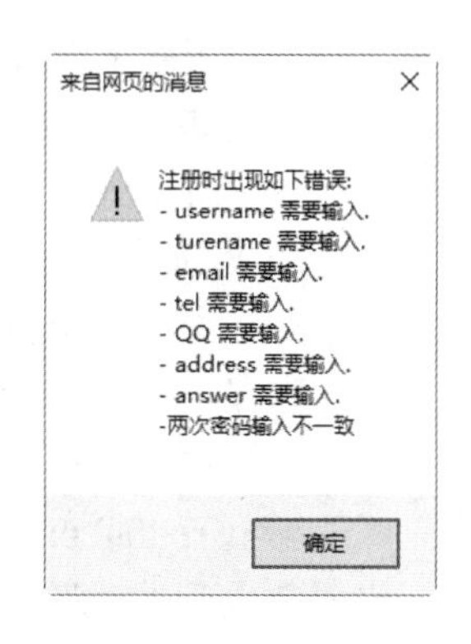

图 24-55　提示信息框

设置完成后该对话框如图 24-56 所示。

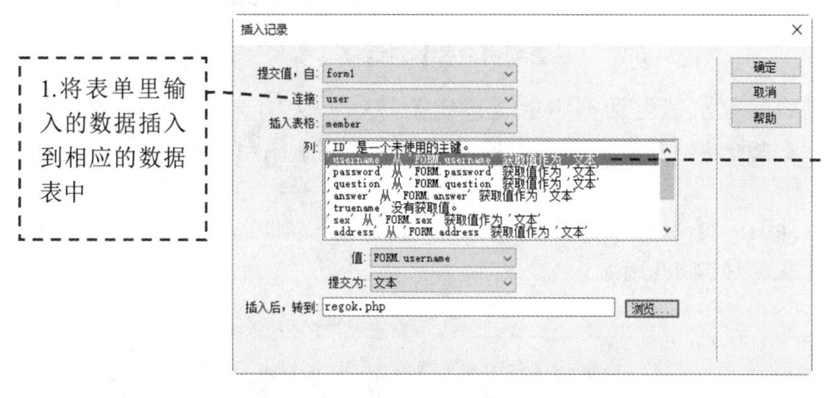

图 24-56　【插入记录】对话框

step 08 设置完成后，单击【确定】按钮，关闭该对话框，返回到【文档】窗口。此时的设计样式如图 24-57 所示。

图 24-57　插入记录后的效果

step 09 用户名是用户登录的身份标志，并且是不能够重复的，所以在添加记录之前，一定要先在数据库中判断该用户名是否存在，如果存在，则不能进行注册。在 Dreamweaver CC 中提供了一个检查新用户名的服务器行为，单击【服务器行为】面板上的 按钮，在弹出的菜单中，选择【用户身份验证】→【检查新用户名】命令，此时，会打开一个【检查新用户名】对话框，在该对话框中进行如下设置。

- 在【用户名字段】下拉列表框中选择 username 字段。
- 在【如果已存在，则转到】文本框中输入 regfail.php。表示如果用户名已经存在，则转到 regfail.php 页面，显示注册失败信息，该网页将在后面编辑。

设置完成后的对话框如图 24-58 所示。

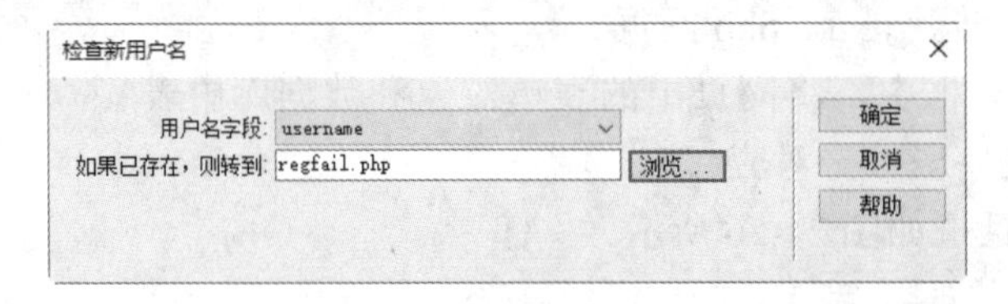

图 24-58 【检查新用户名】对话框

step 10 设置完成后，单击该对话框中的【确定】按钮，关闭该对话框，返回到【文档】窗口。在【服务器行为】面板中增加了一个【检查新用户名】行为，如图 24-59 所示。

step 11 选择【文件】→【保存】命令，将该文档保存到本地站点中，完成本页的制作，最终的效果如图 24-60 所示。

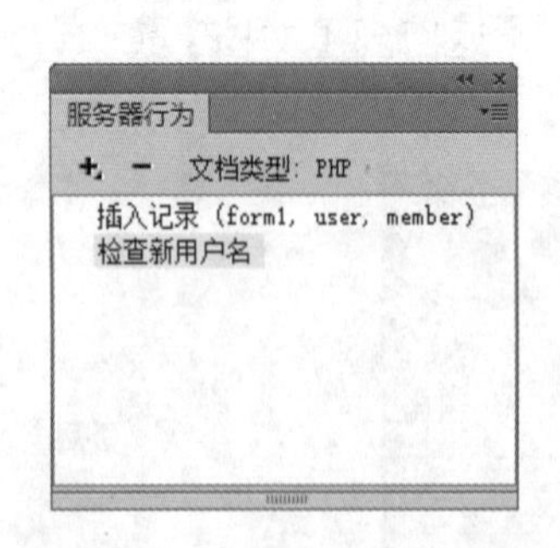

图 24-59 【服务器行为】面板

图 24-60 注册页面最终效果

24.4.2 注册成功和注册失败页面

为了方便用户登录，应该在 regok.php 页面中设置一个转到 index.php 页面的文字链接，以方便用户进行登录。同时，为了方便访问者重新进行注册，则应该在 regfail.php 页面设置一个转到 register.php 页面的文字链接。

制作显示注册成功和失败页面信息的具体操作步骤如下。

step 01 选择【文件】→【新建】命令，打开【新建文档】对话框，选择【空白页】选项卡中的【页面类型】下拉列表框中的 PHP 选项，在【布局】下拉列表框中选择【无】选项，然后单击【创建】按钮创建新页面，在网站根目录下新建一个名为 regok.php 的网页并保存。

step 02 regok.php 页面如图 24-61 所示。制作比较简单，其中文字【这里】设置为指向 index.php 页面的链接。

step 03 如果用户输入的注册信息不正确或用户名已经存在，则应该向用户显示注册失败的信息。这里再新建一个 regfail.php 页面，该页面的设计如图 24-62 所示。其中【这里】文本设置为指向 register.php 页面的链接。

图 24-61　注册成功 regok.php 页面　　　图 24-62　注册失败 regfail.php 页面

24.4.3　用户注册功能的测试

设计完成后，就可以测试该用户注册功能的选择情况了。具体操作步骤如下。

step 01 打开 IE 浏览器，在地址栏中输入 http://localhost/register.php，打开 register.php 文件，如图 24-63 所示。

step 02 可以在该注册页面中输入一些不正确的信息，如漏填 username、password 等必填字段，或填写错误的 E-mail 地址，或在确认密码时两次输入的密码不一致，以测试网页中验证表单动作的选择情况。如果填写的信息不正确，则浏览器应该打开提示信息框，向访问者显示错误原因。如图 24-64 所示是一个提示信息框。

图 24-63　打开的测试页面

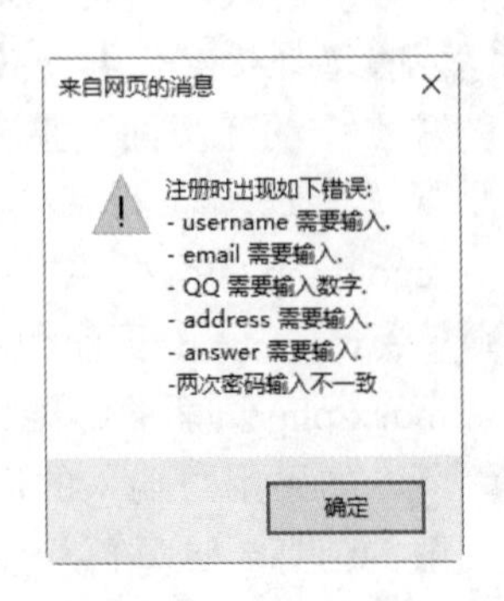

图 24-64　提示信息框

step 03 在该注册页面中注册一个已经存在的用户名，如果输入 admin，用来测试新用户服务器行为的选择情况。然后单击【确定】按钮，此时由于用户名已经存在，浏览器会自动转到 regfail.php 页面，如图 24-65 所示，告诉访问者该用户名已经存在。此时，访问者可以单击【这里】链接文本，返回 register.php 页面，以便重新进行注册。

step 04 在该注册页面中填写如图 24-66 所示的注册信息。

图 24-65　注册失败页面

图 24-66　填写正确信息

step 05 单击【确定】按钮。由于这些注册资料完全正确，而且这个用户名没有重复，所以浏览器会转到 regok.php 页面，向访问者显示注册成功的信息，如图 24-67 所示。此时，访问者可以单击【这里】链接文本，转到 index.php 页面，以便进行登录。

图 24-67　注册成功页面

至此，基本完成了用户管理系统中注册功能的开发和测试。在制作的过程中，可以根据制作网站的需要适当加入其他更多的注册文本域。

24.5 用户注册资料修改模块的设计

修改用户注册资料的过程就是在用户数据表中更新记录的过程。下面重点介绍如何在用户管理系统中实现用户资料的修改功能。

24.5.1 修改资料页面

该页面主要把用户所有资料都列出，通过【更新记录】命令实现资料修改的功能。具体操作步骤如下。

step 01 首先制作用户修改资料的页面。该页面和用户注册页面的结构十分相似，可以通过对 register.php 页面的修改来快速得到所需要的记录更新页面。打开 register.php 页面，选择【文件】→【另存为】命令，打开【另存为】对话框，将该文档另存为 userupdate.php，如图 24-68 所示。

step 02 选择【窗口】→【服务器行为】命令，打开【服务器行为】面板。在该面板中删除全部的服务器行为并修改其相应的文字。该页面修改完成后显示如图 24-69 所示。

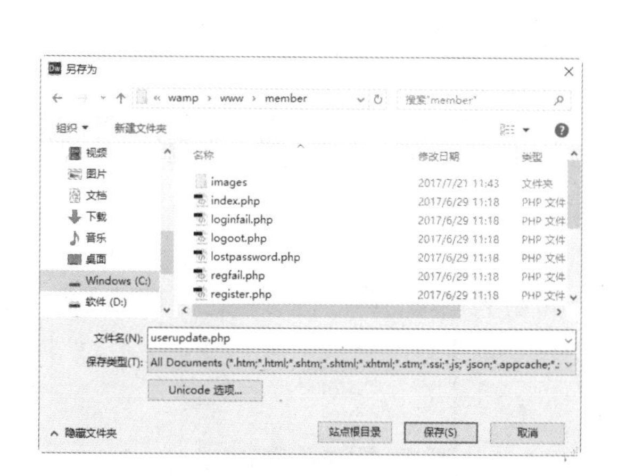

图 24-68 【另存为】对话框

图 24-69 userupdate.php 静态页面

step 03 选择【窗口】→【绑定】命令，打开【绑定】面板，单击该面板上 + 按钮，在弹出的下拉菜单中选择【记录集(查询)】命令，则会打开【记录集】对话框。在该对话框中进行如下设置。

- 在【名称】文本框中输入 upuser 作为该记录集的名称。
- 从【连接】下拉列表框中选择 user 数据源连接对象。
- 从【表格】下拉列表框中选择使用的数据库表对象为 member。
- 在【列】选项组中选中【全部】单选按钮。
- 在【筛选】选项组中设置记录集过滤的条件为 username 为=，阶段变量为 MM_userName。

完成后的设置如图 24-70 所示。

step 04 设置完成后，单击【确定】按钮，完成记录集的绑定。然后将 upuser 记录集中的字段绑定到页面上相应的位置上，如图 24-71 所示。

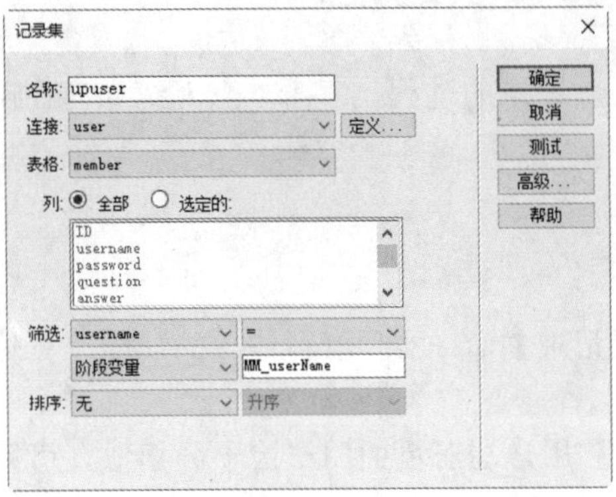

图 24-70　定义 upuser 记录集 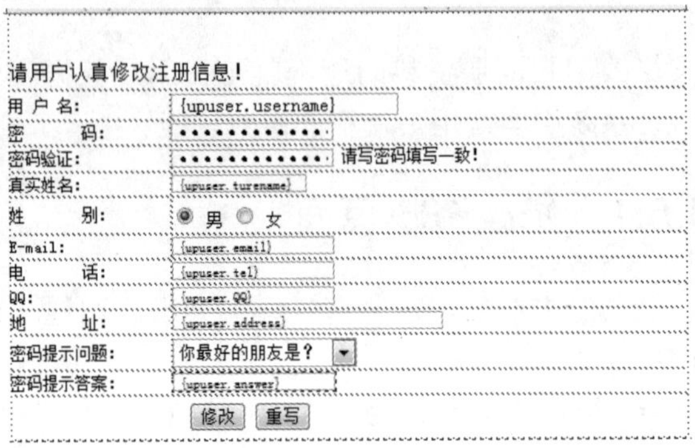　　　　图 24-71　绑定动态内容后的 userupdate.php 页面

step 05 对于网页中的单选按钮组 sex 对象，绑定动态数据可以按照如下方法，单击【服务器行为】面板上的 按钮，在弹出的下拉菜单中，选择【动态表单元素】→【动态单选按钮组】命令，设置动态单选按钮组对象，打开【动态单选按钮组】对话框，从【单选按钮组】下拉列表框中，选择 form1 表单中的单选按钮组 sex，如图 24-72 所示。

step 06 单击【选取值等于】文本框右侧的 按钮，在打开的【动态数据】对话框中选择记录集 upuser 中的 sex 字段。并用相同的方法设置【密码提示问题】的列表选项，设置完成后对话框如图 24-73 所示。

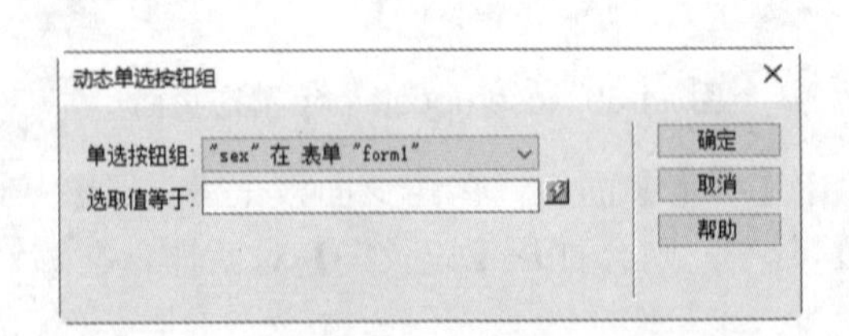

图 24-72　【动态单选按钮组】对话框

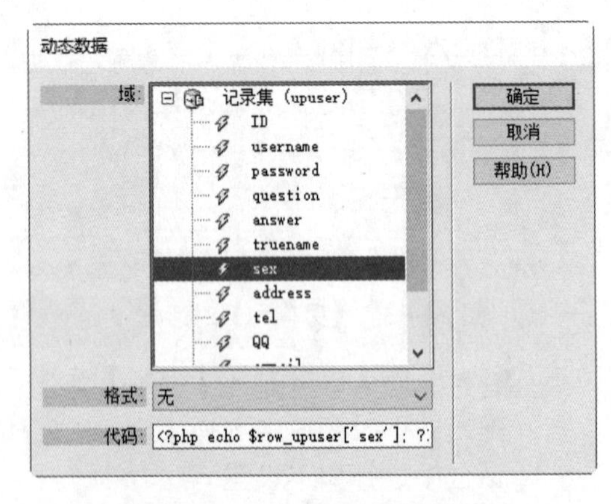

图 24-73　【动态数据】对话框

step 07 单击【服务器行为】面板上的 按钮，在弹出的下拉菜单中选择【更新记录】命令，为网页添加更新记录的服务器行为，如图 24-74 所示。

step 08 打开【更新记录】对话框，该对话框与插入记录的对话框十分相似，具体的设置情况如图 24-75 所示，这里不再重复。

step 09 设置完成后，单击【确定】按钮，关闭该对话框，返回到【文档】窗口，然后选择【文件】→【保存】命令，将该文档保存到本地站点中。

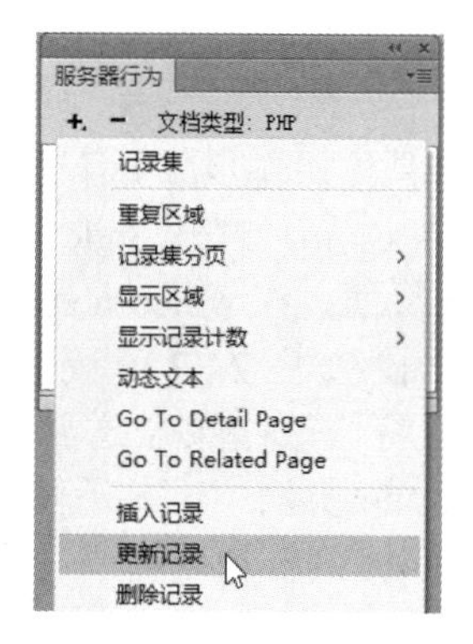

图 24-74　选择【更新记录】命令

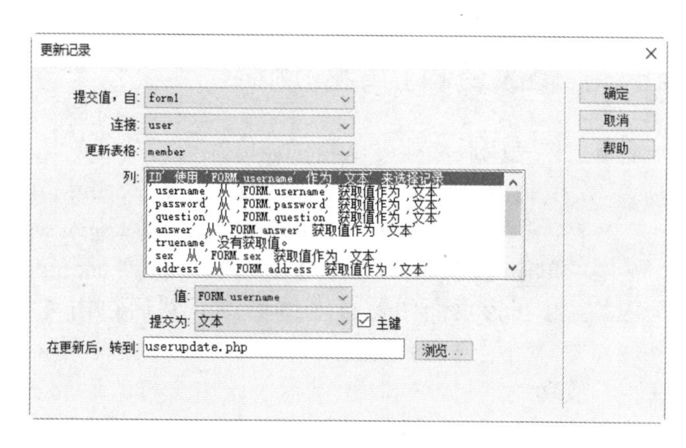

图 24-75　【更新记录】对话框

由于本页的 MM_username 值是来自上一页注册成功后的用户名值，所以单独测试时会提示出错。要先登录后，在登录成功页面中单击【修改你的注册资料】超链接到该页面才会产生效果，这在后面的测试实例中将进行介绍。

24.5.2　更新成功页面

用户修改注册资料成功后，就会转到 userupdateok.php 页面。在该网页中，应该向用户显示资料修改成功的信息。除此之外，还应该考虑两种情况，如果用户要继续修改资料，则为其提供一个返回到 userupdate.php 页面的超文本链接；如果用户不需要修改资料，则为其提供一个转到用户登录页面 index.php 页面的超文本链接。

具体操作步骤如下。

step 01 选择【文件】→【新建】命令，打开【新建文档】对话框，选择【空白页】选项卡中的【页面类型】下拉列表框中的 PHP 选项，在【布局】下拉列表框中选择【无】选项，然后单击【创建】按钮创建新页面，在网站根目录下新建一个名为 userupdateok.php 的网页并保存。

step 02 为了向用户提供更加友好的界面，应该在网页中显示用户修改的结果，以供用户检查修改是否正确。我们首先应该定义一个记录集，然后将绑定的记录集插入到网页中相应的位置，其方法和制作页面 userupdate.php 中的方法一样。通过在表格中添加记录集中的动态数据对象，把用户修改后的信息显示在表格中(这里不再详细说明，请参考前面一小节)，最终结果如图 24-76 所示。

图 24-76　更新成功页面

24.5.3 修改资料功能的测试

编辑工作完成后，就可以测试该修改资料功能的选择情况了。具体操作步骤如下。

step 01 打开 IE 浏览器，在地址栏中输入 http://localhost/index.php，打开 index.php 文件，在该页面中进行登录。登录成功后进入 welcome.php 页面，在 welcome.php 页面中单击【修改你的资料】超链接，转到 userupdate.php 页面，如图 24-77 所示。

step 02 在该页面中进行一些修改，然后单击【修改】按钮将修改结果发送到服务器中。当用户记录更新成功后，浏览器会转到 userupdateok.php 页面中，显示修改资料成功的信息，同时还显示了该用户修改后的资料信息，并提供转到更新成功页面和转到主页面的链接对象，这里对真实姓名进行了修改，效果如图 24-78 所示。

图 24-77 修改刘莉用户注册资料

图 24-78 更新记录成功显示页面

24.6 密码查询模块的设计

在用户注册页面中，设计问题和答案文本框，它们的作用是当用户忘记密码时，可以通过这个问题和答案到服务器中找回遗失的密码。实现的方法是判断用户提供的答案和数据库中的答案是否相同，如果相同，则可以找回遗失的密码。

24.6.1 密码查询页面

下面主要制作密码查询页面 lostpassword.php，具体操作步骤如下。

step 01 选择【文件】→【新建】命令，打开【新建文档】对话框，选择【空白页】选项卡中的【页面类型】下拉列表框中的 PHP 选项，在【布局】下拉列表框中选择【无】选项，然后单击【创建】按钮创建新页面，在网站根目录下新建一个名为 lostpassword.php 的网页并保存。lostpassword.php 页面是用来让用户提交要查询遗失密码的用户名的页面。该网页的结构比较简单，设计后的效果如图 24-79 所示。

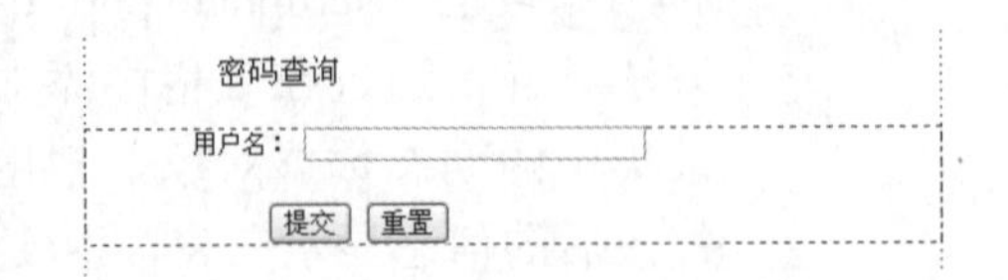

图 24-79 lostpassword.php 页面

step 02 在【文档】窗口中选中表单对象，然后在其对应的【属性】面板中，在【表单 ID】文本框中输入 form1，在【动作】文本框中输入 showquestion.php 作为该表单提交的对象页面。在【方法】下拉列表框中选择 POST 作为该表单的提交方式，接下来将输入用户名的文本域命名为 inputname，如图 24-80 所示。

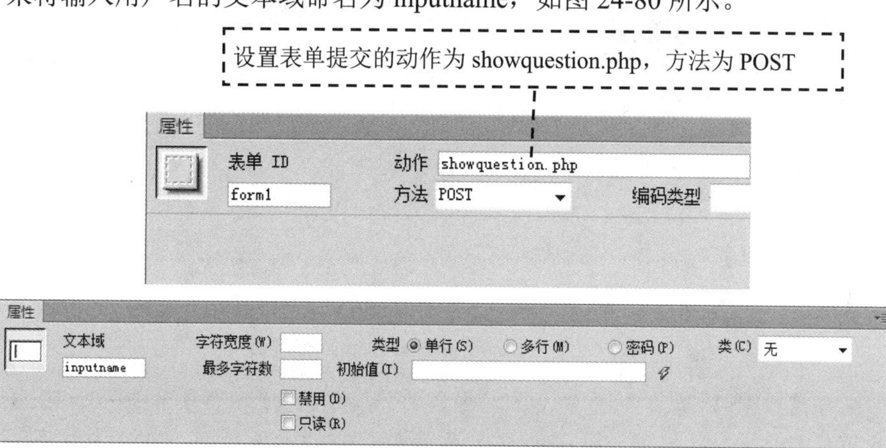

图 24-80　设置表单提交的动态属性

表单属性设置面板中的主要选项作用如下。

- 在【表单 ID】文本框中，输入标志该表单的唯一名称。命名表单后，就可以使用脚本语言(如 JavaScript)引用或控制该表单。如果不命名表单，则 Dreamweaver CC 使用语法 form1、form2…生成一个名称，并在向页面中添加每个表单时递增 n 的值。
- 在【方法】下拉列表框中，选择将表单数据传输到服务器的方法。POST 方法将在 HTTP 请求中嵌入表单数据。GET 方法将表单数据附加到请求该页面的 URL 中，是默认设置，但其缺点是表单数据不能太长，所以本例选择 POST 方法。
- 【目标】下拉列表框用于指定返回窗口的显示方式，各目标值含义如下。
    - _blank 在未命名的新窗口中打开目标文档。
    - _parent 在显示当前文档的窗口的父窗口中打开目标文档。
    - _self 在提交表单所使用的窗口中打开目标文档。
    - _top 在当前窗口的窗体内打开目标文档。此值可用于确保目标文档占用整个窗口，即使原始文档显示在框架中。

当用户在 lostpassword.php 页面中输入用户名并单击【提交】按钮后，这时会通过表单将用户名提交到 showquestion.php 页面中。该页面的作用就是根据用户名从数据库中找到对应的记录的提示问题并显示在 showquestion.php 页面中，用户在该页面中输入问题的答案。

下面制作显示问题的页面。具体操作步骤如下。

step 01 新建一个文档。设置好网页属性后，输入网页标题【查询问题】，选择【文件】→【保存】命令，将该文档保存为 showquestion.php。

step 02 在 Dreamweaver CC 中制作静态网页，完成的效果如图 24-81 所示。

图 24-81　showquestion.php 静态网页

step 03 在【文档】窗口中选中表单对象，在其对应的【属性】面板中，在【动作】文本框中输入 showpassword.php 作为该表单提交的对象页面。在【方法】下拉列表框中选择 POST 作为该表单的提交方式，如图 24-82 所示。接下来将输入密码提示问题答案的文本域命名为 inputanswer。

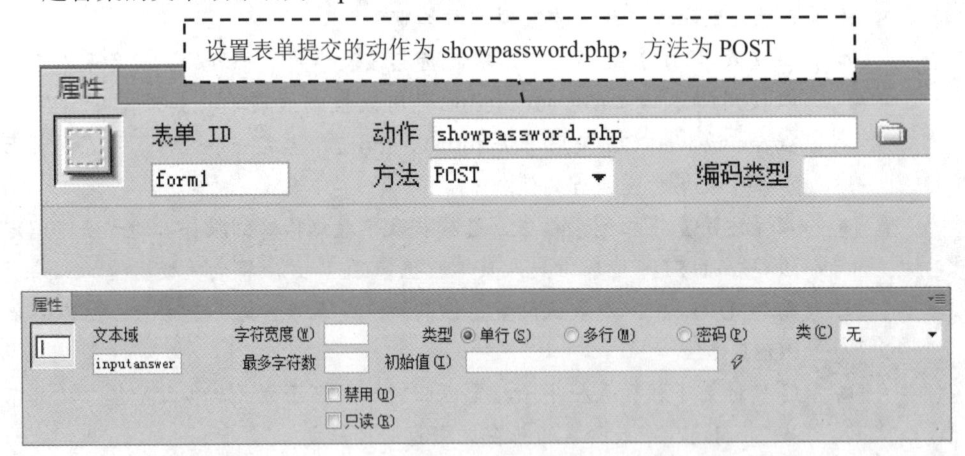

图 24-82　设置表单提交的属性

step 04 选择【窗口】→【绑定】命令，打开【绑定】面板，单击该面板上的 + 按钮，在弹出的菜单中选择【记录集(查询)】命令，则会打开【记录集】对话框。

step 05 在该对话框中进行如下设置。

- 在【名称】文本框中输入 Recordset1 作为该记录集的名称。
- 从【连接】下拉列表框中选择 user 数据源连接对象。
- 从【表格】下拉列表框中选择使用的数据库表对象为 member。
- 在【列】选项组中选中【选定的】单选按钮，然后从下方的列表框中选择 username 和 question。
- 在【筛选】选项组中，设置记录集过滤的条件为：username 为=，表单变量为

inputname，表示根据数据库中 username 字段的内容是否和从上一个网页的表单中的 inputname 表单对象传递过来的信息完全一致来过滤记录对象。

完成后的设置如图 24-83 所示。

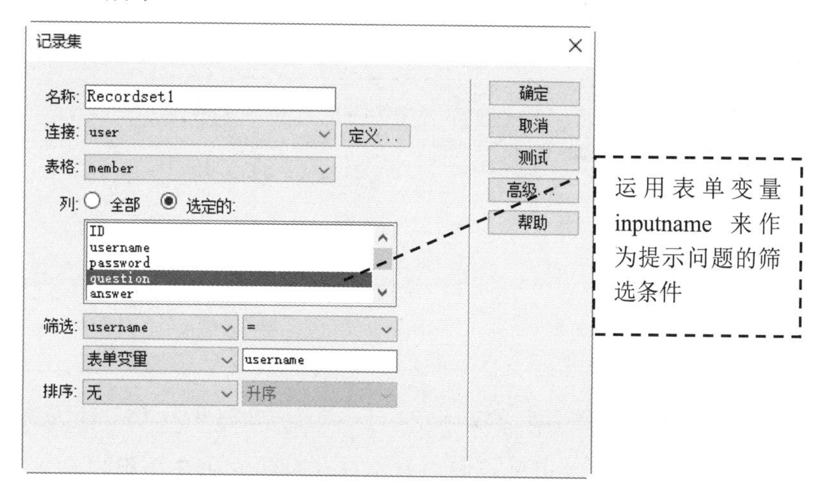

图 24-83 【记录集】对话框

step 06 设置完成后，单击该对话框中的【确定】按钮，关闭该对话框。返回到【文档】窗口。将 Recordset1 记录集中的 question 字段绑定到页面上相应的位置，如图 24-84 所示。

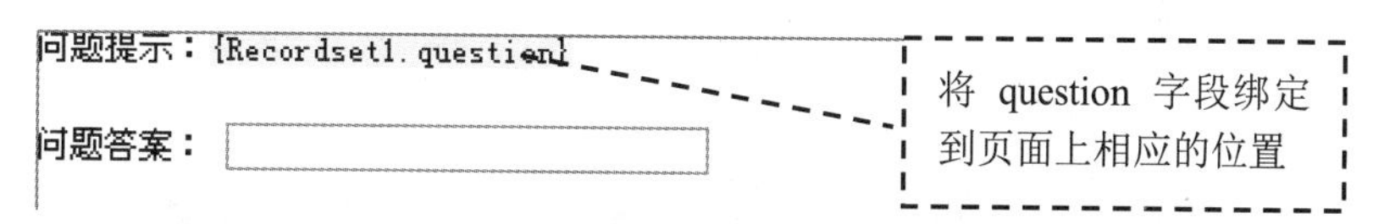

图 24-84 绑定字段

step 07 选择【插入】→【表单】→【隐藏】命令，在表单中插入一个表单隐藏区域，然后将该隐藏区域的名称设置为 username，如图 24-85 所示。

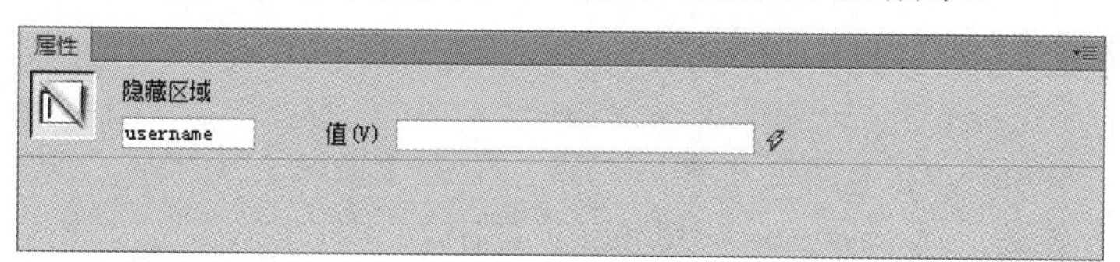

图 24-85 插入隐藏区域

step 08 选中该隐藏区域，转到【绑定】面板，将 Recordset1 记录集中的 username 字段绑定到该表单隐藏区域中，如图 24-86 所示。

当用户输入的用户名不存在时，即记录集 Recordset1 为空时，就会导致该页面不能正常显示，这就需要设置隐藏区域。

step 09 在【文档】窗口中选中当用户输入用户名存在时显示的内容即整个表单，然后单击【服务器行为】面板上的+按钮，在弹出的菜单中，选择【显示区域】→【如果记录集不为空则显示】命令，则会打开【如果记录集不为空则显示】对话框，在该对话框中选择记录集对象为 Recordset1。这样只有当记录集 Recordset1 不为空时，才显示出来。设置完成后，单击【确定】按钮，如图 24-87 所示。关闭该对话框，返回到【文档】窗口。

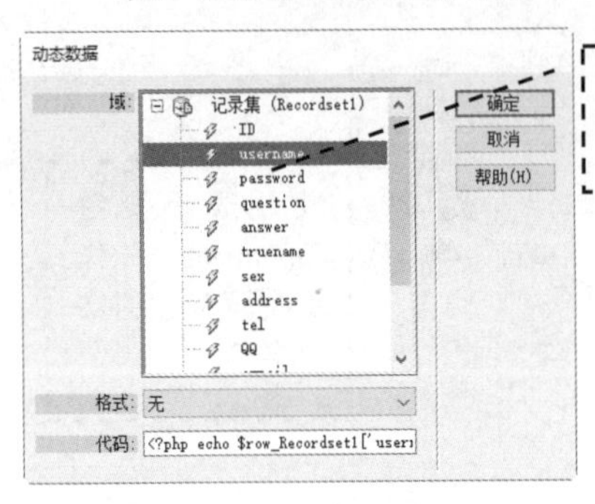

图 24-86　绑定到表单隐藏区域

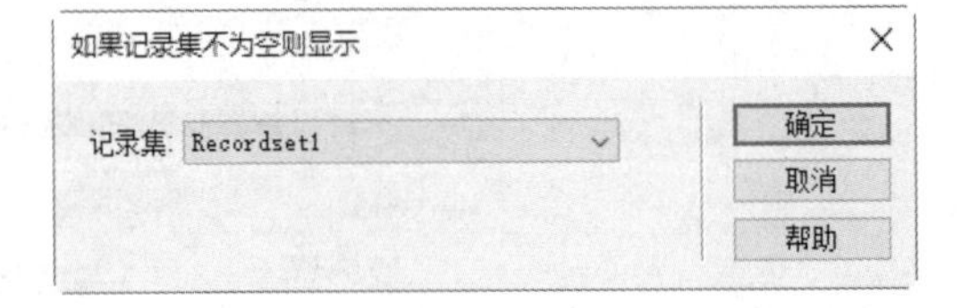

图 24-87　【如果记录集不为空则显示】对话框

step 10 在网页中编辑显示用户名不存在时的文本【该用户名不存在！】，并为这些内容设置一个【如果记录集为空则显示】隐藏区域服务器行为，这样当记录集 Recordset1 为空时，显示这些文本，完成后的网页如图 24-88 所示。

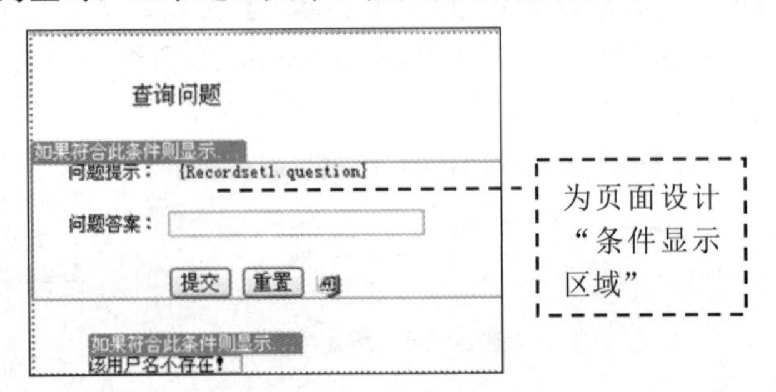

图 24-88　设置隐藏区域

24.6.2　完善密码查询功能页面

当用户在 showquestion.php 页面中输入答案，单击【提交】按钮后，服务器就会把用户名和密码提示问题答案提交到 showpassword.php 页面中。下面介绍如何设计该页面。

具体操作步骤如下。

step 01 选择【文件】→【新建】命令，打开【新建文档】对话框，选择【空白页】选项卡中的【页面类型】下拉列表框中的 PHP 选项，在【布局】下拉列表框中选择【无】选项，然后单击【创建】按钮创建新页面，在网站根目录下新建一个名为 showpassword.php 的网页并保存。

step 02 在 Dreamweaver CC 中使用提供的制作静态网页的工具，完成如图 24-89 所示的静态部分。

step 03 选择【窗口】→【绑定】命令，打开【绑定】面板，单击该面板上的+按钮，在弹出的菜单中选择【记录集(查询)】命令，则会打开【记录集】对话框。

图 24-89 showpassword.php 静态设计

step 04 在该对话框中进行如下设置。

- 在【名称】文本框中输入 Recordset1 作为该记录集的名称。
- 从【连接】下拉列表框中选择 user 数据源连接对象。
- 从【表格】下拉列表框中选择使用的数据库表对象为 member。
- 在【列】选项组中选中【选定的】单选按钮，然后选择字段列表框中的 username、password 和 answer 等 3 个字段就行了。
- 在【筛选】选项组中设置记录集过滤的条件：answer 为=，表单变量为 inputanswer，表示根据数据库中 answer 字段的内容是否和从上一个网页的表单中的 inputanswer 表单对象传递过来的信息完全一致来过滤记录对象。

完成的设置情况如图 24-90 所示。

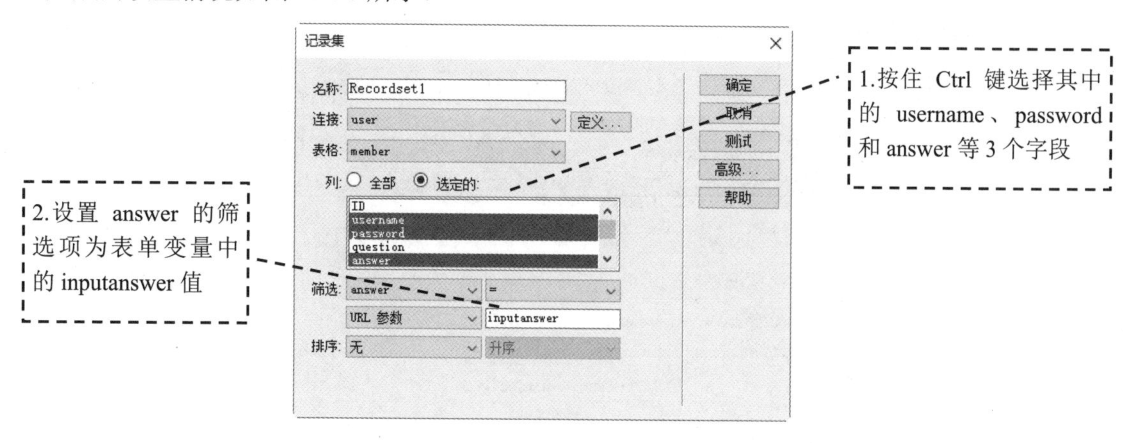

图 24-90 【记录集】对话框

step 05 单击【确定】按钮，关闭该对话框，返回到【文档】窗口。将记录集中的 username 和 password 两个字段分别添加到网页中，如图 24-91 所示。

图 24-91　加入的记录集效果

step 06 同样，需要根据记录集 Recordset1 是否为空，为该网页中的内容设置隐藏区域的服务器行为。在【文档】窗口中，选中当用户输入密码提示问题答案正确时显示的内容，然后单击【服务器行为】面板上的 + 按钮，在弹出的下拉菜单中，选择【显示区域】→【如果记录集不为空则显示】命令，打开【如果记录集不为空则显示】对话框，在该对话框中选择记录集对象为 Recordset1。这样只有当记录集 Recordset1 不为空时，才显示出来，如图 24-92 所示。设置完成后，单击【确定】按钮，关闭该对话框，返回到【文档】窗口。

step 07 在网页中选择当用户输入密码提示问题答案不正确时显示的内容，并为这些内容设置一个【如果记录集为空则显示】隐藏区域服务器行为，这样当记录集 Recordset1 为空时，显示这些文本，如图 24-93 所示。

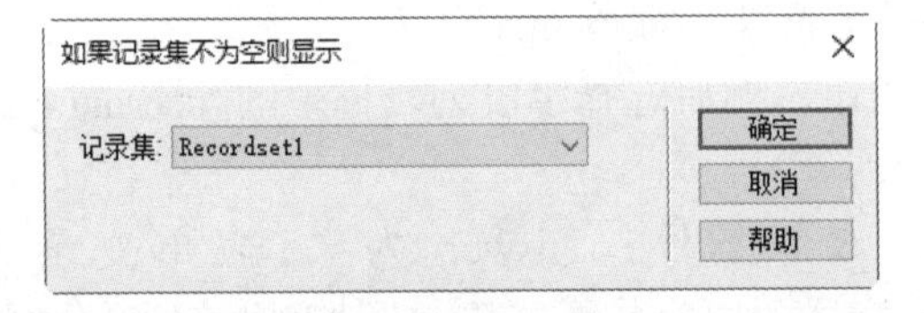

图 24-92　【如果记录集不为空则显示】对话框

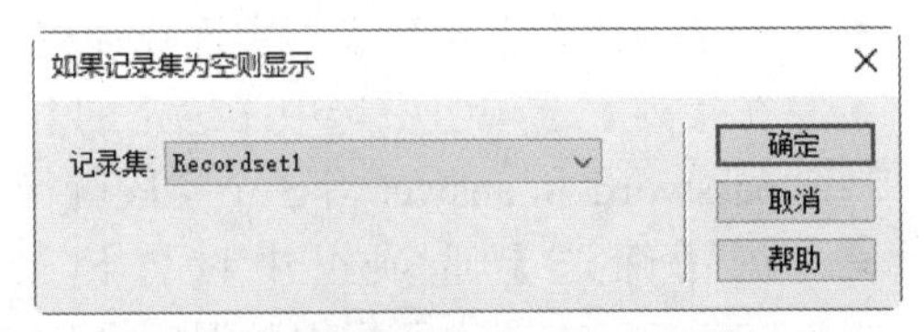

图 24-93　【如果记录集为空则显示】对话框

step 08 完成后的网页如图 24-94 所示。选择【文件】→【保存】命令，将该文档保存到本地站点中。

图 24-94　完成后的网页效果

24.6.3　密码查询模块的测试

编辑工作完成后，就可以测试密码查询模块功能的选择情况了。具体操作步骤如下。

step 01 打开 IE 浏览器，在地址栏中输入 http://localhost/index.php，打开 index.php 文件，如图 24-95 所示。

图 24-95　用户管理系统主页

step 02 单击【找回密码】超链接，进入【密码查询】页面，在【用户名】文本框中输入要查询密码的用户名称，如这里输入“刘莉”，如图 24-96 所示。

图 24-96　【密码查询】页面

step 03 单击【提交】按钮，进入【查询问题】页面，在其中根据提示输入问题的答案，如图 24-97 所示。

step 04 单击【提交】按钮，进入【查询结果】页面，如果问题回答正确，则在该页面中显示用户的名称和密码信息，则密码查询成功，如图 24-98 所示。

step 05 如果在【查询问题】页面中输入的问题答案和注册时输入的不一样，在单击【提交】按钮后，会显示如图 24-99 所示的提示信息，提示用户问题回答错误。

图 24-97 【查询问题】页面

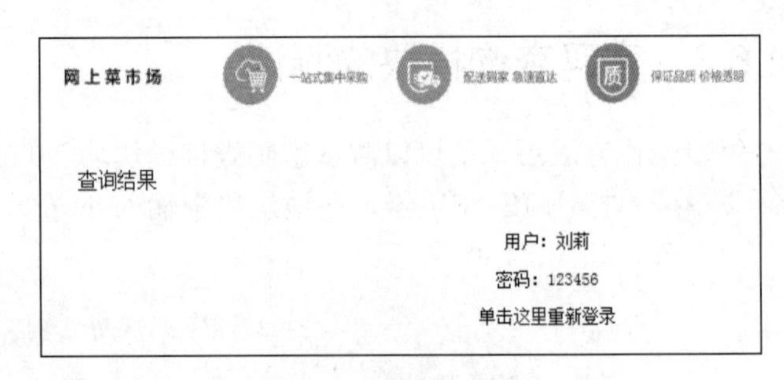

图 24-98 【查询结果】页面

step 06 这时单击【这里】超链接，会返回到【密码查询】页面当中，如图 24-100 所示。这就说明密码查询模块功能测试成功。

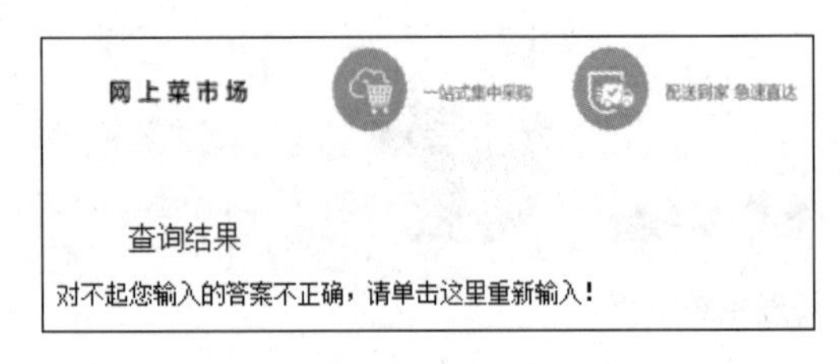

图 24-99 提示信息页面

图 24-100 返回到【密码查询】页面

第 25 章 综合应用案例 2——开发信息资讯管理系统

信息资讯管理系统是动态网站建设中最常见的系统，几乎每一个网站都有信息资讯管理系统，尤其是政府部门、教育系统或企业网站。信息资讯管理系统的作用就是在网上发布信息，通过对信息的不断更新，让用户及时了解行业信息、企业状况或其他信息。

25.1 系统的功能分析

在开发动态网站之前，需要规划系统的功能和各个页面之间的关系，绘制出系统脉络图，这样方便后面整个系统的开发与制作。

25.1.1 规划网页结构和功能

信息资讯管理系统中涉及的主要操作就是访问者的信息查询功能和系统管理员对信息内容的新增、修改及删除功能。本章将要制作的信息资讯管理系统的网页结构如图 25-1 所示。

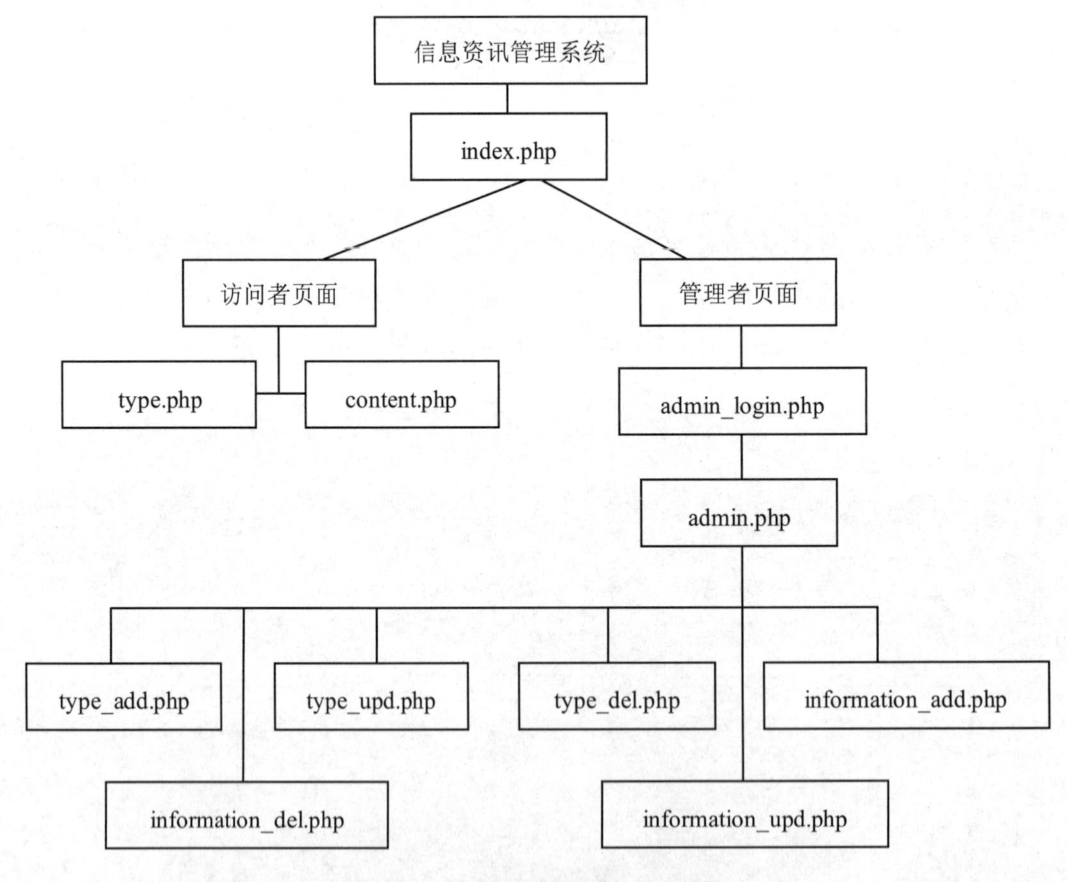

图 25-1 信息资讯管理系统网页结构

网站的信息资讯管理系统，在技术上主要体现为如何显示信息内容，用模糊关键字进行查询信息，以及对信息及信息分类的修改和删除。一个完整信息资讯管理系统共分为两大部分：一个是访问者访问信息的动态网页部分；另一个是管理者对信息进行编辑的动态网页部分。本系统页面共有 11 个，整体系统页面的功能与文件名称如表 25-1 所示。

表 25-1 信息资讯管理系统开发网页设计

需要制作的主要页面	页面名称	功 能
网站首页	index.php	显示信息分类和最新信息页面
信息分类页面	type.php	显示信息分类中的信息标题页面
信息内容页面	content.php	显示信息内容页面
后台管理入口页面	admin_login.php	管理者登录入口页面
后台管理主页面	admin.php	对信息进行管理的主要页面
新增信息页面	information_add.php	增加信息的页面
修改信息页面	information_upd.php	修改信息的页面
删除信息页面	information_del.php	删除信息的页面
新增信息分类页面	type_add.php	增加信息分类的页面
修改信息分类页面	type_upd.php	修改信息分类的页面
删除信息分类页面	type_del.php	删除信息分类的页面

25.1.2 页面设计规划

在本地站点建立站点文件夹 news，将要建立制作信息资讯系统的文件和文件夹如图 25-2 所示。

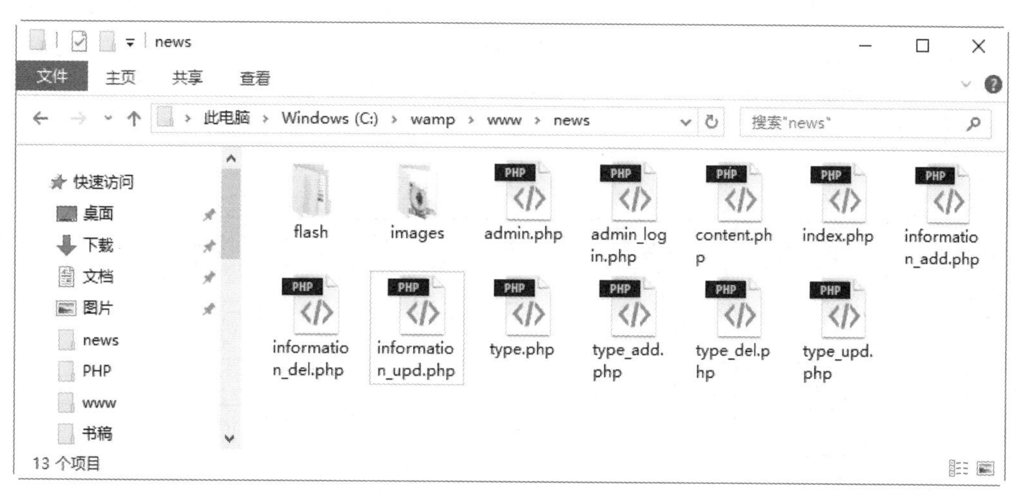

图 25-2 规划站点文件和文件夹

25.1.3 网页美工设计

信息资讯管理系统主要起到了对行业信息进行宣传的作用，在色调上可以选择简单的蓝色作为主色调。信息首页 index.php 的效果如图 25-3 所示。

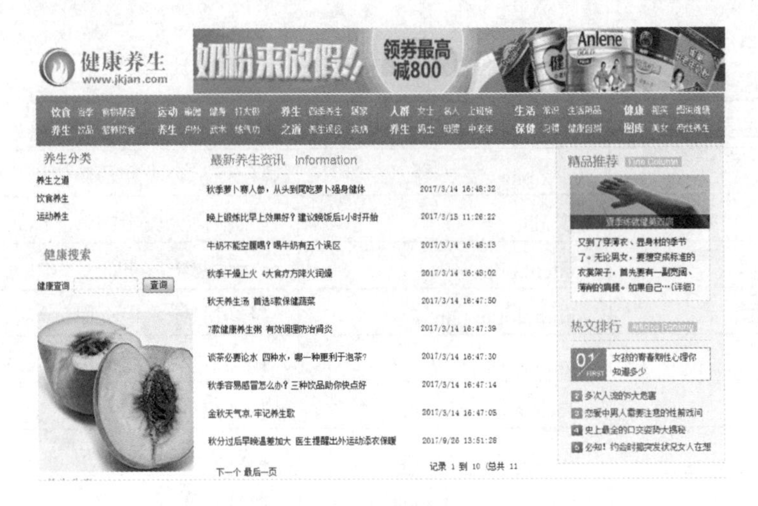

图 25-3　信息首页 index.php 的效果

25.2　数据库设计与连接

本节主要讲述如何使用 phpMyAdmin 建立信息管理系统的数据库，如何使用 Dreamweaver 在数据库与网站之间建立动态连接。

25.2.1　数据库设计

信息资讯管理系统需要一个用来存储信息标题和信息内容的信息表 information，还要建立一个信息分类表 information_type 和一个管理员账号信息表 admin。信息数据表 information、信息分类数据表 information_type 和管理信息数据表 admin 的字段分别采用如表 25-2、表 25-3、表 25-4 所示的结构。

表 25-2　信息数据表 information

字段描述	字段名	数据类型	主键	外键	非空	唯一	默认值	自增
主题编号	inf_id	INT(8)	是	否	是	是	无	是
信息标题	inf_title	VARCHAR(50)	否	否	是	否	无	否
信息分类编号	type_id	INT(8)	否	是	是	否	无	否
信息内容	inf_content	TEXT	否	否	是	否	无	否
信息加入时间	inf_time	DATETIME	否	否	是	否	无	否
编辑者	inf_author	VARCHAR(20)	否	否	是	否	无	否

表 25-3　信息分类数据表 information_type

字段描述	字段名	数据类型	主键	外键	非空	唯一	默认值	自增
信息分类编号	type_id	INT(8)	是	否	是	是	无	是
信息分类名称	type_name	VARCHAR(50)	否	否	是	否	无	否

表 25-4 管理信息数据表 admin

字段描述	字段名	数据类型	主键	外键	非空	唯一	默认值	自增
用户名	username	VARCHAR(20)	是	否	是	是	无	否
密码	password	VARCHAR(20)	否	否	是	否	无	否

创建数据库的具体操作步骤如下。

step 01 启动 phpMyAdmin，在主界面的左侧列表中单击【新建】链接，如图 25-4 所示。

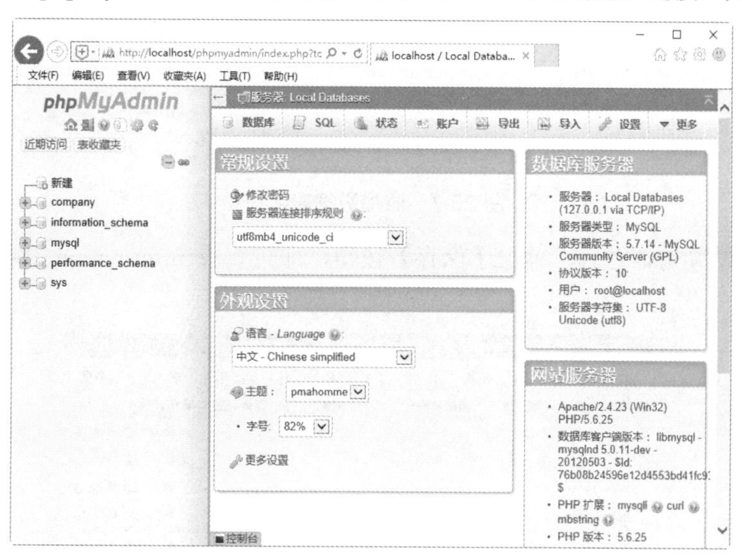

图 25-4 phpMyAdmin 的工作界面

step 02 在文本框中输入要创建数据库的名称 news，然后单击【创建】按钮，如图 25-5 所示。

图 25-5 创建数据库 news

step 03 接着就要回到 phpMyAdmin 的管理界面，为 MySQL 中的 news 数据库添加数据表。在左侧列表中选择创建的 news 数据库，然后在右侧的页面中输入添加的数据表名称和字段数，然后单击【执行】按钮，如图 25-6 所示。

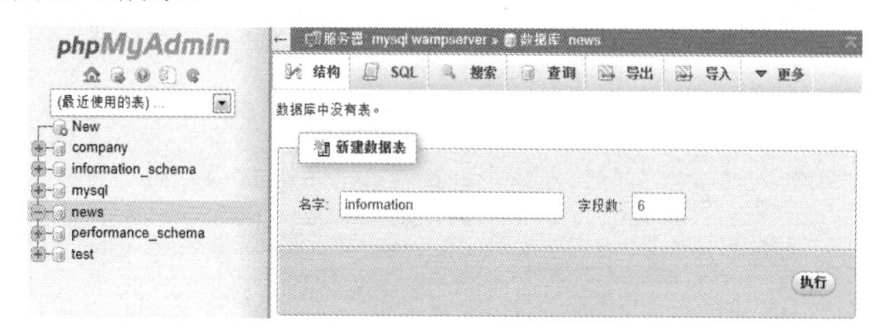

图 25-6 新建数据表 information

step 04 请按照表 25-2 中的内容设置数据表，添加的数据表字段如图 25-7 所示。

图 25-7 添加数据表字段

step 05 在设置完毕之后，单击【保存】按钮，即可查看 information 数据表，如图 25-8 所示。

图 25-8 information 数据表

step 06 选择 information 数据表，单击菜单上的【插入】链接。依照字段的顺序，将对应的数值依次输入，单击【执行】按钮，即可插入数据，如图 25-9 所示。

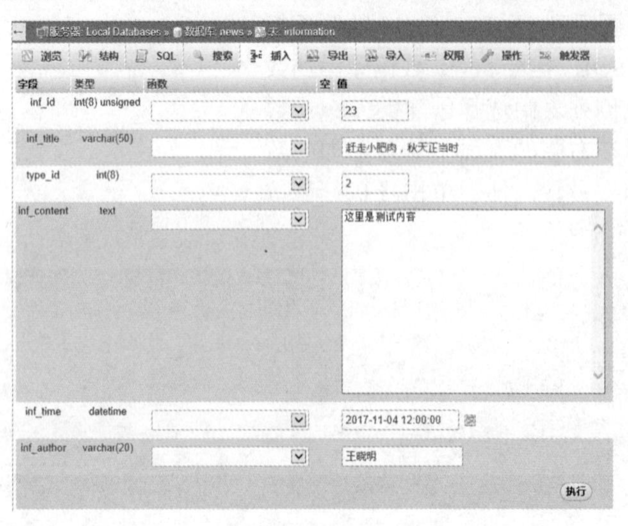

图 25-9 插入数据

step 07 按照图 25-10 所示的数据，重复执行上一步的操作，将数据输入到数据表中。

inf_id	inf_title	type_id	inf_content	inf_time	inf_author
23	赶走小肥肉，秋天正当时	2	这里是测试内容	2017-11-04 12:00:00	王晓明
24	秋分过后早晚温差大 医生提醒出外运动添衣保暖	4	这是测试的内容	2017-11-05 00:00:00	小名
26	金秋天气凉，牢记养生歌	2	测试	2017-11-08 00:00:00	蓝天
27	秋天容易感冒怎么办？三种饮品助你快点好	2	测试	2017-11-08 00:00:00	admin
28	谈茶必要论水 四种水，哪一种更利于泡茶？	3	测试	2017-07-20 01:00:00	admin
29	7款健康养生粥 有效调理防治胃炎	2	测试	2017-11-05 02:06:00	admin
30	秋天养生汤 首选5款保健蔬菜	2	测试	2017-11-09 04:00:00	小兰
31	秋季干燥上火 4大食疗方降火润燥	3	测试	2017-11-11 18:00:00	小花

图 25-10　information 表中的输入记录

step 08 用上述方法，参照表 25-3 和表 25-4，创建一个名称为 information_type 和名称为 admin 的数据表。输入字段名称并设置其属性，最终效果如图 25-11 和图 25-12 所示。

服务器: mysql wampserver » 数据库: news » 表: information_type

浏览 结构 SQL 搜索 插入 导出

#	名字	类型	排序规则	属性	空	默认	额外
1	type_id	int(8)		UNSIGNED	否	无	
2	type_name	varchar(50)	gb2312_chinese_ci		否	无	

图 25-11　information_type 的表结构

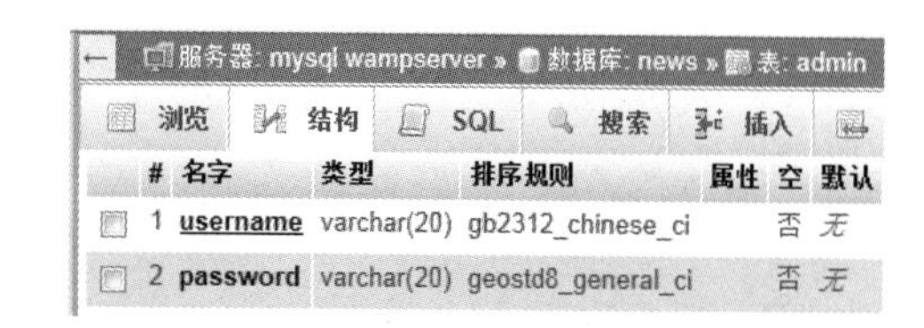
服务器: mysql wampserver » 数据库: news » 表: admin

浏览 结构 SQL 搜索 插入

#	名字	类型	排序规则	属性	空	默认
1	username	varchar(20)	gb2312_chinese_ci		否	无
2	password	varchar(20)	geostd8_general_ci		否	无

图 25-12　admin 的表结构

step 09 为了演示效果，分别对 information_type 数据表和 admin 数据表添加记录，如图 25-13 和图 25-14 所示。

type_id	type_name
2	养生之道
3	饮食养生
4	运动养生

图 25-13　information_type 表中输入的记录

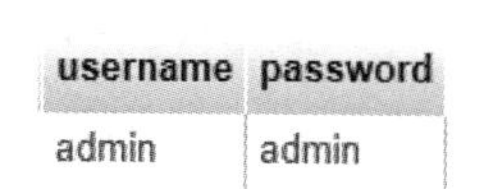

username	password
admin	admin

图 25-14　admin 表中输入的记录

25.2.2 创建数据库连接

数据库编辑完成后，必须在 Dreamweaver CC 中建立数据源连接对象。这样做的目的是方便在动态网页中使用前面建立的信息系统数据库文件和动态地管理信息数据。具体操作步骤如下。

step 01 根据前面讲过的站点设置方法，设置好“站点”“文档类型”“测试服务器”。打开创建的 index.php 页面，选择【窗口】→【数据库】命令，进入【数据库】面板。单击【数据库】面板中的+按钮，弹出如图 25-15 所示的菜单，选择【MySQL 连接】命令。

step 02 进入【MySQL 连接】对话框后，填入自定义的连接名称 information，填入 mysql 服务器的用户名和密码，单击【选取】按钮来选取连接的数据库，如图 25-16 所示。

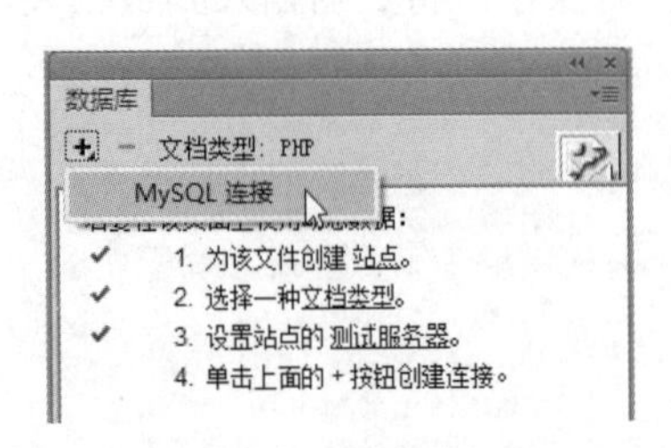

图 25-15　连接数据库

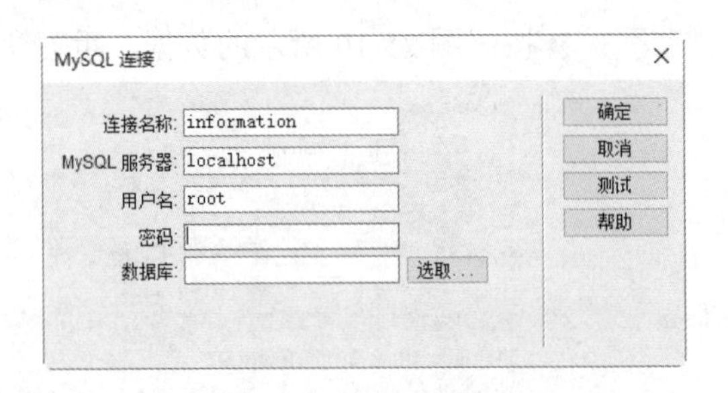

图 25-16　【MySQL 连接】对话框

step 03 打开【选取数据库】对话框，选择 news 数据库，单击【确定】按钮，如图 25-17 所示。

step 04 返回到【MySQL 连接】对话框后，单击【确定】按钮。返回到 Dreamweaver CC 后，可以打开【数据库】面板，news 数据库的数据表在连接设置后已经读入 Dreamweaver CC 了，如图 25-18 所示。

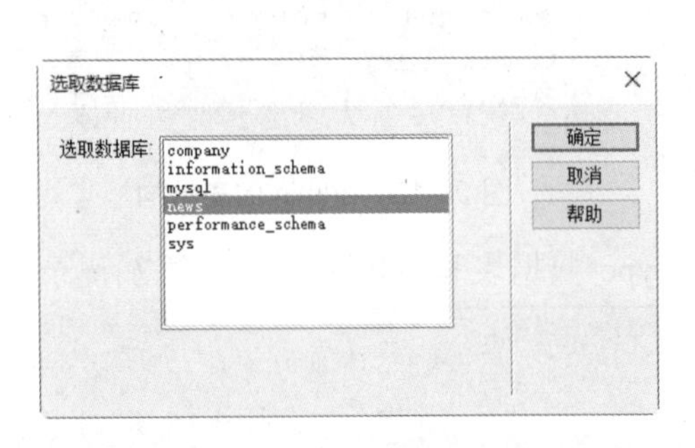

图 25-17　【选取数据库】对话框

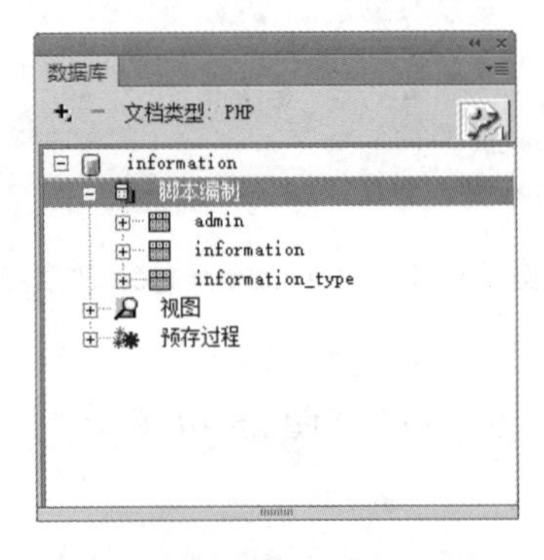

图 25-18　【数据库】面板

step 05 同时，在网站根目录下将会自动创建名为 Connections 的文件夹，该文件夹内有一个名为 information.php 的文件，打开该文件，切换到【代码】视图，添加以下代码(见图 25-19)：

```
mysql_query("set character set 'gb2312'");//读数据库编码
mysql_query("set names 'gb2312'");//写数据库编码
```

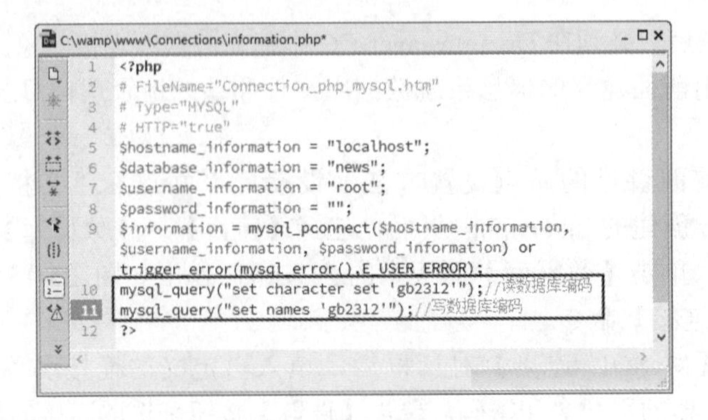

图 25-19　添加代码

step 06 在 Dreamweaver CC 界面中选择【文件】→【保存】命令，保存该文档，完成数据库的连接。

25.3　系统页面设计

信息资讯管理系统前台部分主要有 3 个动态页面，分别是信息主页面 index.php、信息分类页面 type.php 和信息内容页面 newscontent.php。

25.3.1　网站首页的设计

下面主要介绍信息资讯管理系统主页面 index.php 的制作。在 index.php 页面中主要有显示最新信息的标题，信息的加入时间，显示信息分类，单击信息中的分类进入分类子页面以查看信息子类中的详细信息，点击信息标题进入信息详细内容页面，对信息的主题内容进行搜索等功能。

1. 制作信息分类模块

下面介绍首页中信息分类模块的制作。具体操作步骤如下。

step 01 打开创建的 index.php 页面，输入网页标题【健康养生网首页】，选择【文件】→【保存】命令将网页保存，如图 25-20 所示。

图 25-20　添加网页标题

step 02 选择【修改】→【页面属性】命令，打开【页面属性】对话框，单击【分类】列表框中的【外观(CSS)】选项，字体大小设置为 12px，在【上边距】文本框中输入 0px，这样设置的目的是让页面的第一个表格能置顶到上边，如图 25-21 所示。

step 03 单击【确定】按钮，进入【文档】窗口，选择【插入】→【表格】命令，打开【表格】对话框，在【行数】文本框中输入 4；在【列】文本框中输入 2。在【表格宽度】文本框中输入 990 像素，其他设置如图 25-22 所示。

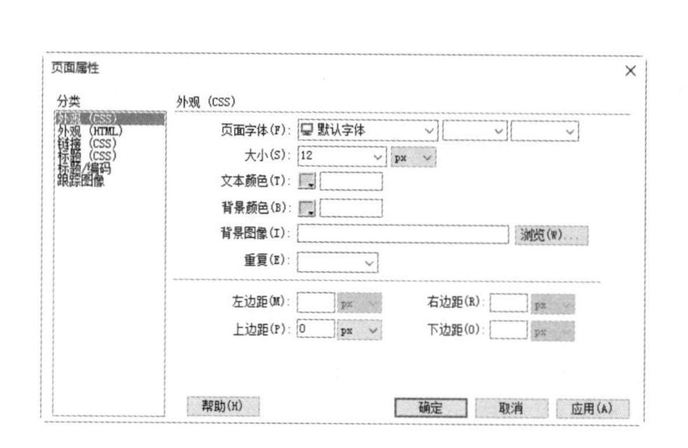

图 25-21　【页面属性】对话框

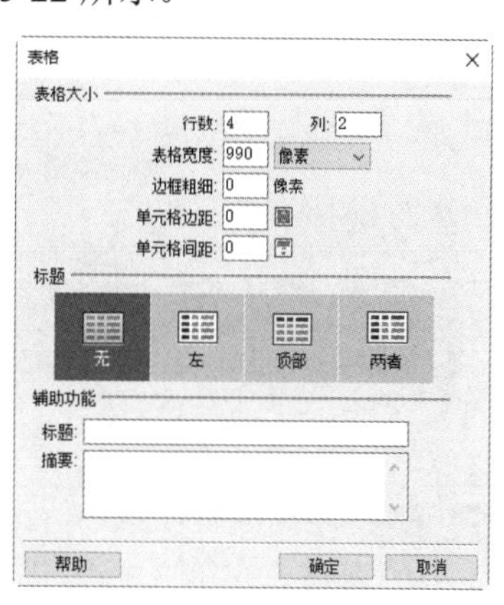

图 25-22　设置表格参数

step 04 单击【确定】按钮，在【文档】窗口中，插入了一个 4 行 2 列的表格。单击选择插入的整个表格，在【属性】面板的【对齐】下拉列表框中，选择【居中对齐】选项，让插入的表格居中对齐，如图 25-23 所示。

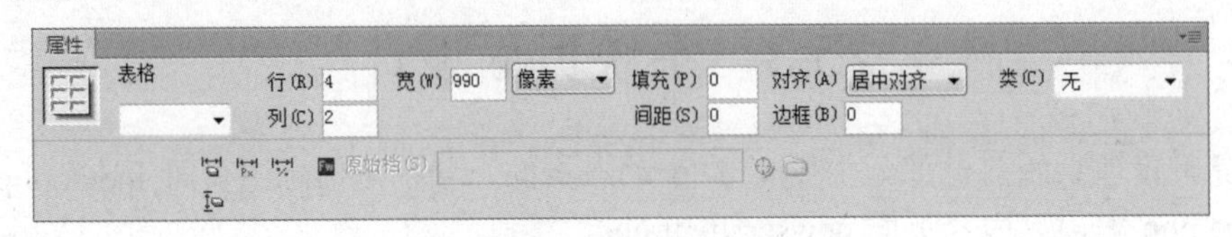

图 25-23 【属性】面板

step 05 将光标放置在第 1 行第 1 列表格中，选择【插入】→【图像】→【图像】命令，打开【选择图像源文件】对话框，选择 images 文件下的 logo.gif 图像，单击【确定】按钮插入图片，如图 25-24 所示。

step 06 将光标放置在第 1 行第 2 列表格中，选择【插入】→【图像】→【图像】命令，打开【选择图像源文件】对话框，选择 images 文件下的 banner.gif 图像，单击【确定】按钮插入图片，如图 25-25 所示。

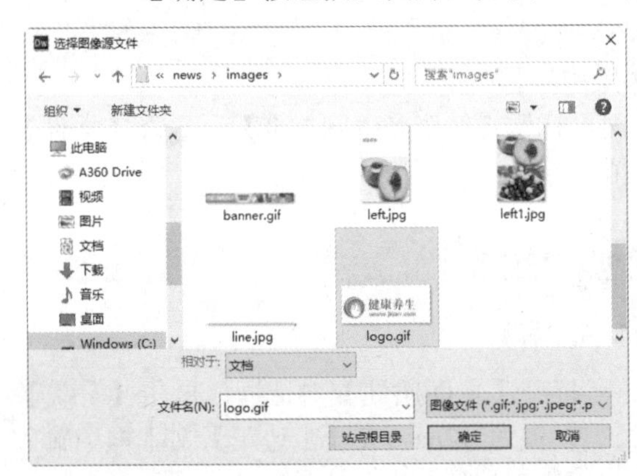

图 25-24 插入 logo.gif 图像

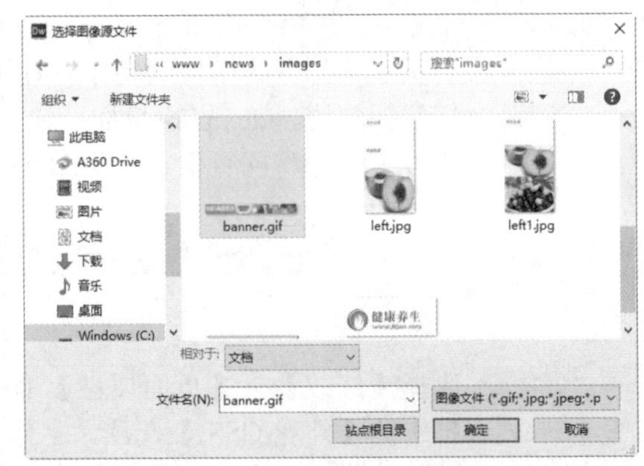

图 25-25 插入 banner.gif 图像

step 07 将光标放置在第 2 行表格中，选择【插入】→【图像】→【图像】命令，打开【选择图像源文件】对话框，选择 images 文件下的 1.gif 图像，单击【确定】按钮插入图片，这样就完成了网站首页头部的设计，如图 25-26 所示。

图 25-26 网站首页头部的设计

step 08 将光标放置在第 3 行表格中，选择【插入】→【表格】命令，插入一个 1 行 3 列的表格，在第 3 行第 1 列表格中插入一个 left.jpg 图像作为背景，效果如图 25-27 所示。

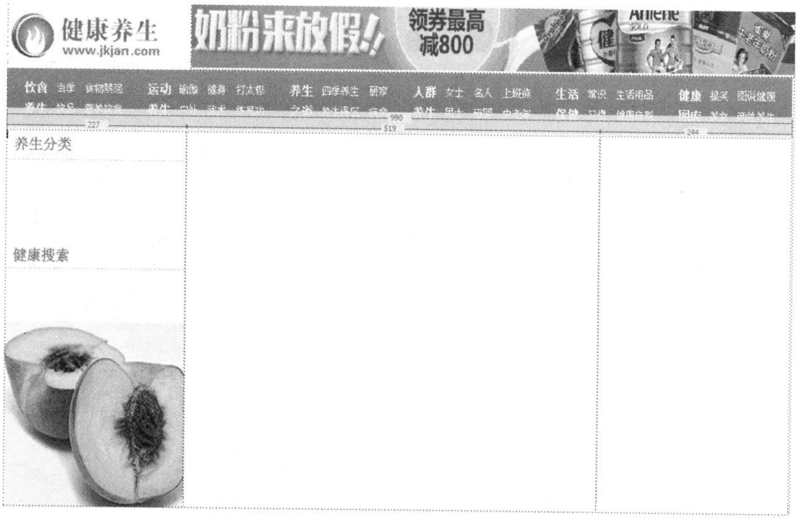

图 25-27 在第 3 行第 1 列插入背景图

step 09 将光标放置在第 3 行第 3 列表格中，在其中插入一个 03.gif 图像作为背景，效果如图 25-28 所示。

图 25-28 在第 3 行第 3 列插入图片

step 10 将光标放置在第 4 行表格中。选择【插入】→【图像】→【图像】命令，打开【选择图像源文件】对话框，在对话框中，选择同站点中的 images 文件夹中的 7.gif 图片，如图 25-29 所示。

step 11 将光标放置在第 3 行第 1 列的表格中，选择【插入】→【表格】命令，打开【表格】对话框，在【行数】文本框中输入 4，在【列】文本框中输入 1。在【表格宽度】文本框中输入 92%，其【边框粗细】、【单元格边距】和【单元格间距】都设为 0，如图 25-30 所示。

图 25-29 在第 4 行表格中插入图片

step 12 单击刚创建的左边空白单元格，然后再单击【文档】窗口上的拆分按钮，在<td>和</td>之间加入 valign="top"命令，表示让鼠标能够自动放置至单元格的最上方，如图 25-31 所示。

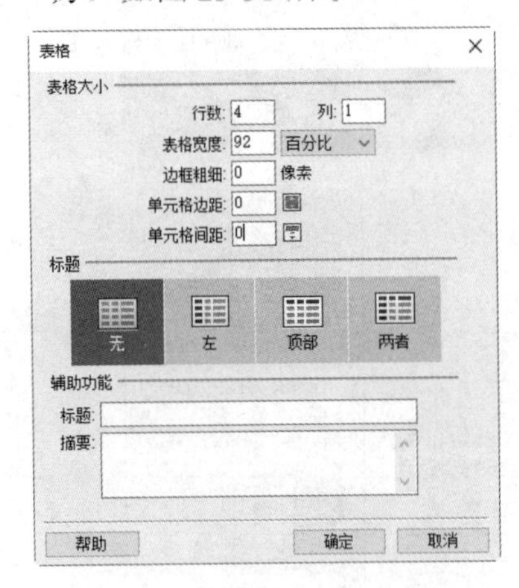

图 25-30 【表格】对话框

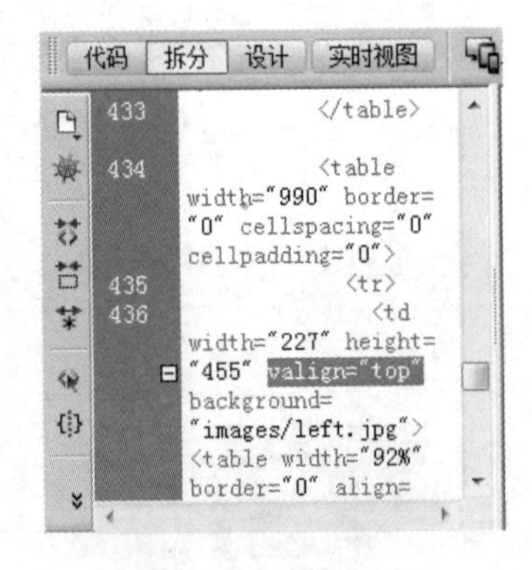

图 25-31 加入命令

step 13 接下来用【绑定】面板将网页所需要的数据字段绑定到网页中。index.php 这个页面使用的数据表是 information 和 information_type，单击【应用程序】面板组中【绑定】面板上的按钮，在弹出的菜单中选择【记录集(查询)】命令，在打开的【记录集】对话框中输入如表 25-5 所示的数据，如图 25-32 所示。

表 25-5 “记录集”设定

属 性	设 置 值	属 性	设 置 值
名称	Recordset1	列	全部
连接	information	筛选	无
表格	information_type	排序	无

step 14 绑定记录集后，将记录集中信息分类的字段 type_name 插入至 index.php 网页的适当位置，如图 25-33 所示。

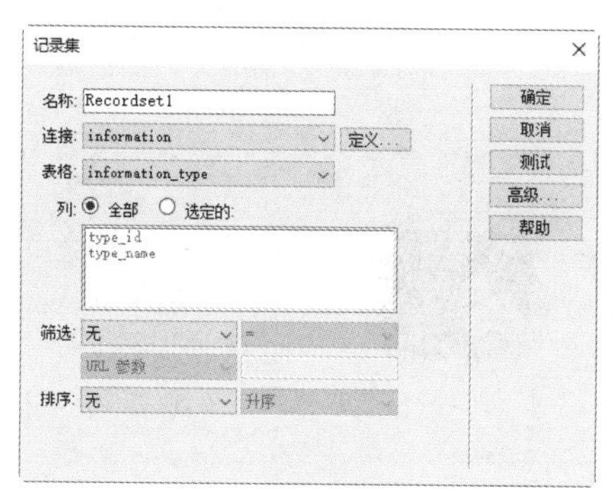

图 25-32　【记录集】对话框

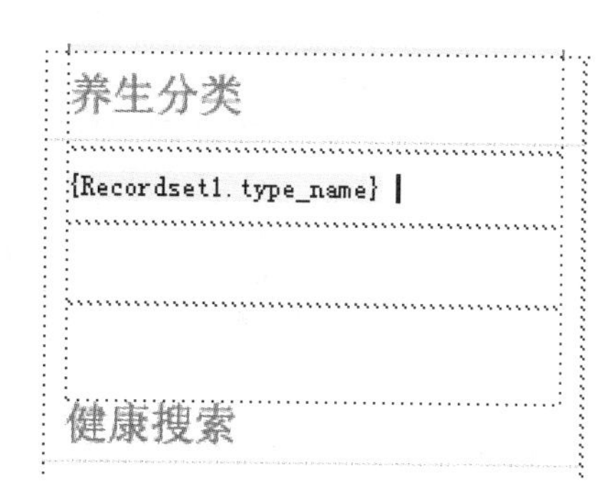

图 25-33　插入至 index.php 网页中

step 15 由于要在 index.php 这个页面中显示数据库中所有信息分类的标题，而目前的设定则只会显示数据库的第一笔数据，因此，需要加入【服务器行为】中的【重复区域】命令，让所有的信息分类全部显示出来，选择{Recordset1.type_name}所在的行，如图 25-34 所示。

step 16 单击【应用程序】面板组中的【服务器行为】面板上的 按钮，在弹出的菜单中选择【重复区域】命令，在打开的【重复区域】对话框中，选中【所有记录】单选按钮，如图 25-35 所示。

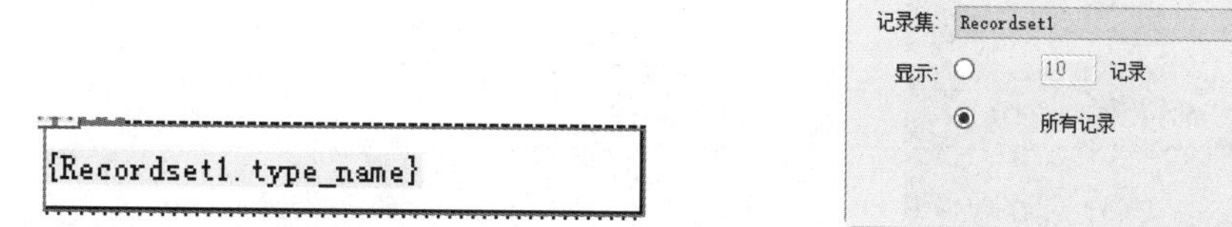

图 25-34　选择要重复显示的信息

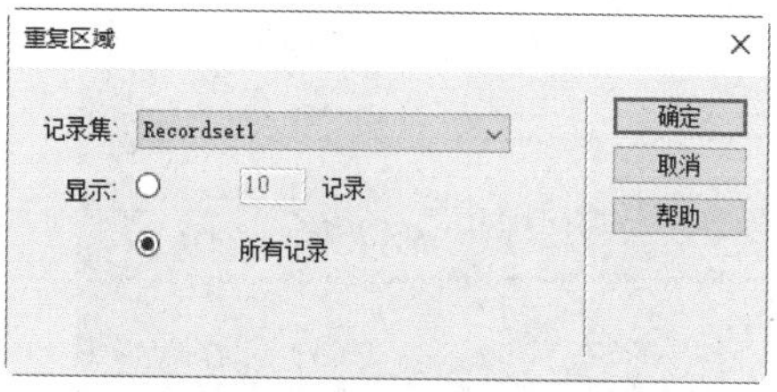

图 25-35　【重复区域】对话框

step 17 单击【确定】按钮回到编辑页面，会发现先前所选取要重复的区域左上角出现了一个【重复】灰色标签，这表示已经完成设置，如图 25-36 所示。

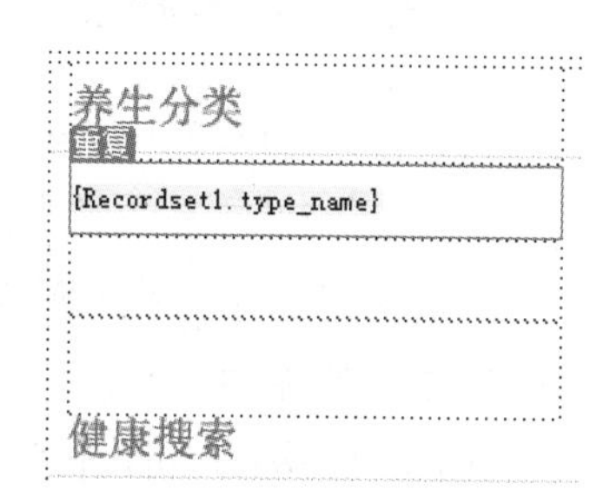

图 25-36　添加重复区域效果

2. 转到详细页面的访问设置

在本程序的设计上，希望用户在浏览信息标题页面后，可以选择有兴趣的主题来阅读详细内容。而选择主题再转到详细页面，就是在这里要设置的。

若您曾使用过 Dreamweaver CC 开发如 ASP 的网页程序，您会发现在 PHP 的环境中【服务器行为】面板似乎少了一个功能：【转到细节页面】。其实不只少了这个功能，只不过这个功能的使用频率较高，那么该怎么办呢？

这里要使用由 www.felixone.it 所制作的<Mx682891_FX_PHPMissingTools.mxp>扩充程序，可以在该作者的网站中查找并下载安装这个扩充程序，如图 25-37 所示。

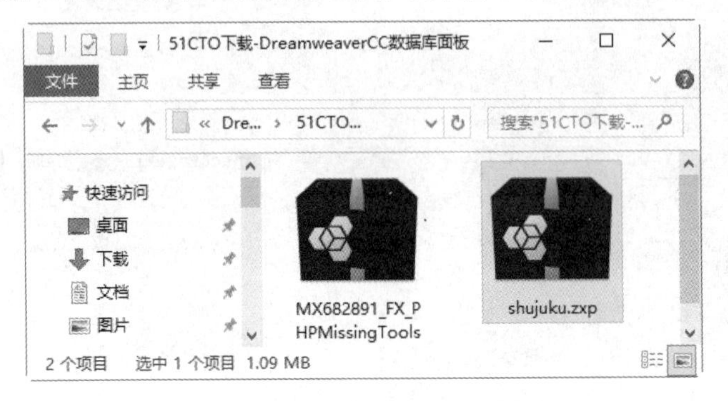

图 25-37 查看扩展插件

双击 Mx682891_FX_PHPMissingTools.zxp 插件，即可打开许可证安装窗口，单击【接受】按钮，将自动安装该插件，如图 25-38 所示。

安装完成后，在插件管理器窗口中即可看到刚刚安装的插件，如图 25-39 所示。如果不再需要，可以单击【移除】按钮，从而删除该插件。

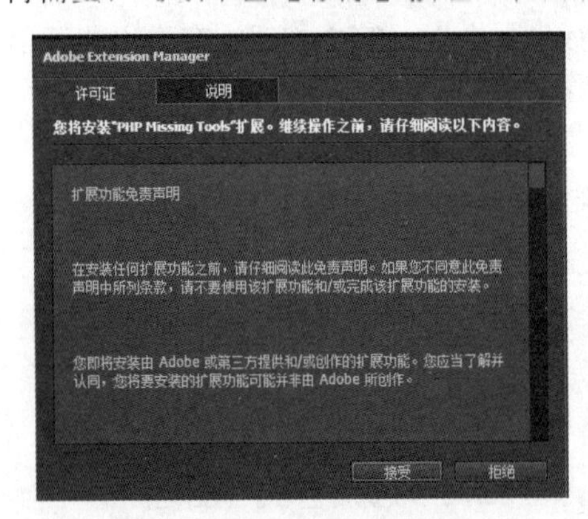

图 25-38 许可证安装窗口

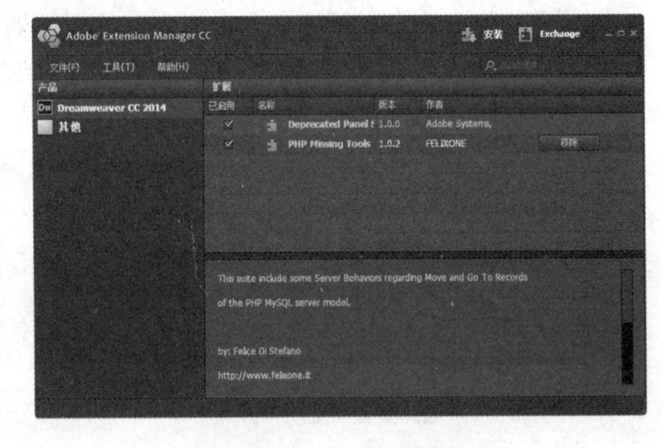

图 25-39 成功安装插件

在安装完毕之后，请一定要关闭 Dreamweaver CC 后再重新打开，以确保这个扩充程序可以正确使用。

所谓“转到详细页面”，也就是用户在选择某一标题的文字访问后会转到另一个页面来显示该主题的详细内容。但是另一个页面怎么知道要从数据库中调出哪一个记录来显示呢？所以我们在主页面上的访问必须要带一个值让详细页面来判断，这就是这个服务器行为的目的。下面是设置 Go To Detail Page 的具体操作步骤。

step 01 为了实现这个功能，首先要选取编辑页面中的信息分类标题字段，如图 25-40 所示。

step 02 单击【应用程序】面板组中的【服务器行为】面板上的+按钮，在弹出的菜单中选择 Go To Detail Page 命令，如图 25-41 所示。

图 25-40　选择信息分类标题

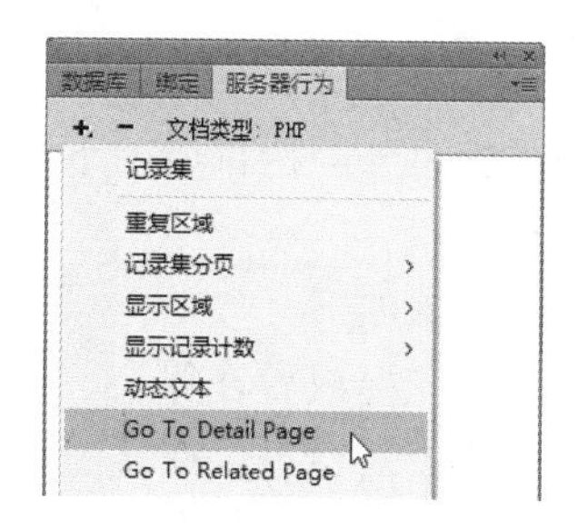

图 25-41　选择 Go To Detail Page 命令

step 03 在打开的 Go To Detail Page 对话框中单击【浏览】按钮，打开【选择文件】对话框，选择此站点中的 type.php，如图 25-42 所示。

step 04 单击【确定】按钮，返回到 Go To Detail Page 对话框，其他设定值采用默认值，如图 25-43 所示。

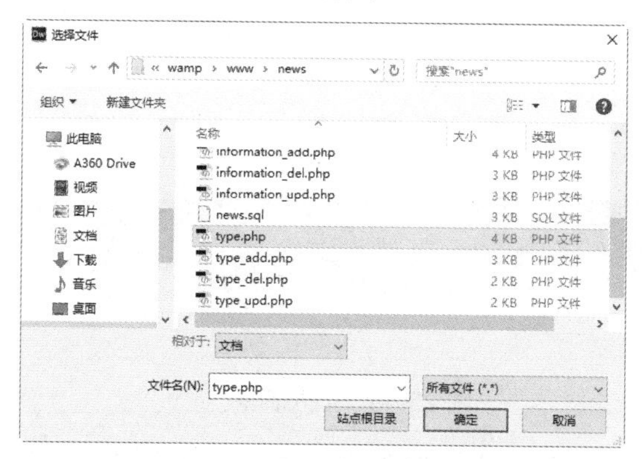

图 25-42　【选择文件】对话框

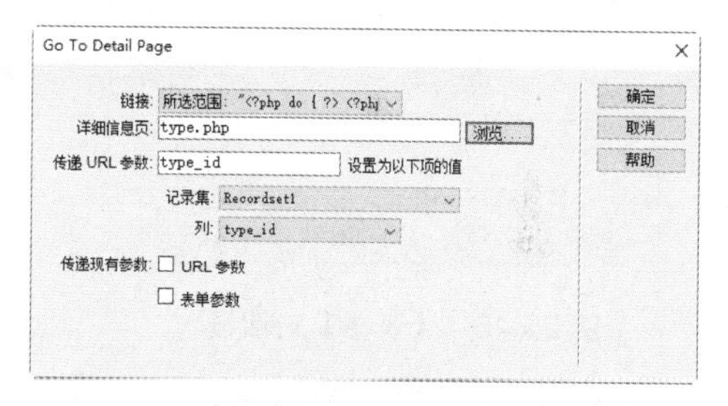

图 25-43　Go To Detail Page 对话框

step 05 单击【确定】按钮回到编辑页面，主页面 index.php 中信息分类的制作已经完成，最新信息的显示页面设计效果如图 25-44 所示。

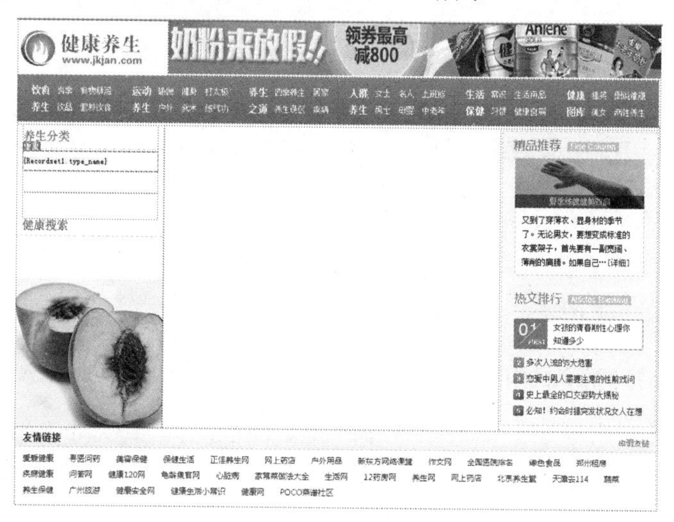

图 25-44　设计结果

3. 制作信息数据读取模块

制作完了信息分类栏目后，下一步就是将 information 数据表中的信息数据读取出来，并在首页上进行显示。

具体操作步骤如下。

step 01 将光标放置在第 3 行第 2 列的表格中，选择【插入】→【表格】命令，打开【表格】对话框，在【行数】文本框中输入 3，在【列】文本框中输入 2，在【表格宽度】文本框中输入 92%，其【边框粗细】、【单元格边距】和【单元格间距】都设为 0，如图 25-45 所示。

step 02 单击【确定】按钮，即可在网页中插入表格，如图 25-46 所示。

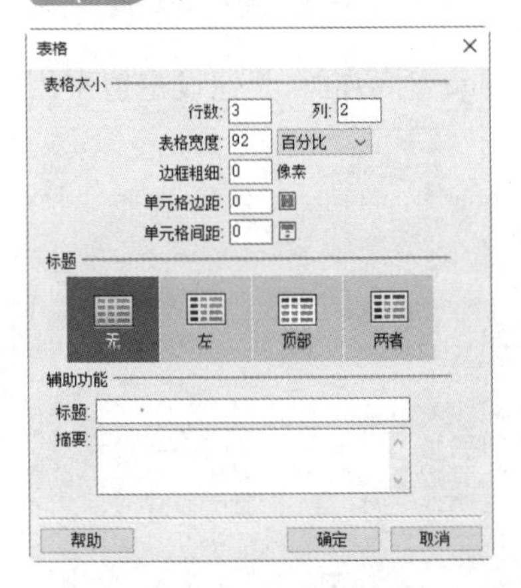

图 25-45 【表格】对话框

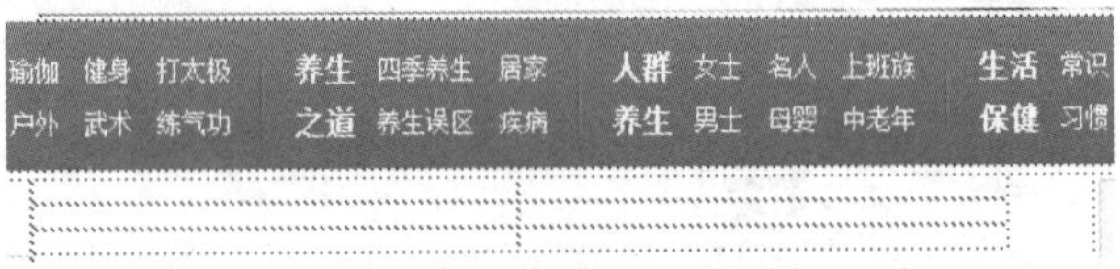

图 25-46 插入表格

step 03 合并第一行单元格，然后选择【插入】→【图像】命令，打开【选择图像源文件】对话框，在其中选择要插入的图片，如图 25-47 所示。

step 04 单击【确定】按钮，插入图片，如图 25-48 所示。

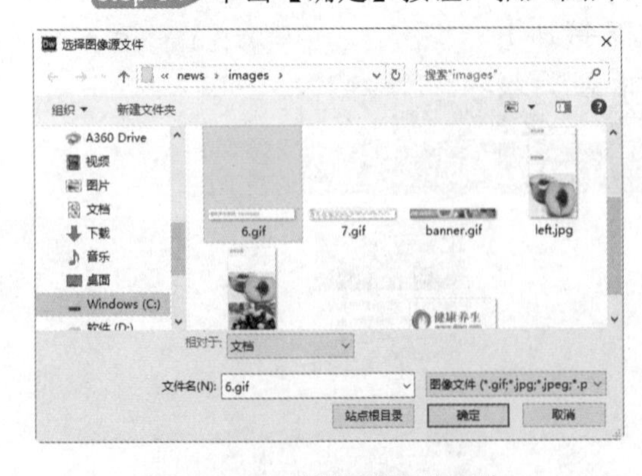

图 25-47 选择要插入的图片

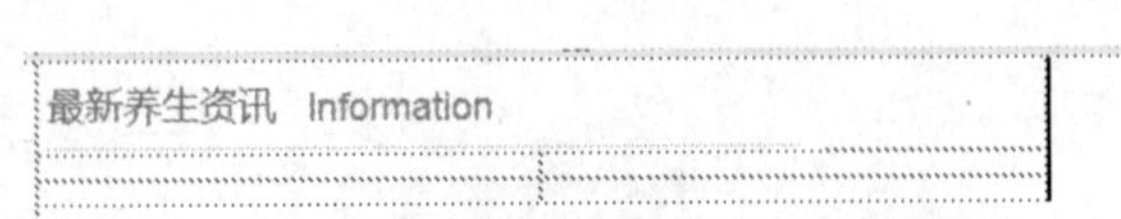

图 25-48 插入图片

step 05 单击【应用程序】面板组中【绑定】面板上的+按钮，在弹出的菜单中选择【记录集(查询)】命令，在打开的【记录集】对话框中输入如表 25-6 所示的数据，如图 25-49 所示。

表 25-6　记录集 Re1 设定

属　性	设 置 值	属　性	设 置 值
名称	Re1	列	全部
连接	information	筛选	无
表格	information	排序	以 inf_id 降序

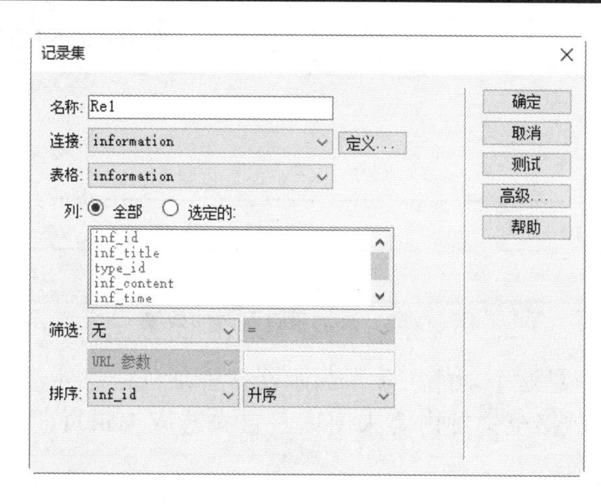

图 25-49　【记录集】对话框

step 06 插入记录集后，将记录集的字段插入至 index.php 网页的适当位置，如图 25-50 所示。

最新养生资讯 Information

{Re1.inf_title} {Re1.inf_time}

图 25-50　绑定数据

step 07 由于要在 index.php 这个页面中显示数据库中的部分信息，而目前的设定则只会显示数据库的第一笔数据，因此，需要加入【服务器行为】中的【重复区域】的设置来重复显示部分信息，单击选择要重复显示信息的那一行，如图 25-51 所示。

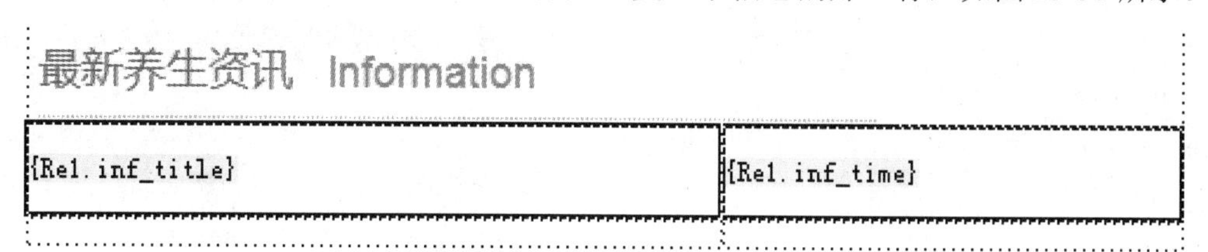

图 25-51　单击需要重复的表格

step 08 单击【应用程序】面板组中【服务器行为】面板上的 + 按钮，在弹出的菜单中，选择【重复区域】命令，在弹出的【重复区域】对话框中，记录集选择 Rel，要重复的记录条数设为 10 条，如图 25-52 所示。

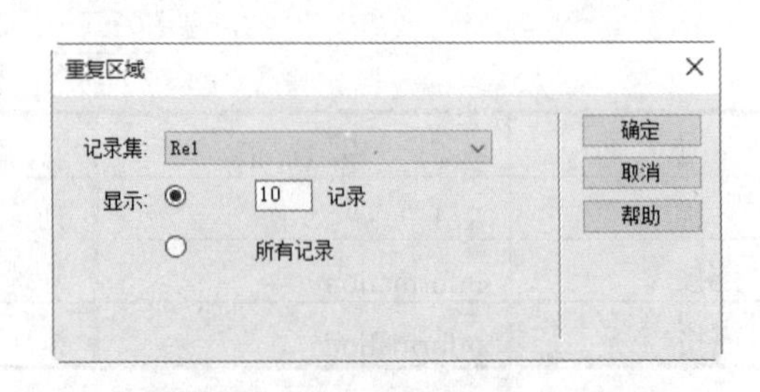

图 25-52 【重复区域】对话框

step 09 单击【确定】按钮，回到编辑页面，会发现先前所选取要重复的区域左上角出现了一个【重复】灰色标签，这表示已经完成设定了，如图 25-53 所示。

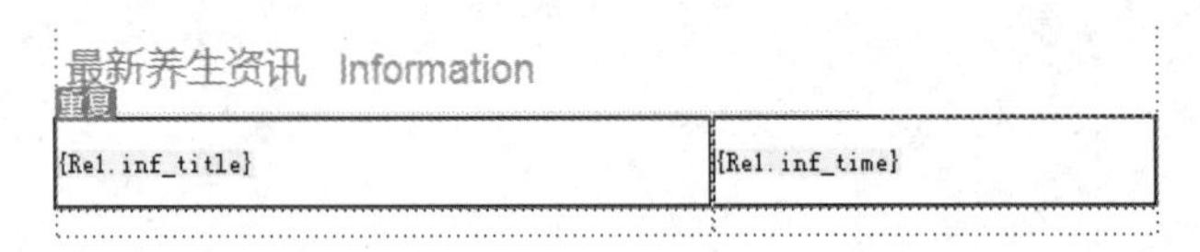

图 25-53 添加重复区域的效果

step 10 由于最新信息这个功能，除了显示网站中部分信息外，还要提供访问者感兴趣的信息标题以链接至详细内容来阅读。首先选取编辑页面中的信息标题字段，如图 25-54 所示。

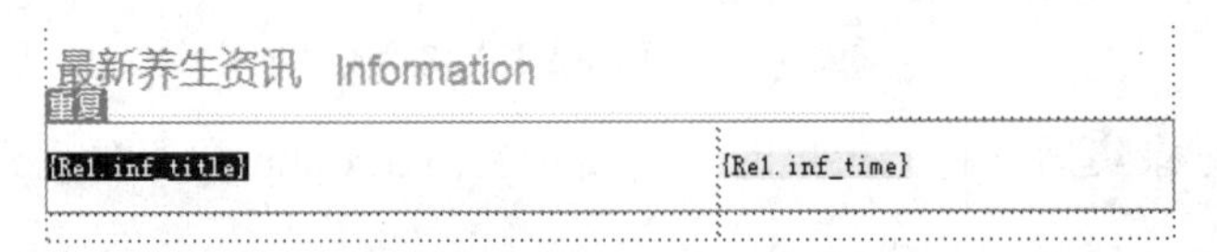

图 25-54 选择信息标题字段

step 11 单击【应用程序】面板组中的【服务器行为】面板上的 按钮，在弹出的菜单中选择 Go To Detail Page 命令，在打开的 Go To Detail Page 对话框中单击【浏览】按钮，打开【选择文件】对话框，选择此站点中 information 文件夹中的 content.php，其他设定如图 25-55 所示。

step 12 单击【确定】按钮回到编辑页面，当记录集超过一页，就必须要有【上一页】、【下一页】等按钮或文字，让访问者可以实现翻页的功能。在【服务器行为】面板中单击 按钮，在弹出的菜单中选择【记录集分页】→【移至第一页】命令，添加【第一页】选项，如图 25-56 所示。

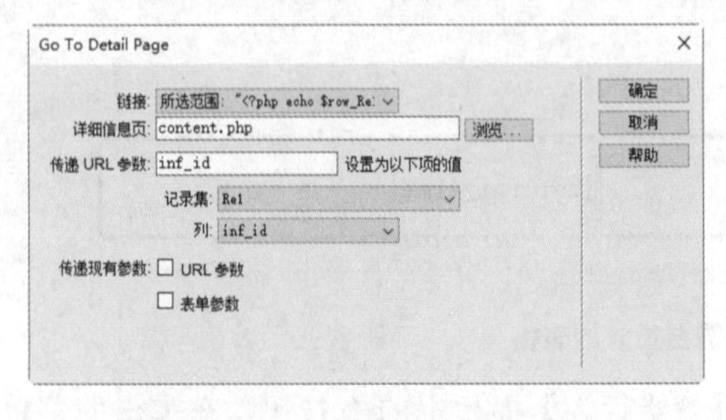

图 25-55 Go To Detail Page 对话框

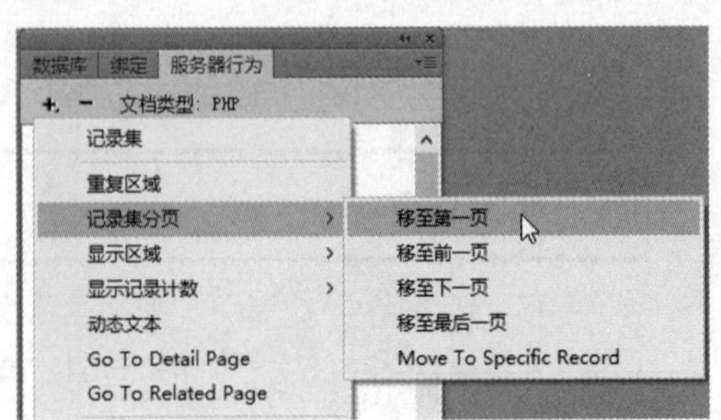

图 25-56 选择【移至第一页】命令

step 13 使用同样的方法添加其他记录集分页信息，如图 25-57 所示。

图 25-57 添加其他分页信息

step 14 在【服务器行为】面板中单击[+]按钮，在弹出的菜单中选择【显示记录计数】→【显示起始记录编号】命令，如图 25-58 所示。

step 15 打开【显示起始记录编号】对话框，单击【记录集】右侧的下拉按钮，在弹出的下拉列表中选择 Re1 记录集，如图 25-59 所示。

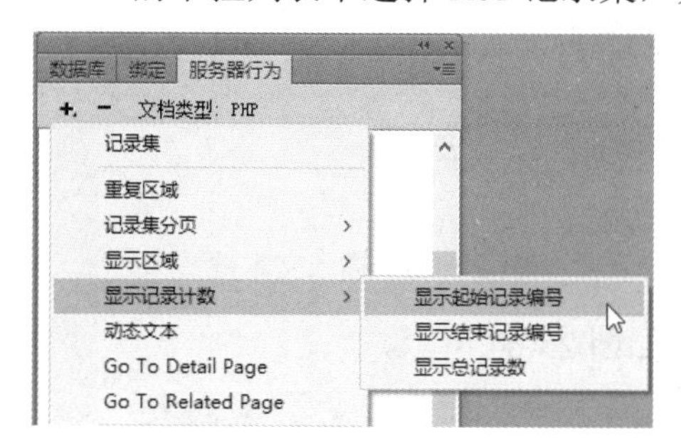

图 25-58 选择【显示起始记录编号】命令

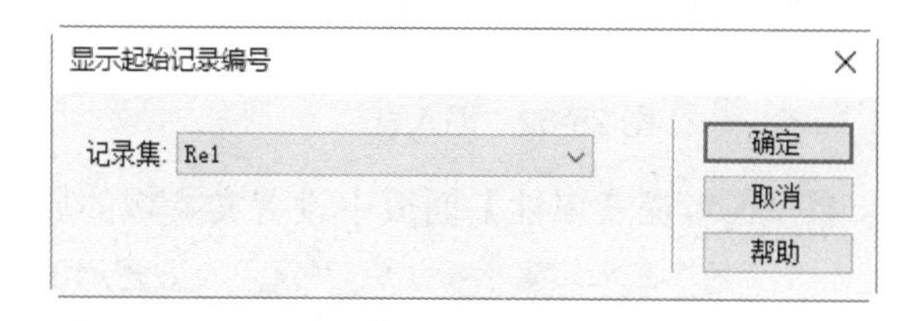

图 25-59 选择 Re1 记录集

step 16 单击【确定】按钮，在网页中添加记录编号信息，如图 25-60 所示。

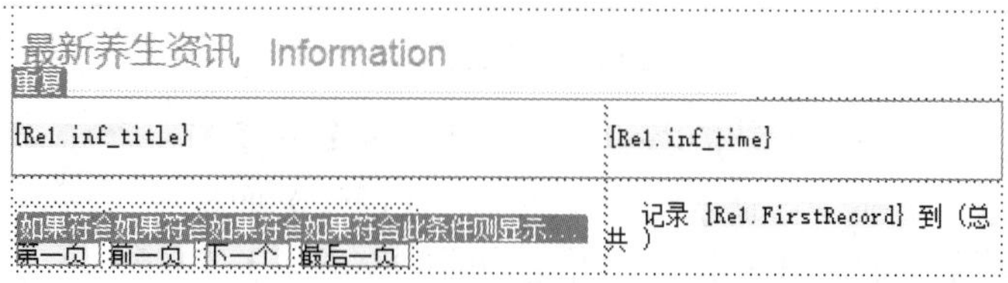

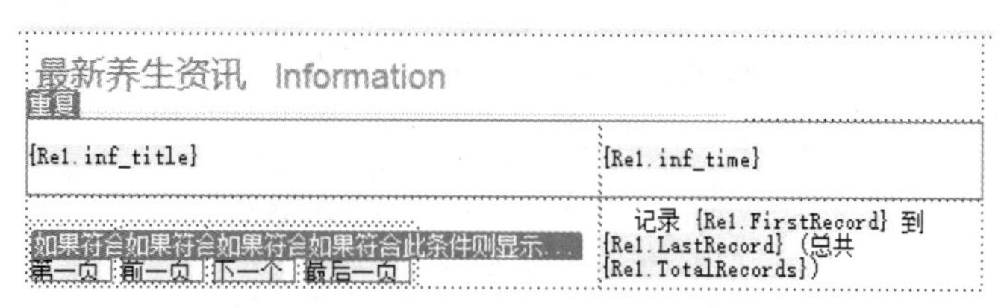

图 25-60 添加记录编号信息

step 17 使用相同的方法添加其他记录编号与记录数，如图 25-61 所示。

图 25-61 添加其他记录编号与记录数

25.3.2 搜索主题功能的设计

index.php 这个页面需要加入【查询】功能，这样信息资讯管理系统才不会因日后数据太多而有不易访问的情形发生。具体操作步骤如下。

step 01 在 index.php 页面中，将光标放置在左侧页面表格中的第 4 行，然后选择【插入】→【表单】→【表单】命令，在该单元格中插入一个表单，如图 25-62 所示。

step 02 在表单中输入文字【健康查询】，然后选择【插入】→【表单】→【文本域】命令，插入一个文本框，如图 25-63 所示。

图 25-62 插入表单

图 25-63 插入文本框

step 03 在【属性】面板中设置文本域的属性，如图 25-64 所示。

图 25-64 【属性】面板

step 04 将光标放置在文本域的右侧，选择【插入】→【表单】→【按钮】命令，插入一个按钮，在【属性】面板中设置按钮的名称为【查询】，并选中【提交表单】单选按钮，如图 25-65 所示。

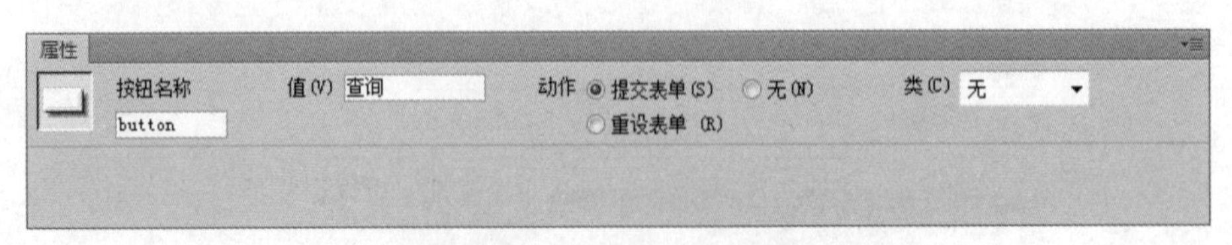

图 25-65 插入按钮并设置属性

step 05 在此要将之前建立的记录集 Re1 做一下更改，打开【记录集】对话框，并进入【高级】设置，在原有的 SQL 语法中，加入一段查询功能的语法：

```
WHERE inf_title like '%''.$keyword. ''%'
```

那么以前的 SQL 语句将变成如图 25-66 所示。

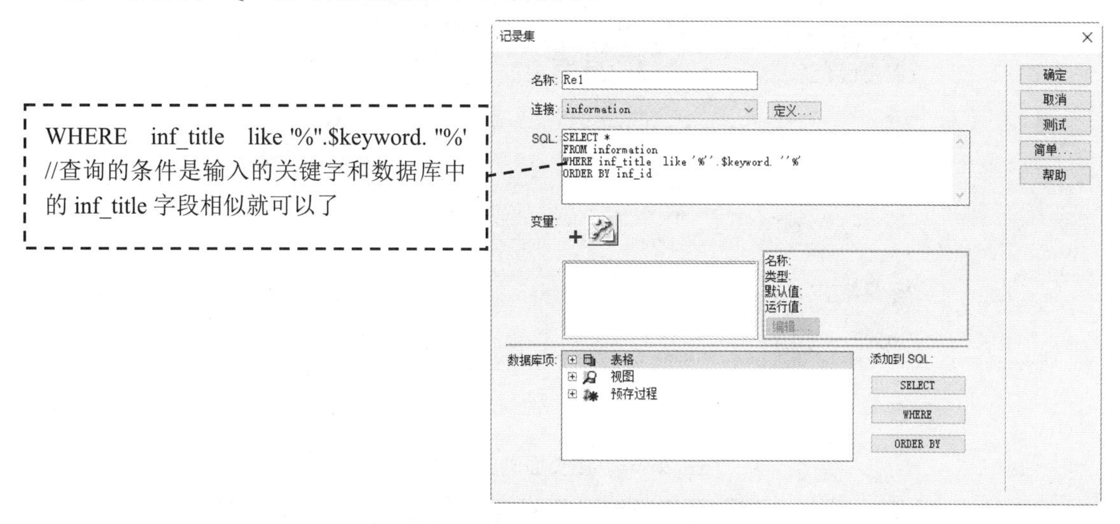

图 25-66 修改 SQL 语句

提示 其中 like 是模糊查询的运算值，%表示任意字符，而 keyword 是个变量，分别代表关键词。

step 06 切换到【代码】视图，找到 Re1 记录集相应的代码并加入如下代码：

```
$keyword=$_POST[keyword];
//定义 keyword 为表单中"keyword"的请求变量
```

如图 25-67 所示，完成设置。

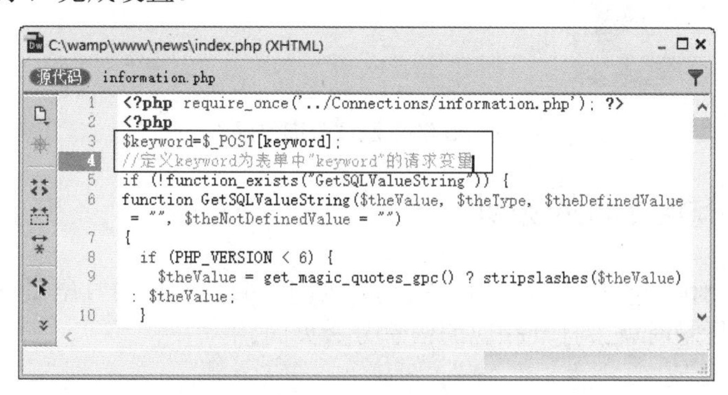

图 25-67 加入代码

step 07 以上的设置完成后，index.php 系统主页面就有查询功能了，可以按 F12 键，在浏览器中测试一下是否能正确地查询。首先 index.php 页面会显示所有网站中的信息分类主题和最新信息标题，如图 25-68 所示。

step 08 在【健康查询】文本框中输入【秋季】并单击【查询】按钮，结果会发现页面中的记录只显示有关秋季所发表的最新信息主题，这样查询功能就已经完成了，最终的效果如图 25-69 所示。

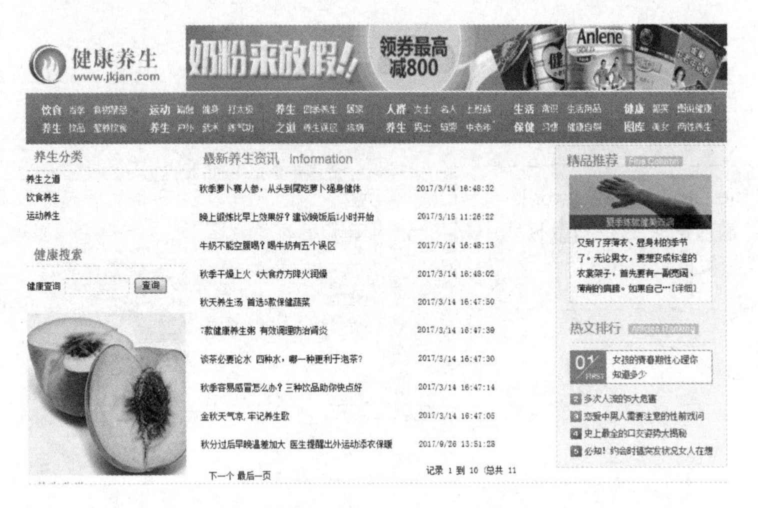

图 25-68　主页面浏览效果

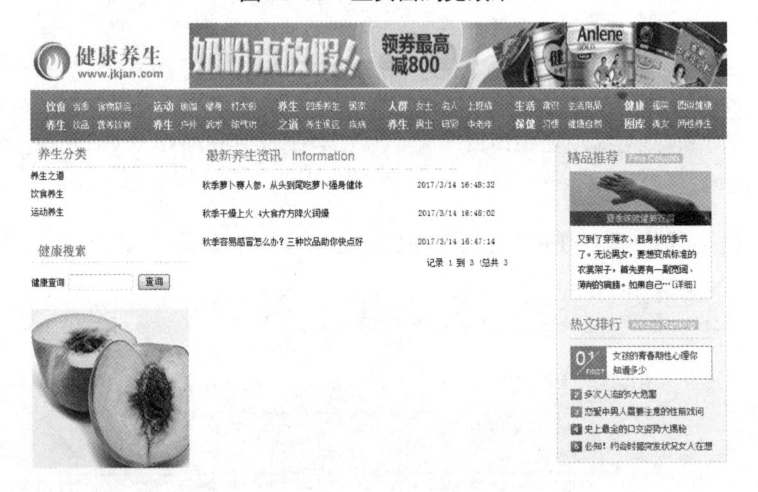

图 25-69　测试查询效果

25.3.3　信息分类页面的设计

信息分类页面 type.php 用于显示每个信息分类的页面。当访问者单击 index.php 页面中的任何一个信息分类标题时就会打开相应的信息分类页面。

具体操作步骤如下。

step 01 选择【文件】→【新建】命令，打开【新建文档】对话框，选择【空白页】选项卡，选择【页面类型】下拉列表框中的 PHP 选项，在【布局】下拉列表框中选择【无】选项，然后单击【创建】按钮创建新页面，输入网页标题【信息分类】，如图 25-70 所示。选择【文件】→【保存】命令，在站点 information 文件夹中将该文档保存为 type.php。

图 25-70　添加网页标题

step 02 信息分类页面和首页面中的静态页面设计差不多。另外，信息分类页面左侧的【养生分类】模块和首页的【养生分类】模块一样，这里不再赘述，如图 25-71 所示。

图 25-71　养生分类页面

step 03 type.php 这个页面主要是显示所有信息分类标题的数据，所使用的数据表是 information，单击【绑定】面板中的【增加】标签上的 按钮，在弹出的菜单中选择【记录集(查询)】命令，在打开的【记录集】对话框中输入如表 25-7 的数据，再单击【确定】按钮就完成设定了，如图 25-72 所示。

表 25-7　输入“记录集”

属　性	设 置 值	属　性	设 置 值
名称	Recordset1	列	全部
连接	information	筛选	type_id=URL 参数 type_id
表格	Information	排序	以 inf_id 升序

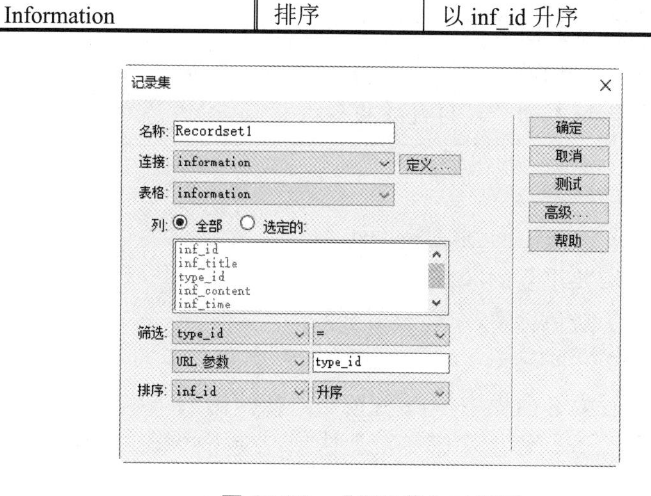

图 25-72　【记录集】对话框

step 04 单击【确定】按钮，完成记录集绑定。将光标定位在表格第 2 行，然后选择【插入】→【表格】命令，打开【表格】对话框，在其中设置表格的相关参数，如图 25-73 所示。

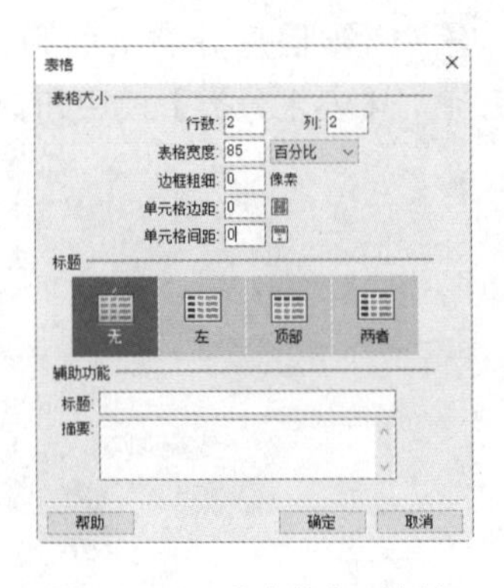

图 25-73　【表格】对话框

step 05 单击【确定】按钮，在表格中插入一个 2 行 2 列的表格，并设置表格的对齐方式为居中对齐，如图 25-74 所示。

step 06 合并第 1 行，将记录集的字段插入至 type.php 网页中的适当位置，如图 25-75 所示。

step 07 为了显示所有记录，需要选择【服务器行为】中的【重复区域】命令，单击 type.php 页面中需要重复的表格，如图 25-76 所示。

图 25-74　插入表格

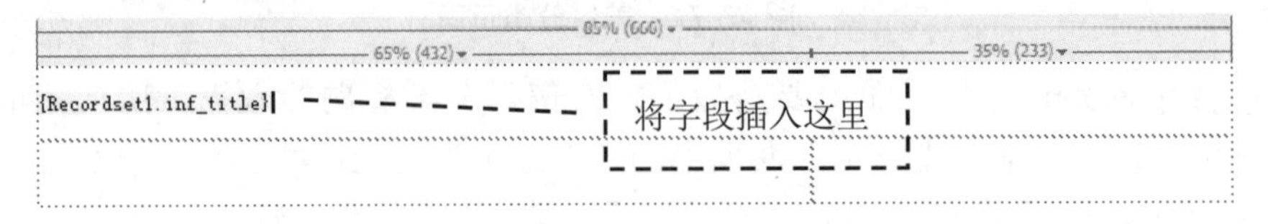

图 25-75　插入至 type.php 网页中

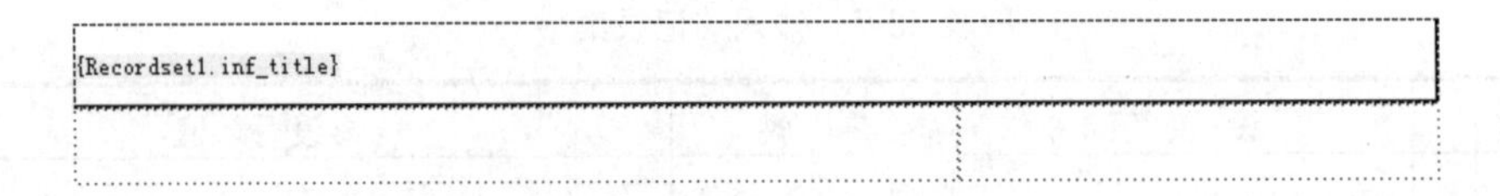

图 25-76　选择要重复显示的表格

step 08 单击【应用程序】面板组中的【服务器行为】面板上的 按钮，在弹出的菜单中选择【重复区域】命令，打开【重复区域】对话框，设定一页显示的数据为 10 条，如图 25-77 所示。

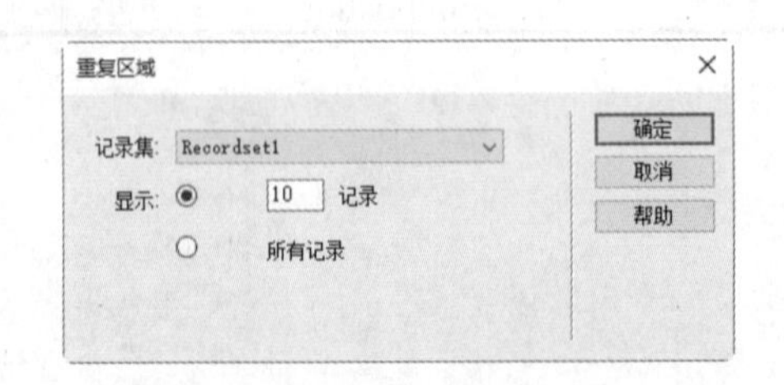

图 25-77　【重复区域】对话框

step 09 单击【确定】按钮，回到编辑页面，会发现先前所选取要重复的区域左上角出现了一个【重复】灰色标签，这表示已经完成设置，如图 25-78 所示。

step 10 在【服务器行为】面板中单击 按钮，在弹出的菜单中选择【记录集分页】→【移至第一页】命令，添加【第一页】选项，使用同样的方法添加其他记录集分页信息，如图 25-79 所示。

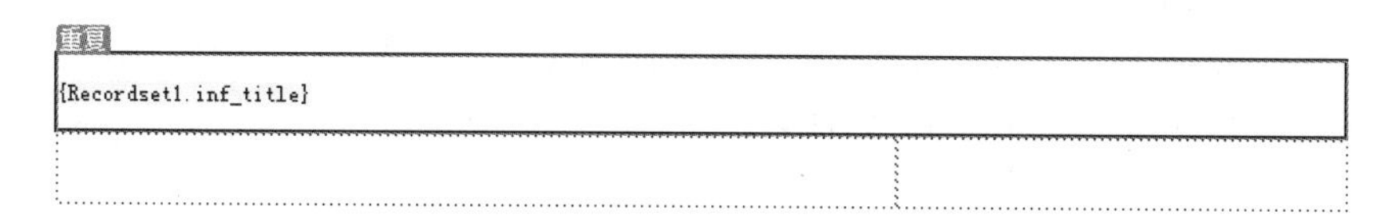

图 25-78　添加重复区域的效果

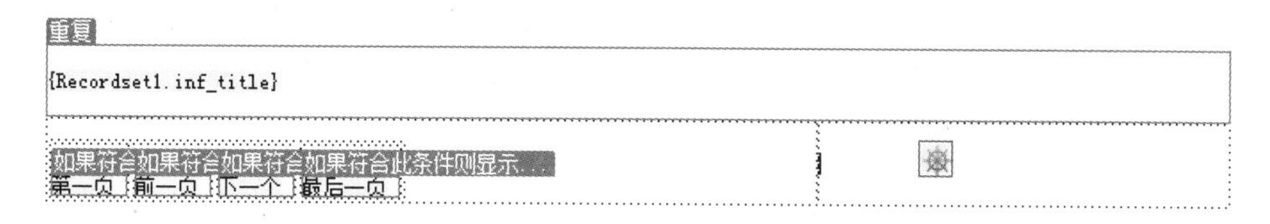

图 25-79　添加记录集分页信息

step 11 在【服务器行为】面板中，单击按钮，在弹出的菜单中选择【显示记录计数】→【显示起始记录编号】命令，打开【显示起始记录编号】对话框，单击【记录集】右侧的下拉按钮，在弹出的下拉列表中选择 Recordset1 记录集，如图 25-80 所示。

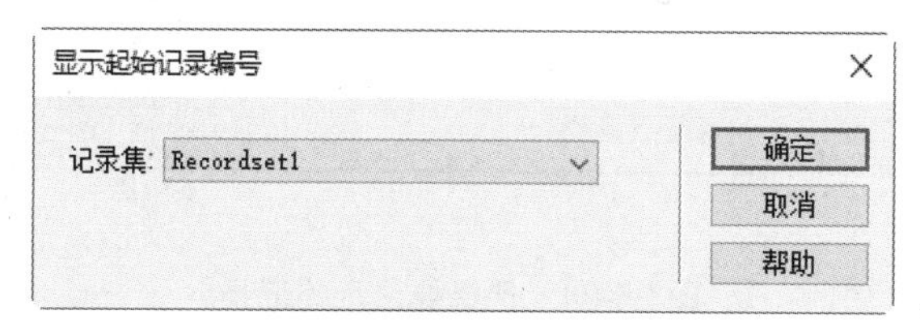

图 25-80　选择 Recordset1 记录集

step 12 单击【确定】按钮，在网页中添加记录编号信息，如图 25-81 所示。

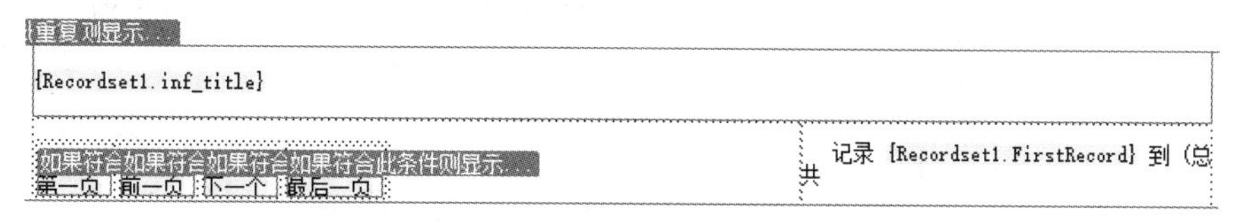

图 25-81　添加记录编号信息

step 13 使用相同的方法添加其他记录编号与记录数，如图 25-82 所示。

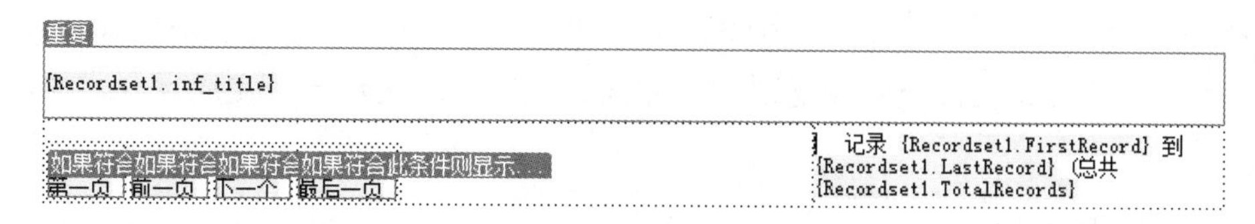

图 25-82　添加其他记录编号与记录数

step 14 选取编辑页面中的信息标题字段 inf_title，再单击【应用程序】面板组中的【服务器行为】面板上的按钮，在弹出的菜单中选择 Go To Detail Page 命令，在打开的 Go To Detail Page 对话框中单击【浏览】按钮，打开【选择文件】对话框，选择

information 文件夹中的 content.php，【传递 URL 参数】设为 inf_id，其他参数设定如图 25-83 所示。最后单击【确定】按钮即可完成设置。

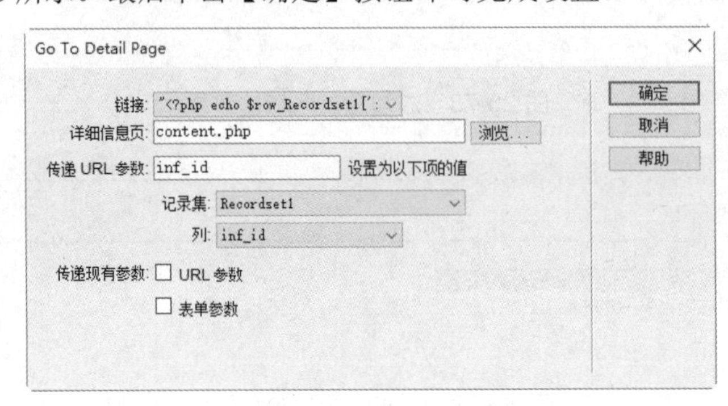

图 25-83　Go To Detail Page 对话框

step 15 加入显示区域的设定。首先选取记录集有数据时要显示的数据表格，这里单击选择需要显示的整个表格，如图 25-84 所示。

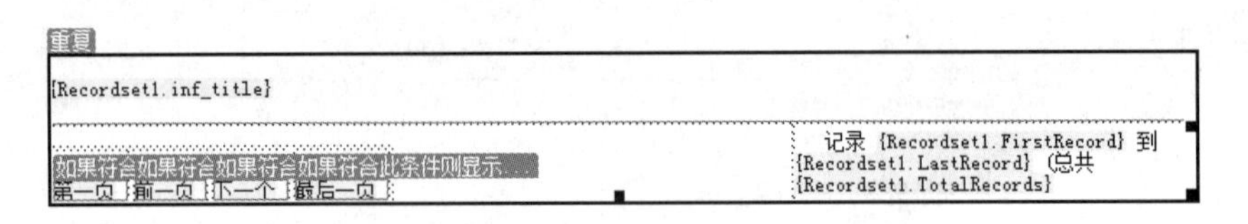

图 25-84　选择要显示的记录

step 16 单击【应用程序】面板组中的【服务器行为】面板上的按钮，在弹出的菜单中，选择【显示区域】→【如果记录集不为空则显示】命令，打开【如果记录集不为空则显示】对话框，将【记录集】设置为 Recordset1，如图 25-85 所示。

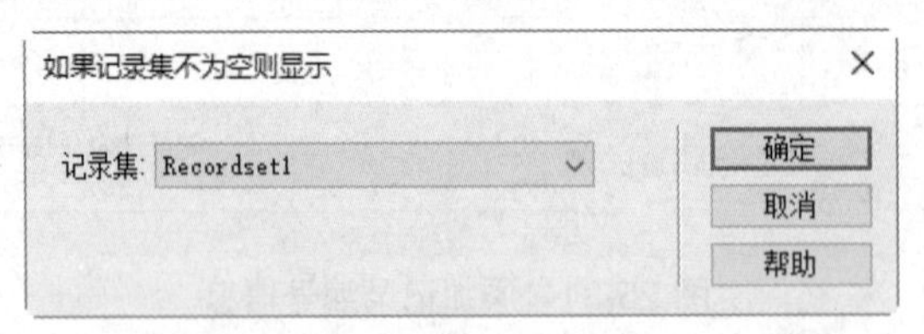

图 25-85　【如果记录集不为空则显示】对话框

step 17 单击【确定】按钮回到编辑页面，会发现先前所选取要显示的区域左上角出现了一个【如果符合此重复则显示】灰色标签，这表示已经完成设置，如图 25-86 所示。

图 25-86　记录集不为空则显示

step 18 选取记录集没有数据时要显示的文字信息，如图 25-87 所示。

step 19 单击【应用程序】面板组中的【服务器行为】面板上的 + 按钮，在弹出的菜单中，选择【显示区域】→【如果记录集为空则显示】命令，打开【如果记录集为空则显示】对话框，将【记录集】设置为 Recordset1，如图 25-88 所示。

对不起，暂无任何信息

图 25-87 选择没有数据时显示的信息

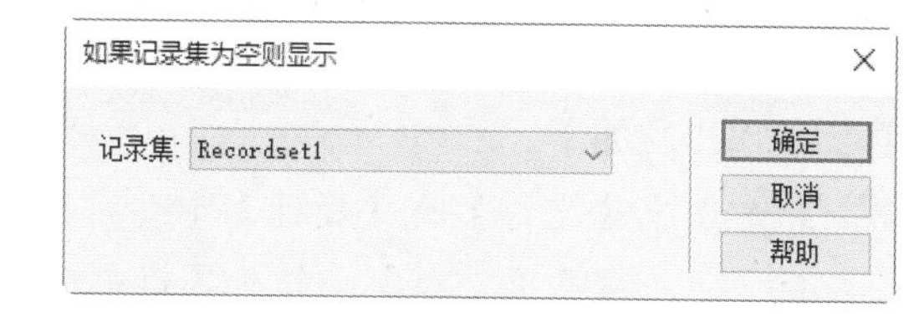

图 25-88 【如果记录集为空则显示】对话框

step 20 单击【确定】按钮回到编辑页面，会发现先前所选取要显示的区域左上角出现了一个【如果符合此条件则显示】灰色标签，这表示已经完成设置，效果如图 25-89 所示。

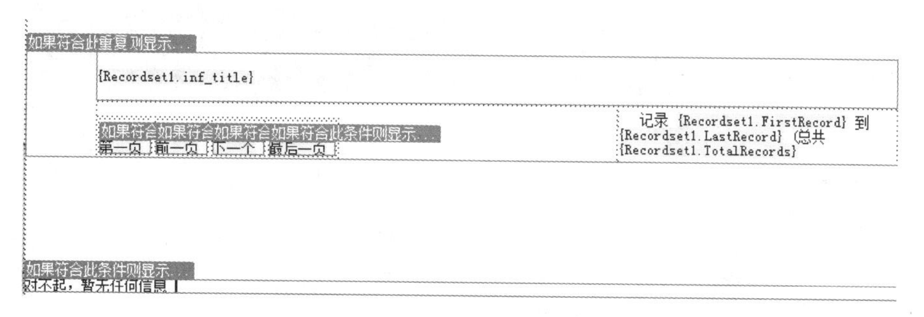

图 25-89 记录集为空则显示

step 21 至此，信息分类页面 type.php 的制作已经完成，预览效果如图 25-90 所示。

图 25-90 信息分类页面效果

25.3.4 信息内容页面的设计

信息内容页面 content.php 用于显示每一条信息的详细内容。这个页面设计的重点在于如何接收主页面 index.php 和 type.php 所传递过来的参数，并根据这些参数显示数据库中相应的数据。

具体操作步骤如下。

step 01 选择【文件】→【新建】命令，打开【新建文档】对话框，选择【空白页】选项卡，在【页面类型】下拉列表框中选择 PHP 选项，在【布局】下拉列表框中选择【无】选项，然后单击【创建】按钮创建新页面，选择【文件】→【保存】命令，在站点中 information 文件夹中将该文档保存为 content.php。

step 02 信息内容页面设计和前面的页面设计差不多，在这里不做详细的页面制作说明，效果如图 25-91 所示。

图 25-91　信息内容页面设计效果

step 03 单击【绑定】面板中的【增加】标签上的按钮，在弹出的菜单中选择【记录集(查询)】命令，在打开的【记录集】对话框中输入如表 25-8 所示的数据，再单击【确定】按钮就完成设定了，对话框的设置如图 25-92 所示。

表 25-8　记录集的表格设置

属　性	设 置 值	属　性	设 置 值
名称	Recordset1	列	全部
连接	information	筛选	inf_id=URL 参数　inf_id
表格	information	排序	无

step 04 将光标定位在第 2 行第 2 列，选择【插入】→【表格】命令，打开【表格】对话框，在其中设置表格的参数，如图 25-93 所示。

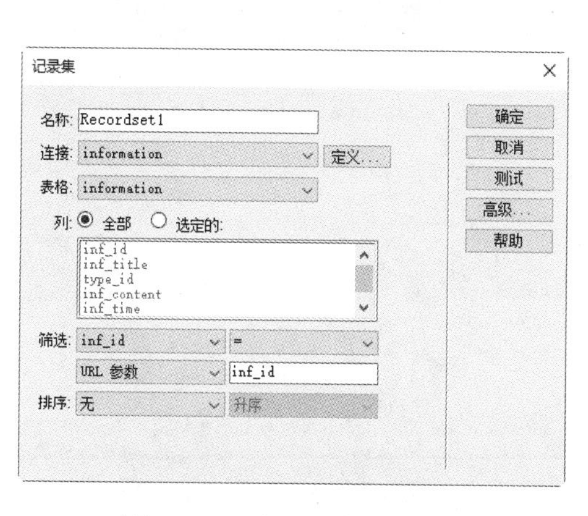

图 25-92 【记录集】对话框

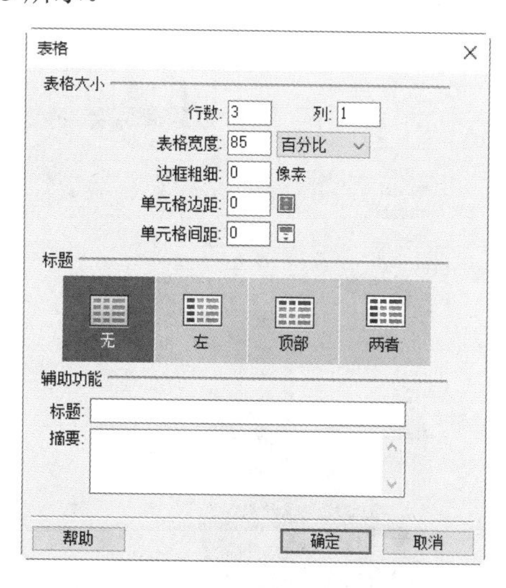

图 25-93 【表格】对话框

step 05 单击【确定】按钮，在网页中插入一个 3 行 1 列的表格，然后选择【插入】→【图像】命令，在表格的第 2 行插入一张图片 line.jpg，如图 25-94 所示。

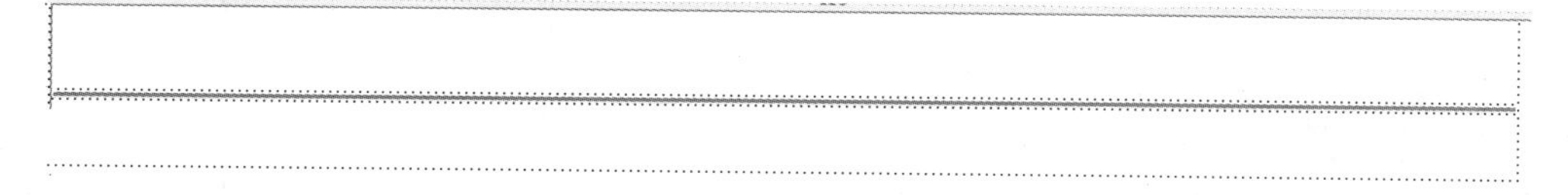

图 25-94 插入图片 line.jpg

step 06 绑定记录集后，将记录集的字段插入至 content.php 页面中的适当位置，完成信息内容页面 content.php 的制作，如图 25-95 所示。

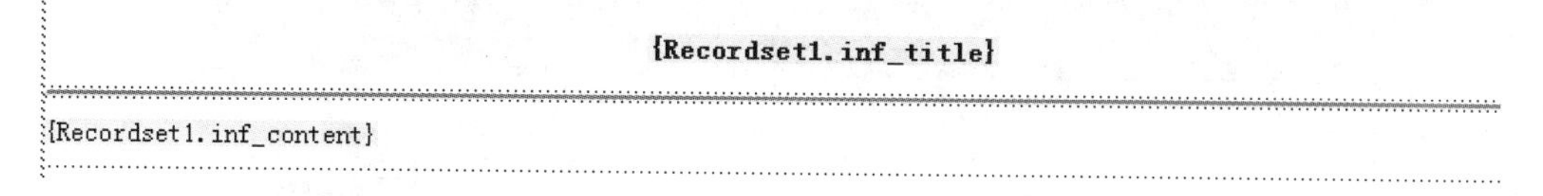

图 25-95 绑定记录集到页面中

step 07 绑定数据到页面后，设置信息标题和信息内容的样式，这样更加美观。选择信息标题字段，在【属性】面板的 CSS 样式表中，设置【大小】为 14px，字体颜色为 #000，字体加粗，设置目标规则的名称为.title，如图 25-96 所示。

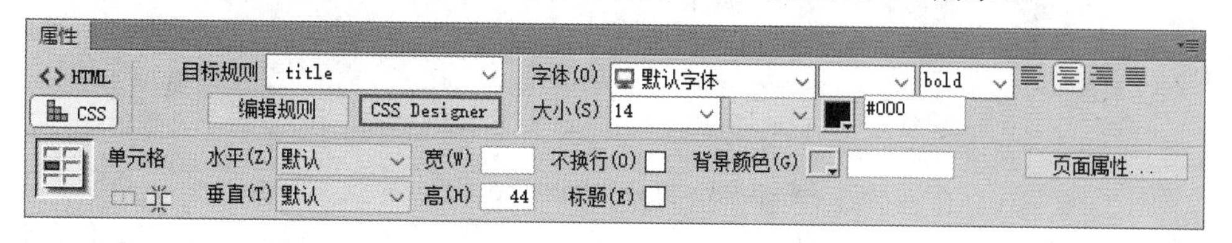

图 25-96 新建 CSS 样式

step 08 用同样的方法设置信息内容的样式，这样信息内容页面即完成制作，预览效果如图 25-97 所示。

图 25-97　内容信息页面预览效果

25.3.5　系统页面的测试

制作好一个系统后，需要测试无误，才能上传到服务器以供使用。下面介绍系统页面测试的具体操作步骤。

step 01 打开 IE 浏览器，在地址栏中输入 http://localhost/index.php，打开 index.php 页面，如图 25-98 所示。

图 25-98　打开 index.php 页面

step 02 单击页面左侧的信息分类模块下的链接，如这里单击【养生之道】超链接，即可在右侧的页面中显示有关养生之道的信息，如图 25-99 所示。

图 25-99　单击【养生之道】超链接

step 03 单击【饮食养生】超链接，在右侧的页面中则显示有关饮食养生的信息，如图 25-100 所示。

图 25-100　单击【饮食养生】超链接

step 04 如果想要查看分类信息的详细内容，可以在右侧的分类信息中单击任意一个标题文章，就可以打开该标题文章的详细内容页面，如图 25-101 所示。这就说明信息资讯管理系统的前台页面设计完成。

图 25-101　详细内容页面

25.4　后台管理页面设计

信息资讯管理系统后台管理对信息资讯管理系统来说非常重要。管理者可以通过账号与密码进入后台对信息分类和信息内容进行增加、修改或删除，使网站能随时保持最新、最实时的信息。

25.4.1　后台管理入口页面

后台管理主页面必须受到权限管理，可以利用登录账号与密码来判别是否由此用户来实现权限的设置管理。

具体操作步骤如下。

step 01 选择【文件】→【新建】命令，打开【新建文档】对话框，选择【空白页】选项卡，在【页面类型】下拉列表框中选择 ASP VBScript 选项，在【布局】下拉列表框中选择【无】选项，然后单击【创建】按钮创建新页面，输入网页标题【后台管理入口】，选择【文件】→【保存】命令，在站点中 information 文件夹中 admin 文件夹中将该文档保存为 admin_login.php。

step 02 选择【插入】→【表单】→【表单】命令，插入一个表单。

step 03 将鼠标放置在该表单中，选择【插入】→【表格】命令，打开【表格】对话框，在【行数】文本框中输入 4，在【列】文本框中输入 5，在【表格宽度】文本框中输入 400 像素，其他选项保持默认值，如图 25-102 所示。

step 04 单击【确定】按钮，在该表单中插入了一个 4 行 2 列的表格，选择表格，在【属性】面板中，设置【对齐】为【居中对齐】。拖动鼠标选择第 1 行表格所有单元格，在【属性】面板中单击□按钮，将第 1 行表格合并，用同样的方法把第 4 行表格合并，如图 25-103 所示。

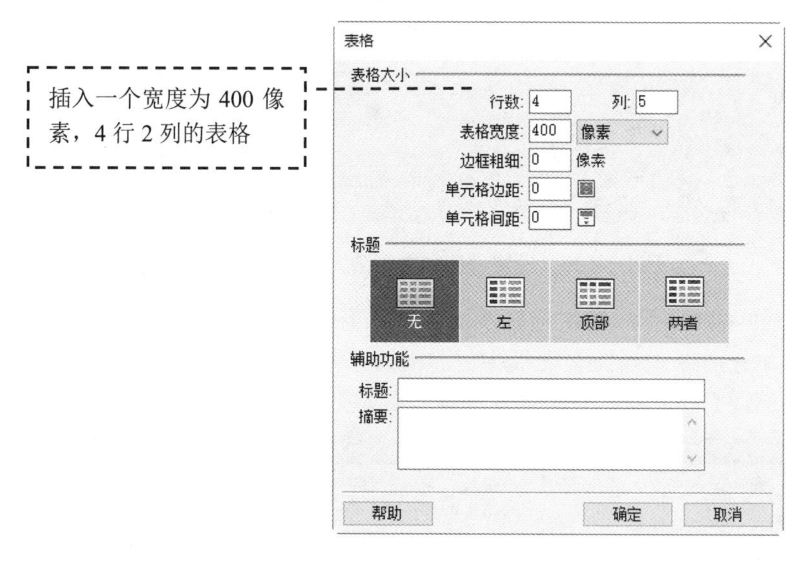

图 25-102　插入一个宽为 400 像素的 4 行 2 列的表格

图 25-103　设置插入的表格

step 05 在表格的第 1 行中输入文字【信息资讯系统后台管理中心】，在表格的第 2 行第 1 个单元格中输入文字说明【账号：】，在第 2 行第 2 个单元格中选择【插入】→【表单】→【文本域】命令，插入单行文本域表单对象，定义文本域名为 username，【类型】设为【单行】，文本域属性设置及效果如图 25-104 所示。

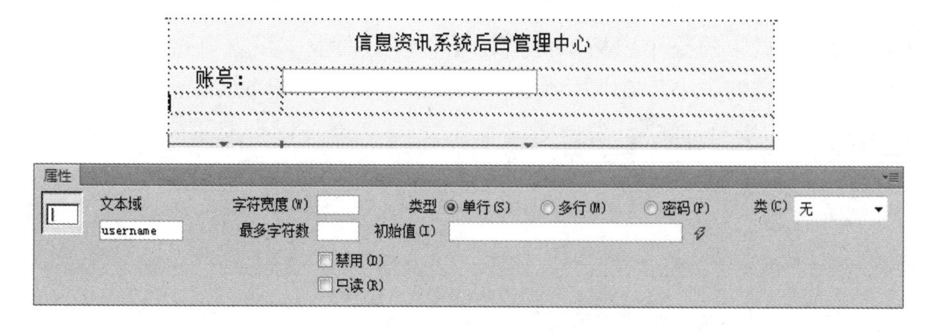

图 25-104　输入文字和插入文本域

step 06 在表格第 3 行第 1 个单元格中输入文字说明【密码：】，在表格第 3 行第 2 个单元格中选择【插入】→【表单】→【文本域】命令，插入单行文本域表单对象，插入单行文本域，定义文本域名为 password，【类型】设为【密码】，文本域属性设置及效果如图 25-105 所示。

图 25-105　设置密码和文本域

step 07 单击选择表格第 4 行，依次选择两次【插入】→【表单】→【按钮】命令，插入两个按钮，并分别在【属性】面板中进行属性变更，一个为登录时用的【提交表单】选项，一个为【重设表单】选项，属性设置及效果如图 25-106 所示。

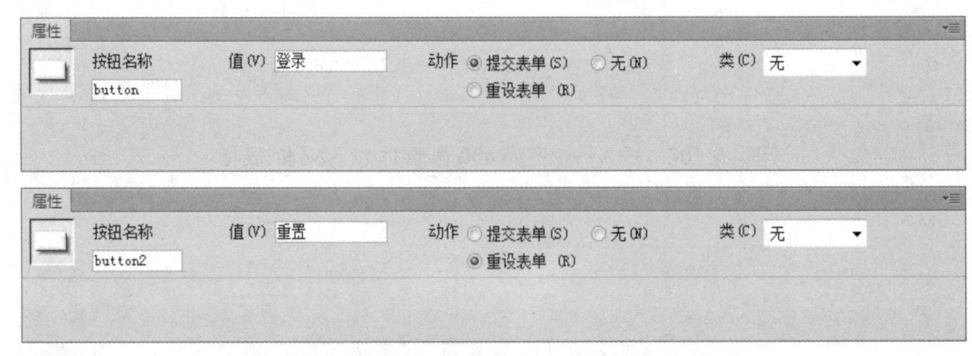

图 25-106　设置按钮

step 08 选择网页中的整个表格，然后在【属性】面板中设置表格的对齐方式为【居中对齐】，边框的大小为 2，具体的参数设置如图 25-107 所示。

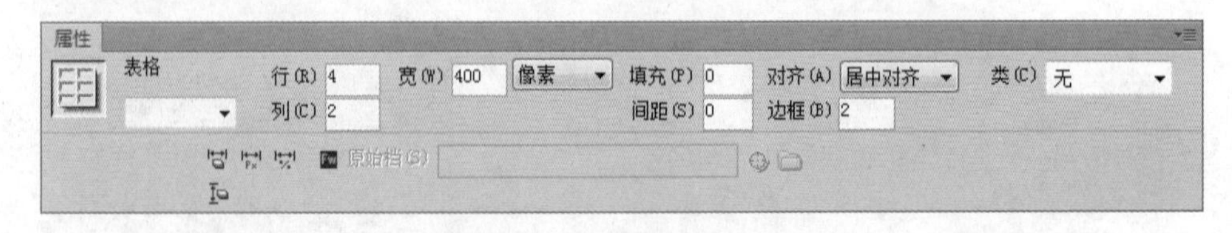

图 25-107　设置表格属性

step 09 选择表格中的文字，然后在【属性】面板中的 CSS 设置界面中设置文字大小为 16，表格的背景颜色为#66CCFF，如图 25-108 所示。

step 10 单击【应用程序】面板组中的【服务器行为】面板上的+按钮，在弹出的菜单中选择【用户身份验证】→【登录用户】命令，打开【登录用户】对话框，设置如果不成功将返回登录页面 admin_login.php 重新登录；如果成功将登录后台管理主页面 admin.php，如图 25-109 所示。

图 25-108 设置文字样式

step 11 选择【窗口】→【行为】命令，打开【行为】面板，单击【行为】面板中的+按钮，在弹出的菜单中选择【检查表单】命令，打开【检查表单】对话框，设置 username 和 password 文本域的【值】都为【必需的】，【可接受】为【任何东西】，如图 25-110 所示。

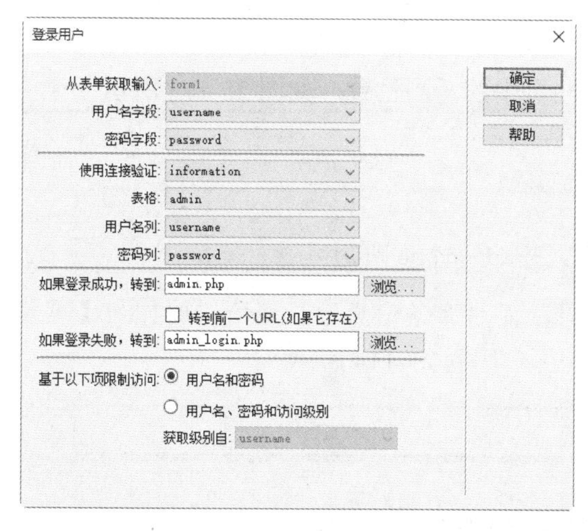

图 25-109 登录用户的设置

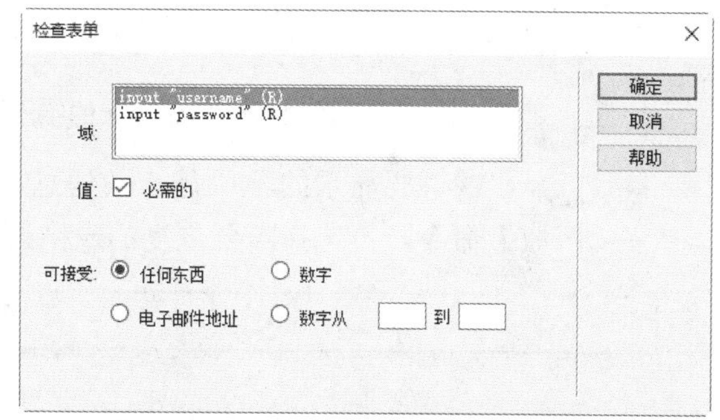

图 25-110 【检查表单】对话框

step 12 单击【确定】按钮，回到编辑页面，完成后台管理入口页面 admin_login.php 的设计与制作。预览效果如图 25-111 所示。

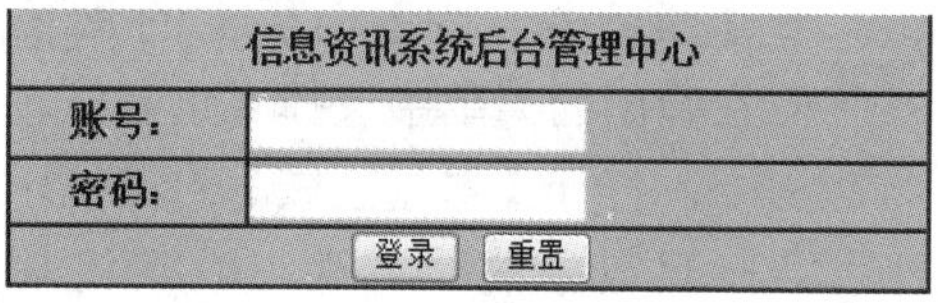

信息资讯系统后台管理中心

账号：

密码：

登录 重置

图 25-111 后台登录界面效果

25.4.2 后台管理主页面

后台管理主页面是管理者在登录页面验证成功后所进入的页面。这个页面可以实现对信息分类和信息内容的新增、修改或删除，使网站能随时保持最新、最实时的信息。

具体操作步骤如下。

step 01 打开 admin.php 页面(此页面设计比较简单，页面设计在这里不做说明)，单击【绑定】面板上的+按钮，在弹出的菜单中选择【记录集(查询)】命令，在【记录集】对话框中，输入如表 25-9 所示的数据，再单击【确定】按钮即完成设定，设置如图 25-112 所示。

表 25-9 “记录集”的表格设置

属 性	设 置 值
名称	Re
连接	information
表格	information
列	全部
筛选	无
排序	以 inf_id 降序

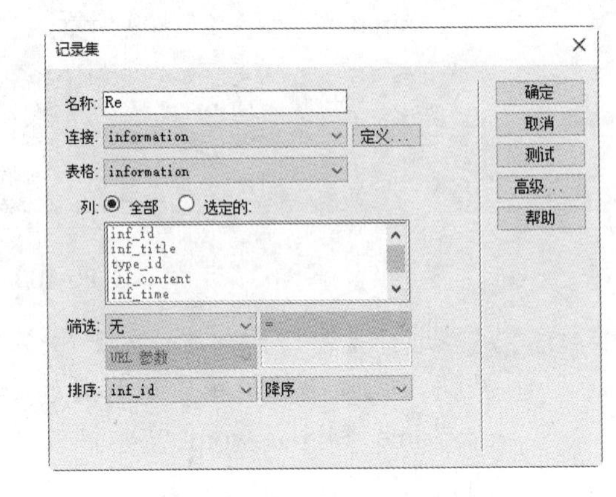

图 25-112 【记录集】对话框

step 02 单击【确定】按钮。完成记录集 Re 的绑定，绑定记录集后，将 Re 记录集中的 inf_title 字段插入至 admin.php 网页中的适当位置，如图 25-113 所示。

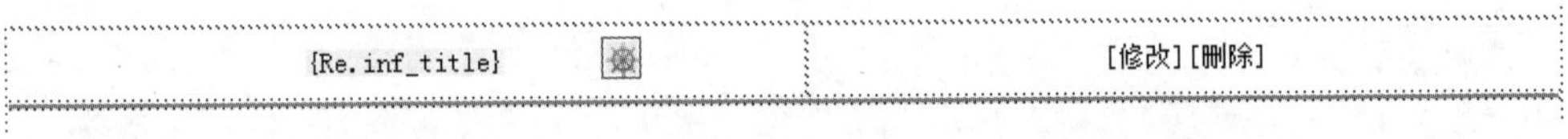

{Re.inf_title} [修改] [删除]

图 25-113 将记录集的字段插入至 admin.php 网页中

step 03 在这里要显示的不单是一条信息记录，而是多条信息记录，所以要加入【重复区域】命令，再选择需要重复的表格的一行，如图 25-114 所示。

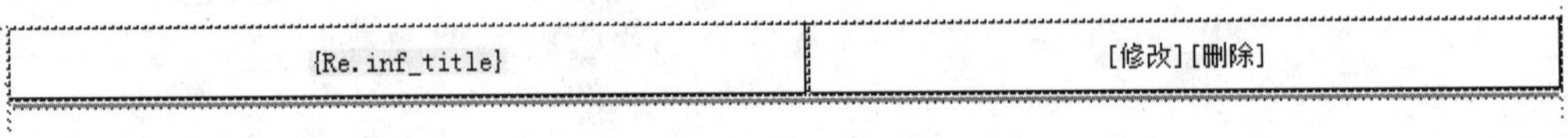

{Re.inf_title} [修改] [删除]

图 25-114 选择重复的区域

step 04 单击【应用程序】面板组中的【服务器行为】面板上的 按钮，在弹出的菜单中选择【重复区域】命令，打开【重复区域】对话框，设定一页显示的数据为 10 条记录，如图 25-115 所示。

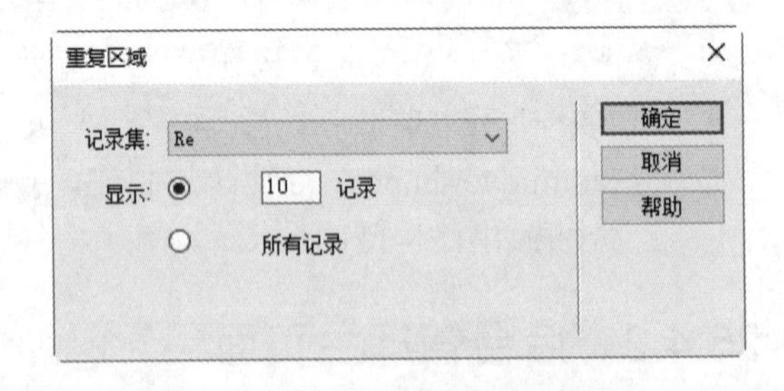

图 25-115 【重复区域】对话框

step 05 单击【确定】按钮回到编辑页面，会发现先前所选取要重复的区域左上角出现了一个【重复】灰色标签，这表示已经完成设定了，如图 25-116 所示。

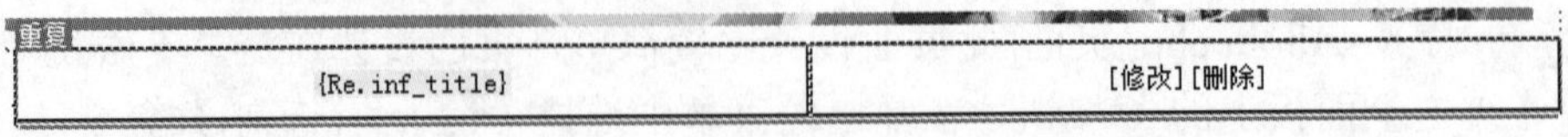

重复
{Re.inf_title} [修改] [删除]

图 25-116 添加重复区域的效果

step 06 当显示的信息数据大于 10 条，就必须加入记录集分页功能了。在【服务器行为】面板中单击 按钮，在弹出的下拉菜单中选择【记录集分页】→【移至第一页】命令，添加【第一页】选项，如图 25-117 所示。

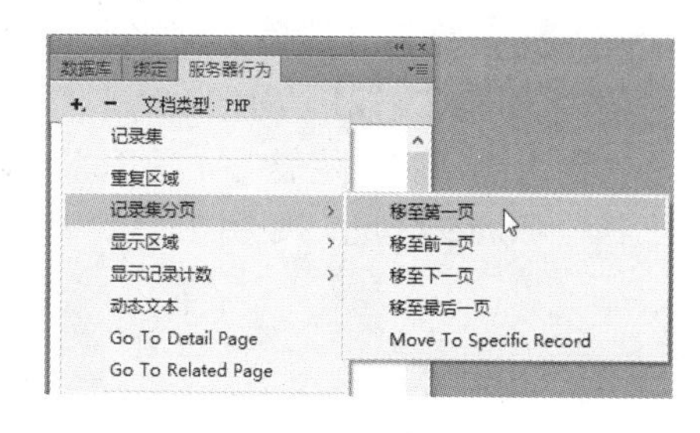

图 25-117 选择【移至第一页】命令

step 07 使用同样的方法添加其他记录集分页信息，如图 25-118 所示。

step 08 admin.php 是提供管理者链接至信息编辑的页面，然后进行新增、修改与删除等操作，设置了 4 个链接，各链接的设置如表 25-10 所示。

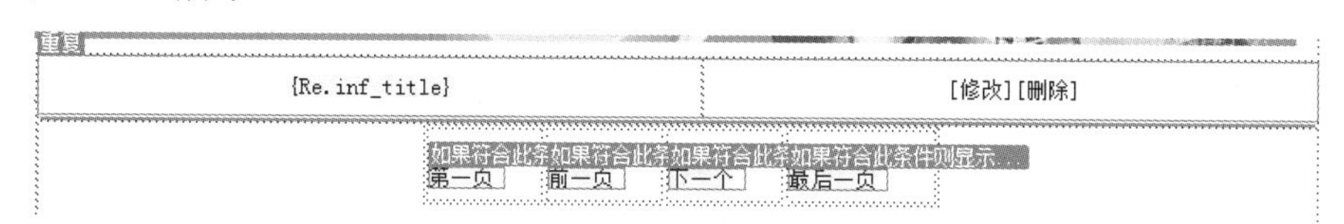

图 25-118 添加记录集分页信息

表 25-10 admin.php 页面的表格设置

属 性	设 置 值	属 性	设 置 值
名称	连接页面	修改	inf_upd.php
标题字段{re_inf_title}	content.php	删除	information_del.php
添加信息	inf_add.php		

提示

其中“标题字段{re_inf_title}”“修改”及“删除”的链接必须要传递参数 inf_id 给转到的页面，这样转到的页面才能够根据参数值而从数据库将某一笔数据筛选出来再进行编辑。

step 09 首先选取【添加信息资讯】，选择【插入】面板中【常用】下的【超级链接】，打开超级链接对话框，将它链接到 admin 文件夹中的 information_add.php 页面，如图 25-119 所示。

step 10 在右边栏中添加【修改】和【删除】文字，并选取【修改】文字，然后单击【应用程序】面板组中的【服务器行为】面板上的 + 按钮，在弹出的菜单中，选择 Go To Detail Page 命令，打开 Go To Detail Page 对话框，单击【浏览】按钮打开【选择文件】对话框，选择 admin 文件夹中的 information_upd.php，其他设置为默认值，如图 25-120 所示。

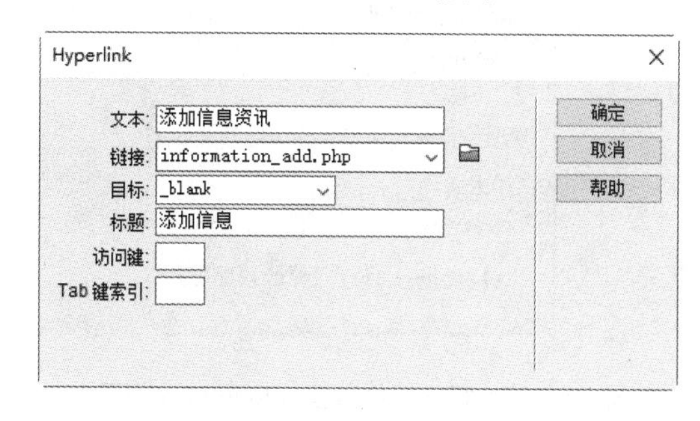

图 25-119 超级链接对话框

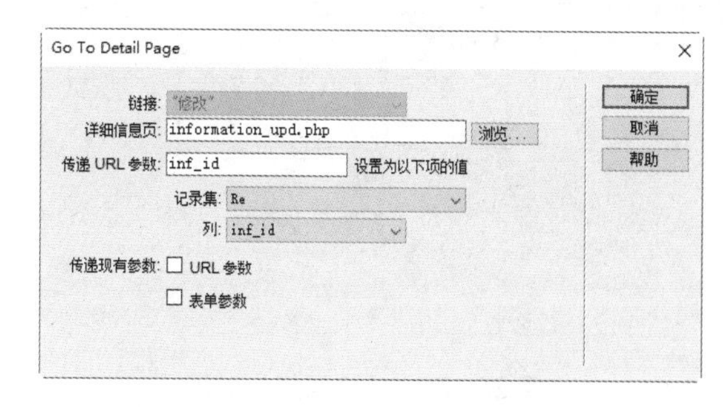

图 25-120 设置【修改】转向的详细页面

step 11 选取【删除】文字并重复上面的操作，要转到的页面改为 information_del.php，如图 25-121 所示。

step 12 选取标题字段{Re.inf_title}并重复上面的操作，要转到的详细页面改为 content.php，如图 25-122 所示。

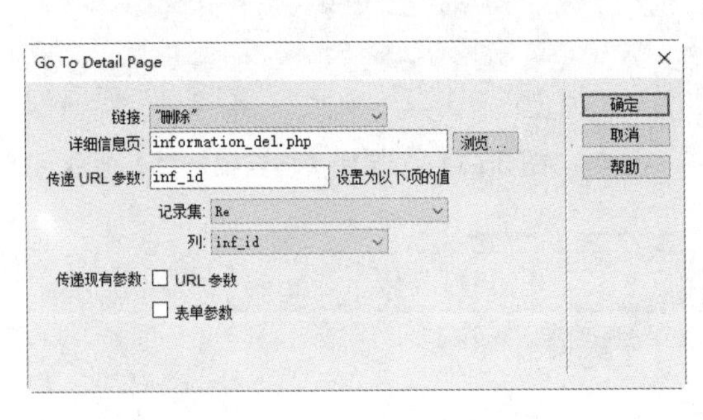

图 25-121　设置【删除】转向的详细页面

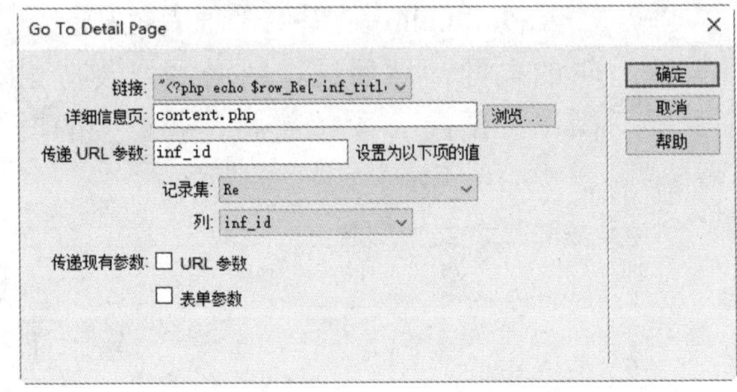

图 25-122　设置{Re.inf_title}转向的详细页面

step 13 单击【确定】按钮，完成转到详细页面的设置，到这里已经完成了信息内容的编辑。现在来设置信息分类，单击【绑定】面板上的+按钮，在弹出的菜单中选择【记录集(查询)】命令，在打开的【记录集】对话框中，输入设定值如表 25-11 所示的数据，再单击【确定】按钮即完成设置，如图 25-123 所示。

表 25-11　记录集表格的设置

属　性	设 置 值	属　性	设 置 值
名称	Re1	列	全部
连接	information	筛选	无
表格	information_type	排序	无

step 14 单击【确定】按钮。完成记录集 Re1 的绑定，绑定记录集后，将 Re1 记录集中的 type_name 字段插入至 admin.php 网页中的适当位置，然后在字段的后面输入【修改】和【删除】文字信息，如图 25-124 所示。

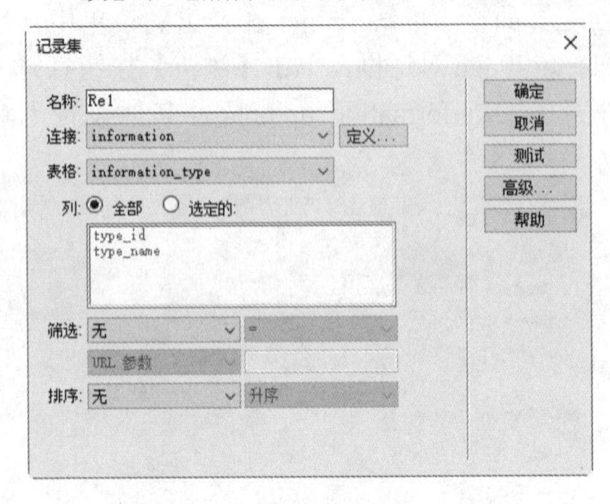

图 25-123　【记录集】对话框

图 25-124　将字段插入至 admin.php 网页中

step 15 在这里要显示的不单是一条信息分类记录，而是全部的信息分类记录，所以要加入【服务器行为】面板中的【重复区域】命令，再选择需要重复的表格，如图 25-125 所示。

step 16 单击【应用程序】面板组中的【服务器行为】面板上的 + 按钮，在弹出的菜单中选择【重复区域】命令，打开【重复区域】对话框，设定一页显示的数据为【所有记录】，如图 25-126 所示。

{Re1.type_name} [修改][删除]

图 25-125 选择要重复的表格

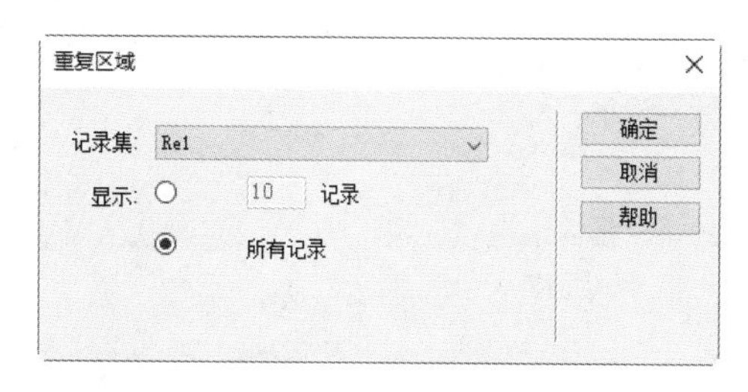

图 25-126 【重复区域】对话框

step 17 单击【确定】按钮回到编辑页面，会发现先前所选取要重复的区域左上角出现了一个【重复】灰色标签，这表示已经完成设置，如图 25-127 所示。

step 18 首先选取左边栏中的【修改】文字，然后单击【应用程序】面板组中的【服务器行为】面板上的 + 按钮，在弹出的菜单中选择 Go To Detail Page 命令，打开 Go To Detail Page 对话框，单击【浏览】按钮，打开【选择文件】对话框，选择 admin 文件夹中的 type_upd.php，其他设置为默认值，如图 25-128 所示。

重复 类型 管理

{Re1.type_name} [修改][删除]

图 25-127 添加重复区域的效果

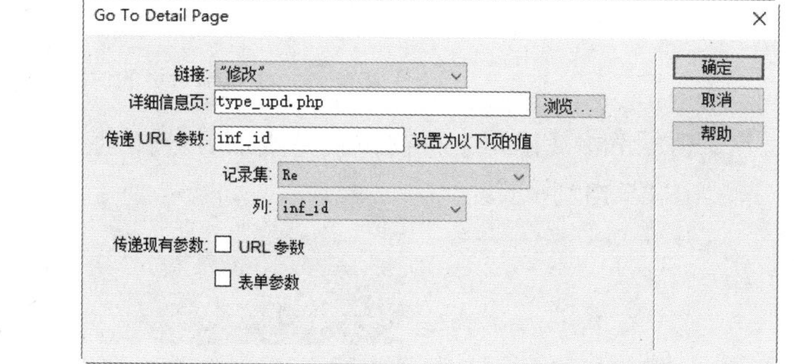

图 25-128 设置【修改】转向的详细页面

step 19 选取【删除】文字并重复上面的操作，要转到的详细页面改为 type_del.php，如图 25-129 所示。

step 20 后台管理是管理员在后台管理入口页面 admin_login.php 中输入正确的账号和密码才可以进入的一个页面，所以必须设置限制对本页的访问功能。单击【应用程序】面板组中的【服务器行为】面板中的 + 按钮，在弹出的菜单中选择【用户身份验证】→【限制对页的访问】命令，如图 25-130 所示。

step 21 在打开的【限制对页的访问】对话框中将【基于以下内容进行限制】设置为【用户名和密码】，如果访问被拒绝，则转到首页 index.php，如图 25-131 所示。

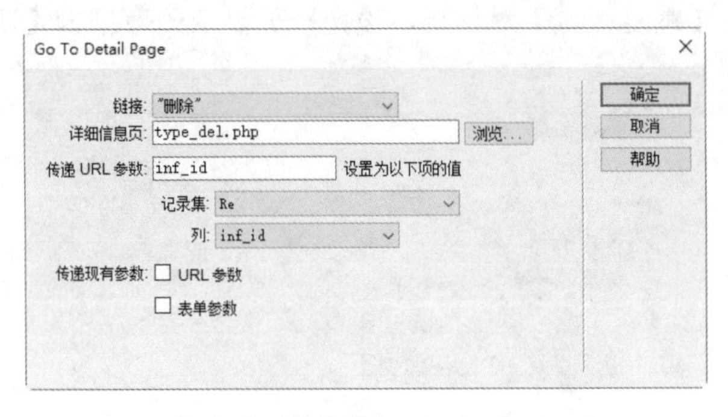

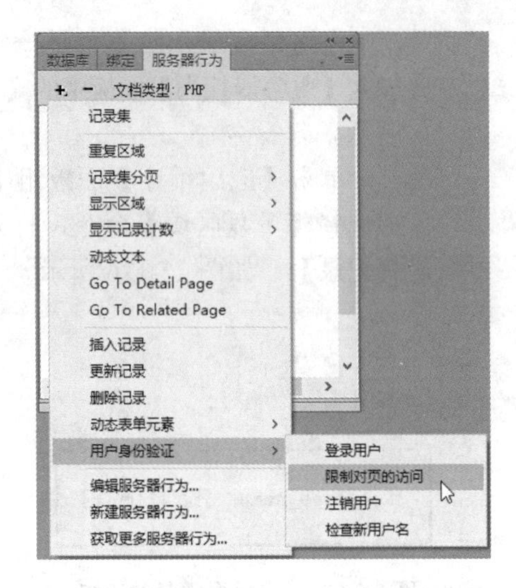

图 25-129　设置【删除】转向的详细页面　　　图 25-130　选择【限制对页的访问】命令

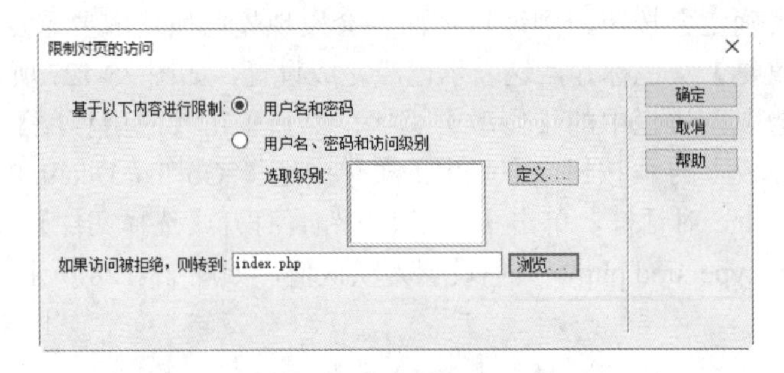

图 25-131　【限制对页的访问】对话框

step 22 单击【确定】按钮，就完成了后台管理主页面 admin.php 的制作，预览效果如图 25-132 所示。

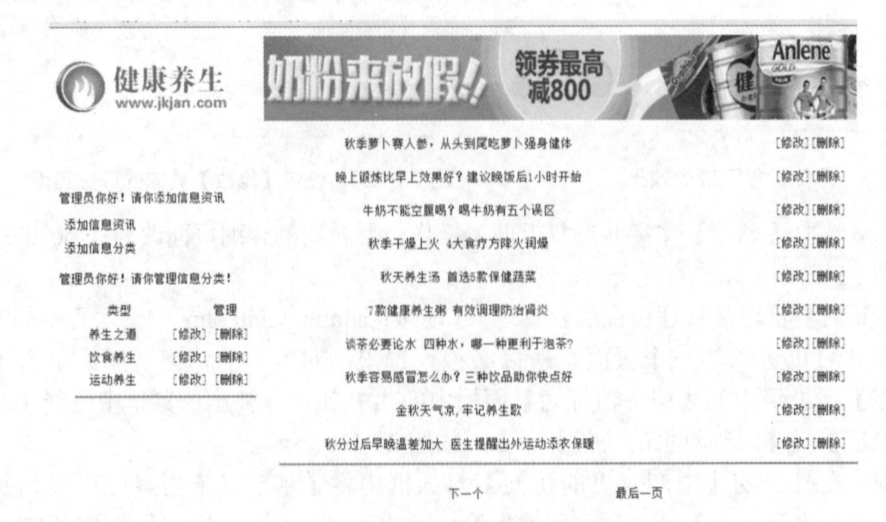

图 25-132　后台管理主页面效果

25.4.3 新增信息页面

新增信息页面 information_add.php 主要用来实现插入信息的功能。具体操作步骤如下。

step 01 创建 information_add.php 静态页面，效果如图 25-133 所示。

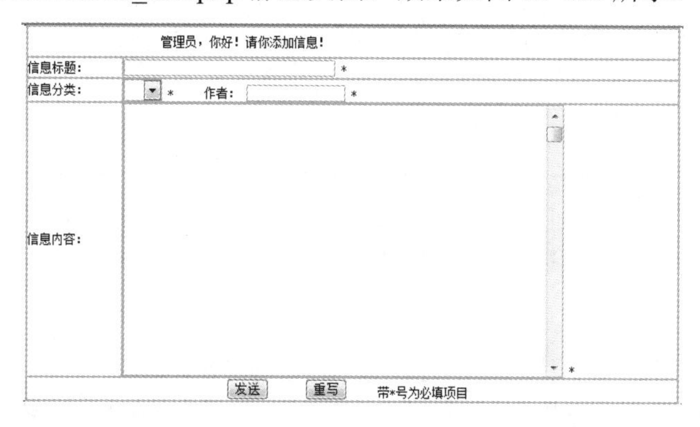

图 25-133 新增信息静态页面

step 02 单击【绑定】面板上的 + 按钮，在弹出的菜单中选择【记录集(查询)】命令，在打开的【记录集】对话框中，输入设定值如表 25-12 所示的数据，再单击【确定】按钮即完成设置，如图 25-134 所示。

表 25-12 记录集的表格设定

属 性	设 置 值	属 性	设 置 值
名称	Recordset1	列	全部
连接	information	筛选	无
表格	information_type	排序	无

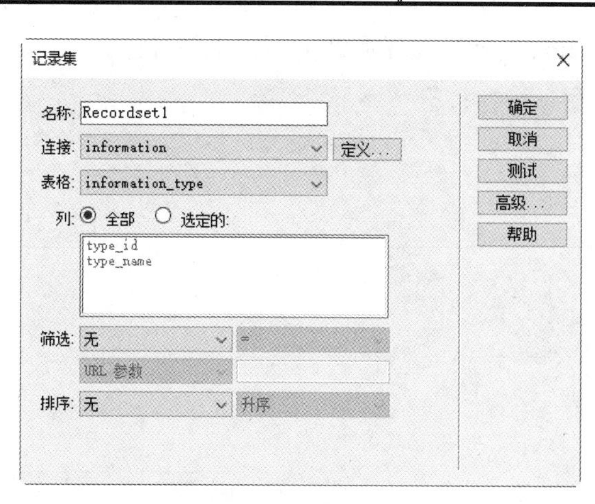

图 25-134 【记录集】对话框

step 03 绑定记录集后，单击【信息分类】的列表菜单，在【信息分类】的列表菜单【属性】面板中，单击【动态】按钮，在打开的【动态列表/菜单】对话框中设置如

表 25-13 所示的数据，设置完成后如图 25-135 所示。

表 25-13　动态列表/菜单的表格设定

属　性	设 置 值
来自记录集的选项	Recordset1
值	type_id
标签	type_name
选取值等于	Recordset1 记录集中的 type_name 字段

step 04 单击【选取值等于】右侧的按钮，打开【动态数据】对话框，在其中选择记录集的 type_name 字段，如图 25-136 所示。

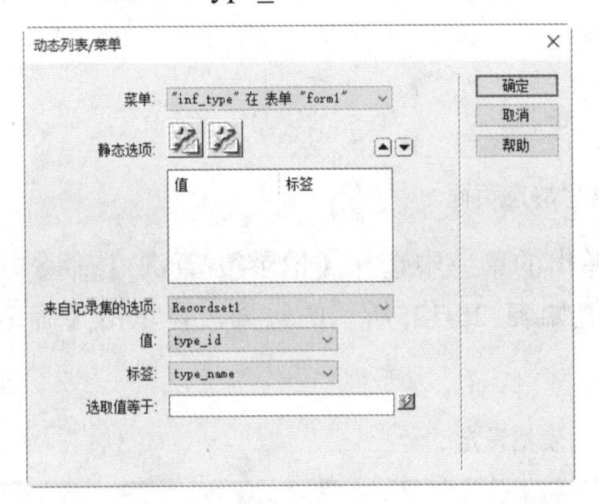

图 25-135　【动态列表/菜单】对话框

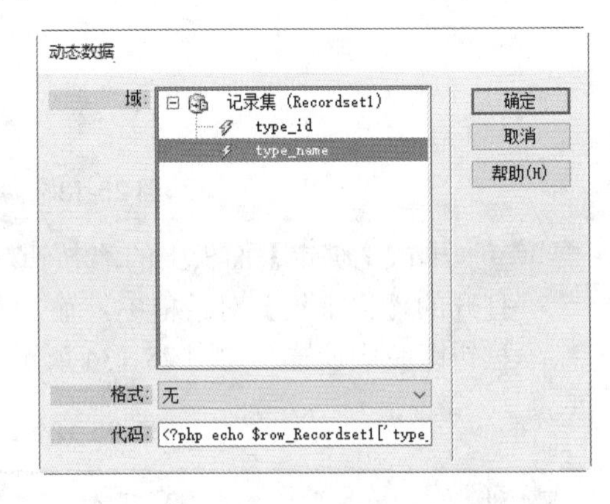

图 25-136　【动态数据】对话框

step 05 单击【确定】按钮，返回到【动态列表/菜单】对话框，完成动态数据的绑定，如图 25-137 所示。

step 06 将光标定位在【发送】按钮左侧，选择【插入】→【表单】→【隐藏域】命令，命名为 inf_time，然后在【属性】面板中的【值】文本框中输入如下代码：

```
<?php echo date("Y-m-d H:i:s")?>
```

如图 25-138 所示。

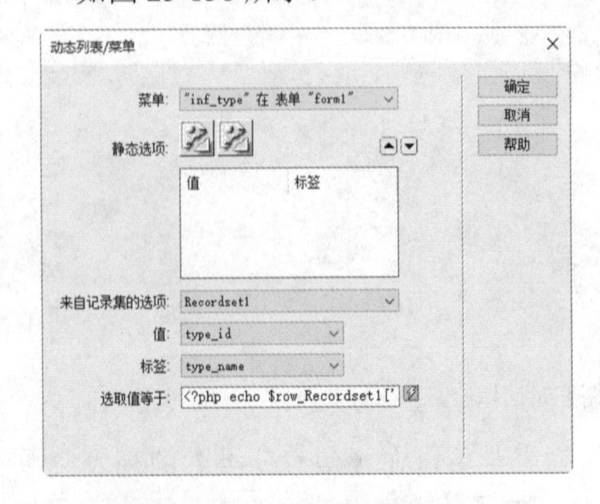

图 25-137　完成动态数据的绑定

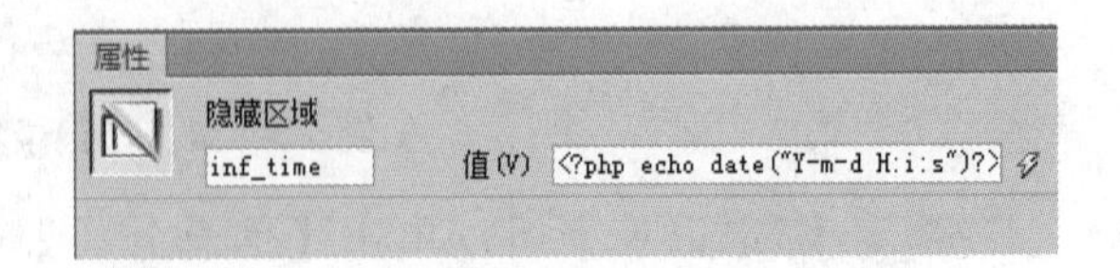

图 25-138　设置隐藏区域的名称和值

step 07 单击【应用程序】面板组中的【服务器行为】面板上的 按钮，在弹出的菜单中选择【插入记录】命令，打开【插入记录】对话框，输入如表 25-14 所示的数据，并设定【插入后，转到】为 admin.php，如图 25-139 所示。

表 25-14 插入记录的表格设定

属 性	设 置 值	属 性	设 置 值
连接	information	获取值自	form1
插入到表格	information	表单元素	表单字段与数据表字段相对应
插入后，转到	admin.php		

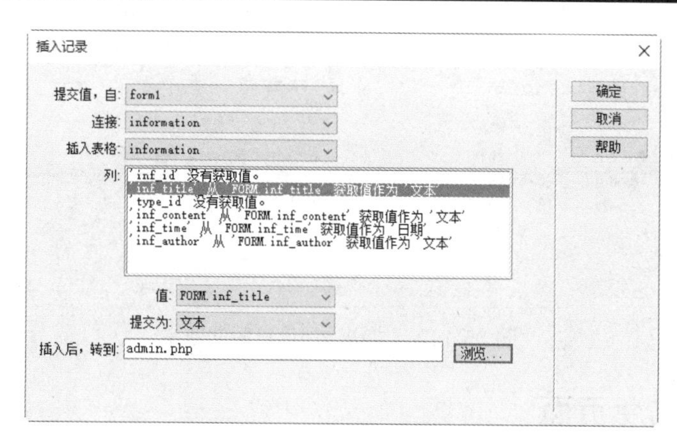

图 25-139 【插入记录】对话框

step 08 单击【确定】按钮完成插入记录功能，选择【窗口】→【行为】命令，打开【行为】面板，单击【行为】面板上的 按钮，在弹出的菜单中，选择【检查表单】命令，打开【检查表单】对话框，设置【值】为【必需的】，【可接受】为【任何东西】，如图 25-140 所示。

step 09 单击【确定】按钮回到编辑页面，即完成 information_add.php 页面的设计。保存文件后预览效果，在其中根据提示输入需要添加的信息内容，如图 25-141 所示。

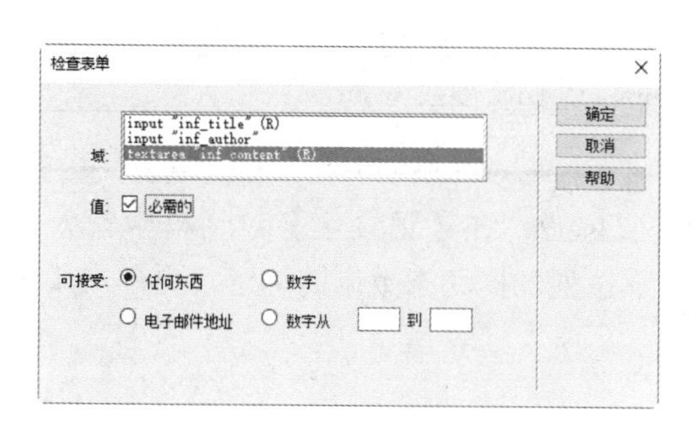

图 25-140 【检查表单】对话框

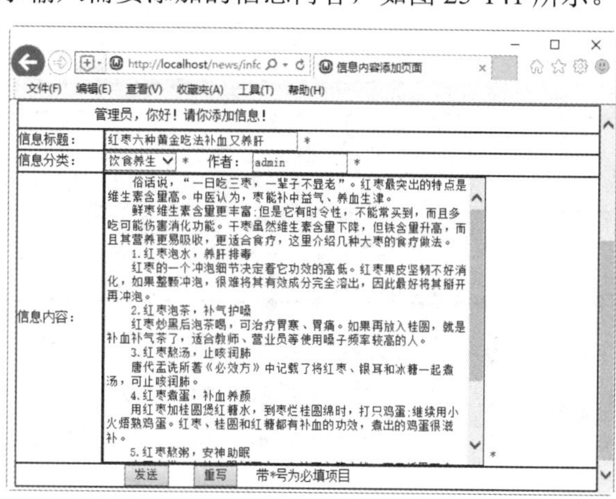

图 25-141 添加信息

step 10 单击【发送】按钮，即可将信息内容添加到网站后台数据库中，并在管理员主页面中显示出来，如图 25-142 所示。

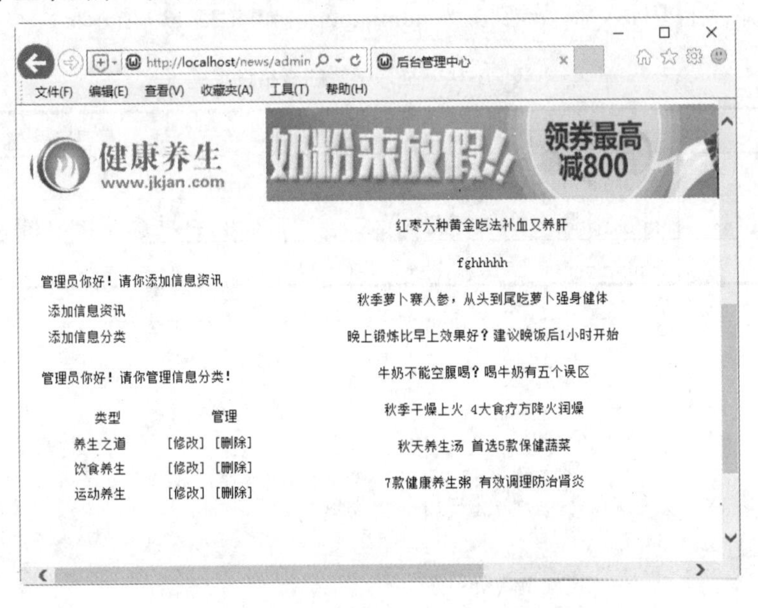

图 25-142　成功添加信息后的效果

25.4.4　修改信息页面

修改信息页面 information_upd.php 的主要功能是将数据表中的数据送到页面的表单中进行修改，修改数据后再将数据更新到数据表中。

具体操作步骤如下。

step 01 打开 information_upd.php 页面，单击【应用程序】面板组中的【绑定】面板上的+按钮，在弹出的菜单中选择【记录集(查询)】命令，在打开的【记录集】对话框中，输入设定值如表 25-15 所示的数据，再单击【确定】按钮即完成设置，如图 25-143 所示。

表 25-15　记录集的表格设定

属　性	设 置 值	属　性	设 置 值
名称	Recordset1	列	全部
连接	information	筛选	数据域 inf_id＝URL 参数　inf_id
表格	information	排序	无

step 02 用同样的方法再绑定一个记录集 Recordset2，在【记录集】对话框中输入如表 25-16 所示的数据，该记录集用于实现下拉列表框动态数据的绑定，再单击【确定】按钮即完成设置，如图 25-144 所示。

表 25-16 记录集的表格设定

属 性	设 置 值	属 性	设 置 值
名称	Recordset2	列	全部
连接	information	筛选器	无
表格	Information_type	排序	无

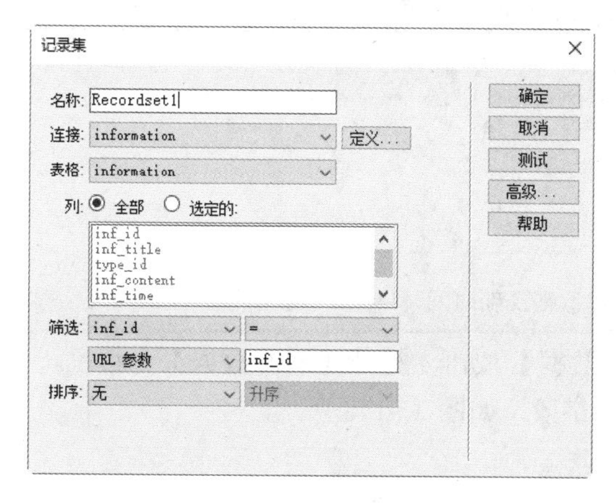

图 25-143 【记录集】对话框

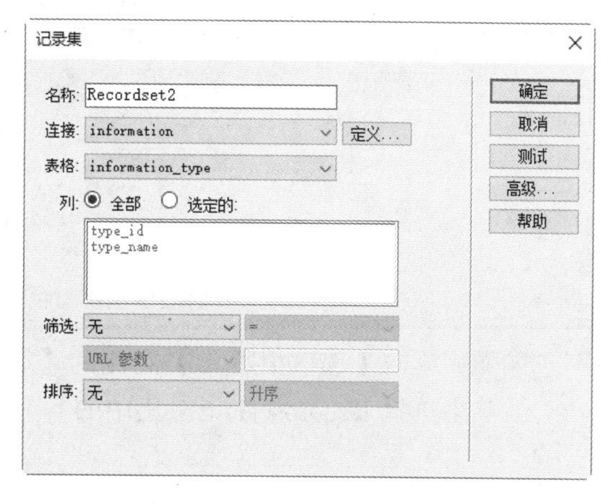

图 25-144 设置记录集 Recordset2

step 03 绑定记录集后，将记录集的字段插入至 information_upd.php 网页中的适当位置，如图 25-145 所示。

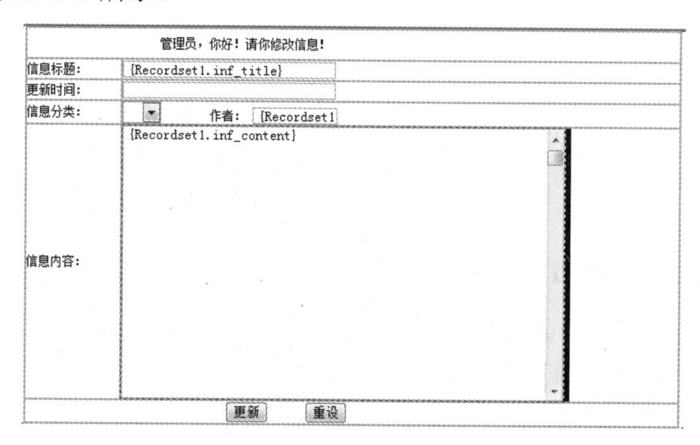

图 25-145 字段的插入

step 04 在【更新时间】一栏中必须取得系统的最新时间，方法是在【更新时间】的文本域属性栏中的初始值加入代码<%=now()%>，如图 25-146 所示。

```
<?php echo date("Y-m-d H:i:s")?>
 //取得系统当前时间
```

step 05 单击【信息分类】的列表菜单，在【信息分类】的列表菜单【属性】面板中，单击【动态】按钮，在打开的【动态列表/菜单】对话框中设置如表 25-17 所示的数据，如图 25-147 所示。

表 25-17　动态列表/菜单的表格设定

属　性	设 置 值
来自记录集的选项	Recordset2
值	type_id
标签	type_name
选取值等于	Recordset1 记录集中的 type_id 字段

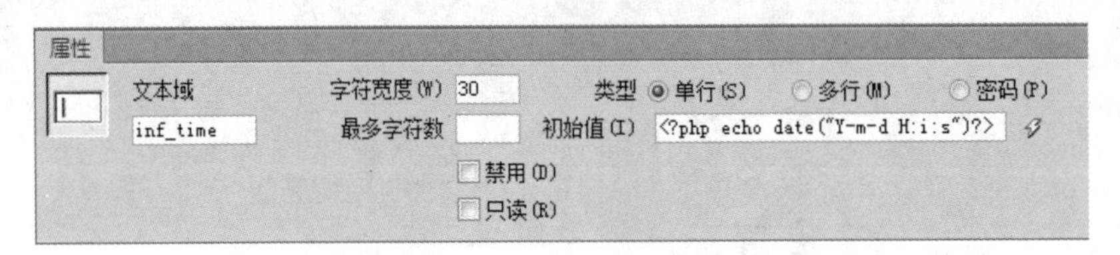

图 25-146　加入代码取得最新时间

step 06 单击【选取值等于】右侧的【动态数据】按钮，打开【动态数据】对话框，在其中选择 Recordset1 记录集中的 type_id 字段，如图 25-148 所示。

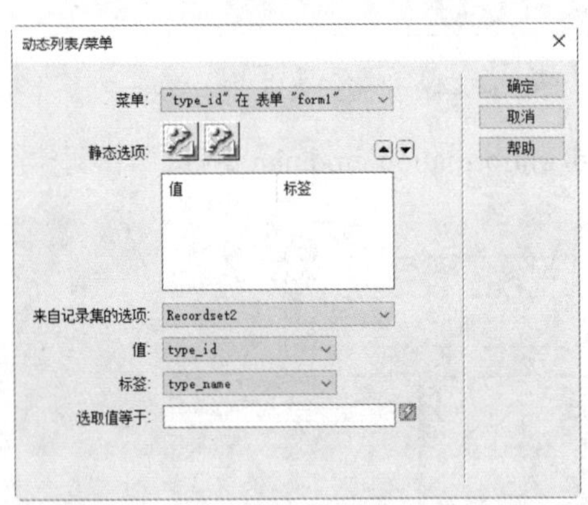

图 25-147　【动态列表/菜单】对话框

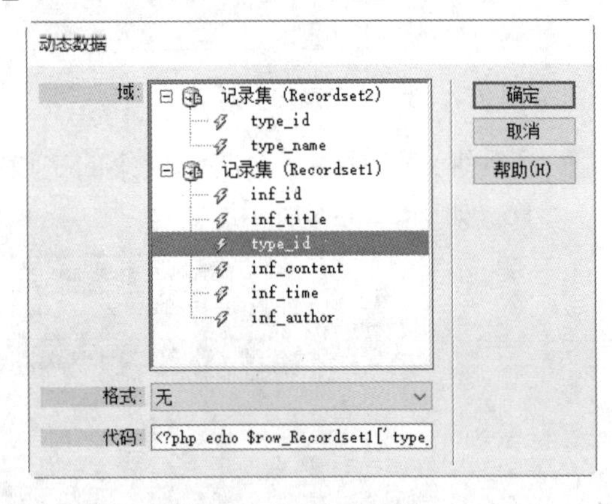

图 25-148　【动态数据】对话框

step 07 将光标定位在【重设】按钮右侧，选择【插入】→【表单】→【隐藏】命令，命名为 inf_id，然后在【属性】面板中的【值】文本框中输入如下代码：

```
<?php echo $row_Recordset1['inf_id']; ?>
```

如图 10-149 所示。

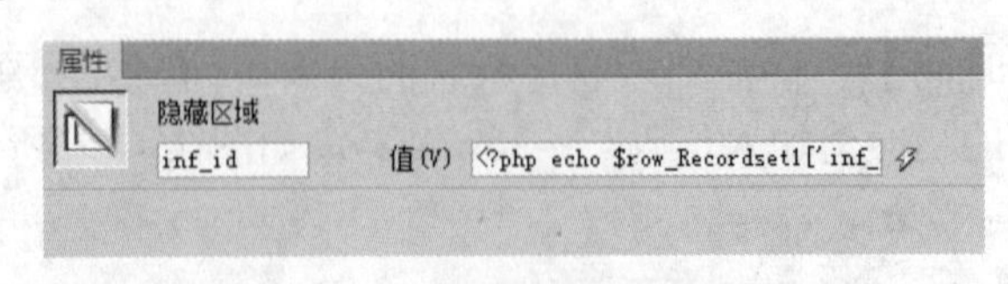

图 10-149　设置隐藏区域的名称和值

step 08 完成表单的布置后，在 information_upd.php 页面中单击【应用程序】面板组中【服务器行为】面板上的+按钮，在弹出的菜单中选择【更新记录】命令，如图 25-150

所示。

step 09 在打开的【更新记录】对话框中，输入如表25-18所示的值，如图25-151所示。

表 25-18 更新记录的表格设定

属　性	设 置 值
提交值，自	form1
连接	information
更新表格	information
表单元素	表单字段与数据表字段相对应
唯一键列	inf_id
在更新后，转到	admin.php

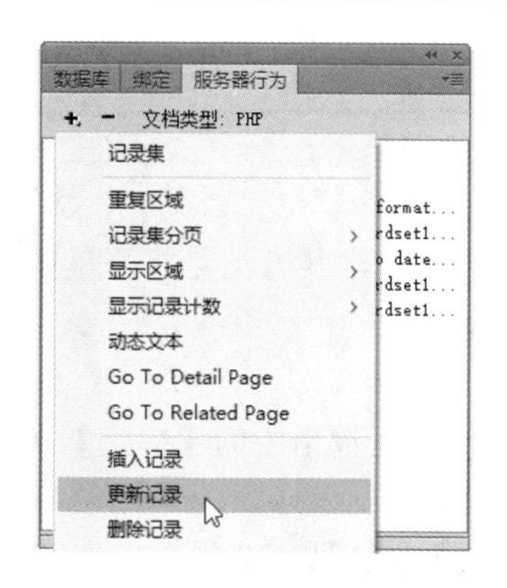

图 25-150 选择【更新记录】命令

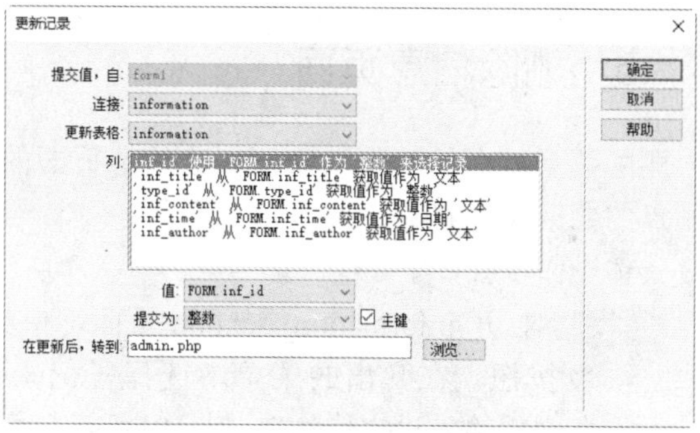

图 25-151 【更新记录】对话框

step 10 单击【确定】按钮，完成修改信息页面的设计，预览效果如图25-152所示。

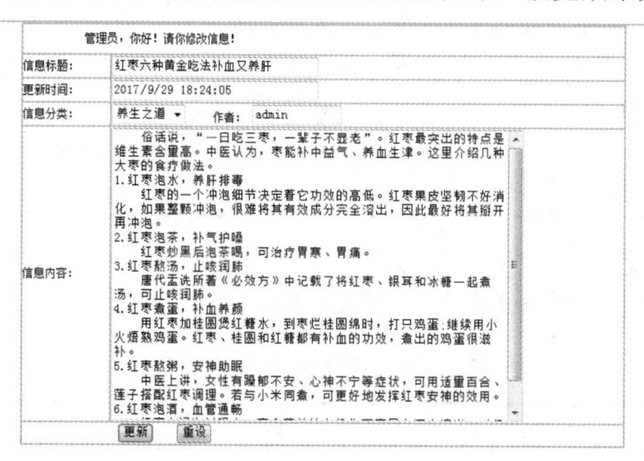

图 25-152 修改信息页面的效果

step 11 例如这里将该信息的标题修改为【红枣的六种吃法！】，然后单击【更新】按钮，页面会自动转到admin.php页面，在其中可以看到修改之后的信息，如图25-153所示。

图 25-153 修改标题后的效果

25.4.5 删除信息页面

删除信息页面的制作方法与修改信息页面的制作方法差不多，其方法是将表单中的数据从站点的数据表中删除。

具体操作步骤如下。

step 01 打开 information_del.php 页面，单击【应用程序】面板组中的【绑定】面板上的 + 按钮，在弹出的菜单中选择【记录集(查询)】命令，在打开的【记录集】对话框中，输入设定值如表 25-19 所示，再单击【确定】按钮即完成设置，如图 25-154 所示。

表 25-19 记录集查询的表格设定

属 性	设 置 值	属 性	设 置 值
名称	Recordset1	列	全部
连接	information	筛选	inf_id=URL 参数 inf_id
表格	information	排序	无

step 02 用同样的方法再绑定一个记录集，在打开的【记录集】对话框中，输入设定值如表 25-20 所示，单击【确定】按钮即完成设置，如图 25-155 所示。

表 25-20 记录集的表格设定

属 性	设 置 值	属 性	设 置 值
名称	Recordset2	列	全部
连接	information	筛选	无
表格	inf_type	排序	无

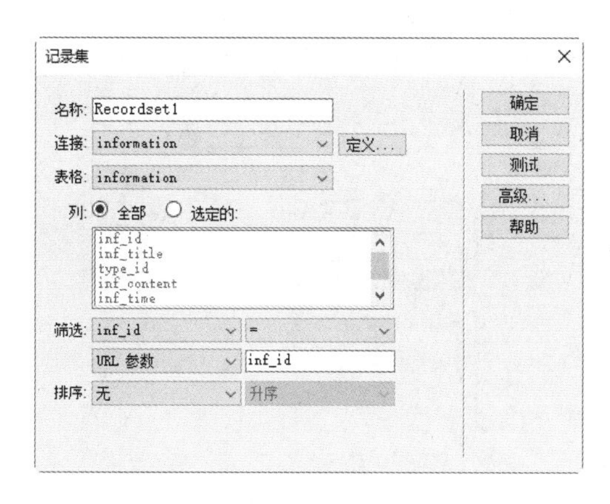

图 25-154　【记录集】对话框

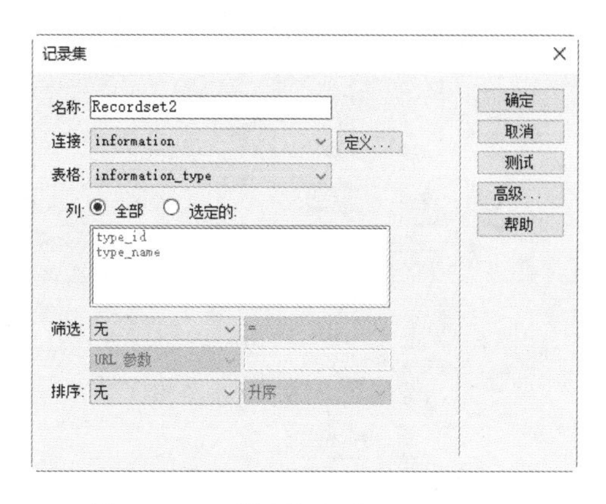

图 25-155　设置记录集 Recordset2

step 03 绑定记录集后，将记录集的字段插入至 information_del.php 网页中的适当位置，如图 25-156 所示。其中需要注意的是将 inf_id 字段拖曳到隐藏域上。

图 25-156　字段的插入

step 04 绑定记录集后，单击【信息分类】的菜单，在【信息分类】的菜单【属性】面板中，单击【动态】按钮，在打开的【动态列表/菜单】对话框中设置如表 25-21 所示的数据，如图 25-157 所示。

表 25-21　动态列表/菜单的表格设定

属　性	设 置 值
来自记录集的选项	Recordset2
值	type_id
标签	type_name
选取值等于	Recordset1 记录集中的 type_id 字段

step 05 完成表单的布置后，要在 information_del.php 页面中单击【应用程序】面板组中【服务器行为】面板上的+按钮，在弹出的菜单中选择【删除记录】命令，在打开的【删除记录】对话框中，输入设定值如表 25-22 所示，设置如图 25-158 所示。

step 06 单击【确定】按钮，完成删除信息页面的设计。然后进入网站的后台管理中心，如图 25-159 所示，在这里可以对网页的信息进行删除和修改处理。

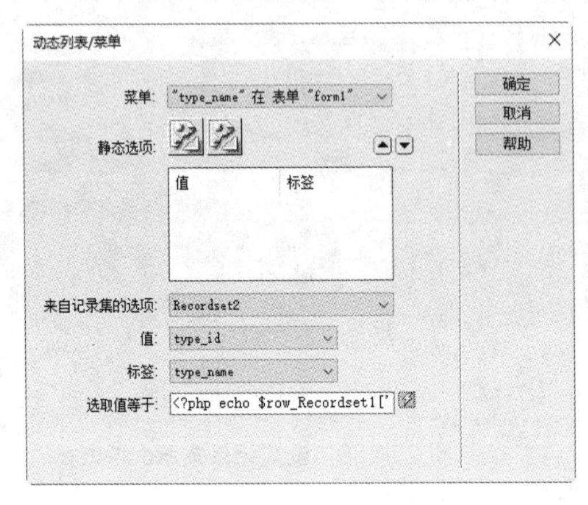

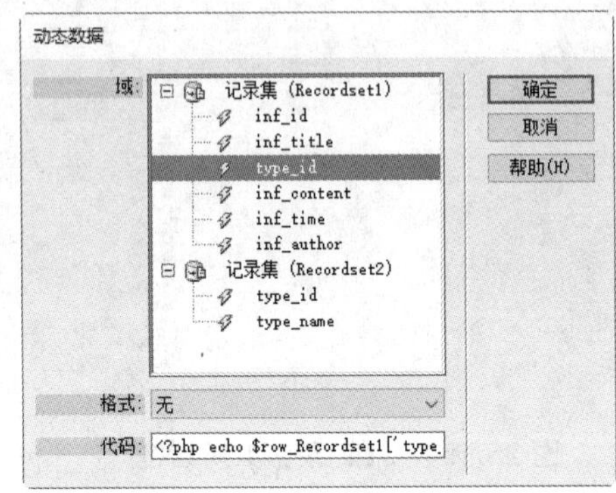

图 25-157　绑定动态列表/菜单

表 25-22　删除记录设定

属　性	设 置 值	属　性	设 置 值
首先检查是否已定义变量	主键值	主键列	inf_id
连接	information	主键值	URL 参数　inf_id
表格	information	删除后，转到	admin.php

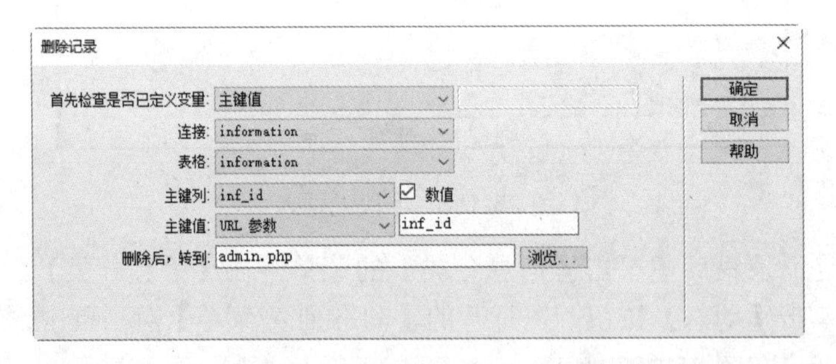

图 25-158　【删除记录】对话框

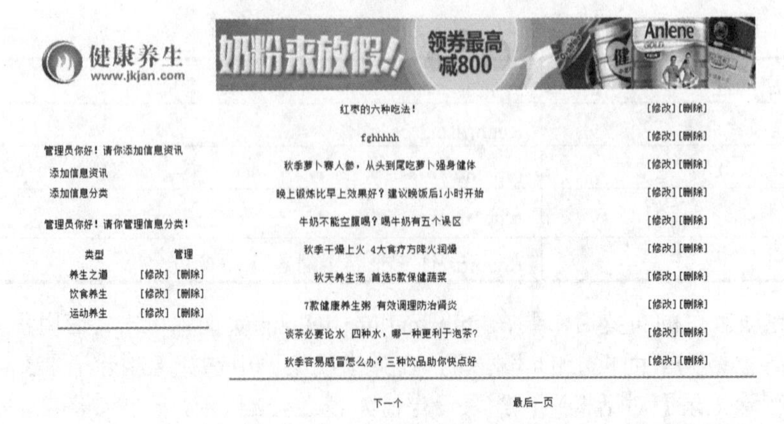

图 25-159　后台管理中心

step 07 单击想要删除的信息右侧的【删除】链接，进入删除信息页面，如图 25-160 所示。

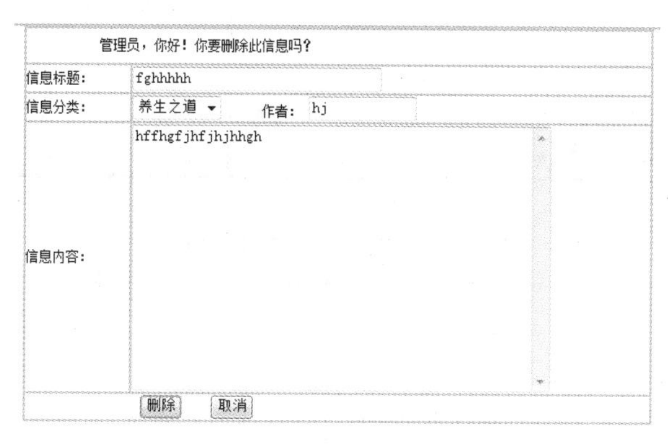

图 25-160 删除信息页面

step 08 单击【删除】按钮，返回到后台管理中心页面，可以看到选择的信息已经被删除，如图 25-161 所示。

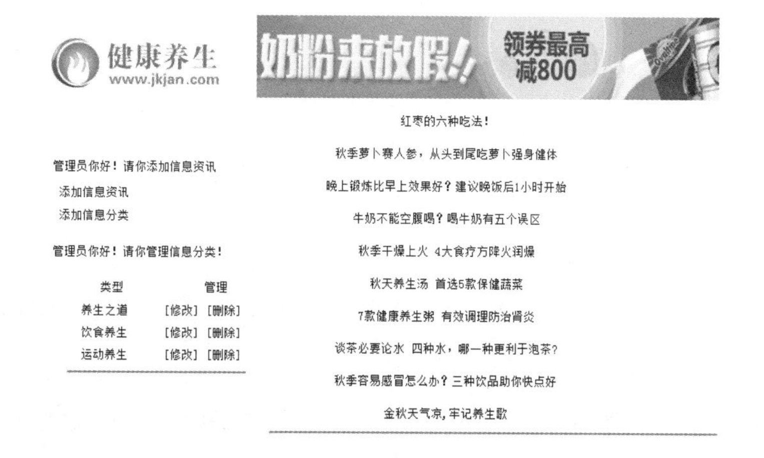

图 25-161 删除信息后的效果

25.4.6 新增信息分类页面

新增信息分类页面 type_add.php 的功能是将页面的表单数据新增到 information_type 数据表中。

具体操作步骤如下。

step 01 打开 type_add.php 页面，单击【应用程序】面板组中的【绑定】面板上的 按钮，在弹出的菜单中选择【记录集(查询)】命令，在打开的【记录集】对话框中，输入设定值如表 25-23 所示，再单击【确定】按钮即完成设置，如图 25-162 所示。

step 02 单击【应用程序】面板组中的【服务器行为】面板上的 按钮，在弹出的菜单中选择【插入记录】命令，在打开的【插入记录】对话框中，输入设定值如表 25-24 所示，并设定新增数据后转到系统管理主页面 admin.php，如图 25-163 所示。

表 25-23 记录集查询的表格设定

属 性	设 置 值	属 性	设 置 值
名称	Recordset1	列	全部
连接	information	筛选	无
表格	information_type	排序	无

表 25-24 插入记录的表格设定

属 性	设 置 值
连接	information
插入表格	information_type
插入后，转到	admin.php
提交值，自	form1
表单元素	表单字段与数据表字段相对应

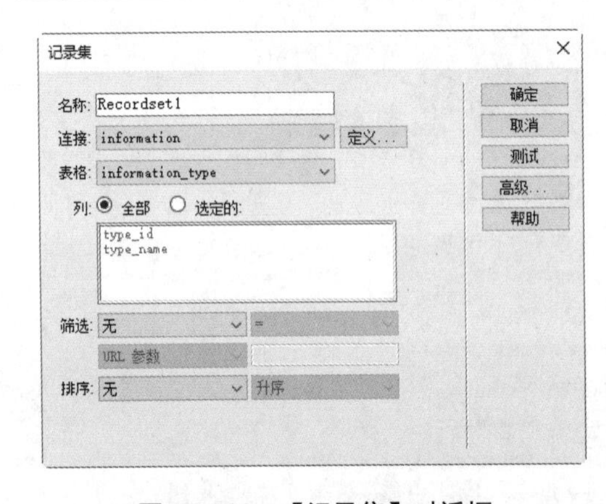

图 25-162 【记录集】对话框

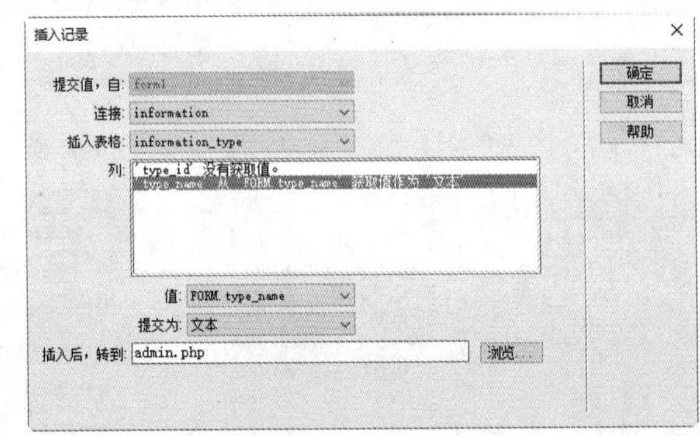

图 25-163 设定插入记录

step 03 选择【窗口】→【行为】命令，打开【行为】面板，单击【行为】面板中的+按钮，在弹出的菜单中选择【检查表单】命令，打开【检查表单】对话框，设置【值】为【必需的】、【可接受】为【任何东西】，如图 25-164 所示。

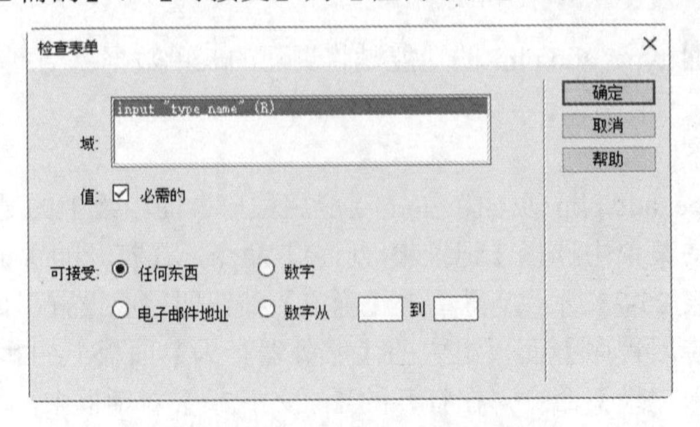

图 25-164 【检查表单】对话框

step 04 单击【确定】按钮，完成 type_add.php 页面设计。在 IE 浏览器中打开网站后台管理中心页面，在其中单击【添加信息分类】链接，如图 25-165 所示。

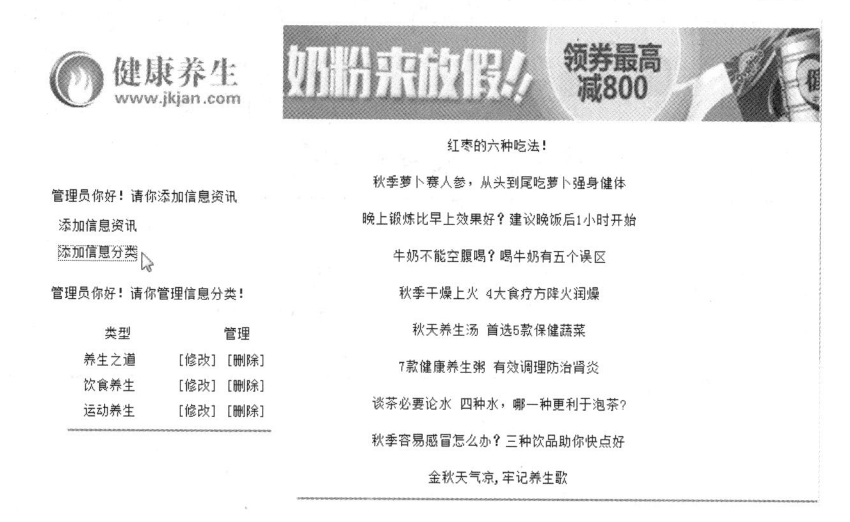

图 25-165 单击【添加信息分类】链接

step 05 打开添加信息分类页面，在【信息分类名称】文本框中输入【四季养生】，如图 25-166 所示。

管理员！请你添加信息分类！

信息分类名称： 四季养生

添加 重写

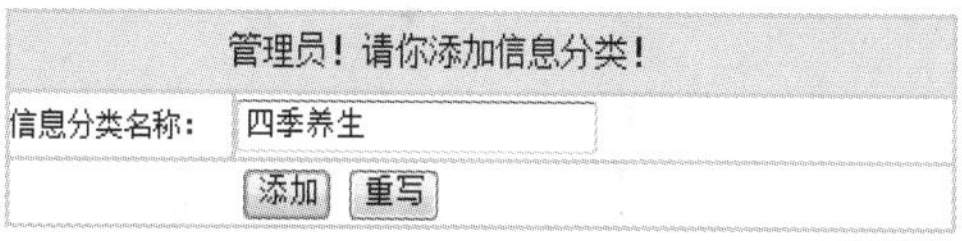

图 25-166 添加信息分类页面

step 06 单击【添加】按钮，即可完成信息分类的添加操作，打开健康养生网站的首页，在其中可以看到添加的养生分类信息【四季养生】，如图 25-167 所示。

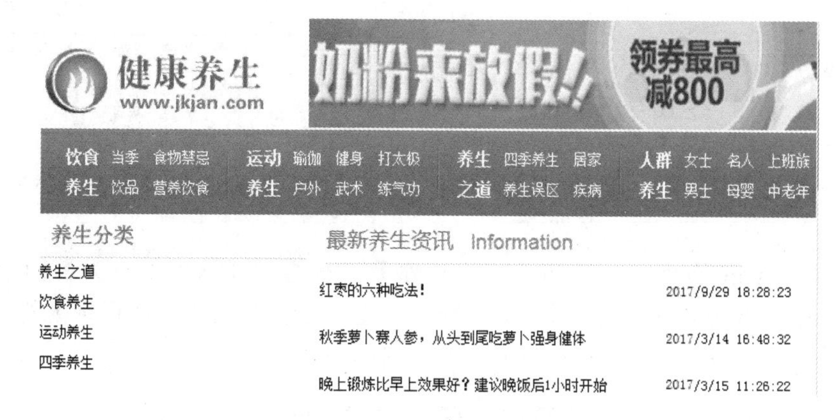

图 25-167 添加信息分类后的效果

25.4.7 修改信息分类页面

修改信息分类页面 type_upd.php 的功能是将数据表的数据送到页面的表单中进行修改，

修改数据后再更新至数据表中。

具体操作步骤如下。

step 01 打开 type_upd.php 页面，并单击【应用程序】面板组中的【绑定】面板上的+按钮。在弹出的菜单中选择【记录集(查询)】命令，在打开的【记录集】对话框中，输入设定值如表 25-25 所示的数据，单击【确定】按钮即完成设定，如图 25-168 所示。

表 25-25　记录集的表格设定

属　性	设 置 值	属　性	设 置 值
名称	Recordset1	列	全部
连接	information	筛选	type_id＝URL 参数　type_id
表格	information_type	排序	无

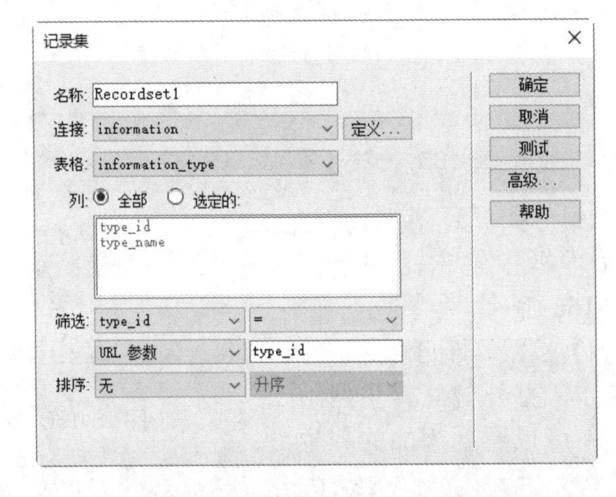

图 25-168　【记录集】对话框

step 02 绑定记录集后，将记录集的字段插入至 type_upd.php 网页中的适当位置，如图 25-169 所示。其中需要注意的是将 type_id 字段拖曳到隐藏域上。

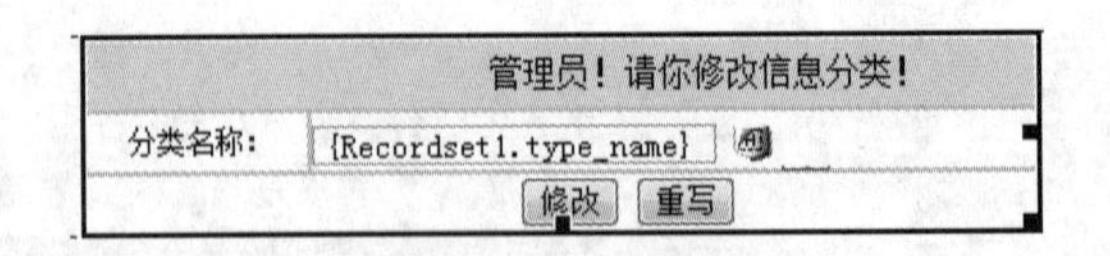

图 25-169　字段的插入

step 03 完成表单的布置后，在 type_upd.php 页面中，单击【应用程序】面板组中【服务器行为】面板上的+按钮，在弹出的菜单中选择【更新记录】命令，在打开的【更新记录】对话框中，输入设定值如表 25-26 所示的数据，设定后如图 25-170 所示。

表 25-26　更新记录的表格设定

属　性	设 置 值	属　性	设 置 值
连接	information	在更新后，转到	admin.php
更新表格	information_type	提交值，自	form1

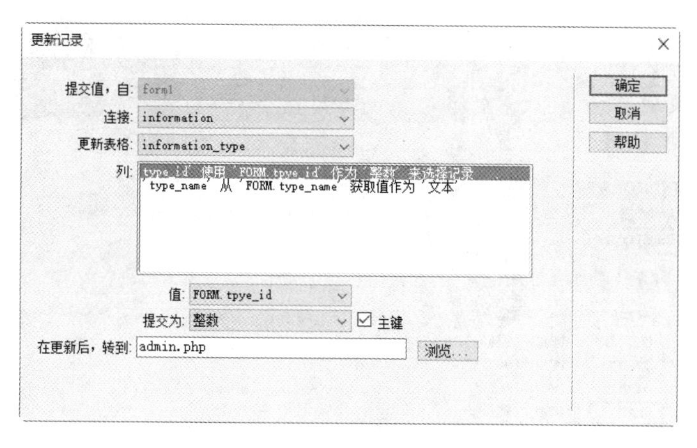

图 25-170 【更新记录】对话框

step 04 单击【确定】按钮，完成修改信息分类页面的设计。在 IE 浏览器中打开网站后台管理中心页面，在其中单击信息分类后面的【修改】链接，如图 25-171 所示。

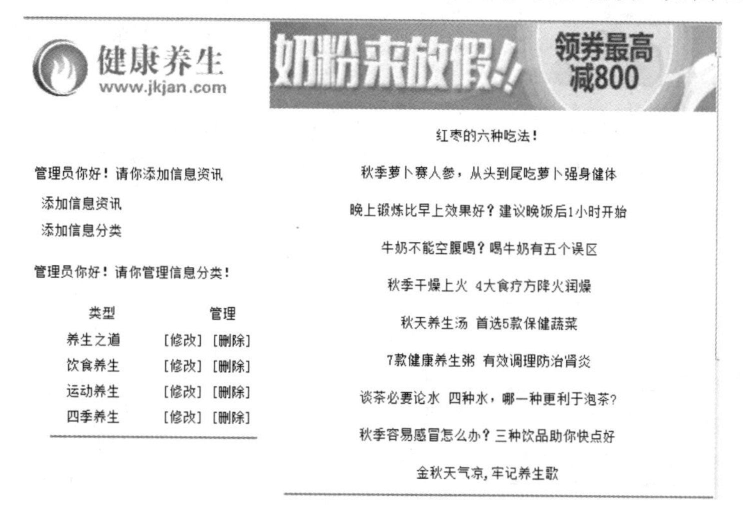

图 25-171 单击【修改】链接

step 05 打开修改信息分类页面，在其中可以对信息进行修改，如这里将【四季养生】修改为【冬季养生】，如图 25-172 所示。

管理员！请你修改信息分类！	
分类名称：	冬季养生
	修改　重写

图 25-172 修改分类名称

step 06 单击【修改】按钮，即可完成信息分类的修改操作，进入后台管理中心页面中，可以看到修改后的结果，如图 25-173 所示。

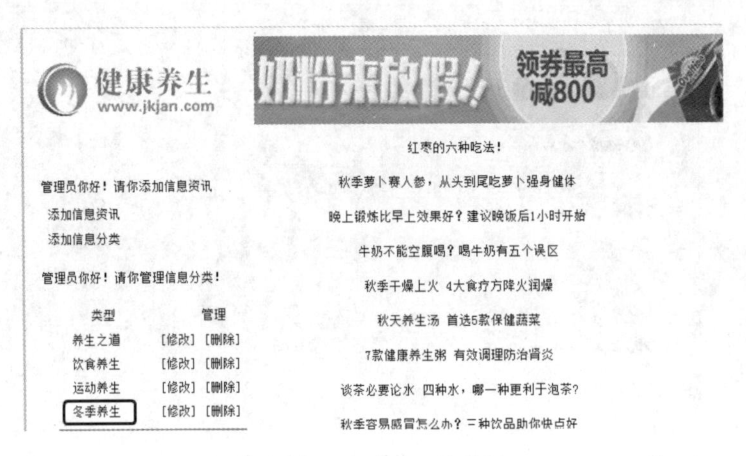

图 25-173　修改后的结果

25.4.8　删除信息分类页面

删除信息分类页面 type_del.php 功能是将表单中的数据从站点的数据表 information_type 中删除。具体操作步骤如下。

step 01 打开 type_del.php 页面，单击【应用程序】面板组中【绑定】面板上的 按钮，在弹出的菜单中选择【记录集(查询)】命令，在打开的【记录集】对话框中，输入设定值如表 25-27 所示的数据，单击【确定】按钮即完成设置，如图 25-174 所示。

表 25-27　记录集查询的表格设定

属　性	设 置 值	属　性	设 置 值
名称	Recordset1	列	全部
连接	information	筛选	type_id＝URL 参数　type_id
表格	information_type	排序	无

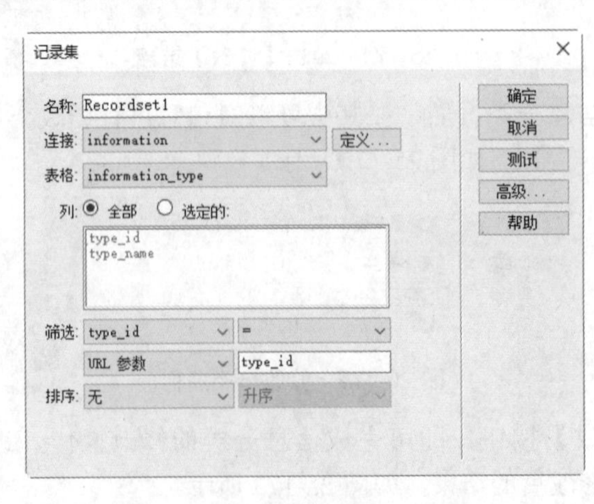

图 25-174　【记录集】对话框

step 02 绑定记录集后，将记录集的字段插入至 type_del.php 网页中的适当位置，如

图 25-175 所示。其中需要注意的是将 type_id 字段拖曳到隐藏域上。

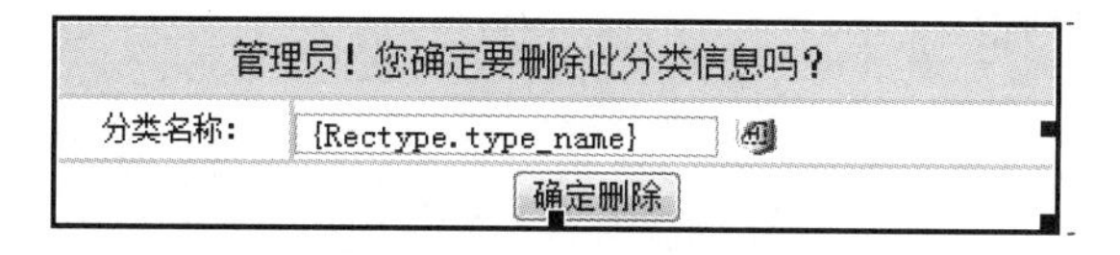

图 25-175　字段的插入

step 03 单击【应用程序】面板组中的【服务器行为】面板上的 按钮，在弹出的菜单中选择【删除记录】命令，在打开的【删除记录】对话框中，输入设定值如表 25-28 所示，设置如图 25-176 所示。

表 25-28　删除记录的设定

属　性	设 置 值	属　性	设 置 值
首先检查是否已定义变量	主键值	主键列	type_id
连接	information	主键值	URL 参数　type_id
表格	information_type	删除后，转到	admin.php

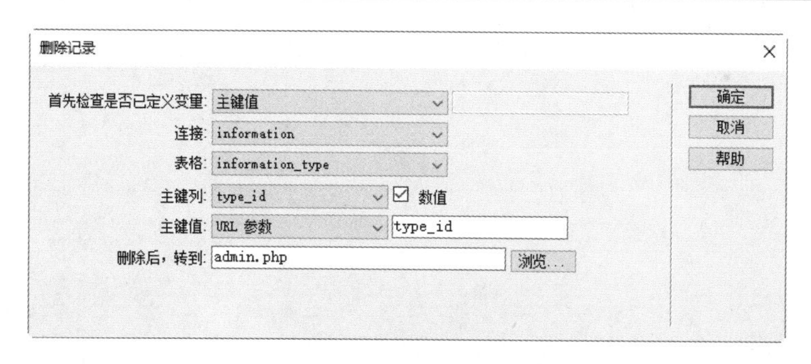

图 25-176　【删除记录】对话框

step 04 代码加入完成后，在 IE 浏览器中打开后台管理中心页面，单击【冬季养生】信息分类后面的【删除】超链接，如图 25-177 所示。

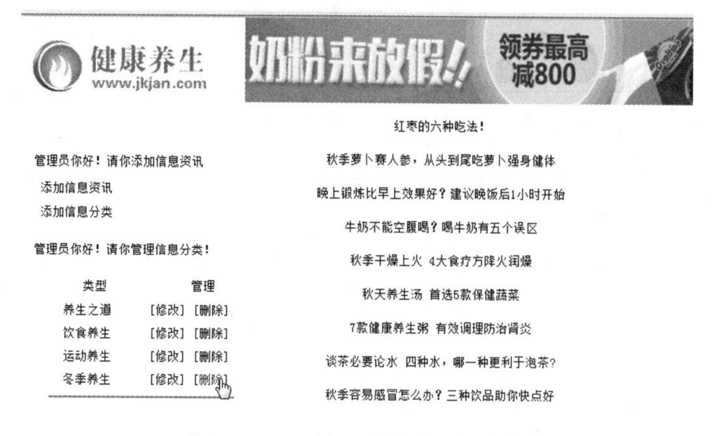

图 25-177　单击【删除】超链接

step 05 即可将该信息分类删除，可以看到后台管理中心页面中已经不存在该信息分类了，如图 25-178 所示。

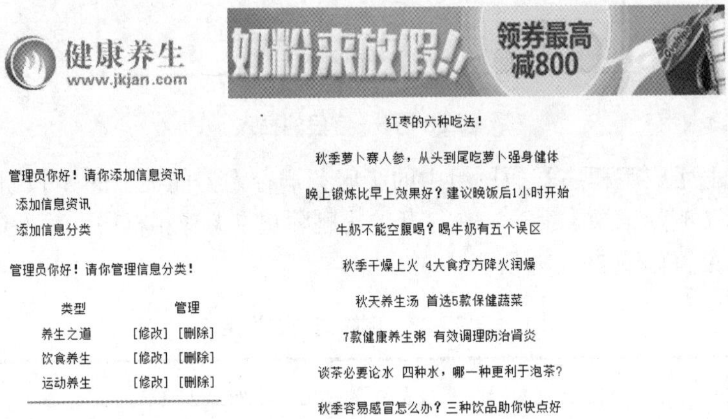

管理员你好！请你添加信息资讯

添加信息资讯

添加信息分类

管理员你好！请你管理信息分类！

类型	管理
养生之道	[修改] [删除]
饮食养生	[修改] [删除]
运动养生	[修改] [删除]

红枣的六种吃法！

秋季萝卜赛人参，从头到尾吃萝卜强身健体

晚上锻炼比早上效果好？建议晚饭后1小时开始

牛奶不能空腹喝？喝牛奶有五个误区

秋季干燥上火 4大食疗方降火润燥

秋天养生汤 首选5款保健蔬菜

7款健康养生粥 有效调理防治肾炎

谈茶必要论水 四种水，哪一种更利于泡茶？

秋季容易感冒怎么办？三种饮品助你快点好

图 25-178 删除信息分类后的效果

至此，网站信息资讯管理系统就开发完毕。读者可以将本章开发信息资讯管理系统的方法应用到实际的大型网站建设中。

第7篇

网站全能扩展

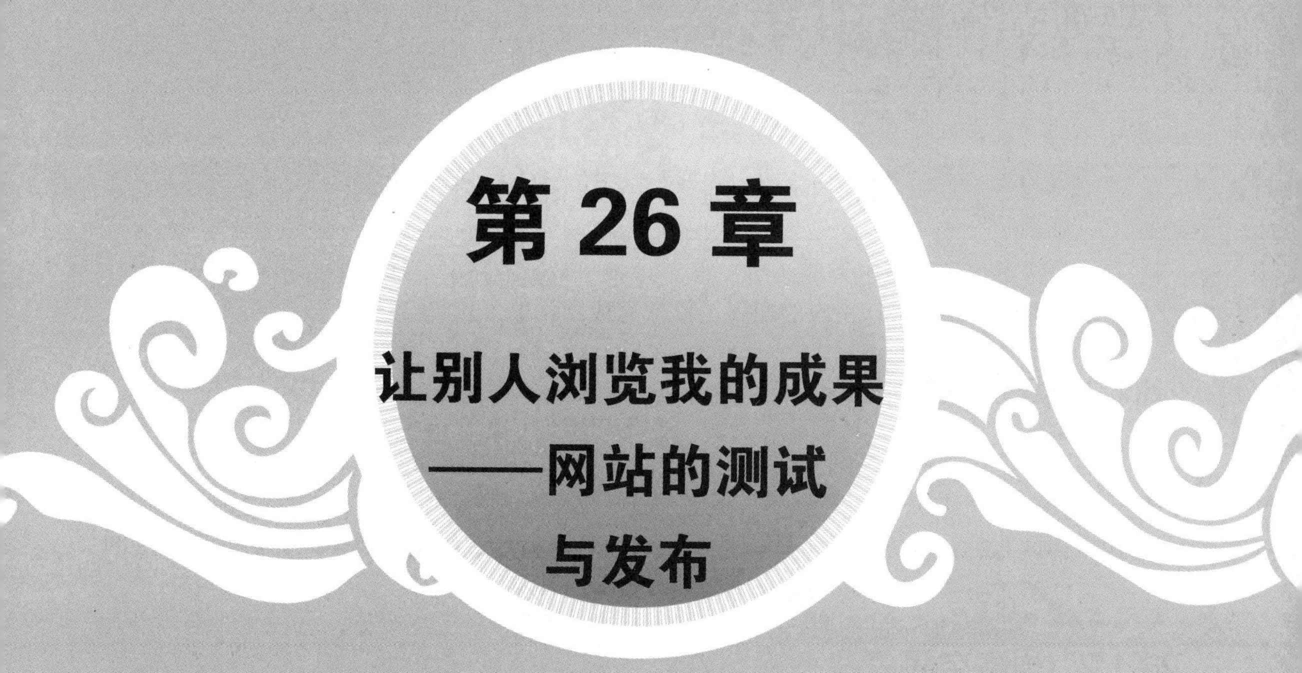

第 26 章 让别人浏览我的成果——网站的测试与发布

将本地站点中的网站建设好之后，需要将站点上传到远端服务器上，供 Internet 上的用户浏览。不过在上传之前，还需要对站点文件进行测试。本章主要介绍如何测试与发布网站。

26.1 上传网站前的准备工作

在将网站上传到网络服务器之前，首先要在网络服务器上注册域名和申请网络空间，同时，还要对本地计算机进行相应的配置，以便完成网站的上传。

26.1.1 注册域名

域名可以说是企业的“网上商标”，因此在域名的选择上要与注册商标相符合，以便于记忆。

在申请域名时，应该选择短且容易记忆的域名，另外最好还要和客户的商业有直接的关系，尽可能地使用客户的商标或企业名称。

26.1.2 申请空间

域名注册成功后，需要为自己的网站在网上安个“家”，即申请网站空间。网站空间是指用于存放网页的、置于服务器中的、可通过国际互联网访问的硬盘空间(即用于存放网站的服务器中的硬盘空间)。

在注册了域名之后，还需要进行域名解析。域名是为了方便记忆而专门建立的一套地址转换系统。要访问一台互联网上的服务器，最终还必须通过 IP 地址来实现。域名解析就是将域名重新转换为IP地址的过程。

一个域名只能对应一个 IP 地址，而多个域名则可以同时被解析到一个 IP 地址。域名解析需要由专门的域名解析服务器(DNS)来完成。

26.2 测 试 网 站

网站上传到服务器后，需要做的工作就是在线测试网站，这是一项十分重要又非常烦琐的工作。在线测试工作包括测试网页外观、测试链接、测试网页程序、检测数据库，以及测试下载时间是否过长等。

26.2.1 案例 1——测试站点范围的链接

测试网站超链接，也是上传网站之前必不可少的工作之一。对网站的超链接逐一进行测试，不仅能够确保访问者打开链接目标，还可以使超链接目标与超链接源保持高度的统一。

在 Dreamweaver CC 中进行站点各页面超链接测试的具体操作步骤如下。

step 01 打开网站的首页，在窗口中选择【站点】→【检查站点范围的链接】命令，如图 26-1 所示。

step 02 在 Dreamweaver CC 设计器的下端弹出【链接检查器】面板，并给出本页页面的检测结果，如图 26-2 所示。

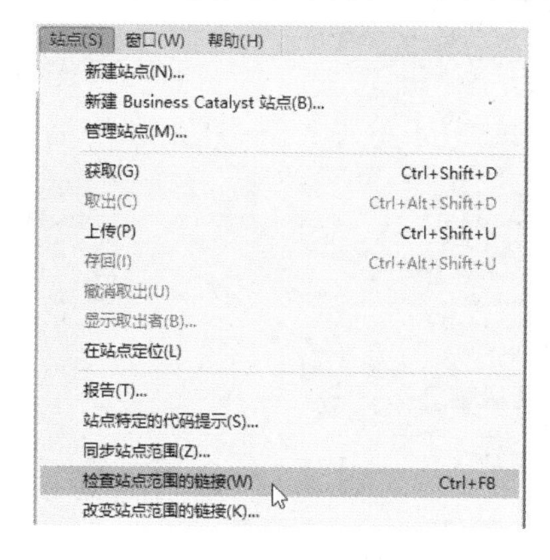

图 26-1　选择【检查站点范围的链接】命令

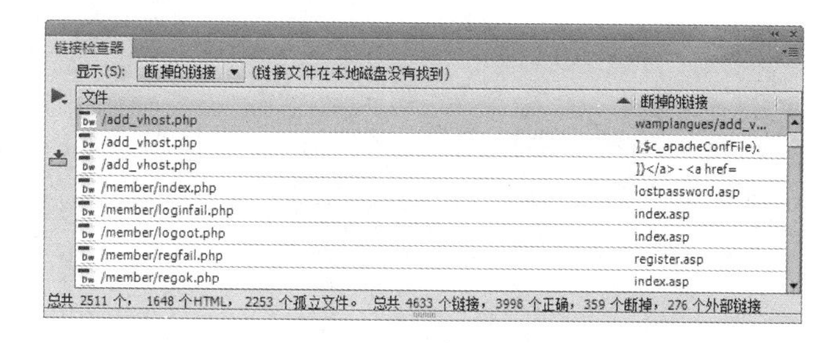

图 26-2　【链接检查器】面板

step 03 如果需要检测整个站点的超链接时，单击左侧的按钮，在弹出的下拉菜单中选择【检查整个当前本地站点的链接】命令，如图 26-3 所示。

step 04 在【链接检查器】面板底部弹出整个站点的检测结果，如图 26-4 所示。

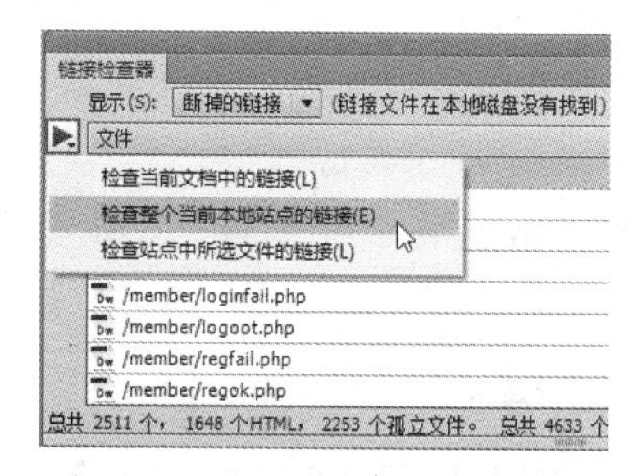

图 26-3　检查整个当前网站

图 26-4　站点检测结果

26.2.2　案例 2——改变站点范围的链接

更改站点内某个文件的所有链接的具体操作步骤如下。

step 01 在窗口中选择【站点】→【改变站点范围的链接】命令，打开【更改整个站点链接】对话框，如图 26-5 所示。

step 02 在【更改所有的链接】文本框中输入要更改链接的文件，或者单击右边的【浏览文件】按钮，在打开的【选择要修改的链接】对话框中选中要更改链接的文件，然后单击【确定】按钮，如图 26-6 所示。

step 03 在【变成新链接】文本框中输入新的链接文件，或者单击右边的【浏览文件】按钮，在打开的【选择新链接】对话框中选中新的链接文件，如图 26-7 所示。

step 04 单击【确定】按钮，即可改变站点内某个文件的链接情况，如图 26-8 所示。

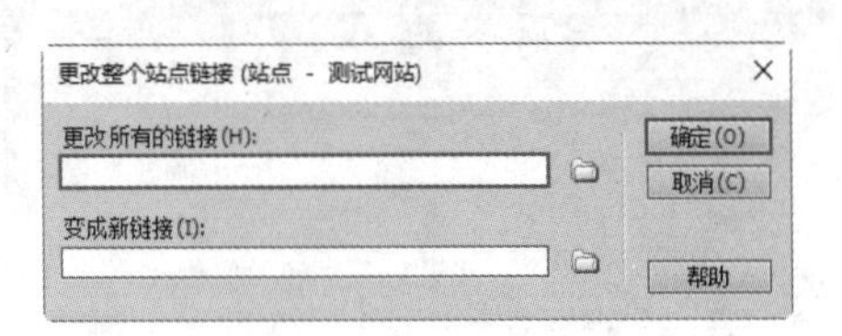

图 26-5 【更改整个站点链接】对话框

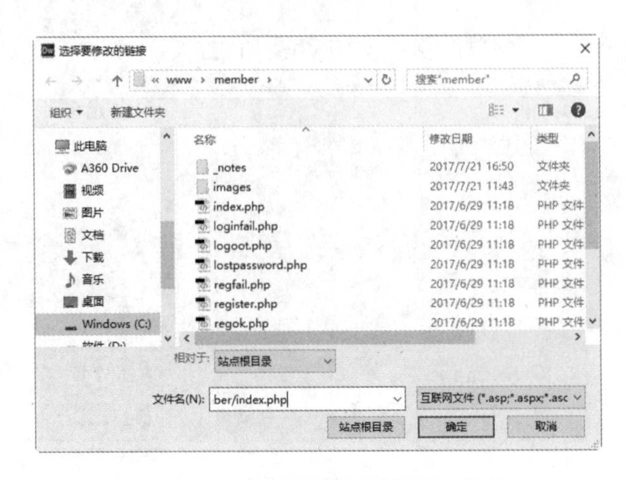

图 26-6 【选择要修改的链接】对话框

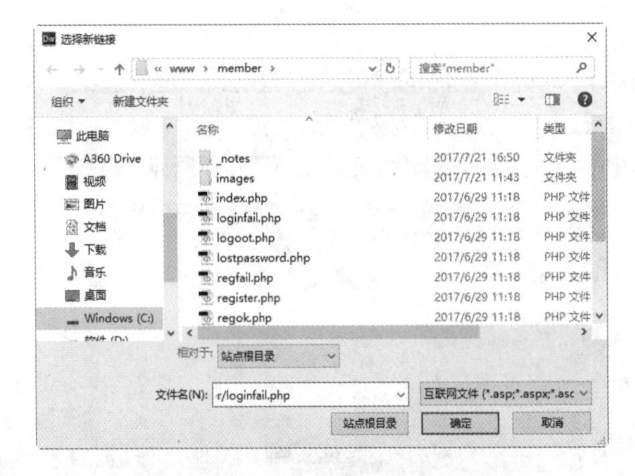

图 26-7 【选择新链接】对话框

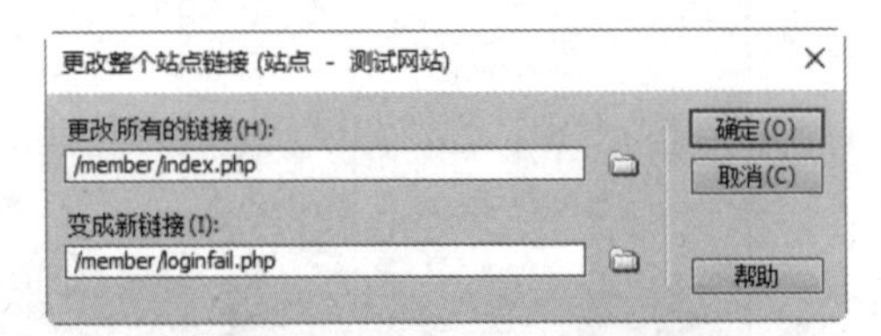

图 26-8 更改某个文件的链接

26.2.3 案例 3——查找和替换

在 Dreamweaver CC 中，对整个站点中所有文档进行源代码、标签等内容查找和替换的具体操作步骤如下。

step 01 选择【编辑】→【查找和替换】命令，如图 26-9 所示。

step 02 打开【查找和替换】对话框，在【查找范围】下拉列表框中，可以选择【当前文档】、【所选文字】、【打开的文档】和【整个当前本地站点】等选项；在【搜索】下拉列表框中，可以对【文本】、【源代码】和【指定标签】等内容进行搜索，如图 26-10 所示。

step 03 在【查找】列表框中输入要查找的具体内容；在【替换】列表框中输入要替换的内容；在【选项】选项组中，可以设置【区分大小写】、【全字匹配】等选项。单击【查找下一个】或者【替换】按钮，即可完成对页面内指定内容的查找和替换操作。

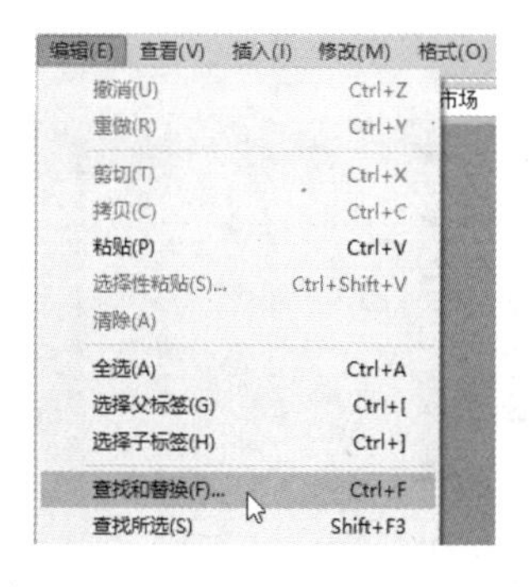

图 26-9 选择【查找和替换】命令

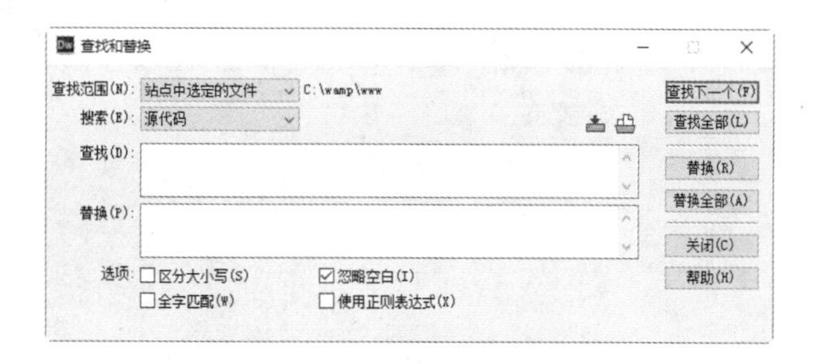

图 26-10 【查找和替换】对话框

26.3 上传网站

网站测试好以后，接下来最重要的工作就是上传网站。只有将网站上传到远程服务器上，才能让浏览者浏览。设计者既可利用 Dreamweaver 软件自带的上传功能，也可利用专门的 FTP 软件上传网站。

26.3.1 案例 4——使用 Dreamweaver 上传网站

在 Dreamweaver CC 中，使用站点窗口工具栏中的⇩和⇧按钮，既可将本地文件夹中的文件上传到远程站点，也可将远程站点的文件下载到本地文件夹中。将文件的上传/下载操作和存回/取出操作相结合，就可以实现全功能的站点维护。具体操作步骤如下。

step 01 选择【站点】→【管理站点】命令，打开【管理站点】对话框，如图 26-11 所示。

step 02 在【管理站点】对话框中单击【编辑】按钮，打开【站点设置对象】对话框，选择【站点】选项，如图 26-12 所示。

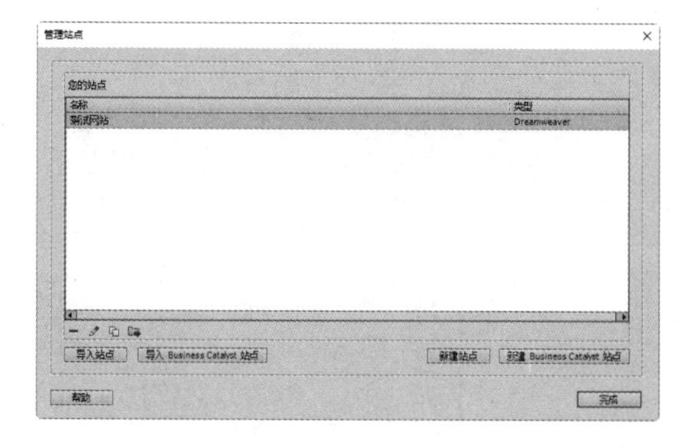

图 26-11 【管理站点】对话框

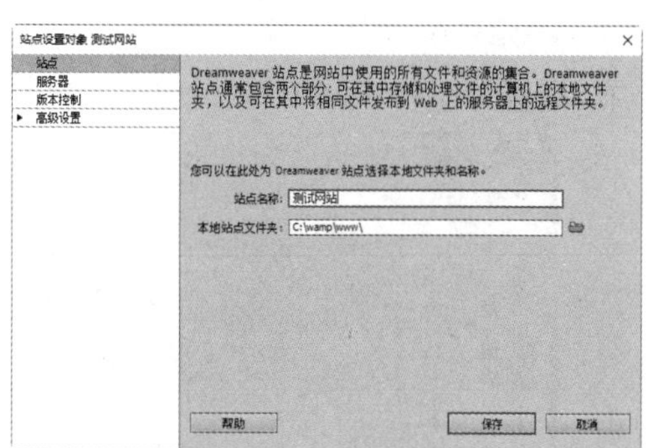

图 26-12 【站点设置对象】对话框

step 03 单击右侧面板中的+按钮，如图 26-13 所示。

step 04 在【服务器名称】文本框中输入服务器的名称，在【连接方法】下拉列表框中选择 FTP 选项，在【FTP 地址】文本框中输入服务器的地址，在【用户名】和【密码】文本框中输入相关信息，单击【测试】按钮，可以测试网络是否连接成功，单击【保存】按钮，完成设置，如图 26-14 所示。

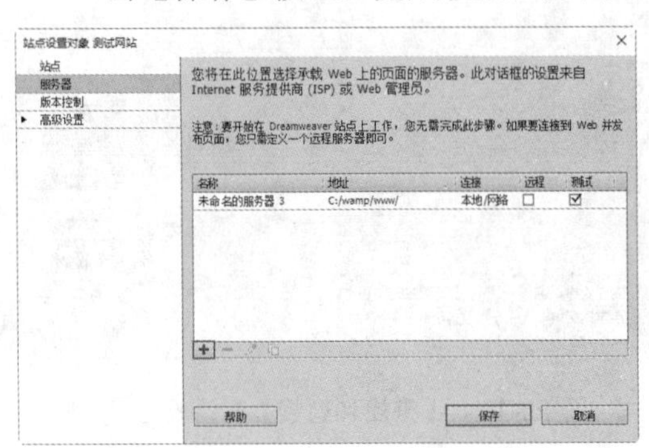

图 26-13 【服务器】选项卡

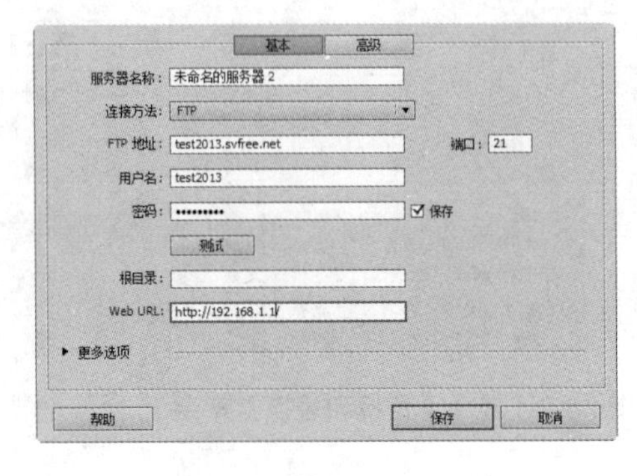

图 26-14 输入服务器信息

step 05 返回【站点设置对象】对话框，如图 26-15 所示。

step 06 单击【保存】按钮，完成设置。返回到【管理站点】对话框，如图 26-16 所示。

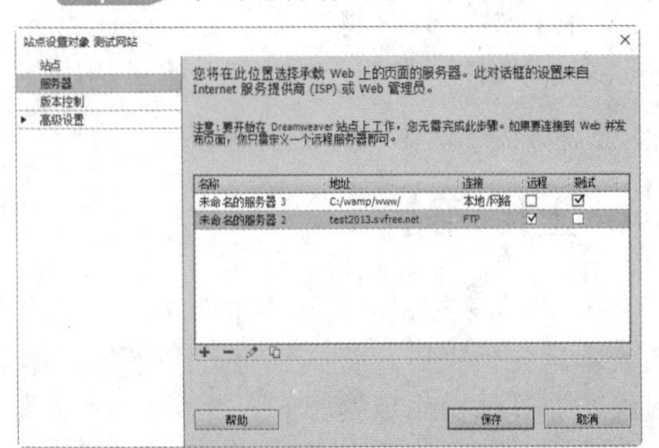

图 26-15 设置之后的【站点设置对象】对话框

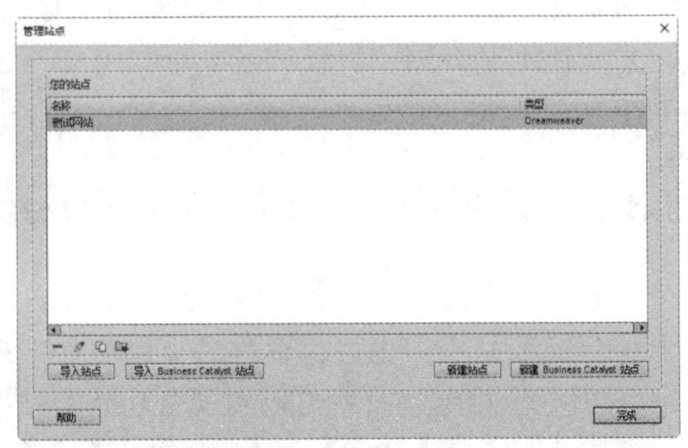

图 26-16 设置之后的【管理站点】对话框

step 07 单击【完成】按钮，返回站点文件窗口。在【文件】面板中，单击工具栏上的按钮，如图 26-17 所示。

step 08 打开上传文件窗口，在该窗口中单击按钮，如图 26-18 所示。

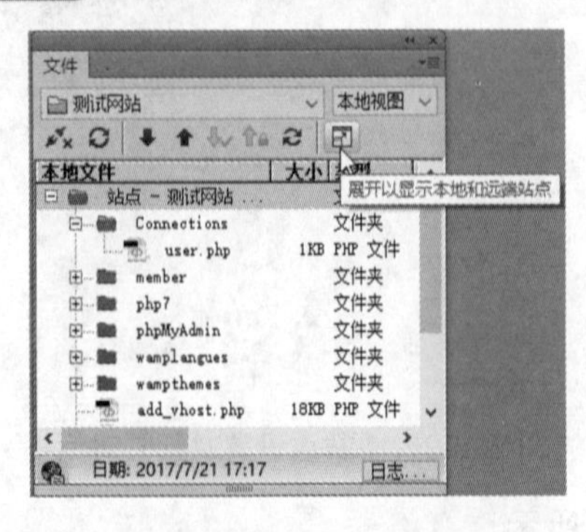

图 26-17 【文件】面板

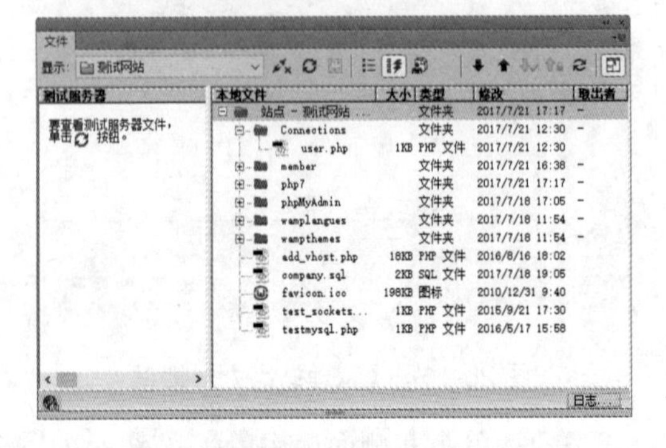

图 26-18 上传文件窗口

step 09 开始连接到我的站点之上，单击工具栏中的按钮，弹出一个信息提示框，如图 26-19 所示。

step 10 单击【确定】按钮，系统开始上传网站内容，如图 26-20 所示。

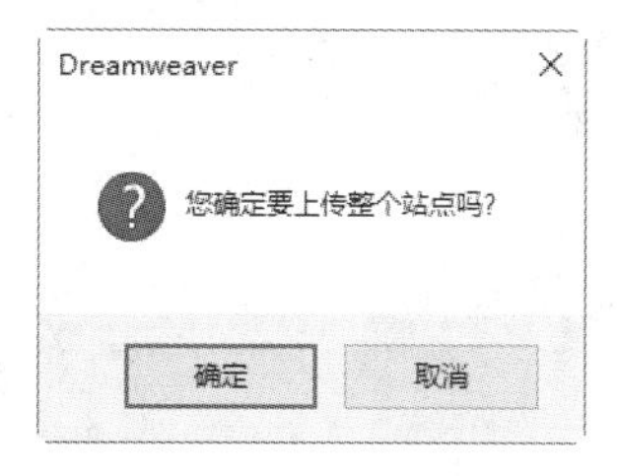

图 26-19　信息提示框

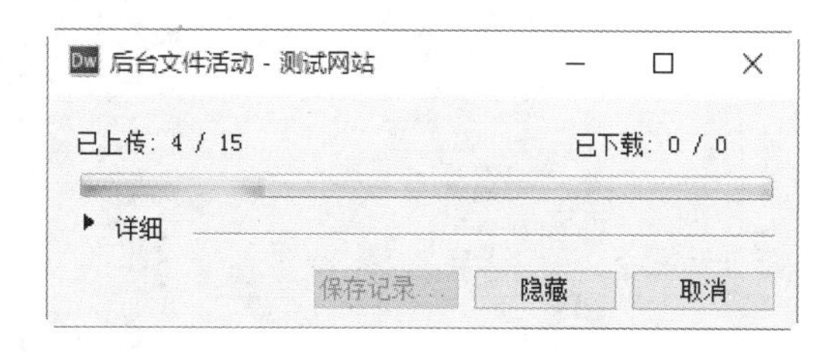

图 26-20　开始上传文件

26.3.2　案例 5——使用 FTP 工具上传网站

可以利用专门的 FTP 软件上传网站。具体操作步骤如下(本小节以 Cute FTP 9.0 进行讲解)。

step 01 打开 FTP 软件，选择【文件】→【新建】→【FTP 站点】命令，如图 26-21 所示。

step 02 弹出【此对象的站点属性：无标题(1)】对话框，如图 26-22 所示。

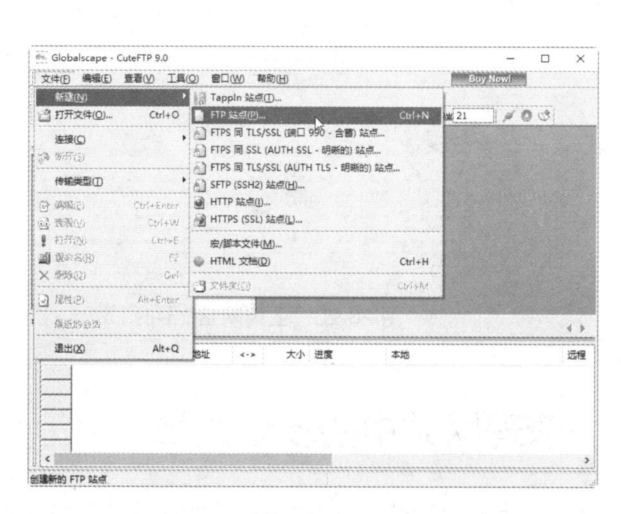

图 26-21　选择【FTP 站点】命令

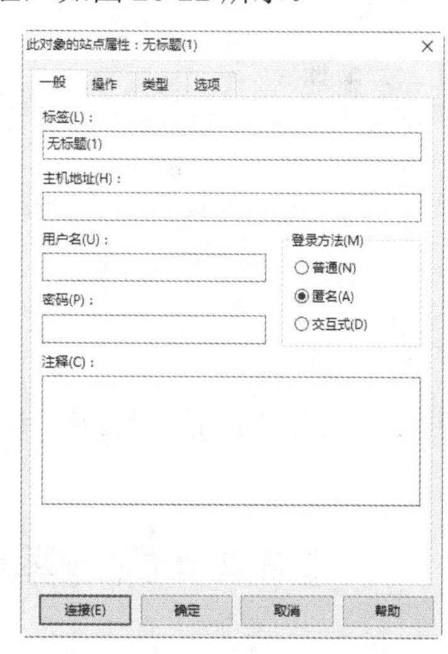

图 26-22　【此对象的站点属性：无标题(1)】对话框

step 03 在【此对象的站点属性：无标题(1)】对话框中根据提示输入相关信息，单击【连接】按钮，连接到相应的地址，如图 26-23 所示。

step 04 返回主界面后，切换至【本地驱动器】选项卡，选择要上传的文件，如图 26-24 所示。

step 05 在左侧窗口中选中需要上传的文件并右击，在弹出的快捷菜单中选择【上载】命令，如图 26-25 所示。

step 06 这时，在窗口的下方窗口中将显示文件上传的进度及上传的状态，如图 26-26 所示。上传完成后，用户即可在外部浏览网站信息了。

图 26-23　输入信息

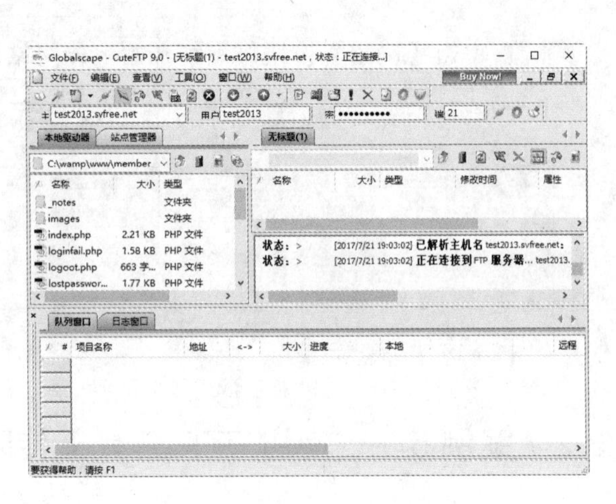

图 26-24　选择要上传的文件

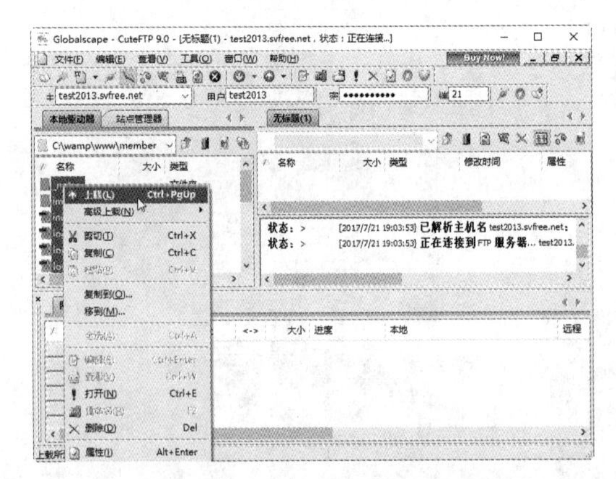

图 26-25　选择【上载】命令

图 26-26　上传网站文件

26.4　综合案例——清理网站中的多余文档

在 Dreamweaver CC 中，可以清理一些不必要的 HTML，以此增加网页打开的速度。清理文档的具体操作步骤如下。

1. 清理不必要的 HTML

step 01 选择【命令】→【清理 XHTML】命令，弹出【清理 HTML/XHTML】对话框。

step 02 在【清理 HTML/XHTML】对话框中，可以设置对【空标签区块】、【多余的嵌套标签】和【Dreamweaver 特殊标记】等内容的清理，具体设置如图 26-27 所示。

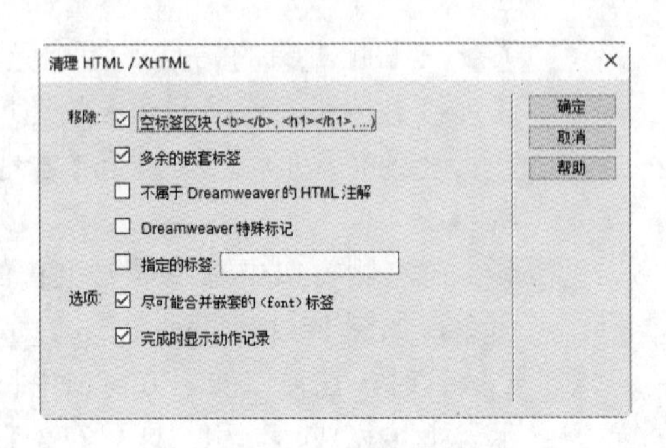

图 26-27　设置相关选项

step 03 设置完成后单击【确定】按钮，即可完成对页面指定内容的清理。

2. 清理 Word 生成的 HTML

step 01 选择【命令】→【清理 Word 生成的 HTML】命令，打开【清理 Word 生成的 HTML】对话框，如图 26-28 所示。

step 02 在【基本】选项卡中，可以设置要清理的来自 Word 文档的特定标记、背景颜色等选项。在【详细】选项卡中，可以进一步设置要清理的 Word 文档中的特定标记以及 CSS 样式表的内容，如图 26-29 所示。

step 03 设置完成后单击【确定】按钮，即可完成对由 Word 生成的 HTML 内容的清理。

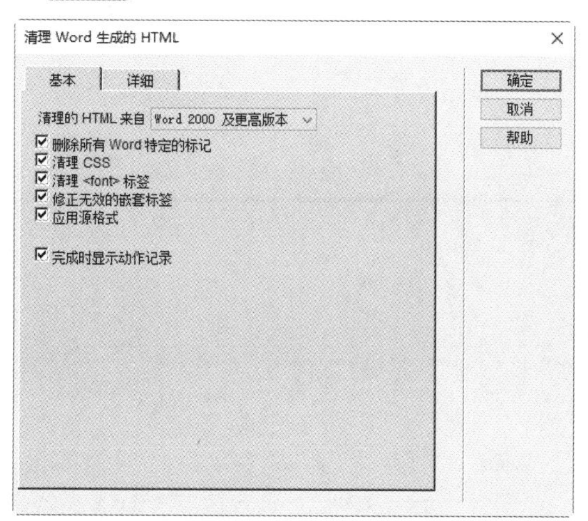

图 26-28 【清理 Word 生成的 HTML】对话框

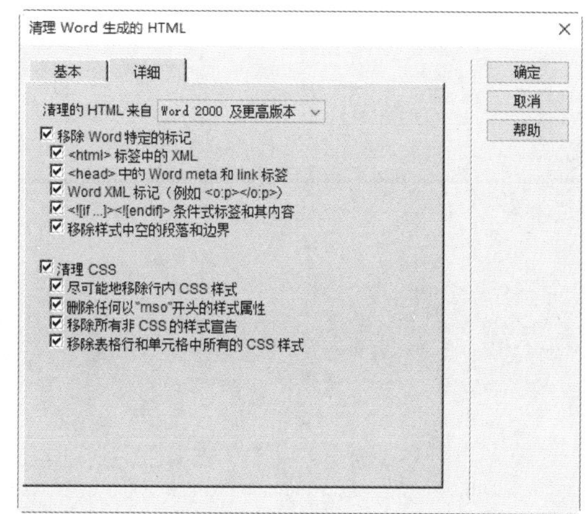

图 26-29 【详细】选项卡

26.5 疑难解惑

疑问 1：如何正确上传文件？

答：上传网站的文件需要遵循两个原则：第一，要确定上传的文件一定会被网站使用，不要上传无关紧要的文件，并尽量缩小上传文件的体积；第二，上传的图片要尽量采用压缩格式，这不仅可以节省服务器的资源，而且可以提高网站的访问速度。

疑问 2：怎样让网页自动关闭？

答：如果希望网页在指定的时间内能自动关闭，可以在网页源代码的标签后面加入如下代码：

```
<script LANGUAGE="JavaScript">
setTimeout("self.close()",5000)
</script>
```

代码中的 5000 表示 5 秒钟，它是以毫秒为单位的。

打造坚实的堡垒——网站安全与防御

网站攻击技术无处不在。在某个安全程序非常高的网站，攻击者也许只用小小的一行代码就可以让网站成为入侵者的帮凶，让网站访问者成了最无辜的受害者。

27.1　网站维护基础知识

在学习网站安全与防御策略之前，用户需要了解相关的网站基础知识。

27.1.1　网站的维护与安全

网站安全的基础是系统与平台的安全，只有在做好系统平台的安全工作后，才能保证网站的安全。目前，随着网站数量的增多，以及编写网站代码的程序语言也在不断地更新，致使网站漏洞层出不穷，黑客攻击手段不断变化，让用户防不胜防。但用户可以以不变应万变，从如下几个方面来保障网站的安全。

目前，每个网站的服务器空间并不都是自己的。一些小的公司没有经济实力购买自己的服务器，它们只能去租别人的服务器。因此，对于在不同地方的网站服务器空间，其网站防范措施也不尽相同。

1. 网站服务器空间是租用的

针对这种情况，网站管理员只能在保护网站的安全方面下功夫，即在网站开发这块儿做一些安全的工作。

(1) 网站数据库的安全。一般 SQL 注入攻击主要是针对网站数据库的，所以需要在数据库连接文件中添加相应防攻击的代码。比如在检查网站程序时，打开那些含有数据库操作的 ASP 文件，这些文件是需要防护的页面，然后在其头部加上相关的防注入代码，于是这些页面就能防注了，最后再把它们都上传到服务器上。

(2) 堵住数据库下载漏洞。换句话说就是不让别人下载数据库文件，并且数据库文件的命名最好复杂并隐藏起来，让别人认不出来。

(3) 网站中最好不要有上传和论坛程序。这样最容易产生上传文件漏洞以及其他的网站漏洞。

(4) 对于后台管理程序的要求是，首先不要在网页上显示后台管理程序的入口链接，防止黑客攻击，其次用户名和密码不能过于简单且要定期更换。

(5) 定期检查网站上的木马。使用某些专门木马查杀工具，或使用网站程序集成的监测工具定期检查网站上是否存在木马。另外，还可以把网站上除了数据库文件外的文件，都改成只读的属性，以防止文件被篡改。

2. 网站服务器空间是自己的

针对这种情况，除了采用上述几点对网站安全进行防范外，还要对网站服务器的安全进行防范。这里以 Windows+IIS 实现的平台为例，需要做到如下几点。

(1) 服务器的文件存储系统要使用 NTFS 文件系统，因为在对文件和目录进行管理方面，NTFS 系统更安全有效。

(2) 关闭默认的共享文件。

(3) 建立相应的权限机制，让权限分配以最小化权限的原则分配给 Web 服务器访问者。

(4) 删除不必要的虚拟目录、危险的IIS组件和不必要的应用程序映射。

(5) 保护好日志文件的安全。因为日志文件是系统安全策略的一个重要环节，可以通过对日记的查看，及时发现并解决问题，确保日志文件的安全能有效提高系统整体的安全性。

27.1.2 常见的网站攻击方式

网站攻击的手段极其多样，黑客常用的网站攻击手段主要有如下几种。

1. 阻塞攻击

阻塞类攻击手段的典型攻击方法是拒绝服务攻击(Denial of Service，DoS)。该方法是一类个人或多人利用网络协议组的某些工具，拒绝合法用户对目标系统(如服务器等)或信息访问。攻击成功后的后果为使目标系统死机、使端口处于停顿状态等，还可以在网站服务器中发送杂乱信息、改变文件名称、删除关键的程序文件等，进而扭曲系统的资源状态，使系统的处理速度降低。

2. 文件上传漏洞攻击

网站的上传漏洞根据在网页文件上传的过程中，对其上传变量的处理方式的不同，可分为动力型和动网型两种。其中，动力型上传漏洞是编程人员在编写网页时，未对文件上传路径变量进行任何过滤就进行了上传，从而产生了漏洞，以致用户可以对文件上传路径变量进行任意修改。动网型上传漏洞最早出现在动网论坛中，其危害性极大，使很多网站都遭受了攻击。而动力型上传漏洞是因为网站系统没有对上传变量进行初始化，在处理多个文件上传时，可以将ASP文件上传到网站目录中所产生的漏洞。

上传漏洞攻击方式对网站安全威胁极大。攻击者可以直接上传比如ASP木马文件而得到一个WEBSHELL，进而控制整个网站服务器。

3. 跨站脚本攻击

跨站脚本攻击一般是指黑客在远程站点页面HTML代码中插入具有恶意目的的数据。用户认为该页面是可信赖的，但当浏览器下载该页面时，嵌入其中的脚本将被解释执行。跨站脚本攻击方式最常见的，比如通过窃取cookie，或通过欺骗使用户打开木马网页，或直接在存在跨站脚本漏洞的网站中写入注入脚本代码，在网站挂上木马网页等。

4. 弱密码的入侵攻击

这种攻击方式首先需要用扫描器探测到SQL账号和密码信息，进而拿到SA的密码，然后用SQLEXEC等攻击工具通过1433端口连接到网站服务器上，再开设以系统账号，通过3389端口登录。这种攻击方式还可以配合WEBSHELL来使用。一般的ASP+MSSQL网站通常会把MSSQL连接密码写到一个配置文件中，用WEBSHELL来读取配置文件里面的SA密码，然后再上传一个SQL木马来获取系统的控制权限。

5. 网站旁注入侵

这种技术是通过IP绑定域名查询的功能，先查出服务器上有多少网站，再通过一些薄弱的网站实施入侵，拿到权限之后转而控制服务器的其他网站。

6. 网站服务器漏洞攻击

网站服务器的漏洞主要集中在各种网页中。由于网页程序编写得不严谨，从而出现了各种脚本漏洞，如动网文件上传漏洞、Cookie 欺骗漏洞等都属于脚本漏洞。但除了这几类常见的脚本漏洞外，还有一些专门针对某些网站程序出现的脚本程序漏洞，如用户对输入的数据过滤不严、网站源代码暴露及远程文件包含漏洞等。

对这些漏洞的攻击，攻击者需要有一定的编程基础。现在网络上随时都有最新的脚本漏洞发布，也有专门的工具，初学者完全可以利用这些工具进行攻击。

27.2 网站安全防御策略

在了解了网站安全基础知识后，下面介绍网站安全防御策略。

27.2.1 网站硬件的安全维护

硬件中最主要的就是服务器，一般要求使用专用的服务器，不要使用 PC 代替。因为专用的服务器中有多个 CPU，并且硬盘的各方面的配置也比较优秀；如果其中一个 CPU 或硬盘坏了，别的 CPU 和硬盘还可以继续工作，不会影响到网站的正常运行。

网站机房通常要注意室内的温度、湿度及通风性，这些将影响到服务器的散热和性能的正常发挥。如果有条件，最好使用两台或两台以上的服务器，所有的配置最好都是一样的，因为服务器经过一段时间要进行停机检修，在检修的时候可以运行别的服务器工作，这样不会影响到网站的正常运行。图 27-1 所示为网站服务器的工作环境。

图 27-1　网站服务器的工作环境

27.2.2 网站软件的安全维护

软件管理也是确保一个网站能够良好运行的必要条件，通常包括服务器的操作系统配置、网站的定期更新、数据的备份、网络安全的防护等。

1. 服务器的操作系统配置

一个网站要能正常运行，硬件环境是一个先决条件。但是服务器操作系统的配置是否可行和设置的优良性如何，则是一个网站能否良好长期运行的保证。除了要定期对这些操作系统进行维护外，还要定期对操作系统进行更新，并使用最先进的操作系统。

2. 网站的定期更新

网站的创建并不是一成不变的，还要对网站进行定期的更新。除了更新网站的信息外，还要更新或调整网站的功能和服务。对网站中的废旧文件要随时清除，以提高网站的精良性，从而提高网站的运行速度。还有就是要时时关注互联网的发展趋势，随时调整自己的网站，使其顺应潮流，以便给别人提供更便捷和贴切的服务。

3. 数据的备份

所谓数据的备份，就是对自己网站中的数据进行定期备份，这样既可以防止服务器出现突发错误丢失数据，又可以防止自己的网站被别人“黑”掉。如果有了定期的网站数据备份，那么即使自己的网站被别人“黑”掉了，也不会影响网站的正常运行。

4. 网络安全的防护

所谓网络的安全防护，就是防止自己的网站被别人非法地侵入和破坏。除了要对服务器进行安全设置外，首要的一点是要注意及时下载和安装软件的补丁程序。另外，还要在服务器中安装、设置防火墙。防火墙虽然是确保安全的一个有效措施，但不是唯一的，而且不能确保绝对安全。为此，还应该使用其他的安全措施。

另外一点就是要时刻注意病毒的问题，要时刻对自己的服务器进行查毒、杀毒等操作，以确保系统的安全运行。如图 27-2 所示为 360 杀毒软件的下载页面，下载之后，将其安装到网站服务器之中，就可以使用该软件保护系统安全了。

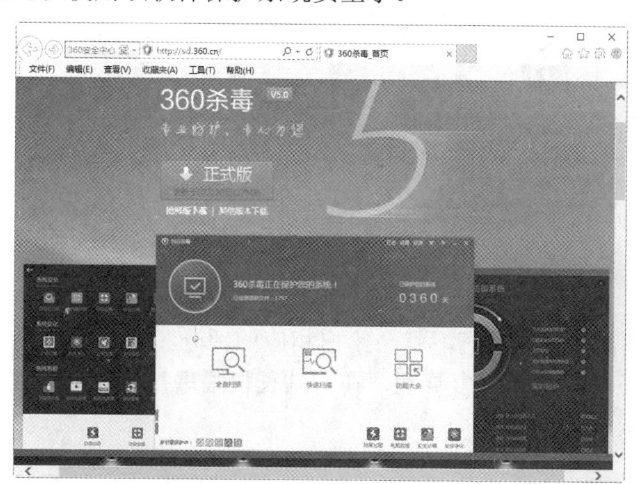

图 27-2 360 杀毒软件的下载页面

27.2.3 检测网站的安全性

360 网站安全检测平台为网站管理者提供了网站漏洞检测、网站挂马实时监控、网站篡改实时监控等服务。

使用 360 网站安全检测平台检测网站安全的具体操作步骤如下。

step 01 在 IE 浏览器中输入 360 网站安全检测平台的网址 http://webscan.360.cn/，打开 360 网站安全的首页，在首页中输入要检测的网站地址，如图 27-3 所示。

step 02 单击【检测一下】按钮，即可开始对网站进行安全检测，并给出检测的结果，如图 27-4 所示。

图 27-3　360 网站的安全检测页面

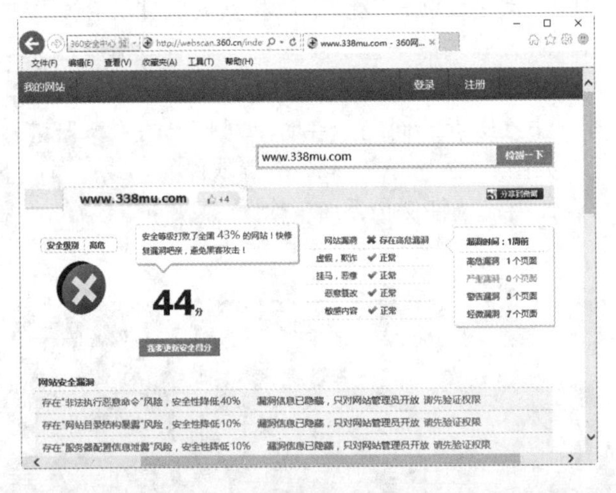

图 27-4　网站安全检测结果

如果检测出网站存在安全漏洞，就会给出相应的评分。然后单击【我要更新安全得分】按钮，就会进入 360 网站安全修复界面，在对站长权限进行验证后，就可以修复网站安全漏洞了，如图 27-5 所示。

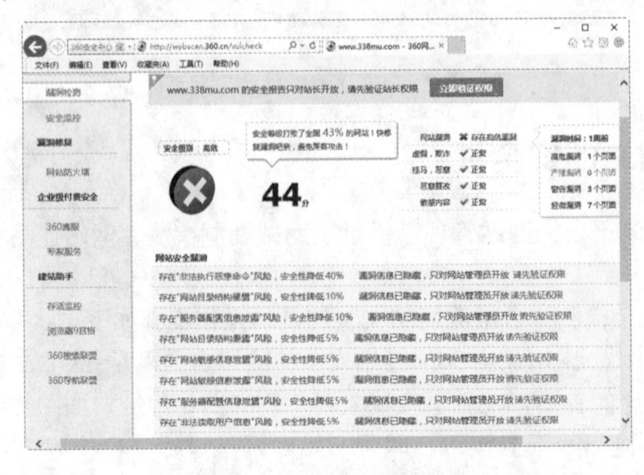

图 27-5　网站安全修复界面

27.3 综合案例——设置网站的访问权限

限制用户的网站访问权限往往可以有效堵住入侵者的上传。设置网站访问权限的具体操作步骤如下。

step 01 在资源管理器中右击 D:\inetpub 中的 www.***.com 目录，在弹出的快捷菜单中选择【属性】命令，在打开的对话框中切换到【安全】选项卡，如图 27-6 所示。

step 02 在【组或用户名】列表框中选择任意一个用户名，然后单击【编辑】按钮，打开权限对话框，如图 27-7 所示。

图 27-6 【安全】选项卡

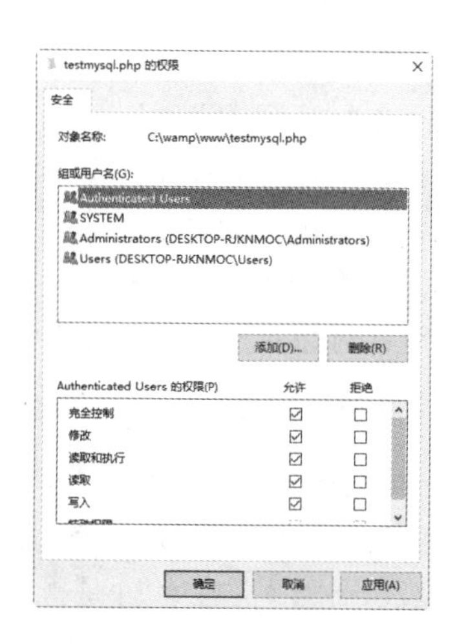

图 27-7 权限对话框

step 03 单击【添加】按钮，打开【选择用户或组】对话框，在其中输入用户名 Everyone，如图 27-8 所示。

step 04 单击【确定】按钮，返回权限对话框，可以看到已将 Everyone 用户添加到列表中。在权限列表中选择【读取和执行】、【列出文件夹目录】、【读取】权限后，单击【确定】按钮，即可完成设置，如图 27-9 所示。

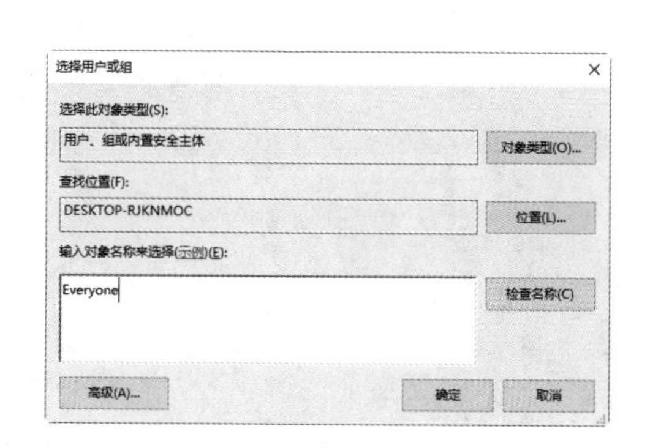

图 27-8 【选择用户或组】对话框

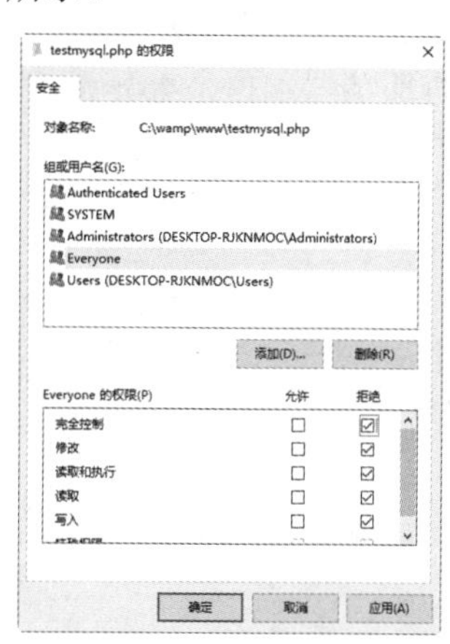

图 27-9 设置 Everyone 的权限

另外，在网页文件夹中还有数据库文件的权限设置需要进行特别设置。因为用户在提交表单或注册等操作时，会修改到数据库的数据，所以除了给用户读取的权限外，还需要写入和修改权限，否则也会出现用户无法正常访问网站的问题。

设置网页数据库文件的权限的操作方法为：右击文件夹中的数据库文件，在弹出的快捷菜单中选择【属性】命令，在打开的属性对话框中切换到【安全】选项卡，在【组或用户名】列表框中选择Everyone用户，在权限列表中再选择【修改】、【写入】权限。

27.4 疑难解惑

疑问1：网站为什么容易被攻击？

答：每一个站长都不希望自己的网站被攻击，因此就需要防患于未然，找出被攻击的原因，减少麻烦。站长可以从注入漏洞、跨站脚本(XSS)、恶意文件执行、不安全的直接对象参照物、跨站指令伪造、信息泄露和错误处理不当、不安全的认证和会话管理、不安全的加密存储设备、不安全的通信、未对网站地址的访问进行限制等方面来查找被攻击的原因，找到之后，进行有针对性的修复，才能减少被攻击。

疑问2：如何检测我的网站服务器是否被“黑”？

答：网站的服务器被“黑”之后，系统肯定会出现运行速度变慢、系统账号异常等现象，这时网站管理者可以从以下几个方面来检测。

(1) 检查服务器上防护软件是否有异常日志，比如服务器安全狗系统账号扫描是否有影子账号，防护日志是否有异常拦截记录。

(2) 检查【控制面板】→【管理工具】→【事件查看器】里面日志是否正常。

(3) 检查任务栏管理里面服务和进程是否异常，是否有病毒或者后门程序。

(4) 检查网站是否挂马或者页面文件被替换。

(5) 检查系统账号是否异常，有无增加账号或者修改密码。

(6) 检查防火墙和其他系统设置是否异常，是否被其他人修改过。

(7) 检查系统服务器启动项是否有异常程序。

(8) 检查服务器端口是否异常。

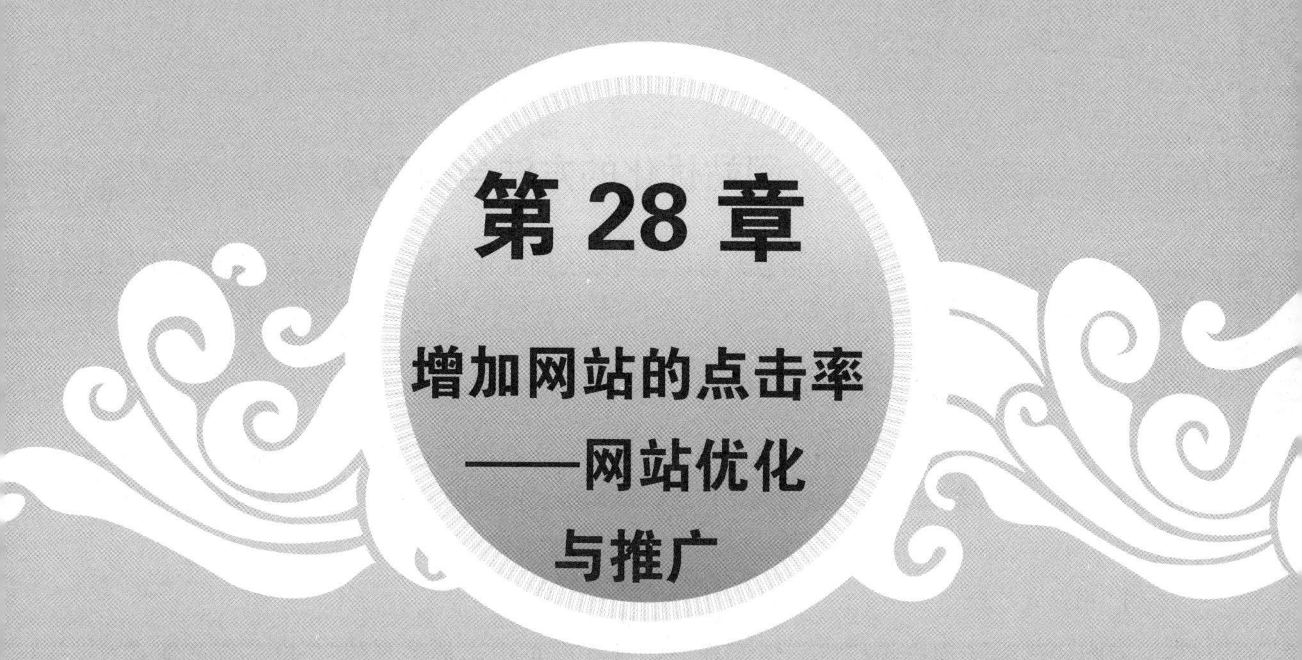

第28章 增加网站的点击率——网站优化与推广

制作好一个网站后，坐等访客的光临是不行的。放在互联网上的网站就像一块立在地下走道中的公告牌一样，即使人们在走道里走动的次数很多，但是往往也很难发现这个公告牌。可见，宣传网站有多么重要。就像任何产品一样，再优秀的网站如果不进行自我宣传，也很难有较大的访问量。

28.1 网站优化的方法与技巧

通过在网站适当地添加广告信息，可以给网站的拥有者带来不小的收入。随着点击量的上升，创造的财富也越多。

28.1.1 通过广告优化网站内容

网站广告设计更多的时候是通过烦琐的工作与多次的尝试完成的。在实际工作中，网页设计者会根据需要添加不同类型的网站广告，从而优化网站内容。网站广告的形式大致分为以下 6 种。

1. 网幅式广告

网幅式广告又称旗帜广告，通常横向出现在网页中，最常见的尺寸(单位：像素)是 468×60 和 468×80。目前还有 728×90 的大尺寸型，它是网络广告比较早出现的一种广告形式。以往网幅广告以 JPG 或者 GIF 格式为主，伴随着网络的发展，SWF 格式的网幅广告也比较常见了。图 28-1 所示为网幅式广告。

2. 弹出式广告

弹出式广告是互联网上的一种在线广告形式，意图透过广告来增加网站流量。用户进入网页时，会自动开启一个新的浏览器视窗，以吸引读者直接到相关网址浏览，从而收到宣传之效。这些广告一般都透过网页的 JavaScript 指令来启动，但也有通过其他形式启动的。由于弹出式广告过分泛滥，很多浏览器或者浏览器组件也加入了弹出式窗口杀手的功能，以屏蔽这样的广告。图 28-2 所示为弹出式广告。

图 28-1 网幅式广告

图 28-2 弹出式广告

3. 按钮式广告

按钮式广告是一种小面积的广告形式。这种广告形式被开发出来主要有两个原因：一是可以通过减小面积来降低购买成本，让小预算的广告主能够有能力购买；二是为了更好地利用网页中面积比较小的零散空白位。

常见的按钮式广告有 125×125、120×90、120×60、88×314 4 种尺寸。在购买的时候，广告主也可以购买连续位置的几个按钮式广告组成双按钮广告、三按钮广告等，以增强宣传效果。按钮式广告一般容量比较小，常见的有 JPEG、GIF、Flash 等几种格式。如图 28-3 所示为按钮式广告。

4. 文字链接广告

文字链接广告是一种最简单、最直接的网上广告，只需要将超链接加入相关文字即可，如图 28-4 所示。

图 28-3　按钮式广告

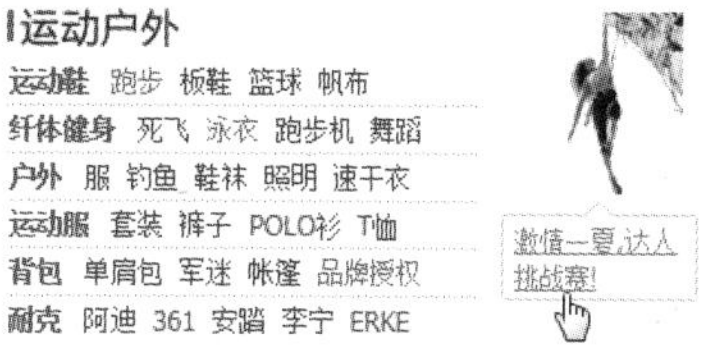

图 28-4　文字链接广告

5. 横幅式广告

横幅式广告是通栏式广告的初步发展阶段，初期用户认可程度很高，有不错的效果。但是伴随着时间的推移，人们对横幅式广告已经开始变得麻木。于是广告主和媒体开发了通栏式广告，它比横幅式广告更长，面积更大，更具有表现力，更吸引人。一般的通栏式广告尺寸有 590×105、590×80 等，已经成为一种常见的广告形式。图 28-5 所示为横幅式广告。

6. 浮动式广告

浮动式广告是网页页面上悬浮或移动的非鼠标响应广告，形式可以为 GIF 或 Flash 等格式，如图 28-6 所示。

图 28-5　横幅式广告

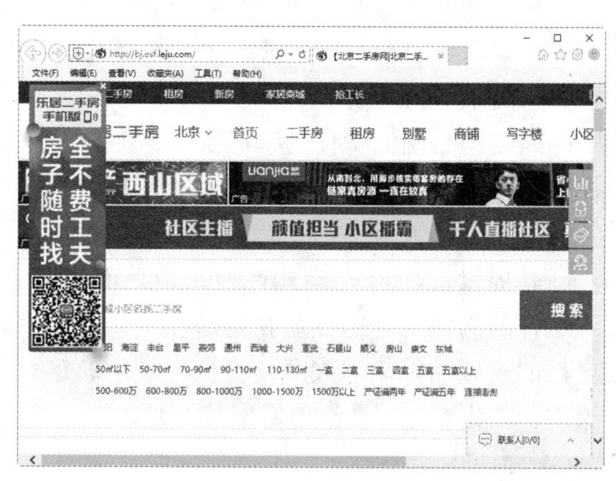

图 28-6　浮动式广告

28.1.2　通过搜索引擎优化网站

搜索引擎优化(SEO)是一项技术性较强的工作，通过搜索引擎优化不仅能让网站在搜索引擎上有良好的排名表现，而且能让整个网站看上去轻松明快，页面高效简洁，目标客户能够直奔主题，网站更容易发挥沟通企业与客户的最佳效果。

搜索引擎优化从总体技术而言，可以分两个方面进行，分别是站内搜索引擎优化和站外搜索引擎优化。

1. 站内搜索引擎优化

站内搜索引擎优化，简单地说就是在网站内部进行搜索引擎优化。对网站所有者来说，站内搜索引擎优化是最容易控制的部分，因为网站是自己的，可以根据自己的需求，设定网站结构，制作网站内容，而且投入成本可以控制。

站内搜索引擎优化大体分为以下几个部分。

1) 关键词策略

我们知道，在搜索引擎中检索信息都是通过输入查找内容的关键词或句子，然后由搜索引擎进行分词在索引库中查找来实现的。因此，关键词在搜索引擎中的位置至关重要，它是整个搜索过程中最基本也是最重要的一步，也是搜索引擎优化中进行网站优化、网页优化的基础。

关键词确定应考虑以下几个因素：内容相关、主关键词不可太宽泛、主关键词不要太特殊、站在访客角度思考、选择竞争度小搜索次数多的关键词。

2) 域名优化

域名在网站建设中拥有很重要的作用，它是联系网站与网络客户的纽带，就好比一个品牌、商标一样拥有重要的识别作用，所以一个优秀的域名应该能让访问者轻松地记忆，并且快速地输入。

3) 主机优化

主机是网站建立必需的一个环节。特别是虚拟主机更需要进行优化。通常我们选择主机时考虑以下几点因素：安全稳定性、连接数、备份机制、自定义页面、服务等。

4) 网站结构优化

网站结构是网站优化的基础。在网站结构优化过程中，我们应该注意这样几点：用户体验提升、权重分配、锚文字优化、网站物理结构优化、内部链接优化等。

5) 内容优化

网站提供的内容应该具有独特性，而且是有价值的，它能切实满足潜在客户某方面需求。这样的网站内容往往能获得潜在用户的支持、信任，最终为提高转化率加分，并逐渐形成自己的权威品牌，进入网站良性发展的轨道。因此，在对网站内容优化时，我们应遵循坚持原创、转载有度、杜绝伪原创等原则。

6) 内部链接优化

合理的内部链接可以极大地提升网站的优化效果，对于大型网站更是如此。因此，在进行网站内部链接优化时，应该注意尊重用户的体验、URL 的唯一性、尽量满足 3 次点击原则、使用文字导航、使用锚文本等几点。

7) 页面代码优化

网站结构的优化是站在整个网站的基础上看问题，而页面优化是站在具体页面上看问题。网页是构成网站的基本要素。只有每个网页都得到较好的优化，才能带来整个网站的优化成功，也才能带来更多有用的流量。

页面代码优化时我们通常考虑以下几点：页面布局的优化、标签优化、关键词布局与密度、代码优化、URL 优化等。

2. 站外搜索引擎优化

站外搜索引擎优化，顾名思义，是指除站内优化以外其他途径的优化方法，也可以说是脱离站点自身的搜索引擎优化技术，命名源自外部站点对网站在搜索引擎排名的影响。与站内优化相比，站外优化相对而言更单一，效果也更直接。缺点是难度较大，有很多外部因素是超出站长的直接控制的。

最有用、功能最强大的外部优化因素就是反向链接，即通常所说的外部链接，如图 28-7 所示。

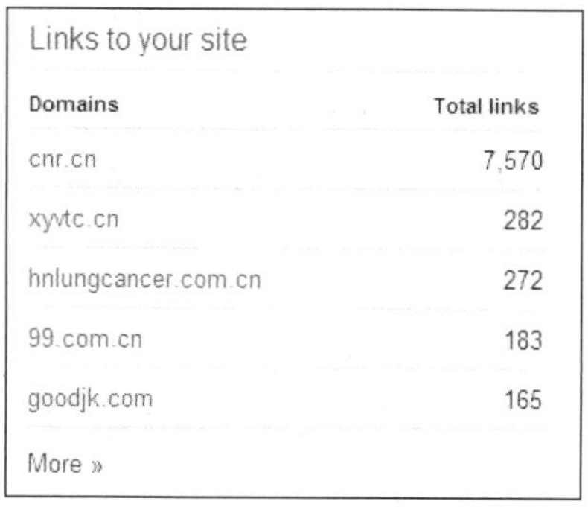

Links to your site

Domains	Total links
cnr.cn	7,570
xyvtc.cn	282
hnlungcancer.com.cn	272
99.com.cn	183
goodjk.com	165

More »

图 28-7 外部链接

互联网的本质特征之一就是链接。毫无疑问，外部链接对于一个站点的抓取、收录、排名都起到了非常重要的作用。

实际上，外部链接表达的是一种投票机制，也就是网站之间的信任关系。比如，网站 A 的某个页面中有一个指向网站 B 中某个页面的链接，则对搜索引擎来说，网站 A 的这个页面给网站 B 的页面投一票，网站 A 的页面是信任网站 B 的这个页面的。

搜索引擎在抓取互联网繁多页面的基础上，根据网页之间的链接关系，统计出每个网站的每个网页得到的外部链接投票数量，从而可以计算出页面的外部链接权重。

(1) 页面得到的外部链接投票越多，其重要性就越大，外部链接权重就越高，同等条件下关键词排名就越靠前。

(2) 页面得到的外部链接投票越少，其重要性就越小，外部链接权重就越低，同等条件下关键词排名就越靠后。

因为搜索引擎认为外部链接是很难被肆意操控的，所以目前的搜索引擎都将外部链接的权重作为主要的关键词排名算法之一。也正是因为搜索引擎的投票机制，所以就导致外部链接在搜索引擎优化中起到最重要的一个作用，就是提高网页权重。

外部链接经常使用在线工具、新闻诱饵、创意点子、发起炒作事件、幽默笑话等方法。

28.2 网站推广方法与技巧

网站做好后，需要大力地宣传和推广，只有如此才能让更多的人知道并浏览。宣传广告的方式很多，包括利用大众传媒、网络传媒、电子邮件、留言板与博客、在论坛中宣传。效果最明显的是网络传媒的方式。

28.2.1　利用大众传媒进行推广

大众传媒通常包括电视、报纸杂志、户外广告及其他印刷品。

1. 电视

目前，电视是最大的宣传媒体。如果在电视中做广告，一定能收到像其他电视广告商品一样家喻户晓的效果，但对个人网站而言就不太适合了。

2. 报纸杂志

报纸是仅次于电视的第二大媒体，也是使用传统方式宣传网站的最佳途径。作为一名电脑爱好者，在使用软硬件和上网的过程中，通常也积累了一些值得与别人交流的经验和心得，那就不妨将它写出来，写好后寄往像《电脑爱好者杂志》等比较著名的刊物，从而让更多的人受益。可以在文章的末尾注明自己的主页地址和 E-mail 地址，或者将一些难以用书稿方式表达的内容放在自己的网站中表达。如果文章很受欢迎，那么就能吸引更多的朋友前来访问自己的网站。

3. 户外广告

在一些繁华、人流量大的地段的广告牌上做广告也是一种比较好的宣传方式。目前，在街头、地铁内所做的网站广告就说明了这一点，但这种方式比较适合有实力的商业性质的网站。

4. 其他印刷品

公司信笺、名片、礼品包装等都应该印上网址名称，让客户在记住你的名字、职位的同时，也能看到并记住你的网址。

28.2.2　利用网络媒介进行推广

由于网络广告的对象是网民，具有很强的针对性，因此，使用网络广告不失为一种较好的宣传方式。

1. 网络广告

在选择网站做广告的时候，需要注意以下两点。

(1) 应选择访问率高的门户网站。只有选择访问率高的网站，才能达到“广而告之”的效果。

(2) 优秀的广告创意是吸引浏览者的重要手段。要想唤起浏览者点击的欲望，就必须给浏览者点击的理由。因此，图形的整体设计、色彩和图形的动态设计以及与网页的搭配等都是极其重要的。图 28-8 所示为天天营养网首页，在其中就可以看到添加的网络广告信息。

2. 电子邮件

这个方法对自己熟悉的朋友使用比较有效，或者在主页上提供更新网站邮件订阅功能，一旦自己的网站有更新，便可通知网友了。如果随便地向自己不认识的网友发 E-mail 宣传自己主页的话，就不太友好了。有些网友会认为那是垃圾邮件，以至于给网友留下不好的印象，并将其列入黑名单或拒收邮件列表内。这样对提高自己网站的访问率并无实质性的帮助，而且若未经别人同意就三番五次地发出一样的邀请信，也是不礼貌的。

发出的 E-mail 邀请信要有诚意，态度要和蔼，并将自己网站更新的内容简要地介绍给网友，倘若网友表示不愿意再收到类似的信件，就不要再将通知邮件寄给他们了。图 28-9 所示为邮箱登录页面的广告。

图 28-8　天天营养网

图 28-9　电子邮件广告

3. 留言板、博客

处处留言、引人注意也是一种很好的宣传自己网站的方法。在网上浏览当看到一个不错的网站时，可以考虑在这个网站的留言板中留下赞美的语句，并把自己网站的简介、地址一并写下来，将来其他朋友留言时看到这些留言，说不定就会有兴趣到你的网站中去参观一下。

随着网络的发展，现在诞生了许多个人博客，在博客中也可以留下你宣传网站的语句。还有一些是商业网站的留言板、博客等。比如网易博客等，每天都会有数百人在上面留言，访问率较高，在那里留言对于让别人知道自己网站的效果会更明显。图 28-10 所示为网易博客的首页。

留言时的用语要真诚、简洁，切莫将与主题无关的语句也写在上面。留言篇幅要尽量简短，不要将同一篇留言反复地写在别人的留言板上。

4. 网站论坛

目前，大型的商业网站中都有多个专业论坛，有的个人网站上也有论坛，那里会有许多人在发表观点，在论坛中留言也是一种很好的宣传网站的方式。图 28-11 所示为天涯社区论坛首页。

图 28-10　网易博客

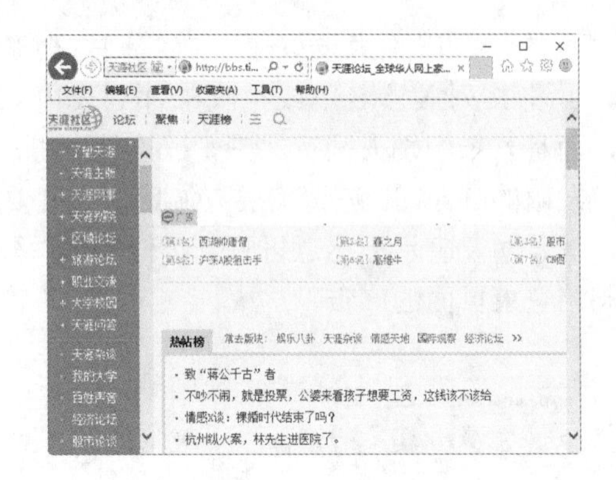

图 28-11　天涯论坛

28.2.3　利用其他形式进行推广

大众媒体与网络媒体是比较常见的网站推广方式。下面再来介绍两种其他推广方式。

1. 注册搜索引擎

在知名的网站中注册搜索引擎，可以提高网站的访问量。当然，很多搜索引擎(有些是竞价排名)是收费的，这对于商业网站可以使用，对于个人网站就有点不好接受了。图 28-12 所示为百度网站的企业推广首页。

2. 和其他网站交换链接

对个人网站来说，友情链接可能是最好的宣传网站的方式。跟访问量大的、优秀的个人网页相互交换链接，能大大地提高网页的访问量。图 28-13 所示为某个网站的友情链接区域。

图 28-12　百度推广首页

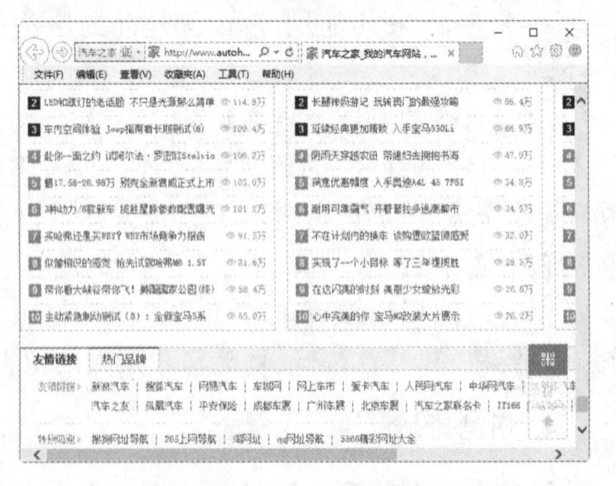

图 28-13　网站友情链接

这个方法比参加广告交换组织要有效得多，起码可以选择将广告放置到哪个网页。能选择与那些访问率较高的网页建立友情链接，这样造访网页的网友肯定会多起来。

友情链接是相互建立的，想要别人加上自己网站的链接，就要在自己网页的首页或专门做友情链接的专页放置对方的链接，并适当地进行推荐，这样才能吸引更多的人愿意与你共建链接。此外，网站标志要制作得漂亮、醒目，使人一看就有兴趣点击。

28.3 综合案例——查看网站的流量

使用 CNZZ 数据专家可以查看网站流量。CNZZ 数据专家是全球最大的中文网站统计分析平台，为各类网站提供免费、安全、稳定的流量统计系统与网站数据服务，帮助网站创造更大价值。

使用 CNZZ 数据专家查看网站流量的具体操作步骤如下。

step 01 在 IE 浏览器中输入网址 http://www.cnzz.com/，打开 CNZZ 数据专家网的主页，如图 28-14 所示。

step 02 单击【免费注册】按钮进行注册，进入创建用户界面，根据提示输入相关信息，如图 28-15 所示。

图 28-14　CNZZ 数据专家网的主页

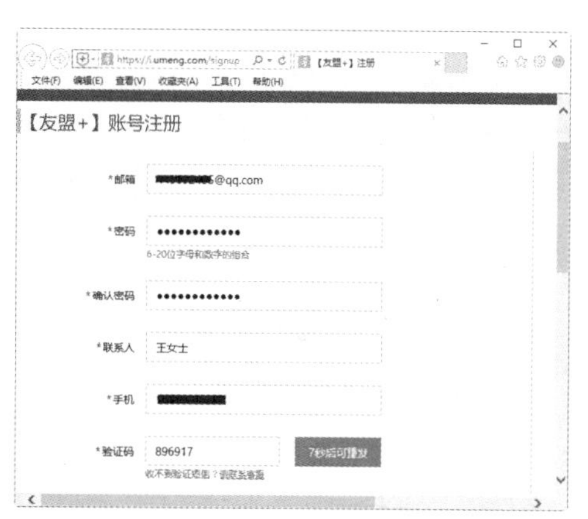

图 28-15　注册界面

step 03 单击【同意协议并注册】按钮，即可注册成功，并进入【添加站点】界面，如图 28-16 所示。

step 04 在【添加站点】界面中输入相关信息，如图 28-17 所示。

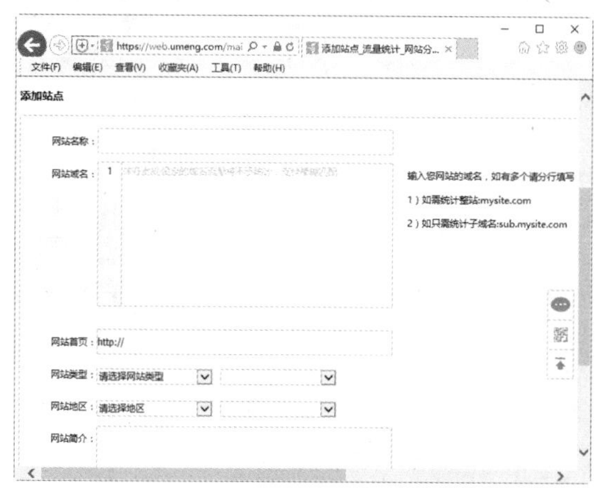

图 28-16　【添加站点】界面

图 28-17　输入站点信息

step 05 单击【确认添加站点】按钮，进入【站点设置】界面，如图 28-18 所示。

step 06 在【统计代码】界面中单击【复制到剪贴板】按钮，根据需要复制代码(此处选择“站长统计文字样式”)，如图 28-19 所示。

图 28-18　【站点设置】界面

图 28-19　复制代码

step 07 将代码插入到页面源码中，如图 28-20 所示。

step 08 保存并预览效果，如图 28-21 所示。

```
142 <p> </p>
143 </div>
144 <div class="buttompic"><div class="wenzi">公司简介</div></div>
145 <div class="pic">
146 <div class="img"><a href="#"><img src="010.jpg" border="0"/></a></div>
147 <div class="img"><a href="#"><img src="011.jpg" border="0"/></a></div>
148 <div class="img"><a href="#"><img src="012.jpg" border="0"/></a></div>
149 <div class="img"><a href="#"><img src="009.jpg" border="0"/></a></div>
150 </div>
151 <div class="buttom"><div  class="buttomleft"></div><div class=
    "buttomright">Copyright© 1994-2008 蜗斯技术有限公司</div></div>
152 </div>
153 </div>
154 <script type="text/javascript">var cnzz_protocol = (("https:" == document
    .location.protocol) ? " https://" : " http://");document.write(unescape(
    "%3Cspan id='cnzz_stat_icon_1255815440'%3E%3C/span%3E%3Cscript src='" +
    cnzz_protocol + "s4.cnzz.com/z_stat.php%3Fid%3D1255815440'
    type='text/javascript'%3E%3C/script%3E"));</script>
155 </body>
156 </html>
157
```

图 28-20　添加代码到页面源代码之中

站长统计

100%

图 28-21　预览网页

step 09 单击【站长统计】按钮，进入查看用户登录界面，如图 28-22 所示。

step 10 进入查看界面，即可查看网站的浏览量，如图 28-23 所示。

图 28-22　查看用户登录界面

图 28-23　网站的浏览结果

28.4 疑难解惑

疑问1：如何摆放网站广告的位置？

答：由于人的眼球会因为阅读而产生疲劳，所以在越靠近左上角的位置越能够吸引读者的注意力。这也是为什么很多网站的 Logo 都是放在左上角，可不要说设计者都是千篇一律。这样做其实是有好处的，在左上角的 Logo 更加能够让人记住你的网站的这个“品牌”。

疑问2：站长如何提高网站收录率？

答：网站站长可以从 3 个方面来提高网站的收录率：首先是增加网络蜘蛛(或爬虫)访问网站频率；其次要建立良好的站内结构；最后要让网络蜘蛛知道网页价值。